生态学研究

城市湿地生态学研究

董　鸣　主编

科学出版社

北　京

内 容 简 介

本书聚焦杭州及其周边地区（环杭州湾大湾区）为典型代表的东部亚热带地区城市湿地，从基础研究、技术方法和管理建议等三个方面，较为系统地总结了已开展的生态学相关研究。主要内容广泛涉及城市湿地的细菌、浮游植物、苔藓植物、种子植物、原生动物和底栖动物，城市湿地水体及底泥污染控制、城市湿地生态系统服务评估、城市湿地生态安全评估与预警、城市湿地保护与规划建议等。

本书可供从事生态学研究及相关领域研究或教学的研究人员、教师，以及研究生和本科生参考阅读，也可为生态、环境、自然资源管理和城市管理等相关业务管理部门提供参考。

图书在版编目（CIP）数据

城市湿地生态学研究/董鸣主编. —北京：科学出版社，2021.9
（生态学研究）
ISBN 978-7-03-069965-7

Ⅰ. ①城…　Ⅱ. ①董…　Ⅲ. ①城市环境–沼泽化地–环境生态学–研究
Ⅳ. ①X21

中国版本图书馆 CIP 数据核字（2021）第 197542 号

责任编辑：马　俊　李　迪　孙　青 / 责任校对：杨　赛
责任印制：吴兆东 / 封面设计：刘新新

科学出版社 出版
北京东黄城根北街 16 号
邮政编码：100717
http://www.sciencep.com
北京捷迅佳彩印刷有限公司 印刷
科学出版社发行　各地新华书店经销
*
2021 年 9 月第　一　版　开本：787×1092　1/16
2021 年 9 月第一次印刷　印张：44 1/2
字数：1 052 000
定价：398.00 元
(如有印装质量问题，我社负责调换)

《城市湿地生态学研究》编委会

丛书序

生态学是当代发展最快的学科之一，其研究理论不断深入、研究领域不断扩大、研究技术手段不断更新，在推动学科研究进程的同时也在改善人类生产生活和保护环境等方面发挥着越来越重要的作用。生态学在其发展历程中，日益体现出系统性、综合性、多层次性和定量化的特点，形成了以多学科交叉为基础，以系统整合和分析并重、微观与宏观相结合的研究体系，为揭露包括人类在内的生物与生物、生物与环境之间的相互关系提供了广阔空间和必要条件。

目前，生态系统的可持续发展、生态系统管理、全球生态变化、生物多样性和生物入侵等领域的研究成为生态学研究的热点和前沿。在生态系统的理论和技术中，受损生态系统的恢复、重建和补偿机制已成为生态系统可持续发展的重要研究内容；在全球生态变化日益明显的现状下，其驱动因素和作用方式的研究备受关注；生物多样性的研究则更加重视生物多样性的功能，重视遗传、物种和生境多样性格局的自然变化和对人为干扰的反应；在生物入侵对生态系统的影响方面，注重稀有和濒危物种的保护、恢复、发展和全球变化对生物多样性影响的机制和过程。《国家中长期科学和技术发展规划纲要（2006—2020年）》将生态脆弱区域生态系统功能的恢复重建、海洋生态与环境保护、全球环境变化监测与对策、农林生物质综合开发利用等列为生态学的重点发展方向。而生态文明、绿色生态、生态经济等成为我国当前生态学发展的重要主题。党的十八大报告把生态文明建设放在了突出的地位。如何发展环境友好型产业，降低能耗和物耗，保护和修复生态环境；如何发展循环经济和低碳技术，使经济社会发展与自然相协调，将成为未来很长时间内生态学研究的重要课题。

当前，生态学进入历史上最好的发展时期。2011年，生态学提升为一级学科，其在国家科研战略和资源的布局中正在发生重大改变。在生态学领域中涌现出越来越多的重要科研成果。为了及时总结这些成果，科学出版社决定陆续出版一批学术质量高、创新性强的学术著作，以更好地为广大生态学领域的从业者服务，为我国的生态建设服务，《生态学研究》丛书应运而生。丛书成立了专家委员会，以协助出版社对丛书的质量进行咨询和把关。担任委员会成员的同行都是各自研究领域的领军专家或知名学者。专家委员会与出版社共同遴选出版物，主导丛书发展方向，以保证出版物的学术质量和出版质量。

我荣幸地受邀担任丛书专家委员会主任，将和委员会的同事们共同努力，与出版社紧密合作，并广泛征求生态学界朋友们的意见，争取把丛书办好。希望国内同行向丛书踊跃投稿或提出建议，共同推动生态学研究的蓬勃发展！

丛书专家委员会主任

2014年春

前　言

城市湿地是城市生态系统的重要组成部分，是城市生态安全的重要保障，是体现城市生态文明的重要方面。城市湿地生态学是生态学的一个重要新兴领域，其主要研究内容包括城市湿地生态系统的组分、结构、功能和服务，及其与环境的相互关系，还涉及城市湿地的保护、修复、合理开发利用及城市宜居环境的构建。

环杭州湾大湾区是长三角经济圈的重要组成部分，经济发展迅速，城市化和工业化水平高。同时，该区域水网密布，河流、湖泊、沼泽众多，湿地资源丰富。千百年来，尤其是改革开放以来，这些湿地资源一方面为环杭州湾大湾区城市区域提供了重要的生态屏障，维护着区域生态安全，同时也承受着由于快速城市化导致的强烈的人为干扰。这些干扰也进一步影响着城市湿地为城市及其邻近区域提供的生态系统服务。环杭州湾城市湿地生态学研究，不仅有助于区域生态安全与生物多样性维持，对城市湿地生态学的一般性理论也有重要的贡献。

本书的研究工作主要是在杭州及其周边地区（环杭州湾大湾区）范围内开展的，以东部亚热带地区典型代表的城市湿地为主要研究对象，在不同尺度和不同维度上，广泛涉及城市湿地生态环境、城市湿地生态系统结构与功能特征、城市湿地演替过程与退化机制和城市湿地与区域气候变化等基础研究，也涵盖了城市湿地保护与修复等适用技术研究，利用“3S”技术对城市湿地生态系统的监测、评估和预警，以及区域生态保护与利用政策建议等。

本书含36章，包括基础研究方面、技术方法方面和管理建议方面。广泛涉及环杭州湾地区城市湿地的细菌（第1章）、浮游植物（第2～4章）、苔藓植物（第5章）、种子植物（第6～9章）、原生动物（第13章）、线虫（第8章）、底栖动物（第14章）的生物多样性及其对湿地环境变化的响应；城市湿地的植物入侵（第6～9章）、植物功能性状（第10章）、生态系统过程（第11章、第12章）；城市湿地水体及底泥污染控制（第15～28章）、城市湿地生态安全评估与预警（第29～32章、第34章）、城市湿地生态系统服务评估（第33章）和城市湿地保护与规划建议（第35章、第36章）等。

本书的出版得到科学出版社的大力支持，科学出版社编辑对本书书稿进行了认真的编校工作，特此感谢！

国内城市湿地生态学研究还处于起步阶段，本书尝试汇集了相关领域及交叉学科的研究工作。由于编写人员能力有限，虽经多次反复推敲，书中难免有不妥之处，敬请读者批评指正。

《城市湿地生态学研究》编委会

2021年7月4日

目　　录

第1章　杭州西溪湿地沉积物细菌的群落结构和多样性

1.1 引　　言

湿地是水陆交界处形成的独特的生态系统。湿地生态系统中，沉积物是由各种微生物参与的、物质和能量发生频繁交换的特殊生境（徐长君和张国发，2009）。沉积物中微生物的多样性对整个水体系统有重要影响（何建瑜等，2013）。与水体中的悬浮微生物比较，沉积物微生物往往在单位数量和功能多样性上更胜一筹（Klammer et al.，2002），因此对水体生态系统平衡的重要性也更大。目前，沉积物微生物正受到越来越多研究者的关注（任丽娟等，2013）。Li 等（2011）利用荧光原位杂交法（fluorescence *in situ* hybridization，FISH）和变性梯度凝胶电泳（denaturing gradient gel electrophoresis，DGGE）技术，研究了海底表层沉积物中细菌的群落结构，发现属于β-变形菌纲（β-Proteobacteria）的氨氧化细菌（ammonia-oxidizing bacteria，AOB）的丰度达到了（1.87～3.53）$\times 10^5$ 个细胞/g，其群落结构组成与沉积物的盐度、温度、呼吸作用和总有机碳（total organic carbon，TOC）等因子密切相关，可以作为海域沉积物硝化作用的间接指示因子。时玉等（2014）利用定量 PCR（quantitative PCR，qPCR）和 DGGE 技术，对青藏高原淡水湖普莫雍错和盐水湖阿翁错湖底沉积物进行细菌多样性的比较研究，结果发现青藏高原淡水与盐水湖泊沉积物细菌丰度与群落结构具有明显的差异；同时，沉积物细菌群落结构在不同深度也表现出差异。

杭州西溪国家湿地公园位于杭州市区西部，是自然湿地在一千多年农渔耕作下形成的罕见的城中次生湿地，曾经的稻、桑（柿）、鱼、蚕的农业模式是西溪湿地的一大特色。近 20 多年来，随着经济和社会的发展，西溪湿地的面积由原来的 60 km^2 萎缩到现在的不足 12 km^2，并且因为人类活动的日趋频繁，湿地的生态系统也遭到了不同程度的破坏（陈久和，2003）。在此背景下，2003 年正式启动了西溪湿地综合保护工程，到 2008 年保护工程一期、二期、三期基本建成并投入使用。西溪湿地植物园是西溪国家湿地公园二期建设的一部分，其目标是通过恢复一定比例的湿地植物群落，将原来大面积的鱼塘-基-渚湿地演变成典型的湿地景观，形成自然的湿生生态系统，这对于西溪湿地的保护和修复有着重要的实践意义。本章以西溪湿地植物园区域内不同水生植物生境下的表层沉积物为研究对象，通过 MiSeq 高通量测序的方法，研究沉积物中细菌的群落特征和多样性，以期为丰富西溪湿地生态系统内涵，开发西溪湿地的微生物资源，进而为西溪湿地的保护和修复提供理论和实践依据。

1.2 材料与方法

1.2.1 沉积物样品

沉积物样品于 2014 年 6 月采自杭州西溪国家湿地公园保护区湿地植物园野外观测样地（120°4′18″E，130°16′26″N）。湿地植物园的群落构建遵循了优势种培育模式，即在大面积宽阔的水域大量种植一种或数种水生植物，发展大面积的优势群落。选择的水生植物主要包括：①挺水植物群落[蒲苇（*Cortaderia selloana*）、白茅（*Imperata cylindrica*）等]；②浮水植物群落[睡莲（*Nymphaea tetragona*）、凤眼蓝（*Eichhornia crassipes*）等]；③沉水植物群落[金鱼藻（*Ceratophyllum demersum*）、狐尾藻（*Myriophyllum verticillatum*）等]；④湿生植物群落[美人蕉（*Canna indica*）、黄菖蒲（*Iris pseudacorus*）等]。以上述 4 类不同水生植物生境下的表层沉积物（0～10 cm）为研究对象，每种类型的样品由采样点中心及周围共 5 个点的土样混合而成，样品编号为 1～4 号。采集后的样品迅速放入无菌保鲜袋中，–20℃保存。

1.2.2 土壤理化性质测定

沉积物 pH 测定采用间歇水测定法，称取数克沉积物样品，离心，取上清液，用 pH 计测定其 pH。总有机碳含量采用 Analytik multi N/C 3100 分析仪测定；总氮含量采用 EURO EA 元素分析仪测定；总磷含量采用 H_2SO_4-$HClO_4$ 双酸消煮-钼锑抗比色法测定（赵亚杰等，2015）。

1.2.3 高通量测序及数据分析

1. MiSeq 高通量测序

用 EZNA Soil DNA Kit（OMEGA 公司）提取基因组 DNA，对 16S rRNA V3、V4 区进行扩增，引物：338F（5′-ACTCCTACGGGAGGCAGCA-3′）；806R（5′-GGACTACHVGGGTWTCTAAT-3′）。PCR 扩增反应体系（20 μL）：5×FastPfu Buffer 4 μL，2.5×10^{-3} mol/L dNTP 2 μL，Forward Primer（5×10^{-6} mol/L）0.4 μL，Reverse Primer（5×10^{-6} mol/L）0.4 μL，FastPfu Polymerase 0.4 μL，Template DNA 10 ng。反应条件：94℃预变性 120 s，94℃变性 30 s，55℃退火 30 s，72℃延伸 45 s；28 个循环。每个样品 3 个重复，将同一样品的 PCR 产物混合后用 2%琼脂糖凝胶电泳检测，AxyPrepDNA 凝胶回收试剂盒，切胶回收 PCR 产物，Tris-HCl 洗脱，2%琼脂糖凝胶电泳检测。参照电泳初步定量结果，将 PCR 产物用 QuantiFluor™-ST 蓝色荧光定量系统（Promega 公司）进行检测定量，之后按照每个样品的测序量要求，进行相应比例的混合，委托上海美吉生物医药科技有限公司进行 Illumina MiSeq 高通量测序（李靖宇等，2015）。

2. 测序数据优化处理

为了保证后续生物信息学分析的准确性，对测序数据进行质量控制。通过过滤读数尾部质量值 20 以下的碱基，利用 Trimmomatic、FLASH 等软件筛选拼接序列的重叠（overlap）区错配比率低于 0.2、编码（barcode）错配数为 0、最大引物错配数为 2 的优化序列进行后续分析。

3. *OTU 聚类分析及分类学分析*

利用 Usearch（vsesion 7.1 http://qiime.org/）软件平台，在 97%的相似水平对所有序列进行可操作分类单元（operational taxonomic units，OTU）划分。为了得到每个 OTU 对应的物种分类信息，采用 RDP 法（Wang et al.，2007）（置信度阈值为 0.7）对 97%相似水平的 OTU 代表序列进行分类学分析。比对数据库为 16S 细菌数据库：Silva（Release115 http://www.arb-silva.de）。

4. *群落 α 多样性分析*

基于优化处理的 OTU 及相关分析软件 Mothur（version v.1.30.1 http://www.mothur.org/wiki/Schloss_SOP#Alpha_diversity）绘制了各样品的稀释曲线，并在重取样的基础上计算了种群丰富度指数 Chao 值（http://www.mothur.org/wiki/Chao）和物种多样性指数 Shannon-Wiener 指数（http://www.mothur.org/wiki/Shannon）。

5. *多样本相似度分析*

利用树枝结构描述和比较多个样本间的相似性和差异关系。首先使用描述群落组成关系和结构的算法计算样本间的距离，即根据 β 多样性距离矩阵进行层次聚类（hierarchical clustering）分析，使用非加权组平均法 UPGMA 构建树状结构，得到树状关系形式用于可视化分析。分析软件：利用 Qiime 软件计算 β 多样性距离矩阵。

1.3　结果与分析

1.3.1　沉积物理化性质

沉积物中的总有机碳、总氮和总磷等含量是反映营养状况和污染程度的双重指标。表 1-1 结果显示，4 个沉积物样品的理化特性有较大的差异，其中总有机碳和总氮最高的是 1 号挺水植物生境样品，其次是 4 号湿生植物生境样品；而总磷最高的是 4 号湿生植物生境样品，其次是 1 号挺水植物生境样品。2 号浮水植物和 3 号沉水植物生境样品无论是总有机碳、总氮还是总磷明显低于 1 号挺水植物、4 号湿生植物生境样品。样品的 pH 均偏酸性，其中 2 号浮水植物生境样品的 pH 为 5.17，酸性最强。

表 1-1　西溪湿地沉积物样品理化性质

样品编号	采样地	pH	总有机碳/（g/kg）	总氮/（g/kg）	总磷/（g/kg）
1	挺水植物区	6.60 ± 0.09	49.313 ± 1.003	9.423 ± 0.057	0.665 ± 0.015
2	浮水植物区	5.17 ± 0.11	20.073 ± 0.656	4.900 ± 0.065	0.245 ± 0.004
3	沉水植物区	6.43 ± 0.19	18.157 ± 0.363	4.726 ± 0.069	0.555 ± 0.021
4	湿生植物区	6.44 ± 0.15	31.250 ± 0.565	6.593 ± 0.064	0.910 ± 0.009

1.3.2 沉积物样品主要细菌类群分布

采用 RDP 法对 97%相似水平的 OTU 代表序列进行分类学分析，在数据库中没有相应分类单元的序列，以 norank 标记。结果表明，沉积物样品具有很高的细菌多样性。在门的水平有变形菌门（Proteobacteria）、绿弯菌门（Chloroflexi）、厚壁菌门（Firmicutes）、拟杆菌门（Bacteroidetes）、硝化螺旋菌门（Nitrospirae）、酸杆菌门（Acidobacteria）、绿菌门（Chlorobi）、螺旋菌门（Spirochaetae）、梭杆菌门（Fusobacteria）、放线菌门（Actinobacteria）、疣微菌门（Verrucomicrobia）和芽单胞菌门（Gemmatimonadetes）等 30 门（数据未显示）。在属的水平上共鉴定有 252 属（图 1-1，已将丰度极低的部分合并为其他在图中显示），其中丰度较高且所有样品均有分布的主要有铁杆菌属（*Ferribacterium*）、乳球菌属（*Lactococcus*）、厌氧黏细菌属（*Anaeromyxobacter*）、硫杆菌属（*Thiobacillus*）、假单胞菌属（*Pseudomonas*）、螺旋体属（*Spirochaeta*）、硫碱螺旋菌属（*Thioalkalispira*）、硫针菌属（*Sulfuritalea*）、泉发菌属（*Crenothrix*）、互养菌属（*Syntrophus*）和假红育菌属（*Pseudorhodoferax*）。1 号和 4 号的优势类群为铁杆菌属，丰度分别为 8.29%和 12.30%；2 号和 3 号的优势类群是乳球菌属，丰度分别为 13.52%

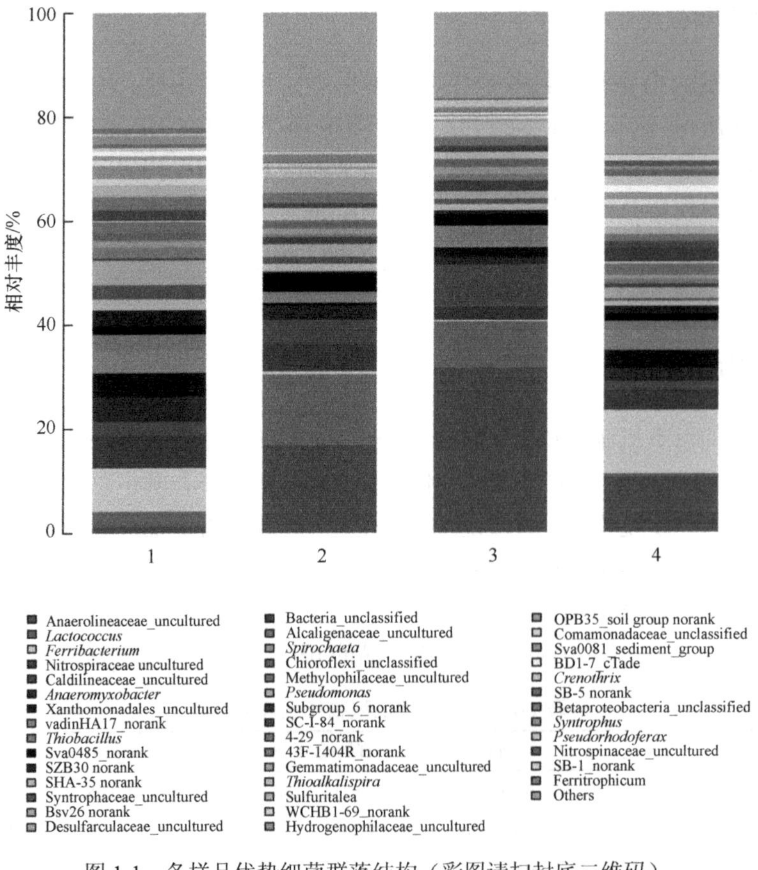

图 1-1 各样品优势细菌群落结构（彩图请扫封底二维码）

和 8.87%。有些细菌类群仅在特定的样品中出现，如 1 号样品特有的菌群包括 *Actibacter* 属、贝日阿托菌属（*Beggiatoa*）和 *Ferruginibacter* 属等 6 个属；2 号样品特有的菌群有 *Ferritrophicum* 属、堆囊菌属（*Sorangium*）和新衣原体属（*Neochlamydia*）等 10 个属；3 号样品特有的菌群只有蛭弧菌属（*Bdellovibrio*）；4 号样品特有的菌群有甲基暖菌属（*Methylocaldum*）和 *Propionivibrio* 属。这些特有的菌群通常丰度较低。此外，尚有未培养（uncultured）和未分类（unclassified）细菌类群，前者占比为 30%～50%，后者占比为 10%～20%。说明西溪湿地沉积物中可能蕴藏有较多的潜在新物种。

1.3.3　沉积物样品细菌群落 α 多样性

利用高通量测序技术，过滤掉低质量的序列后，4 个样品共获得有效序列 67 734 条，根据编码（barcode）标签进行样品序列拆分，并对初始序列进行去冗余处理以获得 16S rDNA 唯一读段（unique reads），在 97%相似度下将其聚类为用于物种分类的 OTU，统计各样品在不同 OTU 中的丰度信息，4 个样品共产生 2181 个 OTU，经优化处理后，得到平均长度为 441 bp 的序列，其中片段长度>400 bp 的序列数占总序列数的 99.74%。各样品读数和 OTU 数量如表 1-2 所示。

表 1-2　不同样品细菌群落的多样性指数

样品编号	重取样前		重取样后		多样性指数	
	读数	OTU	读数	OTU	Chao	Shannon
1	7 544	496	4 823	454	542	5.04
2	12 917	680	4 823	567	636	5.32
3	4 823	472	4 823	472	568	5.06
4	7 122	533	4 823	483	569	5.20

采用对测序序列进行随机抽样的方法，以抽到的序列数与它们所能代表的数目构建稀释性曲线。从图 1-2 中可以看出，4 个样品的稀释曲线在 0.97 相似性水平下趋于平坦，

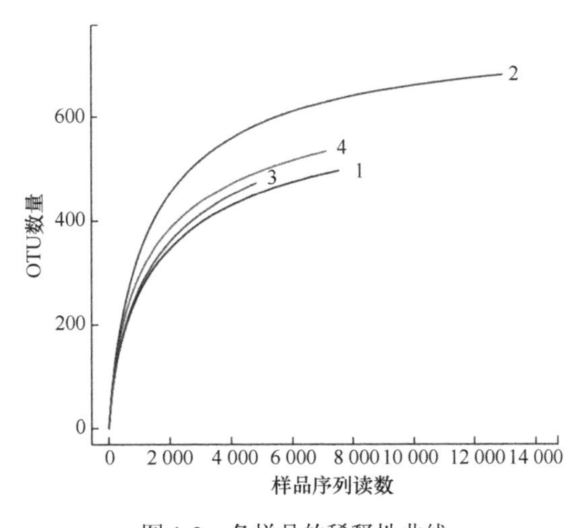

图 1-2　各样品的稀释性曲线

但仍未达到饱和。因此，为了判断这些数据量是否合理，绘制了各样品的 Shannon-Wiener 曲线（图 1-3），结果显示，开始时曲线直线上升，是由于测序条数远不足覆盖样品；当测序数值增至 2000 以上时，曲线趋向平坦并达到了平台期，说明 4 个样品的测序量足以覆盖样品中的绝大部分微生物。

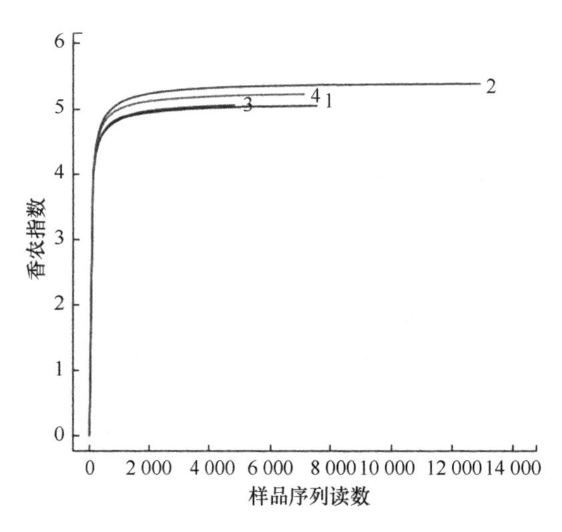

图 1-3　各样品微生物 Shannon-Wiener 曲线

由于测序系统本身的缺陷，虽然在上样测序前，已对各样品的 3 个重复 PCR 产物进行了混合，但每个样品所测出的序列数目仍不一致（表 1-2）。而 OTU 数和 Chao 指数会受到序列数的较大影响，因此有必要对每个样品进行重取样。根据图 1-3 中香农指数研究结果，确定每个样品随机重取样序列数为 4823 条。通过 Mothur 软件计算各样品的 α 多样性指数，Chao 指数越大丰富度越高，香农指数值越大多样性越高。结果显示，4 个样品的 Chao 指数和 Shannon 指数均较大，其中 2 号样品的丰度最高，多样性最高，4 号样品其次，1 号和 3 号样品相对较低。

1.3.4　沉积物样品细菌群落结构相似性比较

对 4 个样品的 OTU 进行统计（表 1-2），其中 1 号样品 454 个，2 号样品 567 个，3 号样品 472 个，4 号样品 483 个。维恩图结果显示（图 1-4），4 个样品共有的 OTU 为 224 个，占总数的 11.34%。1 号和 4 号样品间共有的 OTU 为 264 个，2 号和 3 号样品间共有的 OTU 为 293 个，比其他样品间共有 OTU 数目都要多，表明 1 号与 4 号样品，2 号与 3 号样品之间的细菌群落结构较为相似。

利用树枝结构描述和比较 4 个样品间的相似性和差异关系（图 1-5），结果表明，1 号和 4 号样品的细菌群落结构组成及丰度相对接近而聚在一个分枝，同样 2 号和 3 号样品相似性较高聚在另一分枝上，末端竖线表示样品聚在一起相似度较高。此分析结果与维恩图结果一致。

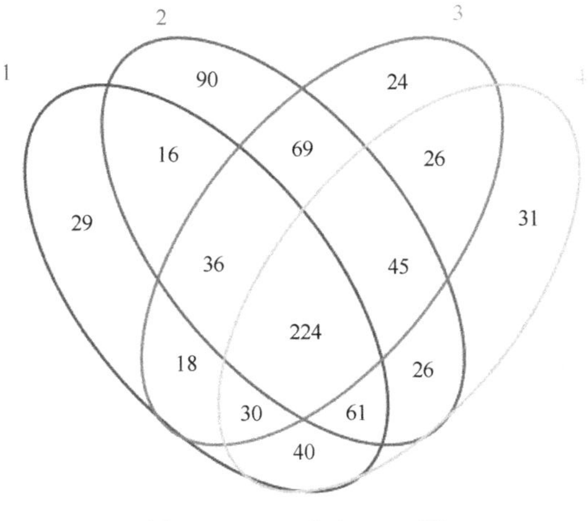

图 1-4　OTU 分布 Venn 图

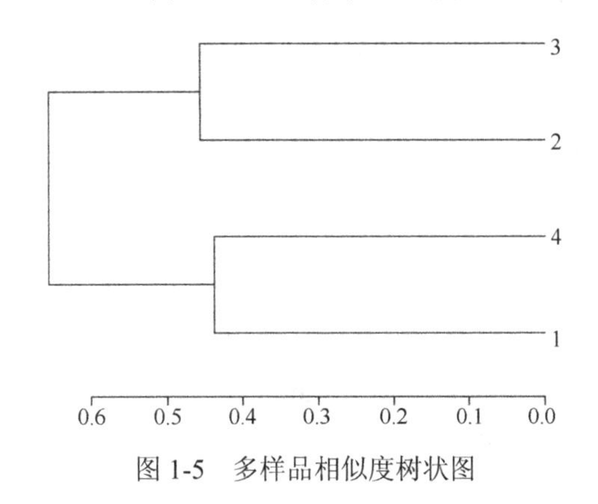

图 1-5　多样品相似度树状图

1.4　讨　　论

1.4.1　沉积物的细菌多样性

微生物是湿地生态系统的主要分解者，推动系统的物质循环和能量流动，在维持生态平衡、涵养水源、调节气候和降解污染物等方面起着十分重要的作用。研究湿地生态系统微生物的变化规律及群落结构，有助于更深层次了解湿地微生物多样性及湿地生态系统结构和功能。目前国内关于湿地微生物的研究已有较多的报道，大多采用基于 PCR 的构建克隆文库方法、DGGE 及 FISH 等技术。本研究采用高通量测序技术，首次对西溪湿地 4 个不同植被下沉积物样品的细菌群落组成进行了比较分析，结果表明，沉积物中具有很高的细菌多样性，鉴定到的共有 30 门 252 属。其中变形菌门（Proteobaeteria）是最优势的菌群，1～4 号样品的丰度分别为 64.7%、31.0%、31.5%和 53.3%。据报道，变形菌门在各类环境包括水体沉积物中普遍存在，是细菌中最大的类群（Cifuentes et al.，2000；Madrid et al.，2001）。Ravenschlag 等（2001）分析北极群岛海洋沉积物微生物群落结构时发现，γ-变形菌纲（γ-Proteobacteria）和 δ-变形菌纲（δ-Proteobacteria）在变形菌门类群中占主导地位；Li 等（2009）用 16S rRNA 基因文库的方法，分析了南海地区的表层沉积物细菌的多样性，研究结果也同样支持这一观点。本研究也得到了相似的结果，变形菌门中以 β-变形菌纲、γ-变形菌纲及 δ-变形菌纲为优势类群，这些菌群具有极为丰富的代谢多样性，在西溪湿地沉积物的 C、N、S、Fe 等元素循环中发挥着重要功能。

根据研究，与氮素循环密切相关的硝化细菌分散在变形菌门中的 α、β、γ、δ 类，当环境中大量氨存在时，这类细菌的数量将会较多。本研究中 4 个沉积物样品硝化细菌的类群主要分布在亚硝化球菌属（*Nitrosococcus*）、硝化螺菌属（*Nitrospira*）、亚硝化单胞菌科（Nitrosomonadaceae_uncultured）、硝化螺旋菌科（Nitrospinaceae_uncultured）和硝化螺菌科（Nitrospiraceae_uncultured），其中硝化螺菌科是硝化细菌的优势种群，尚属未培养类群。

硫氧化细菌和硫（或硫酸盐）还原细菌都是硫素循环的重要菌群，主要分布于变形菌门中的 β、γ 类，通过鉴定，4 个样品都有且为优势种属的硫氧化细菌是硫杆菌属（*Thiobacillus*）；硫碱螺旋菌属（*Thioalkalispira*）只在样品 2 号、3 号中发现，贝日阿托菌属（*Beggiatoa*）只在样品 1 号中存在。而硫（或硫酸盐）还原细菌的优势种群是脱硫盒菌科（Desulfarculaceae_uncultured），其次是脱硫叶菌属（*Desulfobulbus*）、*Desulforhabdus* 属、*Desulfocapsa* 属、*Desulfobacca* 属和脱硫单胞菌目（Desulfuromonadales_unclassified）。硫酸盐还原细菌通常生活在含有丰富有机质和高含量硫酸盐的水体或沉积物中（Higashioka et al.，2013），据报道，被还原的 S^{2-}能与沉积物中的多种重金属离子，如 Zn^{2+}、Cu^{2+}、Hg^{2+}及 Pb^{2+}等形成溶度很小的金属硫化物，重金属硫化物的沉淀是沉积物固定重金属的主要机制（王文卿和林鹏，1999）。

甲烷营养菌大部分属于 γ 变形细菌，种类多样，在碳循环中有重要作用，能够将甲烷分解后转化为细胞物质。4 个样品中鉴定到的甲烷营养菌类群主要有甲基杆菌属（*Methylobacter*）、甲基孢囊菌属（*Methylocystis*）、甲基微球菌属（*Methylomicrobium*）、甲基暖菌属（*Methylocaldum*）、*Methylogaea* 属、*Methylotenera* 属、甲基球菌科（Methylococcaceae_unclassified）和嗜甲基菌科（Methylophilaceae_uncultured），其中甲基杆菌属（*Methylobacter*）是所有甲烷营养菌的优势种属。

绿弯菌门是本研究中的第二大类群，在 1～4 号样品中的占比分别是 7.0%、24.9%、43.0%和 13.5%。这类细菌通过光合作用产生能量，兼性厌氧，有些类群为专性厌氧菌（Grégoire et al.，2011）。绿弯菌主要分布于深海和湖泊有机物丰富的沉积物中，在许多相关的研究中频繁被发现（魏曼曼等，2012），但有关绿弯菌功能特性的报道较少，Björnsson 等（2002）实验证明，绿弯菌确实是活性污泥的组分之一；杨小丽等（2013）研究发现，绿弯菌与 COD 去除具有较好的相关性；Sorokin 等（2012）也发现，绿弯菌可能与亚硝酸盐氧化作用有关；曹新垲等（2012）对工业废水中的萘进行高效生物处理时发现，属于绿弯菌门的 *Levilinea* 对于染料中的萘有一定的去除作用。因此推测，作为西溪湿地沉积物的优势菌群之一，绿弯菌在湿地环境污染物的降解方面可能发挥有重要作用。

此外，本研究的 4 个样品中有 10%～15%的序列属于无法确定分类位置（unclassified）的类群，这些细菌很可能是新的细菌分类单元，另有 30%～50%的序列与未培养细菌具有高度相似性，表明湿地中存在大量未知的功能菌群。以上结果反映了西溪湿地沉积物中独特的细菌组成，同时也揭示了沉积物中有许多菌种资源尚待我们去挖掘和认知。

1.4.2　细菌多样性与环境因素的关系

物种多样性是评价群落质量的重要指标，本研究采用 Chao 指数和 Shannon 指数对细菌群落结构进行综合分析。从分析结果来看，4 个样品的 Chao 指数和 Shannon 指数均较大，表明西溪湿地水生植物园的沉积物中细菌群落的丰度和多样性较高，这一结果可能与沉积物富含有机物等营养物质有关。有实验表明，在土壤营养物质丰富时，微生物群落的数量、生物量等与土壤有机碳、总氮等明显正相关（Córdova-Kreylos et al.，2006）。本研究中，4 个沉积物样品中有机碳丰富，其含量为 18.16～49.31 mg/g，总氮、总磷含量也较高，前者为 4.73～9.42 mg/g，后者为 0.25～0.91 mg/g。说明细菌对富营养生境有一定的耐受性，一定程度的富营养有利于细菌的生长和繁殖，导致群落结构复杂，多样性更丰富；但如果富营养过度，也可能对一些敏感类群产生抑制作用，或是丰富的营养促进了特定几类细菌的大量生长，从而限制了其他许多细菌的生长（郑艳玲等，2012），如 1 号样品的有机碳、总氮和总磷含量显著高于 2 号和 3 号样品（表 1-1），但前者的丰度及多样性指数反而较低。

从相似性分析来看，1 号与 4 号样品，2 号与 3 号样品之间的细菌群落结构及丰度较为相似（图 1-4 和图 1-5）。1 号和 4 号样品的优势种属是铁杆菌属（*Ferribacterium*），相对丰度分别是 8.29%和 12.30%。据报道，在缺氧的湖泊沉积物中，铁杆菌能将 Fe^{3+} 还原成 Fe^{2+}，导致铁从水生生境中的转移（Cumming et al.，1999）。据此推测，样品 1 和 4 的生境中可能都富含铁，从而使铁杆菌成为优势种群。2 号和 3 号样品的优势种属是乳球菌属（*Lactococcus*），相对丰度分别是 13.52%和 8.87%。乳球菌是一类耐氧菌，其适宜生长的生境一般是植物体，据此推测，2 号和 3 号沉积物中乳球菌数量较多可能与采样地的水生植物相关，至于其在沉积物中的生态学意义少见报道，需进一步的研究确定。因此，细菌的群落结构和多样性，还可能与采样地植物种类和生长状况有关。在有水生植物的环境中，水生植物的残体及根系代谢物等也可能对沉积物中细菌的种属多样性产生影响。总之，湿地沉积物是一个非常复杂的生态系统，各种环境因子、生物因子相互作用和影响，很多情况下并不能用简单的单因子之间的相关性来描述其和微生物之间的关系，沉积物综合环境条件的差异，才是导致其多样性和优势微生物种属发生变化的根本原因。对该问题，必须进行长期的实验监测，才能比较全面地分析微生物和环境因子之间的相互作用。

1.4.3　微生物多样性的研究方法

微生物群落多样性的研究主要涉及对生态系统中微生物的种类、丰度、分布均匀性和结构变化等的解析，但传统的纯培养技术因其方法具有较大的局限性，很难体现自然生境中的微生物群落特征（王保军和刘双江，2013）。因此，在过去的 40 多年里，微生物多样性的研究方法已经从传统的培养分离发展到了无须依赖纯培养的现代分子生物学技术。这些技术主要包括核酸杂交法、DNA 指纹图谱技术和宏基因组学等。核酸杂交技术（如 FISH 和 DNA 芯片技术）对环境中具特殊功能微生物的鉴定非常有效，但是由于目前尚无法得到所有环境微生物的探针序列，因此有一定的局限性。基因指纹图谱技术包括末端限制性片段长度多态（terminal restriction fragment length polymorphism，T-RFLP）、DGGE、DNA 单链构象多态性（single strand conformation polymorphism，SSCP）等，由于具有操作简便及可同时分析多个样品的优点，已经被广泛地用于环境微生物群落结构和多样性评价及动态监测（Singh et al.，2011；Ding et al.，2012），但同时每种方法几乎都有缺点，如 SSCP 的重现性较差；对于超过 500 bp 的 DNA 片段，DGGE 的分离灵敏度会降低等。

Handelsman 等（1998）首次提出宏基因组学的概念。高通量测序技术作为宏基因组学最成熟的关键技术，其全面性、准确性及信息的深入程度都令其他技术无法企及（孙欣等，2013）。本研究利用 Illumina MiSeq 高通量测序技术，对西溪湿地 4 个采样点沉积物的细菌多样性进行了分析，鉴定出细菌 OTU 达到 2181 个，这是其他方法很难实现的。但如何从这些海量数据中挖掘有效信息成为一大难题，即生物信息学的发展将成为微生物研究的瓶颈。最近，Deng 等（2012）基于宏基因组学技术的高通量数据成功构建了分子生态网络（molecular ecological network，MEN），该网络可根据数据固有特性自动选择阈值，可较好地反映环境中微生物之间的相关性，并且对高通量技术普遍存在的高噪声问题有很好的耐受性。一般来说每种技术都有各自的局限性，因此将两种不同的方法结合起来进行综合研究将是今后发展的方向（孙欣等，2013）。

（黄 媛、陈 敏、方 序、褚文珂）

参考文献

曹新垲, 杨琦, 郝春博. 2012. 厌氧污泥降解萘动力学与生物多样性研究. 环境科学, 33(10): 3535-3541.
陈久和. 2003. 城市边缘湿地生态环境脆弱性研究. 科技通报, 19(5): 395-402.
何建瑜, 刘雪珠, 赵荣涛, 等. 2013. 东海表层沉积物纯培养与非培养细菌多样性. 生物多样性, 21(1): 28-37.
李靖宇, 杜瑞芳, 赵吉. 2015. 乌梁素海富营养化湖泊湖滨湿地过渡带细菌群落结构的高通量分析. 微生物学报, 55: 598-606.
任丽娟, 何聃, 邢鹏, 等. 2013. 湖泊水体细菌多样性及其生态功能研究进展. 生物多样性, 21(4): 421-432.
时玉, 孙怀博, 刘勇勤, 等. 2014. 青藏高原淡水湖普莫雍错和盐水湖阿翁错湖底沉积物中细菌群落的垂直分布. 微生物学通报, 41(11): 2379-2387.
孙欣, 高莹, 杨云锋. 2013. 环境微生物的宏基因组学研究新进展. 生物多样性, 21(4): 393-400.
王保军, 刘双江. 2013. 环境微生物培养新技术的研究进展. 微生物学通报, 40(1): 6-17.
王文卿, 林鹏. 1999. 红树林生态系统重金属污染的研究. 海洋科学, (3): 45-47.
魏曼曼, 陈新华, 周洪波. 2012. 深海热液喷口微生物群落研究进展. 海洋科学, 36(6): 113-121.
徐长君, 张国发. 2009. 大庆湿地的生物多样性及其保护策略. 中国农学通报, 25(11): 215-219.
杨小丽, 周娜, 陈明, 等. 2013. FISH 技术解析不同氨氮浓度 MBR 中的微生物群落结构. 东南大学学报(自然科学版), 43(2): 380-385.

赵亚杰, 赵牧秋, 鲁彩艳, 等. 2015. 施肥对设施菜地土壤磷累积及淋失潜能的影响. 应用生态学报, 26(2): 466-472.

郑艳玲, 侯立军, 陆敏, 等. 2012. 崇明东滩夏冬季表层沉积物细菌多样性研究. 中国环境科学, 32(2): 300-310.

Björnsson L, Hugenholtz P, Tyson G W, et al. 2002. Filamentous *Chloroflexi* (green non-sulfur bacteria) are abundant in wastewater treatment processes with biological nutrient removal. Microbiology, 148: 2309-2318.

Cifuentes A, Antón J, Benlloch S, et al. 2000. Prokaryotic diversity in *Zostera noltii*-colonized marine sediments. Applied Environmental Microbiology, 66: 1715-1719.

Córdova-Kreylos A L, Cao Y, Green P G, et al. 2006. Diversity, composition, and geographical distribution of microbial communities in California salt marsh sediments. Applied Environmental Microbiology, 72: 3357-3366.

Cumming D E, Caccavo F J, Sping S. 1999. *Ferribacterium limneticum*, gen. nov., sp. nov., an Fe(III)- reducing microorganism isolated from mining-impacted freshwater lake sediments. Archives of Microbiology, 171: 183-188.

Deng Y, Jiang Y H, Yang Y, et al. 2012. Molecular ecological network analyses. BMC Bioinformatics, 13: 113.

Ding X, Peng X J, Peng X T, et al. 2012. Diversity of bacteria and archaea in the deep-sea low-temperature hydrothermal sulfide chimney of the Northeastern Pacific Ocean. African Journal of Biotechnology, 11: 337-345.

Grégoire P I, Fardeau M L, Joseph M, et al. 2011. Isolation and characterization of *Thermanaerothrix daxensis* gen. Nov., sp nov., a thermophilic anaerobic bacterium pertaining to the phylum "*Chloroflexi*", isolated from a deep hot aquifer in the Aquitaine Basin. Systematic and Applied Microbiology, 34: 494-497.

Handelsman J, Rondon M R, Brady S F, et al. 1998. Molecular biological access to the chemistry of unknown soil microbes: a new frontier for natural products. Chemistry & Biology, 5(10): 245-249.

Higashioka Y, Kojima H, Watanabe M, et al. 2013. *Desulfatitalea tepidiphila* gen. nov., sp. nov., a sulfate-reducing bacterium isolated from tidal flat sediment. International Journal of Systematic and Evolutionary Microbiology, 63: 761-765.

Klammer S, Posch T, Sonntag B, et al. 2002. Dynamics of bacterial abundance, biomass, activity, and community composition in the oligotrophic Traunsee and the Traun River (Austria). Water, Air, & Soil Pollution, 2(4): 137-163.

Li H, Yu Y, Luo W, et al. 2009. Bacterial diversity in surface sediments from the Pacific Arctic Ocean. Extremophiles, 13: 233-246.

Li J L, Bai J, Gao H W, et al. 2011. Distribution of ammonia-oxidizing beta-proteobacteria community in surface sediment off the Changjiang River Estuary in summer. Acta Oceanologica Sinica, 30: 92-99.

Madrid V M, Aller J Y, Aller R C, et al. 2001. High prokaryote diversity and analysis of community structure in mobile mud deposits off French Guiana: identification of two new bacterial candidate divisions. FEMS Microbiology Ecology, 37(3): 197-209.

Ravenschlag K, Sahm K, Amann R. 2001. Quantitative molecular analysis of the microbial community in marine Arctic sediments (Svaibard). Applied Environmental Microbiology, 67: 387-395.

Singh R, Sheoran S, Sharma P, et al. 2011. Analysis of simple sequence repeats (SSRs) dynamics in fungus *Fusarium graminearum*. Bioinformation, 5: 402-404.

Sorokin D Y, Lücker S, Vejmelkova D, et al. 2012. Nitrification expanded: discovery, physiology and genomics of a nitrite-oxidizing bacterium from the phylum *Chloroflexi*. ISME Journal, 6: 2245-2256.

Wang Q, Garrity G M, Tiedje J M, et al. 2007. Naive Bayesian classifier for rapid assignment of rRNA sequences into the new bacterial taxonomy. Applied Environmental Microbiology, 73: 5261-5267.

第 2 章　和睦湿地浮游植物群落结构特征及环境因子分析

2.1　引　　言

浮游植物是水生生态系统中的重要初级生产者，地球上一半左右的初级生产力都归功于浮游植物（Gaedke，1998；Litchman et al.，2007），其群落组成对全球生物地球化学循环具有重要的作用，继而反馈性影响全球环境变化（Boyer and Polasky，2004；Reynolds，2006）。近年来，浮游植物已成为生物监测及评价水质和水体营养状况的重要生物指标，在国内外已被广泛采用（Verasztó et al.，2010；Tao，2011）。邓建明等（2011）对太湖流域主要河道浮游植物的群落结构进行了对比分析，发现太湖流域浮游植物物种多样性存在季节差异，且与环境因子显著相关。林施泉等（2013）利用浮游植物群落结构和生物多样性指数对福建木兰溪流域进行了水质评价，发现流域内水体呈中营养化污染并向富营养化污染转变。陆欣鑫等（2014）研究发现电导率、总磷和水温是驱动呼兰河湿地浮游植物功能组演替的主要环境因素。

和睦湿地，紧邻杭州西溪湿地，占地总面积约 10 km^2，是杭州城西湿地的重要组成部分。和睦湿地地处余杭、五常、闲林、仓前四大片区的中心地带，水网、河道、水塘等星罗棋布，平均水深约 2.78 m，植被丰茂，以枫杨（*Pterocarya stenoptera*）、垂柳（*Salix babylonica*）、旱竹（*Phyllostachys propinqua*）、芦苇（*Phragmites australis*）、凤眼蓝（*Eichhornia crassipes*）、喜旱莲子草（*Alternanthera philoxeroides*）等为主，是浙江省内比较罕见的尚未经历现代开发的所谓“原生态”湿地（董鸣等，2013）。然而，由于城市化进程的加快，特别是湿地内部人类活动的频繁介入，在相当程度上对湿地生态环境造成了严重破坏。本章通过对和睦湿地浮游植物的监测和调查，对浮游植物多样性与环境因子进行分析，探讨和睦湿地浮游植物群落季节变化的特点及环境驱动因素，以期为和睦湿地水环境的恢复与保护提供科学依据和生物学资料。

2.2　材料与方法

2.2.1　采样点设置

根据和睦湿地生态特点，在和睦湿地内共设置 15 个采样点。其中，样点 1 为出水口，样点 14、15 分别为东西入水口，样点 6～11、13 为和睦湿地的核心区。分别于 2011 年 7 月、10 月和 2012 年 1 月、4 月中旬进行浮游植物和水环境样品的采集，共计 4 次。

2.2.2　实验方法

1. 样品采集、鉴定与指标测定

现场采用 YSI6600 测定表层 0.5 m 水深处水温、浊度、溶解氧（dissolved oxygen，DO）、pH 和叶绿素 a（Chla）等指标。将自水面 0.5 m 深处采集的水样酸化后带回实验室，进行总氮（total nitrogen，TN）、总磷（total phosphorus，TP）、五日生化需氧量（biochemical oxygen demands，BOD_5）、化学需氧量（chemical oxygen demand，COD）等理化指标的测定；样品的采集、保存与测定详细步骤参考《水和废水监测分析方法》第四版。

浮游植物的采样和观察方法按常规浮游生物调查方法（金相灿等，1990）进行，定性标本采样用 25 号浮游生物网采集，用 4%甲醛溶液现场固定；定量标本采集用 1 L 采水器于水下 0.5 m 处采样，将水样置于 1.5 L 采水瓶中，加入鲁哥氏液现场固定，经 48 h 沉淀浓缩至 500 mL，再静置 24 h 后，抽取上清液，定容至 60 mL。藻类计数采用迅数 S300 型 Algacount 藻类计数仪进行。每个样品重复计数 3 片，误差超过 15%则进行第四片计数后取其中结果相近的三片的平均值。物种鉴定主要依据《中国淡水藻类——系统、分类及生态》（胡鸿钧和魏印心，2006）、《藻类名词及名称》（第二版）（曾呈奎和毕列爵，2005）、《淡水微型生物图谱》（周凤霞和陈剑虹，2010）和《浙江省主要常见淡水藻类图集》（陈茜等，2010）。

2. 生物多样性分析方法

本文运用 Origin 8.6 处理数据和作图，主成分分析和聚类分析主要采用大型多元分析软件 PRIMER V6.0，多样性指数的计算使用其子模块 Diversity，包括 Margalef 丰富度指数（d）、Shannon-Wiener 多样性指数（H'）、Pielou 均匀度指数（J'）和 Simpson 生态优势度指数（D），计算公式分别为

$$d = \frac{S-1}{\ln N} \tag{2-1}$$

$$H' = -\sum_{i=1}^{s}\left(\frac{n_i}{N}\right)\log_2\left(\frac{n_i}{N}\right) \tag{2-2}$$

$$J' = \frac{H'}{\ln S} \tag{2-3}$$

$$D = 1-\sum_{i=1}^{s} P_i^2 \tag{2-4}$$

式中，S 为生物的种类数；N 为群落的个体总数；n_i 为 i 种的个体数；P_i 为第 i 种的个体数（n_i）占总个体数（N）的比值。

优势度的计算方法按照 McNaughton 优势度指数公式（Danilov and Ekelund，1999）：

$$Y = \frac{n_i}{N} f_i \tag{2-5}$$

式中，n_i 为第 i 种的总个体数；N 为所有物种的总个体数；f_i 为第 i 种在各站位出现的频率；Y>0.02 定为优势种。

2.3 结　果

2.3.1 和睦湿地水环境因子变化

由表 2-1 可知，和睦湿地四季水温有明显的变化，变幅为 8.02～29.50℃，全年平均为 20.17℃；浊度为 8.28～10.01，平均为 8.92；DO 为 5.36～9.49 mg/L，平均为 6.58 mg/L；水体 pH 呈弱碱性，为 7.62～8.17，平均为 7.82；水体 TN 为 2.76～6.75 mg/L，平均为 5.12 mg/L，夏季和冬季高于春季和秋季；TP 为 0.18～5.62 mg/L，平均为 2.34 mg/L，春季和冬季高于夏季、秋季；COD 为 21.64～63.32 mg/L，平均为 44.36 mg/L；BOD_5 为 4.47～13.03 mg/L，平均为 8.40 mg/L；水体 Chla 含量为 3.72～27.78 μg/L，平均为 9.78 μg/L，春季 Chla 含量最高。

表 2-1　和睦湿地水环境因子

时间	春季（4 月）	夏季（7 月）	秋季（10 月）	冬季（1 月）	平均值
温度/℃	19.04	29.50	24.10	8.02	20.17
浊度（NTU）	10.01	8.45	8.94	8.28	8.92
DO/（mg/L）	9.49	6.10	5.36	5.36	6.58
pH	8.17	7.62	7.81	7.69	7.82
TN/（mg/L）	2.76	6.29	4.69	6.75	5.12
TP/（mg/L）	5.62	0.22	0.18	3.35	2.34
COD/（mg/L）	59.92	21.64	32.56	63.32	44.36
BOD_5/（mg/L）	10.97	5.14	4.47	13.03	8.40
Chla /（μg/L）	27.28	4.39	3.72	3.72	9.78

2.3.2 和睦湿地浮游植物种类组成及优势种

通过对和睦湿地 4 次采样的浮游植物标本进行观察，共鉴定浮游植物 101 种，隶属于 8 门 20 目 36 科 61 属。其中绿藻门（Chlorophyta）种类居首位，有 26 属 35 种，占浮游植物总种数的 34.65%；其次为硅藻门（Bacillariophyta），有 13 属 23 种，占浮游植物总种数的 22.77%；裸藻门（Euglenophyta）有 6 属 22 种，占浮游植物总种数的 21.78%；蓝藻门（Cyanophyta）有 9 属 13 种，占浮游植物总种数的 12.87%；除此之外，隐藻门（Cryptophyta）有 2 属 3 种；金藻门（Chrysophyta）有 2 属 2 种；甲藻门（Pyrrophyta）有 2 属 2 种；黄藻门（Xanthophyta）有 1 属 1 种（图 2-1）。本次调查区域内浮游植物种类数量表现出季节性差异，春季和夏季浮游植物种类数较高，分别达到 68 种和 75 种，秋季和冬季种类数相同，均为 57 种。浮游植物优势种主要有四尾栅藻（*Scenedesmus quadricauda*）、梅尼小环藻（*Cyclotella meneghiniana*）、卵形隐藻（*Cryptomons ovata*）、啮蚀隐藻（*Cryptomons erosa*）、绿色裸藻（*Euglena viridis*）和小型色球藻（*Chroococcus minor*）等。

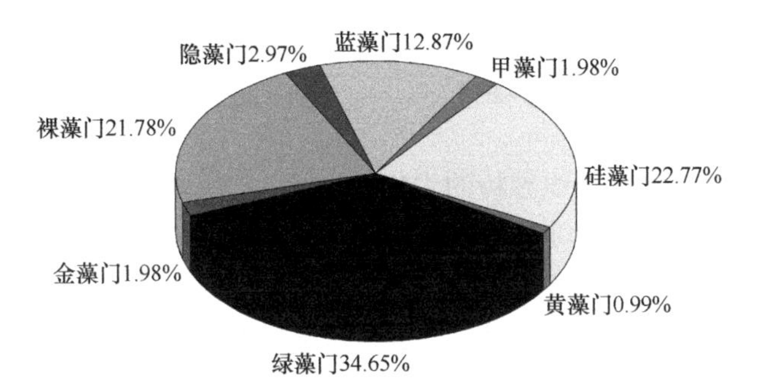

图 2-1　和睦湿地浮游植物种类组成

2.3.3　和睦湿地浮游植物丰度分布

在调查期间和睦湿地浮游植物丰度季节变化明显，细胞丰度高峰区在夏季和秋季（图 2-2A）。浮游植物细胞丰度在调查周年内变化范围为（17.47～41.55）$\times10^6$ 个/L，全年细胞丰度平均值为 27.99$\times10^6$ 个/L，其中，硅藻占总丰度的比例最高，达到 37.46%，其次为绿藻，占 26.50%，裸藻和隐藻占总丰度的比例相近，为 13%左右。不同季节浮游植物丰度分布不同，春季绿藻和硅藻所占比例较高，夏季以硅藻和隐藻占优势，秋季以绿藻和裸藻为主，冬季硅藻占显著优势（图 2-2B）。从样点来看（图 2-2C），最高值出现在第 15 样点，细胞丰度平均为 44.98$\times10^6$ 个/L，其次是第 14 样点，细胞平均丰度为 34.86$\times10^6$ 个/L，最低值出现在第 10 样点，平均值为 0.77$\times10^6$ 个/L。

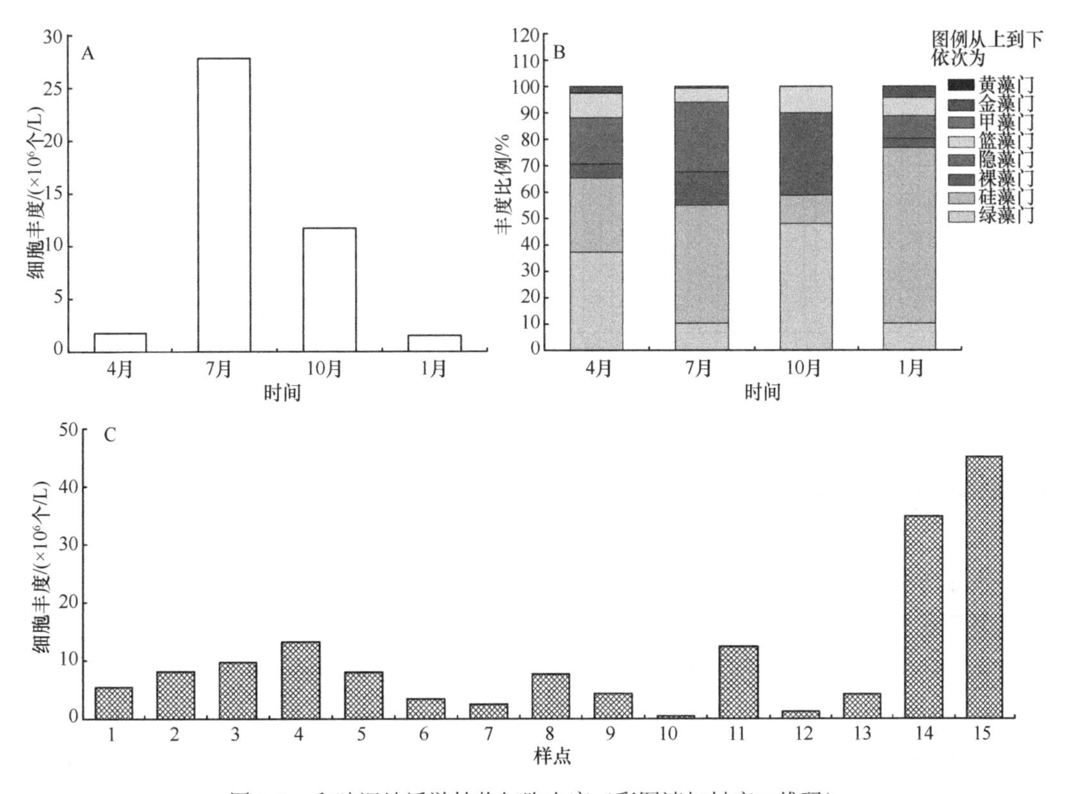

图 2-2　和睦湿地浮游植物细胞丰度（彩图请扫封底二维码）

2.3.4 和睦湿地浮游植物群落多样性

群落物种多样性是群落组织独特的生物学特征，它反映了群落特有的物种组成和个体丰度特征。图 2-3 显示，不同季节浮游植物各多样性指数略有不同，其中 Margalef 丰富度指数为 0.60～1.68，平均值为 1.25，夏季和秋季两季高于冬季和春季。Pielou 均匀度指数为 0.59～0.81，平均值为 0.64，春季和秋季高于夏季和冬季。Shannon-Wiener 多样性指数为 1.21～2.51，平均值为 2.00；Simpson 多样性指数为 0.62～0.86，平均值为 0.74；这两个指数均表现出春季和夏季高于秋季、冬季。

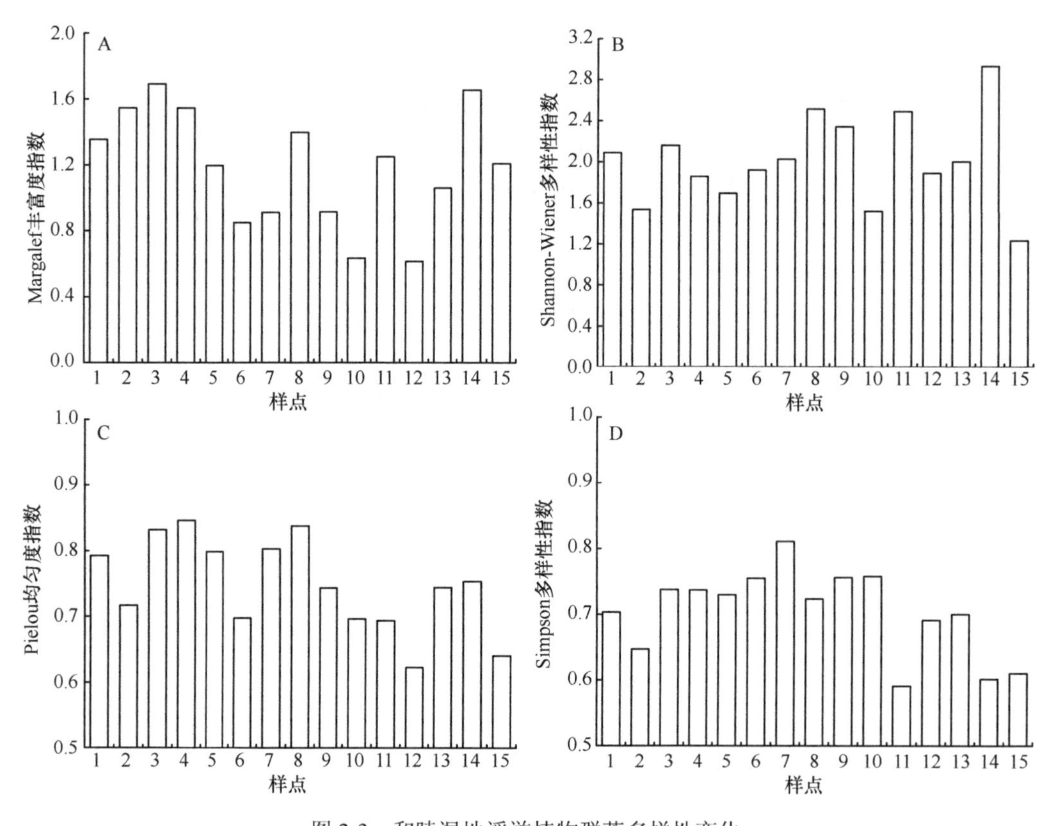

图 2-3 和睦湿地浮游植物群落多样性变化

2.3.5 浮游植物与环境因子的关系

水体环境因子与浮游植物丰度之间的相关分析见表 2-2。溶解氧与其他环境因子存在极显著正相关，而温度除与浮游植物呈现极显著正相关外，与其他大部分环境因子为负相关。除此之外，水体 TN 浓度升高，可使浮游植物丰度显著增大，而 TP 可使水体 Chla 浓度升高。结果还显示，浮游植物丰度与 Chla 浓度不存在明显相关性。原始数据经 Kaiser 法标准化后，采用最大方差正交旋转法进行因子旋转，提取得到 4 个主因子。

表 2-2　和睦湿地浮游植物丰度与水体环境因子之间的相关关系

指标	温度	浊度	DO	pH	TN	TP	COD	BOD	丰度
温度									
浊度	–0.03								
DO	0.06	0.13							
pH	–0.07	0.15	**0.39****						
TN	–0.04	0.09	**0.33***	0.19					
TP	**–0.36****	0.03	**0.44****	**0.31***	**0.36****				
COD	**–0.40****	–0.05	**0.50****	0.17	**0.43****	**0.57****			
BOD	**–0.50****	0.11	**0.44****	0.06	**0.47****	**0.76****	**0.71****		
丰度	**0.38****	0.11	**0.42****	0.23	**0.28***	–0.17	0.02	**0.39****	
Chla	–0.02	0.05	**0.41****	**0.47****	0–.12	**0.58****	0.21	–0.10	0.03

* $P<0.05$，** $P<0.01$，$n=60$

由表 2-3 得知，第一主因子的贡献率为 39.02%，强正相关的因子变量为 TN、BOD 和 COD；第二主因子的贡献率为 17.99%，正相关因子变量为 Chla 和 pH；第三主因子与温度呈现明显的负相关关系，第四主因子与浊度呈显著正相关。

表 2-3　和睦湿地水环境因子最大方差旋转因子矩阵

水环境	成分 [a]			
	1	2	3	4
TN	0.84	–0.32	–0.10	0.13
BOD	0.75	0.21	0.51	0.03
COD	0.74	0.17	0.37	–0.12
DO	0.65	0.51	–0.26	0.11
TP	0.62	0.49	0.38	–0.07
Chla	0.17	0.85	0.06	–0.08
pH	–0.06	0.82	0.02	0.17
温度	–0.11	0.01	–0.94	–0.04
浊度	0.04	0.08	0.03	0.98

a 具有 Kaiser 标准化的正交旋转法，旋转在 8 次迭代后收敛

2.4　讨　　论

2.4.1　浮游植物群落季节变化与环境因子的关系

浮游植物的群落结构是水质生物学评价的重要参数（Gaedke，1998；Zhu et al.，2013）。由于存在地域和水体类型差异，不同河流生态系统浮游植物群落的组成和动态存在较大的差异（Hamilton et al.，2011；Nirmal Kumar，2011）。和睦湿地调查显示，硅藻、绿藻和裸藻，在种类和数量上都占优势，这个结果与贾兴焕等（2010）对西溪湿地封闭水塘的研究结果大致相同。和浙江省内其他水库相比较，物种种类数和汤浦水库浮

游植物（105 种）接近（施练东等，2013），略低于紧水滩水库（139 种）（张华等，2013），明显低于横山水库（246 种）（杨亮杰等，2014）。

水体环境的变化，如水温、营养盐及水体扰动程度，都会影响浮游植物群落的演替（Li et al.，2012b）。当周围环境发生变化时，藻类能通过自身的群落演替进而维持生态平衡（Reynolds et al. 2002；Fornarelli et al.，2013）。水温通常是影响浮游植物发育和繁殖的限制因子，直接影响浮游植物的群落组成、演替方向及部分生理特性（Laskar and Gupta，2013）。在本次调查中，水体温度与和睦湿地浮游植物丰度存在显著正相关（$R^2=0.380$，$P=0.003$），而且随着水温的升高，Margalef 等指数明显提高。Ma 等（2014）在扎龙湿地的研究结果表明，水温能够显著影响浮游植物的群落结构，进而影响浮游植物的群落演替。本研究发现，和睦湿地浮游植物的群落结构也呈现明显的季节现象，夏、秋两季水温较高，使湿地内部耐受高温的藻类存活下来，在丰度上蓝藻和裸藻占优势；冬季温度较低，主要为硅藻；春季水温比较适宜，绿藻在这种环境下就显得较为活跃（Wang et al.，2013）。这与 Sommer 等（1986）提出的浮游生物生态组（plankton ecology group，PEG）模型大致相同，其通过对大量温带湖泊浮游生物和理化因子数据的分析，认为浮游植物群落季节演替遵循如下规律：从冬春的隐藻和硅藻转变为夏季的绿藻，到夏末秋初则是蓝藻占优势，秋季时硅藻数量再次上升，这一模式主要反映中营养水平深水湖泊的情况。值得一提的是，和睦湿地在地理位置上属于亚热带，受亚热带季风气候影响，可能造成与 PEG 模型略有差别，但仍可以看出，水温对浮游植物群落结构季节变化起着至关重要的作用。

2.4.2 和睦湿地水环境评价

本次结果显示，在和睦湿地出现的优势种大部分为污染指示种，代表性藻种如四尾栅藻为 β-ms（超富营养型）代表性种类，啮蚀隐藻为 α-ms（富营养型）指示种，还有囊裸藻、鱼腥藻、小球藻、纤维藻和舟形藻等，也大都属于污染指示种。与其他湿地相比较（Laskar and Gupta，2013；Wang et al.，2013），和睦湿地存在浮游植物多样性指数较低，且冬季低于其他季节的现象，说明冬季的水质最差，属于 α-污染水体（施练东等，2013；杨亮杰等，2014）。同时，湿地水环境中的 TN、TP、COD 和 Chla 等也均超出了湖泊富营养化临界值，特别是 TN 和 TP 远远超过《地表水环境质量标准》（GB3838—2002）V 类水标准，其水质状况低于相邻的西溪湿地（Li et al.，2012a；史坚等，2014）。综合来看，可以推测和睦湿地在调查期间内基本处于富营养化的状态。究其原因，主要有两点：一是和睦湿地大部分封闭水塘用以传统的鱼类养殖，投放过量的饲料和渔药，大大超过了环境容量和环境自净能力，导致营养不均衡，特别是 N、P 等营养物质过剩；二是和睦湿地东西入水口（HM14 和 HM15 站位），其地理位置距离闲林工业区较近，且周边有多个房地产开发在建项目，工业污水的大量排放对和睦湿地水环境造成严重的影响。因此，我们呼吁加强和睦湿地富营养化污染的防治，保护浮游植物生物多样性，这对杭州城西湿地的保护和可持续发展具有重要意义。

（姜　丹、林施泉、刘　忱、茆传奇、邵晓阳）

参 考 文 献

陈茜, 吴斌, 邵卫伟, 等. 2010. 浙江省主要常见淡水藻类图集. 北京: 中国环境科学出版社.
邓建明, 徐彩平, 陈宇炜, 等. 2011. 太湖流域主要河道浮游植物类群对比研究. 资源科学, 33(2): 210-216.
董鸣, 王慧中, 匡廷云, 等. 2013. 杭州城西湿地保护与利用战略概要. 杭州师范大学学报(自然科学版), 12(5): 385-390.
胡鸿钧, 魏印心. 2006. 中国淡水藻类——系统、分类及生态. 北京: 科学出版社.
贾兴焕, 吴明, 邵学新, 等. 2010. 西溪湿地封闭水塘浮游植物群落特征及其影响因素. 生态学杂志, 29(9): 1743-1748.
金相灿, 屠清瑛, 章宗涉, 等. 1990. 湖泊富营养化调查规范(第二版). 北京: 中国环境科学出版社.
林施泉, 邵晓阳, 姜丹, 等. 2013. 福建省木兰溪流域浮游植物群落结构特征. 湿地科学, 11(1): 48-53.
陆欣鑫, 刘妍, 范亚文. 2014. 呼兰河湿地夏、秋两季浮游植物功能分组演替及其驱动因子分析. 生态学报, 34(5): 1264-1273.
施练东, 竺维佳, 张俊芳, 等. 2013. 亚热带水库浮游植物群落结构季节演替及其春季水华成因分析——以浙江汤浦水库为例. 水生态学杂志, 34(2): 32-38.
史坚, 廖欣峰, 方晓波, 等. 2014. 西溪湿地四季水质时空变化及影响因子分析. 环境污染与防治, 36(6): 39-46.
杨亮杰, 余鹏飞, 竺俊全, 等. 2014. 浙江横山水库浮游植物群落结构特征及其影响因子. 应用生态学报, 25(2): 569-576.
曾呈奎, 毕列爵. 2005. 藻类名词及名称(第二版). 北京: 科学出版社.
张华, 胡鸿钧, 晁爱敏, 等. 2013. 浙江紧水滩水库浮游植物群落结构季节变化特征. 生态学报, 33(3): 944-956.
周凤霞, 陈剑虹. 2010. 淡水微型生物图谱. 北京: 化学工业出版社.
Boyer T, Polasky S. 2004. Valuing urban wetlands: a review of non-market valuation studies. Wetlands, 24(4): 744-755.
Danilov R, Ekelund N G A. 1999. The efficiency of seven diversity and one similarity indices based on phytoplankton data for assessing the level of eutrophication in lakes in central Sweden. Science of the Total Environment, 234(1-3): 15-23.
Fornarelli R, Antenucci J P, Marti C L. 2013. Disturbance, diversity and phytoplankton production in a reservoir affected by inter-basin water transfers. Hydrobiologia, 705(1): 9-26.
Gaedke U. 1998. Functional and taxonomical properties of the phytoplankton community: interannual variability and response to re-oligotrophication. Archiv für Hydrobiologie, 53: 119-141.
Hamilton P B, Lavoie I, Ley L M, et al. 2011. Factors contributing to the spatial and temporal variability of phytoplankton communities in the Rideau River (Ontario, Canada). River Systems, 19(3): 189-205.
Laskar H S, Gupta S. 2013. Phytoplankton community and limnology of Chatla floodplain wetland of Barak valley, Assam, North-East India. Knowledge and Management of Aquatic Ecosystems, 411: 14.
Li Y, Liu H, Hao J, et al. 2012a. Trophic states of creeks and their relationship to changes in water level in Xixi National Wetland Park, China. Environmental Monitoring and Assessment, 184(4): 2433-2441.
Li Z, Wang S, Guo J S, et al. 2012b. Responses of phytoplankton diversity to physical disturbance under manual operation in a large reservoir, China. Hydrobiologia, 684(1): 45-56.
Litchman E, Klausmeier C A, Schofield O M, et al. 2007. The role of functional traits and trade-offs in structuring phytoplankton communities: scaling from cellular to ecosystem level. Ecology Letters, 10(12): 1170-1181.
Ma Y, Li G B, Li J, et al. 2014. Seasonal succession of phytoplankton community and its relationship with environmental factors of North temperate zone water of the Zhalong Wetland, in China. Ecotoxicology,

23(4): 618-625.
Nirmal Kumar J I. 2011. Phytoplankton composition in relation to hydrochemical properties of tropical community wetland, Kanewal, Gujarat, India. Applied Ecology and Environmental Research, 9(3): 279-292.
Reynolds C S, Huszar V, Kruk C, et al. 2002. Towards a functional classification of the freshwater phytoplankton. Journal of Plankton Research, 24(5): 417-428.
Reynolds C S. 2006. The Ecology of Phytoplankton. Cambridge: Cambridge University Press.
Sommer U, Gliwicz M Z, Lampert W, et al. 1986. The PEG-model of seasonal succession of planktonic events in freshwaters. Archives of Hydrobiology, 106(4): 433-471.
Tao X. 2011. Phytoplankton biodiversity survey and environmental evaluation in Jia Lize wetlands in Kunming City. Procedia Environmental Sciences, 10: 2336-2341.
Verasztó C, Kiss K T, Sipkay C, et al. 2010. Long-term dynamic patterns and diversity of phytoplankton communities in a large eutrophic river (the case of River Danube, Hungary). Applied Ecology and Environmental Research, 8(4): 329-349.
Wang X, Wang Y, Liu L S, et al. 2013. Phytoplankton and eutrophication degree assessment of Baiyangdian Lake Wetland, China. Scientific World Journal, doi: 436965.
Zhu W, Pan Y, Tao J, et al. 2013. Phytoplankton community and succession in a newly man-made shallow lake, Shanghai, China. Aquatic Ecology, 47(2): 137-147.

第 3 章　杭州西湖浮游藻类变化规律与水质关系的研究

3.1　引　　言

杭州西湖位于杭州市西侧，为我国著名的游览性湖泊，是由淡水湖沼经历了海水入侵的海相时期再淡化成现代西湖，一般研究多认为西湖形成淡水湖的年代距今约 2000 年（项斯端等，2000）。西湖一面濒临市区，三面环山，南北长约 3.2 km，东西宽约 2.8 km，绕湖一周近 15 km，有水面积 5.66 km^2，平均水深仅 1.56 m，全湖被苏堤、白堤分割成 5 个子湖区：外湖、北里湖、西里湖、岳湖和小南湖，各湖区的水体通过堤下的桥洞相互沟通。湖中有三潭印月、湖心亭和阮公墩三个小岛。湖水原靠天然雨水补给，自 1986 年钱塘江引水工程竣工后，每年人工引水平均约 2400 万 m^3；主要有长桥溪、龙泓涧、金沙涧等支流汇入，西湖泄水主要通过圣塘河和古新河入运河。

有关研究资料表明：杭州西湖浮游藻类的种类极为丰富，其中蓝藻、绿藻占优势，反映水质超富营养化的特点（何绍箕等，1980）。湖内藻类成分正由附生性转变为以浮游性为主（项斯端等，2000）。西湖水体富营养化的原因是多方面的，主要原因是可溶性磷浓度含量过高，刺激了藻类的生长（裴洪平等，2003）。

水体富营养化的治理是一个世界性的难题，我国大多数湖泊水体中氮、磷含量普遍存在超标现象，是造成水体富营养化的主因（何绍箕等，1980；刑鹏等，2007），导致水质下降。由于西湖为半封闭性湖泊，水的更新程度差、自净能力弱，加上湖区周围经济迅速发展，致使含氮、磷等营养物质大量累积，当氮、磷比值达到 15～20，且气温、光照、水文气象等外部条件适宜时会引起藻类疯长，出现大面积“水华”现象（Fukami et al.，1991）。虽然通过截污、疏浚和钱塘江引水等一系列治理措施，使西湖水质得到了一定程度的改善，但西湖水体富营养化趋势仍未得到根本控制。本文旨在通过对杭州西湖浮游藻类变化规律与水质关系的研究为西湖环境的综合治理提供理论依据。

3.2　材料与方法

3.2.1　监测断面的设置

根据需要共设 6 个采样点，样点 1（120°07′40.36″E，30°15′10.63″N），曲院风荷，位于岳湖。样点 2（120°08′12.83″E，30°15′24.66″N），位于北里湖。样点 3（120°09′06.05″E，30°15′45.31″N），位于外湖出水口处。样点 4（120°09′18.75″E，30°14′54.78″N），涌金池，位于外湖。样点 5（120°08′13.79″E，30°13′47.98″N），苏堤入水口处，位于小南湖。样点 6（120°07′43.14″E，30°14′33.86″N），设于丁家山景区，位于西里湖。

3.2.2 实验方法

1. 样品采集

自 2006 年 9 月开始，每月采集水样两次，至 2007 年 9 月结束。现场测定水温，加入 1 mL 硫酸锰溶液和 2 mL 碱性碘化钾固定溶解氧水样，总氮水样加硫酸酸化至 pH≤1 保存，总磷水样加硫酸酸化至 pH<2，4℃保存（国家环境保护总局，2002）。

2. 藻类鉴定

主要观察活体与固定样，所用显微镜为 Nikon：E200（带数码摄像功能），物种鉴定主要依据《中国淡水藻类——系统、分类及生态》（胡鸿钧和魏印心，2006）、《藻类名词及名称》（第二版）（曾呈奎和毕列爵，2005）和《淡水微型生物图谱》（周凤霞和陈剑虹，2005）。

3. 水样固定、浓缩和计数

取 5 mL 鲁哥氏液注入 495 mL 水样中，24 h 后用虹吸管小心抽掉上清液，余下 20～25 mL 沉淀物转入 30 mL 定量瓶中，再用上清液少许冲洗容器几次，冲洗液加到 30 mL 定量瓶中。然后吸取 0.1 mL 样品注入 0.1 mL 计数框，在 10×10 倍或 10×40 倍的显微镜下测定样本大小并逐个计数。每个水样计数三片取平均值，按公式：$N=(V_s \times n)/(V \times V_a)$ 换算成单位体积中的个体数量。式中，N 为 1 L 水中浮游藻类个体数（个/L）；V 为采样体积（L）；V_s 为浓缩体积（mL）；V_a 为计数体积（mL）；n 为计数时所得的个体数（宋微波和徐奎栋，1999；施心路等，2003；韩蕾等，2007）。

4. 水质状况分析

对采集的水样按水质评价和监测标准（国家环境保护总局，2002）进行理化指标［主要包括 T（温度）、DO（溶解氧）、BOD_5（五日生化需氧量）、COD（化学需氧量）、TN（总氮）、TP（总磷）等］分析。

5. 指标计算与评价

Margalef 丰富度指数 $d=(S-1)/\ln N$，Simpson 多样性指数 $D=1-\Sigma(n_i/N)^2$，Shannon-Wiener 多样性指数 $H'=-\sum_{i=1}^{s}(n_i/N)\log_2 n_i/N$，Pielou 均匀度指数 $J'=H'/\ln S$。式中 S 为种数，n_i 为 i 种的个体数，N 为总个体数。

$$\text{绿藻指数}=\text{绿藻种数（不包括鼓藻）}/\text{鼓藻种数} \tag{3-1}$$

绿藻指数为 0～1 属贫营养型，1～5 属富营养型，5～15 属重富营养型。绿藻指数=72/6=12，属重富营养型。

$$\text{综合指数}=\text{（蓝藻+绿藻+中心壳目硅藻+裸藻种数）}/\text{鼓藻种数} \tag{3-2}$$

综合指数小于 1 为贫营养型，1～2.5 为弱富营养型，3～5 为中度富营养型，5～20

为重度富营养型，20～43 为重富营养型。

Margalef 多样性指数 0～1 为重度污染，1～2 为严重污染，2～4 为中度污染，4～6 为轻度污染，大于 6 为清洁水体。

3.3　结　　果

3.3.1　杭州西湖浮游藻类在各样点的分布及组成

杭州西湖共鉴定出浮游藻类 179 种（表 3-1），绿藻 78 种，占总数的 43.6%；裸藻 23 种，占 12.8%；蓝藻 25 种，占 14.0%；隐藻 1 种，占 0.6%；金藻 3 种，占 1.7%；甲藻 3 种，占 1.7%；黄藻 5 种，占 2.8%；硅藻 41 种，占总数的 22.9%。西湖浮游藻类的种类和个体丰度较过去均有所增加（何绍箕等，1980）。

表 3-1　杭州西湖浮游藻类种类组成

种名	种名	种名
类颤鱼腥藻 *Anabaena oscillarioides*	纤细裸藻 *Euglena gracilis*	微小异极藻 *Gomphonema parvulum*
环圈拟鱼腥藻 *Anabaenopsis circularis*	易变裸藻 *Euglena mutabilis*	尖布纹藻 *Gyrosigma acuminatum*
钝顶节旋藻 *Arthrospira platensis*	鱼形裸藻 *Euglena pisciformis*	斯潘塞布纹藻 *Gyrosigma spencerii*
内栖博氏藻 *Borzia endophytica*	近轴裸藻 *Euglena proxima*	颗粒直链藻 *Melosira granulata*
小形色球藻 *Chroococcus minor*	绿色裸藻 *Euglena viridis*	系带舟形藻 *Navicula cincta*
微小色球藻 *Chroococcus minutus*	密盘裸藻 *Euglena wangii*	线形舟形藻 *Navicula graciloides*
居氏腔球藻 *Coelosphaerium kuetzingianum*	扭曲藻 *Helikotropis okteres*	放射舟形藻 *Navicula radiosa*
静水筒孢藻 *Cylindrospermum stagnale*	卵形鳞孔藻 *Lepocinclis ovum*	舟形藻 *Navicula* sp.
不整齐蓝纤维藻 *Dactylococcopsis irregularis*	喙状鳞孔藻 *Lepocinclis playfairiana*	细齿菱形藻 *Nitzschia denticula*
膜状黏杆藻 *Gloeothece membranacea*	椭圆鳞孔藻 *Lepocinclis steinii*	泉生菱形藻 *Nitzschia fonticola*
中国双尖藻 *Hammatoidea sinensis*	圆柱扁裸藻 *Phacus cylindrus*	线形菱形藻 *Nitzschia linearis*
银灰平裂藻 *Merismopedia glauca*	粒形扁裸藻 *Phacus granum*	布雷羽纹藻 *Pinnularia brebssonii*
细小平裂藻 *Merismopedia minima*	钩状扁裸藻 *Phacus hamatus*	中突羽纹藻 *Pinnularia mesolepta*
点形平裂藻 *Merismopedia punctata*	曲尾扁裸藻 *Phacus lismorensis*	细条羽纹藻 *Pinnularia microstauron*
微小平裂藻 *Merismopedia tenuissima*	长尾扁裸藻 *Phacus longicauda*	弯形弯楔藻 *Rhoicosphenia curvata*
屈氏平裂藻 *Merismopedia trolleri*	亚铃扁裸藻 *Phacus peteloti*	双头辐节藻 *Stauroneis* sp1.
紫色微囊藻 *Microcystis amethystina*	陀螺剑尾藻 *Strombomonas ensifera*	双头辐节藻 *Stauroneis* sp2.
沼泽念珠藻 *Nostoc paludosum*	暗绿囊裸藻 *Trachelomonas euchlora*	端毛双菱藻 *Surirella capronii*
两栖颤藻 *Oscillatoria amphibia*	细粒囊裸藻 *Trachelomonas granulosa*	尖针杆藻 *Synedra acus*
珊瑚颤藻 *Oscillatoria corallinae*	旋转囊裸藻 *Trachelomonas volvocina*	近缘针杆藻 *Synedra affinis*
伪双点颤藻 *Oscillatoria pseudogeminata*	卵圆双眉藻 *Amphora ovalis*	双头针杆藻 *Synedra amphicephala*
纤细席藻 *Phormidium tenue*	扁圆卵形藻 *Cocconeis placentula*	偏凸针杆藻 *Synedra vaucheriae*
弯形小尖头藻 *Raphidiopsis curvata*	科曼小环藻 *Cyclotella comensis*	窗格平板藻 *Tabellaria fenestriata*
中华尖头藻 *Raphidiopsis sinensis*	梅尼小环藻 *Cyclotella meneghiniana*	绒毛平板藻 *Tabellaria flocculosa*

续表

种名	种名	种名
巨形螺旋藻 *Spirulina major*	草鞋形波缘藻 *Cymatopleura solea*	集星藻 *Actinastrum hantzschii*
啮蚀隐藻 *Cryptomonas erosa*	奥地利桥弯藻 *Cymbella austriaca*	针形纤维藻 *Ankistrodesmus acicularis*
角甲藻 *Ceratium hirundinella*	膨胀桥弯藻 *Cymbella tumida*	狭形纤维藻 *Ankistrodesmus angustus*
裸甲藻 *Gymnodinium aeruginosum*	长等片藻 *Diatoma elongatum*	卷曲纤维藻 *Ankistrodesmus convolutus*
外穴裸甲藻 *Gymnodinium excavatum*	普通等片藻 *Diatoma vulgare*	镰形纤维藻 *Ankistrodesmus falcatus*
小刺角绿藻 *Goniochloris brevispinosa*	鼠形窗纹藻 *Epithemia sorex*	纤维藻 *Ankistrodesmus* sp.
钝角绿藻 *Goniochloris mutica*	短线脆杆藻 *Fragilaria brevistriata*	螺旋纤维藻 *Ankistrodesmus spiralis*
小型黄管藻 *Ophiocytium parvulum*	克洛脆杆藻 *Fragilaria crotomensis*	狭形小椿藻 *Characium augustum*
小型黄丝藻 *Tribonema minue*	十字脆杆藻 *Fragilaria harrissonii*	直立小桩藻 *Characium strictum*
拟丝状黄丝藻 *Tribonema ulothrichoides*	中型脆杆藻 *Fragilaria intermidia*	土生绿球藻 *Chlorococcum humicola*
弯曲变胞藻 *Astasia curvata*	变绿脆杆藻 *Fragilaria viresens*	中华拟衣藻 *Chloromonas sinica*
变异多形藻 *Distigma proteus*	微绿肋缝藻 *Frustulia viridula*	纤毛顶棘藻 *Chodatella ciliate*
刺鱼状裸藻 *Euglena gasterosteus*	缢缩异极藻 *Gomphonema constrictum*	弓形藻 *Schroederia setigera*
库津新月藻 *Closterium kuetzingii*	盘星藻 *Pediastrum* sp4.	螺旋弓形藻 *Schroederia spiralis*
小空星藻 *Coelastrum microporum*	盘星藻 *Pediastrum* sp5.	纤细月牙藻 *Selenastrum gracile*
颗粒鼓藻 *Cosmarium granatum*	四角盘星藻 *Pediastrum tetras*	端尖月牙藻 *Selenastrum westii*
华美十字藻 *Crucigenia lauterbornii*	透镜壳衣藻 *Phacotus lenticularis*	乳突顶接鼓藻 *Spondylosium papillosum*
四角十字藻 *Crucigenia quadrata*	心形素衣藻 *Polytoma cordatum*	平顶顶接鼓藻 *Spondylosium planum*
直角十字藻 *Crucigenia rectangularis*	钝素衣藻 *Polytoma obtusum*	四角角星鼓藻 *Staurastrum tetracerum*
棘鞘藻 *Echinocoleum elegans*	极小葡串藻 *Pyrobotrys minima*	具尾四角藻 *Tetraedron caudatum*
芒锥藻 *Errerella bornhemiensis*	柯氏并联藻 *Quadrigula chodatii*	细小四角藻 *Tetraedron minimum*
布雷棒形鼓藻 *Gonatozygon brebissonii*	新月并联藻 *Quadrigula closterioides*	整齐四角藻 *Tetraëdron regulare*
棒形鼓藻 *Gonatozygon monotaenium*	尖细栅藻 *Scenedesmus acuminatus*	三角四角藻 *Tetraedron trigonum*
水网藻 *Hydrodictyon reticulatum*	被甲栅藻 *Scenedesmus armatus*	三叶四角藻 *Tetraëdron trilobulatum*
蹄形藻 *Kirchneriella lunaris*	对对栅藻 *Scenedesmus bijuga*	四月藻 *Tetrallantos lagerkeimii*
大叶衣藻 *Lobomonas ampla*	龙骨栅藻 *Scenedesmus cavinatus*	网膜藻 *Tetrasporidium javanicum*
环离鞘丝藻 *Lyngbya circumcreta*	齿牙栅藻 *Scenedesmus denticulatus*	短刺四星藻 *Tetrastrum staurogeniaeforme*
丛毛微孢藻 *Microspora floccosa*	二形栅藻 *Scenedesmus dimorphus*	片状胸板藻 *Thorakomonas laminata*
池生微孢藻 *Microspora stagnorum*	厚顶栅藻 *Scenedesmus incrassatulus*	粗刺四刺藻 *Treubaria crassispina*
肾形藻 *Nephrocytium agardhianum*	裂孔栅藻 *Scenedesmus perforatus*	网纹小箍藻 *Trochiscia reticularis*
新月肾形藻 *Nephrocytium lunatum*	扁盘栅藻 *Scenedesmus platydiscus*	球团藻 *Volvox globator*
单生卵囊藻 *Oocystis solitaria*	四尾栅藻 *Scenedesmus quadricauda*	浮生韦斯藻 *Wislouchiella planctonica*
短棘盘星藻 *Pediastrum boryanum*	栅藻 *Scenedesmus* sp.	囊生单鞭金藻 *Chromulina freiburgensis*
盘星藻 *Pediastrum* sp1.	武汉栅藻 *Scenedesmus wuhanensis*	肾形双角藻 *Dicera phaseolus*
盘星藻 *Pediastrum* sp2.	拟菱形弓形藻 *Schroederia nitzschioides*	具尾鱼鳞藻 *Mallomonas caudata*
盘星藻 *Pediastrum* sp3.	硬弓形藻 *Schroederia robusta*	

样点 1 共检出藻类 54 种，优势种为不整齐蓝纤维藻（*Dactylococcopsis irregularis*）；样点 2 共检出 78 种，优势种为点形平裂藻（*Merismopedia punctata*）和两栖颤藻（*Oscillatoria amphibia*）；样点 3 共检出 79 种，其中优势种为两栖颤藻；样点 4 共检出

66 种，优势种为两栖颤藻、巨形螺旋藻（*Spirulina major*）和细小平裂藻（*Merismopedia minima*）；样点 5 共检出 67 种，优势种为四尾栅藻（*Scenedesmus quadricauda*）；样点 6 共检出 75 种，优势种为四尾栅藻。显然：蓝藻门和绿藻门在种类和优势种上都占据了绝对优势。

3.3.2　生物指标

1. 藻类种类数及 Margalef 丰富度指数

浮游藻类种类数在一个较大的范围内变化，11 月底各样点出现最高峰，然后开始逐渐下降，3 月底 4 月初又开始回升（图 3-1）。Margalef 多样性指数为 0.249～4.973，从 9 月开始呈下降趋势，到 3 月平均值达到最高，为 1.97（图 3-2）（谭晓丽等，2005）。

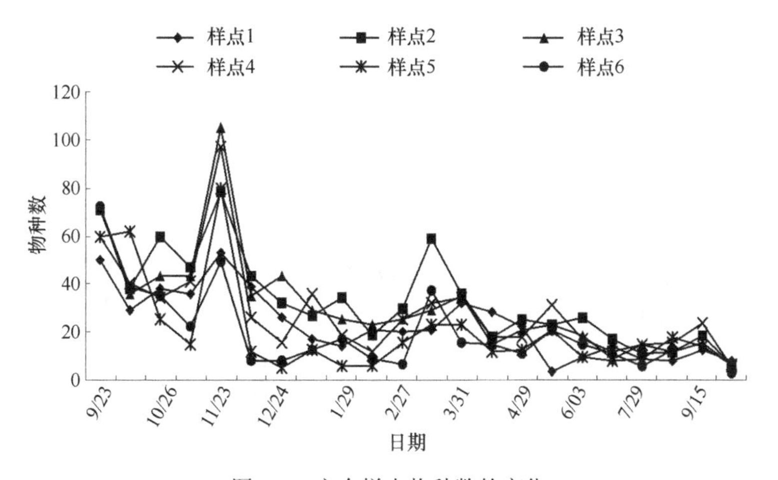

图 3-1　六个样点物种数的变化

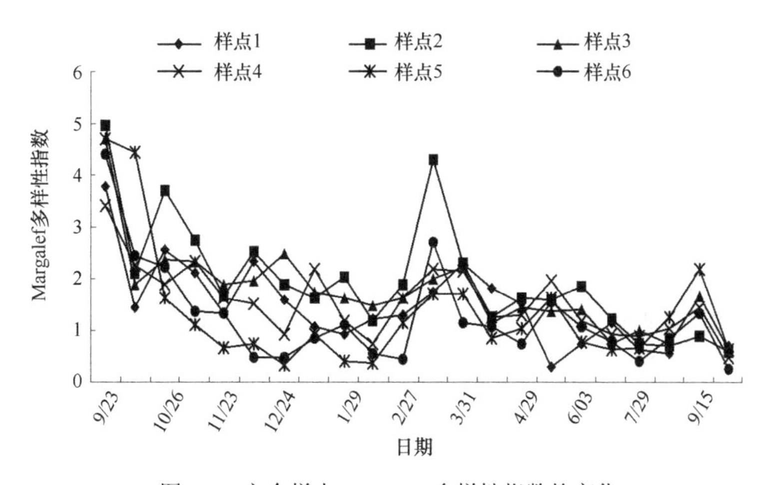

图 3-2　六个样点 Margalef 多样性指数的变化

2. 个体丰度及 Simpson 多样性指数

个体丰度最大值出现在样点 3，达 44 640 000 个/L，10 月中旬，多数样点达到最大值，然后呈下降趋势（图 3-3）。Simpson 多样性指数为 0.4208～0.9987。样点 5 的平均值最高，达 0.9042，其他各样点的平均值保持在 0.8700 左右（图 3-4）。

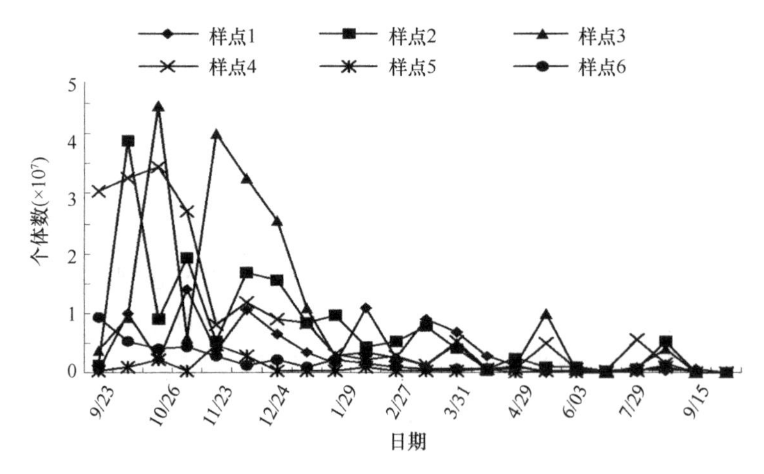

图 3-3　六个样点个体丰度的变化

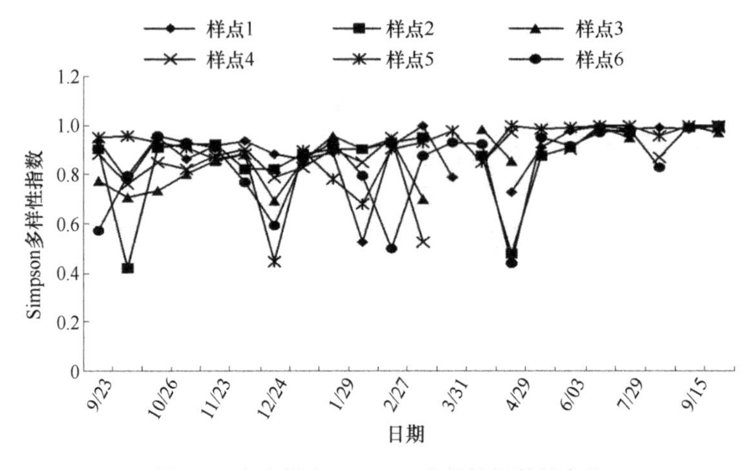

图 3-4　六个样点 Simpson 多样性指数的变化

3. Shannon-Wiener 多样性指数及均匀度指数

Shannon-Wiener 多样性指数为 0.002～2.254。样点 2、样点 6 最高值同时出现在 4 月底，样点 1 在 2 月初出现最高值，样点 4 的最大值出现在 3 月中旬，样点 5 在 12 月底出现最大值，样点 3 维持在一个相对稳定的水平（图 3-5）。均匀度指数在 0.003～10.466 范围内变动，各样点随时间的变化趋势与 Shannon-Wiener 多样性指数基本保持一致，各样点之间的差异显著（图 3-6）。

3.3.3　各样点的水质状况

杭州西湖全年水温在 7.0～33.5℃内波动，最高水温出现在 7 月底至 8 月初，最低水温出现在 1 月，平均水温为 19.9℃；pH 为中性稍偏碱性，所有样点的平均值为 7.99；DO

受季节变化的影响较大，全年在 2.37～12.31 mg/L 范围内变化，DO 含量最高的为样点 3，平均值为 9.00 mg/L，最低的为样点 1，平均值为 7.07 mg/L，所有样点平均值为 7.92 mg/L；BOD_5 在 0.27～5.38 mg/L 范围内变化，样点 3 的平均值最高，为 3.08 mg/L，样点 1 的平均值最低，为 1.44 mg/L，所有样点的平均值为 2.14 mg/L；COD_{Cr} 的平均值相差较大，样点 2 最高，为 24.3 mg/L，样点 5 最低，为 10.3 mg/L，所有样点的平均值为 16.32 mg/L；TP 的变化范围为 0.017～0.283 mg/L，平均值最高的样点 3 为 0.140 mg/L，平均值最低的样点 5 为 0.091 mg/L，所有样点的平均值为 0.102 mg/L；各样点的 TN 相差不大，平均值在 1.75～2.80 mg/L 范围内波动，所有样点的平均值为 2.24 mg/L，样点 1 最高，达 2.83 mg/L，样点 3 最低，为 1.79 mg/L（表 3-2）。

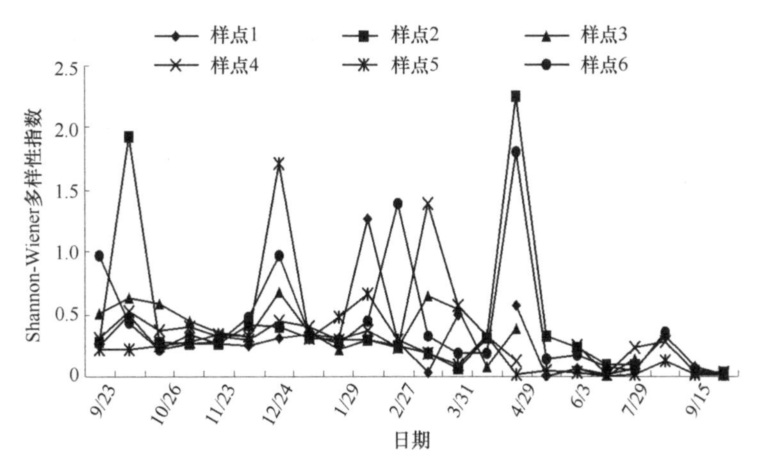

图 3-5　六个样点 Shannon-Wiener 多样性指数变化

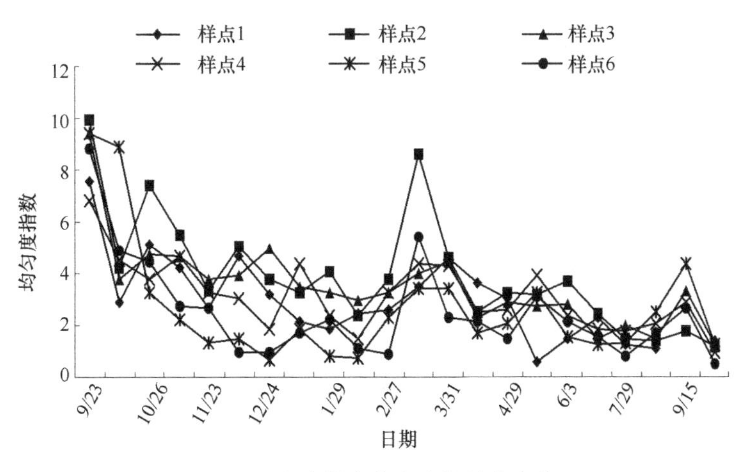

图 3-6　六个样点均匀度指数的变化

表 3-2　各样点的水质状况　　（单位：mg/L）

样点	化学指标	最大值	最小值	平均值	最差	最好
1	pH	8.34	6.00	7.70	—	—
	DO	11.95	2.94	7.07	V	II
	BOD_5	3.11	0.27	1.44	III	I

续表

样点	化学指标	最大值	最小值	平均值	最差	最好
1	COD_{Cr}	32.70	8.50	19.90	Ⅴ	Ⅰ
	TP	0.233	0.019	0.115	>Ⅴ（0.2）	Ⅱ
	TN	7.64	0.92	2.83	>Ⅴ（2.0）	Ⅲ
2	pH	8.83	6.00	7.99	—	—
	DO	10.91	2.37	7.53	Ⅴ	Ⅰ
	BOD_5	5.22	1.15	2.74	Ⅳ	Ⅰ
	COD_{Cr}	42.50	14.30	24.30	>Ⅴ（40）	Ⅰ
	TP	0.274	0.029	0.119	>Ⅴ（0.2）	Ⅲ
	TN	4.29	0.61	1.97	>Ⅴ（2.0）	Ⅲ
3	pH	9.18	7.00	8.39	—	—
	DO	12.68	5.52	9.00	Ⅲ	Ⅰ
	BOD_5	5.38	1.07	3.08	Ⅳ	Ⅰ
	COD_{Cr}	39.70	11.90	21.50	Ⅴ	Ⅰ
	TP	0.393	0.017	0.140	>Ⅴ（0.2）	Ⅱ
	TN	3.09	0.94	1.79	>Ⅴ（2.0）	Ⅲ
4	pH	8.95	7.38	8.27	—	—
	DO	10.94	3.53	7.96	Ⅳ	Ⅰ
	BOD_5	4.97	0.77	2.64	Ⅳ	Ⅰ
	COD_{Cr}	38.00	12.90	21.60	Ⅴ	Ⅰ
	TP	0.266	0.024	0.114	>Ⅴ（0.2）	Ⅱ
	TN	3.35	0.64	1.87	>Ⅴ（2.0）	Ⅲ
5	pH	8.29	7.16	7.59	—	—
	DO	10.18	4.23	7.53	Ⅳ	Ⅰ
	BOD_5	3.53	0.50	1.42	Ⅲ	Ⅰ
	COD_{Cr}	28.10	2.38	10.30	Ⅳ	Ⅰ
	TP	0.376	0.028	0.091	>Ⅴ（0.2）	Ⅲ
	TN	3.88	1.13	2.64	>Ⅴ（2.0）	Ⅳ
6	pH	8.60	7.58	7.92	—	—
	DO	12.31	6.19	8.43	Ⅱ	Ⅰ
	BOD_5	4.54	0.76	1.54	Ⅳ	Ⅰ
	COD_{Cr}	32.00	2.00	10.60	Ⅴ	Ⅰ
	TP	0.356	0.023	0.101	>Ⅴ（0.2）	Ⅱ
	TN	4.27	1.09	2.60	>Ⅴ（2.0）	Ⅳ

分级参考《地表水环境质量标准》（GB 3838—2002）
—表示未评价

3.4 讨　　论

与前人的研究相比，杭州西湖的浮游藻类种类和个体丰度均有所增加（何绍箕等，1980）。与国内其他淡水湖泊相比，杭州西湖的物种多样性指数也具一定优势（张良璞，

2007），耐污性种类两栖颤藻在各样点出现的次数和丰度都极高，整个西湖水域藻类个体丰度非常高，样点 3 的个体丰度最高可达 44 640 000 个/L。一般来说，多样性指数越大，则水质越好。一般在未污染的水体中，种类多而种群数量大多偏低；而在污染水体中，由于不同种类对污染的反应不同，少数种类的种群数量增加；但在严重污染时，种类数和种群数量都降低（章宗涉，1990）。

研究发现：杭州西湖绿藻门的种类所占比例开始增大，蓝藻门的种类所占比例开始减小，说明西湖水质正在逐渐变好。然而，综合绿藻指数（绿藻指数=12，属重富营养型）、综合指数（20<综合指数<43，为重富营养型）、Margalef 多样性指数以及裸藻门种类占浮游藻类总数 12.9%，说明杭州西湖水体还是属典型富营养化水体（何绍箕等，1980）。

化学指标方面，根据《水质标准汇编》（水质标准汇编组，2005）中“地表水环境质量标准基本项目标准限值”部分标准进行评定：所有样点中 DO、BOD_5、COD_{Cr} 最好时均可达 I 类水标准（DO≥7.5 mg/L、BOD_5≤3 mg/L、COD_{Cr}≤15 mg/L），TP 和 TN 大多情况属于Ⅲ类水标准（0.025≤TP≤0.05、0.5≤TN≤1.0）以下。比较而言，样点 3 的 DO 和 TN 较好，但其他指标相对较差。样点 1、样点 5 和样点 6 的 BOD_5、COD_{Cr} 和 TP 较好，样点 2 的各指标较差，样点 6 的各项指标大多好于样点 5。根据极值评价法（即以所有指标中最差的一项为评价标准），杭州西湖的水质仍属于Ⅴ类水。

与其他淡水湖泊水质情况一样（何绍箕等，1980；吕兰军，1994；韩小勇，1998；江耀慈等，2001；赵汉取等，2007），导致西湖水质标准下降的主要原因还是 TN 和 TP 的含量超标。调查发现，主要原因有：近 2000 年高龄的西湖已进入衰老期，自身调节能力较差（许木启等，2002），加上水浅且交换率低，只有小南湖一个进水口和圣塘闸一个出水口，加上湖区内湾道较多使湖水不能达到充分混合的效果。湖中又有苏堤和白堤阻碍了湖水之间充分流动，造成流动“死角”。又因西湖是处于大城市中的著名旅游景点，大量游客的活动和机动车尾气的排放在一定程度上影响了湖水的质量，导致一些藻类生长十分迅速（俞建军，1998），极易造成湖水水质恶化。此外，西湖底泥平均厚达 0.8 m，含大量丰富的有机质，特别是氮和磷。这些营养物质在一定条件下，如风浪、船只的搅动、底层缺氧等仍有可能上浮，为藻类所利用。也可能藻类和其他浮游生物之间存在某种复杂的生物关系（Cole，1982；Riemann and Wingding，2001），从而促进藻类吸收 N、P。究其原因，样点 5 和样点 6 附近的宾馆、饭店比较多，周围还有大片茶树林，在降水时，含 N、P 较高的降水汇流入西湖，样点 5 和样点 6 的 DO（≥5 mg/L）、BOD（≤4 mg/L）和 COD_{Cr}（≤20 mg/L）都至少达到Ⅲ类水的标准，一年中 TN 和 TP 的含量维持在一个比较稳定变化的水平。样点 2 旁边有一公交站点，行人游客众多，水的透明度较低且水草很少。样点 3 设在西湖一个主要的出水口处，此处水深达 2 m 以上，风浪较大，DO（5.52～9.00 mg/L）和 TN（1.79 mg/L）是所有样点中相对较好的。样点 5 位于引钱塘水经净化处理过后流入西湖的入水口旁，且生长大量沉水植物，各项指标明显要好于其他各样点。

要彻底改善西湖的水质，当地政府应完善和加强管理力度：坚决关闭湖区周边的工厂，杜绝生活污水排往湖中，禁止游客乱扔废弃物；改善水流在湖中的分布：增加换水频率和流量，增加进水口和出水口，各区域间相互灌通，以达到最好的引水效果。引入的水在进入西湖前应经净化处理，去除其中含 N、P 有机物及有害物质。探索新的治理方法：根据国内和国外一些治理湖泊经验，可在湖中种植适量较大型水生植物吸收 N、P，然后加以收集和捕捞。此外，在湖中投放聚合氯化铝、聚合氯化铁等盐可使含磷盐被吸附而沉降，降低 TP（俞建军，1998）。笔者设想：N、P 有机物→藻类→浮游动物→鱼类食物链上，在控制 N、P 排放的同时，构造更复杂的食物网，让藻类成为更多种浮游生物的食物，如研究专以浮游藻类为食的转基因鱼类出现，从而使更多的 N、P 朝有利的方向流动。鉴于西湖水浅泥多的现状，能否探究先在小范围内围湖挖泥，然后依次向前推进，彻底清除淤泥中的 N、P 的方法。

总之，利用生物（浮游藻类）参数监测杭州西湖水质的结果与理化参数监测所得的结果能较好地吻合，两者都显示了西湖水体富营养化的事实。但以目前所用的极值评价法，杭州西湖水质仍属于Ⅴ类水体。实验证明，样点 5 位于进水口附近，其生物多样性、个体丰度及其他理化指标均明显要好于其他样点且大部分指标较好，如果仅仅因为总氮超标而被定为Ⅴ类水似乎不太科学，我们应当尽可能多地从各个方面对水质进行一个综合评价。中国和北美学者最新研究资料表明：减氮不能控制藻类总量，富营养化治理应集中控磷。因此，对磷的控制就显得更加重要了。可喜的是，自 2002 年杭州市政府实施西湖西进工程，定人定时打捞湖面污物，西湖的水质在很大程度上得到改善，氮、磷的排放已被有效的控制，其他各理化指标也较以前有了明显好转，水螅等环境指示生物也正逐步增多。

（张志兵、施心路、刘桂杰、杨仙玉、王娅宁、刘晓江）

参 考 文 献

国家环境保护总局. 2002. 水和废水监测分析方法(第四版). 北京: 中国环境科学出版社.
韩蕾, 施心路, 刘桂杰, 等. 2007. 哈尔滨太阳岛水域原生动物群落变化的初步研究. 水生生物学报, 31(2): 272-277.
韩小勇. 1998. 巢湖水质调查与研究. 水资源保护, 7(1): 24-28.
何金土, 裴洪平, 章向明. 1994. 杭州西湖水质预测方法和结果分析. 生物数学学报, 9(2): 85-90.
何绍箕, 刘经雨, 毛发新. 1980. 杭州西湖浮游藻类的初步研究. 杭州大学学报, (1): 104-116.
胡鸿钧, 魏印心. 2006. 藻类鉴定. 见: 胡鸿钧, 魏印心. 中国淡水藻类——系统、分类及生态. 北京: 科学出版社.
黄文钰, 高光, 舒金华, 等. 2003. 含磷洗衣粉对太湖藻类生长繁殖的影响. 湖泊科学, 15(4): 326-330.
江耀慈, 丁建清, 张虎军. 2001. 太湖藻类状况分析. 江苏环境科技, 14(1): 30-31.
吕兰军. 1994. 鄱阳湖水质现状及变化趋势. 湖泊科学, 6(1): 86-93.
裴洪平, 马建义, 周宏, 等. 2003. 杭州西湖藻类动态模型研究. 水生生物学报, 24(2): 143-149.
施心路, 余育和, 沈韫芬. 2003. 钟形钟虫形态学及表膜下纤维系统的研究. 水生生物学报, 27(1): 64-68.
水质标准汇编组. 2005. 水质标准汇编. 北京: 中国标准出版社.
宋微波, 徐奎栋. 1999. 现代原生动物学研究的常用方法. 见: 宋微波. 原生动物专论. 青岛: 中国海洋大学出版社.

孙映宏, 陈雪芹, 何晓洪. 2003. 西湖水质的模糊评判. 浙江水利科技, (6): 31-34.
谭晓丽, 施心路, 刘桂杰, 等. 2005. 哈尔滨人工湖泊中原生动物群落变化规律. 生态学报, 25(10): 2650-2657.
项斯端, 吴文卫, 黄三红, 等. 2000. 近 2000 年来杭州西湖藻类种群的演替与富营养化的发展过程. 湖泊科学, 12(3): 219-225.
邢鹏, 孔繁翔, 曹焕生, 等. 2007. 太湖浮游细菌与春末浮游藻类群落结构演替的相关分析. 生态学报, 27(5): 1696-1702.
许木启, 曹宏, 王玉龙. 2002. 原生动物群落多样性变化与汉沽稳定塘水质净化效能相互关系的研究. 生态学报, 20(2): 283-287.
姚焕玫, 黄仁涛, 刘洋, 等. 2005. 主成分分析法在太湖水质富营养化评价中的应用. 桂林工学院学报, 25(2): 248-251.
俞建军. 1998. 引水对西湖水质改善作用的回顾. 水资源保护, 11(2): 50-55.
曾呈奎, 毕列爵. 2005. 藻类名词及名称(第二版). 北京: 科学出版社.
曾慧卿, 何宗健, 彭希珑. 2003. 鄱阳湖水质状况及保护对策. 江西科学, 21(3): 226-229.
张良璞. 2007. 巢湖藻类群落多样性分析. 生物学杂志, 24(6): 53-54.
章宗涉. 1990. 藻类监测时采用的各种指标和标准. 见: 沈韫芬. 微型生物监测新技术. 北京: 中国建筑工业出版社.
赵汉取, 李纯厚, 杜飞雁, 等. 2007. 北部湾海域浮游介形类物种组成、丰度分布及多样性. 生态学报, 27(1): 25-33.
郑晓君, 罗妮娜, 裴洪平. 2007. 利用 SOFM 网络评价杭州西湖水质的时空变化. 生物数学学报, 22(2): 317-322.
周凤霞, 陈剑虹. 2005. 藻类鉴定. 见: 周凤霞, 陈剑虹. 淡水微型生物图谱. 北京: 化学工业出版社.
Cole J J. 1982. Interactions between bacteria and algae in aquatic ecosystems. Annual Review of Ecology and Systematics, 13: 291-314.
Fukami K, Nishijima T, Murata H, et al. 1991. Distribution of bacteria influential on the development and the decay of *Gymnodinium nagasakiense* red tide and their effects on algal growth. Nippon Suisan Gakkaishi, 57: 2321-2326.
Lindström E S. 2000. Bacterioplankton community composition in five lakes different in trophic status and humic content. Microbial Ecology, 40: 104-113.
Riemann L, Wingding A. 2001. Community dynamics of free-living and particle-associated bacterial assemblages during a freshwater phytoplankton bloom. Microbial Ecology, 42: 274-285.

第4章　杭州和睦湿地池塘水体夏季叶绿素a含量与水环境因子的相关性研究

4.1　引　　言

城市湿地是城市生态系统的重要组成部分，是城市复合生态系统中重要的生态系统和景观类型，同其他城市生态功能单元一样，都担负着多种重要的生态和社会功能，如环境调节、资源供应、灾害防控、生命支持和社会文化等（王建华和吕宪国，2007；宋垚彬等，2018），它也是一个以人类活动为主导、自然生态系统为依托、生态过程复杂，兼具自然生态功能、经济生产功能和社会服务功能的复合生态系统。随着城市化进程的加快，城市湿地面临着如生物多样性降低、生态系统服务降低、生态功能退化等多种问题（潮洛蒙等，2003；张颖和刘方，2009）。了解和掌握城市湿地关键生态因子及其调控因素是优化管理和保护城市湿地、修复和恢复受损城市湿地生态系统、实现城市发展与湿地保护和谐共存的重要前提（于敬磊等，2007；李永丽和殷昊源，2014）。

浮游植物对维持水体生态系统的平衡有着重要作用，是湿地生态系统中的初级生产者和食物链的基础环节（徐兴华等，2012），在湿地生态系统的能量流动、物质循环和信息传递中起着十分重要的作用，是城市湿地生态系统的关键生态因子之一。所有浮游植物中都含有叶绿素（毕京博等，2012），水体中的叶绿素a含量可间接反映浮游植物的现存量（Lorenzen，1967），因此很多研究者把水体中的叶绿素a含量作为浮游植物生物量的一项替代指标。浮游植物生物量（通常以叶绿素a表示）受到许多环境因素的影响，如营养盐（总磷、总氮及氮磷比）和光照（Wu et al.，2014；罗宜富等，2017）。

位于浙江省杭州城西的和睦湿地，属于杭州城西湿地的一部分，与西溪湿地具有相同的起源，主要由河网、池塘、农田等多种要素组成，内部多为封闭池塘。作为城西湿地的一部分，和睦湿地的保护与建设对杭州市的生态文明建设和生态屏障建设均有积极意义。关于和睦湿地的研究，大多以和睦湿地外围的河道水体或湿地陆域为研究对象（高清等，2014；潘敏等，2014；姜丹等，2015），仅有少数研究以池塘为研究对象并考虑了其内部的异质性（姜丹等，2015；陈凌云等，2016）。本研究以杭州城西和睦湿地的206个封闭池塘水体为研究对象，拟探讨：①和睦湿地夏季水体叶绿素a的空间变异；②调控和睦湿地浮游植物变化的主要环境因子。研究结果可为杭州城西生态环境变化监测提供基础性资料，也为杭州城西湿地生态系统管理与杭州未来科技城“五水共治”建设提供科学依据。

4.2　材料与方法

4.2.1　研究区域

和睦湿地（119°51′40.04″E～120°06′55.59″E，30°14′07.61″N～30°26′21.23″N），位于浙江省杭州主城区西侧，与西溪湿地相距 6 km，面积约 10 km^2（董鸣等，2013；陈凌云等，2016；徐竑珂等，2017），具体位置参见文献（陈凌云等，2016）。和睦湿地由 200 多个大小不同（面积范围：146～9420 m^2，均值：2475 m^2）的封闭池塘组成。在和睦湿地的所有池塘中，31.22%的池塘用于鱼类养殖，41.95%的池塘用于菱角种植，还有 22.92%的池塘内有漂浮植物（周梦瑶，2015）。不同类型的池塘有的分布集中，有的交叉分布，构成了和睦湿地池塘的整体布局。

4.2.2　研究方法

于 2014 年 8 月 27～30 日在和睦湿地内部封闭池塘内采集水样。采取混合水样的采样原则，在每个池塘周边尽可能均匀布设 3～4 个点并采集水面以下 0.5 m 深处水样，然后混合均匀，用 500 mL 塑料瓶收集，置于保温箱中带回实验室进行水质指标测定。现场分别采用哈希（HACH）便携式仪器测定浊度（TD）、pH、电导率（EC）、溶解氧（DO）和浮游植物分类荧光仪（PHYTO-PAM）测定水体中的叶绿素 a（Chla）。在室内测定如下指标：总氮（TN）、硝态氮（NO_3^--N）、氨态氮（NH_4^+-N）、总磷（TP）及化学需氧量（COD）。利用碱性过硫酸钾消解紫外分光光度法（GB11894—89）测定 TN。利用紫外分光光度法（GB11894—89）测定硝态氮（NO_3^--N）。利用水杨酸分光光度法（GB7481—87）测定 NH_4^+-N。TP 使用钼酸铵分光光度法（GB11893—89）测定。使用 DRB200 对水样进行消解，使用 DR2800 测定 COD 含量。

4.2.3　统计方法及使用软件

选取 2014 年 8 月夏季杭州和睦湿地 206 个采样点的水质监测数据进行处理分析，利用软件 SPSS 17.0 中 Pearson 相关分析和一元线性回归等方法进行分析。

4.3　结果与分析

4.3.1　池塘水质情况

表 4-1 为夏季杭州和睦湿地 206 个采样点水质监测数据的描述性统计结果。比较各个因子的变异系数可知，pH 与 EC 的变异系数分别为 6.87%和 19.99%，数据离散程度小。而 NH_4^+-N 和 NO_3^--N 的变异系数均超过 130%，TP、COD、TD、DO、氮磷比（N∶P）、叶绿素 a 和 TN 的变异系数超过 50%，说明和睦湿地内部封闭池塘的水环境异质性较大。

表 4-1 和睦湿地池塘夏季水质均值及变异系数

水质指标	均值	标准误	变异系数 CV/%
TN/（mg/L）	1.04	0.05	70.65
NO_3^--N/（mg/L）	0.18	0.02	139.64
NH_4^+-N/（mg/L）	0.17	0.02	162.05
TP/（mg/L）	0.14	0.01	69.87
COD /（mg/L）	23.50	0.84	51.11
TD（NTU）	22.14	0.96	61.93
pH	7.13	0.03	6.87
EC/（μS/cm）	305.32	4.25	19.99
DO/（mg/L）	5.79	0.23	56.40
N：P	9.09	0.50	78.54
Chla/（μg/L）	1.05	0.04	53.37

4.3.2 叶绿素 a 与水环境因子的相关性分析

利用相关矩阵法对已监测的数据进行线性相关性分析，从图 4-1 可见：杭州和睦湿地夏季叶绿素 a 含量与 NO_3^--N、pH、DO 均呈极显著正相关（P<0.001），与 N：P 呈显著正相关（P=0.007），与 COD 呈显著负相关（P<0.001），与 TN、NH_4^+-N、TP、TD、EC 的相关性不显著（表 4-2）。说明影响和睦湿地水体中浮游植物的主要影响因子为 NO_3^--N、pH、DO、N：P、COD。

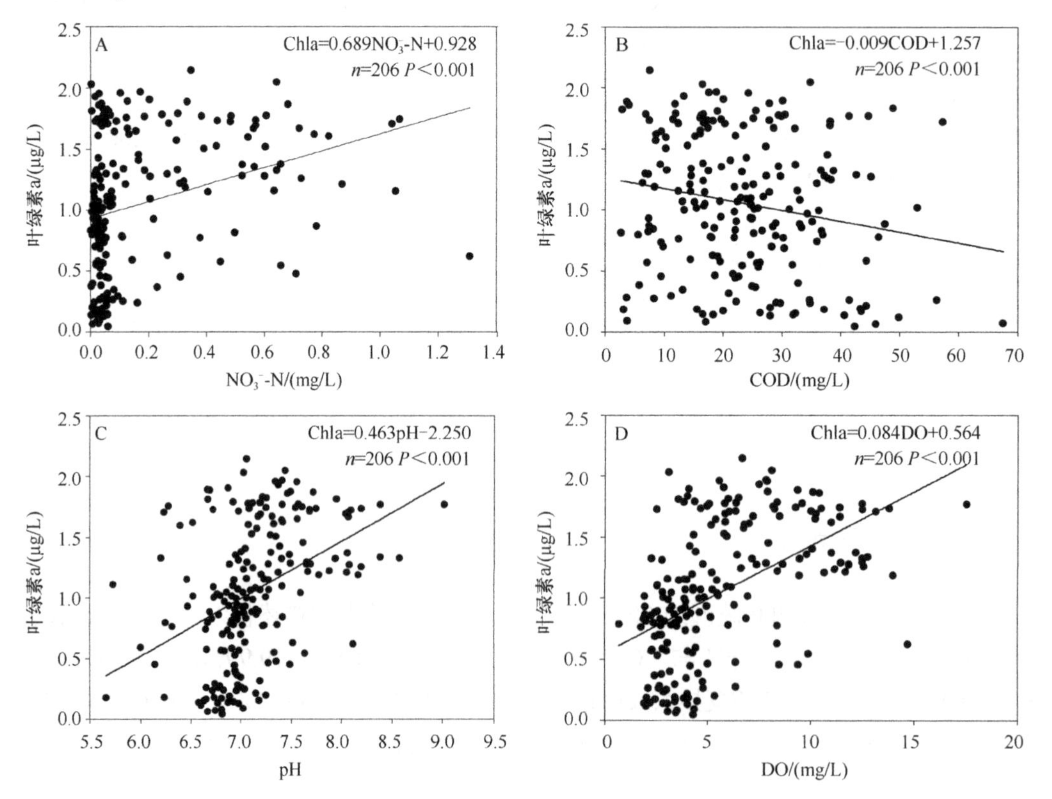

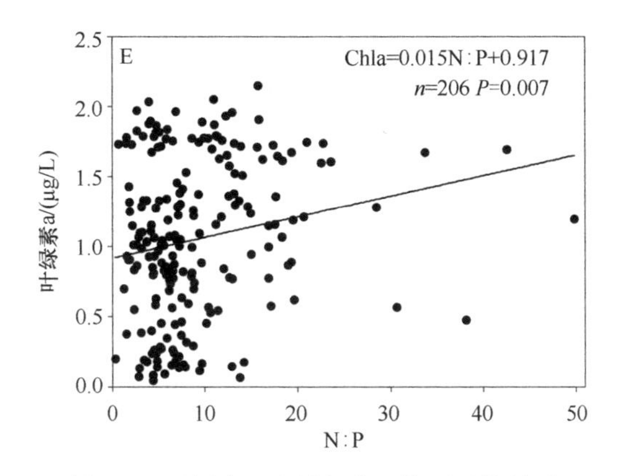

图 4-1　叶绿素 a 含量与水环境因子的关系

表 4-2　和睦湿地池塘夏季水质指标相关系数矩阵

		NO_3^--N	NH_4^+-N	TP	COD	TD	pH	EC	DO	N : P	Chla
TN	*r*	**0.366**	**0.481**	**0.459**	**0.225**	**0.351**	**0.152**	**0.236**	**0.176**	**0.650**	0.055
	P	**<0.001**	**<0.001**	**<0.001**	**0.001**	**0.001**	**0.029**	**0.001**	**0.011**	**<0.001**	0.432
NO_3^--N	*r*		**0.200**	–0.129	**–0.203**	**0.148**	**0.338**	**0.348**	**0.512**	**0.516**	**0.341**
	P		**0.004**	0.066	**0.003**	**0.034**	**<0.001**	**<0.001**	**<0.001**	**<0.001**	**<0.001**
NH_4^+-N	*r*			**0.270**	0.105	0.114	**–0.193**	**0.194**	**–0.217**	**0.252**	–0.131
	P			**<0.001**	0.134	0.102	**0.005**	**0.005**	**0.002**	**<0.001**	0.061
TP	*r*				**0.442**	**0.350**	–0.037	0.048	–0.115	**–0.312**	–0.121
	P				**<0.001**	**<0.001**	0.596	0.494	0.099	**<0.001**	0.083
COD	*r*					**0.265**	–0.005	0.028	–0.132	–0.125	**–0.174**
	P					**<0.001**	0.941	0.686	0.059	0.074	**0.012**
TD	*r*						0.114	**–0.173**	**0.181**	0.084	0.136
	P						0.103	**0.013**	**0.009**	0.229	0.052
pH	*r*							**0.314**	**0.697**	**0.207**	**0.467**
	P							**<0.001**	**<0.001**	**0.003**	**<0.001**
EC	*r*								0.128	**0.166**	0.111
	P								0.066	**0.017**	0.114
DO	*r*									**0.302**	**0.551**
	P									**<0.001**	**<0.001**
N : P	*r*										**0.169**
	P										**0.015**

4.4　讨　　论

浮游植物作为初级生产者，可以通过光合作用将水体中的无机物转化成为有机物。浮游植物的生长状况可能受到营养盐的影响，进而改变水体中叶绿素 a 的含量。营养盐对浮游植物生长的限制有两个方面的作用（周贝贝等，2012）：一是营养盐绝对浓度对浮游植物的影响，绝对浓度低于浮游植物生长的临界值时浮游植物生长将受到限制；二是营养盐的相对浓度比在浮游植物生长过程中的影响，通过元素的相对比值判断出限制因子，可表明此营养盐最先被损耗到低值，从而影响浮游植物的生长。N∶P 能反映浮游植物生长的总效应，是水体富营养化的重要指标。根据 Redfield 定律（Redfield，1958），藻类细胞组成的原子比率 C∶N∶P=106∶16∶1，如果 N∶P>16∶1，P 被认为是限制性因素；反之，当 N∶P<10∶1 时，N 通常被考虑为限制性因素；而当 N∶P 为 10～20 时，限制性因素则变得不确定。和睦湿地水体的 N∶P 为 9.09，表明 N 可能是和睦湿地浮游植物生长的限制因子。

和睦湿地水体中的氮主要来源于生活污水和农业用水，而在生活污水和农业污水中的氮通常以有机氮、氨和 NH_4^+-N 形式存在。在微生物的氨化作用下有机氮可以转化为氨氮形态。NH_4^+-N 一部分可以通过植物或者微生物的作用直接被利用，另一部分还可以通过微生物的硝化作用转化为 NO_3^--N，植物根系可以吸收硝态氮作为它自身的营养物质成分，也可能发生反硝化过程，最终转化为 N_2O 或者 N_2。不同形态的氮都可以被浮游植物通过光合作用的形式有效地转化成所需要的物质。本研究发现杭州和睦湿地水体的叶绿素 a 含量只与 NO_3^--N 呈极显著相关，与其他形态的氮没有显著相关。对巢湖流域南淝河和拓皋河春季浮游植物群落结构的研究发现（路娜等，2010），绿藻门的物种多样性高与 NO_3^--N 浓度呈正相关。这说明和睦湿地封闭池塘水体在夏季可能以绿藻门的藻类为主，也同时说明 NO_3^--N 是和睦湿地封闭池塘夏季初级生产力的主要限制因子之一（杨浩文等，2004）。

pH 对浮游植物的分布有着重要的影响（Brettum，1996）。张浏等（2007）对两种营养状态下 pH 对藻类的影响进行了研究，认为藻类生长的适宜 pH 为 7～9。湖泊水库中的 pH 主要受 CO_2 含量的控制（夏建荣，2006），而研究表明，碱性环境有利于藻类的光合作用（Imhoff et al.，1979），因为碱性系统容易捕获大气中的 CO_2 并与之反应。研究的夏季和睦湿地的水体 pH 均值为 7.13，叶绿素 a 与 pH 呈极显著正相关，相关系数为 0.467。为浮游植物提供了很好的生长条件。水中的 DO，一部分来自空气中的分子态氧溶解在水中，还有一部分 DO 来自浮游植物的光合作用。DO 可以反映该水体生物生长情况和污染状况。夏季和睦湿地水体叶绿素 a 与溶解氧呈极显著相关，相关系数为 0.551。安邦河湿地调查结果显示，夏季浮游植物数量达到最高值，是春季的近 3 倍，其原因与浮游植物光合作用产生氧气相关，光合作用明显增强，提高了水中的溶解氧含量（覃雪波等，2008）。随着浮游植物生物量的急剧上升，由于充足的光合作用，溶解氧会不断增加到饱和状态（Ha et al.，1995）。由此可知，溶解氧是水体叶绿素 a 含量的被动因子。

有机质浓度是浮游植物生长繁殖的必要条件之一，通常藻类的生物量会随着有机质浓度的增加而增长。同时，浮游植物的光合作用也会产生大量的有机质，从而使得水体的 COD 升高，因而一般情况下 COD 和叶绿素 a 浓度为正相关（张光贵，2016）。在本研究中发现，COD 和叶绿素 a 呈显著负相关性，这与齐凌艳等（2016）对洪泽湖叶绿素 a 的研究发现一致，这种异常现象可能是由于和睦湿地封闭水塘在夏季有机质来源丰富，而浮游植物在其中的比例较小，并且浮游植物可能与其他物质之间存在此消彼长的关系（韦蔓新和何本茂，2008）。

本文结果表明，和睦湿地封闭池塘的水环境空间异质性较高，水体中叶绿素 a 浓度偏低，水体中 NO_3^--N、COD、pH、DO 等都是影响叶绿素 a 的重要因素，氮元素（尤其是 NO_3^--N）可能是和睦湿地封闭池塘夏季浮游植物生长的限制因子之一。本研究仅分析了和睦湿地池塘夏季叶绿素 a 含量与环境因子的关系，今后的研究还需加强对和睦湿地的长期连续定位观测。例如，杭州城西湿地生态系统野外观测研究站网的建设，结合 GIS 等工具综合分析和睦湿地的生态系统的组成与结构、功能与服务的变化趋势及其影响因素，监测与诊断和睦湿地的生态系统健康，服务于杭州城西生态文明建设。

（李洪彬、申屠晓露、张卫军、徐　力、李文兵、戴文红、宋垚彬、董　鸣）

参 考 文 献

毕京博, 郑俊, 沈玉凤, 等. 2012. 南太湖入湖叶绿素 a 时空变化及其与环境因子的关系. 水生态学杂志, 33(6): 7-13.

潮洛蒙, 李小凌, 俞孔坚. 2003. 城市湿地的生态功能. 城市问题, (3): 9-12.

陈凌云, 李文兵, 戴文红, 等. 2016. 杭州城西和睦与西溪湿地沉积物粒度参数与磷含量的比较. 杭州师范大学学报(自然科学版), 15(6): 583-588, 594.

董鸣, 王慧中, 匡廷云, 等. 2013. 杭州城西湿地保护与利用战略概要. 杭州师范大学学报(自然科学版), 12(5): 385-390.

高清, 顾优丽, 龚梦丹, 等. 2014. 杭州市和睦湿地农田土壤重金属污染评价及关联特征研究. 湿地科学与管理, 10(2): 48-52.

姜丹, 林施泉, 刘忱, 等. 2015. 和睦湿地浮游植物群落结构特征及环境因子分析. 杭州师范大学学报(自然科学版), 14(4): 399-404.

李永丽, 殷昊源. 2014. 城市湿地生态系统的恢复与评价. 中国水土保持, (7): 57-59.

路娜, 尹洪斌, 邓建才, 等. 2010. 巢湖流域春季浮游植物群落结构特征及其与环境因子的关系. 湖泊科学, 22(6): 950-956.

罗宜富, 李磊, 李秋华, 等. 2017. 阿哈水库叶绿素 a 时空分布特征及其与藻类、环境因子的关系. 环境科学, 38(10): 4151-4159.

潘敏, 单监利, 姚武, 等. 2014. 杭州和睦湿地表层沉积物重金属时空分布特征及污染评价. 杭州师范大学学报(自然科学版), 13(1): 46-52.

齐凌艳, 黄佳聪, 高俊峰, 等. 2016. 洪泽湖叶绿素 a 浓度的时空变化特征. 湖泊科学, 28(3): 583-591.

覃雪波, 黄璞祎, 刘曼红, 等. 2008. 安邦河湿地浮游植物数量与环境因子相关性研究. 海洋湖沼通报, (3): 43-50.

宋垚彬, 陈艳, 金仁村, 等. 2018. 城市湿地生态系统管理. 见: 董鸣. 城市湿地生态系统生态学. 北京: 科学出版社.

王建华, 吕宪国. 2007. 城市湿地概念和功能及中国城市湿地保护. 生态学杂志, 26(4): 555-560.

韦蔓新, 何本茂. 2008. 钦州湾近 20a 来水环境指标的变化趋势 V. 浮游植物生物量的分布及其影响因素. 海洋环境科学, 27(3): 253-257.

夏建荣. 2006. 大气 CO_2 浓度升高对海洋浮游植物影响的研究进展. 广东海洋大学学报, 26(3): 106-110.

徐竑珂, 李洪彬, 徐力, 等. 2017. 城市湿地水体中氮与铁的时空分布特征及其相关关系. 杭州师范大学学报(自然科学版), 16(5): 482-490.

徐兴华, 陈椽, 宁爱丽, 等. 2012. 阿哈水库浮游植物数量与环境因子的关系. 安徽农业科学, 40(10):

6106-6109.

杨浩文, 黄芳, 林少君, 等. 2004. 肇庆星湖水质现状与变化趋势. 生态科学, 23(3): 204-207.

于敬磊, 鞠美庭, 邵超峰. 2007. 城市湿地管理与恢复. 湿地科学与管理, 3(1): 36-39.

张光贵. 2016. 洞庭湖水体叶绿素 a 时空分布及与环境因子的相关性. 中国环境监测, 32(4): 84-90.

张浏, 陈灿, 高倩, 等. 2007. 两种营养状态下 pH 对轮叶黑藻生长和抗氧化酶活性的影响. 生态环境, 16(3): 748-752.

张颖, 刘方. 2009. 城市湿地在城市生态建设中的作用及其保护对策. 环境科学与管理, 34(1): 140-144.

周贝贝, 王国祥, 徐瑶, 等. 2012. 南京秦淮河叶绿素 a 空间分布及其与环境因子的关系. 湖泊科学, 24(2): 267-272.

周梦瑶. 2015. 和睦湿地漂浮植物的时空分布特征及其与水环境因子的关系. 杭州: 杭州师范大学硕士研究生学位论文.

Brettum P. 1996. Changes in the volume and composition of phytoplankton after experimental acidification of a humic lake. Environment International, 22(5): 619-628.

Ha K, Cho E A, Kim H W, et al. 1995. Microcystis bloom formation in the lower Nakdong River, South Korea: importance of hydrodynamics and nutrient loading. Marine and Freshwater Research, 50(1): 89-94.

Imhoff J F, Sahl H G, Soliman G S H, et al. 1979. The Wadi Natrun: Chemical composition and microbial mass developments in alkaline brines of eutrophic desert lakes. Geomicrobiology Journal, 1(3): 219-234.

Lorenzen C J. 1967. Determination of chlorophyll and pheo-pigments: Spectrophotometric equations. Limnology and Oceanography, 12(2): 343-346.

Redfield A C. 1958. The biological control of chemical factors in the environment. American Scientist, 46(3): 205-221.

Wu Z, He H, Cai Y, et al. 2014. Spatial distribution of chlorophyll *a* and its relationship with the environment during summer in Lake Poyang: a Yangtze-connected lake. Hydrobiologia, 732(1): 61-70.

第5章　杭州和睦、西溪湿地及其他生境苔藓植物多样性的对比研究

5.1　引　　言

杭州市城区内主要有西溪湿地与和睦湿地两大湿地，西溪湿地是我国首个集城市湿地、农耕湿地、文化湿地于一体的国家湿地公园，属河流兼沼泽型，区域面积约10 km^2，区内河网密布，池塘众多，水面率高达50%，先后经过I期、II期、III期工程建设后逐渐对外开放。其中西溪湿地I期、II期为东区，亦为公园主体游览区；西溪湿地III期为西区，位于杭州余杭区五常街道境内，主要以农耕、渔耕文化体验为特色；而和睦湿地为西溪湿地向西的延伸带，区内河流纵横，还未进行旅游开发，基本仍保持原有湿地面貌。但和睦湿地已受到人为活动严重干扰，从天然湿地逐步转化为了次生湿地。

苔藓植物是植物界中的一大类群，是种数仅次于种子植物的高等植物，有其特殊的生理适应机制。苔藓植物在水土保持和涵养水源、营养物质的循环与储存、CO_2固定和森林更新等方面均有重要的生态功能，在森林生态系统、湿地生态系统、高山草甸、苔原及荒漠等生态系统中所起的生态作用均不容忽视。同时苔藓植物由于结构相对简单，对环境变化反应敏感，是一类良好的生物指示植物，已被广泛应用为环境变化的指示物，因此可作为森林健康、生态系统稳定和退化生态系统恢复评价的重要指标之一。

树附生苔藓植物（epiphytic bryophytes）是一类生活在活的树木或灌木树皮上的苔藓植物，是森林生态系统和城市生态系统中不可或缺的组成部分。树附生苔藓植物个体矮小，解剖结构比较简单，叶面积相对较大，不具维管组织，也没有真正的根，植物体外无蜡质的角质层保护，其背腹面均可与外界大气直接接触（胡人亮，1987；吴鹏程，1998）。由于树附生苔藓植物具有植物体近轴端腐烂、组织不与树皮接触等特殊的生理现象，基本不从附生基质中吸收水分和营养成分，其营养物质主要来自雨水、露水及大气尘埃的沉积物（Pott and Turpin，1996），因而其对环境因子的敏感度是种子植物的10倍（吴玉环等，2001），能迅速将大气污染物的状况通过其特定的受害病症表现出来，是一类被世界各国广泛应用于监测环境变化的生物指示物（Camemn and Nickless，1977；Berg and Steinnes，1997；Nimis et al.，2002），引起了苔藓学界的广泛关注。

刘艳等（2007）共报道杭州市区有苔藓植物51科92属201种，季梦成等（2015）报道杭州西溪湿地共有苔藓植物33科48属58种1亚种1变种。

本研究通过路线采集法和样方调查法，对杭州和睦湿地和西溪湿地范围内的苔藓植物进行调查研究，并对和睦湿地、西溪湿地及其他调查地区的树附生苔藓植物多样性及其与环境因子的关系进行比较分析。

5.2 研究方法

5.2.1 采样点的选择

和睦湿地为西溪湿地向西的延伸带，本研究沿和睦湿地的周边及中央核心区选择采样点，采样点的地名分别是荷花滩、西墩水闸、西墩、东墩、小荷花滩、九曲湾、梧桐桥、九曲桥、庆云桥。由于未找到水生苔藓植物群落，本次调查仅包括地面生及树干生苔藓植物。其中树附生苔藓植物调查样点除和睦湿地（20）、西溪湿地（21）共 2 个湿地外，还包括杭州植物园（1）、西湖一公园（14）、杭州市少年宫（15）、西湖六公园（16）共 4 个公园；浙江大学玉泉校区（2）、浙江大学之江校区（4）、杭州师范大学玉皇山校区（11）、浙江大学华家池校区（17）、杭州师范大学文一路校区（18）、浙江大学紫金港校区（19）共 6 个大学校园；五云山（3）、栖霞岭（5）、曲院风荷（6）、九溪（7）、龙井（8）、虎跑（9）、玉皇山（10）、柳浪闻莺（12）、吴山天风（13）共 9 个旅游景点，共 21 个样点（表 5-1）。由于除和睦湿地外，刘艳（2007）已完成杭州市 24 个样点的地面生苔藓植物调查，本调查不再重复。

表 5-1 杭州市 21 个样点的情况

序号	样点	方位	人为干扰程度	林冠郁闭度
1	杭州植物园	西南郊，西湖西方	2	4
2	浙江大学玉泉校区	市区西部，西湖西北方	4	3
3	五云山	西南郊，西湖西南方	2	5
4	浙江大学之江校区	南郊，西湖南方	3	3
5	栖霞岭	西南郊，西湖西北方	2	4
6	曲院风荷	西郊，西湖西方	4	3
7	九溪	西南郊，西湖西南方	2	4
8	龙井	西南郊，西湖西南方	2	4
9	虎跑	南郊，西湖南方	2	4
10	玉皇山	南郊，西湖南方	2	5
11	杭州师范大学玉皇山校区	南郊，西湖南方	3	3
12	柳浪闻莺	市区南部，西湖东方	3	3
13	吴山天风	市区南部，西湖东方	3	4
14	西湖一公园	市区南部，西湖东北方	5	3
15	西湖六公园	市区南部，西湖东北方	5	3
16	杭州市少年宫	市区南部，西湖北方	5	2
17	浙江大学华家池校区	市区东部，西湖东北方	4	2
18	杭州师范大学文一路校区	市中心，西湖北方	4	3
19	浙江大学紫金港校区	西北郊，西湖西北方	5	1
20	西溪湿地	西郊，西湖西北方	3	4
21	和睦湿地	西郊，西湖西北方	2	4

5.2.2　样方调查方法

地面生及树附生苔藓植物的野外样方调查包括地面苔藓植物的种类调查、盖度调查、标本采集。树附生苔藓植物的野外样方调查包括对附生树木的种类调查、胸径调查、树皮粗糙程度调查。对样点环境因子的测定中，样点的海拔和经纬度由 THALES 手持 GPS 导航仪测定，相对湿度和温度由温湿度仪（TES-1360A）测定，林冠郁闭度和人为干扰程度按 Braun-Blanquet 五级制目测获得。

地面生苔藓植物的样点大小为 2 m×2 m，样点内按照系统采样法设立样方 5 个，样方大小为 20 cm×20 cm，用网格法测定每个样方内每种地面生苔藓植物的盖度。树附生苔藓植物的样方调查时选取 21 个样点内胸径大于 15 cm 的树木，以距离地面 30 cm、110 cm、150 cm、180 cm 的树干高度处为中心线，在树干的东面、南面、西面和北面分别设立 30 cm×30 cm 的样方，用网格法测定每个样方内每种树附生苔藓植物的盖度，得到样点内所有树附生苔藓植物的平均盖度（徐晟翀等，2006a，2006b）。

采集样方内苔藓植物标本带回实验室，先用解剖镜和显微镜观察，再参考《中国苔藓志》等文献资料逐一鉴定到种。

5.2.3　数据处理与分析

1. 多样性指数计算

Simpson 多样性指数（D）：
$$D=1-\sum_{i=1}^{s}P_i^2 \tag{5-1}$$

Shannon-Wiener 多样性指数（H'）：
$$H'=-\sum_{i=1}^{s}P_i\ln P_i \tag{5-2}$$

Pielou 均匀度指数（J）：
$$J=H'/\ln S \tag{5-3}$$

Margalef 丰富度指数（R）：
$$R=(S-1)/\ln N \tag{5-4}$$

式中，S 为样地内的总物种数；P_i 为第 i 种的盖度占样地内总盖度的比例；N 为样地内全部种的总盖度（张金屯，1995）。

采用 Microsoft Excel 2003 分别完成 48 个样点 178 棵附生树木的 4 个朝向和 4 个高度的树干上的树附生苔藓植物的盖度数据统计和多样性指数计算，并应用 SPSS 19.0 的二因素方差分析法（two-ways ANOVA）和最小显著差异法（LSD）、S-N-K（Student-Newman-Keulsa）法进行方差分析和多重比较，分别分析树干朝向和树干高度对其多样性指数影响的显著性。

2. 群落数量分类与排序

在野外调查原始数据的基础上，利用 Microsoft Excel 2003 和 SPSS 19.0 完成样方数据的基础统计，得到各样点树附生苔藓的平均盖度值和环境数据（树干高度和朝向），并对 21 个样点的不同高度位置和朝向的数据按最大值法标准化处理，最终得到 1 个

21×48 的样方-物种矩阵和 2 个 21×4 的样方-环境因子矩阵。

根据样方-物种的数据矩阵，采用 PCORD for Windows 5.0 的双向指示种分析法（two-way indicator species analysis，TWINSPAN）（Hill，1979a）完成群落的分类，将 21 个样点划分为若干组，采用 CANOCO for Windows 4.5 软件包中的除趋势对应分析法（detrended correspondence analysis，DCA）（Hill，1979b）完成群落排序，并通过 CanoDraw for Windows 4.0 完成相应排序图，以分析不同样点组的生态特点和各样点树附生苔藓植物组成上的关系。

根据样方-物种和样方-环境因子的数据矩阵，采用 CANOCO for Windows 4.5 软件包中典范对应分析（canonical correspondence analysis，CCA）法完成计算，并由 CanoDraw for Windows 4.0 生成物种-环境因子和样方-环境因子的双序图（bioplot），以分析物种组成对群落的作用和植物分布与环境的关系（张金屯，2011）。同时，在运行 CANOCO for Windows 4.5 的 DCA 和 CCA 程序时，对种类盖度数据进行开平方处理。

5.3 结果与分析

5.3.1 和睦湿地及西溪湿地苔藓植物种类组成比较

根据季梦成等（2015）以及后续调查结果，和睦湿地及西溪湿地分别有苔藓植物 17 科 24 属 28 种与 35 科 55 属 72 种 1 变种，生境主要为土生，另有树干生及石生。西溪湿地的苔藓植物种类数远远高于和睦湿地。和睦湿地及西溪湿地苔藓植物各科所含属、种的数量差异不显著。以含 1 属 1 种的科为主（表 5-2、表 5-3），如缩叶藓科、牛毛藓科、小烛藓科、白发藓科、木灵藓科、钱苔科和绿片苔科等。和睦湿地及西溪湿地的地形平坦，地势南高北低，南北高差不超过 5 m，由大面积的河港、湖漾、水网及狭窄的塘基和面积较大的洲渚相间构成。因此，两个湿地的苔藓植物均没有垂直分布的差异性。西溪湿地苔藓植物水平分布的基本特征为：在人为干扰小的地段，如水面阻隔、未开发整理的小岛，苔藓植物种类较多，且以土生种类为主；在原住民搬迁后遗留的老房子的墙基及其周边的大树树基、树干上，多石生和树生苔藓植物种类；水生、湿生种类分布广泛；在景观改造后的道路两侧土面、观赏树木种植区内，大量出现东亚小金发藓、细叶小羽藓、立碗藓、大灰藓、尖叶匍灯藓和东亚小石藓等喜阳且较耐干旱的物种。而在和睦湿地，由于未进行相关保护及旅游开发，人为干扰严重，湿地外围为工厂和建筑用地，内部多为农业用地和住宅区，水质条件较为恶劣。和睦湿地的陆地植被以竹林、蔬菜地及杂木林为主，苔藓植物仅在一些微生境较为阴湿处有少量分布。居民点密集处附近常为常见的伴人苔藓植物，如真藓和葫芦藓。少数区域保存下来胸径较大的香樟树干及枝条上，覆盖着大量树附生苔藓植物。

5.3.2 杭州市树附生苔藓植物种类调查

根据对杭州市 21 个样点、178 棵树、2848 个样方的树附生苔藓植物的标本采集、鉴定和统计，共发现树附生苔藓植物 48 种（表 5-4），隶属于 22 科 38 属，其中藓类

表 5-2　和睦湿地苔藓植物名录

科名	物种名
地钱科 Marchantiaceae	地钱 *Marchantia polymorpha* L.
绿片苔科 Aneuraceae	绿片苔 *Aneura pinguis*（L.）Dumort.
细鳞苔科 Lejeuneaceae	南亚瓦鳞苔 *Trocholejeunea sandvicensis*（Gott.）Mizut.
凤尾藓科 Fissidentaceae	小凤尾藓 *Fissidens bryoides* Hedw.
	鳞叶凤尾藓 *Fissidens taxifolius* Hedw.
树生藓科 Erpodiaceae	东亚苔叶藓 *Aulacopilum japonicum* Broth. ex Cardot
丛藓科 Pottiaceae	平叶毛口藓 *Trichostomum planifolium*（Dix.）Zard.
	东亚小石藓 *Weissia exserta*（Broth.）P.C. Chen
真藓科 Bryaceae	真藓 *Brynm argenteum*（Hedw.）B. S. G.
	细叶莲叶藓 *Rosulabryum capillare*（Hedw.）J.R. Spence
提灯藓科 Mniaceae	尖叶匍灯藓 *Plagiomnium cuspidatum*（Hedw.）T. Kop.
葫芦藓科 Funariaceae	立碗藓 *Physcomitrium sphaericum*（Ludw.）Fuernr.
	葫芦藓 *Funaria hygrometrica*（L.）Sibth.
木灵藓科 Orthotrichaceae	从生木灵藓 *Orthotrichum consobrinum* Cardot
青藓科 Brachytheciaceae	鼠尾藓 *Myuroclada maximowiczii*（Broszcz.）. Steere et Schof.
	宽叶美喙藓 *Eurhynchium hians*（Hedw.）Lac.
	疏网美喙藓 *Eurhynchium laxirete* Broth. in Cardot
	羽枝青藓 *Brachythecium plumosum*（Hedw.）B. S. G.
	柔叶青藓 *Brachythecium moriense* Besch.
	多褶青藓 *Brachytheciumbuchananii*（Hook.）Jaeg.
薄罗藓科 Leskeaceae	中华细枝藓 *Lindbergia sinensis*（Müll. Hal.）Broth
牛舌藓科 Anomodontaceae	羊角藓 *Herpetineuron toccae*（Sull. & Lesq.）Cardot
	暗绿多枝藓 *Haplohymenium triste*（Cesati in De Not.）Kindb.
羽藓科 Thuidiaceae	细叶小羽藓 *Haplocladium microphyllum*（Hedw. ）Broth.
灰藓科 Hypnaceae	东亚金灰藓 *Pylaisia brotheri*（Hedw.）B. S. G.
	鳞叶藓 *Taxiphyllum taxiramenum*（Mitt.）Fleisch.
绢藓科 Entodontaceae	柱蒴绢藓 *Entodon challengeri*（Par.）Cardot
碎米藓科 Fabroniaceae	华东附干藓 *Schwetschkea courtoisii* Broth. & Par.

表 5-3　西溪湿地苔藓植物名录

科名	物种名
地钱科 Marchantiaceae	地钱 *Marchantia polymorpha* L.
	东亚地钱 *Marchantia emarginata* subsp. *tosana*
绿片苔科 Aneuraceae	绿片苔 *Aneura pinguis*（L.）Dumort.
疣冠苔科 Aytoniaceae	石地钱 *Reboulia hemisphaerica*（L.）Raddi
蛇苔科 Conocephalaceae	小蛇苔 *Conocephalum joponicum*（Thunb.）Grolle
钱苔科 Ricciaceae	钱苔 *Riccia glauca* L.
溪苔科 Pelliaceae	溪苔 *Pellia epiphylla*（L.）Cord.
挺叶苔科 Anastrophyllaceae	广萼苔 *Chandonanthus squarrosus*（Hook.）Mitt.
指叶苔科 Lepidoziaceae	三裂鞭苔 *Bazzania tridens*（Reinw. et al.）Trev.

续表

科名	物种名
齿萼苔科 Lophocoleaceae	裂萼苔 *Chiloscyphus polyanthus*（L.）Cord. 四齿异萼苔 *Heteroscyphus argutus*（Reinw. et al.）Schiffn. 双齿异萼苔 *Heteroscyphus coalitus*（Hook.）Schiffn. 平叶异萼苔 *Heteroscyphus planus*（Mitt.）Schiffn. 异叶齿萼苔 *Lophocolea heterophylla*（Schrad.）Dumort.
耳叶苔科 Frullaniaceae	列胞耳叶苔 *Frullania moniliata*（Reinw.，Blume & Nees）Mont. 盔瓣耳叶苔 *Frullania muscicola* Steph.
细鳞苔科 Lejeuneaceae	小叶细鳞苔 *Lejeunea parva*（Hatt.）Mizut. 南亚瓦鳞苔 *Trocholejeunea sandvicensis*（Gott.）M izut.
角苔科 Anthocerotaceae	角苔 *Anthoceros punctatus* L.
金发藓科 Polytrichaceae	东亚小金发藓 *Pogonatum inflexum*（Lindb.）Sande Lac. 仙鹤藓多蒴变种 *Atrichum undulatum*（Hedw.）P. Beauv. var. *gracilisetum* Besch.
葫芦藓科 Funariaceae	葫芦藓 *Funaria hygrometrica*（L.）Sibth. 立碗藓 *Physcomitrium sphaericum*（Ludw.）Fuernr.
缩叶藓科 Ptychomitriaceae	狭叶缩叶藓 *Ptychomitrium linearifolium* Reim. *et* Sak.
牛毛藓科 Ditrichaceae	黄牛毛藓 *Ditrichum pallidum*（Hedw.）Hampe
小烛藓科 Bruchiaceae	长蒴藓 *Trematodon longicollis* Michx.
小曲尾藓科 Dicranellaceae	多形小曲尾藓 *Dicranella heteromalla*（Hedw.）Schimp.
树生藓科 Erpodiaceae	东亚苔叶藓 *Aulacopilum japonicum* Broth. *ex* Cardot 钟帽藓 *Venturiella sineasis*（Vent.）Müll. Hal.
白发藓科 Leucobryaceae	钩叶青毛藓 *Dicranodontium uncinatum*（Harv.）Jaeg.
凤尾藓科 Fissidentaceae	小凤尾藓 *Fissidens bryoides* Hedw. 鳞叶凤尾藓 *Fissidens taxifolius* Hedw.
丛藓科 Pottiaceae	纽藓 *Tortella humilis*（Hedw.）Jenn. 树生赤藓 *Syntrichia laevipila* Brid. 短柄小石藓 *Weissia breviseta*（Thér.）P. C. Chen 小石藓 *Weissia controversa* Hedw. 东亚小石藓 *Weissia exserta*（Broth.）P. C. Chen 芽胞湿地藓 *Hyoghila propagulifera* Broth.
珠藓科 Bartramiaceae	泽藓 *Philonotis fontana* Brid.
真藓科 Bryaceae	真藓 *Bryum argenteum*（Hedw.）B. S. G. 刺叶真藓 *Bryum lonchocaulon* Müll. Hal. 细叶莲叶藓 *Rosulabryum capillare*（Hedw.）J. R. Spence
提灯藓科 Mniaceae	尖叶匍灯藓 *Plagiomnium cuspidatum*（Hedw.）T. Kop. 长蒴丝瓜藓 *Pohlia elongata* Hedw. 疣灯藓 *Trachycystis microphylla*（Dozy & Molk.）Lindb.
木灵藓科 Orthotrichaceae	缺齿蓑藓 *Macromitrium gymnostomum* Sull. *et* Lesq.
棉藓科 Plagiotheciaceae	长喙棉藓 *Plagiothecium succulentum*（Wils.）Lindb. 阔叶棉藓 *Plagiothecium platyphyllum* Moenk.

续表

科名	物种名
羽藓科 Thuidiaceae	细叶小羽藓 *Haplocladium microphyllum*（Hedw.）Broth.
	狭叶小羽藓 *Haplocladium angustifolium*（Hampe *et* Müll. Hal.）Broth.
	大羽藓 *Thuidium cymbifolium*（Dozy & Molk.）Dozy & Molk.
	绿羽藓 *Thuidium assimile*（Mitt.）Jaeg.
	短肋羽藓 *Thuidium kanedae* Sakurai
青藓科 Brachytheciaceae	疏网美喙藓 *Eurhynchium laxirete* Broth. in Cardot
	密叶美喙藓 *Eurhynchium savatieri* Schimp.
	台湾青藓 *Brachythecium formosanum* Takaki
	皱叶青藓 *Brachythecium kuroishicum* Besch.
	羽枝青藓 *Brachythecium plumosum*（Hedw.）B. S. G.
	多褶青藓 *Brachythecium buchananii*（Hook.）Jaeg.
	鼠尾藓 *Myuroclada maximowiczii*（Borszcz.）Steere & Schof.
蔓藓科 Meteoriaceae	短尖假悬藓 *Pseudobarbella attenuata*（Thwait *et* Mitt.）Nog.
灰藓科 Hypnaceae	大灰藓 *Hypnum plumaeforme* Wils.
	鳞叶藓 *Taxiphyllum taxiramenum*（Mitt.）Fleisch.
	密叶拟鳞叶藓 *Pseudotaxiphyllum densum*（Cardot）Iwats.
	东亚拟鳞叶藓 *Pseudotaxiphyllum pohliaecarpum*（Sull. *et* Lesq.）Iwats.
锦藓科 Sematophyllaceae	矮锦藓 *Sematophyllum subhumile*（Müll. Hal.）M. Fleisch.
绢藓科 Entodontaceae	中华绢藓 *Entodon smaragdinus* Par. *et* Broth.
	柱蒴绢藓 *Entodon challengeri*（Par.）Cardot
牛舌藓科 Anomodontaceae	羊角藓 *Herpetineuron toccoae*（Sull. & Lesq.）Cardot
	暗绿多枝藓 *Haplohymenium triste*（Cesati in De Not.）Kindb.
	皱叶牛舌藓 *Anomodon rugelii*（Müll. Hal.）Keissl.
碎米藓科 Fabroniaceae	八齿碎米藓 *Fabronia ciliaris*（Brid.）Brid.
	华东附干藓 *Schwetschkea courtoisii* Broth. & Par.

18科32属42种，苔类4科5属6种。根据对杭州市树附生苔藓植物优势科（含4种以上的科）的统计结果，该市树附生苔藓植物共有4个优势科，即灰藓科（Hypnaceae）（4属4种）、丛藓科（Pottiaceae）（3属5种）、碎米藓科（Fabroniaceae）（3属5种）、牛舌藓科（Anomodontaceae）（3属5种），占总科数的18.18%，包含13属19种，分别占杭州市树附生苔藓植物总属数的34.21%、总种数的39.58%。以上优势科中，灰藓科植物一般体型较大，多密集交织成片，生态幅宽，适应各种生境和基质，抗人为干扰能力较强。丛藓科植物体矮小丛生，在温带地区分布较多。碎米藓科植物体纤细柔弱，茎匍匐，喜湿润生境，且本身为树附生苔藓植物的主要科类构成，在杭州市分布较为广泛。牛舌藓科植物常疏松或密集成片或呈垫状，有利于水分保持，且该科植物本身习生于树干、伐木树桩，仅少数着生于岩面。由于多数树木基质较潮湿，适宜以上各科植物生长。

表 5-4 杭州市树附生苔藓植物种类

序号	种类	序号	种类
1	三齿鞭苔 *Bazzania tricrenata*（Wahlennb.）Trev.	25	八齿碎米藓 *Fabronia ciliaris*（Brid.）Brid.
2	盔瓣耳叶苔 *Frullania muscicola* Steph.	26	东亚碎米藓 *Fabronia matsumurae* Besch.
3	芽胞异萼苔 *Chiloscyphus minor*（Nees）Engel & Schust.	27	垂蒴小锦藓 *Brotherella nictans*（Mitt.）Broth.
4	南亚瓦鳞苔 *Trocholejeunea sandvicensis*（Gott.）Mizut.	28	矮锦藓 *Sematophyllum subhumile*（Müll. Hal.）Fleisch.
5	弯叶细鳞苔 *Lejeunea curviloba* Steph.	29	橙色锦藓 *Sematophyllum phoeniceum*（Müll. Hal.）Fleisch.
6	疏叶细鳞苔 *Lejeunea ulicina*（Taylor）Gottsche	30	鳞叶藓 *Taxiphyllum taxiramenum*（Mitt.）Fleisch.
7	粗肋凤尾藓 *Fissidens pellucidus* Hornsch.	31	华东附干藓 *Schwetschkea courtoisii* Broth. *et* Par.
8	芒尖毛口藓 *Trichostomum aristatulum*（Broth.）Hilp. *ex* Chen	32	东亚附干藓 *Schwetschkea matsumurae* Besch.
9	皱叶小石藓 *Weisia crispa*（Hedw.）Mitt.	33	羊角藓 *Herpetineuron toccae*（Sull. & Lesq.）Cardot
10	东亚小石藓 *Weisia exserta*（Broth.）Chen	34	牛舌藓 *Anomodon viticulosus*（Hedw.）Hook
11	阔叶小石藓 *Weisia planifolia* Dix	35	皱叶牛舌藓 *Anomodon rugelii*（Müll. Hal.）Keissl.
12	高山赤藓 *Syntrichia sinensis*（Müll. Hal.）Ochyra	36	暗绿多枝藓 *Haplohymenium triste*（Cés.）Kindb.
13	细叶莲叶藓 *Rosulabryum capillare*（Hedw.）Spence	37	台湾多枝藓 *Haplohymenium formosanum* Nog.
14	尖叶提灯藓 *Plagiomnium cuspidatum*（Hedw.）T. Kop.	38	薄罗藓 *Leskea polycarpa* Ehrh. *ex* Hedw.
15	细枝毛灯藓 *Rhizomnium striatulum*（Mitt.）T. Kop.	39	短枝褶藓 *Okamuraea brachydictyon*（Cardot）Nog.
16	疣灯藓 *Trachycystis microphylla*（Dozy & Molk.）Lindb.	40	细叶小羽藓 *Haplocladium microphyllum*（Hedw.）Broth.
17	剑叶大帽藓 *Encalypta spathulata* C. Mül.	41	狭叶小羽藓 *Haplocladium angustifolium*（Hampe & C. Müll.）Broth
18	东亚苔叶藓 *Aulacopilum japonicum* Broth. *ex* Card.	42	中华细枝藓 *Lindbergia sinensis*（Müll. Hal.）Broth.
19	桧叶白发藓 *Leucobryum juniperoides*（Brid.）Müll. Hal.	43	光柄细喙藓 *Rhynchostegiella laeviseta* Broth.
20	白氏藓 *Brothera leana*（Sull.）Müll. Hal.	44	东亚毛灰藓 *Homomallum connexum*（Cardot）Broth.
21	中华无毛藓 *Juratzkaea sinensis* Fleisch. *ex* Broth.	45	东亚金灰藓 *Pylaisiella brotheri*（Besch.）Iwats. *et* Nog.
22	钝叶木灵藓 *Orthotrichum obtusifolium* Brid.	46	灰藓 *Hypnum cupressiforme* Hedw.
23	从生木灵藓 *Orthotrichum consobrinum* Cardot	47	柱蒴绢藓 *Entodon challengeri*（Par.）Cardot
24	钟帽藓 *Venturiella sinensis*（Vent.）Müll. Hal.	48	多褶青藓 *Brachythecium buchananii*（Hook.）Jaeg.

将所调查的样点中 9 个样点以上（>40%）均有分布的苔藓种类视为优势种（经统计，共 7 种）。其中，前三位分别是柱蒴绢藓、东亚金灰藓、盔瓣耳叶苔。它们分别属于绢藓科绢藓属、灰藓科金灰藓属、耳叶苔科耳叶苔属；位于第四、第五、第六位的南亚瓦鳞苔、橙色锦藓和华东附干藓分别属于细鳞苔科瓦鳞苔属、锦藓科锦藓属和碎米藓科附干藓属；位于第七位的细叶小羽藓属于羽藓科小羽藓属。

5.3.3 杭州市 21 个样地树附生苔藓植物 α 多样性分析

α 多样性反映群落内的物种多样性情况。根据树附生苔藓植物在 21 个样地上的平均盖度，对 21 个样地分别进行 Patrick 丰富度指数、Shannon-Wiener 多样性指数、Pielou 均匀度指数计测，结果见图 5-1、图 5-2 和图 5-3。

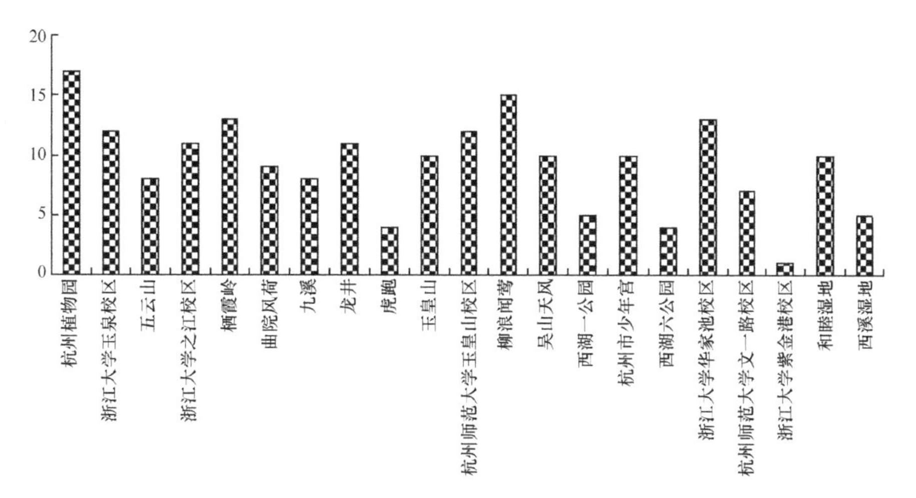

图 5-1　杭州市 21 个样地树附生苔藓植物 Patrick 丰富度指数

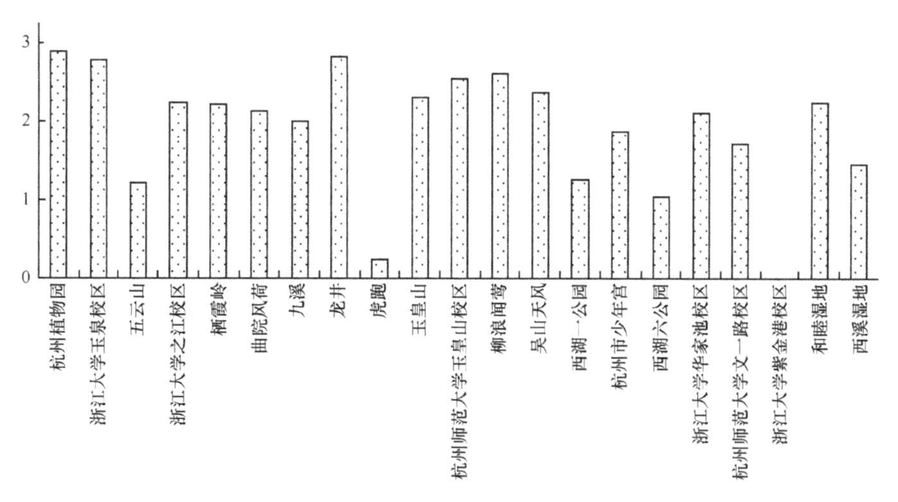

图 5-2　杭州市 21 个样地树附生苔藓植物 Shannon-Wiener 多样性指数

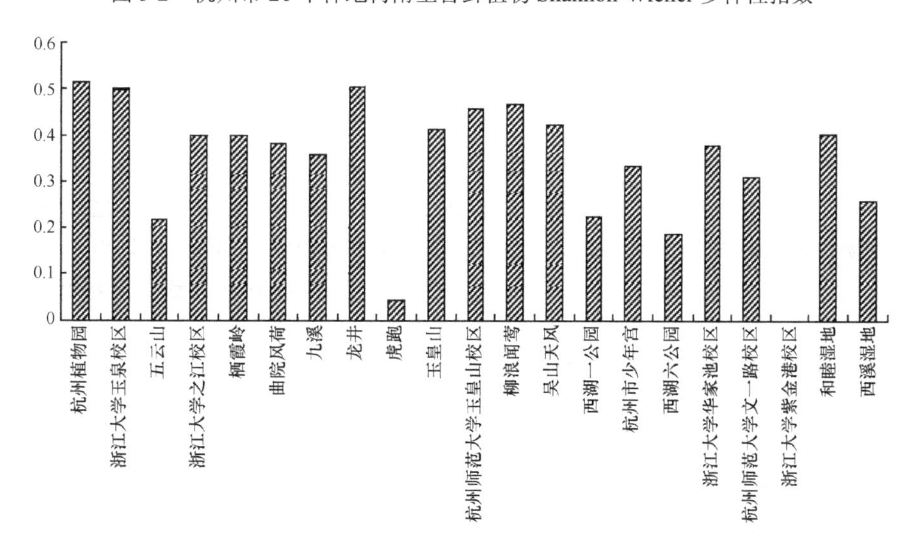

图 5-3　杭州市 21 个样地树附生苔藓植物 Pielou 均匀度指数

1. Patrick 丰富度指数分析

分析 21 个样地 Patrick 丰富度指数可知，杭州植物园、柳浪闻莺、栖霞岭及浙大华家池几个样地丰富度指数最高，与其生态环境良好、样地建立时间久远及人为干扰较少有一定关系。浙江大学玉泉校区、浙江大学之江校区、龙井、玉皇山、杭州师范大学玉皇山校区、吴山天风、杭州市少年宫、和睦湿地等丰富度也较高，都为 10 以上。虎跑、西湖六公园及浙江大学紫金港校区丰富度指数最低（<5）。

2. Shannon-Wiener 多样性指数分析

通过对 21 个样地进行 Shannon-Wiener 多样性指数的分析比较，可以发现，杭州植物园、龙井、浙江大学玉泉校区、柳浪闻莺、杭州师范大学玉皇山校区 5 个样地的多样性指数比较高，都在 2.5 以上。这 5 个样地都位于西湖周边景区，历史悠久，且地理位置相对比较偏僻，游客较少，大气污染较少，样地中树龄也较大，因此树附生苔藓植物多样性最大；吴山天风、玉皇山、和睦湿地、浙江大学之江校区、栖霞岭、曲院风荷、浙江大学华家池校区 7 个样地的多样性指数都为 2.0～2.5，树附生苔藓植物多样性较高。它们分别分布于西湖周边景区、钱塘江周边及杭州市区，样地历史比较悠久，仅有少量人为干扰及工业污染。其中，和睦湿地是保护比较良好的、未开发的湿地生态系统。九溪、杭州市少年宫、杭州师范大学文一路校区、西溪湿地、西湖一公园、五云山、西湖六公园 7 个样地的多样性指数为 1.0～2.0，树附生苔藓植物多样性较低。几个样地均为西湖周边热门景区，游客较多，人为干扰较大，故树附生苔藓植物多样性较低；五云山由于近年房地产开发，造成了一定程度上的植被破坏，环境较差，树附生苔藓植物生长受到影响。虎跑、浙江大学紫金港校区 2 个样地树附生苔藓植物多样性极低（<0.5），其中虎跑芽胞异萼苔（*Chiloscyphus minor*）相对盖度较大，其他苔藓种类及盖度较小，因此多样性较低；浙江大学紫金港校区中只采集到一种树附生苔藓，故 Shannon-Wiener 多样性指数为 0，原因在于浙江大学紫金港校区建立时间尚短，树木多为人工移植，树龄短，仅少数几棵为保留的当地原有树种，附生苔藓植物较少。

3. Pielou 均匀度指数分析

对各样地的 Pielou 均匀度指数比较可见，21 个样地中树附生苔藓植物的均匀指数总体差异不大，仅虎跑和浙江大学紫金港校区 2 个样地例外。其中虎跑样地中芽胞异萼苔为主要物种，占该样地所调查树附生苔藓总盖度的 97.04%，因此均匀度较低；而浙江大学紫金港校区中发现树附生苔藓植物仅 1 种，无法进行 Pielou 均匀度指数分析。

5.3.4 杭州市树附生苔藓植物分布格局分析

对杭州市 21 个样点用 TWINSPAN 法进行等级分类，形成图 5-4 的树状图，结合调查区域的实际生态意义，将 21 个样点划分为 5 个组，每个样点组均包含一定类型和特点的树附生苔藓植物群落。5 个组的树附生苔藓植物的平均盖度见表 5-5。

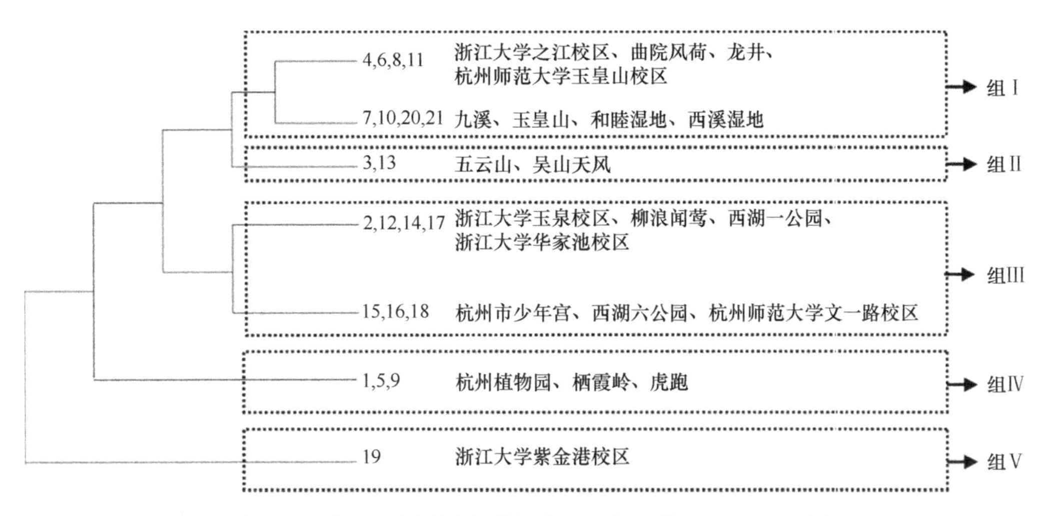

图 5-4　杭州市树附生苔藓植物分布格局的 TWINSPAN 图

表 5-5　5 个样点组中树附生苔藓植物的平均盖度　（%）

样点组Ⅰ		样点组Ⅱ		样点组Ⅲ		样点组Ⅳ		样点组Ⅴ	
序号	盖度	序号	盖度	序号	盖度	序号	盖度	序号	盖度
47	2.7754	45	4.4783	25	1.4286	3	11.7166	42	1.3688
31	2.2276	28	4.1581	41	1.1430	29	2.3140		
45	1.9525	33	0.5888	47	1.0597	47	2.2400		
26	0.7490	23	0.3048	48	0.6936	16	1.4652		
29	0.6308	44	0.2763	40	0.6241	26	1.3137		
36	0.6145	46	0.1601	36	0.5117	27	0.6853		
3	0.5152	13	0.1059	42	0.4922	45	0.4838		
2	0.4746	47	0.0878	29	0.3916	31	0.3633		
40	0.3986	1	0.0310	22	0.3048	6	0.2049		
4	0.2616	30	0.0207	44	0.2632	2	0.1946		
35	0.2363	5	0.0103	26	0.2564	40	0.1773		
37	0.1672	4	0.0052	32	0.2347	4	0.1601		
38	0.0852	7	0.0026	5	0.2099	5	0.1498		
13	0.0802	40	0.0026	4	0.1579	20	0.1446		
14	0.0781			39	0.1265	19	0.1119		
41	0.0671			21	0.1114	15	0.0895		
32	0.0581			2	0.0956	46	0.0792		
33	0.0431			31	0.0885	34	0.0654		
8	0.0381			45	0.0671	38	0.0103		
10	0.0297			28	0.0546	33	0.0086		
20	0.0052			13	0.0336	9	0.0069		
17	0.0026			24	0.0170				
18	0.0020			46	0.0148				
15	0.0019			12	0.0133				
23	0.0014			38	0.0103				

续表

样点组Ⅰ		样点组Ⅱ		样点组Ⅲ		样点组Ⅳ		样点组Ⅴ	
序号	盖度	序号	盖度	序号	盖度	序号	盖度	序号	盖度
				30	0.0096				
				14	0.0089				
				43	0.0026				
				10	0.0015				
				11	0.0015				
				18	0.0015				
总计	11.4961		10.2324		8.4296		21.9852		1.3688
种数	25		14		31		21		1
苔类种数	3		3		3		5		0

样点组Ⅰ：包括浙江大学之江校区（4）、曲院风荷（6）、龙井（8）、杭州师范大学玉皇山校区（11）、九溪（7）、玉皇山（10）、和睦湿地（20）、西溪湿地（21）共 8 个样点，除和睦湿地和西溪湿地外均位于西湖风景名胜景区内，毗邻杭州西湖，远离市区交通主干道，人为干扰程度较低，历史悠久，生境普遍良好。浙江大学之江校区的历史可追溯到 19 世纪 90 年代，紧邻钱塘江，绿化率高且树龄长久，空气湿度较大，师生数量和人为干扰较少；杭州师范大学玉皇山校区的历史可追溯到 20 世纪 60 年代，它紧靠玉皇山，植被丰富，空气质量良好；曲院风荷属于西湖沿岸著名景点，人流量较大，行人干扰较严重，但绿化区域得到景区的良好管理和保护，空气湿度较大，树木栽植年份长久；龙井、九溪和玉皇山位于西湖西南的丘陵地区，原生林和人工林交错，植被保护良好，附生树种多样且树龄较长；和睦湿地和西溪湿地均属于城市边缘的湿地生态系统，具有独特的水文特征、重要的生态功能和极高的生物多样性，环境优越，空气质量良好，植被多样性高且有多株树龄超百年的古树，水系纵横，空气湿度较高，为树附生苔藓植物的生长提供了绝佳的生境。该样点组的主要树附生苔藓包括柱蒴绢藓、华东附干藓、东亚金灰藓、东亚碎米藓、橙色锦藓和暗绿多枝藓等，多为常见的城市树附生种类，共计 25 种，其中对环境敏感度大于藓类的苔类有 3 种。树附生苔藓植物的总盖度为 11.4961%，在 5 个样点组的总盖度中排名第 2，其中 3 种苔类的总盖度为 1.2514%，平均盖度超过 1%的苔藓有 3 种，柱蒴绢藓的平均盖度最大，为 2.7754%。

样点组Ⅱ：包括五云山（3）、吴山天风（13）这 2 个样点。两者均属丘陵地区，植被资源丰富且保护良好，林冠郁闭度较高，其中五云山为西湖群山中第三座大山，海拔超过 300 m，而吴山天风景区位于西湖东南面，海拔达 94 m。本次调查在两山所取的样点海拔均超过 50 m，与其他 19 个样点有明显的区别，可能是海拔的梯度变化形成独特的立体小气候，为树附生苔藓植物提供了多样化的小生境，引发了其生态分布的分化。该样点组的主要树附生苔藓包括东亚金灰藓、矮锦藓、羊角藓、丛生木灵藓、东亚毛灰藓和灰藓等，以灰藓科、锦藓科等生态幅宽广、对环境条件要求不高的种类为主，共计 14 种，其中苔类 3 种。树附生苔藓植物的总盖度为 10.2324%，在 5 个样点组的总盖度中排名第 3，其中 3 种苔类的总盖度为 0.0465%，平均盖度超过 1%的苔藓有 2 种，东亚金灰藓的平均盖度最大，为 4.4783%。

样点组 III：包括浙江大学玉泉校区（2）、柳浪闻莺（12）、西湖一公园（14）、杭州市少年宫（15）、西湖六公园（16）、浙江大学华家池校区（17）、杭州师范大学文一路校区（18）共 7 个样点。各样点均毗邻市中心的交通主干道，人类活动频繁，人为干扰强烈，大气污染较重，空气较干燥，综合环境条件较差。柳浪闻莺、西湖一公园、杭州市少年宫和西湖六公园属于西湖环线免费对外开放的景点和公园，虽然历史久远、空气湿度较大，但人流量极大，交通影响和行人干扰严重，配套的植被保护力度不足；浙江大学玉泉校区、浙江大学华家池校区和杭州师范大学文一路校区均属于杭州市中心的大学校区，建成时间久远，校区周边的交通稠密，机动车尾气排放和大气污染影响较大，空气较干燥，校区植被均为人工引种，树木种类较单一，绿化区面积大但多向师生开放，行人破坏较严重，尤其是浙江大学玉泉校区的大多数行道树树干的 1 m 以下区域均以石灰涂抹，使树附生苔藓植物丧失附生基质。该样点组的主要树附生苔藓包括八齿碎米藓、狭叶小羽藓、柱蒴绢藓、多褶青藓、细叶小羽藓、暗绿多枝藓、中华细枝藓、橙色锦藓等，共计 31 种，其中苔类 3 种。以碎米藓科、羽藓科、牛舌藓科、锦藓科等抗逆性比较强的种类为主，其中羽藓科小羽藓属的狭叶小羽藓和细叶小羽藓是典型的抗旱、抗污染、抗干扰能力突出的藓类，对大气和土壤污染物的富集能力明显，是一种能有效监测环境污染的生物指示剂（闵运江，1997；崔明昆，2001；安丽等，2006），树附生苔藓植物的总盖度为 8.4296%，在 5 个样点组的总盖度中排名第 4，其中 3 种苔类的总盖度仅为 0.4634%，平均盖度超过 1%的苔藓有 3 种，八齿碎米藓的平均盖度最大，为 1.4286%。

样点组Ⅳ：包括杭州植物园（1）、栖霞岭（5）和虎跑（9）共 3 个样点。各样点均位于西湖西南方的丘陵地区，属于在原生林基础上人工改造的公园和景点，落成时间久远，植被多样性较高且树龄较长，林冠郁闭度和空气湿度较大。该样点组的主要树附生苔藓包括芽胞异萼苔、橙色锦藓、柱蒴绢藓、疣灯藓、东亚碎米藓、垂蒴小锦藓和东亚金灰藓等，共计 21 种，其中苔类 5 种。树附生苔藓植物的总盖度为 21.9852%，其中苔类的总盖度为 12.4260%，平均盖度超过 1%的苔藓有 5 种，芽胞异萼苔的平均盖度最大，为 11.7166%。该样点组的树附生苔藓总盖度、苔类种类数和苔类总盖度在 5 个样点组中均属最高，对生境要求的苛刻程度高于藓类的苔类（以芽胞异萼苔占优势）较多地分布在该样点组的树木上，从很大程度上说明样点组Ⅳ的综合环境条件是最适宜树附生苔藓植物分布的。

样点组Ⅴ：为浙江大学紫金港校区（19）1 个样点。该样点始建于 2001 年，落成时间在诸样点中最短，交通、建筑、行人等人为活动的干扰严重，空气湿度较低，树木虽然胸径较大但均为外来引入种，新移栽的树木因树龄较短而难以有苔藓附生。该样点组仅有中华细枝藓这一种树附生苔藓，总盖度也仅为 1.3688%，物种数和总盖度在 5 个样点组中均最少。相对而言，样点组Ⅴ的综合环境条件最不适宜树附生苔藓植物的生长。

DCA 的排序结果（图 5-5）可以将 21 个样点划分为 5 个样点组，它与 TWINSPAN 的聚类分组结果基本一致，DCA 排序图以二维图的直观形式反映了各样点间树附生苔藓植物种类组成上的关系，DCA 法和 TWINSPAN 法的相互验证体现了树附生苔藓植物分布格局沿第一轴从左到右，适宜树附生苔藓植物分布的生境情况逐渐恶化，样点组Ⅳ的生境最适宜树附生苔藓植物生长，样点组Ⅰ和样点组Ⅱ的生境比较适宜，样点组Ⅲ的生境比较不适宜，而样点组Ⅴ的生境最不适宜树附生苔藓植物的生存。DCA 排序图的第二轴主要反映了各样点组在海拔上的变化，即沿着第二轴从下到上，样点的海拔逐渐降低，样点组Ⅱ的两个样点均为海拔超过 50 m 的山林，明显不同于其他 4 个样点组，因而较为独立地分布在第二轴的底线位置。说明 DCA 排序轴能较好地反映杭州市树附生苔藓植物群落的分布格局及生态关系（张金屯，2011）。

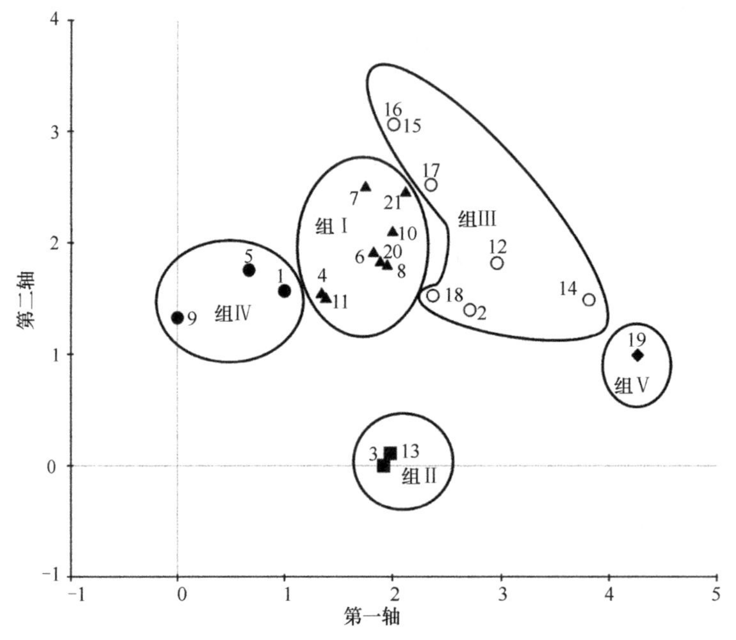

图 5-5　杭州市 21 个样点的树附生苔藓植物分布格局 DCA 排序图

5.3.5　树附生苔藓植物分布与树干空间位置的关系

相比于地面苔藓植物，树附生苔藓植物对生境的依赖性更高，对环境因子变化的敏感度也相应增高。一旦生境发生改变，树附生苔藓植物群落的种类组成、结构、分布等也会在一定范围内发生适应性响应，这可能是树附生苔藓植物特殊的生理结构、生活形态和环境因子共同作用的结果，其中树附生苔藓植物的分布与附生树干的空间位置有直接的联系。

1. 树附生苔藓植物分布与树干朝向的关系

1）树附生苔藓植物在 4 个树干朝向上的盖度和多样性指数

48 种树附生苔藓植物在 4 个树干朝向上的盖度具体见表 5-6。树附生苔藓植物在东面朝向的树干上的总盖度为 12.0833%，占 4 个朝向的附生树干上苔藓总盖度的 24.2680%，共有 37 种，占树附生苔藓植物总种类数的 77.08%，其中剑叶大帽藓是东面朝向的树干上独有的种类。有 7 种苔藓在东面朝向的树干上的盖度较大（>5%），其盖度按大小排序分别是：柱蒴绢藓占 15.36%，芽胞异萼苔占 14.08%，华东附干藓占 10.890%，东亚金灰藓占 10.41%，东亚碎米藓占 8.57%，橙色锦藓占 7.97%，暗绿多枝藓占 5.30%。树附生苔藓植物在南面朝向的树干上的总盖度为 10.49%，占 4 个朝向的附生树干上苔藓总盖度的 21.07%，共有 33 种，占树附生苔藓植物总种类数的 68.75%，其中粗肋凤尾藓是南面朝向的树干上独有的种类。有 6 种苔藓在南面朝向的树干上的盖度较大（>5%），其盖度按大小排序分别是：柱蒴绢藓占 20.15%，芽胞异萼苔占 19.34%，东亚金灰藓占 9.46%，华东附干藓占 6.99%，狭叶小羽藓占 5.59%，东亚碎米藓占 5.03%。

表 5-6　48 种树附生苔藓植物在 4 个朝向上的盖度　（%）

序号	东面	南面	西面	北面	序号	东面	南面	西面	北面
1	0.0000	0.0000	0.0139	0.0000	25	0.0418	0.1045	0.3250	0.2321
2	0.2623	0.3204	0.2147	0.2217	26	1.0354	0.5281	0.6175	0.5525
3	1.7016	2.0290	2.2472	2.9645	27	0.0766	0.0104	0.0975	0.2774
4	0.1671	0.1346	0.1486	0.3575	28	0.5432	0.4898	0.6697	0.5722
5	0.0429	0.1103	0.0453	0.0464	29	0.9634	0.5003	0.5235	1.3407
6	0.0000	0.0000	0.0000	0.1381	30	0.0000	0.0000	0.0000	0.0244
7	0.0000	0.0012	0.0000	0.0000	31	1.3163	0.7336	0.8880	0.9785
8	0.0476	0.0000	0.0128	0.0081	32	0.1312	0.1312	0.0580	0.1996
9	0.0000	0.0000	0.0093	0.0000	33	0.0093	0.0383	0.1660	0.0488
10	0.0000	0.0000	0.0186	0.0371	34	0.0000	0.0441	0.0000	0.0000
11	0.0000	0.0000	0.0000	0.0023	35	0.0766	0.2739	0.1463	0.3018
12	0.0209	0.0000	0.0000	0.0000	36	0.6407	0.3668	0.1486	0.2484
13	0.0662	0.0081	0.0104	0.0975	37	0.0000	0.1114	0.0615	0.1277
14	0.0139	0.0000	0.0000	0.1404	38	0.0615	0.0267	0.0128	0.0754
15	0.0035	0.0000	0.1857	0.0000	39	0.0522	0.0000	0.0000	0.0046
16	0.3981	0.1869	0.1880	0.6953	40	0.2960	0.3413	0.2507	0.2600
17	0.0046	0.0000	0.0000	0.0000	41	0.3645	0.5862	0.3830	0.6349
18	0.0023	0.0012	0.0023	0.0000	42	0.3064	0.0255	0.0371	0.4434
19	0.0429	0.0070	0.0000	0.0255	43	0.0000	0.0000	0.0000	0.0012
20	0.0023	0.0325	0.0116	0.0604	44	0.0418	0.0290	0.0824	0.0952
21	0.0128	0.0894	0.0569	0.0163	45	1.2582	0.9924	1.6471	2.1926
22	0.0836	0.0592	0.0023	0.0650	46	0.0000	0.0638	0.0070	0.0801
23	0.0383	0.0012	0.0279	0.0720	47	1.8560	2.1137	1.4649	2.4631
24	0.0244	0.0000	0.0000	0.0023	48	0.0766	0.0000	0.2205	0.1079
					总计	12.0833	10.4919	11.0026	16.2132

树附生苔藓植物在西面朝向的树干上的总盖度为 11.00%，占 4 个朝向的附生树干上苔藓总盖度的 22.10%，共有 36 种，占树附生苔藓植物总种类数的 75.00%，其中三齿鞭苔和皱叶小石藓是西面朝向的树干上独有的种类。有 5 种苔藓在西面朝向的树干上的盖度较大(>5%)，其盖度按大小排序分别是：芽胞异萼苔占 20.42%，东亚金灰藓占 14.97%，柱蒴绢藓占 13.31%，华东附干藓占 8.07%，东亚碎米藓占 5.61%。

树附生苔藓植物在北面朝向的树干上的总盖度为 16.21%，占 4 个朝向的附生树干上苔藓总盖度的 32.56%，共有 40 种，占树附生苔藓植物总种类数的 83.33%，其中疏叶细鳞苔、阔叶小石藓、鳞叶藓和光柄细喙藓是北面朝向的树干上独有的种类。有 5 种苔藓在北面朝向的树干上的盖度较大（>5%），其盖度按大小排序分别是：芽胞异萼苔占 19.28%，柱蒴绢藓占 15.19%，东亚金灰藓占 13.52%，橙色锦藓占 8.2689%，华东附干藓占 6.04%。

表 5-7 反映出南面朝向的树干上的树附生苔藓植物的盖度和种类数最小，而北面朝向的树干上的树附生苔藓植物的盖度、种类数和特有种数均最多，芽胞异萼苔、柱蒴绢藓、东亚金灰藓、华东附干藓、橙色锦藓和东亚碎米藓在 4 个树干朝向上的盖度均占优势。

表 5-7　4 个朝向树干上的树附生苔藓植物的多样性指数

朝向	Simpson 指数	Shannon-Wiener 指数	Pielou 指数	Margalef 指数
东面	0.9110	2.7235	0.7542	14.4472
南面	0.8930	2.6329	0.7530	13.6135
西面	0.8975	2.6773	0.7471	14.5947
北面	0.9056	2.7852	0.7550	13.9994

通过比较表 5-7 中 4 个朝向树干上树附生苔藓植物的多样性指数可以发现：南面朝向树干上的树附生苔藓植物的 Simpson 多样性指数、Shannon-Wiener 多样性指数和 Margalef 丰富度指数均最低，东面朝向树干上的树附生苔藓植物的 Simpson 多样性指数最高，北面朝向树干上的树附生苔藓植物的 Shannon-Wiener 多样性指数和 Pielou 均匀度指数最高，西面朝向树干上的树附生苔藓植物的 Margalef 丰富度指数最高、Pielou 均匀度指数最低。4 个朝向树干上树附生苔藓植物的多样性指数的差异可能与各朝向的光照和水分有关，北半球的树干南面向阳、树干北面背阳，因此树干南面的光照强度较大、湿度较小，而树干其他朝向尤其是北面的光照强度较小、湿度较大，大部分苔藓植物要求较低的光照和较高的湿度，它们能在很低的光照条件下进行光合作用，表现出喜阴的光合特征（吴鹏程，1998），强光和高温会使苔藓植物迅速失水干燥（Tuba，1984），光照和水分条件是苔藓植物生长的 2 个限制因子（Smith，1982）。但通过二因素方差分析发现，树干朝向对应的 F=1.107（P=0.396），说明不同树干朝向对多样性指数没有显著性影响。通过 LSD 法和 S-N-K 法多重比较后发现树干东面、南面、西面和北面这 4 个朝向两两之间均没有显著性差异而归于一个相似性子集（P=0.411），即不同朝向树干上的树附生苔藓植物的多样性水平没有明显的分化差异，仅是北面、东面和西面朝向树干的树附生苔藓植物的盖度和多样性水平略高于南面朝向树干，也说明城市生态系统中树干朝向对树附生苔藓植物分布的影响比较有限。

2）典范对应分析排序

对表 5-8 中 21 个样点的树干朝向因子及 48 种树附生苔藓植物盖度数据进行典范对应分析，分别得到排序轴间、朝向因子间、朝向因子与排序轴间的相关系数以及物种-朝向因子、样点-朝向因子的双序图。前三个种类排序轴与朝向因子排序轴的相关系数均较高，分别为 0.870、0.859 和 0.855，说明该 CCA 排序较能较好地反映树附生苔藓植物种类与树干朝向的关系（ter Braak，1986）。

表 5-8　树附生苔藓植物种类排序轴间、朝向因子间、朝向因子与排序轴间的相关系数

项目	种类第一轴	种类第二轴	东面	南面	西面	北面
种类第一轴	1					
种类第二轴	–0.0641	1				
东面	0.4498	–0.1370	1			
南面	0.4442	0.2614	0.7945	1		
西面	0.7716	–0.2268	0.7283	0.6686	1	
北面	0.6944	–0.1011	0.8889	0.6506	0.8256	1

（1）CCA 排序中的相关性分析

表 5-8 表明了 CCA 排序图中，东面因子、南面因子、西面因子、北面因子均与第一轴呈正相关关系，其中与第一轴相关系数最大的是西面因子，达 0.7716；其次为北面因子，达 0.6944；再次为东面因子，达 0.4498；最小的是南面因子，达 0.4442。与第二轴相关系数最大的是南面因子，呈正相关，达 0.2614；其次是西面因子，呈负相关，达–0.2268；再次是东面因子，呈负相关，达–0.1370；最小的是北面因子，呈负相关，达–0.1011。说明第一排序轴向左主要反映了树附生苔藓植物倾向于分布在树干西面和南面的变化趋势，第二排序轴向上主要反映了树附生苔藓植物倾向于分布在树干南面而远离树干西面的变化趋势。

表 5-8 也表明 4 种树干朝向因子间均呈较高的正相关关系，其中东面因子、西面因子与北面因子两两之间的相关系数均大于 0.7，东面因子与北面因子间的相关系数最大，为 0.8889；南面因子与北面因子间的相关系数最小，为 0.6506。说明 4 种树干朝向因子间相似性较高，树附生苔藓植物在 4 个树干朝向上的分布没有明显差异。相对而言，苔藓在东面树干和北面树干的相似性最强，在南面树干和北面树干的相似性最弱，这与前文 4 个朝向树干上的树附生苔藓植物的盖度和多样性情况相吻合，由树干朝向引发的光照和水分条件的变化可能是影响苔藓分布的一个因素，且该因素的作用比较有限。

（2）种类与朝向因子、样点与朝向因子的排序结果

应用 CCA 分别对树附生苔藓植物种类与朝向因子、样点与朝向因子进行排序，得到对应的图 5-6 和图 5-7。由图 5-6 可以发现，箭头表示朝向因子，4 个朝向因子均指向 CCA 排序图第一轴正方向，其中南面因子位于第一象限，东面因子、西面因子和北面因子都位于第四象限，4 个朝向因子间的夹角均为锐角，因而它们之间有较强的正相关关系，其中东面因子与西面因子的相似性最强。结合苔藓种类在排序图上的分布情况，大致可以将 48 个苔藓种类分为 3 个组。

第一组：位于二维排序图的第一象限，共有 13 种，包括三齿鞭苔（1）、疏叶细鳞苔（6）、粗肋凤尾藓（7）、尖叶提灯藓（14）、桧叶白发藓（19）、垂蒴小锦藓（27）、矮锦藓（28）、鳞叶藓（30）、华东附干藓（31）、皱叶牛舌藓（35）、台湾多枝藓（37）、东亚金灰藓（45）和灰藓（46），其中藓类 11 种、苔类 2 种。该组的苔藓倾向于分布于树干

南面，以锦藓科、灰藓科和牛舌藓科为主，多为城市常见种，其中华东附干藓和东亚金灰藓在 4 个树干朝向上的盖度均占优势，能适应光照强度较大、湿度较小的树干南面生境。

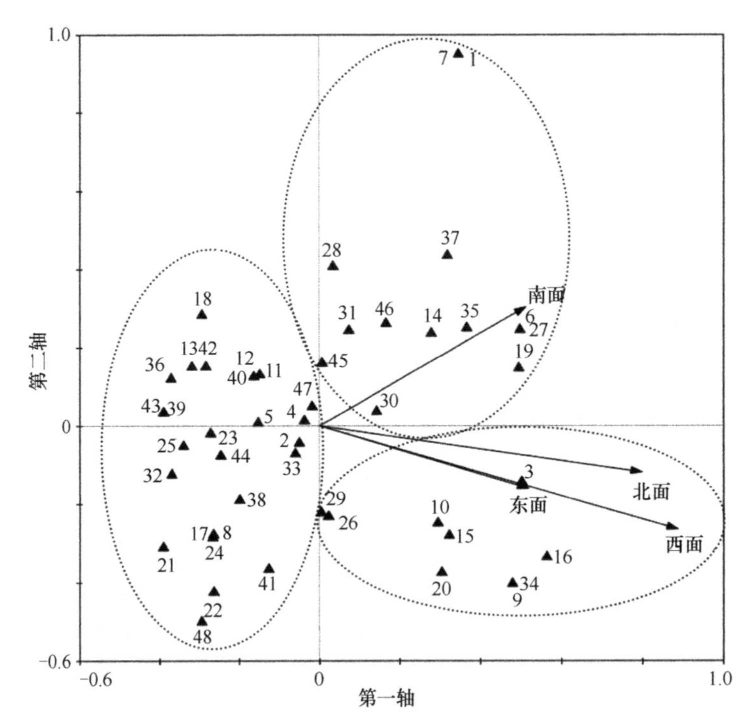

图 5-6 树附生苔藓植物种类-朝向因子的 CCA 排序图

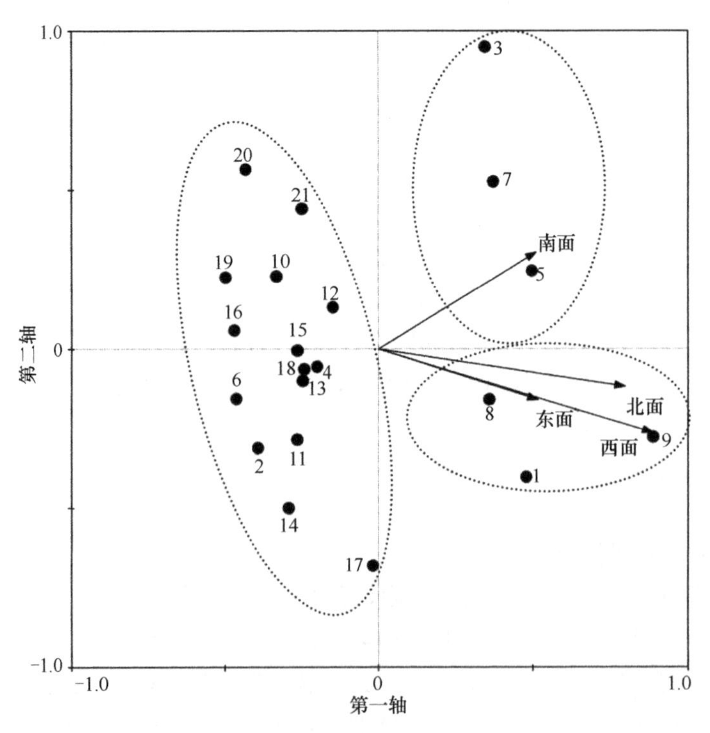

图 5-7 样点-朝向因子的 CCA 排序图

第二组：位于二维排序图的第四象限，共有 9 种，包括芽胞异萼苔（3）、皱叶小石藓（9）、东亚小石藓（10）、细枝毛灯藓（15）、疣灯藓（16）、白氏藓（20）、东亚碎米藓（26）、橙色锦藓（29）和牛舌藓（34），其中藓类 8 种、苔类 1 种。该组的苔藓倾向于分布于树干东面、西面和北面，可能倾向于生活在光照强度较低、湿度较大的生境中，其中芽胞异萼苔、橙色锦藓和东亚碎米藓在 4 个树干朝向上的盖度均占优势。

第三组：位于二维排序图的第二、第三象限，共有 26 种，包括盔瓣耳叶苔（2）、南亚瓦鳞苔（4）、弯叶细鳞苔（5）、芒尖毛口藓（8）、阔叶小石藓（11）、高山赤藓（12）、细叶莲叶藓（13）、剑叶大帽藓（17）、东亚苔叶藓（18）、中华无毛藓（21）、钝叶木灵藓（22）、丛生木灵藓（23）、钟帽藓（24）、八齿碎米藓（25）、东亚附干藓（32）、羊角藓（33）、暗绿多枝藓（36）、薄罗藓（38）、短枝褶藓（39）、细叶小羽藓（40）、狭叶小羽藓（41）、中华细枝藓（42）、光柄细喙藓（43）、东亚毛灰藓（44）、柱蒴绢藓（47）和多褶青藓（48），其中藓类 23 种、苔类 3 种。该组苔藓在树干上的分布较为平均，对树干朝向没有严格要求，具有较宽的生态幅。

相对而言，树附生苔藓植物的种类分布在 4 个树干朝向上有一定的差异，南面因子较独立于其他 3 个朝向因子，但超过半数的树附生苔藓植物种类远离该 4 个朝向因子，大多数苔藓植物种类的排布比较分散且对朝向因子没有严格要求。说明绝大多数树附生苔藓植物种类对附生树干的朝向没有明显的专一性，仅少数种类存在对树干朝向的一定倾向性。

结合样点在排序图上的分布情况，大致可以将 21 个样点分为 3 个组。

第一组：位于二维排序图的第一象限，共有 3 个样点，包括五云山（3）、栖霞岭（5）和九溪（7）。该组的树附生苔藓植物可能倾向于分布在南面朝向的树干上，3 个样点均位于杭州西湖西南方的丘陵地区，综合条件优越，建成时间久远，植被丰富，原生林比例高且保护良好，林冠郁闭度较大，空气湿度较高，人为干扰程度较低。

第二组：位于二维排序图的第四象限，共有 3 个样点，包括杭州植物园（1）、龙井（8）和虎跑（9）。该组的树附生苔藓植物可能倾向于分布在北面、东面和西面朝向的树干上，3 个样点均位于杭州西湖西南方的丘陵地区，属于著名的旅游景点和公园，历史悠久，绿化程度较高，原生林和人工林混杂，树种多样且树龄普遍较长，林冠郁闭度较高，空气湿度较高，有一定的人为活动干扰。

第三组：位于二维排序图的第二、第三象限，共有 15 个样点，包括浙江大学玉泉校区（2）、浙江大学之江校区（4）、曲院风荷（6）、玉皇山（10）、杭州师范大学玉皇山校区（11）、柳浪闻莺（12）、吴山天风（13）、西湖一公园（14）、杭州市少年宫（15）、西湖六公园（16）、浙江大学华家池校区（17）、杭州师范大学文一路校区（18）、浙江大学紫金港校区（19）、和睦湿地（20）和西溪湿地（21）。该样点组均远离 4 个朝向因子而分散排布，说明各样点的树附生苔藓植物的分布对树干朝向没有严格要求。

样点与高度因子的 CCA 排序图表明，21 个样点的树附生苔藓植物的分布在树干朝向上有较弱的分化差异，仅有 3 个样点的苔藓倾向于分布在树干南面以及另 3 个样点倾向于分布在树干北面、东面和西面，绝大多数的样点远离 4 个朝向因子而呈散点分布，树附生苔藓植物的分布与树干朝向没有明显的相关性。在生境错综复杂的城市生态系统里，树干朝向对树附生苔藓植物分布的影响比较微弱。

5.3.6 树附生苔藓植物分布与树干高度的关系

1. 树附生苔藓植物在4个高度位置树干上的盖度和多样性指数

48种树附生苔藓植物在4个高度上的盖度见表5-8，其中距地面30 cm、110 cm、150 cm和180 cm的树干高度位置分别代表树干基部、树干中部、树干上部和树干顶部。

树附生苔藓植物在树干基部的总盖度为12.1599%，占4个树干高度位置上苔藓总盖度的24.44%，共有32种，占树附生苔藓植物总种类数的66.67%，其中粗肋凤尾藓和尖叶提灯藓是树干基部独有的种类。有6种苔藓在树干基部盖度较大（>5%），其盖度按大小排序分别是：柱蒴绢藓占25.29%，芽胞异萼苔占19.09%，东亚金灰藓占7.43%，狭叶小羽藓占6.85%，橙色锦藓占5.65%，疣灯藓占5.38%。

树附生苔藓植物在树干中部的总盖度为10.90%，占4个树干高度位置上苔藓总盖度的21.91%，共有35种，占树附生苔藓植物总种类数的72.92%，其中牛舌藓是树干中部独有的种类。有8种苔藓在树干中部盖度较大（>5%），其盖度按大小排序分别是：芽胞异萼苔占18.88%，华东附干藓占12.29%，东亚金灰藓占12.68%，柱蒴绢藓占12.09%，东亚碎米藓占6.45%，橙色锦藓占6.34%，矮锦藓占5.56%，暗绿多枝藓占5.32%。

树附生苔藓植物在树干上部的总盖度为13.25%，占4个树干高度位置上苔藓总盖度的26.64%，共有41种，占树附生苔藓植物总种类数的85.42%，其中三齿鞭苔和光柄细喙藓是树干上部独有的种类。有7种苔藓在树干上部盖度较大（>5%），其盖度按大小排序分别是：芽胞异萼苔占16.17%，东亚金灰藓占13.88%，柱蒴绢藓占12.83%，华东附干藓占7.27%，橙色锦藓占6.92%，东亚碎米藓占5.77%，矮锦藓占5.25%。

树附生苔藓植物在树干顶部的总盖度为13.44%，占4个树干高度位置上苔藓总盖度的27.01%，共有37种，占树附生苔藓植物总种类数的77.08%，其中阔叶小石藓和高山赤藓是树干顶部独有的种类。有6种苔藓在树干顶部盖度较大（>5%），其盖度按大小排序分别是：芽胞异萼苔占18.00%，东亚金灰藓占14.59%，柱蒴绢藓占12.45%，华东附干藓占8.37%，橙色锦藓占8.18%，东亚碎米藓占6.52%。

表5-9反映了树附生苔藓植物在树干顶部的盖度最大而在树干中部的盖度最小，在树干上部的种类数最大而在树干基部的种类数最小，树干基部、上部和顶部的特有种均有2种，而中部仅有1种，芽胞异萼苔、柱蒴绢藓、东亚金灰藓、华东附干藓、橙色锦藓和东亚碎米藓在4个高度位置的树干上的盖度均占优势。

通过比较表5-10中4个高度位置树干上的树附生苔藓植物的多样性指数可以发现：树干基部的树附生苔藓植物的Simpson多样性指数、Shannon-Wiener多样性指数和Margalef丰富度指数均最低，树干中部的树附生苔藓植物的Pielou均匀度指数最低，树干上部的树附生苔藓植物的Simpson多样性指数、Shannon-Wiener多样性指数、Pielou均匀度指数和Margalef丰富度指数均最高，树干顶部的树附生苔藓植物的各项多样性指数居中。4个树干高度上树附生苔藓植物的多样性指数的差异可能与各树干高度的湿度和人为干扰程度不同有关。城市生态系统中的地面多以水泥覆盖，因而树木基部的空气

表 5-9　48 种树附生苔藓植物在 4 个树干高度上的盖度　　　　（%）

序号	基部	中部	上部	顶部	序号	基部	中部	上部	顶部
1	0.0000	0.0000	0.0139	0.0000	25	0.0000	0.2043	0.2890	0.2101
2	0.2310	0.1613	0.4121	0.2496	26	0.3656	0.7034	0.7649	0.8764
3	2.3215	2.0580	2.1427	2.4201	27	0.1846	0.1033	0.0824	0.0917
4	0.1625	0.0801	0.3482	0.2171	28	0.3273	0.6059	0.6953	0.6512
5	0.0128	0.0174	0.1370	0.0778	29	0.6872	0.6918	0.9170	1.0992
6	0.0000	0.0000	0.1045	0.0337	30	0.0093	0.0151	0.0000	0.0000
7	0.0012	0.0000	0.0000	0.0000	31	0.4492	1.3395	0.9634	1.1248
8	0.0000	0.0128	0.0325	0.0232	32	0.0255	0.0302	0.2078	0.2147
9	0.0000	0.0000	0.0046	0.0046	33	0.1335	0.0801	0.0871	0.0464
10	0.0000	0.0000	0.0174	0.0383	34	0.0000	0.0441	0.0000	0.0000
11	0.0000	0.0000	0.0000	0.0023	35	0.1149	0.0929	0.1335	0.0836
12	0.0000	0.0000	0.0000	0.0209	36	0.2101	0.5804	0.4678	0.5189
13	0.0197	0.0313	0.0476	0.0963	37	0.2403	0.0604	0.0000	0.0000
14	0.1544	0.0000	0.0000	0.0000	38	0.0708	0.0197	0.0696	0.0163
15	0.1404	0.0453	0.0035	0.0000	39	0.0000	0.0046	0.0429	0.0093
16	0.6547	0.3830	0.3192	0.1114	40	0.4515	0.2530	0.2554	0.1880
17	0.0012	0.0000	0.0035	0.0000	41	0.8334	0.1103	0.4922	0.4829
18	0.0000	0.0023	0.0023	0.0012	42	0.0000	0.2380	0.1950	0.4295
19	0.0720	0.0012	0.0023	0.0000	43	0.0000	0.0000	0.0012	0.0000
20	0.0325	0.0058	0.0662	0.0023	44	0.0418	0.1532	0.0209	0.0325
21	0.0371	0.0128	0.0731	0.0522	45	0.9031	1.3824	1.8398	1.9605
22	0.0000	0.0000	0.0778	0.1323	46	0.1439	0.0023	0.0046	0.0000
23	0.0522	0.0000	0.0522	0.0348	47	3.0748	1.3174	1.7005	1.6726
24	0.0000	0.0000	0.0221	0.0046	48	0.0000	0.0557	0.1416	0.2078
					总计	12.1599	10.8993	13.2545	13.4390

湿度和空气质量低下，喜湿的树附生苔藓植物倾向于分布在树干中部、上部，而且树干基部较易受到人类活动的影响，防蛀石灰的涂抹、树皮的物理性破坏、地面污染源的干扰等人为因素对树干基部生境的威胁尤为严重。通过二因素方差分析发现，树干高度对应的 F=1.274（P=0.341），说明不同高度的树干对树附生苔藓植物的多样性指数没有显著性影响。通过 LSD 法和 S-N-K 法多重比较后发现，树干基部、中部、上部和顶部两两之间均没有显著性差异而归于一个相似性子集（P=0.276），即不同树干高度上的树附生苔藓植物的多样性水平没有统计学意义上的分化差异。

2. *典范对应分析排序*

对表 5-10 中 21 个样点的高度朝向因子及 48 种树附生苔藓植物盖度数据进行典范对应分析，分别得到排序轴间、高度因子间、高度因子与排序轴间的相关系数及物种-高度因子、样点-高度因子的双序图。前三个种类排序轴与高度因子排序轴的相关系数均较高，分别为 0.869、0.826 和 0.778，说明该 CCA 排序较能较好地反映树附生苔藓植物种类与树干高度的关系。

表 5-10 4 个高度位置树干上的树附生苔藓植物的多样性指数

高度位置	Simpson 指数	Shannon-Wiener 指数	Pielou 指数	Margalef 指数
基部	0.8767	2.5789	0.7441	12.4092
中部	0.9009	2.6397	0.7425	14.2337
上部	0.9152	2.8305	0.7622	15.4779
顶部	0.9048	2.6996	0.7476	13.8559

1）CCA 排序中的相关性分析

表 5-11 表明了 CCA 排序图中，树干的基部因子、中部因子、上部因子和顶部因子均与第一轴呈正相关关系，其中与第一轴相关系数最大的是基部因子，为 0.8399；其次为中部因子，达 0.6711；再次为上部因子，达 0.5478；最小的是顶部因子，为 0.4621。与第二轴相关系数最大的是顶部因子，呈负相关，为–0.3727；其次是上部因子，呈负相关，为–0.2954；再次是中部因子，呈正相关，达 0.0796；最小的是基部因子，呈负相关，仅为–0.029。说明第一排序轴向左主要反映了树附生苔藓植物倾向于分布在树干基部的变化趋势，第二排序轴向上主要反映了树附生苔藓植物倾向于远离树干顶部的变化趋势。

表 5-11 树附生苔藓植物种类排序轴间、高度因子间、高度因子与排序轴间的相关系数

项目	种类第一轴	种类第二轴	基部	中部	上部	顶部
种类第一轴	1					
种类第二轴	0.0134	1				
基部	0.8399	–0.029	1			
中部	0.6711	0.0796	0.7658	1		
上部	0.5478	–0.2954	0.6008	0.87	1	
顶部	0.4621	–0.3727	0.5767	0.8142	0.9554	1

表 5-11 也表明 4 种树干高度因子间均呈较高的正相关关系，其中基部因子与中部因子、中部因子与上部因子、中部因子与顶部因子、上部因子与顶部因子之间的相关系数均大于 0.7，上部因子与顶部因子间的相关系数最大，为 0.9554；基部因子与顶部因子间的相关系数最小，为 0.5767。说明 4 种树干高度因子间相似性较高，树附生苔藓植物在 4 个树干高度上的分布差别不大。相对而言，苔藓在树干上部和树干顶部的相似性最强，在树干基部和树干顶部的相似性最弱。这与前文 4 个树干高度上的树附生苔藓植物的盖度和多样性情况相吻合，说明树附生苔藓植物在 4 个树干高度上的分布情况有一定分化但没有显著性差异。

2）种类与高度因子、样点与高度因子的排序结果

应用 CCA 分别对树附生苔藓植物种类与高度因子、样点与高度因子进行排序，得到对应的图 5-8 和图 5-9。由图 5-8 可以发现，箭头表示高度因子，4 个高度因子均指向

CCA 排序图第一轴正方向且位置相近，其中中部因子位于第一象限，基部因子、上部因子和顶部因子都位于第四象限，4 个高度因子间的夹角均为锐角，说明它们之间有较强的正相关关系，其中基部因子与中部因子、上部因子与顶部因子之间的相似性较高，中部因子与顶部因子之间的相似性最低。

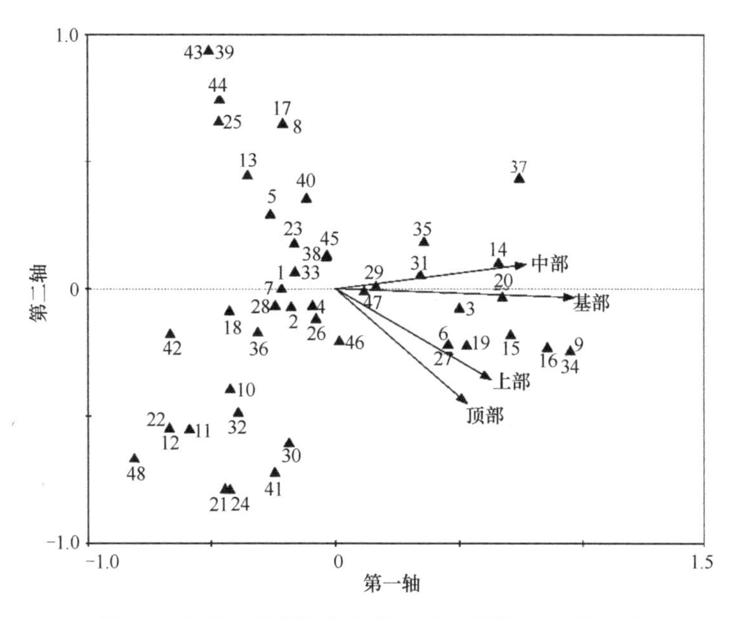

图 5-8　树附生苔藓植物种类-高度因子的 CCA 排序图

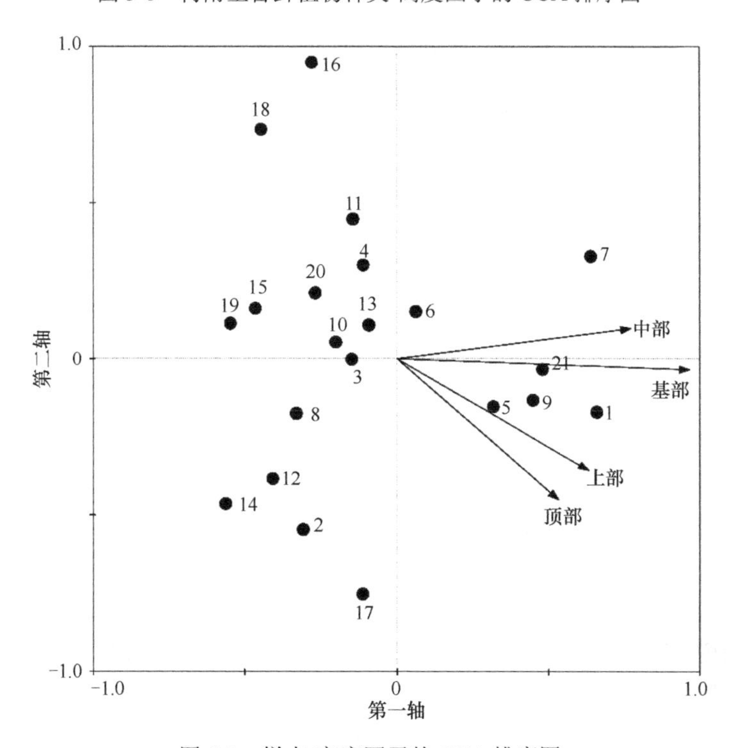

图 5-9　样点-高度因子的 CCA 排序图

树附生苔藓植物的种类与高度因子的CCA排序图（图5-8）显示，4个高度因子彼此相关性较高，绝大多数（33种，占总物种数的68.75%）苔藓种类远离这4个高度因子而呈散点分布。东亚金灰藓（3）、羊角藓（20）、尖叶提灯藓（29）、粗肋凤尾藓（47）更倾向于分布在树干基部，这4种均为常见的土生藓类，其树附生性较弱，可能应归属于土生范畴；南亚瓦鳞苔（14）、丛生木灵藓（31）、芒尖毛口藓（35）、东亚小石藓（37）更倾向于分布在树干中部；东亚碎米藓（6）、多褶青藓（19）、薄罗藓（27）更倾向于分布于树干上部；暗绿多枝藓（9）、八齿碎米藓（15）、东亚附干藓（16）、桧叶白发藓（34）更倾向于分布在树干基部和上部。整体而言，受调查的树附生苔藓植物种类对附生树干的高度位置没有明显的专一性。

样点与高度因子的CCA排序图（图5-9）显示，4个高度因子有较强相关性，绝大多数（15个样点，占总样点数的71.43%）样点远离这4个高度因子而呈散点分布。只有西溪湿地（21）的树附生苔藓植物倾向于分布在树干基部，该样点作为水网密布、规划良好的城市边缘湿地公园，与其他样点的生境有明显的不同，附生树干基部的空气湿度较大、空气质量较好，适合树附生苔藓植物的生长；栖霞岭（5）的树附生苔藓植物倾向于分布于树干上部；曲院风荷（6）和九溪（7）的树附生苔藓植物倾向于分布于树干中部；杭州植物园（1）、虎跑（9）的树附生苔藓植物倾向于分布于树干基部和上部。

5.4 讨　论

（1）由于西溪湿地所占面积约为和睦湿地的4倍，且经过居民迁出及旅游开发和保护，其苔藓植物种类数远远超过和睦湿地，是和睦湿地3倍。与杭州其他植被较为密集的风景区相比，和睦湿地与西溪湿地两个湿地中苔藓植物的分布范围较窄，种类数也较少。

（2）杭州市地理环境比较复杂，其西部、中部和南部属浙西中低山丘陵，东北部属浙北平原，适合多种树附生苔藓植物生长；杭州市作为全国重点风景旅游城市和历史文化名城，生态环境总体保持比较良好，使得一些对环境十分敏感的树附生苔藓植物得以生存和繁衍。杭州市的树附生苔藓植物种类较为丰富，本次调查共发现树附生苔藓植物21科38属48种。但就优势科属种来说，仍以对环境污染较不敏感的丛藓科、羽藓科、灰藓科植物为主，说明环境还存在一定污染，需加以改善（官飞荣等，2016）。

（3）对杭州市21个样地树附生苔藓植物进行α多样性分析，结果显示不同样地树附生苔藓植物多样性有比较明显的差别。杭州植物园、浙江大学玉泉校区、龙井等几个样地多样性明显较高，而虎跑和浙江大学紫金港校区最低。影响树附生苔藓植物分布的因子相对复杂，局部气候特征、区域大气质量、样地海拔、附生树种、树干表皮性质和树干的方向与高度等均对树附生苔藓的分布产生影响。此外，在分析原始数据时发现，曲院风荷的柳树85 cm下有石灰；浙江大学玉泉校区的2棵香樟树上110 cm下有较多的石灰，枫杨树干120 cm下有石灰；柳浪闻莺4棵柳树、2棵枫杨树干110 cm之下有石灰，一公园、六公园和玉皇山等地的香樟柳树均有石灰涂抹、油漆喷洒及器具刻画等严重破坏树木表皮的人为因素干扰。由于树附生苔藓对其生存环境极其敏感，附生树木遭到破坏会导致其无法生长。在浙江大学紫金港校区等样地，虽然树种的胸径达到 85 cm 以上，但由于其地理环境的特殊性（树木移植、湿度低等因素）导致苔藓无法生长，所以多样性偏低。

（4）通过 TWINSPAN 数量分类法和 DCA 排序法，对 21 个样点进行定量分析并形成聚类图和排序图，发现杭州市树附生苔藓植物可以划分为 5 个样点组。通过比较各样点组的物种组成和盖度情况，再结合各样点的实际生境状况，可以有效地反映树附生苔藓植物在杭州市的分布格局以及与环境的关系。

就各样点组的生境优劣而言，样点组Ⅳ相对最好，样点组Ⅰ次之，样点组Ⅱ再次，样点组Ⅲ较差，样点组Ⅴ最差。就各样点组的树附生苔藓植物的多样性情况而言，依然是样点组Ⅳ最好，样点组Ⅰ次之，样点组Ⅱ再次，样点组Ⅲ较差，样点组Ⅴ最差。说明通过分析树附生苔藓植物的种类、盖度等多样性指标以及分布情况，可以大致推断各样点乃至整个城市的生境状况，尤其是环境污染状况、空气质量和人为干扰程度。徐晟翀等（2006a，2006b）、曹同等（2003，2004）、陈怡（2005）的研究发现，上海地区的苔藓植物的多样性水平和分布格局与环境状况有密切的关系，从环境污染和人为干扰严重的市中心到相对清洁的郊区，苔藓植物尤其是树附生苔藓植物的多样性水平呈明显递增的趋势，其种类组成和生长状况也有明显的差异。学者对鞍山市（曹同等，1998）、抚顺市（谢维等，1999）、沈阳市（陈龙等，2009）的研究都发现苔藓植物能在一定程度上反映当地的环境状况和变化，对环境变化极其敏感的树附生苔藓植物无疑是一类能较好地监测城市环境质量的生物指示剂，具有较佳的研究意义和推广价值。

（5）通过分析杭州市树附生苔藓植物分布格局与样点生境的关系，发现树附生苔藓植物倾向于生长在建成时间久远、附生树木树龄较长、人为干扰程度较小、空气湿度较高、环境污染较少、林冠郁闭度较大的样点中。树附生苔藓植物对具体生境的依赖性比较高，生境异质性的作用十分显著，多种多样的环境因子在相互影响、相互制约中对树附生苔藓植物产生复杂的综合作用。样地历史和树龄较长的树木适宜城市树附生苔藓植物的分布，Quarterman（1949）和 Song 等（2011）等对森林生态系统的研究也认为林龄、树龄对树附生苔藓植物的相对优势度影响明显，苔藓定居树干的机会随着树龄的增加而增加。Studlar（1980）也认为树附生苔藓植物的群落组成（物种丰富度和生活型等）会随着树龄的增加而发生变化，树木生长会改变树皮的性质和树干的小生境，继而引起苔藓植物群落的演替。

林冠层位于森林群落的最上部位，对群落其他结构组分的功能影响最大（杨允菲和祝廷成，2011）。林下植物获得的阳光和雨水受到林冠层郁闭度的很大影响，林下的小气候也因林冠层结构的不同而发生相应的改变。一般来说，林冠层郁闭度越大，则林下的相对湿度越高，光照强度越弱，越适宜喜湿喜阴的苔藓植物生长。郭水良和曹同（2000）发现森林郁闭度不同引起的空气湿度差异是造成不同森林类型树附生苔藓植物组成和盖度差异的一个重要原因，落叶松林、长白松林和白桦林中的林冠郁闭度均较小，林内相对湿度小，这些林地中的树附生苔藓植物的种类少且盖度小。本文的研究也表明城市树附生苔藓植物一般倾向于生长在林冠郁闭度和空气湿度较大的生境中，但如羽藓科小羽藓属等部分抗旱、抗干扰能力强的苔藓种类，依然能分布在空气湿度较低、人为干扰较严重的市中心附近，这些生态幅较宽、对环境条件要求较低的树附生苔藓更能发挥监测城市环境质量和变化的作用。

（6）利用定量方法分析了城市树附生苔藓植物分布与树干空间位置（朝向和高度）的关系，结果显示树附生苔藓植物的种类组成、盖度等多样性水平在不同朝向和不同高度上都有一定的分化差异，但不存在占绝对优势的树干朝向或树干高度，CCA 排序的结果也表明绝大多数的树附生苔藓植物种类和样点与朝向因子和高度因子没有紧密联系，城市树附生苔藓植物在附生树干的定居对树干空间位置的要求并不严格。总之，树干朝向和高度对杭州市树附生苔藓植物的分布没有显著影响，这与学者对森林生态系统中的树附生苔藓植物的研究结果不同（盛威等，2018）。Trynoski 和 Glime（1982）、郭水良和曹同（2000）、刘冰等（2006）、刘蔚秋等（2008）的野外调查显示树附生苔藓植物的生态分布与树干高度有较显著的关系，树附生苔藓植物的物种丰富度和多样性一般沿垂直高度从下往上呈现递减趋势，在空气湿度较大的树干基部最高。有学者（郭水良等，1999）也发现树干朝向虽然的确对树附生苔藓植物的分布有一定影响，但效果远没有其他主导性环境因子明显。与自然的森林生态系统不同，人为因素占主导的城市生态系统中的树附生苔藓植物主要受小生境、微气候的影响，人为干扰活动、环境污染、空气湿度、光照、树皮性质、树龄等环境因子的综合作用明显（徐晟翀，2007），城市中复杂的生境异质性会对树附生苔藓植物产生重大的影响，使它们的分布一般不会单一地倾向于某几个环境因子或某一种生境。因此，本文建议在未来开展的城市树附生苔藓植物生态研究中应重点关注小生境，扩大调查范围，兼顾不同生境类型的样点，对环境因子的计测应更加多元化、全面化，以期更加客观、综合地反映树附生苔藓植物分布与环境因子的关系，为保护树附生苔藓植物多样性及其生境提供科学依据。

（吴玉环、黄文专）

参考文献

安丽，曹同，俞鹰浩. 2006. 上海市小羽藓属植物重金属含量及其与环境的关系. 应用生态学报, 25(2): 201-206.

曹同，陈怡，于晶，等. 2004. 上海市地面苔藓植物的分布格局分析. 应用生态学报, 15(10): 1785-1791.

曹同，郭水良. 2000. 长白山主要生态系统苔藓植物的多样性研究. 生物多样性, 8(1): 50-59.

曹同，路勇，吴玉环，等. 1998. 苔藓植物对鞍山市环境污染生物指示的研究. 应用生态学报, 9(6): 635-639.

曹同，赵青，于晶，等. 2003. 上海市主要公园的苔藓植物多样性及其分布格局: 第五届全国生物多样性保护和持续利用研讨会论文集. 北京: 气象出版社.

陈龙，吴玉环，李微，等. 2009. 苔藓植物对沈阳市大气质量的指示作用. 生态学杂志, 28(12): 2460-2465.

陈怡. 2005. 上海市苔藓植物分布格局及其环境关系研究. 上海: 上海师范大学硕士研究生学位论文.

崔明昆. 2001. 附生苔藓植物对城市大气环境的生态监测. 云南师范大学学报, 21(3): 54-57.

官飞荣，茹雅璐，胡忠健，等. 2016. 杭州市树附生苔藓植物多样性. 杭州师范大学学报(自然科学版), 15(6): 589-594.

郭水良，曹同. 2000. 长白山地区森林生态系统树附生苔藓植物群落分布格局研究. 植物生态学报, 24(4):

442-450.
郭水良, 曹同, 丁克强. 1999. 应用排序研究长白山曲尾藓属的生态分化. 生态学杂志, 18(4): 14-18.
胡人亮. 1987. 苔藓植物学. 北京: 高等教育出版社.
季梦成, 缪丽华, 蒋跃平, 等. 2015. 杭州西溪湿地苔藓植物种类与群落调查. 湿地科学, 13(3): 299-305.
刘冰, 姜业芳, 李菁, 等. 2006. 贵州梵净山森林树干附生尖叶拟船叶藓分布格局研究. 云南植物研究, 28(2): 169-174.
刘蔚秋, 戴小华, 王永繁, 等. 2008. 影响广东黑石顶树附生苔藓分布的环境因子. 生态学报, 28(3): 1080-1088.
刘艳. 2007. 杭州市苔藓植物区系及生态研究. 上海: 上海师范大学硕士研究生学位论文.
刘艳, 曹同, 王剑. 2007. 杭州市区苔藓植物区系初报. 上海师范大学学报(自然科学版), 36(2): 82-89.
陆健健, 何文珊, 童春富, 等. 2006. 湿地生态学. 北京: 高等教育出版社.
闵运江. 1997. 六安市区常见树附生苔藓植物及其对大气污染的指示作用研究. 城市环境与城市生态, 10(4): 31-33.
盛威, 莫亚鹰, 胡忠健, 等. 2018. 杭州市树附生苔藓植物分布特征及其与环境的关系. 浙江大学学报(农业与生命科学版), 46(6): 711-721.
吴鹏程. 1998. 苔藓植物生物学. 北京: 科学出版社.
吴玉环, 黄国宏 高谦, 等. 2001. 苔藓植物对环境变化的响应及适应性研究进展. 应用生态学报, 12(6): 943-946.
谢维, 曹同, 韩桂春 等. 1999. 苔藓植物对抚顺地区大气污染的指示作用研究. 生态学杂志, 18(3): 1-5.
徐晟翀. 2007. 长江三角洲树附生苔藓植物多样性及生态研究. 上海: 华东师范大学硕士研究生学位论文.
徐晟翀, 曹同, 于晶, 等. 2006a. 上海市树附生苔藓植物分布格局研究. 西北植物学报, 26(5): 1053-1058.
徐晟翀, 曹同, 于晶, 等. 2006b. 上海市树附生苔藓植物生态位. 生态学杂志, 25(11): 1338-1343.
杨允菲, 祝廷成. 2011. 植物生态学. 北京: 高等教育出版社.
张金屯. 1995. 植被数量生态学研究方法. 北京: 中国科学技术出版社.
张金屯. 2011. 数量生态学(第二版). 北京: 科学出版社.
Berg T, Steinnes E. 1997. Use of mosses (*Hylocomium splendens* and *Pleurozium schreberi*) as biomoniters of heavy metal deposition: from relative to absolute deposition values. Environmental Pollution, 98: 61-71.
Camemn A J, Nickless G. 1977. Use of mosses as collectors of airborne heavy metals near a smelting complex. Water, Air, & Soil Pollution, 7(1): 117-125.
Hill M O. 1979a. DECORANA-A FORTRAN Program for Detrended Correspondence Analysis and Reciprocal Averaging. Ithaca, NY: Cornell University Press.
Hill M O. 1979b. TWINSPAN-A FORTRAN Program of Arranging Multivariate Date in an Ordered Two-way Table by Classification of the Individuals and Attributes. Ithaca, New York: Cornell University Press.
Nimis P L, Fumagalli F, Bizzotto A, et al. 2002. Bryophytes as indicators of trace metal pollution in the River Brenta (NE Italy). Science of the Total Environment, 286: 233-242.
Pott U, Turpin D H. 1996. Changes in atmospheric trace element deposition in the Fraser Valley, B. C., Canada from 1960 to 1993 measured by moss monitoring with *Isothecium stoloniferum*. Canadian Journal of Botany, 74: 1345-1353.
Privitera M, Puglisi M. 2000. The ecology of bryophytes in the chestnut forests of Mount Etna (Sicily, Italy). Ecologia Mediterranea, 26(1-2): 43-52.
Quarterman R. 1949. Ecology of cedar gladers. III. Corticolous bryophytes. Bryologist, 52: 153-165.
Smith A J. 1982. Epiphytes and Epiliths in Bryophyte Ecology. *In*: Smith A J E. Bryophyte Ecology. London: Chapman & Hall.
Song L, Liu W Y, Ma W Z, et al. 2011. Bole epiphytic bryophytes on *Lithocarpus xylocarpus* (Kurz) Markgr. in the Ailao Mountains, SW China. Ecological Research, 26: 61-70.

Studlar S M. 1980. Trampling effects on bryophytes: trail surveys and experiments. Bryologist, 83(3): 301-313.

ter Braak C J F. 1986. Canonical correspondence analysis: A new eigenvector technique for multivariate direct gradient analysis. Ecology, 67: 1167-1179.

ter Braak C J F. 1991. CANOCO-A FORTRAN Program for Canonical Community Ordination by [Partial] [Detrended] [Canonical] Correspondence Analysis, Principal Component Analysis and Redundancy Analysis (Version 2.1). Box 100, 1700 AC, Wageningen, the Netherlands: Agricultural Mathematics Group.

Trynoski S E, Glime J M. 1982. Direction and height of bryophytes on 4 species of northern trees. Bryologist, 85(3): 281-300.

Tuba Z. 1984. Change in the photosynthetic pigment system of the drought tolerant *Tortula ruralis* during a daily desiccation. *In*: Vana J. Proc. Third Meeting of the Bryologists from Central and East Europe. Praha: Univerzita Karlova: 343-352.

第6章　城市湿地生态系统本地植物受植物入侵的影响

6.1　引　　言

湿地生态系统与海洋生态系统和森林生态系统并称为全球三大生态系统。被誉为“地球之肾”的湿地，不仅拥有较高的生物多样性，还具备较强的生态净化能力，其生态功能受到越来越多的关注。城市湿地是一类重要的湿地，它指分布于城市（镇）中的湿地，包括各类天然和人工的湿地（孙广友等，2004）。城市湿地是重要的城市生态基础设施，不仅具有众多的生态和社会服务功能（曹新向等，2005），还是城市文明的象征，承载着城市历史和区域文化（董鸣等，2013）。城市湿地景观能缓冲城市硬质景观的压力，满足人们对亲近和回归自然的需求。城市湿地植物能够提供生产原料，对生态系统维持良好结构和功能具有重要作用（Bayley and Mewhort，2004）。

然而，由于人类活动影响以及全球化与城市化的发展，导致城市湿地生态系统中出现全球三大环境问题之一的生物入侵（biological invasion）（Zedler and Kercher，2004）。目前，入侵植物对城市湿地生态系统造成了严重危害，不仅加剧了城市湿地的生境破碎化，还对当地的物种多样性构成严重威胁。相比于其他类型的生态系统，城市湿地更容易遭受植物入侵。究其原因在于城市湿地是整个景观物质流的汇聚地，积累了很多的沉积物和废弃物，常常出现水体富营养化（彭容豪，2009），同时，城市湿地还承受着更多的来自人类干扰的压力。这为外来入侵植物创造了良好的空生态位（Zedler and Kercher，2004）。因此，城市湿地遭受外来植物入侵严重，造成了巨大的生态破坏与经济损失。

随着全球化进程的不断加快，城市湿地的植物入侵问题已经日益严峻，严重威胁着全球的生态环境、生物多样性和经济的可持续发展（Pimentel et al.，2000）。如何应对植物入侵，从根本上有效地控制外来的植物入侵已经成为国家各个有关部门面临的巨大挑战（常瑞英，2013）。只有正确认识植物入侵对城市湿地生态系统造成的影响及其机制，并遵循生态系统途径、遵从生态系统保育的原则提出相应的防治对策，才能有效地规避外来植物入侵对城市生态系统可能造成的威胁，最终达到修复城市湿地生态功能、保障城市湿地生态系统健康以及保护城市湿地生态系统的目的（董鸣等，2013）。

6.2　城市湿地外来入侵植物

6.2.1　外来入侵植物的定义和入侵过程

随着全球气候变化和国际经济一体化，生物区系之间的物种交流越来越频繁。目前，外来种入侵已遍及全球几乎所有的农业和自然生态系统，已成为与全球气候变化和生境破碎化并列的全球三大环境问题之一（Alpert，2006）。其中，通过人为引入的生物和经济物种的传播距离远、扩散速度快、生态空间广。相比较陆地外来入侵种，湿地外来入侵种的传播更广，扩散更快，因此，所造成的生态危害和经济损失非常严重（Roley et al.，2018）。目前，入侵生态学已成为国际生态学领域关注的研究热点。

1. 外来入侵植物的定义

外来种（alien species）是指由于人类有意或无意的活动带到其自然演化区域以外，且能繁殖扩散并可以维持种群延续的物种（Mack et al.，2000；Richardson et al.，2000）。外来种是与本地种相对应的一个概念，其中，只有少数外来种会形成入侵和造成危害（Mack et al.，2000）。外来入侵植物（invasive alien plants）是指能在传入的（自然分布范围以外）生境中自然生长，通过定殖（colonizing）、建群（establishing）和扩散（diffusing）而逐渐占领该栖息地，从而稳步扩展分布区的外来植物（Richardson and Rejmánek，2004；Pyšek and Richardson，2007）。外来入侵植物破坏入侵地的生物群落结构与功能，导致生物多样性下降和乡土种灭绝，还威胁着全球的生态环境和经济发展（Alpert et al.，2000；Pimentel et al.，2000，2005）。

20 世纪以来，由于大量引进外来种，使得我国成为世界上遭受外来种入侵最严重的国家之一。全球危害最大的 100 种恶性入侵种中已有一半以上的物种入侵我国。其中，我国城市湿地受外来植物入侵危害尤其严重。外来植物入侵通过不同的入侵机制，迫使城市湿地原有本地物种丧失生存环境，严重影响了城市湿地生态系统的植被景观和生态服务功能（Havel et al.，2015）。外来入侵植物一旦入侵成功，要彻底根除往往极为困难，即使清除成功也往往已造成极大的损失（Zavaleta et al.，2001）。因此，在引种前对外来植物的入侵性进行分析与判别，对避免或减少入侵植物的危害是至关重要的。

2. 外来植物的入侵过程

在自然扩散或者人为传播的条件下，外来种传播与引入到其自然分布范围以外的区域，从迁居种（moving species）或逸为野生种（escaped species）到归化种（naturalized species）是个漫长而曲折的过程，主要包括以下几步。①引入（introduction）：外来种传播到其原产地以外的区域并在此区域存活并建群。②定殖（colonization）：外来种能成功繁殖，并入侵当地的植物群落与生态系统。③扩散（spreading）：外来种在入侵地形成稳定的群落，与入侵地的本地种共存（Groves，1986；Mack et al.，2000；Theoharides and Dukes，2007）。大量引入的外来种并非都能成为外来入侵种，其中，只有一小部分会变成入侵种。

从原产地进入新区域后，少数个体生存下来并形成最小可存活种群（minimum viable population），仅有约 10%成为偶见种群（casual population），通过初始种群繁殖和扩散，其中 10%发展成群落建群种（established population），随着其种群密度和优势度增大，最终成为入侵种（invasive species）的概率也约 10%，该群落的类型和性质即为外来种群落，导致在较大范围内对环境造成严重影响（刘建，2005）。因此，外来种通过引种，经过引入、建群和成为外来入侵种的概率只有约 1/1000，即为“十分之一定律”（tens rule）（Kolar and Lodge，2001；Williamson，2006）。然而，由于城市湿地系统的特殊性，使其容易遭受外来植物的入侵，一旦外来植物成功入侵，对城市湿地生态系统的影响和危害巨大。

3. 外来入侵植物的入侵性和危害

外来入侵植物通常具备一定的生物学特性才能在传播、建群以及扩散等过程中占有优势，从而实现成功入侵，具体表现如下与入侵相关的特性：①生长效率高、生物量积累快；②具备无性繁殖和有性繁殖两种繁殖方式；③种子的数量大、成熟时间短且利于传播；④具有抑制新生境本地种的化感作用；⑤资源竞争能力强且吸收利用效率高（Knudsmark et al.，2014；Warren et al.，2017）。例如，凤眼蓝（*Eichhornia crassipes*）虽然以速度极快的无性繁殖方式为主，但是它结实率高，种子粒形小，便于水传播且成活率高、存活时间长（赵月琴，2006；刘建等，2010）。依靠其繁殖优势和化感作用，凤眼蓝可以在很短的时间内度过适应期，使种群数量迅速增加，快速占据新分布地区的新生境。

在异质性环境的适应性方面，湿地外来入侵植物通常具有比本地种更好的表型可塑性（phenotypic plasticity）和克隆整合（clonal integration）机制，实现快速定殖、广泛扩散以及成功入侵（Richards et al.，2006）。通过改变形态和生物量分配，提高对资源的吸收和占有率（刘刚，2014），外来入侵植物在地上和地下部分的竞争中占据优势（刘建，2005；刘建等，2010）。例如，外来入侵植物叶片的营养物质浓度、光合作用效率、比叶面积等都显著高于本地植物（Leishman et al.，2007），这些叶功能性状能促进外来入侵植物对资源的高效利用，有助于它们快速生长和大量繁殖（范书锋，2013）。而且，许多外来入侵植物具有更强的环境忍耐力（如耐阴、耐旱、耐贫瘠土壤、耐污染等），能够应对各种环境变化。例如，大米草由于其极强的抗逆性，在全球范围迅速蔓延（刘建，2005；赵月琴，2006）。外来入侵植物的抗逆性强使其具有更广的生态幅，利于占据土著种不能利用的生态位（Zas et al.，2011；刘刚，2014）。

4. 城市湿地生态系统的可入侵性

基于城市湿地生态环境的特殊性和脆弱性，使城市湿地生态系统更容易遭受外来植物的入侵（Hobbie et al.，2018）。由于水体污染、江湖分隔、围湖造田、水利工程、水产养殖等人类活动的影响，城市湿地生态系统的结构和功能受到破坏，主要体现在生境片断化和水域破碎化（McInnes et al.，2017）；水域面积减少导致湿地植被面积萎缩；生态系统健康受损，物种群落结构简化和功能退化；动植物栖息地丧失以及群落生物多样性下降，湿地植物乡土种尤其是建群种和优势种大量消失，为外来种入侵提供了冗余生态位（Meza-Lopez and Siemann，2017），增加了城市湿地群落的可入侵性。

由于生态环境因子之间的差异，生境的可入侵性往往会随着环境因素的不同而改变（Alpert et al.，2000），影响城市湿地外来植物入侵的因素有很多。例如，城市湿地群落的易感性、天敌牧食以及外来入侵植物的进化等都可能影响外来植物的入侵（范书锋，2013）。另外，我国水体氮输入富足，水体富营养化、水域破碎化和水域面积减少，导致湿地植被面积萎缩，群落对外来种入侵的抵抗力下降。例如，水体富营养化使凤眼蓝在短期内迅速生长与大量繁殖，扩展种群，形成大面积的优势种群，实现了成功入侵（赵月琴，2006）。而且，在城市湿地中外来种的传播和扩散较陆生更为迅速，因为湿地的河流水系廊道是湿地外来入侵种扩散和繁殖体传播的媒介，尤其是洪水的暴发更能迅速地促进湿地外来种的扩散。

6.2.2 城市湿地入侵植物的组成和来源

我国城市湿地外来入侵种多数以家畜饲料、观赏花卉、养殖苗种、水环境治理和湿地植被重建为目的而被人为引入（贾洪亮等，2011；杨忠兴等，2014）。大米草（*Spartina anglica*）由于抗逆性强的特点，被我国引进用于消浪抗蚀提高海滩生态系统的生产力（刘建，2005；赵月琴，2006）。由于缺乏原产地的天敌，外来入侵植物在新的湿地生境中生长繁殖、归化并暴发成灾。城市湿地的河流廊道和湖泊集水区为外来入侵植物繁殖体的传播提供了媒介。例如，洪水暴发会促进湿地外来入侵种传播更快、扩散更远（Cao et al.，2017）。它们占据本地植物的生态位，造成本地种灭绝和生态系统退化，严重影响了湿地植被的结构和功能，对湿地生态环境和社会经济发展等构成巨大威胁。

我国外来入侵种危害严重。2001 年我国的外来入侵植物为 188 种，2013 年我国的外来入侵植物已经达到 806 种（马金双，2013），共计 94 科 450 属，以菊科（Asteraceae）、豆科（Fabaceae）、禾本科（Poaceae）居多，其余依次为大戟科（Euphorbiaceae）、苋科（Amaranthaceae）、十字花科（Brassicaceae）、旋花科（Convolvulaceae）植物（Wu et al.，2010），这些湿地外来入侵植物最大的来源地是美洲（Bai et al.，2013；缪绅裕等，2014）。其中，我国以南方和中东部沿海城市受外来植物入侵最为严重。部分外来入侵植物在我国暴发迅速、入侵区域广、危害程度大（表 6-1），并威胁到我国城市湿地的生物多样性和生态环境（张琼等，2014）。为此，湿地外来入侵植物的研究受到了越来越广泛的关注。

表 6-1 中国城市湿地主要入侵植物

科名	种名	生活型	传播途径	原产地
菊科 Asteraceae	鬼针草 *Bidens pilosa*	一年生草本	人畜、货物携带	热带美洲
	钻叶紫菀 *Symphyotrichum subulatus*	一年生草本	风传	北美洲
	一年蓬 *Erigeron annuus*	一年生或两年生草本	风传	南美洲
	香丝草 *Erigeron bonariensis*	一年生或两年生草本	风传	南美洲
	小蓬草 *Conyza canadensis*	一年生草本	风传	北美洲
	微甘菊 *Mikania micrantha*	多年生草本	风传、水流、人类活动	中美洲
	南美蟛蜞菊 *Sphagneticola trilobata*	多年生草本	人类活动	美洲
	豚草 *Ambrosia artemisiifolia*	一年生草本	人类活动、水流、鸟类携带	南美洲
	藿香蓟 *Ageratum conyzoides*	一年生草本	农作活动	墨西哥
	大狼把草 *Bidens frondosa*	一年生草本	人畜、货物携带	北美洲
伞形科 Apiaceae	野胡萝卜 *Daucus carota*	两年生草本	农作活动	欧洲

续表

科名	种名	生活型	传播途径	原产地
天南星科 Araceae	大薸 *Pistia stratiotes*	多年生草本	水流	南美洲
十字花科 Brassicaceae	臭荠 *Coronopus didymus*	一年生或两年生草本	风传、鸟类、鼠类携带	欧洲
藜科 Chenopodiaceae	土荆芥 *Dysphania ambrosioides*	一年生或多年生草本	人类活动	美洲热带
大戟科 Euphorbiaceae	北美独行菜 *Lepidium virginicum*	一年生或两年生草本	人类活动	北美洲
	斑地锦草 *Euphorbia maculata*	一年生草本	人类活动	北美洲
禾本科 Gramineae	大米草 *Spartina anglica*	多年生草本	人类活动	欧洲
	互花米草 *Spartina alterniflora*	多年生草本	人类活动	美洲
	香根草 *Chrysopogon zizanioides*	多年生草本	人类活动	地中海
千屈菜科 Lythraceae	千屈菜 *Lythrum salicaria*	多年生草本	人类活动	欧洲
锦葵科 Malvaceae	苘麻 *Abutilon theophrasti*	一年生草本	农作活动	非洲
苋科 Maranthaceae	喜旱莲子草 *Alternanthera philoxeroides*	多年生草本	水流、人类活动	南美洲
	刺苋 *Amaranthus spinosus*	一年生草本	农作活动	美洲热带
酢浆草科 Oxalidaceae	红花酢浆草 *Oxalis corymbosa*	多年生草本	人类活动	美洲
商陆科 Phytolaccaceae	美洲商陆 *Phytolacca americana*	多年生草本	农作活动	美洲
雨久花科 Pontederiaceae	凤眼蓝 *Eichhornia crassipes*	多年生草本	水流	美洲热带
玄参科 Scrophulariaceae	婆婆纳 *Veronica polita*	一年生或两年生草本	农作活动	西亚
马鞭草科 Verbenaceae	马缨丹 *Lantana camara*	多年生灌木	农作活动	美洲热带

数据来源：郑洲翔等，2006；宋广莹，2008；舒美英等，2009；贾洪亮等，2011；缪丽华等，2011；李晓光，2012；项希希等，2013；昝启杰等，2013；曾兰华等，2013；缪绅裕等，2014；杨忠兴等，2014；张琼等，2014

6.2.3　城市湿地外来入侵植物的传播途径

外来入侵植物的传播途径主要分为两类，即自然传播和人为活动。

自然传播包括以生物因子或非生物因子作为媒介进行种子或者繁殖体传播导致的外来植物入侵。外来入侵植物的远距离传播主要依靠种子完成（Tiebre et al.，2007），种子的形态性状和繁殖特征（如大小、形态、数量、寿命、萌发力和传播方式）对外来入侵植物克服逆境，适应新生境、传播扩散、定居建群以及形成入侵均具有重要作用和直接影响（刘建等，2010）。外来入侵植物具有传播能力强、环境适应性强和生命力顽强的共性（Alpert et al.，2000；Alpert，2006）。外来入侵植物的种子一般比本地植物的种子形态更大、数量更多，有利于远距离传播和成功入侵（Abhilasha and Joshi，2009；Dawson et al.，2009）。风媒和水媒的外来植物更容易在城市湿地实现入侵，虫媒的外来植物在到达新生境后可能由于缺乏合适的传播媒介而影响其入侵能力（Gassó et al.，2009）。

目前，人为活动的有意引入是外来植物入侵的主要传播途径。人为活动有意或无意造成引入，如通过贸易、旅游、人工引种和运输携带等出入境活动使外来入侵种跨越地理屏障来到新的区域形成生物入侵（刘建，2005；舒美英等，2009）。其中，有意引进的物种主要受到物种应用价值的影响，无意引进的物种则主要受到物种隐匿和传播能力的影响（李振宇和解焱，2002）。对于受人类活动干扰严重的城市湿地生态系统，外来植物常常作为牧草、饲料、药材、蔬菜、观赏植物和绿化植物而被引入。例如，原产美洲的凤眼蓝最初是作为饲料和观赏植物被引入我国；而印度洋孟加拉湾的无瓣海桑（*Sonneratia apetala*）是被引种用来丰富当地红树林的植被种类。然而，最终这些植物均逸为野生群落并形成入侵，危害当地城市湿地的生态系统安全（黄辉宁等，2005；郑建初等，2011）。

6.3 植物入侵对城市湿地生态系统中本地植物的影响

城市湿地生态系统具有重要的生态功能价值，是一个生产力较高的生态系统，也是一个非常脆弱的生态系统（Pétillon et al.，2005）。目前，由于人类活动干扰和全球气候变化的双重影响，城市湿地生态系统正遭受严重的外来植物入侵的威胁。入侵植物在湿地栖息地呈暴发式地增长，抑制、绞杀并取代本地植物，破坏了被入侵湿地生境的群落结构和生态系统功能，造成了从本地种个体水平到入侵湿地生态系统的严重危害（廖成章，2007），使城市湿地生态系统逐渐成为濒危生态系统。

6.3.1 外来植物入侵对城市湿地本地植物个体的影响

1. 对本地植物适合度的影响

适合度表示具有特定基因型的个体在某种环境条件下能够将其基因成功的传递给下一代的能力（Facon et al.，2005）。植物个体的适合度可通过比较不同个体间与生存和生殖相关的性状而获得，如分枝数、结实率和种子产量，可用来预测外来物种的繁殖扩展能力和入侵能力（卢宝荣等，2010；张琼等，2014）。外来入侵植物通过克隆生长和克隆繁殖形成大面积的单优群落，抑制本地植物生长（Liu et al.，2006），从而降低了本地植物的适合度。例如，入侵植物一年蓬（*Erigeron annuus*）可抑制周围植物的种子萌发以及苗和根的生长（方芳等，2005）。

由于天敌的缺乏，外来入侵植物会倾向于演化出提高竞争力而减少防御啃食的基因型，并依据新环境的特点选择增加营养生长或繁殖来将竞争能力最大化（范书锋，2013）。例如，入侵北美洲的欧亚大陆湿生植物千屈菜（*Lythrum salicaria*），其入侵地的个体生物量和株高显著大于原产地的个体。受外来植物的影响，本地植物在与其竞争过程中也会产生诸如植株分枝数、结实率以及生物量等性状的改变。然而，这些研究大多基于短期控制实验或短期观测的结果，在长期外来植物入侵压力下本地植物适合度的变化还有待深入研究。

2. 对本地植物生理特性的影响

外来植物可以通过根、茎、叶等器官分泌化感物质，产生化感作用，影响与抑制周围本地植物的生长代谢和生长调节，并破坏本地植物与微生物间的共生关系（Callaway and Ridenour，2004）。小蓬草（*Erigeron canadensis*）可通过地下部分产生的化感物质在雨水淋溶作用下与水生植物接触，并降低其种子萌发率（曹慕岚和李翔，2008）。化感物质不仅影响周围植物的呼吸作用和细胞分裂，还可以通过改变受体植物细胞膜的结构、功能和渗透性来影响受体植物对水分等物质的吸收。

化感物质能通过调节生理代谢活动而直接影响周围植物的光合作用，在杭州西溪湿地，外来植物再力花（*Thalia dealbata*）可有效抑制化感敏感植物，如荇菜（*Nymphoides peltata*）、苦草（*Vallisneria natans*）、豆瓣菜（*Nasturtium officinale*）、芦苇（*Phragmites australis*）和黄菖蒲（*Iris pseudacorus*）等的光合速率（缪丽华等，2011），在云南滇池，凤眼蓝生长旺盛期时期使水域中的浮游植物、沉水植物的叶绿素含量显著降低（吴富勤等，2011）。入侵到北美洲的欧亚大陆植物水烛（*Typha angustifolia*）的化感作用致使当地一种莎草科植物荆三棱（*Bolboschoenus yagara*）的叶片长度和分株数明显增加（Jarchow and Cook，2009）。这表明外来植物能调节周围植物的生理代谢活动而最终影响其植株的光合作用。

6.3.2　外来植物入侵对城市湿地本地植物种群的影响

1. 对本地植物遗传结构的影响

外来入侵植物可与本地近缘物种发生基因交流。一方面，天然杂交与遗传渗透可以改变外来入侵物种对入侵地的适应性并提高其入侵能力（Urbanska et al.，1997）；另一方面，可能造成诸如远交衰退、遗传同化、渐渗杂交以及产生不育的杂合体和杂交群体等危害（王敏和上官铁梁，2006）。杂交产生的后代可能兼具有亲本双方的有利特征从而拥有更大的遗传多样性，能更好地适应受干扰生境并继续产生危害，在一定程度时还可取代亲本而生存，严重时甚至会导致本地种的灭绝（Ellstrand and Schierenbeck，2000）。例如，加拿大一枝黄花（*Solidago canadensis*）可与同属的假蓍紫菀（*Solidago ptarmicoides*）杂交产生一种新的花卉，这种入侵植物与本地植物的基因交流存在潜在危害，容易引起本地植物的遗传侵蚀（董梅等，2006）。此外，起源于北美洲的斑地锦草可通过繁殖扩散造成入侵地的生境片断化并进一步分割、包围和渗透残存的次生植被，造成入侵地部分植被发生近亲繁殖和遗传漂变（顾建中等，2008）。

2. 对本地植物种群数量的影响

相比于本地植物，外来入侵植物往往具有更强的竞争力且蔓延迅速。它们会占据有利的空间和资源，使得本地植物失去竞争能力（Alpert et al.，2000；Williamson，2006）。在竞争过程中，本地植物个体数量减少、种群数量下降且分布面积缩减，使城市湿地的价值与生态服务功能大幅度下降（赵月琴，2006）。受凤眼蓝的影响，20 世纪 90 年代的云南滇池中本地高等水生植物曾一度只剩下 3 种（洪森辉，2004）。在深圳华侨城湿地，受南美蟛蜞菊、五爪金龙、微甘菊、巴拉草（*Brachiaria mutica*）和银合欢（*Leucaena leucocephala*）等外来植物的入侵影响，该湿地生态系统的红树林群落面积缩小了近一半（郑建初等，2011）。在杭州西溪湿地，具有强适应性的外来植物香菇草（*Hydrocotyle vulgaris*）、再力花能形成高密度的植株丛，在地上、地下生境排挤本地植物的生长（缪丽华等，2010，2011）。

6.3.3 外来植物入侵对城市湿地植物群落的影响

1. 对植物种间关系的影响

种间关系在调节群落对外来植物入侵的响应方面可能起着至关重要的作用（Brooker，2006）。外来入侵植物与本地种形成错综复杂的种间关系，打破了城市湿地生态系统的平衡状态（刘刚，2014）。外来植物入侵不仅影响当地的植被自然演替，还打破了植物群落原有物种共存的生态格局，对群落结构的形成、发展以及结构和功能具有重大的影响（彭少麟和向言词，1999）。探讨植物群落中外来种与本地种的种间关系有助于揭示在外来入侵植物影响下群落中植物之间的关系变化特征以及群落的组成和动态变化特点（杨龙等，2007）。

外来入侵植物与本地种之间的竞争关系随植物生长情况、生存状态以及外来种入侵阶段发生变化，并对植物种群大小、结构组成和群落稳定性造成影响（Alpert，2006；Davidson et al.，2011）。在外来植物的入侵初期阶段，群落结构还尚不稳定，伴随着植物群落演替发展，群落结构也将趋于稳定并达到群落内物种共存，使群落关系也趋于正相关。郭连金等（2009）研究发现，喜旱莲子草的入侵致使乡土植物的群落处于不稳定状态。随着入侵时间的推移，本地植物种间联结性由正联结逐渐趋于负联结。徐沁等（2013）在云南嘉利泽湿地的调查中发现，喜旱莲子草的入侵使得本地植物群落总体关系由入侵前的显著正关联转变为显著负关联，使群落物种的种间竞争表现为增大趋势。所以，外来入侵植物通过影响入侵地的群落结构改变城市湿地生态系统。

2. 对植物群落物种多样性的影响

探讨外来入侵植物对本地种的影响更应该注重群落水平的研究（刘刚，2014）。外来植物入侵城市湿地后往往与本地物种产生竞争关系，导致本地植物群落生长受到抑制，使其群落物种多样性降低。在惠州潼湖大堤上，发现外来植物微甘菊和凤眼蓝成片分布和扩展，占据了其他植物的生态位，严重影响了当地植物和生境多样性（郑洲翔等，2006）。入侵植物水盾草（*Cabomba caroliniana*）在我国有很大的入侵潜力，其优势度越高的湿地，物种多样性指数就越低（丁炳扬等，2007）。在浙江台州市，大米草、互花米草等外来植物的入侵使得当地滩涂草地化，导致湿地植物群落丧失生存空间，威胁当地滨海湿地的物种多样性（郑洲翔等，2006）。在安徽合肥，受喜旱莲子草入侵影响，当地群落的植物种类与丰富度显著降低，造成群落内其他植物的减少甚至灭绝（张震等，2010）。

6.3.4 外来植物入侵对城市湿地本地植物生境的影响

湿地是全球生态系统的重要组成部分，而城市湿地更是生态系统保护不可或缺的组分（张耀武等，2012），外来植物入侵在一定程度上威胁着城市生态系统的有序健康发展。外来植物和乡土植物争夺生存空间，形成积植毡层遮蔽光照，造成原有植物群落的衰退和消失日趋严重，使得原先长满植被的城市湿地今日已成次生裸地（廖成章，2007）。入侵植物覆盖在湖泊、河道的水面上，影响水体的透光性，极大地削弱了沉水植物和藻类的光合作用，破坏水生生态系统健康，威胁水资源与影响人类健康。例如，凤眼蓝、喜旱莲子草和大薸等水生植物，一旦传入就能很快滋生蔓延，危害生态系统的净初级生产，严重影响当地的生态环境。入侵植物迫使当地部分动物的生存也受到威胁，如紫茎泽兰的成功入侵致使原本依赖乡土植物存活的节肢动物群落丧失了栖息环境（张红玉，2013）。

外来植物入侵会对城市湿地的自然生态系统结构和功能造成巨大影响，通过改变生态系统中的养分循环、资源流动以及土壤微生物环境，导致本地物种的衰退甚至灭绝（Wilcove et al.，1998；刘莉娜，2017）。例如，喜旱莲子草的蔓延会改变水体的理化特征，引起水中溶解氧含量降低并导致鱼、虾减产，其腐败后可污染水质、滋生水生生物病害。外来入侵植物对本地植物的替代会加速生态系统中的营养循环（Godoy et al.，2010）。通过吸收水体、土壤中的营养元素，外来入侵植物生长繁衍到一定规模会改变当地城市湿地生态系统的元素循环并打破原有的平衡。例如，芦苇群落在受到外来植物加拿大一枝黄花的入侵后，群落中的土壤食真菌线虫比例趋于增加，而土壤中物质和能量流动更多地依赖真菌途径，这表明受到入侵的影响，原有的土壤生态系统能量流动途径发生了改变（许湘琴等，2011）。同样，喜旱莲子草入侵也能改变土壤真菌微生物的丰度和群落结构（吴文庆，2004）。

此外，外来植物入侵严重影响生态系统的服务功能与经济价值。大面积生长还容易堵塞河道、破坏城市湿地景观，直接威胁到当地的旅游观光业。大米草具有极强的抗逆性，扩散蔓延迅速，致使湿地滩涂被占、航道被淤，使原有滩涂生态遭到严重破坏（刘建，2005；赵月琴，2006）。在云南滇池和黄浦江的入海口都曾遭遇凤眼蓝堵塞河道，本地水生植物被取代，从而造成当地旅游资源退化等问题（王志勇等，2013）。同样，入侵植物水盾草因能适应富营养化水域，其大幅度繁衍曾导致水库和池塘水面上升甚至引发渗漏（何金星等，2011）。在杭州西溪湿地，再力花曾用作景观植物种植在河道两侧，结果仅用三年的生长时间就使河道几乎被堵塞封闭（缪丽华等，2010）。在深圳华侨城湿地环湖路的铁丝网上爬满了微甘菊、五爪金龙等入侵植物，长达 4 km 的环湖路几乎全被外来植物所侵占（昝启杰等，2013）。

6.4　展　　望

城市湿地具有不可替代的生态效应与重要的生态服务功能，然而，由于生境较为简单而且容易受到人为的干扰，因此遭受外来物种入侵严重。目前，外来植物入侵已成为 21 世纪城市湿地生态面临的主要棘手问题之一。虽然，部分外来植物在一定程度上被引入用于城市湿地景观改造和环境修复，但是，到达新的湿地生境之后，由于脱离原产地的生境、天敌、竞争和干扰等因素的限制，在适宜的气候、土壤、水分及传播条件下，外来植物往往转变成入侵者。它们通过竞争或占据本地物种生态位而排挤本地植物，或分泌化学物质抑制本地种的生长繁殖，破坏入侵地的生物群落结构与功能，使本地植物的种类和数量减少甚至濒危或灭绝，给城市湿地生态系统造成了巨大经济损失和重大生态灾难。

由于传播能力强且生命力旺盛，外来入侵种一旦入侵成功，要彻底根除往往极为困难。目前，外来入侵植物的预防与治理成为城市湿地生物入侵研究的重点、难点与核心任务之一。城市湿地生态系统可入侵性强、生物多样性低、抗干扰能力弱、富营养化污染广、植被恢复能力差且生态环境脆弱性高，导致外来入侵种防治要求高、难度大且需求迫切。因此，对植物入侵所带来的影响与危害需要进行严格监测防御，并从源头遏制城市湿地的盲目引种问题，规避对具有入侵风险的外来植物的盲目引种，对具有较强危害的外来入侵植物建立预警监控机制。

然而，外来入侵植物与本地植物形成新的种间竞争关系为其防御与治理提供新思路。传统的生物防治通常从入侵植物原产地引入天敌并释放到入侵地中，但这种方式往往具有非靶标效应，可能与本地种竞争资源、占据本地种生态位等，甚至造成新的入侵。反之，有些本地种能够有效抵御甚至抑制那些逃逸自然天敌的外来入侵种，与本地群落协同进化，非靶标效应小，对生态环境危害小，具有良好的生态安全性，能够弥补传统生物防治措施引进天敌的不足。所以，本地天敌防治策略对外来入侵植物的抵御作用显示防治外来入侵植物的巨大潜力。由于防治效果因群落结构、生态环境和气候条件等差异而不同，所以，对于城市湿地生态系统，本地种对湿地外来入侵种的防治效果亟待进行深入研究。

（余　华、张　琼、宋垚彬、蒋跃平、林金昌、董　鸣）

参考文献

曹慕岚, 李翔. 2008. 入侵植物—加拿大飞蓬对作物种子萌发及幼苗生长的影响. 成都大学学报(自然科学版), 27(3): 187-190.

曹新向, 翟秋敏, 郭志永. 2005. 城市湿地生态系统服务功能及其保护. 水土保持研究, 12(1): 145-148.

常瑞英. 2013. 养分水平和氮磷比对入侵植物空心莲子草与非入侵种竞争关系的影响. 济南: 山东大学博士研究生学位论文.

丁炳扬, 金孝锋, 于明坚, 等. 2007. 水盾草(*Cabomba caroliniana*)入侵对沉水植物群落物种多样性组成的影响. 海洋与湖沼, 38(4): 336-342.

董梅, 陆建忠, 张文驹, 等. 2006. 加拿大一枝黄花——一种正在迅速扩张的外来入侵植物. 植物分类学报, 44(1): 72-85.

董鸣, 王慧中, 匡廷云, 等. 2013. 杭州城西湿地保护与利用战略概要. 杭州师范大学学报(自然科学版), 12(5): 385-390.

范书锋. 2013. 富营养化背景下凤眼莲和喜旱莲子草对天敌牧食的响应和生态机制. 武汉: 武汉大学博士研究生学位论文.

方芳, 茅玮, 郭水良. 2005. 入侵杂草一年蓬的化感作用研究. 植物研究, 25(4): 449-452.

顾建中, 史小玲, 向国红, 等. 2008. 外来入侵植物斑地锦生物学特性及危害特点研究. 杂草科学, (1): 19-22.

郭连金, 徐卫红, 孙海玲, 等. 2009. 空心莲子草入侵对乡土植物群落组成及植物多样性的影响. 草业科学, 26(7): 137-142.

何金星, 黄成, 万方浩, 等. 2011. 水盾草在江苏省重要湿地的入侵与分布现状. 应用与环境生物学报, 17(2): 186-190.
洪森辉. 2004. 水葫芦的生物入侵、危害及其治理对策. 福建热作科技, 2(5): 433-437.
黄辉宁, 李思路 朱志辉, 等. 2005. 珠海市外来入侵植物调查. 热带林业, 33(3): 51-53.
贾洪亮, 农曰升, 魏国余. 2011. 广西湿地外来入侵植物调查初报. 南方农业学报, 42(12): 1493-1496.
李晓光. 2012. 翠湖湿地公园水生植物资源及其保护与管理. 湿地科学与管理, 8(4): 23-26.
李振宇, 解焱. 2002. 中国外来入侵种. 北京: 中国林业出版社.
廖成章. 2007. 外来植物入侵对生态系统碳、氮循环的影响: 案例研究与整合分析. 上海: 复旦大学博士研究生学位论文.
刘刚. 2014. 外来植物次级入侵盐胁迫生境的生理生态机制研究. 广州: 中山大学博士研究生学位论文.
刘建. 2005. 中国入侵植物分布格局和特性分析. 济南: 山东大学博士研究生学位论文.
刘建, 李钧敏, 余华, 等. 2010. 植物功能性状与外来植物入侵. 生物多样性, 18: 569-576.
刘莉娜. 2017. 引种无瓣海桑对深圳湾滩涂环境的影响. 广州: 中山大学博士研究生学位论文.
卢宝荣, 夏辉, 汪魏, 等. 2010. 天然杂交与遗传渐渗对植物入侵性的影响. 生物多样性, 18(6): 577-589.
马金双. 2013. 中国入侵植物名录. 生物多样性, 21(5): 635.
缪丽华 陈博君, 季梦成, 等. 2011. 西溪湿地外来植物及其风险管理. 湿地科学与管理, 7(2): 49-54.
缪丽华, 陈煜初, 石峰, 等. 2010. 湿地外来植物再力花入侵风险研究初报. 湿地科学, 8(4): 396-400.
缪绅裕, 曾庆昌, 陶文琴, 等. 2014. 中国湿地维管植物外来种现状分析. 广州大学学报(自然科学版), 13(5): 34-39.
彭容豪. 2009. 互花米草对河口盐沼生态系统氮循环的影响. 上海: 复旦大学博士研究生学位论文.
彭少麟, 向言词. 1999. 植物外来种入侵及其对生态系统的影响. 生态学报, 19(4): 560-568.
舒美英, 蔡建国, 方宝生. 2009. 杭州西溪湿地外来入侵植物现状与防治对策. 浙江林学院学报, (5): 152-158.
宋广莹. 2008. 武汉市城市湖泊湿地植物多样性研究. 武汉: 华中农业大学硕士研究生学位论文.
孙广友, 王海霞, 于少鹏. 2004. 城市湿地研究进展. 地理科学进展, 23(5): 94-100.
王敏, 上官铁梁. 2006. 生物入侵对遗传多样性的影响. 农业环境科学学报, 25(9): 839-843.
王志勇, 方治伟, 江雪飞, 等. 2013. 空心莲子草入侵对土壤 AM 真菌生物量和群落结构的影响——以湖北省典型区域为例. 应用与环境生物学报, 19(1): 105-112.
吴富勤, 刘天猛, 王祖涛, 等. 2011. 滇池凤眼莲生长对水生植物的影响. 安徽农业科学, 39(15): 9167-9168.
吴文庆. 2004. 黄浦江、苏州河水葫芦整治. 环境卫生工程, 12(1): 35-37.
项希希, 吴兆录, 罗康, 等. 2013. 人为影响下的滇池湖滨区湿地高等植物种类组成及其变化. 见: 中国地理学会. 山地环境与生态文明建设——中国地理学会 2013 年学术年会・西南片区会议论文集. 昆明: 274-282.
徐沁, 沈初泽, 唐骋, 等. 2013. 杂草入侵背景下的云南嘉利泽湿地植物群落与种间的关系. 热带生物学报, 4(1): 66-73.
许湘琴, 王莹莹, 陆强, 等. 2011. 加拿大一枝黄花入侵对杭州湾地区土壤线虫群落的影响. 生物多样性, 19(5): 519-527.
杨龙, 孙学刚, 段文军, 等. 2007. 青藏高原东北边缘桦木林木本植物种间联结. 生态环境, 16(4): 1211-1218.
杨忠兴, 陶晶, 郑进烜. 2014. 云南湿地外来入侵植物特征研究. 西部林业科学, (1): 54-61.
昝启杰, 许会敏, 谭凤仪, 等. 2013. 深圳华侨城湿地物种多样性及其保护研究. 湿地科学与管理, 9(3): 56-60.
曾兰华, 杨礼文, 俞万源, 等. 2013. 梅州城市湿地外来入侵植物现状及防治对策. 热带地理, 33(5): 555-561.

张红玉. 2013. 紫茎泽兰入侵过程中生物群落的交互作用. 生态环境学报, 22(8): 1451-1456.

张琼, 宋垚彬, 蒋跃平, 等. 2014. 植物入侵对城市湿地生态系统中本地植物的影响. 杭州师范大学学报(自然科学版), (6): 628-633.

张耀武, 刘伟刚, 郭建荣, 等. 2012. 城市湿地生态系统保护的现状与思考. 环境科学与管理, 37(6): 162-164.

张震, 徐丽, 朱晓敏. 2010. 喜旱莲子草对不同生境植物群落多样性的影响. 草业学报, 19(4): 10-14.

赵月琴. 2006. 外来入侵种凤眼莲在不同营养水平下的生长及对本地水生植物的影响. 杭州: 浙江大学硕士研究生学位论文.

郑建初, 盛婧, 张志勇. 2011. 凤眼莲的生态功能及其利用. 江苏农业学报, 27(2): 426-429.

郑洲翔, 周纪刚, 彭逸生. 2006. 惠州潼湖湿地植被及其植物资源的研究. 惠州学院学报, 26(3): 18-20.

Abhilasha D, Joshi J. 2009. Enhanced fitness due to higher fecundity, increased defence against a specialist and tolerance towards a generalist herbivore in an invasive annual plant. Journal of Plant Ecology, 2: 77-86.

Alpert P, Bone E, Holzapfel C. 2000. Invasiveness, invasibility, and the role of environmental stress in preventing the spread of non-native plants. Perspectives in Plant Ecology, Evolution and Systematics, 3: 52-66.

Alpert P. 2006. The advantages and disadvantages of being introduced. Biological Invasions, 8: 1523-1534.

Bai F, Chisholm R, Sang W G, et al. 2013. Spatial risk assessment of alien invasive plants in China. Environmental Science & Technology, 47: 7624-7632.

Bayley S E, Mewhort R L. 2004. Plant community structure and functional differences between marshes and fens in the southern boreal region of Alberta, Canada. Wetlands, 24: 277-294.

Brooker R W. 2006. Plant-plant interactions and environmental change. New Phytologist, 171: 271-284.

Callaway R M, Ridenour W M. 2004. Novel weapons: invasive success and the evolution of increased competitive ability. Frontiers in Ecology and the Environment, 2: 436-443.

Cao Q Q, Wang H, Chen X C, et al. 2017. Composition and distribution of microbial communities in natural river wetlands and corresponding constructed wetlands. Ecological Engineering, 98: 40-48.

Davidson A M, Jennions M, Nicotra A B. 2011. Do invasive species show higher phenotypic plasticity than native species and, if so, is it adaptive? A meta-analysis. Ecology Letters, 14: 419-431.

Dawson W, Burslem D, Hulme P E. 2009. Factors explaining alien plant invasion success in a tropical ecosystem differ at each stage of invasion. Journal of Ecology, 97: 657-665.

Ellstrand N C, Schierenbeck K A. 2000. Hybridization as a stimulus for the evolution of invasiveness in plants? Proceedings of the National Academy of Sciences of USA, 97: 7043-7050.

Facon B, Jarne P, Pointier J P, et al. 2005. Hybridization and invasiveness in the freshwater snail *Melanoides tuberculata*: hybrid vigour is more important than increase in genetic variance. Journal of Evolutionary Biology, 18: 524-535.

Gassó N, Sol D, Pino J, et al. 2009. Exploring species attributes and site characteristics to assess plant invasions in Spain. Diversity and Distributions, 15: 50-58.

Godoy O, Castro-Dfez P, van Logtestijn R S, et al. 2010. Leaf litter traits of invasive species slow down decomposition compared to Spanish natives: A broad phylogenetic comparison. Oecologia, 162: 781-790.

Groves R H. 1986. Plant invasions of Australia: An overview. *In*: Groves R H, Burdon J J. Ecology of Biological Invasions: An Australian Perspective. Canberra, Australia: Australian Academy of Sciences: 137-149.

Havel J E, Kovalenko K E, Thomaz S M, et al. 2015. Aquatic invasive species: Challenges for the future. Hydrobiologia, 750: 147-170.

Hobbie S E, Finlay J C, Janke B D, et al. 2018. Contrasting nitrogen and phosphorus budgets in urban watersheds and implications for managing urban water pollution. Proceedings of the National Academy of Sciences of USA, 114: 4177-4182.

Jarchow M E, Cook B J. 2009. Allelopathy as a mechanism for the invasion of *Typha angustifolia*. Plant Ecology, 209: 113-124.

Knudsmark J K, Duke S O, Cedergreeen N. 2014. Potential ecological roles of artemisinin produced by *Artemisia annua* L. Journal of Chemical Ecology, 40: 100-117.

Kolar C S, Lodge D M. 2001. Progress in invasion biology: predicting invaders. Trends in Ecology & Evolution, 16: 199-204.

Leishman M R, Haslehurst T, Ares A, et al. 2007. Leaf trait relationships of native and invasive plants: Community- and global-scale comparisons. New Phytologist, 176: 635-643.

Liu J, Dong M, Miao S L, et al. 2006. Invasive alien plants in China: role of clonality and geographical origin. Biological Invasions, 8: 1461-1470.

Mack R N, Simberloff D, Mark Lonsdale W, et al. 2000. Biotic invasions: causes, epidemiology, global consequences, and control. Ecological Applications, 10: 689-710.

McInnes R J, Simpson M, Lopez B, et al. 2017. Wetland ecosystem services and the Ramsar Convention: An assessment of needs. Wetlands, 37: 123-134.

Meza-Lopez M M, Siemann E. 2017. Nutrient enrichment increases plant biomass and exotic plant proportional cover independent of warming in freshwater wetland communities. Plant Ecology, 218: 835-842.

Pétillon J, Ysnel F, Canard A, et al. 2005. Impact of an invasive plant (*Elymus athericus*) on the conservation value of tidal salt marshes in western France and implications for management: Responses of spider populations. Biological Conservation, 126: 103-117.

Pimentel D, Laeh L, Zuniga R, et al. 2000. Environmental and economic costs of non-indigenouss species in the United States. Bioscience, 50: 53-65.

Pimentel D, Zuniga R, Morrison D. 2005. Update on the environmental and economic costs associated with alien-invasive species in the United States. Ecological Economics, 52: 273-288.

Pyšek P, Richardson D M. 2007. Traits associated with invasiveness in alien plants: Where do we stand? Biological Invasions, 93: 97-125.

Richards C L, Bossdorf O, Muth N Z, et al. 2006. Jack of all trades, master of some? on the role of phenotypic plasticity in plant invasions. Ecology Letters, 9: 981-993.

Richardson D M, Pyšek P, Rejmánek M, et al. 2000. Naturalization and invasion of alien plants: Concepts and definitions. Diversity and Distributions, 6: 93-107.

Richardson D M, Rejmánek M. 2004. Conifers as invasive aliens: A global survey and predictive framework. Diversity and Distributions, 10: 321-331.

Roley S S, Tank J L, Grace M R, et al. 2018. The influence of an invasive plant on denitrification in an urban wetland. Freshwater Biology, 63: 353-365

Schierenbeck K A, Ellstrand N C. 2009. Hybridization and the evolution of invasiveness in plants and other organisms. Biological Invasions, 11: 1093-1105.

Theoharides K A, Dukes J S. 2007. Plant invasion across space and time: factors affecting nonindigenous species success during four stages of invasion. New Phytologist, 176: 256-273.

Tiebre M S, Vanderhoeven S, Saad L, et al. 2007. Hybridization and sexual reproduction in the invasive alien *Fallopia* (Polygonaceae) complex in Belgium. Annals of Botany, 99: 193-203.

Urbanska K M, Hurka H, Landolt E, et al. 1997. Hybridization and evolution in *Cardamine* (Brassicaceae) at Urnerboden, Central Switzerland: biosystematic and molecular evidence. Plant Systematics and Evolution, 204: 233-256.

Wang H, Wang Q, Bowler P A, et al. 2016. Invasive aquatic plants in China. Aquatic Invasions, 11: 1-9.

Warren R J, Labatore A, Candeias M. 2017. Allelopathic invasive tree (*Rhamnus cathartica*) alters native plant communities. Plant Ecology, 218: 1233-1241.

Wilcove D S, Rothstein D, Dubow J, et al. 1998. Quantifying threats to imperiled species in the United States. BioScience, 48: 607-615.

Williamson M. 2006. Explaining and predicting the success of invading species at different stages of invasion. Biological Invasions, 8: 1561-1568.

Wu S H, Sun H T, Teng Y C, et al. 2010. Patterns of plant invasions in China: taxonomic, biogeographic, climatic approaches and anthropogenic effects. Biological Invasions, 12: 2179-2206.

Zas R, Moreira X, Sampedro L. 2011. Tolerance and induced resistance in a native and an exotic pine species:

relevant traits for invasion ecology. Journal of Ecology, 99: 1316-1326.
Zavaleta E S, Hobbs R J, Mooney H A. 2001. Viewing invasive species removal in a whole-ecosystem context. Trends in Ecology & Evolution, 16: 454-459.
Zedler J B, Kercher S. 2004. Causes and consequences of invasive plants in wetlands: Opportunities, opportunists, and outcomes. Critical Reviews in Plant Sciences, 23: 431-452.

第7章　加拿大一枝黄花入侵对杭州湾湿地围垦区土壤特性的影响

7.1　引　言

外来植物的大肆入侵给农林和自然生态系统造成了极大危害，已成为全球关注的问题（Hooper et al.，2012）。目前全球已经有13 000种植物在新生境中形成了可自我维持的种群（van Kleunen et al.，2015），中国外来入侵物种数据库中收录的入侵植物已经有352种，其中一些物种已经对生物多样性和农林生产造成了严重危害，亟须对一些恶性入侵物种的入侵机制展开研究（强胜和曹学章，2000；丁晖等，2011）。

外来植物入侵不仅能改变土著植物群落的物种组成和结构，而且也会显著改变生态系统的生物养分循环。总体而言入侵种具有较高的凋落物分解速率，增加土壤氮的矿化速率和硝化速率以及植被和土壤的碳库与氮库储量（Liao et al.，2008）。入侵种加拿大一枝黄花（*Solidago canadensis*）、紫茎泽兰（*Ageratina adenophora*）、喜旱莲子草（*Alternanthera philoxeroides*）和互花米草（*Spartina alterniflora*）（Zhang et al.，2009；高志亮等，2011；曾艳等，2011；于文清等，2012）能显著提高土壤碳、氮、磷等主要营养元素的含量和有效性。外来植物可能通过凋落物和土壤根际过程影响土壤化学性质（Weidenhamer and Callaway，2010）和微生物活性（Hawkes et al.，2005；Souza-Alonso et al.，2014），从而影响营养物质的分解、转化和释放（Haubensak and Parker，2004）。入侵植物对土壤特性的改变能形成适合其自身生长的环境，这种变化可能促进其入侵并且抑制其他植物的生长（Yelenik and D'Antonio，2013）。衡量土壤微生物活性变化的方法之一是测定土壤酶活性，土壤酶在土壤养分的转化过程中起着非常重要的作用，在一定程度上反映了土壤的养分状况，而土壤养分又反作用于土壤酶，在养分状况良好的情况下，土壤酶活性较高（刘建新，2004）。研究表明入侵植物可以显著改变土壤酶的活性（Souza-Alonso et al.，2014），这可能和其对土壤微生物群落的结构和功能改变有关（Stefanowicz et al.，2016）。

加拿大一枝黄花是入侵华东沿海地区并造成严重危害的外来物种之一，我国已将加拿大一枝黄花列入《中国重要外来有害植物名录》（李振宇和解焱，2002）。研究表明加拿大一枝黄花对土壤碳、氮、磷和钾等主要营养元素含量和有效性有显著影响（陆建忠等，2005；Zhang et al.，2009；王锦文等，2011）。目前，国内外对加拿大一枝黄花的研究主要在于形态描述（Hartnett and Bazzaz，1985）、繁殖特性（杨如意等，2011）、分布动态（徐燕云和郭水良，2011）、生理生化特点（郭水良和方芳，2003）、化感作用（白羽等，2012）、土壤微生物（沈荔花等，2007）的影响等方面，陆建忠等（2005）发现加拿大一枝黄花能调节土壤 pH，增加总碳、氮库和有机质库，降低铵态氮库和硝态氮库，并且促进了微生物的矿化速率和氨化速率。Zhang 等（2009）发现加拿大一枝黄花群落提高了土壤 pH 和容重，增加了土壤有机碳和铵态氮含量，同时降低了土壤全氮、全磷、硝态氮和速效磷的含量。加拿大一枝黄花也能显著改变土壤酶的活性。王锦文等（2011）发现与未入侵土壤相比，土壤中脱氢酶、β-葡萄糖苷酶、转化酶、脲酶和碱性磷酸酶随着加拿大一枝黄花入侵程度增加稍有提高，而土壤硝酸还原酶和酸性磷酸酶显著提高。这些对于进一步展开对加拿大一枝黄花入侵机制的研究提供了重要的参考。但是，目前尚鲜有关于加拿大一枝黄花的群落与多种典型土著植物群落对土壤酶活性及土壤养分相互作用的研究。本文比较了杭州湾湿地围垦区三种优势土著植物群落与加拿大一枝黄花单优群落的土壤基本理化性质、土壤养分水平、土壤活性机制和与土壤养分代谢密切相关的土壤酶活性的差异，分析了这些土壤酶与土壤养分的相关性，为进一步阐明加拿大一枝黄花的入侵效应和入侵机制提供依据。

7.2 材料与方法

7.2.1 研究区概况

研究样地位于浙江宁波杭州湾国家湿地公园的生态保育区内（121°09′58″E，30°19′29″N）。该区域植被群落自然发育，较少受到人为干扰，湿地公园内地势平坦、生境条件均一，土壤含盐量约为 2‰，pH 8～9，不同草本植被发育时间相同，具有可比性。植被受人为干扰影响较小，物种多样性较低，多为单优群落。主要群落是处于演替早期的单优势种的草本群落：白茅（*Imperata cylindrica*）群落、芦苇（*Phragmites australis*）群落、束尾草（*Phacelurus latifolius*）群落和加拿大一枝黄花群落。该区域位于杭州湾南岸，属于北亚热带海洋性季风气候，年均气温 16℃，年均降水量 1273 mm，日照 2038 h，无霜期 244 天。8 月本区域所研究植被生长趋于稳定，因此不同植物群落植物取样和土壤取样均在 2015 年 8 月进行。调查时，白茅、芦苇、束尾草和加拿大一枝黄花的平均株高分别约为 90 cm、150 cm、155 cm 和 155 cm，平均生物量分别为 693.24 g/m^2、954.86 g/m^2、1531.66 g/m^2 和 1666.25 g/m^2。各样地间距离大于 200 m。芦苇、束尾草和白茅均为禾本科多年生草本植物，芦苇地下有发达的匍匐根状茎，水生或湿生，白茅具粗壮的长根状茎。加拿大一枝黄花为菊科、一枝黄花属的多年生草本植物，植株粗壮，成株平均高度 2 m 以上，主根较明显，须根细且密布，具长根状茎，有种子和根茎两种繁殖方式。

7.2.2 样地设置和土壤样品采集

本研究采用野外样地实验的方法，研究加拿大一枝黄花和三种土著植物对土壤主要营养元素、活性有机碳组分和关键土壤酶活性的影响。选取优势种为芦苇、束尾草、白茅和加拿大一枝黄花的典型样地各 5 个，每个样地设置 10 m×10 m 样方。所选样地中加拿大一枝黄花群落为单优群落；白茅群落中伴生有加拿大一枝黄花；芦苇群落和束尾草群落中芦苇、束尾草分别是优势种，除了冠层伴生有少量加拿大一枝黄花外，下层伴生有少量白茅、野艾蒿（*Artemisia lavandulifolia*）、长裂苣荬菜（*Sonchus brachyotus*）等物种。

采集样方内原状土测定土壤物理性质（土壤容重、含水量和总孔隙度），测定其他参数时分别采集每个样方内深度为0～10 cm的表层土壤以及10～20 cm的下层土壤，将每个样地内5个小样方中采集到的新鲜土壤样品分成2份，一份在室内自然风干、过筛后保存；另一份于4℃冰箱保存，在两周内完成土壤铵态氮、硝态氮和土壤酶活性的测定。

7.2.3 土壤主要理化性质测定

土壤含水量采用烘干法测定；土壤容重采用环刀法测定；土壤pH采用电位法（土∶液=1∶2.5）测定；土壤有机质采用重铬酸钾容量法测定；土壤全氮采用凯氏定氮法测定；土壤铵态氮含量采用KCl浸提-靛蓝比色法测定；土壤硝态氮含量采用酚二磺酸比色法；土壤碱解氮采用碱解扩散法测定；土壤全磷含量采用 $HClO_4$-H_2SO_4 法；土壤速效磷含量采用 $NaHCO_3$ 浸提-钼锑抗比色法；土壤全钾采用NaOH熔融-火焰光度法；土壤速效钾用 NH_4OAc 浸提-火焰光度法测定。以上测定指标均参照鲍士旦（2000）的方法。

土壤总有机碳含量采用重铬酸钾氧化-外加热法测定；土壤易氧化碳含量测定采用 $KMnO_4$ 氧化法；土壤可溶性碳含量采用蒸馏水浸提，0.45 μm滤膜过滤，总有机碳分析仪测定的方法；土壤微生物生物量碳的测定采用氯仿熏蒸法（秦纪洪等，2013）。

7.2.4 土壤酶活性测定

土壤酶活性测定参照关松荫（1986）的方法。用滴定法测定土壤过氧化氢酶活性，其活性用单位质量土壤消耗的高锰酸钾毫升数表示；土壤脲酶活性采用柠檬酸盐比色法测定，其活性用24 h后单位质量土壤中 NH_3-N的毫克数表示；土壤磷酸酶活性采用苯磷酸二钠比色法测定，酶活性用24 h后单位质量土壤中的酚毫克数表示；蔗糖酶采用3,5-二硝基水杨酸比色法测定，酶活性以24 h后每克风干土中的葡萄糖量表示；土壤β-淀粉酶活性采用铜还原法测定，其活性用24 h后每克土壤中麦芽糖的毫克数表示；土壤β-葡萄糖苷酶采用靛酚比色法测定。

7.2.5 数据处理

应用SPSS 12.0的One-way ANOVA对加拿大一枝黄花、束尾草、白茅和芦苇各群落0～10 cm和10～20 cm土层土壤的理化性质和土壤酶活性进行比较分析，同时用Duncan法对各群落土壤理化性质参数和酶活性差异进行多重比较，当 $P<0.05$ 时认为群落间酶活性存在显著差异。用Pearson相关系数进行土壤酶活性与土壤养分指标（土壤有机质、铵态氮、硝态氮、碱解氮、全磷、有效磷、全钾和速效钾含量）的相关性关分析，当 $P<0.05$ 时认为土壤酶活性与土壤养分指标之间存在显著相关关系。

7.3 结　　果

7.3.1 土壤基本理化性质

由表 7-1 可见，加拿大一枝黄花入侵后 0～10 cm 及 10～20 cm 土层的 pH 均显著降低（$P<0.001$），其高低顺序为：加拿大一枝黄花<白茅<束尾草<芦苇。加拿大一枝黄花两个土层的土壤含水量也是显著低于三种土著植物（$P<0.01$），与土著植物束尾草、白茅和芦苇相比，其含水量在 0～10 cm 土层分别降低了 35.68%、24.37%和 35.34%，在 10～20 cm 土层分别降低了 36.58%、34.85%和 31.85%。四种植物的土壤容重比较，在 0～10 cm 土层加拿大一枝黄花低于芦苇但是高于束尾草和白茅，在 10～20 cm 土层加拿大一枝黄花比三种土著植物都要高，而土壤孔隙度在四种植物中的趋势正相反，在 0～10 cm 土层加拿大一枝黄花高于芦苇但是低于束尾草和白茅。在 10～20 cm 土层加拿大一枝黄花比三种土著植物都要低。

表 7-1　样地土壤基本理化性质

群落	土层/cm	pH	含水量/%	容重/（g/cm）	孔隙度/%
加拿大一枝黄花	0～10	8.17 ± 0.03A	19.05 ± 1.83A	0.91 ± 0.09A	65.67 ± 3.26A
	10～20	8.36 ± 0.05a	17.47 ± 1.95a	1.02 ± 0.05a	61.52 ± 1.91a
束尾草	0～10	8.47 ± 0.04C	29.62 ± 1.57B	0.90 ± 0.05A	66.17 ± 1.89A
	10～20	8.57 ± 0.08b	27.54 ± 1.42b	0.88 ± 0.09a	66.96 ± 3.29a
白茅	0～10	8.28 ± 0.01B	25.19 ± 2.13B	0.85 ± 0.03A	68.02 ± 1.25A
	10～20	8.38 ± 0.02a	26.81 ± 1.78b	0.90 ± 0.08a	66.29 ± 3.13a
芦苇	0～10	8.57 ± 0.04D	29.47 ± 2.41B	0.99 ± 0.06A	62.56 ± 2.12A
	10～20	8.69 ± 0.02b	25.63 ± 2.35b	1.02 ± 0.07a	61.74 ± 2.50a

注：同一列英文大写字母不同表示不同优势种植物群落间 0～10 cm 土层某一指标差异显著（$P<0.05$），不同英文小写字母不同表示不同优势种植物群落间 10～20 cm 土层某一指标差异显著（$P<0.05$）

7.3.2 土壤无机养分含量

由图 7-1 可见，加拿大一枝黄花的入侵没有显著影响土壤的总有机质含量（图 7-1A，$P>0.05$）。与之类似，各优势种植物群落土壤间的全氮也没有明显差异（图 7-1B，$P>0.05$），但是加拿大一枝黄花与三种土著植物的土壤铵态氮、硝态氮和碱解氮含量在 0～10 cm 土层均差异显著（图 7-1C～E，$P<0.01$），其中 0～10 cm 土层土壤碱解氮含量加拿大一枝黄花分别是束尾草、白茅和芦苇的 1.72 倍、2.35 倍和 2.00 倍，加拿大一枝黄花在 10～20 cm 土层中的铵态氮和硝态氮含量同样显著高于三个土著种植物（$P<0.01$），但是碱解氮含量低于束尾草。与束尾草、白茅和芦苇相比，加拿大一枝黄花在 0～10 cm 土层的全磷含量分别提高了 7.29%、4.57%和 8.59%，在 10～20 cm 土层分别提高了 9.28%、6.23%和 6.92%（图 7-1F）。两个土层中的土壤全钾含量在加拿大一枝黄花入侵后均无显著改变。加拿大一枝黄花土壤两个土层有效磷含量和 0～10 cm

土层速效钾含量类似，均高于束尾草和白茅，但低于芦苇，10～20 cm 土层速效钾含量与束尾草和白茅无显著差异，但显著低于芦苇（图 7-1G～I）。

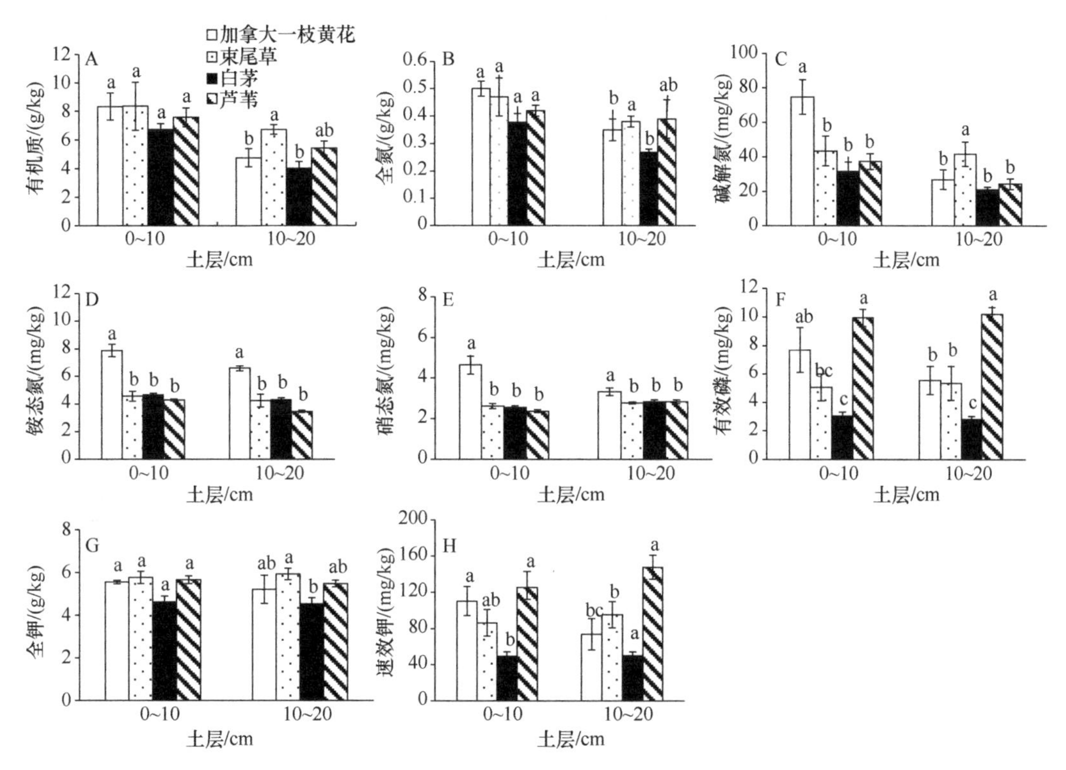

图 7-1　加拿大一枝黄花群落、束尾草群落、白茅群落和芦苇群落土壤有机质、氮、磷、钾及其有效成分分布

不同小写字母表示同一土层不同植物群落间差异显著

7.3.3　土壤活性有机碳含量

由图 7-2 可见，加拿大一枝黄花在两个土层中均显著降低了易氧化碳的含量（图 7-2A，$P<0.001$），在 0～10 cm 土层中三种土著植物束尾草、白茅和芦苇的易氧化碳含量分别是加拿大一枝黄花的 1.63 倍、1.54 倍和 2.12 倍，在 10～20 cm 土层中分别为 1.61 倍、1.78 倍和 2.64 倍，加拿大一枝黄花同样降低了可溶性碳的含量，与束尾草、白茅和芦苇相比，加拿大一枝黄花的可溶性碳含量在 0～10 cm 土层中分别降低了 27.27%、40.78%和 4.00%，在 10～20 cm 土层分别降低了 41.36%、39.49%和 29.63%（图 7-2B）。与之相反的是，加拿大一枝黄花的入侵提高了 0～10 cm 表层土壤中土壤微生物生物量碳的含量，与束尾草、白茅和芦苇相比分别提高了 196.72%、180.21%和 41.47%，但是在 10～20 cm 土层中加拿大一枝黄花的入侵并没有对微生物生物量碳的含量产生显著的影响（图 7-2C，$P>0.05$）。

7.3.4　关键土壤酶活性

加拿大一枝黄花入侵未对土壤过氧化氢酶活性产生显著影响（图 7-3A，$P>0.05$），但是显著提高了 0～10 cm 土层脲酶活性（图 7-3B，P>0.001）和碱性磷酸酶活性（图 7-3C，P>0.01），与束尾草、白茅和芦苇相比，其 0～10 cm 土层脲酶活性分别提高了 91.49%、116.97%和 334.88%，0～10 cm 土层碱性磷酸酶活性分别提高了 74.10%、84.74%和 240.62%。加拿大一枝黄花入侵对 10～20 cm 土层脲酶活性和碱性磷酸酶活性则无显著影响（图 7-3B、图 7-3C，P>0.05）。加拿大一枝黄花同样显著提高了土壤蔗糖酶活性（图 7-3D，P>0.05），其蔗糖酶活性分别是束尾草、白茅和芦苇的 2.65 倍、2.21 倍和 6.19 倍，10～20 cm 土层土壤蔗糖酶活性分别是束尾草、白茅和芦苇的 2.53 倍、4.64 倍和 4.38 倍。加拿大一枝黄花 0～10cm 土层 β-淀粉酶活性和 β-葡萄糖苷酶活性显著高于三种土著植物但在 10～20 cm 土层则无显著差异（图 7-3 E、图 7-3F，P>0.05）。

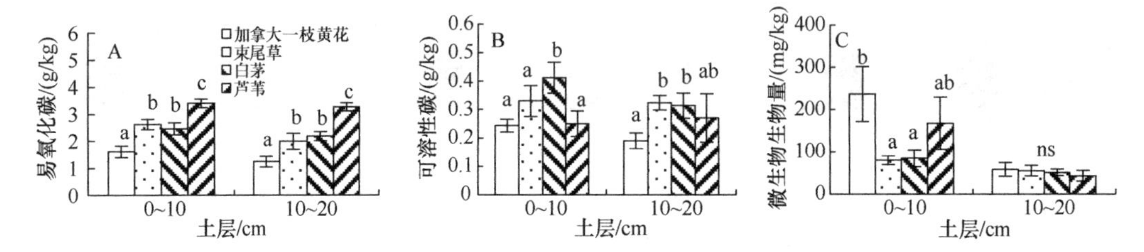

图 7-2 加拿大一枝黄花群落、束尾草群落、白茅群落和芦苇群落土壤易氧化碳、可溶性碳和微生物生物量碳分布

不同小写字母表示同一土层不同植物群落间差异显著

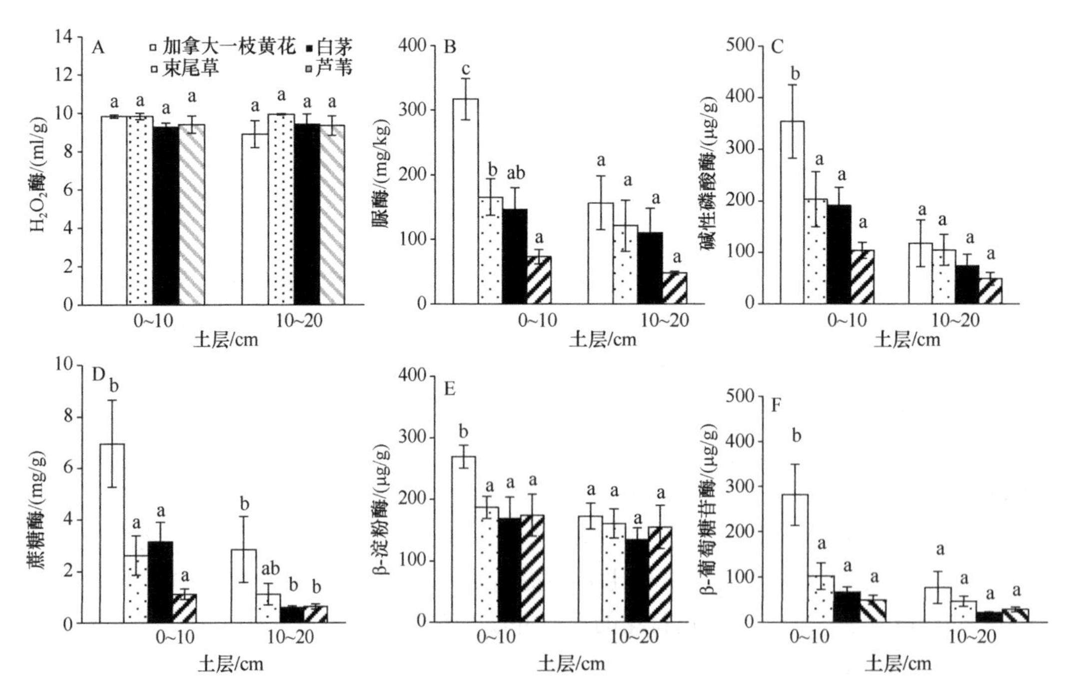

图 7-3 加拿大一枝黄花群落、束尾草群落、白茅群落和芦苇群落土壤酶活性

不同小写字母表示同一土层不同植物群落间差异显著

7.3.5 土壤养分与土壤酶活性的相关关系

由表 7-2 可知，土壤过氧化氢酶活性与土壤养分含量的相关性不显著（P>0.05）。土壤脲酶活性与土壤铵态氮、硝态氮、碱解氮和全磷含量都呈极显著正相关关系（P<0.01），但与土壤有机质、全氮、有效磷、全钾和速效钾含量相关性较差。土壤碱性磷酸酶活性与土壤有机质、全氮、碱解氮、全磷含量都呈极显著或者显著正相关关系（P<0.05），与土壤铵态氮、硝态氮、有效磷、全钾和速效钾含量无相关性（P>0.05）。土壤蔗糖酶活性与土壤全氮、铵态氮、碱解氮和全磷含量都呈极显著或者显著正相关关系（P<0.05），但是与土壤有机质、硝态氮、有效磷、全钾和速效钾都没有显著相关性。土壤 β-淀粉酶活性与土壤全氮、碱解氮和全磷都呈显著的正相关关系（P<0.05），与土壤有机质、铵态氮、硝态氮、有效磷、全钾和速效钾无显著相关关系。土壤 β-葡萄糖苷酶与土壤有机质、全氮、铵态氮、硝态氮、碱解氮和全磷呈极显著或者显著的正相关关系（P<0.05），与土壤有效磷、全钾和速效钾无显著相关关系。

表 7-2　土壤酶活性与土壤养分之间的相关性

变量	过氧化氢酶/（mL/g）	脲酶/[μg/（g·h）]	碱性磷酸酶/[μg/（g·h）]	蔗糖酶/[mg/（g·h）]	β-淀粉酶/[μg/（g·h）]	β-葡萄糖苷酶/[μg/（g·h）]
有机质/（g/kg）	0.196	0.153	0.571**	0.330	0.338	0.510*
全氮/（g/kg）	0.252	0.385	0.674**	0.447*	0.504*	0.582**
铵态氮/（mg/kg）	0.134	0.592**	0.407	0.656**	0.322	0.611**
硝态氮/（mg/kg）	0.289	0.667**	0.362	0.382	0.422	0.506*
碱解氮/（mg/kg）	0.233	0.693**	0.696**	0.637**	0.648**	0.680**
全磷/（g/kg）	0.424	0.578**	0.525*	0.647**	0.573**	0.558*
有效磷/（mg/kg）	0.185	–0.25	0.201	0.176	0.122	0.400
全钾/（g/kg）	0.323	–0.232	–0.095	–0.317	0.093	–0.054
速效钾/（mg/kg）	0.255	–0.076	0.093	–0.012	0.185	0.243

*和**分别表示在 0.05 和 0.01 水平上显著相关

7.4 讨　　论

本研究实验地点在 2008 年后较少受到人为干扰，生境均一，土壤理化性质差异不大，加之样方之间距离较近（300～500 m），可以认为加拿大一枝黄花入侵之前样方间土壤酶活性无差异。因此，我们认为各优势种植物群落间土壤酶活性差异是由群落物种的不同造成的，加拿大一枝黄花群落土壤酶活性能反映其对入侵地土壤生态系统的影响。

7.4.1 加拿大一枝黄花入侵对土壤基本理化性质的影响

植物通过影响土壤系统从而形成有利于自身生长的环境被认为是植物竞争演替的重要驱动机制之一（Holmgrem et al.，1997），大量研究表明，很多外来入侵植物都因为改变了新环境的土壤理化性质从而实现成功入侵，入侵植物对土壤系统的理化性质能产生影响，但存在不一致的格局，包括增加、减少和无影响三种效应（柯展鸿等，2013），入侵植物与土著植物在生理生态特性、根系结构特征、凋落物的质与量、化感物质的差异可能是形成格局多样性的主要原因（徐春容和肖文军，2010）。本研究结果显示，加拿大一枝黄花的入侵降低了土壤含水量、孔隙度和 pH，提高了土壤容重。加拿大一枝黄花群落土壤与三种土著植物群落相比具有较低的土壤含水量，可能是植物自身对于生长环境的选择导致的。土壤容重和土壤孔隙度都是土壤紧实度的指标，大小主要受到土壤有机质含量、土壤结构以及植物的根系结构的影响，加拿大一枝黄花较高的容重和较低的土壤孔隙度可能与其较大的植株密度和复杂的根系结构相关。本研究中的样地均位于杭州湾滨海湿地的围垦区内，样地内土壤呈碱性，pH 多为 8～9（表 7-1），加拿大一枝黄花的入侵有效降低了土壤的 pH，这可能是由于其凋落物和根系分泌物中含有酸性物质，能有效改善土壤碱性环境，有利于土壤养分的保存和积累。对于一些土壤基本理化性质的改变，可能是加拿大一枝黄花入侵机制的一部分。

7.4.2 加拿大一枝黄花入侵对土壤无机养分含量的影响

入侵的正反馈假说认为，外来入侵物种能通过与土壤的相互作用来获得竞争优势以增强入侵力（Ehrenfeld，2003）。Duda 等（2003）研究发现，藜科植物盐生草（*Halogeton glomeratus*）的入侵，显著改变了入侵地的土壤生态系统，显著提高了土壤中有机质、全氮、速效氮、全磷、全钾和钠的含量，这些土壤性质的改变显然有利于增强其在新生境中的竞争能力。陆建忠等（2005）通过野外和移栽实验分析了加拿大一枝黄花入侵对土壤有机质、全氮、铵态氮和硝态氮的影响，发现加拿大一枝黄花能够促进土壤氮矿化速率，提高土壤无机氮供给，从而创造出更有利于自身生长的环境，而这又与本研究得出的结论相似。本研究结果显示，加拿大一枝黄花对土壤有机质、全氮、全磷、全钾、有效磷和速效钾无显著影响（$P>0.05$），但是显著增加了土壤铵态氮、硝态氮和碱解氮含量（$P<0.05$）。加拿大一枝黄花的入侵并没有改变土壤有机质和全钾的含量（图 7-2），造成这种结果的原因可能是加拿大一枝黄花群落形成时间较短，其大量凋落物和根系分泌物尚未进入土壤系统循环中，没有改变原本均一的土壤有机质和全钾的分布。土壤的全氮和全磷的含量在加拿大一枝黄花入侵后稍有提高，但是其包括铵态氮、硝态氮和碱解氮在内的土壤有效氮与其他三种土著植物群落相比得到显著提高，这与陆建忠等（2005）发现的加拿大一枝黄花能促进土壤氮矿化速率，提高土壤无机氮供给的现象一致，同时，加拿大一枝黄花群落的土壤有效磷和速效钾含量也高于束尾草和白茅群落，但是低于芦苇群落，这可能与芦苇群落的土壤比其他植物群落具有较高的 pH 和含水量有关。

7.4.3 加拿大一枝黄花入侵对土壤活性有机碳组分的影响

土壤活性有机碳虽然只占总有机碳的一小部分，却是土壤生态系统中最重要的能量来源之一，能指示土壤有机质的早期变化（孙伟军等，2013）。王刚等（2013）在江苏盐城通过对互花米草（*Spartina alterniflora*）入侵对土壤有机碳的影响，发现互花米草的入侵对土壤活性有机碳的影响较大，并且随着入侵时间的增长互花米草显著改变了土壤总有机碳的组成。本实验的研究结果显示，加拿大一枝黄花对土壤总有机碳含量无显著影响（P>0.05），降低了土壤易氧化碳和可溶性碳含量，增加了土壤微生物生物量碳含量。加拿大一枝黄花的入侵并未显著改变两个土层的总有机碳含量，这可能与土壤有机质的状况类似，均与加拿大一枝黄花群落形成时间较短有关。但是加拿大一枝黄花的入侵却在两个土层中均显著降低了易氧化碳的含量，易氧化碳作为土壤有机碳的敏感因子，可以指示土壤有机质的短暂波动，其含量降低可能是因为加拿大一枝黄花入侵提高了土壤微生物活性（微生物生物量碳提高），增加了土壤活性有机碳的分解损失。加拿大一枝黄花入侵后提高了 0～10 cm 土层的微生物生物量碳含量，对 10～20 cm 土层的微生物生物量碳含量则无显著影响（P>0.05）。微生物生物量碳是土壤中微生物细胞裂解后细胞内容物中的有机碳，所以微生物生物量碳的含量可以表示土壤中的微生物的数量与活性，也就是说加拿大一枝黄花提高了 0～10 cm 土层中微生物的含量与活性，但是对于 10～20 cm 土层没有显著影响，这也可以解释加拿大一枝黄花对 0～10 cm 土层中的速效养分的影响要明显强于对 10～20 cm 的土层中速效养分的影响。加拿大一枝黄花降低了两个土层中的可溶性碳含量，作为土壤微生物可直接利用的有机碳源，土壤可溶性碳可以表示土壤中微生物消耗能量的情况，这也可以说明加拿大一枝黄花入侵后土壤微生物的数量和活性得到提高。伴随着加拿大一枝黄花的入侵，土壤中活性有机碳的组分也发生变化，打破了原有的平衡，创造了对加拿大一枝黄花入侵的有利条件。

7.4.4　加拿大一枝黄花对土壤酶活性的影响

土壤酶是微生物代谢分泌的活性物质，催化土壤生态系统中的生物化学过程，因而酶活性可以反映土壤的生态功能、各种生物化学过程的强度和方向，同时其变化也受多种因素影响，土壤酶活性的变化能间接表明土壤氮、磷、钾等矿质营养元素的转化情况。土壤酶活性可以用作外来植物入侵对土壤生态系统影响的早期预示指标（曹慧等，2003）。过氧化氢酶几乎存在于所有的生物体里，它能促进过氧化氢对各种化合物的氧化，有机质含量高的土壤，过氧化氢酶的活性较强，其活性可以表征土壤总的生物学活性和肥力状况。土壤脲酶广泛地来自于土壤微生物、植物和土壤动物，并且可以将尿素水解成 CO_2 和氨，常常被用来指示土壤总氮矿化速率的强弱。碱性磷酸酶主要来自于植物和微生物，主要水解各种有机磷脂，并释放磷酸根（邱莉萍等，2004；蒋智林等，2008）。蔗糖酶主要将蔗糖水解成葡萄糖和果糖，β-淀粉酶将土壤中的淀粉水解成麦芽糖，β-葡萄糖苷酶主要催化纤维素转化成葡萄糖的最后一步，是纤维素分解的限制性酶，这三种酶对于调节土壤中植物凋落物及根系分泌物等有机物分解进入土壤的碳循环起着至关重要的作用（周礼恺等，1983）。

加拿大一枝黄花入侵没有显著影响土壤过氧化氢酶活性（P>0.05），但是显著提高了土壤脲酶、碱性磷酸酶、蔗糖酶和 β-葡萄糖苷酶的活性（P<0.05，图 7-3）。土壤过氧化氢酶活性与土壤各养分含量相关性均较差（P>0.05，表 7-2），表明针对加拿大一枝黄花的入侵来讲，土壤过氧化氢酶活性并不是表征入侵程度的敏感指标。土壤脲酶与铵态氮、硝态氮和碱解氮含量呈极显著的相关性（$P<0.01$），说明土壤脲酶活性可能是影响土壤氮素转化的关键因素。土壤碱性磷酸酶活性与土壤全磷相关性显著（$P<0.05$），但是其作为水解有机磷为无机磷的关键酶，却与土壤有效磷含量没有相关性，这可能是因为加拿大一枝黄花属于菌根植物（董梅等，2006），菌根菌的共生有助于植物对土壤中磷的吸收（Bagayoko et al.，2000），从而导致加拿大一枝黄花对有效磷有较强的吸收能力，降低土壤中有效磷含量，而有研究发现土壤有效磷含量的降低会导致土壤磷酸酶活性提高（Garcia et al.，2000），所以才会出现土壤有效磷含量与土壤碱性磷酸酶活性变化趋势不一致的现象。土壤蔗糖酶活性、土壤β-淀粉酶活性、土壤β-葡萄糖苷酶活性与土壤全氮、全磷以及硝态氮和铵态氮含量相关性显著（$P<0.05$），说明这三种酶在分解植物凋落物和根系分泌物等有机质以及释放氮、磷等方面都发挥着至关重要的作用。土壤全钾和速效钾含量与各种土壤酶活性相关性均不显著，可能是在本研究区域内土壤中钾素转化主要是物理-化学过程，与土壤微生物活性没有紧密联系。在其他研究报道中，也发现加拿大一枝黄花提高了脱氢酶、β-葡萄糖苷酶、转化酶、脲酶和碱性磷酸酶的活性（王锦文等，2011），这些与本研究结果相似。加拿大一枝黄花土壤酶活性的提高可能与其对土壤微生物群落的促进有关，沈荔花等（2007）发现入侵植物加拿大一枝黄花显著增加了土壤微生物的生物量，促进了细菌和放线菌的生长。土壤酶主要来源于土壤微生物和植物根系分泌物，加拿大一枝黄花可能通过其凋落物和根系分泌物的各化学组分直接或者间接改变土壤酶的数量、种类及活性。据报道，加拿大一枝黄花的根系分泌物对土壤的亚硝酸细菌、好气性自生固氮菌、硫化细菌、氨化细菌和好气性纤维素分解菌的数量具有促进作用，其根系分泌物或者凋落物中含有烃类、萜类、酯类和酚酸类等化感活性物质（沈荔花，2007），这些化感物质释放到土壤中，可能影响土壤微生物群落的多样性和活性，进而影响土壤酶活性。

通过对加拿大一枝黄花与三种土著植物土壤相比较，发现与三种土著植物相比，加拿大一枝黄花显著地影响了土壤理化性质，表现出比土著植物更强的改善土壤养分有效性和活性有机碳组分的能力，提高了部分与土壤氮、磷和有机质转化的相关土壤酶的活性，加速了土壤养分循环，快速高效地获得养分与土著植物竞争资源，以创造有利于其入侵的土壤环境，可能是加拿大一枝黄花入侵的主要机制之一。

（叶小齐、梁　雷、吴　明）

参考文献

白羽, 黄莹莹, 孔海南, 等. 2012. 加拿大一枝黄花化感抑藻效应的初步研究. 生态环境学报, 21(7): 1296-1303.

鲍士旦. 2000. 土壤农化分析(第三版). 北京: 中国农业出版社.

曹慧, 孙辉, 杨浩, 等. 2003. 土壤酶活性及其对土壤质量的指示研究进展. 应用与环境生物学报, 9(1): 105-109.

丁晖, 徐海根, 强胜. 2011. 中国生物入侵的现状与趋势. 生态与农村环境学报, 27(3): 35-41.

董梅, 陆建忠, 张文驹, 等. 2006. 加拿大一枝黄花——一种正在迅速扩张的外来入侵植物. 植物分类学报, 44(1): 72-85.

高志亮, 过燕琴, 邹建文. 2011. 外来植物水花生和苏门白酒草入侵对土壤碳氮过程的影响. 农业环境科学学报, 30(4): 797-805.

关松荫. 1986. 土壤酶及其研究方法. 北京: 农业出版社.

郭水良, 方芳. 2003. 入侵植物加拿大一枝黄花对环境的生理适应性研究. 植物生态学报, 27(1): 47-52.

蒋智林, 刘万学, 万方浩, 等. 2008. 紫茎泽兰与本地植物群落根际土壤酶活性和土壤肥力的差异. 农业环境科学学报, 27(2): 660-664.

柯展鸿, 邱佩霞, 胡东雄, 等. 2013. 三裂叶蟛蜞菊入侵对土壤酶活性和理化性质的影响. 生态环境学报, 22(3): 432-436.

李振宇, 解焱. 2002. 中国外来入侵物种. 北京: 中国林业出版社.

刘建新. 2004. 不同农田土壤酶活性与土壤养分相关关系研究. 土壤通报, 35(4): 523-525.

陆建忠, 裘伟, 陈家宽. 2005. 入侵种加拿大一枝黄花对土壤特性的影响. 生物多样性, 13(4): 347-356.

强胜, 曹学章. 2000. 中国异域杂草考察与分析. 植物资源与环境学报, 9(4): 31-38.

秦纪洪, 王琴, 孙辉. 2013. 川西亚高山-高山土壤表层有机碳及活性组分沿海拔梯度的变化. 生态学报, 33(18): 5858-5864.

邱莉萍, 王军, 王益权, 等. 2004. 土壤酶活性与土壤肥力的关系研究. 植物营养与肥料学报, 10(3): 277-280.

沈荔花. 2007. 外来植物加拿大一枝黄花入侵的化感作用机制研究. 福州: 福建农林大学硕士研究生学位论文.

沈荔花, 郭琼霞, 林文雄. 2007. 加拿大一枝黄花对土壤微生物区系的影响研究. 中国农学通报, 23(4): 323-327.

孙伟军, 方晰, 项文化, 等. 2013. 湘中丘陵区不同演替阶段森林土壤活性有机碳库特征. 生态学报, 33(24): 7765-7773.

王刚, 杨文斌, 王国祥. 2013. 互花米草海向入侵对土壤有机碳组分、来源和分布的影响. 生态学报, 33(8): 2474-2483.

王锦文, 王君丽, 王江, 等. 2011. 加拿大一枝黄花入侵对土壤酶活性的研究. 植物营养与肥料学报, 17(1): 117-123.

徐春荣, 肖文军. 2010. 植物入侵对土壤生物多样性及土壤理化性质的影响. 安徽农业科学, 38(17): 9113-9115.

徐燕云, 郭水良. 2011. 外来入侵植物加拿大一枝黄花种群分布格局研究. 湖北农业科学, 50(18): 3732-3734.

杨如意, 昝树婷, 唐建军. 2011. 加拿大一枝黄花的入侵机理研究进展. 生态学报, 31(4): 1185-1194.

于文清, 刘万学, 桂富荣, 等. 2012. 外来植物紫茎泽兰入侵对土壤理化性质及丛枝菌根真菌(AMF)群落的影响. 生态学报, 32(22): 7027-7035.

曾艳, 田广红, 陈蕾伊, 等. 2011. 互花米草入侵对土壤生态系统的影响. 生态学杂志, 30(9): 2080-2087.

周礼恺, 张志明, 曹成绵. 1983. 土壤酶活性的总体在评价土壤肥力水平中的作用. 土壤学报, 20(4): 413-418.

Bagayoko M, George E, Romheld V, et al. 2000. Effects of mycorrhizae and phosphorus on growth and nutrient uptake of millet, cowpea and sorghum on the West African soil. Journal of Agricultural Science, 135(4): 399-407.

Duda J J, Freeman D C, Emlen J M, et al. 2003. Differences in native soil ecology associated with invasion of the exotic annual chenopod, *Halogeton glomeratus*. Biology and Fertility of Soils, 38: 72-77.

Ehrenfeld J G. 2003. Effects of exotic plant invasions on soil nutrient cycling processes. Ecosystem, 6: 503-523.

Garcia J C, Plaza C, Soler P, et al. 2000. Long-term effects of municipal solid waste compost application on soil enzyme activities and microbial biomass. Soil Biology & Biochemistry, 32(13): 1907-1913.

Hartnett D C, Bazzaz F A. 1985. The regulation of leaf, ramet and genet densities in experimental populations of the rhizomatous perennial *Solidago canadensis*. Journal of Ecology, 73(2): 429-443.

Haubensak K A, Parker I M. 2004. Soil changes accompanying invasion of the exotic shrub *Cytisus scoparius* in glacial out wash prairies of western Washington. Plant Ecology, 175: 71-79.

Hawkes C V, Wren I F, Herman D J, et al. 2005. Plant invasion alters nitrogen cycling by modifying the soil nitrifying community. Ecology Letters, 8(9): 976-985.

Holmgrem M, Scheffe M, Huston M A. 1997. The interplay of facilitation of and competition in plant communities. Ecology, 78: 1966-1975.

Hooper D U, Adair E C, Cardinale B J. 2012. A global synthesis reveals biodiversity loss as a major driver of ecosystem change. Nature, 486(7401): 105-108.

Liao C, Peng R, Luo Y, et al. 2008. Altered ecosystem carbon and nitrogen cycles by plant invasion: a meta-analysis. New Phytologist, 177(3): 706-714.

Souza-Alonso P, Novoa A, González L. 2014. Soil biochemical alterations and microbial community responses under *Acacia dealbata* Link invasion. Soil Biology & Biochemistry, 79: 100-108.

Stefanowicz A M, Stanek M, Nobis M, et al. 2016. Species-specific effects of plant invasions on activity, biomass, and composition of soil microbial communities. Biology & Fertility of Soils, 52(6): 841-852.

van Kleunen M, Dawson W, Essl F, et al. 2015. Global exchange and accumulation of non-native plants. Nature, 525(7567): 100-103.

Weidenhamer J D, Callaway R M. 2010. Direct and indirect effects of invasive plants on soil chemistry and ecosystem function. Journal of Chemical Ecology, 36(1): 59-69.

Yelenik S G, D'Antonio C M. 2013. Self-reinforcing impacts of plant invasions change over time. Nature, 503(7477): 517-520.

Zhang C B, Wang J, Qian B Y. 2009. Effects of the invader *Solidago canadensis* on the soil properties. Applied Soil Ecology, 43: 163-169.

第8章　加拿大一枝黄花入侵对杭州湾地区土壤线虫群落的影响

8.1　引　言

生物入侵是全球性的重大环境问题之一，对社会经济的发展造成了严重的损失，已成为全球生物多样性丧失的主要原因之一（Ehrenfeld，2006；邢璐，2009；李博和马克平，2010）。目前已有许多研究评价了外来植物入侵对生态系统地上部分的土著生物群落多样性的影响，而对地下生物群落组成和多样性影响的研究相对较少（Levine et al.，2003；陈慧丽等，2005；张桂花等，2009）。随着对生态系统地下部分重要性认识的深入（Copley，2000；贺金生等，2004；Wardle et al.，2004），越来越多的科学家开始关注外来植物入侵对土壤生物多样性及其相关生态过程的影响，这对于揭示植物入侵的机制、控制与管理入侵植物和修复受损生态系统均有着深远的意义（Wolfe and Klironomos，2005；类延宝等，2010）。

线虫作为地下生物多样性最丰富的后生动物类群，其在反映植物入侵对地下生物多样性及相关生态系统过程影响方面独具优势。这一方面是由于线虫是土壤食物网的重要组成部分之一，其多样化的营养类群对于环境变化的响应敏感，可以迅速反映土壤生物群落的整体结构和功能状况（李琪等，2007）；另一方面，植食性线虫及其他线虫营养类群与植被关系均十分密切，外来植物入侵可能通过改变生境的复杂性和异质性、改变凋落物的组成和质量、改变地上植物对土壤的根际输入等诸多的途径影响土壤线虫群落组成和结构（Wardle et al.，2004；Chen et al.，2007b；Biederman and Boutton，2009）。然而，目前有关植物入侵对线虫群落影响的研究还处于起步阶段，已有的报道也结论不一。因此，有必要对更多的植物入侵案例进行研究，以揭示植物入侵对地下生物多样性的影响规律。

加拿大一枝黄花（*Solidago canadensis*）是一种原产于北美洲的菊科植物。我国于1935年引进，20世纪80年代开始逸生野外。由于具有极强的生态适应性和繁殖能力，它在我国境内尤其是东部地区迅速扩散蔓延，对土著生物多样性、撂荒地和围垦区自然植被的恢复过程以及部分疏林果园和旱田作物产生了严重危害，成为中国生态学家重点关注的恶性杂草之一（董梅等，2006）。目前国内外对于加拿大一枝黄花的研究大多针对其形态特征、生物学特性、生态学特性、化感作用、对地上植物群落的危害及其防治方式等（印丽萍等，2004；陈芳，2006；杨如意等，2011），少量研究关注加拿大一枝黄花对入侵地土壤理化特性和微生物的影响（陆建忠等，2005；王立成和褚建君，2007；沈荔花等，2007）。然而，尚未有研究涉及加拿大一枝黄花入侵对土壤动物及其生态功能的影响。

本研究在杭州湾地区选取 6 个地点的围垦区，比较入侵种加拿大一枝黄花群落和土著优势植物芦苇（*Phragmites australis*）群落中的土壤线虫数量、多样性、营养类群组成和群落结构，并分析入侵地生境特征与线虫群落的关系，探讨以下问题：①加拿大一枝黄花入侵是否对土壤线虫群落产生影响？特别是对地下植食性线虫的影响如何？②不同地点加拿大一枝黄花对土壤线虫群落的影响是否存在差异？这种差异与当地生境特征有何关联？

8.2 研究地点与方法

8.2.1 研究地点

杭州湾位于我国大陆海岸线中段，属于长三角经济区的一部分，人类活动频繁，是加拿大一枝黄花入侵的重灾区之一，同时也是我国围垦海涂面积最多的区域。自 20 世纪 80 年代以来，该地区的芦苇优势群落逐渐被外来物种加拿大一枝黄花入侵。加拿大一枝黄花的繁殖和生存能力极强，生长势旺，极易在围垦区与芦苇等土著植物竞争土壤、养分、水分和空间，并发展成以加拿大一枝黄花为优势种的植物群落。本研究以分别位于杭州湾南岸（慈溪、镇海）和北岸（杭州下沙、海盐、平湖、奉贤）的 6 个地点为采样点，在这些地点的围垦区中均存在大片相邻的加拿大一枝黄花群落和芦苇群落。

8.2.2 样品采集和环境参数测定

于 2009 年 10 月，在杭州湾地区 6 个采样点分别选取相邻的加拿大一枝黄花群落和芦苇群落。在每个植物群落中，设置 4 条长度为 9 m 的样线，样线起点随机。在每条样线上，每隔 1 m 在加拿大一枝黄花或者芦苇的主根旁边取 1 个土样（深 10 cm，直径 2 cm），然后把 10 个取自同一样线上的土柱混合成为 1 个复合样本，以减少土壤空间异质性对土壤线虫群落的影响。由此，在每个植物群落中获得 4 个混合土样，作为 4 个重复。混合土样经充分混匀后，分成 3 份：150 g 土样固定在 4%的福尔马林中，用于线虫群落分析；80 g 土样烘干，以估算土壤含水量；剩余的土样风干，用于分析土壤理化性质。同时，在每条样线附近分别随机选取一个 50 cm×50 cm 的样方，计算样方内各种植物的密度，并随机选择 6 株植物测量其高度。

本研究中的土壤理化参数包括：土壤颗粒组成、pH、土壤含水量、土壤总氮和总碳。土壤颗粒度采用 LS-POP（VI）型激光粒度仪测定；pH 用笔式酸度计（HI98127）测定；土壤含水量的测定采用烘干法，80℃烘干至恒重；土壤总碳、总氮用氮碳元素分析仪（FlashEA 1112 Series，Italy）测定。

8.2.3 线虫样品处理和分析

用 LUDOX 悬浮法（Griffiths et al.，1990）分离得到线虫，并在解剖镜下对线虫进行计数，每份样品随机挑取 100 多条，在显微镜下分类鉴定到科属水平。依据 Yeates

等（1993）将线虫划分为食藻类线虫、植食性线虫、食细菌线虫、食真菌线虫、捕食性线虫和杂食性线虫 6 个食性类群。线虫数量多度划分如下：个体数占线虫总数量 10%以上者为优势类群（+++），1%～10%为常见类群（++），1%以下为稀有类群（+）（梁文举等，2001）。在属水平上计算线虫群落多样性指数（Shannon-Wiener diversity index，H'）：$H' = -\Sigma P_i \ln P_i$，式中 P_i 为属 i 的个体数占总个体数的比例。在食性类群水平上计算营养多样性指数（trophic diversity，TD）：$\mathrm{TD} = 1/\sum P_i^2$，式中 P_i 为各营养类群在线虫群落中所占的比例。根据 Ferris 等（2001）计算富集指数（enrichment index，EI）和结构指数（structure index，SI）：$\mathrm{EI} = 100\times(e/(e+b))$；$\mathrm{SI} = 100\times(s/(s+b))$，式中 b（basal）代表食物网中的基础成分，指 Ba_2 和 Fu_2 两个功能团；e（enrichment）代表食物网中的富集成分，指 Ba_1 和 Fu_2 两个功能团；s（structure）代表食物网中的结构成分，包括 Ba_3–Ba_4、Fu_3–Fu_4、Al_3、Om_3–Om_5 和 Ca_2–Ca_5 功能团，功能团的划分详见表 8-1。b、e 和 s 值的计算方式分别为$\sum k_b n_b$、$\sum k_e n_e$ 和$\sum k_s n_s$，其中 k_b、k_e 和 k_s 为各功能团所对应的加权值（其值为 0.8～5.0），n_b、n_e 和 n_s 则为功能团的丰度。根据 Yeates 和 Bongers（1999）计算线虫的通路比值（nematode channel ratio，NCR）：$\mathrm{NCR}=B/(B+F)$，式中 B 和 F 分别代表取食细菌和真菌的线虫数量。

表 8-1　加拿大一枝黄花群落（S）和芦苇群落（P）中土壤线虫组成和营养类群

线虫属	镇海		平湖		慈溪		奉贤		海盐		杭州		功能团
	S	P	S	P	S	P	S	P	S	P	S	P	
Achromadora	+++	+	–	–	–	–	–	+++	–	++	–	+	Al_3
Acrobeles	+	–	–	–	–	–	+++	+	–	–	+	+	Ba_2
Acrobeloides	–	–	–	–	++	++	–	–	–	–	++	++	Ba_2
Aglenchus	–	+	–	–	–	+	++	++	+	+	+++	++	H_2
Alaimus	–	–	–	+	–	–	+	+	++	–	–	+	Ba_4
Anoplostoma	–	–	–	–	–	–	–	++	–	–	–	–	Ba_2
Aphelenchoides	+	++	–	+	–	–	–	+	+	–	+	–	Fu_2
Aphelenchus	++	+	+	–	–	–	++	–	++	–	–	–	Fu_2
Aporcelaimium	++	–	+	++	++	+	++	–	+++	++	++	++	Om_5
Boleodorus	+	++	–	–	–	+	–	++	+	+	–	–	H_2
Campydora	–	–	–	+	–	–	++	+	–	–	–	–	Om_3
Cephalobus	+	+	+	++	–	+	+	+	+	++	+	+	Ba_2
Chiloplectus	–	+	–	–	–	–	–	–	–	–	–	–	Ba_2
Chronogaster	–	–	–	–	–	–	+	++	–	–	–	–	Ba_3
Criconemoides	+	–	–	–	–	+	+++	+++	–	+	+	+	H_3
Cylindrolaimus	–	–	–	–	–	–	+	++	–	–	–	–	Ba_1
Diphtherophora	–	–	–	–	–	–	++	–	–	–	–	–	Fu_3
Diplolaimella	–	–	–	–	–	++	–	–	–	–	–	–	Ba_2
Diplolaimelloides	–	+++	–	–	–	+	–	+	–	–	–	–	Ba_2
Diploscapter	–	++	–	–	–	–	–	+	–	–	–	–	Ba_1

续表

线虫属	镇海		平湖		慈溪		奉贤		海盐		杭州		功能团
	S	P	S	P	S	P	S	P	S	P	S	P	
Discolaimoides	++	–	–	–	–	–	++	–	++	–	–	–	Ca_5
Enchodelus	–	–	–	–	–	++	–	–	–	–	+	–	Om_4
Eucephalobus	++	++	+	++	–	+	++	+	–	++	–	+	Ba_2
Eudorylaimus	++	–	–	+	–	–	++	+	++	+	–	–	Ca_4
Helicotylenchus	+	++	+++	+++	+++	+++	++	+++	++	+++	+++	+++	H_3
Hypodontolaimus	–	–	–	–	–	–	++	++	–	–	–	–	Al_3
Labronema	–	–	–	–	++	+	–	–	–	–	++	+	Ca_4
Laevides	+	–	–	–	–	–	–	–	+	–	–	–	Ca_5
Mesodorylaimus	+	+	–	–	++	++	–	++	+++	++	+	+	Om_4
Mesorhabditis	++	++	–	–	–	+	++	–	–	–	+	+	Ba_1
Monhystera	+++	+	–	+	+	+	–	+	++	+	+	–	Ba_2
Mylonchulus	+++	+	+	++	–	–	–	+	+	++	–	–	Ca_4
Neotobrilus	+	–	–	–	–	–	–	–	–	–	–	–	Ca_3
Nygolaimidae [a]	–	–	–	–	–	+	–	–	–	–	–	–	Ca_5
Odontolaimus	+	–	–	–	–	+	–	–	–	–	++	–	Ba_3
Panagrolaimus	++	+	–	–	–	+	–	–	+	+	++	++	Ba_1
Paracyatholaimus	++	–	–	–	–	++	+	++	+	+	+	+	Al_3
Paratylenchus	–	+	–	–	–	+++	+	++	–	–	–	+	H_2
Plectus	–	+	–	–	–	–	+	++	++	–	–	–	Ba_2
Prismatolaimus	++	–	–	+	–	+	+	++	++	+	++	+	Ba_2
Pseudodiplogasteroides	–	+++	–	–	–	–	–	–	–	–	–	–	Ba_1
Psilenchus	–	+	–	–	–	–	++	+	++	++	–	–	H_2
Qudsianematidae [a]	+	–	+	–	–	++	–	–	+	–	+	–	Ca_4
Rhabditidae [a]	–	–	–	–	—	–	–	–	–	+	–	–	Ba_1
Rhabdolaimus	–	–	–	–	–	+	–	–	–	–	–	–	Ba_3
Rhadbitis	–	++	–	–	++	++	–	++	+	+	++	+	Ba_1
Seinura	–	–	–	–	–	++	–	–	–	–	+	+	Ca_2
Terschellingia	–	–	–	–	–	–	–	++	–	–	–	–	Ba_3
Timminema	+	–	–	–	+	+	–	–	–	–	+++	++	Om_5
Trilabiatus	–	–	–	+	–	–	–	–	+	–	–	–	Ba_1
Tylencholaimus	+	+	+	++	–	–	+	+	+	++	–	+	Fu_4
Tylenchorhynchus	+	+	+	++	–	–	+	+	+	++	–	+	H_3
Tylenchus	++	+	+	–	+	+	+	++	++	+	+++	+++	H_2
Tylocephalus	+	–	–	–	–	–	–	–	–	–	–	–	Ba_2

+++优势属；++常见属；+稀有属；–没有出现。H：植食性线虫；Al：食藻类线虫；Fu：食真菌类群；Ba：食细菌线虫；Om：杂食性线虫；Ca：捕食性线虫。功能团所附数值为每个属的 cp 值。上标 a 表示该科包含一个属

8.2.4 数据分析和统计

本研究采用 Statistica 统计软件包对环境参数及线虫群落特征进行双因子方差分析

（two-way ANOVA），以检验植物类型和采样地点对土壤特性、植物特征、线虫数量、线虫多样性及各营养类群的影响，后续比较采用 Tuckey 多重比较检验。

对土壤线虫群落结构的分析采用非参数多变量分析方法（Clarke and Warwick，1994）。用双因子交叉相似性分析（two-way crossed，ANOSIM）检验地点和植物群落类型对土壤线虫群落结构的影响；用单因子相似性分析（one-way ANOSIM）检验各地点的加拿大一枝黄花与芦苇群落的线虫群落结构的差异。采用生物与环境参数的联合分析（biota and environment analysis，BIO-ENV）分别在属和营养类群两个水平上检验线虫群落与环境因子间的关系，并找出与线虫群落结构最相关的环境因子的组合。上述分析由 Primer 5.2 软件完成（Clarke and Warwick，1994）。

8.3　结　　果

8.3.1　土壤特性和植物群落特征

加拿大一枝黄花群落和芦苇群落的土壤特性和植物特征如表 8-2 所示。双因子方差分析表明（表 8-3），植物类型对土壤 pH、总氮、总碳和株高的影响显著（$P<0.05$），对土壤颗粒组成和植株密度的影响不显著。采样地点对所有的植物群落特征和土壤特性均具有显著影响。植物类型与地点的交互作用对大多数的土壤特性参数（砂粒含量、总氮和总碳）和植物群落特征均具有显著影响，表明加拿大一枝黄花入侵对土壤特性和植物群落特征的影响在各个地点间存在差异（表 8-2、表 8-3）。

表 8-2　加拿大一枝黄花群落（S）和芦苇群落（P）的土壤特性和植物特征（Mean ± SE，$n = 4$）

		砂粒/%	粉粒/%	黏粒/%	pH	总氮/（mg/g）	总碳/（mg/g）	株高/cm	植株密度/（ind./m^2）
镇海	S	16.9 ± 1.4	45.0 ± 4.6	38.1 ± 5.5	8.7 ± 0.10	1.44 ± 0.24	65.23 ± 7.71	150 ± 18	116 ± 36
	P	13.5 ± 1.8	51.8 ± 3.0	34.7 ± 4.7	8.7 ± 0.07	0.61 ± 0.12	11.61 ± 0.58	156 ± 20	107 ± 44
奉贤	S	4.8 ± 0.8	23.9 ± 5.3	71.3 ± 6.0	8.7 ± 0.02	0.38 ± 0.10	11.89 ± 0.86	110 ± 4	98 ± 12
	P	5.4 ± 0.9	25.3 ± 1.6	69.3 ± 2.3	8.8 ± 0.03	0.46 ± 0.21	17.82 ± 1.43	161 ± 16	125 ± 23
平湖	S	6.5 ± 0.9	34.3 ± 1.8	59.1 ± 2.6	8.5 ± 0.17	0.49 ± 0.16	15.67 ± 1.58	143 ± 26	111 ± 24
	P	8.7 ± 4.0	38.7 ± 14.4	52.6 ± 18.4	8.6 ± 0.02	1.21 ± 0.32	17.23 ± 0.87	220 ± 47	63 ± 6
海盐	S	9.4 ± 0.6	45.1 ± 1.4	45.6 ± 1.9	8.5 ± 0.15	1.04 ± 0.06	12.40 ± 0.32	114 ± 19	117 ± 63
	P	12.5 ± 5.1	45.6 ± 14.4	41.9 ± 19.6	8.6 ± 0.04	0.61 ± 0.15	23.98 ± 2.55	190 ± 10	118 ± 26
慈溪	S	6.7 ± 0.4	32.9 ± 1.6	60.4 ± 2.0	8.8 ± 0.05	0.91 ± 0.17	15.65 ± 3.52	177 ± 13	53 ± 15
	P	2.0 ± 0.8	22.3 ± 2.6	75.7 ± 3.1	9.0 ± 0.41	0.33 ± 0.10	9.98 ± 0.31	156 ± 14	173 ± 28
杭州	S	2.5 ± 0.9	16.9 ± 1.6	80.7 ± 2.5	8.7 ± 0.05	0.34 ± 0.09	9.36 ± 0.63	224 ± 25	92 ± 46
	P	2.0 ± 0.7	15.8 ± 0.4	82.2 ± 1.1	9.1 ± 0.08	0.31 ± 0.05	8.64 ± 0.87	173 ± 29	37 ± 10

表 8-3　植物类型、采样地点及其交互作用对土壤属性和植物特征的影响

变量	植物类型（$df = 1$）		采样地点（$df = 5$）		植物类型×地点（$df = 5$）	
	F	P	F	P	F	P
砂粒/%	0.59	0.449	**41.75**	**<0.001**	**4.31**	**0.004**
粉粒/%	0.02	0.897	**30.31**	**<0.001**	1.76	0.145

续表

变量	植物类型（$df=1$）		采样地点（$df=5$）		植物类型×地点（$df=5$）	
	F	P	F	P	F	P
黏粒/%	0.01	0.928	**33.33**	**<0.001**	1.75	0.149
pH	**15.21**	**<0.001**	**9.75**	**<0.001**	2.23	0.072
总氮	**13.57**	**0.001**	**20.83**	**<0.001**	**22.34**	**<0.001**
总碳	**78.03**	**<0.001**	**119.78**	**<0.001**	**56.19**	**<0.001**
株高	**12.26**	**<0.001**	**8.00**	**<0.001**	**11.04**	**<0.001**
植株密度	0.42	0.52	**3.34**	**0.014**	**7.84**	**<0.001**

加粗表示存在显著差异（$P<0.05$）

8.3.2 土壤线虫数量、组成和多样性

本研究共记录土壤线虫 54 属，隶属于 6 目 38 科（表 8-1），其中 25 个属为食细菌线虫属。芦苇群落中共记录到线虫 49 属，加拿大一枝黄花群落中共记录到线虫 44 属。其中 *Anoplostoma*、*Diplolaimella*、*Diplolaimelloides*、*Pseudodiplogasteroides*、*Terschellingia* 和 *Diploscapter* 等 9 个食细菌线虫属以及 1 个捕食性线虫属仅在芦苇群落中发现。

植物类型除对土壤线虫属数和 Shannon-Wiener 多样性指数、食藻类线虫影响不显著外，对线虫其他各指数均影响显著（表 8-4）。采样地点、植物类型与地点的交互作用对土壤线虫各指数均具有显著影响。各研究地点土壤线虫的属数、密度、多样性和营养多样性在两种植物群落间的差异如图 8-1 所示。具体而言，加拿大一枝黄花群落与芦苇

表 8-4 植物类型、采样地点及其交互作用对土壤线虫的属数、密度、多样性指数、结构指数、富集指数、线虫通路比值和各营养类群比例的影响

变量	植物类型（$df=1$）		采样地点（$df=5$）		植物类型×地点（$df=5$）	
	F	P	F	P	F	P
属数	2.56	0.118	**24.18**	**<0.001**	**6.90**	**<0.001**
密度	**3.59**	**0.006**	**5.76**	**<0.001**	**5.28**	**<0.001**
Shannon-Wiener 多样性指数（H'）	0.01	0.92	**28.18**	**<0.001**	**7.24**	**<0.001**
营养多样性指数（TD）	**17.05**	**<0.001**	**17.50**	**<0.001**	**3.76**	**0.008**
富集指数（EI）	**11.52**	**0.002**	**20.62**	**<0.001**	**13.15**	**<0.001**
结构指数（SI）	**9.07**	**0.005**	**4.08**	**0.005**	**3.39**	**0.013**
线虫通路比值（NCR）	**22.94**	**<0.001**	**9.29**	**<0.001**	**5.37**	**<0.001**
植食性线虫/%	**24.14**	**<0.001**	**54.20**	**<0.001**	**11.85**	**<0.001**
食藻类线虫/%	0.90	0.348	**6.78**	**<0.001**	**7.17**	**<0.001**
食细菌线虫/%	**10.96**	**0.002**	**78.34**	**<0.001**	**15.69**	**<0.001**
食真菌线虫/%	**34.65**	**<0.001**	**8.98**	**<0.001**	**5.42**	**<0.001**
杂食性线虫/%	**11.89**	**0.001**	**14.01**	**<0.001**	**9.10**	**<0.001**
捕食性线虫/%	**14.65**	**<0.001**	**5.98**	**<0.001**	**8.70**	**<0.001**

加粗表示存在显著差异（$P<0.05$）

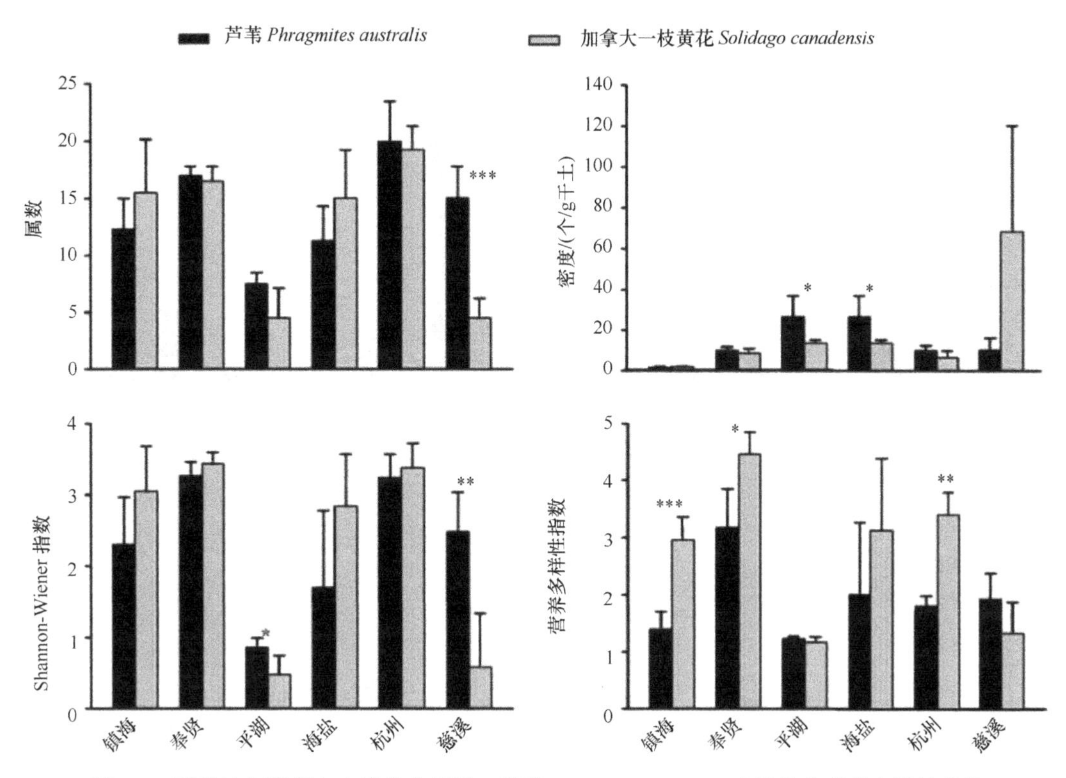

图 8-1　两种植物群落中土壤线虫属数、密度、Shannon-Wiener 多样性和营养多样性指数

误差棒表示标准误（n=4）；* P<0.05，** P<0.01，*** P<0.001

群落间土壤线虫属数量的差异在除慈溪外的其他 5 个研究地点均不显著。加拿大一枝黄花群落中的土壤线虫密度在平湖和海盐两个地点显著低于芦苇群落；土壤线虫多样性（H'）在平湖和慈溪显著低于芦苇群落；线虫营养多样性在镇海、奉贤和杭州显著高于芦苇群落，上述土壤线虫的群落特征在其他地点均差异不显著（图 8-1）。在大部分采样点，加拿大一枝黄花群落中的土壤线虫富集指数低于芦苇群落，其中在奉贤采样点差异显著。土壤线虫结构指数在两种植物群落中没有一致性的趋势。加拿大一枝黄花群落中的土壤线虫通路比值在镇海、平湖和杭州均显著低于芦苇群落，而在其他研究地点两植物群落间差异不显著。

8.3.3　土壤线虫的营养类群组成

除食藻类线虫外，其他各食性类群占总数量的比例均受植物种类的显著影响，地点、植物类型与地点的交互作用对所有线虫营养类群比例影响均显著（表 8-4）。两种植物群落间土壤线虫各营养类群数量百分比的差异如图 8-2 所示。在大多数研究地点，加拿大一枝黄花群落中的植食性线虫数量百分比显著低于芦苇群落（镇海、奉贤、海盐和杭州），而食真菌线虫比例则显著高于芦苇群落（奉贤、平湖、海盐和杭州）。食藻类、食细菌、杂食性和捕食性线虫的数量百分比在两种植物群落间的差异在各研究地点并不一致（图 8-2）。

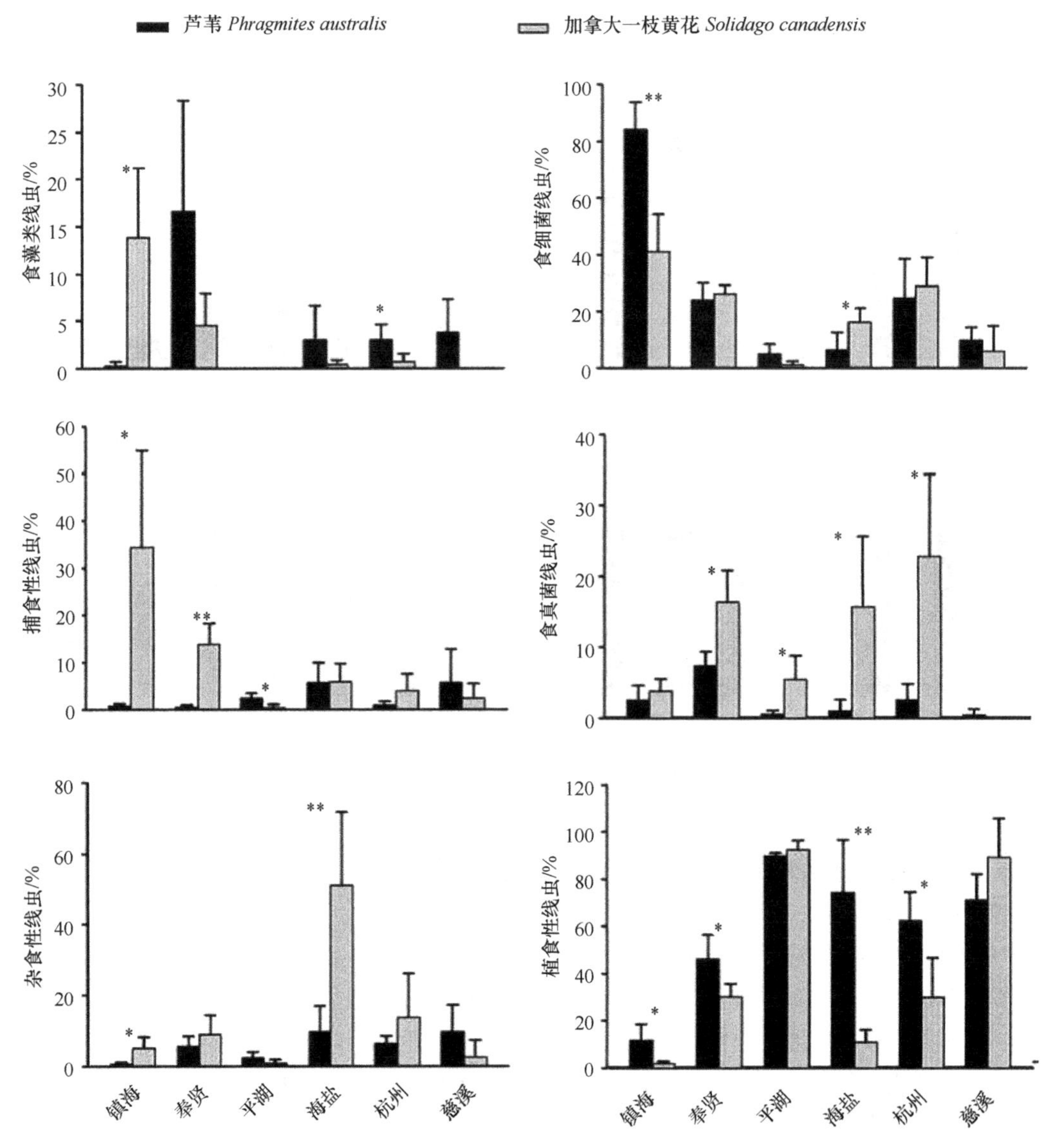

图 8-2　两种植物群落中土壤线虫营养类群的比例

误差棒表示标准误（n=4）；* P<0.05，** P<0.01

8.3.4　线虫的群落结构

土壤线虫群落的双因子交叉相似性分析（two-way crossed ANOSIM）显示，植物类型（r=0.859，P=0.001）和采样地点（r=0.959，P=0.001）对土壤线虫群落结构影响均显著。单因子相似性分析显示，在各研究地点，加拿大一枝黄花线虫群落结构与芦苇线虫群落均存在显著差异（one-way ANOSIM，P<0.01），其中镇海差异最大（r=1），奉贤和慈溪次之（r=0.96），平湖最小（r=0.59）。

8.3.5　土壤线虫群落与环境因子的关系

分别在属水平及营养类群水平，对土壤线虫群落与环境因子进行 BIO-ENV 分析。结果显示，两种水平上环境因子组合与土壤线虫群落的相关系数均比较低（r<0.3）。在属水平上，黏粒含量和总碳含量的组合与土壤线虫群落结构的相关系数最高（$r = 0.263$），即该组合最能解释属水平上土壤线虫群落结构的变化；在营养类群水平上，黏粒含量和总碳含量的组合与土壤线虫群落结构的相关系数最高（$r = 0.271$）。

8.4　讨　　论

我们的研究表明，入侵种加拿大一枝黄花群落与土著种芦苇群落的土壤线虫属的丰富度和多样性没有显著差异。这与已有的研究结果相一致，如 Porazinska 等（2003）的研究显示，入侵北美洲的须芒草属植物（*Andropogo bladhii*）和土著植物群落种的土壤线虫 Shannon-Wiener 多样性指数没有显著差异；Chen 等（2007a）的研究显示入侵种互花米草（*Spartina alterniflora*）和土著种芦苇群落中的土壤线虫属丰富度和多样性也没有差异。迄今为止，大量的研究表明，植物入侵将改变土壤线虫的营养多样性和营养类群组成。例如，Porazinska 等（2007）发现在佛罗里达大沼泽地，白千层（*Melaleuca quinquenervia*）入侵会引起线虫营养结构发生变化，入侵地土壤中，食细菌线虫占优势，食真菌线虫和植物寄生线虫数量仅是非入侵地土壤中的一半，而非入侵地土壤中植物寄生线虫占优势；Chen 等（2007b）也发现互花米草入侵长江口盐沼湿地将刺激食细菌线虫的增长，导致土壤线虫营养多样性下降；Biederman 和 Boutton（2009）对入侵北美草原 15～86 年的豆科植物腺牧豆树（*Prosopis glandulosa*）的研究发现，腺牧豆树群落土壤中食细菌线虫的比例由入侵前的 30%上升至 70%～80%。本研究也得到类似的结果，即加拿大一枝黄花入侵改变了土壤线虫的营养多样性和营养结构，使土壤线虫营养多样性较土著芦苇群落提高。这可能是由于土著芦苇群落中土壤植食性线虫比例通常比加拿大一枝黄花群落高，而植食性线虫是芦苇群落中的优势营养类群，其比例下降必然导致营养多样性增加。综上所述，加拿大一枝黄花入侵对土壤线虫群落营养多样性的影响较物种多样性大，即外来植物入侵主要在营养类群水平上对土壤生物产生影响。

天敌逃逸假说（enemy escape hypothesis）包括两个方面的内容：一方面，入侵植物在入侵地比原产地具有更少天敌，生长速度、生物量等明显提高，从而有利于其与当地物种竞争资源；另一方面，在入侵地，入侵植物比土著植物具有更少的天敌，从而使入侵植物在与土著植物的竞争中占据优势，并导致入侵植物的进一步扩张（Keane and Crawley，2002；Callaway et al.，2004；van der Putten et al.，2005；何锦峰，2008）。van der Putten 等（2005）曾推断马兰草（*Ammophila arenaria*）在入侵地通过比相似的土著植物根际土壤中具有更低的植食性线虫，促进其成功入侵。本研究显示在杭州湾地区加拿大一枝黄花群落中植食性线虫比例低于芦苇群落，尽管我们只在入侵地两种植物群落间做比较研究，不能直接证明天敌逃逸是否是加拿大一枝黄花成功入侵的重要机制，但显示了加拿大一枝黄花在入侵地抗寄生线虫感染的能力确实比土著植物强。

线虫通路比值（NCR）通常用来评价土壤生态系统能流途径（Yeates，2003；李玉娟等 2005）。NCR 值较低表示土壤有机质分解更多地依赖真菌分解途径；NCR 值较高，则表示更多地依赖细菌分解途径（Yeates，2003）。本研究显示加拿大一枝黄花群落中的土壤线虫通路比值在多数研究地点均显著低于芦苇群落，而食真菌线虫比例通常高于土著芦苇群落，表明其土壤中物质和能量流动更多地依赖真菌途径。不同营养类群的线虫丰度可以反映其食物资源的丰富程度。金樑（2005）的研究表明加拿大一枝黄花是一种高度菌根依赖性植物，我们推测这可能是加拿大一枝黄花群落土壤食真菌线虫趋于增加的重要原因。

在本研究中，地点与植物类型的交互作用对土壤线虫各指数和各营养类群的比例影响显著，表明加拿大一枝黄花入侵杭州湾地区对土壤线虫的影响与地点相关（site specific），即这种影响是由植物入侵和入侵地本身的环境特征共同决定的。以往也有研究证明了植物入侵影响的地点效应，如 Yeates 和 Williams（2001）在调查新西兰入侵杂草对线虫群落的影响时，发现地点是决定植物入侵对线虫群落影响的一个重要因子；Posey 等（2003）的研究认为入侵地点对大型土壤动物的影响大于入侵植物自身的影响；Chen 等（2007a）的研究同样发现互花米草入侵对土壤线虫群落的影响存在地点效应。此外，在本研究中，BIO-ENV 分析显示土壤颗粒度、总氮和总碳含量是影响线虫群落结构的主要环境因子，其中，地点对土壤颗粒度、总氮和总碳含量的影响均显著，而植物类型仅对土壤总氮、总碳含量影响显著，由此进一步证明，地点和地上植物共同决定了土壤的理化特性，从而影响线虫群落结构。

（陈慧丽、许湘琴）

参考文献

陈芳. 2006. 加拿大一枝黄花研究进展. 草原与草坪, (4): 9-11.

陈慧丽, 李玉娟, 李博, 等. 2005. 外来植物入侵对土壤生物多样性和生态系统过程的影响. 生物多样性, 13(6): 555-565.

董梅, 陆建忠, 张文驹, 等. 2006. 加拿大一枝黄花——一种正在迅速扩张的外来入侵植物. 植物分类学报, 44(1): 72-85.

何锦峰. 2008. 外来植物入侵机制研究进展与展望. 应用与环境生物学报, 14(6): 863-870.

贺金生, 王政权, 方精云. 2004. 全球变化下的地下生态学: 问题与展望. 科学通报, 49(13): 1226-1233.

金樑. 2005. 外来入侵种加拿大一枝黄花的菌根生态学研究. 上海: 复旦大学博士研究生学位论文.

类延宝, 肖海峰, 冯玉龙. 2010. 外来植物入侵对生物多样性的影响及本地生物的进化响应. 生物多样性, 18(6): 622-630.

李博, 马克平. 2010. 生物入侵: 中国学者面临的转化生态学机遇与挑战. 生物多样性, 18(6): 529-532.

李琪, 梁文举, 姜勇. 2007. 农田土壤线虫多样性研究现状及展望. 生物多样性, 15(2): 134-141.

李玉娟, 吴纪华, 陈慧丽, 等. 2005. 线虫作为土壤健康指示生物的方法及应用. 应用生态学报, 16(8): 1541-1546.

梁文举, 张万民, 李维光, 等. 2001. 施用化肥对黑土地区线虫群落组成及多样性产生的影响. 生物多样性, 9(3): 237-240.

陆建忠, 裘伟, 陈家宽, 等. 2005. 入侵种加拿大一枝黄花对土壤特性的影响. 生物多样性, 13(4): 347-356.

沈荔花, 郭琼霞, 林文雄, 等. 2007. 加拿大一枝黄花对土壤微生物区系的影响研究. 中国农学通报, 23(4), 323-327.

王立成, 褚建君. 2007. 加拿大一枝黄花与群落内其他植物的种间联结关系. 上海交通大学学报(农业科学版), 25(2): 115-119.

邢璐. 2009. 外来物种入侵与我国生态安全若干问题研究. 法制与社会, (9): 351-352.

杨如意, 昝树婷, 唐建军, 等. 2011. 加拿大一枝黄花的入侵机理研究进展. 生态学报, 31(4): 1185-1194.

印丽萍, 谭永彬, 沈国辉, 等. 2004. 加拿大一枝黄花(*Solidago canadensis* L.)的研究进展. 杂草科学, (4): 8-11.

张桂花, 彭少麟, 李光义, 等. 2009. 外来入侵植物与地下生态系统相互影响的研究进展. 中国农学通报, 25(14): 246-251.

Biederman L A, Boutton T W. 2009. Biodiversity and trophic structure of soil nematode communities are altered following woody plant invasion of grassland. Soil Biology and Biochemistry, 41(9): 1943-1950.

Callaway R M, Thelen G C, Rodriguez A, et al. 2004. Soil biota and exotic plant invasion. Nature, 427(6976): 731-733.

Chen H L, Li B, Fang C M, et al. 2007b. Exotic plant influences soil nematode communities through litter input. Soil Biology and Biochemistry, 39(7): 1782-1793.

Chen H L, Li B, Hu J B, et al. 2007a. Benthic nematode communities in the Yangtze River estuary as influenced by *Spartina alterniflora* invasions. Marine Ecology Progress Series, 336: 99-110.

Clarke K R, Warwick R M. 1994. Change in marine communities: An approach to statistical analysis and interpretation. Plymouth: Plymouth Marine Laboratory.

Copley J. 2000. Ecology goes underground. Nature, 406(6795): 452-454.

Ehrenfeld J G. 2006. A potential novel source of information for screening and monitoring the impact of exotic plants on ecosystems. Biological Invasions, 8(7): 1511-1521.

Ferris H, Bongers T, de Goede R G M. 2001. A framework for soil food web diagnostics: Extension of the nematode faunal analysis concept. Applied Soil Ecology, 18(1): 13-29.

Griffiths B S, Boag B, Neilson R, et al. 1990. The use of colloidal silica to extract nematodes from small samples of soil and sediment. Nematologica, 36(1): 465-473.

He J S, Wang Z Q, Fang J Y. 2004. Issues and prospects of belowground ecology with special reference to global climate change. Chinese Science Bulletin, 49(18): 1226-1233.

Keane R M, Crawley M J. 2002. Exotic plant invasions and the enemy release hypothesis. Trends in Ecology and Evolution, 17(4): 164-170.

Levine J M, Vilà M, D'Antonio C M, et al. 2003. Mechanisms underlying the impacts of exotic plant invasions. Proceedings of the Royal Society of London Series B: Biological Sciences, 270(1517): 775-781.

Porazinska D L, Bardgett R D, Blaauw M B, et al. 2003. Relationships at the aboveground-belowground interface: Plants, soil biota, and soil processes. Ecological Monographs, 73(3): 377-395.

Porazinska D L, Pratt P D, Giblin-Davis R M. 2007. Consequences of *Melaleuca quinquenervia* invasion on soil nematodes in the Florida Everglades. Journal of Nematology, 39(4): 305-312.

Posey M H, Alphin T D, Meyer D L, et al. 2003. Benthic communities of common reed *Phragmites australis* and marsh cordgrass *Spartina alterniflora* marshes in Chesapeake Bay. Marine Ecology Progress Series, 261(1): 51-61.

van der Putten W H, Yeates G W, Duyts H, et al. 2005. Invasive plants and their escape from root herbivory: a worldwide comparison of the root-feeding nematode communities of the dune grass *Ammophila arenaria* in natural and introduced ranges. Biological Invasions, 7(4): 733-746.

Wardle D A, Bardgett R D, Klironomos J N, et al. 2004. Ecological linkages between aboveground and belowground biota. Science, 304(5677): 1629-1633.

Wolfe B E, Klironomos J N. 2005. Breaking new ground: soil communities and exotic plant invasion. Bio-

Science, 55(6): 477-487.
Yeates G W, Bongers T, de Goede R G M, et al. 1993. Feeding habitats in soil nematode families and genera—an outline for soil ecologists. Journal of Nematology, 25(3): 315-331.
Yeates G W, Bongers T. 1999. Nematode diversity in agroecosystems. Agriculture, Ecosystems & Environment, 74(1-3): 113-135.
Yeates G W, Williams P A. 2001. Influence of three invasive weeds and site factors on soil microfauna in New Zealand. Pedobiologia, 45(4): 367-383.
Yeates G W. 2003. Nematodes as soil indicators: functional and biodiversity aspects. Biology and Fertility of Soils, 37(4): 199-210.

第9章 浙江省互花米草时空动态预测及生物量估测模型构建

9.1 引 言

9.1.1 互花米草相关研究

互花米草（*Spartina alternifolia*），禾本科米草属多年生草本植物，具有耐盐、耐淹、生长繁殖快和生态幅宽的特点，能促淤、护堤、保岸和改造滩涂。原产北美洲中纬度海岸——加拿大的魁北克至墨西哥海岸潮间带。1979年由南京大学仲崇信教授引入我国，用于固滩、护堤，并取得良好效果（唐廷贵和张万钧，2003）。但伴随着互花米草种群面积的日益扩张，对当地自然生态系统造成负面影响，并带来较为严重的经济及社会危害（Callaway and Josselyn，1992；Daehler and Strong，1996；Chen et al.，2004）。

浙江省于1983年开始在玉环县桐丽五门滩涂试种了16 m^{2}互花米草，其后在浙江沿海滩涂迅速扩散。目前分布面积达到5092 hm^2，已给当地生态系统带来一定的危害（赵月琴和卢剑波，2007；章莹和卢剑波，2010）：大面积蔓延破坏近海生物栖息环境，使沿海养殖贝类、蟹类、藻类、鱼类等多种生物窒息死亡，严重威胁渔业生产；连片生长的互花米草阻塞水道，影响船只通行、阻碍水体交换和存在着诱发赤潮的风险；更加严重的是与当地沿海滩涂植物竞争生长空间，给本地生物多样性带来威胁（于海燕等，2010）。因而对互花米草种群的时空动态研究，即其扩散时间、过程和发展趋势的研究显得十分重要。

但目前对入侵物种——互花米草的种群空间动态研究仍主要集中于种群或数量时空变化规律及影响机制，而对在生物地理学、进化生物学、生态学、保护生物学和外来入侵种管理等方面有着广泛应用的（Fleishman et al.，2001；Peterson and Vieglais，2001；Fertig and Reiners，2002；Scott et al.，2002；陈立立等，2008）物种空间分布预测方法使用较少。本文使用的CA-Markov模型兼具马尔可夫链和细胞自动机（cellular automata，CA）理论关于时间序列和空间预测的特点，模型的预测能力具有科学性（Torrens，2003；Mitsova et al.，2010；Sang et al.，2011；胡雪丽等，2013；Yang et al.，2014）。但自CA-Markov模型诞生以来，更多的是用于对城镇土地利用变化（杨国清等，2007；龚建周等，2010；龙瀛等，2010；Jamal et al.，2011；Yang et al.，2012；Omar et al.，2014；Olga et al.，2014）及大的景观土地覆盖类型变化的预测（Till et al.，2005；赵清等，2007；Liu et al.，2008；张鸿辉等，2011；Kim et al.，2011；Du et al.，2012；Sanchayeeta and Jane，2012；Alexakis et al.，2014），直接运用于外来入侵物种空间分布预测的研究较少。

9.1.2 互花米草空间分布及动态预测遥感研究

地理信息系统（geographic information system，GIS）、遥感（remote sensing，RS）与全球定位系统（global positioning system，GPS）三种技术合称为“3S”技术。地理信息系统是在计算机硬件和软件的支持下，运用地理信息科学和系统工程理论，科学管理和综合分析各种地理数据，提供管理、模拟、决策、规划、预测和预报等任务所需要的各种地理信息的技术系统，在对遥感数据分析和表达结果方面发挥着重要作用（梅安新等，2001；Chen et al.，2007）。遥感是指应用探测仪器，不与探测目标接触，从远处把目标的电磁波特性记录下来，通过分析，揭示出物体的特征性质及其变化的综合性探测技术，具有快速、宏观、动态、综合等特点，成为大尺度获得地表植被覆盖信息的重要手段（黄木易等，2004；Chambers et al.，2007）。全球定位系统是利用多颗导航卫星的无线电信号，对地球表面某点进行定位、报时或对地表移动物体进行导航的技术系统，具有实时、连续地提供地球表面任意地点上经纬度和高程，提供三维速度与精确时间的能力，可为 GIS 和 RS 提供精确的空间定位。“3S”技术的有机结合，现已成为植被覆盖情况调查、种群动态监测与分布预测、入侵物种的时空动态分布及入侵环境调查等的有力工具（黄华梅等，2005；Pengra et al.，2007；Laba et al.，2008）。

近几十年来，随着遥感技术的飞速发展，传感器的识别能力不断增强，遥感技术已成为许多邻域的重要工具，尤其是在湿地生境的监测邻域。Ramsey III 等（2011）在他们的研究中，用遥感技术监测了路易斯安那州沿岸的互花米草叶光学性能变化，提出与通过传统观测方法所获得的数据相比，遥感方法获得的监测数据更加准确地预测了互花米草的复生格局。无独有偶，Hinklea 和 Mitsch（2005）在对特拉华湾盐草农场湿地里的盐沼植被恢复的评估中利用“3S”技术，基于 1996～2003 年此区域的 RS 及 GIS 数据，分析了区域内各站点的植被覆盖率及自然恢复率，发现互花米草及其他低湿地植被的自然恢复率已经超过了当年的预期目标。Rosso 等（2006）在对旧金山湾的湿地研究中使用了雷达数据，发现作为入侵物种的米草在此湿地中以 2.5 m/a 的速度扩张，他们在研究中指出雷达数据在区分米草种及其他沼泽植被方面有很大的潜力，并且还能量化米草入侵的相关沉积动力学、相互结构及米草生物量变化的信息。

国内学者在这方面也做了很多研究，其中江苏（刘永学等，2004；张忍顺等，2005；李靖等，2006；冯志轩等，2007）和上海（黄华梅等，2005，2007；沈芳等，2006；李贺鹏等，2006；Huang and Zhang，2007；Huang et al.，2008；Wang et al.，2013）地区的相关研究最多，他们利用 3S 技术对入侵物种互花米草的种群分布和动态扩张进行了监测研究；接下来是福建（孙飒梅，2005；潘卫华等，2009，2011）和浙江（刘海华和李玉宝，2007）地区。现有的相关研究大多集中在局部区域，大尺度的研究成果较少，利用“3S”技术监测入侵物种互花米草在全国沿海滩涂分布格局的研究（Lu and Zhang，2013）文献较少。国内学者在遥感监测入侵物种互花米草方面做了大量的研究，其中以江苏和上海地区的相关研究最多。通过阅读大量文献，我们发现目前利用遥感手段监测外来入侵物种互花米草的研究较多，但是基于遥感技术建模预测其种群动态变化的研究还比较少。

9.1.3 遥感建模估算生物量研究综述

生物质是指利用大气、水、土地等通过光合作用而产生的各种有机体，即一切有生命的可以生长的有机物质均称为生物质，它包括植物、动物和微生物。生物质能，就是太阳能以化学能形式储存在生物质中的能量形式，即以生物质为载体的能量，它直接或间接地来源于绿色植物的光合作用，可转化为常规的固态、液态和气态燃料，取之不尽用之不竭，是一种可再生能源，同时也是唯一的一种可再生的碳源，这也使得生物质能成为各国竞相发展的能源之一。

随着生物质能越来越受到人们的关注，对生物质能的计算这一问题也随之出现，我们的地球上到底有多少生物质能可以被利用，我们的国家拥有多少生物质能，随之而来的一系列问题也引起了学者们的关注。生物质能的估算关键是生物量的估算。传统的关于生物量的计算方法是通过设置样地，在样地中采取样本，采取烘干称重的方法来估算。但是对于森林或是大空间范围的植被来说，传统方法的局限性较大，有时候根本是人力无法做到的，这时我们就需要诉诸新的手段和方法。

近年来遥感技术的发展，使得我们有了一种新的方法来计算生物量。由于遥感可以提供区域、国家和全球尺度上系统的、连续的和实时的存档数据，故遥感估算法为大尺度格局上生物量的估算提供了一种快速、经济、方便及可靠的途径（Patenaude et al.，2005）。

国外利用遥感手段进行生物量估算研究开始得较早，早在20世纪80年代就有过类似的研究，而近几年来，有关方面的研究更是比比皆是。Schwarz和Schodlok（2009）研究了1999～2004年的南极冰山的遥感数据，发现冰山表面积的增加加速了浮游植物生物量的增长。结合遥感数据及野外测量数据还能估算出大尺度的森林（Gallaun et al.，2010；Pavel，2012）、草原（Zolkos et al.，2013）及农作物（Claverie et al.，2012）的地上生物量及碳储量。

国内使用遥感估算生物质能的研究开展的较国外略晚，但自2000年至今，此类研究成果也颇多。我国在此领域做的较多的是草场估产（王正兴等，2005；张连义等，2008；王静等，2010；陈鹏飞等，2010）、农作物估产（赵文亮等，2012）及森林生物量（王红岩等，2010；范文义等，2011；王光华和刘琪璟，2012；Tian et al.，2012）的估算。我国草地卫星遥感研究始于20世纪80年代初（牛志春和倪绍祥，2003），研究区多集中在我国北方地区（张鲁，2005；何涛，2006；冯秀等，2006；杨英莲等，2007；王新欣等，2008，2009），现已建立了大量的遥感估产模型。目前，“3S”技术与野外地面实测值的结合已经成为大尺度草场生物量动态监测的主要手段。农作物潜在产量可以通过作物的光谱反射特征表达出来，并可利用光谱植被指数进行定量化。利用遥感影像的红光波段与近红外波段的遥感信息计算得到的植被指数与农作物的叶面积指数、太阳光合有效辐射、生物量与粮食产量呈正相关，其中归一化植被指数（normalized difference vegetation index，NDVI）是最为常用的指标（Benedetti and Rossini，1993）。森林生物量的估算对于研究森林生态系统生产力和森林在全球碳循环中的作用具有重要意义

（Lu，2006；Powell et al.，2010），目前估算森林生物量常用的方法有森林清查法和遥感估算法（林清山等，2010；曹庆先等，2011）。森林清查法耗时、费力、成本高，而且难以用于计算一些尚未有完整森林清查体系的地区的森林生物量（Brown，2002），遥感估算法利用遥感波段数据或其派生数据与森林生物量建立相关模型计算区域森林生物量，为区域森林生物量的估算提供了一种快速、经济和可靠的方法。

9.1.4 研究目的和意义

本文通过对浙江沿海区域滩涂入侵物种互花米草的多光谱反射特性的分析，解译出互花米草在此区域的时空分布格局及种群面积；建立 CA-Marcov 模型尝试对其种群的扩展动态进行预测；结合遥感信息及野外实测数据建立起互花米草的生物量估测模型，对浙江省的互花米草的生物量进行估算。具体可分为以下几个部分。

（1）基于对浙江沿海滩涂湿地象山港地区入侵物种互花米草不同年份的多光谱反射特性的分析，提取出该地区互花米草种群不同年份的空间分布状况并对比，对其种群动态进行分析，利用 CA-Marcov 模型对其种群的扩展动态进行预测。

（2）利用卫星遥感数据，结合 GIS 和 RS 软件，提取出象山港地区入侵物种互花米草的相关植被指数与同期地上生物量作相关分析，建立相关植被指数与地上生物量的线性和非线性回归模型，达到利用“3S”技术来估算当地入侵物种互花米草种群生物量的目的。

（3）基于浙江省沿海卫星影像数据，解译出沿海入侵物种互花米草的种群分布状况；对比分析遥感信息与实测信息建立起的线性和非线性回归模型，选出最优模型，结合浙江沿海互花米草种群的遥感信息及所建立的最优模型，估算浙江省沿海滩涂入侵物种互花米草的生物量。

综上研究，以期为浙江沿海滩涂外来物种互花米草的有效管理与控制，以及当地海岸带的合理开发、沿海生态环境的保护及滩涂经济的可持续发展提供理论指导和决策依据。

9.2 基于 CA-Markov 模型的宁波象山港互花米草动态预测

9.2.1 研究区域及方法

1. 研究区域概况

象山港位于中国浙江省宁波市东南部，北邻杭州湾，南邻三门湾，东邻太平洋，是一个由东北向西南深入内陆的狭长形半封闭型海湾，海域总面积 563 km^2，岸线总长 270 km，大小岛屿 59 个。研究区海域水产资源丰富，是浙江省主要水产养殖基地，并以其独特的地理区位和资源优势，成为宁波市发展海洋经济最重要的天然资源之一，对宁波市大力发展海洋经济具有举足轻重的地位。

2. 数据来源及预处理

选取 2002 年、2006 年 Landsat TM，2010 年 Landsat ETM 及 2013 年 Landsat OLI

共四期遥感影像，利用 ENVI 软件对原始影像进行几何校正、大气校正、图像镶嵌、波段合成等预处理，裁剪出象山港区域，采用监督分类的方式对四期影像进行分类处理，然后目视解译更正分类结果，得到象山港区域土地覆盖分类图。基于象山港区域的 DEM 数据，将其导入 IDRISI 软件中，生成等高线图和坡度图，用于后期的多准则评估模块（MCE）。以上原数据均来自于国际科学数据服务中心（http://www.cnic.cas.cn/zcfw/sjfw/gjkxsjjx/）。

3. *研究方法*

元胞自动机是一种时间、空间、状态都离散，具有空间上相互作用和时间上因果关系的局部网格动力学模型，拥有强大的空间运算能力，可用于处理多变量并模拟复杂的系统，适于研究植物群落的时空动态过程（黎夏等，1999；邬建国，2001；Marco et al.，2002；王东辉等，2007）。元胞自动机是由元胞、元胞状态、领域和转化规则构成，基本原理是一个元胞下一时刻的状态是上一时刻其领域状态的函数，它的公式表述如下：

$$S_{(t+1)} = f(S_{(t)}, N) \tag{9-1}$$

式中，S 为元胞有限、离散的状态集合；t 为时刻；f 为局部空间元胞状态转化规则；N 为元胞领域。

马尔可夫（Markov）模型是基于 Markov 过程理论而形成的用来预测时间发生概率的一种动力学模型，它能够利用状态之间的转移概率矩阵来预测事件发生的状态及其发展变化趋势。其公式如下：

$$S_{(t+1)} = S_{(t)} \times P_{ij} \tag{9-2}$$

式中，S 为系统状态；t 为时刻；P_{ij} 为系统的转移概率。

CA 和 Markov 都是时间离散状态的离散动态模型，CA 模型虽在空间上具有强大的运算能力，但数量上则不如 Markov 模型；而 Markov 则主要预测的是数量上的变化，无法预知相关的空间分布（张旭，2012）。CA-Markov 模型是 CA 模型与 Markov 模型的综合，拥有 CA 模型模拟复杂系统空间变化的能力和 Markov 模型的长期数量预测优势。

本章研究基于 IDRISI 软件中 CA-Markov 模型。首先选取象山港区域 2002 年、2006 年、2010 年及 2013 年四期影像，影像拍摄时间都在 8～11 月，此时互花米草生长较为旺盛。由于互花米草为盐沼植物，生长于沿海滩涂湿地，为减少滩涂上无关地物对分类精度及模拟精度的影响，本文在 ENVI 中定义感兴趣区（region of interest，ROI），将海堤之外的区域做掩膜处理，以便提高解译和模拟的精确度。对其进行预处理之后，采用最大似然法监督分类分别进行土地覆盖类型的分类，获取遥感影像分类图。然后再对地形、坡度、互花米草生长特性、人为干扰等因素进行分析，定量分析驱动因素。接着，在 IDRISI 软件中利用 Markov 模型和多分类器集成（multiple classifier ensemble，MCE）模型得出土地覆盖类型图、土地覆盖变化转移率矩阵、土地覆盖变化转移条件概率图、土地覆盖动态变化适宜性图集，并构建 CA-Markov 模型，对象山港区域入侵物种互花米草群落的空间格局进行动态模拟。最后，利用 Kappa 系数验证模拟精度（Pontius，2000；Pontius and Schneider，2001；布仁仓等，2005）。其计算公式如下：

$$\text{Kappa} = (P_o - P_c) / (1 - P_c) \tag{9-3}$$

式中，$P_o = n/N$；$P_c = 1/A$；P_o为正确模拟的比例；P_c为随机情况下期望的模拟比例；N为景观格局图的栅格总数；n为模拟正确的栅格数；A为土地覆盖类型的数量。其计算结果通常为0～1，当Kappa≤0.4时，表明精度较低，一致性较差；当0.4≤Kappa≤0.75时，表明精度一般；当Kappa≥0.75时，说明差异性小，两图的一致性较高（吴晓青等，2008；黄超，2011）。图9-1为详细技术路线图。

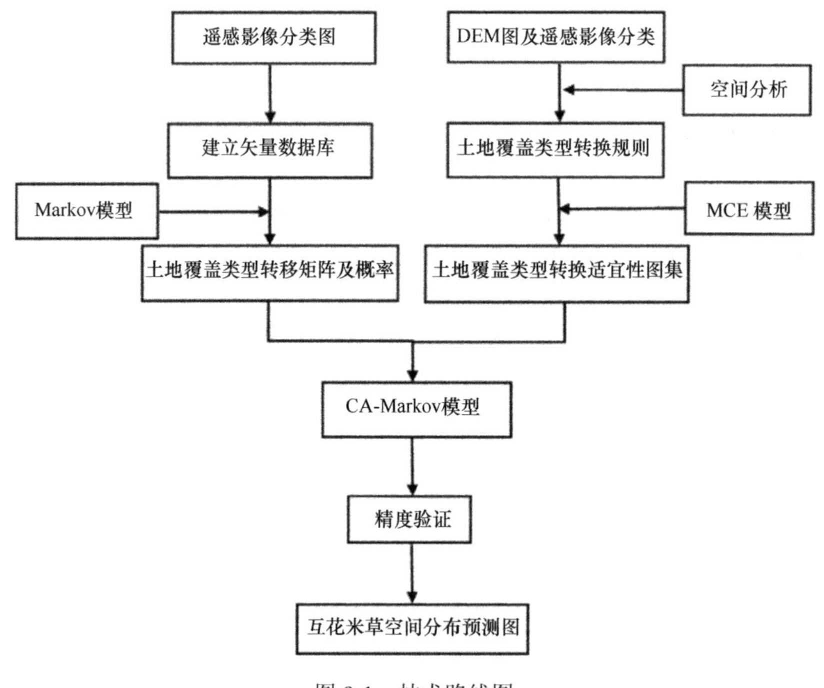

图9-1 技术路线图

9.2.2 结果与分析

1. 象山港区域互花米草景观格局的变化

经过对象山港区域2002年、2006年、2010年三期影像的相关处理及对2014年的预测分析，获得了象山港区域这四个年份的互花米草空间分布图，再经过相应的计算得到其各年份的种群面积数据。综合图9-2、图9-3及表9-1的内容，可以得出以下结论。①2002～2014年这12年中，互花米草在象山港区域大量繁殖扩展。截至2014年，其分布面积达到19.302 km^2，较2002年增长了18.820 km^2，是2002年互花米草种群面积的40.2倍。②从四个时期的互花米草面积来看，其种群增长速度呈现先快后慢，逐渐趋于平稳的趋势，2006年的互花米草种群面积在2002年的基础上增加了7倍；2010年在2006年的基础上增加了2.35倍；2014年则在2010年的基础上增加了2.44倍。③象山港区域互花米草种群不仅在数量上快速增长，在空间分布上也在不断扩张。从2002年的只存在于外高泥村-仙池沿岸到西沪港，到2014年的基本扩散到象山港区域整个沿岸地区；尤其是2006～2010年这四年期间，从A、B、C三个小区域扩展到A、B、C、D、E、F六个区域。④从四个时期各小区域的互花米草面积来看，其分布最集中的地区为象山港内的一个小港口——西沪港，其互花米草面积在 2002～2010 年这 8 年间占象山港区域互花米草种群总面积的 50%以上，2014 年也占 39.6%，可见西沪港是互花米草种群在象山港分布最为集中的区域。

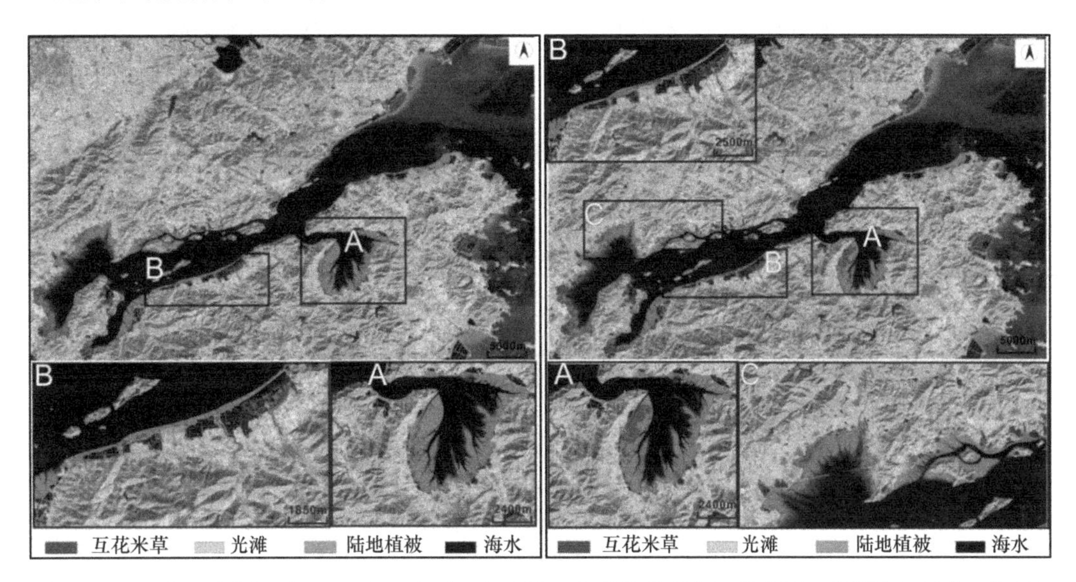

图 9-2　2002 年（左图）和 2006 年（右图）象山港互花米草种群空间分布图（彩图请扫封底二维码）
A. 西沪港；B. 乌沙村-蒋家岙村沿岸

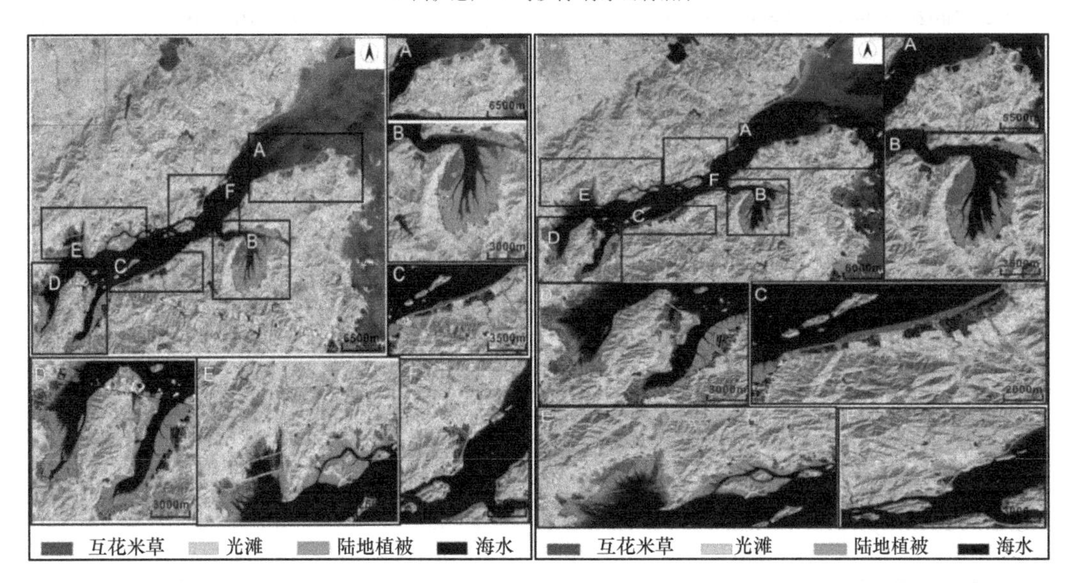

图 9-3　2010 年（左图）和 2014 年（右图）象山港互花米草种群空间分布图（彩图请扫封底二维码）
A. 外高泥村-仙池沿岸；B. 西沪港；C. 乌沙村-蒋家岙村沿岸；D. 蒋家岙村-白沙树沿岸；
E. 白沙树-南沙岛沿岸；F. 赵家-长沙湾沿岸

2. 象山港区域土地覆盖变化转移矩阵分析

土地覆盖数量分析仅能初步分析土地覆盖景观格局在面积上的变化，不能说明各土地覆盖类型之间的转化关系，Markov 转移矩阵能较好地显示不同土地覆盖类型之间的转变。在 IDRISI 软件中运行 Markov 模块，将相应年份的土地覆盖类型图输入，得到相应的土地覆盖变化转移率矩阵（表 9-2）。从表 9-2 中可以得出以下结论。①2002～2006 年、2006～2010 年及 2002～2010 年这三个时期中，研究区其他土地覆盖类型转化为互花米草的概率总体来说均不高。相较而言，滩涂转化为互花米草的概率最高，这说明互花米草最适宜生长在滩涂上；大陆及岛屿上不能或生长的概率很小，这符合互花米草的生长环境特征。②对比 2006～2010 年与 2002～2006 年这两个时期，发现光滩转化为互花米草的概率减小，而互花米草转为光滩的概率相应地在增加，这说明互花米草的增长速度较之前期在减缓；海水转化为光滩的概率在增加，这说明了光滩的面积也在增长，

表 9-1　不同年份象山港各区域互花米草群落面积及所占比例

区域	2002 年	2006 年	2010 年	2014 年	2002 年	2006 年	2010 年	2014 年
	面积/km^2				比例/%			
外高泥村-仙池沿岸	/	/	0.6633	3.0570	/	/	8.4	15.8
西沪港	0.3501	2.6890	4.6512	7.6450	73	79.6	58.6	39.6
乌沙村-蒋家岙村沿岸	0.1296	0.5364	1.4319	3.0780	27	15.9	18.1	15.9
蒋家岙村-白沙树沿岸	/	/	0.1809	2.1240	/	/	2.3	11.1
白沙树-南沙岛沿岸	/	0.1521	0.9081	2.8500	/	4.5	11.5	14.8
赵家-长沙湾沿岸	/	/	0.0891	0.5481	/	/	1.1	2.8
总计	0.4797	3.3777	7.9245	19.3020	100	100	100	100

表 9-2　2002～2006 年、2006～2010 年和 2002～2010 年象山港土地覆盖类型 Markov 转换概率矩阵

土地覆盖类型	2002～2006 年转换概率				
	大陆	岛屿	互花米草	光滩	海水
大陆	0.8500	0.0000	0.0000	0.1500	0.0000
岛屿	0.0000	0.6954	0.0218	0.1707	0.1121
互花米草	0.0000	0.0997	0.1503	0.4397	0.3103
光滩	0.0010	0.0179	0.0636	0.5061	0.4114
海水	0.0005	0.0044	0.0037	0.1524	0.8390

土地覆盖类型	2006～2010 年转换概率				
	大陆	岛屿	互花米草	光滩	海水
大陆	0.8497	0.0000	0.0042	0.0800	0.0661
岛屿	0.0000	0.7157	0.0167	0.1842	0.0834
互花米草	0.0006	0.0387	0.5920	0.3302	0.0384
光滩	0.0008	0.0314	0.1322	0.6766	0.1590
海水	0.0000	0.0052	0.0048	0.2315	0.7585

土地覆盖类型	2002～2010 年转换概率				
	大陆	岛屿	互花米草	光滩	海水
大陆	0.8497	0.0000	0.0042	0.0801	0.0660
岛屿	0.0000	0.7071	0.0151	0.1747	0.1031
互花米草	0.0000	0.1116	0.1769	0.5502	0.1613
光滩	0.0012	0.0202	0.1428	0.6412	0.1946
海水	0.0001	0.0050	0.0051	0.2110	0.7788

海水也有向互花米草转型的可能。③2002～2010 年期间的转换概率相较于前两个时间段来说，各项数值有的偏大有的偏小，说明这 8 年间土地覆盖类型之间的相互转化状况要比 4 年间的复杂。

3. 野外实地验证及分类精度评价

分类精度是遥感影像分类的重要指标，野外实地考察验证是保证分类精度的重要途径。在 ENVI 中，对 2002 年、2006 年、2010 年及 2013 年的遥感影像分类精度进行验证，2010 年及之前的影像分类精度验证参考的是已发表文献中的互花米草的分布情况，2013 年的精度验证利用的是本研究的野外实地调查数据，实地调查时间为 2013 年 7～10 月。四幅影像总体分类精度均达到 80%以上。

4. 象山港区域外来入侵物种互花米草群落变化预测分析

1）象山港区域未来 16 年互花米草种群动态变化预测

利用 CA-Markov 模型预测土地覆盖变化需要土地覆盖类型图、土地覆盖变化转移率矩阵、土地覆盖类型适宜性图集，在 IDRISI 软件中要获得以上数据要分三个步骤：①基于 Markov 链的转移概率矩阵；②基于多准则评价（MCE）的土地覆盖变化适宜性图集；③基于数量转换规则、空间转换规则和邻域转换规则的 CA 预测。利用相应年份象山港土地覆盖类型图、土地覆盖变化转移率矩阵，基于相应年份象山港区域土地覆盖变化适宜性图集，模拟出未来 16 年象山港区域土地覆盖图，得到未来 16 年互花米草群落在象山港区域的空间分布预测图。

基于 CA-Markov 模型模拟得到了象山港区域外来入侵物种互花米草群落未来 16 年的时空分布状况，以四年为间隔，分别获得 2018 年、2022 年、2026 年及 2030 年互花米草在象山港各小区域的空间分布及种群面积。纵观图 9-4、图 9-5 和表 9-3 的内容可归纳出以下结论。①与 2014 年的互花米草种群面积相比，2018 年增长了 4.5 km^2，以平均每年 1.125 km^2 的速度在增长，与过去的 12 年相比，增长速度在减缓，且自 2018～2030 年这 12 年间，增长速度进一步下降至平均每四年增加 1 km^2。②从四个时期象山港各小区域的互花米草种群面积分布状况看，最为集中的依然是西沪港，西沪港的互花米草种群面积占象山港区域互花米草总面积的比例较之过去 12 年虽在下降，但仍是总面积中所占比重最高的，均达到 35%以上，这说明西沪港是象山港区域互花米草生长最为集中的地方。③未来 16 年里，象山港区域互花米草总面积虽在增加，但部分小区域的互花米草面积有波动状况，即有先减少后增加的趋势，还有部分区域保持不变，这可能与光滩面积和人类的干扰作用有关。

2）模拟图精度验证

对模拟图的精度验证是保证模拟图及预测面积准确度及可信度的必不可少的环节。在本文中，我们使用 2010 年和 2013 年象山港区域真实地物分类图对 2010 年及 2014 年模拟图进行验证，使用 2013 年真实图来检验 2014 年预测图的原因是互花米草在每年 10～11 月生物量达到最大，生长得最为繁盛，而本研究的时间在此之前，故无法获得相应时间的卫星影像，只能用 2013 年的真实分类图来检验 2014 年的预测图。IDRISI 软件中的 VALIDATE 验证模块，用于计算 Kappa 值，分辨出两幅专题图中的数值误差和位置误差，本文中我们即运用此模块对 2010 年和 2014 年的预测图进行精度验证。由 VALIDATE 模块得知，2010 年模拟图的总体 Kappa 系数为 81.99%（表 9-4），2014 年为 85.57%（表 9-5）。

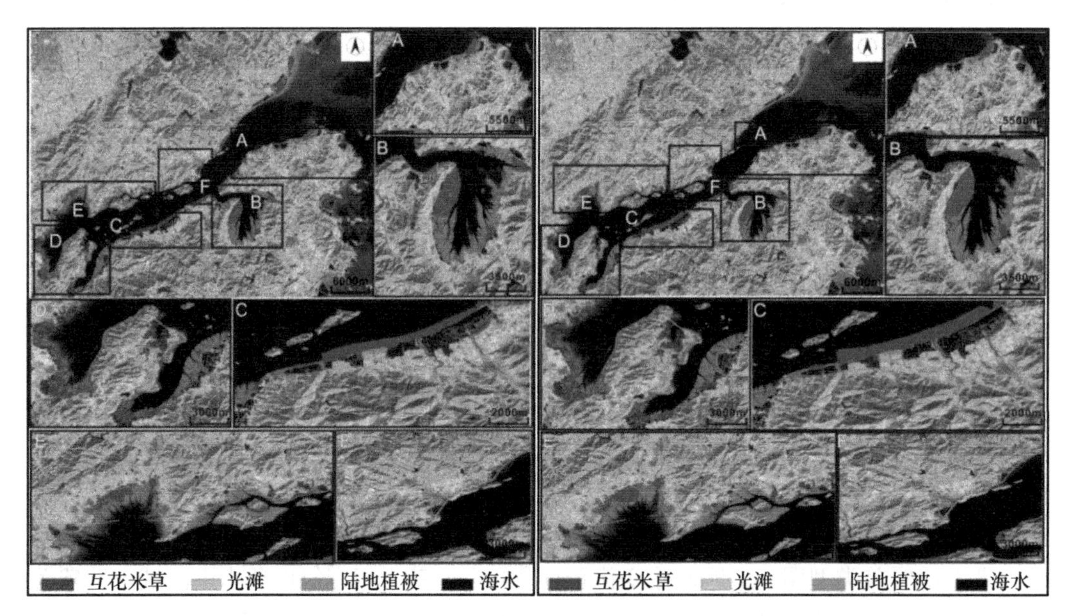

图 9-4　2018 年（左图）和 2022 年（右图）象山港互花米草种群空间分布预测图（彩图请扫封底二维码）

A：外高泥村-仙池沿岸；B：西沪港；C：乌沙村-蒋家岙村沿岸；D：蒋家岙村-白沙树沿岸；
E：白沙树-南沙岛沿岸；F：赵家-长沙湾沿岸

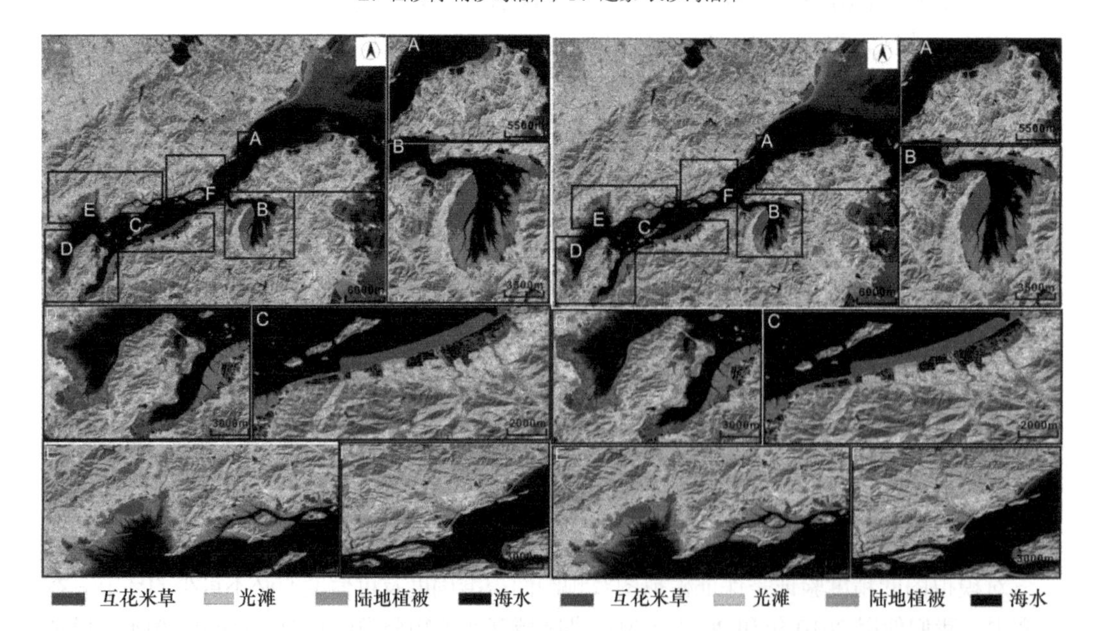

图 9-5　2026 年（左图）和 2030 年（右图）象山港互花米草种群空间分布预测图（彩图请扫封底二维码）

A：外高泥村-仙池沿岸；B：西沪港；C：乌沙村-蒋家岙村沿岸；D：蒋家岙村-白沙树沿岸；
E：白沙树-南沙岛沿岸；F：赵家-长沙湾沿岸

表 9-3　2002～2014 年象山港不同区域互花米草群落面积及其所占比例

区域	2002 年	2006 年	2010 年	2014 年	2002 年	2006 年	2010 年	2014 年
	面积/km²				比例/%			
外高泥村-仙池沿岸	3.516	4.018	4.018	4.173	14.7	16.1	15.4	15.2
西沪港	8.86	8.876	9.989	9.989	37.2	35.5	38.2	36.4
乌沙村-蒋家岙村沿岸	4.284	5.586	5.586	5.798	18	22.3	21.4	21.1
蒋家岙村-白沙树沿岸	3.062	3.154	3.154	3.2	12.9	12.6	12	11.7
白沙树-南沙岛沿岸	3.258	2.924	2.924	3.691	13.7	11.6	11.2	13.5
赵家-长沙湾沿岸	0.838	0.474	0.474	0.583	3.5	1.9	1.8	2.1
总计	23.818	25.033	26.146	27.435	100	100	100	100

表 9-4　2010 年真实图与预测图分类一致性概率矩阵

位置信息	数量信息		
	不一致	中	完全一致
完全一致	0.4304	0.8797	1.0000
较高	0.4304	0.8797	0.9366
中等	0.4078	0.8560	0.8540
稍低	0.2000	0.5432	0.6280
不一致	0.2000	0.5432	0.6280
总体 Kappa 系数		0.8199	

表 9-5　2013 年真实图与 2014 年预测图分类一致性概率矩阵

位置信息	数量信息		
	不一致	中	完全一致
完全一致	0.4298	0.9108	1.0000
较高	0.4298	0.9108	0.9533
中等	0.4041	0.8846	0.8699
稍低	0.2000	0.5683	0.6268
不一致	0.2000	0.5683	0.6268
总体 Kappa 系数		0.8557	

5. 象山港区域约 30 年互花米草种群动态分析

纵观 2002～2030 年象山港区域互花米草种群扩展面积，呈现不断增加的趋势，尤其是在 2002～2014 年这 12 年间，其种群面积更是在成倍的增长，但自 2014～2030 年未来的 16 年，群落面积虽也在增长，但已大不如之前，呈现小幅平稳增长的状态。

从图 9-6 中可知，象山港区域约 30 年时间里，互花米草群落面积年均增长率整体上出现不断下滑趋势，由 2014 年之前的快速增长，年均增长率超过 20%，到 2014 年以后大幅下降至 5%都不到，直至未来 16 年的年增长率进一步降低至 1%左右，这与光滩面积的大小、人类活动的干扰都有一定的关系。

分析象山港各小区域互花米草种群动态变化曲线图（图 9-7、图 9-8），6 个小区域总体上都呈现前期快速增长，后期增长速度放慢逐渐趋于平稳的态势，这与象山港区域互花米草种群面积整体上的扩展趋势是一致的；在这 6 个小区域中，互花米草生长最为集中的地区当属西沪港，近 30 年其所占总面积的比例均达到 35%以上，其最主要的原因可能在于西沪港的滩涂面积是 6 个区域中最大的，较有利于互花米草种群的扩展。

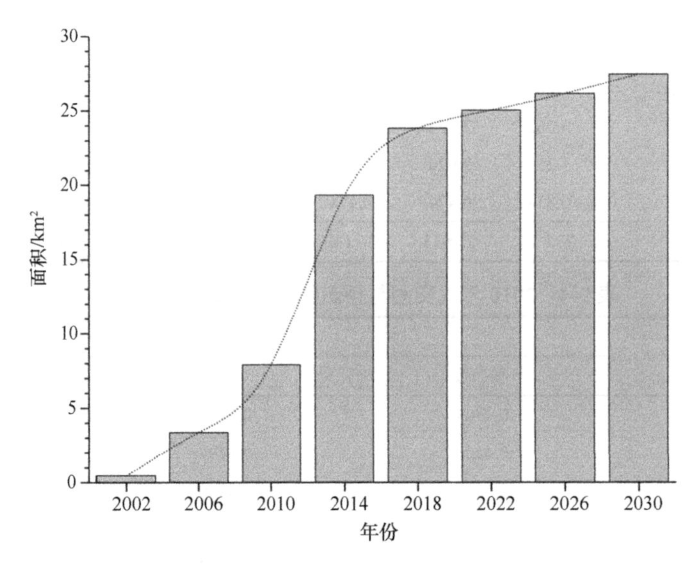

图 9-6　2002～2030 年象山港外来入侵物种互花米草群落面积统计

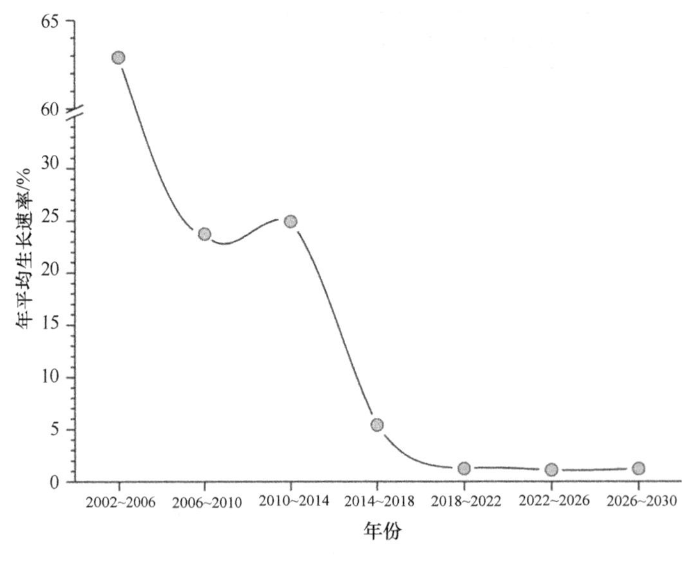

图 9-7　2002～2030 年象山港外来入侵物种互花米草群落面积年均增长率统计

9.2.3　讨论

外来物种的入侵不仅导致了生物多样性丧失、生态系统失衡，而且还影响未来经济的发展（李贺鹏等，2006）。如何有效地管理、控制外来物种的入侵，是目前世界各国政府部门和科学家们都十分关注的问题，了解外来入侵物种的空间分布范围并能对其未来的扩散动态进行掌握，无疑是管理控制外来物种入侵的一种有效手段。

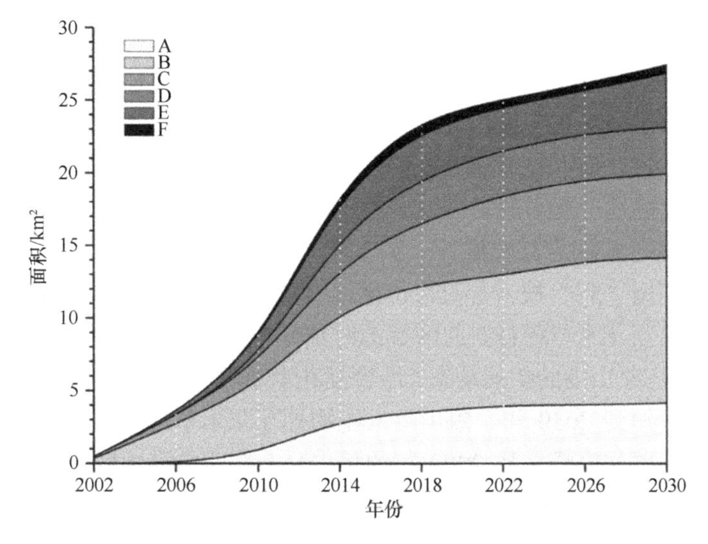

图 9-8　2002～2030 年象山港各小区域外来入侵物种互花米草面积统计

A. 外高泥村-仙池沿岸；B. 西沪港；C. 乌沙村-蒋家岙村沿岸；D. 蒋家岙村-白沙树沿岸；E. 白沙树-南沙岛沿岸；F. 赵家-长沙湾沿岸

浙江宁波象山港环境优美，海域水产资源丰富，是浙江省主要的水产养殖基地，是宁波市大力发展海洋经济的重要经济区域。然而近年来由于外来入侵物种互花米草群落的生长繁殖及扩散，给当地生态系统的平衡及海洋经济的发展都带来了不利的影响。本文基于遥感影像及 CA-Markov 模型，对象山港地区的外来入侵物种互花米草群落的空间分布及未来的扩散动态进行了模拟预测，研究结果有如下几个。

（1）CA-Markov 模型不仅可以用于对城镇土地利用变化及大的景观土地覆盖类型变化的预测，而且可以用于对外来入侵物种的扩散动态模拟。

（2）CA-Markov 的模拟精度与其建模时定义的转换规则及创建的适宜性图集有关，当转换规则的定义与建立的适宜性图集科学合理时，其模拟精度提高。

（3）CA-Markov 的模拟结果表明，到 2030 年，象山港入侵物种互花米草群落的空间分布范围将进一步扩大，分布范围更加广泛，从 2002 年的集中分布在西沪港地区开始向海岸线东西方向扩展，但分布面积最大的为西沪港，故治理工作可以先从西沪港开始。

（4）互花米草在中国沿海滩涂上快速扩张由人类人为引进种植、其大量种子的生产、有力的克隆生长及缺乏本地物种的有力竞争等因素共同造成。象山港区域约 30 年时间里，互花米草群落面积扩展整体上呈现先快后慢趋势，由 2014 年之前的面积快速增长，年均增长率超过 20%，到 2014 年以后大幅下降至 5%都不到，直至未来 16 年年增长率进一步降低至 1%左右，这与光滩面积、人类活动干扰、本地物种竞争都有一定的关系，但具体受到哪些因子的影响及影响机制仍然不得而知。

9.2.4　小结

外来入侵物种互花米草种群在中国沿海滩涂湿地的生长和扩展是利弊相生相伴的，且不论其利弊，对其种群的时空分布动态的掌握是很有必要的，获取此类数据能为更加合理有效地开发利用海岸带、保护沿海滩涂湿地的生态环境及海岸带经济的可持续发展带来便利。

象山港区域位于浙江省宁波市，是浙江省主要水产养殖基地及宁波市大力发展海洋经济的重要经济区域，而外来入侵物种互花米草种群在此区域的大肆扩张不仅破坏了该地沿海生态系统，更是严重影响了当地沿海滩涂经济的发展，故对于此区域的外来入侵物种互花米草的研究显得尤为重要。

在此，本文利用“3S”技术，对象山港地区 2002～2014 年的遥感卫星影像进行处理和分析，解译出互花米草种群在此区域的时空分布状况，再建立 CA-Markov 模型，预测其未来 16 年在象山港的扩展动态。结合互花米草种群在象山港区域约 30 年时间的时空分布数据，可知到 2030 年，象山港入侵物种互花米草群落的空间分布范围将进一步扩大，分布范围更加广泛，从 2002 年的集中分布在西沪港地区开始向海岸线东西方向扩展；互花米草群落面积扩展整体上呈现先快后慢趋势，由 2014 年之前的面积快速增长，年均增长率超过 20%，到 2014 年以后大幅下降至 5%都不到，直至未来 16 年的年增长率进一步降低至 1%左右。

9.3 互花米草地上生物量遥感估算模型建立及应用

目前，尝试使用物理、化学和生物等方法消灭互花米草，就当前研究和实践来看，由于其自身生命力和繁殖力的特性，对于成熟互花米草群落，彻底清除的希望几乎渺茫（Wu and Hacker，1999）。此外，互花米草清除工程的高花费和高污染也使清除工作举步维艰。互花米草作为我国滩涂湿地生态系统中的主要生产者，是物质循环和能量流动的基础，是一种潜在的生物质能资源，在资源日益紧缺的今天，应当合理利用互花米草本身的生态和经济价值，寻找有效的开发与应用途径，这样不仅可以获得经济效益，也可以通过持续收获达到抑制其恶性扩展的目的（朱洪光等，2007）。

在合理有效地对互花米草潜在的生物质能进行开发和利用之前，需要估算互花米草的潜在生物质能。随着遥感技术的飞速发展和广泛应用，利用遥感信息来研究植被生物量已是一个重要技术手段，遥感可以提供区域、国家和全球尺度上系统的、连续的和实时的存档数据，为植被生物量估算提供了一种快速、经济、方便和可靠的途径（Patenaude et al.，2005）。目前这方面的研究众多，Li 和 Liu（2002）使用光学遥感、微波遥感数据及实地生物量建立回归模型。Li 等（2001）使用 Landsat ETM 估计鄱阳湖湿地植被生物量，这是第一次使用 ETM 数据对鄱阳湖的湿地植被生物量进行快速调查。Moreau 和 Toan（2003）利用 ERS-SAR 数据获取了安第斯山脉湿地牧场两种优势树种的生物量，建立了生物量干重、湿重与雷达后向散射系数之间的回归方程。王树功等（2004）和黎夏等（2006）结合雷达后向散射系数与红树林植被生物量数据，建立了估算模型。以上都是利用遥感建模来估算植被生物量的例子，植被类型从草本到木本都包括在内，但关于遥感建模估算外来入侵物种生物量的研究却很少。故在本文中，我们以浙江省沿海滩涂入侵物种互花米草为研究对象，使用最新卫星遥感影像 Landsat-OLI 的多光谱波段数据及其派生的遥感信息，结合野外实地调查采样资料，尝试建立互花米草地上生物量遥感估算模型，以期为合理有效地开发利用互花米草生物质能提供有力的基础数据。

9.3.1　研究区概况及研究方法

1. 研究区概况

浙江省位于我国华东地区中部，长江三角洲南翼，东临东海，陆域面积 10.18 万 km^2，境内以山地丘陵地形为主，属亚热带季风气候，季风显著，四季分明，年气温适中，光照较多，雨量丰沛，空气湿润，年均降水量为 1600 mm 左右，是中国降水较丰富的地区之一。浙江海洋资源十分丰富，海域面积 26 万 km^2，大陆海岸线和海岛岸线长达 6500 km，占中国海岸线总长的 20.3%。拥有 3061 个面积大于 500 m^2 的海岛，其陆域面积有 1940.4 万 hm^2，90%以上无人居住。港口、渔业、旅游、油气、滩涂五大主要资源得天独厚，组合优势显著。截至 2013 年，有港口 58 个，泊位 650 个，年吞吐量 2.5 亿 t。海岸滩涂资源有 26.68 万 hm^2，居中国第三。

2. 数据来源

1）遥感数据

本研究使用的遥感影像为 NASA 于 2013 年 2 月 11 号成功发射的 Landsat-OLI（operational land imager，陆地成像仪）卫星影像。使用两景影像，影像拍摄时间分别为 2013 年 9 月 14 与 2013 年 11 月 17 号，因图像本身已做过地形参与的几何校正，故获取影像后对其做大气校正及裁剪研究区等预处理。预处理完成后在 ENVI 中提取 OLI1～5、7～8 波段的反射率值并计算研究区各相关植被指数，主要有归一化植被指数 NDVI、差值植被指数 DVI、比值植被指数 RVI、垂直植被指数 PVI、土壤调整植被指数 SAVI、绿度植被指数 GVI、重归一化植被指数 RDVI 及增强型植被指数 EVI。以上 8 种植被指数的计算公式如下：

NDVI =（NIR–R）/（NIR + R）（Rouse et al.，1974）；

DVI = TM4–0.96916 × TM3（Lyon et al.，1998；Boyd et al.，1999）；

RVI = R/NIR（Weiser et al.，1986）；

PVI =（NIR–0.96916 × R–0.08472）/（0.969162+1）（Jackson，1983）；

SAVI =（NIR–R）×（1+ 0.5）/（NIR+R+0.5）（Huete，1988）；

GVI = 0.1603TMI–0.2819TM2–0.4939TM3+0.794TM4–0.0002TM5–0.1446TM7（Crist，1985）；

RDVI= $\sqrt{(\text{NDVI}\times\text{DVI})}$（Roujean and Breon，1995；赵英时，2003）；

EVI =（NIR–R）/（NIR + 6 × R–7.5 × BLUE + 1）（Qing and Huete，1995）。

2）野外实地取样

野外实地生物量测量分别开展于 2013 年 10 月及 2013 年 12 月期间，2013 年 10 月实测生物量对应 2013 年 9 月遥感信息，2013 年 12 月实测生物量对应 2013 年 11 月遥感影像信息。在浙江沿海滩涂互花米草群落设置样地 27 个（22 个样地的数据用于建模，剩下 5 个样地的数据用于模型精度验证），考虑到 Landsat-OLI 影像的分辨率为 30 m，故每个样地大小设置为 30 m×30 m，在每个样地中随机选取两个 1 m×1 m 的小样方，齐地收割全部地上生物量，取两个小样方的生物量平均值作为该样地地上生物量值，带回实验室烘干称重。使用 GPS 对各样地精确定位，以便建立样地实测生物量信息与遥感信息的对应关系（表 9-6）。

表 9-6 实地生物量采样信息表

地名	经纬度	取样时间	地上生物量（干重）/（kg/pixel）	用途
西沪港 1	29°31′32.20″/121°46′19.42″	2013.10.3	1254.1	建模
西沪港 2	29°31′34.61″/121°46′21.25″	2013.10.3	1105.2	建模
西沪港 3	29°31′36.16″/121°46′22.54″	2013.10.3	1417.5	建模
西沪港 4	29°31′37.32″/121°46′23.43″	2013.10.3	1052.1	建模
西沪港 5	29°31′38.03″/121°46′23.37″	2013.10.3	1639.8	验证
纱帽绿 0	29°08′9″/121°46′35″	2013.12.8	2259	建模
纱帽绿 1	29°08′00.78″/121°46′41.448″	2013.12.8	1301.6	建模
纱帽绿 2	29°08′00.786″/121°46′40.608″	2013.12.8	2520	建模
纱帽绿 3	29°08′00.870″/121°46′39.288″	2013.12.8	2223	建模
纱帽绿 4	29°08′00.840″/121°46′38.136″	2013.12.8	2151	建模
纱帽绿 5	29°08′01.05″/121°46′41.85″	2013.12.8	1449	建模
纱帽绿 6	29°08′00.696″/121°46′35.892″	2013.12.8	2140	验证
纱帽绿 7	29°08′00.642″/121°46′35.022″	2013.12.8	2700	建模
纱帽绿 8	29°08′3″/121°46′38″	2013.12.8	756	建模
纱帽绿 9	29°08′2″/121°46′32.87″	2013.12.8	1161	验证
纱帽绿 10	29°07′59″/121°46′42″	2013.12.8	396	建模
纱帽绿 11	29°08′01.64″/121°46′35.59″	2013.12.8	987.3	建模
花岙岛 1	29°04′24.270″/121°48′06.62″	2013.12.8	1093.5	验证
花岙岛 2	29°04′23.616″/121°48′06.792″	2013.12.8	1464.3	建模
花岙岛 3	29°04′22.896″/121°48′07.260″	2013.12.8	1329.3	建模
花岙岛 4	29°04′21.930″/121°48′08.010″	2013.12.8	1341	建模
花岙岛 5	29°04′21.150″/121°48′08.670″	2013.12.8	1039.5	建模
花岙岛 6	29°04′20.292″/121°48′09.79″	2013.12.8	1314	建模
花岙岛 7	29°04′19.590″/121°48′09.996″	2013.12.8	1197	建模
花岙岛 8	29°04′18.678″/121°48′10.542″	2013.12.8	1602	验证
花岙岛 9	29°04′16.848″/121°48′11.922″	2013.12.8	1488.6	建模
花岙岛 10	29°04′15.648″/121°48′12.840″	2013.12.8	1341	建模

3. *研究方法*

1）相关性分析

相关性分析是为了揭示地理要素之间相互关系的密切程度，主要通过对相关系数的计算与检验来完成（徐建华，2004）。利用 SPSS 19.0 软件对遥感信息（OLI1～5、7～8 波段的反射率值及派生的 8 种植被指数）及与其对应位置的地面实测互花米草生物量做相关性分析，检验它们之间的相关关系密切程度，对比结果选择相关性显著的遥感信息作为模型的自变量。

2）回归分析

回归分析是一种统计学上分析数据的方法，主要是希望探讨数据之间是否有特定关系，目的在于了解两个或多个变量间是否相关、相关方向与强度，是研究各地理要素之间具体数量关系的一种强有力工具，运用此方法能够建立反映地理要素之间具体数量关系的数学回归模型（胡上序和焦力成，1994）。本文中使用回归分析方法中的一元线性回归分析、一元非线性回归分析及多元线性回归分析方法，以互花米草地上生物量干重为因变量，与之相关系数高且显著相关的遥感信息为自变量，建立回归模型，并对比各模型的相关系数 r 及拟合优度 R^2，选出最优回归模型。

3）模型精度验证

对回归模型的精度验证是保证回归模型模拟精度必不可少的环节。在此我们使用未参与建模的地上实测生物量数据作为验证模型的基础数据，并通过计算回归模型所得互花米草地上生物量与野外实测地上生物量之间的绝对误差和相对误差来对模型精度做进一步说明。

9.3.2 研究结果及分析

1. 互花米草地上实测生物量与遥感数据相关性分析

野外实地调查取样设置了 27 块样地，获得 27 组互花米草地上生物量数据，随机选择 22 组数据作为建模数据，剩下 5 组数据作模型精度验证之用。在 SPSS 19.0 软件中，对 22 组实测生物量干重数据（kg/pixel）及与其对应位置的遥感数据（OLI1-5、7、8 波段反射率及 8 种植被指数）进行相关性分析。结果如表 9-7 所示。

表 9-7 地上生物量与遥感数据相关系数

波段	B1	B2	B3	B4	B5	B7	B8	
干重	0.01	–0.013	–0.041	–0.015	0.430*	0.435*	0.349	
植被指数	NDVI	DVI	RVI	PVI	SAVI	GVI	RDVI	EVI
干重	0.498*	0.519*	0.049	0.519*	0.496*	0.524*	0.540**	0.232

*. $P<0.05$；**. $P<0.01$

从表 9-7 中可知，互花米草实测生物量不是与所有遥感信息都相关，在所选用的 15 个遥感信息中有 8 个与其显著相关，剩下的 7 个遥感参数与互花米草实测地上生物量之间相关性都不显著。实测地上生物量与 8 个显著相关的遥感参数的相关系数从大到小依次为：RDVI、GVI、DVI、PVI、NDVI、SAVI、B7、B5。在这 8 个遥感参数中，有 7 个与实测生物量在 0.05 水平下呈现显著相关，只有一个 RDVI 与实测生物量在 0.01 水平下显著相关，且这 8 个参数都与地上实测生物量呈正相关。故将此 8 个遥感参数都选为回归分析的自变量因子。

2. 互花米草地上实测生物量与显著相关遥感信息散点图分析

图 9-9 用散点图的方式呈现了互花米草实测地上生物量与 8 个显著相关的遥感信息

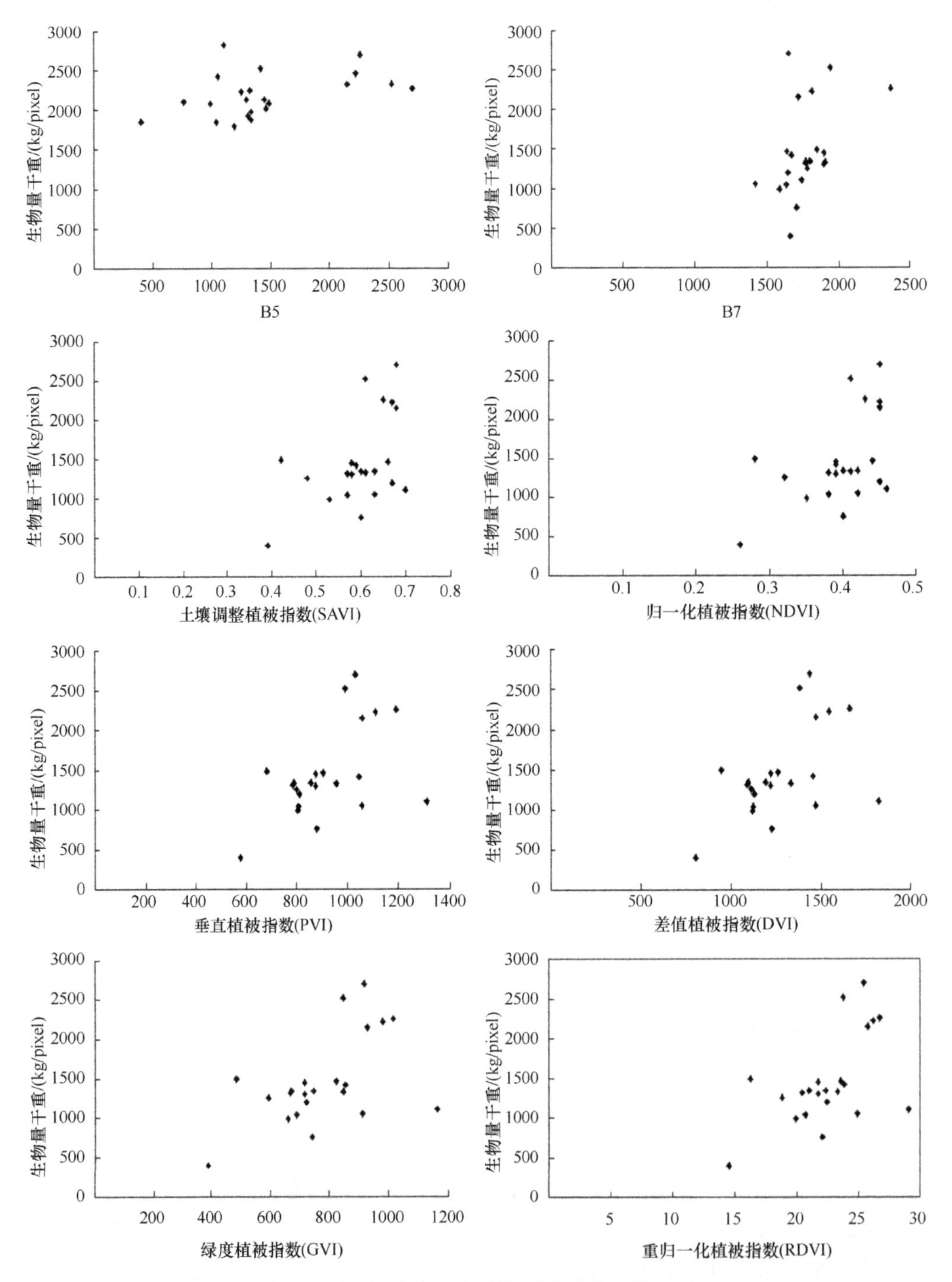

图 9-9 实测生物量与显著相关遥感信息散点图

波段信息及各植被指数数值没有统一在 0～1，是因为最新发射的 Landsat OLI 卫星传感器的量化级是 12 bit，故其辐射亮度值相对于 8 bit 的数据来说放大了 10 000 倍，从而导致各植被指数的值没有统一为 0～1

之间的关系。由图 9-9 可知：这 8 组遥感信息均与实测地上生物量呈明显的正相关关系，且基本上这些遥感信息的值都是随着实测地上生物量的增加而增加，除了 B5 之外；对比这 8 张图发现，SAVI 与 NDVI 的散点分布趋势大致相同，生物量对应的各植被指数值略有不同，SAVI 集中在 0.5～0.7，NDVI 的值集中在 0.35～0.5 范围；PVI 和 DVI 分布图极其相似，PVI 值集中分布在 800～1100，而 DVI 的值大致在 1000～1500 范围内；GVI 和 RDVI 的散点图稍有差异，其值分布集中在 600～1000 及 20～25 范围；其所对应的生物量干重主要分在 1000～2000 kg/pixel。

3. 一元线性回归分析

利用 SPSS 19.0 软件，以互花米草实测生物量数据为因变量，相关性分析中与其显著相关的 8 个遥感信息为自变量，对 22 组实测地上生物量及与其显著相关的 8 个遥感信息进行一元线性回归分析，建立回归模型。其结果如表 9-8 所示。

表 9-8　遥感数据与地上生物量一元线性回归模型

遥感信息	相关系数 r	拟合优度 R^2	F 值	P	方程
B5	0.430	0.185	4.528	0.046	Y=0.890×B5–486.965
B7	0.435	0.189	4.667	0.043	Y=1.376×B7–967.994
NDVI	0.498	0.248	6.58	0.018	Y=5291.571×NDVI–641.314
DVI	0.519	0.27	7.386	0.013	Y=1.259×DVI–148.935
PVI	0.519	0.27	7.386	0.013	Y=1.754×PVI–148.829
SAVI	0.496	0.246	6.513	0.019	Y=3491.565×SAVI–620.591
GVI	0.524	0.274	7.56	0.012	Y=1.704×GVI+136.413
RDVI	0.540	0.292	8.247	0.009	Y=91.621×RDVI–600.948

由表 9-8 的数据可知，在 8 个遥感信息中，与地上生物量一元线性回归拟合度最高的是 RDVI，相关系数 $r = 0.540$，回归模型为 $Y = 91.621$×RDVI–600.948；而 B5 与互花米草地上生物量的拟合度最低，相关系数 r =0.430，回归方程为 $Y = 0.890$×B5–486.965。以上所有回归模型的回归关系显著性系数 P 值都在 0.05 水平下，故这些模型都是显著的，都具有统计学意义。

4. 一元非线性回归分析

基于 SPSS 19.0 软件，对 22 组实测地上生物量及与其显著相关的 8 个遥感信息进行一元非线性回归分析，选用的函数包括对数函数、二次多项式、三次多项式、复合函数、幂函数、S 型曲线函数、生长函数及指数函数，建立回归模型。其结果如表 9-9 所示。

对比分析表 9-9 中所有的非线性回归模型可知：B5、B7 与互花米草实测地上生物量一元非线性模型的相关系数 r 较之剩下的 6 种植被指数来说，总体偏低；B5 八种回归模型的回归关系显著性系数都在 0.05 水平下，即显著相关，与余下 6 种植被指数显著性系数相比偏低，而 B7 八种回归方程的显著性系数部分超过 0.05，即无统计学意义；6 种植被指数与实测地上生物量一元非线性回归模型的相关系数基本都在 0.5 以上，且回归关系显著性系数大部分都在 0.01 水平下，即极显著相关，具有统计学意义；对比各回归

表 9-9　遥感数据与地上生物量一元非线性回归模型

遥感信息	模型	方程	相关系数 r	拟合优度 R^2	F 值	P
B5	对数函数	$Y=2\,080.186\ln(B5)-14\,521.710$	0.449	0.202	5.06	0.036
	二次多项式	$Y=-0.002\times B5^2+10.538\times B5-11\,244.612$	0.537	0.288	3.845	0.040
	三次多项式	$Y=-3.184E7\times B5^3+5.847\times B5-7\,840.683$	0.542	0.294	3.955	0.037
	复合函数	$Y=324.252\times(1.001)^{B5}$	0.426	0.182	4.441	0.048
	幂函数	$Y=0.011\times B5^{1.527}$	0.447	0.199	4.983	0.037
	S 型曲线函数	$Y=e^{(8.825-3\,484.690/B5)}$	0.463	0.215	5.472	0.030
	生长函数	$Y=e^{(5.782+0.001\times B5)}$	0.426	0.182	4.441	0.048
	指数函数	$Y=324.252\times e^{0.001\times b5}$	0.426	0.182	4.441	0.048
B7	对数函数	$Y=2\,525.133\ln(B7)-17\,405.230$	0.431	0.186	4.574	0.045
	二次多项式	$Y=0.918\times B7-541.754$	0.435	0.189	2.219	0.136
	三次多项式	$Y=0.918\times B7-541.754$	0.435	0.189	2.219	0.136
	复合函数	$Y=233.613\times(1.001)^{B7}$	0.426	0.181	4.423	0.048
	幂函数	$Y=0.001\times B7^{1.837}$	0.425	0.181	4.406	0.049
	S 型曲线函数	$Y=e^{(9.081-3\,275.488/B7)}$	0.420	0.176	4.273	0.052
	生长函数	$Y=e^{(5.454+0.001\times B7)}$	0.426	0.181	4.423	0.048
	指数函数	$Y=233.613\times e^{0.001\times B7}$	0.426	0.181	4.423	0.048
NDVI	对数函数	$Y=1\,856.468\ln(NDVI)+3\,193.058$	0.488	0.238	6.251	0.021
	二次多项式	$Y=17\,335.128\times NDVI^2-7\,406.588\times NDVI+1\,619.907$	0.508	0.258	3.299	0.059
	三次多项式	$Y=20\,737.374\times NDVI^3-4\,390.288\times NDVI^2+801.365$	0.509	0.259	3.314	0.058
	复合函数	$Y=230.672\times(85.641)^{NDVI}$	0.567	0.321	9.457	0.006
	幂函数	$Y=6\,054.947\times NDVI^{1.607}$	0.572	0.327	9.729	0.005
	S 型曲线函数	$Y=e^{(8.655-0.562/NDVI)}$	0.575	0.331	9.904	0.005
	生长函数	$Y=e^{(5.441+4.450\times NDVI)}$	0.567	0.321	9.457	0.006
	指数函数	$Y=230.672\times e^{4.450\times NDVI}$	0.567	0.321	9.457	0.006
DVI	对数函数	$Y=1\,681.066\ln(DVI)-10\,536.374$	0.549	0.301	8.609	0.008
	二次多项式	$Y=-0.002\times DVI^2+7.483\times DVI-4\,110.170$	0.603	0.363	5.424	0.014
	三次多项式	$Y=-6.443E7\times DVI^3+4.698\times DVI-3\,064.294$	0.614	0.377	5.753	0.011
	复合函数	$Y=386.727\times(1.001)^{DVI}$	0.546	0.299	8.516	0.008
	幂函数	$Y=0.089\times DVI^{1.349}$	0.596	0.355	11.022	0.003
	S 型曲线函数	$Y=e^{(8.607-1\,728.888/DVI)}$	0.636	0.405	13.611	0.001
	生长函数	$Y=e^{(5.958+0.001\times DVI)}$	0.546	0.299	8.516	0.008
	指数函数	$Y=386.727\times e^{0.001\times DVI}$	0.546	0.299	8.516	0.008
PVI	对数函数	$Y=1\,680.959\ln(PVI)-9\,978.831$	0.549	0.301	8.609	0.008
	二次多项式	$Y=-0.005\times PVI^2+10.421\times PVI-4\,109.643$	0.603	0.363	5.425	0.014
	三次多项式	$Y=-1.740E6\times PVI^3+6.542\times PVI-3\,063.896$	0.614	0.377	5.753	0.011
	复合函数	$Y=386.758\times(1.001)^{PVI}$	0.546	0.299	8.516	0.008
	幂函数	$Y=0.139\times PVI^{1.349}$	0.596	0.355	11.022	0.003
	S 型曲线函数	$Y=e^{(8.607-1\,241.337/PVI)}$	0.636	0.405	13.612	0.001
	生长函数	$Y=e^{(5.958+0.001\times PVI)}$	0.546	0.299	8.516	0.008
	指数函数	$Y=386.758\times e^{0.001\times PVI}$	0.546	0.299	8.516	0.008

续表

遥感信息	模型	方程	相关系数 r	拟合优度 R^2	F 值	P
SAVI	对数函数	$Y=1\ 844.712\ln(\mathrm{SAVI})+2\ 433.563$	0.487	0.237	6.205	0.022
	二次多项式	$Y=6\ 508.174\times\mathrm{SAVI}^2-3\ 685.218\times\mathrm{SAVI}+1\ 304.234$	0.504	0.254	3.227	0.062
	三次多项式	$Y=4\ 478.635\times\mathrm{SAVI}^3-611.267\times\mathrm{SAVI}^2+685.536$	0.504	0.254	3.234	0.062
	复合函数	$Y=235.831\times(18.7)^{\mathrm{SAVI}}$	0.563	0.317	9.276	0.006
	幂函数	$Y=3\ 131.964\times\mathrm{SAVI}^{1.594}$	0.569	0.324	9.591	0.006
	S 型曲线函数	$Y=\mathrm{e}^{(8.647-0.839/\mathrm{SAVI})}$	0.573	0.329	9.797	0.005
	生长函数	$Y=\mathrm{e}^{(5.463+2.929\times\mathrm{SAVI})}$	0.563	0.317	9.276	0.006
	指数函数	$Y=235.831\times\mathrm{e}^{2.929\times\mathrm{SAVI}}$	0.563	0.317	9.276	0.006
GVI	对数函数	$Y=1\ 264.615\ln(\mathrm{GVI})-6\ 922.350$	0.542	0.294	8.329	0.009
	二次多项式	$Y=-0.003\times\mathrm{GVI}^2+5.737\times\mathrm{GVI}-1\ 342.319$	0.561	0.314	4.357	0.028
	三次多项式	$Y=-1.810\mathrm{E}5\times\mathrm{GVI}^3+0.039\times\mathrm{GVI}^2-24.831\mathrm{GVI}+5\ 650.961$	0.642	0.413	4.216	0.02
	复合函数	$Y=472.998\times(1.001)^{\mathrm{GVI}}$	0.562	0.316	9.237	0.006
	幂函数	$Y=1.256\times\mathrm{GVI}^{1.053}$	0.611	0.374	11.941	0.002
	S 型曲线函数	$Y=\mathrm{e}^{(8.189-719.454/\mathrm{GVI})}$	0.643	0.413	14.061	0.001
	生长函数	$Y=\mathrm{e}^{(6.159+0.001\times\mathrm{GVI})}$	0.562	0.316	9.237	0.006
	指数函数	$Y=472.998\times\mathrm{e}^{0.001\times\mathrm{GVI}}$	0.562	0.316	9.237	0.006
RDVI	对数函数	$Y=1\ 949.088\ln(\mathrm{RDVI})-4\ 585.398$	0.544	0.296	8.412	0.009
	二次多项式	$Y=-3.202\times\mathrm{RDVI}^2+231.242\times\mathrm{RDVI}-2\ 086.529$	0.548	0.300	4.070	0.034
	三次多项式	$Y=-0.058\times\mathrm{RDVI}^3+176.035\times\mathrm{RDVI}-1\ 799.921$	0.551	0.303	4.132	0.032
	复合函数	$Y=258.773\times(1.076)^{\mathrm{RDVI}}$	0.587	0.344	10.489	0.004
	幂函数	$Y=9.037\times\mathrm{RDVI}^{1.614}$	0.610	0.372	11.866	0.003
	S 型曲线函数	$Y=\mathrm{e}^{(8.79-33.660/\mathrm{RDVI})}$	0.627	0.393	12.927	0.002
	生长函数	$Y=\mathrm{e}^{(5.556+0.073\times\mathrm{RDVI})}$	0.587	0.344	10.489	0.004
	指数函数	$Y=258.773\times\mathrm{e}^{0.073\times\mathrm{RDVI}}$	0.587	0.344	10.489	0.004

模型的各项参数可知，其中相关系数 r 及拟合优度 R^2 最大的为 GVI 的 S 型曲线模型，分别为 0.643 和 0.413，其回归关系显著性系数为 0.001，较之其他模型来说也是最显著的，故此模型为一元非线性回归模型中的最优模型。

5. *多元线性回归分析*

在统计软件 SPSS 19.0 中，以相关性分析中得到的显著相关的 8 个遥感数据作为自变量，互花米草实测地上生物量作为因变量，利用多元线性回归分析，建立回归模型。在多元线性回归过程中，主要采用逐步回归法对自变量与因变量进行分析，根据自变量对方程影响显著性的大小，将其逐步引入到或剔除出回归模型中，直到方程不再有可淘汰或可引入的变量。根据 8 个自变量及 22 组实测生物量数据，以显著水平 0.05 作为挑选和剔除变量的条件，对影响实测地上生物量的因子进行逐步回归并得到回归模型如下。

$$Y=91.621\times\mathrm{RDVI}-600.948 \tag{9-4}$$

式中，$r=0.540$；拟合优度 $R^2=0.292$；$P=0.009$，具有统计学意义。经过对 8 个自变量的逐步回归分析，只得到模型［式（9-4）］，因余下 7 个变量因子引进模型后其显著性

系数 P 值都超过 0.05，即没有统计学意义，故模型［式（9-4）］为多元线性回归的最优模型。

6. 模型对比及精度验证

利用 SPSS 统计软件，对互花米草实测地上生物量与遥感信息进行了一元线性回归、一元非线性回归及多元线性回归分析，得出众多回归模型。一元线性回归模型中，得出方程 Y=91.621×RDVI–600.948 的相关系数 r 及拟合优度 R^2 最大，且回归关系显著性系数 P 值也最显著，故此模型为一元线性回归模型中的最优模型。一元非线性回归模型中，我们主要选用的函数包括对数函数、二次多项式、三次多项式、复合函数、幂函数、S 型曲线函数、生长函数及指数函数，来建立回归模型，对比各回归方程的相关系数 r、拟合优度 R^2 和回归关系显著性系数 P 值，得出最优模型为 $Y = e^{(8.189-719.454/GVI)}$，其 $r = 0.643$，$R^2 = 0.413$，$P = 0.001$。多元线性回归分析只得出一个回归方程，即 Y = 91.621×RDVI–600.948，该回归模型与一元线性回归模型得出的最优模型一样。对比一元线性回归模型、一元非线性回归模型及多元线性回归模型，得出最终的最优模型为 $Y = e^{(8.189-719.454/GVI)}$，其 $r = 0.643$，$R^2 = 0.413$，$P = 0.001$，故选用其为互花米草地上生物量遥感估算模型。

为评价最优回归模型的应用精度，用野外同期实地采样的另外 5 组互花米草地上生物量数据与生物量模型估算的数据进行比较，并计算它们的相对误差和绝对误差，结果如表 9-10 所示。

表 9-10　互花米草地上生物量估算模型评价

样地	实测值/（kg/pixel）	估算值/（kg/pixel）	绝对误差/（kg/pixel）	相对误差/%
1	1639.8	1540.7	99.1	6.0
2	2140	1632.7	507.3	23.7
3	1161.0	973.0	188.0	16.2
4	1093.5	1279.2	185.7	17.0
5	1602.0	1191.5	410.5	25.6

由表 9-10 可知，在五组数据中，最优模型的估算值与实测值绝对误差最大为 507.3 kg/pixel，最小为 99.1 kg/pixel，相对误差最大为 25.6%，最小为 6.0%，平均相对误差为 17.7%，这说明最优模型的估测精度较高，能达到估算外来入侵物种互花米草地上生物量的目标。

9.3.3　讨论

利用遥感技术结合地面调查已成为大面积植被地上部生物量估测的重要手段，本文利用 Landsat OLI 卫星遥感数据的多光谱波段的反射率及其派生的各植被指数数据，分析了浙江沿海滩涂入侵物种互花米草地上生物量同遥感信息之间的相关关系，并建立互花米草地上生物量遥感估算模型。结果有如下几个。

（1）互花米草实测地上生物量与 Landsat OLI 数据多光谱波段反射率及各植被指数之间有良好的相关性，这是建立互花米草地上生物量遥感估算模型的基础。

（2）分别采用一元线性回归模型、一元非线性回归模型和多元线性回归模型对互花米草实测地上生物量和遥感信息进行回归分析，结果显示一元非线性回归模型的拟合优度要高于一元线性回归模型及多元线性回归模型。在一元线性回归模型中，基于 RDVI 的回归模型拟合优度最高，基于 B5 的回归模型拟合度最低；一元非线性回归模型中，基于 GVI 的 S 型曲线方程拟合优度最好，基于 B7 的回归模型拟合度最差；多元线性回归模型中，基于 RDVI 的回归方程为最优。

（3）对比各回归方程的相关系数 r、拟合优度 R^2 和回归关系显著性系数 P 值，得出最优模型为基于 GVI 的 S 型曲线方程 $Y=\mathrm{e}^{(8.189-719.454/\mathrm{GVI})}$，其 $r=0.643$，$R^2=0.413$，$P=0.001$，其对互花米草地上生物量的估算平均精度达到 82.3%，是研究区最佳互花米草地上生物量遥感估算模型，能够满足中尺度的互花米草地上生物量估算要求。

9.3.4　模型应用

1. 研究区域及方法

1）研究区概况

浙江是海洋大省，其滨海滩涂湿地资源十分丰富，是浙江省自然资源的重要组成部分，其沿海地区是经济最发达的地区。故滨海滩涂湿地资源的合理开发利用与保护，不仅在浙江沿海地区甚至整个浙江省的国民经济建设和发展中都具有重要的地位。

2）研究方法

本文基于遥感卫星影像 Landsat OLI，考虑影像的云覆盖率及沿海地区的滩涂出露面积，选取了浙江沿海区域 2013 年 7 月 28 号、2013 年 8 月 29 号及 2013 年 10 月 16 号三期遥感影像，在这三期影像上提取浙江沿海滩涂入侵物种互花米草种群光谱信息，结合前一部分所得的互花米草地上生物量遥感估算模型，估算整个浙江省滨海湿地入侵物种互花米草的地上生物质能。

3）数据来源及处理

（1）数据来源。本研究的主要数据来源分为如下几个部分。①来自于浙江省沿海滩涂的遥感卫星影像数据。所选取的遥感卫星影像的成像时间应选择在互花米草的生长旺季，这样它的光谱信息明显，有利于解译及模型应用。②野外实测数据。野外采样时间分别为 2013 年 7 月、2013 年 10 月及 2013 年 12 月，主要在互花米草群落选择具有代表性的样点，利用手持 GPS 获取其经纬度及海拔，并记录其周边信息，用于影像分类训练区的定义和后期影像分类精度评价。③文献资料。获取前人研究中关于互花米草种群在浙江省沿海湿地的定位信息，以作参考。

（2）大气校正。大气校正的目的是消除大气和光照等因素对地物反射的影响，获得地物反射率和辐射率、地表温度等真实物理模型参数，用来消除大气中水蒸气、氧气、二氧化碳、甲烷和臭氧对地物反射的影响，消除大气分子和气溶胶散射的影响。FLAASH 大气校正使用了 MODTRAN 4+辐射传输模型的代码，基于像素级的校正，校正由于漫反射引起的连带效应，包含卷云和不透明云层的分类图，可调整由于人为抑止而导致的波谱平滑。FLAASH 可对 Landsat、SPOT、AVHRR、ASTER、MODIS、MERIS、AATSR、IRS 等多光谱、高光谱数据、航空影像及自定义格式的高光谱影像进行快速大气校正分析。能有效消除大气和光照等因素对地物反射的影响，获得地物较为准确的反射率和辐射率、地表温度等真实物理模型参数。

Landsat OLI 数据和其他 TM 数据类似，发布的数据标示 L1T，做过地形参与的几何校正，一般情况下可以直接使用而不需要做几何校正。为了利用其丰富的波段光谱信息，我们需要进行大气校正处理。在 ENVI.5.0SP3 中，对三期 Landsat OLI 影像进行 FLAASH 大气校正处理。

（3）图像镶嵌。Landsat OLI 影像的一景面积为 170 km×185 km，要提取出整个浙江省的沿海滩涂信息，必须要三幅 Landsat OLI 影像拼接才够。在 ENVI.5.0.SP3 软件中对三期遥感影像进行基于地理坐标法的镶嵌处理。

（4）图像裁剪。经过拼接之后的三幅影像不仅包含整个浙江省，还涉及上海及福建地区的部分区域，因本文的研究区域为浙江省，故需要裁剪出目标区域。首先将浙江省的行政图导入 ENVI 中并将其转化为矢量多边形（evf）格式，然后再将其转化为感兴趣区（ROI），用此 ROI 文件对拼接影像进行裁剪，将浙江省以外的影像屏蔽。

（5）影像分类及精度验证。为了减少分类工作量及沿海滩涂以外的无关地物对分类的影像，创建掩膜（mask）对沿海滩涂以外的地区进行掩膜处理。在 ENVI 中我们采用监督分类法-最大似然法对进行过掩膜处理之后的遥感影像进行分类，分别解译出光滩、海洋、互花米草群落、岛屿等类型，训练样区的选择参考了植被的光谱信息、野外实地光谱测量值及 GPS 定位信息。分类精度是遥感影像分类的重要指标，利用本研究的野外实地测量数据及参考前人研究中的定位信息对监督分类之后的影像进行分类精度验证，保证分类精度达到相关要求。

（6）植被指数计算及提取。由前文研究结果可知，与互花米草地上生物量相关性较高的植被指数分别是归一化植被指数 NDVI、差值植被指数 DVI、垂直植被指数 PVI、土壤调整植被指数 SAVI、绿度植被指数 GVI、重归一化植被指数 RDVI。根据以上计算公式，在 ENVI 中利用“math band”工具对影像进行计算。

基于分类后的影像，用 ROI 工具将浙江沿海滩涂上互花米草群落作为感兴趣区提取出来，然后叠加到经过植被指数计算后的影像上，通过 ROI 工具统计浙江沿海滩涂互花米草群落的植被指数信息。

2. 结果与分析

对互花米草实测地上生物量与遥感信息进行了一元线性回归、一元非线性回归及多元线性回归分析，得出众多回归模型，对比各回归方程的相关系数 r、拟合优度 R^2 和回归关系显著性系数 P 值，我们选择了如下几组模型对浙江省互花米草的地上生物量进行估测：$Y=\mathrm{e}^{(8.189-719.454/\mathrm{GVI})}$，其 $r=0.643$，$R^2=0.413$，$P=0.001$；$Y=\mathrm{e}^{(8.607-1728.888/\mathrm{DVI})}$，其 $r=0.636$，$R^2=0.405$，$P=0.001$；$Y=\mathrm{e}^{(8.607-1241.337/\mathrm{PVI})}$，其 $r=0.636$，$R^2=0.405$，$P=0.001$；$Y=\mathrm{e}^{(8.79-33.660/\mathrm{RDVI})}$，其 $r=0.627$，$R^2=0.393$，$P=0.002$；$Y=\mathrm{e}^{(8.655-0.562/\mathrm{NDVI})}$，其 $r=0.575$，

$R^2=0.331$，$P=0.005$；$Y=e^{(8.647-0.839/SAVI)}$，其 $r=0.575$，$R^2=0.329$，$P=0.005$。

将浙江省滩涂入侵物种互花米草群落的各植被指数信息导入 Excel 中，代入各回归模型，计算各个像元的地上生物量，最后统计总值。结果有如下几个。①在互花米草的 GVI 信息中出现负值（正常的生长旺盛的植被的 GVI 指数一般情况下不会出现负值），代入模型中计算后所得生物量全部为正值，但是出现几组巨大值，已超出常规数值范围，各像元的植被指数相加后数值亦超出常规范围；互花米草的 PVI、DVI、NDVI 及 SAVI 值也出现负值，代入模型中计算后所得生物量全部为正值，但出现几组巨大值，超出常规数值范围，总生物量亦不在正常值内。②互花米草的 RDVI 信息导入 EXCEL 后，观察各个像元的数值，皆为正值，无负值出现，代入 S 型曲线模型后各像元生物量都为正值，无负值及巨大值出现，所有数值皆在正常值范围内，所得总生物量也较正常。通过此模型得到 2013 年浙江省外来入侵物种互花米草的地上生物量总值为 70 944 t。

9.3.5　小结

本文使用 NASA 于 2013 年 2 月 11 号成功发射的 Landsat-OLI 卫星影像，预处理完成后在 ENVI 中提取 OLI1-5、7、8 波段的反射率值并计算研究区各相关植被指数，包括归一化植被指数 NDVI、差值植被指数 DVI、比值植被指数 RVI、垂直植被指数 PVI、土壤调整植被指数 SAVI、绿度植被指数 GVI、重归一化植被指数 RDVI 及增强型植被指数 EVI，利用 SPSS 19.0 软件，以互花米草实测生物量数据为因变量，相关性分析中与其显著相关的 8 个遥感信息为自变量，对 22 组实测地上生物量及与其显著相关的 8 个遥感信息进行一元线性回归分析、一元非线性回归分析（对数函数、二次多项式、三次多项式、复合函数、幂函数、S 型曲线函数、生长函数及指数函数）和多元线性回归分析（采用逐步回归法对自变量与因变量进行分析，根据自变量对方程影响显著性的大小，将其逐步引入到或剔除出回归模型中，直到方程不再有可淘汰或可引入的变量），建立回归模型。

基于建立好的模型对浙江省沿海滩涂入侵物种互花米草种群进行地上生物量估算，通过模型估算得到 2013 年浙江省外来入侵物种互花米草的地上生物量总值为 70 944 t。

9.4　总结与展望

9.4.1　总结

本章利用“3S”技术不仅对浙江沿海滩涂湿地入侵物种互花米草群落的时空分布及未来扩展动态进行了分析和预测，而且结合遥感信息与野外实地采样测量数据建立了遥感生物量估算模型，并对浙江沿海的互花米草群落的地上生物量总量进行了计算。在此我们选用的是美国陆地卫星系列 Landsat TM、Landsat ETM 及 Landsat OLI 多光谱遥感影像数据，其影像的光谱信息丰富，但空间分辨率不是很高。而我们的研究区域为浙江沿海滩涂，这属于较大尺度的景观类型，且沿海滩涂上的植物种类较为单一，重叠生境较少，故此类卫星影像的空间分辨率对于较大尺度的景观类型来说可以保证研究精度。

互花米草在浙江沿海滩涂上快速扩张由人类人为引进种植、其大量种子的生产、有力的克隆生长及缺乏本地物种的有力竞争等因素共同造成。基于“3S”技术对其在象山港区域的时空动态分析获知，近 30 年来象山港区域的互花米草群落面积扩展整体上呈现先快后慢趋势，由 2014 年之前的面积快速增长，年均增长率超过 20%，到 2014 年以后大幅下降至 5%都不到，直至未来 16 年年增长率进一步降低至 1%左右；到 2030 年，象山港入侵物种互花米草群落的空间分布范围将进一步扩大，分布范围更加广泛，从 2002 年的集中分布在西沪港地区开始向海岸线东西方向扩展，其分布面积最大的为西沪港；关于互花米草在此区域的增长率和面积自 2014 年后迅速下降这一问题，我们认为与光滩面积限制、人类的养殖活动或其他干扰、本地物种竞争等都有一定的关系，但具体受到哪些因子的影响及影响机制仍然需要进一步的分析与研究。

互花米草在浙江沿海地区的生长和疯狂扩张给当地的生态系统、经济发展及沿海岸滩涂的开发等都带来极为不利的影响，目前尝试使用物理、化学和生物等方法对其进行消灭，但就当前研究和实践来看，由于其自身生命力和繁殖力的特性，对于成熟互花米草群落，彻底清除不仅费时费力且希望渺茫。互花米草作为浙江沿海滩涂湿地生态系统中的主要生产者，是一种潜在的生物质能资源，在资源日益紧缺的今天，应当合理利用互花米草本身的生态和经济价值，寻找有效的开发与应用途径，这样不仅可以获得经济效益，也可以通过持续收获达到抑制其恶性扩展的目的（朱洪光等，2007）。在合理有效地对互花米草潜在的生物质能进行开发和利用之前，对其潜在生物质能进行估算已经成为必然。随着遥感技术的飞速发展和广泛应用，利用遥感信息来研究植被生物量已是一个重要技术手段，更可为植被生物量估算提供一种快速、经济、方便和可靠的途径。

本研究中利用 Landsat OLI 卫星遥感数据的多光谱波段的反射率及其派生的各植被指数数据，分析了浙江沿海滩涂入侵物种互花米草地上生物量同遥感信息之间的相关关系，建立互花米草地上生物量遥感估算模型并对浙江沿海滩涂湿地的互花米草群落地上生物量总量进行估算，得出 2013 年其总生物量为 70 944 t。

9.4.2 展望

由于时间和研究力量的限制，本研究只做了浙江沿海滩涂入侵物种互花米草时空动态预测、生物量估测模型构建及生物质能估算研究，但对于浙江沿海地区入侵物种互花米草的研究远不止于此，我们希望接下来还可进一步从以下几个方面对其进行更深入的探讨。

（1）关于互花米草群落在浙江沿海滩涂的面积和年增长率自 2014 年后迅速下降这一问题，我们认为与光滩面积限制、人类的养殖活动或其他干扰、本地物种竞争等都有一定的关系，但具体受到哪些因子的影响及影响机制在本研究中未能深究，希望下一步可以对其做进一步研究和探讨。

（2）在本研究中，只是利用“3S”技术得出浙江省互花米草群落的地上生物量总量，由于遥感技术的限制，并未能测得其地下生物量状况。地下生物量的测定目前仍然比较费时费力，希望能发展一种科学高效的方法来测量互花米草的地下生物量。

（3）另外，有关于互花米草生物质能的开发和利用问题，目前也还没有找到一种十分合理有效并具有较大经济价值的转化方式。在接下来的研究中，可以将专项研究实验与基础理论相结合，研发可使互花米草生物质能高效合理转化的技术。

（4）最后，互花米草的入侵对浙江本地物种也产生了一定的影响，包括动物、植物及微生物等。在我们的野外调查采样过程中，有当地人向我们反映互花米草的生长不仅给蟹虾贝类的繁殖生长带来不利影响，也给当地一种海洋藻类物种——浒苔的收成带来影响，故为了研究这两个物种之间有无竞争及其竞争机制，我们认为接下来有必要对这个两物种进行野外竞争实验研究，探讨其竞争的机制。

（邱亚会、卢剑波）

参考文献

布仁仓, 常禹, 胡远满, 等. 2005. 基于Kappa系数的景观变化测度——以辽宁省中部城市群为例. 生态学报, 25(4): 778-784.

曹庆先, 徐大平, 鞠洪波. 2011. 基于TM影像纹理与光谱特征和KNN方法估算5种红树林群落生物量. 林业科学研究, 24(2): 144-150.

陈立立, 余岩, 何兴金. 2008. 喜旱莲子草在中国的入侵和扩散动态及其潜在分布区预测. 生物多样性, 16(6): 578-585.

陈鹏飞, 王卷乐, 廖秀英, 等. 2010. 基于环境减灾卫星遥感数据的呼伦贝尔草地地上生物量反演研究. 自然资源学报, 25(7): 1122-1131.

范文义, 李明泽, 杨金明. 2011. 长白山林区森林生物量遥感估测模型. 林业科学, 47(10): 16-20.

冯秀, 仝川, 张鲁, 等. 2006. 内蒙古白音锡勒牧场区域尺度草地退化现状评价. 自然资源学报, 21(4): 575-583.

冯志轩, 罗贤, 高抒. 2007. 江苏盐城自然保护区核心区环境动态的遥感分析. 海洋通报, 26(6): 68-74.

龚建周, 刘彦随, 张灵. 2010. 广州市土地利用结构优化配置及其潜力. 地理学报, 65(11): 1391-1400.

何涛. 2006. 应用 MODIS 数据对荒漠草原生物量监测的研究. 北京: 中国农业科学院硕士研究生学位论文.

胡上序, 焦力成. 1994. 人工神经元计算导论. 北京: 科学出版社.

胡雪丽, 徐凌, 张树深. 2013. 基于 CA-Markov 模型和多目标优化的大连市土地利用格局. 应用生态学报, 24(6): 1652-1660.

黄超. 2011. 基于 CA-Markov 模型的福州市景观格局动态模拟研究. 福州: 福建农林大学硕士研究生学位论文.

黄华梅, 张利权, 高占国. 2005. 上海滩涂植被资源遥感分析. 生态学报, 25(10): 2686-2693.

黄华梅, 张利权, 袁琳. 2007. 崇明东滩自然保护区盐沼植被的时空动态. 生态学报, 27(10): 4166-4172.

黄木易, 王纪华, 黄义德, 等. 2004. 高光谱遥感监测冬小麦条锈病的研究进展. 安徽农业大学学报, 31(1): 119-122.

黎夏, 叶嘉安, 刘小平. 1999. 地理模拟系统: 元胞自动机与多智体. 北京: 科学出版社.

黎夏, 叶嘉安, 王树功, 等. 2006. 红树林湿地植被生物量的雷达遥感估算. 遥感学报, 10(3): 387-396.

李贺鹏, 张利权, 王东辉. 2006. 上海地区外来种互花米草的分布现状. 生物多样性, 14(2): 114-120.

李婧, 高抒, 李炎. 2006. 江苏海岸王港地区盐沼植被变化的 TM 图像分析. 海洋科学, 30(5): 52-57.

林清山, 洪伟, 吴承祯, 等. 2010. 永春县柑橘林生态系统的碳储量及其动态变化. 生态学报, 30(2): 309-316.

刘海华, 李玉宝. 2007. 1993-2003年间温州沿海互花米草变迁. 温州大学学报(自然科学版), 28(5): 19-24.
刘永学, 李满春, 张忍顺. 2004. 江苏沿海互花米草盐沼动态变化及影响因素研究. 湿地科学, 2(2): 116-121.
龙瀛, 沈振江, 毛其智, 等. 2010. 基于约束性CA方法的北京城市形态情景分析. 地理学报, 65(6): 643-655.
梅安新, 彭望禄, 秦其明. 2001. 遥感导论. 北京: 高等教育出版社.
牛志春, 倪绍祥. 2003. 青海湖地区草地植被生物量遥感监测模型. 地理学报, 58(5): 695-702.
潘卫华, 陈家金, 李丽纯, 等. 2009. 福建罗源湾互花米草的遥感动态监测. 中国农学通报, 25(13): 216-219.
潘卫华, 陈家金, 张春桂, 等. 2011. 福建沿海水域互花米草蔓延的动态监测分析. 中国农业气象, 32(增1): 174-177.
沈芳, 周云轩, 张杰, 等. 2006. 九段沙湿地植被时空遥感监测与分析. 海洋与湖沼, 37(6): 498-504.
孙飒梅. 2005. 三都湾互花米草的遥感监测. 台湾海峡, 24(2): 223-227.
唐廷贵, 张万钧. 2003. 论中国海岸带大米草生态工程效益与"生态入侵". 中国工程科学, 5: 15-20.
王东辉, 张利权, 管玉娟. 2007. 基于CA模型的上海九段沙互花米草和芦苇种群扩散动态. 应用生态学报, 18(12): 2807- 2813.
王光华, 刘琪璟. 2012. 基于TM影像估算北京山区乔木林生物量. 福建林学院学报, 32(2): 120-124.
王红岩, 高志海, 王率瑜, 等. 2010. 基于TM遥感影像丰宁县森林地上生物量估测研究. 安徽农业科学, 38(32): 18472-18474, 18517.
王静, 郭铌, 王振国, 等. 2010. 甘南草地地上部生物量遥感监测模型. 干旱气象, 28(2): 128-133.
王树功, 黎夏, 周永章. 2004. 湿地植被生物量测算方法研究进展. 地理与地理信息科学, 20(5): 104-109.
王新欣, 朱进忠, 范燕敏, 等. 2008. 利用EOS/MODIS植被指数建立草地估产模型的研究. 新疆农业科学, 45(5): 843-846.
王新欣, 朱进忠, 范燕敏, 等. 2009. 基于MODIS-NDVI的天山北坡中段草地动态估产模型研究. 草业科学, 26(7): 24-27.
王正兴, 刘闯, 赵冰茹, 等. 2005. 利用MODIS增强型植被指数反演草地地上生物量. 兰州大学学报(自然科学版), 41(2): 10-16.
邬建国. 2001. 景观生态学: 格局、过程、尺度与等级. 北京: 高等教育出版社.
吴晓青, 胡远满, 贺红士, 等. 2008. SLEUTH城市扩展模型的应用与准确性评估. 武汉大学学报(信息科学版), 33(3): 293-296.
徐建华. 2004. 现代地理学中的数学方法. 北京: 高等教育出版社.
杨国清, 刘耀林, 吴志峰. 2007. 基于CA-Markov模型的土地利用格局变化研究. 武汉大学学报(信息科学版), 32(5): 414-418.
杨英莲, 邱新法, 殷青军. 2007. 基于MODIS增强型植被指数的青海省牧草产量估产研究. 气象, 33(6): 102-106.
于海燕, 邵卫伟, 韩明春, 等. 2010. 浙江省典型生态系统外来入侵物种调查研究. 中国环境监测, 26(5): 70-75.
张鸿辉, 曾永年, 谭荣, 等. 2011. 多智能体区域土地利用优化配置模型及其应用. 地理学报, 66(7): 972-984.
张连义, 张静祥, 赛音吉亚, 等. 2008. 典型草原植被生物量遥感监测模型——以锡林郭勒盟为例. 草业科学, 25(4): 31-36.
张鲁. 2005. 内蒙古白音锡勒牧场土地覆盖变化的景观格局分析及草地估产. 呼和浩特: 内蒙古大学硕士研究生学位论文.

张忍顺, 沈永明, 陆丽云. 2005. 江苏沿海互花米草盐沼的形成过程. 海洋与湖沼, 36(4): 358-366.

张旭. 2012. 基于 CA-MARKOV 模型的甘南州土地利用预测研究. 兰州: 兰州大学硕士研究生学位论文.

章莹, 卢剑波. 2010. 外来入侵物种互花米草(*Spartina alterniflora*)及凤眼莲(*Eichhornia crassipes*)的遥感监测研究进展. 科技通报, 26(1): 130-137.

赵清, 郑国强, 黄巧华. 2007. 南京森林景观格局特征与空间结构优化. 地理学报, 62(8): 870-878.

赵文亮, 贺振, 贺俊平, 等. 2012. 基于 MODIS-NDVI 的河南省冬小麦产量遥感估测. 地理研究, 31(12): 2310-2320.

赵英时. 2003. 遥感应用分析原理与方法. 北京: 科学出版社.

赵月琴, 卢剑波. 2007. 浙江省主要外来入侵种的现状及控制对策分析. 科技通报, 23(4): 487-491.

浙江省人民政府网. 2014a. 地理概况. http://www.zj.gov.cn/col/col922/index.html.

浙江省人民政府网. 2014b. 自然资源. http://www.zj.gov.cn/col/col924/index.html.

朱洪光, 陈小华, 唐集兴. 2007. 以互花米草为原料生产沼气的初步研究. 农业工程学报, 23(5): 201-204.

Alexakis D D, Gryllakis M G, Koutroulis A G, et al. 2014. GIS and remote sensing techniques for the assessment of land use change impact on flood hydrology: the case study of Yialias Basin in Cyprus. Natural Hazards and Earth System Sciences, 14: 413-426.

Benedetti R, Rossini P. 1993. On the use of NDVI profiles as a tool for agricultural statistics: The case study of wheat yield estimate and forecast in Emilia Romagna. Remote Sensing of Environment, 45(3): 311-326.

Boyd D S, Foody G M, Curran P J. 1999. The relationship between the biomass of Cameroonian tropical forests and radiation reflected in middle infrared wavelength. International Journal of Remote Sensing, 20(5): 1017-1023.

Brown S. 2002. Measuring carbon in forests: Current status and future challenges. Environmental Pollution, 116(3): 363-372.

Callaway J C, Josselyn M N. 1992. The introduction and spread of smooth cordgrass (*Spartina alterniflora*) in South San Francisco Bay. Estuaries, 15: 218-226.

Chambers J Q, Asner G P, Morton D C, et al. 2007. Regional ecosystem structure and function: ecological insights from remote sensing of tropical forests. Trends in Ecology and Evolution, 22(8): 414-423.

Chen C, Chen J, Hu B, et al. 2007. Potential distribution of alien invasive species and risk assessment: a case study of *Erwinia amylovora* in China. Agricultural Sciences in China, 6(6): 688-695.

Chen Z, Li B, Zhong Y, et al. 2004. Local competitive effects of introduced *Spartina alterniflora* on *Scirpus mariqueter* at Dongtan of Chongming Island, the Yangtze River estuary and their potential ecological consequences. Hydrobiologia, 528(1-3): 99-106.

Claverie M, Demarez V, Duchemin B, et al. 2012. Maize and sunflower biomass estimation in southwest France using high spatial and temporal resolution remote sensing data. Remote Sensing of Environment, 124: 844-857.

Costanza R, d'Arge R, de Groot R, et al. 1997. The value of the world's ecosystem services and natural capital. Nature, 387: 253-260.

Crist E P. 1985. A TM tasseled cap equivalent transformation for reflectance factor data. Remote Sensing of Environment, 17(3): 301-306.

Daehler C C, Strong D R. 1996. Status, prediction and prevention of introduced cordgrass *Spartina* spp. invasions in Pacific estuaries, USA. Biological Conservation, 78: 51- 58.

Du H S, Hasi E, Yang Y, et al. 2012. Land coverage changes in the Hulun Buir Grassland of China based on the Cellular Automata-Markov Model. International Conference on Geological and Environmental Sciences. Singapore: IACSIT Press: 69-74.

Elijah R I, Amina R. 2005. Leaf optical property changes associated with the occurrence of *Spartina alterniflora* dieback in coastal Louisiana related to remote sensing mapping. Photogrammetric Engineering & Remote Sensing, 71(3): 299-311.

Fertig W, Reiners W A. 2002. Predicting presence/absence of plant species for range mapping: A case study from Wyoming. *In*: Scott J M, Heglund P J, Morrison M L, et al. Predicting Species Occurrences: Issues of Accuracy and Scale. Washington, DC: Island Press: 483-489.

Fleishman E, MacNally R, Fay J P, et al. 2001. Modeling and predicting species occurrences using broad-scale environmental variables: An example with butterflies of the Great Basin. Conservation Biology, 15: 1674-1685.

Gallaun H, Zanchi G, Nabuurs G-J, et al. 2010. EU-wide maps of growing stock and above-ground biomass in forests based on remote sensing and field measurements. Forest Ecology and Management, 260: 252-261.

Heinz G, Giuliana Z, Gert-Jan N, et al. 2010. EU-wide maps of growing stock and above-ground biomass in forests based on remote sensing and field measurements. Forest Ecology and Management, 260: 252-261.

Hinklea R L, Mitsch W J. 2005. Salt marsh vegetation recovery at salt hay farm wetland restoration sites on Delaware Bay. Ecological Engineering, 25: 240-251.

Huang H M, Zhang L Q, Guan Y J, et al. 2008. A cellular automata model for population expansion of *Spartina alterniflora* at Jiuduansha Shoals, Shanghai, China. Estuarine, Coastal and Shelf Science, 77: 47-55.

Huang H M, Zhang L Q. 2007. A study of the population dynamics of *Spartina alterniflora* at Jiuduansha shoals, Shanghai, China. Ecological Engineering, 29: 164-172.

Huete A R. 1988. A soil-adjusted vegetation index (SAVI). Remote Sensing of Environment, 25(3): 295-309.

Jackson R D. 1983. Spectral indices in N-Space. Remote Sensing of Environment, 13: 409-421.

Jamal J A, Wolfgang K, Mousivand A J. 2011. Tracking dynamic land-use change using spatially explicit Markov Chain based on cellular automata: the case of Tehran. International Journal of Image and Data Fusion, 2(4): 329-345.

Kim I, Jeong G Y, Park S, et al. 2011. Predicted land use change in the Soyang River Basin, South Korea. TERRECO Science Conference. Garmisch-Partenkirchen: Karlsruhe Institute of Technology: 17-24.

Laba M, Downs R, Smith S, et al. 2008. Mapping invasive wetland plants in the Hudson River National Estuarine Research Reserve using Quickbird satellite imagery. Remote Sensing of Environment, 112: 286-300.

Li R D, Liu J Y. 2002. Wetland vegetation biomass estimation and mapping from Landsat ETM data: A case study of Poyang Lake. Journal of Geographical Sciences, 12(1): 35-41.

Li X, Liu K, Wang S G. 2001. Mangrove wetland changes in the Pearl River Estuary using remote sensing. Acta Geographica Sinica, 56(5): 532-540.

Liu D S, Song K, John R G, et al. 2008. Using local transition probability models in Markov random fields for forest change detection. Remote Sensing of Environment, 112: 2222-2231.

Lu D. 2006. The potential and challenge of remote sensing-based biomass estimation. International Journal of Remote Sensing, 27: 1297-1328.

Lu J B, Zhang Y. 2013. Spatial distribution of an invasive plant *Spartina alterniflora* and its potential as biofuels in China. Ecological Engineering, 52: 175-181.

Lyon J G, Yuan D, Lunetta R, et al. 1998. A change detection experiment using vegetation indices. Photogrammetric Engineering & Remote Sensing, 64(2): 143-150.

Marco D E, Paez S A, Cannas S A. 2002. Species invasiveness in biological invasions: A modelling approach Biological Invasions, 4: 193-205.

Mitsch W J, Gosselink J W. 2007. Wetlands (4th ed). New York: John Wiley & Son.

Mitsova D, Shuster W, Wang X. 2010. A cellular automata model of land cover changes to integrate urban growth with open space conservation. Landscape and Urban Planning, 99: 19-153.

Moreau S, Toan T L. 2003. Biomass quantification of Andean wet land forages using ERS satellite SAR data for optimizing livestock management. Remote Sensing of Environment, 84: 477-492.

Odum E P. 2000. Tidal marshes as outwelling/Pulsing systems. *In*: Weinstein M P, Kreeger D A. Concepts and Controversies in Tidal Marsh Ecology. New York, Boston, Dordrecht, London, Moscow: Kluwer Academic Publishers.

Olga L P, Cristian H, Francisco J M. 2014. Assessing spatial dynamics of urban growth using an integrated land use model. Application in Santiago Metropolitan Area, 2010–2045. Land Use Policy, 38: 415-425.
Omar N Q O, Ahamad M S S, Wan Hussin W M A, et al. 2014. Markov CA, multi regression, and multiple decision making for modeling historical changes in Kirkuk City, Iraq. Journal of the Indian Society of Remote Sensing, 42(1): 165-178.
Patenaude G, Milen R, Dawson T P. 2005. Synthesis of remote sensing approaches for forest carbon estimation: Reporting to the Kyoto Protocol. Environmental Science and Policy, 8(2): 161-178.
Pavel P. 2012. Modifying geographically weighted regression for estimating aboveground biomass in tropical rainforests by multispectral remote sensing data. International Journal of Applied Earth Observation and Geoinformation, 18: 82-90.
Pengra B W, Johnston C A, Loveland T R. 2007. Mapping an invasive plant, *Phragmites australis*, in coastal wetlands using the EO-I Hyperion hyperspectral sensor. Remote Sensing of Environment, 108: 74-81.
Peterson A T, Vieglais D A. 2001. Predicting species invasions using ecological niche modeling: New approaches from bioinformatics attack a pressing problem. BioScience, 51: 363-371.
Pontius J, Schneider L C. 2001. Land cover change model validation by a ROC method for the Ipswich watershed, Massachusetts, USA. Ecosystems and Environment, 85: 239-248.
Pontius J. 2000. Quantification error versus location error in comparison of categorical maps. Photogrammetric Engineering and Remote Sensing, 66(8): 1011-1016.
Powell S L, Cohen W B, Healey S P, et al. 2010. Quantification of live aboveground forest biomass dynamics with l time-series and field inventory data: A comparison of empirical modeling approaches. Remote Sensing of Environment, 114 (5): 1053-1068.
Qing L H, Huete A. 1995. A feedback-based modification of the NDVI to minimize canopy background and atmospheric noise. IEEE Transactions on Geoscience and Remote Sensing, 33(2): 457-465.
Ramsey III E, Rangoonwala A, Suzuoki Y, et al. 2011. Oil detection in a coastal marsh with polarimetric synthetic aperture radar (SAR). Remote Sensing, 3: 2630-2662.
Reberto B, Paolo R. 1993. On the use of NDVI profiles as a tool for agricultural statistics: The case study of wheat yield estimate and forecast in Emilia Romagna. Remote Sensing of Environment, 45: 311-326.
Rosso P H, Ustin S L, Hastings A. 2006. Use of lidar to study changes associated with *Spartina* invasion in San Francisco Bay marshes. Remote Sensing of Environment, 100: 295-306.
Roujean J L, Breon F M. 1995. Estimating PAR absorbed by vegetation from bidirectional reflectance measurements. Remote Sensing of Environment, 51: 375-384.
Rouse J W, Haas R H, Schell J A, et al. 1974. Monitoring vegetation systems in the Great Plains with ERTS. Washington, D.C.: NASA Special Publication: 309.
Sanchayeeta A, Jane S. 2012. Simulating forest cover changes of Bannerghatta National Park based on a CA-Markov Model: A Remote Sensing Approach. Remote Sensing, 4: 3215-3243.
Sang L, Zhang C, Yang J, et al. 2011. Simulation of land use spatial pattern of towns and villages based on CA-Markov model. Mathematical and Computer Modelling, 54: 938-943.
Schwarz J N, Schodlok M P. 2009. Impact of drifting icebergs on surface phytoplankton biomass in the Southern Ocean: Ocean colour remote sensing and *in situ* iceberg tracking. Deep-Sea Research, 56: 1727-1741.
Scott J M, Heglund P J, Morrison M L. 2002. Predicting Species Occurrences: Issues of Accuracy and Scale. Washington, DC: Island Press.
Tian X, Su Z B, Chen E X, et al. 2012. Estimation of forest above-ground biomass using multi-parameter remote sensing data over a cold and arid area. International Journal of Applied Earth Observation and Geoinformation, 14: 160-168.
Till N, Gregory S B, Luciano V D, et al. 2005. Markov point processes for modeling of spatial forest patterns in Amazonia derived from interferometric height. Remote Sensing of Environment, 97: 484-494.
Torrens P M. 2003. Automata-based models of urban systems. *In*: Longley P A, Batty M. Advanced Spatial Analysis: The CASA Book of GIS. Redlands: ESRI Press: 61-80.
Wang Q, Jørgensen S E, Lu J J, et al. 2013. A model of vegetation dynamics of *Spartina alterniflora* and

Phragmites australis in an expanding estuarine wetland: Biological interactions and sedimentary effects. Ecological Modelling, 250: 195-204.

Weiser R L, Asrar G, Miller G P, et al. 1986. Assessing grassland biophysical characteristics from spectral measurements. Remote Sensing of Environment, 20: 19-152.

Wu W Y, Hacker S. 1999. Potential of *Prokelisia* spp. As biological control agents of English cordgrass, *Spartina anglica*. Biological Control, 16: 267-273.

Yang X, Zheng X Q, Chen R. 2014. A land use change model: Integrating landscape pattern indexes and Markov-CA. Ecological Modelling, 283: 1-7.

Yang X, Zheng X Q, Lv L N. 2012. A spatiotemporal model of land use change based on ant colony optimization, Markov chain and cellular automata. Ecological Modelling, 233: 11-19.

Zolkos S G, Goetza S J, Dubayah R. 2013. A meta-analysis of terrestrial aboveground biomass estimation using lidar remote sensing. Remote Sensing of Environment, 128: 289-298.

第 10 章　植物功能性状对城市湿地水体富营养化的响应研究进展

10.1 引　言

城市湿地是指位于城市区域内，由水文、地貌、动植物和微生物等要素构成的自然和人工系统等，相互联系相互作用而形成的具有防洪、污水净化和气候调节等特定功能的水陆过渡性质的生态系统（王建华和吕宪国，2007；董鸣等，2013）。城市湿地是城市复合生态系统重要的生态系统和景观类型，在维持城市生态系统安全方面具有不可替代的作用（郝敬锋等，2010）。作为重要的一种湿地生态系统，城市湿地除了具有自然湿地生态系统的一般特征和功能外，还与自然湿地生态系统有所不同：一方面城市湿地是城市生态安全的保障和城市文明的象征（潮洛蒙等，2003；曹新向等，2005；王建华和吕宪国，2007；董鸣，2018）；另一方面城市湿地承受着更为剧烈的人类干扰，也是城市复合生态系统中营养物质的“汇”，因而城市湿地生态系统氮、磷负荷高，从而产生了如城市湿地生物多样性降低、生态系统服务功能退化等多种问题（潮洛蒙等，2003；张颖和刘方，2009）。

城市湿地水体富营养化问题主要是由于人类活动引起的氮、磷元素的过量输入和 N∶P 比例失调所导致的一系列生态问题。水体氮、磷浓度的增加，引起藻类大量繁殖，导致水体透明度和溶解氧降低，进而高等水生植物、鱼类和底栖动物大量死亡，水生态系统初级生产力和生物多样性指数降低，从而导致水生生态系统严重紊乱甚至崩溃（王建华和吕宪国，2007；田琳琳等，2012）。氮和磷元素对湿地植物的生长、发育以及繁殖都起着很重要的作用，同时氮磷比是决定群落结构和功能的关键性指标，也是对生产力起限制性作用的营养元素的指示剂（Koerselman and Meuleman，1996；Tessier and Raynal，2003）。

植物功能性状是指能影响植物生长、繁殖和存活的在从细胞到整个生物体的水平上可测量的任何形态、生理或物候特征，是能够对环境产生响应或对生态系统产生影响的有机体特征（Díaz and Cabido，2001），它是植物与环境直接作用的界面和相互联系的“桥梁”（王平等，2010）。植物功能性状与湿地水环境关系的研究，可为我们研究当前主要城市湿地水环境条件下的生态系统功能奠定基础，为预测未来全球变化对生态系统的影响提供方法和依据（孟婷婷等，2007），同时还可以阐明湿地植被对快速城市化等人为干扰的响应机制。

高等植物作为湿地的主要初级生产者，维持着整个生态系统的稳定，同时也是陆地、海洋、大气环境的物质交换的重要界面，很多重要的生态、物理、化学过程都是通过湿地植物来完成，同时，湿地植物也影响着生态系统碳的固持和营养物质的去除。湿地植物是湿地生态系统食物链的重要基础，同时也是各种野生动物的栖息地，特别是一些珍稀濒危鸟类的越冬及繁殖场所。最近的研究发现滨海湿地植被影响了沿海沙丘的地貌特征，在改变生境及生态系统的脆弱性方面具有积极的作用（Durán and Moore，2013），是滨海湿地重要的"生态系统工程师"（Jones et al.，1994）。然而，在富营养化这一重要的环境驱动力作用下，除了浮游生物群落结构、底栖生物、鱼类等生物的种类数量下降外，高等植物多样性及群落的结构和功能、功能性状也会产生重要的变化。因此，正确认识湿地高等植物对城市湿地水体富营养化（氮、磷的富集）的适应及响应，有助于人们对城市湿地生态系统的保护与恢复。

10.2 植物功能性状对湿地水体富营养化的响应

10.2.1 全株植物性状

全株植物性状包括植物生活史、最大生命周期、生活型、生长型、生物量、植株高度、克隆性、根冠比和相对生长速率等（Pérez-Harguindeguy et al.，2013）。在生活型上，有研究表明，根生浮叶型植物（rooted floating-leaved plants）更偏好生活在氮、磷营养较为丰富的水体之中（Stefanidis and Papastergiadou，2019）。湿地水体富营养化可直接通过水体氮、磷富集对植物的全株性状产生直接影响。例如，富营养化导致了新西兰的自然高位盐沼植物狐米草（*Spartina patens*）被低位盐沼植物互花米草（*S. alterniflora*）替代（Bertness et al.，2002），但是显著增加了中国滨海湿地外来入侵物种互花米草的生物量（Xu et al.，2020）。研究还发现，水体富营养化明显降低了滨海盐沼湿地植物根冠比和根生物量，增加了植物地上叶的生物量（Deegan et al.，2012）。在对芬兰湾西部的一个河口湿地的研究中发现，水体富营养化导致了植物功能性状从低氮含量、浅水植物为主转变为高氮含量和耐阴性植物为主（Pitkänen et al.，2013）。植株高度的变化可能导致群落内光环境的变化，进而可能导致群落内物种间对光资源竞争的加剧，进而可能降低群落的物种多样性（Hautier et al.，2009）。

Baattrup-Pedersen 等（2015）在群落尺度上分析了欧洲 772 条溪流湿地的植物功能性状与环境因子之间的关系，结果表明富营养化通过影响与光捕获和利用有关的功能性状（植株高度、分生组织特征）进而导致植物群落结构的改变。来自于 59 个不同富营养化水平的池塘的调查结果发现，总磷浓度的增加降低了没有存储器官的一年生植物的相对多度，而增加了有存储器官的一年生植物的相对多度（Arthaud et al.，2012）。水体营养水平也能影响湿地植物的生物力学性能，并进一步影响植物的生长（祝国荣等，2017）。研究发现高营养水平下生长的挺水植物水薄荷（*Mentha aquatica*）和沼泽勿忘草（*Myosotis scorpioides*）的抗弯性能比低营养水平小（Lamberti-Raverot and Puijalon，2012），而中-高营养水平下生长的沉水植物诺氏大叶藻（*Zostera noltii*）抗拉性能也比低营养时小（La Nafie et al.，2012）。

对植株相对生长速率的影响上，有研究表明湿地水体中 NH_4^+ ：NO_3^- 比值的升高会显著降低典型湿地植物芦苇（*Phragmites australis*）的相对生长速率（Tylová et al.，2013）。

另外在对一些沉水植物的研究中也发现了类似的结果。例如，Zhang 等（2013）在对穗状狐尾藻（*Myriophyllum spicatum*）的研究中发现，当沉积物孔隙水中 NH_4Cl 浓度大于 400 mg/L 时，狐尾藻的相对生长速率也会显著降低；王爱丽等（2015）的研究结果也表明，当水体中氨氮浓度<3.5 mg/L 时，氨氮作为氮源被穗状狐尾藻吸收利用，有利于其生长，而当水体中氨氮浓度>3.5 mg/L 时，穗状狐尾藻体内生理学性状发生显著改变（叶绿素 a、可溶性蛋白含量下降，脯氨酸含量明显上升，SOD 酶活性显著升高），同时其生长也受到显著抑制。陈国玲等（2018）对滇池流域沉水植物衰退和消失驱动因子的研究结果也说明氨氮是驱动流域沉水植物分布和群落结构变化的主导因子，高浓度的氨氮导致沉水植物黑藻（*Hydrilla verticillata*）、金鱼藻（*Ceratophyllum demersum*）和篦齿眼子菜（*Stuckenia pectinatus*）的死亡速率增加。

除了确切的浓度外，湿地水体氮磷比（N∶P）的变化也会对植物全株性状产生显著影响。Fujita 等（2014）研究发现，植株生长速率放缓、繁殖率降低的现象与高 N∶P 显著相关。Tylová 等（2013）研究也发现，湿地沉积物孔隙水中同等的氮浓度条件下，当 N∶P 为 9.5 时，挺水植物生长显著加强，而当 N∶P 为 95 时，其生长则受到显著抑制，生物量相对减少。

10.2.2　叶片性状

湿地水体氮、磷的富集可显著增加叶片的氮磷含量、光合速率、呼吸速率，改变叶面积、比叶面积、氮磷比等（Wright and Sutton-Grier，2012；刘晓娟和马克平，2015；Hu et al.，2017；Mao et al.，2017）。王强等（2012）通过对 14 条环太湖河流水质与水生植物氮、磷含量的关系研究表明，水生植物磷含量与水体磷含量存在一定正相关关系。钟欣孜（2018）对鄱阳湖湿地植物叶片氮、磷含量对环境营养变化的响应研究结果也表明，植物叶 N_{mass}、叶 P_{mass} 含量均与土壤孔隙水 P 含量呈显著正相关关系，而与氮磷比呈显著负相关关系，说明鄱阳湖湿地植被的生长当前可能主要受磷元素的限制。Hu 等（2017）对全国范围内 58 个研究地的典型湿地植物芦苇的研究发现，芦苇（*Phragmites australis*）叶片氮和磷含量随着底泥中可利用性磷的增加而显著增加。湿地富营养化水体中磷元素的过量可能会导致植物单叶面积减小，最直接的证据就是生长在富营养化水体中的植物大都以喜旱莲子草（*Alternanthera philoxeroides*）、槐叶苹（*Salvinia natans*）和浮萍（*Lemna minor*）等小叶漂浮类植物为主，但是磷含量是否是直接原因还需更多相关研究加以佐证。Klok 和 van der Velde（2017）通过对睡莲属（*Nymphaea*）3 种植物的叶性状对环境因子的响应研究结果表明，富营养化可以显著增加叶片数量、叶长度、叶生物量和叶面积，缩短叶寿命和营养生长周期。Zervas 等（2019）对希腊 19 个湖泊型湿地植物功能性状与水体营养之间的关系研究结果表明，湿地植被类型由较小叶面积的管状/毛细管型叶型的沉水植物向相对较大叶面积的全叶型的漂浮型植被转变，其最主要的驱动因子就是水体富营养化程度的逐渐升高。此外，这些性状的变化，还可能会影响凋落物的物理特征和化学成分，进而影响凋落物的分解过程、分解速率、养分释放和停留时间等（Cornelissen and Thompson，1997）。例如，最近的研究表明，富营养化加快了植物凋落物有机质的分解速率（Balasubramania et al.，2012；Deegan et al.，2012），而氮添加导致的功能性状的变化则可降低大叶藻（*Zostera marina*）叶片的适口性（Tomas et al.，2011）。张新厚等（2018）的研究结果表明，人类活动引起的湿地磷富营养化会通过提高典型湿地植物大叶章（*Deyeuxia purpurea*）凋落物植物组织的养分含量（叶 N_{mass} 和叶 P_{mass}），改变其在立枯阶段的养分释放动态，从而对生态系统的养分循环产生重要影响。

10.2.3 根性状

水体氮含量的变化也改变了湿地植物对于其所吸收碳元素的分配策略：由于湿地水体能够提供充足的氮元素，植物无需将碳大量分布于植物根部以加强其对氮元素的吸收，所以在氮过量的富营养化水体中，湿地植物主根长度减小、侧根减少，根冠比也相对减小，这在部分漂浮植物和挺水植物表现明显（王琪和徐程扬，2005；Grasset et al.，2015；魏高杰等，2018）。在一定范围内，外界环境磷含量与植株根系数量、长度、根组织密度和根冠比等功能性状也存在一定负相关关系（徐利平和刘慧春，2008；熊汉锋等，2007；Lamberti-Raverot and Puijalon，2012；Mao et al.，2017）。

10.2.4 茎性状

水体营养物质的变化还可能导致一些植物的死亡，其主要原因一方面在于富营养化使得沉积物疏松柔软且呈胶状质地，进而导致其内聚力降低，植物的锚地力（根被破坏或整个植株包括大部分根系被从沉积物中强行移除的力）也减小，所以在遭遇风浪、鱼虾类啃食等外界机械破坏力后很容易被连根拔起（Sand-Jensen and Møller，2014）；另一方面则可能是 N、P 增加导致植物 C∶N 和 C∶P 减小，使得茎的生长得到较大促进，而对根的生长作用则较小，植株生长的稳定性降低，从而导致植物对滨海湿地高盐、低水分和强风浪等特殊生境的伪适应（Darby and Turner，2008；Lenormand et al.，2009；Lovelock et al.，2009；Lamberti-Raverot and Puijalon，2012；Tylová et al.，2013；Mao et al.，2017）。对滨海红树林湿地的研究发现，营养的过度富集促进了红树林的生长，然而枝干的生长速率显著高于根的生长，造成根冠比例失调，导致了红树林死亡率的增加（Lovelock et al.，2009）。而在美国西海岸的一个滨海湿地的实验表明，水体 N 浓度的增加能促进湿地生态系统优势物种太平洋盐角草（*Sarcocornia pacifica*）的生长，而亚优势种的盐草（*Distichlis spicata*）和 *Jaumea carnosa* 却没有显著的变化，从而富营养化可能导致滨海湿地生态系统植物多样性的降低（Ryan and Boyer，2012）。Zhu 等（2014）在温室实验中发现氮的增加显著降低了湿地沉水植物穗状狐尾藻（*Myriophyllum spicatum*）茎的生物力学性能和非结构性碳水化合物含量。王琦等（2018）对云南滇池的研究结果表明，随着氮、磷营养物质的增加，海菜花（*Ottelia acuminata*）、轮藻纲（Charophyceae）、大茨藻（*Najas marina*）等物种大量消亡或生长退化，沉水植物的分布、种类及生物量均逐渐减少。此外，富营养化还可能会通过改变外来入侵植物的功能性状进而增强其入侵性。Xiao 等（2019）的研究结果表明，富营养化可能通过增加外来入侵植物喜旱莲子草的根冠比，进而增强其根系分泌化感物质的能力，从而使得空心莲子草在与本地物种黄花水龙（*Ludwigia peploides* subsp. *stipulacea*）的竞争中获胜。Wang 等（2019）研究了两种外来入侵漂浮植物凤眼蓝（*Eichhornia crassipes*）和大薸（*Pistia stratiotes*）在不同的水体营养化学计量特征下的性状表现，研究结果表明，富营养化导致两种植物与资源利用相关的性状（比叶面积、比根长、叶质量比、根质量比）收敛、侧根长发散，进而使得两种入侵植物的生态位更加分化，可能促进两种外来入侵植物更加稳定的存在。

10.2.5　繁殖性状

繁殖性状主要包括花性状、果性状、种子性状以及一些克隆生殖性状等。富营养化可能通过改变繁殖性状进而影响植物种群或群落的更新和扩散，如种子萌发、幼苗生长和死亡等。对滨海湿地的红树林的研究发现，营养的富集促进了红树林的生长，然而枝干的生长速率高于根的生长，从而导致了红树林死亡率的增加（Lovelock et al.，2009）。对富营养水体中总氮与总磷比对苦草生长的影响研究表明，水体氮磷比变化会显著影响苦草块茎数量的变化（文明章等，2008）。Henriot 等（2019）的研究结果表明，水体总磷和总有机碳含量与湿地植物欧亚萍蓬草（*Nuphar lutea*）的花和种子的数量呈显著正相关关系，而更多的花和种子则可能导致萍蓬草种群优势度的增加。

10.3　研 究 展 望

城市湿地是珍贵的资源和重要的生态系统，有着不可替代的生态服务功能和社会服务功能，城市湿地是我们共同的家园。本研究就城市湿地植物功能性状与湿地水体氮磷含量的关系进行了综述，对湿地水体氮磷含量与植物功能性状的变化研究进行了探讨。总的来说，关于湿地植物特别是城市湿地植物功能性状与湿地水体氮磷富集之间关系的研究还比较少。在今后的研究中，可就以下几个问题展开研究：①湿地植物功能性状与多种环境因子的关系；②富营养化等干扰条件下湿地植物性状间的相互关系；③湿地植物功能性状变异（不同尺度、生境差异、气候、功能型、系统发育和生活史等）；④湿地植物功能性状关系的尺度依赖性；⑤湿地植物性状的环境指示和预测作用等（Reich et al.，1999；Craine et al.，2005；Wright and Sutton-Grier，2012）；⑥湿地水体富营养化过程中水体氮、磷及氮磷比对植物功能性状变化的相对作用大小（Ceulemans et al.，2011）。

（肖　涛、胡宇坤、宋垚彬、姜　丹、李文兵、董　鸣）

参 考 文 献

曹新向，翟秋敏，郭志永. 2005. 城市湿地生态系统服务功能及其保护. 水土保持研究, 12(1): 145-148.
潮洛蒙，李小凌，俞孔坚. 2003. 城市湿地的生态功能. 城市问题, (3): 9-12.
陈国玲，苏怀，董铭，等. 2018. 滇池流域沉水植物衰退和消失驱动因子的研究. 环境科学与技术, 41(2):

13-19.
董鸣. 2018. 城市湿地生态系统生态学. 北京: 科学出版社.
董鸣, 王慧中, 匡廷云, 等. 2013. 杭州城西湿地保护与利用战略概要. 杭州师范大学学报(自然科学版), 12(5): 385-390.
郝敬锋, 刘红玉, 胡俊纳, 等. 2010. 南京东郊城市湿地水质多尺度空间分异. 应用生态学报, 21(7): 1799-1804.
刘晓娟, 马克平. 2015. 植物功能性状研究进展. 中国科学: 生命科学, 45(4): 325-339.
孟婷婷, 倪建, 王国宏. 2007. 植物功能性状与环境和生态系统功能. 植物生态学报, 31(1): 150-165.
田琳琳, 庄舜尧, 杨浩. 2012. 城市湿地生态系统的结构特征及现存问题. 资源开发与市场, 28(2): 148-150, 174.
王爱丽, 孙旭, 陈乾坤, 等. 2015. 污水处理厂尾水中氨氮对穗花狐尾藻生长的影响. 生态学杂志, 34(5): 1367-1372.
王建华, 吕宪国. 2007. 城市湿地概念和功能及中国城市湿地保护. 生态学杂志, 26(4): 555-560.
王平, 盛连喜, 燕红, 等. 2010. 植物功能性状与湿地生态系统土壤碳汇功能. 生态学报, 30(24): 6990-7000.
王琦, 高晓奇, 肖能文, 等. 2018. 滇池沉水植物的分布格局及其水环境影响因子识别. 湖泊科学, 30(1): 157-170.
王琪, 徐程扬. 2005. 氮磷对植物光合作用及碳分配的影响. 山东林业科技, (5): 59-62.
王强, 卢少勇, 黄国忠, 等. 2012. 14 条环太湖河流水质与菱草、水花生氮磷含量. 农业环境科学学报, 31(6): 1189-1194.
魏高杰, 吴娟, 汪洁琼, 等. 2018. 富营养化对湿地植物衰退的研究进展. 世界生态学, 7(3): 185-192.
文明章, 郑有飞, 吴莱军. 2008. 富营养水体中总氮与总磷比对苦草生长的影响. 生态学杂志, 27(3): 414-417.
熊汉锋, 黄世宽, 陈治平, 等. 2007. 梁子湖湿地植物的氮磷积累特征. 生态学杂志, 26(4): 466-470.
徐利平, 刘慧春. 2008. 杭州西溪国家湿地公园水生植物资源调查. 浙江农业科学, (5): 555-557.
张新厚, 谭稳稳, 张加双, 等. 2018. 磷添加对三江平原湿地小叶章立枯质量和分解的影响. 生态环境学报, 27(2): 209-215.
张颖, 刘方. 2009. 城市湿地在城市生态建设中的作用及其保护对策. 环境科学与管理, 34(1): 140-144.
钟欣孜. 2018. 鄱阳湖湿地植物氮磷及其化学计量关系对土壤养分变化的响应. 南昌: 江西师范大学硕士研究生学位论文.
祝国荣, 张萌, 王芳侠, 等. 2017. 从生物力学角度诠释富营养化引发的水生植物衰退机理. 湖泊科学, 29(5): 1029-1042.
Arthaud F, Vallod D, Robin J, et al. 2012. Eutrophication and drought disturbance shape functional diversity and life-history traits of aquatic plants in shallow lakes. Aquatic Science, 74(3): 471-481.
Baattrup-Pedersen A, Göthe E, Larsen S E, et al. 2015. Plant trait characteristics vary with size and eutrophication in European lowland streams. Journal of Applied Ecology, 52: 1617-1628.
Balasubramanian D, Arunachalam K, Das A K, et al. 2012. Decomposition and nutrient release of *Eichhornia crassipes* (Mart.) Solms. under different trophic conditions in wetlands of eastern Himalayan foothills. Ecological Engineering, 44: 111-122.
Bertness M D, Ewanchuk P J, Silliman B R. 2002. Anthropogenic modification of New England salt marsh landscapes. Proceedings of the National Academy of Sciences of the United States of America, 99(3): 1395-1398.
Ceulemans T, Merckx R, Hens M, et al. 2011. A trait-based analysis of the role of phosphorus vs. nitrogen enrichment in plant species loss across North-west European grasslands. Journal of Applied Ecology, 48(5): 1155-1163.
Cornelissen J H C, Thompson K. 1997. Functional leaf attributes predict litter decomposition rate in herbaceous plants. New Phytologist, 135(1): 109-114.

Craine J M, Lee W G, Bond W J, et al. 2005. Environmental constraints on a global relationship among leaf and root traits of grasses. Ecology, 86(1): 12-19.

Darby F A, Turner R E. 2008. Effects of eutrophication on salt marsh root and rhizome biomass accumulation. Marine Ecology Progress Series, 363: 63-70.

Deegan L A, Johnson D S, Warren R S, et al. 2012. Coastal eutrophication as a driver of salt marsh loss. Nature, 490(7420): 388-392.

Díaz S, Cabido, M. 2001. Vive la différence: plant functional diversity matters to ecosystem processes. Trends in Ecology & Evolution, 16(11): 646-655.

Díaz S, Hodgson J G, Thompson K, et al. 2004. The plant traits that drive ecosystems: Evidence from three continents. Journal of Vegetation Science, 15(3): 295-304.

Durán O, Moore L J. 2013. Vegetation controls on the maximum size of coastal dunes. Proceedings of the National Academy of Sciences of the United States of America, 110(43): 17217-17222.

Fujita Y, Venterink H O, van Bodegom P M, et al. 2014. Low investment in sexual reproduction threatens plants adapted to phosphorus limitation. Nature, 505: 82-86.

Grasset C, Delolme C, Arthaud F, et al. 2015. Carbon allocation in aquatic plants with contrasting strategies: The role of habitat nutrient content. Journal of Vegetation Science, 26(5): 946-955.

Hautier Y, Niklaus P A, Hector A. 2009. Competition for light causes plant biodiversity loss after eutrophication. Science, 324(5927): 636-638.

Henriot C P, Cuenot Q, Levrey L H, et al. 2019. Relationships between key functional traits of the waterlily *Nuphar lutea* and wetland nutrient content. PeerJ, 7: e7861

Hu Y K, Zhang Y L, Liu G F, et al. 2017. Intraspecific N and P stoichiometry of *Phragmites australis*: Geographic patterns and variation among climatic regions. Scientific Reports, 7: 43018.

Jones C G, Lawton J H, Shachak M. 1994. Organisms as ecosystem engineers. Oikos, 69(3): 373-386.

Klok P F, van der Velde G. 2017. Plant traits and environment: floating leaf blade production and turnover of waterlilies. PeerJ, 5: e3212.

Koerselman W, Meuleman A F M. 1996. The vegetation N∶P ratio: a new tool to detect the nature of nutrient limitation. Journal of Applied Ecology, 33(6): 1441-1450.

La Nafie Y A, de los Santos C B, Brun F G, et al. 2012. Waves and high nutrient loads jointly decrease survival and separately affect morphological and biomechanical properties in the seagrass *Zostera noltii*. Limnology and Oceanography, 57: 1664-1672.

Lamberti-Raverot B, Puijalon S. 2012. Nutrient enrichment affects the mechanical resistance of aquatic plants. Journal of Experimental Botany, 63(17): 6115-6123.

Lenormand T, Roze D, Rousset F. 2009. Stochasticity in evolution. Trends in Ecology & Evolution, 24(3): 157-165.

Lovelock C E, Ball M C, Martin K C, et al. 2009. Nutrient enrichment increases mortality of mangroves. PLoS ONE, 4: e5600.

Mao R, Chen H, Li S. 2017. Phosphorus availability as a primary control of dissolved organic carbon biodegradation in the tributaries of the Yangtze River in the Three Gorges Reservoir Region. Science of the Total Environment, 574: 1472-1476.

Pérez-Harguindeguy N, Díaz S, Garnier E, et al. 2013. New handbook for standardised measurement of plant functional traits worldwide. Australian Journal of Botany, 61(3): 137-234.

Pitkänen H, Peuraniemi M, Westerbom M, et al. 2013. Long-term changes in distribution and frequency of aquatic vascular plants and charophytes in an estuary in the Baltic Sea. Annales Botanici Fennici, 50(SA): 1-54.

Reich P B, Ellsworth D S, Walters M B, et al. 1999. Generality of leaf trait relationships: a test across six biomes. Ecology, 80(6): 1955-1969.

Ryan A B, Boyer K E. 2012. Nitrogen further promotes a dominant salt marsh plant in an increasingly saline environment. Journal of Plant Ecology, 5(4): 429-441.

Sand-Jensen K, Møller C L. 2014. Reduced root anchorage of freshwater plants in sandy sediments enriched with fine organic matter. Freshwater Biology, 59: 427-437.

Stefanidis K, Papastergiadou E. 2019. Linkages between macrophyte functional traits and water quality: Insights from a study in freshwater lakes of Greece. Water, 11(5): 1047.

Tessier J T, Raynal D J. 2003. Use of nitrogen to phosphorus ratios in plant tissue as an indicator of nutrient limitation and nitrogen saturation. Journal of Applied Ecology, 40, 523-534.

Tomas F, Abbott J, Steinberg C, et al. 2011. Plant genotype and nitrogen loading influence seagrass productivity, biochemistry, and plant-herbivore interactions. Ecology, 92(9): 1807-1817.

Tylová E, Steinbachová L, Soukup A, et al. 2013. Pore water N∶P and NH_4^+: NO_3^- alter the response of *Phragmites australis* and glyceria maxima to extreme nutrient regimes. Hydrobiologia, 700: 141-155.

Wang T, Hu J T, Wang R, et al. 2019. Trait convergence and niche differentiation of two exotic invasive free-floating plant species in China under shifted water nutrient stoichiometric regimes. Environmental Science and Pollution Research, 26: 35779-35786.

Wright J P, Sutton-Grier A. 2012. Does the leaf economic spectrum hold within local species pools across varying environmental conditions? Functional Ecology, 26(6): 1390-1398.

Xiao T, Yu H, Song Y B, et al. 2019. Nutrient enhancement of allelopathic effects of exotic invasive on native plant species. PLoS ONE, 14(1): e0206165.

Xu X, Liu H, Liu Y Z, et al. 2020. Human eutrophication drives biogeographic salt marsh productivity patterns in China. Ecological Applications, 30(2): e02045.

Zervas D, Tsiaoussi V, Kallimanis A S, et al. 2019. Exploring the relationships between aquatic macrophyte functional traits and anthropogenic pressures in freshwater lakes. Acta Oecologica, 99: 103443.

Zhang L, Wang S, Jiao L, et al. 2013. Physiological response of a submerged plant (*Myriophyllum spicatum*) to different NH_4Cl concentrations in sediments. Ecological Engineering, 58: 91-98.

Zhu G, Cao T, Zhang M, et al. 2014. Fertile sediment and ammonium enrichment decrease the growth and biomechanical strength of submersed macrophyte *Myriophyllum spicatum* in an experiment. Hydrobiologia, 727: 109-120.

第 11 章　杭州西溪湿地几种植物群落营养元素的分布及季节动态

11.1　引　　言

城市湿地生态系统具有其自身独特的结构和功能，城市湿地水、土、生物之间的相互作用关系是构成其生态系统服务的基础。本章在野外调查取样的基础上，分析了西溪湿地内几种植物群落的土壤有机碳、碳密度、碳储量、土壤 N、土壤 P 的分布情况以及植物体内营养元素的积累和分配特征；同时，也通过野外调查取样，分析几种群落内植物生物量、植物有机碳季节变化及其碳储量。

湿地生态系统具有巨大的生态系统服务功能价值，健康的湿地生态系统是区域生态安全的重要组成部分和社会经济可持续发展的重要基础（Erwin，2009）。

城市湿地是构成城市生态系统的组分之一，位于城市市域或毗邻城市的范围中，与城市生态系统其他部分具有密切的联系，并具有明显的生态系统结构、功能和服务特征（董鸣，2018）。城市湿地不仅是城市生态系统的重要组成部分，也是城市可持续发展的基础。《湿地公约》认为，自 21 世纪以来，受经济发展、城市化过程和气候变化等影响，湿地退化已成为一种全球现象，随着城市化进程的加快，城市湿地生态系统亦遭受不同程度的威胁（Ramsar Wetlands Convention，2012，2015）。

杭州西溪湿地有着 1800 年的历史，受人为活动干扰强烈，在千余年人类渔耕经济的作用下，原生湿地景观逐渐演变成以鱼塘、大面积的水网、狭窄的塘基和面积较大的洲渚相间的次生湿地地貌景观。

自 2003 年 8 月开始，坚持“全面保护、生态优先、突出重点、合理利用、持续发展”的方针，杭州市委市政府实施西溪湿地综合保护工程（缪丽华，2009；谢长永等，2011），通过疏浚清淤、截污纳管、植物复种、生物治理等措施，对西溪湿地水体、地貌、动植物资源、民俗风情、历史文化进行综合保护和恢复，使其成为中国目前唯一的一个集城市湿地、农耕湿地、文化湿地为一体的国家湿地公园。其间，不少学者对西溪湿地内生物多样性资源、植物生长与人工配置、水体与底泥、景观格局变化、可持续利用等开展了研究（张晓栋等，2006；邵学新等，2007；吴明等，2008；缪丽华，2009；李玉凤等，2010；陈如海等，2010；谢长永等，2011；董鸣等，2013；张琼等，2014）。

湿地作为一个自然综合体，包含水文、土壤和植被 3 个基本特征；其次，湿地概念的内涵已从强调“水饱和的土地”逐渐转化为强调“湿地生态系统”，即强调湿地水、土、生物三者之间存在着相互影响、相互制约的生态过程和功能（Boutin and Keddy，1993；Kennedy and Mayer，2002；王建华和吕宪国，2007；刘兴土等，2012）。城市湿地生态系统同样具有其自身独特的结构和功能，城市湿地水土生物之间的相互作用关系是构成其生态系统服务的基础。

自 2006 年和 2008 年起分别对西溪湿地实施了二期（4.89 km^2）和三期（3.15 km^2）建设工程，西溪湿地生态系统结构的时空特性因此改变（谢长永等，2012；董鸣等，2013），如人工植物群落的构建和地貌景观较高的异质性等，导致湿地生态系统组分-土壤和植物群落及其水环境营养元素的积累及分配发生了变化。本章着重对西溪湿地不同植物群落营养元素的积累和分配特征进行初步分析和比较研究，以期为今后深入开展西溪湿地生态系统功能过程的研究奠定基础。

11.2 研究地和研究方法

11.2.1 研究地概况

杭州西溪湿地（120°0′26″E～120°9′27″E，30°3′35″N～30°21′28″N）位于杭州市西郊，属亚热带季风气候，年平均温度 16.4℃，无霜期约 240 d，年降水量 1100～1600 mm，平均海拔 20～40 m。

西溪湿地自然地形为低洼湿地，其区域范围内的低洼地常被开挖成鱼塘，鱼塘间的塘基多为直上直下的陡岸，塘基上常栽植腺柳（*Salix chaenomeloides*）、柿（*Diospyros kaki*）、桑（*Morus abla*）和早园竹（*Phyllostachys propinqua*）等，在地势较高且面积较大的连续地块（洲渚）上则种植农作物，地势较低的漫滩上常分布芦苇（*Phragmites australis*）或栽种其他人工植物群落，如芦竹（*Arundo donax*）、麦冬（*Ophiopogon japonicus*）、菰（*Zizania latifolia*）、香蒲（*Typha orientalis*）、再力花（*Thalia dealbata*）等，多样化的植被类型与大小不等的池塘、大面积的水网、狭窄的塘基和较大面积的洲渚镶嵌共生，构成了西溪湿地的特色景观，属“自然-人工复合型湿地”。

11.2.2 研究方法

1. 野外取样

在全面踏查的基础上，结合研究目的和西溪湿地的生境特征，野外调查取样方法如下。

（1）在西溪湿地选择菰群落、芦苇群落和再力花群落，分析其土壤有机碳分布情况、碳密度、碳储量以及营养元素 N、P 的分布情况；同时分析植物体内营养元素的积累和分配特征。

（2）分析西溪湿地芦苇群落、香蒲群落和芦苇混交群落内植物生物量、植物有机碳季节变化及其碳储量。

芦苇群落覆盖度 80%～90%，主要由单优种芦苇构成；香蒲群落为单优种，群落覆盖度 70%～80%。芦苇混交群落以芦苇为主，偶有芦竹、菰、水蓼（*Polygonum hydropiper*）和喜旱莲子草（*Alternanthera philoxeroides*）等，群落覆盖度 60%～70%。

在上述取样群落中，各设置 3 个 1 m×1 m 样方，统计植物种类及密度，在每个样方中选取高度属于众数的 5 株植物，按收获法齐地刈割植物地上部分，用挖掘法获取植物地下部分，现场立即分出叶、茎、立枯物、地下茎、根和花（穗）等器官。

土壤样品与植物样品采集同步进行，按 0～20 cm、20～40 cm 和 40～60 cm 三个层次分别采集土壤样品，装入样品袋，做好标记，带回实验室后进行分析。

2. 室内分析

（1）土壤样品分析：取通过 100 目分样筛的土样，用 H_2SO_4-$HClO_4$ 加热消解后，TN 采用纳氏试剂分光光度法测定，TP 采用钼锑钪比色法测定；氨氮采用纳氏试剂比色法测定，硝氮采用酚二磺酸比色法测定，有效磷采用双酸浸提钼锑钪比色法测定；有机碳采用重铬酸钾-外加热法测定。具体方法参见文献（谢长永等，2011，2012）。

（2）植物样品分析：将植物样品置于烘箱中烘干至恒重后，按器官分别称重，然后进行 TOC、TN、TP 分析。TOC 采用重铬酸钾-外加热法测定，H_2SO_4-$HClO_4$ 消解植物制成待测液后，TN 用纳氏试剂分光光度法测定，TP 用钼锑钪比色法测定（谢长永等，2011，2012）。

11.3 结果与分析

11.3.1 不同群落土壤营养元素的空间分布

1. 不同群落土壤营养元素的水平分布

西溪湿地菰群落、芦苇群落和再力花群落土壤中各营养元素含量的分布状况如图 11-1 所示。土壤 TOC 含量总体上表现为菰群落>芦苇群落>再力花群落。在全量养分

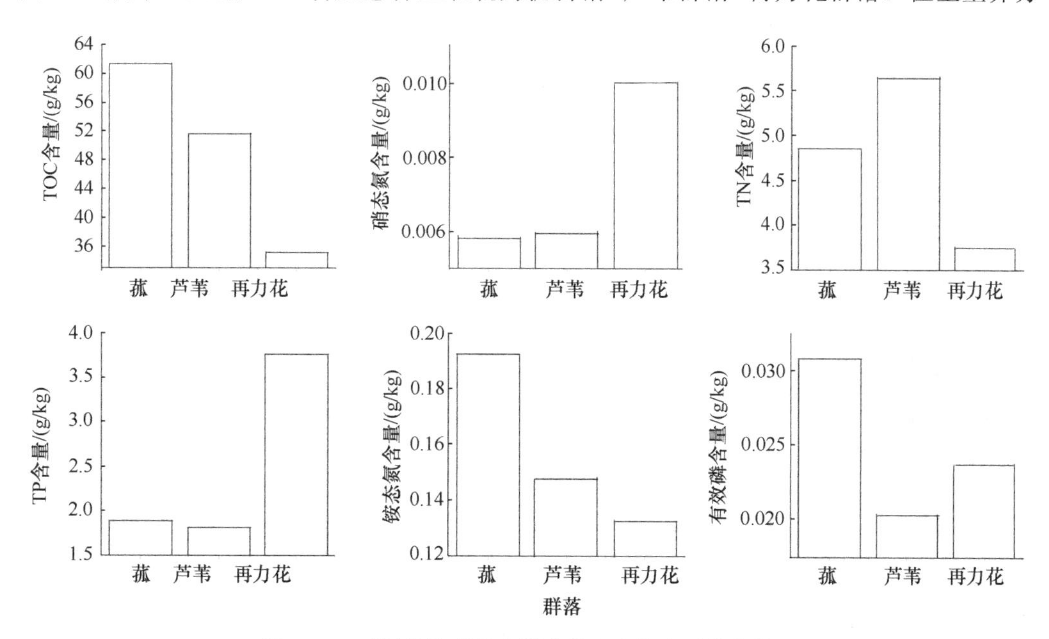

图 11-1　不同植物群落土壤营养元素的水平分布状况

含量方面，再力花群落的 TN 和 TP 含量分别为最低和最高，芦苇群落的 TN 含量高于菰群落，而 TP 含量则反之。菰群落、芦苇群落、再力花群落全剖面土壤 TOC 含量变化范围为 35.21～61.41 g/kg，平均值为 49.42 g/kg；TN 含量变化范围为 3.75～5.65 g/kg，平均值为 4.75 g/kg；TP 含量变化范围为 1.81～3.75 g/kg，平均值为 2.48 g/kg。

在速效养分含量方面，不同群落土壤中铵态氮含量与 TOC 含量一样，菰群落>芦苇群落>再力花群落；再力花群落的硝态氮含量远远高于其他两个群落，菰群落含量为最低；而菰群落的有效磷含量则远远高于其他两个群落，芦苇群落含量为最低。

菰群落、芦苇群落、再力花群落全剖面土壤铵态氮含量变化范围为 0.132～0.192 g/kg，平均值为 0.157 g/kg；硝态氮含量变化范围为 0.0058～0.01 g/kg，平均值为 0.0073 g/kg；有效磷含量变化范围为 0.020～0.031 g/kg，平均值为 0.025 g/kg。

2. *不同群落土壤营养元素的垂直分布*

3 个植物群落内土壤 TOC 的垂直分布规律基本上趋于一致（图 11-2），由表层向下逐渐减少，在底层达到最小值，这与大多数土壤有机碳的垂直分布规律一致。0～20 cm 土层 TOC 含量菰群落>芦苇群落>再力花群落，在 20～40 cm 土层 TOC 含量菰群落≈芦苇群落>再力花群落，在 40～60 cm 土层 TOC 含量菰群落>芦苇群落≈再力花群落。菰群落土壤 TN 的消长趋势表现为随土壤深度增加先降低后升高，芦苇群落表现为随土壤

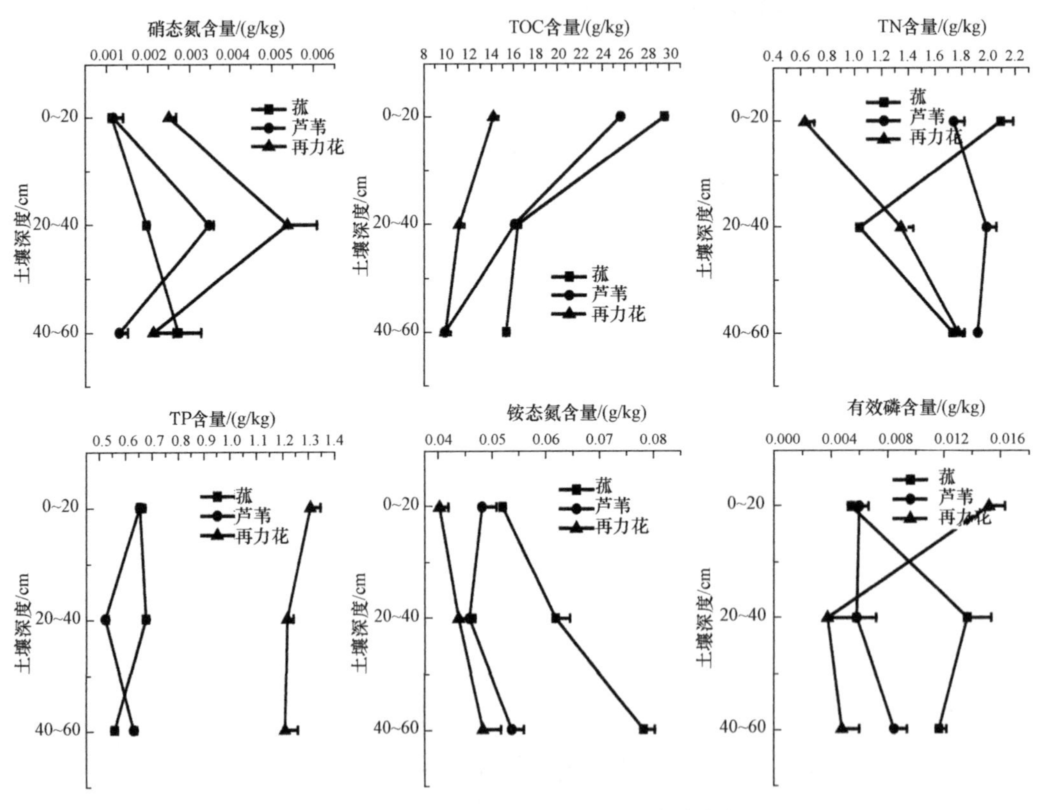

图 11-2　西溪湿地土壤营养元素的垂直分布状况

深度增加先升高后降低，而再力花群落则随土壤深度增加一直升高。0～20 cm 土层 TN 含量菰群落>芦苇群落>再力花群落，在 20～40 cm 土层 TN 含量芦苇群落>再力花群落>菰群落，在 40～60 cm 土层 TN 含量芦苇群落>再力花群落>菰群落。

不同群落间 TP 含量分异规律不同于 TN，芦苇群落和再力花群落均随土壤深度增加先降后升，而菰群落则是先升后降。0～20 cm 土层 TP 含量再力花群落>菰群落≈芦苇群落，在 20～40 cm 土层 TP 含量再力花群落>菰群落>芦苇群落，在 40～60 cm 土层 TP 含量再力花群落>芦苇群落>菰群落。

硝态氮是土壤中的铵态氮在好气条件下发生硝化作用的主要产物。再力花群落和芦苇群落硝态氮含量先升高再降低，菰群落则一直升高。0～20 cm 土层硝态氮含量再力花群落>芦苇群落≈菰群落，在 20～40 cm 土层硝态氮含量再力花群落>芦苇群落>菰群落，在 40～60 cm 土层硝态氮含量菰群落>再力花群落>芦苇群落。

除芦苇群落外，铵态氮含量表现为随土壤深度增加一直升高，0～20 cm、20～40 cm 及 40～60 cm 土层的铵态氮含量均表现为菰群落>芦苇群落>再力花群落。

不同群落与不同层位土壤之间的有效磷含量差异十分明显。再力花和芦苇群落随土壤深度增加先降后升，菰群落则先升后降。0～20 cm 土层有效磷含量再力花群落>芦苇群落>菰群落，在 20～40 cm 土层有效磷含量菰群落>芦苇群落>再力花群落，在 40～60 cm 土层有效磷含量菰群落>芦苇群落>再力花群落。

3. 不同群落土壤营养元素储量

土壤剖面营养元素储量为相应层次该元素含量、土壤容重与土壤厚度的乘积。图 11-3 为菰群落、芦苇群落和再力花群落土壤 0～60 cm 土层的营养元素储量及其分布状况。其中，菰群落土壤中，0～20 cm 土层 TOC、TN 和 TP 的储量分别为 106.8 g/cm^3、7.6 g/cm^3、2.4 g/cm^3；20～40 cm 土层 TOC、TN 和 TP 的储量分别为 68.1 g/cm^3、4.3 g/cm^3、2.8 g/cm^3；40～60 cm 土层 TOC、TN 和 TP 的储量分别为 61.1 g/cm^3、6.9 g/cm^3、2.2 g/cm^3。0～60 cm 土层 TOC、TN 和 TP 的储量分别为 236.0 g/cm^3、18.8 g/cm^3、7.4 g/cm^3。

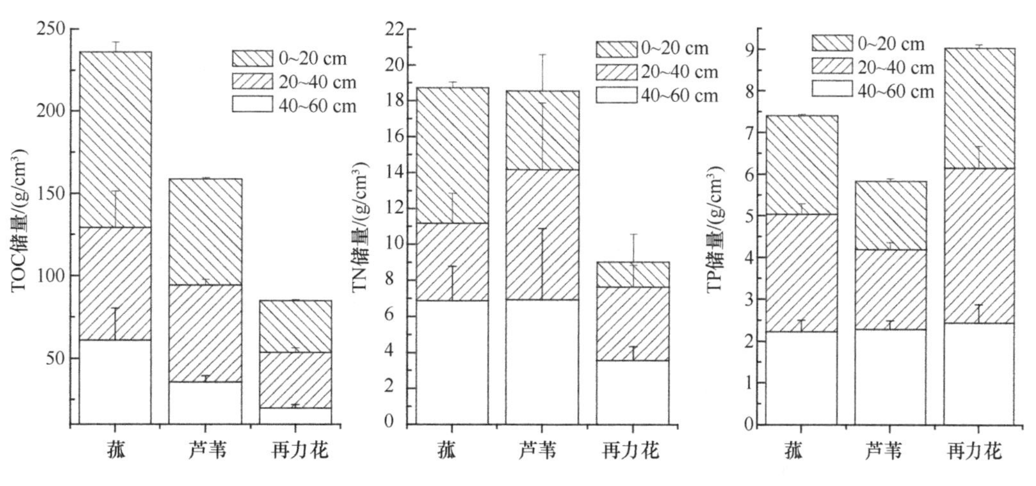

图 11-3　西溪湿地土壤营养元素储量状况

芦苇群落中 0～20 cm 土层的 TOC、TN 和 TP 的储量分别为 64.5 g/cm^3、4.4 g/cm^3、1.6 g/cm^3；20～40 cm 土层 TOC、TN 和 TP 的储量分别为 58.8 g/cm^3、7.3 g/cm^3、1.9 g/cm^3；40～60 cm 土层 TOC、TN 和 TP 的储量分别为 35.6 g/cm^3、6.9 g/cm^3、2.3 g/cm^3。0～60 cm 土层 TOC、TN 和 TP 的储量分别为 158.9 g/cm^3、18.6 g/cm^3、5.8 g/cm^3。

再力花群落中，其 0～20 cm 土层 TOC、TN 和 TP 的储量分别为 31.2 g/cm^3、1.4 g/cm^3、2.9 g/cm^3；20～40 cm 土层 TOC、TN 和 TP 的储量分别为 33.8 g/cm^3、4.1 g/cm^3、3.7 g/cm^3；40～60 cm 土层 TOC、TN 和 TP 的储量分别为 19.9 g/cm^3、3.6 g/cm^3、2.4 g/cm^3。0～60 cm 土层 TOC、TN 和 TP 的储量分别为 84.9 g/cm^3、9.1 g/cm^3、9.0 g/cm^3。

4. 不同群落植物营养元素的积累特征

菰群落、芦苇群落和再力花群落植物各器官因生长阶段和自身组织结构的不同，其营养元素含量均有明显的变化特征（图 11-4）。菰群落枯叶中 TOC 含量最高，叶中 TN 含量最高，地下部分中 TP 含量最高，茎中 TOC、TN 含量均最低，叶中 TP 含量最低。叶、茎、枯叶和地下部分中 TOC>TN>TP。

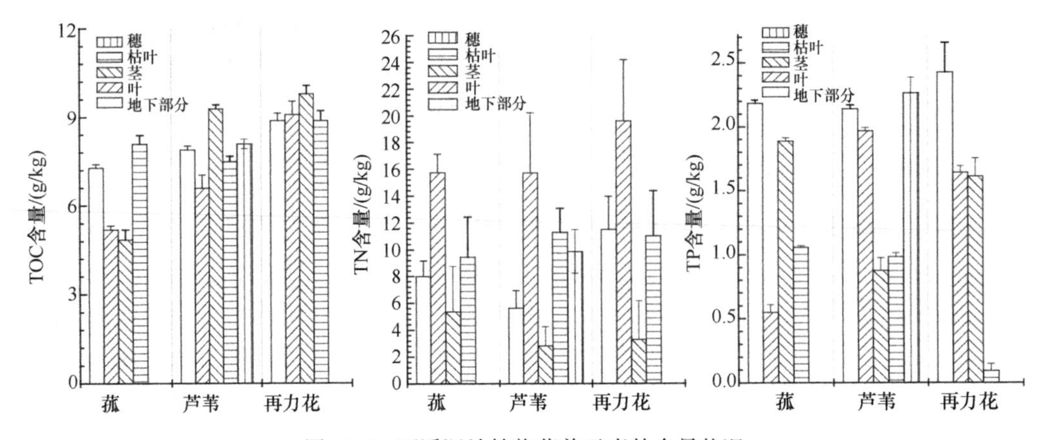

图 11-4 西溪湿地植物营养元素的含量状况

芦苇群落茎中 TOC 含量最高，叶中 TN 含量最高，穗中 TP 含量最高，茎中 TN、TP 含量均最低，叶中 TOC 含量最低。其中，叶、枯叶和穗中 TN>TOC>TP，茎和地下部分中 TOC>TN>TP。再力花群落茎中 TOC 含量最高，叶中 TN 含量最高，地下部分中 TP 含量最高，枯叶中 TOC、TP 含量均最低，茎中 TN 含量最低。其中，叶、枯叶和地下部分中 TOC>TN>TP，茎中 TOC>TN>TP。

不同器官营养元素的储量是由其生物量与营养元素含量的乘积所得。在菰群落，叶中 TOC、TN、TP 储量均最大（图 11-5），叶、茎、枯叶、地下部分中元素储量均为 TN>TOC>TP。菰群落植物有机碳储量为 3.74 g/m^2，TN 储量为 7.9 g/m^2，TP 储量为 1.1 g/m^2。在芦苇群落，茎中 TOC、TP 储量均最大，叶中 TN 储量最大。叶、枯叶、穗中元素储量均为 TN>TOC>TP，地下部分和茎中元素储量均为 TOC>TN>TP。芦苇群落植物有机碳储量为 39.9 g/m^2，TN 储量为 30.1 g/m^2，TP 储量为 6.2 g/m^2。再力花群落，茎中 TOC、TP 储量均最大，叶中 TN 储量最大。叶、枯叶、地下部分中元素储量均为 TN>TOC>TP，茎中元素储量均为 TOC>TN>TP。再力花群落 TOC、TN 和 TP 储量分别为 15.1 g/m^2、15.2 g/m^2、2.7 g/m^2。

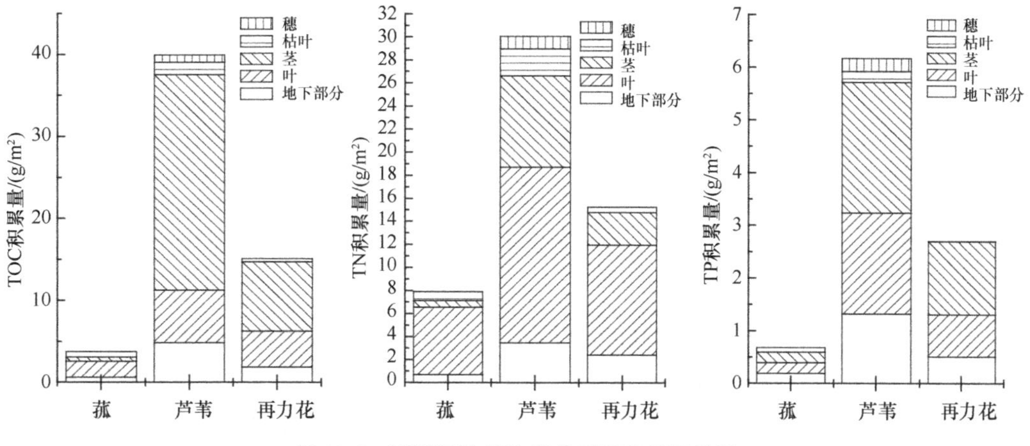

图 11-5　西溪湿地植物营养元素的储量状况

11.3.2　不同植物群落季节动态及储量变化

1. 植物生物量季节动态特征

对西溪湿地芦苇群落、香蒲群落和芦苇混交群落内生物量的分析表明，西溪湿地植物群落生物量的季节变化明显（表 11-1），从 4 月开始生物量逐渐增加，10 月达到峰值，其中芦苇群落和芦苇混交群落的地上最大生物量分别为 3226.73 g/m^2 和 1677.52 g/m^2，3 个群落内植物地上生物量表现为芦苇>芦苇混交>香蒲。

表 11-1　西溪湿地不同植物群落生物量季节变化　　（单位：g/m^2）

群落	器官	1 月	4 月	7 月	10 月	累积生物量
芦苇混交群落	绿色叶	—	113.7	208.11	256.96	578.77
	绿色茎	819.04	237.9	418.9	1343.52	2819.36
	立枯叶	—	—	9.74	10.8	20.54
	穗	28.86	—	—	66.24	95.1
	地下茎	262.82	432.9	672.5	260.96	1629.18
	根	5.58	19.9	21.3	7.84	54.62
	地上生物量	847.9	351.6	636.75	1677.52	3513.77
	地下生物量	268.4	452.8	693.8	268.8	1683.8
香蒲群落	绿色叶	—	119.45	397.85	—	517.3
	绿色茎	—	—	461.47	1108.58	1570.05
	立枯叶	—	—	19.9	14.7	34.6
	穗	—	—	183.25	144.1	327.35
	地下茎	—	747.58	653.8	306.9	1708.28
	根	—	55.66	64.9	4.4	124.96
	地上生物量	—	119.45	1062.47	1267.38	2449.3
	地下生物量	—	803.24	718.7	311.3	1833.24

续表

群落	器官	1月	4月	7月	10月	累积生物量
芦苇群落	绿色叶	—	18.66	174.96	603.75	797.37
	绿色茎	—	58.24	1669.28	2451.75	4179.27
	立枯叶	—	—	178	171.23	349.23
	地下茎	—	199.78	2371.87	690.55	3262.2
	根	—	1.23	2.7	6.65	10.58
	地上生物量	—	76.9	2022.24	3226.73	5325.87
	地下生物量		201.01	2374.57	697.2	3272.78

—表示无数据

各群落中地上生物量均以茎和叶的生物量为主，其中，茎生物量和叶生物量占地上生物量的比例分别为64.10%～80.24%和14.97%～21.12%。香蒲茎生物量对其地上生物量的平均贡献率（64.10%）低于芦苇（78.47%～80.24%），而香蒲叶生物量的平均贡献率（21.12%）则大于芦苇（14.97%～16.74%）。

芦苇群落中地上立枯叶的累计生物量达349.23 g/m^2，而芦苇混交群落立枯叶生物量较小。3个植物群落地下生物量均低于地上生物量，植物地下生物量表现出季节变化动态，芦苇混交群落和芦苇群落植物地下生物量在7月较高，之后逐渐降低，而香蒲在4月较高，随后逐渐降低，植物地下生物量大小为芦苇群落>香蒲群落>芦苇混交群落。地上部分累积生物量即生产力大小为：芦苇群落［5325.87 g/（m^2·a）］>芦苇混交群落［3513.77 g/（m^2·a）］>香蒲群落［2449.3 g/（m^2·a）］。

2. 植物有机碳季节动态和积累

西溪湿地植物各器官有机碳含量表现出季节变化特征（图11-6），在4月生长季初，植物茎、叶和地上部分有机碳的含量均最低，随后开始逐渐上升。其中，叶片中有机碳含量在7月达到最大，而芦苇混交群落和芦苇群落中植物茎有机碳含量在10月最大。

植物地下茎中有机碳含量在生长季内也逐渐增加，芦苇群落植物根有机碳含量在7月有下降趋势，然后上升，在10月达到最大。

3个群落中植物各器官有机碳平均含量具有显著差异（芦苇群落：$P<0.01$，$F=4.152$；香蒲群落$P<0.01$，$F=10.532$；芦苇混交群落$P<0.01$，$F=15.391$）（图11-7）。

植物地上各器官有机碳平均含量的变异范围为 10.2%～33.7%，茎的有机碳平均含量较大，平均为469.23 g/kg。叶片有机碳平均含量的大小顺序为芦苇混交群落>芦苇群落>香蒲群落，地下茎有机碳含量大小顺序为芦苇群落>芦苇混交群落>香蒲群落。

地上立枯叶的有机碳平均含量在453.8～484.7 g/kg，表现为香蒲群落>芦苇群落>芦苇混交群落。

在3个群落中，地下茎有机碳平均含量表现为芦苇群落>芦苇混交群落>香蒲群落，根表现为：芦苇混交群落>芦苇群落=香蒲群落。植物地下器官有机碳平均含量约为387.67 g/kg，芦苇混交群落、香蒲群落和芦苇群落的地上部分有机碳含量分别是地下部分的1.15倍、1.24倍、1.21倍。

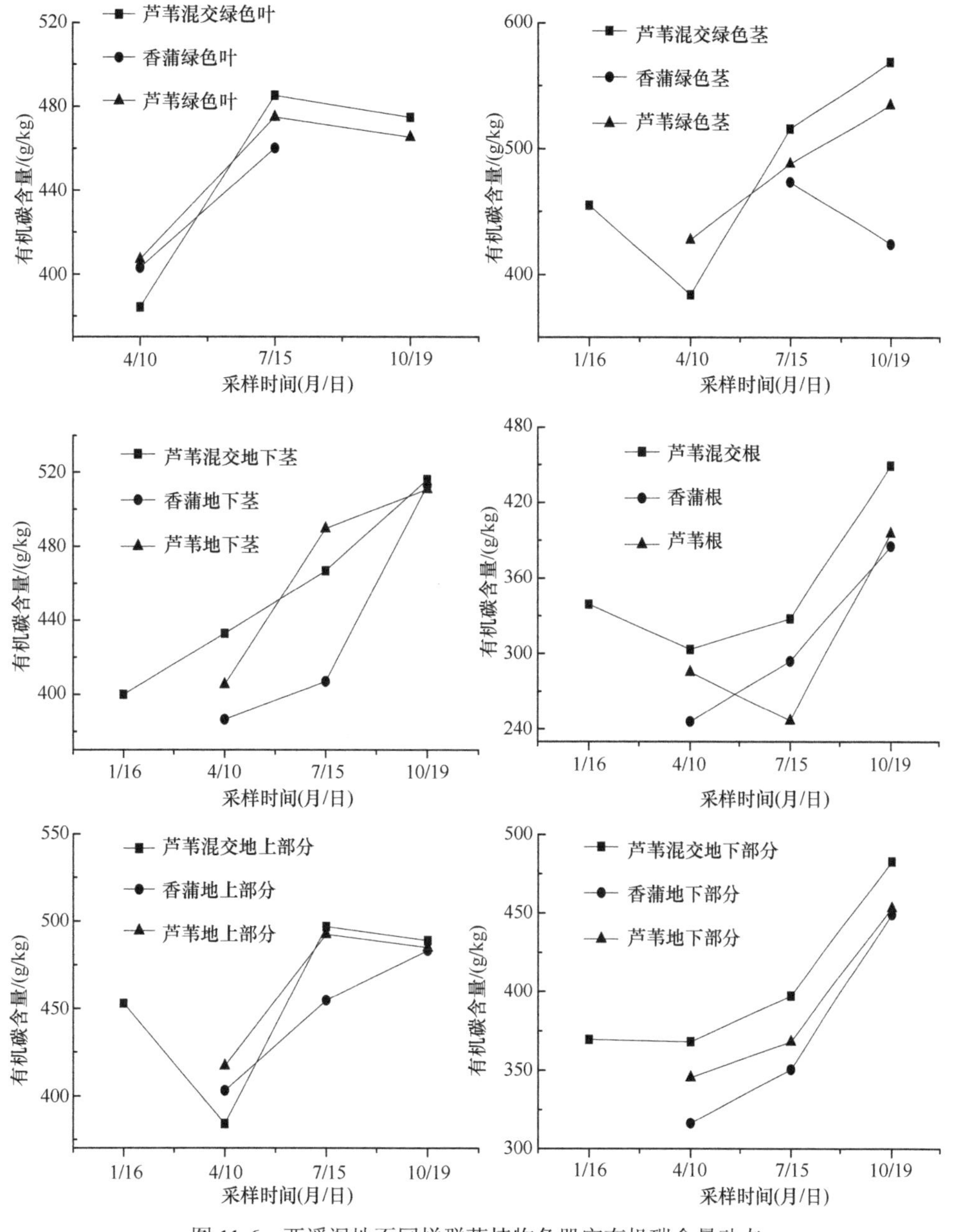

图 11-6　西溪湿地不同样群落植物各器官有机碳含量动态

3. 植物有机碳季积累量

芦苇混交群落、香蒲群落和芦苇群落中植物各器官的有机碳积累量不同（图 11-8），其中，芦苇群落各器官的有机碳的积累量表现为：穗>立枯叶>绿色茎>地下茎>绿色叶>根；香蒲群落各器官的有机碳的积累量表现为：枯叶>绿色茎>地下茎>叶>根；芦苇混交群落各器官的有机碳的积累量表现为：绿色茎>穗>枯叶>叶>地下茎>根。

3 个植物群落中植物体内有机碳的积累量相差明显。芦苇群落植株有机碳积累量远高于其他 2 个群落，达到 1458.3 g/m^2，其中其植物地上部分有机碳积累量为 925.4 g/m^2，地下部分为 532.9 g/m^2；香蒲群落植株有机碳积累量为 795.4 g/m^2，其中地上部分为 546.4 g/m^2，地下部分为 249 g/m^2；芦苇混交群落内植株有机碳积累量为 667.3 g/m^2，地上部分为 477.4 g/m^2，地下部分为 189.9 g/m^2。

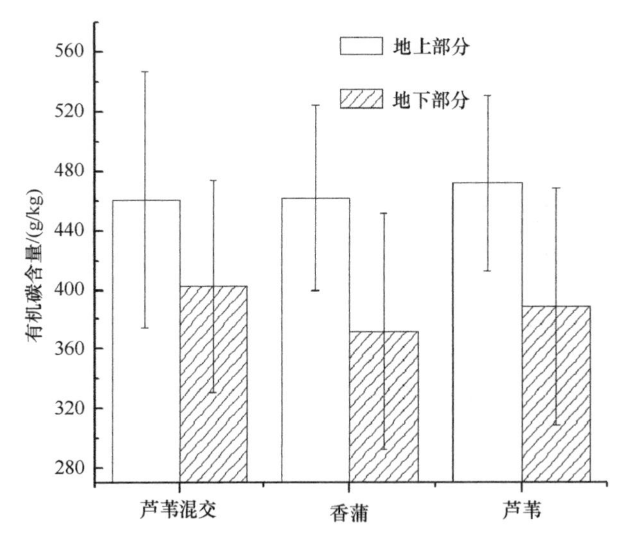

图 11-7 西溪湿地不同群落植物各器官有机碳分布状况

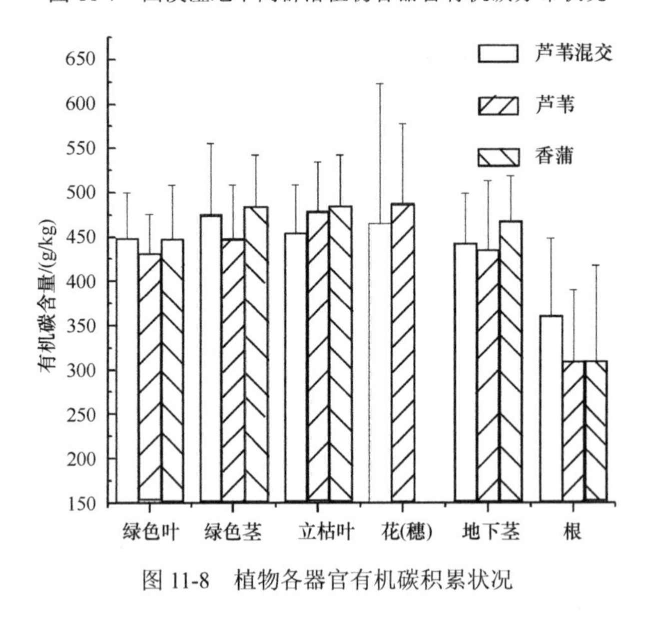

图 11-8 植物各器官有机碳积累状况

11.4 讨 论

11.4.1 西溪湿地不同群落土壤营养元素的空间分布

在土壤营养元素水平分布方面，湿地植物菰群落和芦苇群落土壤 TOC、TN 和铵态氮含量均高于人工植物再力花，这与土壤含水率有一定关系（表 11-2）。Verhoeven 等

（1994）认为干湿交替是产生 TN 水平分异的主要原因，湿地土壤在干湿交替作用下，较短的干湿交替周期利于湿地脱氮，而长期淹水或较长干湿交替周期则不利于湿地脱氮。Jobbagy 和 Jackson（2002）指出，干湿交替是影响湿地对养分持留能力的关键因子。如果土壤长期处于疏干状态，土壤温度和湿度条件得到改善，通气性增加，会极大地促进土壤呼吸，加速土壤有机质的矿化分解，导致土壤碳素大量损失。因此再力花群落土壤 TOC 和 TN 含量最少。再力花群落土壤铵态氮含量和硝态氮含量高，说明土壤通气好，铵态氮在硝化细菌和亚硝化细菌的作用下转变成硝态氮。再力花群落土壤的高 TP 含量也与大量的人工输入有关。

表 11-2　西溪湿地各群落的土壤含水率

土层/cm	菰群落/%	芦苇群落/%	再力花群落/%
0～20	88.26	59.30	35.97
20～40	43.71	62.61	36.34
40～60	48.54	48.99	36.56

西溪湿地菰群落、芦苇群落和再力花群落内土壤营养元素垂直分布比较相似。土壤 TOC 含量取决于有机质的输入量和输出量以及土壤干湿交替程度。3 个群落土壤的 TOC 垂直分布均为逐渐降低，这是因为表层土壤有大量死根的腐解归还及大量的地表枯落物为土壤 TOC 的重要碳源物质。土壤中层和底层土壤 TN 出现累积峰，这主要与表层土壤为枯落物和须根层，中层和底层多为腐泥层有关。腐泥层中黏粒含量高，它能吸附有机氮化合物，与阳离子、有机化合物反应，增强其稳定性，因此黏粒含量高的土壤层含 N 量比粗质地土壤层高（刘吉平等，2005）。

土壤中层 TP 含量较低，这主要受植物生命活动的影响，中下部的腐泥层是植物根系活跃生长的区间，磷素会因植物根系的吸收而减少，枯落层和须根层可以得到地面植物养分的补充（刘吉平等，2005），有些底层植物根系不能到达，被吸收的养分也较少。由于硝态氮不被群落负电荷的土壤粒子所固定而较易溶于溶液，因此硝态氮易在土壤层间淋溶，使各群落土壤氮素在 20～40 cm 土层积累。与硝态氮相比，铵态氮更易被土壤吸附，它只有在特定条件，如土壤水分接近饱和的情况下借助下渗流的驱动才可能在土壤剖面中随水迁移。土壤有效磷含量能够说明土壤磷素肥力的供应状况，反映土壤中存在的磷能为植物吸收利用的程度。

菰群落、芦苇群落和再力花群落对 N、P 的吸收存在差异，说明不同植物种类对营养物质的吸收能力存在差异，植物对不同元素具有选择性吸收和累积。植物各器官的结构和功能不同，决定了植物不同器官对营养元素的累积特征也存在差异。叶中 N、P 含量均较高，这是因为叶为植物的光合作用构件，是新陈代谢最旺盛的部位，故常量元素如 N、P 的含量较高；穗和地下部分的 P 均较高，是因为秋季繁殖季节，植株中的 P 素输向果实（穗）以及输向地下部分储存起来准备过冬。

土壤营养元素的储量不仅与土壤的元素含量有关，还与土壤的质地有关。湿地植物群落土壤 TOC 和 TN 储量比较高，而人工植物再力花 TP 储量较高，说明再力花群落土壤对 P 更容易积累。植株营养元素的储量与土壤营养元素的储量类似，不仅与各器官某营养元素含量有关，还与其生物量有极大的关系。芦苇植物对 TOC、TN、TP 的积累远远高于其他两种植物，说明芦苇是一种很好的营养元素固定植物，因此，芦苇在湿地碳库维持、温室气体减排和富营养化水体修复等方面具有重要意义。通过放牧收割植物的方式，能够在产生经济利益的同时，有效地转移营养元素。

陈如海等（2010）对西溪湿地底泥氮、磷和有机质含量竖向分布做了研究，其中对上覆水体中 TN、TP 和 NH_4^+ 含量的测定，比本研究的结果相对要高；李玉凤等（2010）对西溪湿地水质时空分异特征做了研究，其中水体中 TN、TP 含量的测定与本研究结果接近。

人工植物再力花群落的水体内各元素含量都高于湿地植物群落的水体。这说明人为的一些行为，如改变土地利用方式，收割移走湿地植物，都会对水环境造成较大的影响。水环境与湿地土壤以及湿地植物三者之间会相互影响和相互制约，如水-土界面的吸附解吸过程，土-植物之间的生物循环，水-植物之间植物吸收水里养分以及植物的枯落归还，这也是 3 个群落水环境各指标都产生差异的原因。

11.4.2 西溪湿地不同群落的生物量

不同气候条件下的水热差异会造成植物生长节律的不同，芦苇群落作为中国分部广泛的湿地植被类型，其生长曲线的峰值并不相同，有研究指出因秋季气温和地温较低，植物光合能力减弱，植物逐渐停止生长，芦苇群落的最大生长出现在 7～8 月（刘钰等，2013；邵学新等，2013），本文研究表明，从 4 月开始，3 个取样群落中的植物地上生物量逐渐增加，芦苇混交群落和芦苇群落均呈单峰型生长曲线，在 10 月达到峰值，与相关研究结果类似（吴统贵等，2010；刘存歧等，2012），本文认为这主要与西溪湿地地处亚热带季风气候区以及西溪湿地公园内局部环境中水热条件较好有关。

西溪湿地植物地上生物量中地上茎秆和叶的比例较高，尤其是芦苇茎秆主要行使支撑、运输等作用，占地上生物量的比例为 78.5%～80.2%。叶是进行光合作用和蒸腾作用的主要场所，西溪湿地植物叶片占地上生物量的比例为 16.5%～21.1%，生长季过后叶片先行凋落，会导致其生物量减少（张佳蕊等，2013）。

西溪湿地不同取样群落植物地上生物量并不相同，其中芦苇群落地上生物量最大（3226.73 g/m^2），低于长江口淡水潮滩芦苇群落（4696.4 $g/m^2 \pm 278.4$ g/m^2）（张佳蕊等，2013）和杭州湾潮滩湿地芦苇群落（3731.7 g/m^2）（邵学新等，2013），但高于杭州湾滨海湿地芦苇群落（2388.23 g/m^2）（吴统贵等，2010）和上海崇明东滩芦苇群落（1440 $g/m^2 \pm$ 250 g/m^2）（王淑琼等，2014），也高于南方的闽江河口湿地芦苇群落（2195.33 g/m^2）（章文龙等，2009）、江苏宜兴太湖河口湖滨湿地芦苇群落（2500.81 g/m^2）（刘秋华等，2013）和北方的黄河三角洲芦苇群落（56.04～1668.45 g/m^2）（冯忠江和赵欣胜，2008）以及白洋淀芦苇群落（1440～2090 g/m^2）（李博等，2009）。

西溪湿地 3 个植物群落的总生物量（包括地上、地下和立枯物）为 1946.32～3923.93 g/m^2，低于长江口九段沙盐沼湿地芦苇群落（5807.18～7599.14 g/m^2）（刘钰等，2013），本研究认为这主要与西溪湿地 3 个植物群落地下生物量较低有关。一般认为，稳定的湿地植物群落中地下生物量占较高比例（邵学新等，2013），演替早期阶段或受干扰较大的群落中，地下生物量与地上生物量的比例变化较大（Brix et al.，2001；梅雪英和张修峰，2008）。自 2003 年 8 月起，杭州市委市政府实施西溪湿地综合保护工程，通过疏浚清淤、截污纳管、植物复种等措施，开展西溪湿地生态系统的综合保护和恢复，西溪湿地的时空特性发生了巨大变化（谢长永等，2011），微地貌形态、小气候、土壤发育过程等湿地形成与发育环境变化相对频繁，尤其是湿地的主体——土壤和植物群落及其水环境营养元素的积累分配不可避免地发生变化，如西溪湿地每年冬季（12 月）会收割芦苇，其他人工种植的群落（以观赏为主）也常收割并于翌年重新种植。研究发现连续收割可以刺激芦苇地上生物量的增加，但对地下生物量的积累不利，导致其地下生物量显著降低（马华等，2013），西溪湿地植物的收割和复植在一定程度上会导致植物生长年限变短，这种管护措施对植物地下根茎生长和积累的影响值得进一步深入研究。另外，本研究地下取样剖面深度为 60 cm，使地下调查数据偏低，所以有关西溪湿地植物地下生物量研究的精度仍需进一步提高，而且需要进一步综合考虑西溪湿地植被发育和土壤发育两个方面的因素。

11.4.3　西溪湿地不同群落的有机碳积累动态

在生长季中，西溪湿地植物有机碳含量呈持续增加的趋势，说明植物生长季中持续利用 CO_2 合成光合产物并作为生物量固定下来，湿地植物叶有机碳含量在 7 月较高，与植物在生长旺盛季节高效的碳固定有关，而 10 月叶片有机碳含量下降，与此时叶片生长减弱、枯萎有关（王维奇等，2011）；但 10 月植物根有机碳含量呈上升趋势，表明在秋末冬初植物开始从地上部分向地下部分转移大量有机物质（张佳蕊等，2013）。

同一植株不同器官间的含碳量不同，本文结果表明各植物体中穗（花）、茎和叶等器官的有机碳含量较高。作为生殖器官，穗（花）含有大量营养物质，如蛋白质、胡萝卜素等，这些物质的碳含量较高。茎中含有较多的木质素，木质素的碳含量较高，所以茎的碳含量高于叶（封磊等，2008）。立枯叶中的有机碳含量也相对较高，因为立枯物中的纤维素碳和木质素碳等难以分解，碳含量较活体叶高，而其易分解的水溶性组分中的碳含量较活体叶低（王维奇等，2011）。西溪湿地植物地上部分有机碳含量大于地下部分，这与邵学新等的研究结果类似（邵学新等，2013）。

西溪湿地植物有机碳含量为 309.1～488.3 g/kg，与长江口九段沙盐沼湿地芦苇群落（刘钰等，2013）、闽江河口鳝鱼滩湿地芦苇群落有机碳含量相当（王维奇等，2011），但高于封磊等的研究结果（封磊等，2008），其中芦苇群落植物有机碳含量高于香蒲群落，表明芦苇利用 CO_2 和合成有机碳的能力强于香蒲。此外，芦苇混交群落的植物有机碳含量高于芦苇群落，也说明植物有机碳含量在不同生境中有差别。

11.4.4　西溪湿地生态系统碳储量

植物在生长过程中吸收 CO_2，形成光合产物并作为生物量固定储存起来，湿地植物净同化的碳仅有 15%释放到大气中，因此，湿地植物具有较高的净初级生产力和较高的

固定 CO_2 的能力（Brix et al.，2001）。结合西溪湿地植物地上和地下生物量分析，西溪湿地植物群落年积累生物量为 5197.57～8598.65 g/m^2，表明西溪湿地具有较高的净初级生产力。

不同植物种的碳储量不同，西溪湿地芦苇群落植物有机碳储量大于其他两个群落中的植物，植物碳的积累为 667.3～1458.3 g/m^2。同中国主要湿地相比，西溪湿地芦苇群落碳储量（1458.3 g/m^2）低于长江口九段沙芦苇群落（3212.96 g/m^2）（刘钰等，2013），但高于崇明岛滨海湿地芦苇（1020 g/m^2 ± 120 g/m^2）（王淑琼等，2014），与长江口典型芦苇群落（1110～2410 g/m^2）（马华等，2013）、杭州湾潮滩湿地芦苇群落（1877 g/m^2）（邵学新等，2013）和白洋淀芦苇群落（820～1650 g/m^2）（李博等，2009）相当，表明芦苇群落在维持西溪湿地碳汇功能方面具有重要作用。

与中国陆地植被和全球植被的平均固碳能力相比（何浩等，2005），西溪湿地植物群落具有较高的净初级生产力和固定大气中 CO_2 的能力，尤其是芦苇群落，其固碳能力分别是中国陆地植被和全球植被平均固碳能力的 1.4～3.0 倍和 1.6～3.6 倍。植物碳积累能够消减大气日益增加的 CO_2，西溪湿地 3 个群落中植物的碳储量相当于每年每公顷吸收 6.67～14.58 t 碳或减少 6.67～14.58 t 标准煤的燃烧，因此西溪湿地植物在杭州低碳城市建设和温室气体减排上具有重要意义。

11.5 主要结论

（1）西溪湿地 3 种植物群落（菰群落、芦苇群落和再力花群落）中土壤营养元素垂直分布格局类似；此外，芦苇植物对 TOC、TN、TP 的积累远远高于其他 2 种植物群落，再力花群落土壤中 TOC、TN 和铵态氮含量较少，而 TP 含量较高，这主要与其土壤含水率有关；3 种群落的植物叶片以及穗和地下部分中 N、P 含量均较高。

（2）西溪湿地 3 种调查群落中植物的地上生物量在生长季中逐渐增加，10 月达到最大。其中，芦苇群落植物群落的总生物量（地上、立枯物和地下生物量）大于其他 2 个群落的总生物量。西溪湿地植物群落年积累生物量 5197.57～8598.65 g/m^2，表明西溪湿地具有较高的生态系统净初级生产力。

（3）西溪湿地植物各器官有机碳含量为 309.1～488.3 g/kg，地上部分有机碳含量大于地下部分。叶片中有机碳含量在 7 月达到峰值。西溪湿地 3 种植物群落碳储量为 667.3～1458.3 g/m^2，尤其是芦苇群落植物有机碳储量远高于其他 2 种群落，是西溪湿地固碳的主要功能植被类型。目前西溪湿地分布约 400 余亩[①]芦苇，适当增加西溪湿地的芦苇种植面积，可进一步提高西溪湿地的固碳能力。

（4）《杭州西溪国家湿地公园保护管理条例》自 2011 年 12 月 1 日起施行，今后应结合相关的管护措施（如每年对芦苇和其他人工植被收割与复种）对西溪湿地主要植被类型开展系统的、长期的定位研究和模拟研究。不同水生植物在吸收水体污染物和恢复受损水体所起的作用、生长所需的条件是不同的，湿地生态环境改善的核心取决于湿地生态系统的结构与功能，植被及景观多样性不仅是西溪湿地综合整治工程的重点之一，

① 1 亩≈667m^2，下同。

也是湿地公园生态旅游开发的重要资源基础，西溪湿地公园内部不同植被配置及其类型在水体净化作用中的贡献应是以后研究的重点。在调查西溪湿地主要植被类型的面积和群落组成的基础上，模拟西溪湿地生态系统碳动态变化规律；同时，应充分考虑西溪湿地生态系统与周围其他生态系统之间的碳流及其相互影响，将西溪湿地碳循环过程与杭州区域碳循环结合起来。

（谢长永、徐同凯、陈　波）

参考文献

陈如海, 詹良通, 陈云敏, 等. 2010. 西溪湿地底泥氮、磷和有机质含量竖向分布规律. 中国环境科学, 30(4): 493-498.

董鸣. 2018. 城市湿地生态系统生态学. 北京: 科学出版社.

董鸣, 王慧中, 匡廷云, 等. 2013. 杭州城西湿地保护与利用战略概要. 杭州师范大学学报(自然科学版), 12(5): 385-390.

封磊, 洪伟, 吴承祯, 等. 2008. 闽江口湿地土壤——植物体系有机碳的分布特征. 福建林学院学报, 28(1): 9-13.

冯忠江, 赵欣胜. 2008. 黄河三角洲芦苇生物量空间变化环境解释.水土保持研究, 15(3): 170-174.

何浩, 潘耀忠, 朱文泉, 等. 2005. 中国陆地生态系统服务价值测量. 应用生态学报, 16(6): 1122-1127.

李博, 刘存歧, 王军霞, 等. 2009. 白洋淀湿地典型植被芦苇储碳固碳功能研究. 农业环境科学学报, 28(12): 2603-2607.

李玉凤, 刘红玉, 曹晓, 等. 2010. 西溪国家湿地公园水质时空分异特征研究. 环境科学, 31(9): 2036-2041.

刘存歧, 李昂, 李博, 等. 2012. 白洋淀湿地芦苇生物量及氮、磷储量动态特征. 环境科学学报, 32(6): 1503-1511.

刘吉平, 杨青, 吕宪国. 2005. 三江平原典型环型湿地土壤营养元素的空间分异规律. 水土保持学报, 19(2): 76-79.

刘秋华, 吴永波, 薛建辉. 2013. 收割对芦苇生物量及氮磷储量的影响. 安徽农业大学学报, 40(5): 809-814.

刘兴土, 姜明, 文波龙. 2012. 我国湿地学科建设与发展的若干问题探讨. 杭州师范大学学报(自然科学版), 11(4): 289-294.

刘钰, 李秀珍, 闫中正, 等. 2013. 长江口九段沙盐沼湿地芦苇和互花米草生物量及碳储量. 应用生态学报, 24(8): 2129-2134.

陆强, 陈慧丽, 邵晓阳, 等. 2013. 杭州西溪湿地大型底栖动物群落特征及与环境因子的关系. 生态学报, 33(9): 2803-2815.

马华, 陈秀芝, 潘卉, 等. 2013. 持续收割对上海九段沙湿地芦苇生长特征、生物量和土壤全氮含量的影响. 生态与农村环境学报, 29(2): 209-213.

梅雪英, 张修峰. 2008. 长江口典型湿地植被储碳、固碳功能研究——以崇明东滩芦苇带为例. 中国生态农业学报, 16(2): 269-272.

缪丽华. 2009. 杭州西溪湿地研究综述. 安徽农业科学, 37(11): 5043- 5044.

邵学新, 李文华, 吴明, 等. 2013. 杭州湾潮滩湿地 3 种优势植物碳氮磷储量特征研究. 环境科学, 34(9): 3451-3457.

邵学新, 吴明, 蒋科毅. 2007. 西溪湿地土壤重金属分布特征及其生态风险评价. 湿地科学, 5(3): 253-259.

王建华, 吕宪国. 2007. 城市湿地概念和功能及中国城市湿地保护. 生态学杂志, 26(4): 555-560.
王淑琼, 王瀚强, 方燕, 等. 2014. 崇明岛滨海湿地植物群落固碳能力. 生态学杂志, 33(4): 915-921.
王维奇, 徐玲琳, 曾从盛, 等. 2011. 河口湿地植物活体-枯落物-土壤的碳氮磷生态化学计量特征. 生态学报, 31(23): 7119-7124.
吴明, 邵学新, 蒋科毅. 2008. 西溪国家湿地公园水体和底泥 N、P 营养盐分布特征及评价. 林业科学研究, 21(4): 587- 591.
吴统贵, 吴明, 虞木奎, 等. 2010. 杭州湾滨海湿地芦苇生物量及 N、P 储量动态变化. 中国环境科学, 30(10): 1408-1412.
谢长永, 徐同凯, 黄瑞建, 等. 2011. 杭州西溪湿地区域尺度内水质的比较分析. 杭州师范大学学报(自然科学版), 10(3): 242-247.
谢长永, 徐同凯, 钱爱爱, 等. 2012. 杭州西溪湿地生态系统不同群落营养元素的积累及分配特征, 科技通报, 28(11): 220-227.
张佳蕊, 张海燕, 陆健健. 2013. 长江口淡水潮滩芦苇地上与地下部分月生物量变化比较研究. 湿地科学, 1191: 7-12.
张琼, 宋垚彬, 蒋跃平, 等. 2014. 植物入侵对城市湿地生态系统中本地植物的影响. 杭州师范大学学报(自然科学版), 13(6): 628-633.
张晓栋, 葛莹, 叶哲璐, 等. 2006. 杭州人工湿地与西溪湿地 4 种植物光合生理生态比较. 湿地科学, 4(2): 138-145.
章文龙, 曾从盛, 张林海, 等. 2009. 闽江河口湿地植物氮磷吸收效率的季节变化. 应用生态学报, 20(6): 1317-1322.
Boutin C, Keddy P A. 1993. A functional classification of wetland plants. Journal of Vegetation Science, 4: 591-600.
Brix H, Sorrell B K, Lorenzen B. 2001. Are *Phragmites*-dominated wetlands a net source or net sink of greenhouse gases? Aquatic Botany, 69(2): 313-324.
Erwin K L. 2009. Wetlands and global climate change: the role of wetland restoration in a changing world. Wetlands Ecology & Management, 17(1): 71-84.
Gutzwiller K J, Flather C H. 2011. Wetland features and landscape context predict the risk of wetland habitat loss. Ecological Applications, 21(3): 968-982.
Jobbagy E G, Jackson R B. 2002. The vertical distribution of soil organic carbon and it's relation to climate and vegetation. Ecological Applications, 10(2): 423- 436.
Kennedy G, Mayer T. 2002. Natural and constructed wetlands in Canada: An overview. Water Quality Research Journal of Canada, 37(2): 295-325.
Myers S C, Clarkson B R, Reeves P N, et al. 2013. Wetland management in New Zealand: Are current approaches and policies sustaining wetland ecosystems in agricultural landscapes? Ecological Engineering, 56: 107-120.
Ramsar Wetlands Convention. 2012. Resolution X1.11. http://www.ramsar.org/document/resolution-xi11-principles-for-the-planning-and-management-of-urban-and-peri-urban-wetlands.
Ramsar Wetlands Convention. 2015. Draft Resolution X11.10. http://www.ramsar.org/document/cop12-dr-10-rev2 -draft-resolution-xii10-world-wetland-city-wwc-accreditation.
Verhoeven J A T, Whigham D F, Kerkhoven M Y. 1994. Comparative study of nutrient-related processes in geographically separated wetlands: Towards a science base for functional assessment procedure. *In*: William J M. Global wetlands: Old world and New. Columbus: Elsevier Press: 91-106.

第 12 章　城市湿地植物叶凋落物的分解研究进展

12.1　引　　言

12.1.1　城市湿地

湿地是介于水生和陆生生态系统之间较为独特的水陆复合生态系统类型，兼有水、陆生态系统功能特性，具有重要的水文、生态功能（Keddy，2000）。其在涵养水源、防涝减旱、调节气候、维持生态系统多样性、水质净化、碳储存等发面发挥重要功效，被誉为“地球之肾”“物种的基因库”（Gibbs，1993；Mitsch et al.，2013）。

城市湿地是湿地生态系统的重要组成部分。孙广友等（2004）依据城市湿地的范围对其进行了初步界定，提出城市湿地即分布于城市（镇）的湿地。王建华和吕宪国（2007）从城市湿地类型和性质方面丰富了城市湿地的内涵，提出城市湿地是城市区域之内的海岸与河口、河岸、浅水湖沼、水源保护区、自然和人工池塘以及污水处理厂等具有水陆过渡性质的生态系统。然而，基于对城市范围界定的认识［城市包括城市（city）、城市近郊（sub-urbans）、城市边缘地区（peri-urban areas）和城镇（towns）］（Williams et al.，2009）以及城市生态系统中各要素相互联系作用的原理（王国新，2010；李春华等，2012；Larson et al.，2016；张慧等，2016），我们认为对城市湿地的定义应充分结合城市的范围、类型性质以及与城市其他组分的联系。董鸣（2018）对前人定义进行补充完善，综合考虑以上因素，提出：城市湿地是构成城市生态系统的组分之一，是位于城市地域或毗邻城市的范围，与城市生态系统其他组分具有密切、持续的相互作用的湿地，其相互作用体现在城市湿地的生态系统结构、功能和服务特征等方面。

12.1.2　城市湿地的主要功能

城市湿地是城市生态系统重要的景观单元，也是城市立地的重要依据条件（王海霞等，2005），被誉为“城市之肾”（张颖和刘方贵，2009），在涵养城市水源、维持区域水平衡、降解污染物、调节区域气候、保护生物多样性等方面发挥重要作用（董鸣等，2013）。首先，城市湿地具备的渗透、蓄水能力，可疏导城市道路雨水的排放，避免城市的洪涝灾害，同时可补充城市地下水资源，是城市可持续发展的重要水资源（肖文军和徐春荣，2010）。其次，城市湿地具有一定的净化功能，湿地生态系统微生物、植物、土壤对污染物的共同降解作用，可有效消除城市生态系统中的污染物质，为城市用水安全提供保障（Hoagland et al.，2001；Molleda et al.，2008；Marchand et al.，2010；Rowny and Stewart，2012）。此外，多数研究发现，城市湿地存在“冷岛效应”，其区域内植被及小型湖泊等水域的存在，使其温度可较周边城区低 1～2℃甚至 5～7℃（Saaroni and

Ziv，2003；Chang et al.，2007），对改善城市气候典型特征——城市“热岛效应”具有重要意义（Sun et al.，2012）。另外，城市湿地还是一些野生动植物的庇护所、重要的栖息地。潮洛蒙等（2003）研究发现，城市人工湿地较周围地区的鸟类种类、总数、物种多样性都较高。我国松北城市湿地，是乌苏里狐尾藻（*Myriophyllum ussuriense*）、野大豆（*Glycine soja*）和黑三棱（*Sparganium stoloniferum*）等野生保护植物，白额雁（*Anser albifrons*）、豆雁（*Anser fabalis*）、鸳鸯（*Aix galericulata*）等 10 种国家级保护动物的生存、繁衍场所（李春艳等，2007）。同时，城市湿地还具有特殊的文化服务功能，可为人们提供休闲娱乐、观光旅游、科普教育和美学的场所（Boyer and Polasky，2004）。目前，城市湿地公园的批建，不仅为城市湿地的保护提供活力，也极大地推动了城市的可持续发展，在提高人们的生活质量的同时也唤起人们的环境保护和生态建设意识（张庆辉等，2013）。因此，关注作为城市组成要素的城市湿地生态系统尤为重要。

12.1.3 城市湿地面临的主要问题

自 1900 年以来，近 50%的湿地面积消失，目前湿地面积仅占陆地面积的 9%或更少（Zedler and Kercher，2005；Ma，2010）。尽管 1971 年签订的《拉姆萨尔公约》将湿地保护提上了公众日程，但是人类活动的影响，仍然威胁着湿地生态系统的结构和功能，仅存的湿地环境现状不容乐观。据美国农业部 1996～1997 年对其农业及环境资源的调查显示，几乎所有被调查的水域（96%）中，湿地的丧失均与城市的发展有关，其中 58%的湿地丧失是由城市化引起的（Ehrenfeld，2000）。随着城市人口的剧增和城市的快速发展，城市湿地正在以远高于非城市湿地的速度被城市建筑和人工地表所蚕食。据统计，自 20 世纪 80 年代以来，由于城市化进程，上海城市湿地面积减少将近 1/4（李春晖等，2009）。对武汉市湿地面积变化特征的研究表明，1987～2005 年城市湿地总体面积减少 137.5 km^2，城市景观变化和社会经济（GDP、人口、畜牧和水产养殖等）是主要的影响因素（Xu et al.，2010）。城市湿地面积锐减并呈小面积孤立斑块状，这些都加剧了湿地的承载能力（Gibbs，2000；Cai et al.，2012；Jiang et al.，2012）。城市湿地虽然存在一定的自净能力，但大量的城市工业、农业和养殖业等的废水、污水的直接排入，以及湿地不透水面积增加导致的地表径流污染物携入，造成湿地土壤污染以及水质下降（Ehrenfeld，2000；Larson et al.，2016；Witter and Nguyen，2016）。2006 年对北京市 21 个湖泊水质监测显示，几乎所有的湖泊都处于富营养化状态（20/21），其中 52.4%达到中-重度富营养化（荆红卫等，2008）。湿地水质污染，可导致湿地生物大幅减少，甚至死亡，严重威胁湿地生态系统的生物多样性（Mckinney，2008；Johnson and Karels，2016）。例如，由水体富营养化造成的藻类暴发，可降低水体溶解氧、产生有毒气体（H_2S、CH_4 等）和物质（微囊藻毒素等），对鱼类等水生生物产生毒害作用（杜桂森等，2002），导致水生生物多样性下降，群落结构趋于简单化（龚志军等，2001）。此外，人们对城市湿地修复和景观改造过程中对外来植物的盲目引入以及城市湿地水文和养分输入变化对外来植物传播的促进，导致城市湿地外来物种入侵严重（Zedler and Kercher，2004）。外来物种对空间、资源（如养分和光照等）等的占据和改造，对湿地的本地物种带来不利影响，许多本地种较难适应湿地环境的快速变化，逐渐消亡（叶岫等，2006；Ehrenfeld，2008）。例如，20 世纪 30 年代用于饲料、观赏和治污引入的凤眼蓝（*Eichhornia crassipes*），现已成为逃逸恶性杂草，其在滇池水面的大量覆盖，导致滇池大量水生植物消亡、水生动物种类减少（潮洛蒙等，2003）。20 世纪 20 年代从美国引入的互花米草（*Spartina alterniflora*）则在我国沿海地区迅速蔓延，导致红树林的大片消失以及鱼类、贝类因缺乏食物而大量死亡（李春晖等，2009）。另外，人类在对城市湿地进行管理和利用的过程中，为营造景观效果而对植被的修饰和为满足生产生活而对湿地利用方式的改变，促使湿地原始类型和天然植被趋向园林化，导致湿地内动植物格局和组成发生变化（Noble and Hassall，2015）。

由此可见，城市湿地遭受的环境污染（如富营养化）、外来生物入侵、土地利用格局和方式变化等人为干扰正在影响着城市湿地的生物因子（动植物组成和格局等）和非生物因子（营养物质、光照和温度等）。这将对城市湿地生态系统格局和过程产生影响，进而可能改变城市湿地生态系统的结构和功能。

12.2　湿地凋落物分解

12.2.1　湿地凋落物及其分解过程

植物凋落物是植物生长过程中新陈代谢的产物，其通常来源于生态系统生产者的植被，由生产者各组分的死亡凋落部分，包括枝、茎、叶、树皮、繁殖器官以及根等构成（刘强和彭少麟，2010）。由于湿地水陆交互的特殊性，对湿地生态系统而言，其植物凋落物的来源主要包括两个方面：外源和内源凋落物。由河岸带植被等提供的树叶、碎屑、腐殖质等陆源凋落物的输入是溪流、河流等水生生态系统的重要养分来源（Wallace et al.，1997），而内源凋落物则主要来源于湿地内部水生维管植物、浮游植物等（Webster and Benfield，1986）。

植物凋落物分解是指凋落物通过生物和非生物因子的共同作用逐渐由有机物转变为无机化合物的过程（Gessner et al.，1999）。湿地植物凋落物的分解过程是物理、化学、生物因子相互作用的过程，主要包括三个阶段。①淋溶：主要是无机盐（K、Ca、Mg 和 Mn 等）和可溶性有机化合物（糖类、有机酸、氨基酸和酚类等）等损失的过程（Graça et al.，2005）。由于湿地特殊的水文环境，通常认为湿地凋落物的淋溶过程较陆生生境快速。基于植物物种或类别的差异，淋溶可发生在分解的数小时、几天或数周时间内，可产生高达 30%的干重流失率（Davis et al.，2003；Graça et al.，2005；Shieh et al.，2008）。②微生物的定殖：微生物作用于凋落物分解主要通过分泌酶类物质改变凋落物的化学和物理结构特性，增加凋落物的适口性，进而促进无脊椎动物的取食（Baldy et al.，2007）。较多研究表明，经过微生物定殖的凋落物更容易受到无脊椎动物的青睐（Graça，2001）。③机械和生物破碎：机械破碎主要是水体流动对凋落物磨损的物理过程（Heard et al.，1999）；生物破碎是无脊椎动物直接摄食和破碎凋落物的过程（Gessner et al.，1999）。依据功能类群的不同，无脊椎动物主要可分为撕食者（shredder）、刮食者（scraper）、捕食者（predator）、滤食者（collector-filter）以及集食者（collector-gatherer）五类（史璇等，2015；Graça，2001）。其中撕食者作为主要食碎屑者，通过对粗颗粒有机物（coarse particulate organic matter，CPOM，颗粒直径≥1mm）的取食，产生适宜大小的细颗粒凋落物（fine particulate organic matter，FPOM，颗粒直径<1mm）供其他类群作用，被认为是凋落物分解的关键参与者（Motomori et al.，2001）。

12.2.2 湿地凋落物分解的影响因素

湿地凋落物的分解受到外在非生物和生物因子以及凋落物内在基质的共同影响。其中外在非生物因子包括大气、土壤和水体等物理化学环境，生物因素包括微生物和无脊椎动物，内在基质包括凋落物的物理和化学性质（Webster and Benfield，1986；Graça et al.，2015）。

湿地生态系统由于水陆交互作用，是一类较为独特的生态系统。尽管其影响因素同陆生生态系统相似，但是在非生物因素上表现出一些独特性，如水分可利用性和流动性、温度增幅、溶解氧条件等（Graça et al.，2015）。通常认为，水分的可利用性对其他因素的干扰较弱，不会成为湿地生态系统分解的主要限制因子，因此研究湿地生态系统凋落物分解对深入理解除水分外的其他非生物因子对凋落物分解的作用具有重要的意义（Berg and Mcclaugherty，2003；Boyero et al.，2011）。例如，Boyero 等（2011）在全球尺度上利用纬度梯度差异模拟全球气候变化（温度升高）对凋落物分解的影响，以及 Woodward 等（2012）在欧洲区域尺度上对溪流生态系统中养分梯度变化对凋落物分解的影响中，水分并不作为互作因素参与其中，因此可更好认识和揭示湿地生态系统大尺度水平上温度和养分浓度变化对凋落物分解的影响机制。此外，湿地生态系统中水体流速，即激流（溪流、河流等）或静水（湖泊、池塘、沼泽等）环境则主要通过改变凋落物的破碎过程影响分解过程（Gessner et al.，1999）；其他物理（光照等）和化学因素（pH、溶解氧、养分和金属离子浓度等）主要通过影响分解者（微生物和无脊椎动物）作用，对凋落物分解速率产生影响。一般而言，当湿地生态系统发生 pH 降低（Dangles et al.，2004）、溶解氧下降（Medeiros et al.，2009）或重金属污染（Ferreira et al.，2016a）时，将对参与凋落物分解的水生生物的类群、生物量和活性等产生影响，凋落物分解将受到抑制。而水体的富营养化（养分 N 和 P 浓度的升高）则通常通过促进微生物活动，直接或间接（取食微生物）作用于无脊椎动物，从而促进凋落物分解（Ferreira et al.，2015）。因此，湿地生态系统的分解是多环境因素相互作用，较为复杂的生态过程。

湿地生态系统影响凋落物分解的生物因素主要包括微生物和无脊椎动物。其中参与分解的微生物，主要由真菌和细菌构成。一般认为，真菌在微生物分解中占据主导地位，细菌在叶片软化或粉碎破坏后凸显优势（Gessner et al.，1999；Pascoal and Cássio，2004）。真菌和细菌在凋落物中的定殖，一方面可通过分泌纤维素酶、木质素酶、果胶酶等作用于细胞壁，释放胞内化合物，供无脊椎动物同化吸收利用；此外，其本身也可成为无脊椎动物的取食对象，提供无脊椎动物所需的营养物质；微生物作用还可通过改变凋落物的物理结构（如叶的坚韧度），促进无脊椎动物对凋落物的直接取食（Graça，2001）。此外，研究还发现，微生物和无脊椎动物对凋落物的分解存在偏好性，凋落物质量是重要影响因素（Konig et al.，2014）。凋落物质量的常见物理指标包括比叶面积（specific leaf area，SLA）、叶的坚韧度（toughness）等；常见化学指标包括碳、氮、磷浓度及其比值，以及木质素、半纤维素、纤维素和多酚类等被认为难分解的有机成分（刘强和彭少麟，2010）。氮的有效性数量决定微生物生物量的增长，因此 N 和 C/N 常作为分解的关键控制指标。高养分特征的凋落物常受到分解者偏好，与分解速率呈现正相关性，而坚韧性强、难分解成分含量高（如木质素）则常对分解产生制约作用（Quinn et al.，2000；Li et al.，2009）。

12.2.3　湿地凋落物分解的重要性

多数湿地初级生产者产生的有机质除自身消耗、植食动物取食利用外，绝大部分以死亡有机质或者植物碎屑的方式进入湿地生态系统（Moore et al.，2004；Boyero et al.，2011；Graça et al.，2015），并最终通过分解的方式将自身的能量和养分归还到水体、土壤和大气中。因此，凋落物分解作为生态系统功能的重要部分，是联系土壤等各亚系统物质循环、能量流动以及信息传递的重要环节。

分解过程中，在生物分解者（微生物和无脊椎动物）和非生物（淋溶和破碎）作用下，以有机物（纤维素、半纤维素、木质素、水溶性成分、乙醚及醇溶性、蛋白质）和矿物质为主要组分的植物凋落物，逐渐释放出氮素化合物和矿质元素等供植物、微生物及动物生长代谢利用（刘强和彭少麟，2010），因此其在维持生态系统食物链和食物网结构中发挥重要支撑作用（Holgerson et al.，2016）。例如，Rubbo 等（2008）发现增加凋落物的输入量可增加林蛙（*Rana sylvatica*）幼体的食物资源，进而促进其存活和生长；Stoler 和 Relyea（2015）发现，凋落物基质或质量的变化可改变水生食物网的结构和组成；而 Hicks 和 Laboyrie（1999）还发现，一些较难分解的凋落物还可作为无脊椎动物的长期栖息地。由此可见，凋落物及其分解过程对其接收系统的生物因子产生的影响不可忽视。此外，凋落物分解还可影响土壤、水体和大气系统中的非生物因子。Kleeberg（2013）发现凋落物分解过程中养分的释放对生态系统发展早期沉积物的生物地球化学循环产生影响；Pan 等（2017）通过室内模拟实验，发现水下凋落物分解可改变水体总氮、总磷、铵态氮和硝态氮含量，揭示出湿地植物凋落物分解产物在人工湿地水质净化中的影响。此外，分解所产生的 CO_2、CH_4 以及氮素类等相关气体又常常贡献于温室气体效应，与大气污染和全球变暖产生联系（Zheng et al.，2017）。另外，以往对生态系统健康或者完整性的评价常常采用单一指标（浮游植物生物完整性指数、大型底栖动物生物评价指数等）（Oliveira and Cortes，2006），很难同时估计生态系统结构和功能的完整性。植物凋落物的分解过程是生物因子和非生物因子共同作用的过程，因此利用凋落物分解的方法对生态系统健康或完整性进行评价，这种方法正受到越来越多的关注和应用（Gessner and Chauvet，2002；Lecerf et al.，2006；Bergfur，2007；Young et al.，2008；Chauvet et al.，2016）。

12.2.4 湿地凋落物分解的国内外研究

人们对湿地凋落物的关注源于 20 世纪五六十年代科学家对生态系统营养动力和能量流动的兴趣。关注河流生态系统的学者发现，水生生物会消耗来源于陆地的叶片，因此猜测来源于陆生生态系统的碎屑是其能量流动的重要来源。此后，人们开始开展关于估算有机质产量的野外实验，同时借用陆生生态系统分解袋法研究有机质在湿地生态系统中的分解过程和格局，来判断外源有机质在湿地生态系统能流中的贡献。例如，Petersen 和 Cummins（1974）在美国密歇根州，量化了 15 个物种叶片凋落物在溪流生态系统的分解速率，发现分解速率在不同的物种间存在差异。此外，还有学者研究湿地生态系统内源凋落物的分解特征，如在研究挺水植物凋落产物在水体中分解的同时提出了立枯现象的存在（Davis and van der Valk，1978）。早在 20 世纪 50～80 年代，人们就已经开展了大量关于湿地生态系统凋落物分解的实验研究。Webster 和 Benfield（1986）在总结了 1967～1985 年的 117 篇凋落物分解的文献后，首次概括了湿地生态系统凋落物分解的阶段化过程（淋溶、微生物、无脊椎动物破碎及取食），并提出凋落物的本身属性以及外在的水体温度、养分以及 pH 因素会影响凋落物的分解速率。随着人们对分解关注度的增加，Boulton 和 Boon（1991）综述了凋落物分解实验的基本准则和操作方法，如叶凋落物材料和分解方法的选择，环境指标、微生物和无脊椎动物指标的测定等，为正确评估湿地生态系统的凋落物分解情况提供了参考。此后，Graça 等（2005）编著了以溪流生态系统为背景，但适用广泛的凋落物分解实验指南，补充完善了关乎有机质估算、植物性状以及分解者测定等的实验操作和统计方法。

自 20 世纪 80 年代之后，人们对湿地凋落物分解机制的研究进一步加深，认识到分解速率与性状（Ostrofsky，1997；Parkyn and Winterbourn，1997）、基因型（Leroy et al.，2007；Lecerf and Chauvet，2008）之间的关系，同时也开始关注单一物种与混合凋落物（Mcarthur et al.，1994；Abelho，2009）、外来物种与本地物种（Parkyn and Winterbourn，1997；Albariño and Balseiro，2002；Laćan et al.，2010；Bottollier-Curtet et al.，2011）在分解上的差异性，并将研究对象扩展到不同气候区域（Bruder et al.，2014；Graça et al.，2016；Poi et al.，2017）、不同湿地类型（Kominkova et al.，2000；Rubbo et al.，2006）以及不同凋落物组分（Hax and Golladay，1993；France et al.，1997；Gessner，2000）。近年来，随着人们对人类活动及其对全球变化影响的重视，人类干扰影响及全球变化对分解的影响也得到人们的普遍关注。在陆地生态系统中，学者们针对全球变暖、二氧化碳浓度升高、氮沉降以及太阳 UV-B 辐射对凋落物分解的影响开展了大量研究，并由此提出模拟凋落物分解对气候变暖响应的指标——Q_{10} 值和凋落物的质量假说（Lindroth et al.，1993）。湿地生态系统中，由于其水文特征，目前以 N、P 营养元素为主的富营养化（Lee and Bukaveckas，2002；Gulis and Suberkropp，2003；Rejmankova and Houdkova，2006；Grasset et al.，2017）、重金属污染（Carlisle and Clements，2005；Pradhan et al.，2011；Ferreira et al.，2016a）为主题的实验开展较多，以增温（Bärlocher et al.，2008；Mas-Martí et al.，2015）、CO_2 浓度增加（Rier et al.，2005；Zhang et al.，2017；Amani et al.，2019）等全球变化为主题的实验还有待受到关注。此外，为了获取不同研究间的普适性规律，人们将定量综合分析方法引入到湿地凋落物研究中。例如，Ferreira 等（2015）综合 1970～2012 年溪流生态系统中室内和野外养分添加对凋落物分解影响的实验研究，探讨了分解速率与实验类型（室内控制和野外原位）、养分添加形态、凋落物属性、气候区域等之间的一般性规律；Ferreira 等（2016a，2016b）探讨了溪流生态系统下重金属污染、森林物种组成与凋落物分解的关系；Kennedy 和 EI-Sabaawi（2017）探讨了本地物种与外来物种在溪流生态系统中分解速率的差异情况；Amani 等（2019）探讨了 CO_2 浓度增加和温度升高对溪流凋落物分解的影响。以上研究对认识影响凋落物分解的普适性意义有重要的作用。

我国在湿地生态系统凋落物方面的研究始于 20 世纪 80 年代对泥炭沼泽生态系统植物残体的关注（郎惠卿和金树仁，1986）。白燕等（1997）对泥炭沼泽中不同植物残体的分解速率及其与温度、湿度、酸度的关系的研究，阐明了植物残体形成泥炭的机制。此后，以东北三江平原、闽江河口作为主要研究热点区域，学者们开展了大量关于分解速率、养分动态变化的实验（刘景双等，2000；王世岩和杨永兴，2006；欧阳林梅，2014），并探究了盐分、水淹（胡伟芳，2016；侯贯云等，2017）、温度、光照、氮磷输入（Xie et al.，2004；刘德燕和宋长春，2008；万忠梅等，2009；林伟等，2014）、立枯（张新厚，2015；曾从盛等，2012）在凋落物分解过程中的影响。江明喜等（2002）以香溪河流域生态系统为对象，关注了陆源叶凋落物在河流生态系统中的分解特征。迟国梁等（2009）将凋落物分解与湿地生态系统健康评价结合起来。

12.3　城市湿地凋落物分解

目前越来越多的研究关注凋落物基质质量（Limpens and Berendse，2003；Zhu et al.，2016）、分解者（微生物和底栖动物）（Ferreira et al.，2016b；Poi et al.，2017）和水环境因子（主要为溶解氧、养分、温度和 pH）（Dangles et al.，2004；Martínez et al.，2014；Bodker et al.，2015；Passerini et al.，2016）与湿地凋落物分解的关系，但其中以城市湿地生态系统为背景的研究相对不多（Fennessy et al.，2008）。基于城市湿地生态系统中城市化的加剧特征以及由此形成的高强度人类活动作用（Ehrenfeld，2000），其凋落物的分解可能呈现独特性和复杂性（Cook and Hoellein，2016）。

从研究对象来看，城市湿地的凋落物种类可能相对单一化。城市化过程中，生境的破坏，湿地土壤、水质污染、外来物种的入侵等因素，威胁着湿地植物的多样性（曹娓等，2012；戴兴安和胡曰利，2012）。例如，基于人们对城市湿地植物景观的观赏需求，湿地的植物种类更具有人为选择性，受配置方式等的影响，植物种类多样性受到局限；此外，盲目的环境修复引种以及城市湿地作为物质流汇聚地的特点，为外来植物的暴发提供了有利条件，外来植物入侵后常常形成单一群落，导致植物多样性下降（叶頔等，2006）。植物多样性的改变将会影响凋落物种类的多样性。基于凋落物分解在物质循环中的重要地位，这可能进一步影响水生食物网的结构和组成（Stoler and Relyea，2015）。

从探究凋落物分解的影响因素角度出发，城市湿地生态系统凋落物分解关注分解过程对城市来源的污染物的响应。例如，Jain 等（2019）从工厂排放来源的纳米颗粒金属氧化物角度探讨 TiO_2、Ag/TiO_2、ZnO 和 Ag/ZnO 类纳米颗粒对凋落物分解的影响，发现即使是低浓度条件下，城市湿地的生态系统功能依然受到影响。而 Rossi 等（2019）通过对比不同利用类型下（农田、城市、森林）的湿地生态系统发现，尽管农田和城市湿地系统经受更为严重的养分、农药等的污染，但欧洲桤木（*Alnus glutinosa*）在农田和城市湿地系统的分解反而要快于森林类型下的湿地系统，这可能是养分发挥主导作用以及微生物的种类存在差异有关。此外，相关研究从湿地类型，如 Brumley 和 Nairn（2018）关注人工湿地水质净化系统环境下凋落物的分解，通过探究不同处理条件下的分解快慢，了解养分的循环特征。范云爽等（2010）在表流湿地开展常见挺水植物美人蕉（*Canna indica*）、菰（*Zizania latifolia*）等的养分释放研究，通过不同植物养分释放比较，探究挺水植物在人工湿地处理中的综合效应；相关研究从城市湿地常见漂浮植物现象出发，探讨漂浮植物覆盖水体表层后对水下凋落物分解的影响分解过程的影响（Zhang et al.，2019a，2019b）。一些研究还关注于凋落物分解对城市生态系统的影响效应，通过对人工湿地不同植物种类分解过程的探究，分析湿地植物养分释放规律，在参考植物吸收污染物能力情况下，为未来湿地植物的选择和管理提供重要参考。例如，史绮等（2011）以杭州西湖常见的景观植物荷叶作为研究对象，通过探究其分解过程发现，荷叶的分解可促进沉积物中氮、磷的迁移，增加水中的氮、磷含量。饶益龄等（2018）分析废水人工湿地系统凋落物对上覆水和沉积物理化性质的影响，发现凋落物的降解可促进沉积物重金属 Fe、Mn 等特征污染物的溶出，增加环境的污染风险。

然而，对城市湿地生态系统而言，沉积物既是水体营养物质和污染物的重要蓄积场所，也是释放来源，其理化因子的改变不仅与水环境因子变化密切相关，还可对微生物和底栖动物产生影响（Hill et al.，2006；Jones et al.，2012）。因此，对沉积物环境因子的探究也尤为重要，但目前仅开展的研究主要关注水环境因子，而对沉积物环境因子关注并不多（Wang et al.，2017）。

12.4 总结与展望

目前，全球城市人口已由 1990 年的 10%占比增至 50%，未来的 50 年间，这种增加趋势依然强劲（Grimm et al.，2008）。据推测，随着城市人口的增加，至 2030 年将有超过 5.87×10^6 km^2 土地转化为城市土地，60%的人口生活在城市区域（Golden，2004；Kentula et al.，2004）。随着城市区域的扩张，未来更多的湿地生态系统将被纳入到城市生态系统中。城市人口的剧增以及人们对自然资源需求的增加，将导致城市湿地受到更为频繁的人为干扰和改造（Grimm et al.，2008）。因此，探究城市湿地生态系统环境因子变化对叶凋落物分解的影响对理解城市化和全球变化背景下城市湿地生态系结构和功能的变化具有重要意义。

基于凋落物分解的重要生态功能和过程，分析对受人类活动强烈影响的城市湿地背景下的植物凋落物分解过程及其生态系统后果显得尤为重要。然而，已有的研究多关注城市湿地动态变化（Booth and Jackson，1997；Xu et al.，2010；Zhou et al.，2010）、湿地生态服务和价值评估（Owen，1995；Ehrenfeld，2000）、湿地水污染与治理（Lee et al.，2010）、湿地保护与修复（Kentula et al.，2004；Callaway and Zedler，2004；Booth，2005；Hettiarachchi et al.，2014）、湿地生物多样性变化（Hassall，2014；Goertzen and Suhling，2013），对城市湿地内生物和非生物因子的变化如何影响城市湿地的功能——叶凋落物分解过程，仍了解较少（Mackintosh et al.，2015；Cook and Hoellein，2016）。未来大量的相关研究亟待开展，应结合不同城市湿地类型（河流、湖泊、池塘、人工湿地等）、不同污染来源，关注城市湿地自身的污染特征（如新兴的环境毒害物质输入、大气污染颗粒的沉降、水体藻类、水绵等的暴发等），结合室内和野外实验，开展深层次的机制研究。

（张亚琳、宋垚彬、董　鸣）

参 考 文 献

白燕, 张晓萍, 班巴洛夫 H H. 1997. 泥炭植物残体分解速率的研究. 东北师大学报(自然科学版), (3): 112-116.

曹娓, 马珂, 王渊. 2012. 城市湿地的功能及城市发展对其影响研究. 安徽农业科学, 42: 7224-7225.

潮洛蒙, 李小凌, 俞孔坚. 2003. 城市湿地的生态功能. 城市问题, (3): 9-12.

迟国梁, 赵颖, 王建武, 等. 2009. 基于树叶凋落物分解速率的溪流生态系统健康评价——以广东横石水河为例. 应用生态学报, 20: 2716-2722.

戴兴安, 胡曰利. 2012. 长沙城市湿地植物多样性研究. 草业科学, 29: 629-635.

董鸣. 2018. 城市湿地生态系统生态学. 北京: 科学出版社.

董鸣, 王慧中, 匡廷云, 等. 2013. 杭州城西湿地保护与利用战略概要. 杭州师范大学学报(自然科学版), 12: 385-390.

杜桂森, 王建厅, 张为华. 2002. 北京城市河湖的营养状态分析. 北京水务, 2002: 25-27.

范云爽, 戴丽, 蒋云东. 2010. 人工湿地处理污染河水和湿地植物腐烂分解影响研究. 环境科学导刊, 29: 42-45.

龚志军, 谢平, 唐汇涓, 等. 2001. 水体富营养化对大型底栖动物群落结构及多样性的影响. 水生生物学报, 25: 210-216.

侯贯云, 翟水晶, 高会, 等. 2017. 盐度对互花米草枯落物分解释放硅、碳、氮元素的影响. 生态学报, 37: 184-191.

胡伟芳. 2016. 盐度和水淹对闽江河口潮汐湿地短叶茳芏枯落物分解的影响. 福州: 福建师范大学硕士研究生学位论文.

江明喜, 邓红兵, 唐涛, 等. 2002. 香溪河流域河流中树叶分解速率的比较研究. 应用生态学报, 13: 27-30.

荆红卫, 华蕾, 孙成华, 等. 2008. 北京城市湖泊富营养化评价与分析. 湖泊科学, 20: 357-363.

郎惠卿, 金树仁. 1986. 植物残体与泥炭和泥炭矿体分类的初步探讨. 植物生态学与地植物学丛刊, 10: 44-51.

李春华, 江莉佳, 曾广. 2012. 国外城市湿地研究的现状、问题及前瞻. 中南林业科技大学学报, 32: 25-30.

李春晖, 郑小康, 牛少凤, 等. 2009. 城市湿地保护与修复研究进展. 地理科学进展, 28: 271-279.

李春艳, 赵美鑫, 朱宏杰, 等. 2007. 哈尔滨松北城市湿地的生态系统服务功能和保护研究. 北京林业大学学报, 2007: 243-247.

林伟, 陈晓艳, 曾从盛, 等. 2014. 磷输入对闽江河口芦苇枯落物分解的影响. 绵阳师范学院学报, 33: 57-61.

刘德燕, 宋长春. 2008. 外源氮输入对沼泽湿地小叶章枯落物性质及其早期分解的影响. 湿地科学, 6: 235-241.

刘景双, 孙雪利, 于君宝. 2000. 三江平原小叶樟、毛果苔草枯落物中氮素变化分析. 应用生态学报, 11: 898-902.

刘强, 彭少麟. 2010. 植物凋落物生态学. 北京: 科学出版社.

欧阳林梅. 2014. 闽江河口湿地枯落物分解与养分动态特征研究. 福州: 福建师范大学硕士研究生学位论文.

饶益龄, 吴永贵, 徐秀月, 等. 2018. 构树凋落物对酸性矿山废水湿地处理系统沉积物中污染物释放的影响. 江苏农业科学, 46(9): 256-260.

史璇, 刘静玲, 尤晓光, 等. 2015. 改进的大型底栖动物中尺度栖息地适宜度模型. 农业环境科学学报, 34: 979-987.

史绮, 焦锋, 陈莹, 等. 2011. 杭州西湖北里湖荷叶枯落物分解及其对水环境的影响. 生态学报, 31(18): 5171-5179.

孙广友, 王海霞, 于少鹏. 2004. 城市湿地研究进展. 地理科学进展, 23: 94-100.

万忠梅, 宋长春, 刘德燕. 2009. 磷输入对沼泽湿地小叶章枯落物分解过程酶活性的影响. 生态环境学报, 18: 595-599.

王国新. 2010. 杭州城市湿地变迁及其服务功能评价——以西湖和西溪为例. 长沙: 中南林业科技大学博士研究生学位论文.

王海霞, 孙广友, 于少鹏, 等. 2005. 湿地对城市形成、演进及可持续发展制约机制的探讨. 湿地科学, 3: 104-109.

王建华, 吕宪国. 2007. 城市湿地概念和功能及中国城市湿地保护. 生态学杂志, 26: 555-560.

王世岩, 杨永兴. 2006. 三江平原小叶章枯落物分解动态及其分解残留物中磷素季节动态. 中国草地, 2006: 6-10.

肖文军, 徐春荣. 2010, 城市湿地功能及研究进展. 河北农业科学, 14: 85-88.

叶頔, 李景文, 尚红喜. 2006. 北京市湿地植物多样性及旱生植物入侵对生物多样性的影响. 科学技术与工程, 6: 2858-2863.

曾从盛, 张林海, 王天鹅, 等. 2012. 闽江河口湿地植物枯落物立枯和倒伏分解主要元素动态. 生态学报, 32: 6289-6299.

张慧, 李智, 刘光, 等. 2016. 中国城市湿地研究进展. 湿地科学, 14: 103-107.

张庆辉, 赵捷, 朱晋, 等. 2013. 中国城市湿地公园研究现状. 湿地科学, 11: 129-135.

张新厚. 2015. 三江平原湿地植物立枯分解研究. 北京: 中国科学院研究生院博士研究生学位论文.

张颖, 刘方贵. 2009. 城市湿地在城市生态建设中的作用及其保护对策. 环境科学与管理, 34: 140-144.

Abelho M. 2009. Leaf-litter mixtures affect breakdown and macroinvertebrate colonization rates in a stream ecosystem. International Review of Hydrobiology, 94: 436-451.

Albariño R J, Balseiro E G. 2002. Leaf litter breakdown in Patagonian streams: Native versus exotic trees and the effect of invertebrate size. Aquatic Conservation Marine & Freshwater Ecosystems, 12: 181-192.

Amani M, Graça M A S, Ferreira V. 2019. Effects of elevated atmospheric CO_2 concentration and temperature on litter decomposition in streams—a meta-analysis. International Review of Hydrobiology, 104: 14-25.

Baldy V, Gobert V, Guerold F, et al. 2007. Leaf litter breakdown budgets in streams of various trophic status: effects of dissolved inorganic nutrients on microorganisms and invertebrates. Freshwater Biology, 52: 1322-1335.

Bärlocher F, Seena S, Wilson K P, et al. 2008. Raised water temperature lowers diversity of hyporheic aquatic hyphomycetes. Freshwater Biology, 53: 368-379.

Berg B, Mcclaugherty C. 2003. Plant Litter: Decomposition, Humus Formation, Carbon Sequestration.

Heidelberg: Springer-Verlag Berlin Heidelberg.
Bergfur J. 2007. Seasonal variation in leaf-litter breakdown in nine boreal streams: implications for assessing functional integrity. Fundamental and Applied Limnology, 169: 319-329.
Bodker J E, Turner R E, Tweel A, et al. 2015. Nutrient-enhanced decomposition of plant biomass in a freshwater wetland. Aquatic Botany, 127: 44-52.
Booth D B, Jackson C R. 1997. Urbanization of aquatic systems: Degradation thresholds, stormwater detection, and the limits of mitigation. Journal of the American Water Resources Association, 33: 1077-1090.
Booth D B. 2005. Challenges and prospects for restoring urban streams: A perspective from the Pacific Northwest of North America. Journal of the North American Benthological Society, 24: 724-737.
Bottollier-Curtet M, Charcosset J Y, Planty-Tabacchi A M, et al. 2011. Degradation of native and exotic riparian plant leaf litter in a floodplain pond. Freshwater Biology, 56: 1798-1810.
Boulton A J, Boon P I. 1991. A review of methodology used to measure leaf litter decomposition in lotic environments: Time to turn over an old leaf? Marine & Freshwater Research, 42: 1-43.
Boyer T, Polasky S. 2004. Valuing urban wetlands: a review of non-market valuation studies. Wetlands, 24: 744-755.
Boyero L, Pearson R G, Gessner M O, et al. 2011. A global experiment suggests climate warming will not accelerate litter decomposition in streams but might reduce carbon sequestration. Ecology Letters, 14: 289-294.
Bruder A, Schindler M H, Moretti M S, et al. 2014. Litter decomposition in a temperate and a tropical stream: The effects of species mixing, litter quality and shredders. Freshwater Biology, 59: 438-449.
Brumley J, Nairn R. 2018. Litter decomposition rates in six mine water wetlands and ponds in Oklahoma. Wetlands, 38: 965-974.
Cai Y, Zhang H, Pan W, et al. 2012. Urban expansion and its influencing factors in natural wetland distribution area in Fuzhou City, China. Chinese Geographical Science, 22: 568-577.
Callaway J C, Zedler J B. 2004. Restoration of urban salt marshes: Lessons from southern California. Urban Ecosystems, 7: 107-124.
Carlisle D M, Clements W H. 2005. Leaf litter breakdown, microbial respiration and shredder production in metal-polluted streams. Freshwater Biology, 50: 380-390.
Chang C R, Li M H, Chang S D. 2007. A preliminary study on the local cool-island intensity of Taipei city parks. Landscape & Urban Planning, 80: 386-395.
Chauvet E, Ferreira V, Giller P S, et al. 2016. Litter decomposition as an indicator of stream ecosystem functioning at local-to-continental scales: Insights from the European RivFunction Project. Advances in Ecological Research, 55: 99-182.
Cook A R, Hoellein T J. 2016. Environmental drivers of leaf breakdown in an urban watershed. Freshwater Science, 35: 311-323.
Dangles O, Gessner M O, Guerold F, et al. 2004. Impacts of stream acidification on litter breakdown: Implications for assessing ecosystem functioning. Journal of Applied Ecology, 41: 365-378.
Davis C B, van der Valk A G. 1978. The decomposition of standing and fallen litter of *Typha glauca* and *Scirpus fluviatilis*. Canadian Journal of Botany, 56: 662-675.
Davis III S E, Corronado-Molina C, Childers D L, et al. 2003. Temporally dependent C, N, and P dynamics associated with the decay of *Rhizophora mangle* L. leaf litter in oligotrophic mangrove wetlands of the Southern Everglades. Aquatic Botany, 75: 199-215.
Ehrenfeld J G. 2000. Evaluating wetlands within an urban context. Ecological Engineering, 15: 253-265.
Ehrenfeld J G. 2008. Exotic invasive species in urban wetlands: environmental correlates and implications for wetland management. Journal of Applied Ecology, 45: 1160-1169.
Fennessy M S, Rokosch A, Mack J J. 2008. Patterns of plant decomposition and nutrient cycling in natural and created wetlands. Wetlands, 28: 300-310.
Ferreira V, Castagneyrol B, Koricheva J, et al. 2015. A meta-analysis of the effects of nutrient enrichment on litter decomposition in streams. Biological Reviews, 90: 669-688.
Ferreira V, Koricheva J, Duarte S, et al. 2016a. Effects of anthropogenic heavy metal contamination on litter

decomposition in streams - A meta-analysis. Environmental Pollution, 210: 261-270.
Ferreira V, Raposeiro P M, Pereira A, et al. 2016b. Leaf litter decomposition in remote oceanic island streams is driven by microbes and depends on litter quality and environmental conditions. Freshwater Biology, 61: 783-799.
France R, Culbert H, Freeborough C, et al. 1997. Leaching and early mass loss of boreal leaves and wood in oligotrophic water. Hydrobiologia, 345: 209-214.
Gessner M O, Chauvet E, Dobson M. 1999. A perspective on leaf litter breakdown in streams. Oikos, 85: 377-384.
Gessner M O. 2000. Breakdown and nutrient dynamics of submerged *Phragmites* shoots in the littoral zone of a temperate hardwater lake. Aquatic Botany, 66: 9-20.
Gessner M, Chauvet E. 2002. A case for using litter breakdown to assess functional stream integrity. Ecological Applications, 12: 498-510.
Gibbs J P. 1993. Importance of small wetlands for the persistence of local populations of wetland-associated animals. Wetlands, 13: 25-31.
Gibbs J P. 2000. Wetland loss and biodiversity conservation. Conservation Biology, 14: 314-317.
Goertzen D, Suhling F. 2013. Promoting dragonfly diversity in cities: major determinants and implications for urban pond design. Journal of Insect Conservation, 17: 399-409.
Golden J S. 2004. The built environment induced urban heat island effect in rapidly urbanizing arid regions – a sustainable urban engineering complexity. Environmental Sciences, 1: 321-349.
Graça M A S, Bärlocher F, Gessner M O. 2005. Methods to Study Litter Decomposition: A Practical Guide. Netherlands: Springer.
Graça M A S, Ferreira V, Canhoto C, et al. 2015. A conceptual model of litter breakdown in low order streams. International Review of Hydrobiology, 100: 1-12.
Graça M A S, Hyde K, Chauvet E. 2016. Aquatic hyphomycetes and litter decomposition in tropical - subtropical low order streams. Fungal Ecology, 19: 182-189.
Graça M A S. 2001. The role of invertebrates on leaf litter decomposition in streams - a review. International Review of Hydrobiology, 86: 383-393.
Grasset C, Levrey L H, Delolme C, et al. 2017. The interaction between wetland nutrient content and plant quality controls aquatic plant decomposition. Wetlands Ecology and Management, 25: 211-219.
Grimm N B, Faeth S H, Golubiewski N E, et al. 2008. Global change and the ecology of cities. Science, 319: 756.
Gulis V, Suberkropp K. 2003. Effect of inorganic nutrients on relative contributions of fungi and bacteria to carbon flow from submerged decomposing leaf litter. Microbial Ecology, 45: 11-19.
Hassall C. 2014. The ecology and biodiversity of urban ponds. Wiley Interdisciplinary Reviews: Water, 1: 187-206.
Hax C L, Golladay S W. 1993. Macroinvertebrate colonization and biofilm development on leaves and wood in a boreal river. Freshwater Biology, 29: 79-87.
Heard S B, Schultz G A, Ogden C B, et al. 1999. Mechanical abrasion and organic matter processing in an Iowa stream. Hydrobiologia, 400: 179-186.
Hettiarachchi M, Mcalpine C, Morrison T H. 2014. Governing the urban wetlands: a multiple case-study of policy, institutions and reference points. Environmental Conservation, 41: 276-289.
Hicks B J, Laboyrie J L. 1999. Preliminary estimates of mass-loss rates, changes in stable isotope composition, and invertebrate colonisation of evergreen and deciduous leaves in a Waikato, New Zealand, stream. New Zealand Journal of Marine and Freshwater Research, 33: 221-232.
Hill B H, Elonen C M, Jicha T M, et al. 2006. Sediment microbial enzyme activity as an indicator of nutrient limitation in Great Lakes coastal wetlands. Freshwater Biology, 51: 1670-1683.
Hoagland C R, Gentry L E, David M B, et al. 2001. Plant nutrient uptake and biomass accumulation in a constructed wetland. Journal of Freshwater Ecology, 16: 527-540.
Holgerson M A, Post D M, Skelly D K. 2016. Reconciling the role of terrestrial leaves in pond food webs: A whole-ecosystem experiment. Ecology, 97: 1771-1782.

Jain A, Kumar S, Seena S. 2019. Can low concentrations of metal oxide and Ag loaded metal oxide nanoparticles pose a risk to stream plant litter microbial decomposers? Science of the Total Environment, 653: 930-937.

Jiang W, Wang W, Chen Y, et al. 2012. Quantifying driving forces of urban wetlands change in Beijing City. Journal of Geographical Sciences, 22: 301-314.

Johnson A M, Karels T J. 2016. Partitioning the effects of habitat fragmentation on rodent species richness in an urban landscape. Urban Ecosystems, 19: 547-560.

Jones J I, Murphy J F, Collins A L, et al. 2012. The impact of fine sediment on macro-invertebrates. River Research and Applications, 28: 1055-1071.

Keddy P A. 2000. Wetland Ecology: Principles and Conservation. Cambridge: Cambridge University Press.

Kennedy K T M, El-Sabaawi R W. 2017. A global meta-analysis of exotic versus native leaf decay in stream ecosystems. Freshwater Biology, 62: 977-989.

Kentula M E, Gwin S E, Pierson S M. 2004. Tracking changes in wetlands with urbanization: Sixteen years of experience in Portland, Oregon, USA. Wetlands, 24(4): 734-743.

Kleeberg A. 2013. Impact of aquatic macrophyte decomposition on sedimentary nutrient and metal mobilization in the initial stages of ecosystem development. Aquatic Botany, 105: 41-49.

Kominkova D, Kuehn K, Büsing N, et al. 2000. Microbial biomass, growth, and respiration associated with submerged litter of *Phragmites australis* decomposing in a littoral reed stand of a large lake. Aquatic Microbial Ecology, 22: 271-282.

Konig R, Hepp L U, Santos S. 2014. Colonisation of low- and high-quality detritus by benthic macroinvertebrates during leaf breakdown in a subtropical stream. Limnologica, 45: 61-68.

Laćan I, Resh V H, McBride J R. 2010. Similar breakdown rates and benthic macroinvertebrate assemblages on native and Eucalyptus globulus leaf litter in Californian streams. Freshwater Biology, 55: 739-752.

Larson M A, Heintzman R L, Titus J E, et al. 2016. Urban wetland characterization in south-central New York State. Wetlands, 36: 821-829.

Lecerf A, Chauvet E. 2008. Intraspecific variability in leaf traits strongly affects alder leaf decomposition in a stream. Basic and Applied Ecology, 9: 598-605.

Lecerf A, Usseglio-Polatera P, Charcosset J Y, et al. 2006. Assessment of functional integrity of eutrophic streams using litter breakdown and benthic macroinvertebrates. Archiv für Hydrobiologie, 165: 105-126.

Lee A A, Bukaveckas P A. 2002. Surface water nutrient concentrations and litter decomposition rates in wetlands impacted by agriculture and mining activities. Aquatic Botany, 74: 273-285.

Lee C G, Fletcher T D, Sun G Z. 2010. Nitrogen removal in constructed wetland systems. Engineering in Life Sciences, 9: 11-22.

Leroy C J, Whitham T G, Wooley S C, et al. 2007. Within-species variation in foliar chemistry influences leaf-litter decomposition in a Utah river. Freshwater Science, 26: 426-438.

Li A O Y, Ng L C Y, Dudgeon D. 2009. Effects of leaf toughness and nitrogen content on litter breakdown and macroinvertebrates in a tropical stream. Aquatic Sciences, 71: 80-93.

Limpens J, Berendse F. 2003. How litter quality affects mass loss and N loss from decomposing *Sphagnum*. Oikos, 103: 537-547.

Lindroth R L, Kinney K K, Platz C L. 1993. Responses of diciduous trees to elevated atmospheric CO_2: productivity, phytochemistry, and insect performance. Ecology, 74(3): 763-777.

Ma Z J. 2010. Managing wetland habitats for waterbirds: Aan international perspective. Wetlands, 30: 15-27.

Mackintosh T J, Davis J A, Thompson R M. 2015. Impacts of multiple stressors on ecosystem function: Leaf decomposition in constructed urban wetlands. Environmental Pollution, 208: 221-232.

Marchand L, Mench M, Jacob D L, et al. 2010. Metal and metalloid removal in constructed wetlands, with emphasis on the importance of plants and standardized measurements: A review. Environmental Pollution, 158: 3447-3461.

Martínez A, Larrañaga A, Pérez J, et al. 2014. Temperature affects leaf litter decomposition in low-order forest streams: field and microcosm approaches. FEMS Microbiology Ecology, 87: 257-267.

Mas-Martí E, Muñoz I, Oliva F, et al. 2015. Effects of increased water temperature on leaf litter quality and

detritivore performance: A whole-reach manipulative experiment. Freshwater Biology, 60: 184-197.
Mcarthur J V, Aho J M, Rader R B, et al. 1994. Interspecific leaf interactions during decomposition in aquatic and floodplain ecosystems. Freshwater Science, 13: 57-67.
Mckinney M L. 2008. Effects of urbanization on species richness: A review of plants and animals. Urban Ecosystems, 11: 161-176.
Medeiros A, Pascoal C, Graça M A S. 2009. Diversity and activity of aquatic fungi under low oxygen conditions. Freshwater Biology, 54: 142-149.
Mitsch W J, Bernal B, Nahlik A M, et al. 2013. Wetlands, carbon, and climate change. Landscape Ecology, 28: 583-597.
Molleda P, Blanco I, Ansola G, et al. 2008. Removal of wastewater pathogen indicators in a constructed wetland in Leon, Spain. Ecological Engineering, 33: 252-257.
Moore J C, Berlow E L, Coleman D C, et al. 2004. Detritus, trophic dynamics and biodiversity. Ecology Letters, 7: 584-600.
Motomori K, Mitsuhashi H, Nakano S. 2001. Influence of leaf litter quality on the colonization and consumption of stream invertebrate shredders. Ecological Research, 16: 173-182.
Noble A, Hassall C. 2015. Poor ecological quality of urban ponds in northern England: Causes and consequences. Urban Ecosystems, 18: 649-662.
Oliveira S V, Cortes R M V. 2006. Environmental indicators of ecological integrity and their development for running waters in northern Portugal. Limnetica, 25: 479-498.
Ostrofsky M L. 1997. Relationship between chemical characteristics of autumn-shed leaves and aquatic processing rates. Journal of the North American Benthological Society, 16: 750-759.
Owen C R. 1995. Water budget and flow patterns in an urban wetland. Journal of Hydrology, 169: 171-187.
Pan X, Ping Y, Cui L, et al. 2017. Plant litter submergence affects the water quality of a constructed wetland. PLoS ONE, 12: e0171019.
Parkyn S M, Winterbourn M J. 1997. Leaf breakdown and colonisation by invertebrates in a headwater stream: Comparisons of native and introduced tree species. New Zealand Journal of Marine and Freshwater Research, 31: 301-312.
Pascoal C, Cássio F. 2004. Contribution of fungi and bacteria to leaf litter decomposition in a polluted river. Applied and Environmental Microbiology, 70: 5266-5273.
Passerini M, Cunha-Santino M, Bianchini I. 2016. Oxygen availability and temperature as driving forces for decomposition of aquatic macrophytes. Aquatic Botany, 130: 1-10.
Petersen R C, Cummins K W. 1974. Leaf processing in a woodland stream. Freshwater Biology, 4: 343-368.
Poi A S G, Galassi M E, Carnevali R P, et al. 2017. Leaf litter and invertebrate colonization: The role of macroconsumers in a subtropical wetland (Corrientes, Argentina). Wetlands, 37: 135-143.
Pradhan A, Seena S, Pascoal C, et al. 2011. Can metal nanoparticles be a threat to microbial decomposers of plant litter in streams? Microbial Ecology, 62: 58-68.
Quinn J M, Smith B J, Burrell G P, et al. 2000. Leaf litter characteristics affect colonisation by stream invertebrates and growth of *Olinga feredayi* (Trichoptera: Conoesucidae). New Zealand Journal of Marine and Freshwater Research, 34: 273-287.
Rejmankova E, Houdkova K. 2006. Wetland plant decomposition under different nutrient conditions: What is more important, litter quality or site quality? Biogeochemistry, 80: 245-262.
Rier S T, Tuchman N C, Wetzel R G. 2005. Chemical changes to leaf litter from trees grown under elevated CO_2 and the implications for microbial utilization in a stream ecosystem. Canadian Journal of Fisheries & Aquatic Sciences, 62: 185-194.
Rossi F, Mallet C, Portelli C, et al. 2019. Stimulation or inhibition: Leaf microbial decomposition in streams subjected to complex chemical contamination. Science of the Total Environment, 648: 1371-1383.
Rowny J G, Stewart J R. 2012. Characterization of nonpoint source microbial contamination in an urbanizing watershed serving as a municipal water supply. Water Research, 46: 6143-6153.
Rubbo M J, Belden L K, Kiesecker J M. 2008. Differential responses of aquatic consumers to variations in leaf-litter inputs. Hydrobiologia, 605: 37-44.

Rubbo M J, Cole J J, Kiesecker J M. 2006. Terrestrial subsidies of organic carbon support net ecosystem production in temporary forest ponds: Evidence from an ecosystem experiment. Ecosystems, 9: 1170-1176.

Saaroni H, Ziv B. 2003. The impact of a small lake on heat stress in a Mediterranean urban park: the case of Tel Aviv, Israel. International Journal of Biometeorology, 47: 156-165.

Shieh S H, Wang C P, Hsu C B, et al. 2008. Leaf breakdown in a subtropical stream: nutrient release patterns. Fundamental & Applied Limnology, 171: 273-284.

Stoler A B, Relyea R A. 2015. Leaf litter species identity alters the structure of pond communities. Oikos, 125: 179-191.

Sun R, Chen A, Chen L, et al. 2012. Cooling effects of wetlands in an urban region: The case of Beijing. Ecological Indicators, 20: 57-64.

Wallace J B, Eggert S L, Meyer J L, et al. 1997. Multiple trophic levels of a forest stream linked to terrestrial litter inputs. Science, 277: 102-104.

Wang M, Hao T, Deng X, et al. 2017. Effects of sediment-borne nutrient and litter quality on macrophyte decomposition and nutrient release. Hydrobiologia, 787: 205-215.

Webster J, Benfield E. 1986. Vascular plant breakdown in freshwater ecosystems. Annual Review of Ecology and Systematics, 17: 567-594.

Williams N S G, Schwartz M W, Vesk P A, et al. 2009. A conceptual framework for predicting the effects of urban environments on floras. Journal of Ecology, 97: 4-9.

Witter A E, Nguyen M H. 2016. Determination of oxygen, nitrogen, and sulfur-containing polycyclic aromatic hydrocarbons (PAHs) in urban stream sediments. Environmental Pollution, 209: 186-196.

Woodward G, Gessner M O, Giller P S, et al. 2012. Continental-scale effects of nutrient pollution on stream ecosystem functioning. Science, 336: 1438-1440.

Xie Y, Yu D, Ren B. 2004. Effects of nitrogen and phosphorus availability on the decomposition of aquatic plants. Aquatic Botany, 80: 29-37.

Xu K, Kong C F, Liu G, et al. 2010. Changes of urban wetlands in Wuhan, China, from 1987 to 2005. Progress in Physical Geography, 34: 207-220.

Young R G, Matthaei C D, Townsend C R. 2008. Organic matter breakdown and ecosystem metabolism: Functional indicators for assessing river ecosystem health. Journal of the North American Benthological Society, 27: 605-625.

Zedler J B, Kercher S. 2004. Causes and consequences of invasive plants in wetlands: Opportunities, opportunists, and outcomes. Critical Reviews in Plant Sciences, 23: 431-452.

Zedler J B, Kercher S. 2005. Wetland resources: status, trends, ecosystem services, and restorability. Annual Review of Environment and Resources, 15: 39-74.

Zhang L, Zou J, Siemann E. 2017. Interactive effects of elevated CO_2 and nitrogen deposition accelerate litter decomposition cycles of invasive tree (*Triadica sebifera*). Forest Ecology and Management, 385: 189-197.

Zhang Y L, Li H B, Xu L, et al. 2019a. Pond-bottom decomposition of leaf litters canopied by free-floating vegetation. Environmental Science and Pollution Research, 26: 8248-8256.

Zhang Y L, Zhang W J, Duan J P, et al. 2019b. Riparian leaf litter decomposition on pond bottom after a retention on floating vegetation. Ecology and Evolution, 9: 9376-9384.

Zheng J, Wang Y, Hui N, et al. 2017. Changes in CH_4 production during different stages of litter decomposition under inundation and N addition. Journal of Soils and Sediments, 17: 949-959.

Zhou H, Jiang H, Zhou G, et al. 2010. Monitoring the change of urban wetland using high spatial resolution remote sensing data. International Journal of Remote Sensing, 31: 1717-1731.

Zhu W, Wang J, Zhang Z, et al. 2016. Changes in litter quality induced by nutrient addition alter litter decomposition in an alpine meadow on the Qinghai-Tibet Plateau. Scientific Reports, 6: 34290.

第13章　城市湿地原生动物群落调查及水质评价方法研究综述

13.1　引　　言

原生动物是最原始，最低等的单细胞动物，每个细胞就是一个完整的生命体，其细胞内特化的各种细胞器通常就可完成运动、营养、呼吸、排泄和生殖等一系列的生理生化活动。它们种类繁多，分布甚广且数量大，它们在生态系统中，特别是水域生态系统中担任着极为重要的角色（崔木子等，2008）。

水质监测中经常利用的原生动物总体上可分为三大类（沈韫芬等，1990；崔木子等，2008；田果等，2009）。①鞭毛虫（Mastigophora），主要包括植鞭毛虫（Phytomastigophorea）和动鞭毛虫（Zoomastigophorea）。植鞭毛虫也被植物学家们称为鞭毛藻（Flagellata）。②纤毛虫（Ciliata），它们是原生动物中特化程度最高，最为复杂，个体最大且数量最多的一大类群，具有典型的特征。有很多以纤毛虫为对象来探讨生物与水质的关系的研究（冯建社，1999；刘智峰等，2011；Jiang et al.，2011）。③肉足虫（Sarcodina），环境中常见的有砂壳虫属（*Difflugia*）、表壳虫属（*Arcella*）的种类。

大量研究表明，水域环境条件的突然改变将对该环境中生活的原生动物群落结构产生直接的影响，从而影响水体的质量。当水体中出现污染冲击时，无论是重金属还是有机污染，原生动物群落的稳定性就会遭到破坏，直接表现就是种类减少，多样性指数降低（许木启和曹宏，2004）。因此，可以利用原生动物群落特征来监测与评价水质。

目前，我国淡水资源严重短缺，人均占有量仅为世界平均水平的 1/4，并且水质污染现象日趋严重，各主要水系及河流均受到不同程度的污染，所以对水环境的保护及监测工作显得尤为重要（徐华军和袁海燕，2006）。近年来兴起的生物监测技术在自然及人工水体监测中的应用已取得了可喜的成果，其评价及监测结果可以很好地直接反映水体的健康状况，其中原生动物在水质检测中的优势尤为突出（徐润林等，2002；崔木子等，2008；Tan et al.，2010；Jiang et al.，2011）。前人关于原生动物在水质监测中的作用及功能的综述较为多见（崔木子等，2008；田果等，2009），但针对具体的实验方法、操作中要注意的问题以及分析方法的介绍则相对较少，利用原生动物评价水质的科学方法仍然在不断改进中。本文旨在总结前人的研究方法，综合各学者的改进，为后来者开展实验研究提供参考。

13.2　样品调查方法概述

13.2.1　样点设置

根据不同的调查目的有相应的设置原则（章宗涉和黄祥飞，1991）。①时间分布，如研究原生动物季节或月动态。原生动物在不同的季节会有不同的分布特征，表现在种类、丰度等各方面，一般来说纤毛虫在春秋较多，冬夏较少。样点应尽可能代表水域的平均状况，分散设置。Xu 等（2011a，2011b，2011c）和姜勇等（2010）在胶州湾、陈立婧等（2010）在上海明珠湖都做过相关研究，发现原生动物群落具有明显的季节性。②水平分布，即不同空间位置的原生动物分布特征。根据空间差异，如在不同的污染带、河流交叉口、环境因子差异明显的位点等，这方面的研究比较多，常用于水质监测等。例如，郑金秀等（2009）在长江上游分为三段采样，讨论了河流地理特征及三峡蓄水等因素对原生动物群落的影响；许木启等（2000）在汉沽稳定塘从入水口到出水口依次设 5 个样点，根据原生动物群落的变化探讨稳定塘的净化效能，发现随着水质的净化原生动物群落也在相应的变化，与水质变化的情况相吻合；韩蕾等（2007）和陈红等（2007）的研究都表明在不同的水域有着不同的原生动物群落特征。③垂直分布，多见于较深的河流或湖泊，在不同水层分别采样，观察不同水深的原生动物分布特征，还常结合季节迁移或昼夜迁移等，如对卡斯泰拉湾（Kaštela Bay）的纤毛虫季节分布与垂直分布的研究（Kršinić，1998）。

13.2.2　采样方法

浮游生物的采样方法主要有三种，分别是浮游生物网法、采水器法和聚氨酯泡沫塑料块（polyurethane foam unit，PFU）法，固着类还有载玻片法等（周凤霞，2006；Jiang et al.，2011）。浮游生物网常见的有 25 号、20 号和 13 号三种规格，网孔大小分别为 64 μm（200 孔/inch，1 inch = 0.0254 m）、76 μm（193 孔/inch）和 112 μm（130 孔/inch）。定性样品通常用 25 号筛绢制成的浮游生物网（网目 64 μm）拖捞获取，取 50 mL 用 5%福尔马林固定（郑金秀等，2009；陈立婧等，2010）。定量样品用 1 L 或 2.5 L 的采水器分别将采自各层（通常上中下三层）的水样混合均匀（如研究垂直分布则另当别论；水深超过 20 m 则只取变温层）（章宗涉和黄祥飞，1991），取 1 L 装入容器中，现场以 1%的比例加入鲁哥氏液（Lugol's iodine solution）固定（呼光富等，2007；陈立婧等，2010；Tan et al.，2010），或以 2%的比例加入（Jiang et al.，2011），固定效果也许更好。

PFU 法是由 Cairns 等于 1969 年创建，沈韫芬在 20 世纪 80 年代初引入我国并加以完善，成为微型生物监测的先进方法（沈韫芬等，1985；许木启和曹宏，2004；崔木子等，2008）。由于其操作简单、可靠性强、重复性好、对比度大等优点，得到了广泛的应用，并发展成为我国水质监测的国家标准（国家环境保护总局，1991；许木启和曹宏，2004）。该方法主要根据岛屿生物地理学理论，利用 PFU 法测定微型生物的群集速度，最后得出三个功能参数：Seq 为平衡时的种数，G 为群集曲线的斜率（也可称群集速度常数），$T_{90\%}$为达到 90%的 Seq 所需要的时间。利用微型生物在 PFU 上的群集过程中 3 个参数的变化，可以评价水质和监测水污染（许木启，1991；许木启和曹宏，2004；Yang et al.，2007；崔木子等，2008）。

近年来，有人对 PFU 法进行了改良，在原有装置外部套上一个露底的塑料瓶，称为改良的 PFU，即 BPFU，改良后的装置可以抗击风浪的冲击，在实际应用中取得了较好的效果（Xu et al.，2002）。

13.2.3 样品处理及鉴定计数

将固定好的样品带回实验室静置 48 h，使生物充分沉淀，然后用虹吸管将上清液慢慢吸走（一般吸走 980 mL 上清液需要 20～30 min），并且最好用 25 号筛绢扎在管口，以防样品中的生物流失，最终浓缩至 30～50 mL 为宜，加 1 mL 4%的福尔马林溶液，以便长期保存（周凤霞，2006；陈立婧等，2010）。也可以直接用 20 μm 筛绢过滤（姜勇等，2010），同样可以达到浓缩的目的。镜检时，先轻轻摇匀样品，用移液枪吸取 0.1 mL 于 0.1 mL 计数框中，静置 1～2 min 后在显微镜下全片计数，取两片结果的平均值，以下公式计算个体密度：$N=(V_s \times n)/(V \times V_a)$，$N$ 为个体密度（ind./L）；V 为采样体积（L）；V_s 为沉淀体积（mL）；V_a 为计数体积（mL）；n 为计数所得个体数。

生物量一般采用体积估算法，按照密度为 1 g/cm^3 来计算（章宗涉和黄祥飞，1991；陈立婧等，2010）。物种鉴定主要依据形态学特征，比对相关图谱、照片或视频，活体观察，有时还要染色制片或利用分子方法，综合鉴定得出结论。常用的图谱如《废水生物处理微型动物图志》（王家楫等，1983）、《微型生物监测新技术》（沈韫芬等，1990）、《淡水浮游生物研究方法》（章宗涉和黄祥飞，1991）、《自由生活的淡水原生动物：彩图指南》（*Free-living Freshwater Protozoa*：*A Colour Guide*）（Patterson，1996）、《原生动物学》（沈韫芬，1999）和《中国黄渤海的自由生纤毛虫》（宋微波等，2009）等。

13.3 结果分析方法概述

13.3.1 物种组成及丰度变化

在物种鉴定及计数的基础上对其进行分类研究，包括种类数和丰度。例如，研究原生动物者，将其分为鞭毛虫、纤毛虫和肉足虫，分析它们各自所占的比例，探讨原生动物组成及对水质的反映（陈立婧等，2010；姜勇等，2010）；以纤毛虫为研究对象则又下分为动基片纲（Kinetofragminophorea）、寡膜纲（Oligohymenophorea）和多膜纲（Polyhymenophorea），或直接分为下毛目（Hypotrichida）、前口目（Prostomatida）、侧口目（Pleurostomatida）、膜口目（Hymenostomatida）、缘毛目（Peritrichida）等（冯建社，1999；刘智峰等，2011；Jiang et al.，2011）；也有研究者只把肉足虫和纤毛虫看作是原生动物，如胡菊香等（2007）对巢湖原生动物的研究，呼光富等（2007）对武汉南湖原生动物的初步研究。植鞭毛虫的比例也常被作为水体富营养化的指标而利用（陈立婧等，2010）。

13.3.2　优势种

根据公式 $Y=(N_i/N)f_i$ 计算物种的优势度，式中 N_i 为第 i 种的个体数；N 为样品中所有种类的总个体数；f_i 为第 i 种的出现频率，$Y>0.02$ 为优势种（周凤霞，2006；陈立婧等，2010）。在正常情况下，群落的结构相对稳定，当受到环境胁迫时，如水体受到污染后，群落中的敏感种类减少，而耐污种类的个体数则大大增加，从而导致群落结构发生变化；或是温度、光照、流速等因素也会导致群落变化。不同的优势种反映的环境状况也不同，从而达到监测的目的（陈立婧等，2010；Jiang et al.，2011）。例如，郑金秀等（2009）对长江上游原生动物的群落研究发现，随着水库蓄水，原生动物群落结构也发生变化，其优势种越来越不明显，库区的原生动物向多类型发展，说明水环境的稳定有利于原生动物多样性的发展。宋碧玉（2000）在长江洞庭湖调查原生动物种群发现，优势种类，基本上属于 a-β 中污性种类，而理化分析结果也表明该河段水质为Ⅱ级。可见优势种可以在一定程度上反映水体所处的状态。

13.3.3　污染指示种

指示种又称生物指示物（biological indicator），是根据 Kolkwitz 和 Marrson（1909）首次提出污染系统和河流不同污染带（寡污带、α-中污带、β-中污带和多污带）的指示生物种类发展而来的（沈韫芬等，1990）。《废水生物处理微型动物图志》（王家楫等，1983）等也对污染指示种进行了描述，沈韫芬等（1990）在《微型生物监测新技术》一书中综合国内外的研究结果，列出了四个污染带的 198 种原生动物污染指示种，可作为划分的参考。

多污性水体中的原生动物指示种，如施氏肾形虫（*Colpoda steinii*）、闪瞬目虫（*Glaucoma scintillans*）、梨形四膜虫（*Tetrahymena pyriformis*）、小口钟虫（*Vorticella microstoma*）等；α-中污性水体中，如草履唇滴虫（*Chilomonas paramecium*）、卵形隐滴虫（*Cryptomonas ovara*）、螅状独缩虫（*Carchesium polypinum*）、僧帽斜管虫（*Chilodonella cucullulus*）、僧帽肾形虫（*Colpoda cucullus*）、尾草履虫（*Paramecium cauatum*）、普通表壳虫（*Arcella vulgaris*）等；β-中污性，如红球虫（*Haematococcus pluvialis*）、衣滴虫（*Chlamydomonas monadina*）、三刺榴弹虫（*Coleps hirtus*）、双环栉毛虫（*Didinium nasutum*）、天鹅长吻虫（*Lacrymaria olor*）、大变形虫（*Amoeba proteus*）等；寡污性水体中，如鹅长颈虫（*Dileptus anser*）、钟形钟虫（*Vorticella campanula*）、截形平鞘虫（*Platycola truncata*）等（王家楫等，1983）。

许木启等（2000）在汉沽稳定塘发现 2 号采样站所发现的 3 种均为耐污很强的鞭毛虫类，如波豆虫（*Bodo*）、眼虫（*Euglena*）和滴虫（*Monas*）；3 号采样站仍以耐污的鞭毛虫和肉足虫为主；4 号和 5 号两个采样站种类结构发生了变化，种类组成以纤毛虫种类占据优势。理化指标显示从 1 号到 5 号水质逐渐变好，1 号最差，没有发现原生动物。在对上海明珠湖（陈立婧等，2010）、长江洞庭湖口的研究中也都用到了原生动物污染指示种，取得了满意的成果（Pratt and Caima，1985）。使用时应注意，不能简单地以有或没有来判定水质的情况，应结合不同污染带指示种类数的多少及优势种的指示性等来综合评价（沈韫芬等，1990）。

13.3.4 原生动物的功能类群

Pratt 和 Caima（1985）曾对美国 6 个湿地和一个河流中原生动物群落进行研究，并按照食性将原生动物分为 6 个功能类群，分别是：光合自养者 P，食菌屑者 B，食藻者 A，腐生者 S，杂食者 N，捕食者 R。干净的水体自养程度高，随着水质的污染，异养程度就会增加。若群落中 P 组和 A 组占比例大，说明水质较好；若 S 组和 B 组比例较大，说明水质较差（崔木子等，2008；陈立婧等，2010）。对原生动物功能划分多参照《微型生物监测新技术》一书。宋碧玉（2000）在对长江洞庭湖口研究时发现食菌—碎屑者、食藻—细菌者多而光合自养者少，表明水体中悬浮颗粒和细菌较多，已有一定程度的有机污染，捕食者类群少预示着该处的有机污染尚不很严重。此方法还在众多研究中得到了应用，如长江上游（郑金秀等，2009）和汉江汉中段（刘智峰等，2011），都取得了不错的效果。

13.3.5 生物指数

多样性指数可以反映群落的结构特征，种的多样性包括两个方面的内容，种类数的增减和每种类个体数的数量分布（周凤霞，2006）。理想的状态是种类数多，每一种的个体数又相对较少，达到一种均衡的分布。人们应用数理统计的方法，求得多样性指数来综合表示生物群落的种类数和个体数，在生态学研究中经常会被用到（许木启等，2000；周凤霞，2006；陈红等，2007；韩蕾等，2007；张志兵等，2009；陈立婧等，2010）。常用的指数有如下几个。①Margalef 多样性指数（d）或称丰富度（richness）：$d=(S-1)/\ln N$，d 值越大表示越清洁。0～1 为重度污染，1～2 为严重污染，2～4 为中度污染，4～6 为轻度污染，大于 6 为清洁水体（张志兵等，2009）。②Shannon-Wiener 多样性指数（H）或称多样性（species diversity）：$H=-\sum(n_i/N)\log_2(n_i/N)$，值为 0～1 时说明水体受到严重污染，1～2 时为中等污染，2～3 时为轻度污染，大于 3 为清洁水体（周凤霞，2006）。③Simpson 多样性指数（D）：$D=1-\sum(n_i/N)^2$，也有用公式 $d=N(N-1)/\sum n_i(n_i-1)$ 或其他表示。④均匀度（evenness，J）：$J=H/\ln S$。⑤其他指数，如种类污染值（species pollution value，SPV）、群落污染值（community pollution value，CPV）（黄彬等，2003）以及 Pantle 计算的污生指数（saprobic index，SI）（刘智峰等，2011）等也可以很好地监测水质。式中 S 为物种数；n_i 为第 i 种的个体数；N 为总个体数。如在汉沽稳定塘（许木启等，2000）中，随着水质的逐步改善，原生动物 Margalef 多样性指数 d 也稳步上升，从 1 号样到 5 号样 d 值分别为 0、0.26、1.85、4.18、5.4。

近年来，有些学者研究浮游生物水质评价时发现，多样性指数有时不能较好地反映水体的营养水平、水质的现状及变化趋势，特别是针对富营养化的水体，这种情况更明显（冯伟松等，2003；姜英等，2010），有时也会因为 pH、水温及流速等因素而产生影响（姜英等，2010）。

13.3.6　理化指标分析

研究水体中原生动物群落特征通常要和水质的理化指标相结合，来探讨生物与环境间的复杂关系（许木启等，2000；许木启和曹宏，2004）。水质测定主要依据国家环境保护总局主编的《水和废水监测分析方法》或 *Standard Methods for the Examination of Water and Wastewater*（APHA，1989；Jiang et al.，2011；Xu et al.，2011a，2011b，2011c）等。主要指标包括：温度（*T*）、pH、溶解氧（DO）、生化需氧量（BOD）、化学需氧量（COD）、总氮（TN）、总磷（TP）、无机氮（DIN）、无机磷（DIP）、氨态氮（NH_4^+-N）、硝态氮（NO_3^--N）、亚硝态氮（NO_2^--N）、可溶性活性磷酸盐（SRP）、叶绿素 a（Chla）、重金属、透明度（SD）和固体悬浮物（SS）等，可以根据研究需要，选取其中几种测定即可（冯建社，1999；徐润林等，2002；国家环境保护总局，2002；许木启和曹宏，2004；陈立婧等，2010；姜勇等，2010；Tan et al.，2010；刘智峰等，2011；张志兵等，2011；Xu et al.，2011a，2011b，2011c）。河流和湖泊通常会受到有机污染和重金属污染，有机污染主要指 BOD、COD，特别是氮和磷浓度的增加，引发藻类的大量增长，从而影响原生动物群落的结构（沈韫芬等，1990；许木启等，2000；姜勇等，2010）。同时，在水体中原生动物的分布、现存量与温度、pH、溶解氧等生态限制因子有关（沈韫芬等，1990；陈立婧等，2010）。

13.3.7　统计分析方法

除了利用生物学的方法对原生动物特征进行描述、归类及指数计算外，有时还需要利用统计学的方法对数据进行深度分析，以求更科学更清晰地说明原生动物群落与水质的关系。常用的方法，如用 *t* 检验或方差分析揭示不同样点或时间的数据差异，包括生物和理化数据；用聚类分析（cluster analysis）按照一定原则将数据归类，揭示数据间的联系及区别；用多维尺度分析（multi-dimension analysis，MDS）表示研究对象间的距离远近；用主成分分析（principal component analysis，PCA）对变量进行归类、探讨；用相关性分析（correlation analysis）来表示生物数据与环境数据间的相关关系等。所用的统计软件有 Excel、SPSS、SAS、Origin、Statistics、Primer 等（许木启，1991；施心路等，2009；陈立婧等，2010；姜勇等，2010；张志兵等，2011；Tan et al.，2010；Jiang et al.，2011；Xu et al.，2011a，2011b，2011c）。Xu 等（2011a，2011b，2011c）在青岛胶州湾所做的在属的水平上对纤毛虫群落分布与水质关系的研究中，用聚类分析依据各属在各样点出现频率把属归为 6 类，说明了属的分布特点；分别用聚类分析和多为尺度分析依据生物数据对各样点进行归类，结果一致，同样依据理化数据分类，结果与生物数据的分类也保持一致，充分说明了胶州湾纤毛虫分布的样点差异，且与水质差异保持高度一致性；此外，他们还用到了主成分分析和多元相关性分析，表明生物数据和理化指标间存在着密切的联系。

13.4　问题及展望

经过多年发展，利用原生动物进行水质监测的技术日趋成熟，在国内外得到了广泛应用，已逐步发展成为一种标准可行的监测方法，但仍存在以下几个问题。

（1）实验方法的规范性。在实验操作中，经常会出现结果因人而异的情况，可能与研究者操作规范性和经验有关，特别是在物种鉴定中，差异有时会很大。所以研究者应加强学习，熟练掌握实验方法，做到规范操作。

（2）研究方法的创新。研究方法如指示种、功能类群、群落结构、各种生物指数及统计学分析，都在不断地发展，因此方法得当与创新至关重要。

（3）加强各种生物间的联系。研究原生动物要注重和藻类、轮虫、枝角类和桡足类等的联系，分析它们之间的关系，才能对水质做出系统而准确地评价。

（4）监测的目的在于保护。监测不只是为了科学研究，更要提醒人们注重环境保护。

（张志兵、施心路、刘桂杰、杨仙玉、王娅宁、刘晓江）

参 考 文 献

陈红, 施心路, 谭晓丽, 等. 2007. 杭州沼泽性水域原生动物群落变化规律. 生态学杂志, 26(10): 1549-1554.

陈立婧, 顾静, 胡忠军, 等. 2010. 上海崇明明珠湖原生动物的群落结构. 水产学报, 34(9): 1404-1413.

崔木子, 施心路, 刘桂杰, 等. 2008. 原生动物的水质监测及净化作用研究综述. 吉首大学学报(自然科学版), 29(1): 90-94.

冯建社. 1999. 白洋淀的纤毛虫及与水质污染的关系. 重庆环境科学, 21(5): 33-35.

冯伟松, 范小鹏, 沈韫芬. 2003. 对武夷山九江的原生动物群落和营养水平的研究. 水生生物学报, 27(6): 580-583.

国家环境保护总局. 2002. 水和废水监测分析方法(第四版). 北京: 中国环境科学出版社.

国家技术监督局, 国家环境保护局. 1991. 中华人民共和国国家标准 GB/T 12990—91. 水质微型生物群落监测 PFU 法. 北京: 中国标准出版社.

韩蕾, 施心路, 刘桂杰, 等. 2007. 哈尔滨太阳岛水域原生动物群落变化的初步研究. 水生生物学报, 31(2): 272-277.

呼光富, 刘红, 马徐发. 2007. 武汉南湖原生动物的初步研究. 水利渔业, 27(3): 77-78.

胡菊香, 吴生桂, 唐会元, 等. 2007. 巢湖的原生动物及其对富营养化的响应. 水利渔业, 27(1): 76-79.

黄彬, 张明凤, 陈寅山, 等. 2003. 原生动物生物指数在福州市内河水质评价中的运用. 福建环境, 20(4): 29-31.

姜英, 姚锦仙, 庞科, 等. 2010. 额尔古纳河流域秋季浮游动物群落结构特征. 北京大学学报(自然科学版), 46(6): 870-876.

姜勇, 许恒龙, 朱明壮, 等. 2010. 胶州湾浮游原生生物时空分布特征-丰度周年变化及与环境因子间的关系. 中国海洋大学学报(自然科学版), 40(3): 17-23.

刘智峰, 郑立柱, 李鹏, 等. 2011. 汉江汉中段春季纤毛虫群落结构与水质评价. 广东农业科学, (10): 121-123, 131.

沈韫芬. 1999. 原生动物学. 北京: 科学出版社.

沈韫芬, 龚循矩, 顾曼如. 1985. 用 PFU 原生动物群落进行生物监测的研究. 水生生物学报, 9(4): 299-307.

沈韫芬, 章宗涉, 龚循矩, 等. 1990. 微型生物监测新技术. 北京: 中国建筑工业出版社.

施心路, 谭晓丽, 刘桂杰, 等. 2009. 东北地区人工湖泊浮游藻类变动与生物学评价. 杭州师范大学学报(自然科学版), 8(2): 132-143.

宋碧玉. 2000. 长江洞庭湖口原生动物的生态学研究. 水生生物学报, 24(4): 317-321.
宋微波, A • 沃伦, 胡晓钟. 2009. 中国黄渤海的自由生纤毛虫. 北京: 科学出版社.
田果, 龚大洁, 闫礼, 等. 2009. 原生动物在生物监测中的作用与应用. 生物学通报, 44(10): 11-13.
王家楫, 沈韫芬, 龚循矩. 1983. 废水生物处理微型动物图志. 北京: 中国建筑工业出版社.
徐华军, 袁海燕. 2006. 浅析我国水质量的污染与监测. 宁夏工程技术, 5(2): 189-193.
徐润林, 白庆笙, 谢瑞文. 2002. 珠江广州市段 PFU 原生动物群落特征及其与水质的关系. 生态学报, 22(4): 479-485.
许木启, 曹宏, 王玉龙. 2000. 原生动物群落多样性变化与汉沽稳定塘水质净化效能相互关系的研究. 生态学报, 20(2): 283-287.
许木启, 曹宏. 2004. PFU 原生动物群落生物监测的生态学原理与应用. 生态学报, 24(7): 1540-1547.
许木启. 1991. 利用原生动物群落监测北京排污河净化效能的研究. 生态学报, 11(1): 80-85.
张志兵, 施心路, 刘桂杰, 等. 2009. 杭州西湖浮游藻类变化规律与水质的关系. 生态学报, 29(6): 2980-2988.
张志兵, 施心路, 杨仙玉, 等. 2011. 杭州西湖与京杭大运河杭州城区段水质对比研究. 杭州师范大学学报(自然科学版), 10(1): 59-63.
章宗涉, 黄祥飞. 1991. 淡水浮游生物研究方法. 北京: 科学出版社.
郑金秀, 胡菊香, 周连凤, 等. 2009. 长江上游原生动物的群落生态学研究. 水生态学杂志, 2(2): 88-93.
周凤霞. 2006. 生物监测. 北京: 化学工业出版社.
APHA (American Public Health Association). 1989. Standard methods for examinations of water and wastewater (17th ed). Washington DC: APHA.
Jiang Y, Xu H L, Hu X Z, et al. 2011. An approach to analyzing spatial patterns of planktonic ciliate communities for monitoring water quality in Jiaozhou Bay, Northern China. Marine Pollution Bulletin, 62(2): 227-235.
Kolkwitz R, Marrson M. 1909. Ökologie der tierischen Saprobien. Beiträge zur Lehre von der biologischen Gewässerbeurteilung. Internationale Revue der gesamten Hydrobiologie und Hydrogeographie, 2: 126-152.
Kršinić F. 1998. Vertical distribution of protozoan and microcopepod communities in the South Adriatic Pit. Journal of Plankton Research, 20(6): 1033-1060.
Patterson D J. 1996. Free-living Freshwater Protozoa: A Colour Guide. London: Manson Publishing Ltd.
Pratt J R, Caima J J. 1985. Functional groups in the protozoa: roles in differing ecosystems. Journal of Protozoology, 32(3): 415-423.
Tan X L, Shi X L, Liu G J, et al. 2010. An approach to analyzing taxonomic patterns of protozoan communities for monitoring water quality in Songhua River, Northeast China. Hydrobiology, 638: 193-201.
Xu H L, Jiang Y, Al-Rasheid K A S, et al. 2011a. Spatial variation in taxonomic distinctness of ciliated protozoan communities at genus-level resolution and relationships to marine water quality in Jiaozhou Bay, Northern China. Hydrobiologia, 665: 67-78.
Xu H L, Jiang Y, Zhang W, et al. 2011b. An approach to determining potential surrogates for analyzing ecological patterns of planktonic ciliate communities in marine ecosystems. Environmental Science and Pollution Research, 18(8): 1433-1441.
Xu K D, Choi J K, Lei Y L, et al. 2011c. Marine ciliate community in relation to eutrophication of coastal waters in the Yellow Sea. Chinese Journal of Oceanology and Limnology, 29(1): 118-127.
Xu K D, Choi J K, Yang E J, et al. 2002. Biomonitoring of coastal pollution status using protozoan communities with a modified PFU method. Marine Pollution Bulletin, 44(9): 877-886.
Yang J, Zhang W J, Shen Y F, et al. 2007. Monitoring of organochlorine pesticides using PFU systems in Yunnan lakes and rivers, China. Chemosphere, 66(2): 219-225.

第 14 章　西溪湿地大型底栖动物群落特征及其对生态保护工程的响应

14.1　引　言

随着经济的快速发展以及城市化进程的推进，城市湿地和城市边缘湿地受破坏日益严重，城市湿地和城市边缘湿地的恢复和保护工作已成为目前湿地研究的热点与焦点（王建华和吕宪国，2007；Wheeler，1995）。杭州西溪湿地是世界罕见的城市次生湿地，具有很高的生态服务价值，是杭州市生态安全和经济社会可持续发展的重要基础。自 20 世纪 80 年代以来，随着城市化的推进，该片湿地被大量侵占，面积锐减（吴明等，2008）。为了保护杭州的“城市之肾”，自 2003 年起杭州市分期启动了西溪湿地生态保护工程建设，主要针对其污染严重、河道堵塞、景观破坏及生态功能退化等问题，在湿地保护工程建设中采取修复和培育池塘和港汊、疏浚清淤、植被复绿等生态恢复措施，并在此基础上进行持续保护。西溪湿地生态保护工程明显改善了西溪湿地的水质，但是否建立了健康的生物种间关系，改善了水生系统的物质循环等方面有待进一步研究。

大型底栖动物（macrobenthos）是湿地生态系统的重要组成部分之一。其具有区域性强、迁移力弱、不同种类对环境条件的适应性及对污染等不利因素的耐受力和敏感程度不同等特点（Brown et al.，1997；Pedersen et al.，2007）。更为重要的是，底栖动物在湿地生态系统物质循环和能量流动中起着重要作用，它可以加速水底碎屑的分解，促进泥水界面的物质交换和水体的自净（Rosenberg and Resh，1993；王备新，2003）。因此，研究底栖动物的种类组成、群落结构、时空变化以及物种多样性等特征，是评价湿地生态系统组织、功能、状态、健康的重要指标，在湿地生态系统的监测和评价中独具优势。目前，我国对湿地大型底栖动物的研究大多集中于湖泊、河流和滨海湿地等自然湿地（周晓等，2006；刘茂奇和于洪贤，2009；彭松耀等，2015；张敏等，2017），对于城市湿地中底栖动物群落结构及其与环境因子间关系的研究工作较为薄弱。

为评估现阶段西溪湿地大型底栖动物群落现状及其对湿地生态保护工程的响应，本研究对西溪湿地不同时期建设的工程区域中的大型底栖动物多样性和群落结构进行调查，并分析其与环境因子的关系，揭示湿地综合保护工程中底栖动物群落结构的演变规律及原因，为我国城市湿地的生态学管理、环境保护以及资源的可持续利用提供参考。

14.2　材料与方法

14.2.1　研究地点概况

西溪湿地，位于浙江省杭州市区西部，是国内第一个国家湿地公园。西溪生态恢复与保护工程于 2003 年全面开展，分三期进行建设，主要采取修复和培育池塘和港汊、疏浚清淤、植被复绿等生态恢复措施。西溪湿地一期保护工程区域（Ⅰ区）位于西溪湿地中部，于 2003～2005 年开展建设，距离本次研究采样约 6 年时间；二期保护工程区域（Ⅱ区）位于西溪湿地的东部，建设时间为 2006～2007 年，距离采样近 3 年时间；三期保护工程区域（Ⅲ区），位于西面，于 2008～2009 年进行建设，采样时刚完成建设。

14.2.2　采样点布设与样品采集

本研究共设 24 个样点，1～8 号样点位于西溪湿地Ⅰ区；9～18 号样点位于Ⅱ区；19～24 号样点位于Ⅲ区。于 2009 年 8 月至 2010 年 5 月每季度采样一次，分别为 8 月（夏季）、11 月（秋季）、2 月（冬季）和 5 月（春季）。底泥样品的定量采集用 1/40 m^2 改良彼得森采泥器，每个样点采集 3 次，合并为 1 个样品。在现场用 0.5 mm 的分样筛分筛底泥，洗净后在解剖盘中逐一将底栖动物拣出，放入装有 10%的甲醛溶液的广口瓶中，贴上标签，在实验室中将标本鉴定至尽可能低的分类单元。样品在计数时，若标本损坏则只统计头部。称重时，先用滤纸将样品表面的水分吸干，再用万分之一电子天平（AL204）称重。最后将每个样点的个体数和重量换算成 1 m^2 面积的密度（个/m^2）和生物量（g/m^2）。

14.2.3　环境因子的测定

在采样现场测定水温（temperature）、水深（depth）、pH 和溶解氧（dissolved oxygen）。pH 用笔式酸度计（HI98127）测定，溶解氧用溶氧分析仪（DO5510HA）测定。在各样点用彼得森采泥器采集底泥 1 次，带回实验室，用于底泥总氮（total nitrogen）和总磷（total phosphorus）含量的测定。总氮用碱解扩散法测定，总磷用酸溶-钼锑抗比色法测定。

14.2.4　优势种和多样性分析

采用物种优势度指数（Y）确定底栖动物的优势种类；采用 Margalef 物种丰富度指数（d_M）和 Shannon-Wiener 指数（H'）分析西溪湿地大型底栖动物的多样性。具体计算公式如下。

$$Y=P_i \times f_i \tag{14-1}$$

$$d_M=(S-1)/\ln N \tag{14-2}$$

$$H'=-\Sigma P_i \ln P_i \tag{14-3}$$

式中，$P_i=n_i/N$，P_i 为种 i 的个体数占总个体数的比例；n_i 为种 i 的个体数；N 为所有种的个体总数；f_i为该种出现的样点数与样点数之比的百分数；S为总种数。当Y>0.02时，该种即为优势种（陈亚瞿等，1995）。

14.2.5 统计分析

本研究采用Statistica 6.0统计软件包对环境参数及大型底栖动物群落特征进行双因子方差分析（two-way ANOVA），以检验季节和区域对大型底栖动物的种类数、密度、生物量、多样性指数的影响，显著性水平设置为0.05，后续比较采用Tukey HSD检验，以检验各季节和各区域大型底栖动物群落间的两两差异。

大型底栖动物群落结构分析采用多种非参数变量分析方法，包括双因子交叉ANOSIM分析（two-way analysis of similarities）、单因子ANOSIM分析（one-way analysis of similarities）和SIMPER（similarity percentages）分析。通过丰富度-生物量法ABC曲线（abundance-biomass comparison curves）对群落稳定性和受干扰状况进行分析。大型底栖动物与环境因子间的关系采用生物与环境参数联合分析（biota and environment analysis，BIO-ENV），该分析中生物群落结构相似性矩阵的构建基础为Bray-Curtis相似性系数，以上分析均由Primer V5.2.8软件完成。

14.3 结果与分析

14.3.1 环境参数

西溪湿地三个区域大型底栖动物的环境因子如表14-1所示。双因子方差分析表明

表14-1 西溪湿地大型底栖动物环境参数及其双因子方差分析

样区	季节	水温/℃	水深/m	pH	溶解氧/（mg/L）	总氮/（mg/kg）	总磷/（mg/kg）
I区	春季	23.4	0.96	7.77	0.96	180.54	0.04
	夏季	32.16	0.78	7.88	4.55	771.2	0.06
	秋季	14.2	1.21	7.88	1.95	344.13	0.06
	冬季	10.08	0.98	8.12	3.84	132.31	0.05
II区	春季	24.64	0.7	7.75	1.4	185.61	0.04
	夏季	34.95	0.97	7.72	6.67	394.22	0.06
	秋季	14.63	0.82	7.81	4.52	158.55	0.04
	冬季	11.64	0.74	8.1	3.74	158.48	0.04
III区	春季	23.37	1.23	7.88	1.83	143	0.05
	夏季	33.3	1.61	8.25	4.1	291.71	0.06
	秋季	13.98	1.54	8.06	3.43	122	0.04
	冬季	10.98	1.23	8.22	4.23	172.17	0.04
双因子方差分析（P值）							
样区（df=2）		**<0.001**	**<0.001**	**<0.001**	**0.002**	**0.006**	0.065
季节（df=3）		**<0.001**	0.288	**<0.001**	**<0.001**	**<0.001**	**<0.001**
样区×季节（df=6）		0.216	0.505	**0.04**	0.116	**0.026**	0.293

加粗表示存在显著差异（P<0.05）

（表 14-1），各区域间水温、水深、pH、溶解氧和底泥总氮含量均存在显著差异（$P<0.01$），而底泥总磷含量的差异不显著（$P=0.065$）。季节方面，除水深外其他环境因子的季节差异均显著（$P<0.001$）。

14.3.2　大型底栖动物种类组成和优势种

本研究共采集大型底栖动物 45 种，隶属 3 门 8 纲 15 科。其中，环节动物和软体动物种类最多，各占总物种数的 31.1%；其次为摇蚊幼虫 11 属 11 种，占总物种数的 24.4%；其他节肢动物种类 6 种，占总物种数的 13.3%（表 14-2）。

表 14-2　西溪湿地大型底栖动物优势度与分布

物种	优势度指数	I 区	II 区	III区	*P*
环节动物 Annelida					
苏氏尾鳃蚓 *Branchiura sowerbyi*	0.019	+	+	+	ns
霍甫水丝蚓 *Limnodrilus hoffmeisteri*	0.446	+++	+++	+++	ns
皮氏管水蚓 *Aulodrilus pigueti*	0.003	+	+	+	ns
多毛管水蚓 *Aulodrilus pluriseta*	0.190	+++	+++	+++	**0.004**
正颤蚓 *Tubifex tubifex*	0.001	+	+	+	**0.025**
颤蚓科一种 *Tubificidae* sp.	<0.001	+	+	+	ns
费氏拟仙女虫 *Paranais frici*	<0.001	+	–	+	ns
普通仙女虫 *Nais communis*	0.002	+	+	+	ns
参差仙女虫 *Nais variabilis*	0.005	+	+	+	ns
特城泥盲虫 *Stephensoniana strivandrana*	<0.001	+	+	–	ns
瓦式红仙女虫 *Haemonais waldvogeli*	<0.001	+	+	–	ns
寡鳃齿吻沙蚕 *Nephtys oligobranchia*	<0.001	+	–	+	ns
石蛭 *Herpobdella* sp.	<0.001	+	–	–	ns
扁蛭 *Glossiphonia* sp.	<0.001	+	+	–	ns
软体动物 Mollusca					
河蚬 *Corbicula fluminea*	<0.001	+	+	+	ns
河蚌一种 *Unionidae* sp.	<0.001	+	–	–	ns
无齿蚌 *Anodonta* sp.	<0.001	+	–	–	ns
圆顶珠蚌 *Unio dongtasiae*	<0.001	–	+	–	ns
淡水壳菜 *Limnoperna fortunei*	<0.001	+	–	+	ns
折叠萝卜螺 *Radix plicatula*	<0.001	–	+	–	ns
小土蜗 *Galba pervia*	<0.001	–	+	+	ns
大沼螺 *Parafossarulus eximius*	0.002	+	+	–	**<0.001**
纹沼螺 *Parafossarulus striatulus*	<0.001	+	+	–	**<0.001**
长角涵螺 *Alocinma longicornis*	<0.001	+	–	+	**0.020**
懈豆螺 *Bithynia misella*	<0.001	+	–	–	ns
铜锈环棱螺 *Bellamya aeruginosa*	0.012	+	+	+	ns
梨形环棱螺 *Bellamya purificata*	0.020	++	+	+	**<0.001**
方形环棱螺 *Bellamya quadrata*	0.001	+	+	+	ns

续表

物种	优势度指数	Ⅰ区	Ⅱ区	Ⅲ区	*P*
摇蚊幼虫 Chironomidae					
长足摇蚊 *Tanypus* sp.	0.001	+	+	+	ns
多足摇蚊 *Polypedilum* sp.	0.001	+	–	+	**0.020**
裸须摇蚊 *Propsilocerus* sp	0.004	+	++	+	**0.030**
直突摇蚊 *Orthocladius* sp.	<0.001	–	+	–	ns
羽摇蚊 *Chironomus* sp.	0.010	+	+	+	ns
隐摇蚊 *Cryptochironomus* sp.	<0.001	–	–	+	**0.046**
恩菲摇蚊 *Einfeldia* sp.	0.007	+	+	+	ns
前突摇蚊 *Procladius* sp.	<0.001	+	–	+	ns
小摇蚊 *Microchironomus* sp.	<0.001	–	–	+	ns
枝角摇蚊 *Cladopelma* sp.	<0.001	+	–	+	ns
二叉摇蚊 *Dicrotendipes* sp.	<0.001	+	+	+	ns
其他 Other					
蠓科一种 Ceratopogonidae sp.	<0.001	+	+	+	ns
蛹 pupa	<0.001	+	+	+	ns
蜉蝣目一种 Ephemerida sp.	<0.001	+	–	–	ns
蜻蜓幼体 larval dragonfly	<0.001	+	+	+	ns
米虾属 *Caridina* sp.	<0.001	+	+	+	ns
栉水虱 *Asellusa quaticus*	<0.001	+	–	–	ns

+++表示平均密度≥100 个/m^2；++表示 50 个/m^2 ≤平均密度<100 个/m^2；+表示平均密度<50 个/m^2；–表示未出现；ns 表示该物种数量在三个区域间不存在显著差异

以优势度指数 *Y*>0.02 为判别标准，西溪湿地大型底栖动物优势种为霍甫水丝蚓（*Limnodrilus hoffmeisteri*）（*Y*=0.446）、多毛管水蚓（*Aulodrilus pluriseta*）（*Y*=0.190）和梨形环棱螺（*Bellamya purificata*）（*Y*=0.020）（表 14-2），其中霍甫水丝蚓的丰度在地点间差异不显著，而多毛管水蚓和梨形环棱螺地点间差异显著。多毛管水蚓的丰度随着保护工程建设历史的延长呈减少趋势，Ⅰ区多毛管水蚓丰度显著低于Ⅲ区；梨形环棱螺丰度的变化趋势则相反，Ⅰ区梨形环棱螺的丰度显著高于Ⅱ区和Ⅲ区（图 14-1）。此外，苏氏尾鳃蚓（*Branchiura sowerbyi*）、铜锈环棱螺（*Branchiura aeruginosa*）和羽摇蚊（*Chironomus* sp.）为西溪湿地大型底栖动物的常见种类（*Y*≥0.01），它们的丰度在地点间差异均不显著。

14.3.3 大型底栖动物密度和生物量

西溪湿地大型底栖动物的年平均密度为 1145.90 个/m^2，以环节动物具绝对优势，占总密度的 81.08 %，其次为摇蚊幼虫和软体动物，分别占 9.04 %和 8.91 %，其他类群所占比例较小。双因子方差分析结果显示，西溪湿地大型底栖动物总密度在三个区域及四个采样季节间均不存在显著差异，但环节动物密度和软体动物密度在各区域的差异显著，环节动物和摇蚊幼虫的季节变异明显（表 14-3）。Ⅰ区环节动物密度在各季节均低于Ⅱ区和Ⅲ区，尤其和Ⅲ区差异显著；Ⅰ区的软体动物生物量在各季节均显著高于Ⅱ区和III区（Tukey HSD，$P<0.05$）。

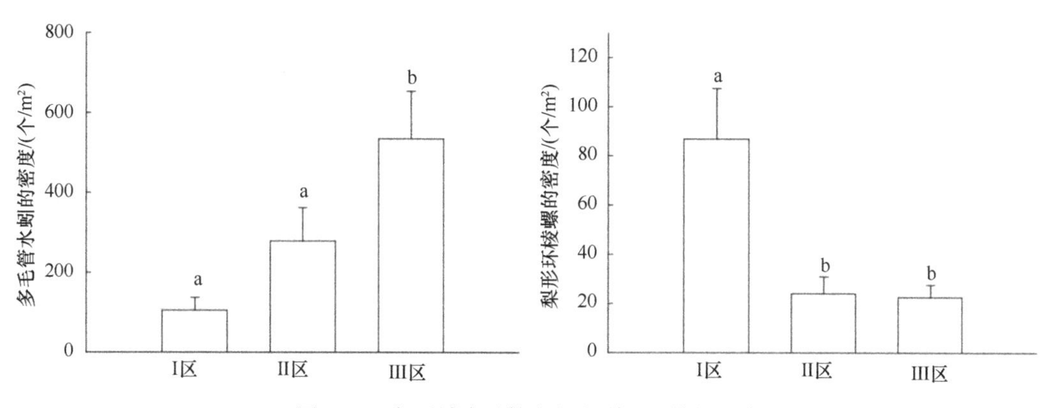

图 14-1　各区域多毛管水蚓和梨形环棱螺密度

表 14-3　西溪湿地各类群大型底栖动物密度及其双因子方差分析（单位：个/ m²）

样区	季节	环节动物	软体动物	摇蚊幼虫	其他	总计
I 区	春季	1042.5±359.4	182.5±49.6	147.5±46.0	—	1372.5±345.4
	夏季	667.5±139.8	115.0±35.8	92.5±41.2	2.50±2.50	877.5±138.5
	秋季	582.5±182.7	177.5±62.2	37.5±22.5	17.5±9.6	815.0±195.6
	冬季	430.0±116.3	290.0±95.7	112.5±55.2	30.0±12.5	862.5±174.1
II 区	春季	1346.0±257.2	72.0±22.4	58.0±22.6	8.0±6.1	1484.0±247.7
	夏季	762.2±159.8	77.8±31.2	35.6±13.2	11.1±5.9	886.7±175.9
	秋季	1212.0±302.2	58.0±23.6	78.0±30.3	20.0±9.4	1368.0±309.5
	冬季	466.0±89.8	38.0±11.3	380.0±106.9	14.0±6.0	898.0±134.6
III区	春季	1283.3±341.7	93.3±37.5	206.7±131.1	—	1583.3±355.1
	夏季	1896.7±357.4	73.3±30.4	66.7±31.7	6.7±4.2	2043.3±339.6
	秋季	1043.3±474.5	23.3±15.9	6.7±4.2	10.0±6.8	1083.3±478.4
	冬季	573.3±193.4	36.7±12.0	33.3±13.3	16.7±9.6	660.0±192.8
双因子方差分析（*P* 值）						
样区（d*f*=2）		**0.032**	**<0.001**	0.323	0.660	0.192
季节　（d*f*=3）		**0.006**	0.646	**0.018**	**0.018**	**0.019**
样区×季节　（d*f*=6）		0.128	0.174	**0.001**	0.631	0.094

加粗表示存在差异显著（$P<0.05$）；—表示数据缺失

西溪湿地大型底栖动物年平均生物量为 237.67 g/m²，年均生物量以软体动物占据绝对优势，占总生物量的 98.36%，其次为环节动物和摇蚊幼虫，为 1.29%和 0.18%，其他类群所占比例较小。双因子方差分析结果显示（表 14-4），西溪湿地大型底栖动物总生物量在三个区域间存在显著差异，I 区的生物量显著高于II区和III区。环节动物、软体动物和摇蚊幼虫三大类群的生物量在三个区域间差异也均显著，其中环节动物和摇蚊幼虫生物量的季节变异大，且季节与地点间存在交互作用（表 14-4）。软体动物生物量仅受采样区域的影响，Ⅰ区的软体动物生物量显著大于Ⅱ区和Ⅲ区。

表 14-4　西溪湿地大型底栖动物各类群生物量以及双因子方差分析（单位：g/ m^2）

样区	季节	环节动物	软体动物	摇蚊幼虫	其他	合计
Ⅰ区	春季	0.96±0.24	189.4±51.4	0.14±0.05	—	190.5±51.3
	夏季	0.66±0.22	148.8±51.5	0.06±0.04	0.16±0.16	149.7±51.5
	秋季	17.81±4.59	1395.7±839.1	0.88±0.37	1.44±1.00	1415.8±841.3
	冬季	1.10±0.27	289.8±91.0	0.30±0.24	0.68±0.58	291.9±91.1
Ⅱ区	春季	1.01±0.19	101.8±34.7	0.24±0.13	0.01±0.01	103.1±34.6
	夏季	0.25±0.03	92.0±32.1	0.08±0.04	0.89±0.59	93.2±32.1
	秋季	1.35±0.36	142.2±45.2	0.12±0.05	0.25±0.13	143.9±45.2
	冬季	0.89±0.23	89.6±27.7	2.67±0.85	0.50±0.33	93.7±27.8
Ⅲ区	春季	1.01±0.29	158.1±64.4	0.45±0.31	—	159.6±64.1
	夏季	1.08±0.26	93.1±53.4	0.03±0.02	0.10±0.06	94.3±53.5
	秋季	0.84±0.36	35.0±30.7	0.01±0.00	0.17±0.17	36.0±30.9
	冬季	9.65±8.72	48.9±30.2	0.12±0.11	0.52±0.52	59.2±28.3
双因子方差分析（*P* 值）						
样区（*df*=2）		**0.024**	**0.030**	**0.038**	0.525	**0.029**
季节（*df*=3）		**0.007**	0.152	**0.008**	0.304	0.145
样区×季节（*df*=6）		**0.000**	0.081	**0.000**	0.430	0.073

加粗表示存在差异显著（P<0.05）；—表示数据缺失

14.3.4　大型底栖动物物种多样性

西溪湿地大型底栖动物种类数（S）、Margalef 物种丰富度指数（d_M）和 Shannon-Wiener 多样性指数（H'）在不同区域间差异均显著（S：$F_{2,93}$=9.8，P=0.014；d_M：$F_{2,93}$=12.9，P=0.005；H'：$F_{2,93}$=13.290，P<0.01），而季节间差异不显著（$F_{3,93}$<1.28，P>0.05）。西溪湿地三个工程建设区中，Ⅰ区种类数显著大于Ⅱ区和Ⅲ区。Margalef 物种丰富度指数（d_M）和 Shannon-Wiener 多样性指数（H'）的大小顺序均为Ⅰ区>Ⅱ区>Ⅲ区，其中Ⅰ区显著大于Ⅱ区和Ⅲ区（图 14-2）。

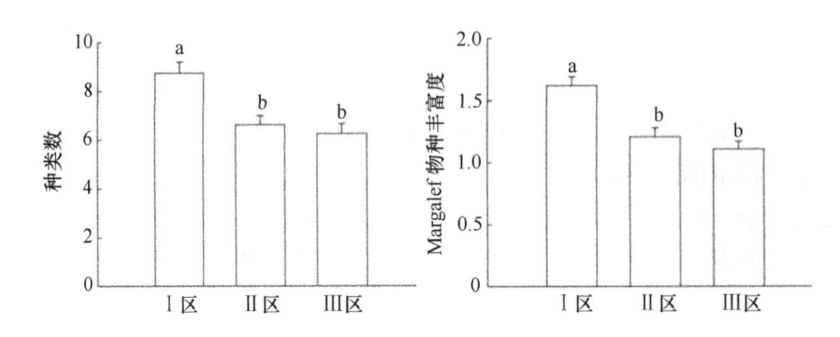

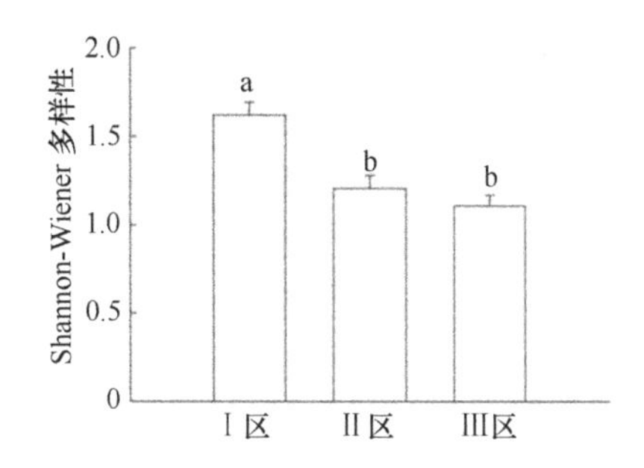

图 14-2　各区域大型底栖动物多样性指数

14.3.5　大型底栖动物群落结构和稳定性

大型底栖动物群落的双因子交叉相似性分析（two-way crossed ANOSIM）（表 14-5）显示区域（r=0.205，P=0.001）和季节（r=0.185，P=0.001）均对大型底栖动物群落结构存在极显著影响。通过 SIMPER 分析得到造成各区域各季节大型底栖动物群落结构差异的主要贡献物种。结果显示，多毛管水蚓、梨形环棱螺、苏氏尾鳃蚓和羽摇蚊是导致区域间大型底栖动物群落结构差异的主要贡献物种，而导致季节间差异的物种也主要为多毛管水蚓、梨形环棱螺。

表 14-5　西溪湿地大型底栖动物群落结构的双因子（地点×季节）交叉相似性分析及地点之间和季节之间大型底栖动物群落结构相似性的两两比较

	总差异	组间差异	显著性水平	主要贡献物种
样区	0.205		**0.001**	
Ⅰ区和Ⅱ区		0.27	**0.001**	多毛管水蚓、梨形环棱螺、苏氏尾鳃蚓
Ⅰ区和Ⅲ区		0.133	**0.016**	多毛管水蚓、梨形环棱螺、羽摇蚊
Ⅱ区和Ⅲ区		0.172	**0.007**	多毛管水蚓、苏氏尾鳃蚓、羽摇蚊
季节	0.185		**0.001**	
春季和夏季		0.105	**0.033**	多毛管水蚓、梨形环棱螺、铜锈环棱螺
春季和秋季		0.132	**0.010**	多毛管水蚓、梨形环棱螺、苏氏尾鳃蚓
春季和冬季		0.118	**0.022**	多毛管水蚓、梨形环棱螺、裸须摇蚊
夏季和秋季		0.238	**0.001**	多毛管水蚓、参差仙女虫、苏氏尾鳃蚓
夏季和冬季		0.276	**0.001**	多毛管水蚓、梨形环棱螺、裸须摇蚊
秋季和冬季		0.25	**0.001**	多毛管水蚓、梨形环棱螺、苏氏尾鳃蚓

加粗表示存在显著差异（P<0.05）

西溪湿地各区域各季节的 ABC 曲线如图 14-3 所示。就季节来看，春、夏、秋、冬四个季节 ABC 曲线均出现明显的翻转和交叉，表明西溪湿地大型底栖动物群落均受到一定程度的干扰，其中冬季群落稳定性相对最好（W=0.019），夏季群落稳定性最差（W=0.054）。在西溪湿地三个区域中，Ⅰ区群落稳定性最好，所受的干扰最小，其次是Ⅱ区，Ⅲ区群落稳定性最差。

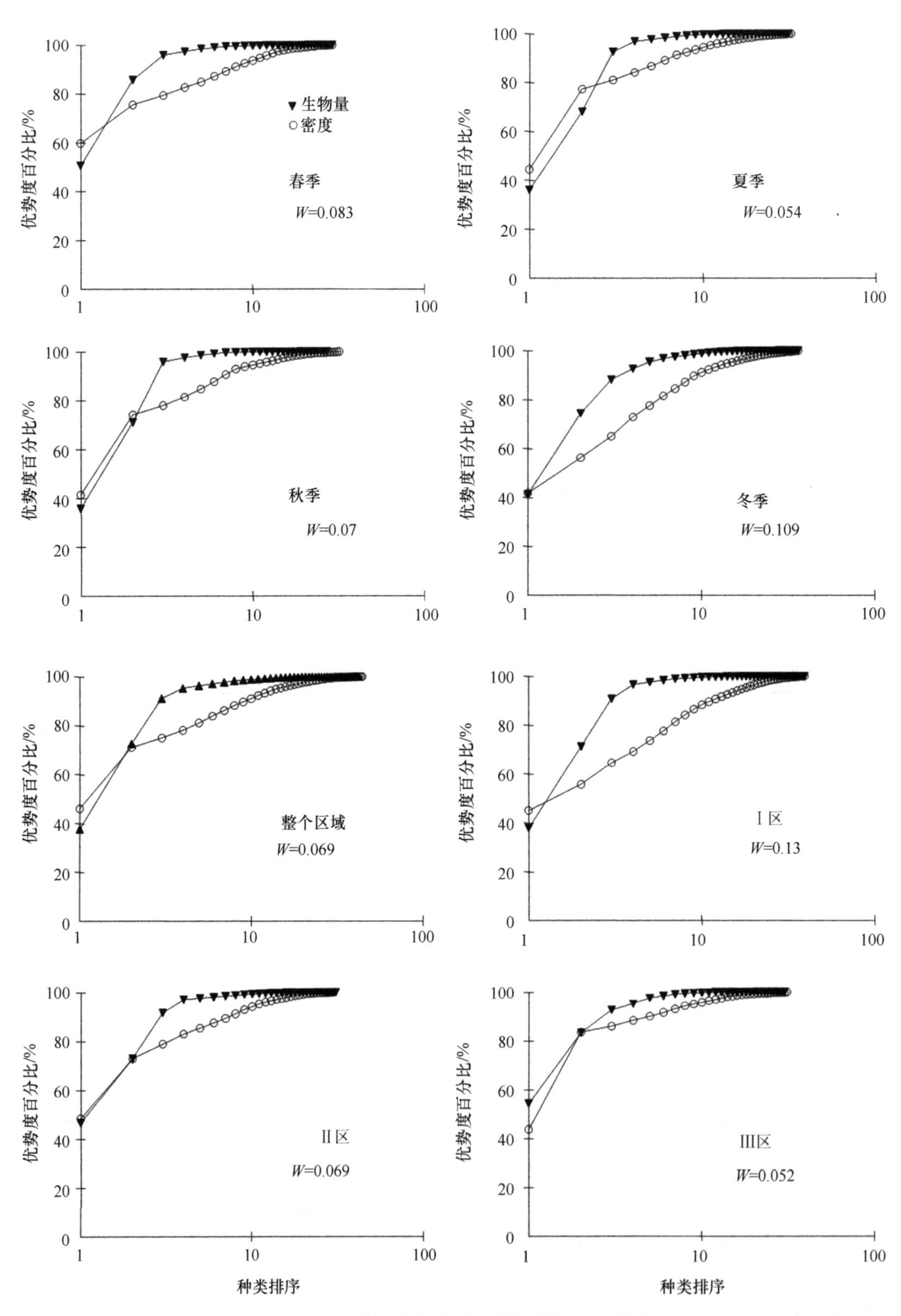

图 14-3　西溪湿地大型底栖动物群落 ABC 曲线

14.3.6 大型底栖动物群落与环境因子的关系

大型底栖动物与环境因子的相关分析结果见表 14-6。结果显示，大型底栖动物生物量与底泥总磷含量呈显著正相关关系，物种数、物种丰富度、Shannon-Wiener 多样性指数与水深呈显著负相关，而大型底栖动物的密度与 6 种环境因子的相关关系均不显著。

表 14-6　大型底栖动物群落多样性与环境因子的相关系数

环境因子	密度	生物量	物种数	Margalef 物种丰富度	Shannon-Wiener 多样性
水温	0.188	–0.110	0.034	–0.021	–0.170
水深	0.091	0.131	**–0.209***	**–0.220***	**–0.202***
pH	–0.106	–0.082	–0.071	–0.033	0.064
溶解氧	–0.137	–0.105	–0.010	–0.004	0.003
总氮	0.024	0.025	0.165	0.160	0.088
总磷	–0.004	**0.211***	0.148	0.161	0.161

* 表示 $P<0.05$

BIO-ENV 分析显示（表 14-7），在本研究中无论是单个环境因子，还是环境因子组合，其与大型底栖动物群落的相关系数都比较低（$r<0.258$）。从单个因子与大型底栖动物群落的相关系数可以发现，春季和夏季影响大型底栖动物群落结构的主要因子是水温；秋季和冬季影响大型底栖动物群落结构的主要因子为水深。多个环境因子的组合与大型底栖动物群落结构的相关性通常高于单个环境因子，底泥总磷对解释春季、秋季、夏季或全年大型底栖动物群落结构均具有一定的作用。

表 14-7　大型底栖动物群落结构与环境因子组群及单个环境因子的相关系数

季节	单个环境因子		环境因子组合	
	相关系数	环境因子	相关系数	环境因子
春季	0.257	水温	0.258	水温、总磷
夏季	0.166	水温	0.200	水温、水深
秋季	0.137	水深	0.160	水深、总氮和总磷
冬季	0.120	水深	0.142	溶解氧、水深和总磷
全年	0.115	水温	0.117	水温和总磷

14.4 讨　　论

14.4.1 不同时期保护工程建设的区域大型底栖动物群落结构特征

本次调查共获大型底栖动物 45 种，其中环节动物、软体动物和摇蚊幼虫的种类数所占比例差别不大。西溪湿地大型底栖动物的优势种为霍甫水丝蚓、多毛管水蚓和梨形环棱螺，其中霍甫水丝蚓的密度在各个区域中差异不显著，而多毛管水蚓和梨形环棱螺的密度地点间差异显著。具体而言，多毛管水蚓密度表现为Ⅰ区显著低于Ⅱ区和Ⅲ区，而梨形环棱螺的密度变化趋势则相反，为Ⅰ区显著高于Ⅱ区和Ⅲ区，即多毛管水蚓的密度随着湿地保护时间的延长呈减少趋势，而梨形环棱螺密度的变化趋势则相反。这与吴洁等的研究结果相类似，他们的研究表明钱塘江引水工程运行 10 年后，西湖大型底栖动物群落发生改变，主要表现为梨形环棱螺的密度和生物量都有显著上升（吴洁等，1999）。在本研究中，SIMPER 分析表明，西溪湿地不同的区域或季节间大型底栖动物群落结构均存在显著差异，且这些差异的主要贡献物种都为多毛管水蚓和梨形环棱螺，可见这两个优势物种对西溪湿地底栖环境变化反应敏感，可作为西溪湿地环境评价的指示物种。

生态恢复工程措施主要改变了所在水域的养分状况和底质等环境要素（Galdean et al.，2000；Weber et al.，2017），这是对湿地生态系统剧烈的干扰，同时随着保护措施的不断推进，水质和底泥环境不断改善，环节动物和摇蚊的密度会逐渐减少，而喜好栖息于石质和沙质环境的软体动物则逐渐增加（Sparks，1992；吴洁等，1999）。本研究显示，西溪湿地不同时期的工程区域间大型底栖动物主要类群的密度发生了很大的改变，表现为软体动物在Ⅰ区的密度要显著高于Ⅱ区的Ⅲ区的密度；而Ⅰ区环节动物密度在各季节均少于Ⅱ区和Ⅲ区。由此对比各个区域工程建设时间上的差异可以看出，随着西溪湿地生态恢复与保护工程的推进，使得其大型底栖动物的环节动物的密度比以往有所下降，而软体动物的密度则有上升的趋势。这与 Sparks（1992）的研究结果一致，他们的研究结果显示经过对美国密西西比河进行生态恢复后，其大型底栖动物的主要类群发生了变化，表现为软体动物的密度比以往有所提高，而环节动物的密度则有所下降。一般认为，环节动物中的颤蚓类和摇蚊幼虫等耐污种通常在营养水平高的水体成为优势种，而软体动物的数量会随着水体营养水平的升高有下降的趋势（Thomson et al.，2005；Docile et al.，2016）。本研究发现，工程建设较早的Ⅰ区软体动物的密度显著大于工程建设较晚的Ⅱ区和Ⅲ区，而颤蚓科类群中优势种多毛管水蚓的密度在Ⅰ区和Ⅱ区显著小于Ⅲ区。因此从大型底栖动物的主要类群的变化趋势可以看出，西溪湿地通过保护工程建设后使得其水质环境得到了一定的改善。

分析大型底栖动物群落多样性常用指数为 Margalef 指数（d_M）和 Shannon-Wiener 指数（H'）。本研究中三个工程区 Margalef 指数和 Shannon-Wiener 指数在各个工程区间存在显著差异，两种指数均表现为Ⅰ区>Ⅱ区>Ⅲ区，表明两种多样性指数随着保护工程建设历史的延长呈增大的趋势。杜飞雁等（2011）对大亚湾西北部海域的大型底栖动物群落进行调查，研究表明通过对大亚湾西北部进行疏浚工程后，短期内大型底栖动物多样性水平有显著的下降。戴雅奇等（2003）对疏浚后苏州河底栖动物恢复进行了研究，发现疏浚后，黄渡断面大型底栖动物多样性大幅度下降，但随后几个月后，多样性指数显著上升。本研究采样时西溪湿地Ⅲ区刚刚完成清淤疏浚，经剧烈干扰后大型底栖动物恢复的时间较短，而保护工程实施时间较长的Ⅰ区，底质生态修复时间较长，底栖动物多样性水平可能增加，因此，我们不排除恢复工程的扰动也可能是造成西溪湿地不同区域的多样性差异的重要因素之一。对西溪湿地大型底栖动物群落的 ABC 曲线进行分析，也表明各个区域均受到明显的扰动，通过对比各群落丰度和生物量曲线之间的距离，发现 I 区群落稳定性最高，受干扰程度最小，其次是Ⅱ区和Ⅲ区。因此可以看出，西溪湿地通过保护工程建设后，其大型底栖动物群落稳定性有上升的趋势。各季节的 ABC 曲线显示西溪湿地大型底栖动物群落均存在一定的干扰，具体而言，冬季底栖动物群落稳定性要好于春季、夏季、秋季，可能是由于在春季和夏季，随着水温的逐渐升高，大型底栖动物处于繁殖和快速增长阶段，群落结构的波动较大，从而导致群落稳定性较差。湿地生态环境保护工程对湿地生态进行了修复和改善，但同时也会带来一定的人为干扰。杭州和睦湿地位于西溪湿地西面，且两者仅以一条高速公路相隔，至今未进行生态保护工程措施。对比和睦湿地大型底栖动物的数据（陆强等，2013），发现西溪湿地三个工程区与和睦湿地的 Margalef 指数和 Shannon-Wiener 指数在各个区域中均存在显著差异，三种指数均表现为 I 区较大，Ⅱ区次之，Ⅲ区与和睦湿地较小，表明西溪湿地经过保护工程和随着时间的推进，底栖动物三种多样性指数均呈增大的趋势。对比西溪湿地与和睦湿地大型底栖动物群落的 ABC 曲线进行分析，结果显示出 I 区群落稳定性最高，受干扰程度最小，其次是和睦湿地，Ⅱ区和Ⅲ区稳定性较差。因此可以看出，西溪湿地保护工程建设后，其大型底栖动物群落稳定性是先表现一定的下降，随后出现上升的趋势。因此，西溪湿地生态保护工程短期内降低了底栖动物群落稳定性，对底栖动物群落产生了一定的人为干扰，但随着时间的推进，底栖动物的恢复表现出越来越好的趋势。综上可知，保护工程建设较早的 I 区的底栖动物多样性和稳定性均显著高于未进行保护工程建设的和睦湿地，这是在生态保护工程扰动的基础上通过人工演替而实现的结果，是杭州西溪湿地生态保护工程的长期成效的体现。

14.4.2　大型底栖动物与环境因子的关系

许多研究表明，不同季节影响大型底栖动物分布的环境因子存在显著差异（蒋万祥等，2009；寿鹿等，2009），本研究也印证了这一点。通过 BIO-ENV 分析结果发现，环境因子对大型底栖动物群落结构的影响是随季节变化而变化的，其中春季和夏季影响大型底栖动物群落结构的主要因子是水温；秋季和冬季影响大型底栖动物群落结构的主要因子为水深。春季和夏季，随着水温的逐渐升高，大型底栖动物开始繁殖，其个体数和生物量也随之增加，因此水温是影响春季和夏季大型底栖动物分布的主要环境因子；秋季和冬季，影响大型底栖动物群落结构的主要影响因素是水深，而水深对于大型底栖动物的种类组成和分布格局有很大的影响，随着水体深度的增加，大型底栖动物的密度和种类数通常会减少（Horne and Goldman，1994），因此，水深是影响秋季和冬季大型底栖动物分布的主要因子。但环境因子对底栖动物的影响是一个十分复杂的问题，表现为不仅环境因子众多，而且各个环境因子对底栖动物的影响也不完全一致。廖一波等（2011）在对三门湾大型底栖动物时空分布与环境因子的关系进行研究后，提出将大型底栖动物的环境因子分成物理因素、富营养化因素和底质类型等因素。在本研究中主要检测了水体理化因素和底泥营养状况与大型底栖动物的关系，因此要深刻理解大型底栖动物的关键因素，则需要对大型底栖动物的环境因子进行全面的分析，有待进一步深入研究。

（陈慧丽、陆 强）

参考文献

陈亚瞿, 徐兆礼, 王云龙, 等. 1995. 长江口河口峰区浮游动物生态研究I. 生物量及优势种的平面分布. 中国水产科学, 2(1): 49-58.

戴雅奇, 熊昀青, 由文辉. 2003. 疏浚对苏州河底栖动物群落结构的影响. 华东师范大学学报(自然科学版), 9(3): 83-87.

杜飞雁, 林钦, 贾晓平, 等. 2011. 大亚湾西北部春季大型底栖动物群落特征. 生态学报, 31(23): 7075-7085.

蒋万祥, 贾兴焕, 周淑婵, 等. 2009. 香溪河大型底栖动物群落结构季节动态. 应用生态学报, 20(4): 923-928.

廖一波, 寿鹿, 曾江宁, 等. 2011. 三门湾大型底栖动物时空分布及其与环境因子的关系. 应用生态学报, 22(9): 2424-2430.

刘茂奇, 于洪贤. 2009. 安邦河湿地自然保护区秋季底栖动物群落结构研究及生物学评价. 水产学杂志, 22(2): 34-39.

陆强, 陈慧丽, 邵晓阳, 等. 2013. 杭州西溪湿地大型底栖动物群落特征及与环境因子的关系. 生态学报, 33(9): 2803-2815.

彭松耀, 李新正, 王洪法, 等. 2015. 南黄海春季大型底栖动物优势种生态位. 生态学报, 35(6): 1917-1928.

寿鹿, 曾江宁, 廖一波, 等. 2009. 瓯江口海域大型底栖动物分布及其与环境的关系. 应用生态学报, 20(8): 1958-1964.

王备新. 2003. 大型底栖无脊椎动物水质生物评价. 南京: 南京农业大学硕士研究生学位论文.

王建华, 吕宪国. 2007. 城市湿地概念和功能及中国城市湿地保护. 生态学杂志, 26(4): 555-560.

吴洁, 王锐俞, 剑莹, 等. 1999. 西湖引水治理后的底栖动物群落. 环境污染与治理, 21(5): 25-29.

吴明, 邵学新, 蒋科毅. 2008. 西溪湿地公园水体和底泥 N、P 营养盐分布特征及评价. 林业科学研究, 21(4): 587-591.

张敏, 蔡庆华, 渠晓东, 等. 2017. 三峡成库后香溪河库湾底栖动物群落演变及库湾纵向分区格局动态. 生态学报, 37(13): 4483-4494.

周晓, 葛振鸣, 施文彧, 等. 2006. 长江口九段沙湿地大型底栖动物群落结构的季节变化规律. 应用生态学报, 17(11): 2079-2083.

Brown S C, Smith K, Batzer D. 1997. Macroinvertebrate responses to wetland restoration in northern New York. Environmental Entomology, 26(5): 1016-1024.

Docile T N, Figueiró R, Portela C, et al. 2016. Macroinvertebrate diversity loss in urban streams from tropical forests. Environmental Monitoring and Assessment, 188(4): 237.

Galdean N, Callisto M, Barbosa F A R, et al. 2000. Lotic ecosystems of Serra do Cipó, Southeast Brazil: Water quality and a tentative classification based on the benthic macroinvertebrate community. Journal of Aquatic Ecosystem Health and Restoration, 3: 545-552.

Horne A J, Goldman C R. 1994. Limnology (2nd ed). New York: McGraw-Hill: 576.

Pedersen M L, Friberg N, Skriver J, et al. 2007. Restoration of Skjern River and its valley-Short-term effects on river habitats, macrophytes and macroinvertebrates. Ecological Engineering, 30(2): 145-156.

Rosenberg D M, Resh V H. 1993. Introduction to freshwater biomonitoring and benthic macroinvertebrates.

New York (USA): Chapman and Hall: 1-9.

Sparks R. 1992. The upper Mississippi River: Restoration of aquatic ecosystems. Washington DC: National Academy Press: 406-411.

Thomson J R, Hart D D, Charles D F, et al. 2005. Effects of removal of a small dam on downstream macroinvertebrate and algal assemblages in a Pennsylvania stream. Journal of the North American Benthological Society, 24: 192-207.

Weber A, Garcia X F, Wolter C. 2017. Habitat rehabilitation in urban waterways: The ecological potential of bank protection structures for benthic invertebrates. Urban Ecosystems, 20(4): 759-773.

Wheeler B D. 1995. Introduction: Restoration and Wetland. Chichester: John Wiley & Sons Ltd: 1-18.

第15章　城市湿地水体中氮与铁的时空分布特征及相关关系

15.1 引　　言

城市湿地作为城市中一个特殊的生态系统，具有重要的生态服务功能。城市湿地在城市的环境调节、资源供应、灾害防治以及人居环境的美化等方面都起到了不可或缺的作用。然而，在城市化的进程中，大量化肥、畜禽污染随地表径流的汇入和生活污水未经处理的直接排入，导致城市湿地富营养化现象尤其是氮污染情况突出（王建华和吕宪国，2007；李春晖等，2009；北京市城市规划设计研究院，2011；潘敏等，2013）。铁是地球上最丰富也是生物圈利用最频繁的过渡金属元素，其电价的可变性使其在生物地球化学过程中具有重要的意义（章力学等，2012）。铁元素约占地壳总质量的5.1%，在元素分布序列中仅次于氧、硅和铝而居第四位。它是许多细胞化合物的组成成分，参与了众多的生理功能，是几乎所有生物必不可少的一种元素（Konhauser et al.，2011）。铁主要以二价（Fe^{2+}）和三价（Fe^{3+}）两种价态存在于水圈、生物圈和岩石圈中，两种价态之间可以通过化学或微生物的作用实现循环转化，对其他元素（如碳、氮、硫、磷等）的生物地球化学循环产生重要的影响。例如，Fe^{3+}参与了有机碳矿化（Roden et al.，2004）和氨氮的氧化（Clement et al.，2005）、Fe^{2+}参与了无机碳的固定（Kopf and Newman，2012）和硝态氮的还原（Davidson et al.，2013）等。目前，关于湿地铁的研究主要侧重于自然湿地典型湿地植物体内铁浓度的季节变化特征（邹元春等，2009），自然湿地中铁的输移特征、沉积通量和输移模型（Jiang et al.，2011），而对于富营养化较为严重的城市湿地铁时空分布特征研究尚少见。同时，湿地的利用类型以及水力条件的不同，可能会对铁的时空分布产生重大影响（潘晓峰等，2010a，2010b）。因此，本文选取较为典型的具有不同利用类型的城市湿地（西溪湿地与和睦湿地）作为研究对象，研究不同水力条件下（池塘与河道）城市湿地中氮和铁的时空变化规律、影响因素及潜在耦合关系，为城市湿地富营养化的缓解和控制提供理论依据。

15.2 研 究 方 法

15.2.1 研究区概况

杭州城西湿地总面积约为390 km^2，位于杭州主城区西侧，北、西、南三面环山，另一面临城，属于城市湿地范畴。杭州城西湿地“核心区”的边界是：东面为松木场；南面为老和山—灵峰山—北高峰—龙门山—小和山北侧的丘陵地带，西面为留下小和山；北面为余杭塘河以南的五常—蒋村一线（119°51′40.04″E～120°06′55.59″E，30°14′07.61″N～30°26′21.23″N）。和睦与西溪湿地均属于杭州主城区西部低山丘陵地区向杭嘉湖平原过渡的区域，湿地内部布满河网水系（董鸣等，2013），而封闭的池塘和农田是主要景观类型之一（谢长永等，2012）。和睦湿地附近有大量居民区，且湿地被广泛开发用于养殖、农业生产等经济活动，受居民生产生活的影响大，相对而言西溪湿地则得到了较好的保护，并于 2003 年建立了国家湿地公园（陈凌云，2016）。

15.2.2　水样的采集及测定

在和睦湿地与西溪湿地随机选择具有代表性的样点作为研究对象，分别于 2015 年 7 月（丰水期，夏季）和 2016 年 1 月（枯水期，冬季）采集池塘和河道水样。由于夏季、冬季水位的变化，个别采样点无法采集样品，故夏、冬两季采样点数量有变化，具体如下：夏季（以下简称 S）于和睦湿地设置池塘样点 21 个，河道样点 13 个，于西溪湿地设置池塘样点 25 个，河道样点 21 个；冬季（以下简称 W）于和睦湿地设置池塘样点 20 个，河道样点 11 个，于西溪湿地设置池塘样点 22 个，河道样点 12 个。

现场采用哈希（HACH）便携式仪器测定水温（Temp）、pH、电导率（EC）、浊度。水样运回实验室后立即测定总氮（TN）、氨氮（NH_4^+-N）、硝酸盐氮（NO_3^--N）、亚硝酸盐氮（NO_2^--N）、有机氮（ON）、总铁（TFe）、亚铁（Fe^{2+}）、三价铁（Fe^{3+}）和总磷（TP），其中向部分采样瓶以每 100 mL 水样中加入 2 mL 盐酸的比例添加盐酸用于 Fe^{2+}的测定。测定方法按照《水和废水监测分析方法》第四版进行（国家环境保护总局，2002）。

15.2.3　数据分析方法

1. *检验方法*

采用 Shapiro-Wilk 检验法检验这些变量是否符合正态分布，如果不符合则对其进行自然对数变换使其符合正态分布，并进行方差齐性检验。在此基础上，应用单因素方差分析对同一时间不同湿地类型数据使用 LSD 法进行多重比较，对同一湿地类型不同时间数据的比较采用 t 检验。相关分析采用 Pearson 相关检验。

2. *主成分-多元线性回归*

选取不同湿地和水力条件下的水质指标，EC、浊度、pH、Temp、NH_4^+-N、NO_2^--N、ON、TP、Fe^{2+}和 Fe^{3+}等水质指标进行主成分分析。进行主成分分析前，首先对参与主成分分析的标准化水质数据进行 Kaiser-Meyer-Olkin（KMO）和 Bartlett 球形方法相关矩阵检验，以确定是否可以进行主成分分析。之后将主成分分析所获得的主成分得分作为自变量，同时对硝态氮进行标准化以去除量纲的影响，将标准化后的硝态氮数据作为因变量参与回归分析，以判断亚铁在湿地反硝化的重要性。对不符合正态分布的数据，进行自然对数变换，使其接近正态分布，以用于主成分分析和回归分析中。

以上所有分析均采用 IBM SPSS STASTIC 20.0 进行，作图均采用 Origin 9.0，数据均以平均值±标准误表示。

15.3 结果与分析

15.3.1 城市湿地水体中氮的时空分布特征

城市湿地水体中氮的时空分布，如图 15-1 所示，同一类型城市湿地水体中氮的浓度呈现出季节性差异。

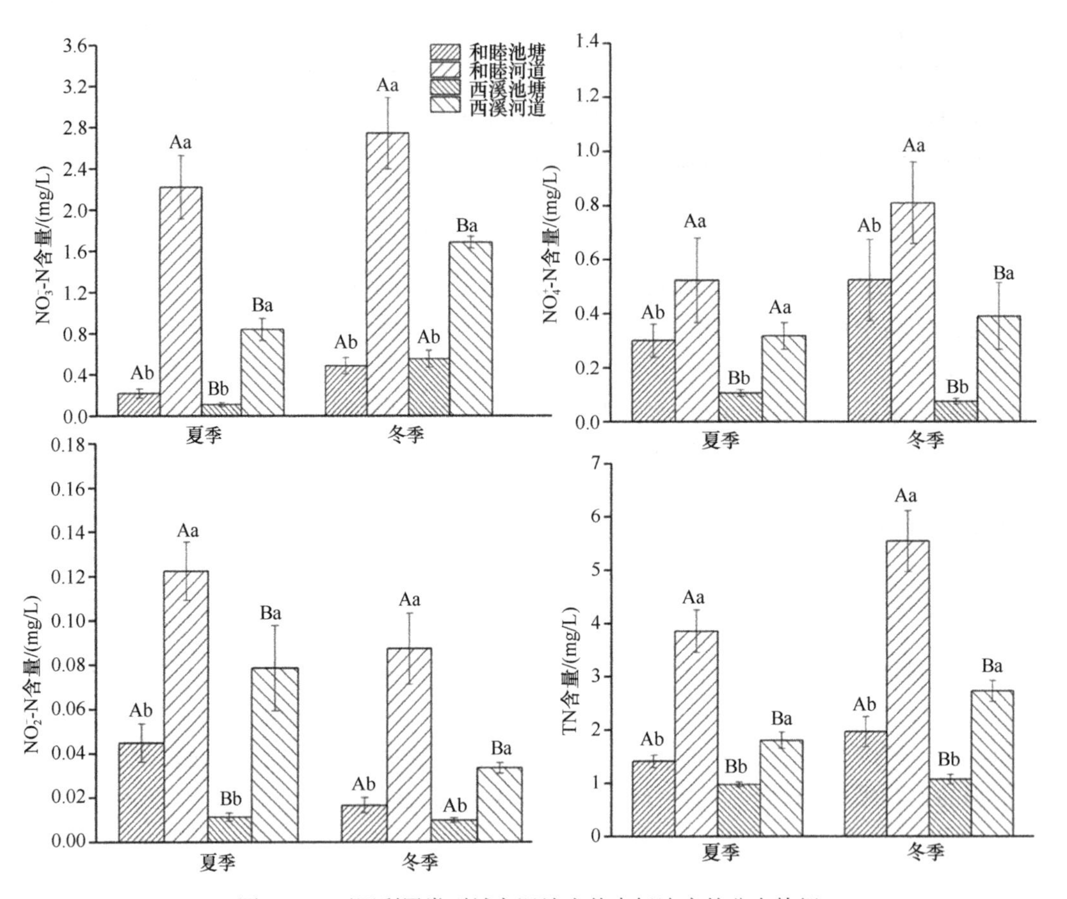

图 15-1 不同利用类型城市湿地水体中氮浓度的分布特征

标有不同小写字母是指在同一地区不同水力条件的指标差异性显著；标有不同大写字母是指在不同地区同一水利条件的指标差异性显著；具有相同大或小写字母表明指标差异性不显著

和睦与西溪湿地河道水体中夏冬两季 NO_3^--N 的浓度分别为：2.222 mg/L±0.305 mg/L 和 0.839 mg/L±0.108 mg/L（S），2.744 mg/L±0.347 mg/L 和 1.685 mg/L±0.057 mg/L（W），NH_4^+-N 的浓度分别为 0.524 mg/L±0.156 mg/L 和 0.317 mg/L±0.050 mg/L（S），0.809 mg/L±0.151 mg/L 和 0.391 mg/L±0.123 mg/L（W），NO_2^--N 的浓度分别为 0.122 mg/L±0.013 mg/L 和 0.079 mg/L±0.019 mg/L（S），0.087 mg/L±0.016 mg/L 和 0.033 mg/L±0.002 mg/L（W），TN 的浓度分别为：3.856 mg/L±0.398 mg/L 和 1.807 mg/L±0.153 mg/L（S），5.544 mg/L±

0.576 mg/L 和 2.729 mg/L±0.196 mg/L（W）。两个湿地河道水体中 TN 浓度超标现象都比较严重，大部分时期都超过了地表水环境质量标准（GB3838—2002）V 类水标准（2 mg/L），同时 TN、NH_4^+-N、NO_3^--N 的浓度均呈现夏季低于冬季的现象，除和睦湿地河道水体中的 NO_3^--N（P=0.459）和西溪湿地河道水体中的 NH_4^+-N（P=0.956）外，这种差异均达到了显著性（和睦湿地：TN：P=0.035，NH_4^+-N：P=0.026；西溪湿地：TN：P=0.003，NO_3^--N：P<0.001）。

和睦与西溪湿地池塘水体中夏冬两季 NO_3^--N 的浓度分别为 0.217 mg/L±0.044 mg/L 和 0.111 mg/L±0.018 mg/L（S），0.486 mg/L±0.081 mg/L 和 0.555 mg/L±0.082 mg/L（W），NH_4^+-N 的浓度分别为 0.300 mg/L±0.061 mg/L 和 0.106 mg/L±0.012 mg/L（S），0.526 mg/L±0.151 mg/L 和 0.075 mg/L±0.011 mg/L（W），NO_2^--N 的浓度分别为 0.045 mg/L±0.009 mg/L 和 0.011 mg/L±0.002 mg/L（S），0.017 mg/L±0.003 mg/L 和 0.010 mg/L±0.001 mg/L（W），TN 的浓度分别为 1.411 mg/L±0.117 mg/L 和 0.980 mg/L±0.042 mg/L（S），1.969 mg/L±0.283 mg/L 和 1.075 mg/L±0.088 mg/L（W）。两个湿地池塘水体中 TN 浓度相对较低，基本维持在地表水环境质量标准（GB3838—2002）Ⅳ类水标准范围内。和睦与西溪湿地池塘水体中各形态氮的季节性变化特征与河道相同，也呈现出夏季低于冬季的现象，但只有 NO_3^--N 的浓度季节性变化呈现显著性差异（和睦湿地：P=0.002；西溪湿地：P<0.001）。

同一季节和地区不同水力条件下各形态氮浓度之间也存在一定的差异，夏冬两季和睦与西溪湿地池塘水体中各形态氮浓度均显著低于河道水体（和睦湿地夏季 TN：P<0.001，NH_4^+-N：P=0.042，NO_2^--N：P<0.001，NO_3^--N：P<0.001；冬季 TN：P<0.001，NH_4^+-N：P=0.014，NO_2^--N：P<0.001，NO_3^--N：P<0.001；西溪湿地夏季 TN：P<0.001，NH_4^+-N：P<0.001，NO_2^--N：P<0.001，NO_3^--N：P<0.001；冬季 TN：P<0.001，NH_4^+-N：P<0.001，NO_2^--N：P<0.001，NO_3^--N：P<0.001）。而同一季节和水力条件下不同方式的城市湿地水体中氮浓度存在显著差异，夏季和睦湿地池塘与河道水体中除 NH_4^+-N 以外的其他形态氮浓度均显著高于西溪湿地（池塘 TN：P=0.005，NH_4^+-N：P=0.006，NO_2^--N：P<0.001，NO_3^--N：P=0.028；河道 TN：P<0.001，NH_4^+-N：P=0.077，NO_2^--N：P=0.001，NO_3^--N：P<0.001），冬季和睦湿地池塘水体 TN、NH_4^+-N 浓度显著高于西溪湿地池塘水体（TN：P=0.003，NH_4^+-N：P=0.001），而 NO_2^--N、NO_3^--N 浓度差异不显著（NO_2^--N：P=0.320，NO_3^--N：P=0.497），但和睦湿地河道水体各形态氮浓度显著高于西溪河道水体（TN：P<0.001，NH_4^+-N：P=0.004，NO_2^--N：P<0.001，NO_3^--N：P=0.009）。

15.3.2　城市湿地水体中铁的时空分布特征

城市湿地水体中铁的时空分布特征如图 15-2 所示，同一季节不同水力条件和利用类型的城市湿地水体中铁的浓度存在显著差异，而同一类型城市湿地水体中铁的浓度也呈现出季节性差异。

夏季和睦湿地河道水体中 TFe、Fe^{2+}和 Fe^{3+}浓度均显著高于冬季（TFe：P<0.001，Fe^{2+}：P=0.026，Fe^{3+}：P=0.015），而夏季西溪湿地河道水体中 TFe、Fe^{2+}和 Fe^{3+}浓度均显著高于冬季（TFe：P=0.008，Fe^{2+}：P<0.001，Fe^{3+}：P=0.054）。

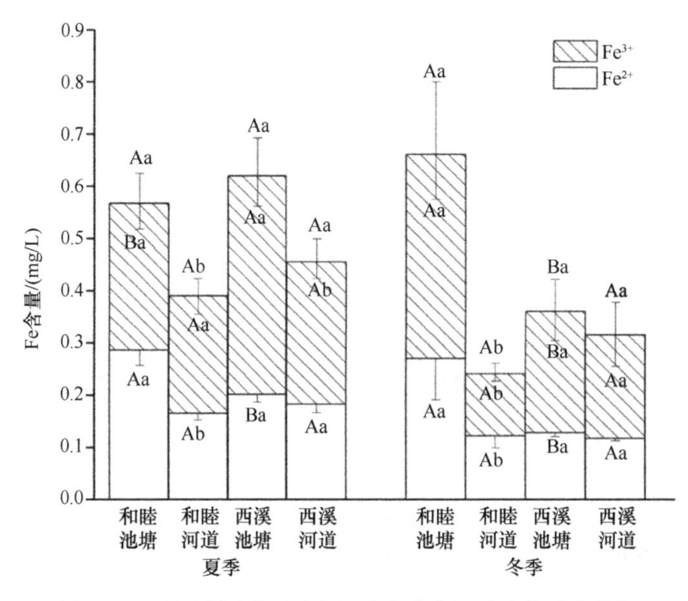

图 15-2 不同利用类型城市湿地水体中铁浓度的分布特征

标有不同小写字母是指在同一地区不同水利条件的指标差异性显著；标有不同大写字母是指在不同地区同一水利条件的指标差异性显著；具有相同大或小写字母表明指标差异性不显著

夏季和睦湿地池塘水体中 Fe^{2+}浓度显著高于冬季（P=0.013），而 TFe、Fe^{3+}浓度无显著性差异（TFe: P=0.449，Fe^{3+}：P=0.361）；夏季西溪湿地池塘水体中 TFe、Fe^{2+}、Fe^{3+}均显著高于冬季（TFe：P=0.002，Fe^{2+}：P<0.001，Fe^{3+}：P=0.006）。

同一季节和地区不同水力条件下各形态铁之间也存在一定的差异，夏、冬两季和睦湿地池塘水体中 TFe 和 Fe^{2+}浓度均显著高于河道水体（夏季 TFe:P=0.024,Fe^{2+}:P<0.001；冬季 TFe：P<0.001，Fe^{2+}：P=0.009），夏季西溪湿地池塘水体中只有 Fe^{3+}浓度显著高于河道水体（P=0.046）；冬季和睦湿地池塘与河道水体中 Fe^{3+}浓度有显著差异（P<0.001），但西溪湿地池塘与河道水体之间 Fe^{3+}浓度差异不显著（P=0.790）。

同一季节和水力条件下不同利用类型的城市湿地水体中铁的浓度存在显著差异，夏季和睦湿地池塘水体中 Fe^{2+}浓度显著高于西溪湿地池塘水体（P=0.005），而 Fe^{3+}浓度则显著低于西溪湿地池塘水体（P=0.032），TFe 浓度无显著性差异（P=0.732）；和睦湿地河道水体中各形态铁浓度与西溪湿地河道水体中各形态铁浓度无显著性差异（TFe：P=0.400，Fe^{2+}：P=0.807，Fe^{3+}：P=0.246）。冬季和睦湿地池塘水体中各形态铁浓度均显著高于西溪湿地池塘水体（TFe：P=0.011，Fe^{2+}：P=0.034，Fe^{3+}：P=0.030），但河道水体中各形态铁浓度均无显著性差异（TFe：P=0.880，Fe^{2+}：P=0.169，Fe^{3+}：P=0.833）。

15.3.3 城市湿地水体中铁与氮的相关性分析

差异性分析表明，季节变化会导致铁和氮的分布特征出现显著差异。同时，Fe^{3+}和 Fe^{2+}可能会对 NH_4^+-N 的硝化和 NO_3^--N 的反硝化反应产生影响（Davidson et al.，2003；Clement et al.，2005），因此按照季节对其进行相关性分析，结果如图 15-3 所示。从图 15-3A 中可以看出，夏、冬两季，Fe^{2+}与 NO_3^--N 呈显著负相关，且夏季斜率的绝对值较冬季高，表明夏季的反硝化强度可能高于冬季，而从图 15-3B 中可以看出 Fe^{3+}和 NH_4^+-N 之间无显著相关。

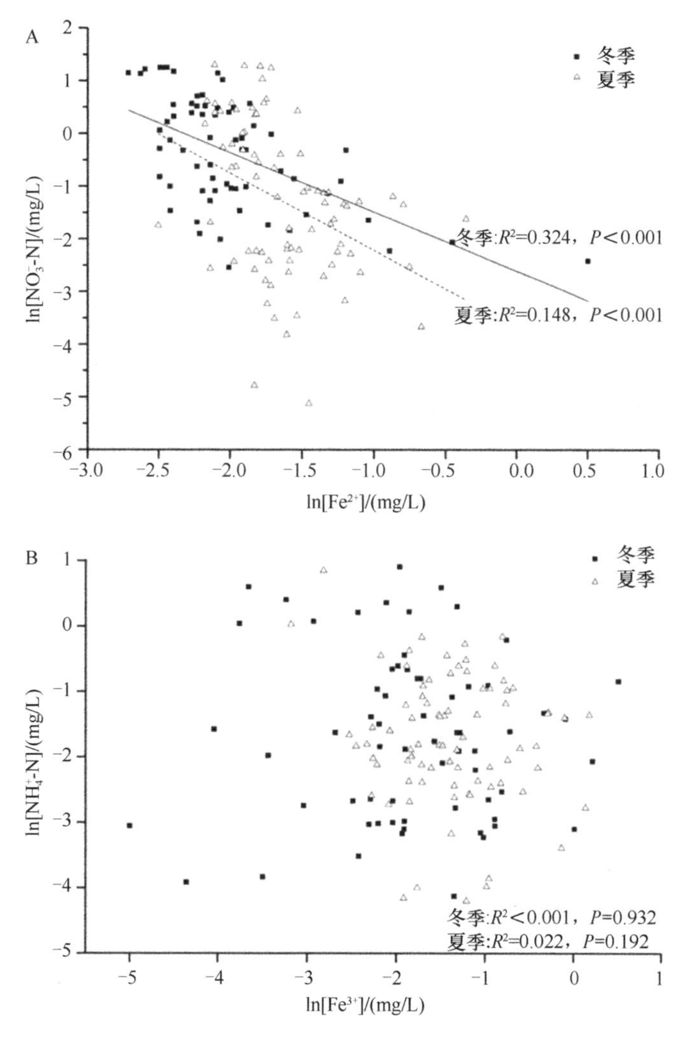

图 15-3　不同湿地类型的水体中 Fe 与 N 的相关关系

同时，湿地的保护和利用类型以及水力条件的不同，可能会对铁的时空分布产生一定影响，为揭示不同湿地水体类型中 Fe^{2+}与 NO_3^--N 之间的数量关系，使用主成分多元线性回归进行进一步分析。

15.3.4　主成分分析

和睦湿地池塘、河道，西溪湿地池塘、河道的 KMO 值分别为 0.53、0.60、0.70、0.52，均大于 0.50，可进行主成分分析（Kaiser，1970）。Bartlett 球形检验中，显著性水平均小于 0.05，表明拒绝相关系数矩阵为单位阵的假设，适宜做主成分分析。

根据提取的主成分累计方差贡献率应超过 80%的原则（王斌会，2014），进行主成分的提取。提取结果如表 15-1 所示。由表 15-1 可见，和睦湿地池塘水体指标主成分分析中，共提取了 5 个主成分，累计方差贡献率达 85%，说明这 5 个主成分包含了 85%的原始数据信息。和睦湿地河道、西溪湿地池塘和西溪湿地河道水体指标的主成分分析则分别提取了 3 个、4 个、5 个主成分，累计方差贡献率分别为 84.6%、83.3%、87.5%。

15.3.5 主成分-多元线性回归

通过主成分分析，可以得到各主成分的得分并以此为自变量，并将标准化后的 NO_3^--N 数据作为因变量，进行逐步回归分析（Sankaran and Ehsani，2011），代入变量后，回归结果如表 15-2 所示。

各方程的系数表明了各水质因子对 NO_3^--N 的重要性，系数绝对值越大，变量的重要性也越大，系数的符号则表明正相关或负相关（孙红卫等，2012）。各方程的 R^2 均较高，表明了方程能较好地解释 NO_3^--N 的变异。

在对和睦湿地池塘水体数据的回归分析中，Fe^{2+}的系数是−0.171，绝对值大小仅次于 NO_2^--N，表明了 Fe^{2+}对 NO_3^--N 的重要性较高。在对和睦湿地河道、西溪湿地池塘、西溪湿地河道水体数据的回归分析中，Fe^{2+}的系数分别为−0.140、−0.095 和−0.308，其绝对值排名分别是所有指标的第 5、第 6、第 1 位。较低的排名反应了在和睦湿地河道和西溪湿地池塘水体中，Fe^{2+}对 NO_3^--N 而言并不十分重要，而和睦湿地池塘和西溪湿地河道水体的数据表明，Fe^{2+}对水体中 NO_3^--N 的浓度有较重要的意义。

15.4 讨　　论

15.4.1 氮的时空分布特征

温度会影响生物的活性和氧气的溶解度，低温会减少生物对水体中溶解氧的消耗，进一步促使冬季水体溶解氧浓度高于夏季，而这也导致了夏季水体中硝化反应的不完全，产生 NO_2^--N 的积累，故表现为冬季 NO_2^--N 浓度低于夏季。同时冬季较低的生物活性，使得 TN、NH_4^+-N 和 NO_3^--N 不能及时从水体中去除（梁威等，2004），夏季丰水期较多的水量对污染物有一定的稀释作用，故表现为冬季 TN、NH_4^+-N 和 NO_3^--N 浓度都高于夏季。

河道水体因其具有流动性，自净能力较一般池塘高（谢平等，2004），但当污染物浓度较高时，污染物仍旧会被不断积累。夏、冬两季西溪、和睦湿地河道水体中各形态氮浓度均显著高于池塘水体，这与李玉凤等的调查结果基本一致（李玉凤等，2010）。2009 年之后，杭州市实施了钱塘江引水入城工程，钱塘江水通过 12 km 的隧道和暗渠进入城西，引水工程补充了城西湿地的水体并极大地改善了河道的水质，并使城西湿地河道水体有了较为缓慢的流动性，但 2007～2009 年的监测结果表明，钱塘江水体 TN 浓度均超过 V 类水标准，在未经任何预处理的情况下直接引入城西可能是导致河道水体 TN 浓度长期超标的最主要原因（孔令为等，2014）。较慢的流速、引入水体原有的污染、人为影响造成的污染，这些因素共同造成了池塘、河道水体之间氮分布格局的不同。

表 15-1　不同湿地类型的水体的理化指标主成分矩阵

变量	和睦池塘					和睦河道			西溪池塘				西溪河道				
	PC1	PC2	PC3	PC4	PC5	PC1	PC2	PC3	PC1	PC2	PC3	PC4	PC1	PC2	PC3	PC4	PC5
EC	−0.186	0.696	0.138	0.134	0.569	0.903	0.020	0.253	−0.506	0.587	0.268	−0.173	0.326	0.743	−0.209	−0.227	0.039
NTU	0.526	−0.362	0.522	0.229	0.314	−0.429	0.656	0.507	0.835	−0.278	−0.222	−0.020	0.833	−0.159	0.401	0.086	0.202
pH	−0.782	0.055	0.510	−0.008	−0.021	0.699	−0.592	0.367	−0.846	−0.345	−0.051	0.152	−0.874	−0.125	0.335	0.054	0.084
Temp	0.786	0.044	−0.500	0.262	−0.007	−0.749	0.536	−0.310	0.761	0.487	−0.048	−0.122	0.875	0.194	−0.279	−0.114	−0.148
NH_4^+-N	0.131	0.547	0.518	0.164	−0.535	0.824	0.416	0.068	0.484	−0.276	0.635	−0.310	−0.138	0.587	−0.012	−0.284	0.700
NO_2^--N	0.360	0.575	−0.063	0.654	−0.079	−0.478	0.245	0.703	0.246	−0.304	0.790	−0.155	0.408	0.483	−0.248	0.684	−0.007
ON	0.175	0.692	0.243	−0.379	−0.018	0.561	0.592	−0.188	0.422	0.796	0.034	−0.032	−0.185	0.673	0.301	−0.122	−0.473
TP	0.633	0.222	0.350	−0.395	0.196	0.650	0.711	0.064	0.310	0.227	0.496	0.766	0.021	0.473	0.720	0.339	0.066
Fe^{2+}	0.688	−0.333	0.370	−0.334	−0.133	−0.023	0.959	−0.068	0.870	−0.018	−0.268	−0.049	0.716	−0.094	0.449	−0.428	−0.148
Fe^{3+}	−0.036	−0.479	0.592	0.519	0.037	−0.730	−0.111	0.216	0.814	−0.387	−0.150	0.192	0.698	−0.463	0.129	0.153	0.199
特征值	2.592	2.118	1.742	1.275	0.773	4.228	3.091	1.141	4.236	1.783	1.495	0.816	3.549	2.107	1.283	0.961	0.851
贡献率/%	25.922	21.180	17.422	12.754	7.726	42.280	30.907	11.414	42.359	17.829	14.953	8.161	35.491	21.067	12.833	9.606	8.512
累计贡献率/%	25.922	47.103	64.524	77.278	85.004	42.280	73.187	84.602	42.359	60.188	75.141	83.302	35.491	56.558	69.391	78.997	87.509

表 15-2　硝态氮与环境因子的回归方程

	方程	R^2	P
和睦池塘	$\ln NO_3^- = 0.203\ln NO_2^- - \mathbf{0.171\ln Fe^{2+}} + 0.159\ln EC + 0.159\ln Fe^{3+} + 0.156\ln NH_4^+ + 0.153\ln pH - 0.117\ln TP - 0.070Temp + 0.019\ln NTU - 0.014\ln ON$	0.603	<0.001
和睦河道	$\ln NO_3^- = 0.262\ln NO_2^- + 0.184\ln pH + 0.166\ln ON - 0.153Temp - \mathbf{0.140\ln Fe^{2+}} + 0.135\ln NTU + 0.126\ln Fe^{3+} - 0.086\ln TP + 0.059\ln EC - 0.056\ln NH_4^+$	0.764	<0.001
西溪池塘	$\ln NO_3^- = 0.245\ln NO_2^- - 0.201\ln ON + 0.192\ln NH_4^+ - 0.161Temp + 0.107\ln pH - \mathbf{0.095\ln Fe^{2+}} - 0.057\ln EC + 0.047\ln TP + 0.023\ln Fe^{3+} - 0.021\ln NTU$	0.645	<0.001
西溪河道	$\ln NO_3^- = \mathbf{-0.308\ln Fe^{2+}} - 0.233\ln ON + 0.222\ln NO_2^- + 0.207\ln NH_4^+ - 0.202Temp - 0.159\ln TP + 0.150\ln pH - 0.107\ln EC + 0.072\ln Fe^{3+} + 0.033\ln NTU$	0.757	<0.001

数据均为标准化数据

和睦湿地河道也属于城西水系，但其受居民活动影响较西溪湿地大。西溪湿地对水体有较好的管理措施，如通过捞取漂浮植物的方式，使氮元素离开水体，而和睦湿地水体无有效管理措施，且未纳入市政管网的生活污水会直接排入水体，这使得西溪湿地水体各形态氮浓度基本上都低于和睦湿地。

15.4.2 铁的时空分布特征

季节变化会导致Fe^{2+}的分布特征出现显著差异，主要是由于温度的影响导致（梁夏天，2014）。水体温度是影响水体溶解氧的一个重要指标，西溪湿地与和睦湿地水体溶解氧的浓度均呈现出冬季高于夏季的情况（李玉凤等，2015；周梦瑶，2015），而溶解氧会影响水体中的氧化还原电位，促使溶解度较高的Fe^{2+}向溶解度低的Fe^{3+}转化，使铁元素离开水体进入沉积物（刘光钊，2005；姜明等，2006；王超等，2008；Lalonde et al.，2012），这在一定程度上导致了冬季铁浓度低，而夏季铁浓度高的情况。另外，Fe^{2+}参与的反硝化反应，会使得NO_3^--N浓度与Fe^{2+}浓度呈现负相关，这也是冬季NO_3^--N浓度较高时，Fe^{2+}浓度较低的原因之一。

和睦湿地池塘水体夏季较冬季TFe和Fe^{3+}浓度低，但差异不显著，Fe^{2+}浓度则出现了显著下降。和睦湿地位于居民区附近，受人为影响大，湿地内部有一定面积的土地已被开发成为农田，而土地利用类型的变化易导致土壤铁流失而后进入水体（潘月鹏等，2008），同时，夏季时较高的生物活性会促使作物吸收铁进行叶绿素的合成（王玉堂，2004），冬季吸收铁作用较弱，故呈现出和睦湿地池塘水体冬季较夏季铁含量高的格局。

湿地的利用类型以及水力条件的不同，可能会对铁的时空分布产生重大影响（潘晓峰等，2010a，2010b）。和睦湿地位于居民区附近，受人为影响大，湿地内部有部分土地已被开发成为农田，而这会导致土壤铁流失而后进入水体（潘月鹏等，2008），同时西溪湿地对水体有较好的管理措施，如定时清理水体中的漂浮植物，而漂浮植物会吸收大量包含铁在内的营养物质（谢凌雁，2010）。和睦湿地未得到有效的管理，这使得铁元素从土壤进入了和睦湿地池塘和河道水体，不过河流由于其流动性，当铁元素的进入量不高时，可以被及时稀释和运输（王玉琳等，2016），故不同季节中和睦湿地池塘水体TFe、Fe^{2+}和Fe^{3+}浓度都高于和睦湿地河道水体。和睦湿地河道和西溪湿地河道水体的TFe、Fe^{2+}和Fe^{3+}浓度差异不显著，表明河流的流动性使得水体中铁浓度得到了足够的稀释。

西溪湿地作为国家湿地公园得到了较多的关注以及更好的保护，在不同季节其河道和池塘水体的TFe、Fe^{2+}、Fe^{3+}浓度基本无显著差异。

15.4.3 氮与铁的相关性分析

铁与氮的耦合过程在自然界中广泛存在，微生物以Fe^{2+}为电子供体、NO_3^--N为电子受体，将Fe^{2+}氧化为Fe^{3+}的同时将NO_3^--N还原（邹元春等，2009）。这种硝酸盐型厌氧铁氧化反应非常普遍，已经在多种咸水、淡水生境下发现了参与该反应的菌群（Neubauer et al.，2002)，即硝酸盐型厌氧铁氧化菌（Straub et al.，1996）。相关研究表明，在水平潜流人工湿地中添加 Fe^{2+}能够显著提升 NO_3^--N 的去除率，而且 NO_3^--N 的去除率呈现出随 Fe^{2+}添加量的增加而增加的趋势（王苏艳等，2016）。本文的研究结果发现，无论是夏季还是冬季，Fe^{2+}与 NO_3^--N 的浓度均呈现显著负相关，Fe^{2+}在城市湿地水体 NO_3^--N 的还原过程中可能也起着比较重要的作用，NO_3^--N 与环境因子的回归方程中 Fe^{2+}的回归系数分析结果也间接证明了这一点。在厌氧铁氧化反应过程中，Fe^{2+}参与反硝化作用时转化为 Fe^{3+}，当反应体系中的 NO_3^--N 消耗殆尽时，微生物可利用有机物将 Fe^{3+}还原为 Fe^{2+}（Coby et al.，2011）。城市湿地受人类活动影响较大，有机物浓度也因此较自然湿地高。因此，城市湿地中存在 Fe^{2+}-Fe^{3+}-Fe^{2+}的循环，从而可以有效地实现对城市湿地 NO_3^--N 浓度的控制。

15.5 结 论

（1）和睦与西溪湿地池塘和河道水体中 TN、NH_4^+-N、NO_3^--N 的浓度均呈现夏季低于冬季的特征；和睦湿地的池塘和河道水体中各形态的氮含量显著高于西溪湿地；和睦与西溪湿地池塘水体中各形态氮的浓度均显著低于河道水体中各形态氮的浓度。两个湿地河道水体中 TN 浓度超标现象都比较严重，基本上都超过了地表水环境质量标准（GB3838—2002）V 类水标准。

（2）和睦与西溪湿地水体中夏季各形态铁的浓度普遍高于冬季；和睦湿地池塘水体各形态铁含量显著高于西溪湿地池塘水体，而和睦湿地河道和西溪湿地河道水体的各形态铁含量相近；夏、冬两季和睦、西溪湿地池塘水体各形态铁浓度均高于河道水体。

（3）夏、冬两季中城市湿地水体的 Fe^{2+}和 NO_3^--N 浓度均呈现出显著的负相关关系，而不同利用类型和水力条件湿地水体的主成分分析-多元线性回归结果中 Fe^{2+}的回归系数排名较高，这些均表明 Fe^{2+}在城市湿地水体 NO_3^--N 的还原过程中可能也起着比较重要的作用。

（徐竑珂、李洪彬、徐 力、江 灿、宋垚彬、戴文红、李文兵、董 鸣）

参 考 文 献

北京市城市规划设计研究院. 2011. 城市湿地系统规划研究: 北京的探索与实践. 北京: 中国建筑工业出版社.

陈凌云. 2016. 杭州和睦与西溪湿地沉积物理化特征及其影响因素分析. 杭州: 杭州师范大学硕士研究生学位论文.

董鸣, 王慧中, 匡廷云, 等. 2013. 杭州城西湿地保护与利用战略概要. 杭州师范大学学报(自然科学版), 12(5): 385-390.

国家环境保护总局《水和废水监测分析方法》编委会. 2002. 水和废水监测分析方法(第四版). 北京: 中国环境科学出版社.

姜明, 吕宪国, 杨青, 等. 2006. 湿地铁的生物地球化学循环及其环境效应. 土壤学报, 43(3): 493-499.

孔令为, 贺锋, 夏世斌, 等. 2014. 钱塘江引水降氮示范工程的构建和运行研究. 环境污染与防治, 36(11):

60-66.
李春晖, 郑小康, 牛少凤, 等. 2009. 城市湿地保护与修复研究进展. 地理科学进展, 28(2): 271-279.
李玉凤, 刘红玉, 曹晓, 等. 2010. 西溪国家湿地公园水质时空分异特征研究. 环境科学, 31(9): 2036-2041.
李玉凤, 刘红玉, 张华兵, 等. 2015. 基于结构和水环境的城市湿地景观健康研究——以西溪湿地公园为例. 自然资源学报, 30(5): 761-771.
梁威, 吴振斌, 詹发萃, 等. 2004. 人工湿地植物根区微生物与净化效果的季节变化. 湖泊科学, 16(4): 312-317.
梁夏天. 2014. 湿地系统中铁锰循环过程及环境效应. 首都师范大学学报(自然科学版), 35(3): 74-79.
刘光钊. 2005. 水体富营养及其藻害. 北京: 中国环境科学出版社.
潘敏, 周泽明, 单监利, 等. 2013. 杭州西溪湿地水体中氮时空分布及污染评价. 湖北农业科学, 52(16): 3811-3814.
潘晓峰, 阎百兴, 王莉霞, 等. 2010a. 三江平原土地利用变化对水体中铁环境行为的影响. 吉林大学学报(地球科学版), 40(3): 665-670.
潘晓峰, 阎百兴, 王莉霞. 2010b. 三江平原河水中铁的形态研究. 环境科学, 31(9): 2042-2047.
潘月鹏, 阎百兴, 张柏, 等. 2008. 三江平原湿地开垦前后土壤溶液中Fe^{2+}的分布特征. 农业环境科学学报, 27(4): 1582-1585.
孙红卫, 王玖, 罗文海. 2012. 线性回归模型中自变量相对重要性的衡量. 中国卫生统计, 29(6): 900-902.
王斌会. 2014. 多元统计分析及 R 语言建模(第 3 版). 广州: 暨南大学出版社.
王超, 邹丽敏, 王沛芳, 等. 2008. 典型城市浅水湖泊沉积物中磷与铁的形态分布及相关关系. 环境科学, (12): 3400-3404.
王建华, 吕宪国. 2007. 城市湿地概念和功能及中国城市湿地保护. 生态学杂志, 26(4): 555-560.
王苏艳, 宋新山, 赵志淼, 等. 2016. 亚铁对水平潜流人工湿地反硝化作用的影响. 环境科学学报, 36(2): 557-563.
王玉琳, 汪靓, 华祖林, 等. 2016. 巢湖南淝河口黑水团区流速和溶解氧与Fe^{2+}、S^{2-}浓度的空间关联性. 湖泊科学, 28(4): 710-717.
王玉堂. 2004. 肥铁及其施用技术. 北京农业, (6): 40-41.
谢长永, 徐同凯, 钱爱爱, 等. 2012. 杭州西溪湿地生态系统不同群落营养元素的积累及分配特征. 科技通报, 28(11): 220-227.
谢凌雁. 2010. 滇池福保人工湿地水生植物研究. 昆明: 西南林业大学硕士研究生学位论文.
谢平, 夏军, 窦明, 等. 2004. 南水北调中线工程对汉江中下游水华的影响及对策研究(I)——汉江水华发生的关键因子分析. 自然资源学报, 19(4): 418-423.
章力学, 彭晓彤, 周怀阳, 等. 2012. 中性环境中微生物介导下的厌氧铁氧化及生物矿化效应. 海洋科学, 36(3): 121-126.
周梦瑶. 2015. 和睦湿地漂浮植物的时空分布特征及其与水环境因子的关系. 杭州: 杭州师范大学硕士研究生学位论文.
邹元春, 吕宪国, 姜明, 等. 2009. 典型湿地植物与湿地农田作物铁含量的季节变化特征. 生态学杂志, 28(2): 216-222.
Clement J C, Shrestha J, Ehrenfeld J G, et al. 2005. Ammonium oxidation coupled to dissimilatory reduction of iron under anaerobic conditions in wetland soils. Soil Biology & Biochemistry, 37(12): 2323-2328.
Coby A J, Picardal F, Shelobolina E, et al. 2011. Repeated anaerobic microbial redox cycling of iron. Applied & Environmental Microbiology, 77(17): 6036-6042.
Davidson E A, Chorover J, Dail D B. 2013. A mechanism of abiotic immobilization of nitrate in forest ecosystems: The ferrous wheel hypothesis. Global Change Biology, 9(2): 228-236.
Jiang M, Lu X, Wang H, et al. 2011. Transfer and transformation of soil iron and implications for hydrogeomorpholocial changes in Naoli River Catchment, Sanjiang Plain, Northeast China. Chinese

Geographical Science, 21(2): 149-158.
Kaiser H F. 1970. A second generation little jiffy. Psychometrika, 35(4): 401-415.
Konhauser K O, Kappler A, Roden E E. 2011. Iron in microbial metabolisms. Elements, 7(2): 89-93.
Kopf S H, Newman D K. 2012. Photomixotrophic growth of *Rhodobacter capsulatus*, SB1003 on ferrous iron. Geobiology, 10(3): 216-222.
Lalonde K, Mucci A, Ouellet A, et al. 2012. Preservation of organic matter in sediments promoted by iron. Nature, 483(7388): 198-200.
Neubauer S C, Emerson D, Megonigal J P. 2002. Life at the energetic edge: kinetics of circumneutral iron oxidation by lithotrophic iron-oxidizing bacteria isolated from the wetland-plant rhizosphere. Applied & Environmental Microbiology, 68(8): 3988-3995.
Roden E E, Sobolev D, Glazer B, et al. 2004. Potential for microscale bacterial Fe redox cycling at the aerobic-anaerobic interface. Geomicrobiology Journal, 21(6): 379-391.
Sankaran S, Ehsani R. 2011. Visible-near infrared spectroscopy based citrus greening detection: Evaluation of spectral feature extraction techniques. Crop Protection, 30(11): 1508-1513.
Straub K L, Benz M, Schink B, et al. 1996. Anaerobic, nitrate-dependent microbial oxidation of ferrous iron. Applied & Environmental Microbiology, 62(4): 1458-1460.

第 16 章　杭州余杭塘河干支流水体氮、磷时空分布特征

16.1　引　言

河流是流域内水生-陆地生态系统间物质循环的主要通道，也是氮磷等生源要素的主要运移通道（毛战坡等，2015）。近年来，随着城市经济的快速发展及城镇化的建设，未经充分处理的生活污水、市政污水等向水体大量排放（廖剑宇等，2013），使得河流生态状况恶化，氮、磷浓度上升（聂泽宇等，2012；单保庆等，2012），导致水体的富营养化与水华的发生（赵学敏等，2013），因而河流生态系统中氮、磷素的循环及其调控备受关注（成小英和李世杰，2006；Conley et al.，2009）。研究表明，水环境中氮、磷素的有效性与其形态密切相关（Gillor et al.，2010；徐兵兵等，2016），以往的研究工作主要集中在总氮、总磷及其无机态形式，近年来的研究发现有机态的氮、磷可通过生物化学作用转化为生物可利用性营养盐，其在水生生态系统的物质循环中也起着重要作用（吴丰昌等，2010）。因此，在分析河流生态系统中的氮、磷循环时需要考虑元素的不同形态及其相互转化。

在影响河流水环境因素的研究中，土地利用类型及其变化的人为活动因素一直被认为是其主要原因（Turner et al.，2001；Mishra et al.，2010），尤其在农业地区这一现象更为明显（洪超等，2014）。大量研究表明，向河流水体中输入氮、磷素及有机物等污染物的主要土地利用类型为聚落用地和农业用地（Paul and Meyer，2001；Huang et al.，2009），而显著的吸纳、转化与改善水体污染物的则是湿地（洪超等，2014）。不同的土地利用类型对河流水质的影响不同，并随着利用强度和方式的变化而变化（Allan，2004），如 Roy 等（2003）认为河流水质和底栖动物多样性与流域的城市化用地面积呈负相关。另外，河流作为连续的整体，其流域内各级支流的汇入对于干流的水质有着重要的影响。Schilling 和 Wolter（2001）估算了 Walnut Creek 河的基流，结果表明基流对河道水质的贡献率很小，认为大部分污染负荷来自于主支流；廖剑宇等（2013）研究发现东江干流总氮及其无机氮的来源除了干流本身氮素的输入外，主要还来自支流向干流的输送。

为了解余杭塘河干流和支流中氮、磷素的时空分布特征，本文调查了余杭塘河干支流枯水期和丰水期水体中不同形态氮素和磷素的含量，并从流域土地利用类型、支流等角度探讨了影响余杭塘河干流氮、磷含量分布的影响因素，提出了控制城市河流水环境中氮、磷等营养盐的措施与建议。研究结果将为准确评价与改善余杭塘河流域的整体水环境提供科学依据，也为城市河流生态系统修复提供参考依据。

16.2 研 究 方 法

16.2.1 研究区概况

余杭塘河位于杭州市西北部，为京杭大运河支流之一，开凿于南宋时期。江南运河到达杭州后，又从杭州延伸到余杭镇，这段河流因从运河（塘河）到余杭，故称之为“余杭塘河”，又名“运粮河”“官塘河”（朱金坤和汪宏儿，2010）。它是记载余杭历史变迁的重要组成部分。

余杭塘河源头为南苕溪（119°55′188″E，30°16′788″N），自西向东流经余杭镇、仓前镇、五常街道等最终汇入京杭大运河（120°07′58.98″E，30°18′29.844″N），干流全长21.7 km，河面最大宽度 60 m，最小宽度 7.5 m，平均宽度在 40 m 左右，河底高程为–2.59～1.66 m。其中，以源头苕溪水系作参照，丰水期（7 月）降水量为 171.5 mm，平均水位3 m（浙江省水文局，2016）；枯水期（1 月）降水量为 74.1 mm，平均水位 1.46 m（浙江省水文局，2017）。余杭塘河是余杭镇至杭州的水运干道，也是杭州市生态绿化廊道（洪潇，2013）。近年来，随着杭州城西建设的推进，余杭塘河逐渐成为贯穿东西、辐射南北的城西发展中轴线（洪潇，2013），其本身及文化内涵也逐渐成为建设城西和谐杭州示范区的关键。

16.2.2 样点的布设与样品采集

本文重点研究区域范围为余杭塘河源头向东至杭州绕城高速路（20°3′04″E，30°18′0.468″N），2016 年枯水期（dry，D）（1 月）与丰水期（wet，W）（7 月）对研究区域范围内的余杭塘河干流沿线与主要支流水体进行采样。在干流上共设置 7 段 38 个采样点，在干流北部共选取 8 条代表性支流（north tributary，NT），南部共选取 7 条代表性支流（south tributary，ST），每条支流分别设置 3 个采样点（各点之间相距 250 m 左右），并根据支流的分布情况将采样点分为Ⅰ～Ⅶ共 7 个河段，具体采样方法参见江灿等（2017）。

由于不同的生态邻域有不同的生态过程（Smith et al.，2011），缓冲区常用于划定特定区以研究土地利用状况等因素与河流水质的关系（Allan，2004），多为在河流两侧延伸一定宽度的带状缓冲区（Maillard and Santos，2008；Tran et al.，2010），本文选取离河流两侧 1 km 范围内为缓冲区，充分考虑余杭塘河的实际情况，参考相关文献（洪超等，2014），将研究区划分为聚落用地（包括一系列不同规模的人类聚居地）、农业用地（包括农田林网部分）、湿地（包括沟渠、池塘、河流、滩涂等）和其他用地（包括未利用地或荒地等）共 4 种土地利用类型（图 16-1）。

16.2.3 样品分析及数据处理

分别按照一定的实验方法与标准及《水和废水监测分析方法》（第四版）（国家环境保护总局，2002）对余杭塘河干支流水体营养盐进行测算。具体方法如表 16-1 所示，

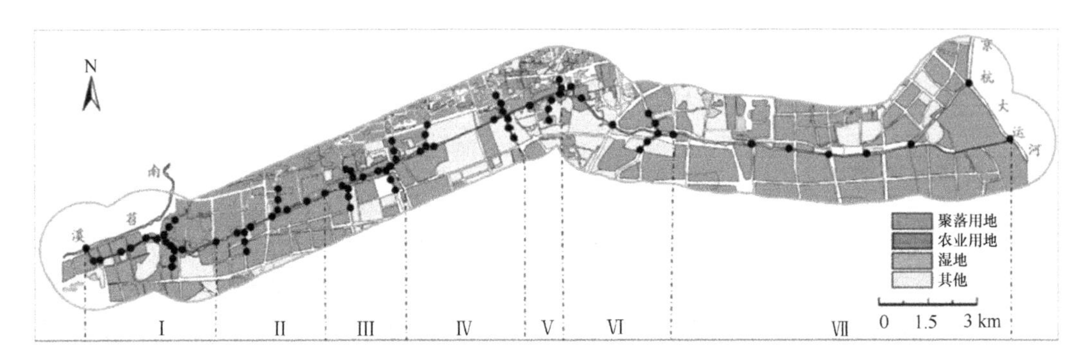

图 16-1　余杭塘河流域沿线土地利用类型（彩图请扫封底二维码）

表 16-1　余杭塘河水体中氮、磷元素含量分析方法

参数	分析方法/仪器（型号）
总氮（total nitrogen，TN）	过硫酸钾紫外分光光度法/Unicouv-2802s
氨氮（ammonia nitrogen，NH_4^+-N）	水杨酸-次氯酸盐光度法/Unicouv-2802s
硝态氮（nitrate nitrogen，NO_3^--N）	紫外分光光度法/Unicouv-2802s
亚硝态氮（nitrite nitrogen，NO_2^--N）	*N*-（1-萘基）-乙二胺光度法/Unicouv-2802s
总磷（total phosphorus，TP）	钼酸铵分光光度法/Unicouv-2802s
可溶性磷（dissolved phosphorus，DP）	钼酸铵分光光度法/Unicouv-2802s

其中有机氮（organic nitrogen，ON）= TN–（NH_4^+-N + NO_3^-–N + NO_2^-–N）；颗粒态磷（particle phosphorus，PP）= TP–DP（徐兵兵等，2016）。本文数据均在 Excel 2013、SPSS 19.0 和 Origin 9.1 等软件中进行统计分析处理。

16.3　结　　果

16.3.1　干支流氮素的时空分布特征

如图 16-2 所示，在枯水期，TN 含量在Ⅰ～Ⅶ河段呈“递减-升高-递减”的变化趋势；这与第Ⅴ段 ON 含量较高有关。在丰水期，TN 含量在各河段的变化趋势相近，这可能与丰水期河流的稀释作用有关。同时，氮素形态亦呈一定的空间特征。在枯水期，NH_4^+-N 含量在第Ⅰ、第Ⅱ段较高（分别占 TN 的 50.7%、54.1%）且自上游向下游呈递减趋势，NO_2^--N 含量在第Ⅰ段最高（占 TN 的 2.1%）且自上游向下游呈递减趋势，ON 与 TN 变化趋势一致，变化范围为 0.544～3.238 mg/L（均值为 1.249 mg/L±0.226 mg/L），在Ⅰ～Ⅳ段与Ⅴ～Ⅶ段均呈递减趋势；其中，第Ⅰ、第Ⅱ段的氮素以 NH_4^+-N 为主要形态，其他河段则以 NO_3^--N 为主要形态。丰水期 NH_4^+-N 含量在第Ⅶ段最高（占 TN 的 64.0%），且自上游向下游呈递增趋势，NO_3^--N 则反之且其含量在第Ⅰ段最高（占 TN 的 58.7%）。

如图 16-3 所示，在枯水期，余杭塘河北部 8 条支流 TN 含量的变化范围为 3.394～14.039 mg/L（均值为 6.924 mg/L±1.177 mg/L）。北部各支流不同形态氮均存在着空间差异性，

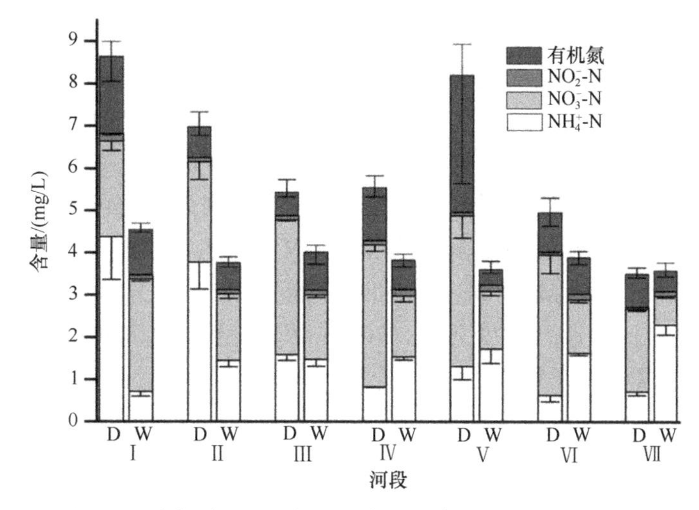

图 16-2　余杭塘河干流氮素时空分布特征（均值±标准误）

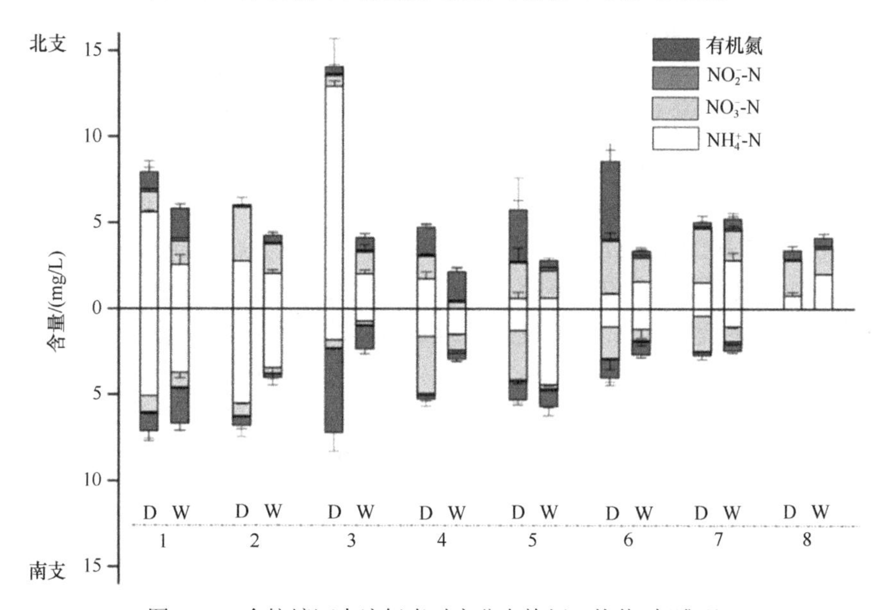

图 16-3　余杭塘河支流氮素时空分布特征（均值±标准误）

第 1、第 2、第 3、第 4 条支流 NH_4^+-N 含量占 TN 的比重较大（占 TN 的 61.4%）；第 5、第 6 条支流 ON 含量分别占 TN 的 51.8%、52.8%；第 7、第 8 条支流 NO_3^--N 含量分别占 TN 的 62.6%、60.7%；NO_2^--N 含量的变化范围为 0.050～0.162 mg/L（均值为 0.096 mg/L±0.011 mg/L，占 TN 的 1.5%），在各支流中所占比重最少。南部 7 条支流 TN 含量的变化范围为 2.731～7.214 mg/L（均值为 5.503 mg/L±0.640 mg/L）。南部各支流不同形态的氮也存在着空间差异性，第 1、第 2 条支流 NH_4^+-N 含量占 TN 的比重较大（占 TN 的 75.8%）；第 3 条支流 ON 含量占 TN 的 67.4%；第 4、第 5、第 6、第 7 条支流 NO_3^--N 含量占 TN 的 59.9%；其中，NO_2^--N 含量的变化范围为 0.044 mg/L～0.104 mg/L（均值为 0.080 mg/L±0.009 mg/L，占 TN 的 1.5%），在各支流中所占比重最少。

在丰水期，余杭塘河北部 8 条支流 TN 含量的变化范围为 2.107～5.809 mg/L（均值为 3.967 mg/L±0.428 mg/L）。北部各支流不同形态的氮也存在着空间差异性，除第 2 和第 5 条支流外，其余支流 NH_4^+-N 含量占 TN 的比重较大（48.6%），其次是 NO_3^--N（34.2%）；第 4、第 5 条支流 ON 含量占 TN 的 46.5%，其次是 NO_3^--N（37.4%），NO_2^--N 含量的变化范围为 0.079～0.178 mg/L（均值为 0.128 mg/L±0.123 mg/L，占 TN 的 3.5%），在各支流中所占比重最少。南部 7 条支流 TN 含量的变化范围为 2.374～6.106 mg/L（均值为 3.760 mg/L±0.592 mg/L）。其中，第 3 条支流 ON 含量占 TN 的 56.6%，其次是 NH_4^+-N（30.4%）；其他支流中 NH_4^+-N 含量占 TN 的比重较大（59.8%），尤其是第 1、第 2 条支流 NH_4^+-N 含量所占比重最大（73.3%），NO_3^--N 的含量仅次之（20.0%）；在各支流中，NO_2^--N 占所占比重最小（3.3%）。

16.3.2 干支流磷素的时空分布特征

如图 16-4 所示，在枯水期，TP 含量的变化范围为 0.109～0.277 mg/L（均值为 0.173 mg/L±0.246 mg/L），在第Ⅱ、第Ⅳ段含量最高（分别为 0.277 mg/L±0.040 mg/L、0.255 mg/L±0.046 mg/L），其他河段的含量差异不明显。这与其沿岸的土地利用方式有关，第Ⅱ、第Ⅳ段均为密集的聚落用地（住宅用地与商业用地）。在丰水期，TP 含量的变化范围为 0.145～0.209 mg/L（均值为 0.172 mg/L±0.097 mg/L），这一时期各河段无明显差异。同时，磷的形态也存在一定的空间特征。在枯水期，DP 的变化范围为 0.040～0.178 mg/L（均值为 0.981 mg/L±0.158 mg/L），且在第Ⅱ段最高（均值为 0.178 mg/L±0.045 mg/L，占 TP 的 64.0%），其变化趋势与 TP 相近，表明在余杭塘河干流沿线水体中，磷素的形态主要以 DP 为主；PP 的变化范围为 0.039～0.154 mg/L（均值为 0.075 mg/L±0.151 mg/L），在第Ⅱ、第Ⅳ段较高（分别占 TP 的 36.0%、60.5%）。在丰水期，DP 的变化范围为 0.083 mg/L±0.013 mg/L（均值为 0.107 mg/L±0.006 mg/L），其变化趋势与 TP 相一致，表明在余杭塘河干流沿线水体中，磷素的形态主要以 DP 为主；PP 的变化范围为 0.039～0.092 mg/L（均值为 0.066 mg/L±0.007 mg/L）。

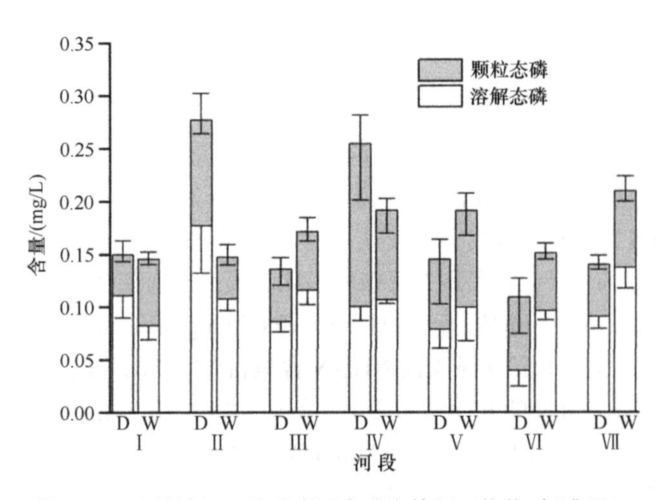

图 16-4 余杭塘河干流磷素时空分布特征（均值±标准误）

如图 16-5 所示，在枯水期，北部 8 条支流 TP 含量的变化范围为 0.111～0.742 mg/L（均值为 0.277 mg/L±0.072 mg/L）；DP 含量的变化范围为 0.078～0.472 mg/L（均值为 0.172 mg/L±0.047 mg/L，占 TP 的 61.5%）；PP 含量的变化范围为 0.033～0.269 mg/L（均值为 0.105 mg/L±0.026 mg/L，占 TP 的 38.5%）；同时，TP 与 DP 的变化趋势完全一致，且含量最小值与最大值分别均在第 1、第 3 条支流（分别占 TP 的 70.8%、63.6%），在一定程度上表明余杭塘河北部支流磷素的主要形态为溶解态。南部 7 条支流 TP 含量的变化范围为 0.105～0.481 mg/L（均值为 0.262 mg/L±0.065 mg/L）；DP 含量的变化范围为 0.059～0.360 mg/L（均值为 0.182 mg/L±0.054 mg/L，占 TP 的 64.6%）；PP 含量的变化范围为 0.022～0.190 mg/L（均值为 0.080 mg/L±0.022 mg/L，占 TP 的 35.4%）；同时，TP 与 DP 的变化趋势完全一致，且含量高值区分别均在第 2、第 3、第 6 条支流（分别占 TP 的 58.9%、74.6%和 94.2%），表明余杭塘河南部支流磷素的主要形态为溶解态。

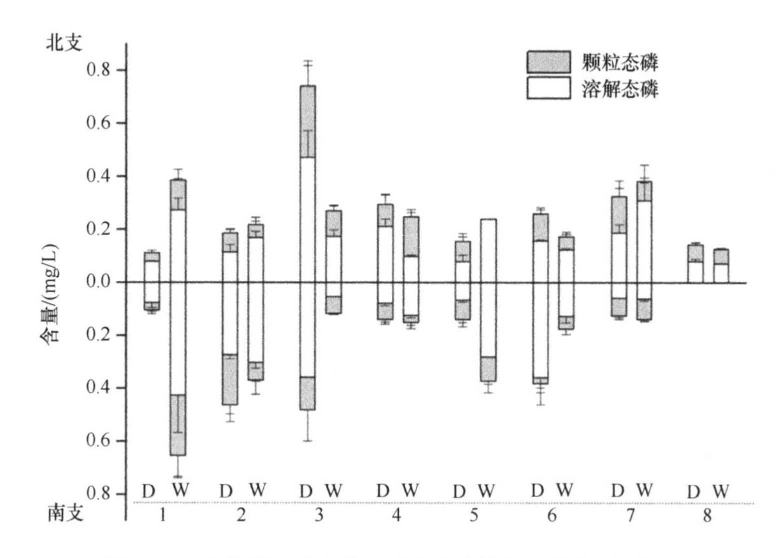

图 16-5　余杭塘河支流磷素时空分布特征（均值±标准误）

在丰水期，北部 8 条支流 TP 含量的变化范围为 0.105～0.386 mg/L（均值为 0.239 mg/L±0.038 mg/L）；DP 含量的变化范围为 0.072～0.311 mg/L（均值为 0.182 mg/L±0.030 mg/L，占 TP 的 86.1%）；PP 含量的变化范围为 0～0.149 mg/L（均值为 0.834 mg/L±0.014 mg/L）。南部 7 条支流 TP 含量的变化范围为 0.117～0.653 mg/L（均值为 0.282 mg/L±0.074 mg/L）；DP 含量的变化范围为 0.054～0.427 mg/L（均值为 0.197 mg/L±0.054 mg/L，占 TP 的 67.0%）；PP 含量的变化范围为 0.027～0.227 mg/L（均值为 0.085 mg/L±0.025 mg/L，占 TP 的 33.0%）。同时，TP 与 DP 的变化趋势完全一致，均呈“递减—递增—递减”变化，表明余杭塘河南部支流磷素的主要形态为溶解态；无论是 TP、DP、PP 的含量均在第 1 条支流最高，这可能是由于它流经居住用地（居民小区），受居民家庭生活污水等市政污水的影响所致。

16.4 讨　　论

16.4.1 支流对干流水体氮磷的影响

余杭塘河支流众多，河网复杂，干流的氮、磷素含量均在不同程度上受到支流的影响。无论枯水期还是丰水期，北部支流的 TN 含量(均值分别为 6.924 mg/L 和 3.967 mg/L)均高于南部支流（均值分别为 5.503 mg/L 和 3.760 mg/L），这是由于北部支流多流经农业用地，与农业沟渠相连，河流水质受到农业面源污染。在枯水期，河流第Ⅲ段包括的北部第 3 条支流与南部第 3、第 4 条支流，其中，南部、北部第 3 条支流的 TN、TP 的含量均高于同期所有支流（北：14.039 mg/L、0.742 mg/L；南：7.214 mg/L、0.481 mg/L），这使得下游河段（第Ⅳ段）TN、TP 的含量（5.538 mg/L、0.255 mg/L）高于上游河段（第Ⅲ段）（5.422 mg/L、0.136 mg/L），由于支流 TN、TP 含量远大于干流，并将其携带高浓度的 N、P 素汇入余杭塘河干流，引起干流下游 N、P 素的含量高于上游，这表明支流 N、P 素的输入是干流营养盐含量增加的重要因素。另外，余杭塘河支流多有水闸存在，在一定程度上阻挡了营养元素的循环。例如，在第Ⅳ河段的北部第 4 条支流，枯水期 TN 和 TP 的含量分别为 4.711 mg/L 和 0.296 mg/L，而与其相连河段（第Ⅳ段）TN、TP 的含量分别 3.822 mg/L、0.192 mg/L，支流的 N、P 素含量高于对应干流河段的含量。余杭塘河干流各段水体中 N、P 素及其各种形态含量的变化表明，除干流沿线本身的 N、P 素的输入外，还有来自于支流营养盐的汇入，尤其是各支流上的人为活动（如水闸等工程建设、农田施肥）对河流干流 N、P 素含量的变化及干支流营养盐的传输产生了重要影响。

16.4.2 土地利用方式对河流水体氮磷的影响

河流两岸土地利用类型可强烈地影响河流水质（Sponseller et al.，2001）。余杭塘河河流南岸和北岸、上游和下游的土地利用类型空间差异明显。北岸主要以聚落用地、农业用地居多，河网密集，池塘等湿地占一定比例；南岸主要以居住用地和其他用地（荒地）居多。同时，上游、中游土地利用类型复杂多样，下游土地利用类型单一（主要为聚落用地），这是引起南北支流 TP、TN 差异明显的重要原因之一。枯水期，余杭塘河北、南支流各河段的 TP、TN 含量在空间上有显著性差异，就 TN 的含量而言，不同土地利用方式下的南（$F_{7,16}$=12.503，P<0.01）、北（$F_{6,14}$=50.007，P<0.01）支流氮素含量空间差异显著，第 Ⅰ～Ⅱ段北部支流多流经农业用地，其水质更容易受到农业污水的影响，而 N 素是农业非点源污染的重要元素，TN 含量的均值为 9.329 mg/L。相应河段的南部支流主要穿过聚落用地和其他用地，TN 含量的均值为 7.053 mg/L，其土地利用类型对支流氮素贡献的部分比北部少。同时，家庭生活污水、商业服务业带来的未受控制的市政污水等均是磷素的重要来源，余杭塘河南岸与下游的土地利用类型主要以聚落用地与其他用地为主，南（$F_{7,16}$=8.261，P<0.01）、北（$F_{6,14}$=25.803，P<0.01）支流

磷素含量的空间差异性显著。例如，第Ⅲ段，北、南支流 TP 的含量分别为 0.186 mg/L、0.462 mg/L，其流经居住用地南岸的磷素含量比流经农业用地为主的北岸要高。再者，例如，余杭塘河源头露天的余杭镇新桥路农贸市场，每天均有生活垃圾汇入河流；上游位置（源头-禹航路）大多数建筑物均保留旧式风格，现代化排水纳污管道规划欠缺，仍存在未经处理的污水直排、偷排现象，河道受家庭生活污水、商业服务业污水等影响较大。农业用地与聚落用地是向所在流域河流中输送氮、磷素等营养盐的主要土地利用类型（Paul and Meyer，2001；Huang et al.，2009）。余杭塘河干支流的土地利用方式主要为居民生产生活的居住用地与农业用地，土地利用方式较为单一，如 I～V 河段的北岸，农业用地比例较大，而南岸则聚落用地比例较大，河流南北不同的土地利用方式对其流经支流的氮磷素等营养盐的输入分别有着不同影响。

16.4.3　余杭塘河氮磷营养盐控制策略及建议

余杭塘河具有干流沿线长、支流众多且河网密集、沿岸土地利用类型复杂等特点，这决定了其生态修复技术的复杂性、系统性和长期性。结合苕溪流域的研究及其污染防治策略，王欢等（2015）和李伟（2013）提出旨在降低余杭塘河水体中 N、P 的改善策略：在源头及支流充分利用闸坝周期性调水稀释和利用汛期洪水等改善技术，稀释污染水体与降低水体自净负荷（黄薇等，2016）；在余杭塘河南部支流与下游主要为居住用地，应重点控制城市居民生活污水，工业、企业废水以及市政污水点源、面源排放，尤其是磷素为主的营养盐的控制。北部支流（上游河段）主要流经农业用地（农田），农业沟渠与支流河道相通，故应进行强化生态农业沟渠建设，加强河网的生态连通性，增强水体交换与自净能力，将净化设施与地表景观融为一体（吴树彪和董仁杰，2008），形成农田生态护岸带与水体净化带的多层次管理；总体而言，在流域内现有土地利用方式的基础上，管理调控支流所流经的土地利用类型，建设一定距离的生态缓冲区，在调控河道、农业沟渠、排污管道的连通性同时，构建余杭塘河干流、支流水质净化生态带是改善其水质的重要措施。

同时，借助“3S”技术，在对余杭塘河土地利用方式调查分析的基础上，余杭塘河在未来的整治与修复中，加强对该流域内不同土地利用类型统一规划与管理，建立河流污染-健康与土地利用类型的模型来预测模拟未来趋势；干流、支流氮磷等营养盐削减同步进行，重点突破农业、居民生活污水等面源控制，以及营养盐生态拦截等阻控的关键技术，形成农业面源污染控制技术体系。总之，在未来的河流修复与整治中，应遵循着对干流和支流、河道（局部）和流域（整体）生态系统的综合修复，以期构建城市河流功能良好、结构完善的生态系统修复与管理模式。

16.5　结　　论

（1）余杭塘河干流氮素在枯水期与丰水期变化差异明显，在枯水期，TN 含量在 I～Ⅶ河段呈“递减—升高—递减”的变化趋势；在丰水期，TN 含量在各河段的变化趋势相近。同时，氮的形态亦呈一定的空间特征：在枯水期，NH_4^+-N 含量在第Ⅰ、第Ⅱ段较高，且自上游向下游呈递减趋势；ON 与 TN 变化趋势一致，在Ⅰ～第Ⅳ段与Ⅴ～Ⅶ段均呈递减趋势；其中，在第Ⅰ、第Ⅱ段的氮素几种形态中以 NH_4^+-N 为主要形态，在其他河段则以 NO_3^--N 为主要形态。在丰水期，NH_4^+-N 含量在第Ⅶ最高，且自上游向下游呈递增趋势。

（2）余杭塘河支流氮素及其形态在枯水期和丰水期存在着空间差异性，其中，NO_2^--N 含量在各支流中占 TN 的比重最少。在枯水期，南部、北部支流水体中占 TN 的比重最大的 N 素形态自上游向下游依次为 NH_4^+-N、ON、NO_3^--N；但在丰水期，南部、北部支流氮素形态空间分布差异性较大，如南部第 3 条支流，占 TN 比重最大的是 ON，其次是 NH_4^+-N。

（3）在枯水期，余杭塘河干流 TP 在第Ⅱ、第Ⅳ段含量最高，但在丰水期，各河段无明显差异。无论枯水期、丰水期还是南支流、北支流，余杭塘河水体中 TP 与 DP 的变化趋势完全一致，表明其水体中 P 素主要以溶解态（DP）为主。

（4）基于土地利用类型的多样性及支流氮、磷素的输入是影响余杭塘河干流水体营养盐的重要因素，提出在今后的河流修复与整治中，应遵循着对干流和支流、河道（局部）和流域（整体）生态系统的综合修复策略，以期构建城市河流功能良好、结构完善的河流生态系统修复与管理模式。

（江　灿、徐　力、段俊鹏、肖　涛、李洪彬、
李文兵、余　华、戴文红、宋垚彬、董　鸣）

参 考 文 献

成小英, 李世杰. 2006. 长江中下游典型湖泊富营养化演变过程及其特征分析. 科学通报, 51(7): 848-855.

国家环境保护总局《水和废水监测分析方法》编委会. 2002. 水和废水检测分析方法. 第四版. 北京: 中国环境科学出版社.

洪超, 刘茂松, 徐驰, 等. 2014. 河流干支流水质与土地利用的相关关系. 生态学报, 34(24): 7271-7279.

洪潇. 2013. 杭州水系整治策略及技术研究. 杭州: 浙江农林大学硕士研究生学位论文.

黄薇, 詹晓群, 周晓华, 等. 2016. 河流生态系统修复技术研究进展. 2016 第八届全国河湖治理与水生态文明发展论坛论文集. 北京: 中国水利技术信息中心: 168-171.

江灿, 徐竑珂, 李洪彬, 等. 2017. 余杭塘河沉积物重金属污染现状及潜在生态危害评价. 杭州师范大学学报(自然科学版), 16(6): 604-612.

李伟. 2013. 苕溪流域地表水水质综合评价与非点源污染模拟研究. 杭州: 浙江大学博士研究生学位论文.

廖剑宇, 彭秋志, 郑楚涛, 等. 2013. 东江干支流水体氮素的时空变化特征. 资源科学, 35(3): 505-513.

林祥明. 2009. 余杭塘河滨水地区开发刍议. 杭州: 生活品质, (2): 33-35.

毛战坡, 杨素珍, 王亮, 等. 2015. 磷素在河流生态系统中滞留的研究进展. 水利学报, 46(5): 515.

聂泽宇, 梁新强, 邢波, 等. 2012. 基于氮磷比解析太湖苕溪水体营养现状及应对策略. 生态学报, 32(1): 48-55.

单保庆, 菅宇翔, 唐文忠, 等. 2012. 北运河下游典型河网区水体中氮磷分布与富营养化评价. 环境科学, 33(2): 352-358.

王欢, 袁旭音, 陈海龙, 等. 2015. 太湖流域上游西苕溪支流的营养状态特征及成因分析. 湖泊科学, 27(2): 208-215.

吴丰昌, 金相灿, 张润宇, 等. 2010. 论有机氮磷在湖泊水环境中的作用和重要性. 湖泊科学, 22(1): 1-7.

吴树彪, 董仁杰. 2008. 人工湿地污水处理应用与研究进展. 水处理技术, 34(8): 5-9.

徐兵兵, 卢峰, 黄清辉, 等. 2016. 东苕溪水体氮、磷形态分析及其空间差异性. 中国环境科学, 36(4): 1181-1188.

赵学敏, 马千里, 姚玲爱, 等. 2013. 龙江河水体中氮磷水质风险评价. 中国环境科学, 33(增刊): 233-238.

浙江省水文局. 2016. 浙江省 2016 年 7 月水雨情简况. http: //www.zjsw.cn/getfile.aspx?id=1617950.

浙江省水文局. 2017. 浙江省 2017 年 1 月水雨情简况. http: //www.zjsw.cn/getfile.aspx?id=1618050.

朱金坤, 汪宏儿. 2010. 余杭历史文化研究丛书. 运河文化. 杭州: 西泠印社出版社.

Allan J D. 2004. Landscapes and riverscapes: The influence of land use on stream ecosystems. Annual Review of Ecology, Evolution, and Systematics, 35(1): 257-284.

Conley D J, Paerl H W, Howarth R W, et al. 2009. Controlling eutrophication: nitrogen and phosphorus. Science, 123(5917): 1014-1015.

Gillor O, Hadas O R A, Post A F, et al. 2010. Phosphorus and nitrogen in a monomictic freshwater lake: Employing cyanobacterial bioreporters to gain new insights into nutrient bioavailability. Freshwater Biology, 55(6): 1182-1190.

Huang S, Hesse C, Krysanova V, et al. 2009. From meso-to macro-scale dynamic water quality modelling for the assessment of land use change scenarios. Ecological Modelling, 220(19): 2543-2558.

Maillard P, Santos N A P. 2008. A spatial-statistical approach for modeling the effect of non-point source pollution on different water quality parameters in the Velhas river watershed-Brazil. Journal of Environmental Management, 86(1): 158-170.

Mishra A, Singh R, Singh V P. 2010. Evaluation of non-point source N and P loads in a small mixed land use land cover watershed. Journal of Water Resource and Protection, 2(4): 362.

Paul M J, Meyer J L. 2001. Streams in the urban landscape. Annual Review of Ecology, Evolution, and Systematics, 32(1): 333-365.

Roy A H, Rosemond A D, Paul M J, et al. 2003. Stream macroinvertebrate response to catchment urbanization (Georgia, USA). Freshwater Biology, 48(2): 329-346.

Schilling K E, Wolter C F. 2001. Contribution of base flow to nonpoint source pollution loads in an agricultural watershed. Groundwater, 39(1): 49-58.

Smith A C, Fahrig L, Francis C M. 2011. Landscape size affects the relative importance of habitat amount, habitat fragmentation, and matrix quality on forest birds. Ecography, 34(1): 103-113.

Sponseller R A, Benfield E F, Valett H M. 2001. Relationships between land use, spatial scale and stream macroinvertebrate communities. Freshwater Biology, 46(10): 1409-1424.

Tran C P, Bode R W, Smith A J, et al. 2010. Land-use proximity as a basis for assessing stream water quality in New York State (USA). Ecology Indicators, 10(3): 727-733.

Turner M G, Gardner R H, O'Neill R V. 2001. Landscape Ecology in Theory and Practice: Patterns and Process. New York: Springer.

第 17 章　杭州和睦湿地水污染评价

按照《关于特别是作为水禽栖息地的国际重要湿地公约》（以下简称《国际湿地公约》）中的定义：“湿地是指天然的或人工的、永久或暂时的沼泽地、泥炭地及水域地带，带有静止或流动的淡水、半咸水及咸水水体，包含低潮时水深不超过 6 m 的海域。”湿地具有涵养水源、净化水质、调蓄洪水、控制土壤侵蚀、补充地下水、美化环境、调节气候、维持碳循环和保护海岸等极为重要的生态功能，是生物多样性的重要发源地之一，因此也被誉为“地球之肾”、“天然水库”和“天然物种库”。

水是湿地生态系统形成与演替最为关键的生态环境因子，其质量的好坏不仅对物种的演替与湿地生态系统结构的稳定具有重要作用，而且在一定程度上决定着湿地功能的发挥，湿地水体质量已成为评价湿地健康与否的重要标志（李有志等，2011）。

利用水质动态监测过程中所收集的数据，结合实地调查，从水资源利用、水环境污染和人类社会经济活动等方面综合考虑水污染分布以及影响水质污染的因素，并进行指标筛选和权重确定，利用非线性模型对杭州和睦湿地流域水环境污染分布进行现状和动态性研究。依据对污染分布分区内水环境承载力的研究，提出下一步水环境生态优化布局方案和动态监测规划建议，为建立 WebGIS 系统、水环境污染治理提供必要依据。

17.1　水污染评价技术现状

17.1.1　水质影响评价方法

水资源既要满足经济社会发展需要，又要满足生态用水需要，从而在自然、经济、社会系统中发挥重要的纽带作用。水资源质量优劣直接影响水资源—生态—经济社会发展系统的运转和功能发挥，水质差则会导致复合大系统的恶性循环（陈惠雄和杨坤，2016）。

1. 水环境数学模型

水环境数学模型可以描述水环境中物质混合、输移和转化的规律。是在分析水环境中发生的物理、化学及生物现象基础上，依据质量、能量和动量守恒的基本原理，应用数学方法建立起来的模型（刘巍，2012）。

1）水质数学模型

（1）完全混合系统水质模型（零维）：适用于完全混合型水库及水库总体水质判别。

（2）二维水质数学模型：适用于断面相对较宽的水库断面水质判别或者局部敏感点附近水质判别（徐丽媛等，2014）。

2）水环境容量模型

（1）总体达标法：采用完全混合模型进行水环境容量计算（水文保证率 90%）。

（2）控制断面达标法：采用二维稳态水量水质数学模型，计算得到污染带的允许排污量即为水库的水环境容量（徐丽媛等，2014）。

2. *层次分析法*

层次分析法是将定量分析与定性分析结合起来，用决策者的经验判断各衡量标准之间的相对重要程度，并合理地给出每个决策方案的每个标准的权数，利用权数求出各方案的优劣次序。它对于求解指标额度权重值具有较好的适应性和准确性，能有效地处理那些难以用定量方法解决的问题（胡伟等，2014）。

3. *人工神经网络法*

人工神经网络（artificial neural network，ANN）是种黑箱模型，用于水质评价中的 ANN 模型主要有 BP 和 Hopfield 网络。BP 网络是误差反向传播神经网络的简称，它是一种单向传播的多层前馈型网络，Hopfield 网络是单层全反馈网络（安乐生等，2010）。

4. *物元分析法*

我国学者蔡文在 20 世纪 80 年代创立研究和处理不同相容问题的物元分析原理，通过建立物元典域、物元节域后，结合可拓原理构造综合关联函数，再利用关联函数的相对最大隶属度确定评价结果从属（黄耀裔，2014）。

相比模糊数学评价、灰色系统评价等方法，物元分析方法具有简洁明了、计算量小的特点，能系统研究评价对象，通过建立简单的模型实现质和量的转化，处理不相容系统中的问题，并得出明确的安全等级（刘传旺等，2015）。

5. *模糊数学法*

模糊数学法是一种基于模糊数学的综合评标方法，是利用污染物因子的实测浓度与其评价标准相比较，建立线性函数关系式，计算出各污染因子对各级水的隶属度，组成模糊矩阵，再通过计算得出各单项因子的权重值，由其组成权系数矩阵，最后将隶属度矩阵与权系数矩阵相乘，即可得出综合评价结果（赵云峰等，2016）。乔雨等（2015）在此基础上改进了模糊数学法。

1）建立评价集

将水质监测指标作为评价因子，构建实测数据矩阵 $C_i = [C_1, C_2, \cdots, C_m]$和评价标准矩阵：

$$S_{m\times n} = \begin{bmatrix} S_{11} & S_{12} & \cdots & S_{1n} \\ S_{21} & S_{22} & \cdots & S_{2n} \\ \vdots & \vdots & \vdots & \vdots \\ S_{m1} & S_{m2} & \cdots & S_{mn} \end{bmatrix} \tag{17-1}$$

式中，m 为评价因子个数；C_m 为第 m 类评价因子的实测值；S_m 为 m 类评价因子在 n 类的标准值。

2）确定因子的权重

将标准的平均值作为划分污染等级的分界点，为进行模糊计算对其权重做归一化处理。计算公式为

$$S_i' = \frac{1}{u}\sum_{j=1}^{n} S_{ij} \tag{17-2}$$

$$Q_i = C_i \big/ S_i' \tag{17-3}$$

$$W_{1m} = Q_i \Big/ \sum_{i=1}^{m} Q_i \tag{17-4}$$

$$W_{1\times m} = W_{11} \quad W_{12} \quad \cdots \quad W_{1m} \tag{17-5}$$

式中，S_i' 为第 i 类评价因子各标准的平均值；u 为等级个数；S_{ij} 为第 i 类评价因子所对应的第 j 等级的评价标准值；W_{1m} 为第 m 类评价因子的权重。

3）确定隶属函数

从模糊矩形的定义得知，矩阵元素 R_{ij} 的含义为第 i 种污染因子的水质隶属于 j 级的可能性，隶属函数的计算公式如下。

当 j=1 时的隶属函数：

$$R_{ij} = \begin{bmatrix} 1 & C_i \leqslant S_{ij} \\ \dfrac{C_i - S_{i(j+1)}}{S_{ij} - S_{i(j+1)}} & S_{ij} < C_i < S_{i(j+1)} \\ 0 & C_i \geqslant S_{i(j+1)} \end{bmatrix} \tag{17-6}$$

当 1<j<n 时的隶属函数：

$$R_{ij} = \begin{bmatrix} 0 & C_i \leqslant S_{i(j-1)} \\ \dfrac{C_i - S_{i(j-1)}}{S_{ij} - S_{i(j-1)}} & S_{i(j-1)} < C_i < S_{ij} \\ \dfrac{C_i - S_{i(j+1)}}{S_{ij} - S_{i(j+1)}} & S_{ij} < C_i < S_{i(j+1)} \\ 0 & C_i \geqslant S_{i(j+1)} \end{bmatrix} \tag{17-7}$$

当 j=n 时的隶属函数：

$$R_{ij} = \begin{bmatrix} 0 & C_i \leqslant S_{i(j-1)} \\ \dfrac{C_i - S_{i(j-1)}}{S_{ij} - S_{i(j-1)}} & S_{i(j-1)} < C_i < S_{ij} \\ 1 & C_i \geqslant S_{ij} \end{bmatrix} \tag{17-8}$$

4）传统模糊数字法的改进

将 W 与 R 进行复合运算，即可得到隶属度向量 $B_{1\times行}=W_{1\times m}\ R_{m\times n}$，针对隶属度向量提出改进方式，计算模糊综合评价指数 $Z(k)$：

$$Z(k)=\sum_{n=1}^{l} nB_n^* \Big/ \sum_{n=1}^{l} B_n^* \tag{17-9}$$

$$B_n^*=\frac{B_n(x)-\min B_n(x)}{\max B_n(x)-\min B_n(x)} \tag{17-10}$$

式中，k 为水样编号；$B_n(x)$为 n 等级隶属度。

6. 灰色关联分析法

1982 年我国著名学者邓聚龙教授创立了一门新兴学科，灰色关联分析法是指事物间不确定关系的量化分析，灰关联度是数据到数据的“映射”，代表了不同研究对象之间的关联程度（马艳和王剑，2015）。

灰色关联分析法是灰色系统理论中用来进行系统分析、评价、评估和预测的方法，是根据行为因子序列的微观或宏观几何相似程度来分析和确定因子间的影响程度或因子对主行为的贡献测度（李晔和秦梦，2013）。

17.1.2　水环境承载力评价

水环境承载力评价的主要目的是判断区域经济社会对水环境的压力是否超过承载力水平。因此，水环境承载力评价的基本内容包括压力计算、承载力计算和承载力评估 3 个方面（白辉等，2016）。

1. 指标体系评价法

指标体系评价法是目前应用最为广泛的评价方法，主要包括主成分分析法、向量模法、模糊综合评价法。该方法通过水环境支撑能力和水环境压力共同反映水环境承载状况，具有直观、简便、综合和适应性强等特点，得到较为广泛的应用（董徐艳等，2016）。

目前，国内许多研究者从不同角度、用不同方法对水环境承载力的评价进行了研究。从已有的关于水环境承载力评价指标体系研究看，指标体系的框架结构主要有以下几种类型（齐心和赵清，2016）。

1）“水资源—水环境（生态）—社会经济”

此类指标体系结构最为常见，针对各个系统分别设立相应的指标，既反映水资源系统（包括水量和水质两个方面）本身的发展程度，又反映社会系统、经济系统和生态环境系统的动态变化及对承载力的影响程度。

2）“生态—经济—社会承载力”

此类指标体系选择与经济、社会、生态相关的水资源及水污染状况指标，反映水环境的经济承载力、社会（人口）承载力和生态承载力。

3）“压力—状态—响应”

此模型是应用广泛的一类通用评价模型。其理论认为人类活动与自然环境之间存在着循环往复的“压力—状态—响应”关系。该评价指标体系反映了社会经济、水环境和生态系统之间的压力、状态、响应关系。

4）“无结构”

此类指标体系未再对结构进行细分，而是根据水环境承载力的概念、指标的常用程度、数据可得性等标准直接列出若干指标。

2. 系统动力学方法

系统动力学方法可对研究区域水环境承载力给出定量分析结果，也可用于对比不同社会经济发展方案对水环境承载力影响，从而寻求最佳方案。其优点为可解决具有高阶次、非线性、多变量、多反馈、机制复杂和时变特征的系统问题。不足的是建立模型的优劣与研究者对研究对象系统的认识关系很大，且寻找适合参变量的难度大（李玮等，2010）。

3. 层次分析

层次分析法是定量分析与定性分析相结合的多目标决策分析方法，能够有效地分析目标准则体系层次间的非序列关系，有效地综合测度评价（王莉芳和陈春雪，2011）。

运用该方法解决实际问题可分为 4 个步骤：建立递阶层次结构模型、构造出各层次中所有判读矩形、层次单排序及一致性检验和层次总排序即一致性检验（郑志宏和余艳旭，2016）。

4. 突变级数法

利用突变级数法进行水环境承载力评价时，其操作步骤为（吴颖超等，2015）如下几个。

（1）构建评价指标体系，即按系统的内在作用机制，将系统分解为由若干评价指标组成的多层子系统，并将每一层次中的各个指标按相对重要性进行排序，即重要指标排在前、次要指标在后，建设递级突变模型。

（2）根据已有研究基础及研究区域特点，制定合适的等级标准。对指标层原始数据进行规格化处理，即采用隶属度法将各指标原始数值转换为[0，1]之间的无量纲数值。

（3）利用突变系统的归一化公式和突变级数值取均值的“互补”、“大中取小”的“非互补”、“过域互补”准则进行综合量化递归运算，求取目标层的综合评价值，即相对隶属度。

（4）将各评价对象的综合评价值与等级标准综合评价值进行比较，判定评价对象隶属的评价等级。

17.2 以和睦湿地为例开展评价

17.2.1 研究内容

1. 和睦湿地水体纳污情况调查与评价分析

通过对和睦湿地水网周边工业企业的调查，摸清工业污染源变动情况；通过对和睦湿地周边集中式居住区块的调查，明确周边生活污水的截污纳管情况、雨污分流情况，以评价生活污水对和睦湿地水域的影响。

2. 水域的影响和潜在风险

对和睦湿地上游两个主河道的水环境质量进行监测，监测项目涉及总磷（TP）、总氮（TN）、高锰酸盐指数（COD_{Mn}）、五日生化需氧量（BOD_5）、溶解氧（DO）和 pH。由此确定和睦湿地生态功能区划和污染治理重点区域，从而确定水质监测监控断面和动态监测项目，为建立水环境动态监测系统打下基础。

3. 建立和睦湿地区域水环境承载力指标体系

根据和睦湿地区域特征，将区域水环境承载力作为目标层，将人口、工业、农业、水资源和水污染作为准则层，根据各层因素指标相对应上层准则层指标影响程度大小，采用层次分析法建立判断矩阵，从而确定各影响因素的权重，建立和睦湿地区域水环境承载力指标体系。

4. 和睦湿地生态修复前后水环境污染质量评价

以西溪湿地现有试验区开展水生生物优选，利用水生植物生态浮床，对和睦湿地主要污染水域进行生态修复，同时根据结果对生态修复前后湿地水环境污染质量进行评价与分析。

17.2.2 技术路线与研究方法

2011～2012 年，通过走访调查相关部门和现场踏勘和睦湿地，掌握和睦湿地现有污染源和历史演变情况。每个季度连续采样 3 天，持续 4 个季度进行水质监测，采样方法根据采样点位置和分析指标确定，监测分析方法见表 17-1。水质评价采用单因子标准指数法（解彦刚和何晓春，2010），采用模糊综合法进行水环境质量现状评价。采用层次分析法分析湿地区域水环境承载力和生态环境脆弱程度。污染水域生态修复研究采用水生生物法，通过试验区对水生生物进行优选后在和睦湿地推广应用。

表 17-1　地表水环境质量标准基本项目分析方法

序号	项目	分析方法	方法来源
1	水温	仪器测定	—
2	pH	仪器测定	—
3	溶解氧	仪器测定	—
4	浊度	仪器测定	—
5	ORP	仪器测定	—
6	化学需氧量	重铬酸盐法	重铬酸盐法（GB11914—89）
7	五日生化需氧量	稀释与接种法	碘量法（GB7488—87）
8	氨氮	苯酚次氯酸盐光度法	水和废水监测分析方法
9	硝酸盐氮	紫外分光光度法	水和废水监测分析方法
10	亚硝酸盐氮	*N*-（1-萘基）-乙二胺光度法	水和废水监测分析方法
11	总磷	钼酸铵分光光度法	钼酸铵分光光度法（GB11893—89）
12	叶绿素	分光光度法	水和废水监测分析方法

17.2.3　研究结果

1. 和睦湿地水体纳污情况调查与评价分析

和睦湿地，紧邻杭州西溪湿地，占地总面积约 10 km^2，涉及五常、闲林、仓前等地，水网、河道、水塘等湿地星罗棋布，风光旖旎，人文荟萃，构成了“芦锥几顷界为田，一曲溪流一曲烟”的独特水乡田园画卷。随着杭州市网络化大都市建设的推进，杭州市“一主三副六组团”的空间结构正在逐步形成和完善，包括余杭、仓前、闲林、中泰 4 个镇乡和五常街道的行政区划范围的余杭组团，将建设为以“创新极核、居住新城、湿地水乡”为特色的杭州大都市西部的现代化新组团，规划形成“一主、三副、八片”的城市空间布局结构。其中“八片”包括和睦湿地，详见图 17-1。

经初步走访和调查，和睦湿地区块内，生产企业主要有仕嘉净化设备公司、力澳商品混凝土公司、杭州凯拓滤网有限公司、宏基企业、钱江万胜电器制造有限公司等；大型居住区有江南春城、爵士风情、金都雅苑、金都梧桐苑、天和华丰苑、民丰社区、和睦社区等。经现场调查，和睦湿地外围的天目山路段、东西大道、文一西路等路段具备截污纳管能力，和睦湿地内部尚不具备纳管条件，多数居民生活污水直接排入和睦湿地水网，同时也不具备雨污分流条件。

另外，和睦湿地区块内居民普遍反映和睦水乡水体受污染严重，尤其是受和睦湿地西南面的闲林工业区影响较大。闲林工业区，建筑总面积达 1850 亩，内有大大小小的塑料厂、包装厂、玻璃厂、瓷砖厂等工厂 140 余家，具体方位见图 17-2。

2. 和睦湿地流域水环境污染质量评价体系

根据和睦湿地项目研究的整体目标要求，结合水质采样的可行性，确定本项目水环境质量监测点位，详见图 17-3。

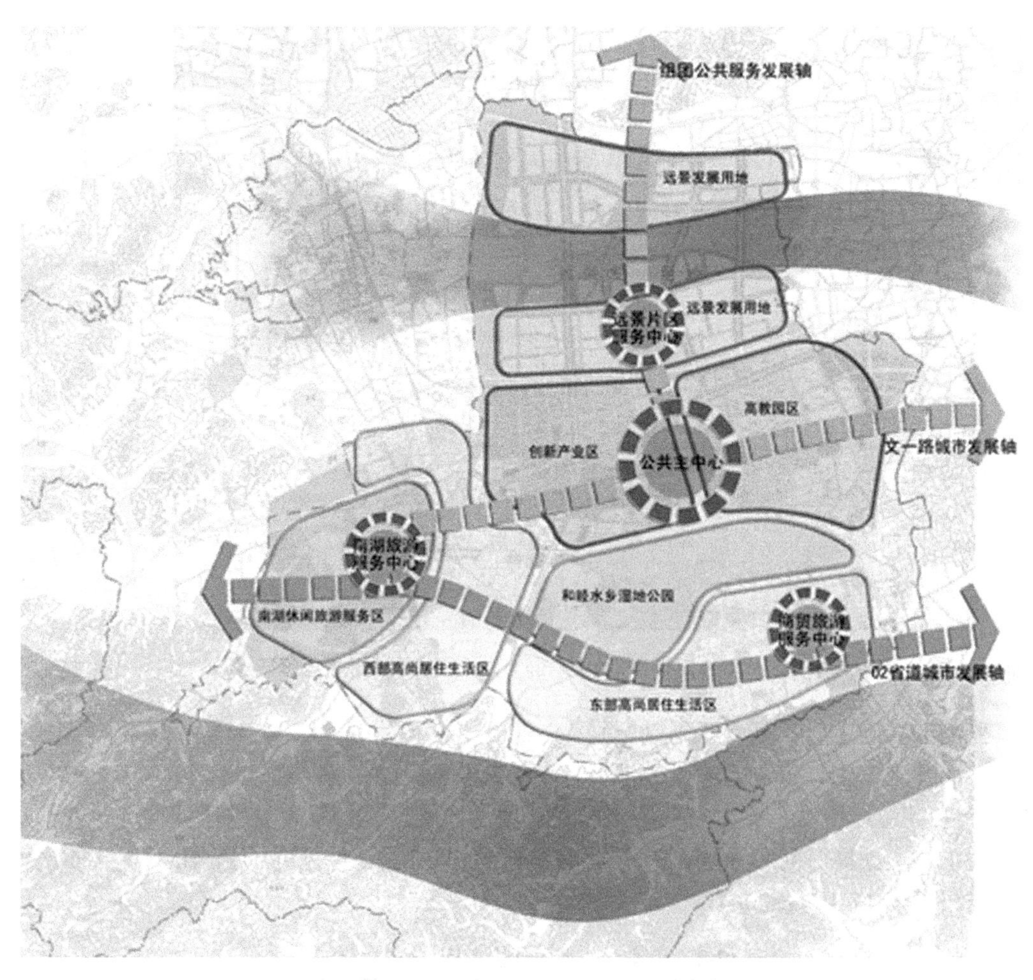

图 17-1　余杭组团分区规划图（2011 年）（彩图请扫封底二维码）

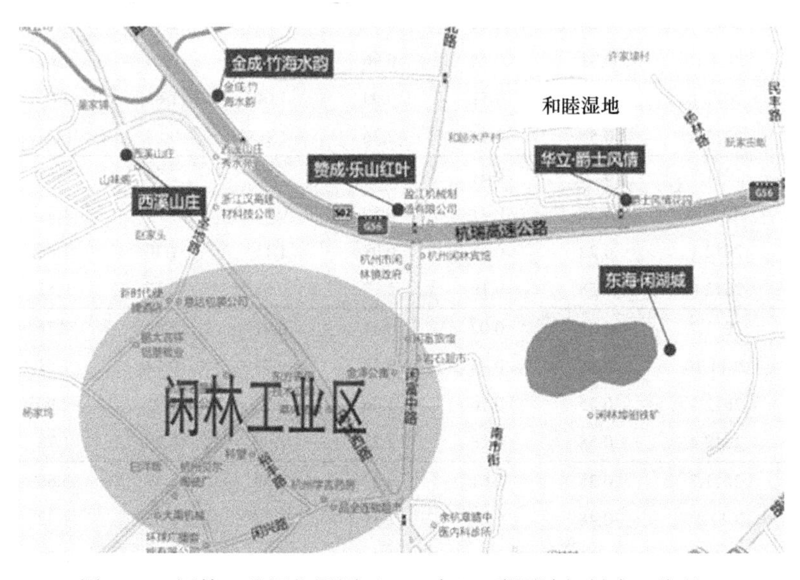

图 17-2　闲林工业区位置图（2011 年）（彩图请扫封底二维码）

图 17-3　和睦湿地水质监测布点图（彩图请扫封底二维码）

监测项目确定为氨氮、亚硝氮、硝氮、总氮、总磷、COD、BOD、叶绿素、温度、浊度、溶解氧、pH、EC、ORP。水质评价标准采用《地表水环境质量标准》（GB3838—2002），和睦湿地用水主要为农业用水和景观用水，因此，采用Ⅴ类水质标准进行评价，详见表 17-2。采样时间和周期，确定为 4 个季节，即 1 月、4 月、7 月、10 月，共 4 次。监测结果见表 17-3～表 17-4。

表 17-2　和睦湿地水质评价指标（Ⅴ类水体）

监测断面	采样日期	P_{pH}	P_{DO}	P_{COD}	P_{BOD_5}	$P_{NH_4^+\text{-}N}$	P_{TN}	P_{TP}
1 号和睦桥	2011.7	0.28	0.02	0.35	0.59	2.40	2.52	0.53
	2011.10	0.31	0.24	0.96	1.16	0.29	1.62	0.18
	2012.1	0.24	0.51	0.99	1.06	1.65	3.05	8.25
	2012.4	0.55	0.44	2.36	1.10	0.08	0.83	7.75
2 号陈家桥	2011.7	0.20	0.61	0.48	0.83	2.34	2.51	1.03
	2011.10	0.25	0.71	0.59	0.16	0.57	1.47	0.23
	2012.1	0.22	0.81	0.98	1.11	1.40	1.86	4.00
	2012.4	0.58	0.19	2.13	0.83	0.17	0.82	10.50
3 号南星桥	2011.7	0.25	0.07	0.41	0.41	2.64	2.76	0.48
	2011.10	0.32	0.33	0.34	0.77	0.18	1.51	0.18
	2012.1	0.25	0.56	1.06	0.83	1.95	2.90	6.75
	2012.4	0.58	0.28	2.23	1.04	0.99	1.78	10.25
4 号上和路	2011.7	0.38	0.61	0.59	0.59	3.49	3.66	1.13
	2011.10	0.48	0.69	1.31	1.27	0.66	1.42	0.28
	2012.1	0.44	0.80	1.46	1.49	2.00	2.51	5.25
	2012.4	0.58	0.31	1.97	0.52	0.51	1.35	10.00

续表

监测断面	采样日期	P_{pH}	P_{DO}	P_{COD}	P_{BOD_5}	$P_{NH_4^+-N}$	P_{TN}	P_{TP}
5 号喻家陡门	2011.7	0.22	0.40	0.31	0.41	3.37	3.48	0.40
	2011.10	0.35	0.72	1.57	0.04	0.88	1.69	0.30
	2012.1	0.31	0.82	1.15	1.01	2.20	2.71	7.25
	2012.4	0.54	0.23	2.56	1.25	0.58	1.40	10.25
6 号九曲桥	2011.7	0.37	0.20	0.11	0.48	1.90	2.10	0.53
	2011.10	0.52	0.35	0.71	0.15	3.51	5.06	0.18
	2012.1	0.45	0.58	0.75	0.83	1.95	2.90	6.00
	2012.4	0.50	0.15	2.48	1.19	0.22	1.24	11.00
7 号幸福桥	2011.7	0.25	0.91	0.17	0.39	2.45	2.69	0.43
	2011.10	0.43	1.36	0.48	0.14	1.83	2.81	0.18
	2012.1	0.33	1.36	0.62	1.31	1.00	2.28	4.00
	2012.4	0.56	0.01	2.32	0.86	0.15	1.17	10.25
8 号九曲湾	2011.7	0.19	0.82	0.27	0.33	0.20	0.24	0.38
	2011.10	0.38	0.90	1.11	0.31	0.91	1.36	0.18
	2012.1	0.35	0.94	0.94	1.50	0.35	0.75	3.25
	2012.4	0.55	0.07	1.36	1.68	0.00	0.36	14.25
9 号东墩水塘	2011.7	0.20	0.56	0.16	0.33	4.70	4.87	0.13
	2011.10	0.42	0.73	0.32	0.04	2.05	3.46	0.15
	2012.1	0.35	0.82	1.58	0.71	0.55	1.41	2.75
	2012.4	0.62	0.54	0.47	1.18	0.31	1.25	8.25
10 号西墩船闸	2011.7	0.27	0.89	0.72	0.50	1.84	2.08	0.58
	2011.10	0.52	0.99	0.49	0.14	1.98	3.38	3.85
	2012.1	0.42	1.00	0.76	0.63	0.85	2.14	3.75
	2012.4	0.56	0.00	0.33	0.78	0.44	1.46	12.75
11 号庆云桥	2011.7	0.14	0.66	0.77	0.51	1.93	2.01	0.38
	2011.10	0.40	0.75	0.71	0.36	0.51	1.39	0.20
	2012.1	0.32	0.84	1.34	0.74	1.15	2.17	3.00
	2012.4	0.56	0.00	0.61	1.32	0.86	1.66	11.00
12 号梧桐桥	2011.7	0.26	0.96	0.57	0.33	2.54	2.80	0.53
	2011.10	0.56	1.86	0.65	0.59	1.54	2.86	0.20
	2012.1	0.46	1.86	1.15	0.75	1.15	2.43	2.50
	2012.4	0.74	0.94	0.85	0.54	0.31	1.24	9.25
13 号西墩水塘	2011.7	0.22	0.72	0.50	0.76	5.15	5.34	0.33
	2011.10	0.54	0.80	0.57	0.05	1.89	3.10	0.20
	2012.1	0.49	0.87	2.22	1.04	0.01	0.57	2.75
	2012.4	0.61	0.21	0.61	0.74	0.56	1.31	9.00
14 号阮家田畈	2011.7	0.71	1.43	1.43	0.46	4.51	4.59	0.43
	2011.10	0.32	0.99	0.91	0.50	0.72	1.62	0.30
	2012.1	0.28	0.30	3.90	3.02	10.05	10.61	31.25
	2012.4	0.63	0.37	0.70	1.33	1.32	1.92	21.25

续表

监测断面	采样日期	P_{pH}	P_{DO}	P_{COD}	P_{BOD_5}	$P_{NH_4^+-N}$	P_{TN}	P_{TP}
15 号水产村	2011.7	0.72	1.61	1.29	0.82	5.49	5.58	1.20
	2011.10	0.30	1.33	1.51	1.03	1.69	2.43	0.35
	2012.1	0.26	0.52	4.88	3.52	11.85	12.36	34.75
	2012.4	0.67	0.01	1.52	2.10	2.55	2.94	55.00

表 17-3 地表水环境质量标准（GB3838—2002）无纲量化

指标	Ⅰ	Ⅱ	Ⅲ	Ⅳ
TP	0.130	0.325	0.649	1.299
TN	0.192	0.481	0.962	1.442
COD	0.625	0.625	0.833	1.250
NH_4^+-N	0.146	0.485	0.971	1.456
指标	Ⅰ	Ⅱ	Ⅲ	Ⅳ

表 17-4 各监测点水质监测数量无纲量化（2012.1）

监测断面	P_{COD}	$P_{NH_4^+-N}$	P_{TN}	P_{TP}
1 号和睦桥	0.35	2.40	2.52	0.53
2 号陈家桥	0.48	2.34	2.51	1.03
3 号南星桥	0.41	2.64	2.76	0.48
4 号上和路	0.59	3.49	3.66	1.13
5 号喻家陡门	0.31	3.37	3.48	0.40
6 号九曲桥	0.11	1.90	2.10	0.53
7 号幸福桥	0.17	2.45	2.69	0.43
8 号九曲湾	0.27	0.20	0.24	0.38
9 号东墩水塘	0.16	4.70	4.87	0.13
10 号西墩船闸	0.72	1.84	2.08	0.58
11 号庆云桥	0.77	1.93	2.01	0.38
12 号梧桐桥	0.57	2.54	2.80	0.53
13 号西墩水塘	0.50	5.15	5.34	0.33
14 号阮家田畈	1.43	4.51	4.59	0.43
15 号水产村	1.29	5.49	5.58	1.20

采用单因子标准指数法进行水环境质量现状评价，评价结果见表 17-5。

表 17-5 和睦湿地 2012 年 1 月评价结果

监测断面	模糊综合评价矩阵					评价结果
1 号和睦桥	0	0.226	0.393	0.321	0.025	Ⅳ
2 号陈家桥	0	0.116	0.311	0.475	0.023	Ⅳ
3 号南星桥	0.066	0.275	0.170	0.557	0	Ⅲ
4 号上和路	0.053	0.211	0.369	0.254	0	Ⅲ
5 号喻家陡门	0	0.106	0.325	0.499	0.033	Ⅳ
6 号九曲桥	0.070	0.111	0.296	0.365	0	Ⅲ

续表

监测断面	模糊综合评价矩阵					评价结果
7 号幸福桥	0.065	0.109	0.258	0.358	0	Ⅲ
8 号九曲湾	0	0.125	0.268	0.369	0.035	Ⅳ
9 号东墩水塘	0.077	0.126	0.285	0.385	0	Ⅲ
10 号西墩船闸	0.055	0.158	0.295	0.312	0	Ⅲ
11 号庆云桥	0.065	0.125	0.258	0.315	0	Ⅲ
12 号梧桐桥	0	0.135	0.266	0.356	0.045	Ⅳ
13 号西墩水塘	0	0.124	0.268	0.368	0.035	Ⅳ
14 号阮家田畈	0	0	0.296	0.325	0.033	V
15 号水产村	0	0	0.258	0.365	0.043	V

pH 评价模式：

$$P_{pH}=(pH_j-7.0)/(pH_{su}-7.0) \quad pH_j>7.0 \tag{17-11}$$

$$P_{pH}=(7.0-pH_j)/(7.0-pH_{su}) \quad pH_j\leqslant 7.0 \tag{17-12}$$

式中，pH_j 为第 j 取样点的 pH；pH_{su} 为评价标准的上限值。

DO 评价模式：

当 $DO_j \geqslant DO_s$　　$S_{DO,\ j}=|DO_f-DO_j|/(DO_f-DO_s)$　　（17-13）

当 $DO_j<DO_s$　　$S_{DO,\ j}=10-9^* \ DO_j/DO_s$　　（17-14）

式中，$S_{DO,j}$ 为 DO 的标准指数；DO_f 为某水温、气压条件下的饱和溶解氧浓度（mg/L），计算公式常采用 $DO_f=468/(31.6+T)$，T 为水温（℃）。

其他指标评价模式：

$$P_i=C_i/S_i \tag{17-15}$$

式中，P_i 为第 i 项污染物的污染指数；C_i 为第 i 项污染物的实测值（mg/L）；S_i 为第 i 项污染物的评价标准值（mg/L）。

由表 17-2 可知：

（1）和睦湿地各监测断面处 pH 单因子指标均<1，能够满足《地表水环境质量标准》（GB3838—2002）中 V 类标准要求。

（2）7 号、12 号、14 号、15 号监测点的 DO 单因子指标局部时段处大于 1，其余测点的 DO 单因子指标均小于 1，能够满足《地表水环境质量标准》（GB3838—2002）表 17-3 中 V 类标准要求。

（3）COD、BOD 指标除 10 号西墩船闸和 12 号梧桐桥外，均出现超标现象，不能够满足《地表水环境质量标准》（GB3838—2002）中 V 类标准要求，其中 4 号、5 号、8 号、14 号、15 号受到污染较为严重。各测点 BOD 指标呈现规律与 COD 规律较为一致。

（4）和睦湿地各监测结果表明，NH_4^+-N、TN、TP 污染较为严重，每个测点至少有 2 个时段以上出现不同程度的超标。其中 14 号、15 号测点的 NH_4^+-N、TN、TP 指标显示其受污染影响程度最大。

综上所述，和睦湿地水环境质量不能达到农业用水和景观用水的要求，即其水质类别为劣 V 类水质。从监测结果来看，N、P 污染是和睦湿地区块的共性，这与该区块生活污水和农业废水的排放有关。此外，14 号、15 号测点水质受污染程度最大，究其原因，可能是其地理位置距离闲林工业区较近，且周边有多个房地产开发在建项目，受其影响较大。

湿地中的水环境是湿地生态系统中重要的组成部分。湿地中的水环境是湿地形成、发展、演替、消亡与再生的关键（崔保山和杨志峰，2006），而湿地水质是湿地水环境的重要组成部分，因而对湿地的水质进行监测和评价显得尤为重要，其评价结果为湿地生态环境保护提供科学的依据。湿地水质是多因素影响的复杂集合，存在着大量的不确定性因素，具有模糊性。因此，在水质综合评价中，常用到模糊综合评价的方法对其进行量化处理，评价出水体的质量等级。模糊综合评价以模糊数学为基础，应用模糊关系合成的原理，将一些边界不清、不易定量的因素量化，从而进行综合评价。自 1965 年美国控制论专家 Zadel 提出模糊集合的概念，模糊数学得到迅速发展，同时被广泛运用于生产实践中。目前模糊综合评价方法在河流、湖泊和湿地水质评价中得到广泛应用（Yin et al.，1999；Sasikumar and Mujumdar，1998）。本研究以和睦湿地为例，通过大量布设采集断面的方式，引用应用较为广泛的模糊综合评判法，对湿地水质中的模糊问题进行量化处理分析，可以实现对湿地不同区域水质进行全面、客观的综合评价。评价因子和湿地水质分级标准以《国家地面水环境质量标准》（GB3838—2002）为依据，其中监测数据为 10 项评价因子，若将其全部评价，会造成权重过小，出现模糊矩阵 R 的信息丢失的问题。因此，选出评价因子对于评价结果有着至关重要的作用。将各评价因子超标倍数及其占全部超标倍数总和的百分比作为综合污染的贡献因子，按照其比值大小排序，比值越大说明该评价因子超标情况越严重，最终选择氨氮、总氮、总磷和化学需氧量 4 个指标因子，采用各监测点的平均值进行计算。污染物环境质量标准见表 17-3。

由于评价因子的意义、量纲不同，同时数量上差异太大，通常要对数据进行无量纲处理。本研究采用平均标准值法，即用各项目的监测结果和分级标准值分别除以对应项目的平均标准值。本研究应用该方法对标准值和实测值进行无量纲处理，通过无量纲处理，将水环境质量标准值和各监测数据实测值转化成无量纲数据，见表 17-4。

利用倒数法计算权重，由式（17-16）计算出各个评价因子的权重值，构成一个 5×4 阶的模糊矩阵 A。

$$a_i^j = \frac{1/\lambda_i^j}{\sum_{j=1}^{m} 1/\lambda_i^j} \tag{17-16}$$

式中，a_i^j 为 i 指标 j 级的权重值；λ_i^j 为 i 指标 j 级的标准值。

各个评价因子计算出来的权重值，构成一个 $n \times m$ 的模糊矩阵 A。将矩阵 A 和 R 进行模糊关系合成，得到模糊综合评判矩阵 B。按照最大值取值原则，分别得到各监测点的评价结果，见表 17-5。

由此可见，测点 3、4、6、7、9、10、11 水质等级为Ⅲ级；测点 1、2、5、8、12、13 水质等级为Ⅳ级，测点 14、15 水质等级为Ⅴ级。

3. 建立和睦湿地区域水环境承载力指标体系

流域水环境承载力是自然资源承载力的重要组成部分（罗勇，2007），是人类经济社会与河流生态环境协调发展的重要影响因素。其指标体系是一个复杂的大系统，它并非仅是水环境承载力大小的评判依据，而且也应该是水环境承载力大小的决策工具。水环境承载力的各种影响因素相互联系和制约，具有很大的模糊性和不确定性，因此选取层次分析法来确定各指标的权重。层次分析法（analytic hierarchy process，AHP）（仝川，2000）是美国数学家 T. L. Satty 在 20 世纪 80 年代提出的，属于系统工程的一个分支。它综合整理人们的主观判断，把定量与定性相结合，是一种有效处理难以用定量方法分析问题的研究方法。其基本思路体现了先分解后综合的系统思想。首先将所要分析的问题层次化，根据问题的性质和要达到的总目标，将问题分解成不同的组成因素，按照因素间的相互关系及隶属关系，将因素按不同层次聚集结合，形成一个多层分析结构模型，最终归结为最低层（方案、措施、指标等）相对于最高层（总目标）相对重要程度的权值或相对优劣次序的问题。总的来说，它可以将无法量化的指标按照大小排出顺序，把它们彼此区别开来。层次分析法一般分为 4 个步骤（Adriaanse，1993；王洪翠等，2006；孙晓蓉和邵超峰，2010），即第一是建立层次结构模型；第二是构造两两比较判断矩阵；第三是由判断矩阵确定各要素的相对权重；第四是进行权重总排序。

流域水环境承载力研究涉及社会、经济、人口、资源、环境在内的纷繁复杂的大系统。在这个大系统内既有自然因素影响，又有社会、经济、文化等因素的影响。由于系统内影响因素众多，在建立层次结构模型时，尽量选择一些有代表性的对流域水环境承载力影响比较大的因素（或指标）。根据京杭大运河苏州高新区段的特征，将流域水环境承载力作为目标层（A），将人口、工业、农业、水资源和水污染作为准则层（B），准则层下面相对有 11 个因素作为因素层（C），层次结构见图 17-4。

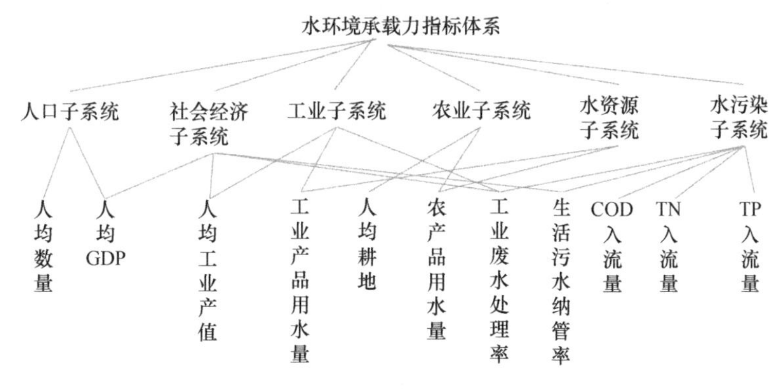

图 17-4　湿地水环境层次结构

其公式如下：

$$G = 1 - \sum_{i=1}^{n} P_i \cdot W_i \Big/ \max \sum_{i=1}^{n} P_i \cdot W_i + \min \sum_{i=1}^{n} P_i \cdot W_i \tag{17-17}$$

式中，P_i 为各指标初值化之值；W_i 为各指标权重；$G>0.7$ 为极强度脆弱；$0.7 \geqslant G>0.6$ 为强度脆弱；$0.6 \geqslant G>0.5$ 为中强度脆弱；$0.5 \geqslant G \geqslant 4$ 为中度脆弱；$G<0.4$ 为轻度脆弱。

根据相关指标数据，采用式(17-17)计算出和睦湿地生态环境的脆弱度 G 值为 0.592，属中强度脆弱。

和睦湿地的开发和保护应有别于西溪湿地的旅游开发模式，它应承诺对自然湿地生态资源进行有效的保护和管理；进一步有利于原住民全新的自然感受，使原住民与环境、文化之间达到相互理解和相互尊重；承诺城市湿地生态系统的可持续性发展。

和睦湿地的开发设计应充分考虑以下方面。

（1）以降低城市边缘湿地生态环境的脆弱度、提高生物多样性为主要目的。

（2）不让自然湿地生态资源退化，即不包含使自然湿地受到侵蚀破坏的开发模式。

（3）关注湿地生态旅游区内在价值，即所有设计的设施和服务都是为原住民生活提供方便。

（4）以湿地环境，而不是以人为中心，即承认并接受自然湿地环境的基本现状。

（5）有益于野生动植物的生存和自然生态系统的平衡。这种好处涵盖社会效益、经济效益、科学效益和管理效益，有利于区域经济可持续发展和区域自然生态系统的有机统一。

（6）积极鼓励当地原住民参与开发保护活动，并使其受益，这将有助于当地居民更好地认识生态环境价值，有利于当地居民保护环境意识的提高。

（倪伟敏、王侃鸣、华伟刚）

参 考 文 献

安乐生, 赵全升, 刘贯群, 等. 2010. 代表性水质评价方法的比较研究. 中国环境监测, 26(5): 47-50.

白辉, 高伟, 陈岩, 等. 2016. 基于环境容量的水环境承载力评价与总量控制研究. 环境污染与防治, 38(4): 103-106.

陈惠雄, 杨坤. 2016. 基于物元分析法的钱塘江流域水质量评价. 浙江水利水电学院学报, 28(5): 16-20.

崔保山, 杨志峰. 2006. 湿地学. 北京: 北京师范大学出版社.

董徐艳, 陈豪, 何开为, 等. 2016. 云南省水环境承载力动态变化研究. 环境科学与技术, (S1): 346-352.

国家环境保护总局. 1987. 水质-溶解氧的测定-碘量法(GB7488—87). 北京: 中国环境科学出版社.

国家环境保护总局. 1989. 水质-化学需氧量的测定-重铬酸盐法(GB11914—89). 北京: 中国环境科学出版社.

国家环境保护总局. 1989. 水质-总磷-钼酸铵分光光度法(GB11893—89). 北京: 中国环境科学出版社.

国家环境保护总局. 2002. 地表水环境质量标准(GB3838—2002). 北京: 中国环境科学出版社.

国家环境保护总局《水和废水监测分析方法》编委会. 2002. 水和废水监测分析方法. 北京: 中国环境科学出版社.

胡伟, 龙庆华, 钱茂, 等. 2014. 基于层次分析法的企业污水治理评价指标体系权重确定. 环境污染与防治, 36(2): 88-91.

黄耀裔. 2014. 改进的物元分析法在浅层地下水综合评价中的应用. 西北师范大学学报(自然科学版), 50(6): 92-98.

李玮, 肖伟华, 秦大庸, 等. 2010. 水环境承载力研究方法及发展趋势分析. 水电能源科学, (11): 30-32.

李晔, 秦梦. 2013. 基于灰色关联分析法的城镇化水平综合评价——以中原城市群为例. 河南科学, (3): 388-393.

李有志, 刘芬, 张灿明. 2011. 洞庭湖湿地水环境变化趋势及成因分析. 生态环境学报, 20(8): 1295-1300.

刘传旺, 吴建平, 任胜伟, 等. 2015. 基于层次分析法与物元分析法的水安全评价. 水资源保护, (3): 27-32.

刘巍. 2012. 水环境数学模型探析. 东北水利水电, (3): 1-3.

罗勇. 2007. 城市可持续发展. 北京: 化学工业出版社.

马艳, 王剑. 2015. 改进型灰色关联分析法在湿地水质评价中的应用——以四湖流域为例. 节水灌溉, (4): 70-73.
齐心, 赵清. 2016. 北京市水环境承载力评价研究. 生态经济, 32(2): 152-155.
乔雨, 梁秀娟, 王宇博, 等. 2015. 改进的模糊数学法在地下水水质评价中的应用. 水电能源科学, 33(6): 27-30.
孙晓蓉, 邵超峰. 2010. 基于 DPSIR 模型的天津滨海新区环境风险变化趋势分析.环境科学研究, 23(1): 68-73.
仝川. 2000. 环境指标研究进展与分析. 环境科学研究, 13(4): 53-55.
王洪翠, 吴承祯, 洪伟, 等. 2006. P-S-R 指标体系模型在武夷山风景区生态安全评价中的应用. 安全与环境学报, (3): 123-126.
王莉芳, 陈春雪. 2011. 济南市水环境承载力评价研究. 环境科学与技术, 34(5): 199-202.
吴颖超, 王震, 曹磊, 等. 2015. 基于突变级数法的徐州市近 10 年水环境承载力评价. 水土保持通报, 35(2): 231-235.
徐丽媛, 逄勇, 罗缙, 等. 2014. 河流水电梯级开发水质影响评价方法研究. 工业安全与环保, (4): 74-77.
解彦刚, 何晓春. 2010. 环境影响评价. 北京: 化学工业出版社.
赵云峰, 冯宜恒, 刘彤. 2016. 模糊数学法在贵阳“十里河滩”景点水质评价中的应用. 山东化工, 45(21): 125-127.
郑志宏, 余艳旭. 2016. 一种动态综合评价法在水环境承载力评价中的应用. 水利水电技术, 47(10): 54-57.
Adriaanse A. 1993. Environmental policy performance indicators. A study on the development of indicators for environmental policy in the Netherlands. The Hague: Uitgeverij.
Sasikumar K, Mujumdar P P. 1998. Fuzzy optimization model for water quality management of a river system. Journal of Water Resources Planning and Management, 124(2): 79-88.
Yin Y Y, Huang G H, Hipel K W. 1999. Fuzzy relation analysis for multicriteria water resources management. Journal of Water Resources Planning and Management, 125(1): 41-47.

第 18 章　湿地类型和水流方式对杭州城西湿地沉积物粒度特征的影响

18.1　引　　言

沉积物的粒度受气候环境、搬运介质和地形地貌等地球表面的外力和内力的共同影响，是各种因子综合作用的结果（任明达和王乃梁，1981；董智等，2013）。因此，粒度分析可作为沉积物来源、形成过程以及沉积历史等研究的手段，在湿地、湖泊、河流等生态环境研究中具有重要的作用（Folk and Ward，1957；Friedman，1979；Bui et al.，1989；徐兴永等，2010）。Pan 等（2015）通过分析黄河宁夏—内蒙古段的河床和河滩沉积物粒度特征，以及潜在的可能是沉积物来源地的粒度特征发现，黄河乌海到中和西段河床沉积物来源主要是乌兰布和沙漠和库布齐沙漠，而河床和河滩的沉积物则主要来自中和西到喇嘛湾之间的 10 条支流。Meng 等（2014）研究发现粒径小于 32 μm 的小颗粒沉积物对总磷的吸附能力是大于 32 μm 的大颗粒沉积物的 6 倍，并据此提出中国东海内陆架的泥带扮演着降低长江排放的磷对外陆架造成富营养化风险的关键角色。研究也发现，水动力学特征也会影响沉积物的粒径分布（Andral et al.，1999；Li et al.，2006）。因此，河道中水的相对动力条件较好，对于沉积物的搬运作用也可能较大；池塘中水体流速很缓慢，水的动力条件较差，对沉积物的搬运作用可能更小，从而可能形成河道和池塘沉积物粒度参数的差异。

城市湿地是城市景观的重要组成部分（Wang et al.，2008），其生态功能对城市生态环境发展具有显著的作用（杨永兴，2002）。城市湿地可以为城市居民提供水资源，为城市本身提供防洪蓄水等功能，并且还能补充地下水，提高水质（Wolin and MacKeigan，2005）。另外，城市湿地在调节城市区域气候、降低城市热岛效应、降解水体污染物、保护生物多样性等方面具有重要的作用（王建华和吕宪国，2007）。但城市湿地承受着更为剧烈的人类干扰，也是城市复合生态系统中营养物质的“汇”（肖涛等，2014），城市湿地目前面临着城市湿地生物多样性降低、生态系统服务功能退化等多种严重的生态问题（潮洛蒙等，2003；张颖和刘方，2009）。

杭州城西湿地位于浙江省杭州市主城区西侧，是比较少见的、没有经过现代城市化开发的“原生态”湿地，对改善杭州的生态环境和提高城市环境质量都具有非常重要的作用（董鸣等，2013）。杭州城西湿地为河网水系，主要由河港、池塘和水田等多种湿地要素组成。和睦湿地和西溪湿地是杭州城西湿地重要的组成部分，两个湿地存在着不同的人为干扰。其中，和睦湿地有大量的居民区分布其中，居民的生产生活都会对湿地生态系统产生相对较大的人为干扰；而西溪湿地早在 2003 年开始建立国家湿地公园并加以综合保护，故其受到的人为干扰较小。本文通过比较两个不同利用方式的湿地的池塘和河道沉积物粒径分布特征，旨在探讨影响杭州城西湿地沉积物粒度特征的主要因素。

18.2　材料和方法

18.2.1　研究区域与样品

样品采自杭州城西湿地。杭州城西湿地位于杭州主城区西侧，三面环山，属于杭州主城区西部低山丘陵地形向杭嘉湖平原过渡的区域（119°51′40.04″E～120°06′55.59″E，30°14′07.61″N～30°26′21.23″N）（董鸣等，2013），是典型的城市湿地群。其中，西溪湿地与和睦湿地是其中保存较为完好、利用方式不同的两块湿地。本研究在两块湿地中各随机布点选取池塘 30 个，每个池塘采集 3 个沉积物样品；河道样点共 38 个，每个样点采集 1 个沉积物样品，共采集样本 218 个。利用 ETC-300 型土壤取样器在每个样点中取上层 20 cm 约 150 g 的沉积物，装入自封袋后带回实验室风干、研磨，然后过 2 mm 土壤筛。

粒度分析方法：称取 0.2 g 土壤样品，加 30%的 H_2O_2 溶液 20 mL，摇匀后在电热板上加热 2 h 以去除有机质；待样品冷却后加 10%的 HCl 溶液 5 mL，充分混匀，用于去除碳酸盐；静置 12 h 后去除上清液，在沉淀中加入 0.5%的六偏磷酸钠 10 mL，使土壤颗粒充分分散；然后将样品超声 30 s 后上机测定（徐兴永等，2010）。测定仪器采用的是英国 MALVERN 公司生产的 MASTERSIZER2000 型激光粒径仪，仪器的粒径测定范围为 0.02～2000 μm，重复测量误差小于 3%，共获得 51 个粒径分级。

18.2.2　粒度参数计算方法

本研究粒度参数计算方法参考 McManus（1988）的计算公式为

$$\Phi\text{值 } m_\varphi = -\log_2 m_d; \tag{18-1}$$

$$\text{均值 } \bar{x}_\varphi = \frac{\sum f m_\varphi}{100}; \tag{18-2}$$

$$\text{分选系数 } \sigma_\varphi = \sqrt{\frac{\sum f\left(m_\varphi - \bar{x}_\varphi\right)^2}{100}}; \tag{18-3}$$

$$\text{偏态 } SK_\varphi = \frac{\sum f\left(m_\varphi - \bar{x}_\varphi\right)^3}{100\sigma_\varphi^3}; \tag{18-4}$$

$$\text{峰度 } K_\varphi = \frac{\sum f\left(m_\varphi - \bar{x}_\varphi\right)^4}{100\sigma_\varphi^4}; \tag{18-5}$$

式中，m_d 代表各粒径分级的中值（μm）；f 为各粒径分级的百分含量，其中 $\sum f = 100$。

18.3 结 果

18.3.1 粒径频率分布的基本特征

杭州城西湿地 4 种类型沉积物的粒径频率分布曲线都呈双峰型对数正态分布。各样本平均粒径的均值为 6.789 μm（范围为 4.08～7.67 μm），分选系数的均值为 1.542（范围为 1.185～2.651），偏态的均值为 1.026（范围为 0.350～1.893），峰度的均值为 3.358（范围为 2.516～5.050）。四个参数的变异系数分别为 7.39%、9.85%、40.18%和 11.30%。沉积物颗粒类型以黏粒和细粉粒为主，中粉粒次之。

18.3.2 湿地类型和水流方式对粒度特征的影响

4 种类型湿地沉积物粒径为 0.01～50 μm 时，其频率分别为 95.57%、93.03%、94.70%和 94.49（表 18-1）。为便于统计分析，并消除频率分布曲线拖尾对主体效应的影响，剔除了 50～2000 μm 的频率数据。剔除数据后的杭州城西湿地 4 种类型沉积物的粒径频率分布曲线在粒径范围为 2～5 μm 和 10～15 μm 处有两个峰值（图 18-1）。

表 18-1 杭州城西湿地沉积物粒径频率分级

湿地类型	水流方式	0.01～50 μm 频率/%	50～2000 μm 频率/%
和睦湿地	池塘	95.57	4.43
	河道	93.03	6.97
西溪湿地	池塘	94.70	5.30
	河道	94.49	5.51

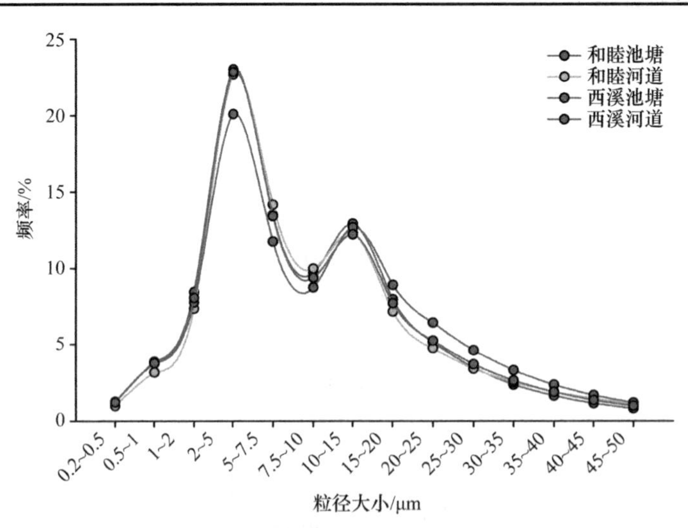

图 18-1 杭州城西湿地剔除部分数据后的沉积物粒径频率分布图

杭州城西湿地 4 种类型沉积物（和睦湿地池塘沉积物、和睦湿地河道沉积物、西溪湿地池塘沉积物以及西溪湿地河道沉积物）平均粒径和偏态的单因素方差分析表明，

4 种湿地沉积物的平均粒径存在显著差异，偏态存在极显著差异（表 18-2）。由于分选系数和峰度数据的方差齐性未达到方差分析的要求，故使用的统计方法为 Kruskal-Wallis H检验，其结果显示 4 种类型湿地沉积物的分选系数和峰度都存在极显著差异（表 18-2）。

表 18-2　不同类型沉积物主要粒度参数的统计分析

粒度参数	自由度 df	均方	F	χ^2	P
平均粒径	3	0.782	3.207	—	**0.024**
偏态	3	0.694	4.272	—	**0.006**
分选系数	3	—	—	14.446	**0.002**
峰度	3	—	—	15.562	**0.001**

注：平均粒径和偏态使用的统计分析方法为 ANOVA，分选系数和峰度使用的是 Kruskal-Wallis H 检验

杭州城西湿地的湿地类型和水流方式对沉积物粒度参数的统计分析表明，湿地类型对沉积物平均粒径有显著影响，对分选系数、偏态和峰度都有极显著影响；不同流水方式下，城西湿地沉积物的 4 种粒度参数都不存在差异性（表 18-3）。

表 18-3　湿地类型和水流方式对沉积物主要粒度参数的影响

分类方式	沉积物类型	平均粒径	分选系数	偏态	峰度
湿地类型	和睦湿地	6.8685	1.5231	0.9430	3.2812
	西溪湿地	**6.7124***	**1.5602****	**1.1055****	**3.4314****
水流方式	池塘	6.7921	1.5470	1.0155	3.3397
	河道	6.7706	1.5163	1.0822	3.4546

*和**分别表示在 0.05 和 0.01 水平上显著相关

18.3.3　湿地类型对沉积物颗粒组成的影响

对杭州城西湿地不同湿地类型沉积物颗粒中的细黏粒（<1 μm）、粗黏粒（1～2 μm）、细粉粒（2～5 μm）、中粉粒（5～10 μm）、粗粉粒（10～50 μm）、细砂粒（50～250 μm）、粗沙粒（250～1000 μm）、石砾（>1000 μm）8 个粒级的组分含量进行差异显著性分析（表 18-4）。结果表明，和睦湿地沉积物中的中粉粒含量和石砾含量极显著高于西溪湿地，

表 18-4　不同湿地类型和水流方式湿地沉积物主要粒级分组含量　（%）

分类方式	沉积物类型	细黏粒 <1 μm	粗黏粒 <2 μm	细粉粒 <5 μm	中粉粒 <10 μm	粗粉粒 <50 μm	细砂粒 <250 μm	粗沙粒 <1000 μm	石砾 <2000 μm
湿地类型	和睦	4.841	8.119	22.976	23.575	35.244	3.258	1.809	0.175
	西溪	5.057	7.881	21.215	21.417	39.042	3.935	1.427	0.023
	P	0.212	0.333	**0.021**	**0.006**	**0.022**	0.176	0.377	**0.001**
水流方式	池塘	5.118	8.114	21.601	21.888	38.408	3.247	1.508	0.112
	河道	4.681	7.781	22.766	23.323	35.355	4.264	1.767	0.061
	P	**0.013**	0.190	0.142	0.051	**0.034**	0.312	0.563	0.444

细粉粒含量显著高于西溪湿地，粗黏粒和粗沙粒含量高于西溪湿地但没有显著差异性；而粗粉粒含量显著低于西溪湿地，西溪湿地细黏粒和细砂粒含量高于和睦湿地但没有显著差异性（表 18-4）。

18.3.4 水流方式对沉积物颗粒组成的影响

对杭州城西湿地不同水流方式下湿地沉积物的8个粒级组分含量进行差异显著性分析，结果表明，池塘沉积物颗粒中细黏粒和粗粉粒组分含量显著高于河道，粗黏粒和石砾的组分含量高于河道但没有显著差异性；细粉粒、中粉粒、细砂粒和粗沙粒的组分含量有低于河道的趋势，但没达到显著性差异（表 18-4）。

18.4 讨　　论

粒径分布影响湿地沉积物对水体中营养元素和污染物的吸附-释放作用，是重要的沉积物物理特性。水流方式显著改变了湿地沉积物的粒径分布特征，而湿地类型对杭州城西湿地沉积物粒径分布特征没有影响。这说明，在小尺度的城市湿地范围内，水动力条件是影响城市湿地沉积物粒径分布的主要因素。

沉积物的平均粒径大小主要受到沉积物来源物质的粒径分布和搬运介质的动力条件这两个因素的影响（Szczuciński et al.，2012）。杭州城西湿地两种水流方式下的沉积物的各种粒度参数均没有差异性；而以湿地类型为分类标准，和睦湿地沉积物平均粒径显著大于西溪湿地，分选系数、偏态以及峰度都极显著小于西溪湿地。同时，平均粒径大小直接反映该类型的搬运介质的动力条件（徐树建等，2005）。这说明杭州城西湿地两种水流方式下的水动力条件没有差异性，造成沉积物粒度差异的原因可能在于两个湿地沉积物的来源不同。

由于和睦湿地还有民居，西溪湿地是经保护的国家湿地公园，相对于西溪湿地，和睦湿地承受着更大的人为干扰。居民在生产生活中可能人为地、直接或间接地增加了大颗粒沉积物质对湿地生态系统的输入，从而导致和睦湿地沉积物平均粒径显著大于西溪湿地。和睦湿地平均粒径显著大于西溪湿地的主要表现为，和睦湿地沉积物组分中细粉粒和中粉粒含量（两块湿地中这两种组分含量之和分别达到 46.55%和 42.63%）以及石砾含量显著高于西溪湿地。分选系数可以说明沉积物颗粒的分选程度，既沉积物颗粒大小分布的均匀程度（Alsharhan and El-Sammak，2004）。偏态表示沉积物中粗细颗粒分布的不对称程度（戚乐磊等，2004）。峰度表示沉积物颗粒粒度分布频率曲线尖锐程度，可用来反映样品中主要粒级的相对集中程度（戚乐磊等，2004）。从结果可以得出，和睦湿地沉积物来源物质的颗粒大小比西溪湿地更加均匀，沉积物粗细颗粒分布的比西溪湿地更加均匀，同时主要粒级的相对集中程度也更低。

小颗粒沉积物对磷等造成水体富营养化的物质具有更好的吸收作用（Meng et al.，2014）。西溪湿地沉积物颗粒平均粒径显著小于和睦湿地，这可能导致西溪湿地对污染物的吸收能力比和睦湿地更强；同时，西溪湿地沉积物颗粒分布更加离散，这可能会加快污染物的分解以及营养物质的周转速率，从而加强了西溪湿地生态系统功能。同样，西溪湿地沉积物对营养物质同样具有更好的吸附-释放作用，使得西溪湿地水体中营养物质浓度的稳定性好于和睦湿地，进而西溪湿地生态系统的稳定性好于和睦湿地。

本文的结果表明，西溪与和睦湿地在管理、保护、利用方式上的分异导致了沉积物粒径上的差异，虽然两者的差异不是太明显（达到了统计学显著性），但随着分异时间的推移，两者的差异可能会更大，其生态系统功能和服务将发生显著的变化。这一方面也证实了西溪湿地这种国家公园的保护利用方式的有效性，另一方面也说明和睦湿地承受着严重的人类干扰，为了恢复其原生态湿地的生态功能，首先需要减少湿地内部的人类干扰，改变湿地内部居民的资源利用方式。

（陈凌云、李文兵、戴文红、蒋跃平、林金昌、宋垚彬、董　鸣）

参 考 文 献

潮洛蒙, 李小凌, 俞孔坚. 2003. 城市湿地的生态功能. 城市问题, 34(1): 9-12.

狄增超, 戴伟. 2011. 土壤学. 北京: 科学出版社.

董鸣, 王慧中, 匡廷云, 等. 2013. 杭州城西湿地保护与利用战略概要. 杭州师范大学学报(自然科学版), 12(5): 385-390.

董智, 王丽琴, 杨文斌, 等. 2013. 额济纳盆地戈壁沉积物粒度特征分析. 中国水土保持科学, 11(1): 32-38.

戚乐磊, 赵鸿铁, 梁若筠, 等. 2004. 粘结滑移问题的界面应力元模型. 河海大学学报, 32(2): 188-191.

任明达, 王乃梁. 1981. 现代沉积环境概论. 北京: 科学出版社.

王建华, 吕宪国. 2007. 城市湿地概念和功能及中国城市湿地保护. 生态学杂志, 26(4): 555-560.

肖涛, 宋垚彬, 姜丹, 等. 2014. 植物功能性状对城市湿地水体富营养化的响应研究进展. 湿地科学与管理, 10(2): 62-65.

徐树建, 潘保田, 张慧, 等. 2005. 末次冰期旋回风成沉积物图解法与矩值法粒度参数的对比. 干旱区地理, 28(2): 194-197.

徐兴永, 易亮, 于洪军, 等. 2010. 图解法和矩值法估计海岸带沉积物粒度参数的差异. 海洋学报, 32(2): 80-86.

杨永兴. 2002. 从魁北克 2000-世纪湿地大事件活动看 21 世纪国际湿地科学研究的热点与前沿. 地理科学, 22(2): 150-155.

张颖, 刘方. 2009. 城市湿地在城市生态建设中的作用及其保护对策. 环境科学与管理, 34(1): 140-144.

Alsharhan A S, El-Sammak A A. 2004. Grain-Size analysis and characterization of sedimentary environments of the United Arab Emirates coastal area. Journal of Coastal Research, 20(2): 464-477.

Andral M C, Roger S, Montréjaud-Vignoles M, et al. 1999. Particle size distribution and hydrodynamic characteristics of solid matter carried by runoff from motorways. Water Environment Research, 71(4): 398-407.

Bui E N, Mazullo J, Wilding L P. 1989. Using quartz grain size and shape analysis to distinguish between aeolian and fluvial deposits in the Dallol Bosso of Niger (West Africa). Earth Surface Processes and Landforms, 14(2): 157-166.

Folk R L, Ward W C. 1957. Brazos River bar: a study in the significance of grain size parameters. Journal of Sedimentary Petrology, 27(1): 3-26.

Friedman G M. 1979. Differences in size distributions of populations of particles among sands of various origins: Addendum to IAS Presidential Address. Sedimentology, 26(6): 859-862.

Li Y, Lau S L, Kayhanian M, et al. 2006. Dynamic characteristics of particle size distribution in highway runoff: Implications for settling tank design. Journal of Environmental Engineering, 132(8): 852-861.

McManus J. 1988. Grain Size Determination and Interpretation. Oxford: Wiley-Blackwell.

Meng J, Yao Q, Yu Z. 2014. Particulate phosphorus speciation and phosphate adsorption characteristics associated with sediment grain size. Ecological Engineering, 70: 140-145.

Pan B, Pang H, Zhang D, et al. 2015. Sediment grain-size characteristics and its source implication in the Ningxia-Inner Mongolia sections on the upper reaches of the Yellow River. Geomorphology, 246(1): 255-262.

Szczuciński W, Kokociński M, Rzeszewski M, et al. 2012. Sediment sources and sedimentation processes of 2011 Tohoku-oki tsunami deposits on the Sendai Plain, Japan - Insights from diatoms, nannoliths and grain size distribution. Sedimentary Geology, 282(30): 40-56.

Wang X, Ning L, Yu J, et al. 2008. Changes of urban wetland landscape pattern and impacts of urbanization on wetland in Wuhan City. Chinese Geographical Science, 18(1): 47-53.

Wolin J A, MacKeigan P. 2005. Human influence past and present–relationship of nutrient and hydrologic conditions to urban wetland macrophyte distribution. Ohio Journal of Science, 105(5): 125-132.

第19章 余杭塘河沉积物重金属污染现状及潜在生态危害评价

19.1 引　言

随着经济的日益发展，城市生活污水以及工业废水等带来的环境问题越发严重，其河道污染也在逐步加剧（李鱼等，2003；Wang et al.，2013），而城市河道的整治是生态城市建设与城市湿地生态恢复的重要组成部分之一（王蓓等，2016），河道沉积物重金属污染现状调查与评价是治理河道重金属污染的重要前提和关键。沉积物作为河道污染物的特殊载体，是入河的各种营养物质、污染物的主要场所，是重金属的“源”与“汇”（Salem et al.，2014；Song et al.，2014）。国内外大量研究表明，在受重金属污染的水体中，重金属含量甚微且具有随机性，而累积吸附在沉积物中的重金属则表现出一定的规律性，是水环境重金属污染的指示剂与重要指标（陈静生和刘玉机，1992；许振成等，2009）。评价土壤污染的指标有很多，其中，Cu、Zn、Pb是评价城市土壤污染程度的重要指标（Adriano，1986；Alloway，1990）。此外，还可通过沉积物的重金属含量了解河流污染历史（邱鸿荣等，2012；Karbassi et al.，2005）。

目前，关于重金属污染评价方法的探讨备受关注，国内外学者分别从不同角度提出了多种针对沉积物重金属污染的方法。德国学者Muller提出的地累积指数法（index of geoaccumulation）和瑞典学者提出的潜在生态危害指数法（potential ecological risk index）（Hakanson，1980）被广泛采用（魏俊峰等，2003；邵坚和赵晓娟，2012；齐鹏等，2015；陈星星等，2016）。其中，潜在生态危害指数法根据重金属的性质及其环境特点，基于沉积学，考虑到土壤重金属质量分数的同时，将重金属的生态效应、环境效应与毒理学效应联系在一起，采用具有可比的、等价属性指数分级法进行评价，并定量地区分出潜在生态危害程度（张伟等，2016），故这是应用比较广泛、比较先进的一种方法，目前为较多学者所采用（何云峰等，2002；黄先飞等，2009；吴春笃等，2009）。

河流沉积物中的重金属来源与岩石、矿物等沉积母质有关，也与人类活动有关（任华丽等，2008）。在一定区域内，沉积物中的重金属元素具有相对稳定性（Brady et al.，2014）。故可以通过研究河流沉积物中重金属元素的相关性来探讨其是否具有同源性及途径（陈磊等，2008；叶华香等，2013；Castellano et al.，2007）。土壤中的pH、总碳（TC）、总氮（TN）、总磷（TP）等营养盐含量也对重金属的活性以及生态毒性等具有重要影响（程芳等，2013）。研究表明，随着pH的升高，重金属释放速率迅速下降（魏俊峰等，2003；李鱼等，2003）。

为积极响应国家生态文明建设，浙江省把生态文明建设融入政治、经济和文化建设全过程，在杭州市区建立了浙江海外高层次人才创新园（浙江杭州未来科技城），简称“海创园”，余杭塘河特殊的地理位置对于“海创园”的建设与发展以及它对杭州市“五水共治”工程的推进具有重要作用。近年来，随着经济的发展和人民生活水平的提高，城市河道两岸的面貌也逐步发生着改变，杭州城区河流两岸的耕地以闲置居多，且与河流水体交流密切，存在农业面源污染；裸地上堆积着大量生活垃圾和建筑废料，污染物随地表径流进入河流，如余杭塘河和东新河两岸的耕地和裸地分布比例最大，其耕地和裸地大多位于城市扩展前缘，缺乏雨污分流设施，基本上不具备污染控制能力（官宝红等，2008）。再者，余杭塘河沿岸及周边分布了不少无废水处理设施的工业企业，诸如热电厂、水泥厂、塑胶厂（杭州晔宏塑胶制品有限公司）、五金厂（杭州旭鹤五金有限公司）、机械加工厂（杭州发强机电设备有限公司），城市居民的生活污水以及农业上不合理的管理（如废弃农药包的丢弃）等原因，对余杭塘河道水质与生态环境造成了一定的影响和破坏，也输入了一定的重金属。2008 年“新三河”综合整治和保护工程的实施，余杭塘河面貌得到很大改变，初步实现了“水清、岸绿、景美、流畅、宜居、繁荣”的美好景象（林祥明，2009），根据余杭区“五水共治”工作指挥部拟定的《余杭区余杭塘河“清水治污”方案》中余杭塘河河道治理目标，通过三年整治（2014～2016 年），余杭塘河要稳定达到Ⅳ类及以上水质的治理总体目标，但是其生态环境的现状仍不容乐观。本文在余杭塘河河道整治成果的基础上，对其河道沉积物重金属现状进行调查、潜在生态危害评价以及污染物溯源，既是市区河道综合保护工程题中应有之义，也成为推进城西和谐杭州示范区建设的重要举措；既为余杭塘河流域河道的治理与长期管理提供科学建议与生态修复对策，也为政府部门管理城市河流提供科学依据。

19.2 材料与方法

19.2.1 研究区概况

余杭塘河的源头南苕溪（119°55′188″E，30°16′788″N），自西向东流经余杭镇、仓前镇、五常街道等最终汇入京杭大运河（120°07′58.98″E，30°18′29.844″N），干流全长 21.7 km，支流自南向北流向，河面最大宽度 60 m，最小宽度 7.5 m，平均宽度在 40 m 左右，河底高程为–2.59～1.66 m。余杭塘河是杭州市西北部 110.5 km^2 汇水流入运河的主河道，又是余杭镇至杭州的水运干道，它连接西溪湿地、和睦水乡，是杭州市生态绿化廊道（洪潇，2013）。近年来，随着杭州城西建设的推进，其规模进一步扩大，余杭塘河逐渐成为贯穿东西、辐射南北的城西发展中轴线，其本身及文化内涵成为建设城西和谐杭州示范区的关键。

该河道水质主要受沿线农村居民点、两岸建筑工地、工业企业等污水排放，大量生活、建筑垃圾，农业面源污染等影响。同时，清水港、杜家桥港、袁家坝港、九曲港等众多支流也存在污染与黑臭河现象，它是余杭塘河水质污染的重要污染源之一。

19.2.2　样点分布及样品采集

为尽可能覆盖研究区域范围，了解余杭塘河整个河道的污染情况，也为了知悉某一段（支流）的污染状况，达到理想的评价效果，在综合考虑余杭塘河沿线的土地利用方式（农业用地、工业用地、商业用地、居民区、闲置用地等），前期对排污口的分布及数量、南北岸支流分布状况等考察的基础上，统筹兼顾干流与支流，结合余杭塘河的水文条件以及本论文的研究目的（与重点区域相结合的原则），本次实验重点研究区域范围为源头向东至杭州绕城高速路（20°3′04″E，30°18′0.468″N）。如图 19-1 所示，在干流上，从源头（南苕溪）向东至末端（京杭大运河）共设置 7 段 38 个采样点（图 19-1 中虚线划分）。在支流上，于干流北部共设置 8 条代表性支流，在干流南部共设置 7 条代表性支流，每条支流分别设置 3 个采样点（各点之间相距 250 m 左右）。于 2016 年 1 月（枯水期）和 7 月（丰水期），使用抓斗式采泥器（1/16 m^2）沿河床断面抓取沉积物，剔除砾石、木屑、动植物残体与垃圾等后，充分混合，立即放入聚乙烯袋中密封，编号后存入保温箱中带回实验室。部分沉积物经过自然风干与研磨后，分别过 20 目、100 目筛后再次装入密封袋中待测。

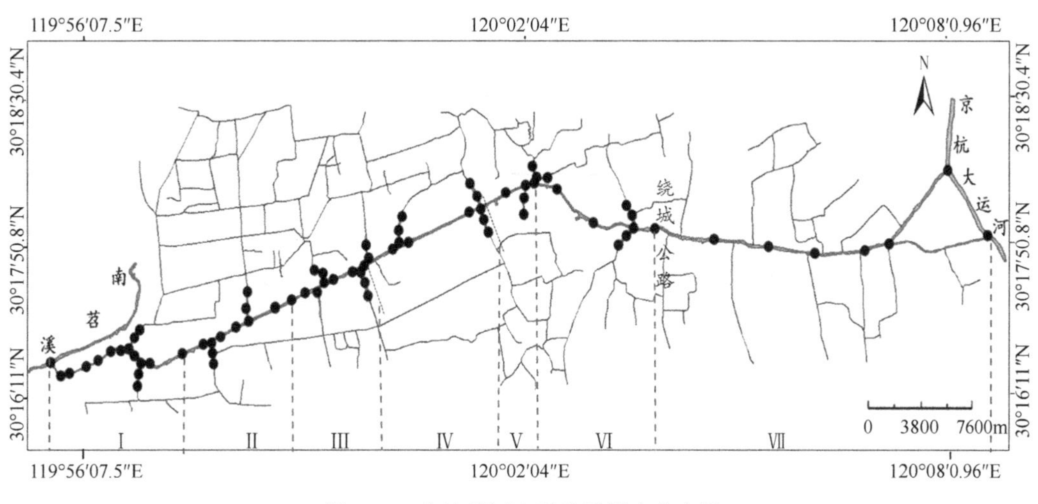

图 19-1　余杭塘河水系及采样点分布图

19.2.3　分析方法

河道中沉积物中的铜（Cu）、锌（Zn）、铅（Pb）、镉（Cd）4 种重金属含量依据《土壤质量 铜、锌的测定 火焰原子吸收分光光度法》（GB/T17138—1997），进行消解后用原子吸收分光光度计（AA-6300C）测定；总磷（TP）采用《土壤 总磷的测定 酸熔-钼锑抗分光光度法》（HJ632—2011）测定；有效磷（AP）采用《土壤 有效磷的测定 碳酸氢钠浸提-钼锑抗分光光度法》（HJ704—2014）测定；总碳（TC）、总氮（TN）采用元素分析仪（vario pyro cube）测定；pH 依据中华人民共和国农业行业标准《土壤检测》（NY/T1121.2—2006），采用 pH 计（STARTER2100）测定；电导率（EC）依据《土壤　电

导率的测定　电极法》（HJ802—2016）采用 HACH EC5 测定。

19.2.4　重金属评价方法

对水体沉积物中重金属污染评价的方法有很多，本文选用瑞典科学家 Hakanson 提出的潜在生态危害指数法（邱鸿荣等，2012）进行评价。其计算公式如下：

$$E_r^i = T_r^i \times C_f^i \tag{19-1}$$

$$C_f^i = \frac{c_s^i}{c_n^i} \tag{19-2}$$

$$\mathrm{RI} = \sum\nolimits_{i=1}^{n} E_r^i = \sum\nolimits_{i=1}^{n} T_r^i \times C_f^i \tag{19-3}$$

式中，E_r^i为某一区域土壤中第 i 种重金属的潜在生态危害；RI 为土壤中多种重金属的综合潜在生态危害指数；T_r^i为沉积物中第 i 种重金属的毒性响应系数（表 19-1），它主要反映重金属的毒性水平和生物对重金属污染的敏感程度（邱鸿荣等，2012）；C_f^i 为第 i 种重金属的富集系数（污染系数）；C_s^i为第 i 种重金属的实测含量；C_n^i为第 i 种重金属计算所需的参比值。

表 19-1　重金属的毒性系数及参比值

元素	Cu	Zn	Pb	Cd
参比值/（mg/kg）	22.63	83.06	35.70	0.17
毒性系数	5	1	5	30

为进一步反映土壤环境中不同污染物和多种污染物的综合影响，以浙江省土壤环境背景值作为参比值（范允慧和王艳青，2009）（表 19-1）。运用潜在生态危害指数法（邱鸿荣等，2012）及评价标准来评价余杭塘河河道沉积物重金属污染的潜在生态风险（表 19-2）。

表 19-2　生态危害系数和生态危害指数划分

生态危害	轻微	中等	强	很强	极强
C_f^i	<1	1～3	3～6	≥6	≥6（严重）
E_r^i	<40	40～80	80～160	160～320	>320
RI	<90	90～180	180～360	360～720	>720

19.2.5　数据分析

为满足统计分析的要求，部分数据进行转换，以使其满足正态分布。其中，Pb（枯水期）、TC（丰水期）、Pb（丰水期）、pH（丰水期）进行平方根转换；对 EC（丰水期）进行对数转换。利用 Pearson 相关分析计算各数据间的相关系数。本次实验数据分析主要使用 Microsoft Excel 2016、IBM SPSS 20.0、SigmaPlot 10.0 完成。

19.3 结果与分析

19.3.1 沉积物重金属的时空分布特征

由于 Cd 含量低于检测限，在本文图表中均未加以列出。具体结果如下所述。

在丰水期阶段，余杭塘河沉积物重金属 Cu、Zn 的含量都分别高于浙江省的土壤环境背景值（22.63 mg/kg、83.06 mg/kg），Pb 的含量在第 I 段、第 II 段高于环境背景值（35.70 mg/kg）。其中，Zn 的含量变化范围为 72.24～125.19 mg/kg(均值为 100.86 mg/kg)，高于背景值 1.21 倍；Cu 的含量变化范围为 0～100.07 mg/kg（均值为 44.29 mg/kg），高于背景值 1.96 倍；Pb 的含量变化范围为 16.04～143.49 mg/kg（均值为 36.96 mg/kg），高于背景值 1.40 倍，最高点出现在丰水期第 I 段，高于背景值 4.02 倍；在其他河段，均要低于或接近背景值。同时，Zn 的含量在各个河段基本趋于一致（在第 I 段、第 II 段稍高），Cu 含量在第 I 段与第VII段均高于其他河段；Pb 的含量在第 I 段均要明显高于其他河段，自上游向下游逐渐递减（图 19-2）。

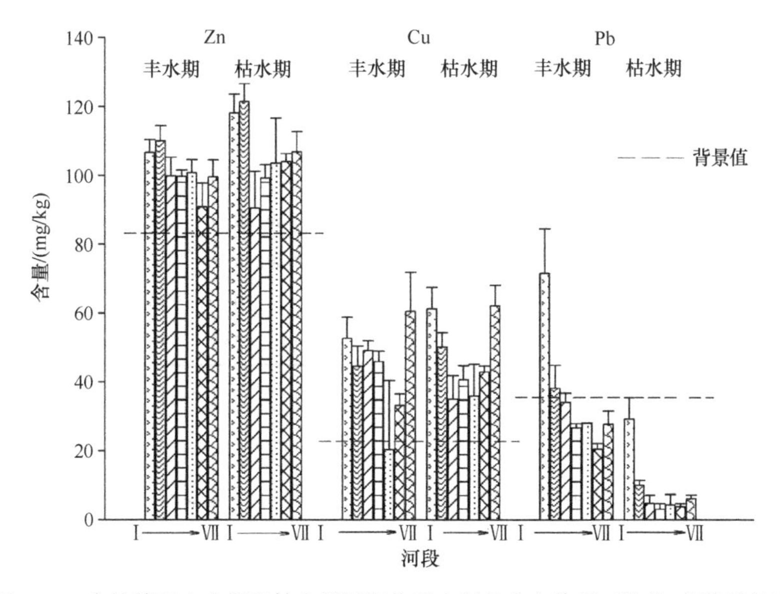

图 19-2 余杭塘河丰水期和枯水期沉积物重金属的分布特征（均值+标准误差）

在枯水期阶段，余杭塘河沉积物重金属 Cu、Zn 的含量都分别高于浙江省土壤环境背景值（22.63 mg/kg、83.06 mg/kg），Pb 的含量要低于背景值。其中，Zn 的含量变化范围为 62.01～139.68 mg/kg（均值为 105.810 mg/kg）高于背景值 1.27 倍；Cu 的含量变化范围为 17.02～126.65 mg/kg（均值为 48.90 mg/kg），高于背景值 2.16 倍（按均值计算）；Pb 的含量变化范围为 0～68.68 mg/kg（均值为 10.71 mg/kg），低于背景值。同时，Zn 在第 I 段、第 II 段高于其他河段，Cu 的含量在上游（第 I 段）和下游（第VII段）河段要比中游河段相对偏高，Pb 的含量在上游河段（第 I 段）的含量比其他河段都要高，自上游向下游逐渐递减（图 19-2）。

此外，相对于 Cu、Pb，Zn 的含量在余杭塘河各河段最高；无论在丰水期还是枯水期，重金属 Cu、Zn 的含量变化在各个河段基本趋于一致，但 Pb 含量的变化在丰水期要明显高于枯水期（按均值计高出 4.68 倍），尤其在丰水期的第 I 段达到最高（140.70 mg/kg），各个采样点之间的差异很大。

19.3.2 潜在生态危害评价

城市河流沉积物主要受人为因素的影响，其元素含量也受到较为强烈的干扰，而关于城市河道沉积物重金属的评价方法目前还尚未统一。本文以浙江省土壤环境背景值作为参考值，利用单项潜在生态危害指数来综合评价余杭塘河干支流沉积物重金属的潜在危害状况，具体结果如表 19-3 所示。

表 19-3 余杭塘河沉积物重金属元素的潜在生态危害系数和危害指数

河段	枯水期							危害程度	丰水期							危害程度
	C_f^i			E_r^i			RI		C_f^i			E_r^i			RI	
	Cu	Zn	Pb	Cu	Zn	Pb			Cu	Zn	Pb	Cu	Zn	Pb		
I	2.17	1.42	0.82	13.53	1.42	4.09	19.05	轻微	2.32	1.28	3.94	11.62	1.28	19.71	32.61	轻微
II	2.22	1.46	0.28	11.09	1.46	1.40	13.95	轻微	1.97	1.32	1.07	9.84	1.32	5.34	16.51	轻微
III	1.54	1.09	0.13	7.72	1.09	0.67	9.48	轻微	2.17	1.20	0.96	10.86	1.20	4.78	16.84	轻微
IV	1.80	1.19	0.09	9.00	1.19	0.45	10.64	轻微	2.03	1.20	0.75	10.16	1.20	3.74	15.10	轻微
V	1.59	1.25	0.12	7.93	1.25	0.62	9.79	轻微	0.90	1.21	0.78	4.48	1.21	3.91	9.60	轻微
VI	1.90	1.25	0.11	9.49	1.25	0.54	11.28	轻微	1.46	1.09	0.57	7.32	1.09	2.87	11.29	轻微
VII	2.74	1.28	0.17	13.72	1.28	0.86	15.86	轻微	2.67	1.20	0.78	13.37	1.20	3.89	18.46	轻微
北支	2.35	1.25	0.26	11.73	1.25	1.32	14.30	轻微	1.83	1.26	0.90	9.16	1.26	4.49	14.91	轻微
南支	1.71	1.13	0.19	8.53	1.13	0.94	10.60	轻微	1.52	1.08	0.83	7.58	1.08	4.13	12.79	轻微

从表 19-3 可以看出，无论在枯水期、丰水期还是在干流、支流，余杭塘河沉积物重金属 Cu、Zn、Pb 的潜在生态危害指数（E_r^i）在各河段均小于轻微生态危害的划分标准值（<40），说明余杭塘河沉积物重金属的潜在生态危害程度属于轻微级别，Cu 的 E_r^i 值要明显高于 Zn、Pb。

其中，在时间序列上，在枯水期，Cu、Zn、Pb 的 E_r^i 和 C_f^i 的均值分别为 10.80±4.19 和 2.06±0.15、1.27±0.20 和 1.26±0.04、1.50±1.78 和 0.24±0.08，在此阶段，3 种重金属 E_r^i 均值由大到小的顺序为 Cu>Pb>Zn；在丰水期阶段 Cu、Zn、Pb 的 E_r^i 和 C_f^i 的均值为 9.79±3.56 和 1.87±0.17、1.21±0.13 和 1.20±0.27、7.02±13.39 和 1.18±0.35，在此阶段，3 种重金属的 E_r^i 由大到小的顺序为 Cu>Zn>Pb；在空间序列上，Cu 的 E_r^i 在上游（第 I 段）和下游（第 VII 段）河段要高于中游和南北支流，北部支流的 E_r^i 要高于南部支流；Zn 的潜在生态危害指数（E_r^i）在第 I 、第 II 段均高于其他河段，北部支流的值要高于南部支流；Pb 的 E_r^i 值在第 I 段比其他河段及北支流均要高。在时间序列上，Cu 的潜在生态危害指数 E_r^i 在枯水期要高于丰水期；Zn 的 E_r^i 值在第 I 、第 II 段和第 VI、第 VII 段枯水期的值要高于丰水期的值，其他河段基本趋于一致；Pb 在各个河段的 E_r^i 值丰水期高于枯水期。

同时，余杭塘河干流各河段和南北支流的每个采样点的 RI 值均小于 90，表明余杭塘河的综合潜在生态危害程度属于轻微级别。在空间序列上，余杭塘河第Ⅰ、第Ⅶ段的 RI 值均要比其他河段的高；在时间序列上，丰水期的 RI 在各个河段要略高于枯水期，枯水期与丰水期 RI 均值分别为 13.58、18.02。

从上述分析结果可知，无论是从单个重金属的潜在生态危害系数（E_r^i）还是从多个重金属的综合指数（RI）来评价，余杭塘河沉积物重金属的潜在生态危害程度都属于轻微级别；其中，对余杭塘河生态环境具有潜在影响的重金属元素主要是 Cu。

19.3.3　沉积物各指标的相关性分析

余杭塘河干流沿线各段和南北支流存在着不同的土地利用类型，经济和自然环境各异，存在着工业污水、生活污水及垃圾等的排放，是其沉积物重金属及营养盐的可能来源。结果如表 19-4 所示。

表 19-4　余杭塘河沉积物理化指标与重金属含量的 Pearson 相关系数

		TN	TC	TP	AP	pH	EC‡
枯水期	Cu	0.378**	0.310*	0.345*	0.128	–0.095	0.223
	Zn	0.797**	0.726**	0.800**	0.569**	–0.336*	0.519**
	Pb†	0.727**	0.687**	0.601**	0.259	–0.399**	0.406**
丰水期	Cu	0.495**	0.482**	0.422**	0.324*	–0.350*	0.456**
	Zn	0.755**	0.742**	0.694**	0.375**	–0.515**	0.409**
	Pb†	0.619**	0.633**	0.129	0.612**	–0.440**	0.366*

*表示 P<0.05；**表示 P<0.01；†表示数据进行平方根转换；‡表示数据进行对数转换

在枯水期阶段（表 19-4），Pb 与 Cu、Zn 有着显著的相关性（r=0.697，P<0.01；r=0.742，P<0.01），同时，从时空分布特征来看，Pb 与 Cu、Zn 的含量均在上游河段较高，表明 Pb 与 Cu、Zn 同源性很高；其中，Cu 与 TN、TC、TP 的相关性不高（r=0.378，P<0.001；r=0.310，P<0.05；r=0.345，P<0.05），Cu 与 AP、pH、EC 没有相关性（r=0.128；r= –0.095；r=0.223）；TN 与 TC、TP 与 TC、TP 与 Zn 之间有着高度的相关性（r=0.867，P<0.01；r=0.808，P<0.05；r=0.800，P<0.01），表明它们之间的同源性极高。在丰水期阶段，Cu 与 Zn、Pb 有着显著的相关性（r=0.593，P<0.01；r=0.457，P<0.01）；其中，Cu 与 AP、pH 的相关性不高（r=0.324，P<0.05；r= –0.350，P<0.05）。需要特别指出的是，枯水期和丰水期沉积物的 pH 与重金属 Cu、Zn、Pb 和 TN、TC、TP、EC 呈较强的负相关性。

19.4　讨　　论

19.4.1　余杭塘河重金属污染现状

结合余杭塘河沿线两岸附近的地理特点、土地利用方式、水文条件、污染源等情况，对其沉积物重金属含量进行时间与空间上的分布特征分析：余杭塘河沉积物中 Cu、Zn

的含量在丰水期与枯水期均要高于浙江省土壤环境背景值，Pb 的含量在丰水期的第Ⅰ段均要高于浙江土壤环境背景值（35.70 mg/kg）。这说明余杭塘河沉积物中 Cu、Zn、Pb 的含量随着时间的推移、自然环境和人类活动的变化而发生着累积的过程，其中，Pb 的含量自上游向下游逐渐减少，变化差异较大，这可能是上游（源头）存在唯一的污染源，并随着流向逐渐稀释的过程。同时，在上游河段（第Ⅰ段、第Ⅱ段）和下游河段（第Ⅶ段）Cu、Zn、Pb 含量要高于其他河段，这不仅与余杭塘河上游、下游沿岸建筑密集、人口稠密、经济发展有关，也与余杭塘河接纳了上游的天然堆积物与人为污染物，还与干支流沿线汇集的工业企业污染物与农业污染有关。而 Pb 的含量在丰水期要高于枯水期，因为一般而言，夏季降雨量大，对人类陆地活动区域的冲刷，使得夏季水体中重金属含量较冬季高，最终夏季沉积物中重金属含量也较冬季高（谷阳光，2009）。

19.4.2 余杭塘河重金属污染潜在生态危害评价

无论是从单个重金属的潜在生态危害系数（E_r^i）还是从多个重金属的综合指数（RI）来评价，余杭塘河沉积物重金属的潜在生态危害程度都属于轻微级别，表明前期余杭塘河河道的整治改造工程取得了一定的成效，杭州市“五水共治”项目的推进有效地保障了余杭塘河水生生态系统的绿色可持续发展。其中，对余杭塘河生态环境具有潜在影响的金属元素为 Cu，故在未来的河道管理及保护中，应注意对 Cu 的有效控制。

其中，在空间上，余杭塘河第Ⅰ、第Ⅶ段的 RI 值均要比其他河段的高，这与余杭塘河上游、下游的地理环境、人为活动及水文条件有着非常紧密的联系，这与现场采样调研所得到的实际情况相符。在余杭塘河第Ⅰ段，存在着大量的排污口，这些排污口存在雨水和污水混接现象，在南北渠路的步行街沿线，在河道底部存在污水偷排等现象，这都使得重金属污染加重。在时间上，丰水期的 RI 值要高于枯水期的，这可能与丰水期清淤船只人为扰动和地表径流等因素有关。

19.4.3 余杭塘河重金属污染来源探析

余杭塘河干流沿线各段和南北支流存在着不同的土地利用类型，经济和自然环境各异，工业污水、生活污水排放及建筑垃圾堆放等是其沉积物重金属及营养盐的可能来源。其中，农业污水灌溉、化肥、有机肥、塑料薄膜、城市废弃物和农药的不合理施用等，都可能造成土壤重金属污染。以磷肥为例，磷肥中 Pb 含量约 10 mg/kg，因此长期施用磷肥可引起土壤重金属 Pb 的积累（于炎湖，2001）；有机肥也是重金属的一个重要来源，这主要是由于有机肥来自于集约化养殖场中饲料添加剂的大量使用，如杭州城郊猪粪中 Cu、Zn 平均含量分别高达 437.71 mg/kg、1356.30 mg/kg，与我国农用污泥中污染物控制标准（GB4284—1984）相比，其超标率均为 70%；鸡粪中 Cu、Zn 平均含量分别为 75.16 mg/kg、287.06 mg/kg，Zn 超标率为 14.28%（王丽等，2014）。

由相关性分析可知，在枯水期，余杭塘河 Pb 与 Cu、Zn 有着显著的相关性，表明 Pb 与 Cu、Zn 同源性很高，而其沿线存在家禽养殖、养鱼等现象，河边圈养，管理粗放；再者，道路两侧土壤重金属可能来自汽车尾气排放、汽车轮胎磨损而产生的粉尘沉降（孙花，2012）。汽车尾气中含有 5 种重金属（Pb、Ni、Cr、Cd 和 Mn），其中 Pb 含量占 37%（张志红和杨文敏，2001）。余杭塘河与余杭塘路相依，且河道常有大量货轮运输，在一定程度上加剧了河流的污染。TN 与 TC、TP 与 TC、TP 与 Zn 之间有着高度的相关性，表明它们之间的同源性极高。余杭塘河沿线的土地类型多样，工业污水、农业污水等的随意排放加剧了河道沉积物重金属污染。需要特别指出的是，枯水期和丰水期的 pH 与重金属 Cu、Zn、Pb 和 TN、TC、TP、EC 呈较强的负相关性，这可能是因为 pH 降低，通过促进碳酸盐结合态重金属及金属氢氧化物的溶解而加速重金属元素的释放，对于氮磷的影响主要是 pH 影响 N、P 吸附过程以及其在水体中的吸附过程（宫凯悦，2014）。

19.4.4　余杭塘河重金属污染生态维持措施建议

无论是丰水期还是枯水期，余杭塘河的上游河段水量都较少，甚至处于干涸状态（源头至古运河段），加之上游河道较为狭窄，无法采用船只进行清淤工作，故需要进行人工挖掘清淤（如直接挖除、水力冲刷等）；同时，在上游河段，沿岸住宅用地密集、小型企业工厂居多，排污管道组织设计不合理，存在私接偷排的行为，故需对其进行重新规划，统一集中净化处理；通过采用经济、行政等手段，加强对工企业污水偷排行为的管理与生活污水截污纳管、雨污管道分流措施；南北支流重金属含量存在一定差异，对其干流污染均有相当的贡献率，故在保护干流河道的同时，也需加强对其支流河道的保护与管理，从全局控制污染源的数量。

对余杭塘河生态环境具有潜在生态危害的重金属为 Cu，这可能与其沿岸存在五金等工业企业以及农业管理中农药包的废弃有关。余杭塘河沉积物重金属的潜在生态危害指数在时间上丰水期要高于枯水期；在空间上为上游和下游的污染程度要高于中游，故在进行治理与管理时，要注重时间和空间的差异性，如在现有河道综合整治的基础上，加强对上游和下游河段的重点治理，在丰水期水量较多时通过余杭闸等工程调用苕溪水，引清调水，快速改善河道水质（刘扣生和毛桂龙，2012），定期排查污染源。

最后，结合水生植物与微生物耦合技术，构建多品种的水生动植物群落，形成湿地生态循环系统；采用生态浮岛技术种植吸附重金属的植物，如凤眼蓝（*Eichhornia crassipes*）对水体中 Pb、Zn、Cu、Cd、As 具有很好的吸收能力（方云英等，2008），金鱼藻（*Ceratophyllum demersum*）、黑藻（*Hydrilla verticillata*）、小眼子菜（*Potamogeton pusillus*）、穗状狐尾藻（*Myriophyllum spicatum*）、八药水筛（*Blyxa octandra*）等植物对 As、Cu、Zn、Pb 和 Cd 具有较强的吸收和富集能力，对于复合污染水体的修复具有较大的潜力与价值（潘义宏等，2010），从而实现对余杭塘河进行全方位、多层次、多手段治理与保护。

19.5　结　论

无论是丰水期还是枯水期，余杭塘河沉积物中 Cu、Zn 的含量均高于浙江省土壤环境背景值，Cd 的含量要低于背景值，Pb 在丰水期第 I 段要高于背景值，枯水期要低于背景值；4 种金属在时间上和空间上都呈现不同的差异性。

无论是从单个重金属的潜在生态危害系数（E_r^i）还是从多个重金属的综合指数（RI）来评价，余杭塘河沉积物重金属的潜在生态危害程度都属于轻微级别。其中，对余杭塘河生态环境具有潜在影响的金属元素为 Cu，故在未来的河道管理及保护中，应注意对 Cu 的有效控制。

通过相关性分析可知，在枯水期阶段，Pb 与 Cu、Zn 有着显著的相关性，表明 Pb 与 Cu、Zn 同源性很高；TN 与 TC、TP 与 TC、TP 与 Zn 之间有着高度的相关性，表明它们之间的同源性极高；在丰水期阶段，Cu 与 Zn、Pb 有着显著的相关性。需要特别指出的是，枯水期和丰水期沉积物的 pH 与重金属 Cu、Zn、Pb 和 TN、TC、TP、EC 呈较强的负相关性。

（江　灿、徐竑珂、李洪彬、徐　力、宋垚彬、戴文红、李文兵、董　鸣）

参考文献

陈静生, 刘玉机. 1992. 中国水环境重金属研究. 北京: 环境科学出版社.

陈磊, 徐颖, 朱明珠, 等. 2008. 秦淮河沉积物中重金属总量与形态分析. 农业环境科学学报, 27(4): 1385-1390.

陈星星, 黄振华, 吴越, 等. 2016. 浙南沿海沉积物中重金属污染及其潜在生态危害评价. 浙江农业学报, 28(1): 139-144.

程芳, 程金平, 桑恒春, 等. 2013. 大金山岛土壤重金属污染评价及相关性分析. 环境科学, 34(3): 1062-1066.

范允慧, 王艳青. 2009. 浙江省四大平原区土壤元素背景值特征. 物探与化探, 33(2): 132-134.

方云英, 杨肖娥, 常会庆, 等. 2008. 利用水生植物原位修复污染水体. 应用生态学报, 19(2): 407-412.

宫凯悦. 2014. 松花江哈尔滨段河流底泥重金属污染及内源释放规律研究. 哈尔滨: 哈尔滨工业大学硕士研究生学位论文.

谷阳光. 2009. 广东沿海沉积物中生源要素、重金属分布及其潜在生态危害评价. 广州: 暨南大学硕士研究生学位论文.

官宝红, 李君, 曾爱斌, 等. 2008. 杭州市城市土地利用对河流水质的影响. 资源科学, 30: 857-863.

何云峰, 朱广伟, 陈英旭, 等. 2002. 运河(杭州段)沉积物中重金属的潜在生态风险研究. 浙江大学学报(农业与生命科学版), 28(6): 669-674.

洪潇. 2013. 杭州水系整治策略及技术研究. 杭州: 浙江农林大学硕士研究生学位论文.

黄先飞, 秦樊鑫, 胡继伟, 等. 2009. 红枫湖沉积物中重金属污染特征与生态危害风险评价. 环境科学研究, 21(2): 18-23.

李鱼, 刘亮, 董德明, 等. 2003. 城市河流淤泥中重金属释放规律的研究. 水土保持学报, 17(1): 125-127.

林祥明. 2009. 余杭塘河滨水地区开发刍议. 杭州通讯(生活品质版), 2: 15.

刘扣生, 毛桂龙. 2012. 城市河道综合整治及其生态保护的研究与思考——以杭州市余杭塘河整治为例. 浙江建筑, (10): 10-13.

潘义宏, 王宏镔, 谷兆萍, 等. 2010. 大型水生植物对重金属的富集与转移. 生态学报, 30(23): 6430-6441.

齐鹏, 余树全, 张超, 等. 2015. 城市地表水表层沉积物重金属污染特征与潜在生态风险评估: 以永康市为例. 环境科学, 36(12): 4486-4493.

邱鸿荣, 罗建中, 郑国辉, 等. 2012. 西南涌流域底泥重金属污染特征及潜在生态危害评价.中国环境监测, 28(6): 32-36.
任华丽, 崔保山, 白军红, 等. 2008. 哈尼梯田湿地核心区水稻土重金属分布与潜在的生态风险. 生态学报, 28(4): 1625-1634.
邵坚, 赵晓娟. 2012. 辽宁太子河沉积物重金属污染及潜在生态危害评价. 环境科学与技术, 35(5): 184-188, 193.
孙花. 2012. 湘江长沙段土壤和底泥重金属污染及其生态风险评价. 长沙: 湖南师范大学硕士研究生学位论文.
王蓓, 余洋, 鲁冬梅, 等. 2016. 云南玉溪城市河道底泥重金属污染特征与潜在生态风险评价. 生态学杂志, 35(2): 463-469.
王丽, 陈光才, 宋秋华, 等. 2014. 杭州城郊养殖场畜禽粪便主要养分及有害物质分析. 上海农业学报, 30(2): 85-89.
魏俊峰, 吴大清, 彭金莲, 等. 2003. 污染沉积物中重金属的释放及其动力学. 生态环境, 12(2): 119-130.
吴春笃, 瞿俊, 李明俊, 等. 2009. 镇江内江底泥重金属分布特征及潜在生态危害评价. 中国环境监测, 25(5): 90-94.
许振成, 杨晓云, 温勇, 等. 2009. 北江中上游底泥重金属污染及其潜在生态危害评价. 环境科学, 30(11): 3262-3268.
叶华香, 臧淑英, 张丽娟, 等. 2013. 扎龙湿地沉积物重金属空间分布特征及潜在生态风险评价. 环境科学, 34(4): 1333-1399.
于炎湖. 2001. 饲料中的重金属污染及其预防. 粮食与饲料工业, (6): 12-14.
张伟, 陈蜀蓉, 侯平. 2016. 浦阳江流域疏浚前后底泥重金属污染及其潜在生态风险评价. 浙江农林大学学报, 33(1): 33-41.
张志红, 杨文敏. 2001. 汽油车排出颗粒物的化学组分分析. 中国公共卫生, 17(7): 623-624.
朱金坤, 汪宏儿. 2010. 余杭历史文化研究丛书: 运河文化. 杭州: 西泠印社出版社.
Adriano D C. 1986. Trace Element in the Terrestrial Environment. Heidelberg: Springer-Verlag.
Alloway B J. 1990. Heavy Metal in Soils. London: Blackie.
Brady J P, Ayoko G A, Martens W N, et al. 2014. Enrichment, distribution and sources of heavy metals in the sediments of Deception bay, Queensland, Australia. Marine Pollution Bulletin, 81(1): 248-255.
Castellano M, Ruizfilippi G, Gonzalez W, et al. 2007. Selection of variables using factorial discriminant analysis for the state identification of an anaerobic UASB-UAF hybrid pilot plant, fed with winery effluents. Water Science & Technology, 56(2): 139-145.
Hakanson L. 1980. An ecological risk index for aquatic pollution control, a sedimentological approach. Water Research, 14: 975-986.
Karbassi A R, Nabi-Bidhendi G R, Bayati I. 2005. Environmental geochemistry of heavy metals in a sediment core off Bushehr. Iranian Journal of Environmental Health Science & Engineering, 2(4): 255-260.
Salem Z B, Capelli N, Laffray X, et al. 2014. Seasonal variation of heavy metals in water, sediment and roach tissues in a landfill draining system pond (Etueffont, France). Ecological Engineering, 69: 25-37.
Song Y, Choi M S, Lee J Y, et al. 2014. Regional background concentrations of heavy metals (Cr, Co, Ni, Cu, Zn, Pb) in coastal sediments of the south sea of Korea. Science of the Total Environment, 482-483: 80-91.
Wang S L, Xu X R, Sun Y X, et al. 2013. Heavy metal pollution in coastal areas of South China: A review. Marine Pollution Bulletin, 76: 7-15.

第 20 章　杭州城市湿地沉积物中碳、氮及重金属时空分布特征和污染评价

20.1　引　　言

20.1.1　城市湿地的研究进展

1. 湿地的定义和作用

湿地是地表的潮湿或浅积水区，发育有湿生、水生生物群和水成土壤的地理综合体，湿地包括河流、湖泊、沼泽，以及低潮位下 6 m 深的海域（孙广友等，2004）。湿地是陆地和水域的过渡地带，是水陆两种界面交互延伸的区域，是地球上具有多重功能的独特生态系统，是自然界生物多样性最丰富的地域之一。

湿地作为一个特殊的生态系统，为人类提供环境、资源和可持续发展的多种价值服务。一是自然生产由于湿地积累水陆两相的营养物质，具有较高的肥力。二是提供生物多样性。湿地的生物种类、种内遗传变异和它们的生存环境共同组成生态系统，决定了生物多样性丰富的特点。三是调节小气候和物质循环。湿地碳的循环对全球气候起重要的作用。湿地还是全球碳、氮、硫等元素循环的重要环节。四是减缓旱涝灾害。湿地可以调节降水量不均带来的洪涝与干旱，将过多的降雨和来水存储、缓冲，然后逐步放出，发挥蓄洪抗旱的功能。五是净化环境。湿地中还有许多挺水、浮水和沉水植物，它们能够在其组织中富集金属及一些有害物质，很多植物还能参与解毒过程，对污染物质进行吸收、代谢、分解、积累及水体净化，起到降解环境污染的作用。目前，湿地和湿地土壤的作用日益受到重视。

2. 城市湿地的国内外研究进展

城市本质上是以人类行为为主导、以自然生态系统为依托，生态过程复杂的社会-经济-自然复合生态系统（NSECE）（王如松等，2000），是一个动态的综合体。分布于城市（镇）的湿地称为城市湿地。城市的发展，使得世界上几乎任何较发达的城市都难以再找到建城初期那种原始的天然湿地。城市化进程的不断加快，使得城市环境问题日益突出。大量湿地被侵占、改造以至消亡，严重威胁到人类自身的长期健康发展。潮洛蒙等（2003）研究指出：城市中的任何湿地都必然受到人类活动的改造，如建堤防洪、建桥和码头、开辟公园等，使得城市湿地的生态学属性发生包括湿地类型、自然特征、功能特性等方面的变化。

位于城市中的湿地，由于与人们的日常生活息息相关，越来越受到当前国际众多科学工作者的关注。国际上以城市湿地整体作为对象的研究，是近十几年才提出的。在城市湿地研究方面领先的国家主要是美国、澳大利亚、英国，Jackson（2003）的研究强调

了湿地在城市景观规划中的地位和作用。城市是人类高度集中的区域，要想在城市中建立和谐健康的人居环境，湿地是必不可少的规划基础内容之一。

目前，世界上越来越多的国家认识到湿地对建设生态城市的重要，各种关于城市湿地保护、恢复、重建、规划等方面的研究项目和研究组织相继出现，并取得了一定的研究成果（Tian et al.，2003）。在建造人工湿地进行处理污水方面，成就尤其突出。

我国对城市湿地科学的研究历史尚较浅，在 1995 年召开的中国湿地科学研讨会及随之出版的文献中，尚未见城市湿地概念。近几年，我国城市湿地研究出现了良好开端，专业文献增多，涉及城市湿地的各个主要领域。

在基础理论方面，潮落蒙等（2003）初步论述了城市与湿地的关系，指出湿地是城市生态环境结构中十分重要的组成部分，是城市生态系统的核心内容。现代城市已不再是单纯地追求经济利益，而是向生态型、可持续型城市发展。

在应用基础方面，俞孔坚等将城市湿地列为城市生态基础建设的十大战略之一（俞孔坚等，2001）。一些学者讨论了城市湿地的功能和综合评价，论述了城市湿地与生态城市发展及可持续发展的关系（张鸿雁，2000）。许多地区开展了城市湿地的恢复研究，特别是在松花江流域的长春市、哈尔滨市；海河流域的天津市；黄河流域的济南市；长江中下游地区的杭州市、上海市等，西北地区的西安市（许宁，2002；杨欧和刘苍字，2002），以及青藏高原的拉萨市拉鲁湿地区（琼次仁和拉琼，2000），都实施了城市湿地恢复的重大生态工程。

在政府行为方面，北京、天津、南京等许多城市制定了城市湿地保护与恢复建设规划，或在城市生态规划中列入了相关内容（阎水玉和王祥荣，1999；白晓平，2002）。山东荣成建成中国第一座现代概念的城市湿地公园，之后南京、杭州、哈尔滨等数十座城市都拟定了城市湿地公园计划。

在湿地生态工程方面，全国有数十个城市开展城市人工湿地污水处理的实验研究，不少已投入生产。例如，天津设计的人工湿地污水处理系统工程，在功效上已接近国际先进水平，并突破了冬季不能运行的难关（于少鹏等，2004）。

总的看来，国内外对城市湿地的研究已相当活跃，涉及各个领域。但在广度上尚未形成综合性很强的成果，在深度上许多基础理论问题尚在讨论中，目前尚未见到系统的城市湿地专著。

20.1.2　沉积物中的碳、氮

1. 沉积物中碳、氮分布特征研究

碳是自然界中与人类生存密切相关的最重要物质之一，它在水圈、气圈、岩石圈和生物圈中动态循环（贾宇平，2004）。土壤有机碳库是陆地碳库的主要组成部分，在陆地碳循环研究中有着重要的作用（王绍强和周成虎，1999），同时氮在全球碳氮循环中也是至关重要的（李明峰等，2005）。沉积物处于水圈、生物圈和岩石圈交汇地带，是有机质沉积、埋藏和保存的归宿和蓄积库，有机碳的差异和变化对全球碳循环及气候变化产生重要的影响（卢龙飞等，2006）。

沉积物自形成以来，经历了转化、迁移、成岩等复杂过程，与之共生的有机质也会发生相应的变化。大量的研究从不同角度对湖泊或河流沉积物中的有机质做了分析。范成新和陈宇炜（1998）对太湖底泥中的有机质做了表层和分层研究，发现有机质的分布和人为污染程度有着正相关性，河口含量明显增加；垂直分布随着深度的加深呈现出不同的特点：① 随深度增加物质含量几乎不变化；② 随深度增加，含量明显下降；③ 随深度增加含量呈“S”形变化；④ 底层和深层含量低，而中间层含量高。D' Angelo 和 Reddy（1994）和 Lu 等（2002）等的研究说明有机质矿化大量耗氧，同时释放碳、氮、磷等，可造成水体水质恶化及富营养化，底泥中有机质对污染物迁移与释放起关键作用。有机质产生、沉降与淤积将导致湖泊富营养化（陈芳等，2007）。这些研究表明，湿地富营养化研究要重视有机质的作用。

受污染的沉积物会加大对氮营养盐和其他污染物的富集作用，因此沉积物能间接反映出水体污染情况（余辉等，2010）。随着大量氮营养盐和生物残体的排入，不少湿地遭受不同程度的破坏，水体受到污染（Ting and Appan，1996），富营养化现象严重（Zhou et al.，2001）。而沉积物中的氮作为主要的营养源，对水体富营养化具有重要的贡献，在一定的条件下，可能成为富营养化的主导因子（Jarvie et al.，2005）。控制外源输入是解决湿地富营养化的主要方法，但从防止湿地富营养化继续发展的角度来看，控制外源性营养物质之后，在一定条件下沉积物中的氮仍然可以通过间隙水与上覆水进行物理、化学和生物的交换作用，并且氮“内负荷”在总输入量中被认为占有相当比重（杨洪等，2004）。因此，研究沉积物和水体中氮的含量，对阐明湿地生态系统中氮的循环、转移和积累的过程，以及在防止富营养化、控制“内负荷”方面都具有十分重要的意义。

目前，国内对不同污染状况和生态系统状况的水域沉积物中碳、氮的赋存及其分布的研究较多。例如，长江、珠江流域的沉积物碳、氮含量调查，云南滇池、武汉东湖、江苏太湖和安徽巢湖等对底质氮磷含量的研究。通过这些研究，对水域及底质碳、氮污染治理也都取得了明显的研究成果和治理效果。

2. 碳、氮的污染评价方法

目前国内外对于城市湿地沉积物环境尚缺乏统一的评价方法和标准。参照类似湖泊湿地相关文献资料（孙顺才和黄漪平，1993），多采用有机指数和有机氮评价湿地表层沉积物污染状况（陈如海等，2010）。有机指数通常作为水域沉积物环境状况的指标：有机指数=有机碳（%）× 有机氮（%）；其中，有机氮含量（ON%）根据经验公式（隋桂荣，1996）：有机氮=总氮 × 0.95 换算得出。有机氮是常用来衡量水域沉积物有否遭受氮污染的重要指标，可参照国内相关标准（王永华等，2004），结合实际情况制定评价标准。

另一种常用的是参用加拿大安大略省环境和能源部制定的环境质量标准（Calmano et al.，1995），对表层沉积物的 TOC 和 TN 进行生态毒性效应评价。该标准根据底泥中污染物对底栖生物的生态毒性效应进行分级。此标准分为 3 级：① 安全级，此时在水生生物中未发现毒效应；② 最低级，此时沉积物已受污染，但是多数底栖生物可以承受；③ 严重级，此时底栖生物群落已遭受明显的损害（Mudroch and Azcue，1995）。

20.1.3　湿地沉积物中的重金属

1. 湿地沉积物中的重金属研究

江河、湖泊、水库和海湾等水体湿地的底部长期积存沉积物是水体多相生态系统的重要组成部分，是环境污染物在广泛空间和长期时间内的聚集处。随着工农业的发展，大量污染物（包括重金属）排入湿地，使湿地遭受到不同程度的重金属污染。重金属是典型的累积性污染物（陈怀满，2002），不能被微生物分解，易被生物体所富集，且重金属污染后的环境难以清除和恢复原状（崔丽娟和张曼胤，2006），因此环境中重金属污染一直倍受关注。进入水环境的很多重金属，易被水体中颗粒物吸附进而通过沉淀作用转移到沉积相中（范成新等，2002）。然而在一定条件下，沉积物中的部分重金属又可释放到上覆水体，成为二次污染源（邵学新等，2009），对水生生态系统构成严重威胁。湿地沉积物是湿地水体污染物的主要蓄积场所，也是湿地的潜在污染源（Milenkovie and Damijanov，2005）。因此，最近 20 年，底泥污染物的重金属环境行为一直是国内外环境学者的热门研究课题。

国内外学者对世界各地河流沉积物中的重金属进行了许多研究，内容涉及沉积物中重金属的含量与分布、污染程度、迁移转化机制、积累与释放机制、污染来源、形态行为、环境背景值、环境容量及污染控制等诸多方面。国内主要是对长江、黄河、珠江为代表的大中河流沉积物中重金属含量、有效态、污染来源等进行了研究。目前我们对城市湿地底泥中金属元素的研究主要集中在两个大的方面：① 从湿地环境角度对重金属污染状况的调查；② 从地球化学角度出发，通过研究分析底泥中特征金属元素的化学组成来判别沉积物来源及沉积环境的历史变化，并分析金属元素在湿地中的循环机制。

2. 重金属污染评价和生态风险评价方法

20 世纪 70 年代以前，国际上对水环境质量的评价只侧重从水相和生物相方面进行，随着对河流沉积物结合污染物问题研究的深入，人们逐步认识到在水质评价中水体颗粒物的重要性。通过多种途径进入水体的重金属绝大部分迅速地转移至颗粒物中，颗粒物中重金属的含量能明显地反映水体被重金属污染的程度，对被重金属污染的水体，如果只做水相质量分析，而不做颗粒物相质量分析，就不能正确评价其被污染的程度。

20 世纪后半叶，随着全球环境科学的发展，对沉积物的污染研究从原来的湖泊，扩展到河流、海洋。至 90 年代初，欧洲、美国、加拿大和澳大利亚等国家和地区为了进行实验室质量控制，已制出了统一的沉积物标准物质。近几年，部分国家和地区已经在形态分析的基础上制定了适合于本国和本地区的水体沉积物重金属质量基准（SQC）（冯素萍等，2006）。

沉积物中重金属含量通常被认为是水体环境质量的重要表征之一，也是沉积物重金属污染生态风险评价的基础。目前，对湿地重金属的污染评价常用的评价方法主要有如下几种。

1）单项污染指数及综合污染指数评价法

单项污染指数评价法（HJ/T166—2004，2004）依据质量指数模式进行，其计算式为：

$$P_i = C_i/S_i$$

式中，P_i 为重金属 i 的单项污染指数；C_i 为重金属 i 的实测浓度；S_i 为重金属 i 的评价标准，S_i 依据沉积物的 pH 范围选用该重金属的《土壤环境质量标准》（GB15618—1995）二级标准。$P_i \leqslant 0.7$ 为清洁，$0.7<P_i \leqslant 1.0$ 为尚清洁，$1<P_i \leqslant 2$ 为轻度污染，$2<P_i \leqslant 3$ 为中度污染，$P_i>3$ 为重度污染，P_i 越大受到的污染越严重。

综合污染指数（王铁宇等，2004）的计算公式为：

$$P_{综} = \sqrt{\frac{(P_i)^2 + (P_{i\max})^2}{2}}$$

式中，$P_{综}$ 为综合污染指数；P_i 为重金属 i 的单项污染指数；$P_{i\max}$ 为所有单项重金属污染指数的最大值。一般 $P_{综} \leqslant 0.7$ 为安全，$0.7< P_{综} \leqslant 1$ 为警戒级，$1< P_{综} \leqslant 2$ 为轻度污染，$2< P_{综} \leqslant 3$ 为中度污染，$P_{综} >3$ 为重污染级。

2）Hakanson 潜在生态风险指数法

在 Hakanson 提出的潜在生态风险指数法（Hakanson，1980）中，单项重金属潜在生态风险指数（E_i）的计算公式为：

$$E_i = T_i \times P_i$$

式中，E_i 为单一重金属 i 的潜在生态风险指数；T_i 为单一重金属 i 的生物毒性响应系数，反映了重金属对人体及生态系统的危害程度；P_i 为重金属 i 的单项污染指数，是土壤样品中重金属 i 实测含量与其评价参考值（本文选用该重金属的浙江省土壤背景值）（中国环境保护总站，1990）。参考 Hakanson 的划分标准，对单一重金属元素而言，$E_i<30$ 为轻微级生态风险，$30<E_i<60$ 为中等生态风险，$E_i>60$ 为强及以上生态风险。

综合潜在生态风险指数（RI）为多种重金属的潜在生态风险指数，其计算公式为：

$$\mathrm{RI}=\sum E_i$$

式中，RI 为综合潜在生态风险指数；E_i 的含义同上。就多种金属而言，RI<135 为轻微生态风险，135<RI<265 为中等生态风险，RI>265 为强及以上生态风险。

20.1.4 本研究区域概况

杭州市城区内主要有西溪湿地和和睦湿地，西溪湿地位于杭州市西部，主要属于西湖区的蒋村乡，小部分属于余杭区的五常乡，占地总面积约 10 km^2。西溪湿地是浙江省的省级重要湿地之一，亦是杭州市区最重要的城市湿地，是杭州市宝贵的生态与文化资源。西溪湿地曾经为原生湿地，在人为干预下，逐渐演变和不断地发展演化成为目前的次生湿地。有效保护和合理利用西溪湿地，进而发挥其湿地的生态服务功能，是杭州市政府和有关部门，以及公众与新闻媒体共同关注的热点问题。

“和睦水乡”位于浙西南河谷丘陵与浙东北水网平原的交接地带，在第四纪地质作用下，逐步演化为河流纵横、具有生物活性的沼泽平原。杭州市和睦湿地是杭州市西溪湿地延伸带，地处余杭、闲林、仓前、五常四大片区的中心地带，是余杭组团的生态“绿心”，占地总面积约 10 km^2。目前，由于人类活动的频繁介入，自然湿地已逐步转化为次生湿地，和睦湿地的用地主要由河港、池塘、农田、林地等多种要素组成，和睦湿地的保护与建设对杭州市城市整体布局规划及城市绿地体系完善均有积极意义。

20.1.5　本研究目的和研究内容

1. 研究目的

通过对杭州市西溪湿地和和睦湿地底泥的采样调查和测定分析，从一个较大尺度上较全面和系统地对湿地底泥的碳、氮含量分布，碳、氮污染评价，重金属的含量分布，重金属生态危害评价四个方面对杭州市主要城市湿地进行了研究。为全面了解杭州市城市湿地环境状况提供理论数据，同时也为杭州市城市湿地生态环境保护工作提供一定的科学参考依据。

2. 研究内容

研究杭州市城市湿地沉积物中 C、N 的分布特征和污染评价，采集两个湿地表层沉积物样品和沉积物柱状样，进行 TC、TOC、IC 测定和 TN 测定，旨在研究沉积物中 C、N 的水平分布规律、季节分布规律、垂直分布规律等。并对两地湿地多个典型采样点样品进行有机指数、有机氮评价以及生态毒性效应评价。

研究杭州市城市湿地沉积物中重金属分布特征和生态风险评价，采集两个湿地表层沉积物样品和沉积物柱状样，进行 5 种重金属（Cu、Zn、Pb、Cr、Ni）含量测定。旨在研究重金属的水平分布规律、季节分布规律等，并对两地湿地多个典型采样点样品进行污染评价和生态风险评价。

20.2　研 究 方 法

20.2.1　样品采集

西溪湿地采样工作从 2011 年 4 月开始，每季采样一次，一年 4 次（分别为 4 月、7 月、9 月、11 月）。期间采集西溪湿地 11 个采样点的表层沉积物，采样时间定在采样当天上午 10：00 左右。

采样地位于西溪湿地一期工程，沿着湿地水体流向，从湿地南大门出发，至北端再绕回，均匀间隔选取 11 个采样点，包括五义桥（WYQ）、普济桥（PJQ）、泊庵（BA）、泊庵外（BAW）、练兵桥（LBQ）、蒹葭桥（JJQ）、西溪植物园（ZWY）、缓冲区（HCQ）、西溪滨水闸桥（BSZ）、西溪草堂桥（CTQ）和蒋相公桥（JXG）。实际取样时采用 GPS 全球定位系统并记录数据，见表 20-1。每个样点用小号的彼得森采泥器（尺寸 20 cm × 30 cm × 60 cm，重量 5.5 kg）采集湿地表层（0～10 cm）的沉积物样品，采集后装入干净的可封口塑料袋（使用前用 20%的硝酸浸泡，然后用超纯水清洗）并避光保存带回实验室。

表 20-1　西溪湿地采样点布设及 pH 年平均值

采样点	代码	北纬	东经	pH	采样点	代码	北纬	东经	pH
五义桥	WYQ	30°15′541″	120°03′471″	7.54	西溪植物园	ZWY	30°16′334″	120°03′421″	7.2
普济桥	PJQ	30°15′737″	120°03′432″	7.27	缓冲区	HCQ	30°16′371″	120°03′813″	7.18
泊庵	BA	30°15′756″	120°03′396″	7.43	西溪滨水闸桥	BSZ	30°15′802″	120°03′990″	7.32
泊庵外	BAW	30°15′793″	120°03′368″	7.38	草堂桥	CTQ	30°15′697″	120°03′869″	7.44
练兵桥	LBQ	30°15′902″	120°03′336″	7.21	蒋相公桥	JXG	30°15′640″	120°03′715″	7.45
蒹葭桥	JJQ	30°16′094″	120°03′322″	7.22					

和睦湿地采样工作从 2011 年 7 月开始，并于同年 11 月及翌年的 1 月和 4 月分 4 次采样。根据和睦湿地地形地貌以及水流走向特点，以预先准备的地形图为工作手图，参照实际地貌与地形图确定具体采样点，取样点一般距离河岸 3～5 m，以确保所取底泥样品的典型性和代表性，并用 GPS 测定采样点的地理坐标，做好记录和描述，共确定 9 个采样点，如表 20-2 所示。用微电极研究系统探头直接测定沉积物中的 pH，每份样品测三个不同位置，取平均值。和睦湿地表层沉积物的 pH 为 8.10～8.42，各样点的 pH 较稳定，变化起伏不大，均为弱碱性。

表 20-2　和睦湿地采样点布设及 pH 年平均值

采样点	北纬	东经	pH	采样点	北纬	东经	pH
样点 1	30°15′140″	120°04′560″	8.42	样点 6	30°14′372″	119°59′506″	8.13
样点 2	30°15′267″	119°59′246″	8.10	样点 7	30°14′455″	119°58′491″	8.49
样点 3	30°15′564″	119°59′373″	8.30	样点 8	30°14′330″	119°59′679″	8.15
样点 4	30°15′054″	119°59′104″	8.25	样点 9	30°14′144″	119°58′510″	8.14
样点 5	30°14′506″	119°59′205″	8.25				

采样时用抓斗式采泥器采集沉积物，用塑料勺取其中央未受干扰的表层（0～10 cm）沉积物，剔除样品中的砾石、动植物残体等杂物，尽量将样品沥干水分后，取 1～2 kg 放入洁净的聚乙烯袋中，贴好标签，0～4℃下保存，回实验室待测。

20.2.2　样品的预处理

样品在室温下自然风干，经碾碎、剔除杂物后过 2 mm 筛，取部分土样进一步用玛瑙研钵研磨，再过 0.145 mm 筛。分级过筛后的样品备用。

20.2.3　C、N 元素测定

总有机碳、全氮测定（鲁如坤，1999）：准确称取过筛后的样品 100 mg，加 10%的盐酸浸泡去除无机碳，在 105℃烘 5 h 后，用德国 EA 2000 元素分析仪测定，测定相对标准偏差小于 2%。

20.3　杭州城市湿地沉积物碳、氮时空分布特征

20.3.1　西溪湿地沉积物中 TOC 和 TN 的分布特征

本文测定西溪湿地 11 个采样点的沉积物 TOC 和 TN 含量，然后计算各采样点平均有机碳、全氮密度和有机碳、全氮储量。有机碳密度（C_i）和储量用下式计算（张文菊等，2004）：

$$C_i = D_i \times M_c$$

$$T_c = \sum C_i \times d_i$$

式中，C_i 为沉积物中有机碳密度（kg/m^3）；D_i 为第 i 层干物质容重（g/cm^3）；M_c 为相应的干物质有机碳含量（g/kg）；T_c 为单位面积计算深度内有机碳储量（$10^3\ t/km^2$）；d_i 为第 i 层厚度（m）。沉积物平均全氮密度（N_i）和储量计算公式与上式类似。

由表 20-3 可知，西溪湿地表层沉积物有机碳含量总体水平偏高，从空间分布上来看，有机碳含量的变化范围是 10.16～45.67 g/kg，变异系数为 66.55%，属于中等变异程度。从季节分布上看，春季 4 月 TOC 的平均含量最高为 29.84 g/kg，冬季 11 月 TOC 的平均含量 19.26 g/kg 低于其他季节。

表 20-3　沉积物中 TOC 和 TN 含量（X±S）　　（单位：g/kg）

采样点	TOC				TN			
	4 月	7 月	9 月	11 月	4 月	7 月	9 月	11 月
五义桥	12.07±0.98	13.94±0.76	10.33±0.12	13.14±0.07	1.6±0.03	2.7±0.02	2.1±0.11	4.4±0.07
普济桥	45.06±0.54	10.61±0.57	10.16±0.24	10.38±0.05	4.6±0.05	2.8±0.07	1.7±0.09	4.7±0.04
泊庵	34.39±0.73	26.37±0.98	27.17±0.79	22.34±0.12	3.7±0.11	3.9±0.09	3.0±0.01	5.3±0.12
泊庵外	23.07±0.23	15.47±0.92	7.48±0.05	16.49±0.23	3.5±0.09	2.9±0.12	1.8±0.06	5.1±0.28
练兵桥	25.32±0.25	14.18±0.78	42.66±4.51	24.43±2.11	3.5±0.08	2.4±0.21	3.7±0.02	5.2±0.27
蒹葭桥	33.71±1.11	31.96±0.51	45.67±3.28	19.75±1.82	4.1±0.12	3.9±0.35	6.7±0.11	5±0.21
植物园	35.95±1.31	26.86±2.21	30.98±2.29	26.01±1.21	4.2±0.13	3.2±0.54	3.0±0.12	5.2±0.03
缓冲区	40.77±0.28	22.79±2.08	30.62±2.13	22.95±1.02	4.3±0.25	3.0±0.49	2.9±0.13	4.9±0.05
滨水闸桥	35.88±2.54	23.87±0.91	34.67±2.15	21.84±0.97	4.6±0.31	3.3±0.41	3.4±0.15	5.1±0.08
草堂桥	18.94±0.53	16.29±0.24	21.96±1.87	16.15±0.93	3.1±0.28	2.7±0.28	2.7±0.13	4.4±0.02
蒋相公桥	23.09±2.12	20.58±1.08	22.4±1.26	18.4±0.25	3.4±0.31	3.1±0.31	2.5±0.08	4.6±0.43

注：表中数据均为各采样点的均值，TOC 表示有机碳，TN 表示全氮，本章下同

西溪湿地表层沉积物 TN 含量在 1.6～6.7 g/kg，总体水平偏高，从空间变化趋势来看，TN 的变异系数为 36.35%，属于较低变异程度。从季节分布上看，冬季 11 月 TN 的平均含量 4.9 g/kg 为最高，秋季 9 月采样点的 TN 平均含量 3.04 g/kg 较春季 4 月、夏季 7 月的低（表 20-3）。

由表 20-4 可知，西溪湿地表层沉积物有机碳密度总体水平较高，从空间分布上来看，有机碳密度含量的变化范围是 12.22～55.98 kg/m^3。从季节分布上看，春季 4 月 TOC 密度的平均含量最高为 38.38 kg/m^3，冬季 11 月 TOC 密度的平均含量为 26.68 kg/m^3，低于其他季节。在一年中的不同月份，有机碳密度变化较大。

表 20-4 沉积物中 TOC 密度和 TN 密度 （单位：kg/m^3）

采样点	TOC 密度				TN 密度			
	4 月	7 月	9 月	11 月	4 月	7 月	9 月	11 月
五义桥	17.25	20.42	15.64	19.19	2.29	3.96	3.18	6.42
普济桥	55.01	17.40	17.08	17.46	5.62	4.59	2.86	7.90
泊庵	42.68	33.71	36.02	29.37	4.59	4.99	3.98	6.97
泊庵外	32.39	20.83	12.22	21.38	4.91	3.91	2.94	6.61
练兵桥	31.87	21.58	53.39	33.41	4.41	3.65	4.63	7.11
蒹葭桥	42.34	39.21	55.98	26.32	5.15	4.78	8.21	6.66
植物园	42.65	32.26	43.63	34.35	4.98	3.84	4.23	6.87
缓冲区	52.24	36.20	39.39	33.09	5.51	4.77	3.73	7.06
滨水闸桥	47.33	37.08	45.02	31.21	6.07	5.13	4.42	7.29
草堂桥	28.42	22.23	30.94	22.96	4.65	3.68	3.80	6.26
蒋相公桥	29.98	28.71	29.85	24.76	4.42	4.32	3.33	6.19

西溪湿地表层沉积物 TN 密度在 2.29～8.21 kg/m^3，总体水平也较高。从季节分布上看，冬季 11 月 TN 的平均含量 6.85 kg/m^3 为最高，秋季 9 月采样点的 TN 平均含量为 4.12 kg/m，比春季 4 月、夏季 7 月的低（表 20-4）。

比较表 20-3 和表 20-4 可知，有机碳、全氮密度变化趋势与有机碳、全氮含量变化趋势是类似的。

进一步分析西溪湿地全年各采样点中沉积物的有机碳、全氮储量（图 20-1）发现，全年中有机碳储量大小顺序为：4 月>9 月>7 月>11 月，分别为 42.22 × 10^3 t/km^2、37.92 × 10^3 t/km^2、30.96 × 10^3 t/km^2 和 29.35 × 10^3 t/km^2。全年中 TN 储量大小顺序为：11 月>4 月>7 月>9 月，分别为 7.53 × 10^3 t/km^2、5.26 × 10^3 t/km^2、4.76 × 10^3 t/km^2 和 4.53 × 10^3 t/km^2。

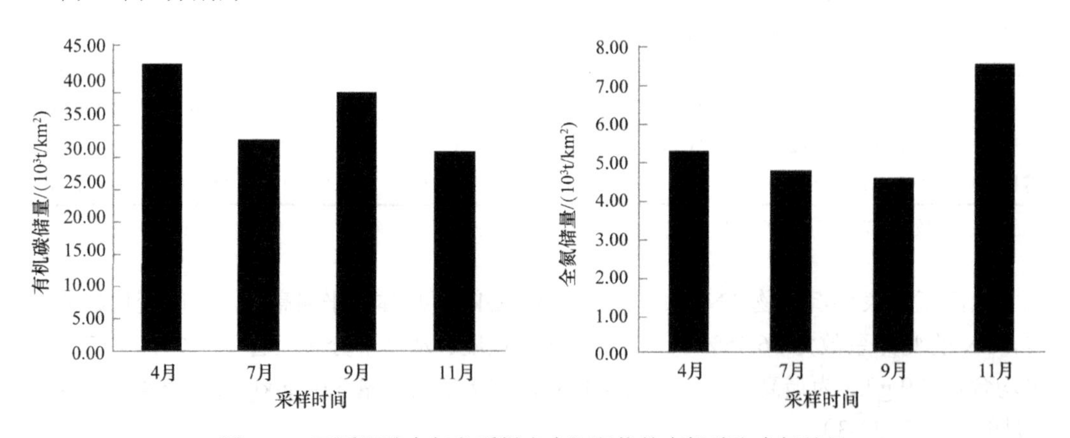

图 20-1 西溪湿地全年各采样点中沉积物的有机碳和全氮储量

对西溪湿地沉积物各采样点的 TOC 含量进行聚类分析（图 20-2），各采样点 TOC 含量分布的差异较大。沉积物 TOC 含量分布大致可以分为四类：一类是五义桥、泊庵外、草堂桥和蒋相公桥；二类是泊庵、植物园、滨水闸桥、缓冲区和蒹葭桥；三类是练兵桥；四类是普济桥。

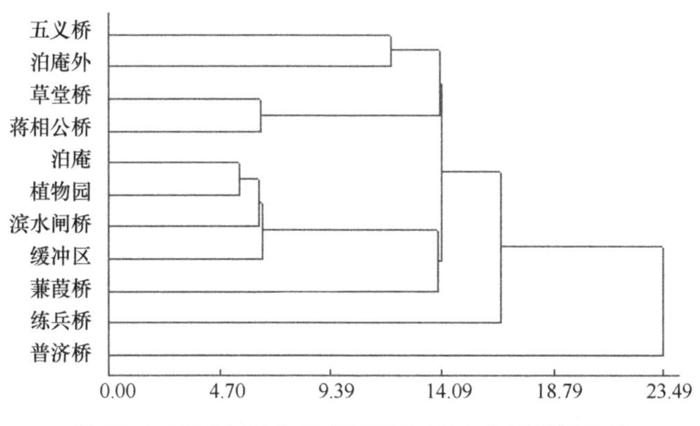

图 20-2　西溪湿地各样点沉积物 TOC 含量聚类分析

20.3.2　和睦湿地沉积物中 TOC 和 TN 的分布特征

本文测定和睦湿地 9 个采样点的沉积物 TOC 和 TN 含量，然后计算各采样点平均有机碳、全氮密度和有机碳、全氮储量。

由表 20-5 可见，表层沉积物有机碳含量总体水平偏低，从空间分布上来看，有机碳含量的变异系数为 58.32%，属于中等变异程度。从季节分布上看，冬季 1 月 TOC 的平均含量为 4.38 g/kg，冬季 TOC 的平均含量高于其他季节。

表 20-5　沉积物中 TOC 和 TN 含量（X±S）　　（单位：g/kg）

采样点	TOC				TN			
	7 月	11 月	1 月	4 月	7 月	11 月	1 月	4 月
样点 1	16.1±0.07	10.06±0.13	10.09±0.17	17.13±0.63	1.31±0.05	1.5±0.01	3.77±0.02	4.48±0.11
样点 2	12.59±0.12	11.82±0.25	27.83±0.35	12.18±0.73	2.2±0.03	1.86±0.09	0.41±0.04	0.48±0.02
样点 3	10.04±0.23	12.4±0.21	11.89±0.43	10.14±0.74	1.34±0.09	0.8±0.01	2.05±0.07	1.68±0.07
样点 4	11.72±0.17	10.35±0.23	10.3±0.38	11.08±0.81	1.99±0.11	1.79±0.05	2.89±0.12	1.92±0.11
样点 5	20.09±0.21	11.47±0.14	12.62±0.23	11.09±0.24	2.3±0.05	2.1±0.02	2.31±0.08	1.57±0.09
样点 6	16.2±0.24	13.12±0.09	10.37±0.29	10.35±0.81	1.21±0.07	1.07±0.03	0.41±0.01	1.1±0.05
样点 7	11.47±0.37	10.02±0.17	10.08±0.12	10.35±0.23	0.76±0.01	0.5±0.01	1.46±0.04	1.42±0.03
样点 8	11.48±0.09	15.56±0.28	10.25±0.76	10.16±0.41	3.01±0.09	2.93±0.02	1.47±0.03	1.64±0.02
样点 9	10.17±0.11	10.23±0.13	10.05±0.58	10.73±0.57	1.03±0.03	2.4±0.01	1.48±0.01	3.07±0.09

和睦湿地表层沉积物 TN 含量为 0.41～4.48 g/kg，总体水平偏低，从空间变化趋势来看，TN 的变异系数为 36.35%，属于中等变异程度。从季节分布上看，冬季 1 月 TN 的平均含量 2.03 g/kg 为最高，其中春季 4 月各采样点 TN 的含量均较夏季 7 月、秋季 11 月的高（表 20-5）。

与西溪湿地相比，两地 TOC 含量、TN 含量在空间分布和季节分布上都有差异。西溪湿地的 TOC 含量整体比和睦湿地的高，西溪湿地 4 月的平均含量最高，而和睦湿地的冬季 1 月最高。TN 含量也是西溪湿地的略高，两地都是冬季 TN 平均含量最高。由于季节间降雨、人类活动以及湿地自身扰动等因素的影响，使得两地表层沉积物中碳、氮含量都出现一定的季节变化。

沉积物有机碳的积累主要由有机质输入与不同类型碳的矿化速率间的平衡决定。天然沉积物有机物质的输入量主要依赖于有机残体归还量的多少及有机残体的腐殖化系数（王其兵等，1998），天然有机质的输出量主要包括分解和侵蚀损失（余晓鹤等，1991）。西溪湿地长期积水，并生长茂密的芦苇和蒲草等喜湿植物，夏季根叶茂盛，冬季地面部分死亡，有机质残体沉入底部得到分解，使得沉积物中有机质含量较高。陈庆美等（2003）研究发现，土壤有机碳、全氮密度与温度呈负相关，因此，西溪湿地 4 月表层沉积物有机碳含量高。

TN 的含量可以反映水体的富营养化程度，通常富营养化严重的湖泊，其底泥中营养盐含量也高。与南京玄武湖、云南滇池、杭州西湖、安徽巢湖等（袁旭音等，2003）典型的富营养化湖泊相比，杭州西溪湿地沉积物中 TN 含量较高。因此应该引起足够的重视并进行相关的治理。

由表 20-6 可知，和睦湿地表层沉积物有机碳密度总体水平偏低，从空间分布上来看，有机碳密度含量的变化范围是 12.09～34.96 kg/m^3，整体比西溪湿地的低。从季节分布上看，7 月 TOC 密度的平均含量最高为 17.66 kg/m^3，其余月份 TOC 密度的平均含量相差不大。和睦湿地有机碳密度季节分布规律与西溪湿地的不同。

表 20-6　沉积物中 TOC 密度和 TN 密度　（单位：kg/m^3）

采样点	TOC 密度				TN 密度			
	7 月	11 月	1 月	4 月	7 月	11 月	1 月	4 月
样点 1	23.56	14.72	14.76	25.06	1.92	2.19	5.52	6.55
样点 2	15.82	14.85	34.96	15.30	2.76	2.34	0.52	0.60
样点 3	14.02	17.31	16.60	14.16	1.87	1.12	2.86	2.35
样点 4	15.72	13.88	13.81	14.86	2.67	2.40	3.88	2.57
样点 5	25.66	14.65	16.12	14.17	2.94	2.68	2.95	2.01
样点 6	20.79	16.84	13.31	13.28	1.55	1.37	0.53	1.41
样点 7	13.84	12.09	12.16	12.48	0.92	0.60	1.76	1.71
样点 8	16.77	22.74	14.98	14.85	4.40	4.28	2.15	2.40
样点 9	12.77	12.84	12.62	13.47	1.29	3.01	1.86	3.85

和睦湿地表层沉积物 TN 密度为 0.52～6.55 kg/m^3，总体水平也较低。从季节分布上看，4 月 TN 密度的平均含量 2.61 kg/m^3 为最高，11 月采样点的 TN 密度平均含量为 2.22 kg/m^3，为最低（表 20-6），可见 TN 密度的全年变化不大，与和睦湿地 TOC 密度全年变化规律类似。

进一步分析和睦湿地全年各采样点中沉积物的有机碳、全氮储量（图 20-3）发现，全年中有机碳储量大小顺序为：7 月>1 月>11 月>4 月，分别为 15.89×10^3 t/km^2、14.93×10^3 t/km^2、13.99×10^3 t/km^2 和 13.76×10^3 t/km^2。全年中 TN 储量大小顺序为：4 月>1 月>7 月>11 月，分别为 2.35×10^3 t/km^2、2.20×10^3 t/km^2、2.03×10^3 t/km^2 和 2.00×10^3 t/km^2。

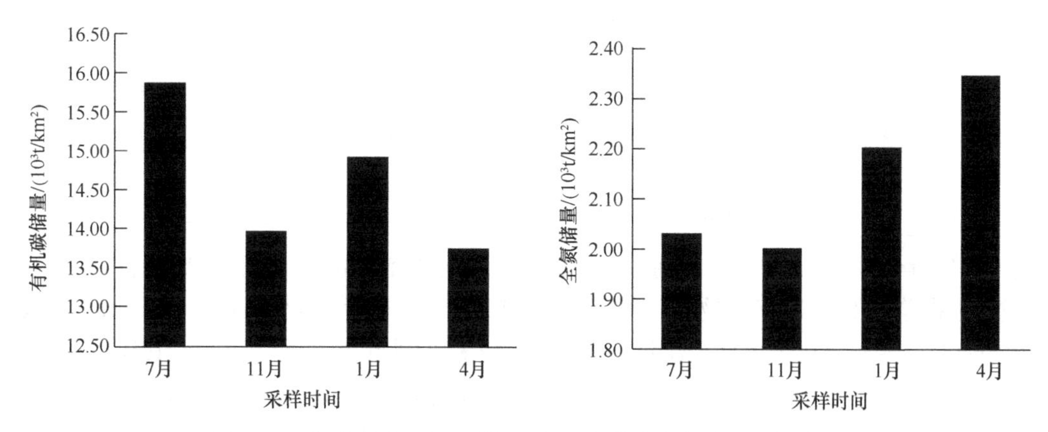

图 20-3　和睦湿地全年各采样点中沉积物的有机碳和全氮储量

对和睦湿地沉积物各采样点的 TOC 含量进行聚类分析（图 20-4），各采样点 TOC 含量分布的差异较大，沉积物 TOC 含量分布大致可以分为四类：一类是样点 1、3、4、5、7、8、9；二类是样点 8；三类是样点 6；四类是样点 2。

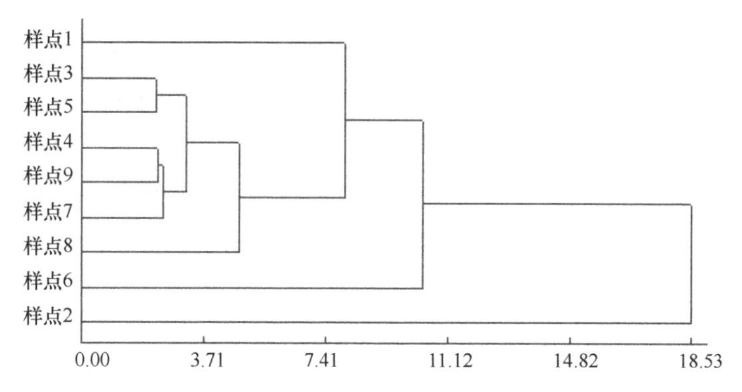

图 20-4　和睦湿地各样点沉积物 TOC 含量聚类分析

20.3.3　结论

（1）西溪湿地表层沉积物有机碳含量总体水平偏高，有机碳含量的变化范围是 10.33～45.06 g/kg，从季节分布上看，春季 4 月 TOC 的平均含量最高为 29.84 g/kg。西溪湿地表层沉积物 TN 含量为 1.6～6.7 g/kg，总体水平偏高，从季节分布上看，冬季 11 月 TN 的平均含量 4.9 g/kg 为最高。

（2）和睦湿地表层沉积物有机碳含量总体水平偏低。冬季 1 月 TOC 的平均含量高于其他季节。和睦湿地表层沉积物 TN 含量为 0.41～4.48 g/kg，总体水平偏低。从季节分布上看，冬季 1 月 TN 的平均含量 2.03 g/kg 为最高。

（3）西溪湿地的 TOC 含量整体比和睦湿地的高，西溪湿地 4 月的平均含量最高，而和睦湿地的冬季 1 月最高。TN 含量也是西溪湿地的略高，两地都是冬季 TN 平均含量最高。

20.4 杭州城市湿地沉积物碳、氮污染评价

目前国内外对于城市湿地沉积物环境尚缺乏统一的评价方法和标准。参照类似湖泊湿地相关文献资料（窦华亭等，1993），采用有机指数和有机氮评价西溪湿地表层沉积物污染状况。

表层沉积物质量对底栖生物生存环境有重要影响，若污染物超过某一水平将对底栖生物产生毒性效应。本文采用加拿大安大略省环境和能源部制定的环境质量标准来对两地湿地采样点的表层沉积物的 TOC 和 TN 进行生态毒性效应评价（Leivuori and Niemistö，1995）。杭州市城市湿地与加拿大安大略省处在不同的纬度带，其环境温度、光照、生物的种类、沉积物的性质以及沿岸城市的排污状况均有很大差异，因此，采用加拿大环境标准值对杭州和睦湿地碳氮的污染状况评价不一定能够反映其真实的污染程度和对生物危害状况，但可在一定程度上反映和睦湿地的生态毒性污染状况。具体调查数据及毒性水平见下文。

20.4.1 沉积物中 C、N 的评价方法

有机指数通常作为水域沉积物环境状况的指标，有机指数=有机碳（%）×有机氮（%）；其中，有机氮含量（ON%）根据经验公式（王永华等，2004）：有机氮=总氮×0.95 换算得出。有机氮是常用来衡量水域沉积物有否遭受氮污染的重要指标，参照国内相关标准（孙顺才和黄漪平，1993），结合实际情况制定的评价标准见表 20-7。

表 20-7 沉积物有机指数和有机氮评价标准

类型与等级	有机指数	ON /%
清洁/Ⅰ	<0.05	<0.033
较清洁/Ⅱ	0.05～0.20	0.033～0.066
尚清洁/Ⅲ	0.20～0.50	0.066～0.133
污染/Ⅳ	>0.5	>0.133

沉积物碳氮的生态毒性评价方法。根据加拿大安大略省环境和能源部制定的环境质量标准对两地湿地采样点的表层沉积物的 TOC 和 TN 进行生态毒性效应评价（Leivuori and Niemistö，1995）。此标准分为 3 级：① 安全级，此时在水生生物中未发现毒效应；② 最低级，此时沉积物已受污染，但是多数底栖生物可以承受；③ 严重级，此时底栖生物群落已遭受明显的损害（Mudroch and Azcue，1995）。评价标准见表 20-8。

表 20-8　TOC 和 TN 的生态毒性标准

评价等级	TOC 评价标准/%	TN 评价标准/（mg/kg）
安全	—	—
最低	1	550
严重	10	4800

—表示低于检测限

20.4.2　湿地表层沉积物营养评价

1. 西溪湿地表层沉积物营养评价

对西溪湿地沉积物各采样点的 TOC 含量进行了聚类分析，选择 4 个采样点（五义桥、泊庵、普济桥、练兵桥）。再分别对这 4 个采样点进行沉积物营养评价（表 20-9）。

表 20-9　表层沉积物 TOC、TN、ON 含量和有机指数的污染等级

采样点	时间	TOC/%	TN/%	ON/%	ON 污染等级	有机指数	有机指数污染等级
五义桥	4 月	1.207	0.160	0.152	污染/Ⅳ	0.183	较清洁/Ⅱ
	7 月	1.394	0.270	0.257	污染/Ⅳ	0.358	尚清洁/Ⅲ
	9 月	1.033	0.210	0.200	污染/Ⅳ	0.206	尚清洁/Ⅲ
	11 月	1.314	0.440	0.418	污染/Ⅳ	0.549	污染/Ⅳ
	平均值	1.237	0.270	0.257	污染/Ⅳ	0.317	尚清洁/Ⅲ
普济桥	4 月	4.506	0.460	0.437	污染/Ⅳ	1.969	污染/Ⅳ
	7 月	1.061	0.280	0.266	污染/Ⅳ	0.282	尚清洁/Ⅲ
	9 月	1.016	0.170	0.162	污染/Ⅳ	0.164	较清洁/Ⅱ
	11 月	1.038	0.470	0.447	污染/Ⅳ	0.463	尚清洁/Ⅲ
	平均值	1.905	0.345	0.328	污染/Ⅳ	0.624	污染/Ⅳ
泊庵	4 月	3.439	0.370	0.352	污染/Ⅳ	1.209	污染/Ⅳ
	7 月	2.637	0.390	0.371	污染/Ⅳ	0.977	污染/Ⅳ
	9 月	2.717	0.300	0.285	污染/Ⅳ	0.774	污染/Ⅳ
	11 月	2.234	0.530	0.504	污染/Ⅳ	1.125	污染/Ⅳ
	平均值	2.757	0.398	0.378	污染/Ⅳ	1.041	污染/Ⅳ
练兵桥	4 月	2.532	0.35	0.333	污染/Ⅳ	0.842	污染/Ⅳ
	7 月	1.418	0.240	0.228	污染/Ⅳ	0.323	尚清洁/Ⅲ
	9 月	4.266	0.370	0.352	污染/Ⅳ	1.499	污染/Ⅳ
	11 月	2.443	0.520	0.494	污染/Ⅳ	1.207	污染/Ⅳ
	平均值	2.665	0.370	0.352	污染/Ⅳ	0.937	污染/Ⅳ

注：表中数据均为各采样点的均值，本章下同

依据表 20-8 的标准，由表 20-9 可知，所有采样点的表层沉积物 ON 含量均超过了

“污染/Ⅳ”等级。有机指数 ON 含量平均值最高为 0.378，在采样点泊庵。采样点泊庵的有机指数平均值也是最高，为 1.041，超过污染标准 2 倍；有机指数最低的是采样点五义桥，为尚清洁/Ⅲ，4 个采样点表层沉积物 ON 含量的变化规律与有机指数较为类似，不同采样点 ON 含量的超标倍数大多比有机指数要高。

2. 和睦湿地表层沉积物营养评价

对和睦湿地沉积物各采样点的 TOC 含量进行聚类分析，选择了 4 个采样点（1、2、6、8）。再分别对这 4 个采样点进行沉积物营养评价（表 20-10）。

表 20-10　表层沉积物 TOC、TN、ON 含量和有机指数的污染等级

采样点	时间	TOC/%	TN/%	ON/%	ON 污染等级	有机指数	有机指数污染等级
样点 1	7 月	1.61	0.131	0.124	尚清洁/Ⅲ	0.200	尚清洁/Ⅲ
	11 月	1.006	0.15	0.143	污染/Ⅳ	0.143	较清洁/Ⅱ
	1 月	0.377	0.210	0.200	污染/Ⅳ	0.075	较清洁/Ⅱ
	4 月	1.713	0.448	0.426	污染/Ⅳ	0.729	污染/Ⅳ
	平均值	1.177	0.235	0.223	污染/Ⅳ	0.262	尚清洁/Ⅲ
样点 2	7 月	1.259	0.22	0.209	污染/Ⅳ	0.263	尚清洁/Ⅲ
	11 月	1.182	0.186	0.177	污染/Ⅳ	0.209	尚清洁/Ⅲ
	1 月	0.041	0.170	0.162	污染/Ⅳ	0.007	清洁/Ⅰ
	4 月	1.218	0.048	0.046	尚清洁/Ⅲ	0.056	尚清洁/Ⅲ
	平均值	0.925	0.156	0.148	污染/Ⅳ	0.137	较清洁/Ⅱ
样点 6	7 月	1.62	0.121	0.115	尚清洁/Ⅲ	0.186	较清洁/Ⅱ
	11 月	1.312	0.107	0.102	尚清洁/Ⅲ	0.133	较清洁/Ⅱ
	1 月	1.037	0.041	0.039	尚清洁/Ⅲ	0.040	清洁/Ⅰ
	4 月	1.035	0.11	0.105	尚清洁/Ⅲ	0.108	较清洁/Ⅱ
	平均值	1.251	0.095	0.090	尚清洁/Ⅲ	0.113	较清洁/Ⅱ
样点 8	7 月	1.148	0.301	0.286	污染/Ⅳ	0.328	尚清洁/Ⅲ
	11 月	1.556	0.293	0.278	污染/Ⅳ	0.433	尚清洁/Ⅲ
	1 月	0.147	0.300	0.285	污染/Ⅳ	0.042	清洁/Ⅰ
	4 月	1.016	0.164	0.156	污染/Ⅳ	0.158	较清洁/Ⅱ
	平均值	0.967	0.265	0.251	污染/Ⅳ	0.243	尚清洁/Ⅲ

依据表 20-7 的标准，由表 20-10 可知，采样点 1、2、8 的表层沉积物 ON 含量均超过了“污染/Ⅳ”等级，亦均超标，样点 8 的 ON%指数是 0.251，为最高。有机指数最高的是采样点 1(0.262)，达到尚清洁/Ⅲ 水平；有机指数最低的是采样点 6，为尚清洁/Ⅲ。4 个采样点表层沉积物 ON%的变化规律与有机指数较为类似，但不同采样点 ON%的超标倍数大多比有机指数要高。

比较西溪湿地和和睦湿地两地的表层沉积物营养评价，西溪市的 ON%指数和有机指数都比和睦湿地的高。表层沉积物中有机指数大于 1 时说明沉积物中的碳氮具有一定的生态风险效应，西溪湿地采样点五义桥的有机指数为 1.041，应引起相关部门足够的重视。和睦湿地没有采样点的有机指数高于 1，说明沉积物中碳氮不具有生态风险效应，对环境产生的危害较小。

20.4.3　湿地表层沉积物碳氮的生态毒性评价

1. 西溪湿地表层碳氮的生态毒性评价

根据前述聚类分析结果，对四个采样点五义桥、泊庵、普济桥、练兵桥进行沉积物生态毒性评价（表 20-11）。

表 20-11　表层沉积物 TOC 和 TN 的毒性水平

采样点	时间	TOC/%	毒性水平	TN/（mg/kg）	毒性水平
五义桥	4 月	1.207	最低	1600	最低
	7 月	1.394	最低	2700	最低
	9 月	1.033	最低	2100	最低
	11 月	1.314	最低	4400	最低
	平均值	1.237	最低	2700	最低
普济桥	4 月	4.506	最低	4600	最低
	7 月	1.061	最低	2800	最低
	9 月	1.016	最低	1700	最低
	11 月	1.038	最低	4700	最低
	平均值	1.905	最低	3450	最低
练兵桥	4 月	2.532	最低	3500	最低
	7 月	1.418	最低	2400	最低
	9 月	4.266	最低	3700	最低
	11 月	2.443	最低	5200	最低
	平均值	2.665	最低	3700	最低
泊庵	4 月	3.439	最低	3700	最低
	7 月	2.637	最低	3900	最低
	9 月	2.717	最低	3000	最低
	11 月	2.234	最低	5300	严重
	平均值	2.757	最低	3975	最低

从表 20-11 中数据可知，在加拿大安大略省环境和能源部制定的环境质量标准下，4 个采样点表层沉积物中 TOC 的生物毒性水平都超过最低毒性水平，采样点泊庵 TOC 毒性水平最高达 2.757，超过对底栖生物有最低毒性的严重程度近 3 倍。4 个采样点表层沉积物中 TN 的生物毒性均较高，接近严重毒性水平，其中采样点泊庵 TN 的生物毒性最高的月份为 5300 mg/kg，达到严重毒性水平。这说明西溪湿地的底泥有机质中有机碳的污染毒性不高，主要来自于有机氮。

2. 和睦湿地表层沉积物碳氮的生态毒性评价

根据前述聚类分析结果，对4个采样点1、2、6、8进行沉积物生态毒性评价（表20-12）。

表 20-12　表层沉积物 TOC 和 TN 的毒性水平

采样点	时间	TOC/%	毒性水平	TN/（mg/kg）	毒性水平
样点1	7月	1.61	最低	1310	最低
	11月	1.006	最低	1500	最低
	1月	0.377	安全	2100	最低
	4月	1.713	最低	4480	最低
	平均值	1.177	最低	2347.5	最低
样点2	7月	1.259	最低	2200	最低
	11月	1.182	最低	1860	最低
	1月	0.041	安全	1700	最低
	4月	1.218	最低	480	安全
	平均值	0.925	安全	1560	最低
样点6	7月	1.620	最低	1210	最低
	11月	1.312	最低	1070	最低
	1月	1.037	最低	410	安全
	4月	1.035	最低	1100	最低
	平均值	1.251	最低	947.5	最低
样点8	7月	1.148	最低	3010	最低
	11月	1.556	最低	2930	最低
	1月	0.147	安全	3000	最低
	4月	1.016	最低	1640	最低
	平均值	0.967	安全	2645	最低

从表20-12中数据可知，在加拿大安大略省环境和能源部制定的环境质量标准下，4个采样点表层沉积物中TOC的生物毒性不高，样点2和样点8的平均TOC的生物毒性位于安全水平，样点1的TOC的生物毒性最高为1.177，达到最低毒性水平。4个采样点表层沉积物中TN的生物毒性水平也普遍偏低，样点8的TN生物毒性水平平均值最高达2645 mg/kg，接近对底栖生物毒性的严重程度，样点2和样点6的TN生物毒性最低的月份达到480 mg/kg和410 mg/kg，处于安全级别。总之，西溪湿地的表层沉积物TOC和TN的毒性水平普遍比和睦湿地的高。两地的沉积物有机质中有机碳的污染毒性不高，主要来自于有机氮。

20.4.4　结论

（1）西溪湿地和和睦湿地的三个采样点的表层沉积物ON均超过了“污染/Ⅳ”等级，不同采样点ON的超标倍数大多比有机指数要高，有机指数变化规律与表层沉积物ON的变化规律较为类似。西溪湿地采样点泊庵的有机指数最高为1.041，超过污染标准2

倍；和睦湿地有机指数最高的是 1 号采样点（0.262），达到尚清洁/III 水平。西溪湿地的 ON 指数和有机指数都比和睦湿地的高。

（2）在加拿大安大略省环境和能源部制定的环境质量标准下，西溪湿地 4 个采样点表层沉积物中 TOC 的生物毒性水平都超过最低毒性水平，采样点泊庵 TOC 毒性水平最高达 2.757。和睦湿地 4 个采样点表层沉积物中 TOC 的生物毒性不高，样点 2 和样点 8 的平均 TOC 的生物毒性位于安全水平。西溪湿地 4 个采样点表层沉积物中 TN 的生物毒性均较高，接近严重毒性水平。和睦湿地 4 个采样点表层沉积物中 TN 的生物毒性水平普遍偏低，样点 2 和样点 6 的 TN 生物毒性最低的月份达到 480 mg/kg 和 410 mg/kg，处于安全级别。总之，两地的沉积物有机质中有机碳的污染毒性不高，主要来自于有机氮。西溪湿地的表层沉积物 TOC 和 TN 的毒性水平普遍比和睦湿地的高。

20.5　杭州城市湿地沉积物重金属时空分布特征

20.5.1　分析方法

采集来的表层沉积物先经过自然风干、研磨、过筛，然后将样品经过盐酸+硝酸+高氯酸方法消解后，用原子吸收分光光度计火焰法（杨军等，2005）测定其重金属含量（Cu、Zn、Pb、Cr、Ni）（GB/T17140—1997）。

20.5.2　西溪湿地沉积物重金属时空分布特征

1. 西溪湿地沉积物重金属空间分布

表 20-13 可见，西溪湿地沉积物中 Cu 含量范围为 27.23～223.77 mg/kg，以采样点五义桥、蒋相公桥中含量相对较高；Zn、Pb 含量范围分别为 72.65～159.64 mg/kg 和 13.15～36.05 mg/kg，均以采样点五义桥、泊庵、泊庵外、蒋相公桥中含量较高；Cr 含量范围为 11.80～31.28 mg/kg，且以采样点五义桥、泊庵、练兵桥中含量较高；Ni 含量范围为 63.96～107.44 mg/kg，以采样点泊庵、泊庵外、蒋相公桥含量相对较高。有文献对前期西溪湿地的重金属含量（邵学新等，2007）报道显示，西溪湿地底泥重金属含量平均值分别为：Cu 为 36.8 mg/kg，Zn 为 91.5 mg/kg，Pb 为 39.2 mg/kg，Cr 为 64.9 mg/kg，通过对比可以看出，除采样点五义桥和蒋相公桥外，其余 9 个采样点沉积物 Cu 含量均呈下降趋势，55%的采样点沉积物 Zn 含量有下降的趋势，而所有样点沉积物 Pb、Cr 含量均呈大幅降低的趋势，这说明，西溪湿地的管理和整治在控制底泥重金属含量方面取得了一定成效。

表 20-13　西溪湿地表层沉积物中重金属含量特征（X±S）（单位：mg/kg）

样点	Cu	Zn	Pb	Cr	Ni
五义桥	223.77±3.54	159.64±8.70	36.05±0.44	20.88±4.09	63.96±8.68
普济桥	28.08±3.62	88.71±2.47	14.87±1.50	12.37±2.05	67.78±0.52
泊庵	39.83±1.60	140.22±1.64	21.07±1.77	23.37±0.57	97.84±1.23
泊庵外	29.03±4.30	110.9±29.76	20.06±7.81	14.38±4.09	102.2±25.95

续表

样点	Cu	Zn	Pb	Cr	Ni
练兵桥	27.23±0.30	80.35±1.38	14.93±3.64	31.28±1.62	77.29±1.85
蒹葭桥	32.77±0.61	100.25±4.56	17.78±4.31	11.80±2.78	87.50±2.58
西溪植物园	30.76±0.60	81.32±0.36	13.15±1.51	16.84±4.60	82.25±0.09
缓冲区	29.99±0.98	72.65±7.33	13.26±0.69	13.46±1.66	69.68±3.62
西溪滨水闸桥	31.93±0.69	85.78±1.99	19.82±1.08	13.31±1.58	78.99±2.35
西溪草堂桥	31.82±2.70	71.54±0.80	13.20±2.79	18.45±1.60	84.04±4.47
蒋相公桥	47.72±0.42	131.09±0.27	18.27±1.54	17.84±0.41	107.44±4.54

进一步进行聚类分析结果如图 20-5 所示，各采样点基本可以分为 3 大类，五义桥为一类，以高 Cu、Pb、Zn 含量为主要特征；蒋相公桥和泊庵为一类，以较高的 Ni、Zn 含量为特征；其余采样点为一类，以较低的重金属含量为主要特征。

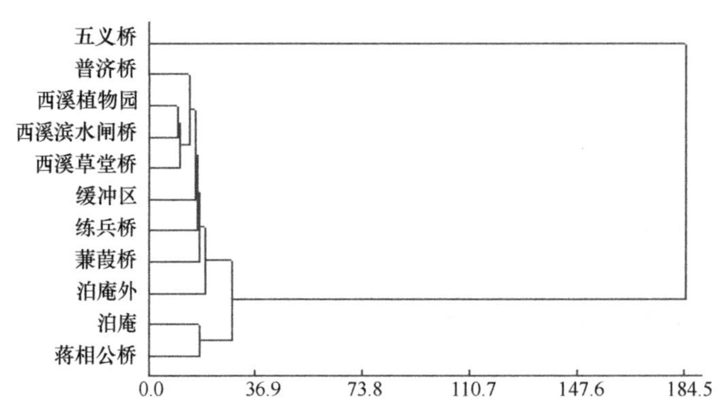

图 20-5 西溪湿地各样点沉积物重金属含量聚类分析

2. 西溪湿地沉积物重金属的季节分布

根据前述聚类分析结果，从西溪湿地的 11 个采样点中选取 4 个有季节代表性的采样点（五义桥、普济桥、泊庵、蒋相公桥）进行表层沉积物重金属（Cu、Zn、Cr、Pb 和 Ni）的季节分布特征分析，如图 20-6 所示。

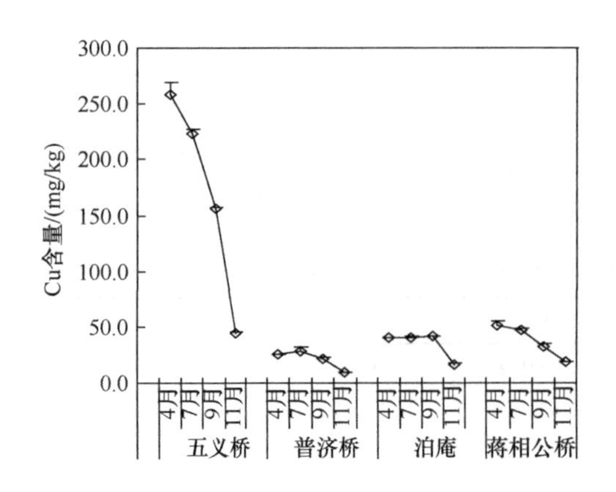

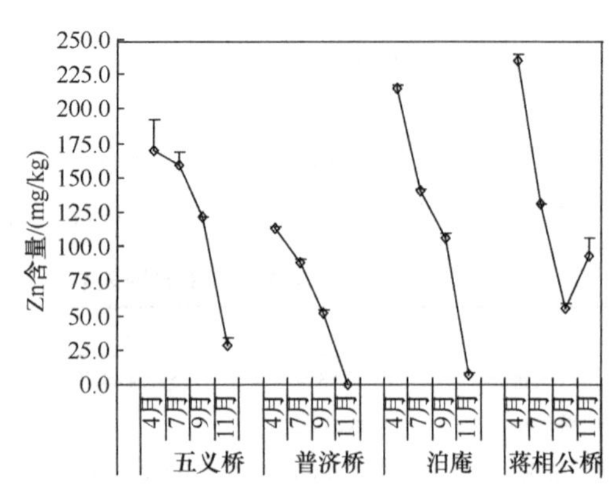

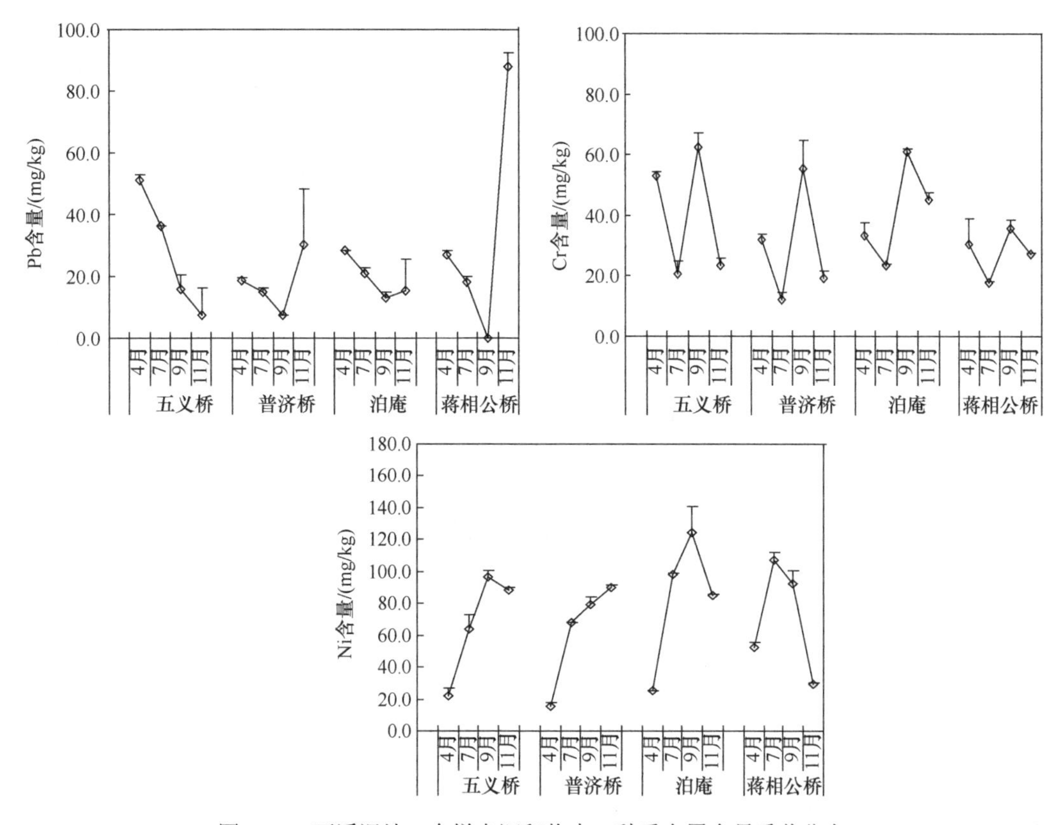

图 20-6　西溪湿地 4 个样点沉积物中 5 种重金属含量季节分布

由图 20-6 可见，4 个样点沉积物中 Cu、Zn 含量在一年中逐渐降低，基本在 11 月最低，此时 Cu、Zn 大量地溶于水体或富集于水生植物中。

除五义桥外，普济桥、泊庵、蒋相公桥的表层沉积物中 Pb 含量均在 9 月时达最低含量。王亚平等（2012）的研究指出：Pb 在沉积物中的释放主要是在酸性条件下发生的，并且释放率随 pH 的升高而迅速降低，pH>7.0 后，释放率都非常低。由于西溪湿地各采样点的 pH 为 7.18～7.54，因此 Pb 释放量非常低，其沉积物重金属 Pb 含量的季节性变化应该主要受水文条件的影响。

五义桥、普济桥、泊庵、蒋相公桥的表层沉积物中 Cr、Ni 含量均在 9 月最高，这可能是因为夏季沿岸悬浮泥沙及污染物随着降雨被带入河道，使得表层沉积物中重金属快速富集。因此，虽然西溪湿地沉积物 Cr 含量比前期报道（邵学新等，2007）降低，依然不能放松其季节性增高的特征并警惕其人为污染的可能性。

20.5.3　和睦湿地沉积物重金属时空分布特征

1. 和睦湿地沉积物重金属空间分布

表 20-14 可见，和睦湿地沉积物中 Cu 含量范围为 34.17～145.75 mg/kg，以样点 1、2、4、8 中含量相对较高；Zn、Pb 含量范围分别为 159.08～607.53 mg/kg 和 27.61～

52.50 mg/kg，亦以样点 1、2、4、8 中含量较高；Cr 含量范围为 28.02～139.16 mg/kg，则以样点 1、2、3、4 中含量较高；Ni 含量范围为 15.08～123.98 mg/kg，以样点 3、5、7、8 含量相对较高。马婷等（2011）发现南京城市主要湖泊沉积物中 Cu 含量范围为 13.2～65.3 mg/kg，Zn、Pb 含量范围分别为 62.0～439.2 mg/kg 和 20.9～54.3 mg/kg，Cr 含量范围为 13.5～63.2 mg/kg，Ni 含量范围为 10.3～52.6 mg/kg，可见，相对而言，杭州和睦湿地表层沉积物的 Cu、Zn、Pb、Cr 和 Ni 平均含量均明显高于南京市主要湖泊，重金属污染程度较严重。另有报道表明（邵学新等，2007）杭州西溪湿地沉积物重金属 Cu 含量为 36.8 mg/kg、Zn 含量为 91.5 mg/kg、Pb 含量为 39.2 mg/kg、Cr 含量为 64.9 mg/kg，可见，杭州和睦湿地表层沉积物重金属含量亦明显高于西溪湿地，这可能与西溪湿地经过疏浚、土壤整治使重金属含量减少及和睦湿地周围仍存的工业、生活排污有关。

表 20-14　和睦湿地表层沉积物中重金属含量特征（X±S）（单位：mg/kg）

样点	Cu	Zn	Pb	Cr	Ni
样点 1	145.75±0.37	477.75±3.08	52.50±1.05	97.68±0.08	54.77±3.84
样点 2	94.99±0.92	431.09±10.65	49.25±0.18	122.17±0.83	78.91±0.88
样点 3	82.19±1.09	391.98±8.59	39.87±1.21	129.25±11.76	95.06±0.60
样点 4	117.29±1.15	607.53±6.21	45.94±1.44	139.16±5.74	57.86±2.59
样点 5	83.03±5.94	370.56±0.68	43.77±0.50	90.86±7.79	104.98±11.96
样点 6	62.09±0.76	250.61±7.79	31.21±1.13	28.02±2.75	54.70±5.71
样点 7	34.17±0.33	159.08±9.28	27.61±2.64	42.21±1.34	123.98±14.26
样点 8	111.90±0.51	509.71±11.30	48.68±1.26	72.75±1.89	84.62±15.64
样点 9	39.10±0.09	248.42±2.88	35.43±1.81	57.14±1.07	15.08±2.99

进一步对 9 个采样点进行聚类分析，结果如图 20-7 所示，各样点基本可以分为 4 大类：样点 7 为一类，为高 Ni 含量区；样点 6 和 9 为一类，为低重金属含量区；样点 1、2、3、5、8 为一类，以 Cr、Zn、Cu 含量较高为主要特征，样点 4 为一类，以高 Zn 含量为主要特征。

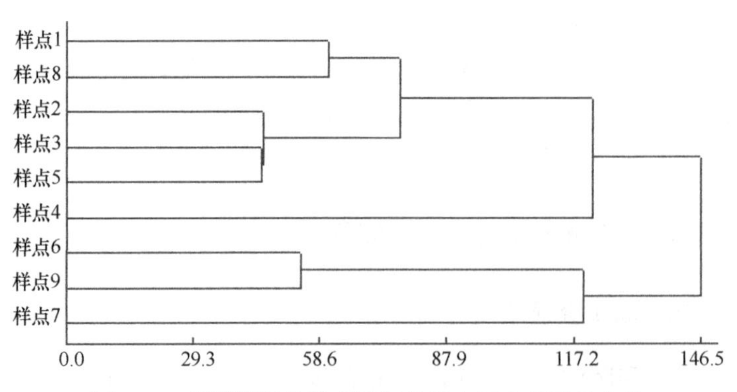

图 20-7　和睦湿地各样点沉积物重金属含量聚类分析

2. 和睦湿地沉积物重金属的季节分布

根据前述聚类分析结果，从和睦湿地的 9 个采样点中（1、2、3、4、5、6、7、8、9）选择 4 个有代表性的样点（1、4、7、9）进行表层沉积物重金属（Cu、Zn、Cr、Pb 和 Ni）的季节分布研究，见图 20-8。

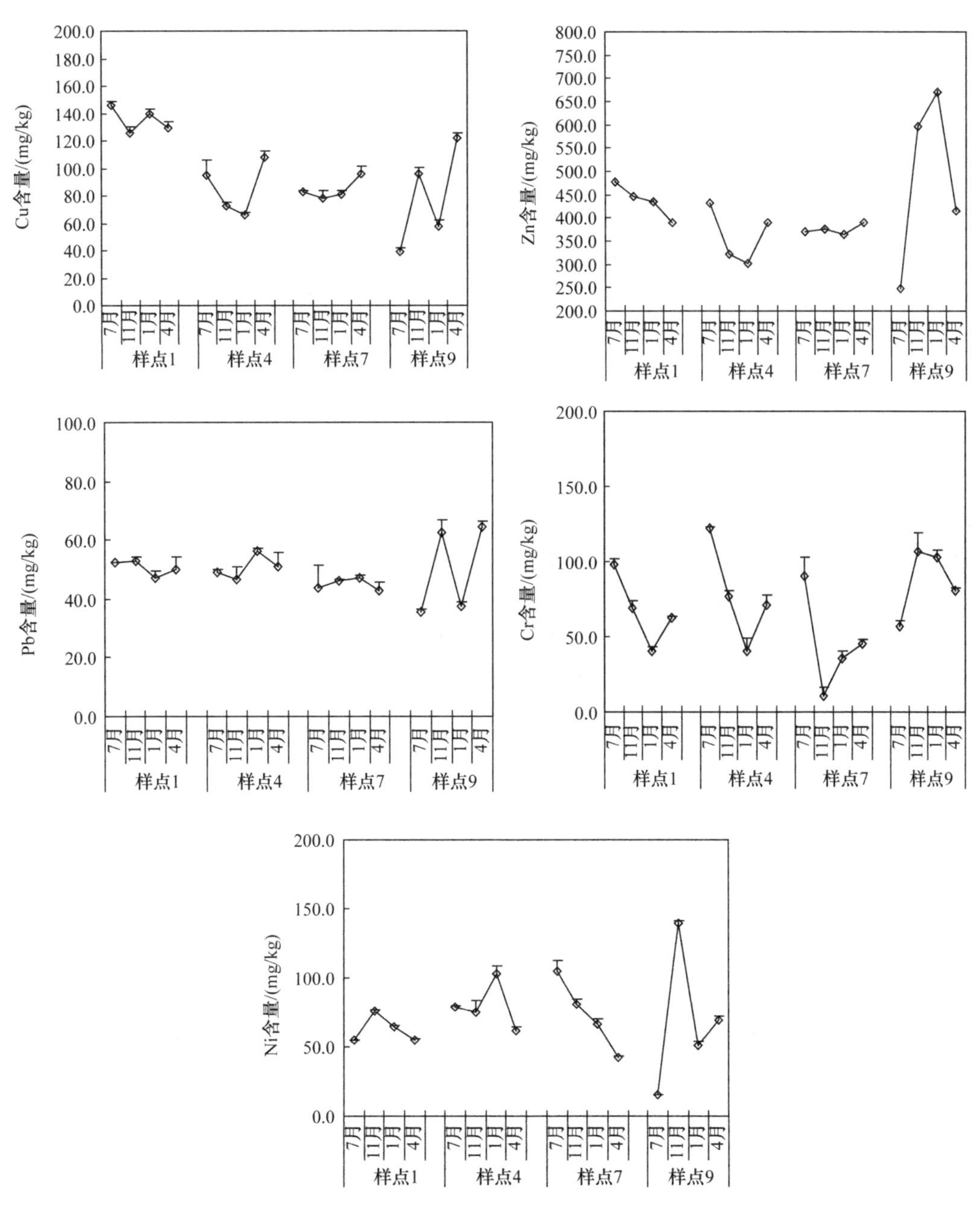

图 20-8　和睦湿地 4 个样点沉积物中重金属含量季节分布

由图 20-8 可见，除样点 9 沉积物中 Cu、Zn、Pb、Cr、Ni 含量在 7 月最低外，样点 1 沉积物中的 Cu、Zn、Pb、Cr 含量，样点 4 沉积物中的 Zn、Cr 含量及样点 7 沉积物中的 Cr、Ni 含量均以 7 月最高。研究表明（徐勇等，2012），决定湿地沉积物重金属季节性变化的主要因素之一是河流水文条件，丰水期时沿岸悬浮泥沙及污染物会随着降雨被带入河道并导致表层沉积物中重金属快速富集，故夏季 7 月的湿地表层沉积物中某些重金属浓度较高，因此，应该注意修缮采样点 1、4、7 的河堤，减少泥沙流入河道。Barbier 等（2000）研究指出水体温度、pH、盐度、沉积物中有机质含量等亦与表层沉积物中重金属含量的季节变化特征具有密切关系。冬季至夏季期间，水温逐渐升高，底泥中重金属向水相的迁移释放量增加，沉积物中有机质含量减少进而降低重金属在沉积物中的吸附作用等均可能成为 7 月样点 9 沉积物中重金属含量偏低的潜在原因。综上所述，和睦湿地各样点沉积物中重金属含量在一年中呈现较大幅度的上下波动，说明一方面外源重金属对和睦湿地沉积物重金属含量影响甚大，目前对和睦湿地重金属污染源的管控应引起足够重视；另一方面湿地沉积物重金属的循环及释放特性值得深入研究。

20.5.4 结论

（1）西溪湿地沉积物中 Cu 含量范围为 27.23～223.77 mg/kg，以采样点五义桥、蒋相公桥中含量相对较高；Zn、Pb 含量范围分别为 72.65～159.64 mg/kg 和 13.15～36.05 mg/kg，均以采样点五义桥、泊庵、泊庵外、蒋相公桥中含量较高；Cr 含量范围为 11.80～31.28 mg/kg，且以采样点五义桥、泊庵、练兵桥中含量较高；Ni 含量范围为 63.96～107.44 mg/kg，以采样点泊庵、泊庵外、蒋相公桥中含量相对较高。进一步聚类分析表明，各采样点基本可以分为 3 大类，五义桥为一类，以高 Cu、Pb、Zn 含量为主要特征；蒋相公桥和泊庵为一类，以较高的 Ni、Zn 含量为特征；其余采样点为一类，以较低重金属含量为主要特征。

（2）西溪湿地代表性采样点五义桥、普济桥、泊庵、蒋相公桥的季节分布特征表明，Cu、Zn 含量在一年中逐渐降低，基本在 11 月最低。Cr、Ni 含量均在 9 月最高，Pb 含量在各采样点全年波动趋势差异较大。

（3）和睦湿地沉积物中 Cu、Zn、Pb 含量范围分别为 34.17～117.29 mg/kg、159.08～607.53 mg/kg 和 27.61～52.50 mg/kg，且均以样点 1、2、4、8 中含量相对较高；Cr 含量范围为 28.02～139.16 mg/kg，以样点 1、2、3、4 中含量较高；Ni 含量范围为 15.08～123.98 mg/kg，以样点 3、5、7、8 含量相对较高。进一步聚类分析发现，和睦湿地各样点的沉积物基本可聚类为四大类，样点 1、2、3、5、8 为一类，以 Cr、Cu 含量较高为主要特征；样点 4 为一类，以高 Zn 含量为主要特征；样点 7 为一类，为高 Ni 含量区；样点 6 和 9 为一类，为低重金属含量区。

（4）和睦湿地代表性采样点 1、4、7、9 的季节分布特征研究表明，样点 1 沉积物中 Cu、Zn、Pb、Cr 含量，样点 4 沉积物中 Zn、Cr 含量，样点 7 沉积物中 Cr、Ni 含量均以 7 月最高，而样点 9 沉积物中 Cu、Zn、Pb、Cr、Ni 含量却在 7 月最低，故应在 7 月加强对和睦湿地沉积物重金属污染的监测。

20.6　杭州城市湿地沉积物重金属污染及生态风险评价

20.6.1　城市湿地沉积物重金属单项污染指数及综合污染指数评价

1. 西溪湿地重金属单项污染指数评价及综合污染指数评价

本文在对研究区域原始数据分析评价的基础上，采用单项污染指数法（表 20-15）和综合污染指数法（表 20-16）就四个具有代表性采样点（五义桥、普济桥、泊庵、蒋相公桥）沉积物的污染现状进行评价，结果如表 20-15 和表 20-16 所示。

表 20-15　西溪湿地沉积物重金属单项污染指数及其评价

样点	采样时间	单项污染指数（P_i）					污染等级				
		Cu	Zn	Pb	Cr	Ni	Cu	Zn	Pb	Cr	Ni
五义桥	4 月	2.58	0.68	0.17	0.26	0.44	中度污染	清洁	清洁	清洁	清洁
	7 月	2.24	0.64	0.12	0.1	1.28	中度污染	清洁	清洁	清洁	轻度污染
	9 月	1.56	0.48	0.05	0.31	1.93	轻度污染	清洁	清洁	清洁	轻度污染
	11 月	0.45	0.11	0.02	0.12	1.77	清洁	清洁	清洁	清洁	轻度污染
普济桥	4 月	0.26	0.45	0.06	0.16	0.32	清洁	清洁	清洁	清洁	清洁
	7 月	0.28	0.35	0.05	0.06	1.36	清洁	清洁	清洁	清洁	轻度污染
	9 月	0.22	0.21	0.03	0.28	1.59	清洁	清洁	清洁	清洁	轻度污染
	11 月	0.09	0	0.1	0.1	1.8	清洁	清洁	清洁	清洁	轻度污染
泊庵	4 月	0.4	0.86	0.09	0.17	0.5	清洁	尚清洁	清洁	清洁	清洁
	7 月	0.4	0.56	0.07	0.12	1.96	清洁	清洁	清洁	清洁	轻度污染
	9 月	0.42	0.43	0.04	0.3	2.48	清洁	清洁	清洁	清洁	中度污染
	11 月	0.17	0.03	0.05	0.22	1.71	清洁	清洁	清洁	清洁	轻度污染
蒋相公桥	4 月	0.51	0.94	0.09	0.15	1.05	清洁	尚清洁	清洁	清洁	轻度污染
	7 月	0.48	0.52	0.06	0.09	2.15	清洁	清洁	清洁	清洁	中度污染
	9 月	0.33	0.22	0	0.18	1.84	清洁	清洁	清洁	清洁	轻度污染
	11 月	0.18	0.37	0.29	0.14	0.59	清洁	清洁	清洁	清洁	清洁

表 20-16　西溪湿地沉积物重金属综合污染指数及其评价

采样点	综合污染指数（$P_{综}$）				综合污染等级			
	4 月	7 月	9 月	11 月	4 月	7 月	9 月	11 月
五义桥	1.92	1.70	1.50	1.30	轻污级	轻污级	轻污级	轻污级
普济桥	0.37	1.00	1.17	1.31	安全	轻污级	轻污级	轻污级
泊庵	0.67	1.45	1.83	1.25	安全	轻污级	轻污级	轻污级
蒋相公桥	0.84	1.59	1.35	0.47	警戒级	轻污级	轻污级	安全

由表 20-15 可见，一年中，除五义桥沉积物中 Cu 在 4 月和 7 月达到中度污染等级、在 9 月达轻度污染等级外，其余样点沉积物中 Cu 含量均处于清洁污染水平，说明五义桥沉积物中 Cu 污染相对严重；除 4 月时的五义桥、普济桥、伯菴沉积物中 Ni 及 11 月

时蒋相公桥沉积物 Ni 达清洁水平外，其余各样点沉积物中 Ni 在一年中则多呈中轻度污染，可见，西溪湿地沉积物中 Ni 污染不容忽视。而各样点沉积物中 Zn、Pb、Cr 含量在一年中则多呈清洁或尚清洁水平。

从综合污染指数评价（表 20-16）来看，五义桥沉积物全年均为轻度污染。普济桥和泊庵沉积物中 7 月、9 月和 11 月为轻度污染，4 月达到安全等级。蒋相公桥沉积物在 7 月和 9 月达到轻度污染，4 月处于警戒级，11 月为安全等级。

2. 和睦湿地重金属单项污染指数评价及综合污染评价

在对研究区域原始数据分析评价的基础上，采用单项污染指数法（表 20-17）和综合污染指数法（表 20-18）就和睦湿地 4 个具有代表性采样点 1、4、7、9 的沉积物污染现状进行评价。

表 20-17　和睦湿地沉积物重金属单项污染指数及其评价

样点	采样时间	单项污染指数（P_i）					污染等级				
		Cu	Zn	Pb	Cr	Ni	Cu	Zn	Pb	Cr	Ni
样点 1	7 月	1.46	1.91	0.17	0.49	1.10	轻度污染	轻度污染	清洁	清洁	轻度污染
	11 月	1.26	1.78	0.18	0.35	1.52	轻度污染	轻度污染	清洁	清洁	轻度污染
	1 月	1.40	1.74	0.16	0.20	1.28	轻度污染	轻度污染	清洁	清洁	轻度污染
	4 月	1.29	1.55	0.17	0.31	1.10	轻度污染	轻度污染	清洁	清洁	轻度污染
样点 4	7 月	1.17	2.43	0.15	0.70	1.16	轻度污染	中度污染	清洁	尚清洁	轻度污染
	11 月	0.97	2.39	0.15	0.56	1.09	尚清洁	中度污染	清洁	清洁	轻度污染
	1 月	0.82	1.44	0.14	0.39	0.88	尚清洁	轻度污染	清洁	清洁	尚清洁
	4 月	0.93	1.68	0.12	0.29	0.93	尚清洁	轻度污染	清洁	清洁	尚清洁
样点 7	7 月	0.34	0.64	0.09	0.21	2.48	清洁	清洁	清洁	清洁	中度污染
	11 月	0.44	0.57	0.09	0.00	0.81	清洁	清洁	清洁	清洁	尚清洁
	1 月	3.71	2.71	0.18	2.77	1.49	重度污染	中度污染	清洁	中度污染	轻度污染
	4 月	0.57	1.10	0.08	0.17	0.81	清洁	轻度污染	清洁	清洁	尚清洁
样点 9	7 月	0.39	0.99	0.12	0.29	0.30	清洁	尚清洁	清洁	清洁	清洁
	11 月	0.96	2.38	0.21	0.53	2.79	尚清洁	中度污染	清洁	清洁	中度污染
	1 月	0.57	2.68	0.13	0.51	1.03	清洁	中度污染	清洁	清洁	轻度污染
	4 月	1.22	1.66	0.21	0.40	1.38	轻度污染	轻度污染	清洁	清洁	轻度污染

表 20-18　和睦湿地沉积物重金属综合污染指数及其评价

采样点	综合污染指数（$P_{综}$）				综合污染等级			
	7 月	11 月	1 月	4 月	7 月	11 月	1 月	4 月
样点 1	1.53	1.45	1.40	1.26	轻污级	轻污级	轻污级	轻污级
样点 4	1.89	1.84	1.14	1.31	轻污级	轻污级	轻污级	轻污级
样点 7	1.83	0.63	3.04	0.87	轻污级	安全	重污级	警戒级
样点 9	0.76	2.20	2.02	1.36	警戒级	中污级	中污级	轻污级

由表 20-17 及表 20-18 可见，样点 1 各季节沉积物中 Cu、Zn、Ni 均为轻度污染，其 Pb、Cr 则为清洁水平，而其综合污染等级在各季节则均为轻污级。样点 4 沉积物中

Zn 为中轻度污染，Cu 及 Ni 为尚清洁或轻度污染，且其沉积物中 Zn、Cu、Ni 污染水平均以 7 月和 11 月相对较高，其 Pb、Cr 则为清洁或尚清洁水平，而其综合污染等级亦为轻污级。样点 7 沉积物中 Cu、Zn、Cr、Ni 在 1 月分别达到重度污染、中度污染、中度污染及轻度污染水平，其 Ni 亦在 7 月时达到中度污染，而其综合污染等级亦分别在 1 月和 7 月达到重污染级和轻污染级，说明样点 7 沉积物重金属污染受季节特征影响明显且相对污染严重。样点 9 沉积物中 Zn、Ni 均在 11 月、1 月及 4 月时达到中度污染或轻度污染，其沉积物 Cu 亦在 4 月时达到轻度污染，其综合污染指数在 11 月和 1 月达到中污水平，在 4 月和 7 月分别达到轻污级和警戒水平。

20.6.2　沉积物重金属的潜在生态风险评价

1. 西溪湿地沉积物重金属单项潜在生态风险指数（E_i）及其评价

本研究选取 4 个有代表性的采样点（五义桥、普济桥、泊庵、蒋相公桥）进行西溪湿地沉积物中重金属（Cu、Zn、Cr、Pb 和 Ni）的潜在生态风险评价，结果如表 20-19 所示。

表 20-19　西溪湿地沉积物重金属单项潜在生态风险指数（E_i）及其评价

采样点	采样时间	单项潜在生态风险指数（E_i）					生态风险等级				
		Cu	Zn	Pb	Cr	Ni	Cu	Zn	Pb	Cr	Ni
五义桥	4 月	65.25	2	10.4	1.81	4.02	强	轻微	轻微	轻微	轻微
	7 月	56.51	1.88	7.36	0.71	11.59	中等	轻微	轻微	轻微	轻微
	9 月	39.37	1.43	3.27	2.14	17.48	中等	轻微	轻微	轻微	轻微
	11 月	11.35	0.33	1.52	0.8	16.05	轻微	轻微	轻微	轻微	轻微
普济桥	4 月	6.48	1.34	3.83	1.09	2.88	轻微	轻微	轻微	轻微	轻微
	7 月	7.09	1.05	3.03	0.42	12.28	轻微	轻微	轻微	轻微	轻微
	9 月	5.48	0.62	1.53	1.89	14.36	轻微	轻微	轻微	轻微	轻微
	11 月	2.34	0	6.17	0.65	16.34	轻微	轻微	轻微	轻微	轻微
泊庵	4 月	10.1	2.54	5.76	1.15	4.56	轻微	轻微	轻微	轻微	轻微
	7 月	10.06	1.65	4.3	0.8	17.72	轻微	轻微	轻微	轻微	轻微
	9 月	10.49	1.26	2.63	2.08	22.51	轻微	轻微	轻微	轻微	轻微
	11 月	4.22	0.09	3.16	1.54	15.46	轻微	轻微	轻微	轻微	轻微
蒋相公桥	4 月	12.95	2.77	5.48	1.05	9.54	轻微	轻微	轻微	轻微	轻微
	7 月	12.05	1.55	3.73	0.61	19.46	轻微	轻微	轻微	轻微	轻微
	9 月	8.32	0.65	0	1.22	16.71	轻微	轻微	轻微	轻微	轻微
	11 月	4.64	1.1	17.9	0.93	5.33	轻微	轻微	轻微	轻微	轻微

由表 20-19 可见，五义桥在 4 月时，各重金属的单项潜在生态风险指数大小为 Cu>Pb>Ni>Zn>Cr，Cu 的生态风险等级为强；在 7 月和 9 月时，各重金属的单项潜在生态风险指数较大的为 Cu>Ni>Pb，其中 Cu 生态风险等级为中等；而在 11 月，则为 Ni>Cu>Pb>Cr>Zn，生态风险等级均为轻微。普济桥在 7 月和 9 月中，其各重金属的单项潜在生态

风险指数较大的均为 Ni>Cu>Pb，生态风险等级为轻微。泊庵在 9 月和 11 月时，各重金属的单项潜在生态风险指数大小为 Ni>Cu>Pb>Cr>Zn，在 7 月中为 Ni>Cu>Pb>Zn>Cr，而在 4 月则为 Cu>Pb>Ni>Zn>Cr，其生态风险等级均为轻微。蒋相公桥在 4 月时，各重金属的单项潜在生态风险指数大小为 Cu>Ni>Pb>Zn>Cr，在 7 月和 9 月较大的均为 Ni>Cu，而在 11 月则为 Pb>Ni>Cu>Zn>Cr，其生态风险等级均为轻微。

2. 西溪湿地沉积物重金属综合潜在生态风险指数（RI）及其评价

由表 20-20 得知，五义桥在全年的重金属综合潜在生态风险指数均为最高，其 4 月、7 月、9 月、11 月的综合潜在生态风险指数分别为 83.48、78.05、63.69 和 30.05。而普济桥在 4 月、7 月和 9 月的重金属综合潜在生态风险指数均最低，11 月重金属综合潜在生态风险指数最低的采样点是泊庵。这四个采样点的综合生态风险等级均小于 135，为轻微等级。

表 20-20　西溪湿地沉积物重金属综合潜在生态风险指数（RI）及其评价

采样点	综合潜在生态风险指数（RI）				综合生态风险等级			
	4 月	7 月	9 月	11 月	4 月	7 月	9 月	11 月
五义桥	83.48	78.05	63.69	30.05	轻微	轻微	轻微	轻微
普济桥	15.63	23.87	23.88	25.50	轻微	轻微	轻微	轻微
泊庵	24.10	34.53	38.97	24.47	轻微	轻微	轻微	轻微
蒋相公桥	31.79	37.40	26.90	29.91	轻微	轻微	轻微	轻微

综合来看，全年的重金属综合潜在生态风险指数最高为五义桥，所以在湿地的重金属治理保护过程中应特别注意五义桥的整治，尤其应该注重加强对五义桥沉积物中 Cu、Ni、Pb 的治理。前期对西溪湿地的重金属潜在生态风险评价（邵学新等，2009）结果则表明：Cd 和 Hg 具有中等生态风险且对总生态风险指数的贡献值较大，其他 5 种重金属 Cu、As、Pb、Cr、Zn 则具有轻微生态风险。这可能与在西溪湿地国家公园在后期管理过程中五义桥等处长期停泊摇橹船和电瓶船导致沉积物重金属存在生态风险升高趋势有关。

3. 和睦湿地沉积物重金属单项潜在生态风险指数（E_i）及其评价

表 20-21 可见，样点 1 在 7 月、11 月和 4 月时，各重金属的单项潜在生态风险指数大小为 Cu>Cr>Pb>Zn>Ni，在 1 月则 Cu>Pb>Cr>Zn>Ni，生态风险等级均为轻微。样点 4 在 7 月、11 月、1 月和 4 月中，其各重金属的单项潜在生态风险指数大小均为 Cu>Cr>Pb>Zn>Ni，生态风险等级为轻微。样点 7 在 7 月时，各重金属的单项潜在生态风险指数大小为 Cu>Cr>Pb>Ni>Zn，在 11 月中为 Cu>Pb>Zn>Ni>Cr，而在 1 月则为 Cr>Cu>Pb>Zn>Ni，4 月为 Cu>Cr>Pb>Zn>Ni，其生态风险等级除了 1 月的 Cu、Cr 为强外，其余均为轻微。样点 9 在 7 月时，各重金属的单项潜在生态风险指数大小为 Cr>Cu>Pb>Zn>Ni，在 11 月和 4 月均为 Cu>Cr>Pb>Zn>Ni，而在 1 月则为 Cr>Cu>Zn>Pb>Ni，其生态风险等级均为轻微。综上所述，不同季节下各样点和睦湿沉积物中主要的潜在生态风险因子均为 Cu 和 Cr，故应加强对和睦湿地沉积物重金属中 Cu 及部分样点 Cr 的监测治理。

表 20-21　和睦湿地沉积物重金属单项潜在生态风险指数（E_i）及其评价

	采样时间	单项潜在生态风险指数（E_r）					生态风险等级				
		Cu	Zn	Pb	Cr	Ni	Cu	Zn	Pb	Cr	Ni
样点 1	7 月	36.81	5.63	10.71	17.70	1.87	轻微	轻微	轻微	轻微	轻微
	11 月	31.82	5.26	10.77	12.52	2.60	轻微	轻微	轻微	轻微	轻微
	1 月	35.32	5.13	9.66	7.34	2.19	轻微	轻微	轻微	轻微	轻微
	4 月	32.62	4.58	10.23	11.40	1.87	轻微	轻微	轻微	轻微	轻微
样点 4	7 月	29.62	7.16	9.37	25.21	1.98	轻微	轻微	轻微	轻微	轻微
	11 月	24.42	7.06	9.19	20.13	1.87	轻微	轻微	轻微	轻微	轻微
	1 月	20.72	4.23	8.46	14.15	1.51	轻微	轻微	轻微	轻微	轻微
	4 月	23.57	4.95	7.57	10.65	1.59	轻微	轻微	轻微	轻微	轻微
样点 7	7 月	8.63	1.88	5.63	7.65	4.24	轻微	轻微	轻微	轻微	轻微
	11 月	11.18	1.67	5.41	0.00	1.38	轻微	轻微	轻微	轻微	轻微
	1 月	93.59	7.98	11.17	100.33	2.54	强	轻微	轻微	强	轻微
	4 月	14.31	3.24	5.01	5.98	1.38	轻微	轻微	轻微	轻微	轻微
样点 9	7 月	9.87	2.93	7.23	10.35	0.52	轻微	轻微	轻微	轻微	轻微
	11 月	24.24	7.03	12.77	19.28	4.76	轻微	轻微	轻微	轻微	轻微
	1 月	14.45	7.91	7.69	18.63	1.76	轻微	轻微	轻微	轻微	轻微
	4 月	30.83	4.90	13.10	14.58	2.35	轻微	轻微	轻微	轻微	轻微

然而，前述单项污染指数评价结果亦显示各样点沉积物 Zn 亦存在一定的中轻度污染，此两种评价方法得出的结论并不完全相同，这主要是因为生态风险评价中 E_i 值不仅与污染物种类和浓度有关，还与污染物本身的毒性响应系数有关。例如，Cu 的毒性响应系数是 Zn 的 5 倍。因此，Cu 的潜在生态风险相对更大。此外，对杭州市西溪湿地沉积物重金属潜在生态风险评价研究表明（邵学新等，2009），西溪湿地沉积物重金属单项潜在生态风险指数（E_i）分别为：Cu 为 11.05，Zn 为 1.34，Pb 为 9.50，Cr 为 2.19。可见和睦湿地沉积物单一重金属的生态风险指数相对更高。

4. 和睦湿地沉积物重金属综合潜在生态风险指数（RI）及其评价

由表 20-22 可知，样点 1 和样点 4 在 7 月的重金属综合潜在生态风险指数均为最高，分别为 72.72 和 73.30。而在样点 7 处，1 月的重金属综合潜在生态风险指数为最高，高达 215.6。样点 9 在 11 月最高，为 68.08，4 月次之，为 65.76。这 4 个样点的综合生态风险等级除样点 7 在 1 月为中等以外，其他均为轻微。

表 20-22　和睦湿地沉积物重金属综合潜在生态风险指数（RI）及其评价

采样点	综合潜在生态风险指数（RI）				综合生态风险等级			
	7 月	11 月	1 月	4 月	7 月	11 月	1 月	4 月
样点 1	72.72	62.97	59.64	60.70	轻微	轻微	轻微	轻微
样点 4	73.30	62.66	49.12	48.3	轻微	轻微	轻微	轻微

续表

采样点	综合潜在生态风险指数（RI）				综合生态风险等级			
	7月	11月	1月	4月	7月	11月	1月	4月
样点7	28.00	19.64	215.6	29.9	轻微	轻微	中等	轻微
样点9	30.90	68.08	50.44	65.76	轻微	轻微	轻微	轻微

综合来看，样点7在1月的潜在生态风险较高，在湿地的治理保护过程中应注意重金属的生态危害，着重对样点7沉积物中Cu与Cr的治理。而同城西溪湿地的重金属潜在生态风险评价（邵学新等，2009）表明：Cd和Hg具有中等生态风险，对总生态风险指数的贡献值较大，其他5种重金属Cu、As、Pb、Cr、Zn具有轻微生态风险，这也是我们今后对本区域进一步深入研究的一个参考。

20.6.3 结论

（1）单项污染指数评价表明，西溪湿地采样点沉积物中Ni和Cu的污染程度最严重，Zn在泊庵和蒋相公桥的4月属于尚清洁污染水平，其余采样点和月份属于清洁水平。Pb、Cr在各个采样点属于清洁水平。而和睦湿地沉积物中Cu、Zn、Ni单项污染等级普遍达轻度污染水平，Pb在各个采样点属于清洁水平，Cr在样点7沉积物中达到中度污染水平。因此，两地的单项污染指数略有差别，重金属Cu、Zn、Ni在两地污染较严重，Pb的单项污染指数都低，而Cr在和睦湿地中的污染比西溪湿地严重。

（2）从综合污染指数评价来看，五义桥沉积物全年均为轻度污染。普济桥和泊庵沉积物中7月、9月和11月为轻度污染，4月达到安全等级。蒋相公桥沉积物在7月和9月达到轻度污染，4月处于警戒级，11月为安全等级。和睦湿地样点1和样点4在各季节沉积物重金属的综合污染等级亦为轻污级。样点7亦分别在1月和7月达到重污染级和轻污染级，样点9的综合污染指数在11月和1月达到中污水平。因此，两地的综合污染指数等级均较严重，其中应特别关注五义桥和样点7的沉积物中重金属Cu、Zn、Cr、Ni的季节性污染防控工作。

（3）Hakanson潜在综合生态风险指数（RI）评价表明，西溪湿地的整体生态风险较轻微，全年的重金属综合潜在生态风险指数最高为五义桥，西溪湿地呈现出以Ni、Cu和Pb为主的多种重金属复合污染特征。和睦湿地各样点在季节的RI均属于轻微风险水平，各采样点沉积物中主要的潜在生态风险因子均为Cu与Cr。总之，两地的RI均属于轻微风险水平，其中和睦湿地的略高，且两地的主要潜在生态风险因子有差异。

20.7 总结与展望

西溪湿地及和睦湿地作为杭州市重要城市湿地，其水体及底泥中碳、氮、重金属分布特征及污染和生态风险评价对水体富营养化、重金属污染防范和治理具有重要意义。为了促进杭州城市湿地碳、氮的生物地球化学良性循环、防治底泥重金属污染、促进杭州市城市湿地生态系统的保护、开发及利用，建议今后加强对西溪湿地水质中 TN 和 NH_4^+-N 的季节性监测、溯源及治理；同时对西溪湿地Ⅰ期、Ⅱ期水体氮污染风险宜以人为污染源防治及防控表层沉积物有机氮再释放为主；对西溪湿地Ⅲ期及和睦湿地水体沉积物氮污染风险应以表层沉积物（0～10 cm）清淤为主；同时建议今后对西溪湿地及和睦湿地加强底泥中 Cu、Zn、Ni 和 Cr 的季节性污染监测及生态风险防控。

（朱维琴、单监利、高　清、潘　敏）

参 考 文 献

白晓平. 2002. 城市中湿地与绿化的保护和建设. 山西建筑, 28(10): 151-152.

蔡启铭. 1998. 太湖环境生态研究(一). 北京: 气象出版社.

潮洛蒙, 李小凌, 俞孔坚. 2003. 城市湿地的生态功能. 城市问题, (3): 9-12.

潮洛蒙, 俞孔坚. 2003. 城市湿地的合理开发与利用对策. 规划师, 19(7): 75-77.

陈斌林, 贺心然, 王童远, 等. 2008. 连云港近岸海域表层沉积物中重金属污染及其潜在生态危害. 海洋环境科学, 27(3): 246-249.

陈芳, 夏卓英, 宋春雷, 等. 2007. 湖北省若干浅水湖泊底泥有机质与富营养化的关系. 水生生物学报, 31(4): 467-472.

陈怀满. 2002. 土壤中化学物质的行为与环境质量. 北京: 科学出版社.

陈庆美, 王绍强, 于贵瑞. 2003. 内蒙古自治区土壤有机碳、氮储积量的空间特征. 应用生态学报, 14(5): 699-704.

陈如海, 詹良通, 陈云敏, 等. 2010. 西溪湿地底泥氮磷和有机质含量竖向分布规律. 中国环境科学, 30(4): 493-490.

陈旭阳, 刘保良. 2012. 广西铁山港海域沉积物重金属污染状况及潜在生态风险评价. 海洋通报, 31(3): 297-301.

崔丽娟, 张曼胤. 2006. 鄱阳湖与长江交汇区陆域重金属含量研究. 林业科学研究, 19 (3): 307-310.

窦华亭, 张福锁, 刘全清. 1993. 土壤中有机态氮对作物的有效性及其在推荐施肥中的作用. 北京农业大学学报, 19(3): 71-78.

范成新, 陈宇炜. 1998. 太湖梅梁湾南部水体有机污染物降解表观动力学初步分析. 湖泊科学, 10(4): 48-52.

范成新, 杨龙元, 张路. 2000. 太湖底泥及其间隙水中氮磷垂直分布及相互关系分析. 湖泊科学, 12(4): 359-366.

范成新, 朱育新, 吉志军, 等. 2002. 太湖宜溧河水系沉积物的重金属污染特征. 湖泊科学, 14(3): 235-241.

方明, 吴友军, 刘红, 等. 2013. 长江口沉积物重金属的分布、来源及潜在生态风险评价. 环境科学学报, 33(2): 563-569.

冯峰, 王辉, 方涛, 等. 2006. 东湖沉积物中微生物量与碳、氮、磷的相关性. 中国环境科学, 26(3): 342-345.

冯素萍, 鞠莉, 沈永, 等. 2006. 沉积物中重金属形态分析方法研究进展. 化学分析计量, 15 (4): 72-74.

国家环境保护总局. 2004. 土壤环境监测技术规范(HJ/T166-2004). 北京: 中国标准出版社.

贾宇平. 2004. 土壤碳库分布研究进展. 太原师范学院学报(自然科学版), 3(4): 62-63.

李雷. 2010. 巢湖湿地沉积物中有机碳、氮、磷分布特征及其相关性研究. 芜湖: 安徽师范大学硕士研究生学位论文.

李明峰, 董云社, 齐玉春, 等. 2005. 温带草原土地利用变化对土壤碳氮含量的影响. 中国草地, 27(1):

1-2.
李忠佩, 王效举. 2000. 小区域水平土壤有机质动态变化的评价与分析, 地理科学, 20(2): 182-187.
刘红磊, 李立青, 尹澄清. 2007. 人为活动对城市湖泊沉积物重金属污染的影响: 以武汉墨水湖为例. 生态毒理学报, 2(3): 346-351.
刘景双, 杨继松, 于君宝, 等. 2003. 三江平原沼泽湿地土壤有机碳的垂直分布特征研究. 水土保持学报, 17(3): 5-8.
卢龙飞, 蔡进功, 包于进, 等. 2006. 粘土矿物保存海洋沉积有机质研究进展及其碳循环意义. 地球科学进展, 21(9): 931-937.
鲁如坤. 1999. 土壤农业化学分析方法. 北京: 中国农业科技出版社.
吕国红, 周莉, 赵先丽, 等. 2006. 芦苇湿地土壤有机碳和全氮含量的垂直分布特征. 应用生态学报, 17(3): 384-389.
马婷, 赵大勇, 曾巾, 等. 2011. 南京主要湖泊表层沉积物中重金属污染潜在生态风险评价. 生态与农村环境学报, 27(6): 37-42.
齐维晓, 刘会娟, 韩洪兵, 等. 2013. 北三河水系沉积物中金属的污染状况研究. 环境科学学报, 33(1): 117-124.
乔永民, 顾继光, 杨扬, 等. 2010. 南澳岛海域表层沉积物重金属分布、富集与污染评价. 热带海洋学报, 29(1): 77-84.
琼次仁, 拉琼. 2000. 拉萨市拉鲁湿地的初步研究. 西藏大学学报, 15(4): 40-41.
丘耀文, 颜文, 王肇鼎, 等. 2005. 大亚湾海水、沉积物和生物体中重金属分布及其生态危害. 热带海洋学报, 24(5): 69-76.
邵学新, 吴明, 蒋科毅. 2007. 西溪湿地土壤重金属分布特征及其生态风险评价. 湿地科学, 5(3): 253-259.
邵学新, 吴明, 蒋科毅, 等. 2009. 西溪国家湿地公园底泥重金属污染风险评价. 林业科学研究, 22(6): 801-806.
单丹. 2008. 向海湿地沉积物中重金属污染现状及潜在生态风险评价. 长春: 吉林农业大学硕士研究生学位论文.
石福臣, 李瑞利, 王绍强, 等. 2007. 三江平原典型湿地土壤剖面有机碳及全氮分布与积累特征. 应用生态学报, 18(7): 1425-1431.
隋桂荣. 1996. 太湖表层沉积物中 OM、TN、TP 的现状与评价. 湖泊科学, 8(4): 319-324.
孙广友. 2000. 中国湿地科学的进展与展望. 地球科学进展, 15(6): 666-672.
孙广友, 于少鹏, 万忠娟, 等. 2004. 论湿地科学的性质、结构及创新前缘. 地理学前缘. 北京: 商务出版社.
孙顺才, 黄漪平. 1993. 太湖. 北京: 海洋出版社.
万群, 李飞, 祝慧娜, 等. 2011. 东洞庭湖沉积物中重金属的分布特征、污染评价与来源辨析. 环境科学研究, 24(12): 1378-1384.
汪玉娟, 吕文英, 刘国光, 等. 2009. 沉积物中重金属的形态及生物有效性研究进展. 安全与环境工程, 16 (4): 27-29.
王其兵, 李凌浩, 刘先华, 等. 1998. 内蒙古锡林河流域草原土壤有机碳及氮素的空间异质性分析. 植物生态学报, 22(5): 409-414.
王如松, 周启星, 胡聘. 2000. 城市生态调控方法. 北京: 气象出版社.
王绍强, 周成虎. 1999. 中国陆地土壤有机碳库的估算. 地理研究, 18(4): 349-356.
王铁宇, 汪景宽, 周敏, 等. 2004. 黑土重金属元素局地分异及环境风险. 农业环境科学学报, 23(2): 272-276.
王亚平, 王岚, 许春雪, 等. 2012. pH 对长江下游沉积物中重金属元素 Cd、Pb 释放行为的影响. 地质通报, 31(4): 594-600.

王永华, 钱少猛, 徐南妮, 等. 2004. 巢湖东区底泥污染物分布特征及评价. 环境科学研究, 17(6): 22-26.
徐勇, 马绍赛, 陈聚法, 等. 2012. 大沽河湿地表层沉积物重金属分布特征及污染评价. 农业环境科学学报, 31(6): 1209-1216.
许宁. 2002. 天津湿地现状及其保护利用对策分析. 海河水利, (6): 11-15.
阎水玉, 王祥荣. 1999. 城市河流在城市生态建设中的意义和应用方法. 城市环境与城市生态, 12(6): 36-38.
杨洪, 易朝路, 谢平, 等. 2004. 武汉东湖沉积物碳氮磷垂向分布研究. 地球化学, 33(5): 507-514.
杨军, 郑袁明, 陈同斌, 等. 2005. 北京市凉风灌区土壤重金属的积累及其变化趋势. 环境科学学报, 25(9): 1175-1180.
杨欧, 刘苍字. 2002. 上海市湿地资源开发利用的可持续发展研究. 海洋开发与管理, (6): 42-45.
杨耀芳, 曹维, 朱志清, 等. 2013. 杭州湾海域表层沉积物中重金属污染物的累积及其潜在生态风险评价. 海洋开发与管理, 30(1): 51-58.
于少鹏, 孙广友, 窦家珍. 2004. 人工湿地污水处理技术及其在东平湖水质净化中的运用. 湿地科学, 2(3): 220-233.
余辉, 张文斌, 卢少勇, 等. 2010. 洪泽湖表层底质营养盐的形态分布特征与评价. 环境科学, 31(4): 961-968.
余晓鹤, 朱培立, 黄东迈. 1991. 土壤表层管理对稻田土壤氮矿化势、固氮强度及铵态氮的影响. 中国农业科学, 24(1): 73-79
俞孔坚, 李迪华, 潮洛蒙. 2001. 城市生态基础设施建设的十大景观战略. 规划师, 17(6): 14-19.
袁旭音, 许乃政, 陶于祥, 等. 2003. 太湖底泥的空间分布和富营养化特征. 资源环境与调查, 24(1): 21-28.
张鸿雁. 2000. 生态与环境-城市可持续发展与生态环境控制新论. 南京: 东南大学出版社.
张雷, 秦延文, 郑丙辉, 等. 2013. 丹江口水库迁建区土壤重金属分布及污染评价. 环境科学, 34(1): 108-115.
张文菊, 彭佩钦, 童成立, 等. 2005. 洞庭湖湿地有机碳垂直分布与组成特征. 环境科学, 26(3): 56-60.
张文菊, 吴金水, 肖和艾, 等. 2004. 三江平原典型湿地剖面有机碳分布特征与积累现状. 地球科学进展, 19(4): 558-563.
章家恩, 徐琪. 1997. 现代生态学研究的几大热点问题透视. 地理科学进展, 16(3): 29-37.
中国环境保护总站. 1990. 中国土壤元素背景值. 北京: 中国环境科学出版社.
Arrouays D, Pelissier P. 1994. Modeling carbon storage profiles in temperate forest humic loamy s oils of France. Soil Science, 157: 185-192.
Avnimelech Y, Ritvo G, Meijer L E, et al. 2001. Water content, organic carbon and dry bulk density in flooded sediments. Agricultural Engineering, 25: 25-33.
Barbier F, Due G, Petit-Ramel M. 2000. Adsorption of lead and cadmium ions from aqueous solution to the nontmorillonite/water interface. Colloids and Surfaces A: Physicochemical and Engineering Aspects, 16: 153-159.
Calmano W, Ahlf W, Förstner U. 1996. Sediment Quality Assessment: Chemical and Biological Approaches. *In*: Calmano W, Förstner U. Sediments and Toxic Substances: Environmental Science. Berlin, Heidelberg: Springer.
Carolina M, Carlos M, Manuel P, et al. 2006. Preliminary investigation on the enrichment of heavy metals in marine sediments originated from intensive aquaculture effluents. Aquaculture, 254: 317-325.
D'Angelo E M, Reddy K R. 1994. Diagenesis of organic matter in a wetland receiving hypereutrophic lake water: I. Distribution of dissolved nutrients in the soil and water column. Journal of Environment Quality, 23(5): 920-936.
Ehrenfeld J G. 2000. Evaluating wetlands within an urban context. Ecological Engineering, 15: 253-265.
Hakanson L. 1980. An ecological risk index for aquatic pollution control: A sedimentological approach. Water Research, 14: 975-1001.

Jackson L E. 2003. The relationship of urban design to human health and condition. Landscape and Urban Planning, 64(4): 191-200.

Jarvie H P, Jurgens M D, Williams R J, et al. 2005. Role of bed sediments as sources and sinks of phosphorus across two major eutrophic UK river basins: the Hampshire Avon and Herefordshire Wye. Journal of Hydrology, 304(1/2/3/4): 51-74.

Kim J G, Rejmankova E, Spanglet H J. 2001. Implications of a sediment-chemistry study on subalpine marsh conservation in the Lake Tahoe Basin, USA. Wetlands, 21 (3): 379-394.

Leivuori M, Niemistö L. 1995. Sedimentation of trace metals in the Gulf of Bothnia. Chemosphere, 31(8): 3839-3856.

Lu B, Zhang F S, Huang S J, et al. 2002. Surface sediment properties and their influence on sea water culture in Daya Bay. Journal of Oceanography in Taiwan Strait, 21 (4): 489-496.

Milenkovie N, Damijanov M R. 2005. Study of heavy metal pollution in sed im ents from the iron gate (Danube River), serb ia andmontenegro. Polish Journal of Environmental Studies, 14(6): 781-787.

Mudroch A, Azcue D J M. 1995. Manual of Aquatic Sediment Sampling. Boca Raton: Lew is Phublications.

Philip A M, Mary J, Leenheer R A. 1995. Bourbonniere Diagenesis of vascular plant organic matter components during burial in lake sediments. Aquatic Geochemistry, 1(1): 35-52.

Srinivasa R M, Shaik B, Sravan K, et al. 2004. Distribution, enrichment and accumulation of heavy meals in coastal sediments of Alang-Sosiya ship scrapping yard, India. Marine Pollution Bulletin, 48: 1055-1059.

Tang X W, Li Z Z, Chen Y M, et al. 2008. Behaviour and mechanism of Zn^{2+} adsorption on Chinese loess at dilute slurry concentrations. Journal of Chemical Technology and Biotechnology, 83(5): 673-682.

Tian X Y, Ji Y L, Sven E J, et al. 2003. Landscape change detection of the newly created wetland in Yellow River Delta. Ecological Modelling, 164(1): 21-31.

Ting D S, Appan A. 1996. General characteristics and fractions of phosphorus in aquatic sediments of two tropical reservoirs. Water Science and Technology, 34(7-8): 53-59.

Vincent R, Jean-Claude A, Andre M, et al. 2005. Early muddy deposits along the Gulf of Lions shoreline: A key for a better understanding of land-to-sea transfer of sediments and associated pollutant fluxes. Marine Geology, 222-223: 345-358.

Zhao H L, He Y H, Zhou R L, et al. 2009. Effects of desertification on soil organic C and N content in sandy farmland and grassland of Inner Mongolia. Catena, 77(3): 187-191.

Zhou Q X, Gibson C E, Zhu Y M. 2001. Evaluation of phosphorus bioavailability in sediments of three contrasting lakes in China and the UK. Chemosphere, 42(2): 221-225.

第 21 章　杭州城西湿地底泥磷分布特征与磷素释放风险评估

21.1　引　　言

目前水体富营养化日益严重，大量研究报道杭州城西西湖部分湖区、西溪湿地部分水域以及内河水质较差，处于富营养化状态。本研究总结杭州西溪及和睦湿地表层底泥中磷素的时空分布特征，对不同湿地水域随季节变化产生的水体富营养化潜能动态变化进行分析。研究富营养化水体上覆水磷素的控制技术已经相对成熟，实验室水平上的研究证明，化学修复方法对于沉积物磷素释放有良好的控制效果。本研究通过实验室反应器模拟的微臭氧曝气加氢氧化钙复合技术研究，寻求湿地表层底泥内源性磷素的长期有效控制方法。将日趋成熟的化学药剂修复技术投入到环境工程应用当中，以降低沉积物的释磷量，得到良好的水体富营养化治理效果。低成本高效率的化学修复技术具有良好的发展前景，疏浚技术与生态修复相结合的技术手段有可能成为今后控制沉积物磷素释放的发展方向。

本文根据杭州西溪及和睦湿地表层底泥中磷素的时空分布特征，对不同湿地水域随季节变化产生的水体富营养化潜能动态变化进行分析。研究微臭氧曝气加氢氧化钙复合技术抑制湿地表层底泥内源性磷素的释放，并对其进行安全性分析。

21.2　杭州西溪及和睦湿地表层底泥中磷素季节变化特征

湖水沉积物中吸附着磷、氮等大量污染物（Milenkovic et al.，2005）。磷会限制淡水生态系统中的初级生产，被认为是造成水体富营养化的重要因素之一（Surridge et al.，2007；Conley et al.，2009）。磷主要以颗粒形式进入水体系统中，由岩石的风化作用和化学物质的沉淀作用而吸附在矿物的表面，最终到达湖底（Li et al.，2007）。磷在水体负荷严重阶段会在沉积物中积累，当水体负荷降低时从沉积物释放到上覆水中（Ogrinc and Faganeli，2006）。磷通过离子交换、吸附作用和沉淀作用等从水体中转运到沉积物中，也能通过水质改变从沉积物释放到上覆水中（Ödemiş et al.，2006）。磷在沉积物-水面交界处的交换作用会影响磷的运输、生物可利用性以及上覆水中的浓度（Shi and Tang，2000）。物理、化学和生物条件的改变会引起沉积物中磷的释放和转移，包括潮汐、生物扰动引起的渗透作用和分子扩散以及外部因素等（Kuwae et al.，2003；Tallberg et al.，2008）。磷的吸附解吸动力学研究发现，在扰动初期的 3～7 h 里，解吸作用占主导地位，随后是快速吸附作用，大约 16 h 后逐渐达到平衡（Wu et al.，2005）。藻类的生长、有机沉积物的分解和释放作用会将磷释放到上覆水中，因此，外源磷停止进入后，由于其再活化和吸附在沉积物中，水体富营养化会持续很长一段时间（Søndergaard et al.，1993；McManus et al.，1997）。

分析检测方法中，把磷分为有机磷和无机磷，无机磷可以分为可溶性磷、铝磷、铁磷、钙磷（Jiang et al.，2008）。可溶性磷可以被植物利用（Wang et al.，2006）。铁磷是生物可利用性磷，在缺氧的环境中，配体磷酸根和氢氧化根竞争引起铁配合物结合位点的可利用性降低，pH 增加，沉积物中铁磷释放到湖水中（Huang et al.，2005）。Zhu 等（2006）用连续提取法提取中国三个浅水湖沉积物中的形态磷，发现富营养化水体沉积物中可交换性磷的含量比大型植物茂盛的湖泊沉积物中要高。研究表明贵阳红枫湖沉积物中大部分无机磷为钙磷，且发现铝磷、铁磷的含量与钙磷呈明显的正相关，钙磷具有稳定以及无生物可利用性的特点，使其可以临时控制磷从沉积物中的释放，因此钙磷在磷的生物地球化学过程中起着重要的作用（Jiang et al.，2011）。

西溪湿地位于杭州市的西部，东至紫金港路，南临沿山河，西接绕城公路，北到余杭塘河，是国内第一个集城市、农耕、文化于一体的国家湿地公园。西溪湿地是杭州绿地生态系统的重要组成部分，具有多种重要生态功能。其历史悠久，随着人为活动干扰的加剧，湿地中的植被和水系性质发生改变，生态结构和功能渐渐退化，西溪湿地逐渐演变成次生湿地。调查研究发现，西溪湿地水体及底泥中的磷主要来自湿地上游乡镇部分未经截流处理的生活和工业污水以及当地的农业养殖业，总磷含量符合国家III类水的标准要求（谢长永，2012）。和睦湿地位于浙西南河谷丘陵与浙东北水网平原的交界地带，主要由河港、池塘、农田、林地等组成。和睦湿地地处亚热带北缘季风气候区，地质、生物和景观资源丰富。虽然其仍保持较为完整的原生态因素，但由于人类活动的频繁介入，和睦湿地正在逐步转化为次生湿地（单监利，2013）。

评价富营养化湖泊水体沉积物中磷的形态和分布特征非常重要（Xiang and Zhou，2011）。本章主要运用化学连续提取法分析西溪及和睦湿地沉积物中总磷和形态磷，研究其浓度以及存在形态，分析空间和时间分布特征。用西溪及和睦湿地沉积物中磷的不同形态、浓度及分布特征来评价磷的环境影响，为沉积物作为重要内源向上覆水释放磷的原因分析提供理论依据。此外，本章还可以帮助更好地研究湖泊沉积物环境的演变以及为将来富营养化的机制和恢复研究提供理论支撑。

21.2.1 材料与方法

1. 实验材料

1）西溪湿地采样

实验组分别在 2011 年 4 月、7 月、9 月、11 月对西溪湿地 11 个采样点的表层沉积物进行采样。采样地位于西溪湿地一期工程，包括五义桥、普济桥、泊庵、泊庵外、练兵桥、蒹葭桥、西溪植物园、缓冲区、滨水闸桥、西溪草堂和蒋相公桥。实际取样时采用 GPS 全球定位系统并记录数据，见表 21-1。每个样点用小号彼得森采泥器（尺寸 20 cm×30 cm×60 cm，重量 5.5 kg）采集湿地表层（0～10 cm）的沉积物样品，采集后装入干净的可封口塑料袋并避光保存带回实验室。

表 21-1　西溪湿地采样点布设

采样点	北纬	东经	采样点	北纬	东经
五义桥	30°15′54.1″	120°03′47.1″	植物园	30°16′33.4″	120°03′42.1″
普济桥	30°15′73.7″	120°03′43.2″	缓冲区	30°16′37.1″	120°03′81.3″
泊庵	30°15′75.6″	120°03′39.6″	滨水闸桥	30°15′80.2″	120°03′99.0″
泊庵外	30°15′79.3″	120°03′36.8″	西溪草堂	30°15′69.7″	120°03′86.9″
练兵桥	30°15′90.2″	120°03′33.6″	蒋相公桥	30°15′64.0″	120°03′71.5″
蒹葭桥	30°16′09.4″	120°03′32.2″			

2）和睦湿地采样

实验组分别在 2011 年 7 月、9 月、11 月和翌年 1 月对和睦湿地 11 个采样点的表层沉积物进行采样。采样地包括南星桥、杨家湖水道、九曲桥、幸福桥、九曲湾、东敦水塘、庆云桥、梧桐桥、含村河道、东入口交汇点、西入口交汇点。实际取样时采用 GPS 并记录数据，见表 21-2。每个样点用小号彼得森采泥器（尺寸 20 cm×30 cm×60 cm，重量 5.5 kg）采集湿地表层（0～10 cm）的沉积物样品，采集后装入干净的可封口塑料袋并避光保存带回实验室。

表 21-2　和睦湿地采样点布设

采样点	北纬	东经	采样点	北纬	东经
梧桐桥	30°14′54.48″	119°59′5.16″	含村河道	30°14′32.95″	119°59′6.79″
南星桥	30°15′13.98″	120°0′4.56″	东敦水塘	30°14′50.61″	119°59′20.52″
庆云桥	30°14′37.20″	119°59′50.58″	杨家湖水道	30°15′26.68″	119°59′24.56″
九曲湾	30°14′49.07″	119°59′42.73″	东入口交汇点	30°14′9.03″	19°59′50.42″
幸福桥	30°15′0.54″	119°59′10.38″	西入口交汇点	30°14′14.4″	119°58′50.99″
九曲桥	30°15′5.64″	119°59′37.32″			

2. *实验方法*

1）样品处理

样品在室温下自然风干，经碾碎、剔除杂物后过 2 mm 筛，取部分土样进一步用玛瑙研钵研磨，再过 0.145 mm 筛。分级过筛后的样品备用。

2）总磷含量测定

钼酸铵分光光度法检测 TP 含量（国家环境保护总局，2002）：取 1 g 沉积物，加入浓硫酸+高氯酸溶液后置于电炉上加热消煮 60 min，冷却后取上清液测定 TP 的浓度，计算出沉积物中 TP 的含量。

3）形态磷含量测定

底泥中形态磷含量分级提取检测方法（刘素美和张经，2001）：取 2 g 沉积物+30 mL 1 mol/L NH_4Cl，于离心管中振荡提取 1 h，离心分离出溶液，测定溶液中磷的浓度，计算出沉积物中可溶性磷的含量。取 2 g 沉积物+30 mL 1 mol/L NH_4Cl，于离心管中振荡提取 1 h，离心分离出溶液，将剩下的沉淀物+30 mL 0.5 mol/L NH_4F，于离心管中继续振荡提取 1 h，离心分离出溶液，用钼酸盐比色法测定溶液中磷的浓度，计算出沉积物中铝磷的含量；将上述步骤中剩下的沉淀物+20 mL 饱和 NaCl，振荡 10 min，离心 10 min，离心分离，弃上清液，继续+30 mL 0.1 mol/L NaOH，振荡提取 24 h，离心分离出溶液，继续+浓硫酸 2 mL，振荡 10 min，离心分离 10 min，分离出溶液后，用钼酸盐比色法测定溶液中磷的浓度，计算出沉积物中铁磷的含量；铁磷提取后残渣加入 24 mL 0.3 mol/L 枸橼酸钠、1 mol/L $NaHCO_3$ 以及 0.675 g 连二亚硫酸钠配成的混合提取剂，搅拌 15 min 后再加入 6 mL 0.5 mol/L NaOH，振荡提取 8 h，离心获取提取液，以 30 mL 去离子水漂洗提取一遍，合并提取液，提取液抽滤通过滤膜后，测定闭蓄态磷的含量。取 1 g 沉积物+30 mL 0.5 mol/L 的 HCl，于离心管中振荡提取 1 h，离心分离出溶液，用钼酸盐比色法测定溶液中磷的浓度，计算出沉积物中钙磷的含量。

3. 数据处理

实验数据处理主要采用数理统计学，均用 Excel 2007 进行统计分析。将西溪及和睦湿地表层沉积物中检测出来的总磷和形态磷含量数据输入 Surfer8.0 系统中，绘制总磷和形态磷在不同季节的分布变化等高线图。

21.2.2 结果

1. 不同季节西溪湿地表层底泥中磷素分布变化特征

图 21-1～图 21-6 分别为不同季节西溪湿地表层底泥中磷素含量的分布变化图。河域的颜色表示从表层底泥中检测到的磷素含量，颜色越深，则底泥中磷素含量越高。由图 21-1 可以看出，4 月和 7 月时，采样点底泥中的总磷比 9 月和 11 月时略高，练兵桥、普济桥和西溪草堂三个采样点位于游船游行线路上，其底泥中的总磷在 4 月和 7 月比 11 月时高出 3～4 倍。图 21-2 显示不同季节各采样点底泥中的闭蓄态磷含量虽有变动，但总体变化幅度不大。图 21-3 显示各采样点底泥中的可溶性磷含量在 4 月、7 月、9 月时较高且变化不大，在 11 月时达到最低。图 21-4 可以看出，4 月和 7 月时采样点底泥中的铝磷含量高于 9 月和 11 月的 3～8 倍，练兵桥、普济桥和西溪草堂三个采样点的变化尤为明显。图 21-5 表明 4 月和 7 月时采样点底泥中的铁磷含量均高于 9 月和 11 月，且练兵桥、普济桥和西溪草堂三个采样点底泥中的铁磷含量比 11 月高 2～7 倍。图 21-6 表示 4 月和 7 月时各采样点底泥中的钙磷含量高于 9 月和 11 月 2～3 倍。结果表明，西溪湿地大部分表层底泥中总磷与形态磷的含量在 4 月和 7 月均高于 9 月和 11 月。

2. 不同季节和睦湿地表层底泥中磷素分布变化特征

图 21-7～图 21-12 分别为不同季节和睦湿地表层底泥中磷素含量的分布变化图。河域中的颜色表示从表层底泥中检测到的磷素含量，颜色越深，则底泥中磷素含量越高。从图 21-8 可以看出，采样点底泥中的总磷在 9 月和 11 月时偏高，只有靠近和睦村的南星桥采样点底泥中的总磷含量四季变化不大。图 21-8 显示，闭蓄态磷含量在不同季节

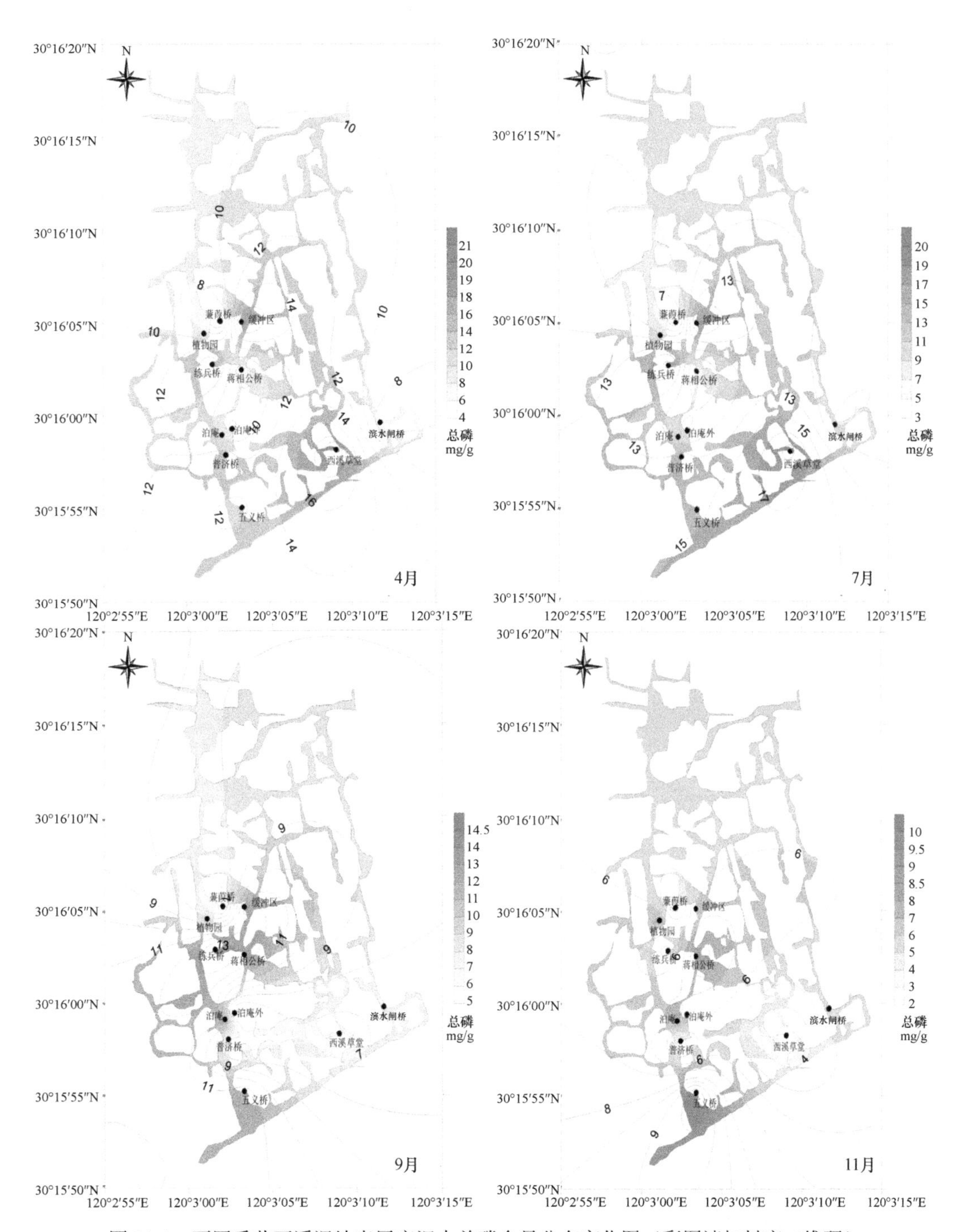

图 21-1　不同季节西溪湿地表层底泥中总磷含量分布变化图（彩图请扫封底二维码）

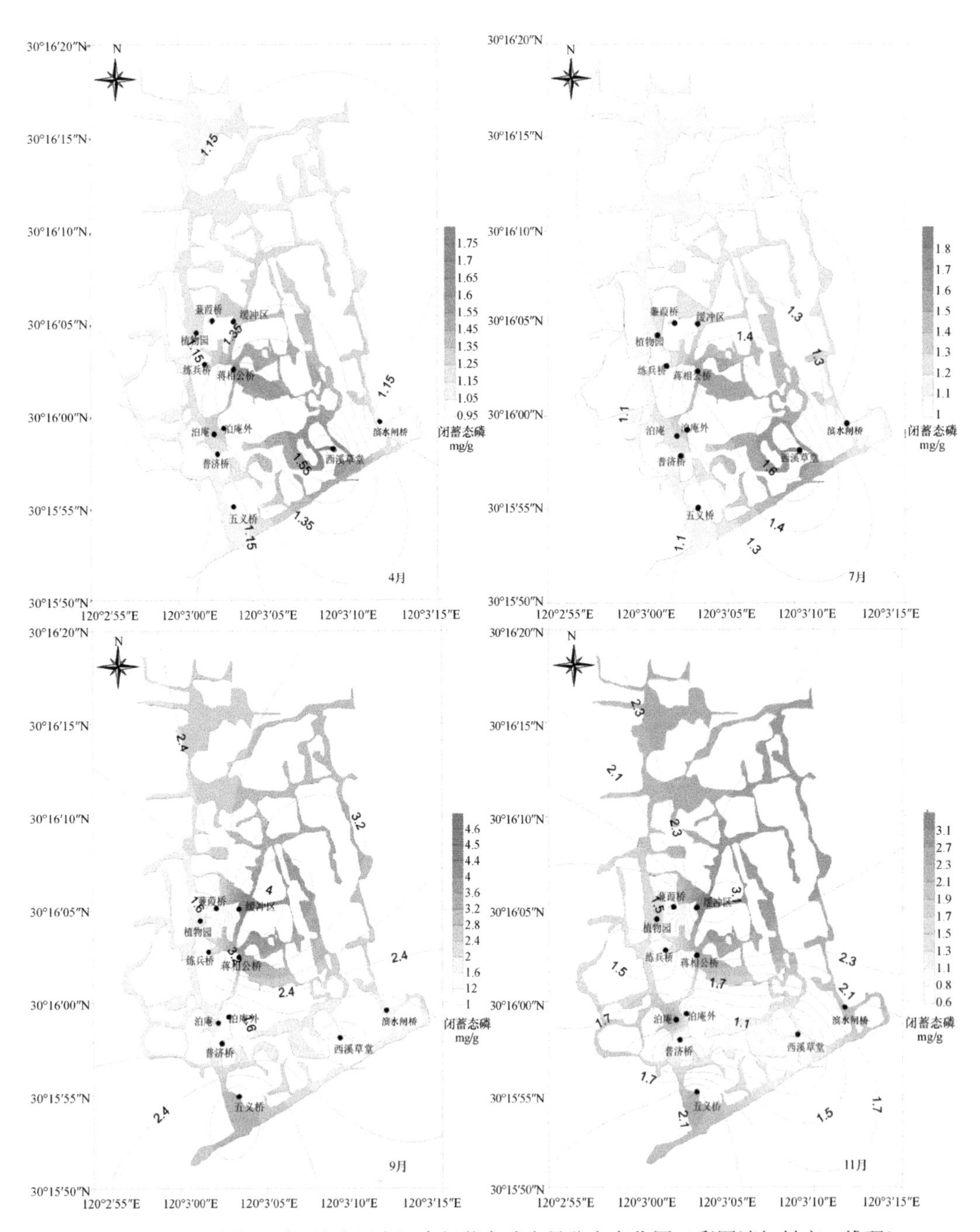

图 21-2 不同季节西溪湿地表层底泥中闭蓄态磷含量分布变化图（彩图请扫封底二维码）

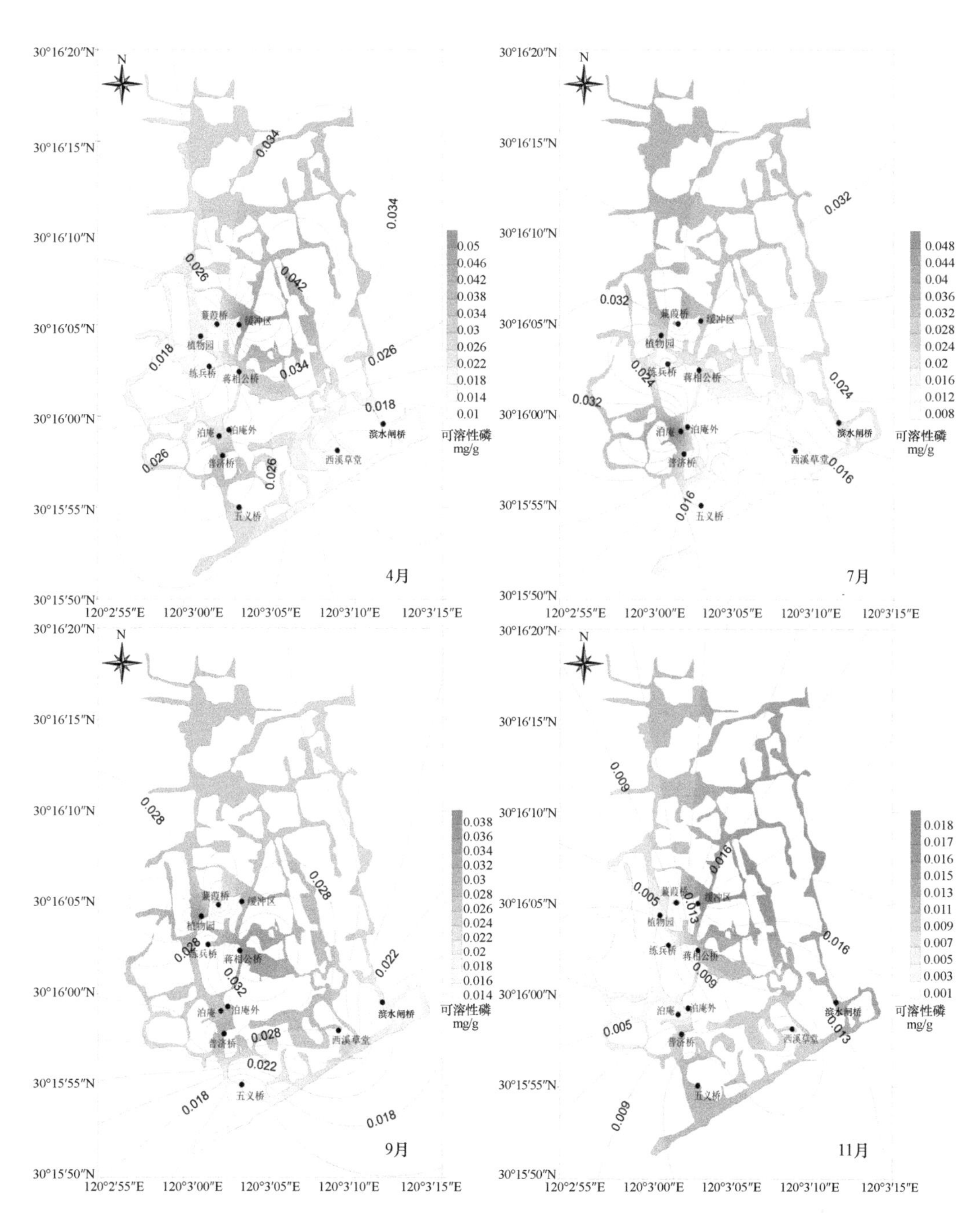

图 21-3　不同季节西溪湿地表层底泥中可溶性磷含量分布变化图（彩图请扫封底二维码）

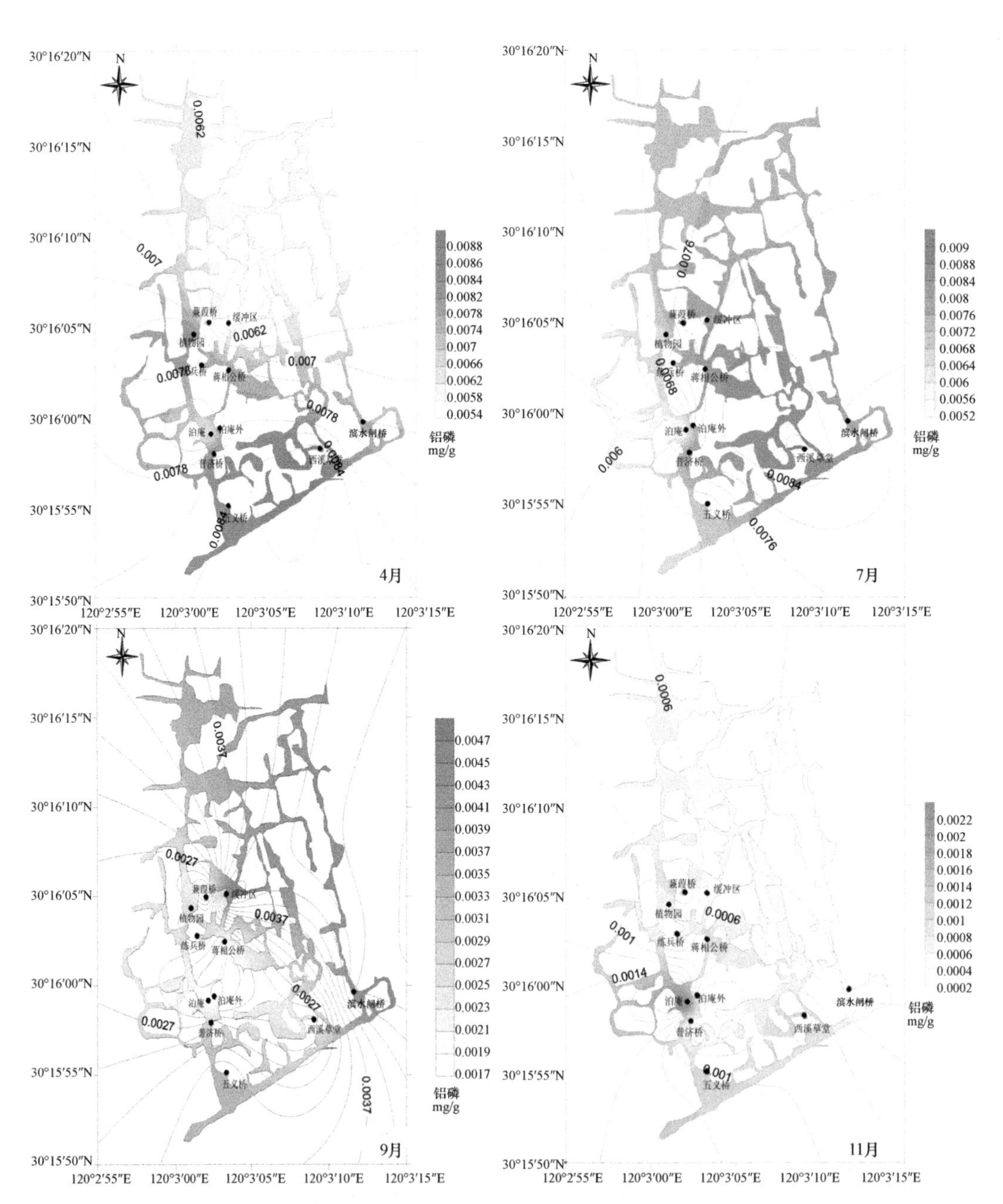

图 21-4　不同季节西溪湿地表层底泥中铝磷含量分布变化图（彩图请扫封底二维码）

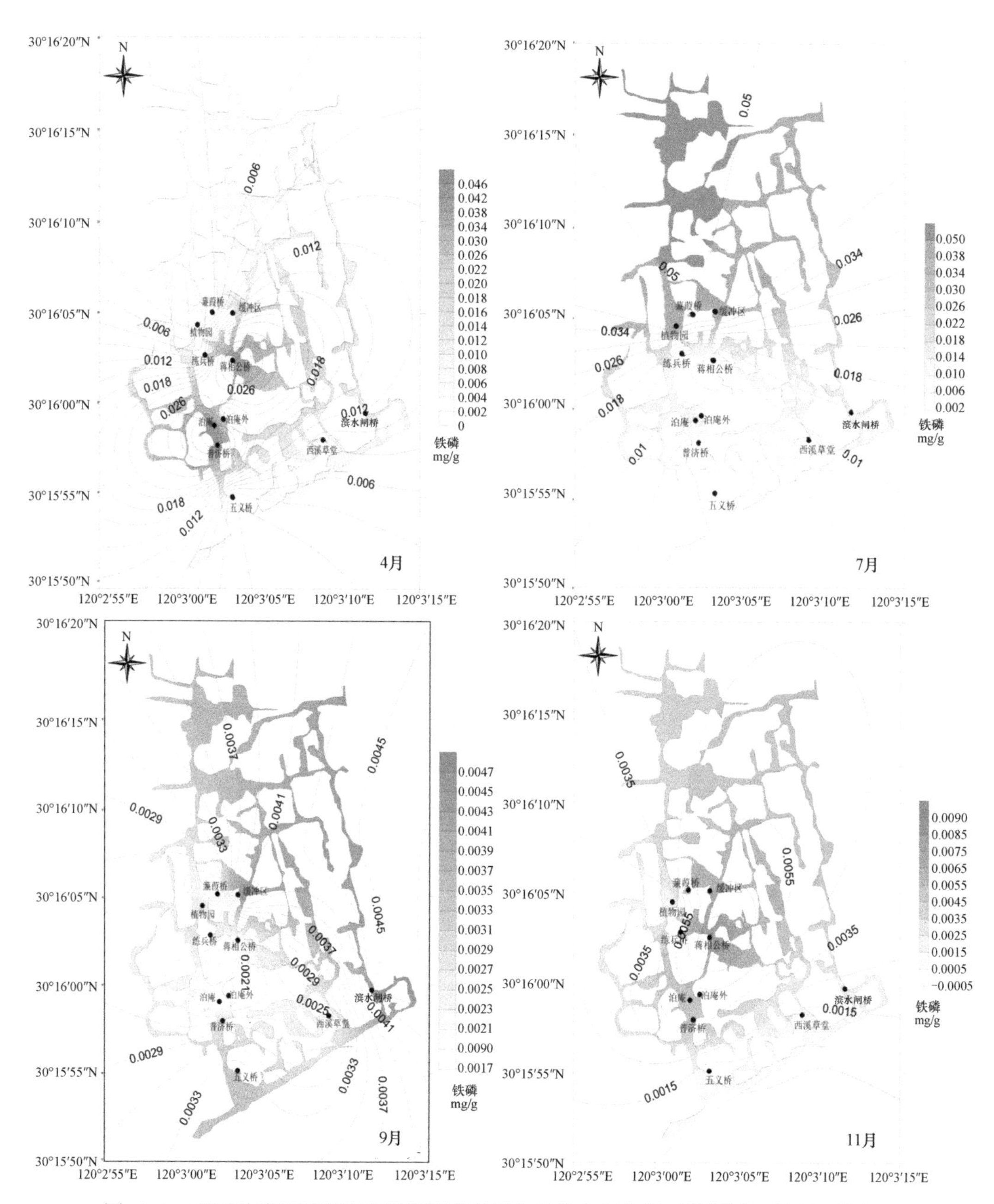

图 21-5　不同季节西溪湿地表层底泥中铁磷含量分布变化图（彩图请扫封底二维码）

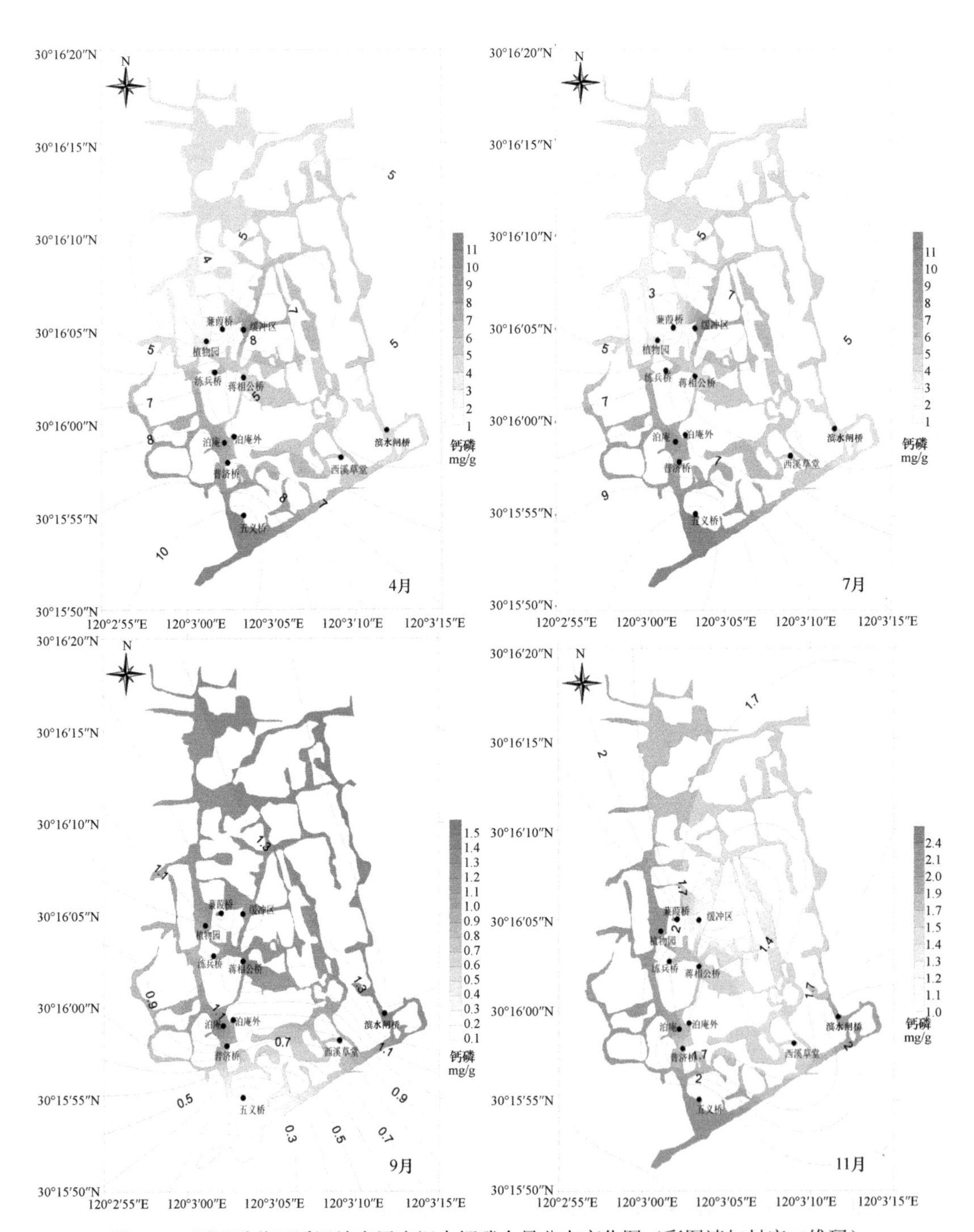

图 21-6　不同季节西溪湿地表层底泥中钙磷含量分布变化图（彩图请扫封底二维码）

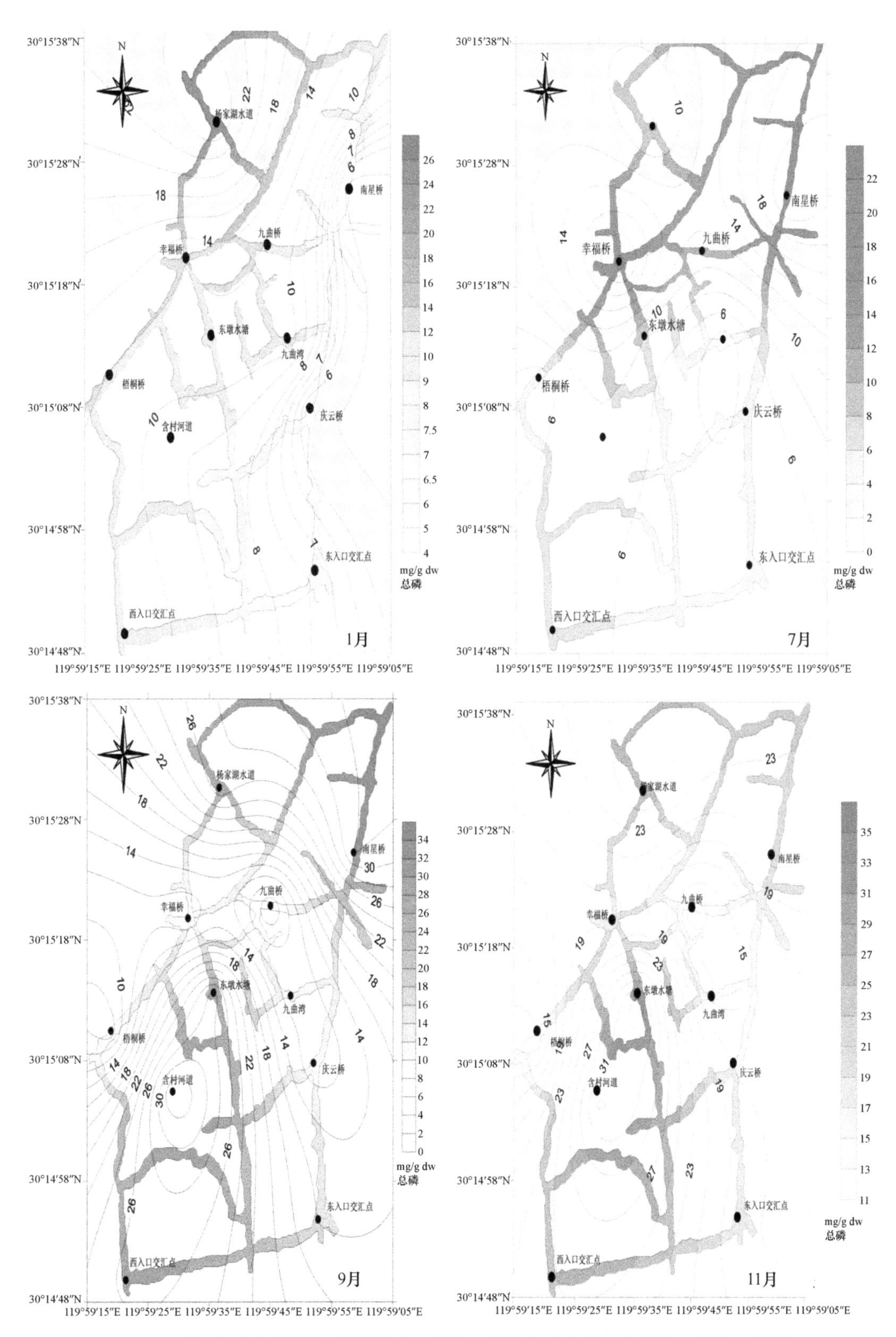

图 21-7　不同季节和睦湿地表层底泥中总磷含量分布变化图（彩图请扫封底二维码）

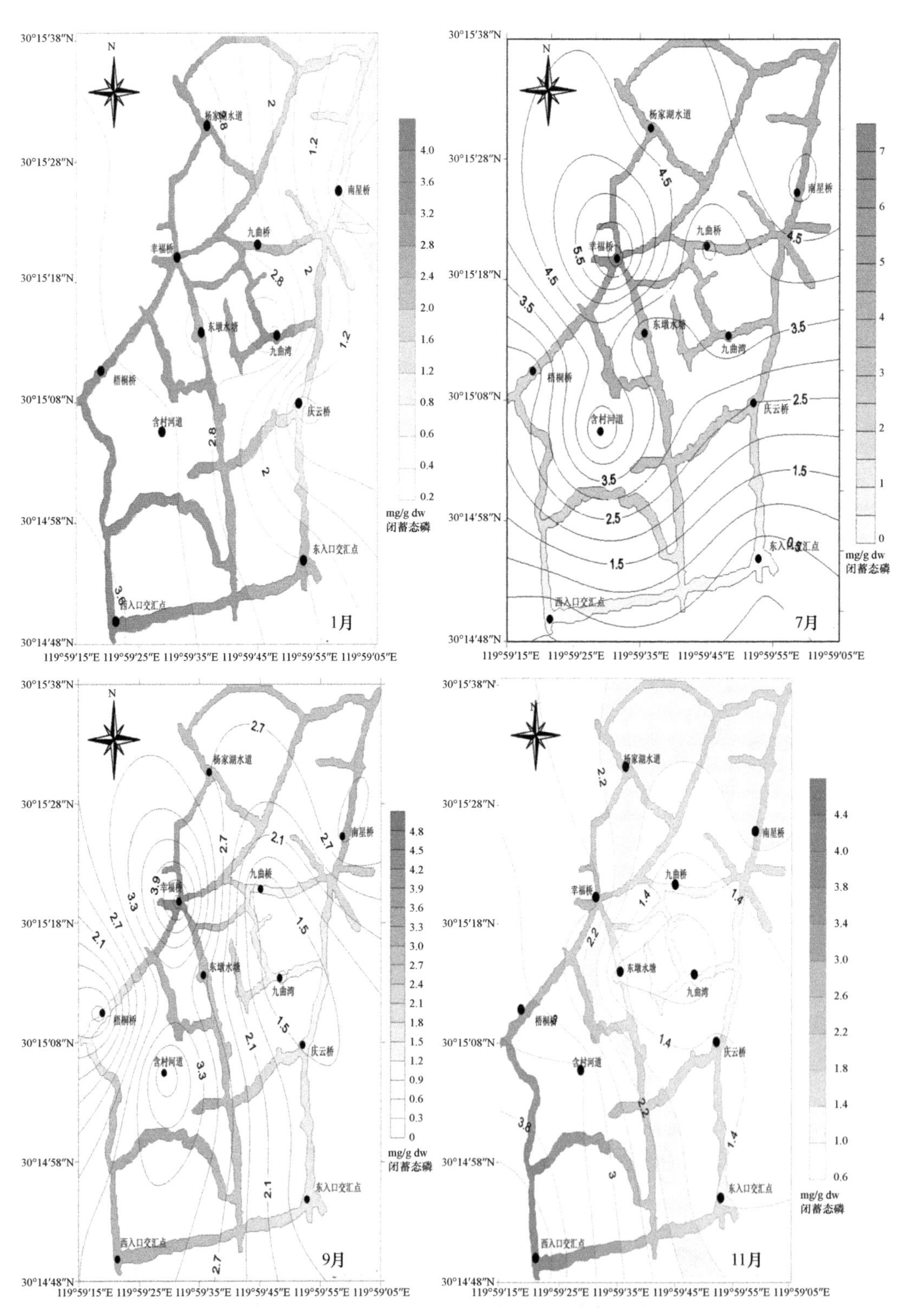

图 21-8　不同季节和睦湿地表层底泥中闭蓄态磷含量分布变化图（彩图请扫封底二维码）

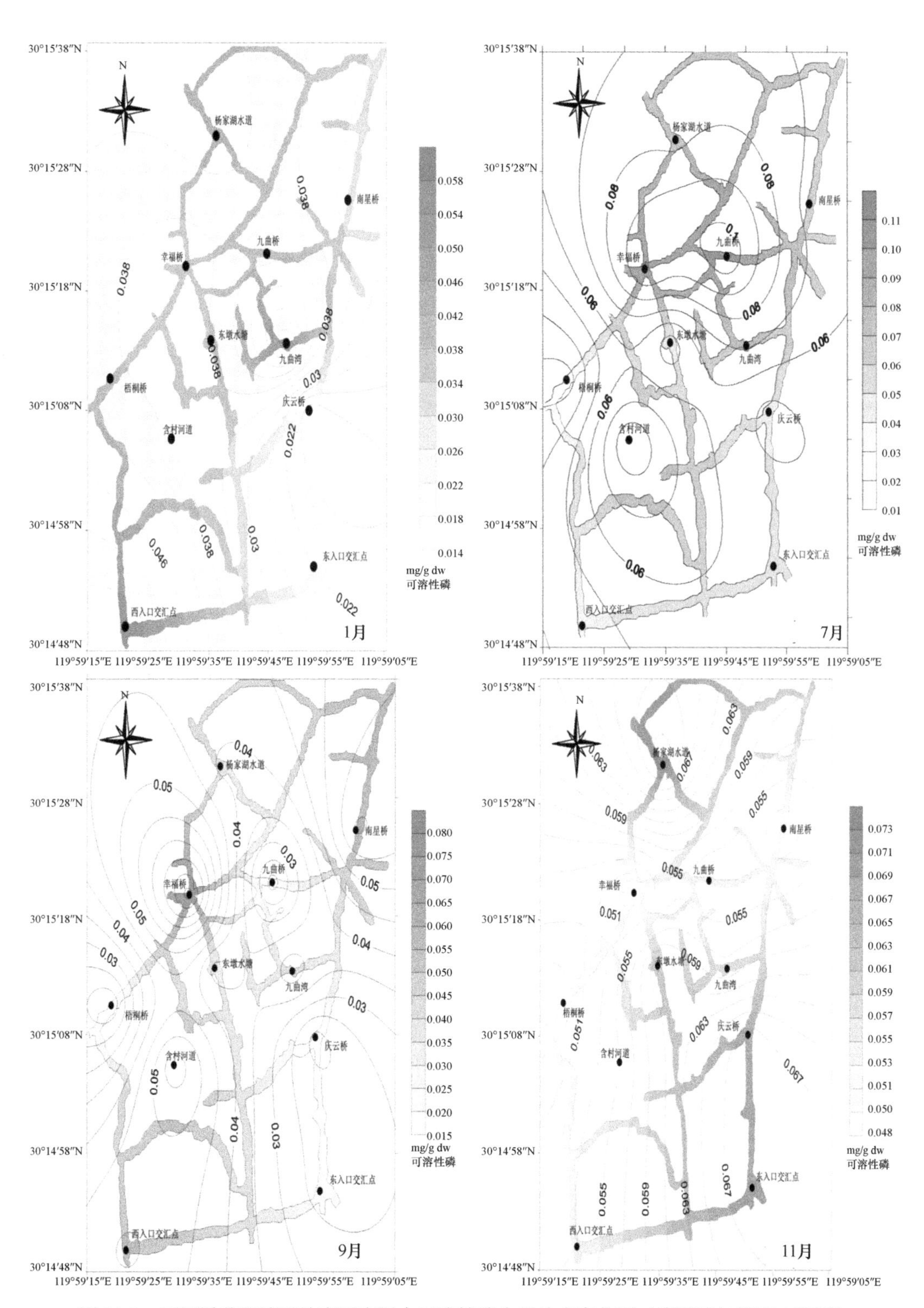

图 21-9　不同季节和睦湿地表层底泥中可溶性磷含量分布变化图（彩图请扫封底二维码）

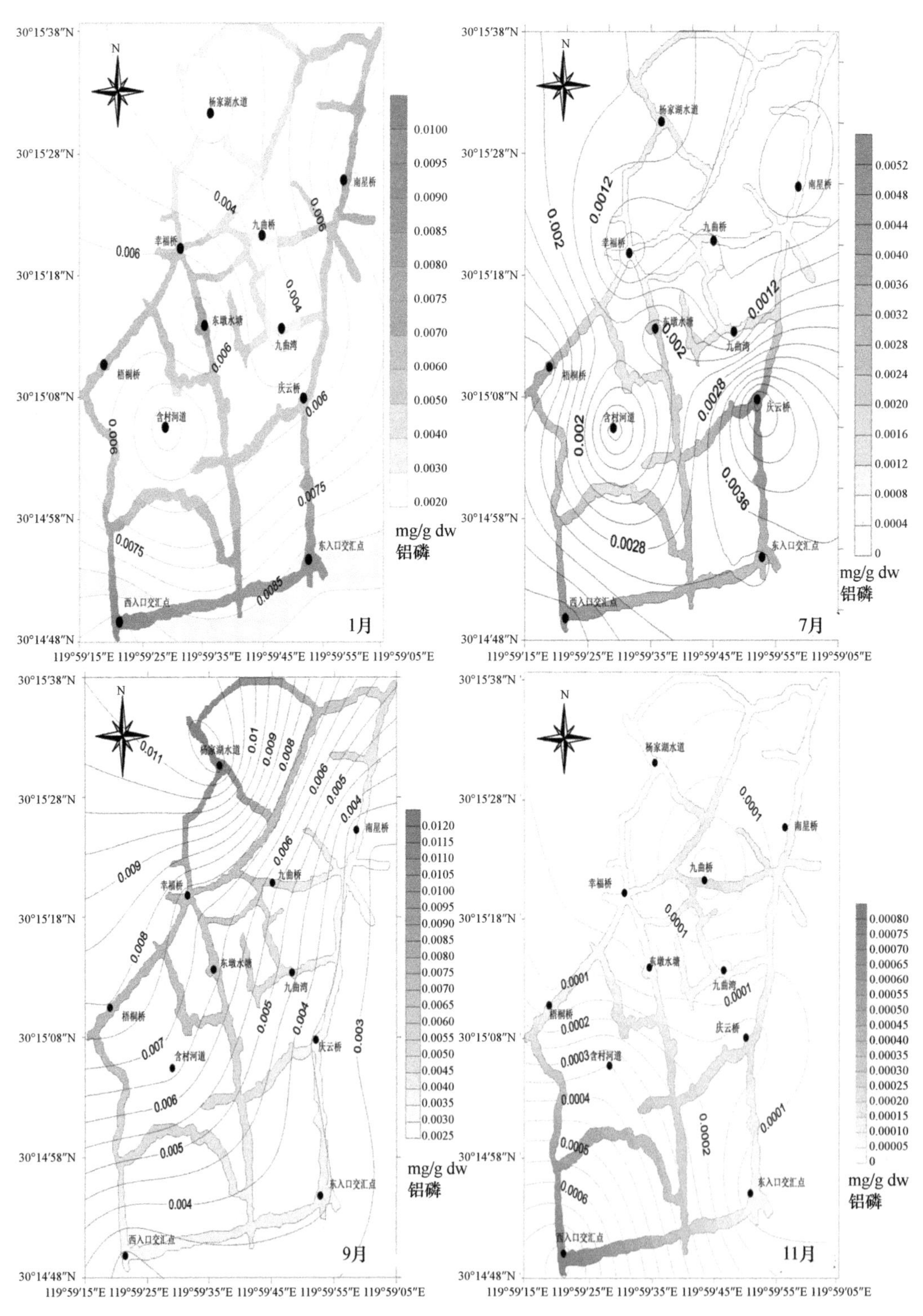

图 21-10 不同季节和睦湿地表层底泥中铝磷含量分布变化图（彩图请扫封底二维码）

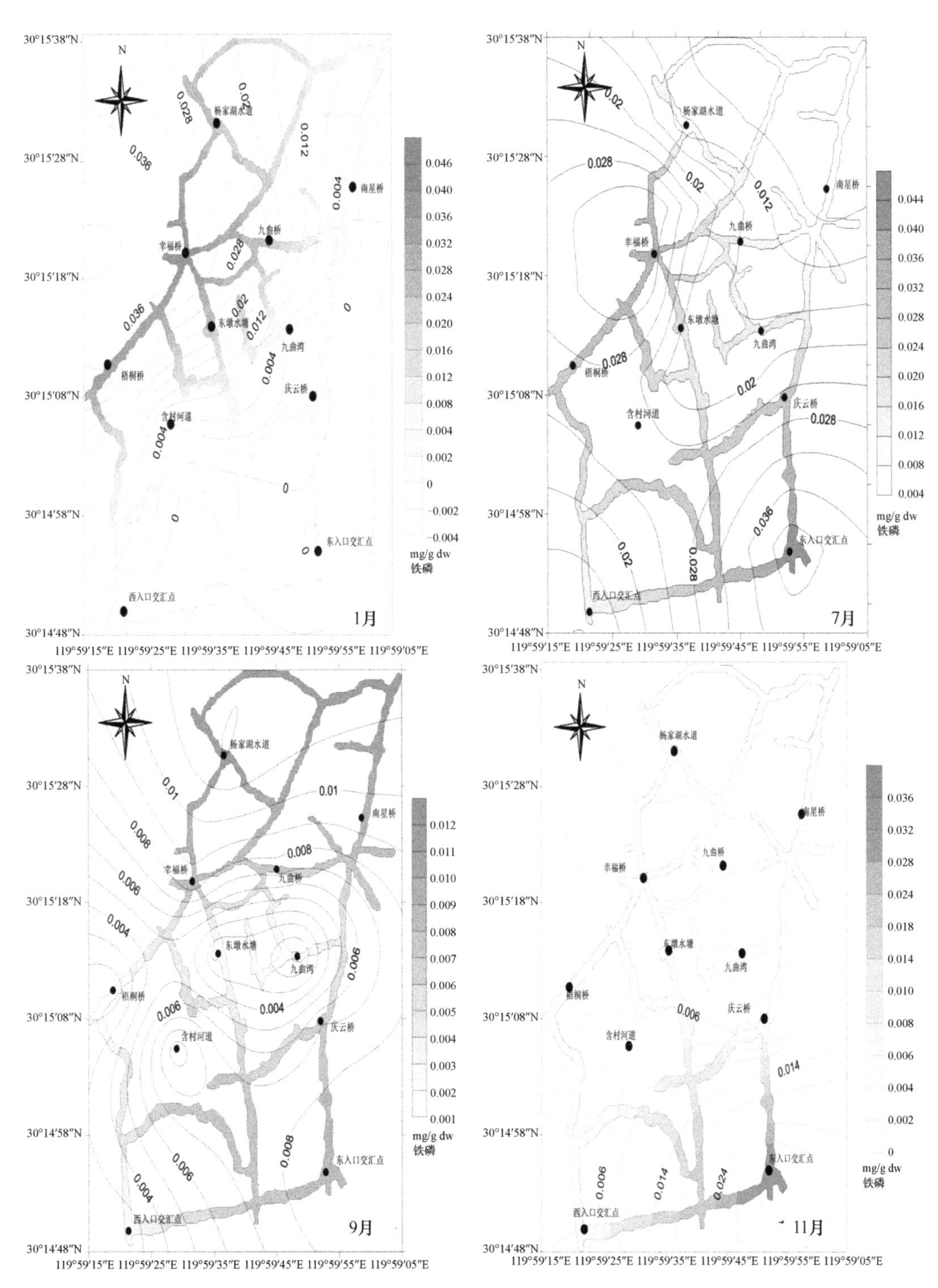

图 21-11　不同季节和睦湿地表层底泥中铁磷含量分布变化图（彩图请扫封底二维码）

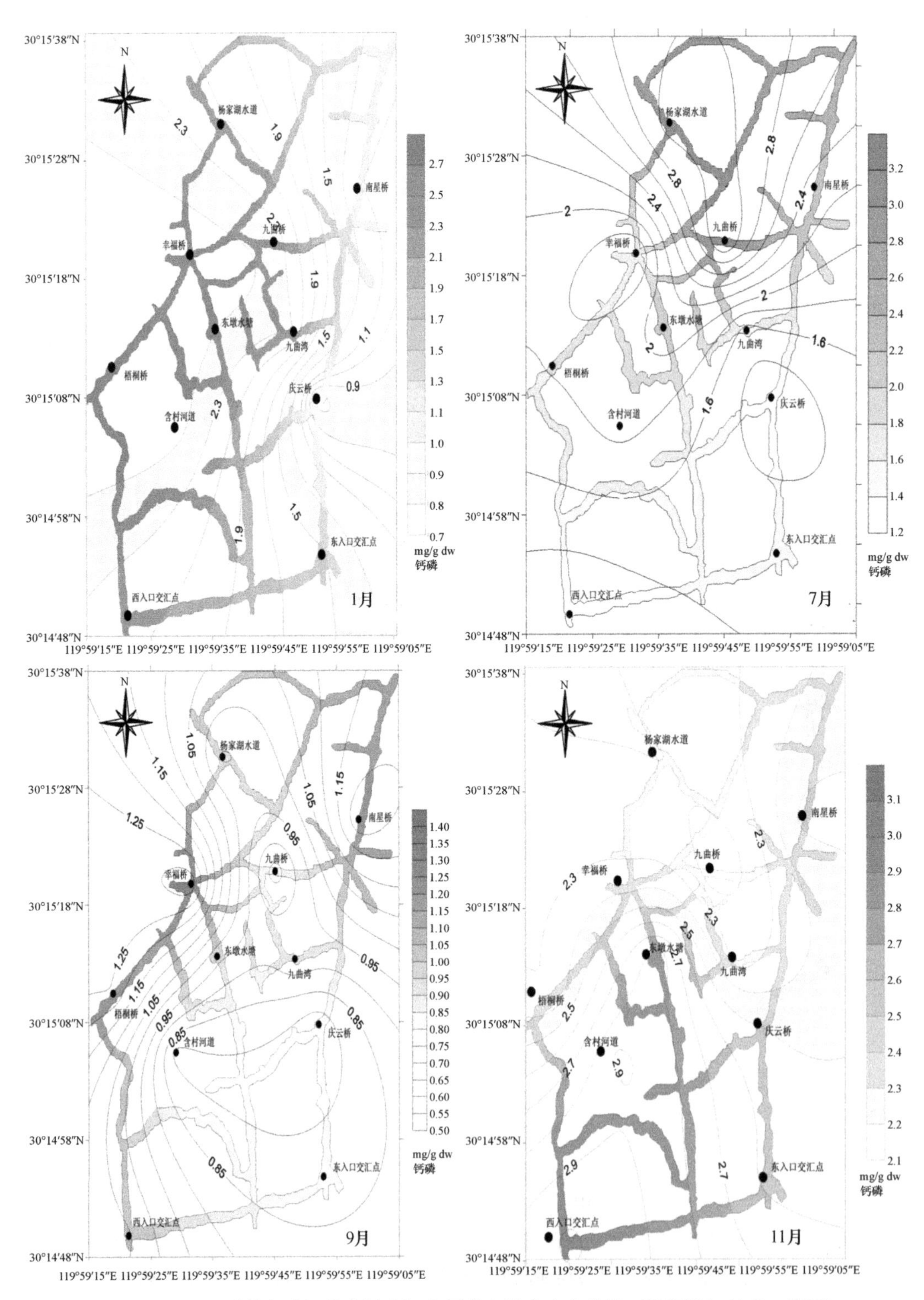

图 21-12 不同季节和睦湿地表层底泥中钙磷含量分布变化图（彩图请扫封底二维码）

变化没有明显规律，7 月时杨家湖水道、幸福桥和梧桐桥采样点底泥中的闭蓄态磷含量高于其他三个月份，而东入口交汇点和西入口交汇点两个水流交汇处的采样点底泥中的闭蓄态磷达到全年最低，仅为其他 3 个月份的几十分之一。图 21-9 显示，7 月时大部分采样点底泥中的可溶性磷含量均高于其他 3 个月份，只有东入口交汇点和西入口交汇点采样点底泥中可溶性磷含量在 7 月时与其他 3 个月份相近。图 21-10 表明 1 月和 7 月采样点底泥中的铝磷含量较高，在 11 月时铝磷含量均低于其他 3 个月份，仅为其他 3 个月份的几十分之一。图 21-11 显示，1 月和 7 月采样点表层底泥中的铁磷含量较高，4 个湿地核心区内靠近居民区的采样点九曲桥、幸福桥、九曲湾和东敦水塘底泥中的铁磷含量在 1 月时高于 11 月 6～10 倍。图 21-12 表示，11 月时各采样点底泥中的钙磷含量略高于其他 3 个月份。结果表明，和睦湿地大部分表层底泥中总磷和钙磷的含量在 11 月时偏高，而形态磷含量则在 1 月和 7 月高于 9 月和 11 月。

21.2.3　讨论

研究调查表明，水体中的磷大部分来自于肥料、工业废水和生活污水（Aydin et al.，2010）。而沉积物中富集大量的磷素，当水体负载增加后沉积物可能成为上覆水中新的污染源（Sun et al.，2009）。Song 等（2003）用主成分分析（PCA）对沉积物中磷负荷的来源进行分析，发现磷负荷的来源为地球化学循环、工业废水和煤矿开采，沉积物中磷素含量的积累增加可能是因为工业、农业和城市化的快速发展导致的。水体沉积物中磷的含量取决于从自然中提供到沉积物-水界面的磷混合物、沉降速度、生物扰动作用、地层水的灌溉、水体氧含量以及成岩作用等多个因素的作用（Eijsink et al.，1997；Aydin et al.，2009）。

本节对西溪及和睦湿地表层沉积物进行采样分析，检测沉积物中总磷和形态磷的含量，研究沉积物中磷的分布现状及季节性含量变化。张卫等（2011）在模拟条件下研究河道沉积物中磷的分布形态以及吸附规律，发现当上覆水中磷平衡浓度较高时，沉积物就会吸附一定量的磷；当溶液中磷平衡浓度低于一定值时，沉积物则开始释放磷。结果显示两个湿地表层沉积物中磷含量在四季出现变化，都存在一定的解吸现象。由于西溪湿地因人为开发演变成次生湿地，且 4 月和 7 月为旅游旺季，伴随着人为活动的严重干扰，西溪湿地水体受污染严重，沉积物吸附水体中的磷，成为沉积物中总磷含量在 4 月和 7 月较高的主要原因。而和睦湿地为尚保持较为完整的原生态湿地，受到人为污染程度较轻，磷在春夏两季仅受温度等自然条件影响，释放量多于秋季，因此沉积物中总磷含量在 9 月和 11 月较高。闭蓄态磷在西溪湿地表层沉积物各采样点中均在 9 月时含量略高，在其他季节，各采样点沉积物中闭蓄态磷的含量虽有变化，但相差并不大；而闭蓄态磷含量在和睦湿地表层底泥中则无明显变化规律。闭蓄态磷是被紧密包裹在 Fe_2O_3 胶膜内部的还原溶性磷酸铁和磷酸铝，主要来自表面水合铁氧化物包裹的结合态磷盐和自然岩石状态磷，一般不易被生物所利用（张卫等，2011；马钦等，2009）。闭蓄态磷含量变化不大说明沉积物中自然来源磷产生的影响较小，主要是人为输入磷源为主。而和睦湿地为原生态湿地，湿地核心区内的采样点受自然来源磷的影响为主，东入口交汇点和西入口交汇点两个水流交汇处的采样点受人为来源磷的影响较大。

在 4 月、7 月和 9 月，西溪及和睦湿地表层沉积物中可溶性磷、铁磷及铝磷含量均高于 11 月，特别是西溪湿地的游船游行线路上的三个采样点（练兵桥、普济桥和西溪草堂）以及和睦湿地核心区内靠近居民区的 4 个采样点（九曲桥、幸福桥、九曲湾和东敦水塘），表层底泥中铁磷含量在 9 月时明显高于 11 月，且铝磷含量分布变化总体趋势与铁磷一致。铁磷的磷形态在颗粒磷和可溶性磷的吸附作用过程中是可变的（Wang et al.，2004）。Slomp 等（1998）研究北海大陆沿岸沉积物时发现，铁磷在总磷中所占比例在 25%～60%范围内变化。在氧化环境中，沉积物中磷的释放机制被抑制，因为磷吸附在三价铁混合物中（Kleeberg and Schlungbaum，1993）。Gachter 和 Meyer（1993）的研究表明，在还原条件下，难溶的三价铁转变为易溶的二价铁，铁磷得以释放，转化为生物可利用性磷，从沉积物中释放到上覆水中。因此，4 月、7 月和 9 月时铁磷在两个湿地表层沉积物中的含量较高，且在人为活动影响大的区域差距更为明显，可能是人为活动使水体中溶解氧含量增多造成的。铝磷在沉积物中的含量及分布受沉积物粒度和矿物成分、水体酸碱度、沉积物形成时间和成因等因素影响（李北罡和郭博书，2006）。在一定的物理化学条件下，铁磷和铝磷在水体中可相互转化。线性分析表明东地中海的沉积物中铁磷和铝磷的含量分别与水体中总铝和总铁的含量有关，因为人为来源的磷很容易和氧化铝/铁或氢氧化铝/铁结合，通过成岩作用结合进入河口或沿海的沉积物中（Gunduz et al.，2011）。同样的结果出现在太湖水体沉积物中，在高度污染时，沉积物中铝磷和铁磷的浓度会增加（Jin et al.，2006）。铁磷和铝磷明显富集的分布趋势，反映了人类活动影响造成了沉积物中磷的陆源性输入量的增加，说明两个湿地部分水域受外部影响（马钦等，2009；Yilmaz and Koç，2012）。

钙磷包括内源磷和碎屑磷灰石，大部分的钙磷来自石灰质岩石和活性磷酸盐的转换以及生物残骸等（Katsaounos et al.，2007）。钙磷在一般情况下不易被溶解和吸附，岩石会阻止钙磷从沉积物释放到水体中，但在水体酸度增加时钙磷可转化为可溶性磷酸盐磷（李北罡和郭博书，2006；Eckert et al.，2003）。对三峡库区湖北段沉积物中各形态磷含量间的相关分析发现，总磷含量与钙磷含量呈极显著相关，表明沉积物中总磷含量的增减主要取决于钙磷含量的变化（张琳等，2011）。晋江感潮河段沉积物中各形态磷量间相关系数的比较分析显示，钙磷与总磷之间达显著相关水平，表明总磷含量对该河段内钙磷含量变化趋势起重要作用（刘越等，2011）。Ashraf 等（2006）研究发现，科钦海沉积物中钙磷含量在春冬两季最高。研究发现西溪湿地表层沉积物中钙磷含量在 4 月和 7 月高于 9 月和 11 月，而和睦湿地表层沉积物中钙磷含量在 11 月略高。西溪湿地表层沉积物中总磷含量由于人为原因在 4 月和 7 月高于 9 月和 11 月，这可能也是钙磷在 4 月和 7 月高于 9 月和 11 月的原因。和睦湿地受到人为干扰因素较少，表层沉积物中总磷和钙磷的含量在 11 月时偏高。根据湿地表层沉积物中形态磷的含量及分布，可以得知，西溪湿地由于开发过度、污水排放以及人为干扰严重等原因，水体受影响较为严重，表层沉积物中形态磷的来源多为人为输入；和睦湿地为尚保存完好的原生态湿地，只有部分水域受到人为因素干扰，表层沉积物中形态磷含量变化受人类活动影响较小。

21.2.4 结论

（1）西溪湿地表层沉积物中总磷含量在 4 月和 7 月较高，且闭蓄态磷的含量变化相差并不大，表明西溪湿地表层沉积物中磷的来源以人为输入为主，西溪湿地水域受到人为活动的干扰严重。而和睦湿地表层沉积物中的总磷含量在 7 月和 9 月较高，闭蓄态磷含量无明显变化规律，表明和睦湿地核心区沉积物内源磷以自然来源磷的影响为主。

（2）1 月、4 月和 7 月，西溪及和睦湿地表层沉积物中的可溶性磷、铁磷及铝磷含量均高于 11 月，是由于在春夏季节人类活动较为频繁，水域受到外部影响较大。

（3）根据两个湿地表层沉积物中各形态磷含量的季节分布特征，分析可能是因为西溪湿地开发过度、污水排放以及人为干扰严重等原因，水体受影响较为严重，表层沉积物中形态磷的来源多为人为输入；和睦湿地为尚保存完好的原生态湿地，只有部分水域受到人为因素干扰，表层沉积物中形态磷含量变化受人类活动影响较小。

21.3　湿地表层沉积物中磷素的释放风险评估

水体富营养化在水体环境中成为一个日益严重的问题，它使地表水的生态完整性遭到破坏，溶解氧含量减少，产生大量有毒藻，鱼类数量剧减，甚至灭亡（Nyenje et al.，2010）。磷是水生生物的生长限制因子，是引起大部分淡水系统水体富营养化的主要成分（Worsfold et al.，2005；Hsieh et al.，2006）。沉积物可以吸收水体中的污染物，对决定上覆水的水质起到重要影响（Yi et al.，2008）。研究显示，磷会在水体重负载周期富集于沉积物中，当水体外部负载减轻时从沉积物向上覆水中释放（Wang et al.，2003）。沉积物中的磷是上覆水中磷的重要来源，会导致水体负载降低后仍有持续的富营养化现象（Kaiserli et al.，2002；Xie et al.，2003）。因此沉积物中磷素的含量影响水体的营养情况和发展，具有引起水体富营养化的潜在危害（Tian and Zhou，2007）。

不是所有形态的磷都可以从沉积物中释放出来，沉积物中的磷释放主要取决于磷的存在形态（Zhou et al.，2008）。沉积物中不同结合态的磷有不同的生物可利用性，不能根据沉积物中磷的总浓度预测其潜在的生态危险（Hua et al.，2000；Liu et al.，2008）。Bache 和 Williams（1971）提出用磷吸附指数（PSI）和磷吸附饱和度（DPS）来表征土壤磷吸附容量（Pan et al.，2002；McDowell and Sharpley，2003）。黄清辉等（2004）用以 PSI 和 DPS 为基础的磷释放风险指数（ERI）评估太湖表层沉积物中磷的富营养化风险，较好地反映了太湖的富营养化状况。

湿地在维持生态平衡及改善城市生态环境等方面起到重要作用，而随着人为活动干扰的加剧，西溪及和睦湿地受到人为影响越来越大。人们对西溪及和睦湿地水体富营养化的现象日益重视，着重研究富营养化评价与藻类评价等方面，但对西溪及和睦湿地表层沉积物磷的吸附释放能力比较的研究较少。本章对西溪及和睦湿地表层沉积物进行采样，在研究其沉积物中形态磷的浓度以及存在形态的基础上，采用 PSI 和 DPS 对两个湿地表层沉积物中磷的吸附容量及潜在释放能力进行分析，并运用 ERI 预测两个湿地表层沉积物磷释放诱发富营养化的风险，为湿地水体富营养化的防治提供理论依据。

21.3.1 材料与方法

1. 实验材料

实验中用于检测的样品采集自西溪及和睦湿地表层沉积物，采样点及采样方法同21.2.1中1.。

2. 实验方法

1）样品处理

样品处理同21.2.1中2.。

2）PIS测定

实验方法参考黄清辉等（2004）对太湖表层沉积物磷释放风险评价中所用的实验方法。每个样品称取4份，每份1.00 g，分别放于50 mL聚乙烯离心管中，其中1个作为空白平行样加入20 mL 0.01 mol/L的$CaCl_2$溶液，其余3个作为试验平行分别加入20 mL 75 mol/L的KH_2PO_4溶液（配制在0.01 mol/L的$CaCl_2$溶液中）。每个离心管中加入2滴氯仿用于抑制微生物活动，20℃下往复振荡24 h后3000 r/min离心20 min，用0.45 μm孔径滤膜过滤。用钼锑抗比色法测定滤液中磷的浓度，用滤液中反应前后的磷浓度差值计算出1.00沉积物吸附磷的量，以100 g沉积物吸附磷的量记为X，PSI=X/lg$C$，C为滤液中溶解磷浓度，单位为μmol/L，X的单位为mg P/100g，PSI的单位为（mg P/L）/（μmol·100 g）。

3）DPS测定

实验方法参考黄清辉等（2004）对太湖表层沉积物磷释放风险评价中所用的实验方法。每个样品称取3份，每份2.50 g，分别放于100 mL聚乙烯瓶中。在每个瓶中分别加入50 mL草酸铵提取剂（pH=3），盖好盖后在暗室内20℃下180 r/min振荡2 h。然后4000 r/min离心5 min，用0.45 μm孔径滤膜过滤，滤液放于100 mL聚乙烯瓶中。取10 mL滤液于50 mL离心管中，加入40 mL 0.01mol/L 盐酸溶液，混匀后移到聚乙烯瓶中，滴加高氯酸、盐酸和过氧化氢，高温烘干。然后用2%的硝酸润洗聚乙烯瓶，定容至25 mL。分别用钼锑抗比色法测磷的浓度，邻苯二酚紫外分光光度法测铝的含量，菲啰啉分光光度法测铁的含量。沉积物的DPS可估算为草酸铵提取的磷量（P_{ox}，mmol/kg）与提取的铝（Al_{ox}，mmol/kg）和铁（Fe_{ox}，mmol/kg）总量一半的物质的量百分比值，即DPS（%）= $100P_{ox}/[0.5（Al_{ox}+Fe_{ox}）]$。

3. ERI评估方法

评估方法参考黄清辉等（2004）对太湖表层沉积物磷释放风险评价中所用的方法。

$$ERI=DPS/PSI \times 100 \tag{21-1}$$

式中，ERI 为磷释放风险指数（%）；DPS 为磷吸附饱和度（%）；PSI 为磷吸附指数[（mg P/L）/（μmol·100g）]。

4. 数据处理

实验数据处理主要采用数理统计学，均用 Excel 2007 进行统计分析。采用 Surfer8.0 系统绘制西溪及和睦湿地表层沉积物磷释放风险在不同季节的分布变化等高线图。

21.3.2　结果

1. 不同季节西溪湿地富营养化风险评价

图 21-13 为不同季节西溪湿地表层底泥中磷释放风险的分布变化图。图 21-13 中河域的颜色表示沉积物磷释放风险指数 ERI，颜色越深，则表层沉积物的磷释放风险越高。从图 21-13 中可以看出，大部分采样点的 ERI 在 4 月时较高，只有植物园采样点的 ERI 全年都处于较低水平。根据黄清辉等（2004）对太湖表层沉积物磷释放诱发富营养化风险的评价体系，对不同季节时西溪湿地不同采样点表层沉积物的磷释放诱发富营养化风险评价等级分成高度风险（ERI>25）、较高风险（20<ERI<25）、中度风险（10<ERI<20）和较低风险（ERI<10）四个等级。由表 21-3 可以看出，西溪湿地大部分采样点在 4 月时属于高度风险区，而在其他三个月份西溪湿地富营养化风险相对较轻。西溪湿地全年 ERI 平均值为 31，表层沉积物磷释放诱发富营养化的风险处于高度风险范围内。

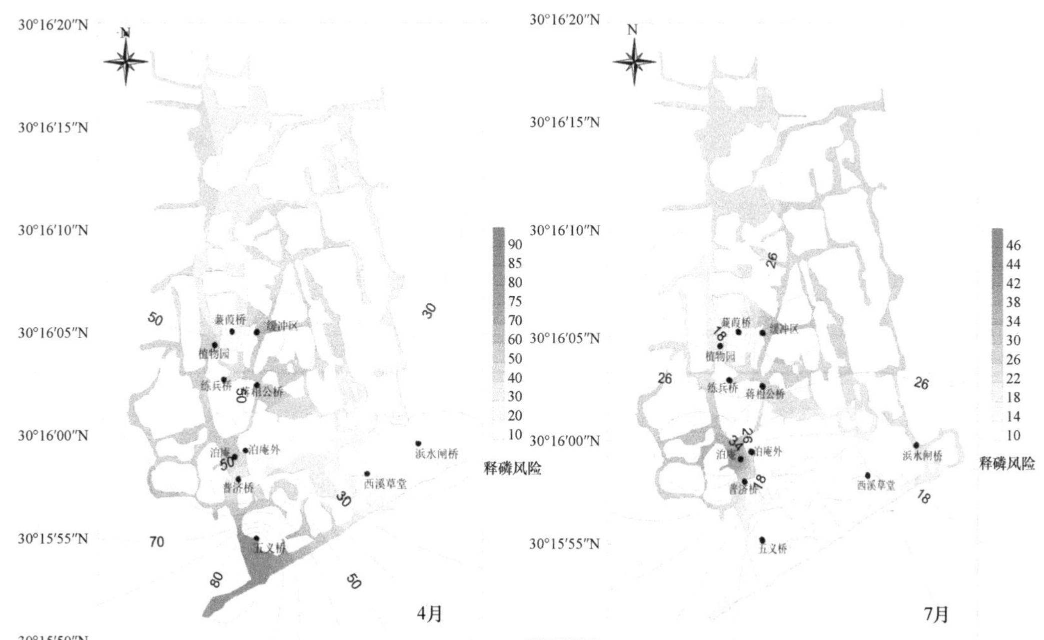

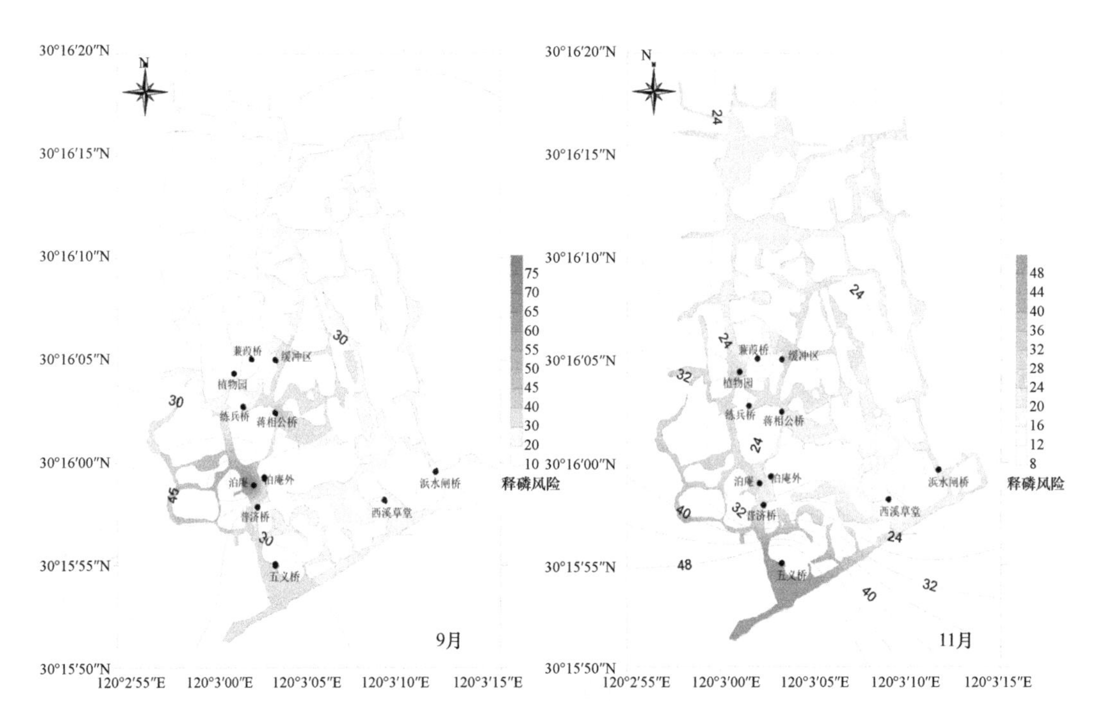

图 21-13　不同季节西溪湿地表层沉积物磷释放风险指数分布变化图（彩图请扫封底二维码）

表 21-3　西溪湿地不同采样点富营养化风险评价

采样点	4 月		7 月		9 月		11 月	
	ERI/%	风险评价	ERI/%	风险评价	ERI/%	风险评价	ERI/%	风险评价
泊庵	57	高度风险	46	高度风险	73	高度风险	25	高度风险
滨水闸桥	17	中度风险	24	较高风险	20	较高风险	22	较高风险
缓冲区	67	高度风险	34	高度风险	36	高度风险	34	高度风险
练兵桥	41	高度风险	23	较高风险	25	高度风险	27	高度风险
泊庵外	44	高度风险	18	中度风险	24	较高风险	16	中度风险
五义桥	87	高度风险	11	中度风险	36	高度风险	61	高度风险
普济桥	27	高度风险	23	较高风险	23	较高风险	20	较高风险
植物园	7	较低风险	10	中度风险	9	较低风险	6	较低风险
蒋相公桥	58	高度风险	28	高度风险	43	高度风险	24	较高风险
西溪草堂	14	中度风险	12	中度风险	20	较高风险	13	中度风险
兼葭桥	61	高度风险	22	较高风险	19	中度风险	33	高度风险
平均值	44	高度风险	23	较高风险	30	高度风险	26	高度风险

2. 不同季节和睦湿地富营养化风险评价

图 21-14 为不同季节和睦湿地表层底泥中磷释放风险的分布变化图。图 21-14 中河域的颜色表示沉积物磷释放风险，颜色越深，则沉积物磷释放风险越高。从图 21-14 中可以看出，部分采样点的 ERI 在 9 月时较高，只有梧桐桥采样点的 ERI 全年都处于较低水平。表 21-4 为和睦湿地不同采样点在不同季节的磷释放诱发富营养化风险评价。由表 21-4 可以看出，和睦湿地大部分采样点都属于高度风险区，在 9 月时 ERI 高于其他三个月份。和睦湿地全年 ERI 平均值为 43，表层沉积物磷释放诱发富营养化的风险处于高度风险范围内。

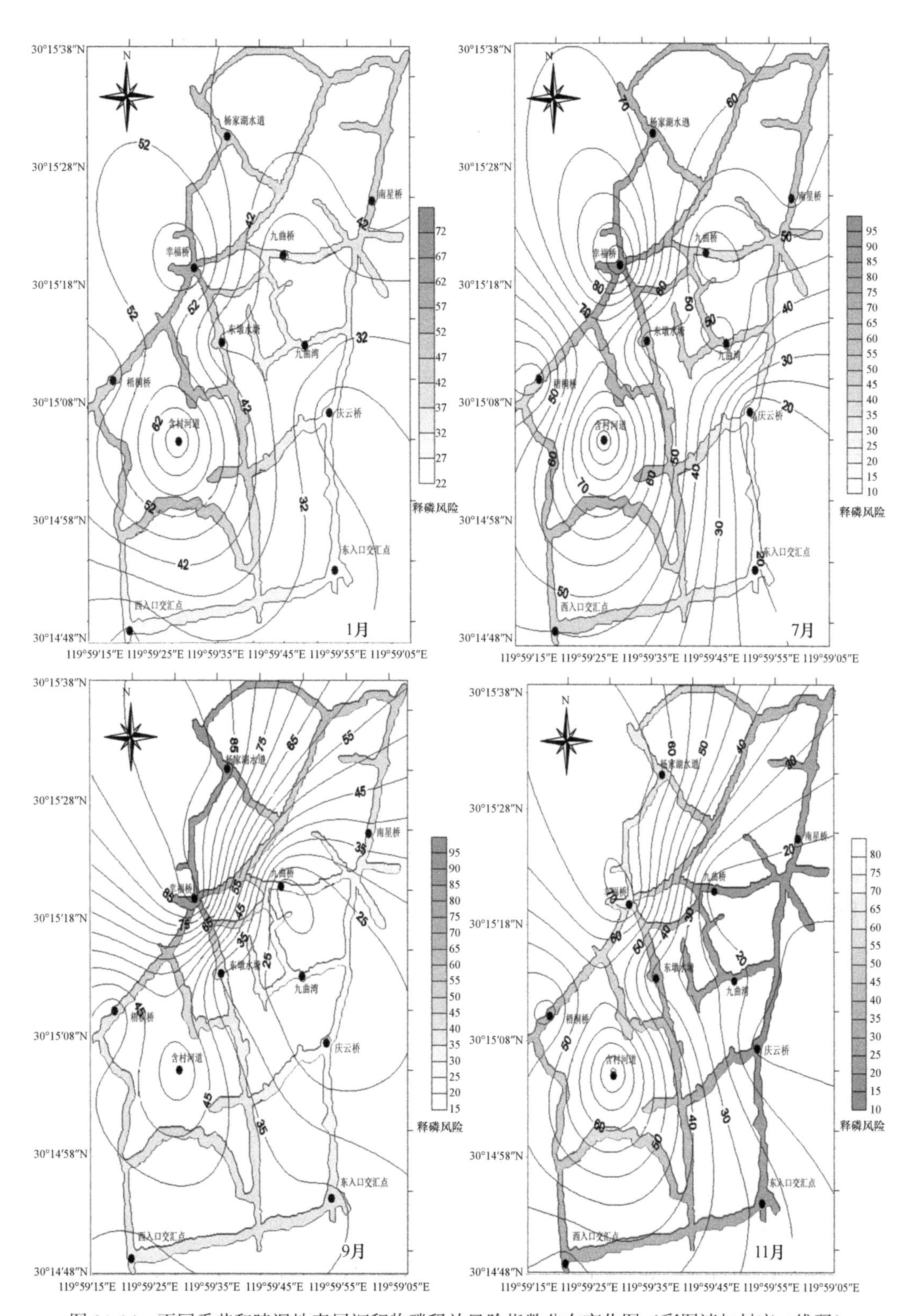

图 21-14　不同季节和睦湿地表层沉积物磷释放风险指数分布变化图（彩图请扫封底二维码）

表 21-4 和睦湿地采样点富营养化风险评价

采样点	1月		7月		9月		11月	
	ERI/%	风险评价	ERI/%	风险评价	ERI/%	风险评价	ERI/%	风险评价
南星桥	64	高度风险	45	高度风险	67	高度风险	88	高度风险
杨家湖水道	21	较高风险	45	高度风险	57	高度风险	39	高度风险
九曲桥	16	中度风险	31	高度风险	40	高度风险	17	中度风险
幸福桥	73	高度风险	62	高度风险	96	高度风险	93	高度风险
九曲湾	38	高度风险	44	高度风险	36	高度风险	36	高度风险
东敦水塘	32	高度风险	36	高度风险	47	高度风险	29	高度风险
庆云桥	24	较高风险	37	高度风险	54	高度风险	23	较高风险
梧桐桥	14	中度风险	23	较高风险	14	中度风险	20	较高风险
含村河道	77	高度风险	72	高度风险	90	高度风险	56	高度风险
东入口交汇点	34	高度风险	27	高度风险	45	高度风险	33	高度风险
西入口交汇点	28	高度风险	29	高度风险	21	较高风险	36	高度风险
平均值	38	高度风险	41	高度风险	51	高度风险	43	高度风险

21.3.3 讨论

磷是限制淡水湖泊中藻类生长的主要限制性营养因子，浅水湖泊中有 99%的总磷来自沉积物（Juracek and Ziegler，2009）。PSI 表示沉积物对磷的吸附能力，PSI 值低的沉积物对磷的缓冲能力较弱，磷释放进入水体的风险较高（张静，2006）。DPS 值很大程度上决定了沉积物中的磷向水体的释放量，一般作为衡量沉积物含磷水平和评估沉积物对磷吸附容量的可靠指标（Nair and Graez，2002；邵兴华等，2006）。DPS 越高的沉积物固磷能力较强的吸附位越少，磷越容易从沉积物表面迁移到水体，磷释放进入水体的风险较高（邢友华等，2010）。由 PSI 和 DPS 构成的 ERI 可以根据沉积物对磷的缓冲能力以及固磷能力表征磷诱发富营养化风险的大小。卢少勇等（2011）根据 ERI 评估北京 6 个湖泊表层底泥磷潜在释放风险时发现，有 4 个湖泊为高度风险区域，原因为这 4 个湖泊均为以娱乐为主的景观湖泊，受人为活动影响较大，且水域面积较小，水体自净能力较差。叶妹等（2012）对珠江河口湿地沉积物磷潜在释放风险进行研究，结果显示，9 月时光滩区的 ERI 最大，在 12 月时 ERI 最小，可能是由于季节降雨和人类活动的影响。

本章实验数据显示，西溪湿地大部分采样点在 4 月时属于富营养化高度风险区，只有植物园采样点的 ERI 全年都处于较低水平。这可能是因为春季旅游等人为活动增加的影响，使表层沉积物的磷释放风险增加，而植物园附近植被较多，使沉积物的固磷能力增强，缺乏植被的沉积物对磷含量变化比种有植被的沉积物更为敏感，所以植物园采样点的富营养化风险较低（叶妹等，2012）。和睦湿地大部分采样点全年都处于富营养化高度风险中，且部分区域超出高度风险最低标准很多。两个湿地沉积物中的磷都易释放到上覆水体中，诱发富营养化的风险处于高度风险范围。这可能是因为两个湿地均为开放性湿地，以娱乐功能的景观水系为主，且近年来的开发，使湿地水体受人为因素影响较大，城市地表径流随雨水进入湿地水体，沉积物对磷的缓冲能力以及固磷能力减弱，存在极易发生严重大面积水华的风险。可以预见，当风力扰动、水体 pH 以及氧化还原等条件适宜时，西溪及和睦湿地水体磷释放量将增大，当以磷为富营养化发生限制因素时，水体富营养化程度将非常严重。

21.3.4　结论

（1）西溪湿地大部分采样点在 4 月时属于富营养化高度风险区，可能是因为春季旅游等人为活动增加的影响，使表层沉积物的磷释放风险增加，而植被能使沉积物的固磷能力增强，降低附近区域的富营养化风险。

（2）和睦湿地大部分采样点全年都处于富营养化高度风险中，可能是因为其主要为娱乐功能的景观水系，且近年来的开发，受人为因素影响较大，沉积物对磷的缓冲能力以及固磷能力减弱造成的。

21.4　总　　结

本章主要根据杭州西溪及和睦湿地表层底泥中磷素的时空分布特征，对不同湿地水域随季节变化产生的水体富营养化潜能动态变化进行分析。同时，研发微臭氧曝气加氢氧化钙复合技术抑制湿地表层底泥内源性磷素的释放，并对其进行安全性分析。主要研究结论如下。

（1）西溪湿地表层沉积物中总磷含量在 4 月和 7 月较高，且闭蓄态磷的含量变化相差并不大，可溶性磷、铁磷及铝磷含量均在 4 月和 7 月高于 9 月和 11 月；和睦湿地表层沉积物中的总磷含量在 9 月和 11 月较高，闭蓄态磷含量无明显变化规律，可溶性磷、铁磷及铝磷含量均在 4 月和 7 月高于 9 月和 11 月。分析原因可以得出西溪湿地由于开发过度、污水排放以及人为干扰严重等原因，水体受影响较为严重，表层沉积物中形态磷的来源多为人为输入；和睦湿地为尚保存完好的原生态湿地，只有部分水域受到人为因素干扰，表层沉积物中形态磷含量变化受人类活动影响较小。

（2）西溪湿地大部分采样点在 4 月时属于富营养化高度风险区，可能是因为春季旅游等人为活动增加的影响，使表层沉积物的磷释放风险增加，而植被能使沉积物的固磷能力增强，降低附近区域的富营养化风险。和睦湿地大部分采样点全年都处于富营养化高度风险中，可能是因为其主要为娱乐功能的景观水系，且近年来的过度开发，受人为因素影响，沉积物对磷的缓冲能力以及固磷能力减弱造成的。

（3）本章将臭氧曝气与化学药剂复合运用到对沉积物磷素释放控制中，制成原位控制水体底泥磷释放的曝气加药一体机。研究表明微臭氧曝气加氢氧化钙复合技术对内源磷释放抑制效果较好，且氢氧化钙为价格便宜的化学药剂，该技术具有工程应用的经济可行性。微臭氧曝气加氢氧化钙复合技术是在臭氧形成的氧化环境下，上覆水中磷含量降低，并在湖泊底泥表面形成难分解态的沉积物，进一步抑制底泥磷释放，从而实现对富营养湖泊底泥磷释放的原位治理技术。

（4）DGGE 电泳图谱分析结果和三种生物多样性指数计算结果均表明，经微臭氧曝气加氢氧化钙复合技术处理组与对照组底泥中微生物多样性差异并不显著（$P>0.05$），可以认为该技术对底栖微生物群落的影响甚微，不会改变底泥微生物多样性。

（张杭君）

参考文献

国家环境保护总局. 2002. 地表水环境质量标准(GB3838-2002). 北京: 中国环境科学出版社.

黄清辉, 王子健, 王东红, 等. 2004. 太湖表层沉积物磷的吸附容量及其释放风险评估. 湖泊科学, 16(2): 97-104.

李北罡, 郭博书. 2006. 黄河中游表层沉积物中无机磷的化学形态研究. 农业环境科学学报, 25(6): 217-220.

刘素美, 张经. 2001. 沉积物中磷的化学提取分析方法. 海洋科学, 25(1): 22-25.

刘越, 胡恭任, 袁栋林, 等. 2011. 晋江感潮河段表层沉积物中磷的分布、赋存形态及环境意义. 环境化学, 3(7): 1361-1367.

卢少勇, 王佩, 王殿武, 等. 2011. 北京六湖泊表层底泥磷吸附容量及潜在释放风险. 中国环境科学, 31(11): 1836-1841.

马钦, 李北罡, 焦小宝. 2009. 黄河表层沉积物中磷的分布特征及磷的生物可利用性. 农业环境科学学报, 28(11): 2379-2384.

单监利. 2013. 杭州城市湿地沉积物中碳、氮及重金属时空分布特征和污染评价. 杭州: 杭州师范大学硕士研究生学位论文.

邵兴华, 章永松, 林咸永, 等. 2006. 三种铁氧化物的磷吸附解吸特性以及与磷吸附饱和度的关系. 植物营养与肥料学报, 12(2): 208-212.

谢长永. 2012. 杭州西溪湿地生态系统营养特征的研究. 杭州: 杭州师范大学硕士研究生学位论文.

邢友华, 董洁, 李晓晨, 等. 2010. 东平湖表层沉积物中磷的吸附容量及潜在释放风险分析. 农业环境科学学报, 29(4): 746-751.

叶妹, 王立立, 梁嘉琪. 2012. 珠江河口湿地沉积物磷的吸附容量及其释放风险评估. 中国科技论文在线.

张静. 2006. 鄱阳湖南矶山湿地土壤对磷的吸附与释放特性的研究. 南昌: 南昌大学硕士研究生学位论文.

张琳, 毕永红, 胡征宇, 等. 2011. 三峡水库湖北段沉积物磷形态及其分布特征. 环境科学与技术, 34(6): 6-9.

张卫, 林匡飞, 张巍, 等. 2011. 河道沉积物中磷的分布、吸附及释放规律研究. 环境污染与防治, 33(10): 1-4.

Ashraf P M, Edwin L, Meenakumari B. 2006. Studies on the seasonal changes of phosphorus in the marine environments off Cochin. Environment International, 32(2): 159-164.

Aydin I, Aydin F, Saydut A, et al. 2010. Hazardous metal geochemistry of sedimentary phosphate rock used for fertilizer (Mazıdag, SE Anatolia, Turkey). Microchemical Journal, 96(2): 247-251.

Aydin I, Imamoglu S, Aydin F, et al. 2009. Determination of mineral phosphate species in sedimentary phosphate rock in Mardin, SE Anatolia, Turkey by sequential extraction. Microchemical Journal, 91(1): 63-69.

Bache B W, Williams E G. 1971. A phosphate sorption index for soils. Journal of Soil Sciences, 22: 289-301.

Conley D J, Paerl H W, Howarth R W, et al. 2009. Controlling eutrophication: nitrogen and phosphorus. Science, 323(5917): 1014-1015.

Eckert W, Didenko J, Uri E, et al. 2003. Spatial and temporal variability of particulate phosphorus fractions in seston and sediments of Lake Kinneret under changing loading scenario. Hydrobiologia, 494: 223-229.
Eijsink L M, Krom M D, De Lange G J. 1997. The use of sequential extraction techniques for sedimentary phosphorus in eastern Mediterranean sediments. Marine Geology, 139(1): 147-155.
Gachter R, Meyer J S. 1993. The role of microorganisms in mobilization and fixation of phosphorus in sediments Hydrobiologia, 253: 103-121.
Gunduz B, Aydın F, Aydın I, et al. 2011. Study of phosphorus distribution in coastal surface sediment by sequential extraction procedure (NE Mediterranean Sea, Antalya-Turkey). Microchemical Journal, 98(1): 72-76.
Hsieh C D, Wan-Fa Y, Wen C. 2006. Simulations of sediment yield and phosphorus yield from a watershed in Taiwan, China. International Journal of Sediment Research, 21(4): 261-271.
Hua Z, Zhu X, Wang X. 2000. Study on bioavailability of *Selenastrum capricornutum* influenced by released phosphorus. Acta Scientiae Circumstantiae, 20: 100-105.
Huang Q H, Wang Z J, Wang D H, et al. 2005. Origins and mobility of phosphorus forms in the sediments of Lakes Taihu and Chaohu, China. Journal of Environmental Science and Health, 40(1): 91-102.
Jiang C H, Deng J J, Hu J W, et al. 2008. Phosphorus speciation in sediments from Baihua and Aha Lakes. *In*: Du Z, Sun X B. Abstracts of the 12th Asian Pacific Confederation of Chemical Engineering Congress. Dalian, China: Dalian University of Technology Press: 2.
Jiang C, Hu J, Huang X, et al. 2011. Phosphorus speciation in sediments of Lake Hongfeng, China. Chinese Journal of Oceanology and Limnology, 29: 53-62.
Jin X, Meng F, Jiang X, et al. 2006. Physical-chemical characteristics and form of phosphorus speciations in the sediments of northeast Lake Taihu. Resources and Environment in the Yangtze Basin, 15(3): 388-394.
Juracek K E, Ziegler A C. 2009. Estimation of sediment sources using selected chemical tracers in the Perry lake basin, Kansas, USA. International Journal of Sediment Research, 24(1): 108-125.
Kaiserli A, Voutsa D, Samara C. 2002. Phosphorus fractionation in lake sediments–Lakes Volvi and Koronia, N. Greece. Chemosphere, 46(8): 1147-1155.
Katsaounos C Z, Giokas D L, Leonardos I D, et al. 2007. Speciation of phosphorus fractionation in river sediments by explanatory data analysis. Water Research, 41(2): 406-418.
Kleeberg A, Schlungbaum G. 1993. In situ phosphorus release experiments in the Warnow River (Mecklenburg, northern Germany). Hydrobiologia, 253: 263-274.
Kuwae T, Kibe E, Nakamura Y. 2003. Effect of emersion and immersion on the porewater nutrient dynamics of an intertidal sandflat in Tokyo Bay. Estuarine, Coastal and Shelf Science, 57(5): 929-940.
Li X, Song J, Yuan H, et al. 2007. Biogeochemical characteristics of nitrogen and phosphorus in Jiaozhou Bay sediments. Chinese Journal of Oceanology and Limnology, 25: 157-165.
Liu C, Sui J, Wang Z Y. 2008. Sediment load reduction in Chinese rivers. International Journal of Sediment Research, 23(1): 44-55.
McDowell R W, Sharpley A N. 2003. Phosphorus solubility and release kinetics as a function of soil test P concentration. Geoderma, 112(1): 143-154.
McManus J, Berelson W M, Coale K H, et al. 1997. Phosphorus regeneration in continental margin sediments. Geochimica et Cosmochimica Acta, 61(14): 2891-2907.
Milenkovic N, Damjanovic M, Ristic M. 2005. Study of heavy metal pollution in sediments from the Iron Gate (Danuae River), Serbia and Montenegro. Polish Journal of Environmental Studies, 14(6): 781-787.
Nair V D, Graetz D A. 2002. Phosphorus saturation in Spodosols impacted by manure. Journal of Environmental Quality, 31(4): 1279-1285.
Nyenje P M, Foppen J W, Uhlenbrook S, et al. 2010. Eutrophication and nutrient release in urban areas of sub-Saharan Africa—a review. Science of the Total Environment, 408(3): 447-455.
Ödemiş B, Bozkurt S, Ağca N, et al. 2006. Quality of shallow groundwater and drainage water in irrigated agricultural lands in a mediterranean coastal region of Turkey. Environmental Monitoring and Assessment, 115(1-3): 361-379.

Ogrinc N, Faganeli J. 2006. Phosphorus regeneration and burial in near-shore marine sediments (the Gulf of Trieste, northern Adriatic Sea). Estuarine, Coastal and Shelf Science, 67(4): 579-588.

Pan G, Krom M D, Herut B. 2002. Adsorption-desorption of phosphate on airborne dust and riverborne particulates in East Mediterranean seawater. Environmental Science & Technology, 36(16): 3519-3524.

Shi B Y, Tang H X. 2000. The coagulating behaviors and adsorption properties of polyaluminum-organic polymer composites. Chinese Journal of Enviromental Science, 21(1): 18-22.

Slomp C P, Malschaert J F P, Van Raaphorst W. 1998. The role of adsorption in sediment-water exchange of phosphate in North Sea continental margin sediments. Limnology and Oceanography, 43(5): 832-846.

Søndergaard M, Kristensen P, Jeppesen E. 1993. Eight years of internal phosphorus loading and changes in the sediment phosphorus profile of Lake Søbygaard, Denmark. Hydrobiologia, 253(1-3): 345-356.

Song J M, LuoY X, Lv X X, et al. 2003. Forms of phosphorus and silicon in the natural grain size surface sediments of the southern Bohai Sea. Chinese Journal of Oceanology and Limnology, 21(3): 286-292.

Sun S J, Huang S L, Sun X M, et al. 2009. Phosphorus fractions and its release in the sediments of Haihe River, China. Journal of Environmental Sciences, 21(3): 291-295.

Surridge B W J, Heathwaite A L, Baird A J. 2007. The release of phosphorus to porewater and surface water from river riparian sediments. Journal of Environmental Quality, 36(5): 1534-1544.

Tallberg P, Tréguer P, Beucher C, et al. 2008. Potentially mobile pools of phosphorus and silicon in sediment from the Bay of Brest: interactions and implications for phosphorus dynamics. Estuarine, Coastal and Shelf Science, 76(1): 85-94.

Tian J R, Zhou P J. 2007. Phosphorus fractions of floodplain sediments and phosphorus exchange on the sediment–water interface in the lower reaches of the Han River in China. Ecological Engineering, 30(3): 264-270.

Wang H, Appan A, Gulliver J S. 2003. Modeling of phosphorus dynamics in aquatic sediments: I—model development. Water Research, 37(16): 3928-3938.

Wang H, Hondzo M, Stauffer B, et al. 2004. Phosphorus dynamics in Jessie Lake: mass flux across the sediment-water interface. Lake and Reservoir Management, 20(4): 333-346.

Wang H, Inukai Y, Yamauchi A. 2006. Root development and nutrient uptake. Critical Reviews in Plant Sciences, 25(3): 279-301.

Worsfold P J, Gimbert L J, Mankasingh U, et al. 2005. Sampling, sample treatment and quality assurance issues for the determination of phosphorus species in natural waters and soils. Talanta, 66(2): 273-293.

Wu J X, Sun Y, Zhang Q Q, et al. 2005. Research on the exchange rates of TOC, TN, TP at the sediment-water interface in aquaculture water areas of Sungo Bay. Marine Fisheries Research, 26: 62-67.

Xiang S, Zhou W. 2011. Phosphorus forms and distribution in the sediments of Poyang Lake, China. International Journal of Sediment Research, 26(2): 230-238.

Xie L Q, Xie P, Tang H J. 2003. Enhancement of dissolved phosphorus release from sediment to lake water by *Microcystis* blooms—an enclosure experiment in a hyper-eutrophic, subtropical Chinese lake. Environmental Pollution, 122(3): 391-399.

Yi Y, Wang Z, Zhang K, et al. 2008. Sediment pollution and its effect on fish through food chain in the Yangtze River. International Journal of Sediment Research, 23(4): 338-347.

Yilmaz E, Koç C. 2012. A study on seasonal changes of phosphorus fractions in marine sediments of the Akyaka Beach in Gökova Bay, Turkey. Clean Technologies and Environmental Policy, 14(2): 299-307.

Zhou Y, Song C, Cao X, et al. 2008. Phosphorus fractions and alkaline phosphatase activity in sediments of a large eutrophic Chinese lake (Lake Taihu). Hydrobiologia, 599(1): 119-125.

Zhu G W, Qin B Q, Zhang L, et al. 2006. Geochemical forms of phosphorus in sediments of three large, shallow lakes of China. Pedosphere, 16(6): 726-734.

第 22 章　西溪湿地土壤污染物分布特征及生态风险评价

22.1　引　　言

湿地与森林、海洋并称为全球三大生态系统，被称为“地球之肾”，在调节气候、降解污染物、净化水质、保护生物多样性和为人类提供生产、生活资源等方面发挥着重要作用（Keddy，2000）。城市湿地土壤是城市环境的重要组成部分，它直接影响到城市生态环境质量和人体的健康。城市化和工业化的加快，以及人类活动造成大量的污染物质在城市土壤中积累。因此城市土壤污染问题日益受到人们的重视，并已成为国际环境土壤学研究的热点（Imperato et al.，2003；王学松和秦勇，2006；Lee et al.，2006）。重金属作为一种持久性有毒污染物，进入土壤后不能被生物降解，土壤重金属对人类的危害途径主要是通过人体直接接触（如湿地公园土壤与游人直接接触、儿童摄取等）、地面扬尘的人体直接吸入并通过人的呼吸作用进入人体。土壤重金属污染的环境生态效应还表现在对城市水体（地表水和地下水）的污染（张磊等，2004）。有机氯农药如六六六（HCH）和滴滴涕（DDT），由于大量使用后引起的残毒及环境问题，自 20 世纪 80 年代初就被全面禁止使用（张红艳等，2006），但至今在土壤/沉积物等环境中仍可检测到它们的残留（施治等，2004；张海秀等，2007；吕爱华等，2007）。有机氯农药进入土壤后除了对陆生生物造成潜在危害外，还可以通过淋洗、水土流失等途径迁移到水环境中，从而对水生生态系统造成影响，因而湿地土壤污染是一个十分值得关注的问题。

湿地公园是具备生态旅游和生态环境教育功能、兼有物种与栖息地保护作用的湿地风景区域。其宗旨是科学合理地利用湿地资源，充分发挥湿地的生态、经济和社会效益，为人们提供游憩和享受优美的自然景观的场所。发展建设湿地公园，对改善区域生态状况，促进经济社会可持续发展，实现人与自然和谐共处都具有十分重要的意义（陈克林，2005）。西溪湿地位于杭州市西部，距西湖 5 km，是杭州市区仅存的一块城郊型湿地，也是目前首个国家湿地公园。它是以鱼塘为主，并由部分河港湖漾及狭窄的塘基和面积较大的河渚相间组成的次生湿地，区内水面率高达 50%。因而本文以杭州西溪国家湿地公园为例，对其生态环境状况进行研究，以期为湿地公园的建设和保护提供基础资料和决策依据。

22.2　研究区域与研究方法

22.2.1　研究区概况

杭州西溪国家湿地公园，东至紫金港，西以五常港与余杭区为界，南至沿山河，北至余杭塘河（120°0′26″E～120°9′27″E，30°3′35″N～30°21′28″N）（程乾和吴菊秀，2006）。

全区东西长约 5.7 km，南北宽约 4.1 km，总面积为 10.08 km^2（高乙梁，2006）。分布的土壤类型主要为水稻土以及由开辟圩田、疏浚河道而人为堆积的堆叠土，且主要辟为果园（柿林）、竹林和菜畦等，河漫滩湿地则多为芦苇（陈久和，2002）。湿地属亚热带季风气候区，四季分明，雨量丰沛，光照充足，该区多年平均降水量为 1400 mm，多年平均气温 16.2℃（程乾和吴菊秀，2006）。

22.2.2 样品采集与分析

根据西溪湿地土地利用类型和空间上样点的区域分布等因素，确定了 11 个土壤采样点（表 22-1）。采样时间为 2006 年 12 月 21 号。采样时，每个采样点在 100 m^2 范围内，采集 6～8 处表层土壤（0～20 cm），混合均匀后，缩分至 1～2 kg 装袋。同时，为了解重金属的剖面分布情况，在以上 11 个样点中，根据西溪湿地植基鱼塘（桑基鱼塘、柿基鱼塘、竹基鱼塘等）的主要特色，结合农耕文化和其他景观特点，选择了柿园、竹园、芦苇滩地、菜地和鱼塘塘基（无植物覆盖）五个样点，采集 1 m 土深的剖面样品，每 20 cm 为一层。剖面表层样品为 100 m^2 范围内 6～8 处的混合样，底层样品为 3 处不同样点相应层次的混合样。

表 22-1　西溪湿地土壤采样点信息

	编号	利用特征、类型	水源、施肥特征	位置描述
剖面样	1	菜地、水稻土	降水和灌溉、施肥	湿地公园中心区域
	2	柿园、堆叠土	降水、不施肥	湿地公园中心区域
	3	芦苇滩地、沼泽土	季节性水淹、不施肥	湿地公园中心区域
	4	鱼塘塘基、堆叠土	降水、不施肥	湿地公园中心区域
	5	竹园、堆叠土	降水、不施肥	湿地公园中心区域
表层样	6～7	未利用、堆叠土	降水、不施肥	湿地公园外围，靠马路
	8	未利用、堆叠土	降水、不施肥	湿地公园居民区且靠马路
	9	未利用、堆叠土	降水、不施肥	湿地公园生态保护区
	10～11	未利用、堆叠土	降水、不施肥	湿地公园外围

注：生态保护区是湿地内自然生态环境较好，一直以来受人为干扰较少的区域

土壤中 Cd、Pb、Cu、Cr 和 Zn 全量的测定采用反王水法消化（邵学新等，2006；Burt et al.，2003），Cd 用石墨炉原子吸收法测定（3510，安捷伦-上海分析仪器有限公司），Cr、Cu、Pb 和 Zn 用火焰原子吸收法测定。Hg 元素分析采用硝酸－硫酸－五氧化二钒消解，原子荧光光谱仪测定（AF-160A，北京瑞利分析仪器公司），As 元素分析用硫酸-硝酸-高氯酸消解后，二乙基二硫代氨基甲酸银分光光度法测定，pH 用玻璃电极法测定（中国环境监测总站，1992）。在土壤重金属分析测定过程中，每批样品各有两个空白样品和标准物质与样品同步分析。采用的标准物质为 GSS-1（GBW 07401）和 GSS-3（GBW 07403）。消化方法和仪器测定结果表明，测定值在标准值的 10%误差范围之内。

土壤有机氯农药采用气相色谱法测定。提取及净化参照 GB/T 14550—2003 进行。具体为：准确称取 20 g 土样，用丙酮－石油醚（1∶1，*V*/*V*）溶液 100 mL 浸泡 12 h，

然后索氏提取 6 h，提取液转入 300 mL 分液漏斗加 20 g/L 硫酸钠溶液，弃水相；剩下石油醚提取液用 5 mL 浓硫酸磺化，弃酸层，磺化数次，直至加入的石油醚提取液二相界面呈无色透明为止。向石油醚层加入其体积量一半左右的 20 g/L 的硫酸钠溶液，弃水相，重复几次至提取液呈中性时止。最后用无水硫酸钠脱水，浓缩至 10 mL。待测液使用 Agilent 气相色谱仪测定（6890N），毛细管柱 DB-1701（柱长 30 m，膜厚 0.25 μm，内径 0.32 mm）。载气为高纯氮气（99.999%），流速 60 mL/min；进样量 1 μL，不分流进样；进样口温度 220℃，检测器温度 280℃，柱温 165℃，保持 2 min，以 6℃/min 的速度升温至 265℃，保持 2 min。所测化合物使用标准样品的保留时间定性，峰面积外标法定量。HCH 为四种异构体总量，DDT 为四种衍生物总量，标准液购于中国标准研究所。所有样品均做 3 次重复，农药含量基于土壤风干质量计算。本方法对 4 种 HCH 和 4 种 DDT 异构体最低检出浓度为 0.05～0.4 ng/g，回收率为 73.1%～109.3%，相对标准偏差 5%～18%，满足痕量有机化合物残留分析要求。

22.3　结果与讨论

22.3.1　西溪湿地土壤重金属含量、分布及来源分析

对表层土壤重金属含量统计结果见表 22-2。该区域元素变异系数从大到小为：As>Cd>Hg>Cu>Pb>Zn>Cr。与浙江省土壤背景值（中国环境保护总站，1990）相比，Cu 全部超过背景值，Pb 和 Zn 除 9 号样点（采自生态保护区）外其余样品都超过背景值，Cr 除 1 号菜地和 9 号样点外、Cd 除 6 号～7 号（靠马路）和 9 号样点外其余样品都超过背景值，Hg 在 1 号菜地、5 号竹园、6 号和 8 号样点（采自居民区且靠马路）中含量超过背景值，As 在 2 号柿园和 7 号样点中含量超过背景值。从平均值来看，Cu、Pb 两元素的平均值较大，分别为背景值的 1.92 倍和 1.78 倍，Cd 和 Zn 居中，分别为背景值的 1.52 倍和 1.32 倍，而 Cr、Hg 和 As 的平均值低于背景值。可见，西溪湿地土壤中以 Cu、Pb、Cd 和 Zn 四个元素的积累较大。采样点土壤 pH 在 4.31～6.45，平均 5.15，根据此 pH 范围，与《土壤环境质量标准》（GB 15618—1995）pH<6.5 时的二级标准相比，Cd 有 3 个点超标（超标率为 27.3%），这三个点分别为 1 号菜地、3 号芦苇滩地和 8 号样点（采自居民区且靠马路），而其他六种元素的含量都要低于国家二级标准。

表 22-2　西溪湿地土壤表层重金属含量　（单位：mg/kg）

统计量	Cu	Zn	Pb	Cd	Hg	As	Cr
平均值	36.8	91.5	39.2	0.23	0.19	6.3	64.9
最小值	19.4	57.3	21.8	0.10	0.09	3.3	47.0
最大值	50.7	119.9	50.8	0.38	0.30	12.2	76.5
变异系数/%①	25.5	18.0	20.2	43.4	39.4	50.5	13.9
背景值②	19.1	69.1	22.0	0.15	0.19	9.5	60.9
二级标准③	200	250	300	0.30	0.50	30	200

①元素含量的变异系数%=元素含量标准差/元素含量平均值×100%；②浙江省土壤元素背景值；③《土壤环境质量标准》（GB 15618—1995）二级标准

由于不同地区土壤中元素特征与成土母质及成土环境等因素关系密切，研究区土壤含量与土壤背景值的比值可反映土壤重金属的富集状况，而应用国家《土壤环境质量标准》则可以了解土壤的环境质量现状，并对其进行评价分级。马成玲等（2006）对江苏常熟市土壤重金属污染研究表明，采用双重标准进行评价可以较全面地了解土壤污染状况。本研究也得到了类似的结果，我们发现，以《土壤环境质量标准》的二级为标准，该地仅 Cd 存在超标，而采用浙江省土壤背景值为标准，土壤中 Cu、Pb 和 Zn 这 3 个元素也表现了较大的积累。《土壤环境质量标准》二级标准值是个警示值，低于此值，一般来说不会有污染问题，而对于高于此值的样点（本研究区域共有 3 个点，分别为 1 号菜地、3 号芦苇滩地和 8 号样点）应予充分重视，进一步深入调研，以便采取相应措施。而土壤环境背景值是揭示当前土壤是否有污染物进入的临界点，对超过土壤背景值的土壤可以予以警示和及早给予关注，控制污染源，防止污染进一步发展。

对五个典型土壤剖面重金属含量的分析表明，随深度增加重金属含量表现为降低的趋势，具体又可以归为两类：一类随着深度增加含量表现为明显降低的趋势，包括菜地和芦苇滩地；另一类随着深度增加含量降低趋势相对不明显，包括柿园、鱼塘塘埂和竹园。由于篇幅关系，仅列出菜地和柿园样点上 Pb、Cu 和 Zn 三种重金属的剖面分布图（图 22-1）。

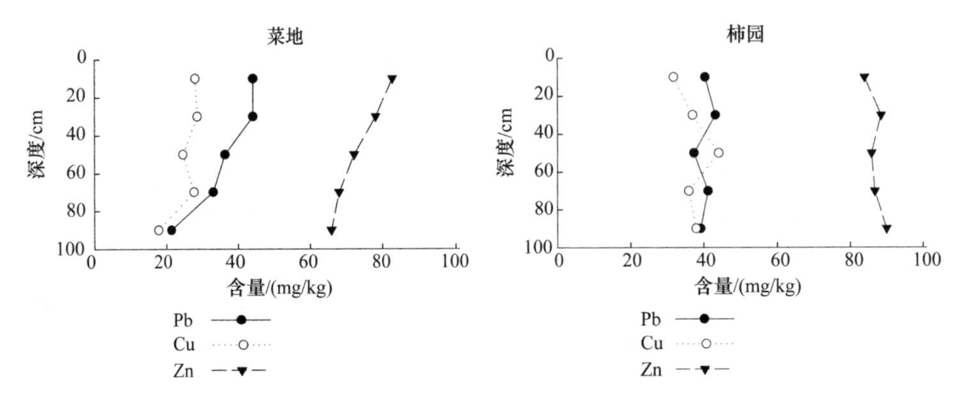

图 22-1　土壤重金属的剖面分布

西溪湿地土壤重金属变异系数较大，除了由于土壤本底差异引起外，人为活动的影响也是一个重要因素，且外来重金属元素主要积累于土壤表层（贾琳等，2006）。不同土地管理方式或取样位置对湿地土壤重金属的影响比较明显。例如，菜地由于受施肥等因素影响表层重金属积累较大，而柿园和鱼塘塘埂由于管理粗放、受人为干扰小，重金属在剖面的变化不明显；又如，靠近居民区或马路边的取样点（6～8）土壤由于受人为干扰明显重金属含量较高，而处于生态保护区的样点（9）一直以来干扰较少，生态环境较好，土壤重金属含量较低。

引起土壤重金属积累的有多种原因，不同重金属的来源也有所不同。Pb 和 Zn 通常被作为交通污染源的标识元素（Peterson et al.，1999；王学松和秦勇，2006），Tam 等（1986）研究也发现在公路附近公园土壤中重金属含量与交通流量有显著的相关性。西溪湿地处于杭州市区，所以，该地区土壤表层 Pb 和 Zn 富集的一个重要原因可能与附近繁忙的公路交通运输有关。表层土壤中 Cu 的富集可能与历史上该地区的畜禽养殖有关，据调查，历史上当地产业结构以农业为主，而农业总产值中养猪业占了近 70%，曾有生猪存栏 2 万头，由于动物饲料中高 Cu 添加剂的广泛使用（高凤仙和杨仁斌，2005），使得饲料中过量的重金属元素通过所饲养动物排泄到土壤中，或通过有机肥的形式施入土壤，从而慢慢富集在土壤中。Cd 和 Hg 通常认为来自污染企业的废水排放（邵学新等，2006），土壤中这两种元素的积累可能同湿地土壤对污水中重金属的过滤、吸附等作用关系密切。西溪湿地区内河网密布，湖泊众多，园区约 50%的面积为水域，近 10 多年来，湿地上游河流开始受到工业污染，水体中携带的各种重金属元素，通过与湿地土壤的接触而进入土壤。例如，芦苇滩地由于随河道水位变化而间歇被水体淹没，其水陆交互作用强烈，对水体中重金属的过滤、吸附等作用不可忽视。

22.3.2　西溪湿地土壤重金属污染评价

从前面的分析可知，西溪湿地土壤多数重金属平均含量超过背景值，因而我们用内梅罗（N. L. Nemerow）综合污染指数来评价该地的重金属污染状况（国家环境保护总局，2004；王铁宇等，2004）。该法的计算公式如下：

$$P_{综}=\sqrt{\frac{\left(P_i\right)^2+\left(P_{i\max}\right)^2}{2}}$$

式中，元素单项污染指数（P_i）为某元素污染浓度实测值与该元素的浙江省土壤背景值的比值；$P_{i\max}$ 为所有元素污染指数中的最大值。这种方法的计算结果不仅考虑了各种污染物的平均污染水平，也反映了污染最严重的污染物给环境造成的危害。

重金属单项污染指数（P_i）计算结果见表 22-3，从大到小依次为：Cu>Pb>Cd>Zn>Cr>Hg>As。不同样点综合污染指数（$P_{综}$）分析结果在 0.92～2.24（表 22-3）。一般 $P_{综}\leqslant 1$ 为无污染，$1<P_{综}\leqslant 2$ 为轻度污染，$2<P_{综}\leqslant 3$ 为中度污染，$P_{综}>3$ 为重度污染（王铁宇等，2004）。因此，西溪湿地土壤中仅 9 号样点（采自生态保护区）无污染，而 5 号竹园和 8 号样点（采自居民区且靠马路）处于中污染，其余 8 个样点处于轻污染（表 22-4）。所有样点综合污染指数的平均值为 1.73，说明西溪湿地重金属污染程度总体较轻。

表 22-3　西溪湿地土壤不同重金属的环境污染指数

n=11	Cu	Zn	Pb	Cd	Hg	As	Cr
P_i	1.92	1.32	1.78	1.52	1.01	0.67	1.07
E_i	9.62	1.32	8.92	45.6	40.4	6.68	2.13

表 22-4　西溪湿地土壤不同采样点的环境污染指数

项目	1	2	3	4	5	6	7	8	9	10	11
$P_{综}$	1.95	1.57	1.87	1.38	2.03	1.98	1.44	2.24	0.92	1.92	1.68
污染等级	轻	轻	轻	轻	中	轻	轻	中	无	轻	轻
RI	149.7	89.4	132.4	78.8	151.9	120.6	83.2	165.8	71.5	112.4	105.1
风险等级	中等	轻微	轻微	轻微	中等	轻微	轻微	中等	轻微	轻微	轻微

重金属污染对土壤—植物体系的影响十分复杂，利用重金属实际检测值反映其在土壤和食物链中的潜在风险显得尤为重要。因而在前面环境质量评价的基础上，采用瑞典科学家 Hakanson 提出的潜在生态风险指数法（Hakanson，1980），进一步对重金属可能存在的生态风险进行评估。该法是 Hakanson 根据重金属性质及环境行为特点，从沉积学角度提出来的对土壤或沉积物中重金属污染进行评价的方法，不仅考虑土壤重金属含量，而且将重金属的生态效应、环境效应与毒理学联系在一起，采用具有可比的、等价属性指数分级法进行评价（郭平等，2005；王铁宇等，2004）。

其中，单一金属潜在生态风险因子（E_i）的计算公式为：$E_i=T_i \times P_i$
式中，T_i 为不同重金属的生物毒性响应因子，反映了重金属对人体及生态系统的危害程度，Hakanson（1980）给出的 7 种重金属的毒性响应系数的顺序为：Hg（40）>Cd（30）> As（10）>Pb=Cu（5）>Cr（2）>Zn（1）；P_i 为元素单项污染指数，为某元素污染浓度实测值与该元素的浙江省土壤背景值的比值。

多金属综合生态风险指数（RI）的计算公式为：$\mathrm{RI}=\sum_{i=1}^{m} E_i$

西溪湿地土壤样品重金属 P_i、E_i 值的分析结果见表 22-3。7 种重金属的平均单一潜在生态风险指数大小为：Cd>Hg>Cu>Pb>As>Cr>Zn。参考 Hakanson（1980）的划分标准，对单一元素而言，$E_i<30$ 为轻微级生态风险，$30<E_i<60$ 为中等生态风险，$E_i>60$ 为强度以上生态风险；就多种金属而言，RI<135 为轻微生态风险，135<RI<265 为中等生态风险，RI>265 为强度以上生态风险。因而西溪湿地土壤重金属单一风险指数大小可以分为两类：Cd 和 Hg 具有中等级生态风险，其他 5 种重金属具有轻微级生态风险。多金属综合生态风险指数（RI 值）为 71.5～165.8（表 22-4），其中 1 号菜地、5 号竹园和 8 号样点（采自居民区且靠马路）处于中等生态风险等级，其余 8 个样点处于轻微生态风险等级。所有样点 RI 平均值为 114.6，整体而言生态风险较轻微，但对部分具有中等生态风险的样点需要引起重视。此外，Cd 和 Hg 对总生态风险指数的贡献值较大，即对生态系统的危害最大。

在不同评价方法上，土壤重金属的综合污染指数和多金属综合生态风险指数两者升降趋势相同，表现为较高的一致性。对两个综合指数进行线性相关分析也表明，两者具有极显著的相关关系（R^2=0.82，P<0.01）。就单一重金属的污染指数和生态风险指数来看，两者评价结果有所不同。例如，西溪湿地土壤中 Zn 含量明显高于浙江省土壤背景值，单项污染指数（P_i）较高，但其生态风险指数却最低。相反，Hg 的含量接近于土壤背景值，单项污染指数接近于 1，但其生态风险指数却明显较大。这主要是由于 Zn 为植物的必需营养元素，其对生物的毒性响应因子较小，而本研究中 Hg 的毒性响应因子最大。以上不同评价方法的比较结果与王铁宇等（2004）、方晓明等（2005）的研究报道基本一致。

22.3.3 西溪湿地土壤有机氯农药残留、分布及来源分析

西溪湿地 11 个采样点土壤中 HCH 和 DDT 均有检出。ΣHCH 的含量范围为 14.56～

29.43 ng/g，平均含量为 18.44 ng/g；∑DDT 的含量范围为 12.82～47.36 ng/g，平均含量为 20.80 ng/g。可见，HCH 和 DDT 在土壤中的残留差异不是很明显。

将 11 个样点分为 5 种土地利用类型，分别是柿园、竹园、芦苇滩地、菜地和其他（包括鱼塘塘基、荒地和路边地等）。5 种土地利用类型中（图 22-2），土壤 HCH 含量从大到小分别为：竹园>其他>芦苇滩地>柿园>菜地，但 5 种类型之间含量差异不明显；土壤 DDT 从大到小分别为：菜地>竹园>芦苇滩地>其他>柿园，其中菜地土壤 DDT 明显较高，其他 4 种类型之间含量差异不明显。由于除菜地外，其他利用类型土壤历史上农药施用很少，因而总体 DDT 含量较低且差异不明显。而西溪湿地菜地历史上一直种植水稻，近几年才改种蔬菜，水稻土中历史上 DDT 施用较多（安太成等，2005；章海波等，2006），因而残留较大。

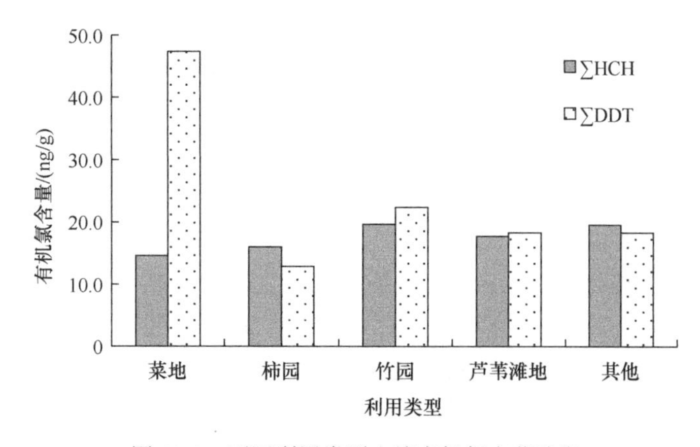

图 22-2　不同利用类型土壤有机氯农药残留

一般认为，有机碳含量是土壤中脂溶性有机物残留的重要影响因素（邱黎敏等，2005），在平衡的土-气系统中，两者含量应该成一定比例（Borisover and Graber，1997）。通过对 HCH 总残留量及各异构体含量与土壤有机碳含量的相关分析，发现有机碳与 HCH 总残留量及各组分的相关系数较小且相关性不显著，这可能与其他环境因素的干扰有关（邱黎敏等，2005）。而有机碳与 DDT 总残留量及各组分的相关系数相对较高，且与 DDT 总残留量具有显著的相关性（R^2=0.433，P<0.05），这种相关性在其他研究中也有报道（龚钟明等，2003；Bochm and Farrington，1984）。

西溪湿地土壤中 HCH 的 4 种异构体残留量大小为：β-HCH>α-HCH>γ-HCH>δ-HCH（图 22-3）。β-HCH 是环境中最稳定和最难降解的 HCH 异构体，其他异构体在环境中会转型成 β-HCH 以达最稳定状态（康跃惠等 2003），所以土壤中 β-HCH 的残留量最大。在工业 HCH 中 α-HCH 成分占绝大多数，其比例为 α：65%～70%，β：5%～6%，γ：13%，δ：6%，具有杀虫功效的单体是 γ 体，即林丹。一般认为若样品中 HCH 的 α/γ 比值在 4～7，则源于工业品，大于或小于这一范围则说明发生了环境变化（Willett et al.，1998）。研究区土壤中 α-HCH/γ-HCH 值在 0.77～2.18，平均值为 1.20。说明由于环境变化，土壤中 HCH 的同系物之间发生了明显变化。影响转化的因素很多，可能是时间、降水、季节、污染物等，也可能与林丹的使用有关（邱黎敏等，2005）。尽管有报道在中国可能有些地方（主要集中在北方）直至现在还依然在施用林丹（γ-HCH）（赵炳梓等，2005；Li et al.，2001），但在该地区由于农业生产活动的减少和湿地保护工作的积极开展，目前施用林丹的可能性较小。

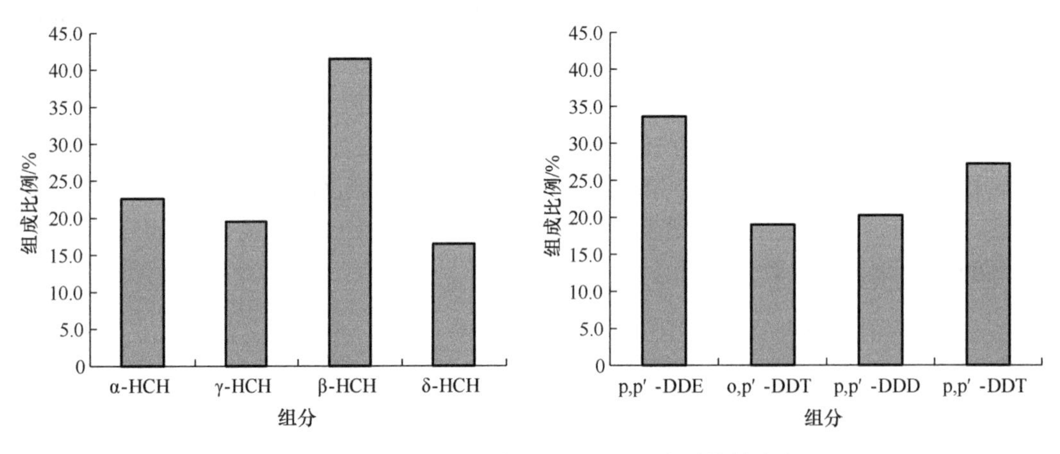

图 22-3 西溪湿地土壤中 HCH 和 DDT 各异构体分布

工业源 DDT 主要由 p,p′-DDT（占 80%～85%）和 o,p′-DDT（占 15%～20%）组成，DDT 在好氧条件下转化为 DDE，厌氧条件下微生物降解转化为 DDD（赵炳梓等，2005）。西溪湿地土壤 DDT 的 4 种异构体中，p,p′-DDE 的残留量最高，占 33.6%，其次分别为 p,p′-DDT、p,p′-DDD 和 o,p′-DDT。由此可推断采样点土壤处于好氧环境，这与 22.1.1 节中对采样点利用状况的描述相符合。研究表明，DDD、DDE 之和与 p,p′-DDT 和 o,p′-DDT 总量的比值[ω（DDD+DDE）/ω（DDT）]可指示 DDT 的降解程度及来源，经长期风化的受污染土壤此比值一般大于 1（Haber et al.，1999；张天彬等，2005）。本研究区土壤中 ω（DDD+DDE）/ω（DDT）值在 0.71～4.88，平均值为 1.22，说明 DDT 的大范围污染是在过去形成的，在被禁用 20 多年后，已大部分降解为 DDE 和 DDD。

22.3.4 西溪湿地土壤农药残留现状评价及风险分析

西溪湿地土壤中∑HCH 和∑DDT 含量均低于《土壤环境质量标准》（GB 15618—1995）一级标准（50 ng/g），总体含量较低。与浙江省、江苏省、黄淮海及京津唐等部分地区有机氯残留状况的比较见表 22-5，相对这些地区而言，西溪湿地土壤中 DDT 残留较低，而 HCH 的残留则较高。由于这些参照地区一般以调查农田土壤为主，历史上 DDT 的施用量要高于六六六的施用量，因而有机氯残留物主要为 DDT（安琼等，2005；赵先军等，2006），使得土壤 DDT 残留相比西溪湿地要高。而西溪湿地相对较高的 HCH 残留，可能同该区域土壤特殊和复杂的利用类型和历史有关，具体有待进一步研究。

表 22-5　不同地区土壤 HCH 和 DDT 含量　　（单位：ng/g）

采样地点	采样时间	ΣHCH		ΣDDT		文献
		平均	范围	平均	范围	
浙北地区	2003	1.73	0.20～20.1	44.7	1.50～362.8	邱黎敏等，2005
慈溪	2003	4.50	0.10～14.6	34.2	n.d.～1106.6	张红艳等，2006
北京	2003	1.47	0.64～32.3	77.2	1.42～5910.8	赵先军等，2006
天津	2001	45.8	1.30～1094.6	50.5	—	龚钟明等，2001，2003
南京	2003	13.6	2.70～130.6	64.1	6.30～1050.7	张海秀等，2007
苏南地区	2003	11.12	5.6～22.7	163.2	17.0～1115.4	安琼等，2004
黄淮海地区	2003	4.01	0.53～13.94	11.16	n.d.～126.73	赵炳梓等，2005
西溪湿地	2006	18.44	14.56～29.43	20.80	12.82～47.36	本文

n.d.表示未检出，—表示数据缺

土壤中有机氯农药残留是对环境造成污染和生物危害的根源。生态风险评估方法因此被用来预测土壤污染物引起的生态效应，并定量评估风险产生的大小及其概率。由于缺乏相应的基础数据及确定的土壤生态风险评价模式，对西溪湿地土壤 HCH 和 DDT 的风险评价分别参考 Jongbloed 等（1996）和 Urzelai 等（2000）的研究结果。

Urzelai 等（2000）对标准土壤（28%黏土，4%有机质）以污染物对土壤无脊椎动物的毒性影响为基准，计算得到 α-HCH、β-HCH、γ-HCH 能引起土壤中 50%物种的风险浓度分别为 100 ng/g、40 ng/g 和 10 000 ng/g，γ-HCH 的 10%物种风险浓度为 80 ng/g。与这些值比较，西溪湿地土壤中 HCH 的生态风险较低，这与邱黎敏等（2005）的研究结果一致。Jongbloed 等（1996）通过简单食物链模型计算得到了 DDT 产生次生毒性效应的土壤临界浓度：对于鸟类消费者的土壤 DDT 最大允许浓度为 11 ng/g，对于哺乳动物为 190 ng/g，对土壤生物体则为 10 ng/g。以此为基准，西溪湿地土壤中 DDT 可能对该地区鸟类和土壤生物具有一定的生态风险。

22.4　结　　论

采用浙江省土壤背景值为标准，西溪湿地土壤中 Cu、Pb、Cd 和 Zn 四个元素的积累较大。以《土壤环境质量标准》的二级为标准，Cd 有 27.3%样点超标。以内梅罗综合污染指数来评价该地的重金属污染状况，11 个样点中除 5 号竹园和 8 号样点（采自居民区且靠马路）处于中度污染程度外，其余 9 个采样点的土壤处于轻度污染以下。所有样点综合污染指数的平均值为 1.73，说明西溪湿地重金属污染程度总体较轻。多金属综合生态风险指数（RI）的计算表明，除 1 号菜地、5 号竹园和 8 号样点（采自居民区且靠马路）处于中等生态风险等级外，其余 8 个样点土壤的生态风险较轻微。从单一金属的污染指数和生态风险指数来看，两者评价结果有所不同，潜在生态风险指数法更能突出 Cd 和 Hg 等这些毒性危害较大的元素对人体及生态系统的风险。在综合污染评价上，内梅罗综合污染指数（$P_{综}$）和多金属综合生态风险指数（RI）对土壤污染评价的总体趋势反映一致。尽管西溪湿地土壤环境质量状况总体较好，环境风险也较低，但为防止今后出现超标现象，仍应高度重视，加强土壤环境保护。

西溪湿地土壤中∑HCH 的含量范围为 14.56～29.43 ng/g，平均含量为 18.44 ng/g；∑DDT 的含量范围为 12.82～47.36 ng/g，平均含量为 20.80 ng/g。两者在土壤中的残留差异不是很明显。不同利用类型土壤中 HCH 残留差异不大，DDT 在菜地土壤的残留高于其他类型。与《土壤环境质量标准》（GB15618—1995）一级标准以及国内其他地区的比较都表明西溪湿地土壤 DDT 残留较小，而 HCH 尽管绝对含量较低（低于国标一级），但相对其他地区而言含量较高。生态风险分析显示，西溪湿地土壤中 HCH 残留的风险较低，而 DDT 可能具有一定的生态风险。鉴于西溪湿地土壤有机氯农药残留较低，且无明显新的来源，今后这些项目可不作为该湿地保护和恢复的重点关注指标。

（邵学新、吴　明）

参考文献

安琼, 董元华, 王辉, 等. 2004. 苏南农田土壤有机氯农药残留规律. 土壤学报, 41(3): 414-419.

安琼, 董元华, 王辉, 等. 2005. 南京地区土壤中有机氯农药残留及其分布特征. 环境科学学报, 25(4): 470-474.

安太成, 陈嘉鑫, 傅家谟, 等. 2005. 珠三角地区 POPs 农药的污染现状及控制对策. 生态环境, 14(6): 981-986.

陈久和. 2002. 试论城市边缘湿地的可持续利用-以杭州西溪湿地为例. 浙江社会科学, 6: 181-183.

陈克林. 2005. 湿地公园建设管理问题的探讨. 湿地科学, 3(4): 298-301.

程乾, 吴秀菊. 2006. 杭州西溪国家湿地公园 1993 年以来景观演变及其驱动力分析. 应用生态学报, 17(9): 1677-1682.

方晓明, 刘皙皙, 刘中志, 等. 2005. 沈阳市丁香地区土壤重金属污染及生态风险评价. 环境保护科学, 31(130): 45-47.

高凤仙, 杨仁斌. 2005. 饲料中高剂量铜对资源及生态环境的影响. 饲料工业, 26(12): 49-53.

高乙梁. 2006. 西溪国家湿地公园模式的实践与探索. 湿地科学与管理, 2(1): 55-59.

龚钟明, 曹军, 李本纲, 等. 2001. 天津地区土壤中六六六(HCH)的残留及分布特征. 中国环境科学, 23(3): 311-314.

龚钟明, 王学军, 李本纲, 等. 2003. 天津地区土壤中 DDT 的残留分布研究. 环境科学学报, 23(4): 447-451.

郭平, 谢忠雷, 李军, 等. 2005. 长春市土壤重金属污染特征及其潜在生态风险评价. 地理科学, 25(1): 108-112.

国家环境保护总局. 2004. 土壤环境监测技术规范(HJ/T166-2004). 北京: 中国标准出版社.

贾琳, 王国平, 刘景双. 2006. 长白山锦北雨养泥炭剖面元素富集规律分析. 湿地科学, 4(3): 187-192.

康跃惠, 刘培斌, 王子健, 等. 2003. 北京官厅水库－永定河水系水体中持久性有机氯农药污染. 湖泊科学, 15(2): 125-132.

吕爱华, 杨晓光, 熊建新. 2007. 水磨河流域有机氯农药污染调查及防治对策. 中国环境监测, 23(3): 65-68.

马成玲, 周健民, 王火焰, 等. 2006. 农田土壤重金属污染评价方法研究——以长江三角洲典型县级市常熟市为例. 生态与农村环境学报, 22(1): 48-53.

邱黎敏, 张建英, 骆永明. 2005. 浙北农田土壤中 HCH 和 DDT 的残留及其风险. 农业环境科学学报, 24(6): 1161-1165.
邵学新, 黄标, 孙维侠, 等. 2006. 长江三角洲典型地区工业企业的分布对土壤重金属污染的影响. 土壤学报, 43(3): 397-404.
施治, 潘波, 何新春, 等. 2004. 天津地区鱼塘水、悬浮物、沉积物何鱼体中的DDT. 农村生态环境, 20(4): 51-55.
王铁宇, 汪景宽, 周敏, 等. 2004. 黑土重金属元素局地分异及环境风险. 农业环境科学学报, 23(2): 272-276.
王学松, 秦勇. 2006. 徐州城市表层土壤中重金属环境风险测度与源解析. 地球化学, 35(1): 88-94.
张海秀, 蒋新, 王芳, 等. 2007. 南京市城郊蔬菜生产基地有机氯农药残留特征. 生态与农村环境学报, 23(2): 76-80.
张红艳, 高如泰, 江树人, 等. 2006. 北京市农田土壤中有机氯农药残留的空间分析. 中国农业科学, 39(7): 1403-1410.
张磊, 宋凤斌, 王晓波. 2004. 中国城市土壤重金属污染研究现状及对策. 生态环境, 13(2): 258-260.
张天彬, 饶勇, 万洪富, 等. 2005. 东莞市土壤中有机氯农药的含量及其组成. 中国环境科学, 25(S): 89-93.
章海波, 骆永明, 滕应等. 2006. 珠江三角洲地区典型类型土壤中 DDT 残留及其潜在风险. 土壤, 38(5): 547-551.
赵炳梓, 张佳宝, 周凌云, 等. 2005. 黄淮海地区典型农业土壤中六六六(HCH)和滴滴涕(DDT)的残留量研究-I. 表层残留量及其异构体组成. 土壤学报, 42(5): 761-768.
赵先军, 陆宏, 罗湖旭, 等. 2006. 慈溪市耕地中有机氯农药残留研究. 宁波大学学报(理工版), 19(1): 98-100.
中国环境保护总站. 1990. 中国土壤元素背景值. 北京: 中国环境科学出版社.
中国环境监测总站. 1992. 土壤元素的近代分析方法. 北京: 中国环境科学出版社.
Bochm P D, Farrington J W. 1984. Aspects of the polycyclic aromatic hydrocarbon geochemistry of recent sediments in the Georges Bank region. Environment Science & Technology, 18(11): 840-845.
Borisover M D, Graber E R. 1997. Specific interactions of organic compounds with soil organic carbon. Chemosphere, 34(8): 1761-1776.
Burt R, Wilson M A, Mays M D, et al. 2003. Major and trace elements of selected pedons in the USA. Journal of Environmental Quality, 32: 2109-2121.
Haber T, Wideman J L, Jantune L M M, et al. 1999. Residues of organochlorine pesticides in Alabama soils. Environmental Pollution, 106(3): 323-332.
Hakanson L. 1980. An ecological risk index for aquatic pollution control: a sedimentological approach. Water Research, 14: 975-1001.
Imperato M, Adamo P, Naimo D, et al. 2003. Spatial distribution of heavy metals in urban soils of Naples city (Italy). Environmental Pollution, 123: 247-256.
Jongbloed R H, Traas T P, Luttik R. 1996. A probabilistic model for deriving soil quality criteria based on secondary poisoning of top predators: Ⅱ. Calculations for Dichlorodiphenyltrichloroethane (DDT) and cadmium. Ecotoxicology and Environmental Safety, 34(3): 279-306.
Keddy P A. 2000. Wetland Ecology Principles and Conservation. Cambridge: Cambridge University Press.
Lee C S, Li X D, Shi W Z, et al. 2006. Metal contamination in urban, suburban, and country park soils of Hong Kong: A study based on GIS and multivariate statistics. Science of the Total Environment, 356(1): 45-61.
Li Y F, Cai D J, Shan Z J, et al. 2001. Gridded usage inventories of technical Hexachlorocyclohexane and Linden for China with 1/6° latitude by 1/4° longitude resolution. Archives of Environmental Contammination & Toxicology, 41(3): 261-266.
Peterson E, Sanka M, Clark L. 1999. Urban soils as pollutant sinks-A case study from Aberdeen, Scotland. Applied Geochemistry, 11(1/2): 122-131.

Tam N F Y, Liu W K, Wong M H, et al. 1986. Heavy metal pollution in roadside urban parks and gardens in Hong Kong. Science of the Total Environment, 59: 325-328.
Urzelai A, Vega M, Angulo E. 2000. Deriving ecological risk-based soil quality values in the Basque County. Science of the Total Environment, 247(2): 279-284.
Willett K L, Ulrich E M, Hites R A. 1998. Differential toxicity and environmental fates of Hexachlorocyclohexane Isomes. Environment Science & Technology, 32(15): 2197-2207.

第 23 章　杭州湾南岸围垦区土壤有机碳空间分布特征及影响因素分析

23.1　引　言

湿地是陆地上最大的生物碳库（Sahagian and Melack，1998），在碳循环中具有相当重要的作用，它的土壤有机碳储备量达到世界总有机碳储备量的 20%～25%（Gorham，1991）。滨海湿地时时都处在动态变化之中（Hadley，2009），它的外貌景观以及土壤性质也随时都在发生着变化。随着经济发展以及人口的不断增加，对于粮食的需求、对土地的开发强度也日益增大，而湿地围垦是解决粮食问题、缓解人口压力的有效途径。在大多数的欧洲沿海地区，自 200 多年前西班牙将近半数的沿海地区围垦来进一步满足人类的需求开始，填海造陆已经成为欧洲沿海的一项非常普遍的人类活动（Li et al.，2014）。中国湿地总面积 6.594×10^5 km^2，居第四位，占国土面积的 6.5%（孙广友，2000）。在过去的 50 多年中，全国围海面积已达 11 000～12 000 km^2，中国成为填海造陆面积最大的国家（高宇和赵斌，2006），大约有 51%的湿地在当时被围垦后作为农业用地（An et al.，2007）。在过去的 65 年里，浙江省有 2300 km^2 滨海潮滩被开发利用（Wang et al.，2014a）。慈溪湿地中心区域总面积 43.5 km^2，属于淤涨型滩涂，具有明显的月相变化和季节变化，在浙江省土地资源的可持续利用和保护中有其独特的地位和作用（吴明，2005；冯利华和鲍毅新，2007）。

近年来，碳循环以及围垦区土壤性质的变化成为研究热点，研究着眼于围垦后湿地土壤发育。土壤性质表现出极大的空间变异性与空间相关性。已有研究表明，不同的围垦历史所带来的土壤水热条件的改变进一步影响着地表植被的覆盖类型，进而造成地表土壤养分的空间异质性（吴明等，2008）。研究发现，位于中国上虞以及长江三角洲、环渤海湾的湿地被围垦后，土壤都具有快速脱盐速率且有机碳含量发生明显变化（许乃政等，2010；Iost et al.，2007；Wang et al.，2014b）。另外，不同的土地利用方式在土壤进化的过程中所起到的作用是不同的，其中农业垦殖后引起土壤有机碳的变化受到广泛关注（Sun et al.，2011）。有研究认为天然湿地由于围垦后水分的减少、温度的变化以及曝气量增加，有机质矿化过程加剧，因此导致了湿地中有机质的减少（Lost et al.，2007）。也有不同的研究结果证明，随着围垦年限的增加，土壤电导率、土壤团聚体粒径、pH 减小而土壤有机质有增大的趋势（Sun et al.，2011）。目前，我国逐渐加强了滨海盐沼湿地土壤碳库在深度上和广度上的研究，但是由于早期记录数据的缺失及研究手段的单一，滨海盐沼湿地碳储量尚未能进行精确估算（曹磊等，2013）。

杭州湾南岸属于典型的淤涨型滩涂，受农业垦殖等人类活动影响剧烈。本文以杭州湾南岸不同时期围垦的土壤为研究对象，探讨土壤表层有机碳分布的影响因素，目的是揭示滨海围垦区在不同围垦年限与土地利用方式共同作用下土壤表层有机碳库的变化规律，以期为滨海湿地的合理开发利用提供依据。

23.2 材料与方法

23.2.1 研究区概况

研究区为杭州湾南岸慈溪围垦区，位于东经 120°59′0.99″E～121°33′42.15″E，30°7′27.37″N～30°21′33.55″N。地处北亚热带南缘，属季风型气候，年平均气温 16.0℃，雨量充足，年平均降水量 1272.8 mm，夏秋间多热带风暴。研究区土壤类型自海边向内陆依次有盐土、潮土、水稻土 3 个土类，成土历史短，粉砂含量高，呈中性至微碱性。

23.2.2 土样采集与测试分析

根据文献资料收集显示，慈溪围塘历史可追溯到宋代（冯利华和鲍毅新，2007），并随海涂的北移而不断修筑，形成了以海塘为特征的明显的围垦分区。本研究在垂直于杭州湾南岸海岸线方向布设 6 条采样带，每条采样带布设 7～9 个表层采样点，共采集表层土样 48 个（图 23-1）。采样点覆盖了研究区近千年的主要围垦区域。

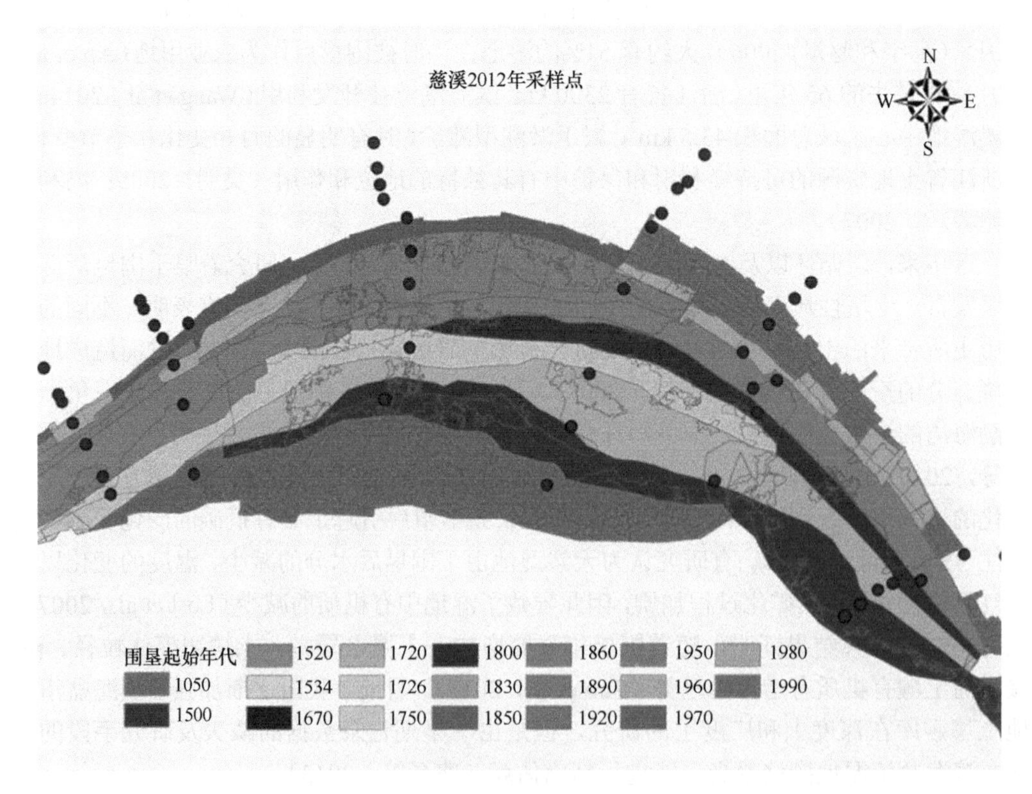

图 23-1 采样点分布（彩图请扫封底二维码）

采样时先清除地表覆盖物及枯枝落叶，然后采集表层 20 cm 厚的土壤。在采样过程中利用手持 GPS 准确记录采样点的坐标及土地利用情况，并通过田间询问的方式获取近年来采样点周围土地利用情况及施肥状况。

采集后的样品先进行风干处理，并在样品风干后去除草根、石块、农膜等。样品风干后进行研磨过筛处理，过 100 目筛以满足土壤理化性质的测定。pH 及电导率用土液比 1∶5 浸提后，电位法测定（NY/T1377—2007）；样品总碳及总氮的测定采用元素分析仪（EURO EA）完成；总有机碳测定采用的是 TOC 仪（Analytikmutli N/C3100）。利用 SPSS 16.0 软件对数据进行统计分析。

23.3　结果与分析

23.3.1　土壤特性空间分布

不同围垦年代土壤 pH、电导率、总碳、总氮、有机碳含量见图 23-2。从图 23-2 中可以看出，土壤性质变化趋势有所不同。不同围垦年代土壤 pH 变化范围在 7.80～9.80，整体呈弱碱性。新围滩涂因围垦时间较短，且多为未利用荒地，地表土壤聚集了大量易溶性盐类，2000 年以后围垦区域的 $EC_{1:5}$ 明显大于之前围垦区；随围垦年限的增加，土地得到利用与改善，脱盐作用明显，1500～1900 年围垦区土壤 $EC_{1:5}$ 保持在较低水平且相对稳定。不同围垦年代土壤总碳含量差异比较明显，保持在 6.45～17.24 g/kg。围垦

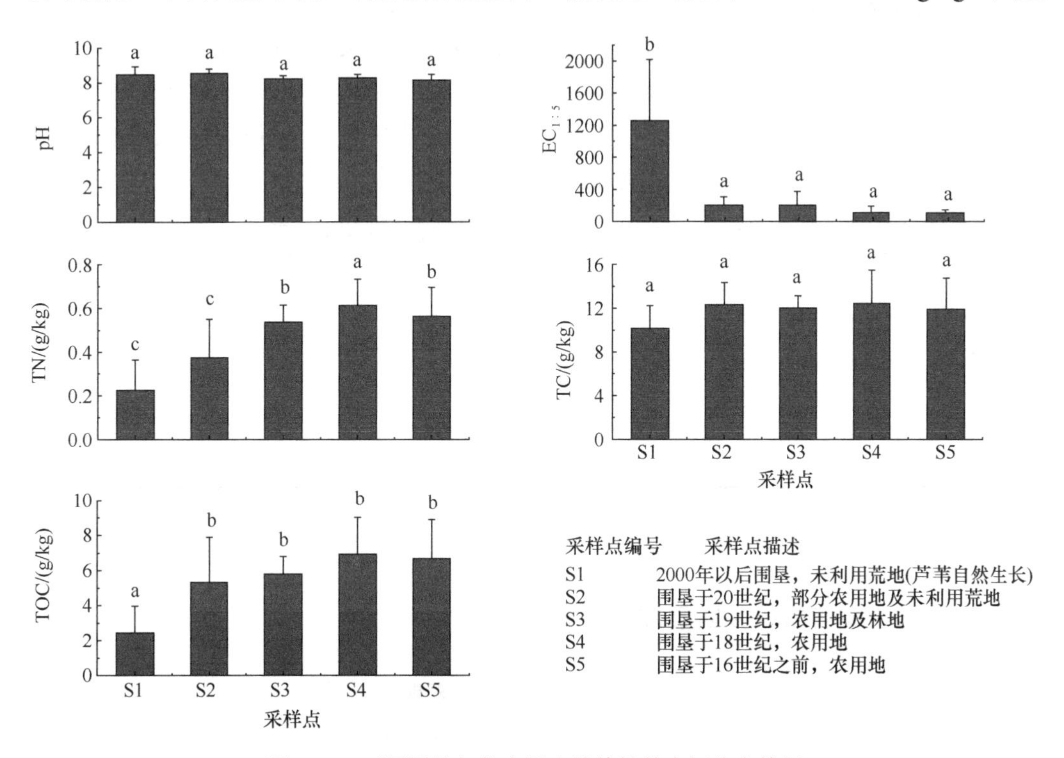

图 23-2　不同围垦年代表层土壤特性的空间分布特征

每组不同字母表示存在显著差异（$P<0.05$，最小显著差法）

区土壤有机碳含量差异显著，随围垦年限的增加逐渐增大；1900年后围垦区相对2000年后新围滩涂土壤有机碳含量明显增加，增加了约53.58%；围垦区土壤有机碳含量峰值出现在1700年之前的围垦区。围垦区土壤全氮含量的变化趋势与有机碳相似，1700年之前的围垦区达到最大值（0.578±0.086）g/kg，之后出现明显回落。

在不同土地利用方式下，研究区土壤理化性质存在明显差异。菜地和林地的TOC、TC、TN含量高于荒地和滩涂。滨海围垦区经历了从滩涂、荒地、林地到农用地的变化，滩涂围垦开发改变了土壤理化性质，补充了土壤有机碳及氮素在矿化过程中的损失（表23-1）。

表23-1 不同土地利用方式土壤理化性质变化特征

	pH	$EC_{1:5}$	TOC/（g/kg）	TC/（g/kg）	TN/（g/kg）
菜地	8.340±0.059	160.425±22.868a	6.260±0.550a	12.544±0.610a	0.525±0.039a
荒地	8.520±0.092	1073.500±177.689b	2.900±0.388b	10.334±0.418a	0.255±0.035b
滩涂	7.890±0.090	1348.000±130.000b	2.600±1.980b	10.975±2.265a	0.255±0.155b
林地	8.224±0.062	195.700±69.798a	6.379±0.600a	11.823±0.769a	0.544±0.042a

注：每组不同字母表示存在显著差异（$P<0.05$，最小显著差法）

23.3.2 湿地土壤有机碳与其他土壤特性的相关性分析

土壤组成成分复杂，为了突出对土壤有机碳有影响作用的因素，对pH、$EC_{1:5}$、碳氮比、总氮4个指标进行多元分析。通过对各指标做Pearson相关分析，得到相关系数矩阵（表23-2）。由表23-2可知，有机碳与总氮、碳氮比之间均表现极显著相关；与$EC_{1:5}$在0.01水平上达显著负相关。其中有机碳与总氮含量相关系数R^2=0.905（$P<0.01$），表明土壤中有机碳和总氮的消长趋势显著相关。

表23-2 土壤有机碳及其他土壤特性之间的相关关系

	TOC	pH	$EC_{1:5}$	C/N	TN
TOC	1				
pH	−0.150	1			
$EC_{1:5}$	−0.634**	−0.181	1		
C/N	−0.697**	−0.098	0.424**	1	
TN	0.905**	−0.304*	−0.583**	0.661**	1

**表示在0.01水平显著相关，*表示在0.05水平显著相关

23.3.3 湿地土壤有机碳多因素方差分析

慈溪围垦区土壤有机碳含量的多因素方差分析表明，围垦年限和土地利用方式对土壤有机碳含量分布均有显著影响。此外，围垦年限与土地利用方式之间存在显著的交互作用（表23-3）。

表 23-3　土壤有机碳含量多因素方差分析

来源	自由度	均方	F	显著性
围垦年限	9	9.221	4.385	0.002
土地利用方式	5	7.160	3.405	0.019
围垦年限×土地利用方式	10	5.739	2.729	0.023
误差	23	2.103		

随着围垦年限的增加，枯枝落叶等凋落物的分解与积累以及人类对土壤的利用改善（人工施肥等）程度加剧，土壤有机物输入大于输出，造成土壤有机碳的持续增加。

23.4　讨　　论

23.4.1　围垦年限对土壤有机碳含量的影响

慈溪滩涂经历了上千年的围垦，经过长期蓄淡养青、种植耐盐作物等改良措施，该地区的土壤理化特性已经发生显著变化（Fu et al.，2014）。围垦后长期种植、培肥改良等措施加速土壤熟化，有机质积累明显，土壤有机碳含量明显提高（Li et al.，2014）。本文研究结果表明，随着围垦年限的增加，表层土壤中有机碳含量表现出明显的增长趋势，这与吴明等（2008）在杭州湾南岸揭示的土壤表层有机碳在围垦初期（围垦 5 年和 25 年）表现为随时间增长逐渐增加的趋势一致。

本研究中围垦年限的时间跨度较长以及各围垦年限之间的间隔都较大，除 2000 年以后围垦的 20 处采样点外，其他围垦年限都超过 50 年，并且研究区域覆盖整个慈溪平原围垦区（图 23-2），选择代表性较强的采样点，突出了围垦年限对土壤表层有机碳的影响作用。围垦初期（2000 年以后围垦）有机碳含量与其他围垦年限的差异具有统计学意义，其他围垦年限之间差异较小，无统计学意义（图 23-2）。2000 年以后围垦利用的土壤有机碳含量较少但上升率远大于其他围垦区，说明围垦后 0～15 年的土壤有机质矿化分解作用较强，有机物积累较少，这与围垦后土壤含水量逐年减小有关（邵学新等，2011）。一般来说，围垦利用十几年内土壤有机质积累较少，这是因为这段时间内土壤 C/N 值较大，利于土壤微生物活动，木质素分解形成 CO_2 速率加快（范寰等，2010）。20 世纪围垦区土壤有机碳含量明显增高，这主要是由于围垦利用后采取蓄淡养青、种植耐盐作物等措施积累土壤有机质，加速土壤脱盐，提高土壤肥力（许艳等，2012）；长久以来留存在土壤中的根系以及未收取的农作物地上残体，经过分解后会产生大量有机质（邓勋飞等，2015）。人为有机肥源的输入造成土壤熟化程度越来越高，此时虽然土壤的矿化作用仍在继续，但输入远大于输出，土壤有机碳持续增加。随围垦年限的增加，施用氮肥的积累，造成表层土壤总氮含量增大，减缓了由于雨水下渗以及人工灌溉造成的土壤氮素损失。同时，土壤碳氮比有所上升，从而在一定程度上减缓了有机质矿化分解作用。由多因素回归分析结果（表 23-3）可知，这一定程度上表现出有机碳不仅受围垦年代的影响，也受土地利用方式与围垦年限的共同作用。

23.4.2 土地利用方式对土壤有机碳的影响

区域尺度不大的情况下，不考虑气候、水文条件以及成土母质的影响，土壤有机质含量主要受植被覆盖类型的影响（邵学新等，2011）。与 Shepherd 等（2001）、Tan 和 Lal（2005）认为围垦后不同土地利用方式表层有机碳含量均有所下降不同的是，本研究区内有机碳含量按照林地、菜地、荒地、滩涂的顺序依次递减。

研究区内表层土壤有机质含量最低的是未围垦滩涂，主要土壤类型为潮滩盐土及滨海盐土，成土时间短，土壤有机质含量较低。土壤 pH 在 8 以上，碱性环境使土壤有机质降解速度较快（Cerri et al.，2007），且未见存在植物生长，有机碳积累速率显著低于其他土地利用方式。

表层土壤有机碳的重要来源是地表枯落物（吕国红等，2006）。相对于鲜有植被覆盖的滩涂，大部分荒地覆盖有芦苇等植物，土壤固碳能力逐步增强。由于围垦后土壤含水率下降，但荒地较林地、农用地等下降幅度较小，因鲜少人工管理，荒滩植物残体大部分归还到土壤中，积累有机质。但矿化作用仍在继续，且受人为干扰较少，缺少人工碳源的输入，因此表层土壤有机质含量仍然较低。

对于土壤性质改变最大的因素是人为活动，其中尤以农业利用最为明显（Sun et al.，2011）。菜地与林地有机质含量相对较高，但仍低于全国平均水平。菜地相对荒地，有着密集的人工管理，每年轮做、翻耕，为保持土壤肥力，不断施入有机肥，补充了土壤有机质的匮乏。大量氮肥的施用，使碳氮比减小（27.700 g/kg±2.185 g/kg），但仍高于土壤最适碳氮比，从而抑制了微生物的活性，降低了有机质的分解速率。仍在利用的耕地有机碳含量略低于暂时撂荒地，一方面是由于耕作使下层土壤翻至表层，而下层土壤有机质含量较表层更低，造成表层土壤有机质的稀释，且耕作导致土壤呼吸作用加强，有机质分解速率加快（宋长春等，2004）。另一方面，围垦农田的收割，使土壤有机质的来源减少，间接影响了土壤有机碳含量。另外，不同蔬菜的施肥、轮作以及灌溉差异可能造成有机碳分布的不平衡。

以苗木为主的林地有机碳含量较高，证明土壤固碳能力进一步增强。在林地模式下，人为施肥增加了土壤表层有机质，因有机质的胶结作用形成较大团聚体，且人为的翻耕明显减少，大团聚体较少被破坏，形成有机碳的物理保护（陶金，2012）。地表杂草以及枯枝落叶丰富，散落在表层，有机质积累，造成表层有机碳含量的升高。

23.4.3 围垦历史与土地利用方式的共同作用

围垦及不同土地利用方式引起的土壤水热条件的改变及地表植被覆盖类型的变化影响着湿地表层土壤有机碳的空间分布。实际上，滨海湿地微地貌格局复杂且有随机的水文事件，同时还会受到人类活动的干扰（吴明等，2008），然而，多种因素共同作用影响着土壤中有机质的空间分布，但每种因素的影响方式和干扰程度仍需进一步研究探讨。

23.5　结　论

（1）慈溪围垦区的土壤有机碳含量平均为 4.515 g/kg，低于全国平均水平。随着围垦历史的变化，土壤有机碳含量发生明显变化：随围垦年限的增长有机碳含量保持增加趋势，在 18 世纪围垦区达到最大值后略微下降。

（2）碳氮比的变化影响着有机碳的含量；湿地土壤中全氮含量与有机碳含量呈现出显著的正相关，说明在土壤中氮主要是以有机氮的形态存在。

（3）围垦年限及土地利用方式分别对有机碳含量存在影响，它们的共同作用影响着土壤表层有机碳的分布。

（王　繁、原一荃、王亚琪）

参考文献

曹磊, 宋金明, 李学刚, 等. 2013. 中国滨海盐沼湿地碳收支与碳循环过程研究进展. 生态学报, 33(17): 5141-5152.
邓勋飞, 陈晓佳, 麻万诸, 等. 2015. 杭州湾南岸滨海围垦区耕层土壤有机碳的变异特征及影响因素分析. 浙江大学学报(农业与生命科学版), 41(3): 349-357.
范寰, 梁军锋, 赵润, 等. 2010. 碳氮源对复合木质素降解菌木质素降解能力及相关酶活的影响. 农业环境科学学报, 29(7): 1394-1398.
冯利华, 鲍毅新. 2007. 慈溪市海岸变迁与滩涂围垦. 地理与地理信息科学, 22(6): 75-78.
高宇, 赵斌. 2006. 人类围垦活动对上海崇明东滩滩涂发育的影响. 中国农学通报, 22(8): 475-479.
吕国红, 周莉, 赵先丽, 等. 2006. 芦苇湿地土壤有机碳和全氮含量的垂直分布特征. 应用生态学报, 17(3): 384-389.
邵学新, 杨文英, 吴明. 2011. 杭州湾滨海湿地土壤有机碳含量及其分布格局. 应用生态学报, 22(3): 658-664.
宋长春, 王毅勇, 阎百兴, 等. 2004. 沼泽湿地开垦后土壤水热条件变化与碳、氮动态. 环境科学, 25(3): 150-154.
孙广友. 2000. 中国湿地科学的进展与展望. 地球科学进展, 15(6): 666-672.
陶金. 2012. 鄱阳湖湿地围垦后土壤团聚体结构、有机碳及微生物多样性变化的研究. 南昌: 南昌大学硕士研究生学位论文.
吴明, 邵学新, 胡锋, 等. 2008. 围垦对杭州湾南岸滨海湿地土壤养分分布的影响. 土壤, 40(5): 760-764.
吴明. 2005. 杭州湾滨海湿地生态特征及保护利用研究. 浙江林业科技, 24(6): 41-45.
许乃政, 张桃林, 王兴祥, 等. 2010. 长江三角洲地区土壤有机碳库研究. 长江流域资源与环境, 19(7): 790-796.
许艳, 濮励杰, 朱明, 等. 2012. 沿海滩涂围垦区土壤颗粒组分时空特征——以江苏省如东县为例. 见: 中国自然资源学会. 中国自然资源学会 2012 年学术年会. 北京. (内部资料)
周学峰. 2010. 围垦后不同土地利用方式对长江口滩地土壤有机碳的影响. 上海: 华东师范大学硕士研究生学位论文.
An S Q, Li H B, Guan B H, et al. 2007. China’s natural wetlands: Past problems, current status, and future challenges. Ambio, 36(4): 335-342.
Cerri C E P, Easter M, Paustian K, et al. 2007. Simulating SOC changes in 11 land use change chronosequen-

ces from the Brazilian Amazon with RothC and Century models. Agriculture, Ecosystems & Environment, 122(1): 46-57.

Fu Q L, Ding N F, Liu C, et al. 2014. Soil development under different cropping systems in a reclaimed coastal soil chronosequence. Geoderma, 230-231: 50-57.

Gorham E. 1991. Northern peatlands: role in the carbon cycle and probable responses to climatic warming. Ecological Applications, 1(2): 182-195.

Hadley D. 2009. Land use and the coastal zone. Land Use Policy, 26: S198-S203.

Iost S, Landgraf D, Makeschin F. 2007. Chemical soil properties of reclaimed marsh soil from Zhejiang Province PR China. Geoderma, 142(3): 245-250.

Li J G, Pu L J, Zhu M, et al. 2014. Evolution of soil properties following reclamation in coastal areas: A review. Geoderma, 226: 130-139.

Sahagian D, Melack J. 1998. Global wetland distribution and functional characterization: trace gases and the hydrologic cycle. Report from the Joint GAIM, BAHC, IGBP-DIS, IGAC, and LUCC Workshop Santa Barbara, CA, USA.

Shepherd T G, Saggar S, Newman R H, et al. 2001. Tillage-induced changes to soil structure and organic carbon fractions in New Zealand soils. Soil Research, 39(3): 465-489.

Sun Y G, Li X Z, Ülo M, et al. 2011. Effect of reclamation time and land use on soil properties in Changjiang River Estuary, China. Chinese Geographical Science, 21(4): 403-416.

Tan Z, Lal R. 2005. Carbon sequestration potential estimates with changes in land use and tillage practice in Ohio, USA. Agriculture, Ecosystems & Environment, 111(1): 140-152.

Wang L, Coles N, Wu C F, et al. 2014a. Effect of long-term reclamation on soil properties on a coastal plain, Southeast China. Journal of Coastal Research, 30(4): 661-669.

Wang Y D, Wang Z L, Feng X P, et al. 2014b. Long-term effect of agricultural reclamation on soil chemical properties of a coastal saline marsh in Bohai Rim, Northern China. PLoS One, 9(4): e93727.

第 24 章　城市湿地沉积物污染风险评价及生物修复技术研究进展

24.1　引　　言

沉积物（或称底泥）污染，是一个世界范围内的环境问题。沉积物作为水生多相生境的重要组成部分，为大量底栖生物提供觅食、栖息和繁衍的场所，其污染物质可直接或间接对底栖生物或上覆水生物产生致毒致害作用，并通过生物富集、食物链放大等过程，进一步影响水生、陆地物种和人类。沉积物中的污染物主要有氮磷营养盐、重金属和其他有机污染物。除了水体自身水生生物残渣的沉积外，外源污染物主要通过大气沉降、废水排放、水土流失、雨水淋溶与冲刷进入水体，最后沉积到沉积物中并逐渐富集，使沉积物受到严重污染。在国外，莱茵河流域、美国的大湖地区、荷兰的阿姆斯特丹港、德国的汉堡港等沉积物污染均十分严重（Blom and Winkels，1998）。在国内，除了三大湖（滇池、巢湖和太湖）之外，其他江河、湖泊和近海等都有沉积物受污染的报道（马德毅和王菊英，2003；杨卓等，2005；邢颖等，2006）。

受污染沉积物对生态环境以及人体健康的潜在生态风险已受到国内外相关部门和科研人员的高度重视。例如，美国环境保护署（Environmental Protection Agency，EPA）在 1998 年的调查报告中指出，美国已发生的 2100 起鱼类消费问题，经多次证实污染来自沉积物。因此，自 19 世纪 60 年代以来，以美国为代表的世界各国相继开展了受污染沉积物综合整治及技术的研究。我国自 20 世纪 70 年代以来一直把富营养化作为水环境研究的重点，对主要营养物来源、过程、影响因素及水体的生态修复技术开展了较多研究。随着研究的不断深入，沉积物污染控制技术也日益得到关注。对受污染沉积物进行生态风险评价具有非常重要的意义，可以鉴别出需要引起关注的水体沉积物区域，并最终为开展污染沉积物的修复工作提供基础。鉴于此，本文对湿地沉积物的风险评价方法及修复技术研究进展作一阐述。

24.2　污染沉积物的生态风险评价方法

对污染沉积物的生态风险评价一直是倍受关注的焦点。美国于 20 世纪 70 年代开始生态风险评价工作的研究，USEPA（1992）对生态风险评价（ecological risk assessment，ERA）的定义是：评估由于一种或多种外界因素导致可能发生或正在发生的不利生态影响的过程。我国的风险评价工作起步则较晚。迄今国内外并没有统一的评价方法或沉积物质量基准（sediment quality guidelines）。目前使用较多的主要有：潜在生态风险指数法、SEM/AVS 法，以及应用沉积物质量基准对重金属/有机污染物的风险评价等。

Hakanson 提出的潜在生态风险指数法（Hakanson，1980）是沉积物质量评价中应用较为广泛的方法之一。它不仅反映了某一特定环境下沉积物中各污染物对环境的影响，反映了环境中多种污染物的综合效应，而且用定量方法划分出了潜在生态风险程度，该方法通常结合其他评价方法作为补充。例如，马德毅和王菊英（2003）采用单因子/综合因子指数法和 Hakanson 生态风险指数法，通过分析长江口、珠江口、鸭绿江口和辽河口沉积物中典型污染要素 PCB、Hg、Cd、Pb 和 As 的含量，评价了中国主要河口沉积物污染及潜在生态风险。由于生态风险评价在受体、暴露途径分析等方面的复杂性，研究者更加关注污染物的生物可利用性在其中的使用，希望通过对生物可利用部分的探讨，更为简单地表征对生态的影响。因而，生物可利用研究是生态风险评价的重要手段和表达方式（崔艳芳等，2007）。近年来，沉积物固相中酸可挥发性硫化物（AVS）对金属生物有效性的作用日益受到重视（Ankley et al.，1993；Hare et al.，1994）。AVS 含量与其酸化测定过程中同步可提取金属（SEM）浓度的比值（SEM/AVS）与沉积物中金属的迁移性和生物有效性之间存在密切关系，可用以定量反映沉积物中金属的潜在生物效应：当 SEM/AVS<1 时，一般不会对底栖生物产生毒性；当 SEM/AVS>1 时，潜在的生物毒性作用不可忽视（Allen et al.，1993；Besser et al.，1996）。但诸多学者的研究也发现了很多不支持的案例。该值可能会夸大估计或对生物可利用性估计不足（NFESC，2000）。

应用沉积物质量基准法可以快速预测污染沉积物的生物毒性，以鉴别出需要引起关注的水体沉积物区域，这在生态风险评价的问题形成阶段显得尤为重要（范文宏等，2006）。沉积物质量基准是总体环境质量基准的重要环节，既可以弥补水质基准的不足，又是污染沉积物长期目标管理及资源开发利用的基础，主要用于区域环境质量的风险评估（陶澍等，2006）。由于缺乏毒性实验数据，一般应用基于生物效应数据库的沉积物质量基准对重金属、PCB 和一些 PAH 类化合物的毒性做出判断（Chapman and Mann，1999；Hakan et al.，2004），生物效应数据库法是目前国际上最被广泛接受的制定水体沉积物重金属质量基准的方法（Donald et al.，1996；Peter et al.，1999；王立新等，2004）。

加拿大（NGSO，2003）、美国（Long et al.，1995，1998；Donald et al.，1996）、中国香港（Peter et al.，1999）等国家和地区的研究者利用生物效应数据库法建立了生物响应型沉积物重金属质量基准。例如，Long 等（1995，1998）研究了北美洲海岸、河口沉积物有机污染物后，积累了大量的数据，确定了风险评估低值（effects range-low，ERL）和风险评估中值（effects range-median，ERM）来指示沉积物的风险程度。若沉积物中污染物含量小于 ERL，则极少产生负面效应（生物效应概率<10%），若沉积物中污染物含量介于两者之间，则偶尔发生负面生态效应（生物效应概率为 10%～50%），若沉积物中污染物含量大于 ERM，则经常发生负面生态效应（生物效应概率>50%）。Ingersoll（1996）将其应用于淡水沉积物的污染风险评估，吻合程度较好。目前，国内主要以参考这些标准进行风险评价为主，如邢颖等（2006）引用加拿大环境委员会制订的沉积物环境质量基准对中国水域沉积物中多氯联苯的污染进行了初步的风险评价。袁旭音等（2003）使用 Long 等（1995，1998）方法对太湖沉积物的有机氯农药进行评估，结果发现没有样品的值大于 ERM，而且大部分都小于 ERL，其中 DDD 仅 1 个样高于 ERL，表明太湖沉积物中农药总体的生态风险较低。范文宏等（2006）运用 2 套由生物效应数据库法导出的沉积物质量基准（ERL/ERM 和 TEL/PEL）评价了锦州湾沉积物中重金属的生物毒性风险。结果表明，Cd、Zn、Pb 和 Cu 四种重金属在锦州湾部分海域生物毒性风险突出，Cr 和 Ni 未表现出生态危害性。运用该方法能够迅速辨别具有潜在生物毒性风险的重金属和污染区域。

24.3　污染沉积物的生物修复技术

24.3.1　沉积物修复技术

根据作用机制不同，污染沉积物的修复技术可分为物理修复、化学修复和生物修复三大类技术方法。

物理修复主要是沉积物的物理覆盖或者沉积物疏浚（孙傅等，2003）。覆盖是将清洁的沙、沉积物、砾石或人造地基材料等覆盖于污染沉积物上面，使污染沉积物与水体隔离，从而防止沉积物污染物向上覆水体迁移的原位固定技术。疏浚是通过挖除表层的污染沉积物，减少沉积物污染物释放。总的来看物理修复虽然见效快，但是工程量大，耗财耗力，而且通过物理修复难以使沉积物达到要求的标准，不是最理想的沉积物修复方法（陈华林和陈英旭，2002）。

沉积物化学修复主要是在已污染的沉积物表层加入化学试剂，如通过投放含氧量高的化合物补充底层水体和沉积物中有机物分解所需的氧，减少 H_2S、NH_3 等厌氧代谢产物的生成（袁旭音等，2003）；或投加化学试剂固定水体和沉积物中的营养盐（主要是磷），并在沉积物表面形成覆盖层，阻止沉积物向水体释放营养物。这种方法的最大缺陷是对水生生态系统存在潜在的威胁，因此，一般只用于应急措施。此外，由于需要投加化学品，化学修复的方法公众可能难以接受（孙傅等，2003）。

生物修复（bioremediation）是利用生物的生命代谢活动减少存在于环境中有毒有害物质的浓度或使其完全无害化，从而使污染了的环境能够部分或者完全恢复到原始状态的过程（滑丽萍等，2005）。从最初的应用于治理石油、有机溶剂、多环芳烃、农药之类的有机污染，到应用于地下水、土壤和沉积物等环境的污染治理上，生物修复的领域逐渐扩大（沈德中，2002）。随着生物修复技术的飞速发展，与物理和化学修复方法相比，生物修复具有无可比拟的优点，如节省费用、不破坏原有生态、去污效率高等，因此生物修复技术在开始应用的短短 30 年中就得到快速发展（吴伟等，2001）。

24.3.2　生物修复技术研究进展

沉积物生物修复可以分为原位生物修复和异位生物修复。异位生物修复需要将受污染的沉积物搬运到其他场所再进行集中的生物修复，成本高昂。在这里主要介绍原位生物修复，它又可分为微生物修复、植物修复以及不同生物联合修复等多种方法。

1. 微生物修复

微生物修复的大规模应用是以海洋溢油的治理为开端，随后应用于土壤、沉积物中的有机污染物修复。微生物主要通过氧化作用、还原作用、水解作用等对有机物进行分解。微生物通过其分泌的胞外酶降解有机物；或将有机污染物吸收到细胞内，由胞内酶降解。通常一种菌或酶只能降解一种有机物（吴伟等，2001）。对有机污染物的沉积物，让微生物在原地直接分解是比较理想的办法。虽然经过纯培养，发现有些微生物能较大程度分解 PAH、PCB 等有机物，但要制成在原位能活跃分解有机物的产品，目前的效果还不理想（Ferdinandy-van Vlerken，1998）。要想使微生物的活性达到最大值，一般需要外加具有高效降解作用的微生物和营养物，有时还需要外加电子受体或供氧剂。这是由于环境条件对微生物修复效果的影响较大。

微生物修复通常与有机污染环境的治理有密切的关系且研究较多，资料表明使用微生物系统治理沉积物的无机污染的研究与实践正在日益增长。沉积物中的这些无机污染物主要包括有机质、氮磷营养盐和重金属等。冯奇秀等（2003）用沉积物生物氧化复合制剂和土著微生物培养液原位处理广州市朝阳涌，获得了很好的治理效果，使沉积物总有机碳大幅度降低，沉积物对上覆水体的净化能力明显增强。蔡惠凤等（2006）在实验室模拟条件下，研究了复合微生物、微生物复合酶菌液等不同措施对养殖池塘污染沉积物营养盐的修复效果。采用微生物修复重金属污染基于两个方面的原理，即生物氧化还原和生物吸附（Derek and John，1997）。生物氧化还原是利用微生物改变重金属的氧化还原状态，进而降低或消除重金属的毒性。生物吸附的脱毒原理则是利用重金属能够与微生物体、微生物产物形成稳定螯合物或晶体的特性，使重金属减少或失去毒性（籍国东等，2004）。国内外已有不少微生物对重金属污染物的潜在修复能力的论述和研究（叶祁和张传伦，2005；White et al.，1997；Valls and de Lorenzo，2002；Gadd et al.，2004）。

2. 植物修复

植物修复已成为修复沉积物污染的一种很理想的措施。植物主要通过直接吸收和降解、生物酶的作用或根际的生物降解方式去除有机污染物或降低重金属等污染物的生态活性。植物利用专性植物根系吸收一种或几种有毒重金属，并将其转移，存储在植物的茎叶，然后收割茎叶再处理。近年来，人们利用恢复湖泊水生高等植物的方法能够快速吸收水体和沉积物中的营养盐。童昌华等（2003）对杭州市西湖沉积物作了模拟实验，用沉水植物狐尾藻（*Myriophyllum aquaticum*）和漂浮植物凤眼蓝（*Eichhornia crassipes*）同时对沉积物作不同处理，结果表明狐尾藻比凤眼蓝能更好地抑制沉积物中总氮、总磷的释放，更有效地抑制藻的生长；陈愚等（1998）对京密运河白石桥运河段的多种沉水植物进行研究，结果表明沉水植物红线草对有毒重金属镉有较强的抗性，可以吸附或直接吸收镉，以减少沉积物中的重金属含量和毒性；滑丽萍等（2005）对比了典型大型水生植物的污染物去除能力后发现，某些漂浮、挺水和沉水植物对水体及沉积物中 TN、TP、重金属及部分有机物有去除能力。对不同植物的修复研究表明，沉水植物因其与沉积物直接接触，不仅吸收从沉积物中释放到水中的污染物，还可以直接吸收沉积物中的污染物，因而可以更好地去除沉积物中的污染物；挺水植物主要对沉积物进行异地修复；而漂浮植物则主要清除水体中的污染物。对此，朱斌等（2002）就利用水生植物净化水体和修复沉积物的研究进展有较为详细的综述，并且列举了各种水生植物在相关报道中的研究频度。

3. 植物-微生物联合修复

植物-微生物联合修复充分利用了植物-微生物共生体系的协同作用机制，具有成本低、能同时清除水环境和沉积物中多种持久性有毒污染物、不破坏生态环境和无二次污染等特点。加之植物-微生物联合修复体系在原位修复时的环境友好性，将成为生物修复技术研究的发展方向。它是利用植物的根系为微生物提供旺盛的最佳生长繁殖场所，如植物生长过程中根际可以释放出氧、酶等物质，有助于微生物降解沉积物中的污染物，而微生物对污染物的强化降解给植物创造了更优化的生长空间。近年来，根际细菌及菌根真菌在协同植物修复污染环境中的作用引起较大的关注（周宝利和陈玉成，2006；王发园和林先贵，2007）。例如，蔺昕等（2006）综述了根际微生物、根分泌物以及菌根在植物-微生物联合修复石油污染土壤中对污染物降解的影响。总体而言，植物-微生物联合修复技术目前较多出现在土壤修复研究中，而在沉积物修复治理中的研究仍少见报道。

24.4　问题与展望

对沉积物的污染风险进行评估是后续的治理、修复工程的重要基础，也是进行环境保护和管理的需要。然而，由于缺乏统一适用的评价方法，我国的污染风险评价主要以参考国外的沉积物质量基准为主，这些标准在国内的适用性尚有待确认。因此，对国外不同沉积物质量基准的建立方法进行比较，探讨其存在的差异及原因，同时，加强我国沉积物污染的化学、生物调查和毒性测定以及生物可利用性表征方法的研究，建立沉积物污染的化学和生物效应数据库，从而为尽快建立我国沉积物的环境质量基准、开展污染沉积物生态风险评价服务。

全球范围内的相关研究与实践正在不断地推动着生物修复理论和技术应用的快速发展，生物技术已成为环境保护领域技术发展的重要生长点。然而，生物修复技术毕竟才发展 30 多年，还有不成熟之处，而且由于生物本身的生理特性，使生物修复技术尚具有一定的局限性。相对水体、土壤污染的生物修复而言，沉积物的修复更为复杂，研究的也相对要少。因此，一些污染机制仍然不甚清楚。

生物修复是一个跨学科的领域，需要植物学、土壤学、微生物学、生态学等方面专家的通力合作。生物修复技术本身又是一项复杂的系统工程，要使生物修复技术成功并广泛地应用，需要深入研究生物修复的机制和技术应用，如发挥大型水生植物尤其是沉水植物在沉积物修复中的作用；加强植物-微生物联合修复技术的研究；解决生物修复研究的技术转换难题等。我国湖泊河流众多，且都受不同程度的污染。随着我国综合国力的增强、对污染物治理要求的提高以及治理手段的改进，今后几十年内，我国生物修复技术将会有广泛的应用和发展，生物修复技术必将具有广阔的应用前景。

（吴 明、邵学新）

参考文献

蔡惠凤, 陆开宏, 金春华, 等. 2006. 养殖池塘污染底泥生物修复的室内比较实验. 中国水产科学, 13(1): 140-145.
陈华林, 陈英旭. 2002. 污染底泥修复技术进展. 农业环境保护, 21(2): 179-182.
陈愚, 任长久, 蔡晓明. 1998. 镉对沉水植物硝酸还原酶和超氧化物歧化酶活性的影响. 环境科学学报, 18(3): 313-317.
崔艳芳, 滕彦国, 刘晶, 等. 2007. 土壤/沉积物生态风险评价方法技术研究进展. 干旱环境监测, 21(1): 36-41.
范文宏, 张博, 陈静生, 等. 2006. 锦州湾沉积物中重金属污染的潜在生物毒性风险评价. 环境科学学报, 26(6): 1000-1005.
冯奇秀, 谢骏, 刘军. 2003. 底泥生物氧化与城市黑臭河涌治理. 水利渔业, 23(6): 42-44.
滑丽萍, 郝红, 李贵宝, 等. 2005. 河湖底泥的生物修复研究进展. 中国水利水电科学研究院学报, 3(2): 124-129.
籍国东, 倪晋仁, 孙铁珩. 2004. 持久性有毒物污染底泥修复技术进展. 生态学杂志, 23(4): 118-121.
蔺昕, 李培军, 台培东, 等. 2006. 石油污染土壤植物-微生物修复研究进展. 生态学杂志, 25(1): 93-100.
马德毅, 王菊英. 2003. 中国主要河口沉积物污染及潜在生态风险评价. 中国环境科学, 23(5): 521-525.
沈德中. 2002. 污染环境的生物修复. 北京: 化学工业出版社.
孙傅, 曾思育, 陈吉宁. 2003. 富营养化湖泊底泥污染控制技术评估. 环境污染治理技术与设备, 4(8): 61-64.
陶澍, 骆永明, 曹军, 等. 2006. 水生与陆生生态系统中微量金属的形态与生物有效性. 北京: 科学出版社.
童昌华, 杨肖娥, 濮培民. 2003. 水生植物控制湖泊底泥营养盐释放的效果与机理. 农业环境科学学报, 22(6): 673-676.
王发园, 林先贵. 2007. 从枝菌根在植物修复重金属污染土壤中的作用. 生态学报, 27(2): 793-801.
王立新, 陈静生, 刘华民, 等. 2004. 应用生物效应数据库法建立沉积物重金属质量基准的初步研究——以渤海锦州湾海洋沉积物为例. 内蒙古大学学报(自然科学版), 35(4): 467-472.
吴伟, 余晓丽, 李咏梅. 2001. 不同种属的微生物对养殖水体中有机物质的生物降解. 湛江海洋大学学报(自然科学版), 21(3): 67-70.
邢颖, 吕永龙, 刘文彬, 等. 2006. 中国部分水域沉积物中多氯联苯污染物的空间分布、污染评价及影响因素分析. 环境科学, 27(2): 228-234.
杨卓, 李贵宝, 王殿武, 等. 2005. 白洋淀底泥重金属的污染及其潜在生态危害评价. 农业环境科学学报, 24(5): 945-951.
叶祁, 张传伦. 2005. 对重金属和辐射污染的土壤和地下水的微生物修复. 高校地质学报, 11(2): 199-206.
袁旭音, 王禹, 陈骏, 等. 2003. 太湖沉积物中有机氯农药的残留特征及风险评价. 环境科学, 24(1): 121-125.
周宝利, 陈玉成. 2006. 植物修复的促进措施及根际微生物的作用. 环境保护科学, 32(3): 39-42.

朱斌, 陈飞星, 陈增奇. 2002. 利用水生植物净化富营养化水体的研究进展. 上海环境科学, 21(9): 564-576.

Allen H E, Fu G M, Deng B L. 1993. Analysis of acid-volatile-sulfide (AVS) and simultaneously extracted metals (SEM) for the estimation of potential toxicity in aquatic sediments. Environmental Toxicology and Chemistry, 12: 1441-1453.

Ankley G T, Mattson V R, Long E R, et al. 1993. Predicting the acute toxicity of copper in freshwater sediments: evaluation of the role of acid-volatile-sulfide. Environmental Toxicology and Chemistry, 12: 315-320.

Besser J M, Ingersoll C G, Giesy J P. 1996. Effects of spatial and temporal variation of acid-volatile-sulfide on the bioavailability of copper and zinc in freshwater sediments. Environmental Toxicology and Chemistry, 15: 286-293.

Blom G, Winkels H J. 1998. Modeling sediment accumulation and dispersion of contaminants in Lake Ijsselmeer (the Netherlands). Water Science & Technology, 37(6-7): 17-24

Chapman P M, Mann G S. 1999. Sediment quality values (SQVs) and ecological risk assessment (ERA). Marine Pollution Bulletin, 38(5): 339-344.

Derek R L, John D C. 1997. Bioremediation of metal contamination. Current Opinion in Biotechnology, 8(3): 285-289.

Donald D M, Carr R S, Calder F D, et al. 1996. Development and evaluation of sediment quality guidelines for Florida coastal waters. Ecotoxicology, 32(5): 253-278.

Ferdinandy-van Vlerken M M A. 1998. Chances for biological techniques in sediment remediation. Water Science & Technology, 37(6-7): 345-353.

Gadd G M. 2004. Microbial influence on metal mobility and application for bioremediation. Geoderma, 122(2-4): 109-119.

Hakan P, Duran K, Savas A, et al. 2004. Ecological risk assessment using trace elements from surfaces sediments of Izmit Bay (Northeastern Marmara Sea) Turkey. Marine Pollution Bulletin, 48: 946-953.

Hakanson L. 1980. An ecological risk index for aquatic pollution control: a sedimentological approach. Water Research, 14: 975-1001.

Hare L, Carignan R, Huerta-Diaz M A. 1994. A field study of metal toxicity and accumulation by benthic invertebrates; implication for the acid-volatile-sulfide (AVS) model. Limnology and Oceanography, 39: 1653-1668.

Ingersoll C G. 1996. Calculation and evaluation of sediment effect concentrations for the amphipod *Hyalella azteca* and the midge *Chironomus riparius*. Journal of Great Lakes Research, 22: 602-623.

Long E R, Field L J, MacDonald D D. 1998. Predicting toxicity in marine sediments with numerical sediment quality guidelines. Environmental Toxicology and Chemistry, 17(4): 714-727.

Long E R, Macdonald D D, Smith S L, et al. 1995. Incidence of adverse biological effects with ranges of chemical concentrations in marine and estuarine sediments. Environmental Management, 19(1): 81-97.

National Guidelines and Standards Office, Environment Canada (NGSO). 2003. Canadian Sediment Quality Guidelines for the Protection of Aquatic Life. Ottawa, Ontario, Canada. http: //www.ec.gc.ca.

NFESC. 2000. Guide for incorporating bioavailability adjustments into human health and ecological risk assessments at U.S. Navy and Marine Corps Facilities. Part 1: Overview of metals bioavalability. NFESC User's Guide UG-20410ENV.

Peter M C, Patrick J A, Gary A V, et al. 1999. Development of sediment quality values for Hong Kong Special Administrative Region: a possible model for other jurisdictions. Marine Pollution Bulletin, 38(3): 161-169.

USEPA. 1992. Framework for Ecological Risk Assessment. EPA/630/R-92/001.

Valls M, de Lorenzo V. 2002. Exploiting the genetic and biochemical capacities of bacteria for the remediation of heavy metal pollution. FEMS Microbiology Reviews, 26(4): 327-338.

White C, Sayer J A, Gadd G M. 1997. Microbial solubilization and immobilization of toxic metals: key biogeochemical processes for treatment of contamination. FEMS Microbiology Reviews, 20(3-4): 503-516.

第25章　城市湿地水体中氮素污染物控制新技术——厌氧氨氧化

25.1　引　　言

氮素是城市湿地水体中最重要的污染物之一，污水脱氮则是削减其污染源的重要手段。很长一段时间以来，城市污水中氮素污染物的高效、经济去除成为困扰人们的一大难题。目前，比较普遍采用以硝化-反硝化为基础的异养生物脱氮技术处理，但是该过程若要达到较高的水质排放标准往往需要消耗大量的能源。2008年，全球水研究大会提出了未来主流污水处理厂的发展目标（Wang et al.，2018），即将污水处理厂建成集水资源再生、能源回用及资源回收的多功能可持续水厂。在此号召之下，"能源中和"污水处理技术（energy-neutral，污水处理所消耗的能源和产生的能源能够相互抵消，这是一个比"节能"更严格的概念）的研究与发展成为近年来的前沿问题和关注热点。近20年新兴的厌氧氨氧化（anaerobic ammonium oxidation，anammox）技术因其耗能低、产生的污泥少，并且不需要添加有机碳源，逐渐得到人们的青睐，越来越多地应用于城市污水处理领域。

25.2　厌氧氨氧化菌的特性及生化机制

25.2.1　厌氧氨氧化菌的发现及反应原理

在厌氧环境下，厌氧氨氧化菌（anammox菌）能够以NO_2^--N为电子受体，以NH_4^+-N为电子供体，使两者反应生成N_2（郑平等，2004）。厌氧氨氧化工艺是在已有理论的基础上发展起来的。奥地利化学家Broda（1977）发表了"自然界中遗失的两种自养微生物"的文章，根据化学热力学的相关理论推断存在某种微生物可催化如下反应：

$$NH_4^+\text{-N} + NH_2^-\text{-N} \longrightarrow N_2 + H_2O \tag{25-1}$$

1995年，荷兰科学家Mulder等（1995）在食品废水的处理以及Siegrist等（1998）对垃圾渗滤液的处理中均证实了这一反应的发生。20世纪90年代，Strous等（1998）在大量实验研究的基础上，提出了anammox菌脱氮的化学反应方程式：

$$NH_4^+ + 1.32NO_2^- + 0.066HCO_3^- + 0.13H^+ \longrightarrow 1.02N_2 + 0.26NO_3^- + 0.066CH_2O_{0.5}N_{0.15} + 2.03H_2O \tag{25-2}$$

以上反应是通过anammox菌催化实现的，这是一种化能自养型细菌，以CO_2或HCO_3^-为碳源，并从反应过程中获得能量。anammox菌的中心代谢途径是由Strous等（2006）通过采用双向测序技术建立*Kuenenia stuttgartiensis*的BAC文库、Fosmid文库和DNA

质粒文库并对基因组序列进行分析后提出的。表 25-1 提供了基本的反应过程（Strous et al.，2006；Shimamura et al.，2007，2008；Jetten et al.，2009）。

表 25-1　Anammox 菌中心代谢过程

序号	反应过程	反应方程式
1	反硝化反应（denitrification，Nir）	$NO_2^- + 2H^+ + e^- \longrightarrow NO + H_2O$
2	联氨形成（hydrazine formation，HH）	$NH_4^+ + NO + 2H^+ + 3e^- \longrightarrow N_2H_4 + H_2O$
3	氮气形成（nitrogen generation，HZO）	$N_2H_4 \longrightarrow N_2 + 4H^+ + 4e^-$
4	硝化反应（nitrification，Nar）	$NO_2^- + H_2O \longrightarrow NO_3^- + 2H^+ + 2e^-$

Anammox 菌的主要代谢途径为：首先，Cyt cd1 型亚硝酸还原酶（nitrite reductase，Nir）将 NO_2^-还原成 NO；随后，在联氨水解酶（hydrazine hydrolase，HH）的作用下，NO 和 NH_4^+缩合成为 N_2H_4；联氨氧还酶（hydrazine oxidoreductase，HZO）将生成的 N_2H_4 氧化为 N_2；与此同时，亚硝酸盐氧化酶（Nar）将 NO_2^-氧化成 NO_3^-（图 25-1）。

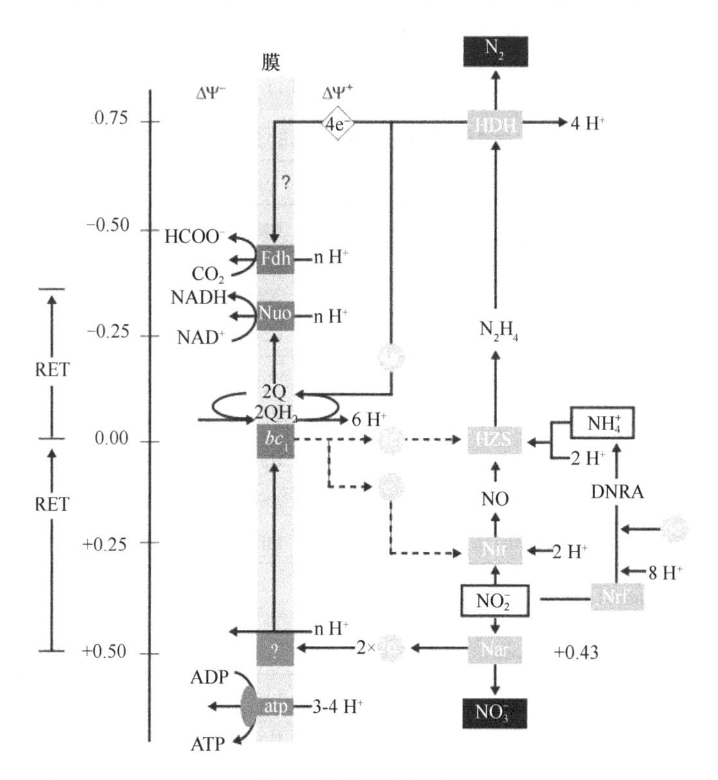

图 25-1　Anammox 菌中心代谢主要途径（Kartal et al.，2012）

以上代谢过程在细菌内部完成，由 N_2H_4 作为供体所释放的 4 个电子，通过细胞色素 c、辅酶 Q 等进行传递，最终抵达受体 Nir 和 HH（4 个电子中 1 个电子交给 Nir，3 个电子交给 HH）。随着电子的传递，质子被排至厌氧氨氧化小体（anammoxsome）膜的外侧，并在膜两侧形成质子梯度，从而驱动 ATP 和 NADPH 的合成（Schouten et al.，2004；

Strous et al.，2006；Shimamura et al.，2007，2008；van Niftrik et al.，2008；Jetten et al.，2009）。此外，同位素示踪试验以及基因组学研究结果表明：anammox 菌可能会通过卡尔文循环（Calvin cycle）或乙酰-辅酶 A（acetyl-CoA）这两个途径对 CO_2 进行同化。

25.2.2 Anammox 菌分类及特性

Anammox 菌属于分支很深的浮霉菌纲，已发现并鉴定的 anammox 菌共有 6 属 18 种（Strous et al.，1999；Schmid et al.，2000，2003；Kuypers et al.，2003；Kartal et al.，2004，2007，2008；Wett，2006，2007；Gong et al.，2007；Liu et al.，2008；Quan et al.，2008；Woebken et al.，2008； Hu et al.，2010；Li et al.，2010；Araujo et al.，2011；Hong et al.，2011；Michael et al.，2011；Oshiki et al.，2011；Fuchsman et al.，2012；Khramenkov et al.，2013；van de Vossenberg et al.，2013；Ali et al.，2015；Yang et al.，2018）（表 25-2），构成了独立的厌氧氨氧化菌科（Anammoxaceae）。其中，大多数细菌从污水厂或是实验室反应器内得到，也有少数来自于海水样品（Strous et al.，1999；Schmid et al.，2000，2003；Kuypers et al.，2003；Kartal et al.，2004，2007，2008；Wett，2006，2007；Gong et al.，2007；Liu et al.，2008；Quan et al.，2008；Woebken et al.，2008；Yang et al.，2008；Hu et al.，2010；Li et al.，2010；Araujo et al.，2011；Hong et al.，2011；Michael et al.，2011；Oshiki et al.，

表 25-2 Anammox 菌的分类

菌属	菌种	来源	参考文献
Anammoximicrobium	*Candidatus A. moscowii*	城市废水	Kartal et al.，2008
Anammoxoglobus	*Candidatus A. propionicus*	实验室模拟废水	Gong et al.，2007；Kartal et al.，2007；Oshiki et al.，2011；Ali et al.，2015
	Candidatus A. sulfate	实验室模拟废水	Gong et al.，2007
Brocadia	*Candidatus B. anammoxidans*	城市废水	Strous et al.，1999
	Candidatus B. fulgida	实验室模拟废水	Kartal et al.，2004
	Candidatus B. sinica	实验室模拟废水	Hu et al.，2010
	Candidatus B. brasiliensis	实验室模拟废水	Araujo et al.，2011
	Candidatus B. caroliniensis	城市废水	Michael et al.，2011
Jettenia	*Candidatus J. asiatica*	城市废水	Wett，2006，2007；Quan et al.，2008；Khramenkov et al.，2013
Kuenenia	*Candidatus K. stuttgartiensis*	城市废水	Schmid et al.，2000
Scalindua	*Candidatus S. sinooifield*	油田	Li et al.，2010
	Candidatus S. zhenghei	海水	Hong et al.，2011
	Candidatus S. richardsii	海水	Fuchsman et al.，2012
	Candidatus S. brodae	城市废水	Schmid et al.，2003
	Candidatus S. wagneri	城市废水	Kartal et al.，2004
	Candidatus S. sorokinii	海水	Kuypers et al.，2003
	Candidatus S. Arabica	海水	Woebken et al.，2008
	Candidatus S. profunda	海水	van de Vossenrerg et al.，2013

2011；Fuchsman et al.，2012；Khramenkov et al.，2013；van de Vossenberg et al.，2013；Ali et al.，2015）。Anammox 倍增时间很长（11 天），并且迄今为止仍未获得其纯培养物。正因如此，基于纯培养物分离所开展的形态、代谢、生化和遗传等方面的分析方法，在应用于 anammox 反应器中微生物的种类、丰度及相互之间的关系的研究时受到了很大的限制。

25.3　Anammox 城市污水脱氮工艺的研究及进展

25.3.1　基于不同 NO_2^--N 获取来源的 anammox 组合工艺

大部分城市污水中的氮元素以有机或氨态氮的形式存在，前者通过曝气生物处理后能够在短时间内通过氨化作用转变为后者。由式（25-1）和式（25-2）可知，anammox 菌的代谢基质为 NH_4^+和 NO_2^-，NH_4^+直接存在于城市污水中，而 NO_2^-则需要经过反应产生。因此，如何高效和稳定地获取 NO_2^-，为 anammox 反应营造条件就成了其应用于主流城市污水脱氮过程中首要解决的问题。现阶段最常见并较为成熟的 NO_2^-累积方式是通过氨氧化菌（AOB）的生化反应制取 NO_2^--N。近年来，也有一些学者提出了基于短程反硝化的 NO_2^-累积技术。

1）短程硝化-anammox 耦合（PN/A）

PN/A 是近些年兴起的一种生物脱氮工艺（Yang et al.，2018）。首先，在 AOB 的代谢作用下，污水中约一半的氨氮发生氧化转变成了 NO_2^-，随后剩余的 NH_4^+和生成的 NO_2^-一起作为 anammox 菌的基质。以上反应过程（Lackner et al.，2014；Zekker et al.，2017；Rikmann et al.，2018）可以表示如下：

$$NH_4^+ + 1.5O_2 \longrightarrow NO_2^- + H_2O + 2H^+ \tag{25-3}$$

van Dongen 等（2001）通过小试装置，对 anammox 菌处理污泥消化液中高浓度氨氮的可行性展开了分析和探讨。结果表明，该工艺具有良好的脱氮效果，约 80%的 NH_4^+-N 被成功转化成了 N_2。随后，Fux 等（2002）又在两个不同的污水处理厂内对该工艺进行中试研究，结果显示：在 1600 L 的序批式反应器中，进水氨氮 620～650 mg/L、pH 7.3～7.5、温度 26～28℃的条件下，氮容积负荷率（nitrogen loading rate，NLR）最高可达 0.65 kgN/（m^3·d），总氮去除率达 92%。与此同时，该工艺实现了较低的污泥产量。由于结果非常理想，该试验完成后，Sluisjesdijk 污水厂直接对反应器进行了放大，建成了世界上首座生产性规模的基于 PN/A 的装置。该装置的有效体积为 70 m^3，处理规模为 750 kgN/d（van der Star et al.，2007），取得了不错的效果。

在主流城市污水脱氮处理的研究中，PN/A 系统也获得了满意的效果。实验室规模下，当温度分别为 18℃和 15℃时，在颗粒污泥反应器与移动床生物膜反应器内，PN/A 系统的氮去除率均达到了 70%以上（Winkler et al.，2012）。在中试规模的研究中，Hoekstra 等（2018）采用 PN/A 颗粒污泥反应器评估了其处理城市污水的效能，三年多的运行结果表明：夏季（23.2±1.3）℃和冬季（13.4±1.1）℃下，系统的总氮去除率分别达到了（0.023±0.029）kgN/（m^3·d）和（0.097±0.016）kgN/（m^3·d）。这一装置的脱氮效果显著优于 Pronk

等（2015）运行的好氧颗粒污泥系统[0.17 kgN/（m^3·d）]，同时也比普通活性污泥系统的脱氮能力（0.1 kgN/（m^3·d））（Metcalf and Eddy，2003）要高。目前，从世界范围来看，已先后有两个污水处理厂宣布成功实现了主流 PN/A 脱氮，一家位于澳大利亚，另一家则位于新加坡。澳大利亚的污水处理厂主要通过侧流装置为主流过程不间断地添加 AOB 和 anammox 菌，来保证 anammox 工艺稳定运行（Wett et al.，2013；Cao et al.，2016）。Cao 等（2017）对新加坡的 Changi 水再生厂跟踪研究发现，在当地热带气候（水温 28～32℃）条件下，出水 TN 维持在 5～7 mg/L，去除率达到了 88.3%。各个好氧池终端亚硝态氮的浓度大大超出硝态氮，这说明短程硝化趋于稳定。经分析测试发现，该水厂内短程硝化率为 72%，亚硝酸氧化菌的生物活性受到抑制。

2）短程反硝化-anammox 耦合

Ma 等（2017）利用厌氧/好氧生物膜系统，对短程反硝化-anammox 耦合工艺进行了为期 408 天的研究，在进水总氮（TN）为 60.5 mg/L±5.7 mg/L、碳氮比（C/N）为 2.6±0.5 的条件下，系统 TN 去除效率为 80%±4%，并且 70%的氮素是在缺氧环境下通过生化反应转变成 N_2 从而被消除。Ji 等（2016）通过研究指出，稳定阶段硝酸盐和亚硝酸盐之间转化率可达到 87%，基本能够满足 anammox 的稳定供应之需。该系统经过≥200 天后，逐渐趋于稳定，在模拟废水[化学需氧量（COD）为 220 mg/L，NH_4^+为 60 mg/L]条件下，氨氮去除率高达 95%，经过处理后的出水中亚硝态氮和硝态氮的浓度分别为 1 mg/L 和 35 mg/L。

近年来，西安第四污水处理厂升级改造的新工艺的应用效果在行业内受到广泛关注（王凯军，2018；彭永臻，2018）。首期厌氧-缺氧-好氧（A-A-O）工艺（规模为 25 万 m^3/d）的改造中，通过向缺氧池与厌氧池投放填料，在不需要额外添加碳源的条件下，处理后的水体中 TN 浓度可基本保持在 10 mg/L 以下，甚至可以稳定在 5 mg/L。通过一年多时间的运行，填料表面生物膜的颜色出现一定变化，逐渐呈微红色（这是 anammox 菌的重要特征）。随后的跟踪研究和监测表明，在缺氧条件下实现了 anammox 反应。尽管该现象背后蕴藏的机制以及这一现象是否可重复的问题尚需后续研究进行论证，但这是世界范围内首次在 11～20℃的中低水温条件下于生产性规模装置内实现了 anammox 反应，具有重要的意义。

亚硝酸盐作为 anammox 生长的关键底物，不仅可以通过短程硝化（NH_4^+→NO_2^-）产生，还可以通过短程反硝化（NO_3^-→NO_2^-）产生（Du et al.，2015；Ma et al.，2016），并且通过反硝化生产 NO_2^-的过程更为稳定和可控。最近的研究表明，在反硝化污泥床中，亚硝酸盐的富集率可稳定达到 80%，从而保证了 anammox 细菌代谢所需的电子受体（Isanta et al.，2015；Li et al.，2017）。此外，短程反硝化生产 NO_2^-排放更少的 N_2O，可以有效降低温室气体排放。

25.3.2 针对出水稳定达标的 anammox 耦合工艺

目前，PN/A 工艺在主流城市污水处理中的推广应用尚存在着诸多制约因素。首先，由于 NOB 会与 AOB 和 anammox 菌竞争底物（O_2 和 NO_2^-），并且有可能导致出水硝酸盐的大量累积。因此，高效地抑制 NOB 活性是保证 PN/A 稳定运行的前提。此外，城市污水中含有的 COD 会在一定程度上抑制 AOB 和 anammox 菌的活性。与此同时，NOB 和 anammox 菌代谢产生的 NO_3^--N 极有可能导致出水总氮不达标，对氮减排管控造成较大的压力。

现阶段的研究表明，当有机碳含量较低时，anammox 菌自身仍能够维持足够的活性。对此，一些学者尝试将几种工艺结合在一起，提出了 anammox 耦合短程硝化和反硝化的脱氮工艺（SNAD）。通过耦合，短程硝化保证了 NO_2^-的稳定供给，anammox 菌生化反应得到的 NO_3^-则在反硝化的作用下被异养反硝化菌去除，不仅可以有效提高 TN 去除率，而且能够显著降低 COD 对 anammox 菌造成的负面影响（Godwin et al.，2015；Han et al.，2016）。

颗粒污泥是进行 SNAD 的最佳体系之一。Liu 等（2017）通过对实验数据进行挖掘和研究，建立数学模型并提取关键因子，寻找到该过程脱氮效率最高的实验条件。随后，他们通过颗粒污泥反应器对该模拟结果进行了验证。在 C/N 比和溶解氧浓度分别为 0.2～1.0 和 0.2～0.4 mg/L 的条件下，SNAD 实现了>90%的 TN 去除效果。

生物膜反应器同样是实现 SNAD 的良好场所。Wang 等（2018）采用实验室规模的固定生物膜-活性污泥反应器组合工艺处理城市污水，并对其脱氮效果进行了考察。在温度为（25±2）℃，HRT 为 0.75 天，进水 TN 为（49.5±0.9）mg/L，COD/N 为（1.2±0.2）的条件下，装置出水中的 NH_4^+、NO_2^-、NO_3^-以及 COD 的浓度分别为 0.4 mg/L、1.1 mg/L、13.4 mg/L 和 7.8mg/L，其中，COD 去除效率为 88%，达到了理想的处理效果。

除了 SNAD 之外，Zhang 等（2019）提出了一种在上流式厌氧污泥反应器中实现完全厌氧氨氧化脱氮（CAARON）的工艺。CAARON 工艺是在 C/N（NO_2^--N）配比 0.6 下通过在反应器中部进水口处添加乙酸盐，实现不同部位反应器功能不同的目的：下部更多的是 anammox 反应，上部则是以反硝化过程为主，其分界点为乙酸盐的流加进口。研究表明，CAARON 工艺在高 TN 负荷率[9.0 kgN/（m^3·d）]的条件下，仍然可以将出水 TN 维持在（9.3±0.9）mg/L，氮去除率达到（96.2±0.4）%。CAARON 为有效避免有机碳对 anammox 的抑制以及深度脱氮提供了一种新思路。

虽然上述关于 anammox 的各种耦合工艺的研究取得了阶段性的进展，但是仍然缺乏更大规模装置的验证。此外，城市污水的成分复杂，水质波动较大，若进水中存在过量的 COD 极有可能会加速异养菌的大量增殖，进一步造成菌群失衡，大大降低脱氮效率。

25.3.3　针对能源回收的 anammox 耦合工艺

为了尽可能排除水体中的有机物对 anammox 产生的负面影响，并对其中的有机碳能源加以回收，一些学者提出了 A-2B 主流污水处理工艺（Li et al.，2010）。这一工艺的基本流程如下：A 段（厌氧固定床反应器）捕获水体中的有机碳并将其转变成甲烷实现能源回收；B1 段（序批式生物反应器）接收 A 段出水以及一部分原水，在曝气条件下其内部发生短程硝化和反硝化过程；来自 B1 段和 A 段的出水最后进入 B2 段（移动床生物膜反应器），前者含有亚硝酸盐，后者含有氨氮，发生 anammox 反应，使氮素污染物被顺利去除。

Gu 等（2018）对 A-2B 工艺处理城市污水的研究结果表明，在（30±1）℃、进水 COD 和 NH_4^+-N 的浓度分别为 400 mg/L 和 45 mg/L 的运行条件下，出水的 COD 浓度仅为 6.5 mg/L，约 58%的 COD 被转化成为 CH_4。系统中总无机氮的去除效率为 87%。其中，B1 段中的传统硝化反硝化对系统总无机氮去除的贡献率约为 33%，B2 段中的 anammox 对无机氮去除的贡献率为 34%。与传统脱氮过程相比，A-2B 工艺的剩余污泥产量可减少 75%，并且由于可节省因 COD 氧化所需的曝气相关能耗，它的总能耗可降低 47%。A-2B 工艺为实现“能源中和”的城市污水处理系统提供了一个途径。

25.4 Anammox 应用于主流城市污水处理的挑战

25.4.1 竞争细菌对 anammox 的抑制作用

主流 anammox 工艺中微生物种群较为丰富，anammox 菌的丰度和活性会受到 NOB 和反硝化菌的影响。通过对 NOB 纯培养物的研究发现（Coskuner and Curtis，2002；Blackburne et al.，2007），在低氨氮、低亚硝态氮浓度的情况下，NOB 对亚硝酸盐具有更高的亲和力。所以，应用 anammox 工艺时，必须在主流条件下尽可能降低 NOB 活性，这是确保 anammox 过程正常进行的基础并直接关系到其处理效果。上述目标可以通过游离氨的控制来实现。因此，在具体操作时，可使出水的氨氮浓度保持在不低于 2 mg/L 的水平。此外，溶解氧浓度对于 NOB 的活性也具有很大影响（Isanta et al.，2015）。在具体应用中，可考虑采取持续低强度或间歇曝气的方式来控制溶解氧在较低水平，从而抑制 NOB 的活性。

污水中含有的 COD 有助于异养反硝化菌的生长并对 anammox 过程形成抑制，只有当 COD 被前者消耗至较低水平时 anammox 过程才有可能占主导。这一问题在高强度城市污水的处理中尤为突出。Winkler 等（2012）通过研究指出，在 25℃环境下，如果原水的 C/N<0.5，则 anammox 与异养反硝化过程可以和谐共存，不会导致脱氮效果下降。为了减少有机物的不利影响，可以通过短时曝气的方式利用好氧异养菌将 COD 的浓度降至 anammox 菌所适应的范围之内。

25.4.2 低温对 anammox 工艺运行效果及稳定性的影响

微生物的代谢活性很大程度上受到温度的影响。前期的研究结果表明，35℃是 anammox 菌生物代谢最快，并且繁殖周期最短的最适温度（Tomaszewski et al.，2017）。然而，大多数实际城市污水的水温较低（10～25℃）（Zhang et al.，2016），尤其是一些高纬度如我国北方地区，废水温度常低于 10℃。Anammox 在这些地区的应用效果及稳定性是一个巨大的挑战。Ma 等（2013）研究表明，在温度逐渐降低的过程中，anammox 的氮去除率逐渐下降，16℃时的氮去除率仅为 2.28 kgN/（m^3·d）。在 6℃的运行条件下，

Isaka 等（2008）研究发现 anammox 的氮去除效率仅为 50%。因此，开发 anammox 低温脱氮工艺一直是近年来的研究重点和难点。

提升 anammox 工艺在低温下的运行效果可以通过菌种驯化和生物固定化两种方式来实现。对于前者，在低温环境下驯化培养 anammox 菌，使其体内的生物酶、细胞膜等仍保持较高活性，从而提升整体的脱氮效果。生物固定化处理可以显著提升 anammox 菌的抗低温性能。Hu 等（2013）通过菌种驯化并在 12℃下连续运行≥300 天，观察短程硝化耦合 anammox 处理模拟污水（水体中 NH_4^+-N 的含量为 70 mg/L）的效果，结果显示氮去除率可以达到 90%。Pathak 等（2007）通过在 20℃下接种固定化 anammox 微生物处理低含氮废水，成功启动 anammox 反应器，总氮去除率>92%。Quan 等（2011）选择聚乙烯醇与海藻酸钠凝胶作为载体，对 anammox 菌进行培养。在室温条件下，anammox 工艺的氮去除速率达到了 8.0 kgN/（m^3·d）。

25.4.3 Anammox 菌在反应器内的高效截留

在传统的污水处理过程中，沉淀池是使用最为广泛的泥水分离装置。然而，少量悬浮微生物仍然会随着出水从反应器内流失。当温度较低时，anammox 菌的繁殖速度非常慢，倍增时间通常要长达 1～2 周（Strous et al.，1998），所以在主流工艺中维持细菌浓度在较高水平将直接关系到系统的脱氮效率。通过侧流高温、高氨氮条件下培养得到的高活性 anammox 菌对主流工艺进行菌种流加，可以保证主流反应器的高生物量（Tang et al.，2011）。不仅如此，还可以通过培养生物膜、颗粒污泥等提高反应器中的生物量、减缓细菌的流失。近几年，随着膜材料的发展，膜生物反应器得到了广泛应用，借助于多孔膜良好的截留效率，理想情况下可以实现 anammox 菌的零流失。

25.5 总结与展望

Anammox 因其具有高效、低碳、节能的特点，在生物脱氮领域拥有广阔的发展空间。在全球范围内，有 200 多座 anammox 工程已经或者正在投入应用，而且这个数字还在迅速增长。然而，这些工程主要是针对高氨氮废水的处理处置，关于 anammox 应用于主流城市污水的处理鲜有报道。随着可持续城市污水处理理念的深入，anammox 工艺在主流城市污水处理中的突破和应用仍然是业界不断努力的方向。要使以上目标得以实现，接下来仍需要在以下几个方面进行深入的研究。

（1）主流 anammox 工艺中微生物群落结构相对复杂，anammox 菌与其他功能菌群之间的协同竞争机制有待进一步被解析，从而为发展高效的反应器控制策略提供指导。

（2）实际废水成分复杂，存在一定的水质波动，由于菌种或实验条件等不同，废水成分中对 anammox 产生影响的关键因子的抑制阈值不统一，多因素的联合作用影响有待进一步探明，且应提高对缓解抑制调控策略的关注和重视。

（3）目前关于 anammox 处理主流城市污水的研究大多停留在小试层面，仍然缺乏中试及更大规模的工程性研究。虽然目前偶有关于实际城市污水处理厂中实现 anammox

的报道，但对于 anammox 菌在其中的作用机制仍不清晰，还需要更多的工程化案例来考察其可重复性效果。

（张正哲、徐佳佳、金仁村）

参 考 文 献

彭永臻. 2018. 西安第四污水处理厂短程反硝化和部分 Anammox 现象的发现、研究与展望. 见:《给水排水》杂志社. 2018 城市排水大会—系统思维下污水处理的厂网协同增效. 北京.

王凯军. 2018. 中国首例大型污水处理厂主流厌氧氨氧化的分析与启示. 见:《给水排水》杂志社. 第十五届年会暨水安全保障及水环境综合整治高峰论坛. 邯郸.

郑平, 徐向阳, 胡宝兰. 2004. 新型生物脱氮理论与技术. 北京: 科学出版社.

Ali M, Oshiki M, Awata T, et al. 2015. Physiological characterization of anaerobic ammonium oxidizing bacterium *Candidatus Jettenia caeni*. Environmental Microbiology, 17(6): 2172-2189.

Araujo J C, Campos A C, Correa M M, et al. 2011. Anammox bacteria enrichment and characterization from municipal activated sludge. Water Science and Technology, 64(7): 1428-1434.

Blackburne R, Vadivelu V M, Yuan Z, et al. 2007. Determination of growth rate and yield of nitrifying bacteria by measuring carbon dioxide uptake rate. Water Environment Research, 79(12): 2437-2445.

Broda E. 1977. Two kinds of lithotrophs missing in nature. Zeitschrift für Allgemeine Mikrobiologie, 17(6): 491-493.

Cao Y S, Hong K B, van Loosdrecht M, et al. 2016. Mainstream partial nitritation and anammox in a 200, 000 m^3/day activated sludge process in Singapore: scale-down by using laboratory fed-batch reactor. Water Science and Technology, 74(1): 48-56.

Cao Y S, van Loosdrecht M C M, Daigger G T. 2017. Mainstream partial nitritation–anammox in municipal wastewater treatment: status, bottlenecks, and further studies. Applied Microbiology and Biotechnology, 101(4): 1365-1383.

Coskuner G, Curtis T P. 2002. *In situ* characterization of nitrifiers in an activated sludge plant: Detection of *Nitrobacter* spp. Journal of Applied Microbiology, 93(3): 431-437.

Du R, Peng Y Z, Cao S B, et al. 2015. Advanced nitrogen removal from wastewater by combining anammox with partial denitrification. Bioresource Technology, 179: 497-504.

Fuchsman C A, Staley J T, Oakley B B, et al. 2012. Free “living and aggregate” associated planctomycetes in the Black Sea. FEMS Microbiology Ecology, 80(2): 402-416.

Fux C, Boehler M, Huber P. 2002. Biological treatment of ammonium-rich wastewater by partial nitritation and subsequent anaerobic ammonium oxidation (anammox) in a pilot plant. Journal of Biotechnology, 99(3): 295-306.

Godwin J, Miller M W, Klaus S, et al. 2015. Impact of limited organic carbon addition on nitrogen removal in a mainstream polishing anammox moving bed biofilm reactor. Proceedings of the Water Environment Federation, 409(19): 1960-1978.

Gong Z, Yang F, Liu S, et al. 2007. Feasibility of a membrane aerated biofilm reactor to achieve single-stage autotrophic nitrogen removal based on anammox. Chemosphere, 69: 776-784.

Gu J, Yang Q, Liu Y. 2018. Mainstream anammox in a novel A-2B process for energy-efficient municipal wastewater treatment with minimized sludge production. Water Research, 138: 1-6.

Han M, Clippeleir H D, Alomari A, et al. 2016. Impact of carbon to nitrogen ratio and aeration regime on mainstream deammonification. Water Science & Technology, 74(2): 375-384.

Hoekstra M, Geilvoet S P, Hendrickx T L G, et al. 2018. Towards mainstream anammox: Lessons learned from pilot-scale research at WWTP Dokhaven. Environmental Technology, 10: 1-13.

Hong Y G, Li M, Cao H L, et al. 2011. Residence of habitat-specific anammox bacteria in the deep-sea subsurface sediments of the South China Sea: analyses of marker gene abundance with physical chemical parameters. Microbial Ecology, 62(1): 36-47.

Hu B L, Zheng P, Tang C J, et al. 2010. Identification and quantification of anammox bacteria in eight nitrogen removal reactors. Water Research, 44(17): 5014-5020.

Hu Z Y, Lotti T, de Kreuk M, et al. 2013. Nitrogen removal by a nitritation-anammox bioreactor at low temperature. Applied and Environmental Microbiology, 79(8): 2807-2812.

Isaka K, Date Y, Kimura Y, et al. 2008. Nitrogen removal performance using anaerobic ammonium oxidation at low temperatures. FEMS Microbiology Letters, 282(1): 32-38.

Isanta E, Reino C, Carrera J, et al. 2015. Stable partial nitritation for low-strength wastewater at low temperature in an aerobic granular reactor. Water Research, 80: 149-158.

Jetten M S, Lv N, Strous M, et al. 2009. Biochemistry and molecular biology of anammox bacteria. Critical Reviews in Biochemistry and Molecular Biology, 44(2-3): 65-84.

Ji J T, Peng Y Z, Wang B, et al. 2016. Achievement of high nitrite accumulation via endogenous partial denitrification (EPD). Bioresource Technology, 224: 140-146.

Kartal B, Niftrik L V, Sliekers O, et al. 2004. Application, eco-physiology and biodiversity of anaerobic ammonium-oxidizing bacteria. Reviews in Environmental Science & Bio/Technology, 3(3): 255-264.

Kartal B, Rattray J, van Niftrik L A, et al. 2007. *Candidatus "Anammoxoglobus propionicus"* a new propionate oxidizing species of anaerobic ammonium oxidizing bacteria. Systematic and Applied Microbiology, 30(1): 39-49.

Kartal B, van Niftrik L, Keltjens J T, et al. 2012. Anammox-growth physiology, cell biology, and metabolism. Advances Microbial Physiology, 60: 211-262.

Kartal B, van Niftrik L, Rattray J, et al. 2008. *Candidatus* "Brocadia fulgida": An autofluorescent anaerobic ammonium oxidizing bacterium. FEMS Microbiology Ecology, 63(1): 46-55.

Khramenkov S V, Kozlov M N, Kevbrina M V, et al. 2013. A novel bacterium carrying out anaerobic ammonium oxidation in a reactor for biological treatment of the filtrate of wastewater fermented sludge. Microbiology, 82: 628-636.

Kuypers M M M, Sliekers A O, Lavik G, et al. 2003. Anaerobic ammonium oxidation by anammox bacteria in the Black Sea. Nature, 422: 608-611.

Lackner S, Gilbert E M, Vlaeminck S, et al. 2014. Full-scale partial nitritation/anammox experiences: An application survey. Water Research, 55(10): 292-303.

Li H, Chen S, Mu B Z, et al. 2010. Molecular detection of anaerobic ammonium-oxidizing (anammox) bacteria in high-temperature petroleum reservoirs. Microbial Ecology, 60(4): 771-783.

Li J L, Zhang L, Peng Y Z, et al. 2017. Effect of low COD/N ratios on stability of single-stage partial nitritation/anammox (SPN/A) process in a long-term operation. Bioresource Technology, 244(Pt1): 192-197.

Liu S, Yang F, Gong Z, et al. 2008. Application of anaerobic ammonium-oxidizing consortium to achieve completely autotrophic ammonium and sulfate removal. Bioresource Technology, 99(15): 6817-6825.

Liu T, Ma B, Chen X M, et al. 2017. Evaluation of mainstream nitrogen removal by simultaneous partial nitrification, anammox and denitrification (SNAD) process in a granule-based reactor. Chemical Engineering Journal, 327: 973-981.

Ma B, Peng Y Z, Zhang S J, et al. 2013. Performance of anammox UASB reactor treating low strength wastewater under moderate and low temperatures. Bioresource Technology, 129: 606-611.

Ma B, Qian W T, Yuan C S, et al. 2017. Achieving mainstream nitrogen removal through coupling anammox with denitratation. Environmental Science & Technology, 51(15): 8405-8413.

Ma B, Wang S Y, Cao S B, et al. 2016. Biological nitrogen removal from sewage via anammox: Recent advances. Bioresource Technology, 200: 981-990.

Michael J R, Matias B V, Ariel A S, et al. 2011. Long-term preservation of anammox bacteria. Applied Microbiology & Biotechnology, 92(1): 147-157.

Mulder A, Van de Graaf A A, Robertson L A, et al. 1995. Anaerobic ammonium oxidation discovered in a denitrifying fluidized bed reactor. FEMS Microbiology Ecology, 16(3): 177-184.

Oshiki M, Shimokawa M, Fujii N, et al. 2011. Physiological characteristics of the anaerobic ammonium-oxidizing bacterium '*Candidatus* Brocadia sinica'. Microbiology, 157: 1706-1713.

Pathak B K, Kazama F, Tanaka Y, et al. 2007. Quantification of anammox populations enriched in an immobilized microbial consortium with low levels of ammonium nitrogen and at low temperature. Applied Microbiology and Biotechnology, 76(5): 1173-1179.

Pronk M, de Kreuk M K, de Bruin B, et al. 2015. Full scale performance of the aerobic granular sludge process for sewage treatment. Water Research, 84: 207-217.

Quan L M, Khanh D P, Hira D, et al. 2011. Reject water treatment by improvement of whole cell anammox entrapment using polyvinyl alcohol/alginate gel. Biodegradation, 22(6): 1155-1167.

Quan Z X, Rhee S K, Zuo J E, et al. 2008. Diversity of ammonium-oxidizing bacteria in a granular sludge anaerobic ammonium oxidizing (anammox) reactor. Environmental Microbiology, 10: 3130-3139.

Rikmann E, Zekker I, Tenno T, et al. 2018. Inoculum-free startup of biofilm- and sludge-based deammonification systems in pilot scale. International Journal of Environmental Science & Technology, 15: 133-148.

Schmid M, Twachtmann U, Klein M, et al. 2000. Molecular evidence for genus level diversity of bacteria capable of catalyzing anaerobic ammonium oxidation. Systematic and Applied Microbiology, 23: 93-106.

Schmid M, Walsh K, Webb R, et al. 2003. *Candidatus* "Scalindua brodae", sp. nov. *Candidatus* "Scalindua wagneri", sp. nov. two new species of anaerobic ammonium oxidizing bacteria. Systematic and Applied Microbiology, 26(4): 529-538.

Schouten S, Strous M, Kuypers M M M, et al. 2004. Stable carbon isotopic fractionations associated with inorganic carbon fixation by anaerobic ammonium-oxidizing bacteria. Applied & Environmental Microbiology, 70(6): 3785-3788.

Shimamura M, Nishiyama T, Shigetomo H, et al. 2007. Isolation of a multiheme protein with features of a hydrazine-oxidizing enzyme from an anaerobic ammonium-oxidizing enrichment culture. Applied & Environmental Microbiology, 73(4): 1065-1072.

Shimamura M, Nishiyama T, Shinya K, et al. 2008. Another multiheme protein, hydroxylamine oxidoreductase, abundantly produced in an anammox bacterium besides the hydrazine-oxidizing enzyme. Journal of Bioscience & Bioengineering, 105(3): 243-248.

Siegrist H, Reithaar S, Lais P. 1998. Nitrogen loss in a nitrifying rotating contactor treating ammonium rich leachate without organic carbon. Water Science and Technology, 37(4-5): 589-591.

Strous M, Fuerst J A, Kramer E H M, et al. 1999. Missing lithotroph identified as new planctomycete. Nature, 400: 446-449.

Strous M, Heijnen J J, Kuenen J G, et al. 1998. The sequencing batch reactor as a powerful tool for the study of slowly growing anaerobic ammonium-oxidizing microorganisms. Applied Microbiology & Biotechnology, 50(5): 589-596.

Strous M, Pelletier E, Mangenot S, et al. 2006. Deciphering the evolution and metabolism of an anammox bacterium from a community genome. Nature, 440(7085): 790-794.

Tang C J, Zheng P, Chen T T, et al. 2011. Enhanced nitrogen removal from pharmaceutical wastewater using SBA-ANAMMOX process. Water Research, 45(1): 201-210.

Tchobanoglous G, Burton F L, Stensel H D. 2003. Wastewater Engineering, Treatment and Reuse (4th ed). New York: McGraw-Hill.

Tomaszewski M, Cema G, Ziembinska-Buczynska A. 2017. Influence of temperature and pH on the anammox process: a review and meta-analysis. Chemosphere, 182: 203-214.

van de Vossenberg J, Woebken D, Maalcke W J, et al. 2013. The metagenome of the marine anammox bacterium *Candidatus Scalindua* profunda illustrates the versatility of this globally important nitrogen cycle bacterium. Environmental Microbiology, 15(5): 1275-1289.

van der Star W R L, Abma W R, Bloomers D, et al. 2007. Startup of reactors for anoxic ammonium oxidation: Experiences from the first full-scale anammox reactor in Rotterdam. Water Research, 41(18): 4149-4163.

van Dongen U, Jetten M S M, van Loosdrecht M C M. 2001. The SHARON®-Anammox® process for treatment of ammonium rich wastewater. Water Science and Technology, 44(1): 153-160.

Van Niftrik L, Geerts W J, Van Donselaar E G, et al. 2008. Linking ultrastructure and function in four genera of anaerobic ammonium-oxidizing bacteria: Cell plan, glycogen storage, and localization of cytochrome c proteins. Journal of Bacteriology, 190(2): 708-717.

Wang C, Liu S T, Xu X C, et al. 2018. Achieving mainstream nitrogen removal through simultaneous partial nitrification, anammox and denitrification process in an integrated fixed film activated sludge reactor. Chemosphere, 203: 457-466.

Wett B, Omaria A, Podmirseg S M, et al. 2013. Going for mainstream deammonification from bench to full scale for maximized resource efficiency. Water Science and Technology, 68(2): 283-289.

Wett B. 2006. Solved upscaling problems for implementing deammonification of rejection water. Water Science and Technology, 53(12): 121-128.

Wett B. 2007. Development and implementation of a robust deammonification process. Water Science and Technology, 56(7): 81-88.

Winkler M K H, Kleerebezem R, van Loosdrecht M C M. 2012. Integration of anammox into the aerobic granular sludge process for main stream wastewater treatment at ambient temperatures. Water Research, 46(1): 136-144.

Woebken D, Lam P, Kuypers M M M, et al. 2008. A microdiversity study of anammox bacteria reveals a novel *Candidatus Scalindua* phylotype in marine oxygen minimum zones. Environmental Microbiology, 10(11): 3106-3019.

Yang Y D, Zhang L, Cheng J, et al. 2018. Microbial community evolution in partial nitritation/anammox process: From sidestream to mainstream. Bioresource Technology, 251: 327-333.

Zekker I, Rikmann E, Kroon K, et al. 2017. Ameliorating nitrite inhibition in a low-temperature nitritation–anammox MBBR using bacterial intermediate nitric oxide. International Journal of Environmental Science & Technology, 14(2): 1-14.

Zhang X J, Liang Y H, Ma Y P, et al. 2016. Ammonia removal and microbial characteristics of partial nitrification in biofilm and activated sludge treating low strength sewage at low temperature. Ecological Engineering, 93: 104-111.

Zhang Z Z, Cheng Y F, Zhu B Q, et al. 2019. Achieving completely anaerobic ammonium removal over nitrite (CAARON) in one single UASB reactor: synchronous and asynchronous feeding regimes of organic carbon make a difference. Science of the Total Environment, 653: 342-350.

第 26 章　城市湿地水体中典型污染物电化学降解原理与方法

26.1　引　　言

26.1.1 城市湿地水体典型污染物

近年来，有机氯化物（chlorinated organic compound，COC）相关的环境污染问题已经引起了国内外的广泛关注，COC（周海燕，2015）化学性质稳定，在自然环境中滞留时间长，毒性强，不易被生物降解，且极易穿透常规水污染控制工程屏障而进入环境，并长期存留和富集，是一类高危害、高残留的污染物，对人体健康和生态系统构成了严重的威胁，因此积极探索高效的 COC 降解方法已成为世界各国环境保护领域面临的紧迫问题之一（Goto et al.，2011）。

1976 年，美国环境保护署（Environmental Protection Agency，EPA）公布了 129 种优先控制污染物名单（赵振华，1981）（表 26-1）。由表 26-1 可知，其中 COC 占 25 种之多，包括氯苯、氯环氧化物、氯甲烷、氯乙烷、氯醚等多种有机氯类化合物。1995 年，联合国环境规划署将 12 种有机物质列为典型宿存有机污染物，它们全部为 COC，包括：艾氏剂（$C_{12}H_{12}Cl_6$）、狄氏剂（$C_{12}H_8Cl_6O$）、异狄氏剂（$C_{12}H_8Cl_5O$）、滴滴涕（$C_{14}H_9Cl_5$）、氯丹（$C_{10}H_8Cl_8$）、毒杀芬（$C_{10}H_{10}Cl_5$）、六氯苯（C_6Cl_6）、灭蚁灵（$C_{10}Cl_{12}$）、七氯（$C_{10}H_9Cl_7$）、多氯联苯（$C_{12}H_{12}Cl_{10}$）、二噁英（$C_{12}H_4O_2Cl_4$）。COC 在对人类社会的进步和文明起到了巨大的促进与推动作用的同时，也给人类的生存及生活质量带来了许多不良影响甚至危害。由于 COC 类物质具有生物累积效应，被列为工业废水的重要污染物之一。因此，探索有效降解 COC 类物质的方法和技术，对解决工业废水污染问题具有特别重要的意义。

表 26-1　129 种优先控制污染物名单

类别	种类
金属与无机化合物（14 种）	砷、铍、镉、铬、铜、铅、汞、镍、硒、银、铊、锌氰化物、石棉和锑
农药（19 种）	丙烯醛、艾氏剂、氯丹、滴滴滴（DDD）、滴滴伊（DDE）、滴滴涕（DDT）、狄氏剂、硫丹、硫酸硫丹、异狄氏剂、异狄氏醛、七氯、七氯环氧化物、六氯环已烷（六六六）（α，β，δ-同分异构体）、γ-六氯环已烷（林丹）、异佛尔酮、六氯二苯并二噁英和毒杀芬
多氯联苯（7 种）	多氯联苯（6 种 PCB 化合物）和 2-氯萘
卤代脂肪烃（26 种）	氯甲烷、二氯甲烷、三氯甲烷、四氯甲烷、氯乙烷、1,1-二氯乙烷、1,2-二氯乙烷、1,1,1-三氯乙烷、1,1,2-三氯乙烷、1,1,2,2-四氯乙烷、六氯乙烷、氯乙烯、1,1-二氯乙烷、1,2-反-二氯乙烯、三氯乙烯、四氯乙烯、1,2-二氯丙烷、1,3-二氯丙烷、六氯丁二烯、六氯环戊二烯、溴甲烷、二氯溴甲烷、氯二溴甲烷、三溴甲烷、二氟二氯甲烷和氟三氯甲烷

续表

类别	种类
醚类（7 种）	双-（氯甲基）醚、双-（2-氯甲基）醚、双-（2-氯异丙基）醚、2-氯乙基-乙烯基醚、双-（2-氯乙氧基）甲烷、4-氯苯-苯基醚和 4-溴苯-苯基醚
单环芳香族化合物（12 种）	苯、氯苯、1,2-二氯苯、1,3-二氯苯、1,4-二氯苯、1,2,4-三氯苯、六氯苯、乙苯、硝基苯、甲苯、2,4-二硝基甲苯、2,6-二硝基甲苯
苯酚类和甲酚类（11 种）	苯酚、2-氯苯酚、2,4-二氯苯酚、2,4,6-三氯苯酚、五氯苯酚、2-硝基苯酚、4-硝基苯酚、2,4-二硝基苯酚、2,4-二甲基苯酚、对-氯-间甲苯酚、4,6-二硝基-对-甲苯酚
酞酸酯类（6 种）	酞酸二甲酯、酞酸二乙酯、酞酸二正丁酯、酞酸二正辛酯、酞酸双（2-乙基己基）酯、酞酸丁基苯基酯
多环芳烃类（16 种）	二氢苊、苊、蒽、苯并（a）蒽、苯并（b）萤蒽、苯并（k）萤蒽、苯并（ghi a）、苯并（a）芘、屈、二苯并（2，a）蒽、萤蒽、芴、茚并（1,2,3-cd）芘、萘、菲、芘
亚硝胺和其他（7 种）	二甲基亚硝胺、二苯基亚硝胺、二正丙基亚硝胺、联苯胺、3,3-二氯联苯胺、1,2-二苯基肼、丙烯腈

26.1.2　城市湿地水体典型污染物去除的主要方法

1. 生物法

COC 很难被降解的原因有多种，但大致可分为两大类：一是对微生物有毒害作用功能；二是化学结构稳定。可针对具体物质采用物理化学方法进行预处理以改变难生物降解 COC 的结构，消除或减弱它们的毒性，增加其可生化性。

生物法是目前应用较广泛的一种有机废水处理方法，主要包括活性污泥法、生物膜法和酶生物处理法等。它是利用微生物的新陈代谢，通过微生物的凝聚、吸附等方法来降解污水中的有机物，具有高效、应用范围广、处理量大和成本低等优点。在环境工程实践中，COC 污染控制的本质是要保证废水的可生化性（B/C≥0.3），降低 COC 在废水中的浓度，活性污泥对不同 COC 的耐受性有所不同，其对不同 COC 的浓度范围为 10～200 mg/L（谢雄华，2010）。

在厌氧条件下，环境的氧化还原电位较低，COC 类化合物显示出较好的厌氧生物降解性，厌氧还原脱氯 COC 类化合物的代谢机制就是以 COC 为电子受体，氢为电子供体，反应中氯原子强烈吸引电子云，使碳链上电子云密度降低（陈皓等，2005）。Lorenz 等（2000）首次发现一种新菌种 $CBDB_1$ 能单独厌氧还原氯苯，同时该菌能够使 1,2,3-三氯苯、1,2,4-三氯苯、1,2,3,4-四氯苯、1,2,3,5-四氯苯和 1,2,4,5-四氯苯脱氯到二氯苯或者 1,3,5-三氯苯。Middeldorp 等（1997）在混合污泥中富集产甲烷微生物种群将 1,2,4-三氯苯先脱氯到 1,4-二氯苯、1,2-二氯苯和 1,3-二氯苯中的一种，最后到氯苯产物。

在好氧条件下，COC 类化合物的降解反应基本上遵循先开环再脱氯的机制。王芳等（2007）获得了一种能高效降解 1,2,4-三氯苯的博德特氏菌（*Bordetella* sp.），在含 1,2,4-三氯苯的无机盐培养基中 30 天去除率达到 90%以上。Oltmanns 等（1998）得到以 1,4-二氯苯为唯一碳源的降解菌（RHO_1、R_3 和 B_1），通过对 1,4-二氯苯的代谢途径实验表明，其主要中间产物为 3,6-二氯邻苯二酚、2,5-二氯-2,4-己二烯二酸和 2-氯-4-氧代-2-烯己二酸等。

共代谢通常是指微生物的生长基质与非生长基质共酶，即非生长基质不能作为微生物的唯一碳源和能源，其降解并不导致微生物的生长和能量的产生，它们只是在微生物利用生长基质时，被微生物产生的酶降解或者转化成为不完全的氧化产物，这种不完全氧化的产物进而可以被别的微生物利用，并彻底降解。共代谢被认为是由于生长基质诱导产生的酶和辅助因子的非专一性，使得微生物在一定程度上可降解其他类似的化合物（非生长基质）。Ziagova 和 Liakopoulou（2007）研究了以葡萄糖为共代谢基质降解 1,2-二氯苯的菌种（*Pseudomonas* sp.和 *Staphylococcus xylosus*）。在 1,2-二氯苯降解过程中，都发现了中间产物 3,4-二氯邻苯二酚。

2. 物理法

生物法在降解环境有机污染物方面展现出了广泛的应用前景，有着去除效率高、操作简便、处理成本低等特点，现已大量应用于各类环境废水治理，极大地推动了湿地水体污染净化的研究。除生物法外，物理化学法亦适用于 COC 类物质的综合处理，在少数特殊环境下，也能达到十分优异的处理效果。其中，物理降解法主要有吸附法、膜分离技术等。

吸附法是利用吸附剂的多孔性及巨大的比表面积，将废水中的微量有机物吸附到固体表面使废水得到净化（吴平东，1998），包括一切使溶质从气相或液相转入固相的反应，如静电吸附、化学吸附、分配、沉淀等反应。吸附剂可以分为天然吸附剂（Shu et al.，2010）和人工吸附剂（Matsuda et al.，2009）。舒月红和贾晓珊（2005）发现了 COC 在 CTMAB-膨润土上的吸附速度很快，20 min 左右即已达到平衡。COC 的辛醇-水分配系数越大，其在 CTMAB-膨润土中的分配系数 K_d 也越大。颜酉斌等（2009）研究了经过酸热改性的海泡石对氯苯的吸附特性，在 pH 为 6～7，吸附 1 h 条件下，氯苯去除率可达 80%左右。

膜分离技术是一种利用膜的选择性分离来实现料液的不同组分的分离、纯化、浓缩的技术。由于兼有分离、浓缩、纯化和精制的功能，又有高效、环保、易于控制等特征，膜分离技术产生了巨大的经济效益和社会效益，已成为当今分离科学中最重要的手段之一。该技术在废水处理方法中具有重要作用，最早曾广泛研究和应用于海水淡化工艺中，由于其能耗较其他方法低，因此受到重视。许振良等（2002）以十六烷基氯化吡啶（CPC）作为表面活性剂，利用聚醚酰亚胺（PEI）中空纤维超滤膜，对含氯苯废水进行了胶束强化超滤研究。在 CPC 浓度（C_f）为 3.1～18.6 g/L 的范围内，氯苯浓度为 0.45 g/L 时，CPC 的截留率可大于 95%，而氯苯的脱除率可达 98%以上。采用去离子水对膜清洗 1 h 后，膜纯水通量恢复率可达 95%。

3. 化学法

在物理法的基础之上，近一个世纪以来，在处理有机废水方面，化学法也表现出了强劲的发展势头。化学法主要包括 Fenton 法、金属还原法、臭氧氧化法、光催化氧化法、电化学法。

Fenton 体系于 1894 年由 Fenton 首次发现，在酸性条件下，Fe 离子与 H_2O_2 同时存在时，强烈促进苹果酸的氧化（Do and Chen，1993）。该技术直到 20 世纪 60 年代才被应用于废水处理并取得了较理想的效果（Bossmann et al.，1998），之后 Fenton 试剂在水处理中的应用得到了推广。解清杰等（2004，2005）的研究表明，分别使用 Fenton 试剂法、电 Fenton 法和阳极电 Fenton 法来处理六氯苯，处理效果为：阳极电 Fenten 法>电 Fenten 法>Fenten 试剂法，3 h 的去除率可达 96%（Gallard and Delaat，2001）。此外，由于 Fenton 试剂法的处理费用较高，所以研究者一直在探求一种降低处理成本的方法，如生物+Fenton 试剂（Mckinzi et al.，1999）、混凝+Fenton 试剂（Kang et al.，2002）、光催化+Fenton 试剂（Malato et al.，2001；Kavitha and Palanivelu，2003）来处理含 COC 废水。

金属还原法是通过一些还原性金属，使 COC 物质脱氯，转化为易生物降解的物质。Christian 和 Ewald（1996）用 Mg、Al、Zn 等金属单质对六氯苯等化合物进行脱氯研究。结果发现，在中性介质中，这些金属能够加速脱氯反应的进行，脱氯效率达 99%以上。铁与其他金属（如钯、镍和银）混合（Matheson and Tratnyek，1994）构成的双金属能有效催化氯代芳烃及其衍生物脱氯降解（全燮等，1998；Grittini et al.，1995；Cervini et al.，2002；Babu et al.，2009）。双金属催化还原具有反应迅速、脱氯效果好、实用性强等优点，因此，这方面的研究越来越成为人们研究的重点和热点。

臭氧氧化技术应用于水处理领域，始于 19 世纪末，研究结果表明（Wang et al.，2009），臭氧具有氧化能力强、反应速度快、无二次污染等优点，被广泛地应用于水和空气的除臭、杀菌，COD 去除以及芳香族化合物分解等。为强化臭氧处理（徐新华和赵伟荣，2003）效果，近年来人们开发出了 O_3/UV、O_3/H_2O_2/UV 等高级氧化技术（张林生等，2003；Shen et al.，2008），其共同特征是产生大量具有高氧化活性的羟基自由基，从而达到彻底降解 COC 的目的。

光催化技术是一种源于 20 世纪 70 年代的高级氧化技术，其具有结构简单、操作条件容易控制、氧化能力强等优点，能最终使 COC 完全矿化分解。目前，光催化处理技术研究的重点主要在光催化剂的制备及其机制研究上。光催化氧化以 *n* 型半导体为催化剂，包括 TiO_2、ZnO、WO_3 和 Fe_2O_3 等（Titus et al.，2004）。光激发半导体催化剂，其价带上的电子吸收一定波长的入射光能被激发到导带上，则在其导带和价带上分别产生自由电子和空穴，溶解氧及水分子与电子和空穴作用，最终产生可以氧化还原各种难生物降解 COC 的物质。

以电子为反应剂的电化学法具有不使用化学还原剂、可常温常压下进行，且反应装置结构简单，操作维护方便，易于自动化控制。作为废水处理的一种有效手段，在近些年的废水治理中，已取得了较大的发展和广泛的应用。苏丹丹等（2010）等对电化学方法在工业废水处理中的研究应用进行了介绍，重点介绍了几种常见的工业废水的来源、危害以及电化学技术在其处理方面的应用，比较了不同方法的优缺点，提出了各种电化学方法在处理废水中存在的问题，并展望了其发展方向。

26.1.3　电化学法的特点与优势

电化学在 100 多年的发展史中，形成了比较完善的理论和应用体系，且在许多领域都获得了很好的应用和长足的发展。其应用领域涉及传感器、腐蚀与防护、分析化学、表面技术、能源、材料以及污染物处理等多个方面（冯玉杰等，2005）。国际电化学协会（ISE）第 50 届年会将环境电化学（environmental electrochemistry）列为大会的专题（ISE，1998），这标志着环境电化学已正式确立了它的地位。电化学法处理有机物废水技术作为一种清洁的处理工艺，与其他水处理技术相比，主要优点表现在以下几个方面（冯玉杰等，2005）。

（1）具有多功能性。电化学法除可用于电化学氧化还原使有毒物质降解、转化之外，还可用于悬浮和胶体体系的相分离。

（2）电化学过程的主要运行参数是电流和电位，容易测定和控制，因此整个过程的可控程度乃至自动控制水平都很高，易于实现自动控制。

（3）通过控制电位，可使电极反应具有高度选择性，防止有可能发生的副反应，减少二次污染的产生。

（4）电化学系统设备相对简单，设计合理的系统能量效率也较高，因而操作与维护费用较低。

（5）既可单独处理，也可以与其他处理方法相结合。

环境电化学以电化学氧化的研究和应用最多，电化学氧化是以外电压为化学反应推动力，使有机物在电极上失电子或被电极上产生活性自由基而氧化的过程。尤其是处理难降解 COC 时，氧化能力、反应速率等均可以调节，操作方便，且不产生二次污染（Rajeshwar et al.，1994），是一种极具发展前景的水处理技术。常见的电化学研究包括电化学还原法、电生物法和电化学氧化法。

26.2 城市湿地中污染物的电氧化降解技术

26.2.1 阳极氧化过程与机制

电氧化法利用阳极过电位及催化活性来直接降解水中的污染物，或是产生自由基等强氧化剂降解水中有毒污染物，但易受析氧副反应的限制，降低了其电流效率（张晓晖和蔡兰坤，2004）。水相有机污染物的电化学氧化反应有两种不同机制：一是污染物在电极表面失电子的直接氧化，二是以电极表面生成的活性自由基为氧化剂的间接氧化（Zhi et al.，2003）。

有机污染物的直接电氧化基本反应式为：

$$R_{\text{ads}} - \text{e} \longrightarrow O_{\text{ads}} \tag{26-1}$$

直接电氧化反应发生在析氧电位前，低电位氧化情况下，利用电极催化性来降解污染物，但反应速率慢。然而，在直接电氧化过程中存在的一个主要问题就是电极失活现象，由于在析氧电位前，电极容易形成聚合物膜而使电极失活。电极失活的原因与电极表面的吸附性、污染物和降解中间产物的性质有关（Panizza and Cerisola，2003；童少平等，2007）。

电氧化通过活性自由基反应过程（图 26-1），由图 26-1 可知，一种反应是在电化学过程中，电极表面形成氧自由基（MO_{x+1}），选择性氧化有机物；另一种过程则是羟基自由基（·OH）在电极表面富集，使有机物完全矿化。在生成氧化剂的同时，还存在着析氧副反应的竞争。因此，要提高处理效率，选择具有高析氧过电位和高效催化氧化活性的电极材料非常关键。具体过程如下（Comninellis，1994）如下所述。

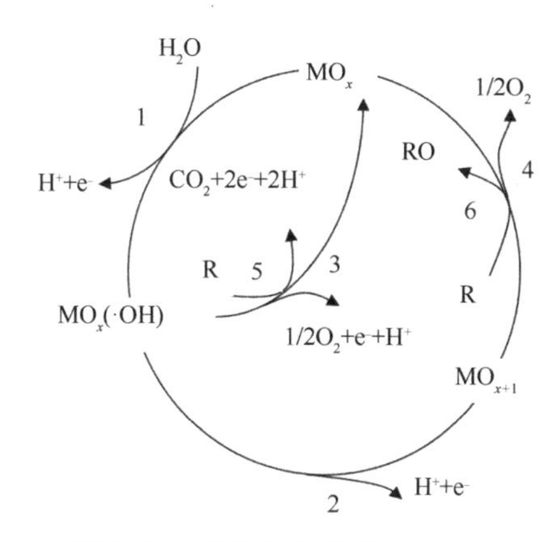

图 26-1　电催化氧化有机物的示意图（Comninellis，1994）

首先溶液中的 H_2O 在阳极上放电并形成吸附的羟基自由基：

$$MO_x + H_2O \longrightarrow MO_x(\cdot OH) + H^+ + e \tag{26-2}$$

然后吸附的羟基自由基和阳极上现存的氧反应，并使羟基自由基中的氧转移给金属氧化物晶格而形成高价态氧化物 MO_{x+1}：

$$MO_x(\cdot OH) \longrightarrow MO_{x+1} + H^+ + e \tag{26-3}$$

当没有可氧化的有机物基质存在时，物理吸附的活性氧和化学吸附活性氧会生成氧气：

$$MO_x(\cdot OH) \longrightarrow 1/2O_2 + MO_x + H^+ + e \tag{26-4}$$

$$MO_{x+1} \longrightarrow MO_x + 1/2O_2 \tag{26-5}$$

当目标有机物存在时，物理吸附的活性氧（·OH）在“电化学燃烧”过程中起主要作用，而化学吸附的活性氧（MO_{x+1}）则主要参与“电化学转换”过程，即对有机污染物进行有选择性的氧化。

$$R + MO_x(\cdot OH) \longrightarrow CO_2 + MO_x + H^+ + e \tag{26-6}$$

$$R + MO_{x+1} \longrightarrow MO_x + RO \tag{26-7}$$

若按式（26-7）进行反应，则阳极表面上氧化物晶格氧必须达到足够高浓度，而吸附·OH 的浓度应接近于零，因此，要求反应式（26-3）的速度必须比反应式（26-2）的大。电流效率取决于反应式（26-7）与反应式（26-5）的速度之比，由于它们都是纯化学步骤，反应式（26-7）的电流效率将与阳极电位无关，但依赖于有机污染物的反应活性和浓度及电极材料。此外，用于电化学燃烧反应的阳极，其表面上必须存在高浓度的吸附·OH，而氧化物晶格氧的浓度要低。电流效率取决于反应式（26-6）与反应式（26-4）的速度之比，由于这两个反应都是电化学步骤，反应式（26-6）的电流效率不仅依赖于有机物的本质和浓度以及电极材料，而且与阳极电位有关。因此，选择合适的电极材料是电化学高级氧化技术处理废水的技术关键。为了提高·OH 氧化有机污染物的效率，必须防止副反应[式（26-4）和式（26-5）]，即限制氧气的析出。

此外，在阳极上进行有机物氧化的同时，还存在着水分解析氧竞争反应，因此要求电极具有较高的析氧过电位。

$$2H_2O \longrightarrow O_2 + 4H^+ + 4e \qquad (26\text{-}8)$$

电氧化通过氧化溶液中一些基团或离子产生强氧化剂（Cl_2、ClO^-、O_3、$C_2O_6^{2-}$、$S_2O_8^{2-}$和 $P_2O_8^{4-}$等），进一步氧化有机污染物，使其转化为无害物质，达到降解的目的。

Jedral 等（1999）等对电化学氧化氯苯类化合物进行了研究，电化学转换成 CO_2 为主要反应过程。周明华等（2003）研究了经氟树脂改性的 β-PbO_2 电极作为新型阳极，对几种含典型难生化降解的芳香化合物的模拟废水进行了电催化降解。结果表明，检测到共同的中间产物对苯醌。本课题组刘奇等（2009，2010）、Wang 等（2008）对氯苯类的降解途径和机制进行了讨论，发现苯醌类物质是主要中间产物，最后氧化成小分子酸，直至被完全矿化为 CO_2。

26.2.2 常用的阳极电极

1. 铂电极

COC 的处理是我国废水处理中的一大难点，而如何科学有效改善我国当前水环境也成为亟须解决的关键问题之一。环境电化学技术因其操作简单、处理效率高、环境友好等特点，成为国内外水处理技术研究的一大热点，具有较好的应用前景。研制基于以金属铂作为修饰核心的电极，并将其广泛应用于环境电化学方面，使电氧化技术日趋成熟，逐步建立成为一个结合了环境工程、氧化技术、电化学分析研究的新领域，为环境电化学的发展提供理论方面的支持和技术性的研究。

从铂作为电极的角度来说，由于其比表面积较大，使得催化效果相较其他金属表现极佳，电极的能耗较小，赵国华等（2003）采用电化学阴极还原阳极氧化方法制备了纳米铂微粒电极，电极表面的微观结构表征表明，铂微粒在三维网状的氧化钛膜孔道中呈均匀、高度分散状态，且粒径细小，铂微粒充分裸露，使得纳米铂微粒电极活性点多，电催化性能高。他们还采用循环伏安法研究了铂微粒电极对有机小分子代表性物质甲醇的电催化氧化行为。结果表明，在酸性、中性和碱性介质中纳米铂微粒电极对甲醇的电催化氧化性能均明显优于光滑铂片电极，甲醇在纳米铂微粒电极上产生的氧化电流密度比光滑铂片电极高 100 倍以上。2 种铂电极催化氧化降解甲醇、苯酚和甲基橙 3 种有机物时，纳米铂微粒电极的平均氧化电流效率是光滑铂片电极的数倍，这进一步表明纳米铂微粒电极对有机污染物具有良好的催化氧化降解能力。

2. 二氧化铅电极

随着科学技术的发展，工业工艺的进步，部分传统的电极材料显现出一些局限性。铂电极的催化效率较好，但实际操作的费用较高，难以实现批量使用。从节约能源、降低排耗、对环境生态污染小等要求出发，二氧化铅（PbO_2）阳极电极应运而生，PbO_2

电极为缺氧含过量铅的非化学计量化合物，有多种晶型。用阳极电沉积法镀制的β-PbO_2，具有抗氧化强、耐腐蚀（在强酸性条件下仍有较高的稳定性）、氧超电位高、导运用电性良好、结合力强、在水溶液里电解时氧化能力强、可通过大电流等特点。当前关于 PbO_2 电极的研究已经在国内外取得了长足的进步，具有极为深远的发展运用前景。目前技术已广泛应用于电镀、冶炼、废水处理等领域，是许多其他电极材料所无法取代的，同时基于 PbO_2 这种阳极材料实现电极的功能化构筑，获取电催化氧化性能突出的新型电极，实现电极在环境方面的应用依然是此后的研究热点。

3. 钌铱钛电极

在工业生产中，为更好地得到优良产品，则需通过不断优化生产技术，以达到经济高效的目的，除了上述两类常用的阳极电极，钌铱钛电极亦运用十分广泛。

孙南南（2015）采用先浸渍再涂刷的改进工艺，首先制备了不同钌铱摩尔比的 RuO_2-IrO_2/Ti 电极，通过电化学测试表征了其电化学性能；为进一步提升电极性能，将不同含量的锡元素掺杂于 RuO_2-IrO_2 涂层中，制备出催化活性更高的 RuO_2-IrO_2-SnO_2/Ti 电极，并对它们的电极过程、降酚特性及其影响因素进行了研究。余高奇等（2001）应用热分解法制备 Ru（$0.4-x$）IrxTi0.6 三元金属氧化物电极，结果显示：IrO_2 的加入使涂层的抗析氧腐蚀能力增强，膜电阻和反应电阻降低，强化寿命随着 IrO_2 含量的增加而增长。通过实验及生活应用，不难发现钌铱钛阳极电极具有良好的电催化活性和电化学稳定性，以及电解效率高、电解稳定、无有害物质残留等突出优点。

4. 锡锑电极

在工业处理染料废水时，常采用电催化氧化技术，其中锡锑电极是较为常见且高效的阳极材料。锡锑阳极作为一类新型电氧化材料，具有大的比表面积和良好的导电性能。但使用锡锑电极通过电化学降解湿地污染物时，其电极稳定性较差，析氧电位和电催化活性也有待提高。焦立苗等（2014）主要从阳极氧化物电极方面介绍了电化学氧化法的机制及其对有机污染物降解的现状，并讨论了污染物对环境和人类的危害，综述了不同锡锑电极材料对污染物电化学降解性能的影响，并对锡锑电极在污染物处理方面的研究做出了展望。

5. 金刚石电极

金刚石电极是一种新型的电极，在电化学传感器、电催化中具有良好的应用前景。金刚石氧化电极通常利用掺硼金刚石（boron-doped diamond，BDD）薄膜作为电极材料，而掺硼金刚石薄膜特殊的 sp3 杂化结构，及其良好的导电性，赋予了金刚石薄膜电极优异的电化学特性，如宽的电化学势窗、较低的背景电流、较好的物理化学稳定性以及低吸附特性等（李浩，2016）。

26.2.3　铂电极对有机物的氧化降解（以乙腈-水相降解 1,4-二氯苯为例）

含氯芳香类有机化合物是一类应用十分广泛、环境毒性高且难以降解的有机化合物。其中1,4-二氯苯（*p*-DCB）是非常重要的含氯芳香类化合物之一，主要用于防蛀剂、防霉剂及防臭剂生产，在水生生物中可引发生物蓄积，是潜在的环境和食物污染源（Botitsi et al.，2006）。*p*-DCB因其本身苯环结构和氯原子的存在，导致氯原子的电子和苯环上的π电子形成稳定的共轭体系（王建龙和Hegemann，2003），从而具有很强的抗生物降解性，如何有效降解水相*p*-DCB成为当今的研究热点。

电化学氧化方法可有效降解此类难生物降解的有机污染物。电化学反应是电荷在电极/溶液相间转移的反应，反应速度快且通过改变电极电位可有效地改变电极过程，具有操作简单、易实现自动化、环境兼容性好等优点（Rajeshwar et al.，1994；王家德等，2007；孙治荣等，2008；Panizza and Cerisola，2009）。

p-DCB主要存在于化工废水中，与有机溶剂和水相混合排放，因此进行有机溶剂-水相*p*-DCB电化学氧化降解研究具有重要的现实意义。本节重点研究了乙腈-水相Pt电极氧化*p*-DCB电化学氧化特性、机制以及反应过程聚合物膜对电化学氧化行为的影响。

1. 试剂、仪器/电氧化反应体系及分析方法

1）试剂（主要）及仪器

试剂：*p*-DCB，化学纯（纯度>99%）；乙腈；无水高氯酸钠；超纯水。

仪器：均相阳离子膜，饱和甘汞电极，水浴锅，磁力搅拌器，电化学综合测试仪，扫描电子显微镜，液相色谱-质谱联用，离子色谱，离心机，电化学综合测试仪。

2）电氧化反应体系

如图26-2和图26-3所示，反应器为自制的三电极玻璃电解池。电解和测试的工作电极分别为铂片电极和铂盘电极，其表面积为10.0 cm^2和0.001 96 cm^2，辅助电极为10.0 cm^2的铂片，参比电极为饱和甘汞电极（SCE）。实验中若无特殊说明，电解和测试采用PAR2273型电化学综合测试仪（princeton applied research，USA）控制，溶液温度均控制在（25±1）℃，溶液体积为75 mL，支持电解质为0.1 mol/L的$NaClO_4$，乙腈与水体积比$V_{乙腈}$∶$V_{水}$=50∶50。测试*p*-DCB浓度取0、1.0 g/L、2.0 g/L、5.0 g/L，电解*p*-DCB初始浓度为0.1 g/L。另外，电解采用磁力搅拌强化传质。

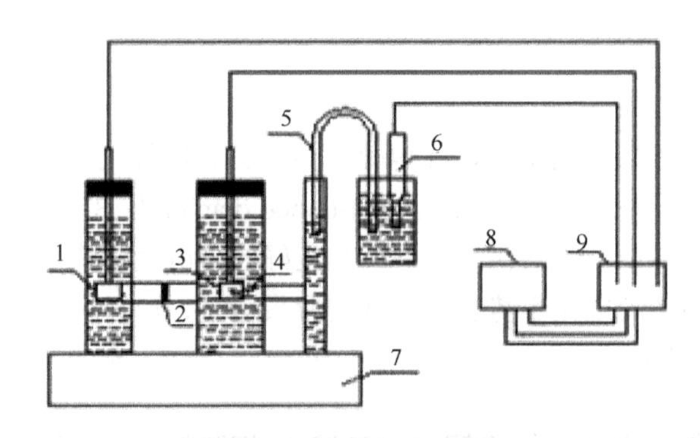

图26-2　电解实验装置

1. Pt电极；2. 均相阳离子膜；3. Pt电极；4. 鲁金毛细管；5. 盐桥；6. 饱和甘汞电极；7. 磁力搅拌器；8. PowerSuite软件；9. PAR2273型电化学综合测试仪

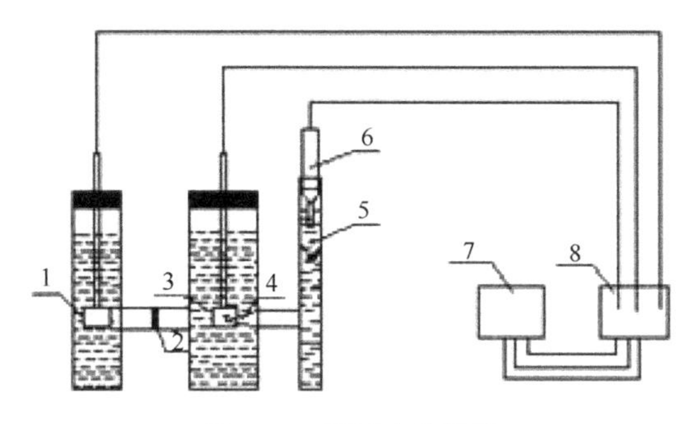

图 26-3　测试实验装置

1. Pt 电极；2. 多孔陶瓷隔膜；3. 铂盘电极；4. 鲁金毛细管；5. 饱和氯化钾溶液；
6. 饱和甘汞电极；7. PowerSuite 软件；8. PAR2273 型电化学综合测试仪

3）分析方法

（1）电极形貌：采用扫描电子显微镜（Scanning electron microscope，SEM）（HITACHI S-4700）分析电解前后铂片电极表面形貌。

（2）高效液相色谱测定条件：*p*-DCB，对苯醌和 2,5-二氯对苯醌的浓度采用高效液相色谱（HPLC，Agilent1200）测定，分析条件：EclipseXDB-C18 反相柱（150 mm×4.6 mm，5 μm），流动相：乙腈（A）-水（B）溶液，梯度洗脱程序：0→8 min，25%→50%A，8→12 min，50%→80%A，12→18 min，80%→100%A，18→20 min，100%A，20→20.1 min，100%→25%A，20.1→25 min，25%A，流速为 0.8 mL/min，DAD 检测波长 230 nm、254 nm。

（3）离子色谱测定条件：小分子有机酸测定采用离子色谱（IC，DionexICS-2000），分析条件：色谱柱 AS19（4 mm×250 mm），电导检测器进样体 25 μL，柱温和检测器温度分别 30℃、35℃，流速 1 mL/min，梯度洗脱程序：0→5 min，KOH 浓度为 10 mmol/L，5→20 min，KOH 浓度为 10→40 mmol/L，20→25 min，KOH 浓度为 40 mmol/L，25→25.1 min，KOH 浓度为 40→10 mmol/L，25.1→30 min，KOH 浓度为 10 mmol/L。

（4）液相色谱-质谱联用：*p*-DCB 降解中间产物鉴定采用液相质谱联用法（6210 LC/TOF-MS，Agilent），对苯醌和对氯苯酚通过标准物质的保留时间来确定。色谱条件与 HPLC 相同；质谱条件：电喷雾离子化源（ESI），负离子检测。样品预处理采用 Waters 公司 Oasis HLB 固相萃取柱萃取，用 5 mL 乙腈对柱子进行预处理。用 5 mL 甲醇浸泡填料 5 min，放空。用 15 mL 超纯水以 1～2 mL/min 的速度过柱，加入样品进行萃取，流速小于 5 mL/min。再用 5 mL 超纯水冲洗填料，然后把柱子放入真空干燥器中干燥 30 min；最后用 10 mL 乙腈以 1 mL/min 的流速洗脱柱内待分析物质，并加以保存。

2. 结果与讨论

1）电化学氧化降解 *p*-DCB 含苯环类的产物分析

由表 26-2 可知，*p*-DCB 降解过程中产生的芳香烃类化合物主要有对氯苯酚、对苯醌和 2,5-二氯对苯醌，已由液相色谱和液相色谱-质谱联用技术检测确定；氧化过程推测存在的暂态物质有对苯二酚、2,5-二氯苯酚和 2,5-二氯对苯二酚。水相有机污染物的电化学氧化反应有两种不同机制：一是污染物在电极表面失电子的直接氧化，二是以电极表面生成的活性自由基为氧化剂的间接氧化。下面用循环伏安法和计时电流法对以上的中间产物进行氧化机制的分析。

表 26-2　*p*-DCB 降解过程中产生的芳香烃类化合物

符号	化合物	结构方程式
D_1	parachlorophenol	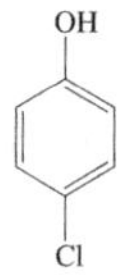
S_2	parahydroquinone	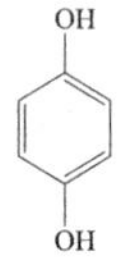
D_3	1,4-benzoquinone	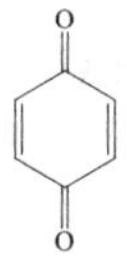
S_4	2,5-dichlorophenol	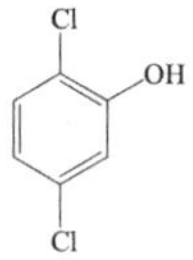
S_5	2,5-dichlorohydroquinone	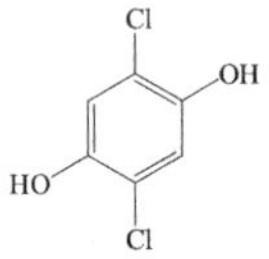
D_6	2,5-dichloro-*p*-benzoquinone	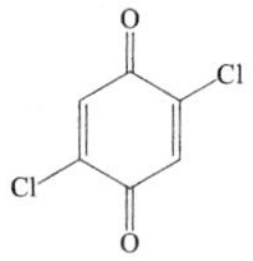

D：由 HPLC、IC 和 LC/MS 检测的中间产物；S：暂态物质

2）循环伏安法研究芳香烃类中间产物的氧化机制

有机污染物在 Pt 电极上电氧化过程，如果存在直接电氧化，则在循环伏安曲线上，除析氧峰外，还存在该物质的氧化峰。反之，如果只存在析氧过程，则表明该物质不发生直接电氧化。

乙腈-水相中对苯二酚（S_2）、对氯苯酚（D_1）、对苯醌（D_3）和空白溶液在 Pt 电极上的循环伏安曲线如图 26-4 所示。由图 26-4 中曲线 d 可知，空白溶液在 1.8 V（*vs* SCE）时出现氧化峰 d_1，该电位为 Pt 的氧化峰电位。由图 26-4 中曲线 c 可知，物质 D_3 在乙

腈-水相中只存在氧化峰 c_1，该氧化峰与 d_1 完全相同，说明在曲线 c 上，没有物质 D_3 的氧化峰，表明物质 D_3 在 Pt 电极上不发生直接电氧化反应。由图 26-4 曲线 b 可知，物质 D_3 在 Pt 电极上能被氧化降解，说明物质 D_3 只存在间接电氧化过程。由图 26-4 中曲线 a 可知，物质 S_2 在 0.7 V（*vs* SCE）和 1.8 V（*vs* SCE）分别出现了两个氧化峰 a_1 和 a_2，氧化峰 a_1 与 d_1 完全不同，表明物质 S_2 能发生直接电氧化反应。由图 26-4 中曲线 b 可知，物质 D_1 在 1.1 V（*vs* SCE）和 1.9 V（*vs* SCE）分别出现了两个氧化峰 b_1 和 b_2，表明物质 D_1 也存在直接电氧化过程。比较曲线 a 和 d、a_1 的氧化峰电位比 b_1 小，表明物质 S_2 比 D_1 更容易发生直接电氧化。氧化峰 a_2、b_2 和 d_1 三者峰电位基本相同，表明都为 Pt 的氧化峰。

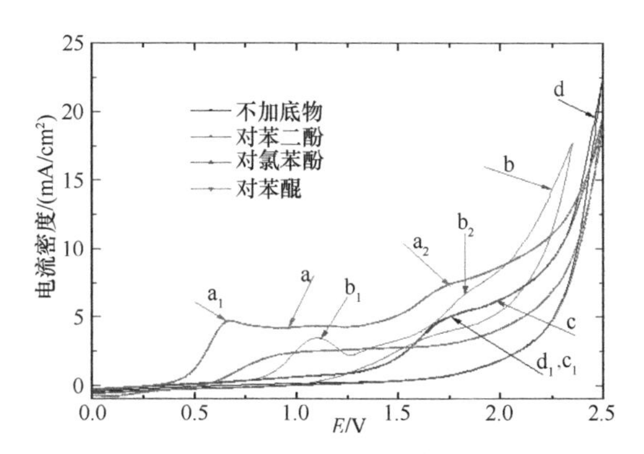

图 26-4　对苯二酚、对氯苯酚、对苯醌在 0.1 mol/L $NaClO_4$，*v* 乙腈∶*v* 水=50∶50 混合溶剂中的循环伏安图（扫描速率：50 mV/s）（彩图请扫封底二维码）

a. 1500 mg/L 对苯二酚；b. 1500 mg/L 对氯苯酚；c. 1500 mg/L 1,4-对苯醌；d. 空白

乙腈-水相中 2,5-二氯对苯二酚（S_5）、2,5-二氯苯酚（S_4）、2,5-二氯对苯醌（D_6）和空白溶液在 Pt 电极上的循环伏安曲线如图 26-5 所示。由图 26-5 中曲线 c 可知，物质 D_6 在乙腈-水相中只存在氧化峰 c_1，该氧化峰与 d_1 基本相同，说明在曲线 c 上，没有物质 D_6 的氧化峰，表明物质 D_6 不发生直接电氧化反应。

比较图 26-4 中曲线 c 和图 26-5 中曲线 c，物质 D_3 和物质 D_6 循环伏安曲线趋势基本相同，表明两物质的物化性质相同。由图 26-5 中曲线 a 可知，物质 S_5 在 0.7 V（*vs* SCE）和 1.8 V（*vs* SCE）分别出现了两个氧化峰 a_1 和 a_2，表明物质 S_5 能发生直接电氧化反应。由图 26-5 中曲线 b 可知，物质 S_4 在 1.1 V（*vs* SCE）和 2.2 V（*vs* SCE）分别出现了两个氧化峰 b_1 和 b_2，表明物质 S_4 能发生直接电氧化反应。比较曲线 a 和 b、a_1 的氧化峰电位比 b_1 小，表明物质 S_5 比 S_4 更容易发生直接电氧化反应。比较曲线 b 和曲线 d，S_4 的后一个氧化峰电位 b_2（2.2 V *vs* SCE）大于铂的氧化峰电位 d_1（1.8 V *vs* SCE），这可能是因为 S_4 在 Pt 电极表面聚合而形成聚合物膜。

图 26-6 为物质 S_4 浓度为 1.5 g/L 时，恒电位（2.3 V）电解 0.5 h 前后 Pt 电极的 SEM 图。由图 26-6 可知，电解前 Pt 电极表面光滑、致密，电解后则出现一层有机聚合物膜，该膜主要是物质 S_4 及其氧化产物在电极表面聚合形成。除此之外，图 26-6b 电极上还可观察到许多小孔，该孔可能是由于电极表面氧气析出而形成。

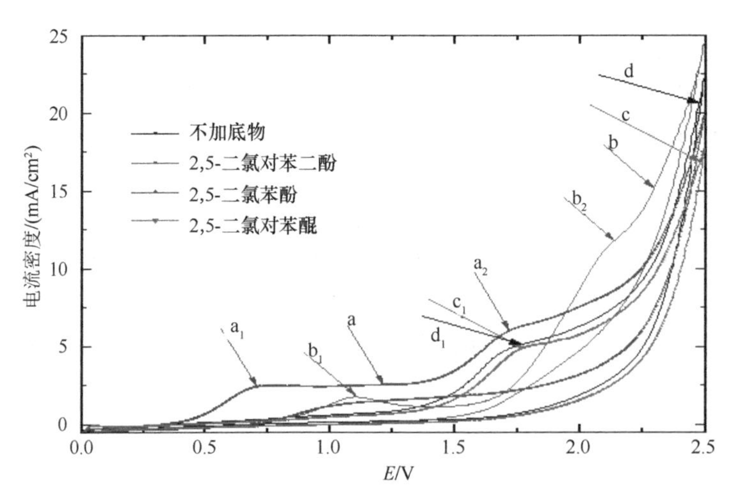

图 26-5 2,5-二氯对苯二酚、2,5-二氯苯酚、2,5-二氯对苯醌在 0.1 mol/L $NaClO_4$ $v_{乙腈}$∶$v_{水}$=50∶50 混合溶剂中的循环伏安图（扫描速率：50 mV/s）（彩图请扫封底二维码）

a. 1500 mg/L 2,5-二氯对苯二酚；b. 1500 mg/L 2,5-二氯苯酚；c. 1500 mg/L 2,5-二氯对苯醌；d. 空白

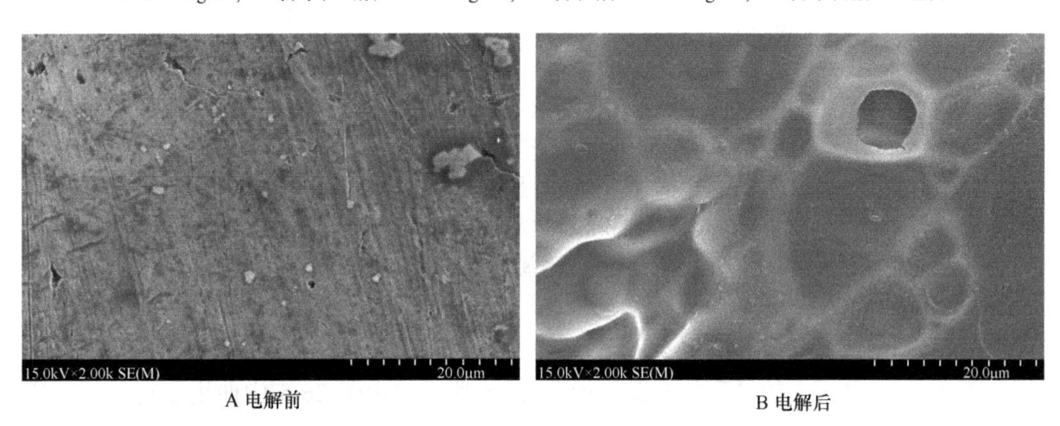

A 电解前　　　B 电解后

图 26-6 Pt 电极表面 SEM 图

3）计时电流法研究芳香烃类中间产物的氧化机制

根据 Zhi 等（2003），体系乙腈-水相浓度基本恒定，若为活性自由基的间接氧化，则响应电流密度与底物浓度无关；反之，若是电极表面失电子的直接氧化，则响应电流密度与底物浓度有关。

控制 Pt 盘电极电位 2.3 V，逐渐加入物质 S_4，计时电流法响应曲线如图 26-7 所示。由图 26-7 可知，乙腈-水相中，物质 S_4 为 0 时存在电流响应，说明该电位下水分子被活化；响应电流密度随物质 S_4 浓度的增加而增加，说明该电化学氧化过程主要受扩散控制；但随物质 S_4 的进一步加入（1500 s 以后），电流密度反而逐步减小，说明此时反应转为由电化学步骤控制，这是由于随着物质 S_4 加入以及氧化反应的进行，电极表面形成了有机物聚合物膜。计时电流法实验结果表明，低浓度物质 S_4 的电氧化降解以直接电氧化为主，而高浓度物质 S_4 的电氧化降解以活性自由基参与的间接氧化为主。

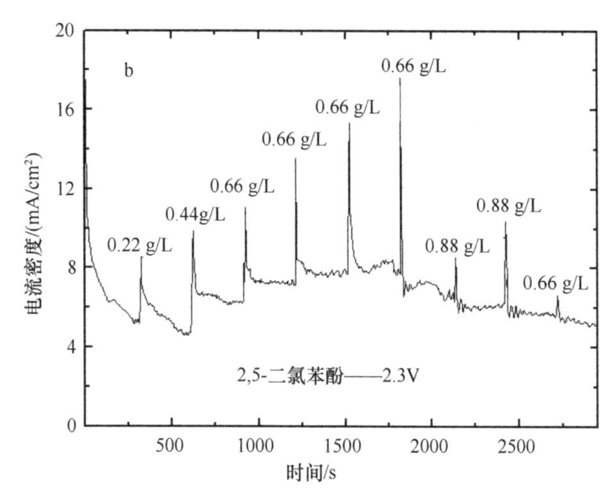

图 26-7　Pt 盘电极逐渐加入 2,5-二氯苯酚计时电流法响应曲线

箭头指向 2,5-二氯苯酚浓度加入的时间点

控制 Pt 盘电极电位 2.3 V，逐渐加入物质 D_1，计时电流法响应曲线如图 26-8 所示。由图 26-8 可知，响应电流密度随物质 D_1 浓度的增加而增加，说明该氧化过程主要受扩散控制；但随物质 D_1 的进一步加入（2400 s 以后），电流密度反而逐步减小，说明此时反应转为由电化学步骤控制。计时电流法实验结果表明，低浓度物质 D_1 的电氧化降解以直接电氧化为主，而高浓度物质 D_1 的电氧化降解以活性自由基参与的间接氧化为主。图 26-7 与图 26-8 相比较，物质 D_1 比物质 S_4 控制步骤状态改变慢，表明物质 S_4 比物质 D_1 吸附性更强，且更容易聚合形成聚合物膜，这也可能导致了 *p*-DCB 降解过程，图 26-8 中能够检测到物质 D_1，而不能检测到物质 S_4 的原因。

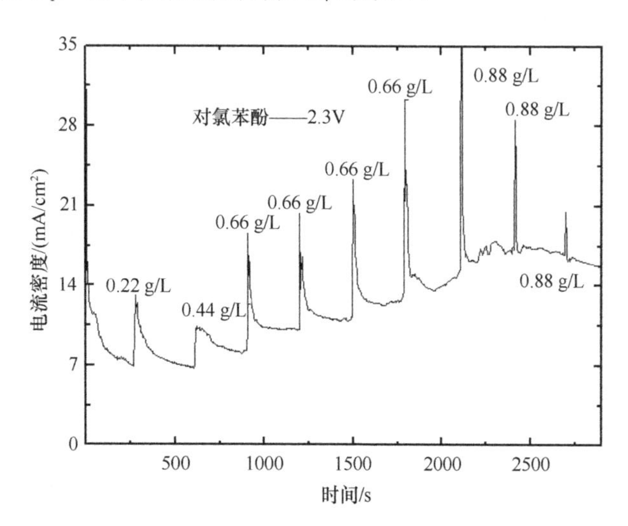

图 26-8　Pt 盘电极逐渐加入对氯苯酚计时电流法响应曲线

箭头指向对氯苯酚浓度加入的时间点

控制 Pt 盘电极电位 2.3 V，逐渐加入物质 S_5，计时电流法响应曲线如图 26-9 所示。由图 26-9 可知，乙腈-水相中，物质 S_5 为 0 时存在电流响应，说明该电位下水分子被活

化；响应电流密度随物质 S_5 浓度的增加而增加，说明该氧化过程主要受扩散控制；与图 26-7 和图 26-8 相比，未出现随着物质浓度增加电流密度反而逐步减小的过程，表明物质 S_5 在 Pt 电极不容易聚合形成有机聚合物膜，且容易被氧化，显示 Pt 电极对物质 S_5 催化活性好。因此，物质 S_5 电氧化降解以直接电氧化为主。

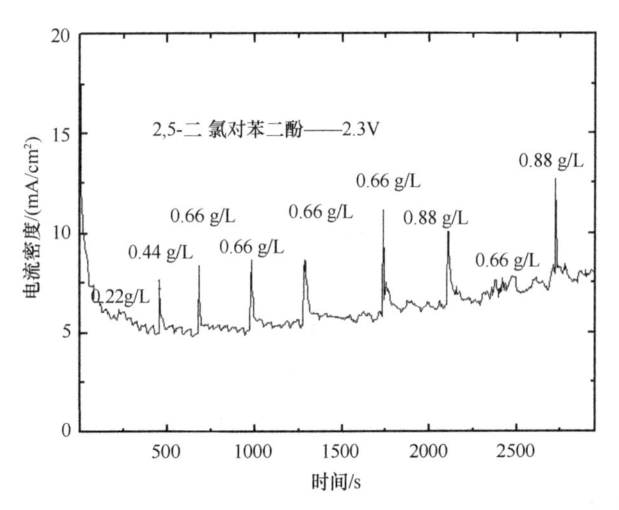

图 26-9　Pt 盘电极逐渐加入 2,5-二氯对苯二酚计时电流法响应曲线

箭头指向 2,5-二氯对苯二酚浓度加入的时间点

控制 Pt 盘电极电位 2.3 V，逐渐加入物质 S_2，计时电流法响应曲线如图 26-10 所示。由图 26-10 可知，响应电流密度随物质 S_2 浓度的增加而增加，说明该氧化过程主要受扩散控制；与图 26-9 同样都未出现随着物质浓度增加电流密度反而逐步减小的过程，表明 Pt 电极对物质 S_5 具有高催化活性，不易失活。因此，物质 S_2 电氧化降解以直接电氧化为主。

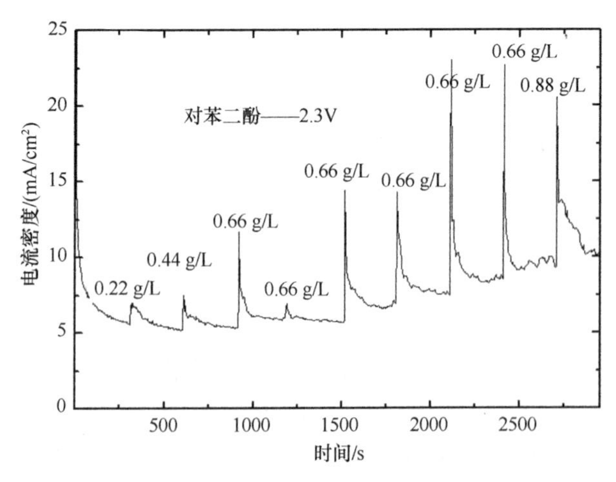

图 26-10　Pt 盘电极逐渐加入对苯二酚计时电流法响应曲线

箭头指向对苯二酚浓度加入的时间点

控制 Pt 盘电极电位 2.3 V，逐渐加入物质 D_6，计时电流法响应曲线如图 26-11 所示。

由图 26-11 可知，在乙腈-水相中，物质 D_6 为 0 g/L 时存在电流响应，说明该电位下水分子被活化；响应电流密度随物质 D_6 浓度的增加而逐步减小，说明此时反应由电化学步骤控制。与图 26-9 和图 26-10 相比，未出现随着物质浓度增加电流密度反而逐步增加的过程，表明物质 D_6 不发生直接氧化反应。

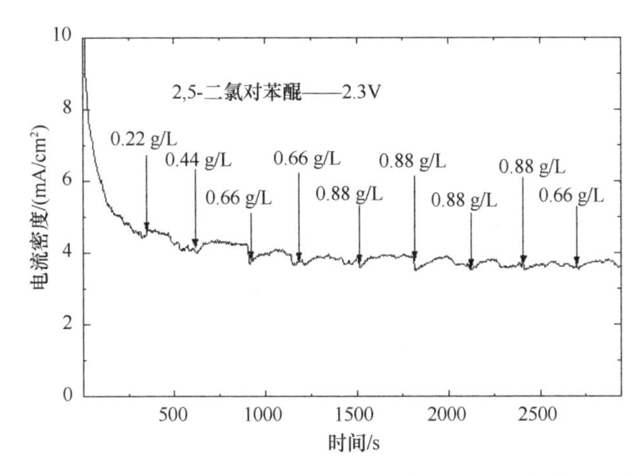

图 26-11　Pt 盘电极逐渐加入 2,5-二氯对苯醌计时电流法响应曲线

箭头指向 2,5-二氯对苯醌浓度加入的时间点

控制 Pt 盘电极电位 2.3 V，逐渐加入物质 D_3，计时电流法响应曲线如图 26-12 所示。由图 26-12 可知，响应电流密度随物质 D_3 浓度增加而逐步减小，说明此时反应由电化学步骤控制。与图 26-11 中的物质 D_6 一样，物质 D_3 只发生间接电氧化反应，与图 26-4 中物质 D_3 在循环伏安曲线结果相同。

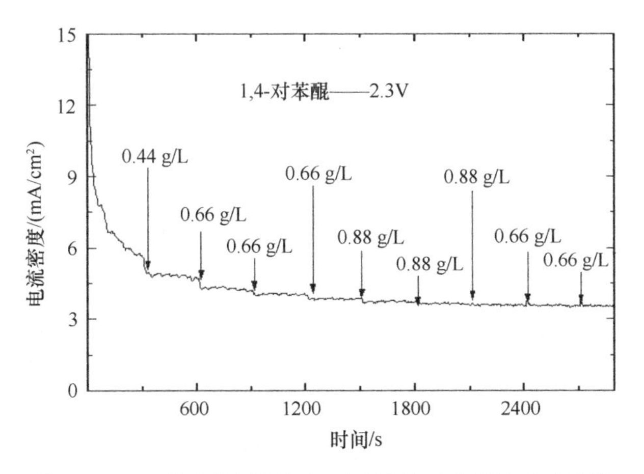

图 26-12　Pt 盘电极逐渐加入对苯醌计时电流法响应曲线

箭头指向对苯醌浓度加入的时间点

3. 芳香烃类中间产物的氧化机制探讨

式（26-9）～式（26-13）为 *p*-DCB 及其含有苯环类中间产物的降解过程氧化机制，由图 26-13 可知，其氧化过程为（Comninellis，1994；Zhou et al.，2005）：

$$Pt+H_2O \longrightarrow PtO_x+2H^++2e^- \tag{26-9}$$

$$PtO_x+p\text{-}DCB \longrightarrow PtO_x\cdot p\text{-}DCB \tag{26-10}$$

$$PtO_x\cdot p\text{-}DCB\text{-}Ze^- \longrightarrow PtO_x\cdot S_4+PtO_x \tag{26-11}$$

$$PtO_x\cdot p\text{-}DCB+PtO_{x+1} \longrightarrow PtO_x\cdot S_4+PtO_x \tag{26-12}$$

$$PtO_x\cdot S_4\text{-}Ze^- \longrightarrow PtO_x\cdot S_5+PtO_x \tag{26-13}$$

$$PtO_x\cdot S_4+PtO_{x+1} \longrightarrow PtO_x\cdot S_5+PtO_x \tag{26-14}$$

$$PtO_x\cdot S_5\text{-}Ze^- \longrightarrow PtO_x\cdot D_6+PtO_x \tag{26-15}$$

$$PtO_x\cdot D_6 \longrightarrow D_6+PtO_x \tag{26-16}$$

$$PtO_x\cdot D_6+PtO_{x+1} \longrightarrow PtO_x\cdot \text{有机酸} \tag{26-17}$$

$$PtO_x\cdot p\text{-}DCB\text{-}Ze^- \longrightarrow PtO_x\cdot D_1+PtO_x \tag{26-18}$$

$$PtO_x\cdot p\text{-}DCB+PtO_{x+1} \longrightarrow PtO_x\cdot D_1+PtO_x \tag{26-19}$$

$$PtO_x\cdot D_1 \longrightarrow D_1+PtO_x \tag{26-20}$$

$$PtO_x\cdot D_1 - Ze^- \longrightarrow PtO_x\cdot S_2 + PtO_x \tag{26-21}$$

$$PtO_x\cdot D_1+PtO_{x+1} \longrightarrow PtO_x\cdot S_2+PtO_x \tag{26-22}$$

$$PtO_x\cdot S_2\text{-}Ze^- \longrightarrow PtO_x\cdot D_3+PtO_x \tag{26-23}$$

$$PtO_x\cdot D_3 \longrightarrow D_3+PtO_x \tag{26-24}$$

$$PtO_x\cdot D_3+PtO_{x+1} \longrightarrow PtO_x\cdot \text{有机酸} \tag{26-25}$$

$$PtO_x\cdot \text{organic acids} \longrightarrow \text{organic acids}+PtO_x \tag{26-26}$$

$$PtO_x(\cdot OH)+PtO_x\cdot \text{organic acids} \longrightarrow PtO_x+CO_2+ZH^++Ze^- \tag{26-27}$$

①p-DCB 从溶液本体扩散到电极表面；②电极表面的 p-DCB 快速地吸附到电极上形成吸附态的 $PtO_x\cdot p$-DCB；③部分 $PtO_x\cdot p$-DCB 直接失去电子被氧化或者被间接氧化生成吸附态的 $PtO_x\cdot S_4$；④$PtO_x\cdot S_4$ 直接失去电子被氧化或者被间接氧化生成吸附态的 $PtO_x\cdot S_5$；⑤$PtO_x\cdot S_5$ 直接失去电子氧化生成吸附态的 $PtO_x\cdot D_6$；⑥$PtO_x\cdot D_6$ 间接氧化生成小分子酸，而部分 $PtO_x\cdot D_6$ 从电极上脱附到电极表面，再扩散到溶液当中。

此外，部分 $PtO_x\cdot p$-DCB 直接失去电子被氧化或者被间接氧化生成吸附态的 $PtO_x\cdot D_1$；接着，$PtO_x\cdot D_1$ 直接失去电子被氧化或者被间接氧化生成 $PtO_x\cdot S_2$，而部分 $PtO_x\cdot D_1$ 从电极上脱附到电极表面，再扩散到溶液当中；然后，$PtO_x\cdot S_2$ 直接失去电子氧化生成 $PtO_x\cdot D_3$；之后，$PtO_x\cdot D_3$ 间接氧化生成小分子酸，而部分 $PtO_x\cdot D_3$ 从电极上脱附到电极表面，再扩散到溶液当中。最后，小分子酸被矿化成二氧化碳和水（图 26-13）。

4. 结论

（1）在 Pt 电极上，对苯二酚优先发生直接电氧化，对苯醌却只能发生间接电氧化；而低浓度的对氯苯酚以直接电氧化为主，高浓度的对氯苯酚则以间接电氧化为主；对苯二酚比对氯苯酚更容易发生直接电氧化。

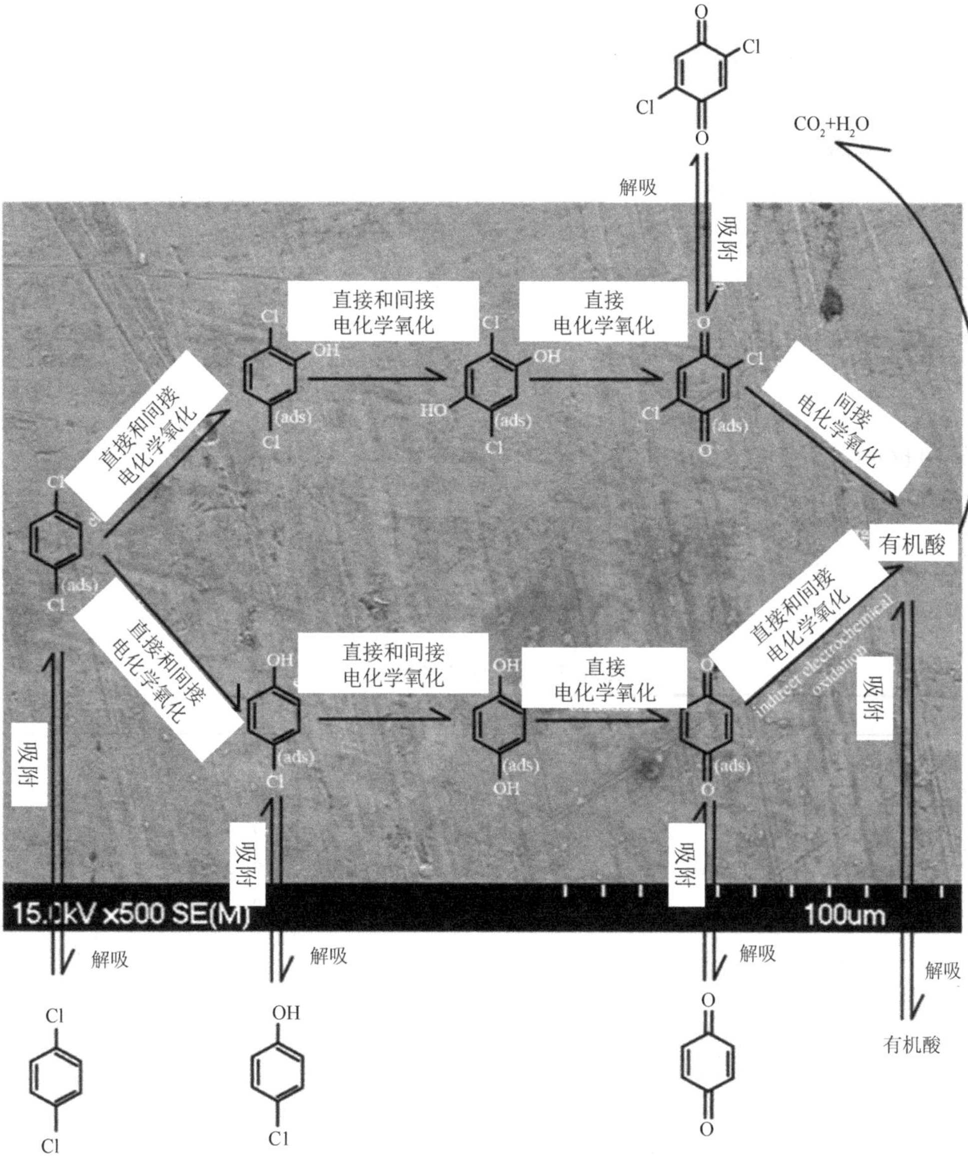

图 26-13　*p*-DCB 降解过程中的氧化机制图

（2）在 Pt 电极上，2,5-二氯对苯二酚优先发生直接电化学氧化反应，2,5-二氯对苯醌则只能发生间接电氧化；而低浓度的 2,5-二氯苯酚以直接电氧化为主，高浓度的 2,5-二氯苯酚以间接电氧化为主。

（3）2,5-二氯苯酚的第二个氧化峰电位（2.2 V vs. SCE）大于铂的氧化峰电位（1.8 V vs. SCE），2,5-二氯苯酚在 Pt 电极表面能够聚合形成聚合物膜。

26.2.4　二氧化铅电极对有机物的氧化降解（以电解阳离子红 X-GRL 为例）

随着工业有机合成的快速发展，产生了大量的难降解化合物（Allen et al.，1983）。

我国水污染问题日益严重，污水成分愈发复杂。湿地污染物因其高的颜色、高的化学需氧量（COD）浓度和自然环境的持久性（Mandal et al.，2010）而引起了人们的注意。因此，在制药、精细化工、印染等领域，开发高效、安全的技术来降解这些产业排放化合物是十分可取的。近年来，电氧化技术已成为处理难降解有机废水的研究热点，而二氧化铅（PbO_2）电极作为高级电氧化技术的关键，探索提高其性能的途径一直是研究者的主要目标。将 PbO_2 电极作为深度处理系统，研究废水中紫外吸收剂的阳极氧化，具体分析电流密度和 pH 的影响，将对高效处理废水提供极大的支持。

1. 材料和方法

1）试剂

Ti/PbO_2 电极，分析级 H_2SO_4、NaOH、H_2O_2、$FeSO_4 \cdot 7H_2O$。

2）分析方法

采用混凝沉淀法、厌氧、好氧工艺，在精细化工工厂生产 PS 系列紫外吸收剂的过程中获得了废水。废水的组成如表 26-3 所示。

表 26-3　废水组成的特征

指标	数值
pH	6.8～8.0
COD/（mg/L）	1700～2100
TDS/（g/L）	12.9～13.8
电导率（μS/cm）	24.9～26.4
色度	250～280

3）主要电解实验

实验装置如图 26-14 所示。制备电解液是在一个单室电池中进行的，Ti/PbO_2（200 cm^2）电极位于反应器的中心，作为阳极，阴极由不锈钢片组成。阳极和阴极之间的距离约为 20 mm。电解反应堆由尺寸为 12.3 cm×8.6 cm×16.0 cm、总有效容积 800 mL 的聚氯乙烯

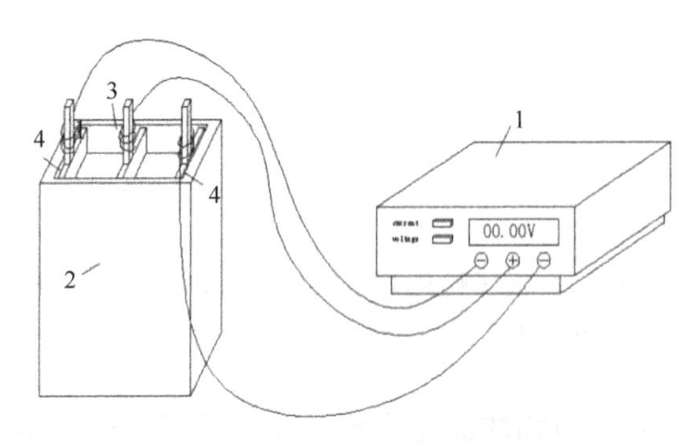

图 26-14　紫外吸收器电化学氧化的设置模式

1. 紫外吸收器；2. 直流电源；3. 电解电池阳极（Ti/PbO_2）；4. 阴极（不锈钢片）

（PVC）组成。该舱在电解反应器中储存了 750 mL 废水，电解在恒定电流密度下进行 180 min。

4）Fenton 实验

所有实验操作中使用的 4 LPyrex 反应容器均含有 750 mL 的废水，其含量与磁性搅拌器混合 180 min，初始 pH 调整为 4.0。

2. 结果与讨论

1）制备电流密度的电解实验效果

图 26-15 所示的结果表明，随着电流密度的增加，废水 COD 去除率呈上升趋势（5～15 mA/cm^2），当电流密度为 12.5 mA/cm^2 时，废水 COD 去除率比在其他电流密度条件下高。然而，在电流密度为 15 mA/cm^2 的情况下，废水 COD 的去除并没有继续增加。当电流密度大于 12.5 mA/cm^2 且表面被 O_2 覆盖时，对反应的抑制会在更高的电流密度中显现出来，同时也会增加 Ti/PbO_2 表面的反应物的解吸量。废水 COD 去除率 88.13%和 88.53%对应的电流密度分别为 10 mA/cm^2 和 12.5 mA/cm^2。这些结果表明，在 COD 处理后，电流密度 10 mA/cm^2 或 12.5 mA/cm^2 没有明显差异。因此，电流密度 10 mA/cm^2 最适合 Ti/PbO_2 电极的废水 COD 去除。如图 26-16 所示，在电流密度 10 mA/cm^2 处电解液 180 min 后，COD 和除色效率分别达到 88.13%和 90.47%，效率明显提高。

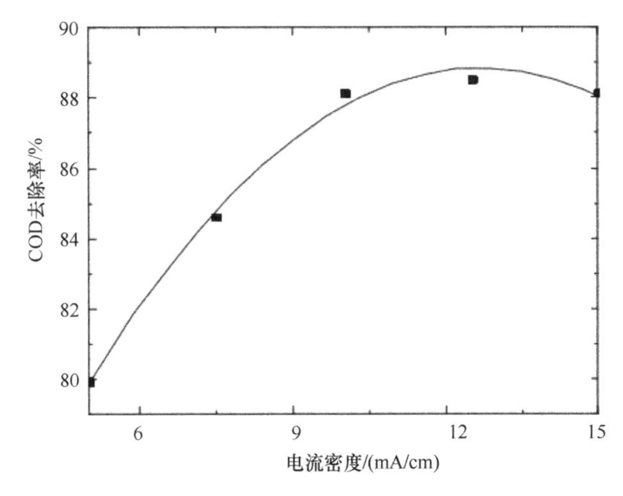

图 26-15　不同电流密度下 Ti/PbO_2 电极上的废水 COD 去除率

pH=4.0；温度=25～28℃；初始 COD=1700～2400 mg/L

2）初始 pH 的影响

由于 Ti/PbO_2 在废水降解过程中的电极活性依赖于溶液 pH，因此对反应 pH 的优化是获得最大 COD 和去除颜色效率的关键。为研究 pH 的影响，在不同初始 pH 溶液（2～10）的水溶液中，在恒流密度 10 mA/cm^2 处，对 Ti/PbO_2 电极上的紫外吸收器进行电化学氧化。

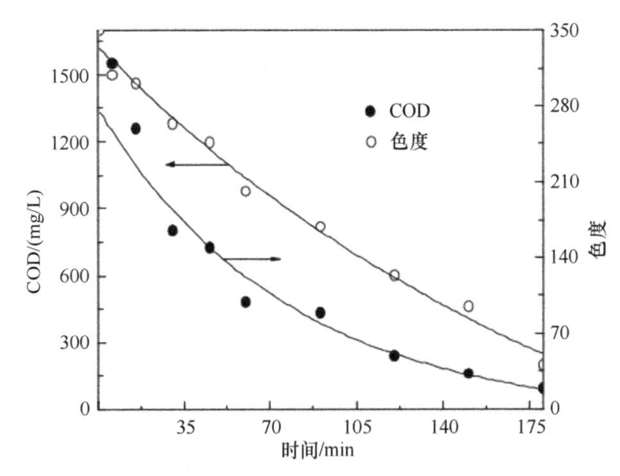

图 26-16 COD 和色度的去除效率随电解时间的变化而变化

pH=6.8～8.0；电流密度=10 mA/cm²；温度=25～28℃；初始 COD=1700～2400 mg/L

不同 pH 条件下降解反应的代表性结果如图 26-17 所示。如图 26-17 所示，将 COD 去除率作为 pH 的函数，pH 提高到 4 时 COD 去除效率将提高，而 pH 低于 4 则降低了 COD 去除效率。由于 Ti/PbO_2 电极的更强腐蚀，导致 PbO_2 的损失。考虑到上述多方面的原因，认为 pH=4 是 Ti/PbO_2 电极废水研究的最佳 pH。如图 26-18 所示，在电流密度为 10 mA/cm² 和 pH=4 的电解液经过 180 min 后，COD 和色度去除效率分别达到了 98.49%和 99.2%。

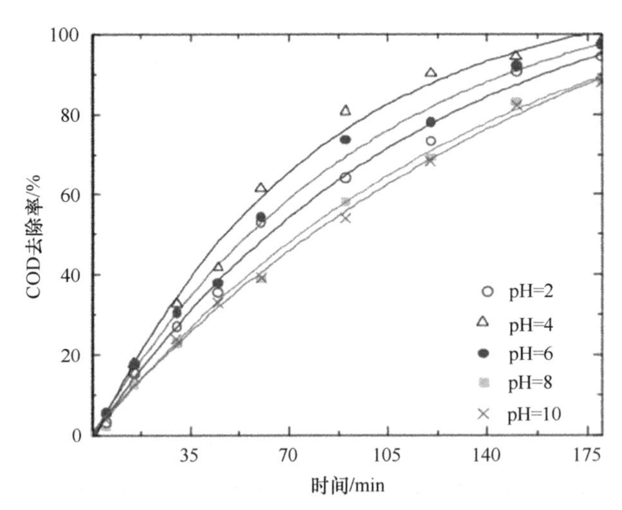

图 26-17 不同 pH 时 Ti/PbO_2 电极降解 COD 效率（彩图请扫封底二维码）

pH=2.0～10.0；电流密度=10 mA/cm²；温度=25～28 ℃；初始 COD=1700 mg/L

3. 结论

实验结果表明，使用 PbO_2 电极电氧化法是处理紫外吸收剂废水的一种有效方法。在电流密度为 10 mA/cm² 和 pH=4 的电解液经过 180 min 后，脱色和 COD 去除率分别达到 98.49%和 99.2%。与 Fenton 工艺相比，在电氧化过程中 COD 和颜色的去除率分别为 Fenton 工艺的 1.4 倍和 1.2 倍。

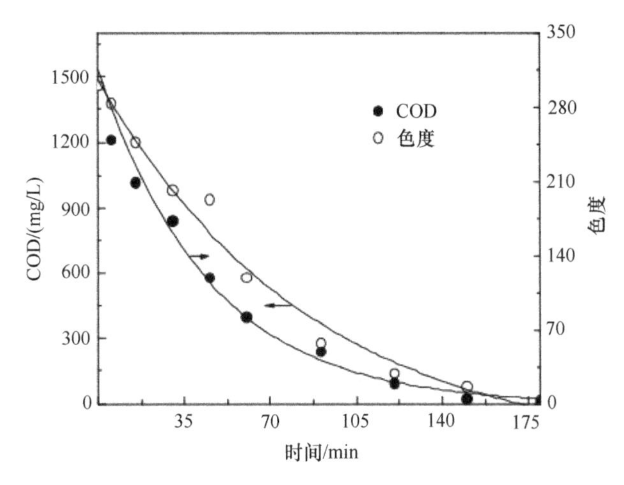

图 26-18　COD 和色度的去除效率随电解时间变化量

pH=4.0；电流密度=10 mA/cm²；温度=25～28℃；初始 COD=1700 mg/L

26.3　城市湿地中污染物的电还原去除技术

26.3.1　阴极还原过程与机制

电氧化法降解有机污染物作为一种常用于水处理的前沿技术，已经有了大量的理论及操作实验支持。除电氧化法外，电还原法现在也作为新兴还原技术逐渐成为电化学降解有机污染物的重要技术之一，电还原法处理有机污染物主要为对含氯有机物的还原脱氯反应。氯代有机物的毒性主要是源于其引入氯元素（Chen et al.，2004），而氯又具有较高的电负性，随着氯取代基的增多，亲电反应的难度增加，其生物降解性大大降低。电还原脱氯技术是一种利用电化学还原反应使氯代有机污染物脱氯脱毒的技术。电还原脱氯反应选择性高、可操作性强，是一种适合实际应用的技术（Rondinini et al.，2001）；电还原脱氯可以分为直接电还原和间接电还原。

直接电还原是污染物直接在阴极上得到电子而发生还原脱氯，基本反应式为：

$$ArCl + H^+ + 2e \longrightarrow ArH + Cl^- \tag{26-28}$$

析氢反应是水体中电还原的主要副反应，这要求直接电还原脱氯研究开发拥有较高析氢电位的阴极材料。铅、汞、锌、碳等具有高析氢过电位，不仅价格便宜而且性能优良，是常用的电极材料（Mubarak and Peters，1997；Merica et al.，1998a）。Merica 等（1998b）的研究表明，对于六氯苯和多氯联苯，铅比汞和锌等其他高析氢过电位金属具有更高的电催化活性。脱氯的难易程度与氯原子数目有关，随着氯原子数目减少，脱氯的还原电位数值更负（Kargina et al.，1997；Ross et al.，1997）。

间接电还原是指利用媒介物或活性氢将污染物还原脱氯。Jalil 等（2007）在乙腈溶液中选用萘作为媒介物来还原氯苯，指出氯化芳香化合物的电还原效率取决于（Med/Med^-）的电势与（$ArCl/ArCl^-$）电势的差值，当此差值电势更负时，电流效率越大，并提出相应媒介间接还原脱氯的机制（Andrieux et al.，1979；Rusling，1991；Huang and Rusling，1995；Hoshi et al.，2004；Jalil et al.，2010）（媒介物用 Med 表示，以氯苯为例）：

$$\text{Med+e} \longrightarrow \text{Med}^- \quad (26\text{-}29)$$

$$\text{Med}^-\text{+ArCl} \longrightarrow \text{Med+ArCl}^- \quad (26\text{-}30)$$

$$\text{ArCl}^- \longrightarrow \text{Ar+Cl}^- \quad (26\text{-}31)$$

$$\text{Med}^-\text{+Ar} \longrightarrow \text{Med+Ar}^- \quad (26\text{-}32)$$

$$\text{Ar}^-\text{+（H}^+\text{）} \longrightarrow \text{ArH} \quad (26\text{-}33)$$

上述机制表明：在惰性偶极溶液中，媒介进行电化学还原时，每个氯原子消耗两个电子，电子从被还原的 Med 迁移过程是速率的控制步骤，电子迁移的 log$K$ 与 E（Med/Med$^-$）近似成正比。

另一种间接电还原脱氯机制是水溶液中电催化加氢脱氯，反应机制如下（Cheng et al.，1997；Dabo et al.，2000；Yang et al.，2006；Ma et al.，2009）：

$$2H_2O + 2e + M \longrightarrow 2(H)_{ads}M + 2OH^- \text{或} H^+ + e + M \longrightarrow (H)_{ads}M \quad (26\text{-}34)$$

$$ArCl + M \longrightarrow (ArCl)_{ads}M \quad (26\text{-}35)$$

$$(ArCl)_{ads}M + 2(H)_{ads}M \longrightarrow (ArH)_{ads}M + HCl + M \quad (26\text{-}36)$$

$$(ArH)_{ads}M \longrightarrow ArH + M \quad (26\text{-}37)$$

$$(H)_{ads}M + H_2O + e \longrightarrow H_2 + OH^- + M \quad (26\text{-}38)$$

$$(H)_{ads}M + (H)_{ads}M \longrightarrow H_2 + M \quad (26\text{-}39)$$

对电催化加氢脱氯而言，如上所示，首先水分子在电极表面（M）得电子转化为 H 原子，被吸附的 H 原子（H）$_{ads}$M 与吸附在电极表面的有机氯化合物（ArCl）$_{ads}$M 发生还原反应，生成加氢产物（ArH）。无催化剂存在时，水溶液中主要发生反应式（26-38）和式（26-39），很难有效地还原脱氯。只有在催化剂（Pd、Ru、Ni 等）存在的条件下，能有效地电还原脱氯，同时金属 Pd 对有机氯化物吸附时，不同程度削弱 C—Cl 键，有利于表面氢化物 Pd—H 中的活性 H 原子进攻 C—Cl 键中带正电荷的碳原子时，发生还原反应，容易使 Cl 原子脱掉。

26.3.2 常用的阴极电极

1. 镍电极

从 20 世纪 70 年代以来，高活性镍基析氢电极也逐渐进入了大家的视野，按照其性质及主要用途可以分为四大类：镍基合金系、多孔镍系、镍基贵金属氧化物系以及镍基弥散复合系析氢电极（曹寅亮，2013）。镍对许多有机物有较高的电催化活性，这些有机物包括醇类、酚类、醛类、胺类、腙类、希夫碱、类固醇、多羟基类和杂环化合物等。因此，镍电极对有机物的电催化还原是一个研究热点。镍在电化学技术中，常作为一类性能优良的阴极电极，它不仅降低了电化学还原水中有机污染物的能耗，同时也拓展了生物酶催化还原（李光，2012）有机污染物的适用范围，其导电性好、电极电位低、价格合适的特点为其在实验操作中提供了广阔的应用前景。

2. 银电极

银作为一类应用历史悠久的惰性金属，已广泛被运用于军事、宇航等技术领域。因为其电势稳定、导电性能卓越、可塑性强，且电极结构牢固，当温度变化之后能较快达至新温度下的平衡电势，使得银已成为开发研究新型污染物（杨红莲等，2009）降解的优良电极材料。尽管银电极具备许多十分优良的性能，但由于其制造成本较高，一般在电还原技术中充当阴极材料，而且其循环寿命也有明显的不足，相比镉镍等电极的循环使用次数，银还原电极（冶保献和周性尧，1996）的循环寿命是比较低的，这也成为银电极无法扩大生产使用的主要原因。

3. 钯电极

随着生态环境污染问题的加剧，各种针对污染物降解处理的操作技术也应运而生，电还原技术作为一类高新产业也日趋完善。钯金属在地壳中含量较低，约为地壳物质总量一亿分之一，储量甚至只有铂金的六分之一，是世界上最稀有的贵金属之一。由于钯的含量极低，且化学性质稳定，纯度较高，对化学干扰不敏感，金属钯作为电极材料也被逐渐重视，钯电极能吸附大量氢，并具有贵金属的特性，在电化学分析中可用作电极材料，但其工程应用相对较少。马红星（2016）使用钯作为修饰电极电解氯代芳香化合物，取得了喜人的进展。实验结果发现，用钯金属电极电解的有机物能得到更好的脱氯效果，且得到的产物更加稳定、毒性更低，符合绿色化学的要求。

4. 铑电极

金属铑（任斌等，2001）是一种银白色的金属，质地极硬，耐磨，耐腐蚀，也具有相当的延展性。由于其极高的熔点、沸点（熔点 1966℃±3℃，沸点 3727℃±100℃），在电还原技术中，常作为阴极催化材料，且通过铑电极的降解，一般有机污染物的去除率也在较高水平，是较为常用的几类贵金属电极之一，对研究新型电还原操作有较大的帮助。

5. 生物电极

生物电极是一种将生物技术与基体电极电化学检测技术相结合的新型电极材料，以生物材料作为电极催化电极，通过利用生物体内特有的亲和力实现污染物的降解。生物电极综合了生物技术和电化学的优点，主要体现在高效的催化性和优良的生物选择性，现已大量应用于医疗、工业生产、环境监测等领域。陈启元和王璇（2016）研究了生物电极法对成分复杂、浓度高、毒性大的实际工业废水降解的可行性。通过一系列的实验操作，发现生物电极法对以水性漆废水和香兰素废水为代表的工业废水具有较好的降解效率，同时运用了生物膜法这一新型技术，体现了生物法在操作中的高效性，为生物法的广泛应用提供了理论及技术上的支持。

26.3.3　生物电极对卤代有机物的还原去除

生物技术可被用于 COC 等的污染控制，但存在菌种选育难、降解效率低等缺点，因此，人们对各种生物强化技术进行了广泛研究，包括构建生物菌、改善底物可生化性、利用共代谢系统、添加电场等。同时，开展生物膜电极技术相关问题的研究，这些成果对于生物膜电极技术的发展具有积极意义。Mellor 等于 1992 年首先提出了环境生物工程领域的电-生物反应器的概念，将生物还原酶固定在阴极表面，在电场作用下完成了硝酸根和亚硝酸根脱硝反应，电场强化了还原酶活性，并认为这种电-生物反应器可用于杀虫剂污染物的消除。Liu 等（2010）研究血红蛋白生物电极在甲醇-水两相系统的动力学参数，如传递系数（α）和标准速率常数（k_s）分别为 0.523 和 2.1 s^{-1}。

以三氯乙酸（TCA）为氯代脂肪烃模型污染物。循环伏安、计时电流实验采用传统的三电极体系；恒电位电解实验采用传统的 H-型电解槽；采用离子色谱（IC）和高效液相色谱（HPLC）定量分析反应产物；电极表面形貌采用紫外-可见吸收光谱、傅里叶红外光谱和扫描电子显微镜（SEM）表征。

1. 生物负载电极的表征

在紫外-可见吸收光谱中，三价铁的索雷氏带可以提供血红素蛋白质的结构信息，如果蛋白质结构发生变化或变性其吸收带就会迁移或消失。用紫外-可见吸收光谱考察血红蛋白（Hb）在多壁碳纳米管（MWCNT）和海藻酸钠（SA）混合溶液中的吸收曲线，结果如图 26-19A 所示。Hb 在磷酸盐缓冲溶液（pH=7）中的索雷氏带在 405 nm，而在 MWCNT 和 SA 的混合溶液中的索雷氏带也为 405 nm，与磷酸盐缓冲溶液中索雷氏带一致，表明 Hb 在 MWCNT 和 SA 的混合溶液中保持原本结构，没有发生变性。

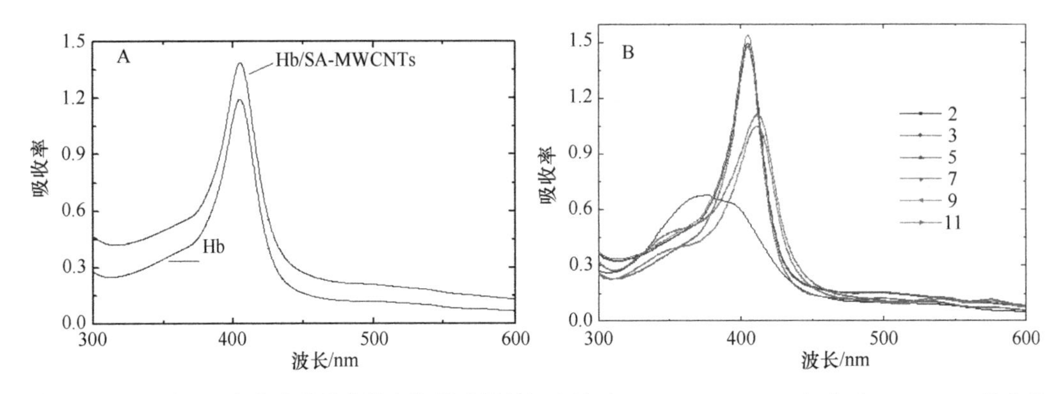

图 26-19　Hb 和 Hb 在多壁碳纳米管和海藻酸钠的混合溶液（Hb/SA-MWCNT）各在 0.1 mol/L 磷酸盐缓冲盐（pH=7）（A）和 Hb/SA-MWCNT 膜浸没在不同溶液 pH（2、3、5、7、9 和 11）（B）中的紫外-可见吸收光谱图（彩图请扫封底二维码）

图 26-19B 为 Hb/SA-MWCNT 膜在不同 pH 溶液中对三价铁的索雷氏带的影响。由图 26-19B 可知，Hb/SA-MWCNT 膜中的三价铁的索雷氏带在 pH 溶液范围为 3～11 时，与 Hb 溶液呈现相同的吸收峰，这表明 Hb/SA-MWCNT 膜中的 Hb 在该 pH 溶液范围内能够保持原本结构，没有发生变性。海藻酸钠包埋 Hb 具有较高的稳定性可能是由于海藻酸钠的存在形成了一种从溶液到电极之间的酸浓度梯度变化的环境体系，避免了 Hb 直接暴露在强酸性环境中，对 Hb 具有间接保护作用。而当 pH 溶液变为 2 时，三价铁的索雷氏带就基本消失了，表明 Hb/SA-MWCNT 膜中的 Hb 已经发生变性，失去了催化活性。

蛋白质的酰胺Ⅰ和酰胺Ⅱ基团的红外吸收带提供多肽链二级结构的信息，酰胺Ⅰ

（1700～1600 cm^{-1}）是由蛋白质肽链骨架中的肽段连接处 C=O 的伸缩振动引起的，酰胺Ⅱ（1620～1500 cm^{-1}）则产生于 N—H 弯曲和 C—N 伸缩。如果 Hb 变性，酰胺Ⅰ和酰胺Ⅱ两个吸收带会显著改变甚至消失。图 26-20 为在 1450～1800 cm^{-1} 范围内观察的 Hb 在 MWCNT 和 SA 膜内的红外光谱图。Hb 在膜内的酰胺Ⅰ和酰胺Ⅱ红外吸收带分别在 1656.3 cm^{-1} 和 1544.3 cm^{-1}（图 26-20b 曲线），与天然 Hb 的吸收带 1652.8 cm^{-1} 和 1537.6 cm^{-1}（图 26-20a 曲线）很接近，从吸收带的相似性可以认为 Hb 在 MWCNT 和 SA 膜内基本保持了其天然构象。

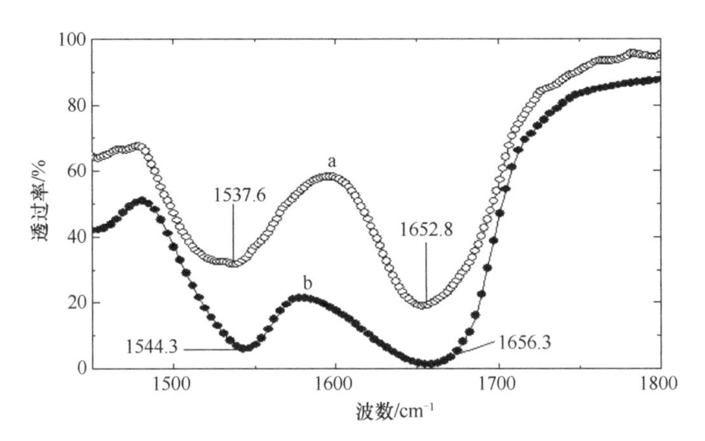

图 26-20　天然 Hb（a）以及 MWCNT 和 SA 内的 Hb（b）的傅里叶红外光谱图

本研究用 SEM 考察了 MWCNT（图 26-21A）、Hb-MWCNT（图 26-21B）和 Hb/SA-MWCNT（图 26-21C～E）的表面形貌。由图 26-21A 可知，比较 Hb-MWCNT 和 Hb/SA-MWCNT 修饰电极，由于 SA 的存在使得修饰电极中 Hb 被完全包埋于 SA 内，从而避免了 Hb 与外界环境的直接接触，有利于保持 Hb 的活性，使得 Hb/SA-MWCNT 相对 Hb-MWCNT 修饰电极寿命更长。

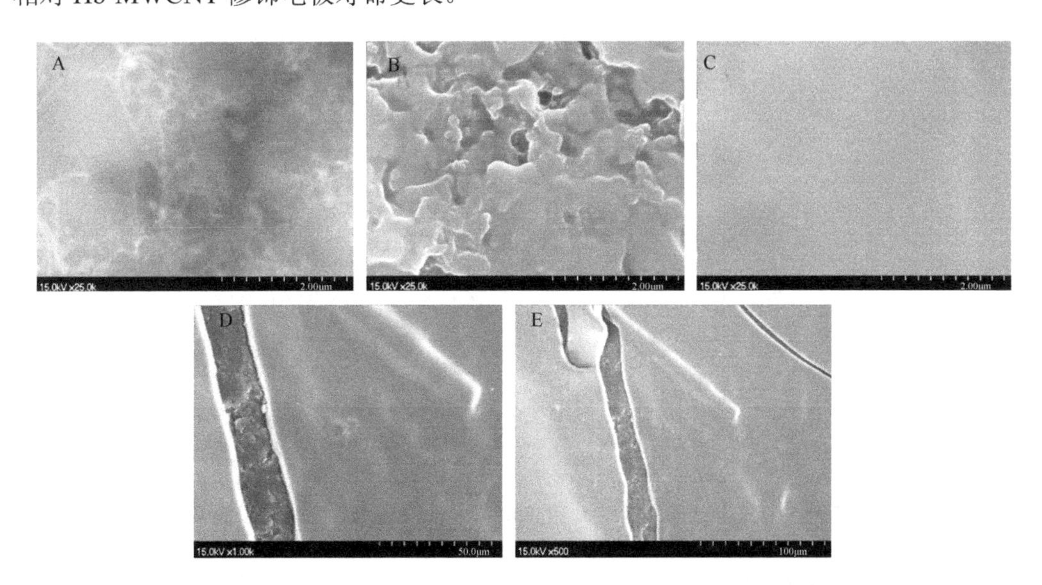

图 26-21　MWCNT（A）、Hb-MWCNT（B）和 Hb/SA-MWCNT（C～E）扫描电子显微镜图

2. 生物负载电极的电化学行为

由图 26-22 知，Hb/SA-MWCNT 修饰石墨电极（Hb/SA-MWCNT-GE）有一对稳定的氧化还原峰（图 26-22b 曲线），该还原峰和氧化峰的峰电位值分别为 E_{pc}= –0.336 V 和 E_{pa}= –0.198 V，仅有 SA-MWCNT 修饰石墨电极（SA-MWCNT-GE）没有这对峰（图 26-22 曲线 a），说明该对峰为 Hb 中血红素辅基 Fe（Ⅲ）/Fe（Ⅱ）的氧化还原峰。而该峰电势的差值 ΔE_p 为 0.138 V（>0.059 V），且阳极峰电流（I_{pa}）和阴极峰电流（I_{pc}）的比值不等于 1，表明该过程为准可逆过程。比较曲线 b 和曲线 c 可知，Hb/SA-MWCNT-GE 具有更高的氧化还原峰电流，表明 SA 不仅为 Hb 提供一个具有生物相容性的界面，还加快了 Hb 的电子转移速率。

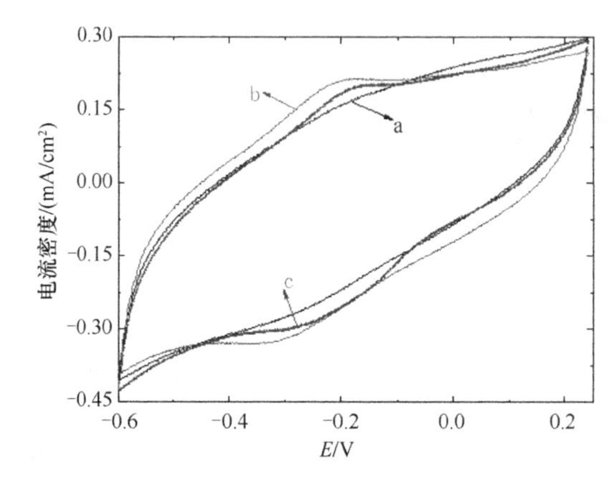

图 26-22　不同修饰电极在 0.1 M 磷酸盐缓冲盐（pH=7）中的循环伏安图（扫描速率：300m V/s）（彩图请扫封底二维码）

a. SA-MWCNT-GE；b. Hb/SA-MWCNT-GE；c. Hb-MWCNT-GE

图 26-23 为 Hb/SA-MWCNT-GE 和 SA-MWCNT-GE 电催化还原 TCA 的循环伏安图。由图 26-23 曲线 b 和曲线 c 知，当 TCA 加入磷酸盐缓冲盐溶液中后，Hb 的还原峰（约为

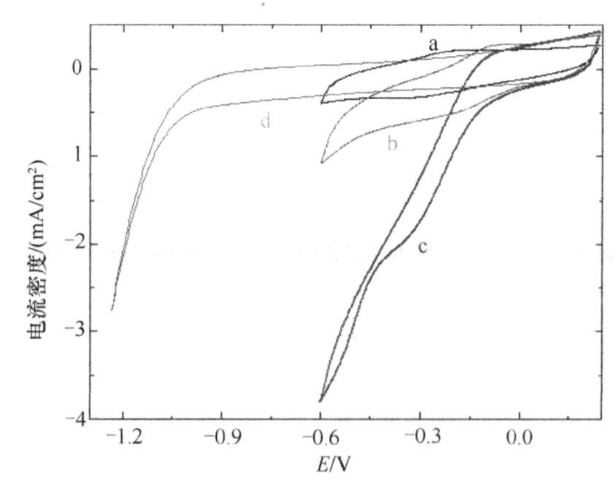

图 26-23　不同修饰电极在 0.1 M 磷酸盐缓冲盐（pH=7）中的循环伏安图（扫描速率：300 mV/s）（彩图请扫封底二维码）

a. Hb/SA-MWCNT-GE，不含 TCA；b. Hb/SA-MWCNT-GE，含有 0.1MTCA；

c. Hb-MWCNT-GE，0.2MTCA；d. SA-MWCNT-GE，0.1MTCA

–0.34 V）电流显著增加，且随着 TCA 浓度的增加而增加；而图 26-23 曲线 d 表明，TCA 在 SA-MWCNT-GE 上的还原峰比–1.24 V 更负，因此，TCA 在 Hb/SA-MWCNT-GE 上的脱氯电位比在 SA-MWCNT-GE 上至少降低了 0.9 V，表明 Hb 能显著降低 TCA 的反应活化能。

3. 温度的影响

在一定的温度范围内，Hb 才具有活性，且 Hb 的催化能力有最适温度。若在低温条件下，随着温度的升高，Hb 的活性逐渐提高，当达到最佳温度时，Hb 的催化能力最强；而高于此温度后，Hb 的催化能力会迅速下降，直至完全失去催化能力；其原因是低温不破坏蛋白质的分子结构，高温会导致蛋白质分子发生热变性，且该过程是不可逆的。此外，增加反应温度，加快了生物电极对 TCA 还原脱氯反应速率，同时也降低了活性位点对 TCA 的吸附能力。因此，有必要在温度变化条件下，对生物电极还原脱氯 TCA 进行研究。

图 26-24 为不同温度条件下，TCA 在 Hb/SA-MWCNT-GE 的循环伏安图。由图 26-24 可知，对应反应温度为 288 K、298 K、303 K、310 K 和 318 K 时，响应电流密度分别为 0.44 mA/cm^2、0.61 mA/cm^2、0.73 mA/cm^2、0.93 mA/cm^2 和 1.23 mA/cm^2，对应的峰电位分别为–0.32V、–0.30V、–0.29V、–0.28V 和–0.26 V。电化学反应速率可表示如下：

$$i = nFkC\mathrm{e}^{-\alpha F\eta/RT} \tag{26-40}$$

式中，i 为电流密度；n 为反应过程中的电子传递数；k 为速率常数；C 为反应物浓度；F 为法拉第常数；α 为传递系数；η 为阴极活化过电位；R 为气体常数；T 为绝对温度。

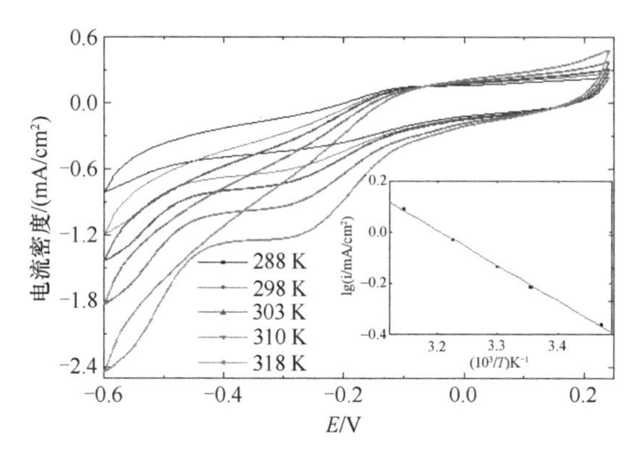

图 26-24　不同温度条件下的 TCA 在 Hb/SA-MWCNT-GE 的循环伏安图（彩图请扫封底二维码）

扫描速率：300 mV/s；TCA：0.1 M；支持电解质：0.1 M 磷酸盐缓冲盐（pH=7）

表观活化能可通过 Arrhenius 方程求得，如下所示：

$$k = A\mathrm{e}^{-E_a/RT} \tag{26-41}$$

式中，A 为频率因子；E_a 为表观活化能。

将方程式（26-32）代入方程式（26-33）得：

$$\lg i = \lg(FKC) - E_a/(2.3RT) \tag{26-42}$$

取不同温度下的准稳态极化曲线上的相应电流，做出 $\lg i$-$1/T$ 的关系曲线（图 26-24）。由图 26-24 可见，$\lg i$-$1/T$ 呈良好的线性关系，TCA 在 Hb/SA-MWCNT-GE 上还原的表观活化能为 26.2 kJ/mol。

平均电流效率（average current efficiency，ACE）是电生物方法降解污染物经济可行性研究的重要指标，它是决定电生物法是否能推广应用的关键因素。因此，平均电流效率作为整个反应过程的评价指标。CE 在 0～τ 时间范围内可表示如下：

$$\mathrm{CE}=\frac{VF\left(n_1c_{\mathrm{DCA}}+n_2c_{\mathrm{MCA}}+n_3c_{\mathrm{AA}}\right)}{Q} \tag{26-43}$$

$$\mathrm{CE}=\frac{VF\left(n_1c_{\mathrm{DCA}}+n_2c_{\mathrm{MCA}}+n_3c_{\mathrm{AA}}\right)}{\int_{t=0}^{t=\tau}I\mathrm{d}t} \tag{26-44}$$

n_1、n_2和 n_3分别为每分子二氯乙酸（DCA，n_1=2）、氯乙酸（MCA，n_2=4）和乙酸（AA，n_3=6）的电子传递数；V为阴极电解溶液体积（L）；F为法拉第常数（96 485 C/mol）；Q为总电量（C）；I为电解电流（A）；c_{DCA}、c_{MCA}和 c_{AA}分别为 DCA、MCA 和 AA 的溶液溶度（mol/L）。

为了更加确切地研究温度对 TCA 电生物还原脱氯反应的影响，我们进行 5 组 TCA 的恒电流（2 mA）电解实验。电解反应的时间是 40 h，我们在各反应节点上对电解液进行取样分析来考察脱氯反应的平均电流效率。图 26-25 为 5 种溶液温度中 TCA 电生物还原反应平均电流效率和电解时间的关系图。由图 26-25 可知，脱氯平均电流效率随着温度的升高而提高，当反应温度达到 310 K 时，脱氯平均电流效率最大；此后，随着温度的进一步增大，脱氯平均电流效率则反而降低。这是由于增加温度，能够给反应提供更大的反应能；而超过一定温度后，过高的温度一方面会使得 Hb 变性而失活，另一方面降低了电极对反应物的吸附能力。因此，导致了温度较低或者过高的条件下反应平均电流效率相对要低。

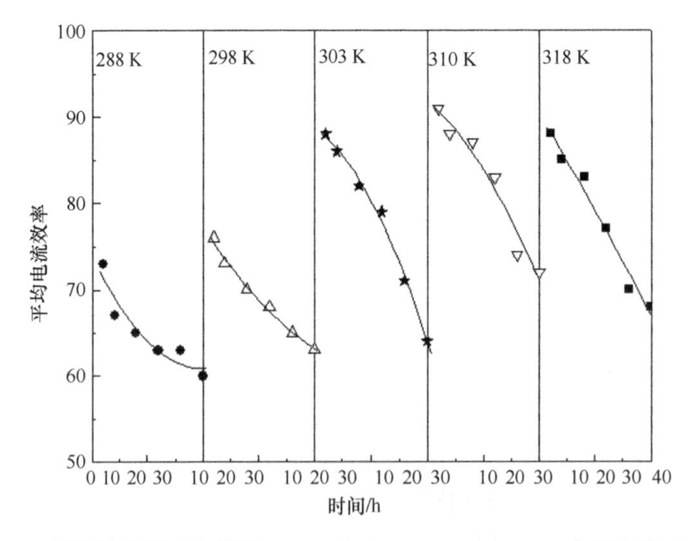

图 26-25　不同溶液温度条件下，TCA 在 Hb/SA-MWCNT-GE 上恒电流（2 Ma）电解还原过程中平均电流效率和电解时间关系图

4. pH 的影响

静电力对酶和修饰电极之间相互作用的影响起决定重要，而其主要受溶液 pH 的影

响，因此，有必要在 pH 变化条件下，对生物电极还原脱氯 TCA 进行研究。图 26-26 为 Hb/SA-MWCNT-GE 在不同 pH 条件下的循环伏安图。由图 26-26 可知，随着溶液 pH 增大，Hb/SA-MWCNT-GE 中血红素辅基 Fe（Ⅲ）/Fe（Ⅱ）的氧化还原峰电位均负移。式电位（E^0）在 pH 为 2～11 范围内与 pH 存在良好的线性关系，pH 每增加一单位，E^0 增加 0.051 V，这与 298 K 可逆体系的理论值 0.059 V 相接近，表明 Hb 在发生一个电子传递的同时，还伴随着一个质子的转移，如下所示：

$$\text{HbhemeFe(III)} + \text{H}^+ + \text{e}^- \longrightarrow \text{HbhemeFe(II)} \quad (26\text{-}45)$$

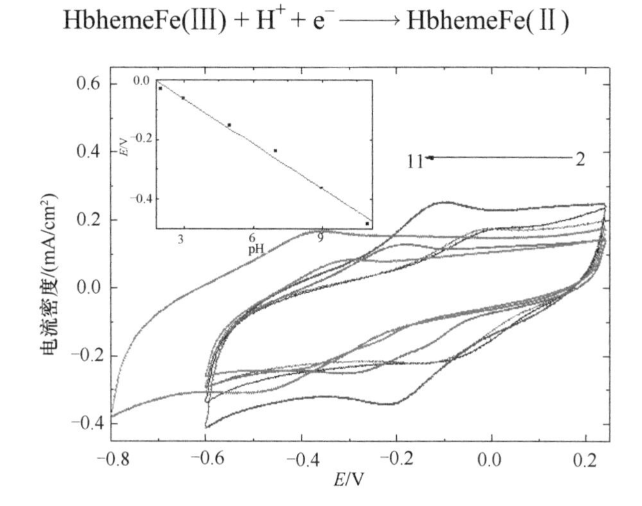

图 26-26　Hb/SA-MWCNT-GE 在不同 pH 条件下的循环伏安图（彩图请扫封底二维码）
扫描速率：300 mV/s；支持电解质：0.1 M 磷酸盐缓冲盐（pH=7）；温度：298 K

为了更深入地研究不同 pH 对 TCA 电生物还原脱氯反应的影响，我们进行 6 组 TCA 的恒电流（2 mA）电解实验。电解反应的时间为 40 h，在各反应节点上对电解液进行取样分析来考察脱氯反应的平均电流效率。图 26-27 为 6 种 pH 溶液中 TCA 电生物还原反应平均电流效率和电解时间的关系图。由图 26-27 可知，脱氯平均电流效率随着 pH 的降低而增大，当反应 pH 为 3 时，脱氯平均电流效率达到最大。根据异向催化理论，氢离子浓度决定着 HbFe（Ⅱ）的产生；此外，Hb 的等电位点为 6.8，表明生物电极在酸性和碱性条件下分别带正电荷和负电荷，而在 pH 为 6.8 溶液显中性。由于乙酸根的阴离子性质，酸性条件更有利于乙酸根在生物电极表面吸附。因此，降低 pH 能促进电生物降解 TCA。但随着溶液 pH 进一步降低为 2.0，平均电流效率则反而下降，这可能是因为强酸环境一方面对电极表面的腐蚀性导致了部分 Hb 流失；另一方面在低 pH 条件下，生物电极更容易形成 H_2，使得催化活性点减少。

5. 电极稳定性和反应产物定量分析

电极的稳定性如同其活性一样，也是考察电极是否具有实用价值的一个重要指标。为此，我们进行了 5 个重复实验来考察生物电极在 TCA 脱氯反应中的稳定性，结果如图 26-27 所示。根据图 26-27，生物电极使用 5 次后，平均电流效率从 87%降到 83%，生物电极的催化活性降低不显著。该结果表明，该生物电极可用于实际工程应用。

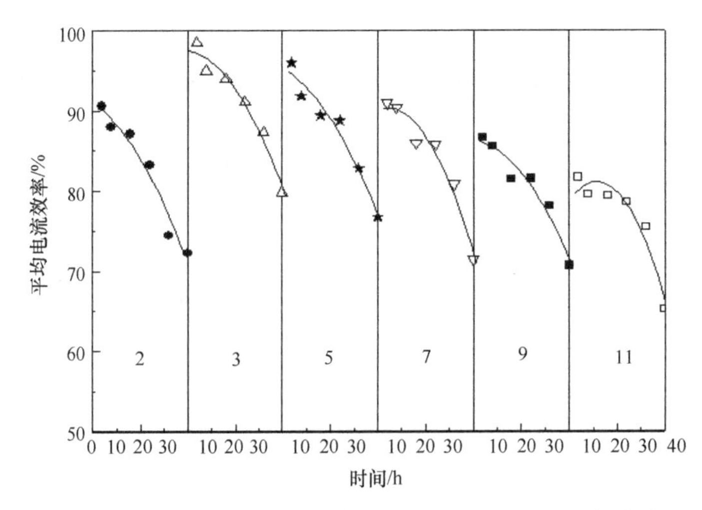

图 26-27 不同 pH 溶液条件下，TCA 在 Hb/SA-MWCNT-GE 上恒电流（2 mA）电解过程中平均电流效率和电解时间关系图

6. 反应产物定量分析和机制研究

对温度 310 K 和 pH 为 3 溶液中 TCA（10 mM）进行 30 h 的恒电流电解（2 mA），用离子色谱（IC）对不同反应时间电解液中 TCA 及其还原中间产物进行定量分析，结果见图 26-28。由图 26-28 可知，TCA 浓度随着电解时间延长而逐渐减少，中间产物二氯乙酸（DCA）浓度增加比较快，而氯乙酸（MCA）和乙酸（AA）缓慢增加。相对于 TCA，二氯乙酸和氯乙酸更难被电解脱氯降解。这是缘于氯取代基极性大，随着氯取代基的增多，C—Cl 更容易发生亲电反应。此外，在反应时间为 0～τ 范围区间时，碳总量的计算如下所示：

$$\text{mass balance}=c_{\text{TCA}}+c_{\text{DCA}}+c_{\text{MCA}}+c_{\text{AA}} \tag{26-46}$$

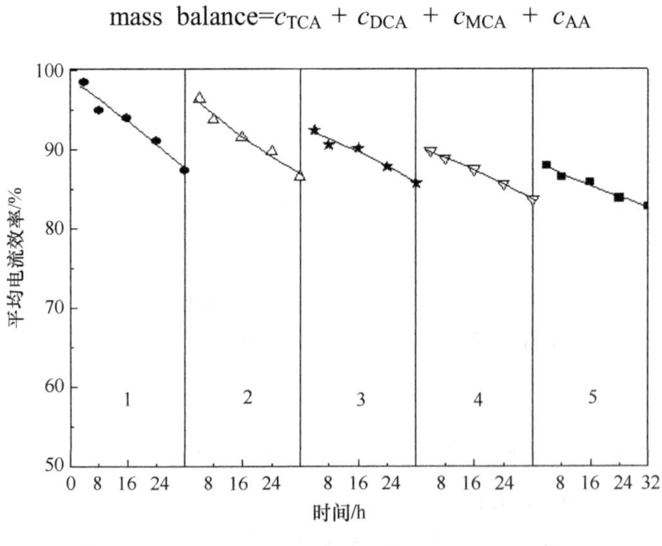

图 26-28 生物电极的稳定性

由于动力学研究在 pH 为 3 的缓冲盐体系中进行，所以电解前后 pH 可被认为基本

保持不变。由图 26-29 和图 26-30 可知，在整个 TCA 脱氯反应过程中，碳总量基本保持恒定，这表明除了产生 DCA、MCA 和 AA 外无其他中间产物形成。因此，TCA 脱氯经历的反应步骤如下所示：

$$2HbFe(II) + CCl_3COOH \xrightarrow{k_1} 2HbFe(III) + CHCl_2COOH + H^+ + Cl^- \quad (26\text{-}47)$$

$$2HbFe(II) + CHCl_2COOH \xrightarrow{k_2} 2HbFe(III) + CH_2ClCOOH + H^+ + Cl^- \quad (26\text{-}48)$$

$$2HbFe(II) + CH_2ClCOOH \xrightarrow{k_3} 2HbFe(III) + CH_3COOH + H^+ + Cl^- \quad (26\text{-}49)$$

$$4HbFe(II) + CHCl_2COOH \xrightarrow{k_4} 4HbFe(III) + CH_3COOH + 2H^+ + 2Cl^- \quad (26\text{-}50)$$

$$4HbFe(II) + CCl_3COOH \xrightarrow{k_5} 4HbFe(III) + CH_2ClCOOH + 2H^+ + 2Cl^- \quad (26\text{-}51)$$

$$6HbFe(II) + CCl_3COOH \xrightarrow{k_6} 6HbFe(III) + CH_3COOH + 3H^+ + 3Cl^- \quad (26\text{-}52)$$

因而真实速率方程应如下表达：

$$-\frac{dc_{TCA}}{dt} = \left(k_1 c^2{}_{HbFe(II)} + k_5 c^4{}_{HbFe(II)} + k_6 c^6{}_{HbFe(II)}\right) c_{TCA} \quad (26\text{-}53)$$

$$\frac{dc_{DCA}}{dt} = k_1 c^2{}_{HbFe(II)} c_{TCA} - k_2 c^2{}_{HbFe(II)} c_{DCA} - k_4 c^4{}_{HbFe(II)} c_{DCA} \quad (26\text{-}54)$$

$$\frac{dc_{MCA}}{dt} = k_2 c^2{}_{HbFe(II)} c_{DCA} - k_3 c^2{}_{HbFe(II)} c_{MCA} + k_5 c^4{}_{HbFe(II)} c_{TCA} \quad (26\text{-}55)$$

$$\frac{dc_{AA}}{dt} = k_3 c^2{}_{HbFe(II)} c_{MCA} + k_4 c^4{}_{HbFe(II)} c_{DCA} + k_6 c^6{}_{HbFe(II)} c_{TCA} \quad (26\text{-}56)$$

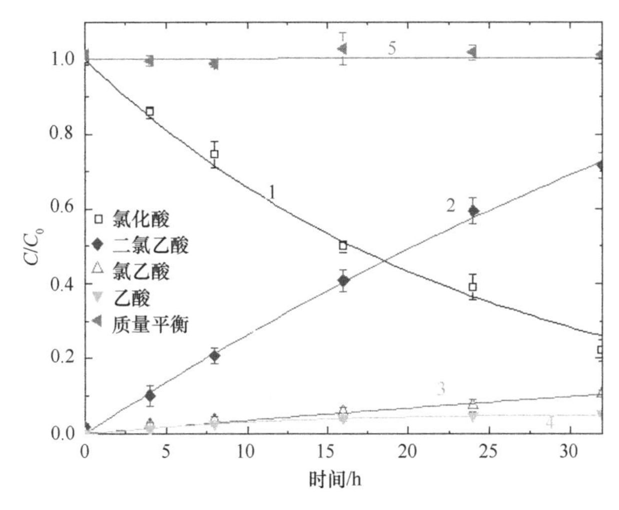

图 26-29　恒电流（2mA）电解 TCA（初始浓度：10 mM）过程中中间产物的浓度变化

（彩图请扫封底二维码）

为了阐明 HbFe（Ⅱ）是否为该电极表面反应的速度控制步骤，故而对温度 310 K 和 pH 为 3 的缓冲溶液中有无 TCA（10 mM）各自进行了循环伏安曲线研究。由图 26-31 可知，Hb/SA-MWCNT-GE 有一对稳定的氧化还原峰（曲线 1），该还原峰和氧化峰电位分别为 E_{pc}= –0.115 V 和 E_{pa}= –0.032 V，说明该对峰为 Hb 中血红素辅基 Fe（Ⅲ）/Fe（Ⅱ）的氧化还原峰。由图 26-29 曲线 2 知，当 TCA 加入磷酸盐缓冲溶液中后，Hb 的还原峰

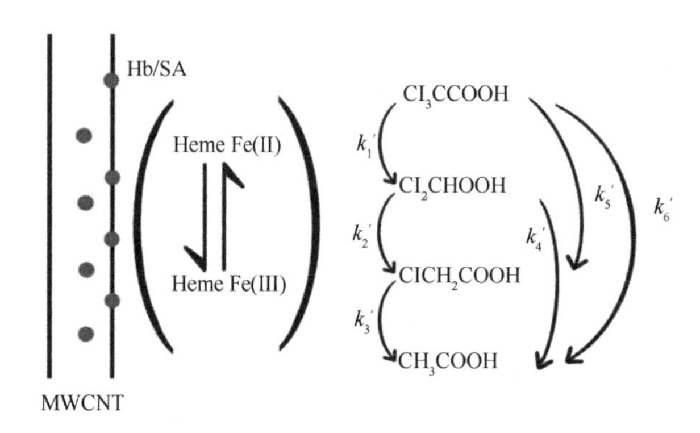

图 26-30　TCA 在 Hb/SA-MWCNT-GE 上脱氯降解示意图

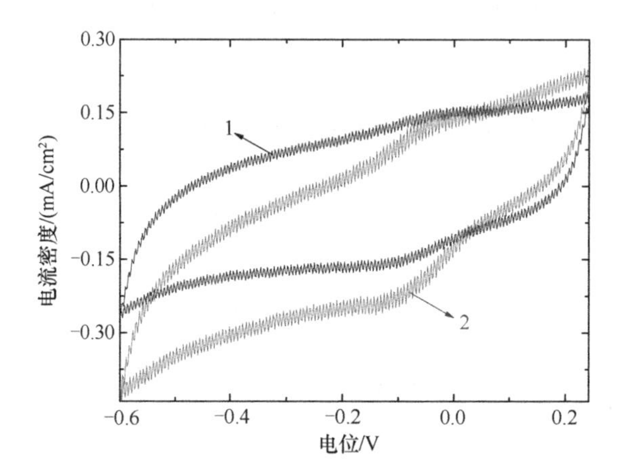

图 26-31　在磁力搅拌条件下，阴极电解液中不含有 TCA（曲线 1）和含有 0.01 MTCA（曲线 2）在 Hb/SA-MWCNT-GE 的循环伏安图（彩图请扫封底二维码）

扫描速率：300 mV/s；支持电解质：0.1 M 磷酸盐缓冲盐（pH=3）；溶液温度：310 K

式（约为–0.12 V）峰电流显著增加而 HbFe（Ⅱ）的氧化峰基本保持不变，表明电化学反应速率[方程式（26-45）从 HbFe（Ⅲ）还原生成 HbFe（Ⅱ）]明显比化学反应速率[方程式（26-47）到式（26-52）]快很多。因此，HbFe（Ⅱ）不是电极表面反应的速度控制步骤，HbFe（Ⅱ）的浓度可被认为是一个常数，即反应前后 $c_{\mathrm{HbFe(II),0}}$和 $c_{\mathrm{HbFe(II)}}$基本保持不变，动力学常数 $k_1c^2_{\mathrm{HbFe(II),0}}$、$k_2c^2_{\mathrm{HbFe(II),0}}$、$k_2c^2_{\mathrm{HbFe(II),0}}$、$k_4c^4_{\mathrm{HbFe(II),0}}$、$k_5c^4_{\mathrm{HbFe(II),0}}$和 $k_6c^6_{\mathrm{HbFe(II),0}}$分别可以表达为 k_1'、k_2'、k_3'、k_4'、k_5'和 k_6'，把 k_1'、k_2'、k_3'、k_4'、k_5'和 k_6'代入方程式（26-53）～式（26-56）得：

$$-\frac{\mathrm{d}c_{\mathrm{TCA}}}{\mathrm{d}t}=\left(k_1'+k_5'+k_6'\right)c_{\mathrm{TCA}} \tag{26-57}$$

$$\frac{\mathrm{d}c_{\mathrm{DCA}}}{\mathrm{d}t}=k_1'c_{\mathrm{TCA}}-k_2'c_{\mathrm{DCA}}-k_4'c_{\mathrm{DCA}} \tag{26-58}$$

$$\frac{\mathrm{d}c_{\mathrm{MCA}}}{\mathrm{d}t}=k_2'c_{\mathrm{DCA}}-k_3'c_{\mathrm{MCA}}-k_5'c_{\mathrm{TCA}} \tag{26-59}$$

$$\frac{\mathrm{d}c_{\mathrm{AA}}}{\mathrm{d}t}=k_3'c_{\mathrm{MCA}}-k_4'c_{\mathrm{DCA}}-k_6'c_{\mathrm{TCA}} \tag{26-60}$$

求解速率方程式（26-57）～式（26-60），得：

$$c_{TCA}=c_{TCA,0}e^{-(k_1'+k_5'+k_6')t} \tag{26-61}$$

$$c_{DCA}=\frac{c_{TCA,0}\times k_1'}{(k_2'+k_4')-(k_1'+k_5'+k_6')}\left[e^{-(k_1'+k_5'+k_6')t}-e^{-(k_2'+k_4')t}\right] \tag{26-62}$$

$$\begin{aligned}c_{MCA}=&\frac{c_{TCA,0}\times k_5'}{k_3'-(k_1'+k_5'+k_6')}\left[e^{-(k_1'+k_5'+k_6')t}-e^{-k_3't}\right]\\&+\frac{c_{TCA,0}\times k_1'\times k_2'}{(k_2'+k_4')-(k_1'+k_5'+k_6')}\times\frac{1}{k_3'-(k_1'+k_5'+k_6')}\left[e^{-(k_1'+k_5'+k_6')t}-e^{-k_3't}\right]\\&-\frac{c_{TCA,0}\times k_1'\times k_2'}{(k_2'+k_4')-(k_1'+k_5'+k_6')}\times\frac{1}{k_3'-(k_2'+k_4')}\left[e^{-(k_2'+k_4')t}-e^{-k_3't}\right]\end{aligned} \tag{26-63}$$

$$c_{AA}=c_{TCA,0}-c_{TCA}-c_{DCA}-c_{MCA} \tag{26-64}$$

对方程式（26-61）～式（26-64）进行非线性最小二乘法拟合计算，可以分别得到 k_1'、k_2'、k_3'、k_4'、k_5'和 k_6'值。由图 26-29 和表 26-4 可知，TCA 脱氯降解过程中速率常数 k_1'、k_2'、k_3'、k_4'、k_5'和 k_6'值分别为 4.03×10^{-2}/h、2.16×10^{-3}/h、1.60×10^{-3}/h、3.60×10^{-4}/h、3.60×10^{-3}/h 和 1.20×10^{-4}/h。图 26-30 为 TCA 的降解途径示意图，由图 26-30 可知，该过程可能有两种降解方式构成，一种为平行反应[TCA→DCA（$k_1'=4.03\times10^{-2}$/h），TCA→MCA（$k_5'=3.60\times10^{-3}$/h），TCA→AA（$k_6'=1.20\times10^{-4}$/h），DCA→MCA（$k_2'=2.16\times10^{-3}$/h），DCA→AA（$k_4'=3.60\times10^{-4}$/h）和 MCA→AA（$k_3'=1.60\times10^{-3}$/h）]模式，另一种为连续性反应（TCA $\xrightarrow{k_1'=4.03\times10^{-2}/h}$ DCA $\xrightarrow{k_2'=2.16\times10^{-3}/h}$ MCA $\xrightarrow{k_3'=1.60\times10^{-3}/h}$ AA）模式。综上所知，TCA→DCA（$k_1'=4.03\times10^{-2}$/h），TCA→MCA（$k_5'=3.60\times10^{-3}$/h），DCA→MCA（$k_2'=2.16\times10^{-3}$/h）和 MCA→AA（$k_3'=1.60\times10^{-3}$/h）为 TCA 降解的主要途径，因此，平行反应模式更适合于电生物还原降解 TCA 过程。此外，如果生物电还原降解 TCA 为连续性反应模式，则溶液中 DCA 的浓度在整个反应过程中要持续减少而 AA 的浓度为不断增加，也与实际检测的结果不符。

表 26-4　温度 310 K 和 pH 为 3 条件下的速率常数值

反应速率常数	310 K 和 pH=3 时的值	95%置信区间	
k_1'/h	$4.03\times10^{-2}\pm1.64\times10^{-3}$	3.70×10^{-2}	4.36×10^{-2}
K_2'/h	$2.16\times10^{-3}\pm1.85\times10^{-4}$	1.79×10^{-3}	2.53×10^{-3}
K_3'/h	$1.60\times10^{-3}\pm1.23\times10^{-4}$	1.35×10^{-3}	1.85×10^{-3}
K_4'/h	$3.60\times10^{-4}\pm4.2\times10^{-5}$	2.76×10^{-4}	4.44×10^{-4}
K_5'/h	$3.60\times10^{-3}\pm2.64\times10^{-4}$	3.07×10^{-3}	4.13×10^{-3}
K_6'/h	$1.20\times10^{-4}\pm1.35\times10^{-5}$	9.3×10^{-4}	1.47×10^{-4}

26.4　总结与展望

众所周知，电化学是一门近些年蓬勃发展的新兴学科。以二氧化铅、金属铂作为电极的阳极，以镍电极、生物电极作为阴极的电化学技术已成为 21 世纪化学工程研究的重要领域，并以空前的广度和深度，直接和强有力地影响和改变人类的生活。无论是金属单质构成的电极还是新颖的生物电极，电化学都显示出多层次、非线性的复杂体系的性质，是传统化学的高度延伸。正是由于电化学已经成为传统化学的一个重要分支，传统化学才能在现今科技高速发展的背景下与时代接轨，一步步推动传统化学走向一个更高的平台。所以，毫不夸张地说，电化学是传统化学的枢纽层次，电化学技术成为传统化学甚至自然科学的枢纽学科和前沿学科。电化学技术的研究深入既是新型化学的出发点，又是传统化学和新时代接轨的汇聚点，因此，电化学技术也成为当前自然科学中发展较快的领域之一。著名电化学家，武汉大学教授、博导，中国科学院院士查全性前辈利用对空气电极表面上固体析出“冒盐”和液体析出“冒汗”的机制，并进一步加深研究，制备出了长寿命气体电极并组装成功 200 W 氨空气燃料电池系统，曾在微波中继站使用。前辈全身心致力于推动新型电化学技术发展，为我国电化学事业奋斗终生，也让更多的国人意识到电化学技术广阔的应用前景。

随着新型化学的概念、方法与技术的引入，电化学在近半个世纪以来取得了突破性的进展，产生了许多新的生长点，并逐渐形成新的概念与新的学科方向。同时，电化学以其节能高效、操作便捷等突出优点，已成为人们在综合整治水体污染物时，优先考虑的处理方法，电化学技术势必会成为 21 世纪水体污染治理关键性的一环。

随着科学技术的不断发展与创新，电化学的理论与技术也在持续进步与革新。因此重视电化学技术用于生态环境领域的保护与治理是社会发展的一种必然选择。现有的电化学技术主要可以分为以下几类：金属加工，污染物处理，阴极、阳极保护和生物电催化与分析等。虽然类别较多，看似毫无联系，实则息息相关，电化学技术在各领域的应用，往往都蕴含着其他技术的延伸。

本文主要介绍了有机污染物，特别是有机氯化物带来的一系列环境污染问题，并由各类环境问题引伸开来的现有处理办法，且特别针对新颖、高效、可行性较强的一类操作技术——电化学技术进行了大量的论述。本文举证了较多具有代表性、高危害性的 COC，并提出了电化学技术中相关的降解处理方法，希望能为（城市）湿地中的有机污染物的处理提供新的思路及理论依据。

由此，对电化学技术的发展现状总结如下。

（1）电化学技术的研究范围不应仅局限于现有的材料与操作，而应该不断扩大，可适当向众多新型材料（如生物膜、超临界流体、半导体、水凝胶等）方向延伸。研究深度也应逐渐加大，甚至达到分子、原子水平，以各种分子、离子、基团等对电极表面进行修饰，对其内部进行嵌入或掺杂，在微观世界里寻求新的发展。

（2）随着主流科技的发展，以电信号为激励和检测手段的传统电化学研究方法也持续朝着提高检测灵敏度、适应各种极端条件及各种新的数学处理的方向发展。同时，电化学技术操作地点更加广泛，不止局限于实验室或工程，甚至外出监测时也能方便应用，并及时得出结果。

（3）电化学还可以有广义和狭义之分，广义的电化学是“研究物质的带电界面上所发生现象的科学”，而狭义的电化学则是“研究物质的化学性质或化学反应与电的关系的科学”。而当代电化学领域已经比最初的定义范围拓宽了许多，因此电化学技术绝不能只着眼于现有的学科，而应该不断延伸，应用范围不断扩大。

（4）不断简化现有电化学技术操作，在日常生活中积极普及，利用电化学解决生活、学习及工作的一些暂时难以克服的小问题（如电器在制造时可运用更为简洁易懂的装配原理，当意外损坏时可通过简单的电化学原理直接进行维修，省去另请维修工的费用及耽误不必要的时间），让电化学不再是神秘的、不可接触的高端技术，而是真正可以深入生活的简便操作。

现今时代，由于电化学技术发展之路持续拓宽，电化学新体系和新材料的研究将有较大的发展。电化学技术为（城市）湿地水体中污染物降解研究提供了一条崭新的途径，还可促进化工、材料和环境等学科的交叉融合，有重要的学术意义和广泛的应用前景。

（刘　奇、于　丹、刘　莹、杨李平）

参 考 文 献

曹寅亮. 2013. 高活性镍基析氢电极的制备及其在碱性条件下析氢行为研究. 北京: 北京化工大学博士研究生学位论文.

陈皓, 陈玲, 赵建夫, 等. 2005. 铁元素对有机物厌氧降解的影响研究. 四川环境, 24(6): 14-16.

陈启元, 王璇. 2016. 生物膜电极法降解实际工业废水的可行性研究. 内蒙古石油化工, (3): 3-5.

冯玉杰, 李晓岩, 尤红, 等. 2005. 电化学技术在环境工程中的应用. 北京: 化学工业出版社.

焦立苗, 崔丽华, 李杨, 等. 2014. 锡锑电极在污染物降解中的应用研究进展. 见: 中国表面工程协会. 第三届环渤海表面精饰发展论坛论文集. 太原: 81-86.

李光. 2012. 酵母催化还原制备手性双羟基苯并芘及其应用. 大连: 大连理工大学硕士研究生学位论文.

李浩. 2016. 硼掺杂金刚石薄膜电极的制备及其在密闭空间废水处理回用中的应用. 杭州: 浙江大学博士研究生学位论文.

刘奇, 宋欣欣, 王家德, 等. 2010. 1, 4-二氯苯在乙腈-水两相系统中的电化学氧化降解途径. 化工学报, 61(2): 450-454.

刘奇, 王家德, 刘臣亮, 等. 2009. 乙腈-水相 1, 4-二氯苯在铂电极上的电氧化行为. 化工学报, 60(2): 471-475.

马红星. 2016. 银、钯、铑催化的氯代和氟代芳香化合物电化学氢化脱卤反应. 杭州: 浙江工业大学博士研究生学位论文.

全燮, 刘会娟, 杨凤林, 等. 1998. 二元金属体系对水中多氯有机物的催化还原脱氯特性. 中国环境科学, 18(4): 333-336.

任斌, 林旭锋, 田中群. 2001. 铑电极上的表面增强拉曼光谱研究. 电化学, 7(1): 55-58.

舒月红, 贾晓珊. 2005. CTMAB-膨润土从水中吸附氯苯类化合物的机理——吸附动力学与热力学. 环境科学学报, 25(11): 1526-1536.

苏丹丹, 杨晓霞, 贾庆明. 2010. 电化学处理废水研究进展. 化工技术与开发, 39(9): 38-41.

孙南南. 2015. 钛基钌铱系电极制备及电催化氧化苯酚的研究. 南京: 南京工业大学硕士研究生学位论文.

孙治荣, 李保华, 胡翔, 等. 2008. 电化学还原脱氯用 GC 负载 Pd-Ni 电极的制备及表征. 化工学报, 59(5): 1271-1277.

童少平, 马淳安, 费会. 2007. 两类不同阳极电氧化过程中的失活现象及氧化机制. 物理化学学报, 23(3): 424-428.

王芳, Dŏrfler U, Schmid M, 等. 2007. 1, 2, 4-三氯苯矿化菌的鉴定与功能分析. 环境科学, 28(5): 1082-1087.

王家德, 陈霞, 陈建孟. 2007. 声电协同氧化 2-氯酚的机理及动力学研究. 中国科学(B 辑化学), 37(5): 432-439.
王建龙, Hegemann W. 2003. 微生物群落对多氯酚的脱氯特性及机理研究. 中国科学(B 辑化学), 33(1): 47-53.
吴平东. 1998. 吸附. 化工百科全书. 北京: 化学工业出版社.
谢雄华. 2010. UASB-生物接触氧化—混凝沉淀工艺处理焦化废水试验研究. 西安: 长安大学硕士研究生学位论文.
解清杰, 马涛, 王琳玲, 等. 2005. 六氯苯污染沉积物的电 Fenton 法处理. 华中科技大学学报, 33(3): 122-124.
解清杰, 吴荣芳, 卢娜, 等. 2004. Fenton 试剂处理六氯苯废水的试验研究. 环境技术, 22(5): 40-43.
徐新华, 赵伟荣. 2003. 水与废水的臭氧处理. 北京: 化学工业出版社.
许振良, 赛萌, 张志丕. 2002. 胶束强化超滤脱除氯苯及其膜污染的研究. 水处理技术, 28(6): 316-319.
颜酉斌, 叶艳华, 张洪林, 等. 2009. 改性海泡石对有机污染物氯苯的吸附研究. 非金属矿, 32(6): 64-66.
杨红莲, 袭著革, 闫峻, 等. 2009. 新型污染物及其生态和环境健康效应. 生态毒理学报, 4(1): 28-34.
冶保献, 周性尧. 1996. 血红蛋白在裸银电极上的直接电化学及其分析应用. 高等学校化学学报, 17(1): 33-37.
余高奇, 李莉, 王玲, 等. 2001. 热分解法制备纳米 α-Fe_2O_3. 武汉科技大学学报(自然科学版), 24(3): 251-252.
张林生, 杨广平, 王薇. 2003. 臭氧化法在水处理中的应用. 净水技术, 22(1): 9-11.
张晓晖, 蔡兰坤. 2004. 电化学处理水中酚类污染物. 净水技术, 23(2): 21-24.
赵国华, 李明利, 李琳, 等. 2003. 纳米铂微粒电极催化氧化有机污染物的研究. 环境科学, 24(6): 90-95.
赵振华. 1981. 美国水中 129 种“优先污染物”简介. 环境与可持续发展, 8: 7-9.
周海燕. 2015. 有机氯污染土壤的类 Fenton 氧化处理与机理研究. 武汉: 华中科技大学博士研究生学位论文.
周明华, 吴祖成, 汪大翚. 2003. 难生化降解芳香类化合物废水的电催化处理. 环境科学, 24(2): 121-124.
Allen H E, Cho S H, Neubecker T A. 1983. Ion exchange and hydrolysis of zeolite in natural waters. Water Research, 17: 1871-1879.
Andrieux C P, Blocman C, Bouchiat J M D, et al. 1979. Heterogeneous and homogeneous electron transfers to aromatic halide: An electrochemical redox catalysis study in the halobenzene and halopyridine series. Journal of the American Chemical Society, 101(13): 3431-3441.
Babu N S, Lingaiah N, Kumar J V, et al. 2009. Studies on alumina supported Pd-Fe bimetallic catalysts prepared by deposition-precipitation method for hydrodechlorination of chlorobenzene. Applied Catalysis A: General, 367(1-2): 70-76.
Bossmann S H, Oliveros E, Gob S. 1998. New evidence against hydroxyl radicals as reactive intermediates in the thermal and photochemically enhanced Fenton reaction. Journal of Physical Chemistry A, 102(28): 5512-5520.
Botitsi E V, Kormali P N, Kontou S N, et al. 2006. Development and validation of a new analytical method for the determination of 1, 4-dichlorobenzene in honey by gas chromatography–isotope dilution mass spectrometry after steam-distillation. Analytica Chimica Acta, 579(1): 53-60.
Cervini S J, Larson R A, Wu J, et al. 2002. Dechlorination of pentachloroethane by commercial Fe and ferruginous smectite. Chemosphere, 47(9): 971-976.
Chen G, Wang Z Y, Xia D G. 2004. Electrochemically codeposited palladium/molybdenum oxide electrode for electrocatalytic reductive dechlorination of 4-chlorophenol. Electrochemistry Communications, 6(3): 268-272.
Cheng I F, Fernando Q, Korte N. 1997. Electrochemical dechlorination of 4-chlorophenol to phenol. Environmental Science & Technology, 31(4): 1074-1078.
Christian S, Ewald H. 1996. Development of a wastewater treatment process: Reductive dehalogenation of

chlorinated hydrocarbons metals. Environmental Progress, 15(1): 38-47.

Comninellis C. 1994. Electrocatalysis in the electrochemical conversion/combustion of organic pollutants for waste water treatment. Electrochimica Acta, 39(11-12): 1857-1862.

Dabo P, Cyr A, Laplante F, et al. 2000. Electrocatalytic dehydrogenation of pentachlorophenol to phenol or cyclohexanol. Environmental Science & Technology, 34(7): 1265-1268.

Do J S, Chen C P. 1993. *In situ* oxidative degradation of formaldehyde with electrogenerated hydrogen peroxide. Journal of the Electrochemical Society, 140(6): 1632-1637.

Gallard H, Delaat J. 2001. Kinetics of oxidation of chlorobenzenes and phenyl-ureas by Fe(Ⅱ)/H_2O_2 and Fe(Ⅲ)/H_2O_2. Evidence of reduction an oxidation reactions of intermediates by Fe(Ⅱ) or Fe(Ⅲ). Chemosphere, 42(4): 405-413.

Goto K, Chowdhury F A, Okabe H, et al. 2011. Development of a low cost CO_2, capture system with a novel absorbent under the COCS project. Energy Procedia, 4(1): 253-258.

Grittini C, Malcomson M, Fernando Q. 1995. Rapid Dechlorination of Polychlorinated Biphenyls on the Surface of Pd/Fe Bimetallic System. Environmental Science & Technology, 29(11): 2898-2900.

Hoshi N, Sasaki K, Hashimoto S, et al. 2004. Electrochemical dechlorination of chlorobenzene with a mediator on various metal electrodes. Journal of Electroanalytical Chemistry, 568(1): 267-271.

Huang Q D, Rusling J F. 1995. Formal reduction potentials and redox chemistry of polyhalogenated biphenyls in a bicontinuous microemulsion. Environmental Science & Technology, 29(1): 98-103.

ISE. 1998. Society news and information. Electrochimica Acta, 43: Ⅵ-XV.

Jalil A A, Panjang N F A, Akhbar S, et al. 2007. Complete electrochemical dechlorination of chlorobenzenes in the presence of naphthalene mediator. Journal of Hazardous Materials, 148(1-2): 1-5.

Jalil A A, Triwahyono S, Razali N A M, et al. 2010. Complete electrochemical dechlorination of chlorobenzenes in the presence of various arene mediators. Journal of Hazardous Materials, 174(1-3): 581-585.

Jedral W, Merica S G, Bunce N J. 1999. Electrochemical oxidation of chlorinated benzenes. Electrochemistry Communications, 1(3-4): 108-110.

Kang S E, Liao C H, Chen M C. 2002. Pre-oxidation and coagulation of textile wastewater by the Fenton process. Chemosphere, 46(6): 923-928.

Kargina O, Kargin Y M, Wang L, et al. 1997. Dechlorination of monochlorobenzene using organic mediators. Journal of the Electrochemical Society, 144(11): 3715-3721.

Kavitha V, Palanivelu K. 2003. Degradation of 2-chlorophenol by Fenton and photo-Fenton processes: a comparative study. Journal of Environmental Science and Health, Part A, 38(7): 1215-1231.

Liu Q, Song X X, Xie L, et al. 2010. Electrochemical behavior of hemoglobin modified graphite electrode in water-methanol mixtures. Research Journal of Chemistry and Environment, 2010: 104-107.

Lorenz A, Ulrich S, Jǒrg W, et al. 2000.Bacterial dehalorespiration with chlorinated benzenes. Nature, 408(6812): 580-583.

Ma C A, Ma H, Xu Y H, et al. 2009. The roughened silver-palladium cathode for electrocatalytic reductive dechlorination of 2, 4-Dichlorophenoxyacetic acid. Electrochemistry Communications, 11(11): 2133-2136.

Malato S, Caceres J, Agǔera A, et al. 2001. Degradation of imidacloprid in water by photo-Fenton and TiO_2 photocatalysis at a solar pilot plant: A comparative study. Environmental Science & Technology, 35(21): 4359-4366.

Mandal T, Maity S, Dasgupta D, et al. 2010. Advanced oxidation process and biotreatment: Their roles in combined industrial wastewater treatment. Desalin, 250: 87-94.

Matheson L J, Tratnyek P G. 1994. Reductive dehalogenation of chlorinated methanes by iron metal. Environmental Science & Technology, 28(11): 2045-2053.

Matsuda H, Ito T, Kuchar D, et al. 2009. Enhanced dechlorination of chlorobenzene and in situ dry sorption of resultant Cl-compounds by CaO and Na_2CO_3 sorbent beds incorporated with Fe_2O_3. Chemosphere, 74(10): 1348-1353.

Mckinzi A M, Dichristina T J. 1999. Microbially driven Fenton reaction for transformation of pentachlorophenol. Environmental Science & Technology, 33(11): 1886-1891.

Mellor R B, Ronnenberg J, Campbell W H, et al. 1992. Reduction of nitrate and nitrite in water by immobilized enzymes. Nature, 355(6362): 717-719.

Merica S G, Banceu C E, Jedral W, et al. 1998a. Electroreduction of hexachlorobenzene in micellar aqueous solutions of triton-SP175. Environmental Science & Technology, 32(10): 1509-1514.

Merica S G, Bunce N J, Jedral W, et al. 1998b. Electroreduction of hexachlorobenzene in protic solvent at Hg cathodes. Journal of Applied Electrochemistry, 28(6): 645-651.

Middeldorp P J M, Wolf J D, Zehnder A J B, et al. 1997. Enrichment and properties of a 1, 2, 4-trichlorobenzene dechlorinating methanogenic microbial consortium. Applied and Environmental Microbiology, 63(4): 1225-1229.

Mubarak M S, Peters D G. 1997. Electrochemical reduction of di-, tri-, and tetrahalobenzenes at carbon cathodes in dimethylformamide. Evidence for a halogen dance during the electrolysis of 1, 2, 4, 5-tetrabromobenzene. Journal of Electroanalytical Chemistry, 435(1-2): 47-53.

Oltmanns R H, Rast H G, Reineke W C. 1998. Degradation of 1, 4-dichlorobenzene by enriched and constructed bacteria. Applied Microbiology and Biotechnology, 28(6): 609-616.

Panizza K, Cerisola G. 2009. Direct and mediated anodic oxidation of organic pollutants. Chemical Reviews, 109(12): 6541–6569.

Panizza M, Cerisola G. 2003. Influence of anode material on the electrochemical oxidation of 2-naphthol part 1. Cyclic voltammetry and potential step experiments. Electrochimica Acta, 48(23): 3491-3497.

Rajeshwar K, Ibanex J G, Swain G M. 1994. Electrochemistry and the environment. Journal of Applied Electrochemistry, 24(11): 1077-1091.

Rondinini S, Mussini P R, Specchia M V. 2001. The electrocatalytic performance of silver in the reductive dehalogenation of bromophenols. Journal of the Electrochemical Society, 148(7): 102-107.

Ross N C, Spackman R A, Hitchman M L, et al. 1997. An investigation of the electrochemical reduction of pentachlorophenol with analysis by HPLC. J Appl Electrochem, 27(1): 51-57.

Rusling J F. 1991. Controlling electrochemical catalysis with surfactant microstructures. Accounts of Chemical Research, 24(3): 75-81.

Shen J M, Chen Z L, Xu Z Z, et al. 2008. Kinetics and mechanism of degradation of p-chloronitrobenzene in water by ozonation. Journal of Hazardous Materials, 152(3): 1325-1331.

Shu Y H, Li L S, Zhang Q Y, et al. 2010. Equilibrium, kinetics and thermodynamic studies for sorption of chlorobenzenes on CTMAB modified bentonite and kaolinite. Journal of Hazardous Materials, 173(1-3): 47-53.

Titus M P, Molina V G, Baños M A, et al. 2004. Degradation of chlorophenols by means of advanced oxidation processes: a general review. Applied Catalysis B: Environmental, 47(4): 219-256.

Wang C, Xi J Y, Hu H Y, et al. 2009. Stimulative effects of ozone on a biofilter treating gaseous chlorobenzene. Environmental Science & Technology, 43(24): 9407-9412.

Wang J D, Mei Y, Liu C L, et al. 2008. Chlorobenzene degradation by electro-heterogeneous catalysis in aqueous solution: intermediates and reaction mechanism. Journal of Environmental Sciences-China, 20(11): 1306-1311.

Yang B, Yu G, Liu X T. 2006. Electrochemical hydrodechlorination of 4-chlorobiphenyl in aqueous solution with the optimization of palladium-loaded cathode materials. Electrochimica Acta, 52(3): 1075-1081.

Zhi J F, Wang H B, Nakashima T, et al. 2003. Electrochemical incineration of organic pollutants on boron-doped diamond electrode evidence for direct electrochemical oxidation pathway. Journal of Physical Chemistry B, 107(48): 13389-13395.

Zhou M H, Dai Q Z, Lei L C, et al. 2005. Long life modified lead dioxide anode for organic wastewater treatment: electrochemical characteristics and degradation mechanism. Environmental Science & Technology, 39(1): 363-370.

Ziagova M, Liakopoulou K M. 2007. Comparison of cometabolic degradation of 1, 2-dichlorobenzene by *Pseudomonas* sp. and *Staphylococcus xylosus*. Enzyme and Microbial Technology, 40(5): 1244-1250.

第27章　西溪湿地池塘生态系统水生生物群落恢复及水质净化研究

27.1 引　　言

27.1.1 研究背景

1. *湿地研究进展*

世界自然资源保护联盟（IUCN）、联合国环境规划署（UNEP）和世界自然基金会（WWF）共同编制的《世界自然保护大纲》中，湿地与森林、海洋一起并称为全球三大生态系统（Dixon and Sherman，1990；Barbier et al.，1997）。湿地是自然界中重要的自然资源，在维护生态系统平衡、保护生物多样性、净化水质等方面发挥巨大作用（Carter，1999；Mitsch，2000；Barbier，2000；Žalakevičius，2012）。城市湿地是“城市之肾”，是自然、社会、经济三位一体的复合生态系统，是城市的生态基础设施和生态安全的绿色保障（程雅妮，2012；周馨艳，2016）。城市湿地在维持生态系统平衡等方面的重要作用越来越突出，但是由于城市化进程的加快使得湿地生态系统受到破坏，湿地保护、恢复和重建的研究也成为公众关注的焦点（Mioduszewski，2006；Craig et al.，2008；Liu et al.，2009）。人类对湿地破坏及不合理的开发利用，造成湿地景观结构和功能受损、面积减少、水质下降、生物多样性丧失、功能和效益衰退，湿地的研究越来越受到政府和科研工作者的重视（Seitzinger et al.，2002；Zedler，2005；傅强等，2012）。

湿地的研究起源于欧洲，美国最早开始对湿地的恢复重建工作，西班牙、丹麦等欧洲国家在湿地的恢复工作上也取得一些显著性成果（章光新等，2008）。目前，国内外对湿地水质净化功能的研究多侧重于湿地污水处理和拦截（Raisin et al.，1997；Kovacic et al.，2000；成水平等，2002），运用具体的技术成果来恢复湿地。国内近几年对湿地的研究主要侧重在对湖泊生态系统的研究，取得的应用性成果逐渐推动了湿地研究，采用工程技术、植物修复技术等来修复受损湿地生态系统的研究也越来越多。例如，澳大利亚通过种植水生植物修复重金属沉积湖泊的湿地生态系统（Chambers et al.，1994），荷兰的De Meije湿地对大型植物收割移除氮磷的效果显著（Meuleman et al.，2004），美国对密西西比河上游的生态恢复，加拿大的湿地资源保护，国内对湖滨湿地工程技术、水生植被恢复工程技术和人工浮岛工程技术等湖滨带生态恢复技术的提出（叶春等，2004）等。贵州威宁草海湿地生态恢复是中国湿地生态恢复的典范，武汉东湖沉水植物的成功恢复等都可以恢复水质，而且国内在利用水生植物、水生动物等净化湿地水质的技术在实际治理中也得到越来越多的应用（田应兵，2003；彭剑峰等，2004；陈继翠，2015）。

2. 水体的富营养化研究

水体的富营养化是由于人类活动对水环境的干扰而使水中营养盐，主要是氮磷含量增加，导致水体生态平衡失调，并使其成为近年来备受关注的水环境问题之一（Schindler，2006；Smith and Schindler，2009）。水体富营养化是国内外面临的共同问题，据统计全球近三分之一的湖泊和水库等水体都遭受到不同程度富营养化的影响（王晓菲，2012）。富营养化的水体会带来水体溶解氧降低、藻类过多、水体透明度下降、鱼类死亡等一系列问题，破坏了原有的水生生态系统的结构和功能，同时也使水资源越来越紧缺。水华的发生就是水体富营养化最典型的问题，其原因就是水中藻类的过快增长，生物多样性下降甚至物种的灭绝，致使水体食物链和生存环境被损害，形成水体的恶性循环，水体自净能力下降，难以维持自身稳定（Platt et al.，1984；龚志军等，2001；袁龙义等，2004）。因此，治理水体的富营养化一直以来都是生态环境恢复和保护研究者的重点方向。

近年来，国内外针对富营养化水体的治理和修复开展了更加深入的探索和研究，积累了不少经验。利用多稳态理论和生物操纵技术的综合水生生态修复治理技术已经成为富营养化水体治理的发展趋势。恢复水体的自我调节、自我恢复和自我净化能力，构建健康的水生生态系统对治理富营养化水体起到较好的效果。国内研究者利用水生生物的人工生态系统修复技术对富营养化水体修复，具有一定的效果，既充分利用水生高等植物在空间和时间上的差异，同时结合水生动物食物链之间的关系，发挥上/下行效应维持水生生态系统的稳定性。例如，闫玉华等（2008）利用狐尾藻（*Myriophyllum verticillatum*）、梭鱼草（*Pontederia cordata*）和睡莲（*Nymphaea alba*）等水生植物与鲢鱼（*Hypophthalmichthys molitrix*）、鲫鱼（*Carassius auratus*）搭配组合的生态系统，对去除水体氮、磷营养盐，抑制藻类起到一定效果；肖小雨等（2014）利用鲢鱼、中华圆田螺（*Cipangopal-udina cahayensis*）、睡莲和黑藻（*Hydrilla verticillata*）联合作用对富营养化水体藻类的抑制作用较好；向文英和王晓菲（2012）利用狐尾藻、水盾草（*Cabomba caroliniana*）、豆瓣绿（*Peperomia tetraphylla*）和鲢鱼、鳙鱼（*Aristichthys nobilis*）对水体总氮的去除率高于单一的鱼类组合；孙云飞（2013）通过研究发现草鱼混养鲢鱼可以降低磷在水体和底泥中的积累等。植物对水体的净化效果一直以来都很受青睐，可以通过自身生长对水体中的营养物质产生富集作用，但是对浮游生物的控制力度较小，对底栖动物的制约作用较弱，因此借助水生动物鱼类形成消费者+生产者的生物链结构，对合理维持水生生态系统的稳定性具有重要作用。水生生物群落恢复使得水生生态系统更加完善，对缓解水体富营养化程度，保护水环境具有重要作用。

27.1.2 水生生物群落主要组成

1. 水生植物

水生植物在水生生态系统中处于初级者地位，能够发挥多种生态功能（刘子刚，2004），通过吸收水体营养物质实现自身生长的同时也可以减少水中氮磷营养盐含量，具有在不同营养级水平上维持自身机制及清洁水体的功能。根据水生植物生活类型可以将其分为四类：挺水植物、浮叶植物、漂浮植物和沉水植物。

不同类型的水生植物对提高水生生物多样性，稳定生态系统具有很重要作用。挺水植物在生长条件适宜的时候要比陆生植物具有更高的生产力（房岩等，2004），而漂浮植物可以为浮游生物、微生物和鱼类提供遮阴、食物和避难场所，其空间分布结构还可以降低水的流速和外界对其的扰动作用，稳定水体底部的沉积物，降低悬浮物，提高水体透明度，为水生生物营造良好的生长环境（Jones et al.，2000；吴湘，2008）。研究发现大型水生植物还能分泌杀藻物质，抑制一些藻类的生长和促进水中其他水生生物的代谢（金相灿，2001）。水生植物对吸收水体氮、磷具有明显效果，如丙旭文等研究发现美人蕉（*Canna indica*）浮床对水产养殖塘总磷和总氮净化率分别达到 72%和 82%（丙旭文和陈家长，2001）。沉水植物一方面可以对底泥起到固定作用，又可以从中吸取氮、磷及其他微量营养物质，能更加有效地截留营养盐，可显著影响营养物质的循环（Clarke and Wharton，2001）。

2. 水生动物

近年来，国内外许多研究人员致力于利用水生动物的吸收作用来净化污水，水生动物可直接吸收污染水体中的营养盐类、有机碎屑、细菌和浮游植物，在净化水质方面取得了明显的效果（张国华等，1997；吕志江等，2010），特别是在水产养殖过程中放养水生动物既能净化水质，又可产生经济效益。鱼类是水体生态系统中的顶级消费者，放养不同食性的鱼类，构建合适的群落对整个水体生态系统的结构和功能产生重要影响。例如，鲤鱼（*Cyprinus carpio*）、鲫鱼等杂食性底栖鱼类，通过扰动底层物质可以为浮游植物的生长提供营养盐类；而滤食性鱼类可以摄食大量的浮游植物，使水域初级生产力较为稳定；食草性鱼类可以控制水生植物的生长，避免水生植物过分生长而影响到光照、溶解氧等水体性质，因此鱼的放养模式会对水质有不同的影响，根据不同鱼的生长习性适当混养，形成全方位的立体养殖格局，有利于充分利用养殖空间，提高鱼产量。其中可净化污水的水生动物主要包括滤食性鱼类、双壳贝类以及小型浮游动物等。例如，国外生态学家在实验室内对不同鱼的控藻效果比较研究，发现鲢鱼能有效控制蓝藻的生物量（Turker et al.，2003）。

3. 底栖动物

底栖动物在水生生态系统中处于次级消费者的地位，影响着水体系统的物质循环和能量流动。一方面通过摄取底泥、浮游生物及动植物腐烂的有机质控制着水体营养物质，如底栖软体动物可通过滤食去除低等藻类等有机颗粒物，对富营养化水体中叶绿素和 COD 有较好的去除效果（卢晓明等，2007）。另一方面自身也可以为水中大型动物，如鱼类提供食物。同时大型底栖动物的种类也可以直接指示水质状况的好坏，不同种类的底栖动物对环境条件的适应性及对污染的耐受力和敏感程度存在极大不同（Brown et al.，1997；Pedersen et al.，2007）。例如，寡毛类底栖动物的数量越多表明水体状况越差；十足目一般出现在水质较好的水体中。因此，研究底栖动物的种类组成、群落结构、时空变化以及物种多样性等特征，是评价湿地生态系统组织、功能、状态、健康的重要指标，在湿地生态系统的监测和评价中独具优势。

4. 浮游生物

浮游生物一般包括浮游植物和浮游动物。浮游植物作为自养性生物对水体环境具有选择性，在一定程度上可以反映水体状况，即水体的营养化程度（Bonilla et al.，2012）。浮游植物一旦过量生长，意味着水体中营养物质不平衡，由此影响水质状况。浮游植物一般是指在水中生长的藻类，可以利用光合作用增加水体中氧气含量和有机物。浮游动物主要包括原生动物、轮虫、枝角类和桡足类，其和浮游植物作为水生生态系统的组成部分，可以为大型水生动物提供食物，组成了水生生态系统中的食物链基础结构（赵秀侠，2013）。浮游动物一方面可以以浮游植物为食控制浮游植物的生长速度，另一方面分解水体有机质，参与水体系统中物质与能量的循环。浮游植物、原生动物的密度和种类还可以作为指示水体环境的指标，用于评价水质状况（吴波等，2006）。

27.1.3 水生生态系统修复技术

水生生态系统恢复技术的研究是水体富营养化控制的新方向，它利用生态工程学原理恢复受损或退化的水生生态系统，即利用水生生物吸收氮、磷元素进行代谢活动以去除水体中氮、磷等内源性营养物负荷的方法（黎明等，2007；杨清海等，2008），主要包括以植物为主的植物修复技术、以水生生物为主的生物操纵技术、以微生物为主的微生物修复技术。本章将主要介绍前两者的技术原理。

1. 水生植物的修复技术

水生植物是水体生态系统的重要组成部分和主要初级生产者，是水生生态系统中生物物质和能量的供给者，对生态系统的物质循环和能量流动起调控作用（倪乐意，1999）。由于植物生长过程所带来的一系列生态效益，水生植物被广泛应用于对富营养化水体的修复。在这里根据本研究特点主要介绍城市水体修复的主要技术——植物浮岛。

植物浮岛（artificial floating island，AFI）技术，又称为人工浮岛技术、生态浮床技术等，是指在水体上通过建造一种能把植物种植在水面上的载体，在遵循自然规律的前提下，在植物生长的过程中吸收水体中氮、磷及有害物质，并可以收割植物将污染物搬离水体，营造一种生态效益和景观效益结合的技术（井艳文等，2003）。植物浮岛具有净化水体，为水生动物提供栖息地，增加水域生态系统的生物多样性，节省土地资源、消波防浪和美化景观等作用（卢进登等，2005；陈荷生等，2005；李英杰等，2007；李翠芬等，2007；潘琦等，2009）。而且重建或恢复湖泊高等水生植物群落以促进系统的正常演替被认为是实现湖泊生态系统恢复的关键（Meerhoff et al.，2003）。因此利用浮岛技术，合理配置植物，对富营养化水体的修复极其重要。

2. 生物操作技术

生物操纵是指通过对一系列湖泊中生物及其环境的操纵，以改善水质为目的的控制有机体自然种群的水生生物管理，其分为经典的生物操纵和非经典的生物操纵两种类型，主要是通过改变鱼类即捕食者的种类组成或数量来控制浮游生物的群落结构，促进滤食效率高的植食性大型浮游动物发展，达到降低藻类生长、改善水质的目的。

经典的生物操纵（traditional biomanipulation）指增加湖泊中凶猛性鱼类数量来减少食浮游生物的滤食性鱼类，增加了大型浮游动物的丰度来抑制浮游植物生长；非经典的生物操纵（nontraditional biomanipulation）指通过减少凶猛性鱼类数量及放养食浮游生物的滤食性鱼类来直接食蓝藻水华的生物操纵模型（Xie and Liu，2001）。一般而言，非经典的生物操纵是利用鱼类的食性来稳定水生生态系统，比较适合浙江地区鱼类的特点。

一些试验研究发现，水生生态系统中鱼类群落的生物量变化会影响到系统的营养结构和水质的变化，鲢鱼、鳙鱼的养殖可以降低蓝藻产生，改善水质（Burke et al.，1986）。El-Shabrawy 和 Dumont（2003）对 Nasser 湖进行研究时发现，浮游动物的数量变化与以浮游生物为食的鱼类数量存在相关关系，浮游生物越多，其对应的天敌鱼类就越少。目前对鲢鱼、鳙鱼的研究较多，但是其放养模式、结构和密度，湖泊类型等对控制藻类的效果都有很大的影响（闫玉华等，2007）。刘建康和谢平（2003）与王海珍等（2004）研究发现，放养密度合理时，鲢鱼和鳙鱼能遏制水华发生。Matthes（2004）在对浮游生物食性鱼生物操纵研究过程中发现，完全去除以浮游生物为食的鱼类不一定有利于生态的恢复，其种群数量应予以考虑。因此生物操纵要想达到比较好的效果，就必须要合理配置鱼的种类和数量。

27.2　研究内容和方法

27.2.1　研究目的和意义

湿地作为重要的生态系统，在物种保护、维持生态系统多样性以及为人类创造经济利益等方面都具有重要作用。健康的湿地生态系统，对保护生态安全和促进经济发展具有重要作用。但是由于人类发展对资源的不合理利用，对湿地保护力度不够，湿地生态环境逐步恶化，水体污染严重，生物多样性减少，湿地生态功能在逐渐消退，湿地资源正面临着严重威胁。因此加强对湿地生态的保护工作，恢复湿地生态系统的功能，对城市发展和人类的生活环境质量的提高都具有极为重要的意义。

西溪湿地有着 1000 多年的历史，但是由于经济发展和人类活动的影响，湿地的生态结构和功能遭到破坏，生物多样性减少，湿地面积大量减少，水体也受到污染等（Wu et al.，2008）。西溪湿地作为城市次生湿地，本身具有很高的生态价值、经济价值和旅游价值。西溪湿地作为杭州的“城市之肾”，其生态保护一直都是一项重要工作。通过底泥疏浚、植被恢复、生物修复、政策法规等一系列措施对西溪湿地加以保护，在一定程度上缓解了湿地生态环境的恶化，保护工作虽然一直在持续，湿地的有效恢复仍然有待于进一步加强。

目前在西溪湿地研究多集中在水—底泥的重金属、氮磷等物质转移和时空变化、土壤的农药残留、浮游和底栖生物多样性、植被景观格局、旅游资源、生态保护和生态系统健康评价等方面（余敏杰等，2007；李睿和戎良，2007；邵学新等，2007，2008，2009；沈琪等，2008；杨倩和李永红，2010；李玉凤等，2010a，2010b；曹晓等，2011；史坚等，2014；季梦成等，2015）。而针对西溪湿地内分布的 2700 多个池塘的具体恢复技术研究较少，池塘是西溪湿地最主要的组成部分，因此池塘生态系统的保护和恢复就成了西溪湿地生态保护的重要内容。而且氮、磷是影响池塘养殖的重要因子，通过对水产养殖的氮、磷分析，提高池塘养殖的物质转化效率，减少养殖污染，保护养殖水环境一直是研究者的目标（周劲风和温琰茂，2004；王彦波等，2005）。西溪湿地被设为景区以来，氮、磷等污染一直是西溪湿地水体富营养化的主要原因（余海霞等，2011；李波等，2016），因此恢复西溪湿地的水生生物群落，合理地改善西溪湿地水质是研究的重点。

本研究作为一个基础性应用研究，希望利用自然生物链的关系，避免水体的二次污染，同时建立水质自净的恢复系统，探索出适合湿地生态系统恢复的模式，更好地保护湿地资源，为今后的西溪湿地生态系统恢复提供技术支撑，并希望对将来水生生物群落恢复和富营养化水体治理的实践具有一定指导意义和示范作用。

27.2.2 研究区域

西溪湿地位于浙江省杭州市西部，总面积约为 11.5 km^2，介于 120°02′E～120°09′E，30°15′N～30°24′N，大部分属于杭州西湖区的蒋村乡，东临紫金港路，西接五常，南至天目山路，北有文二西路。西溪湿地属亚热带季风气候，气候温和、四季分明，雨量充沛，年均温约 16.2℃，年降水量约 1400 mm 左右，无霜期约 240 天，1 月为最冷季，7 月为最热季（杭州市余杭区地方志编集委员会，2015）。土壤主要以红壤和水稻土为主，占总面积的 90%以上。西溪湿地植被以草本为主，地形以低洼湿地为主，加上区内纵横交错的河流和人类渔耕的历史让西溪湿地形成了以鱼塘为主，河港、湖漾、沼泽相间分布的格局（李健娜，2006）。

2003 年西溪湿地生态恢复与保护工程开展，2005 年设立了国内第一个国家湿地公园，采取设立保护区、恢复植被、修复水体等一系列生态恢复措施，2009 年被列入国际重要湿地名录，成为国内第一个也是唯一的集城市湿地、农耕湿地、文化湿地于一体的国家湿地公园（贾兴焕等，2010；陆强等，2013）。

27.2.3 研究内容

本研究主要通过对西溪湿地环境条件、水体特征的调查和分析，结合污染水体的特点进行污染源和生态扰动因子分析，选定适当区域池塘为试验点。以西溪湿地池塘水质恢复为目的，通过建立水生生物群落，对水生植物和鱼类设置不同的处理方式来修复富营养化的池塘水体，探索每个模式对富营养化水体的净化效果，并探寻出最佳的水生生物群落恢复模式，主要包括以下方面。

1）池塘水生生物群落的构建

（1）四大家鱼+鲫鱼对水体的修复研究。

（2）四大家鱼+水生植物对水体的修复研究。

（3）四大家鱼+鲫鱼+翘嘴红鲌（*Erythroculter ilishaeformis*）对水体的修复研究。

2）鱼生长经济补偿效应

以自然状态的池塘作为对照，构建水生生物群落恢复三种模式，并比较三种模式对富营养化池塘的修复效果，结合水环境因子筛选出西溪湿地池塘水质净化的最佳恢复模式。分析鱼和植物生物量与水质之间的关系并利用底栖动物来进一步验证水生生物群落恢复的效果。同时充分利用鱼类养殖技术，遵循生态系统中物质能量的流动规律，进行生态养殖，达到经济效益和生态效益的统一。

27.2.4　研究材料

1. 试验区域水质

本研究试验区在西溪湿地一期虾龙滩区域附近，根据面积和位置选取 12 个池塘作为研究对象。试验时间为 2015 年 9 月至 2016 年 8 月，试验开始前测定未进行任何处理的自然池塘水体的水质，发现水体总体上总氮含量为 3.24 mg/L，总磷含量为 0.22 mg/L，生化需氧量为 18.3 mg/L，pH 为 7.7。而当水体中氮含量大于 0.3 mg/L，磷含量大于 0.01 mg/L，生化需氧量大于 10 mg/L，pH 为 7～9 时，水体就处于富营养状态（Ryding and Rast，1989）。各项指标都显示试验区域池塘处于水体富营养化状态。

2. 试验水生生物选取

1）水生植物

水生植物在水生生物群落的构建、平衡和恢复等过程中起着非常重要的作用。作为初级生产者，促进水体物质和能量的循环。水生植物的遮光效应及分泌的克藻物质，可以很好地控制藻类的生长和维持生态系统的多样性；水生植物的根还可以吸附非生物和生物性物质、附着沉积物、降低悬浮物浓度、提高水体透明度，水生植物可直接吸收水体中氮、磷等营养盐，可实现对水体的净化作用，这也是水生植物被用于富营养化水体治理的重要原因。

通过查阅西溪湿地的相关文献资料，并进行实地考察，以西溪湿地的本土性、适应性、可操作性及净化能力等为基本原则，考虑能否越冬的条件，选取了狐尾藻和香菇草（*Hydrocotyle vulgaris*），建立生态浮岛作为净化池塘水质和水生生物群落恢复的物种。试验水生植物均由杭州天景水生植物园提供，利用 PVC 管作为外框、尼龙绳网作为载体构建一定数量的 4 m×4 m 的浮床框架并用竹子打入水中加以固定位置，浮床上面种植狐尾藻和香菇草，同时根据植物采光要求浮岛集中分布于池塘四周塘堤和中间位置。每个池塘的水生植物面积约占其所在池塘面积的 20%，狐尾藻面积与香菇草的面积比在每个池塘约为 3∶1，具体种植参数如表 27-1 所述。

表 27-1　水生植物的初始相关情况

种类	密度/（丛/m^2）	数量/丛	面积/m^2	生物量/（g/m^2）
狐尾藻	40	23 680	592	4 150
香菇草	200	41 600	208	3 475

狐尾藻（*Myriophyllum verticillatum*），小二仙草科，狐尾藻属，多年生水生草本植物。叶 4～6 枚轮生，羽状分裂；花呈现穗状花序，雌雄同株；茎匍匐生长。具有较强的适应性，在浙江常见于池塘、湖泊、河流浅水处，由于其对水体中氮、磷具有较强的吸收效果，被用作净化水体的先锋物种。

香菇草，又名铜钱草，伞形科，天胡荽属，多年生湿生植物。叶互生，圆盾形，波状缘，叶脉呈放射状。伞形花序，小花白色。植株具蔓生性，茎顶端呈褐色。原产于南美洲，喜温暖湿润和阳光充足的水环境，由于其具有很高的市场价值，经常应用于池塘、沼泽等开放性湿地。

2）水生动物

水生大型动物——鱼类，作为食物链的消费者，不同食性鱼种的放养可以充分利用水体营养物质。基于经典的生物操纵理论，合理配置鱼类养殖可以构建健康的水生生态系统。西溪湿地一二期范围内的池塘达到 1159 个，合理进行养殖将会给湿地增加经济效益。而我们选取的青鱼、草鱼、鳙鱼、鲢鱼、鲫鱼、翘嘴红鲌生活的水层与习性都有所不同，均属于浙江省本地物种，合理的混养对缓解水体富营养化具有重要影响。试验区域鱼苗（幼鱼苗）均购买自西溪湿地管委会并投放到固定池塘，考虑到不同数量组合鱼的生长情况，放养数量根据池塘面积和鱼的食性合理搭配，具体情况见表 27-2。

表 27-2　各个组合之间的动植物单位面积重量配比情况

组合	池塘编号	面积/m^2	鲜重/（g/m^2）							
			青鱼	草鱼	鲢鱼	鳙鱼	鲫鱼	翘嘴红鲌	狐尾藻	香菇草
处理组 1	s01	785	0.83	4.17	11.25	3.75	1.67	—	—	—
	s02	2543	0.83	4.17	11.25	3.75	1.67	—	—	—
	s03	678	0.83	4.17	11.25	3.75	1.67	—	—	—
处理组 2	s04	2211	4.17	0.83	11.25	3.75	—	—	4150	3475
	s05	1819	4.17	0.83	11.25	3.75	—	—	4150	3475
	s06	1590	4.17	0.83	11.25	3.75	—	—	4150	3475
处理组 3	s13	1022	0.83	0.83	11.25	3.75	1.67	3.41	—	—
	s14	1421	0.83	0.83	11.25	3.75	1.67	3.41	—	—
	s15	3216	0.83	0.83	11.25	3.75	1.67	3.41	—	—
对照组	sck1	1208	—	—	—	—	—	—	—	—
	sck2	2158	—	—	—	—	—	—	—	—
	sck3	1613	—	—	—	—	—	—	—	—

—表示无数据

青鱼（*Mylopharyngodon piceus*），鲤科，青鱼属，体较长，体背青黑色，头宽而平扁，无须，身体两旁的侧线明显。池塘中的主要养殖对象，为我国淡水养殖的“四大家鱼”之一。栖息在水的中下层，食物以螺蛳、蚌、蚬、蛤等为主，为杂食性鱼类。

草鱼（*Ctenopharyngodon idellus*），鲤形目，鲤科，草鱼属，又称为鲩鱼、草鲩等。体型延长，亚圆筒形，青黄色，鳍灰色，鳞片边缘黑色。头宽平，口端位，无须。生长迅速，为我国淡水养殖“四大家鱼”之一。多栖于水体中下层和近岸多水草处，为典型的草食性鱼类。

鲢鱼（*Hypophthalmichthys molitrix*），鲤科，鲢属，又称为白鲢。鲢鱼头大，吻钝圆，口宽，体较侧扁，背部青灰色，鳞片细小，眼睛位置很低，为我国主要的淡水养殖鱼类之一。其生活在水域的中上层，以浮游生物为食，属于典型的滤食性鱼类。

鳙鱼（*Aristichthys nobilis*），鲤科，鳙属，又称为花鲢、胖头鱼等。体侧扁，较高，眼位于头侧下方，头前半部较小，头长大于体高，吻短而圆钝，背部及两侧上半部微黑，腹部灰白，两侧有许多不规则的黑斑。鳙鱼生长在淡水湖泊、河流、水库、池塘里，为著名的“四大家鱼”之一。多分布在淡水区域的中上层，以浮游生物为食的鱼类，属于滤食性鱼类。

鲫鱼（*Carassius auratus*），鲤科，鲫属，又称为鲋鱼。体长呈流线形，体高而侧扁，背部青褐色，腹部银灰色，鳞片较大，侧线微弯，口端位，无须。其分布广，食用价值较高，主要的淡水鱼种。鲫鱼属底层鱼类，是主要以植物为食的杂食性鱼类。

翘嘴红鲌，鲤科，红鲌属。翘嘴红鲌体细长，侧扁，呈柳叶形，头背面较平直，上颌短，下颌厚而突出并向上翘，体背部及体侧上部灰棕色微绿，体侧下部及腹部银白色，背鳍、尾鳍呈淡红色。广泛分布于我国长江中下游地区各水域，多栖息于大型湖泊和江河的中上层，是以活鱼为主食的凶猛肉食性鱼类。

3. 试验方案设计

本实验采用两种水生植物 6 种淡水鱼进行搭配组合，设置 3 组不同的生物群落恢复组合，1 组空白对照组即为自然状态下的池塘，每组 3 个重复，共计 12 个池塘。每组池塘位置基本相近，初始条件一样。在试验之前对 3 个处理组全部进行清除底部淤泥处理，清淤前平均淤泥厚度为 0.6 m，平均水深为 1.36 m；清淤后平均淤泥厚度为 0.05 m，平均水深为 2 m，为水生生物的生长提供初始的原生环境条件。水生植物和鱼具体配比情况如表 27-2 所示。

具体每个处理组合情况如下所示。

处理组 1：“四大家鱼”+鲫鱼（青鱼、草鱼、鲢鱼、鳙鱼、鲫鱼）

处理组 2：“四大家鱼”+水生植物（青鱼、草鱼、鲢鱼、鳙鱼、狐尾藻、香菇草）

处理组 3：“四大家鱼”+鲫鱼+翘嘴红鲌（青鱼、草鱼、鲢鱼、鳙鱼、鲫鱼、翘嘴红鲌）

对照组：无植物、无鱼

27.2.5　取样和测定方法

1. 样品的采集

2015 年 9 月前为准备工作，基本资料整理及实地考察，各种措施包含种植水生植物和放养鱼类的野外落实，9 月开始进行水质监测，除了特殊天气（雨、雪、台风等）不能外出采样推迟外，每个月中旬进行水质取样，数据作为每月数据代表，进行为期一年的水质调查，共计 12 次取样。由于生长较慢，水生植物取样是根据植物种植时间及生长季节来进行季度取样，考虑野外取样的难度，分别在水生植物种植的 9 月、冬季时节的 1 月、春季时节的 5 月、夏季 7 月取样，作为观察植物生长趋势的依据。由于西溪湿地属于杭州景区，试验区域又位于游人常去区域，大规模的按照一般鱼塘捕捞鱼的方法不可行，进行生长情况详细的调查比较困难，故在征得西溪湿地景区管委会的同意下，由管理部门协助选取部分代表性鱼塘进行小规模的取样，以此来估算鱼的生长情况。在水质调查结束之后对底栖动物取样，作为指示水质和反应水生生物群落构建情况的指标。

2. 水样的采集与测定

从西溪湿地试验区域的 12 个池塘分别采集 1 L 水样装入采样瓶中带回室内分析，根据池塘周边能采样区域采样点尽量均匀分布，固定位置定期采样。主要测量水体的物理指标和化学指标，主要测量指标和方法如下所述。

物理指标：水温（water temperature，T）：便携式温度计测量。

电导率（electronic conductivity，EC）：哈希 HQ30d 便携式电导率仪器测定。

透明度（transparency）：塞氏透明度盘。

pH：上海雷磁便携式酸度计。

化学指标：溶解氧（dissolved oxygen，DO）：哈希 HQ30d 便携式溶解氧仪器测定。

总氮（total nitrogen，TN）：碱性过硫酸钾紫外分光光度法（HJ 636—2012）。

总磷（total phosphorus，TP）：钼酸铵分光光度法（GB11893—89）。

化学需氧量（chemical oxygen demand，COD_{Mn}）：酸性高锰酸钾盐指数法（GB 11892—89）。

生化需氧量（biochemical oxygen demand，BOD_5）：OxiTop ® IS 12 无汞压力法测定。

3. 水生植物的采样与测定

2015 年 9 月，2016 年 1 月、5 月和 7 月在西溪湿地实验区域处理组中选取 3 个植物长势相近的区域，以 50 cm × 50 cm 的样方分别在水生植物生长不同位置，用网打捞样方内所有水生植物，洗净，挑出杂质后现场测定植物鲜重，并取部分样品带回室内，装入信封，80℃烘干至恒重，称量干重。

植物称完干重后用高速旋转研磨仪（FM100）磨碎，过 100 目筛，测定植物的总氮含量。其中总氮的含量用元素分析仪（EURO EA）测定，全磷含量使用硫酸-高氯酸消解，用钼锑抗比色法测定，提取待测液在 700 nm 用紫外分光光度计比色算出植物磷含量。

4. 鱼的取样及测定

鉴于试验区域在西溪湿地旅游景区，景区对湿地的管理较为严格，虽然本研究在西溪湿地具有使用池塘的资格，但还需要遵守西溪湿地管理规定。经过多方协议之后，在西溪湿地管理人员的协助和当地渔民的帮助下，使用网目 7 cm，长度为 1.5 m × 50 m 的沉网，根据每月水质取样时对池塘鱼类生长的肉眼观测，在每个组合选取具有代表性生长趋势的池塘作为鱼的取样池塘。记录生物量或质量（g）和生物密度（g/m^2）。同时现场用量鱼板测量鱼体的长度，包含全长（cm）和体长（cm），其中全长是指鱼的吻端至尾鳍末端的长度，体长是指鱼的吻端至尾鳍中央鳍条基部的直线长度。

27.2.6　试验数据分析

数据的统计分析采用 Microsoft Excel、SPSS 19.0 统计软件，图形绘制使用 Origin 9.0，方差分析使用单因素方差分析（one-way variance analysis）检验，进行多重比较。去除率的计算公式为：去除率=（取样时对照组浓度–取样时处理组浓度）/取样时对照组浓度×100%。

27.3　结果与讨论

27.3.1　水生生物群落恢复及水质净化

按照试验方案，从 2015 年 9 月开始对西溪湿地研究区域池塘进行水质监测，通过水质情况来反映每个处理组的效果，探讨和分析每个处理组的水质变化并且综合对比分析对水质净化效果明显的组合，以此来验证试验研究的效果。

1.“四大家鱼”+鲫鱼（处理组 1）对水体净化试验结果

本试验处理组组合主要是按照池塘面积以放养青鱼、草鱼、鲢鱼、鳙鱼、鲫鱼为主，考虑到这几种鱼类在水体中生活的水层不同、食性也不同，可以综合利用水中的营养资源。“四大家鱼”是浙江省水产主要养殖的淡水经济鱼，对当地的水体适应性较强，可以作为基础鱼种养殖，而且“四大家鱼”在水层的不同深度活动可以促进水体中物质和能量的迁移和转化，扰动水体增加水中的氧气，为浮游生物的生长提供有利条件。

1）“四大家鱼”+鲫鱼（处理组 1）对水质物理性质的影响

主要通过分析水体的温度（T）、电导率（EC）、透明度、pH 与对照组做比较来反映处理组 1 水体的变化情况，具体变化趋势如图 27-1 所示。

从图 27-1A 可以看出，处理组 1 与对照组之间的温度差异不是很大，无显著性差异（$P=0.919$），温度相差不超过 1.6℃，冬季（12 月、1 月、2 月）温度普遍较低，冬季过后温度回升，水温的变化跟季节有关。图 27-1B 反映处理组 1 的 pH 变化情况，无显著性差异（$P=0.81$），在这 12 个月中每个月的 pH 与对照组相差不超过 1，总体呈现中性，对照组与处理组在 2 月、3 月、4 月水体 pH>7，呈现碱性。从图 27-1C 中处理组与对照组的电导率变化中可以看出，除了在秋季（9 月、10 月、11 月）处理组 1 的值高于对照组外，其余月份的值都低于对照组，差异不显著（$P=0.363$），冬季减少 12%，春季（3 月、4 月、5 月）减少 9.65%、夏季（6 月、7 月、8 月）减少 10.99%，最终电导率降低的百分比为 25.92%。图 27-1D 中水体透明度与对照组之间差异显著（$P=0.025$），除冬

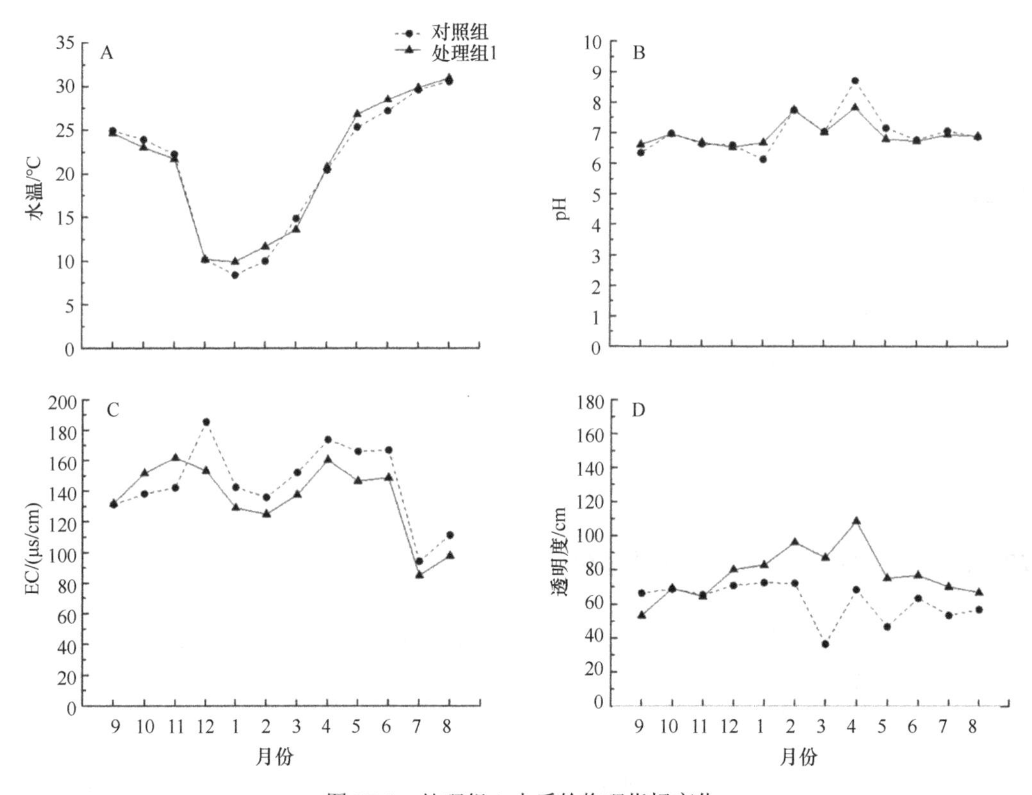

图 27-1 处理组 1 水质的物理指标变化

A. 温度的变化；B. pH 的变化；C. EC 的变化；D. 透明的变化

季处理组 1 水体透明度效果不是很明显外，其他季节处理组的透明度明显高于对照组，3 月高达 50.7 cm，4 月处理组 1 透明度达到 108 cm。总体而言，从每月的处理组 1 与对照组的变化情况上看，处理组 1 的温度、pH 和电导率之间差异不显著但是低于对照组，处理组 1 的透明度与对照组差异显著，情况较好。

2）“四大家鱼”+鲫鱼（处理组 1）对水质化学性质的影响

水体化学指标的变化直接反映出水质污染的状况，通过对照组与处理组 1 之间的变化，观察养殖不同种类组合的鱼对水体总氮、总磷、COD_{Mn}、BOD_5、DO 的影响：处理组 1 与对照组之间进行差异性分析，发现总体的这四个化学指标差异不显著（$P_1 = 0.64$；$P_2 = 0.226$；$P_3 = 0.0104$；$P_4 = 0.749$）。从图 27-2A 中看出，处理组 1 除了 5 月的 TP 高于对照组外，其余月份都低于对照组总磷，相差最大达到 0.03 mg/L，冬季去除率最高达 33%。图 27-2B 中，处理组 1 在秋季和冬季的 TN 值明显低于对照组，其中 9 月低于 0.19 mg/L，10 月低于 0.22 mg/L，11 月低于 0.15 mg/L，12 月低于 0.4 mg/L，1 月低于 0.31 mg/L，2 月低于 0.1 mg/L，秋季处理组 1 与对照组相比 TN 的去除率达 23.77%，冬季达到 22.39%，但是春季和夏季时段，处理组 1 的效果与对照组相比较差。从图 27-2C 中看出，处理组 1 与对照组的变化趋势基本一致，秋季 COD_{Mn} 总体偏高，但是处理组 1 的 COD_{Mn} 的值明显低于对照组，冬季处理组 1 比对照组的 COD_{Mn} 低 5.45 mg/L，冬季、春季、夏季分别低于 2.73 mg/L、4.0 mg/L、4.61 mg/L，去除率分别为 23%、26%、27%

和 26%。图 27-2D 反映出秋季处理组 1 与对照组相比 BOD_5 的去除率达到 19.61%，整体季节变化情况为秋季、冬季呈下降趋势，春夏季节上升，整体低于对照组的 BOD_5 值，冬季去除率最高，达 65%，夏季最低，为 16%。

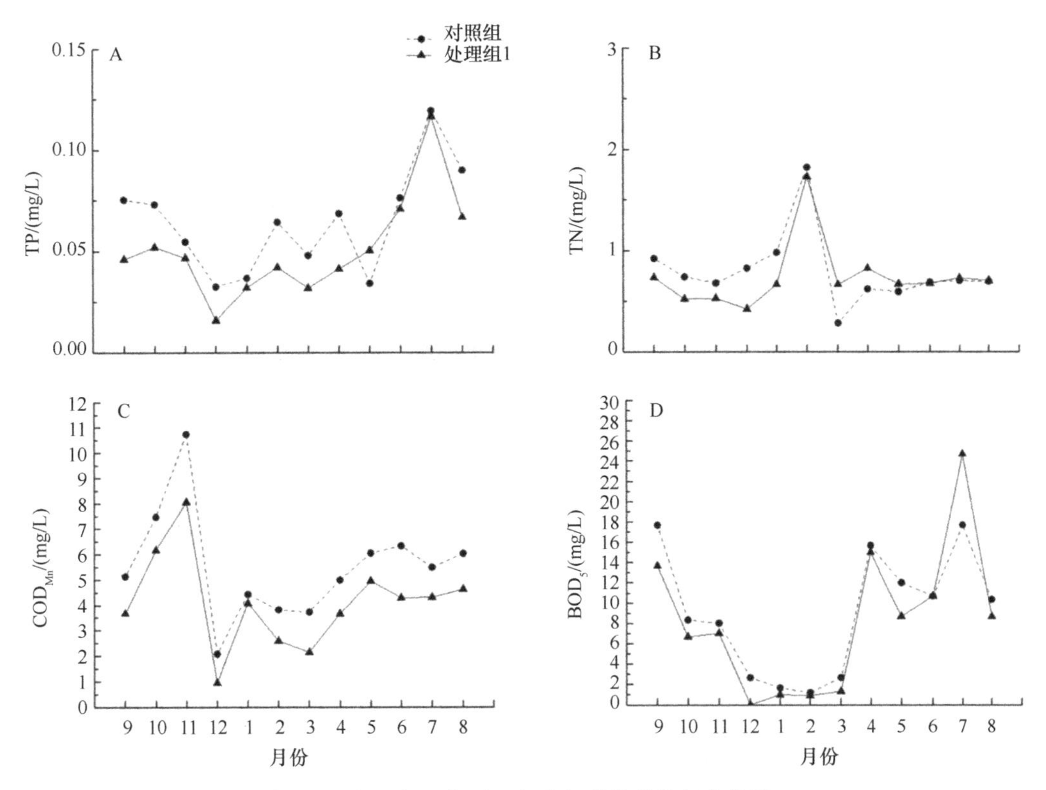

图 27-2　处理组 1 与对照组之间的化学指标变化情况

A. TP 的变化情况；B. TN 的变化情况；C. COD_{Mn} 的变化情况；D. BOD_5 的变化情况

溶解氧的变化关系水体生物的生命活动，从图 27-3 可以看出处理组 1 在冬季 DO 较高，其余季节差距不明显。一年的观察发现处理组与对照组呈现先增后减的变化趋势，说明季节对溶解氧的变化有重要影响，但是总体与对照组之间差异不显著（$P = 0.673$）。

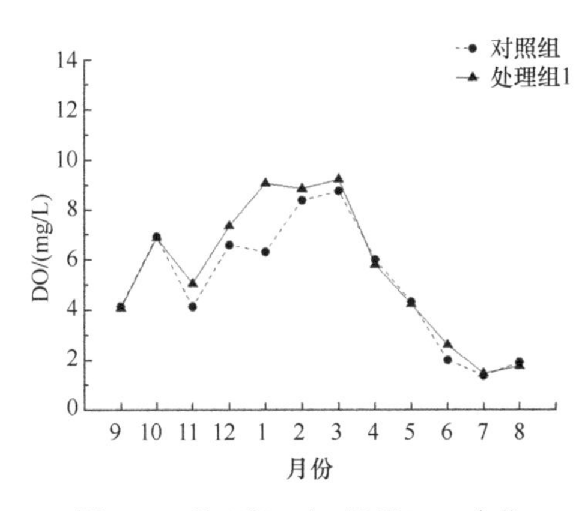

图 27-3　处理组 1 与对照组 DO 变化

2.“四大家鱼”+水生植物（处理组 2）净化试验结果

在考虑“四大家鱼”作为基础养殖的基础上，配置合适的水生植物，有利于池塘生态系统自净能力的恢复。西溪湿地已有狐尾藻和香菇草的分布，通过对这两个物种的生长习性的调查和分析，考虑在不破坏西溪湿地原有物种的前提下，征得西溪湿地管理部门的同意，选取这两个物种作为本研究区域水质恢复的先锋种。考虑种植期间试验池塘水深超过狐尾藻和香菇草的生长极限，故此采用生态浮岛，将水生植物种植在有机材料做成的浮岛上面，使植物直接从水体中吸收营养物质。利用“四大家鱼”在水体中的不同生活习性、植物生长在不同水层并吸收营养盐类，实现一种近乎立体的水生生物群落恢复，通过物质和能量之间的循环和流动，构建消费者+生产者于一体的模式，提高水体自身净化能力。

1）“四大家鱼”+水生植物（处理组 2）对水质物理性质的影响

处理组 2 的水质物理指标的选取同处理组 1，从图 27-4 中可以看出：图 27-4A 中处理组 2 的温度大部分月份比对照组的温度高，整体变化趋势与对照组差别不大，差异不显著（$P = 0.829$），随着季节变化温度先降低后升高。图 27-4B 中处理组 2 除了在 2 月、3 月、4 月的 pH（分别为 7.59、7.09、8.21）偏碱性，其他月份水质 pH 较为稳定，总体

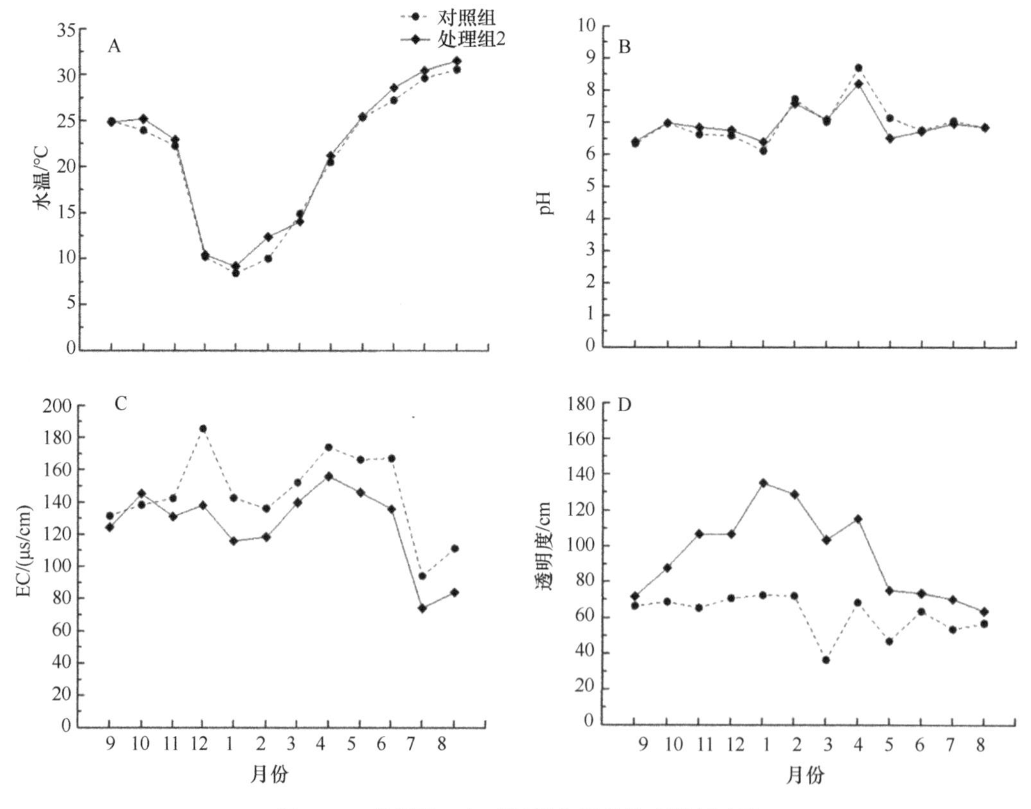

图 27-4　处理组 2 与对照组之间的物理指标变化

A. 温度的变化；B. pH 的变化；C. EC 的变化；D. 透明度的变化

而言与对照组差异不显著（P = 0.831），但是处于鱼类生长范围。从图 27-4C 中可以看出，处理组 2 的电导率除了在 10 月比对照组高 7.07 μs/cm，其他月份处理组 2 的值都低于对照组，秋季相对于对照组降低幅度达到 2.73%，冬季、春季、夏季相对于对照组降低幅度分别达 19.83%、10.31%和 21.14%，说明水生植物和“四大家鱼”的处理方式对水体中杂质的去除效果较好。图 27-9D 中处理组 2 的透明度明显高于对照组，与对照组之间差异极显著（$P < 0.01$）。1 月、2 月和 3 月高达 62.67 cm、56.67 cm 和 67.0 cm，冬季和春季处理组 2 的透明度最高，数据显示处理组 2 在冬季高出对照组 51.78 cm，春季高出对照组 47.33 cm，说明水生植物经过一段时间的生长之后对降低水体的浑浊程度起到一定作用，植物通过吸收水中营养物质生长，其根、茎吸附水中的悬浮物质，这对提高水体透明度产生重要影响。

2）“四大家鱼”+水生植物（处理组 2）对水质化学性质的影响

水体中氮磷含量一直作为指示富营养化水体的主要因素。图 27-5 中，处理组 2 总磷含量在 1 月比对照组高 0.04 mg/L，其余时段都低于对照组，波动变化。秋季水生植物种植后，水体的总磷含量在 9 月和 10 月低于对照组，分别为 0.04 mg/L 和 0.06 mg/L，去除率达 51%；冬季处理组 2 对水体 TP 的对比效果不明显，去除率只有 6%；春季之后温度有所上升，植物生长速度增加，在 3 月、4 月低于对照组，为 0.03 mg/L 和 0.03 mg/L，去除率达到 44%；夏季由于植物的生长趋势受高温影响较差，去除率只有 32%。图 27-5

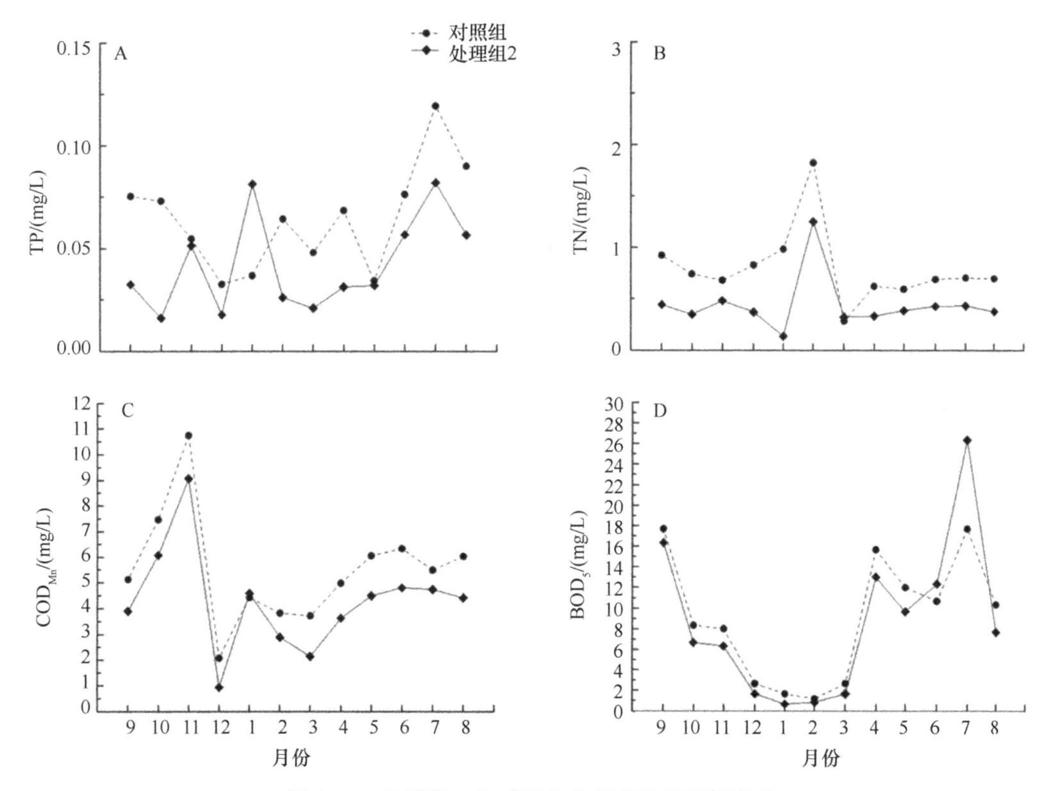

图 27-5 处理组 2 与对照组之间的化学指标变化

A. TP 的变化；B. TN 的变化；C. COD_{Mn} 的变化；D. BOD_5 的变化

中处理组 2 的总氮含量低于对照组，总体变化趋势是秋冬季节 TN 含量增加，春夏季降低趋于平缓，但是秋季、冬季与对照组相比去除率达到 46%和 52%，春季、夏季为 31%、41%，说明植物在生长过程中对氮、磷具有吸收作用，可以减轻水体中氮、磷含量。而且处理组 2 与对照组之间 TP 差异显著（$P = 0.039$）；与对照组的 TN 差异极显著（$P = 0.006$），说明植物对水体氮磷吸收效果好。

COD_{Mn} 与 BOD_5 可以反映水体污染情况，一般值越高，污染程度越高。图 27-5C 中处理组 2 的 COD_{Mn} 值在秋季增加，11 月达到最高，随后 12 月降低，3 月后趋于平缓。与对照组相比，秋季去除率达到 18.5%，冬季达 18.58%，春季和夏季分别为 30.45%和 21.73%。图 27-5D 图中处理组 2 的 BOD_5 变化趋势为冬季最低，春夏季升高，与 COD_{Mn} 的冬季值降低，春夏季上升趋势一致，对照组冬季的 BOD_5 也较低，但处理组 2 的值也比其低。虽然处理组 2 与对照组之间 COD_{Mn}、BOD_5 差异不显著（$P_1 = 0.156$；$P_2 = 0.87$），但是总体每月对照组的值高于处理组 2，说明温度影响水体中有机物分解的同时，水生动植物也具有一定的作用。

溶解氧的变化直接反映水体中氧气的含量，一般情况下水温直接影响溶解氧的多少，冬季水体中溶解氧含量要高于夏季，溶解氧含量越低就会使水体生物生长缺氧，形成厌氧环境，污染水体。从图 27-6 中可以看出，处理组 2 和对照组的溶解氧含量冬季最高，比对照组还高出 5.13 mg/L，冬季过后逐渐降低，春季差值最小，夏季值最低，总体溶解氧大于对照组，但是差异不显著（$P = 0.316$）。

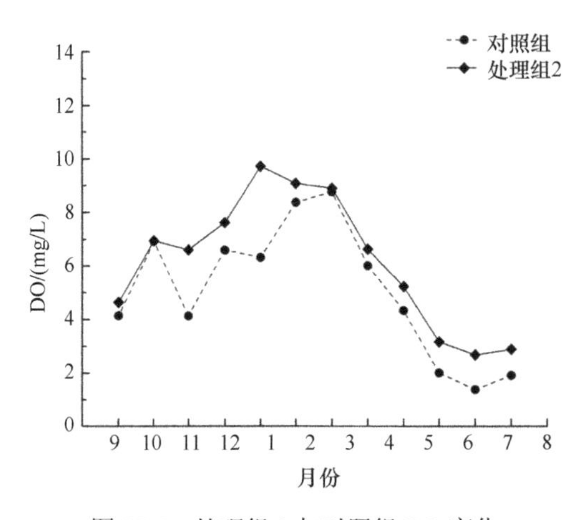

图 27-6　处理组 2 与对照组 DO 变化

3.“四大家鱼”+鲫鱼+翘嘴红鲌（处理组 3）净化试验结果

不同水层的鱼的生活习性不同，不同鱼类之间除自然死亡和人类捕捞外基本没有天敌的影响。组合中配以营养价值和市场价值较高的鲫鱼，是滤食性鱼类。因此我们在处理组 1 的基础上考虑肉食性鱼类——翘嘴红鲌。运用生物操纵技术理论，通过增加鱼类之间的竞争，控制滤食性鱼的生长，从而保护浮游生物的生长，提高水生生物多样性，避免因为滤食性鱼类的过度取食而影响到水生生物结构。通过合理放养肉食性鱼类，可以实现对水生生态学系统的科学调控。

1）"四大家鱼"+鲫鱼+翘嘴红鲌（处理组 3）对水体物理指标等影响

从图 27-7A 可以看出，处理组 3 温度变化趋势同处理组 1 和处理组 2 一样，差异不显著（$P=0.96$），温度与季节相关，冬季温度低，夏季温度高，处理组 3 与对照组之间差别不大。从图 27-7B 中可以看出，秋季、冬季和夏季，处理组 3 的 pH 高于对照组水质，春季总体低于对照组，整体偏碱性，除了 4 月整体水质 pH 异常增加外，整体波动不大，有利于水生生物的生存。处理组 3 的电导率除了在 3 月和 9 月值比对照组高外，其余月份均低于对照组，但是与对照组相比总体差异不显著（$P = 0.195$）。从图 27-7C 中看出，EC 的值对照组和处理组 3 的基本趋势一致，秋季和春季上升，冬季和夏季降低，但是与对照组比较冬季降低幅度最高达到 16.63%，12 月相差最大为 34.37 μs/cm。图 27-8D 中处理组 3 在 12 月、1 月、2 月、3 月和 5 月的透明度比对照组高，分别高出 16.33 cm、12.67 cm、18.0 cm、23.0 cm 和 18.33 cm，10 月、7 月和 8 月均高出 3.33 cm，四个季度中 2/3 的月份透明度要高于对照组，说明处理组 3 水体的悬浮物和杂质较少，但是与对照组之间差异不显著（$P=0.426$）。

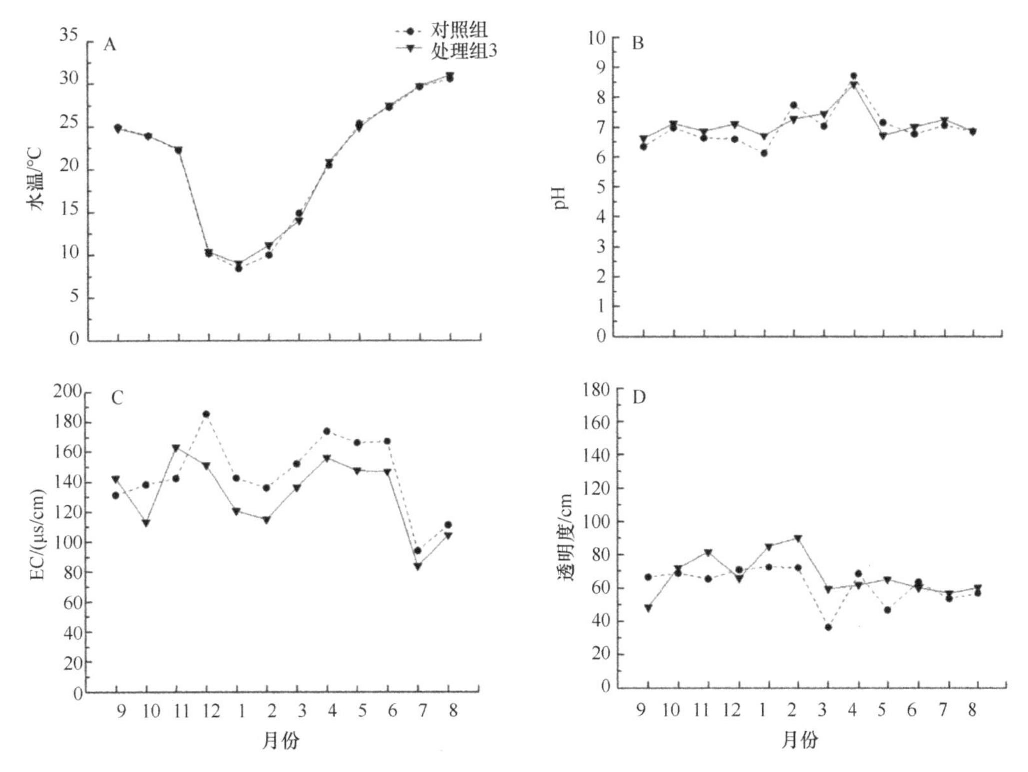

图 27-7　处理组 3 与对照组之间的物理指标变化

A. 温度的变化；B. pH 的变化；C. EC 的变化；D. 透明的变化

2）"四大家鱼"+鲫鱼+翘嘴红鲌（处理组 3）对水体化学性质影响

从图 27-8A、B 图中可以看出，处理组 3 中水体的 TP 波动比 TN 的波动大，这可能是由于处理组 3 所在池塘受邻近河道的影响，但总体的值低于对照组值，差异不显著（$P=0.197$）。处理组 3 在 1 月、3 月、5 月和 6 月总磷的值比对照组高，为 0.01 mg/L、

0.01 mg/L、0.02 mg/L 和 0.01 mg/L，但是在秋季和对照组相比的去除率为 57.34%，可能由于落入池塘的掉落物分解使得冬季效果不是很好。图 27-8B 中处理组 3 总氮除了在 11 月比对照组高 0.04 mg/L 外，其余月份均低于对照组。2 月对照组的总氮含量高达 1.82 mg/L，为处理组 3 试验阶段最高总氮含量值，处理组 3 的总氮含量只有 0.51 mg/L，而且整个试验期间总氮的最高值也只有 0.72 mg/L，说明处理组 3 相对于对照组而言，总氮的波动不大，较为平缓，与对照组相比差异显著（$P = 0.024$）。

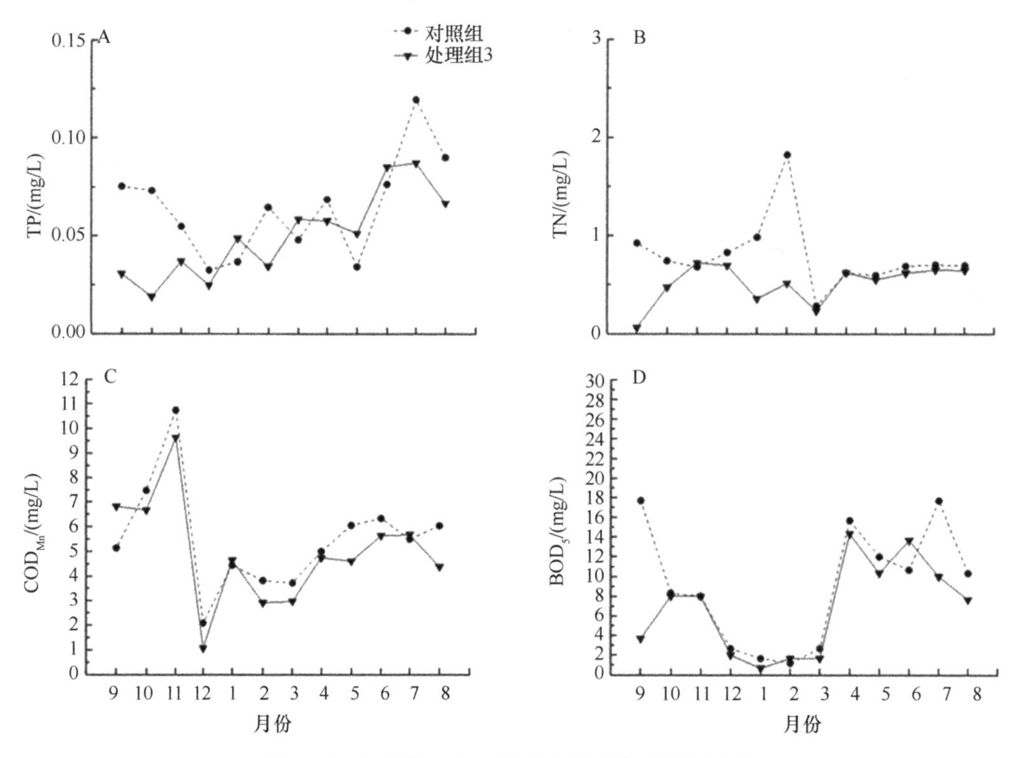

图 27-8　处理组 3 与对照组之间的化学指标变化

A. TP 的变化；B. TN 的变化；C. COD$_{Mn}$ 的变化；D. BOD$_5$ 的变化

图 27-8C、D 图中处理组 3 的 COD$_{Mn}$ 与 BOD$_5$ 趋势与对照组的趋势基本一致，当 COD$_{Mn}$ 值升高的时候，BOD$_5$ 的值也增加，但是与对照组差异不显著（$P_1 = 0.52$；$P_2 = 0.405$）。COD$_{Mn}$ 的值在 9 月、1 月与 7 月的值高于对照组，分别高出 1.68 mg/L、0.21 mg/L 和 0.18 mg/L，其余月份低于对照组，春季和对照组相比去除率达到 16.57%。处理组 3 中的 BOD$_5$ 除了在 2 月和 3 月比对照组高 0.49 mg/L 和 3.0 mg/L 外，冬季值较低，春夏季值较高与 COD$_{Mn}$ 的趋势一致，这可能与水体中溶解氧的含量相关，温度较低时候，水体中溶解氧含量较高，水中有机物等在低温状态活动性较弱，故此 COD$_{Mn}$ 与 BOD$_5$ 的值较低；而当气温回升，水体中有机物等活动增加，COD$_{Mn}$ 与 BOD$_5$ 的值较高。

图 27-9 中处理组 3 的溶解氧含量在冬季随着温度降低而升高，与温度的变化趋势相反。与对照组相比处理组 3 的溶解氧含量较高，与对照组相比存在显著性差异（$P = 0.049$），除了跟温度相关可能也和肉食性翘嘴红鲌在摄食过程中对水体的扰动增加了水体溶解氧含量有关。

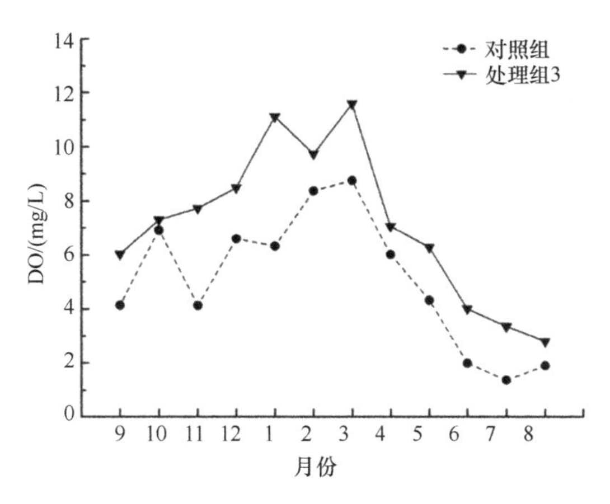

图 27-9　处理组 3 与对照组 DO 变化

4. 三种不同处理对水体修复的效果比较

通过分析季节条件变化下，不同组合对富营养化水体的修复效果，发现不同组合对水体的物理和化学指标的影响效果存在不同。在物理性质方面除了透明度之间存在差异，其他变化差别不大，每个处理组的效果差异主要体现在化学指标的变化。单一的滤食性鱼类为主的处理组 1 对水体的 COD_{Mn} 去除效果较好，水生植物组合的处理组 2 对水体氮磷的去除效果、提高水体透明度和 BOD_5 的去除效果最好，肉食性的翘嘴红鲌对增加水体中溶解氧含量效果明显，但是综合效果来看，处理组 2 的效果最为明显，具体分析如下。

用 SPSS 对数据采用多重比较分析，其中数据表示为均值±标准误差；其中图 27-10 中不同小写字母表示存在显著性差异（$P < 0.05$）；两个字母表示与其任何一个相同的字母差异都不显著。

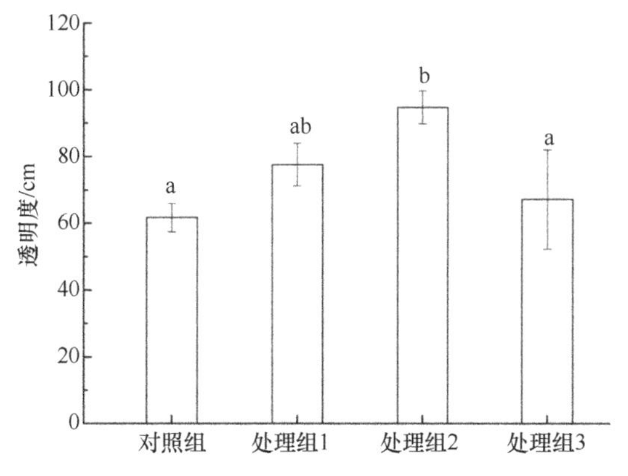

图 27-10　不同处理组的透明度平均值

从图 27-10 可以看出，处理组 2 的透明度明显高于对照组和处理组 3，与对照组相比存在显著性差异（$P = 0.028$）；与处理组 3 相比，差异显著（$P = 0.049$），与处理组 1 之间差异不显著（$P = 0.233$），但是结果高于处理组 1。说明水生植物对提高水体透明度具有重要作用，一方面植物降低水体中悬浮物质的含量，另一方面“四大家鱼”对浮游植物的控制，减少了水体的浊度，提高了水体透明度，增加了水中的光照条件，既有利于浮岛水生植物狐尾藻和香菇草进行光合作用，也有利于水中浮游生物生长和水生生态系统的健康运行。光照对水生植物，尤其是狐尾藻的生长和发育具有很大的影响。有关学者在研究水生植物对光合作用的影响时发现，与狐尾藻相同形态的穗状狐尾藻（*Myriophyllum spicatum*）植株的下部形成没有叶片的茎，对光的要求较高，自然条件下光照强度和日照时间都可能限制其生长（苏文华等，2004；王祎等，2007），说明水体透明度的提高对植物和水质都产生有利影响，因此，种植水生植物对养殖池塘的透明度提高具有明显的效果。

处理组 3 的透明度比处理组 1 低，这可能是处理组 3 由于放养肉食性鱼类翘嘴红鲌在生长和捕食的过程中对水体容易造成扰动，而且鱼在生长过程中也会向水中排放粪便，在分解的过程中产生的物质可能影响水体的透明度。因此处理组 2 的效果要优于其他处理组。

水体溶解氧的含量与温度具有一定相关性，一般温度越高溶解氧含量越低。试验期间处理组和对照组的溶解氧含量与水温的变化趋势相反，秋冬季节温度低溶解氧含量却高，春夏季节温度高溶解氧含量低。这是因为水体中温度降低，水体中微生物活动和有机质分解速度变慢，耗氧量减少，因此水体溶解氧含量较高。

分析图 27-11 发现处理组的平均溶解氧含量均高于对照组，其中处理组 3 与对照组之间的水体溶解氧含量差异极显著（$P = 0.007$），说明肉食性的翘嘴红鲌的活动，可以增加水体中溶解氧含量。而且处理组 1 与处理组 3 之间存在显著性差异（$P = 0.022$），进一步说明翘嘴红鲌摄食的过程中扰动水层的生活习性会影响到水体溶解氧含量并且对构建消费者+生产者这一较为完整的生物链起了重要作用。

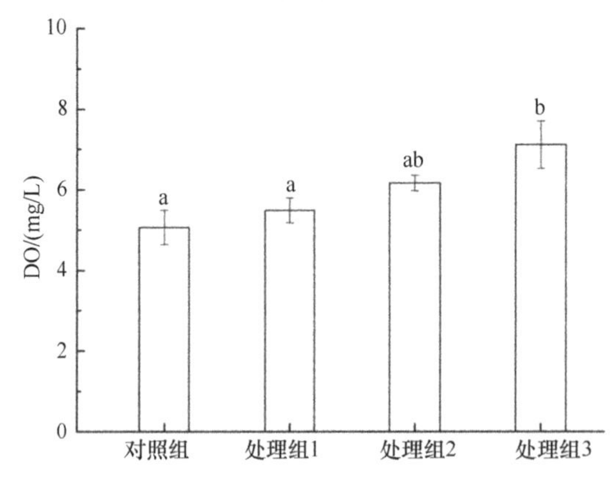

图 27-11　不同处理组 DO 的平均值

处理组 1 和处理组 2 水体中溶解氧含量分别高出对照组 0.42 mg/L 和 1.1 mg/L，差异不显著（$P > 0.05$），这可能与处理组 1、处理 2 的池塘面积和生物活动有关，但是对提高水体溶解氧含量还是有一定作用。整体而言在提高水体溶解氧含量上，处理组 3 效果最好。

观察处理组之间水体中总氮含量的变化，发现处理组 2 和对照组、处理组 1 的总氮平均含量差异显著，P 分别为 0.037 和 0.039（图 27-12）。由于处理组 2 要比处理组 1 的总氮平均值低 0.35 mg/L，比处理组 3 低 0.11 mg/L，因此处理组 2 对水体总氮的去除效果更显著。在考虑“四大家鱼”组合的基础上，处理组 2 种植的水生植物狐尾藻和香菇草对水体中氮的吸收作用强。水体中氮主要为氨氮、硝态氮、亚硝态氮和有机氮形式，而水生植物可以吸收氨氮并将其转化成有机氮的一部分，带走一部分氮；同时水中微生物也可以通过硝化和反硝化作用释放出一部分 N_2（或 N_2O）到空气中（卢少勇等，2006；田敏，2015）。研究发现狐尾藻在生长过程中，既可以释放氧气到水中，还可以通过根系吸收氨氮，从而降低沉积物间隙水中的氨氮浓度（柏祥等，2011）；香菇草对水中氮也具有很高的吸收作用，对水体中氮的去除率达到 60%以上（张凤娥等，2010；陈友媛等，2011），因此处理组 2 的组合效果在总氮去除上效果最好。

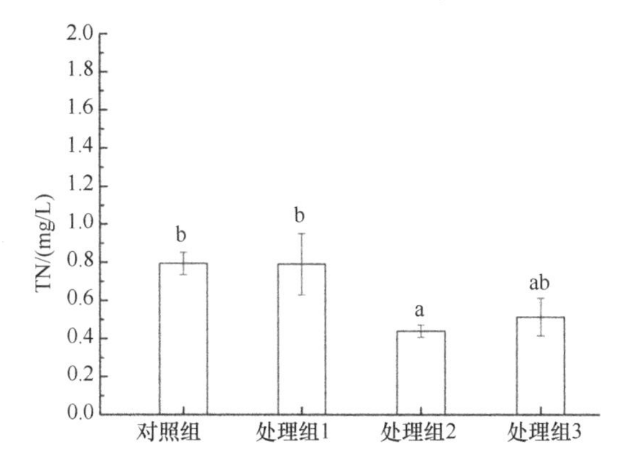

图 27-12　不同组的 TN 的平均值

处理组之间总磷和总氮的变化具有一致性，处理组 2 和对照组、处理组 1 之间差异显著（P 值分别为 0.022 和 0.046），且处理组 2 的总磷含量平均值比处理组 3 总磷含量均值低 0.01 mg/L（图 27-13），说明处理组 2 对水体总磷的去除效果显著。由于水生植物在秋季的适应性生长，吸收了水体中大量的可溶性磷，鱼等生物活动强度减少对底泥物质扰动较少，减少水体中的磷含量。

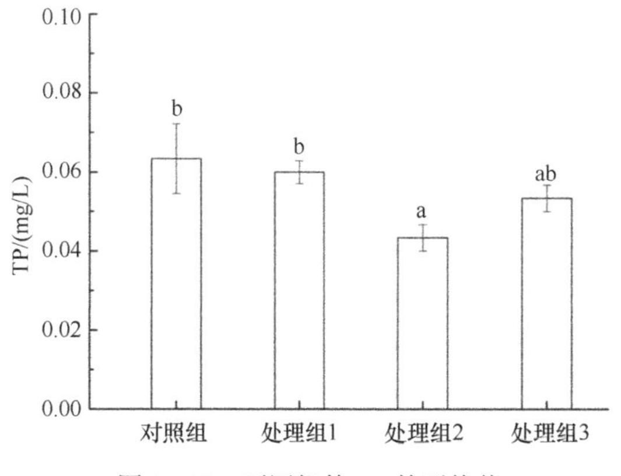

图 27-13　不同组的 TP 的平均值

水体中磷的形式主要是有机磷化合物、可溶性磷酸盐和不溶性磷酸盐，前两者可以被水体中的微生物和植物利用，但是不溶性的磷酸盐只能通过物理、化学等作用带离水体。处理组 2 种植水生植物定期收割可以带走水体中不溶性磷酸盐，避免其在水底产生沉积。因此处理组 2 构建的水生生态系统，有利于改善生境、净化水质。很多研究都表明水生植物对去除水体氮、磷具有很好的效果（Granéli and Solander，1988；方焰星等，2010；凌辉，2012；张扬等，2012），因此选取恰当的水生植物对水生生态系统恢复自净功能有重要作用。

分析图 27-14 中 COD_{Mn} 的变化趋势发现，处理组 1、处理组 2 的 COD_{Mn} 的平均值与对照组之间差异显著（$P_1 = 0.024$，$P_2 = 0.041$），处理组 3 与对照组差异不显著（$P = 0.306$），但是 COD_{Mn} 的平均含量比对照组低 0.55 mg/L，说明处理组 3 对水体 COD_{Mn} 含量的降低有一定的作用。处理组 2 主要是植物对水体中有机物的利用和吸附，形成的微生物环境对有机物产生影响。以滤食性的鱼类为主的处理组 1 对水体的 COD_{Mn} 的去除效果更好，这可能与鱼类所在生境所特有的微生物环境不同，从而使得有机物的分解环境不同，也可能与鱼类在水体中的选择性摄食活动有关。

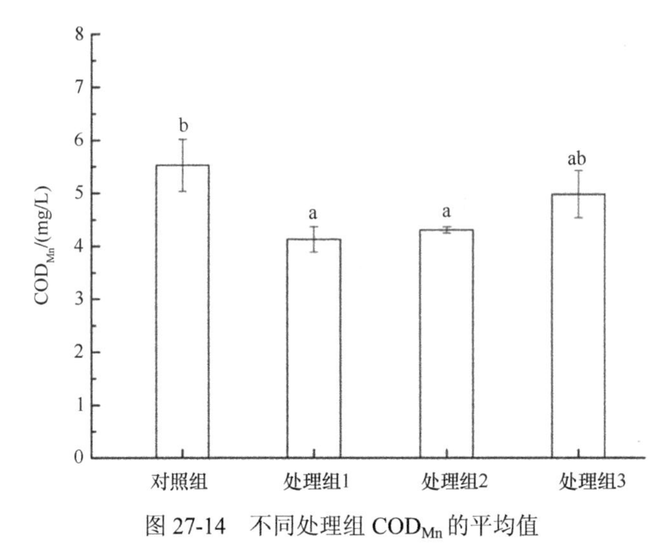

图 27-14　不同处理组 COD_{Mn} 的平均值

分析图 27-15 中 BOD_5 的变化趋势发现，处理组 3 的 BOD_5 的平均值与对照组和处理组 2 之间差异极显著（$P_1 = 0.002$，$P_2 = 0.008$），处理组 3 与处理组 1 之间差异显著（$P = 0.024$）。这可能与处理组 3 的水体环境不同，有机物在分解的过程中会消耗氧气，而翘嘴红鲌对增加水体中 DO 具有显著性效果，水体中溶解氧含量增加，水体中生物的需氧量充足，避免因为有机物分解消耗氧气形成厌氧环境对水体产生危害。处理组 2 的 BOD_5 平均含量要比对照组低 0.44 mg/L，与对照组差异不显著，可能与处理组 2 的溶解氧含量比处理组 3 低，水环境条件不同有关，但是对水体中有机物的去除也有一定作用。

5. 小结

（1）从每月每个处理组的水质的理化情况看，水质要优于对照组。单个处理组与对照组每月在温度和 pH 之间基本无差别，温度受天气影响较大，pH 处于鱼类生长的适应

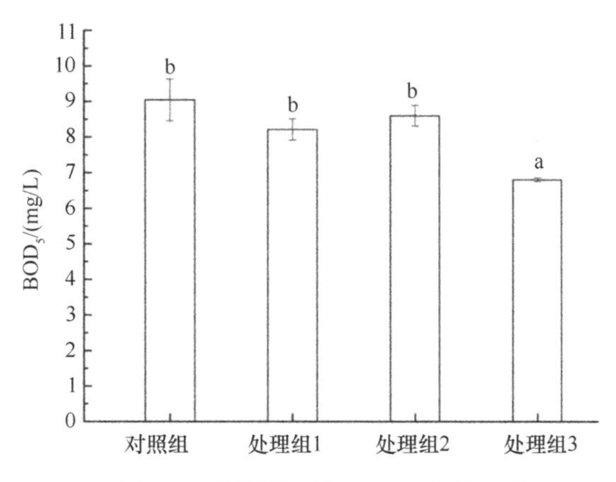

图 27-15　不同处理组 BOD_5 的平均值

范围；每个处理组水体的电导率都低于对照组，透明度高于对照组；处理组 2 对水体中氮磷的吸收效果要优于其他处理组，与对照组之间透明度和 TN、TP 差异显著，而处理组 1 和处理组 3 在前期对水体总氮的去除率较好，后期效果较差但是对降低水体总磷有效果；处理组对水体有机质的影响也比较明显。总之，每个处理在这 12 个月期间相对于对照组而言对水质的净化起到一定的作用。

（2）从综合性效果来看，处理组 2 的效果是三个处理中最好的，其在提高水体透明度、增加水体溶解氧、降低水体氮磷含量和对 COD_{Mn} 的去除都有显著效果。具体分析每个处理组之间的水体理化性质，发现处理组 2 因为种植水生植物，在提高水体透明度，降低水体中氮、磷、COD_{Mn} 含量的效果差异性显著（$P < 0.05$）。处理组 1 对水体中 COD_{Mn} 去除效果显著，处理组 3 对提高水体溶解氧和降低 BOD_5 的效果要优于其他处理组，但是处理组 1 和处理组 3 只是对个别指标表现出明显效果，综合效果远远没有处理组 2 好。

27.3.2　水生植物

1. 水生植物的生物量及对氮、磷的吸收

水生植物狐尾藻和香菇草的生长趋势表现为前期适应性阶段，主要表现在秋季；中期生长阶段，观察发现这两种植物具有耐寒性，主要表现在冬季和春季生长；后期受温度影响较大（高温生长受限），再加上鱼类生长的摄食使得植物生长趋势处于衰退阶段，生长情况较差。主要鲜重生物量的季节变化如图 27-16 所示。

试验初期因为考虑到水生植物的存活率，故植物的种植数量较多。狐尾藻和香菇草的生长趋势一致，表现为先增后减。冬季的生物量表现出最高值，其中狐尾藻的鲜重为 7950 g/m^2，比秋季增加了 91.57%；香菇草的鲜重为 4925 g/m^2，比秋季增加了 41.73%，而且香菇草的生长速度要慢于狐尾藻。这是因为狐尾藻的耐低温生长能力较强，香菇草在冬季生长较慢，对环境的适应期较长（缪丽华等，2011）。而且这两种植物的含水率特别高，狐尾藻的含水率高达 91.82%（冬季），最低含水率为 85.28%（春季）；香菇草的含水率最高为 91.55%（夏季），最低含水率出现在春季，为 88%，进一步说明了水生植物涵养水源的功能，而且这两种植物的生长期相互补充，能更好地对水中营养物质进行吸收。

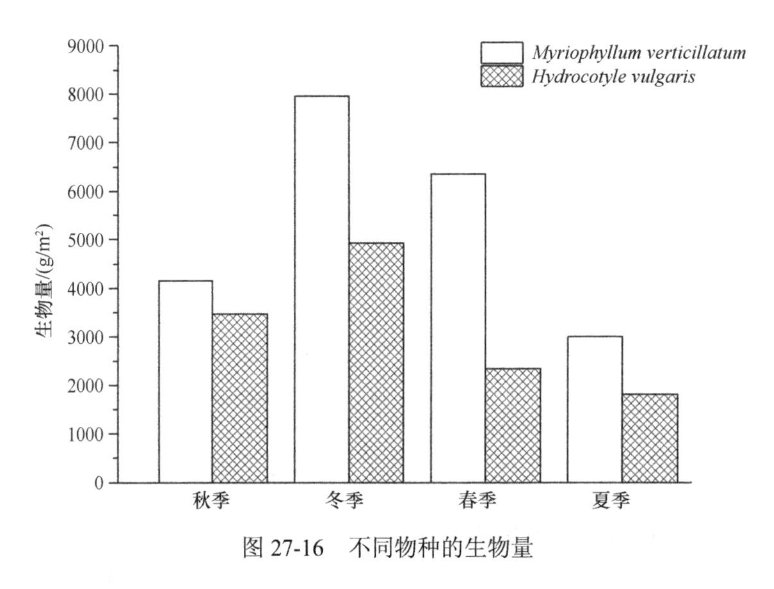

图 27-16　不同物种的生物量

N、P 是植物生长过程的重要元素，其生长状况不仅与生长环境相关，而且与整个生态系统的营养结构也密切相关（Raddad et al.，2006；Clark et al.，2008）。而植物的 N∶P 可以在一定程度上反映植物的养分限制状况（Han et al.，2005）。当 N∶P 小于 14 时植物的生长受到 N 限制，大于 16 则受到 P 限制，处于 14～16 说明植物 N、P 处于平衡状态（Koerselman，1996）。分析狐尾藻和香菇草植物的 N∶P 发现，其 N∶P 四个季节均小于 14，说明水生植物生长，P 相对于 N 过剩，N 会限制 P 的吸收。植物生长的情况与植物对氮、磷的吸收具有明显的正相关性，植物对氮、磷吸收越多，生长越快。从表 27-3 中可以看出，1 月植物的生物量最高，氮、磷含量最高，与 9 月相比，狐尾藻植物体内的总氮含量增加 169.7%，总磷含量增加 253.91%；香菇草植物体内的总氮含量增加 57.8%，总磷含量增加 242.8%；7 月狐尾藻植物体内的总氮、总磷含量比 9 月高 19.39% 和 59.66%，香菇草体内的总磷含量比 9 月高 22.24%，总氮含量却低 53.19%，这是由于在最后一次取样时发现香菇草被鱼类食用和破坏的比重较大，生长情况差有关。但是总体而言，水生植物对吸收水体中的氮、磷，促进微生物生长，尤其对藻类的抑制起到了一定作用。

表 27-3　水生植物 TN、TP 含量

时间	狐尾藻			香菇草		
	TN/（g/kg）	TP/（g/kg）	N∶P	TN/（g/kg）	TP/（g/kg）	N∶P
9 月	16.50	2.12	7.78	28.20	4.97	5.67
1 月	44.50	7.50	5.93	44.50	17.04	2.61
5 月	17.74	5.88	3.02	19.59	6.92	2.83
7 月	19.70	3.38	5.82	13.20	6.08	2.17

2. 小结

水生植物狐尾藻和香菇草在试验阶段的生长情况表现为冬季和春季生物量较高，秋季初期种植时生长较慢，夏季由于生长受温度的制约和鱼的生长对植物的取食致使生长情况较差。但是生物量的情况与对水体氮磷的利用趋势具有一致性，生物量高，植物从水体中吸收的氮磷含量也高。

27.3.3 生态经济服务价值——以鱼的经济价值为例

生态服务价值是指生态系统中能够满足人类需求，维持人类活动的各类产品和服务带来的价值，可以是直接利用的价值，还可以是间接利用的价值，更可以是因为人类需要而具有的选择价值和本身就具有的存在价值（Ricker，1976；欧阳志云等，1999；Daily et al.，2000；Reitsma et al.，2002）。而生态系统中的产出带来的食用价值、药物价值、观赏价值等一系列经济价值是其生态服务价值中最能直接体现其功能的一方面，而这相对于生态补偿价值而言，其可以减少维护生态系统的投入，增加生态系统的经济效益。在水生生态系统恢复的过程中，既利用生态系统的相互影响、相互制约的关系，又通过放养常见淡水鱼，增添了鱼产品这一经济效益点，提高了生态系统的经济价值，而且水产养殖的生态服务价值也一直是养殖生态系统价值评估的主要内容（杨正勇等，2013）。

以池塘为核心的淡水养殖业一直是我国渔业发展的主要趋势，西溪湿地历史上就有桑基鱼塘和柿基鱼塘的利用模式，既合理利用水资源，又能通过鱼塘的底泥给桑树和柿子树提供养分，带走水底富集的营养物质，维护了水生生态系统的平衡。本研究通过在西溪湿地放养不同规格组合的鱼，利用经典的生物操纵理论，构建消费者+生产者的生物链模式，恢复水生生物群落，在维护水生生态系统健康发展的同时又能给西溪湿地增加经济效益，即增加湿地鱼产品输出带来的经济价值，同时也有利于打造西溪湿地的文化价值。本节主要根据鱼塘鱼的生长情况，利用市场价值法来估算水产品的服务价值。

1. 鱼产品的生产和价值

试验共捕获 5 种鱼类，鲜重共计 22 140.8 g，其中鲢鱼的比重最大，占总重量的 77.89%，为主要生长鱼类；其次为鳙鱼，占总重量的 9.51%；剩下的草鱼占总重量的 5.05%，青鱼占总重量的 4.82%，鲫鱼占总重量的 2.73%，而翘嘴红鲌未捕捞到。从图 27-17 可以看出，处理组 1 的单位鱼生物量增长幅度最大，增长了 5.31 倍；其次为处理组 3 的生物量，增长了 2.02 倍；最后为处理组 2 的生物量，增加了 1.79 倍。鱼的生长受水体环境及食物的制约，食物越少生长越慢；水质越好生长越慢。试验区池塘基本没有任何饲料投入，只有池塘周围落叶、果实等输入。处理组 2 池塘周围植物分布盖度比处理组 1 和处理组 3 低，加上自身水质的原因，处理组 2 鱼的生物量较低，鱼体偏瘦。同时由于捕获的鱼的情况也有差异，处理组 1 和处理组 3 多为鲢鱼，根据文献记载，鲢鱼的生长速度最快，其中处理组 1 的鲢鱼放养时的生物量为 11.25 g/m^2，增长了 3.07 倍，而处理组 2 只增长了 0.89 倍，处理组 3 增长了 0.96 倍，增长速度为：处理组 1>处理组 3>处理组 2。但是处理组 2 收获鱼的种类较全，基本捕捞到所有放养的鱼类。考虑到物种多样性，处理组 2 鱼的生长情况较为乐观。

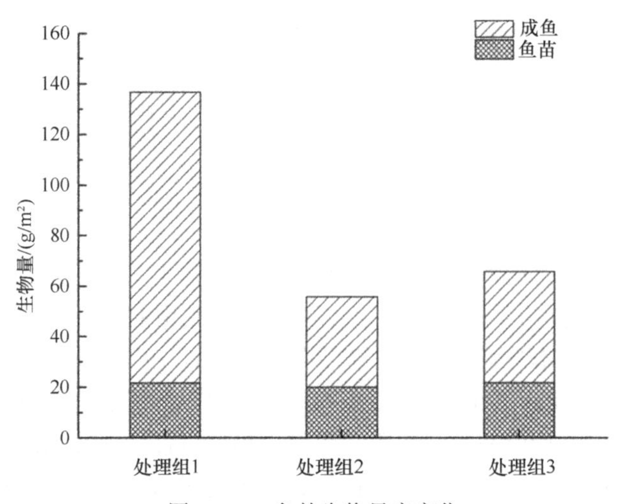

图 27-17　鱼的生物量度变化

利用市场价值法公式计算单位平方米鱼的经济价值：

$$V_f = \sum_{1}^{n} p_i m_i$$

式中，V_f 为单位平方米鱼的经济价值总量；p_i 为 i 种鱼的市场价格（元/500g）；m_i 为 i 种鱼单位平方米的生物量。

根据市场鱼产品的价格，结合西溪湿地管理部门对鱼的标价，处理组 1、处理组 2 和处理组 3 的经济价值可分别达 3.45 元/m^2、1.07 元/m^2 和 1.32 元/m^2，而总产量处理组 1 能达到 13 820.7 元/a，处理组 2 和处理组 3 分别为 6013.4 元/a 和 7469.88 元/a，为西溪湿地的养殖增加了经济效益。由于处理组 1 和处理组 3 的估算中鲢鱼和鳙鱼的体重要大于处理组 2 捕捞的鱼的体重，因此在估算密度和生物量的时候，处理组 2 偏低，鱼的生长较慢，经济效益综合比较低于处理组 1 和处理组 3。

2. 小结

经典生物操纵理论指出，放养食鱼性鱼类以消除捕食浮游生物的鱼类，或减少湖中食浮游生物的鱼类，丰富浮游动物种群，利用浮游动物来遏制藻类（Xie and Liu，2001）。然而，对于蓝藻暴发的富营养化和超富营养化水体，浮游动物根本不能摄食这种水华，有学者提出了非经典生物操纵理论，即通过放养滤食性鲢鱼、鳙鱼的生物操纵，从而达到控制蓝藻生产力、消除蓝藻水华的目的（刘建康和谢平，2003）。Zhang 等（2008）系统总结了国内外 30 个鲢鱼、鳙鱼控藻的试验表明，当外界环境温度较高，大型枝角类不占优势，浮游植物以群体蓝藻占优势时，放养鲢鱼、鳙鱼能达到净化水质的积极作用。其中，白鲢对微囊藻的去除率达到 60%～93%。因此放养鲢鱼、鳙鱼不仅可以抑制藻类生长，还可以增收经济效益。而草鱼和青鱼可以控制水草和底栖动物的生长，鲫鱼的经济效益和营养价值最高，目前文献关于它们对水质影响的研究虽然较少，但是作为常见淡水鱼对人的生活来说必不可缺。试验区域的池塘养殖还可以为西溪湿地带来经济价值、旅游价值和生态价值，有利于恢复湿地的水生生物群落。处理组 2 的随机取样中鱼的种类较为齐全，鱼的多样性恢复较好。处理组 1 和处理组 2 鱼的密度较大，是因为鲢鱼占的比重较大，鲢鱼本身生长较快、体重较重，对水体的适应性强，但是对于一般鲢鱼生长情况来看，缺乏食物对其生长还是有一定影响。

从鱼的水产品经济价值可以发现，养殖鱼不仅可以对水体具有净化效果，还可以增加经济效益。例如，利用城市居民对湿地鱼类的喜好而打造的西溪湿地“干塘节”文化，为湿地保护和利用提供了新的生态价值选择方向，对湿地生态系统的恢复来说意义更加重大。

27.4　结　　论

本研究通过在西溪湿地建立 3 种不同的池塘水生生态系统恢复模式，以定期检测水体理化性质反映水体净化，以植物的生长、底栖动物情况作为指标进一步指示水生生物群落恢复的效果，并借助生物物种来指示水体环境，对鱼的经济价值的估算可以为湿地保护增加经济效益，为西溪湿地水生生物群落的恢复和湿地保护提供指导和示范，并得出以下结论。

（1）从每个处理组与对照组的水质理化指标发现，每个处理组的月变化与对照组在温度、pH 之间差别不大，差异不显著，其他指标存在明显的变化。

处理组 1 与对照组的透明度存在显著性差异（$P < 0.05$）；对电导率的最终降低幅度为 25.92%；对总磷的去除率秋季为 29%、冬季为 33%、春季为 18%和夏季为 11%；总氮的去除率秋季、冬季分别为 23.77%和 22.39%，前期效果较好；对 COD_{Mn} 的秋季、冬季去除率为 23%和 26%，春夏季节去除率也达 20%以上；对 BOD_5 的冬季去除率最高达 65%，夏季最低达 16%；处理组 1 的溶解氧高于对照组。这说明与对照组相比处理组 1 的模式对水体中氮、磷、有机物质的去除，具有一定效果。

处理组 2 的电导率秋季降低幅度达到 2.73%，冬季、春季、夏季降低幅度分别达到 19.83%、10.31%、21.14%；透明度明显高于对照组，与对照组之间差异极显著（$P < 0.01$）；与对照组之间的 TP 差异显著（$P = 0.039$）；与对照组的 TN 差异极显著（$P = 0.006$），说明在植物的作用下，相对氮磷吸收效果好；COD_{Mn} 和 BOD_5 的值低于对照组，溶解氧高于对照组。说明处理组 2 在增加水生植物之后对提高水体透明度，降低水体氮磷含量具有显著的效果，对有机物质也有较好的去除效果。

处理组 3 的电导率冬季降低幅度最高达到 16.63%，12 月相差最大，为 34.37 μs/cm；总体透明度要高于对照组，说明处理组 3 水体的悬浮物和杂质较少；与对照组相比，总氮差异显著（$P = 0.024$）；TP 波动比 TN 的波动大，但是低于对照组；COD_{Mn} 与 BOD_5 趋势与对照组的趋势基本一致，当 COD_{Mn} 值升高的时候，BOD_5 的值也增加；与处理组 1 相比，由于增加了肉食性鱼类翘嘴红鲌使得处理组 3 的溶解氧含量较高，与对照组相比差异显著。因此，处理组 3 对增加水体溶解氧，为水生生物的生长提供氧气具有显著效果。

综合分析每个处理组之间效果对比，得出处理组 2 由于种植水生植物对水体氮磷的吸收作用强，水体透明度较高，对缓解水体富营养化具有显著效果，对有机物的利用和吸收效果也较好。处理组 2 是在其他处理组基础上，对水生生物群落结构和功能恢复的进一步完善，是对生物链系统中消费者+生产者的物质和能量的循环利用，对提高水生生态系统自净能力具有重要示范和推广意义。

（2）观察植物生长趋势，1 月植物的生物量最高，其中狐尾藻的鲜重为 7950 g/m^2，香菇草的鲜重为 4925 g/m^2；氮、磷含量最高，与 9 月相比，狐尾藻植物体内的总氮含量增加了 169.7%，总磷含量增加了 253.91%；香菇草植物体内的总氮含量增加了 57.8%，总磷含量增加了 242.8%，说明狐尾藻对氮、磷的吸收速度要高于香菇草，两者对总磷的去除效果最好，生长受到氮的限制。

（3）试验区域共捕获 5 种鱼类，其中以鲢鱼占的比重最大。鱼的产量为处理组 1>处理组 3>处理组 2，这是因为鲢鱼的生长速度较快，而处理组 1 和处理组 3 捕获物多为鲢鱼，但是处理组 2 鱼的多样性较好，并且受到水质影响鱼多偏瘦。利用市场价值评价对鱼的价值计算发现，鱼的总产值处理组 1 能达到 13 820.7 元/a，处理组 2 和处理组 3 分别为 6013.4 元/a 和 7469.88 元/a，由于试验区域的鱼多属于自然生长，丰富了水生生态系统的食物链，可以在对水生生态系统恢复过程中创造经济价值，为人类生活提供鱼产品。

总之，综合生物恢复技术措施对水质的改善作用要明显的优于单项的生物恢复措施，证明湿地生态系统生物多样性能显著地提高湿地生态系统的功能（biodiversity and ecosystem function），特别是水生植物对改善湿地生态系统的水质起着主导作用，鱼类和水生植物的组合效果更优。本研究是野外实地示范试验，研究结果具有示范性，该湿地恢复技术对我国特别是我国南方湿地生态系统的恢复具有推广价值。同时鱼类不仅为湿地生态系统增加生物量，还可以带来经济收入，并改善了湿地所在地区食物结构。但是也存在探讨水生植物的种植比例方面存在不足，对鱼在水体的详细机制尚未细致研究，希望后续研究者能够在这一方面多加以深入。

（刘 芳、卢剑波）

参 考 文 献

柏祥, 陈开宁, 任奎晓, 等. 2011. 不同水深条件下狐尾藻生长对沉积物氮磷的影响. 生态环境学报, 20(6): 1086-1091.

丙旭文, 陈家长. 2001. 浮床无土栽培植物控制池塘富营养化水质. 湛江海洋大学学报, 21(3): 29-33.

陈荷生, 宋祥甫, 邹国燕. 2005. 利用生态浮床技术治理污染水体. 中国水利, (5): 50-53.

成水平, 吴振斌, 况琪军. 2002. 人工湿地植物研究. 湖泊科学, 14(2): 179-184.

陈继翠. 2015. 水生植物对人工湿地水污染生态恢复的影响研究. 农业与技术, 35(17): 68-70.

程雅妮. 2012. 胶州湾大沽河口湿地生态安全评价. 青岛: 青岛大学硕士研究生学位论文.

陈友媛, 崔香, 董滨, 等. 2011. 3 种水培观赏植物净化模拟污水的试验研究. 水土保持学报, 25(2): 253-257.

曹晓, 刘红玉, 李玉凤, 等. 2011. 西溪湿地公园湿地植物群落及其与水环境质量的关系. 生态与农村环境学报, 27(3): 69-75.

房岩, 徐淑敏, 孙刚. 2004. 长春南湖水生生态系统的初级生产 II——附生藻类与大型水生植物. 吉林农业大学学报, 26(1): 46-49.

傅强, 宋军, 毛锋, 等. 2012. 青岛市湿地生态网络评与构建. 生态学报, 32(12): 3670-3680.

方焰星, 何池全, 梁霞, 等. 2010. 水生植物对污染水体氮磷的净化效果研究. 水生态学杂志, 3(6): 36-40.

龚志军, 谢平, 唐汇涓, 等. 2001. 水体富营养化对大型底栖动物群落结构及多样性的影响. 水生生物学报, 25(3): 210-216.
杭州市余杭区地方志编集委员会. 2015. 余杭年鉴. 北京: 中国统计出版社.
季梦成, 缪丽华, 蒋跃平, 等. 2015. 杭州西溪湿地苔藓植物种类与群落调查. 湿地科学, 13(3): 299-305.
贾兴焕, 吴明, 邵学新, 等. 2010. 西溪湿地封闭水塘浮游植物群落特征及其影响因素. 生态学杂志, 29(9): 1743-1748.
金相灿. 2001. 湖泊富营养化控制和管理技术. 北京: 化学工业出版社.
井艳文, 胡秀琳, 许志兰, 等. 2003. 利用生物浮床技术进行水体修复研究与示范. 北京水利, 28(3): 20-22.
李翠芬, 熊燕梅, 夏平. 2007. 介绍一种新型的园林生态工艺——人工浮岛. 广东园林, 29(4): 19-32.
李波, 王蕴赟, 施丽莉, 等. 2016. 杭州西溪湿地水质评价及变化趋势分析. 浙江化工, 47(08): 51-54.
凌辉. 2012. 两种水生植物净化富营养化水体中氮磷的作用研究. 扬州: 扬州大学硕士研究生学位论文.
李健娜. 2006. 杭州西溪湿地生态系统服务功能研究. 重庆: 西南大学硕士研究生学位论文.
卢进登, 帅方敏, 赵丽娅, 等. 2005. 人工生物浮床技术治理富营养化水体的植物遴选. 湖北大学学报(自然科学版), 27(4): 402-404.
刘建康, 谢平. 2003. 用鲢、鳙直接控制微囊藻水华的围隔试验和湖泊实践. 生态科学, 22(3): 193-198.
黎明, 刘德启, 沈颂东, 等. 2007. 国内富营养化湖泊生态修复技术研究进展. 水土保持研究, 14(5): 350-352.
陆强, 陈慧丽, 邵晓阳, 等. 2013. 杭州西溪湿地大型底栖动物群落特征及与环境因子的关系. 生态学报, 33(9): 2803-2815.
李睿, 戎良. 2007. 杭州西溪国家湿地公园生态旅游环境容量. 应用生态学报, 18(10): 2301-2307.
卢少勇, 金相灿, 余刚. 2006. 人工湿地的氮去除机理. 生态学报, 26(8): 2670-2677.
吕志江, 稻森隆平, 稻森悠平, 等. 2010. 关于各种沉水植物及水生动物的水质净化功能的分析——于生态工学角度的考察. 见: 中国环境科学学会. 2010 中国环境科学学会学术年会论文集(第三卷). 北京: 中国环境科学出版社: 2265-2269.
卢晓明, 金承翔, 黄民生, 等. 2007. 底栖软体动物净化富营养化河水实验研究. 环境科学与技术, 30(7): 7-9.
李英杰, 金相灿, 年跃刚, 等. 2007. 人工浮岛技术及其应用. 水处理技术, 33(10): 49-51.
李玉凤, 刘红玉, 曹晓, 等. 2010a. 城市湿地公园景观健康空间差异研究——以杭州西溪湿地公园为例. 地理学报, 65(11): 1429-1437.
李玉凤, 刘红玉, 曹晓, 等. 2010b. 西溪国家湿地公园水质时空分异特征研究. 环境科学, 31(9): 2036-2041.
刘子刚. 2004. 湿地生态系统碳储存和温室气体排放研究. 地理科学, 24(5): 634-639.
缪丽华, 季梦成, 王莹莹, 等. 2011. 湿地外来植物香菇草(*Hydrocotyle vulgaris*)入侵风险研究. 浙江大学学报(农业与生命科学版), 37(4): 425-431.
倪乐意. 1999. 大型水生植物. 北京: 科学出版社.
欧阳志云, 王如松, 赵景柱. 1999. 生态系统服务功能及其生态经济价值评价. 应用生态学报, 10(5): 635-639.
彭剑峰, 王宝贞, 夏圣骥, 等. 2004. 复合塘——湿地系统水生植物时空分布对氮磷去除的影响. 生态环境, 13(4): 508-511.
潘琦, 宋祥甫, 邹国燕, 等. 2009. 不同温度对沉水植物保护酶活性的影响. 生态环境学报, 18(5): 1881-1886.
史坚, 廖欣峰, 方晓波, 等. 2014. 西溪湿地四季水质时空变化及影响因子分析. 环境污染与防治, 36(6): 39-46.
沈琪, 刘珂, 李世玉, 等. 2008. 杭州西溪湿地植物组成及其与水位光照的关系. 植物生态学报, 32(1):

114-122.
邵学新, 吴明, 蒋科毅. 2007. 西溪湿地土壤重金属分布特征及其生态风险评价. 湿地科学, 5(3): 253-259.
邵学新, 吴明, 蒋科毅. 2008. 西溪湿地土壤有机氯农药残留特征及风险分析. 生态与农村环境学报, 24(1): 55-58.
邵学新, 吴明, 蒋科毅, 等. 2009. 西溪国家湿地公园底泥重金属污染风险评价. 林业科学研究, 22(6): 801-806.
孙云飞. 2013. 草鱼(*Ctenopharyngodon idellus*)混养系统氮磷收支和池塘水质与底质的比较研究. 青岛: 中国海洋大学硕士研究生学位论文.
苏文华, 张光飞, 张云孙, 等. 2004. 5 种沉水植物的光合特征. 水生生物学报, 28(4): 391-395.
田敏. 2015. 不同生态措施对鱼塘水的改善作用. 荆州: 长江大学硕士研究生学位论文.
田应兵. 2003. 若尔盖高原湿地生态系统的恢复与土壤碳、硒变化的研究. 重庆: 西南农业大学博士研究生学位论文.
王海珍, 刘永定, 肖邦定, 等. 2004. 围隔中鲢和菹草控藻效果及其生态学意义. 水生生物学报, 28(2): 141-146.
王祎, 宋光丽, 杨万年, 等. 2007. 光周期对穗花狐尾藻生长、开花与种子形成的影响. 水生生物学报, 31(1): 107-111.
吴湘. 2008. 漂浮栽培植物对富营养化水体中磷的去除效应基因型差异及原因分析. 杭州: 浙江大学博士研究生学位论文.
吴波, 陈德辉, 徐英洪, 等. 2006. 苏州河浮游植物群落结构及其对水环境的指示作用. 上海师范大学学报(自然科学版), 35(5): 64-70.
王晓菲. 2012. 水生动植物对富营养化水体的联合修复研究. 重庆: 重庆大学硕士研究生学位论文.
王彦波, 许梓荣, 郭笔龙. 2005. 池塘底质恶化的危害与修复. 饲料工业, 26(4): 47-49.
向文英, 王晓菲. 2012. 不同水生动植物组合对富营养化水体的净化效应. 水生生物学报, 36(4): 792-797.
肖小雨, 尹丽, 龙婉婉, 等. 2014. 水生动植物联合作用净化不同富营养化景观水体研究. 环境科学与管理, 39(6): 18-23.
袁龙义, 李伟, 刘贵华. 2004. 湖泊富营养化的生态影响及治理措施. 湖北农业科学, (5): 13-15.
叶春, 金相灿, 王临清, 等. 2004. 洱海湖滨带生态修复设计原则与工程模式. 中国环境科学, 24(6): 717-721.
杨倩, 李永红. 2010. 湿地公园的植物群落构建——以杭州西溪湿地植物园为例. 中国园林, 26(11): 76-79.
杨清海, 李秀艳, 赵丹, 等. 2008. 植物-水生动物-填料生态反应器构建和作用机理. 环境工程学报, 2(6): 852-857.
杨正勇, 唐克勇, 杨怀宇, 等. 2013. 上海地区池塘养殖生态服务价值的时空差异分析. 中国生态农业学报, 21(2): 217-226.
余海霞, 何平, 赵佳佳. 2011. 西溪湿地公园水体富营养化评价及防治. 武汉工程大学学报, 33(12): 50-53.
余敏杰, 吴建军, 徐建明, 等. 2007. 近 15 年来杭州西溪湿地景观格局变化研究. 科技通报, 23(3): 320-325.
闫玉华, 钟成华, 邓春光. 2007. 非经典生物操纵修复富营养化的研究进展. 安徽农业学报, 35(12): 3459-3460.
闫玉华, 钟成华, 邓春光. 2008. 水生动植物对富营养化水体联合修复研究. 科技信息: 科学 •教研, (11): 43-44.
张凤娥, 张雪, 刘义. 2010. 新型植物对河道受污染水体中 TN、TP 去除效果的研究. 中国农村水利水电, (6): 56-58.

章光新, 尹雄锐, 冯夏清. 2008. 湿地水文研究的若干热点问题. 湿地科学, 6(2): 105-115.

张国华, 曹文宣, 陈宜瑜. 1997. 湖泊放养渔业对我国湖泊生态系统的影响. 水生生物学报, 21(3): 271-280.

周劲风, 温琰茂. 2004. 珠江三角洲基塘水产养殖对水环境的影响. 中山大学学报(自然科学版), 43(5): 103-106.

周馨艳. 2016. 城市湿地体系构建探索研究. 济南: 山东建筑大学硕士研究生学位论文.

赵秀侠. 2013. 太湖蓝藻水华形成过程中的浮游植物群落动态及其驱动因素研究. 合肥: 安徽大学硕士研究生学位论文.

张扬, 杨友才, 李燕子. 2012. 水生植物净化水体中氮磷含量的研究进展. 江苏农业科学, 40(7): 323-324.

Barbier E B, Acreman M, Knowler D. 1997. Economic valuation of wetlands: a guide for policy makers and planners. Gland: Ramsar Convention Bureau.

Barbier E B. 2000. Valuing the environment as input: review of applications to mangrove-fishery linkages. Ecological Economics, 35(1): 47-61.

Bonilla S, Aubriot L, Soares M C S, et al. 2012. What drives the distribution of the bloom-forming cyanobacteria *Planktothrix agardhii* and *Cylindrospermopsis raciborskii*? Fems Microbiology Ecology, 79(3): 594-607.

Brown S C, Smith K, Batzer D. 1997. Macroinvertebrate responses to wetland restoration in northern New York. Environmental Entomology, 26(5): 1016-1024.

Burke J S, Bayne D R, Rea N H. 1986. Impact of silver and bighead carps on plankton communities of channel catfish ponds. Aquaculture, 55(1): 59-68.

Carter V. 1999. Wetland hydrology, water quality, and associated functions. *In*: Fretwell J D, Williams J S, Redman P J. U. S. Geological Survey, National water summary on wetland resources: U. S. Geological Survey Water Supply Paper 2425: 35-48.

Chambers J M, Mccomb A J, Mitsch W J. 1994. Establishment of wetland ecosystems in lakes created by mining in Western Australia. International Journal of Rock Mechanics & Mining Sciences & Geomechanics Abstracts, 33(1): 43A.

Clark C M, Tilman D, Clark C M, et al. 2008. Loss of plant species after chronic low-level nitrogen deposition to prairie grasslands. Nature, 451(7179): 712-715.

Clarke S J, Wharton G. 2001. Sediment nutrient characteristics and aquatic macrophytes in lowland English rivers. Science of the Total Environment, 266(1-3): 103-112.

Craig L S, Palmer M A, Richardson D C, et al. 2008. Stream restoration strategies for reducing river nitrogen loads. Frontiers in Ecology & the Environment, 6(10): 529-538.

Daily G C, Söderqvist T, Aniyar S, et al. 2000. The value of nature and the nature of value. Science, 289(5478): 395-396.

Dixon J A, Sherman P B. 1990. Economics of protected areas: a new look at benefits and costs. Journal of Rural Studies, 7(4): 474.

El-Shabrawy G M, Dumont H J. 2003. Spatial and seasonal variation of the zooplankton in the coastal zone and main khors of Lake Nasser (Egypt). Hydrobiologia, 491(1-3): 119-132.

Granéli W, Solander D. 1988. Influence of aquatic macrophytes on phosphorus cycling in lakes. Hydrobiologia, 170(1): 245-266.

Han W, Fang J, Guo D, et al. 2005. Leaf nitrogen and phosphorus stoichiometry across 753 terrestrial plant species in China. New Phytologist, 168(2): 377-385.

Jones J I, Eaton J W, Hardwick K. 2000. The effect of changing environmental variables in the surrounding water on the physiology of *Elodea nuttallii*. Aquatic Botany, 66(2): 115-129.

Koerselman W. 1996. The vegetation N: P ratio: A new tool to detect the nature of nutrient limitation. Journal of Applied Ecology, 33(6): 1441-1450.

Kovacic D A, David M B, Gentry L E, et al. 2000. Effectiveness of constructed wetlands in reducing nitrogen and phosphorus export from agricultural tile drainage. Journal of Environmental Quality, 29(4):

1262-1274.

Liu D, Ge Y, Chang J, et al. 2009. Constructed wetlands in China: recent developments and future challenges. Frontiers in Ecology & the Environment, 7(5): 261-268.

Matthes M. 2004. Low genotypic diversity in a *Daphnia pulex*, population in a bio-manipulated lake: The lack of vertical and seasonal variability. Hydrobiologia, 526(1): 33-42.

Meerhoff M, Mazzeo N, Moss B, et al. 2003. The structuring role of free-floating versus submerged plants in a subtropical shallow lake. Aquatic Ecology, 37(4): 377-391.

Meuleman A F M, Beltman B, Scheffer R A. 2004. Water pollution control by aquatic vegetation of treatment wetlands. Wetlands Ecology and Management, 12(5): 459-471.

Mioduszewski W. 2006. The protection of wetlands as valuable natural areas and water cycling regulators. Journal of Water & Land Development, 10(12): 67-78.

Mitsch W J. 2000. The value of wetlands: importance of scale and landscape setting. Ecological Economics, 35(1): 25-33.

Pedersen M L, Friberg N, Skriver J, et al. 2007. Restoration of skjern river and its valley-short-term effects on river habitats, macrophytes and macroinvertebrates. Ecological Engineering, 30(2): 145-156.

Platt H M, Shaw K M, Lambshead P J D. 1984. Nematode species abundance patterns and their use in the detection of environmental perturbations. Hydrobiologia, 118(1): 59-66.

Raddad E Y, Luukkanen O, Salih A A, et al. 2006. Productivity and nutrient cycling in young Acacia Senegal, farming systems on Vertisol in the Blue Nile region, Sudan. Agroforestry Systems, 68(3): 193-207.

Raisin G W, Mitchell D S, Croome R L. 1997. The effectiveness of a small constructed wetland in ameliorating diffuse nutrient loadings from an Australian rural catchment. Ecological Engineering, 9(1-2): 19-35.

Reitsma S, Slaaf D W, Vink H, et al. 2002. A typology for the classification, description and valuation of ecosystem function, goods and services. Ecological Economics, 41(3): 393-408.

Ricker W E. 1976. Computation and interpretation of biological statistics of fish populations. Quarterly Review of Biology, 51(2): 234-246.

Ryding S O, Rast W. 1989. The control of eutrophication of lakes and reservoirs. Park Ridge, NJ: The Parthenon Publishing Group: 37-63.

Schindler D W. 2006. Recent advances in the understanding and management of eutrophication. Limnology & Oceanography, 51(1): 356-363.

Seitzinger S P, Styles R V, Boyer E W, et al. 2002. Nitrogen retention in rivers: model development and application to watersheds in the northeastern USA. Biogeochemistry, 57-58(1): 199-237.

Smith V H, Schindler D W. 2009. Eutrophication science: where do we go from here? Trends in Ecology & Evolution, 24(4): 201-207.

Turker H, Eversole A G, Brune D E. 2003. Comparative Nile tilapia and silver carp filtration rates of partitioned aquaculture system phytoplankton. Aquaculture, 220(1-4): 449-457.

Wang H, Liang Y. 2001. A preliminary study of oligochaetes in Poyang Lake, the largest freshwater lake of China, and its vicinity, with description of a new species of Limnodrilus. Hydrobiologia, 463(1): 29-38.

Wu M, Shao X X, Jiang K Y. 2008. Characteristics and assessment on nutrient distribution in water and sediments of Xixi National Wetland Park in Hangzhou. Forest Research, 21(4): 587-591.

Xie L, Liu J. 2001. Practical success of biomanipulation using filter-feeding fish to control cyanobacteria blooms: a synthesis of decades of research and application in a subtropical hypereutrophic lake. Scientific World Journal, 1: 337-356.

Žalakevičius M. 2012. The state of biodiversity and its conservation problems in the most important wetlands of Lithuania – in strict state reserves. Acta Zoologica Lituanica, 12(3): 228-241.

Zedler J B. 2005. Restoring wetland plant diversity: a comparison of existing and adaptive approaches. Wetlands Ecology and Management, 13(1): 5-14.

Zhang X, Xie P, Huang X. 2008. A review of nontraditional biomanipulation. Scientific World Journal, 8(1): 1184-1196.

第 28 章　杭州城西湿地底泥控磷技术及其安全性评估研究

28.1　湿地底泥控磷技术研究进展

28.1.1　概述

目前，世界上淡水湖泊蓝藻水华发生的频率与严重程度都呈现迅猛的增长趋势，发生的地点遍布全球各地（Vasconcelos et al.，1996；Mez et al.，1998；Lee et al.，1998；Brittain et al.，2000；Mattliensen et al.，2000）。最近的调查表明，亚太地区中 54%的湖泊出现富营养化的现象，欧洲、非洲、北美洲和南美洲富营养化湖泊所占的比例分别是 53%、28%、48%和 41%；我国有 60%的富营养化湖泊，其中杭州西湖和京杭大运河均属典型富营养化水体（Shen，2001；张志兵等，2011）。国际上公认的发生富营养化磷的预警质量浓度为 0.02 mg/L；对藻类生长来讲，ρ（总氮）（TN）∶ρ（总磷）（TP）>20∶1 时，表现为磷不足；<13∶1 时，表现为氮不足。据经济合作与发展组织（OECD）调查，世界上 80%以上湖泊的富营养化受磷素控制，只有 10%是受氮素控制的（Mainstone and Parr，2002）。

水体中磷的来源可分为外源磷和内源磷。除了来自化肥、农田灌溉、工业废水及生活污水排放的外源磷外，目前沉积物中磷素的释放成为湖泊水体中内源磷的重要来源，对水体的营养水平有着不可忽视的影响（Lawrence et al.，1965；Sundby et al.，1992）。水体沉积物，也称底泥，是水体内源磷的主要宿体，营养物质经过物理、化学及生物等作用沉积在湖底，形成易造成水体二次污染的内负荷（寇丹丹等，2012）。我国对污染物排放的控制和湖泊水质管理与保护的力度都日益加大，外源磷的输入已逐渐减少，沉积物中内源磷释放所造成的二次污染成为水体富营养化的原因（Jeppesen et al.，2005）。因此，研究控制磷素释放的技术具有重要意义。

28.1.2　磷素的分类及检测方法

1. 沉积物中磷的分类

在沉积过程中，溶解磷酸盐和磷在沉积物表面与水体中的金属离子结合，形成不同的结合态，其中包括无机磷和有机磷两大类。研究表明，藻类等水生生物不能直接吸收有机磷，在其他生物如微生物的作用下，有机磷被矿化分解为活性可溶性磷，易被植物吸收，并从沉积物中转移到上覆水中，引起水体营养水平上升（Rydin，2000；Bünemanna et al.，2008；张润宇等，2009）。调查资料表明，我国大量湖泊水库中的内源磷主要以无机磷的形态存在，占总磷的 60%以上（王庭键等，1997）。由于无机磷是导致水体富营养化的关键因素，因此本章主要阐述沉积物中无机磷形态及分布特征。

沉积物磷在种类及形态上具有高度可变性和复杂性的特点，根据磷不同结合形态的性质和含量，无机磷通常可分为水溶性磷、铝磷、铁磷、钙磷、还原态可溶性磷、闭蓄态磷（Chang and Jacks，1957）。闭蓄态磷是指 Fe_2O_3 胶膜所包被的还原性磷酸铁及磷酸铝。一般湖泊水质偏碱性（pH 为 7～9），会在铁磷表面形成一层 $Fe(OH)_3$ 保护膜，使铁磷相对稳定。铝磷也有同样的闭蓄机制，但铝离子含量一般不如铁离子含量高，铝磷和铁磷存在转化的过程，在缓慢的时间进程中，底泥中的铝磷会逐渐转化成铁磷，故沉积物中大多以铁磷为主，铝磷次之。研究发现南方酸性泥土中铁磷含量高，铝磷含量相对较低（韩沙沙，2009）。沉积物中钙离子含量较高，但钙磷结合力相对铁和铝较弱，且水体中存在的 CO_2 对沉积物中的钙磷有溶出作用，故钙磷含量不如铁磷、铝磷高。但在海底底泥中，无机磷中的钙结合态磷居多，如台湾海峡钙磷平均含量占无机磷总量的 91%（韩沙沙，2009）。因此不同水体环境（淡水和海）决定了沉积物中的不同磷形态（商少凌和洪华生，1996）。

2. *磷素的检测方法*

随着对生物地球化学的研究，科学家将土壤中磷的分析方法代入沉积物中进行研究改进。李悦等（1998）研究沉积物中无机磷的提取方法，根据磷的无机络合相在不同浸提剂中的反应活性，选择性地采用不同的特定浸提剂测定特定结合相中的磷。目前实验室中通常采用化学连续提取法提取沉积物中的形态磷，其原理是采用不同类型的提取剂对沉积物进行连续提取，根据各级提取剂提出的磷的量计算沉积物中磷的含量（朱广伟和秦伯强，2003）。NaCl、$MgCl_2$ 及 NH_4Cl 作为常用的提取剂，被用于连续提取过程中降低再吸附效应，提取机制为采用中性偏碱条件下的氯离子（孙境蔚，2007）。

Chang 和 Jackson（1957）提出土壤中无机磷的分级方法，该方法具有奠基意义，将土壤中无机磷部分构成了一个比较完整的体系，且定义其提取步骤依序为：NH_4Cl 提取易溶性和弱吸附性磷，NH_4F 提取铝结合磷，NaOH 提取铁结合磷，二亚硫酸钠-柠檬酸钠提取闭蓄态磷，H_2SO_4 提取钙结合磷。不同形态磷的提取剂有很多种，如铁磷的提取剂包括 NaOH、Ca-NTA+$Na_2S_2O_4$ 组合试剂及 NaOH/Na_2CO_3 缓冲溶液等；铝磷通常使用 pH = 8.2 的氟离子提取，其中最常用的为 NH_4F；铁铝结合态磷常用 NaOH 提取（Golterman，1982）；钙磷一般作为永久性的磷汇，但在弱酸状态下时也可能产生一定的释放，普遍采用 HCl 作为提取剂；闭蓄态磷与钙的沉积有关，非强烈还原条件下很难释放，通常采用连二亚硫酸钠-柠檬酸钠提取液去除 Fe_2O_3 胶膜，与 NaOH 溶液一起提取闭蓄态磷（蒋柏藩和沈仁芳，1990；孙境蔚，2007）。LY/T. 1232-1999《森林土壤全磷的测定》中规定，采用碱熔-钼锑抗比色法和酸溶-钼锑抗比色法测定森林土壤全磷。其原理为样品经强碱熔融分解后，不溶性磷酸盐转变成可溶性磷酸盐。待测液在一定酸度和三价锑离子存在下，磷酸与钼酸铵形成锑磷钼混合杂多酸，被抗坏血酸还原为磷钼蓝，使显色速度加快，用比色法测定磷含量。该方法具有灵敏度高、安全简便、显色稳定和抗干扰能力强的优点（于天仁和王振权，1988）。

28.1.3　水体沉积物磷素的生物地球化学循环特征

1. 沉积物中磷的生物地球化学循环机制

磷属于沉积型循环物质，主要通过岩石风化和沉积物的分解转变为可利用的营养物质（江永春，2004）。沉积物中的磷素释放至上覆水中是引起水体富营养化的主要原因之一，因此本章主要阐述沉积物中磷的循环机制。磷在水-沉积物之间存在着交换作用，其在岩石、沉积物和水中循环存在。磷在沉积物和水之间存在着吸收和释放的动态平衡，一般认为沉积物中的磷浓度较大时，会形成一个向上的浓度梯度，造成沉积物中磷的释放。微生物对沉积物磷的释放起到了关键的作用，其通过增加正磷酸盐离子的溶解性或促进有机磷的转移改变沉积物对磷的吸附平衡（Seeling and Zasoski，1993）。微生物对有机磷的水解作用和有机物质的矿化作用都需要质子和有机阴离子、铁载体、磷酸酶和水解酶的作用（Richardson and Simpson，2011）。颗粒状的有机磷经细菌作用转化为无机盐溶入空隙水中，再进入水体，即沉积物释放磷形成内负荷，其包含几乎同时发生的两个过程：磷溶解进入空隙水；通过扩散、风力和船只搅动、底栖动物扰动及气体对流等物理作用形成泥水的界面交换，溶解态的磷被迁移进入水中。磷释放的一般化学模式为还原环境下有利于磷的释放，而氧化条件下有利于磷的沉积。一方面，沉积物中有机质被氧化降解，沉积环境会处于相对还原状态，此时沉积物中的铁氧化物或氢氧化物逐渐溶解，与之结合的磷酸盐也可能溶解释放（张路等，2004）；而另一方面，生物死亡后腐烂分解，转化为可溶态和颗粒态的有机磷，存在于上覆水，经过沉积作用进入沉积物中（Richardson and Simpson，2001）。磷在水-沉积物之间的循环如图 28-1 所示。

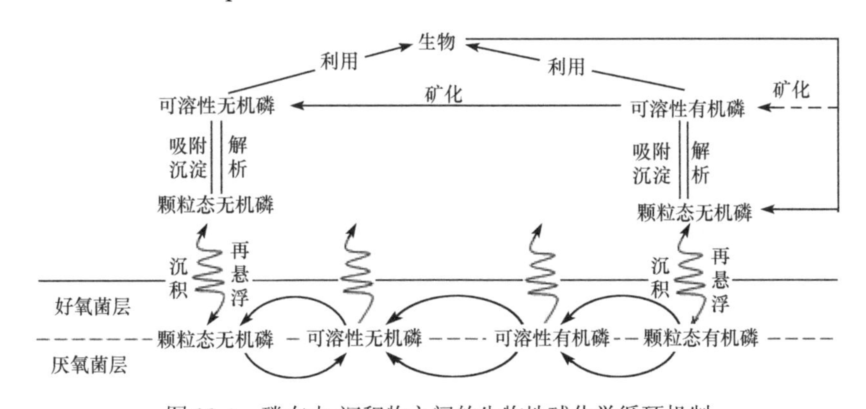

图 28-1　磷在水-沉积物之间的生物地球化学循环机制

2. 沉积物中磷释放的主要影响因素

沉积物磷的释放涉及解吸、分解配位体交换以及酶水解作用等过程。当沉积物中磷以可溶无机磷形式存在时，可通过扩散、风引起的再悬浮、生物扰动以及平流（如气体沸腾）等方式进入上覆水体（Boström et al.，1982）。影响沉积物磷释放的因子很多，主要影响因素如下所述。

1）溶解氧

溶解氧决定湖水-沉积物的氧化还原状态，通常富氧条件下磷的释放强度和释放量要明显小于缺氧环境，氧化环境有利于沉积物表层中的铁、铝以三价态形式存在，降低铁磷、铝磷从沉积物释放进入上覆水，并在一定程度上促进磷的沉积（许春雪等，2011）。但对于有机污染比较严重的河流，好氧条件下有机物的矿化速率远比厌氧条件快，以及有机物质的好氧分解作用，使部分有机磷转化为无机磷释放进入上覆水中，导致好氧条件反而比厌氧条件更容易导致底泥磷的大量释放（许铁群等，2003；韩沙沙和温琰茂，2004）。

2）pH

pH 是水质的重要指标，它对湖泊物理化学反应有重要影响。研究表明，pH 在中性条件下，磷释放速率最小，偏酸略微地促进内源磷释放速率，而在碱性条件下内源磷的释放速率随 pH 的升高而猛增（隋少峰和罗启芳，2001）。沉积物磷释放量随 pH 升高呈“U”形曲线，即在中性范围磷释放量最小；在酸性条件下能促进磷的释放；碱性条件下较大幅度地提高磷的释放量（王茹静等，2005）。其机制是 pH 影响磷与底泥的吸附和离子交换作用。底泥中富含铁磷、铝磷和钙磷，由于 OH^-对铁磷、铝磷及钙磷中磷的交换作用，在 pH 高时，使磷酸盐中的磷释放出来；而在 pH 低时，底泥中的钙磷朝着解析方向进行，从而促使磷的释放。可以推断天然富营养化湖泊磷素的变化很小，偏酸或偏碱都会促进底泥中磷素的释放。

3）水温

温度影响着水生动物、植物、微生物的生长繁殖和活性，同时还影响有机物矿化过程的快慢。由实验结果可知，水温为 22℃时上覆水的总磷浓度为 8℃时的 1.5 倍（黄建军等，2010）。另有研究表明，冬季沉积物磷的释放率没有明显的变化，而夏季时则对温度十分敏感，温度每提高 10℃，磷释放率平均提高 2 倍（Boers and van Hese，2004）。随着温度的升高，吸附反应、溶解反应、化学反应沉淀等物理化学反应速度加快，同时，温度升高会使物理化学反应平衡向解析、溶解的方向移动，内源磷的释放速率也增加（黄建军等，2010）。此外，温度升高会增加沉积物中微生物和生物体的活动，促进生物扰动、矿化作用和厌氧转化等过程，导致间隙水耗氧，使表层沉积物呈还原状态，促使 Fe^{3+}还原为 Fe^{2+}，加速了磷酸盐的释放（高丽等，2004）。

4）微生物活动

微生物主要通过分泌小分子有机酸、质子交换和络合作用等途径溶解难溶性磷酸盐（陈哲等，2009）。有试验表明，在无微生物状态下，沉积物中的磷释放几乎为零，而微生物的参与使沉积物中释放的磷比无菌状态下高出 50%～100%（王茹静等，2005）。侯立军等（2002）在对苏州河底泥内源磷释放的试验研究中也有类似发现：在有微生物作用下的底泥，其内源磷的释放量明显高于没有微生物作用的底泥内源磷的释放。已有结论表明，微生物的溶磷机制可能为微生物在摄取阳离子过程中，通过质子泵将 H^+释放到细胞膜外，使介质 pH 下降而产生溶磷作用（陈哲等，2009）。微生物可以把沉积物中有机态磷转化、分解成无机态磷，把不溶性磷转化成可溶性磷（侯立军等，2002）。此外，底泥中的微生物活动加强，促进生物扰动、矿化作用和厌氧转化，增加间隙水耗氧量，降低泥层中的电极电位，微生物的分解作用加快溶解氧的消耗，底泥表面呈还原状态，有利于 Fe^{3+}的还原，加速底泥中铁结合态磷的释放（郭鹏程等，2008）。

5）扰动

扰动是影响浅水湖泊水-沉积物界面反应的主要物理因素之一。底泥对磷的截留是水动力弥散和吸附共同作用的结果，当水动力弥散起主导作用时，临界浓度值增大，底泥的吸附作用降低，容易出现释磷现象（Richardson，1985；张奇，2007）。底质间隙水中溶解磷的浓度约是上覆水的 10^3 倍，扩散作用导致磷酸盐从高浓度方向向低浓度方向迁移，而扰动会加速这种扩散作用，使底质中的间隙水扩散到上覆水中。在高强度扰动下，水分子强烈地冲击着比表面极大的悬浮颗粒物，使依赖于物理吸附的溶解性磷（SRP）自沉积物上游离出来（张学杨等，2008）。

李一平等（2004）的模拟研究显示，当流速达到 60～70 cm/s 时，总磷的浓度和释放率产生了一个较大的突增，总磷的浓度升至 0.7 mg/L，是初始状态的 7 倍之多。同样 Reddy 等（2004）在对 Apoka 湖的研究中也发现，悬浮作用造成的上覆水营养盐浓度增加可以达到单纯由扩散产生的营养盐浓度的数十倍；Sndergaard 等（2002）对丹麦的 Arreso 湖调查研究后发现，动力悬浮产生的营养盐浓度增加可以达到原先的 20～30 倍的数量级。以上研究说明了水动力作用在湖泊内源氮磷循环中有着非常重要的作用：在中低扰动情况下，表层沉积物受水体的冲击较小，沉积物再悬浮的量低，可供磷交换的界面面积小，其磷的释放能力一般较弱；强扰动环境下，悬浮物-水接触物理界面增大，悬浮沉积物与水体间的磷交换作用大大增加。

28.1.4　富营养水体沉积物磷素释放控制技术

控制磷素从沉积物中释放进入水体是防止水体富营养化的根本途径之一（Conley et al.，2009）。目前，沉积物磷素释放控制技术主要包括以原位覆盖和疏浚为代表的物理修复技术，以投加化学药剂为主的化学修复技术以及发展迅速的生态修复技术，本章对上述几种修复技术作了如下介绍。

1. 原位覆盖技术

原位覆盖技术是指通过在污染底泥表面铺放一层或多层清洁的覆盖物，使污染底泥与上层水体物理性隔离，从而阻止底泥中污染物向水体迁移的过程。目前原位覆盖技术还处于初级阶段，但工程研究表明，原位覆盖技术是可行的（Thoma et al.，1993）。根据覆盖层材料和污染物间的物理化学作用，可将原位覆盖技术的作用机制分为 3 类：水力阻滞（hydraulic retardant）、吸附（sorption）、降解（degradation）（祝凌燕等，2008）。

覆盖层是原位覆盖修复技术的核心部分，它可以是由一种材料构成的单一覆盖层，也可以是由多种材料构成的复合覆盖层。原位覆盖材料的发展经历了天然材料、改性黏土材料、生物化学反应活性材料 3 个阶段（Palermo et al.，1998）。覆盖材料的发展已经突破了其最初定义的基本功能，增加了一些新的工程特性，为原位覆盖技术的发展与成熟奠定了基础。研究者在天然覆盖材料的基础上，开发了以改性黏土为代表的多种能够促进污染物吸附的覆盖材料来提高修复效果。改性黏土主要包括有机改性黏土和商品化的 AquaBlok™ 材料（唐艳等，2007）。AquaBlok™ 材料是以黏土为基础，砂砾作为核心的复合材料。与天然的覆盖材料（沙子）相比，AquaBlok™ 具有弱透过性、容易安装、抗侵蚀等特点，能有效截留污染物。而生物化学反应活性材料则可以提供具有降解活性物质或生物的载体，提高修复水体的处理效果。表 28-1 为原位覆盖技术的工程实例。

表 28-1 原位覆盖技术工程实例

覆盖修复工程实例	处理效果
新西兰，Okaro 湖（Gibbs and Ozkundakci，2011）采用铝盐改性沸石覆盖湖底	好氧和厌氧时均可以完全抑制磷的释放，即使覆盖层在 2 mm 的条件下也有类似效果
德国东北部的 Arendsee 湖（Azcue and Zeman，1998）采用沙子、卵石、黏土等常用材料来覆盖湖底污染的沉积物，抑制营养物的释放	覆盖材料在湖底形成了 20～120 mm 的石灰质层，该层沉淀了磷和蓝藻，同时也减少了磷从沉积物向水体中释放
日本，Kihama inner 湖（唐艳等，2007）采用 20 cm 厚的细沙作为覆盖材料，控制底泥中营养盐释放	有效减缓磷的释放，并有效地阻止污染沉积物扩散
同济大学三好坞富营养化景观水体的底泥（林建伟等，2007）采用改性天然沸石材料和有机改性沸石覆盖抑制底泥中的磷	经改性天然沸石和有机改性沸石两种材料覆盖处理 80 天后，降低 82%以上的磷释放通量

2. 疏浚技术

疏浚技术是借助水力或机械方法挖除湖泊表层的污染底泥，除去内源负荷，降低磷的释放。为避免水体造成二次污染，疏浚技术在挖掘过程中尽可能减少扰动和转移。近年来，在治理富营养化湖泊内源负荷、控制内源磷负荷水体以及加速水体功能恢复过程中，底泥疏浚技术显得日趋重要，同时，研究者在治理富营养化方面的研究也日益增多（朱广伟等，2002；Evans and Johnes，2004；Evans et al.，2004）。

目前，底泥疏浚技术能否从根本上使水环境得到改善，国内外仍存在很大争议（濮培民等，2000；范成新等，2004）。其原因在于，控制磷素释放过程中存在很多问题：疏浚后沉积物残体很容易发生扩散，引起二次污染；同时疏浚消除了沉积物与水体之间的活性磷浓度梯度，且不同层沉积物胶体在释放磷的能力之间也存在很大的差异，在疏浚后可能会产生爆发性的磷释放；另外，疏浚成本很高，疏浚程度不够或操作不当都可能带来负面影响。

总体而言，底泥疏浚技术可以将富含污染物的底泥从水体中去除，控制内源污染物的释放或减少污染物生物有效性，已被广泛应用到河道湖泊治理工程中（秦伯强等，2005）。表 28-2 列举了国内外的一些采用疏浚技术控制沉积物磷素释放的工程实例。

3. 生态修复技术

近年来利用生态修复技术治理水体富营养化正受到越来越多的重视。利用水体中的植物和微生物对营养元素的吸附、合成、转化和降解等过程，降低水体富营养化程度，恢复水体本身的自净能力。

表 28-2　疏浚技术工程实例及技术效果

工程实例	疏浚技术效果	参考文献
太湖、西湖及广州等地	控制内源污染释放，修复水生生态系统	钟继承等，2010
湖北省漳河灌区的 1 座典型塘堰实施疏浚工程	对总磷整体去除率为 44.2%，湿地底泥疏浚后的去磷效果明显变好，取得了良好的控磷作用	潘乐等，2012
美国伊利湖、奥基乔比湖 实施去除 N、P 等营养盐的环保疏浚工程	经疏浚治理后，沉积物中磷素释放得到显著控制，水质明显改善	Sebetich and Federriero，1997
美国佛罗里达的 Lake Okeechobee 实施疏浚工程	将湖底 50 cm 厚的沉积物疏浚处理 275 天后，沉积物中总磷的释放通量为疏浚前的 34%	Reddy et al.，2007

1）水生植物修复技术

研究表明，水体生物修复对去除 N、P 等营养元素有良好的效果。水生植物的修复作用主要表现在四个方面：植物根系对水体污染物的吸附、植物对水体中营养物质的吸收作用、植物根系与周围其他生物的协同作用、植物对藻类的拮抗作用（Murphy et al.，1999）。水体植物有挺水植物、沉水植物、浮叶植物和漂浮植物，这四种水生植物都能在一定程度上吸收水或底泥中不同形态的磷，从而降低水体中磷的浓度（邢丽贞等，2010）。大型挺水植物的存在能有效地降低水流速率、减少外界及水动力扰动，保持泥水界面的稳定性，改善水体的透明度（Horppila and Nurminen，2005）。汤显强等（2006）的研究表明千屈菜（*Lythrum salicaria*）、水葱（*Schoenoplectus tabernaemontani*）、金钱蒲（*Acorus gramineus*）等挺水植物能使溶解性磷和总磷平均去除率分别提高 12.15%和 14.36%、11.87%和 14.21%、10.6%和 12.61%。沉水植物的根系直接深入底泥中，不仅能从上覆水中吸收固定磷，而且可以直接从底泥中吸收利用磷，有效减少了内源磷的释放（Tong et al.，2003）。沉水植物对沉积物中磷的含量影响非常明显，徐会玲等（2010）研究了菹草（*Potamogeton crispus*）、伊乐藻（*Elodea canadensis*）等沉水植物对沉积物磷形态及其上覆水水质的影响。结果表明，在无外源磷输入的情况下，沉淀物总磷为 1571 mg/kg；在菹草生长的影响下，沉积物中难溶性磷铁磷增加为 800 mg/kg，其含量占总磷的 51%；而在菹草未影响的实验中沉积物中总磷的含量为 1289 mg/kg，铁磷为 200 mg/kg，只占总磷的 16%（Karjalainen et al.，2001）。这是由于沉水植物根部能向其周围水环境中的沉积物释放氧气，将 Fe^{2+}氧化为 Fe^{3+}，促进 Fe^{3+}的沉淀，增加沉淀物中铁磷含量（Christensena and Wigand，1998；刘兵钦等，2004）。

2）微生物修复技术

微生物除磷是通过以气单胞菌为代表的积磷菌经过厌氧/好氧过程先放磷后吸磷，经沉淀后从水中去除磷的修复技术。微生物在修复水体富营养化过程中能净化水体，促进水体中碳、氮、磷等主要营养元素的循环，分解有机物，抑制藻类的过盛生长，提高水体的透明度和溶解氧，恢复水体功能（郑焕春和周青，2009）。水体中不同的溶解氧条件下，微生物在上覆水-沉积物多相界面磷循环转化存在明显差异。黄延林等（2010）的研究结果表明，在好氧阶段，上覆水中磷的浓度未发生明显的变化，沉积物不发生释磷作用。而在厌氧阶段，微生物代谢活动引起沉积物周围氧化还原电位的改变，使易溶二价铁磷向上覆水释放，增加了上覆水中磷的浓度。说明微生物在不同的环境条件下对沉积物中磷浓度的影响差异较大。

生态修复技术已逐渐开始被运用到实际工程当中，表 28-3 列举了国内一些采用生态修复技术控制沉积物磷素释放的工程实例。

表 28-3 生态修复工程实例

工程	处理方法	处理效果	参考文献
南京太平湖富营养化防治工程	水面栽培水上蔬菜和花卉，栽培面积为 118.4 m^2	TN、TP 分别降低 46.3%和 48.4%；藻类密度下降了 63.2%；透明度提高了 1 倍	沈治蕊等，1997
湖泊富营养化治理的生态工程	在水中种植高等植物、养鱼、投放河蚌	莲提从水体中共带出磷 149.46 kg；鱼类带出磷 189.898 kg；河蚌固定磷 13.384 kg。溶解氧升高，治理后未出现水华及死鱼现象	孙刚等，2000
小翠湖的生态修复工程	采用局部清淤、引水环流、机械增氧、修复水体、底泥、湖滨生物、生态浮床建设、微波除藻、鱼类放养调整等措施	水体中磷酸盐、总磷浓度由原来的 1.0 mg/L、0.35 mg/L 分别下降到 0.5 mg/L、0.18 mg/L。水质透明度提高 31.58%，叶绿素浓度减少 59.2%	谢丹平等，2009
广西南宁市府观赏水池的微生物修复工程	向重度富营养化的人工湖内投加多糖 EM 制剂，制剂浓度达到湖水菌剂浓度 187 mg/L	投加菌制剂 35 天后总磷浓度由原来的 3.5 mg/L 降到 0.15 mg/L，停止投菌后，回升到 0.2 mg/L，但未导致水华暴发	李雪梅等，2000

4. 化学修复技术

化学修复技术是目前常用控制沉积物磷释放的方法之一。其原理是向底泥注入化学药剂，降低污染物的溶解度、毒性或迁移性，对底泥进行原位化学处理，从而阻止底泥中的磷释放至上覆水中（Murphy et al.，1999）。实验室水平上的研究证明，化学修复方法对于沉积物磷素释放有良好的控制效果。2005 年，James（2005）的研究发现明矾能够和氧化还原型磷素结合并形成沉淀，从而有效减少沉积物中磷的含量。毛成责等（2009）研究发现氯化镧改性后的底泥能提高其对磷的吸附能力，底泥由改性前释放磷的状态转变为改性后的吸附作用，平均每克底泥能吸附磷 18.4 μg，吸附率为 13.25%。

一般来说，常用的化学药剂有：铝盐、氢氧化钙、硫酸铝、硝酸钙、硫酸亚铁以及氯化铁等。其中，铝盐是应用最广泛、最早的钝化剂，其水解后形成的氢氧化铝絮状体不但能有效去除水体中的颗粒物和磷，还可以在底泥表面形成氢氧化铝的絮状体毯子，有效地吸附从底泥中溶出的磷。当厌氧条件且沉积物中的氢氧化铝/氢氧化铁>3 时，磷素易从沉积物中释放出来（Kopáček et al.，2005）；当 pH > 6 时，利用铝盐控制沉积物磷的释放时不会对生物造成毒性影响。絮状体状态下氢氧化铝不会受到氧化还原反应的影响，因此能够保证良好的控磷效果。Chai 等（2011）发现聚合氯化铝（PAC）能够有效抑制水体沉积物中磷素的释放，投放的氯化铝剂量越高，抑制效果越明显。当 PAC 投放浓度高达 30 mg/L 时，对 PO_4^{3-}的抑制率为 50.4%；适当加入聚丙烯酰胺（PAM）能够增强控磷效果，在 PAC 浓度为 20 mg/L 时，辅以 0.2 mg/L 的 PAM，其对 PO_4^{3-}释放的抑制率高达 63.6%。

硝酸钙作为一种典型的硝酸盐控磷剂，被用于沉积物释磷控制中。硝酸钙注入底泥后，所产生的 Ca^{2+}和 NO_3^-均对磷的释放有抑制作用。硝酸根可以提高氧化还原电位，从而能够阻止沉积物中铁磷的释放；Ca^{2+}则能与水体中的磷形成难溶盐沉淀，进而达到控制底泥磷释放的目的（Gerlinde et al.，2005）。Yamada 等（2012）利用硝酸钙控制富营养化热带淡水水库中沉积物磷素释放研究表明，投加硝酸钙 25 天后，沉积物中可溶性磷的含量下降了 87%，大大降低了沉积物的释磷量。铁盐和钙盐可以通过与磷结合形成难溶沉淀来达到钝化磷的目的，但与铝盐相比，其钝化效果受水体 pH 和氧化还原状态的影响较大，在 pH 或氧化还原状态改变时磷极有可能重新释放并造成二次污染（Klaus and Wilhelm，1998）。

化学药剂修复技术的日趋成熟保证其能够投入到工程应用当中，并取得良好的治理效果。表 28-4 列举了国内外成功利用化学药剂修复技术解决水体富营养化问题的案例。

表 28-4 化学修复技术的工程应用及其修复效果

工程实例	投放药剂	修复效果	参考文献
长春南湖	硫酸铝	可溶性磷酸盐去除率为 54.0%～80.6%	胡小贞等，2009
滇池	铝酸钠、石灰石、硫酸铝	142 天时对总磷的抑制率达到了 86.9%	胡小贞等，2008
苏州河支流——蒲汇塘	高锰酸钾、过氧化氢、过氧化钙、硝酸钙	过氧化钙和硝酸钙的作用分别使 PO_4^{3-} 含量从初始的 2.800 mg/L 降至 0.003 mg/L、0.120 mg/L	孙远军等，2008
滇池	硫酸铝和聚铝	投加钝化剂对沉积物的内源磷释放的抑制和上覆水中含磷颗粒的捕捉有显著效果	郑苗壮等，2008
德国 Lake Dagow 和 Lake Globsow	硝酸盐、铁的复合物	磷的释放量由处理前的 4～6 mg/（m^2·d）降为处理后的接近 0	金相灿和孟庆义，2001
日本霞浦湖	硝酸钙	处理后围隔内底泥间隙水中磷削减了 79%	Mikuniya Corporation，1998
德国 Lake Bross-Glienicker	铁盐	处理后水体中磷比处理前削减了 93%，成功恢复了水质	Gerlinde et al.，2005
明尼苏达州 Long Lake	液态硝酸钙	能将厚度超过 10 cm 的底泥氧化，并抑制磷的释放	Willenbring et al.，1984

28.1.5 典型沉积物控磷技术优缺点比较

随着研究的深入和技术的改革创新，沉积物磷素释放控制的技术手段日渐丰富。但是，无论是传统的物理修复方法，如原位覆盖修复技术和疏浚修复工程，还是快速发展的化学生物修复技术，具备优势的同时也存在一定的缺陷（US EPA，2005）。现将典型沉积物控磷技术的优缺点和生态影响效应进行总结，如表 28-5 所示。

结合上述沉积物控磷技术可以发现：原位覆盖修复技术的工艺简单、成本较低且效果较好，可是不能根治污染现状。疏浚技术可以有效清除富含营养盐的表层沉积物，但是其工程进展缓慢且繁琐。生物修复技术绿色环保，无二次污染和污染物转移的风险，且具有低投入、大处理量的特点。操作者与污染物直接接触机会较少，不会对人产生健康危害。但生物修复存在处理速度慢，易受客观因素如季节、气候等变化的影响明显等缺点，从而导致控制效果不佳。虽然化学修复技术存在无法长期根治污染的问题，但是比较国内外大量工程实例后，发现采用经济的化学药剂对受污染水体进行修复，具有见效快、操作简单方便的优点，并且得到了广泛的运用。综上所述，相对于其他修复技术，化学修复技术更具有良好的发展前景。

表 28-5 典型沉积物控磷技术优劣及生态效应评价

沉积物控磷技术	技术优点	技术缺陷	生态影响
原位覆盖技术	1. 工艺简单、成本较低 2. 有效防止污染物迁移 3. 减少二次污染 4. 不会扰动底部	1. 不能根本清除污染物 2. 施工不当易引起间隙水中的污染物扩散 3. 易受客观条件影响失去阻隔效应 4. 不宜大面积实施	底泥表面层被覆盖物覆盖将导致底栖生态环境发生显著改变
疏浚技术	1. 有效清除富含营养盐的表层沉积物 2. 水质指标明显改善 3. 水体中藻类数量下降	1. 工程进展缓慢且繁琐 2. 工程量大，具体操作的准确性会直接影响到疏浚工程效果	环保疏浚技术会破坏底泥微生物群落的生物多样性
生态修复技术	1. 技术手段多样 2. 对氮磷等营养元素去除效果显著 3. 发展空间大，研究前景良好	1. 周期长、见效慢 2. 选择水生植物前需对水体进行大量的细致考察 3. 必须及时捕集回收和处置投放的水生植物	几乎可以忽略对环境的生态影响，符合环境友好的理念
化学修复技术	1. 对水体以及底泥的扰动较小 2. 可有效阻止底泥悬浮 3. 操作简便易行 4. 能耗较低，投资较少	1. 加药准确性直接影响处理效果 2. 受环境因子影响大 3. 无法长期根治问题	对环境的生态效应影响尚不明确，但存在对水体造成二次污染的风险

28.1.6 小结

目前水体富营养化日益严重，国内外科学家对其污染机制及控制技术展开了大量研究并取得了良好的成果。以原位覆盖修复技术和疏浚技术为代表的物理修复技术是应用较为广泛的处理技术，其可操作性强，有着丰富的工程实践经验，对生态环境的干扰程度也较小。但其工程量大，工程周期长，需要投入大量的人力、物力和财力，而且容易造成二次污染。在实际工程中，可以针对污染现状、周边环境及预期目标进行修复技术的选择，以达到用最低的成本取得最佳的治理效果。一些低成本高效率的化学修复技术进行沉积物释磷控制具有一定的应用前景。而综合考虑成本投入及工程效果，采取疏浚技术与生物处理相结合的方法，制定全面、环境干扰小的、可循环的、可使污泥资源化再利用的修复方案是一种理想的工程修复方式，目前在实际应用的案例中并不多见，但值得深入研究、通过实验室实验改善并进行实际推广。

28.2 控制底泥磷素释放技术研究

近年来我国湖泊富营养化呈发展趋势，许多湖泊、水库已进入富营养化，甚至严重富营养化状态（金相灿等，1990），如滇池（高丽等，2004）、太湖（范成新等，2006；刘冬梅等，2006）等许多水域底泥中总磷高达 3000～4000 mg/kg。水体富营养化是当今世界水污染治理的难题之一，而磷被认为是控制湖泊富营养化的关键营养元素（Cloern，2001；张斌亮等，2004）。

目前，主要运用以原位覆盖和疏浚为代表的物理修复技术、化学修复技术以及生态修复技术来控制沉积物磷素的释放。林建伟等（2007）采用 1 L 广口试剂瓶作为模拟反应器，发现改性天然沸石材料和有机改性沸石覆盖均能抑制某富营养化景观水体底泥中磷的释放，且有机改性沸石作用更为显著。毛成责等（2009）研究发现氯化镧改性能使底泥从释放磷的状态转变为吸附磷的状态，改性后平均每克底泥能吸附磷 18.4 μg，吸附率为 13.25%。徐会玲等（2010）研究沉水植物对沉积物磷形态及其上覆水水质的影响时发现，在无外源磷输入的情况下，菹草生长使难溶性铁磷含量增加为 800 mg/kg，其含量占总磷的 51%，而对照组中铁磷含量只占总磷的 16%（Karjalainen et al.，2001）。

国内外应用较多的底泥污染控制技术有三类，即环保疏浚技术、原位覆盖技术和原位钝化技术。环保疏浚技术是应用最早，比较成熟的技术，但其具有工程进展缓慢且繁琐，对正常市政管理和居民生活造成影响，若疏浚深度确定不好，疏挖过浅，会造成疏浚后污染物释放增加等缺点（楼威等，2007）。故原位覆盖技术和原位钝化技术越来越被国内外的工程实践所推崇和应用，但由于它们在单一使用时受水体 pH、氧化还原状态以及时效性的影响，并且其发挥控磷效应的作用时间较长（林建伟等，2007，2008；胡小贞等，2008；毛成责等，2009）。因此不同方法之间的联合使用，提高控磷效果，缩短处理时间，将是未来底泥污染控制技术的发展方向。

微臭氧曝气应用于沉积物-水界面具有调节水体 pH，提高水体氧化还原电位的效果（袁文权等，2004；李大鹏等，2007），而钙和铁结合态磷在非厌氧条件下具有较高的稳定性（Perkins and Underwood，2001；陈豁然等，2009）。本节自行研发仪器设备，尝试用微臭氧曝气技术为化学药剂结合态磷提供一个成岩的基础环境，将微臭氧曝气复氧技术与原位化学修复技术相结合，以控制大量内源磷的释放。对采集的西湖底泥进行实验室模拟试验，研究微臭氧曝气复合氢氧化钙技术的内源磷释放抑制效率及机制。

28.2.1　材料与方法

1. 实验材料

可移动不锈钢框架、圆柱形中空有机玻璃管、空气发生器、臭氧发生器、泵、不锈钢构件、流量计、阀门。利用增加采样绳及刻度标记后的 PSC-1/40 彼得森挖泥器（常州普森电子仪器厂）采集西湖表层 30 cm 底泥样品，在现场将泥样均匀混合后，置于具盖塑料盒中运回实验室备用；采集西湖上覆水（TP 浓度为 0.1 mg/L）置于 18.9 L 矿泉水桶中运回实验室备用；自制微臭氧曝气加药一体机（实用新型专利，专利号：ZL201020130427.0）；YXQ-LS-30SII 立式压力蒸汽灭菌器（上海博迅实业有限公司）；岛津 UV-2450 分光光度计（岛津公司）；LDZ5-2 型台式低速离心机（北京京立离心机有限公司）；上海雷磁 PHS-25 型数显指针酸度计（上海仪电科学仪器股份有限公司）；土壤微生物 DNA 提取试剂盒（杭州浩基生物科技有限公司）；PCR 纯化试剂盒（杭州浩基生物科技有限公司）等。

2. 实验方法

1）模拟反应器实验

试验采用自制模拟实验柱，高 120 cm，直径 10 cm，不透明封底 PVC 管作为实验柱。其中加入取自西湖的底泥高 30 cm，西湖上覆水高 50 cm，在实验柱内放入取样管，取样管底端置于泥面正上方 5 cm 处，用于抽取上覆水水样，静置 3 天后进行实验。采用自制微臭氧曝气加药一体机对模拟反应器进行微臭氧曝气加氢氧化钙复合实验。模拟反应器示意图见图 28-2。

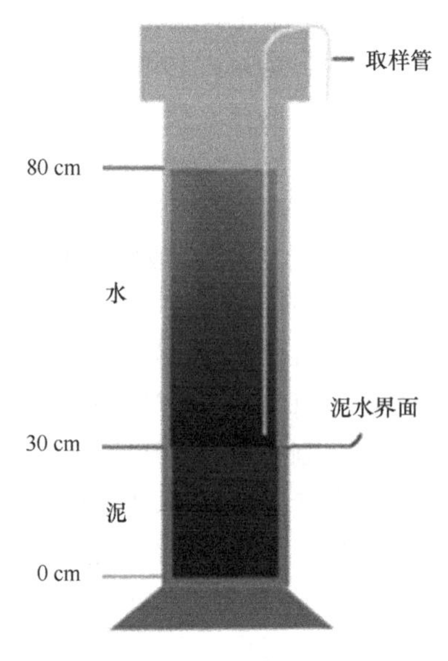

图 28-2　模拟反应器示意图

2）微臭氧曝气复合氢氧化钙实验

实验分组：I 组为不做任何处理的空白对照组；II 组为臭氧曝气强度为 0.6 g/min 的单一微臭氧曝气组，曝气时间为 1 h；III 组为臭氧曝气强度为 0.6 g/min 的微臭氧曝气 1 h 加浓度为 0.01 mol/L 的氢氧化钙溶液的复合实验组；IV 组为臭氧曝气强度为 0.6 g/min 的微臭氧曝气 1 h 加浓度为 0.02 mol/L 的氢氧化钙溶液的复合实验组。使用曝气加药一体机完成每组处理，氢氧化钙溶液通过曝气头表面的药液溢出孔加入反应器中。取样：微臭氧曝气前，测定加入水样的总磷含量；曝气后，分别在 30 min、12 h、36 h 和 2 d 取样，在 2.5 d 后每隔半天取样一次；一周后每天取样一次，直至装置内总磷含量稳定。每次取水样 25 mL，同时补充回原始水样 25 mL。水样取出后立即用电极法测定所取水样 pH，后对水样进行离心（3000 r/min，5 min），取离心上清液测定其总磷浓度。

3. 数据处理

实验数据处理主要采用数理统计学，均用 Excel 2007 进行统计分析。

28.2.2　结果

1. 一体化微臭氧曝气复合加药机的研制

本节自主研发了一种能抑制底泥中磷释放的原位控制水体底泥磷释放的曝气加药一体机。如图 28-3 和图 28-4 所示。

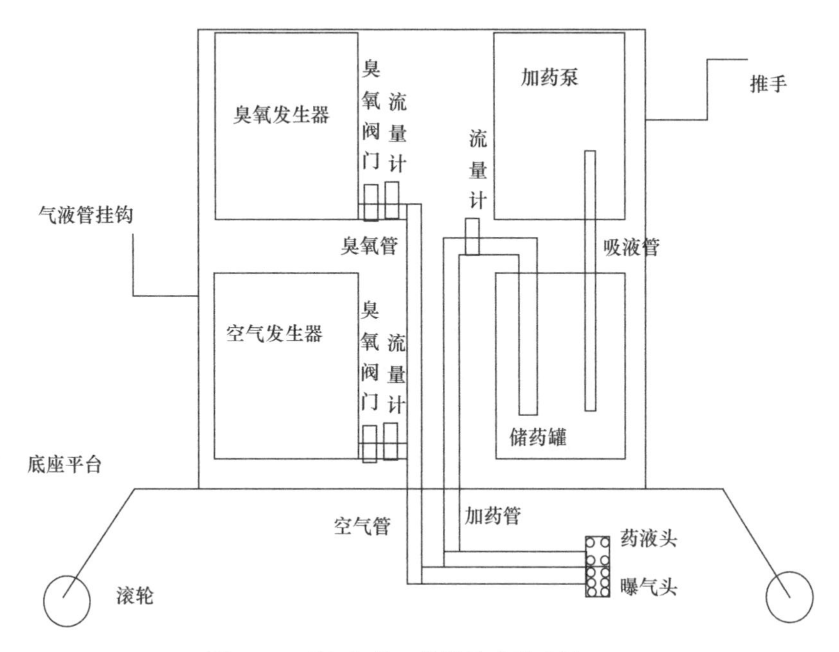

图 28-3　曝气加药一体机构成原理图

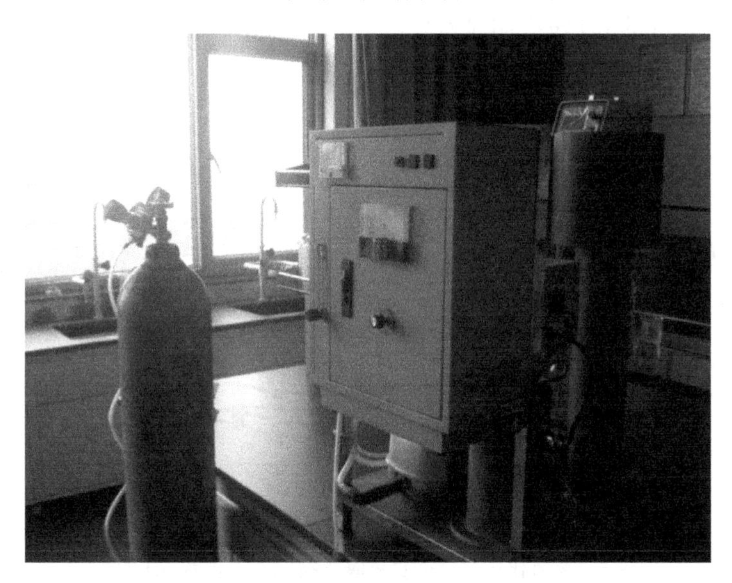

图 28-4　曝气加药一体机实物图（彩图请扫封底二维码）

该曝气加药一体机包括如下 6 个部件。

（1）移动式框架：如图 28-3 所示。该移动式框架为带有四个滚轮的不锈钢架体，用于安放臭氧发生单元、空气曝气单元、加药泵和药液储存罐，并且带有不锈钢制推手和复合曝气头固定挂钩。

（2）臭氧发生单元：如图 28-3 所示。该臭氧发生单元为小流量型空气自发式臭氧发生器，臭氧产生量 3.6 kg/h，固定在移动式框架中空气曝气单元上部，该臭氧发生器的臭氧逸出管路配有流量计和阀门，用于调节流量，臭氧逸出管路与空气曝气单元的空气逸出管串联连接，并且最终接至复合曝气头。

（3）空气曝气单元：如图 28-3 所示。该空气曝气单元为曝气泵，固定在移动式框架臭氧发生单元下部，该空气曝气单元的空气逸出管路配有流量计和阀门，用于调节流量，空气逸出管路与臭氧发生单元的臭氧逸出管串联连接，并且最终接至复合曝气头。

（4）加药泵：如图 28-3 所示。该加药泵固定在移动式框架药液储存罐上部，一根吸管连接药液储存罐，用于将药液打入泵体，另一根药液逸出管路配有流量计和阀门，用于调节流量，最终接至复合曝气头。

（5）药液储存罐：该药液储存罐为圆柱形中空有机玻璃管，固定在移动式框架加药泵下部，通过吸管连接加药泵，将药液输送至加药泵。

（6）复合曝气头：该复合曝气头为不锈钢制构件，为两个单独的曝气头的复合体，一端为进气管和输液管，分别连接气体单元和药液单元，另一端为两块多孔不锈钢表面，分别可以逸出空气、臭氧和药液。

2. 氢氧化钙复合微臭氧曝气技术对上覆水 pH 的影响

图 28-5 为曝气强度为 0.6 g/min 的微臭氧曝气 1 h，同时加入不同浓度氢氧化钙溶液处理后，历时 11 天模拟反应器内上覆水 pH 变化的趋势图。从图 28-5 中可以看到，Ⅰ组、Ⅱ组和Ⅲ组水样的 pH 没有明显差异，都在 7.3 左右。而Ⅳ组水样的 pH 在 7.8 左右，呈弱碱性状态。

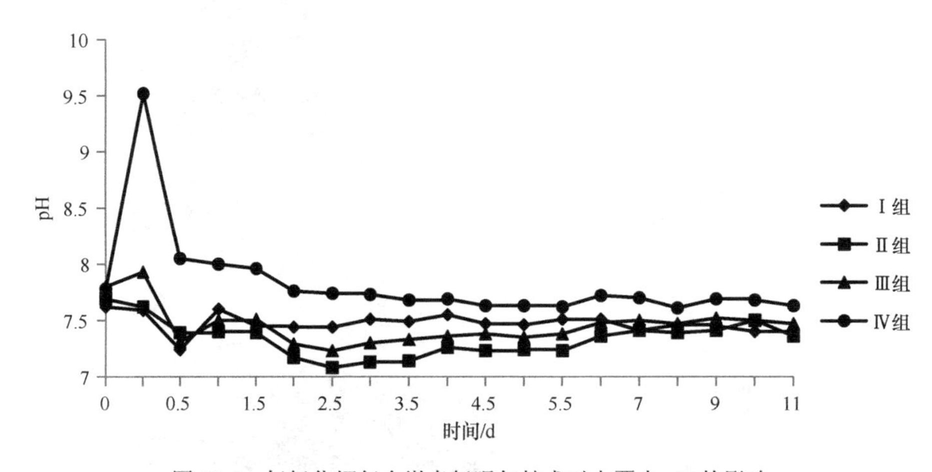

图 28-5　氢氧化钙复合微臭氧曝气技术对上覆水 pH 的影响

3. 氢氧化钙复合微臭氧曝气技术对底泥磷释放的抑制效应

图 28-6 为曝气强度为 0.6 g/min 的微臭氧曝气 1 h，同时加入不同浓度氢氧化钙溶液处理后，历时 14 天模拟反应器内上覆水总磷浓度变化的趋势图。从图 28-6 中可以看到，Ⅱ组单独微臭氧曝气时，短时间内上覆水总磷浓度为 0.55～0.95 mg/L，2 天后总磷浓度下降到 0.39 mg/L 并一直在 0.1～0.3 mg/L 范围内波动，但相对其他组而言，总磷含量整体较高。在微臭氧复合氢氧化钙处理下，上覆水总磷浓度整体呈较低水平，其中Ⅳ组中上覆水的总磷浓度的最终值与Ⅰ组相比可以发现，底泥磷释放的抑制率达到了 34%。

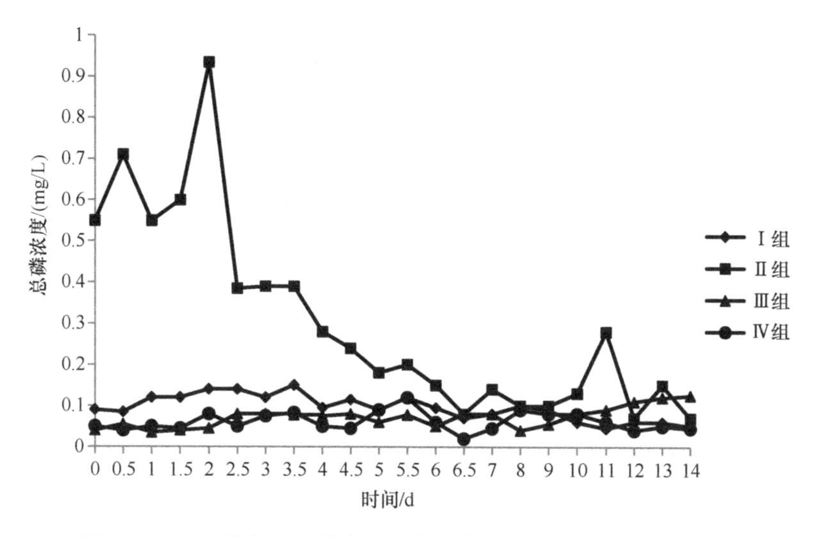

图 28-6　氢氧化钙复合微臭氧曝气技术对上覆水总磷浓度的影响

4. 表层底泥不同形态磷的分布比例

表28-6为不作任何处理的对照组和微臭氧曝气复合氢氧化钙组的底泥中形态磷含量的分布比例。如表 28-6 所示，实验组与对照组相比，底泥中可溶性磷和铁磷含量分别降低 92%和 60%，铝磷比例升高 50%，钙磷升高了 1.2%。

表 28-6　不同处理组表层底泥形态磷的分布比例

处理	钙磷/%	可溶性磷/%	铝磷/%	铁磷/%
对照组	98.30	1.00	0.20	0.50
微臭氧曝气复合 0.02 mol/ L 氢氧化钙组	99.42	0.08	0.30	0.20

28.2.3　讨论

目前已报道多种控磷反应器用于控制水体中磷素的释放。表 28-7 为已授权的发明专

表 28-7　发明和实用新型专利中除磷控磷反应器汇总

反应器名称	反应器结构	反应器功能及效果	专利号	参考文献
臭氧耦合ASBR/SBR控氮磷污泥减量化水处理	包括 ASBR、SBR 生物装置和臭氧溶胞装置	将臭氧物化溶胞与 ASBR/SBR 生物厌氧/缺氧/好氧生物过程结合，处理生活污水能同时实现污泥减量和脱氮除磷	CN101734790A	王海燕等，2010
除磷脱氮颗粒污泥生物反应器	包括设在生物反应池内的缺氧区、厌氧区、好氧区	利用网板改变流动环境和凝聚条件，促成好氧或厌氧颗粒污泥在反应器中形成，进而实现除磷脱氮生化反应的大步提升	CN201485361U	贾万新和孔令勇，2010
结晶除磷反应器	包括布水区、反应区和沉淀区	布水区设置升流柱盘式分布器，可有效避免流体短流；反应区设有载体，可强化磷酸钙盐结晶；采用“连续进料-间歇曝气”的运行方式，防止载体堵塞，并有利于载体上晶体的脱附和回收；沉淀区设置锯齿挡板出水堰，出水均匀，设置斜板，固液分离良好	CN201433127	郑平等，2010

续表

反应器名称	反应器结构	反应器功能及效果	专利号	参考文献
反硝化除磷反应器	包括反硝化除磷反应器筒体、进水箱、进水泵、鼓风机、搅拌器	以 NO_3^--N 为电子受体实现同步反硝化除磷，且由 PLC 可编程控制器自动控制运行的反硝化除磷反应，减少了厌氧/好氧序批式除磷反应器好氧段的时间，减少了曝气量和动力消耗	CN101708922A	周少奇和张晓洁，2010a
厌氧-缺氧-低氧一体化污水反应器	包括厌氧区、缺氧区、低氧曝气区、脱气区、沉淀区	有效地解决了解决传统 A_2O 反应器运行中存在的氮磷同步去除效果不佳、碳源不足以及耗能较高等问题	CN101767876A	操家顺等，2010
处理低温污水的好氧颗粒污泥反应器	包括进水管、进水泵、出水电磁阀、出水管、反应器主体、空气压缩机、曝气头和进气管	为控制低温污水氮磷的排放提供了有效的方法，广泛应用于低温污水的同步氮磷的去除，具有良好的环境效益	CN101698533A	于水利等，2010
复合生物膜活性污泥反硝化除磷脱氮反应器	包括缺氧池、好氧池、沉淀池和污泥厌氧池	有效克服传统工艺中脱氮和除磷关于泥龄和碳源竞争的矛盾，使脱氮和除磷的效果同时达到最佳，尤其适用于低碳氮比的城市污水处理，除磷效果极佳，并有利于实现磷的回收利用	CN101503248	王淑梅等，2009
高温高压微波物化处理含磷污水的反应器	加药泵、除磷药剂溶储罐、管道混合器、微波发生器、提升泵、微波反应器、除磷反应柱、湍流压力突变器	通过微波和压力突变的不同条件促进气泡破灭的瞬间产生的高压，获取化学除磷所需的高温高压，与传统的化学除磷方法相比具有效率更高、反应时间更短、成本低廉的优点	CN102849889A	刘再亮等，2013
序批式活性污泥法实现生物除磷的污水处理反应器	污泥槽，两个可转动的转板，两个转板支撑斜面	两个污泥槽中的污泥交替与污水混合，在一个 SBR 反应装置中同步实现污水好氧摄磷以及污泥的长时间闲置释磷，在普通 SBR 活性污泥运行方式下仍取得较好的除磷效果	CN102774959A	王冬波等，2012
序批式生物膜反应器	序批式生物膜反应器，酸盐还原系统	通过磷酸盐还原菌将磷酸盐以气态磷化物的形式去除，解决了传统除磷脱氮系统的泥龄矛盾、生物除磷与污泥减量的矛盾，具有处理效能高、工艺流程短、投资及运行成本低的特征，为污水生物除磷开辟了新途径	CN102351311A	周健等，2012
废水水解酸化除磷反应器	海产废物贝壳、铁屑作为酸化反应器的填料	废水总磷浓度为 6 mg/L ± 2 mg/L，pH 为 3.5～6.5，贝壳与铁屑之重量比为 1∶0.2～0.4，将其混合后放入反应器中，反应器中加入贝壳重量 3.8～4.0 倍的含磷废水进行处理，水力停留时间为 6 h～48 h。处理的含磷废水总磷的去除率为 40%～97%；其中含磷废水 pH 为 3.5～5.5，贝壳与铁屑重量之比为 1∶0.2～0.4，处理 12 h 效果为好。对含磷废水总磷去除率为 90%～97%，甚至>97%	CN102161525A	崔玉波，2011
连续运行强化生物膜除磷反应器	进水箱、中间水箱、生物滤池	处理过程使生物膜交替循环暴露于厌氧/好氧环境中，利用聚磷菌在厌氧释磷-好氧吸磷的循环交替中去除废水中的磷，该系统也可同时脱氮、去除废水中的有机物	CN101654312	田晴等，2010
生物膜深度脱氮除磷反应器	好氧生物膜反应器，低氧生物膜反应器	通过分流好氧、低氧两段进水比、调整水力停留时间、进水碳氮比等操作实现好氧段强化硝化、低氧段强化反硝化，利用页岩陶粒吸附除磷，通过反冲洗摩擦再生磷吸附点，恢复物化除磷效能，并更新和恢复生物膜活性	CN102211813A	陈秀荣等，2011
不排泥除磷的膜生物反应器	通过对曝气系统布设进行优化，将曝气强度集中分布在膜组件下部，形成膜区局部为好氧区	微滤膜的截留作用，实现了磷化氢还原菌在系统的富集生长，为磷的气化去除提供了条件，通过构造适合磷的气化去除生化反应环境，实现了磷的新的去除方式，避免了传统的排泥除磷的传统工艺路线	CN101885538A	廖志民等，2010

续表

反应器名称	反应器结构	反应器功能及效果	专利号	参考文献
强化内源反硝化的膜-生物反应器	厌氧池、第一缺氧/好氧可调池、好氧池、第二缺氧/好氧可调池、缺氧池和膜池	利用高污泥浓度强化内源反硝化作用，并应用反硝化除磷技术，解决脱氮和除磷对碳源需求的矛盾，同时利用膜的高效截留分离特性，实现对氮和磷的高效同步去除	CN101279794	黄霞等，2008
膜生物反应器	厌氧外池、缺氧内池、好氧膜池和中心岛	工艺内部设置膜装置，能够有效截留污泥混合液中的微生物及胶体磷等悬浮污染物质，提高污泥浓度，降低出水 SS	CN101519266	陈福泰等，2009
含磷工业废水处理反应器	蓄水池、提升水泵、混凝反应器、碱加药罐、氯化钙加药罐、污泥泵、高位污泥脱水机		CN201220199331.9	王东培，2012
强化除磷反应器	布水区、反应区和沉淀区	融凝聚除磷、絮凝除磷与结晶除磷于一体，各单元功能互补；采用射流进水，强化废水与药剂混合效果，强化除磷效果；结晶柱层过滤与沉淀区倒三角沉降分离协同作用，固液分离效果好	CN202080940U	郑平等，2011
一体式复合污水处理反应器	预厌氧槽、一级厌氧槽、二级厌氧槽、曝气槽、沉淀槽和过滤装置	预厌氧槽内设置有铁屑除磷槽，铁屑除磷槽内安装有铁屑。污水经处理，在好氧与厌氧的条件下，去除有机物并进行生物脱氮	CN201915002U	高镜清等，2011
反硝化除磷反应器	进水泵，反消化除磷反应器，PLC 可编程控制器	以 NO_3^--N 为电子受体实现同步反硝化除磷，且由 PLC 可编程控制器自动控制运行的反硝化除磷反应，减少了厌氧/好氧序批式除磷反应器好氧段的时间，减少了曝气量和动力消耗	CN201538712U	周少奇和张晓洁，2010b
强化除磷脱氮装置	厌氧-缺氧装置、二沉池、曝气生物滤池	工艺调整使反硝化聚磷菌成为 AAO 单元的优势菌属，实现聚磷菌和硝化菌的分离，二沉池沉淀和储泥功能的分离，曝气生物滤池硝化和过滤功能的分离，最终实现组合系统节能、稳定、高效脱氮除磷和污泥减量	CN202542999U	彭永臻等，2012
合建式反应器	预缺氧区、厌氧区、缺氧区和好氧区	亚硝酸盐积累率稳定维持在 90%，氨氮去除率在 95%以上，总磷去除率达到 90%以上。	CN202322490U	曾薇等，2012
固定化悬浮载体折板流反应器	若干个串联在一起的单元格和设在所述单元格底部的曝气器	依靠曝气和水流的提升作用使其处于流化或蠕动状态，与污水中的微生物频繁接触，并将其附着到载体上，形成高生物密度、高生物活性、生物相丰富的载体微生物集团，从而提高生化处理效果	CN201634502U	李杰和王亚娥，2010
SBR 反应器曝气器	反应器壳体、好氧区、缺氧区、填料、鼓风机、进水泵、曝气头、滗水器、浮动式上盖	①提高了 SBR 反应器的容积利用率；②反硝化效率高；③好氧区可以 100%的滗水，实现反应器容积的充分利用；④除磷效果好；⑤浮动式上盖可保持更好的厌氧状态	CN2626990	张建中，2004
原位控制水体底泥磷释放的曝气加药一体机	包括移动式框架、臭氧发生单元、空气曝气单元、加药泵、药液储存罐、复合曝气头	有效地解决城市水体底泥内源磷素释放的问题，从而控制藻类等浮游植物的生长，改善水体水质		本章

利和实用新型专利中除磷控磷反应器的总汇。由表 28-7 可知，目前对沉积物除磷控磷的技术已日渐成熟，专利中设计的反应器运用以原位覆盖和疏浚为主的物理、以投加化学药剂控磷的化学以及微生物的生态原理进行对沉积物磷素释放控制。反应器中多次运用曝气技术调节水体的氧化环境，但是采用臭氧进行曝气的反应器并不多见，本节将臭氧曝气与化学药剂复合运用到对沉积物磷素释放控制中，制成原位控制水体底泥磷释

放的曝气加药一体机，避免了异位修复以及疏浚工程的巨额治理费用。同时，本独特的研究思路将物理与化学技术有机结合，应用于水体富营养化的治理中，能够有效地解决城市水体底泥内源磷素释放的问题，从而控制藻类等浮游植物的生长，改善水体水质，能够广泛应用于湖泊、湿地、河道等多种类型水体底泥的治理，易于推广，具有重要意义。

水体的氧化还原状态会影响内源磷的释放强度和释放量。富营养化水体的底泥在厌氧状态下，内源磷会很快被释放出来，平均释放速率达到 7.3 mg/（m^2·d）；而在好氧条件下，底泥磷的平均释放速率为 0.53 mg/（m^2·d），仅为厌氧条件下的 7.3%，这表明通过曝气保持水体上覆水的好氧状态对控制底泥总磷的释放有良好的抑制效果（林建伟等，2005）。袁文权等（2004）对水库底泥进行连续曝气处理，检测发现磷的释放速率为–0.69 mg/（m^2·d），与不做任何处理的底泥相比，底泥释磷的抑制效率达到 67.01%。本实验发现，单一微臭氧曝气时上覆水总磷浓度在短时间内有很大波动，2 天后总磷浓度下降并保持在一定范围内，磷的释放速率为 0.019 mg/（m^2·d），在 5 天后达到稳定，磷的释放速率为 0.004 mg/（m^2·d），但较其他组仍处于较高水平。在单一微臭氧曝气初期，上覆水中总磷浓度有明显的升高。这可能是由于曝气的搅动作用，引起底泥中的还原性物质向上覆水体中释放，从而导致水体中总磷浓度上升。彭进平等（2004）的研究结果亦表明对于浅水性湖泊经扰动后，水体中的磷素增加了 25%。因此对受污水体进行单一曝气不能高效地达到抑制磷素释放的效果。

刘忻等（2009）在河道水投加 1250 mg/L 的 $Ca(OH)_2$后发现，上覆水中的总磷浓度降至 0.05 mg/L 以下，达到《景观娱乐用水标准》（GB12941—91）中 C 类标准（总磷≤0.05 mg/L）和《地表水环境质量标准》（GB3838—2002）中Ⅱ类标准（总磷≤0.1 mg/L）。研究表明，向富营养化水体投加钙盐能有效固定磷酸盐，降低上覆水中磷的浓度，抑制效率最高可达 50%（Prepas et al.，2001；Walpersdorf et al.，2004；Rodriguez et al.，2008）。本实验中微臭氧曝气复合浓度为 0.02 mg/L 的氢氧化钙溶液组上覆水中的 pH 明显偏高，呈弱碱性状态，且其抑制底泥磷释放效果明显，抑制率达到了 34%，实验进行 5 天后就已达到明显效果。

底泥中形态磷含量的分布显示，实验组与对照组相比，底泥中可溶性磷和铁磷含量分别降低 92%和 60%，钙磷和铝磷浓度则分别升高了 2%和 50%。实验中加入的氢氧化钙增加了上覆水中 OH^-浓度，使沉积物对磷的吸附能力增强（Boström et al.，1982；高丽和周建民，2004）。沉积物中铝磷的活性变化与铁磷类似，是沉积物中较稳定的磷形态，能控制沉积物磷的再释放（Wang et al.，2006；Sun et al.，2009）。沉积物中的钙磷通常被认为是生物难利用磷，一般情况下不容易被溶解和吸附，对水体富营养化影响较小，表现出沉积埋藏的特性（魏世强等，2006）。水中高浓度 Ca^{2+}能显著提高沉积物对磷的吸附量，使沉积物中部分其他形态的磷转化为钙磷，钙磷在沉积物中的活性较小，沉降到沉积物表面进而转化为更稳定的钙磷化合物，从而抑制内源磷向上覆水的释放（刘冠男和董黎明，2011；朱红，2012）。由此可知，微臭氧曝气复合氢氧化钙技术对底泥磷素释放抑制的主要机制是底泥经过处理后，可溶性磷和铁磷比例降低，铝磷比例升高，其他形态磷最终生成难分解的钙磷。

28.2.4　结论

（1）本节将臭氧曝气与化学药剂复合运用到对沉积物磷素释放控制中，制成原位控制水体底泥磷释放的曝气加药一体机。

（2）研究表明，微臭氧曝气加浓度为 0.02 mg/L 的氢氧化钙复合技术对内源磷释放抑制效果较好，且氢氧化钙为价格便宜的化学药剂，该技术具有工程应用的经济可行性。

（3）微臭氧曝气加氢氧化钙复合技术是在臭氧形成的氧化环境下，上覆水中磷含量降低，并在湖泊底泥表面形成难分解态的沉积物，进一步抑制底泥磷释放，从而实现抑制富营养湖泊底泥磷释放的原位治理技术。

28.3　底泥磷素释放控制技术的安全性评价研究

底泥磷向上覆水的释放与水体富营养化关系密切（Pomeroy et al.，1965；Sundby et al.，1992）。目前，主要运用原位覆盖修复技术、化学修复技术以及生态修复技术来控制沉积物磷素的释放。修复技术有各自的优缺点，然而原位覆盖修复技术不能根治污染现状；生物修复技术处理速度慢，易受客观因素如季节、气候等变化的影响。化学修复技术目前虽然存在无法长期根治污染的缺点，但其经济有效、见效快且操作简单方便。目前工程中常用曝气复氧技术提高水体溶解氧浓度，以此达到氧化底泥并抑制内源磷释放的目的（袁文权等，2004；李大鹏等，2007）。当富营养水体中的内源磷负荷以有机磷为主，且水体和沉积物中金属离子不足时，仅通过曝气复氧技术难以达到治理效果，此时需要补充一定剂量的金属离子（黄建军，2009）。Murphy 等（1998）研究发现，金属离子投入水体后，会与底泥中释放出来的磷形成沉淀，阻止磷向水体的扩散。因此，曝气复氧与化学修复技术相结合能有效达到抑制底泥磷释放的效果。

现有的工程技术措施主要着重于对磷的治理效果，但从生态安全的角度来评价技术的安全性的研究并不多。微生物是底泥生态系统中最具代表性、最灵敏的生物群体，它们组成类别以及多样性的变化能够有效地反映工程技术对它们的影响。近年来国内外沉积物及土壤微生物生态学家将一系列高通量分子指纹技术运用到沉积物微生物群落结构多样性研究中，提供了有利技术保障与先进分析手段，使得研究者能够在分子水平上对微生物多样性进行研究（Sliwinski and Goodman，2004；Kornelia et al.，2007；Zhang et al.，2010）。随着分子生物学实验技术的不断发展，关于微生物群落结构的研究方法日渐增多，包括磷脂脂肪酸分析法（phospholipid fatty acid，PLFA）、荧光原位杂交法（fluorescent *in situ* hybridization，FISH）、变性梯度凝胶电泳（denaturing gradient gel electrophoresis，DGGE）技术、温度梯度凝胶电泳（temperature gradient gel electrophoresis，TGGE）技术等（张海涵，2011）。DGGE 技术是由 Fischer 和 Lerman 于 1979 年最先提出的用于检测 DNA 突变的一种电泳技术（Murphy et al.，1998），这种方法基于从样品中直接提取微生物群落的基因组 DNA，选择引物对其进行 PCR 扩增，PCR 产物采用

DGGE 进行分离（钟文辉和蔡祖聪，2004）。根据电泳条带的多寡和亮度辨别样品中微生物的种类、丰度和优势类群的数量，分析微生物的多样性，具有检测极限低、分离快速简便、重复性效果好、能同时分析多个样品的优点（赵兴青等，2006）。

Muyzer 等（1993）首次将 DGGE 技术应用于微生物生态学研究，并证实这种技术在研究自然界微生物群落的遗传多样性和种群差异方面具有明显的优越性。DGGE 目前已发展成为研究微生物群落结构的重要分子生物学手段（Santegoeds et al.，1998；Lapara et al.，2001），同时也成为研究土壤微生物多样性及种群演替的重要方法之一。赵兴青等（2006）就采用聚合酶链反应-变性梯度凝胶电泳技术（PCR-DGGE）分子指纹图谱技术比较南京市玄武湖、莫愁湖和太湖不同位置的表层沉积物微生物群落结构。柴蓓蓓（2012）将 PCR-DGGE 用于研究水源水库沉积物多相界面污染物迁移转化对微生物群落结构的影响，测定分析结果表明，不同静水压下，微生物群落在结构及遗传性方面均表现出显著差异。因此在分子水平对微生物群落的研究也可以运用到修复工程中，对修复技术进行安全性评价。

本节运用PCR-DGGE技术对微臭氧曝气复合氢氧化钙技术处理后的底泥进行研究，确定经过本节的修复技术处理后的底泥中微生物种群结构和微生物多样性的变化规律，为污染水体的治理与生态修复提供基础信息和理论依据。

28.3.1 材料与方法

1. 实验材料

LDZ5-2 型台式低速离心机（北京京立离心机有限公司）；土壤微生物 DNA 提取试剂盒（杭州浩基生物科技有限公司）；PCR 纯化试剂盒（杭州浩基生物科技有限公司）

2. 实验方案

1）底泥的处理

底泥于自然状态下风干并除去杂质后，分别加入氢氧化钙 0 g、0.165 g、0.825 g、1.65 g，曝气强度为 0.6 g/min 的微臭氧曝气 1 h 后，分别在 0 天、15 天、30 天后取样。

2）土壤微生物 DNA 提取方法

土壤微生物 DNA 采用土壤微生物 DNA 提取试剂盒进行提取，步骤如下：称 0.5 g 土壤置于 2 mL 离心管中，加入 0.4 g 玻璃微珠，再加入 780 μL Buffer C1 和 100 μL Buffer C2。漩涡器高速震荡 3～5 min；加入 100 μL Buffer C3，漩涡混匀。70℃水浴处理 10 min；12 000 r/min 离心 1 min，转 650 μL 上清液到新的 1.5 mL 离心管中，加入 150 μL Buffer C4 混匀；冰上放置 5 min。12 000 r/min 离心 1 min；转移上清液到新的 2 mL 离心管中，加入 0.7 倍的异丙醇，颠倒混匀，12 000 r/min 离心 2 min；倒掉上清液，倒置离心管于吸水纸上 30～60 s。加入 100 μL 灭菌去离子水，再加入 350 μL Buffer C5（必须把 Buffer C5 混匀后再吸取），漩涡混匀，70℃水浴放置数分钟，至沉淀完全溶解即可；12 000 r/min 离心 1 min，转 400 μL 上清液到新的 1.5 mL 离心管中，加入 150 μL 无水乙醇，混匀；

将上一步所得溶液加入到 GBC 吸附柱中（吸附柱放入收集管中），12000 r/min 离心 30 s，倒掉滤液，重新把吸附柱放回收集管中；向 GBC 吸附柱中加入 500 μL Buffer WB，12 000 r/min 离心 30 s，倒掉废液，将吸附柱重新放回收集管中；向 GBC 吸附柱中加入 650 μL Wash Buffer，12 000 r/min 离心 30 s，倒掉废液，将吸附柱重新放回收集管中；向 GBC 吸附柱中加入 650 μL Wash Buffer，12 000 r/min 离心 30 s，倒掉废液，将吸附柱重新放回收集管中；12 000 r/min 离心 2 min，以彻底晾干吸附材料中的残余漂洗液；将 GBC 吸附柱转入新的 1.5 mL 离心管中，向吸附膜的中间部位悬空滴加 50 μL 洗脱缓冲液 TE 或灭菌去离子水，室温放置 2 min，12 000 r/min 离心 2 min，将溶液收集到离心管中。提取后，采用分光光度计进行 DNA 含量和纯度测定。

3）样本 PCR 扩增方法

样本采用嵌套 PCR 扩增。第一步 PCR 扩增反应的引物设计如下所述。Bac-V3-F1：5-GAGTTTGATCCTGGCTCAG-3；Bac-V3-R1：5-AGAAAGGAGGTGATCCAGC C-3，扩增长度为 1532 bp。第一轮 PCR 扩增反应体系包括灭菌去离子水 1.5 μL、Bac-V3-F1（10 μmol/L）0.5 μL、Bac-V3-R1（10 μmol/L）0.5 μL、基因组 DNA 1.0 μL 和 Platinum PCR Supermix High Fidelity（Invitrogen）21.5 μL。反应条件：94℃，2 min，35 个循环（94℃，30 s，58℃，30 s，68℃，1 min）。

第二步 PCR 扩增反应如下所述。引物设计 40-bp GC-clamp：CGCCCGCCGCGCGCGGCGGGCGGGGCGGGGGCACGGGGGG；Bac-V3-F2：5-GC-clamp-CCTACGGGAGGCAGCAG-3（341～359）；Bac-V3-R2：5-ATTACCGCGGCTGCTGG-3（518～534）；扩增长度为 230 bp。第二轮 PCR 扩增反应体系包括灭菌去离子水 1.5 μL、Bac-V3-F2（10 μmol/L）0.5 μL、Bac-V3-R2（10 μmol/L）0.5 μL、第一轮 PCR 产物（稀释 10 倍）1.0 μL 和 Platinum PCR Supermix High Fidelity（Invitrogen）21.5 μL。反应条件：94℃，2 min，30 个循环（94℃，30 s，55℃，45 s，68℃，15 s）。

4）PCR 产物的 DGGE 实验和分析

采用 PCR 纯化试剂盒纯化 PCR 产物。取 8 μL 上样，采用 Decode Universal Mutation Detection System（Bio-Rad，USA）对细菌 PCR 扩增产物进行电泳分离。电泳条件：凝胶变性梯度 35%～60%，电泳缓冲液为 1 × TAE，电泳温度 60℃，电泳时间 12 h。电泳结束后，SYBR Green Ⅰ染色 30 min，采用 Gel Doc2000 凝胶成像系统（Bio-Rad，USA）观察凝胶上的条带、拍照并对差异和优势条带进行切胶。

采用 Quantity One 4.62 软件，DGGE 电泳图谱中样品进行 DNA 标记，对样品的 DNA 条带数进行统计计算，得到每条泳道的 DNA 个数信息，对 DNA 强度和不同泳道 DNA 条带强度进行分析，获得详细数据，用于后续的土壤微生物多样性指数计算和分析。

5）土壤微生物多样性指数计算

采用 Berger-Parker 优势度指数、Margalef 丰富度指数、Shannon 多样性指数对土壤样品微生物多样性进行评价分析，具体公式如表 28-8 所示。

表 28-8 三种土壤微生物多样性指数的计算方法

指数	计算公式	参数说明
Berger-Parker 优势度指数	$D = N_{max}/N$	N_{max} 为光强度最大的条带光强度，N 为所有条带的光强度之和
Margalef 丰富度指数	$D_{Mg}=(S-1)/\ln N$	D_{Mg} 为 Margalef 丰富度指数，S 为条带数，N 为所有条带的光强度之和
Shannon 多样性指数	$H=-\sum(P_i\times \ln P_i)$; $P_i=N_i/N$	H 为 Shannon 多样性指数，N_i 为 DGGE 图谱中条带 i 的光强度，N 为所有条带的光强度之和

3. 数据处理

采用 OriginPro 8.0 分析软件对数据进行统计分析。数据差异性分析采用 one-way ANOVA 分析方法，$P < 0.05$ 为差异显著，$P < 0.01$ 为差异极显著。

28.3.2 结果

1. PCR 产物的 DGGE 分析

基于 PCR 扩增产物的 DGGE 电泳图谱如图 28-7 所示。由于 DGGE 的原理是不同细菌的 16S rDNA 片段碱基组成的差异，因此，电泳时在凝胶上能够分开不同的 DNA 条带。图 28-7 中，条带 1：底泥经过曝气强度为 0.6 g/min 的微臭氧曝气 1 h 后 0 天取样的 DNA 条带；条带 2：底泥经过微臭氧曝气 1 h 同时加入 0.165 g 氢氧化钙后 0 天取样的 DNA 条带；条带 3：底泥经过微臭氧曝气 1 h 同时加入 0.825 g 氢氧化钙后 0 天取样的 DNA 条带；条带 4：底泥经过微臭氧曝气 1 h 同时加入 1.65 g 氢氧化钙后 0 天取样的 DNA 条带；条带 5～8：底泥经过微臭氧曝气 1 h 同时加入 0 g、0.165 g、0.825 g、1.65 g

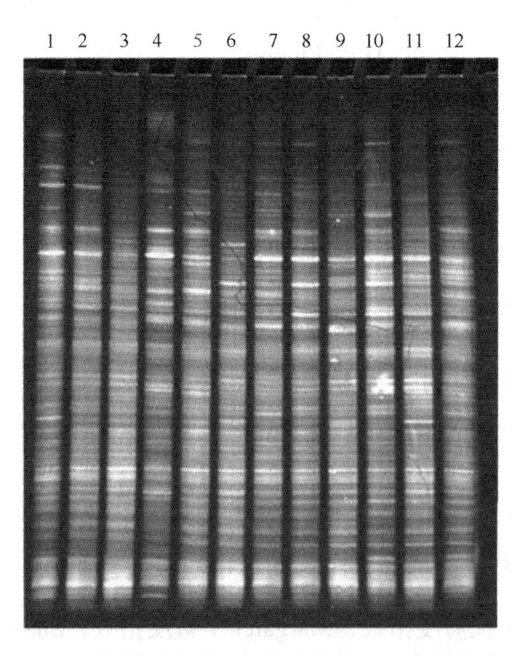

图 28-7 不同实验组底泥中微生物的 DGGE 图谱结果

氢氧化钙后 15 天取样的 DNA 条带；条带 9～12：底泥经过微臭氧曝气 1 h 同时加入 0 g、0.165 g、0.825 g、1.65 g 氢氧化钙后 30 天取样的 DNA 条带。

2. DGGE 图谱的聚类分析

基于 DGGE 电泳图谱的聚类分析如图 28-8 所示。根据每个样品的 DNA 条带强度，对 1～12 号样品的相似性进行聚类分析，结果见图 28-8。从图 28-8 中可以看出，12 组样品明显聚为 3 类，分别是 1～4、6～9、5 和 10～12，但是各类之间的差异性并不明显，相似性在 65%～85%。因此，从相似性分析看，不同样品间微生物多样性差异并不明显，这说明处理组与对照组底泥微生物多样性变化不大。

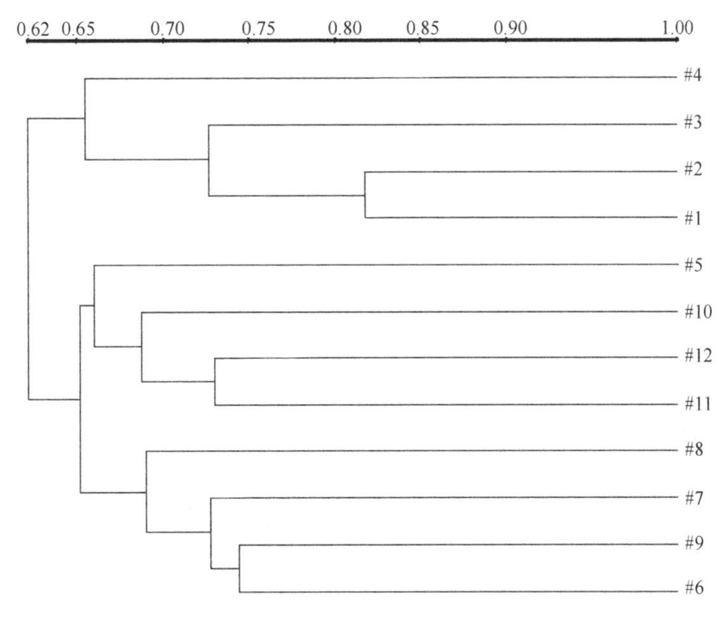

图 28-8　不同实验组底泥微生物多样性的相似性分析

3. 底泥微生物多样性指数计算结果

根据表 28-9 中的公式，我们计算了底泥微生物的三种多样性指数。可以看出，Berger-Parker 优势度指数随时间的延长有略微的降低，而加入药剂的剂量对其没有影响，大致都处于 2.00%～2.52%范围内；Margalef 丰富度指数在曝气加药剂复合处理初期为 4.5 左右，而经过 30 天后达到了 4.8 左右，增加了 6%，加入药剂的剂量对其没有明显的影响；Shannon 多样性指数从 4.1 左右增加到 4.2 左右，没有明显的时间与剂量效应。根据上述三种多样性指数结果分析比较，12 组底泥样品中，微生物多样性并无明显差异（P > 0.05），这也证实聚类分析的结果，即处理组与对照组底泥微生物多样性变化不大。

28.3.3　讨论

物种多样性指数能反映群落结构和功能的复杂性。PCR-DGGE 技术是目前研究土壤微生物多样性的有效方法，通过统计分析可以得出微生物群落结构组成与多样性信息

表 28-9　三种底泥微生物多样性指数计算结果

暴露时间/d	氢氧化钙投加量/g	Berger-Parker 优势度指数/%	Margalef 丰富度指数	Shannon 多样性指数
0	0.000	2.290	4.380	4.150
	0.165	2.520	4.000	4.050
	0.825	2.170	4.560	4.180
	1.650	2.380	4.660	4.190
15	0.000	2.220	4.370	4.140
	0.165	2.060	4.810	4.240
	0.825	2.140	4.620	4.200
	1.650	2.320	4.310	4.130
30	0.000	2.040	4.810	4.240
	0.165	2.000	4.740	4.230
	0.825	2.010	4.670	4.210
	1.650	2.040	4.880	4.240

（Gafan et al.，2005）。Díez 等（2001）首次用 DGGE 研究海洋中微型真核生物群落的多样性；赵兴青等（2009）用 PCR-DGGE 技术研究了太湖沉积物中微生物多样性；曹晨波（2010）利用 PCR-DGGE 技术经过纯氧曝气和含氧水注入处理的底泥进行底泥细菌总数和细菌多样性分析，发现其细菌相似性达到 90.5%。Berger-Parker 优势度指数表示优势种群的生态优势度；Margalef 丰富度指数 *d* 表示物种数目随样方增大而增大的速率；Shannon 多样性指数表示多样性的信息度量（孙军和刘东艳，2004）。易军（2005）在城市园林植物群落生态结构的研究中，运用 Berger-Parker 优势度指数、Margalef 丰富度指数和 Shannon 多样性指数等分析南京和杭州园林植物群落，研究发现，南京公园绿地群落的物种丰富度和多样性指数都高于杭州，群落类型和结构较多样，群落中物种比较丰富。

本节应用 PCR-DGGE 技术以及比较物种丰富度和多样性指数，对实验组底泥微生物多样性进行分析研究。经过土壤微生物多样性指数分析和评价，发现采用本节研发的微臭氧曝气加氢氧化钙复合抑制磷释放技术，不同样品间微生物多样性差异并不明显，相似性为 65%～85%；Berger-Parker 优势度指数随时间的延长有略微的降低；Margalef 丰富度指数在曝气复合药剂处理初期为 4.5 左右；Shannon 多样性指数从 4.1 左右增加到 4.2 左右；这些数据说明处理组与对照组底泥微生物多样性变化不大，加入药剂对其没有影响，不会导致底泥微生物多样性的减少。可以认为微臭氧曝气复合氢氧化钙技术对底栖微生物群落是安全的，不会改变底泥微生物的多样性。

28.3.4　结论

（1）DGGE 电泳图谱分析结果表明，经微臭氧曝气加氢氧化钙复合技术处理后底泥中的微生物相似性为 65%～85%，不同处理组的多样性差异并不明显。

（2）对 Margalef 丰富度指数、Berger-Parker 优势度指数和 Shannon 多样性指数进行分析比较，发现各实验组间微生物多样性并无明显差异（$P > 0.05$），可以认为微臭氧曝气加氢氧化钙复合技术对底栖微生物群落的影响甚微，不会改变底泥微生物的多样性。

（张杭君）

参考文献

操家顺, 蔡健明, 周碧波, 等. 2010. 一种厌氧-缺氧-低氧一体化反应器及其应用. 中国专利: CN101767876A.

曹晨波. 2010. 河道底泥有机污染物人工增氧生物减量的研究. 哈尔滨: 哈尔滨工业大学硕士研究生学位论文.

柴蓓蓓. 2012. 水源水库沉积物多相界面污染物迁移转化与污染控制研究. 西安: 西安建筑科技大学博士研究生学位论文.

陈福泰, 范正虹, 杜接弟, 等. 2009. 高效脱氮除磷 MBR 工艺与装置. 中国专利: CN101519266.

陈豁然, 杨梦兵, 王中伟, 等. 2009. 底泥磷形态及分布特征对水体富营养化的影响. 污染防治技术, 22(5): 81-83.

陈秀荣, 吴敏霖, 艾奇峰. 2011. 一种经生物膜深度脱氮除磷的污水处理方法. 中国专利: CN102211813A.

陈哲, 吴敏娜, 秦红灵, 等. 2009. 土壤微生物溶磷分子机理研究进展. 土壤学报, 46(5): 925-930.

崔玉波. 2011. 一种废水水解酸化除磷方法. 中国专利: CN102161525A.

范成新, 张路, 包先明, 等. 2006. 太湖沉积物-水界面生源要素迁移机制及定量化. 湖泊科学, 18(3): 207-217.

范成新, 张路, 王建军, 等. 2004. 湖泊底泥疏浚对内源释放影响的过程与机理. 科学通报, 49(15): 523-528.

高镜清, 张瑞芹, 王志斌. 2011. 一体式复合污水处理反应器. 中国专利: CN201915002U.

高丽, 杨浩, 周健民, 等. 2004. 滇池沉积物磷的释放以及不同形态磷的贡献. 农业环境科学学报, 23(4): 731-734.

高丽, 周建民. 2004. 磷在富营养化湖泊沉积物-水界面的循环. 土壤通报, 35(4): 512-515.

郭鹏程, 王沛芳, 贾锁宝. 2008. 河流内源磷释放环境影响因子研究进展. 南京林业大学学报(自然科学版), 32(3): 117-121.

韩沙沙, 温琰茂. 2004. 富营养化水体沉积物中磷的释放及其影响因素. 生态学杂志, 23(2): 98-101.

韩沙沙. 2009. 富营养化湖泊底泥释磷机理研究. 环境与可持续发展, 4: 63-65.

侯立军, 刘敏, 许世远. 2002. 环境因素对苏州河市区段底泥内源磷释放的影响. 上海环境科学, 22(4): 258-260.

胡小贞, 金相灿, 梁丽丽, 等. 2008. 不同改良条件下硫酸铝对滇池污染底泥磷的钝化效果. 环境科学学报, 28(1): 44-49.

胡小贞, 金相灿, 卢少勇, 等. 2009. 湖泊底泥污染控制技术及其适用性探讨. 中国工程科学, 11(9): 28-33.

黄建军. 2009. 城市河道底泥营养盐释放及化学修复研究. 天津: 天津大学博士研究生学位论文.

黄建军, 赵新华, 孙井梅, 等. 2010. 城市河道底泥释磷的影响因素研究. 中国给水排水, 26(5): 93-95.

黄霞, 文剑平, 俞开昌, 等. 2008. 强化内源反硝化的膜-生物反应器脱氮除磷工艺及装置. 中国专利: CN101279794.

黄延林, 柴蓓蓓, 邱二生, 等. 2010. 水体-沉积物多相界面磷循环转化微生物作用实验研究. 应用基础与工程科学学报, 18(1): 61-70.

贾万新, 孔令勇. 2010. 除磷脱氮颗粒污泥生物反应器. 中国专利: CN201485361U.
江永春. 2004. 河流沉积物中磷的释放特性及其释放机理探讨. 广州: 中山大学硕士研究生学位论文.
蒋柏藩, 沈仁芳. 1990. 土壤无机磷分级的研究. 土壤学进展, 18(1): 1-8.
金相灿, 孟庆义. 2001. 官厅水库污染底泥处置技术方案比较研究. 中国环境科学研究院.(内部资料)
金相灿, 刘鸿亮, 屠清瑛, 等. 1990. 中国湖泊富营养化. 北京: 中国环境科学出版社.
寇丹丹, 张义, 黄发明, 等. 2012. 水体沉积物磷控制技术. 环境科学与技术, 35(10): 81-85.
李大鹏, 黄勇, 李伟光. 2007. 曝气预处理强化底泥对磷的吸附效果研究. 中国给水排水, 23(19): 23-26.
李杰, 王亚娥. 2010. 固定化悬浮载体折板流反应器. 中国专利: CN201634502U.
李雪梅, 杨中艺, 简曙光, 等. 2000. 有效微生物群控制富营养化湖泊藻的效应. 中山大学学报(自然科学版), 39(1): 81-85.
李一平, 逄勇, 吕俊, 等. 2004. 水动力条件下底泥中氮磷释放能量. 湖泊科学, 16(4): 318-324.
李悦, 乌大年, 薛永先. 1998. 沉积物中不同形态磷提取方法的改进及其环境地球化学意义. 海洋环境科学, 17(1): 15-20.
廖志民, 熊建中, 杨圣云, 等. 2010. 一种不排泥除磷膜生物反应器工艺. 中国专利: CN101885538A.
林建伟, 朱志良, 赵建夫. 2005. 曝气复氧对富营养化水体底泥氮磷释放的影响. 生态环境, 14(6): 812-815.
林建伟, 朱志良, 赵建夫, 等. 2007. 有机改性沸石覆盖抑制底泥氮磷释放的效果. 同济大学学报(自然科学版), 35(12): 1651-1655.
林建伟, 朱志良, 赵建夫, 等. 2008. 方解石活性覆盖系统抑制底泥磷释放的影响因素研究. 环境科学, 29(1): 121-126.
刘兵钦, 王万贤, 宋春雷, 等. 2004. 菹草对湖泊沉积物磷状态的影响. 武汉植物学研究, 22(5): 394-399.
刘冬梅, 姜霞, 金相灿, 等. 2006. 太湖藻对水—沉积物界面磷交换过程的影响. 环境科学研究, 19(4): 8-13.
刘冠男, 董黎明. 2011. 水体中 Ca^{2+}对湖泊沉积物磷吸附特征的影响. 环境科学与技术, 34 (2): 36-41.
刘忻, 俞珊珊, 於胜洪, 等. 2009. 氧化钙除河道水中磷的试验研究. 环境科学与管理, 34(2): 129-132.
刘再亮, 孟海玲, 戴波. 2013. 一种高温高压微波物化处理含磷污水的系统和方法. 中国专利: CN102849889A.
楼威, 周佳音, 李共国, 等. 2007. 疏浚后杭州西湖富营养化评价. 中国环境监测, 23(1): 63-65.
毛成责, 余雪芳, 廖丹, 等. 2009. 氯化镧对西湖底泥磷缓释及磷固定作用研究. 杭州师范大学学报(自然科学版), 8(1): 51-55.
潘乐, 茆智, 董斌, 等. 2012. 塘堰湿地减少农田面源污染试验研究. 农业工程学报, 28(4): 130-135.
彭进平, 逄勇, 李一平, 等. 2004. 水动力过程后湖泊水体磷素变化及其对富营养化的贡献. 生态环境, 13(4): 503-505.
彭永臻, 张为堂, 王淑莹. 2012. 强化除磷脱氮装置. 中国专利: CN202542999U.
濮培民, 王国祥, 胡春华, 等. 2000. 底泥疏浚能控制湖泊富营养华吗? 湖泊科学, 12(3): 269-278.
秦伯强, 朱广伟, 张路, 等. 2005. 大型浅水湖泊沉积物内源营养盐释放模式及其估算方法——以太湖为例. 中国科学, D 辑, 35(增刊 II): 33-44.
商少凌, 洪华生. 1996. 厦门西海域磷的研究. 海洋环境科学, 15(1): 15-21.
沈治蕊, 卞小红, 赵燕, 等. 1997. 南京煦园太平湖富营养化及其防治. 湖泊科学, 9(4): 377-380.
隋少峰, 罗启芳. 2001. 武汉东湖底泥释磷特点. 环境科学, 22(1): 102-105.
孙刚, 盛连喜, 冯江, 等. 2000. 长春南湖生态系统能量收支的研究. 生态学杂志, 19(2): 8-12.
孙境蔚. 2007. 沉积物磷的分级提取方法及提取相的共性分析. 环境科学与技术, 30(2): 111-114.
孙军, 刘东艳. 2004. 多样性指数在海洋浮游植物研究中的应用. 海洋学报, 1: 62-75.
孙远军, 李小平, 黄廷林. 2008. 稳定剂控制底泥中磷元素释放的机理性研究. 中国环境科学, 28(8): 764-768.

汤显强, 李金中, 李学菊, 等. 2006. 7 种水生植物对富营养化水体中氮磷去除效果的比较研究. 亚热带资源与环境学报, 2(2): 8-14.
唐艳, 胡小贞, 卢少勇. 2007. 污染底泥原位覆盖技术综述. 生态学杂志, 26(7): 1125-1128.
田晴, 杨波, 李方. 2010. 连续运行强化生物膜除磷的装置和方法. 中国专利: CN101654312.
王东培. 2012. 一种含磷工业废水的处理系统. 中国专利: CN201220199331.9.
王冬波, 陈银广, 王怀臣, 等. 2012. 序批式活性污泥法实现生物除磷的污水处理装置及方法. 中国专利: CN102774959A.
王海燕, 何赞, 周岳溪. 2010. 臭氧耦合 ASBR/SBR 控氮磷污泥减量化水处理的方法和反应器. 中国专利: CN101734790A.
王茹静, 赵旭, 曹瑞钰. 2005. 富营养化水体底泥释磷的影响因素及其机理. 江苏环境科技, 18(4): 47-49.
王淑梅, 陈少华, 邬卓颖, 等. 2009. 一种复合生物膜活性污泥反硝化除磷脱氮方法及其反应器. 中国专利: CN101503248.
王庭键, 苏睿, 金相灿, 等. 1997. 城市富营养湖泊沉积物中磷负荷及其释放对水质的影响. 环境科学研究, 7(4): 12-19.
魏世强, 赵晓松, 朱端卫, 等. 2006. 环境化学. 北京: 中国农业出版社.
谢丹平, 江栋, 刘爱萍, 等. 2009. 小翠湖的生态修复工程研究. 中国给水排水, 25(7): 17-21.
邢丽贞, 王立鹏, 张志斌, 等. 2010. 湖泊内源磷的释放与富营养化的植物修复. 四川环境, 29(3): 71-76.
徐会玲, 唐智勇, 朱端卫, 等. 2010. 菹草、伊乐藻对沉积物磷形态及其上覆水水质影响. 湖泊科学, 22(3): 437-444.
许春雪, 袁建, 王亚平. 2011. 沉积物中磷的赋存形态及磷形态顺序提取分析方法. 岩矿测试, 30(6): 785-794.
许铁群, 熊慧欣, 赵秀兰. 2003. 底泥磷的吸附与释放研究进展. 重庆环境科学, 25(11): 147-149.
易军. 2005. 城市园林植物群落生态结构研究与景观优化构建. 南京: 南京林业大学硕士研究生学位论文.
于水利, 暴瑞玲, 严晓菊, 等. 2010. 一种处理低温污水的好氧颗粒污泥反应器及其水处理方法. 中国专利: CN101698533A.
于天仁, 王振权. 1988. 土壤化学分析. 北京: 科学出版社.
袁文权, 张锡辉, 张丽萍. 2004. 不同供氧方式对水库底泥氮磷释放的影响. 湖泊科学, 16(1): 28-34.
曾薇, 李磊, 张立东, 等. 2012. A-A^{2}O 连续流污水生物脱氮除磷系统. 中国专利: CN202322490U.
张斌亮, 张昱, 杨敏, 等. 2004. 长江中下游平原三个湖泊表层沉积物对磷的吸附特征. 环境科学学报, 24(4): 595-600.
张海涵. 2011. 黄土高原地区枸杞根际微生态特征及其共生真菌调控宿主生长与耐旱响应机制. 咸阳: 西北农林科技大学博士研究生学位论文.
张建中. 2004. 一种污水处理反应器. 中国专利: CN2626990.
张路, 范成新, 池俏俏, 等. 2004. 太湖及其主要入湖河流沉积磷形态分布研究. 地球化学, 33(4): 423-432.
张奇. 2007. 人工湖滨湿地磷素汇-源功能转换及理论解释. 湖泊科学, 19(1): 46-51.
张润宇, 吴丰昌, 王立英, 等. 2009. 太湖北部沉积物不同形态磷提取液中有机质的特征. 环境科学, 30(3): 733-742.
张学杨, 张志斌, 李梅, 等. 2008. 影响湖泊内源磷释放及形态转化的主要因子. 山东建筑大学学报, 23(5): 456-459.
张志兵, 施心路, 杨仙玉, 等. 2011. 杭州西湖与京杭大运河杭州城区段水质对比研究. 杭州师范大学学报(自然科学版), 10(1): 59-63.

赵兴青, 杨柳燕, 陈灿, 等. 2006. PCR-DGGE 技术用于湖泊沉积物中微生物群落结构多样性研究. 生态学报, 26(11): 3610-3616.

赵兴青, 杨柳燕, 尹大强, 等. 2009. 不同空间位点沉积物理化性质与微生物多样性垂向分布规律. 环境科学, 29(12): 3537-3545.

郑焕春, 周青. 2009. 微生物在富营养化水体生物修复中的作用. 中国农业生态学报, 17(1): 197-202.

郑苗壮, 卢少勇, 金相灿, 等. 2008. 温度对钝化剂抑制滇池底泥磷释放的影响. 环境科学学报, 29(9): 2466-2469.

郑平, 厉帅, 蒋滇, 等. 2010. 一种结晶除磷反应器. 中国专利: CN201433127.

郑平, 张萌, 陆慧锋, 等. 2011. 一种强化除磷反应器. 中国专利: CN202080940U.

钟继承, 刘国锋, 范成新. 2010. 湖泊底泥疏浚环境效应. 湖泊科学, 22(1): 21-28.

钟文辉, 蔡祖聪. 2004. 土壤微生物多样性研究方法. 应用生态学报, 15(5): 899-904.

周健, 何强, 陈爽, 等. 2012. 基于磷酸盐生物还原的同步除磷与脱氮系统的构建方法. 中国专利: CN102351311A.

周少奇, 张晓洁. 2010a. 一种反硝化除磷反应器. 中国专利: CN101708922A.

周少奇, 张晓洁. 2010b. 一种反硝化除磷设备. 中国专利: CN201538712U.

朱广伟, 陈英旭, 田光明. 2002. 水体沉积物的污染控制技术研究进展. 农业环境保护, 21(4): 378-380.

朱广伟, 秦伯强. 2003. 沉积物中磷形态的化学连续提取法应用研究. 农业环境科学学报, 22(3): 349-352.

朱红. 2012. 菹草叶面 $CaCO_3$-P 共沉淀对上覆水和沉积物磷的作用机制研究. 武汉: 华中农业大学硕士研究生学位论文.

祝凌燕, 张子种, 周启星. 2008. 受污染沉积物原位覆盖材料研究进展. 生态学杂志, 27(4): 645-651.

Azcue J M, Zeman A J. 1998. Assessment of sediment and porewater after one year of subaqueous capping of contaminated sediments in Harnilton Harbour, Canada. Water Science and Technology, 37(6/7): 323-329.

Boers P C M, van Hese O. 2004. Phosphorus release from the peaty sediments of the Loosdrecht Lakes (The Netherlands). Water Research, 22(3): 355-363.

Boström B, Jansson M, Forsberg C. 1982. Phosphorus release from lake sediment. Archiv für Hydrobiologie, 18: 55-59.

Brittain S, Mohamed Z A, Wang J, et al. 2000. Isolation and characterization of microcystins from a River Nile Strain of Oscillatoria tenuis Agardh ex Gomont. Toxicon, 38(12): 1759-1771.

Bünemanna E K, Smernika R J, Doolette A L, et al. 2008. Forms of phosphorus in bacteria and fungi isolated from two Australian soils. Soil Biology and Biochemistry, 40(7): 1908-1915.

Chai B B, Huang T L, Zhu W H, et al. 2011. A new method of inhibiting pollutant release from source water reservoir sediment by adding chemical stabilization agents combined with water-lifting aerator. Journal of Environment Science, 23(12): 1977-1982.

Chang S C, Jackson M L. 1957. Fractionation of soil phosphorus. Soil Science, 84(2): 133-144.

Christensena K K, Wigand C. 1998. Formation of root plaques and their influence on tissue phosphorus content in *Lobelia dortmanna*. Aquatic Botany, 61(2): 111-122.

Cloern J E. 2001. Our evolving conceptual model of the coastal eutrophication problem. Marine Ecology-Progress Series, 210: 223-253.

Conley D J, Paerl H W, Howarth R W, et al. 2009. Controlling eutrophication: nitrogen and phosphorus. Science, 323(5917): 1014-1015.

Díez B, Pedrós-Alió C, Marsh T L, et al. 2001. Application of denaturing gradient gel electrophoresis (DGGE) to study the diversity of marine picoeukaryotic assemblages and comparison of DGGE with other molecular techniques. Applied and Environmental Microbiology, 67(7): 2942-2951.

Evans D J, Johnes P J, Lawrence D S. 2004. Physico-chemical controls on phosphorus cycling in two lowland streams. Part 2–The sediment phase. Science of the Total Environment, 329(1-3): 165-182.

Evans D J, Johnes P. 2004. Physico-chemical controls on phosphorus cycling in two lowland streams. Part 1–The water column. Science of the Total Environment, 329: 145-163.

Gafan G P, Lucas V S, Roberts G J, et al. 2005. Statistical analyses of complex denaturing gradient gel electrophoresis profiles. Journal of Clinical Microbiology, 43(8): 3971-3978.

Gerlinde W, Thomas G, Peter C, et al. 2005. P-immobilisation and phosphatase activities in lake sediment following treatment with nitrate and iron. Limnologica, 35: 102-108.

Gibbs M, Ozkundakci D. 2011. Effect of modified zeolite on P and N processes and fluxes across the lake sediment-water interface using core incubation. Hydrobiologia, 661: 21-35.

Golterman H L. 1982. Differential extraction of sediment phosphates with NTA solutions. Hydrobiologia, 91: 683-687.

Horppila J, Nurminen L. 2005. Effects of different macrophyte growth forms on sediment and P resuspension in a shallow lake. Hydrobiologia, 545(1): 167-175.

James W F. 2005. Alum: Redox-sensitive phosphorus ratio considerations and uncertainties in the estimation of alum dosage to control sediment phosphorus. Lake and Reservoir Management, 21(2): 159-164.

Jeppesen E, Sondergaard M, Jensen J P, et al. 2005. Lake responses to reduced nutrient loading: an analysis of contemporary long-term data from 35 case studies. Freshwater Biology, 50: 1747-1771.

Karjalainen H, Stefansdottir G, Tuominen L, et al. 2001. Submersed plants enhance microbial activity in sediment? Aquatic Botany, 69(1): 1-13.

Klaus D W, Wilhelm R. 1998. Successful restoration of Lake Gross-Glienicker (Berlin, Brandenburg) with combined-iron treatment and hypolimnetic aeration. Berlin: Department of Limnology, Technische Universitat Berlin.

Kopáček J, Borovec J, Hejzlar J, et al. 2005. Aluminum control of phosphorus sorption by lake sediments. Environmental Science & Technology, 39(22): 8784-8789.

Kornelia S, Oros-Sichler M, Annett M. 2007. Bacterial diversity of soils assessed by DGGE, T-RFLP and SSCP fingerprints of PCR-amplified 16S rRNA gene fragments: Do the different methods provide similar results? Journal of Microbiological Methods, 69(3): 470-479.

Lapara T M, Konopka A A, Nakastu C H, et al. 2001. Effects of elevated temperature on bacterial community structure and function in bioreactors treating a synthetic wastewater. Microbial Biotechnology, 24(2): 140-145.

Lawrence R P, Smith E E, Carol M G. 1965. The exchange of phosphate between estuarine and sediments. Limnology and Oceanography, 21(2): 167-172.

Lee T H, Chen Y M, Chou H N. 1998. First report of microcystins in Taiwan. Toxicon, 36(2): 247-255.

Mainstone C P, Parr W. 2002. Phosphorus in rivers ecology and management. Science of the Total Environment, 282-283: 25-47.

Mattliensen A, Beattie K A, Yunes J S, et al. 2000. [D-Leu1] Microcystin-LR, from the cyanobacterium *Microcystis* RST 9501 and from a *Microcystis* bloom in the Patos Lagoon Estuary. Phytochemistry, 55(5): 383-387.

Mez K, Hanselmann K, Preisig H R. 1998. Environmental conditions in high mountain lakes containing toxic benthic cyanobacteria. Hydrobiologia, 368(1-3): 1-15.

Mikuniya Corporation. 1998. Pilot-scale treatment of Nakanoumi Lake, Report to Ministry of Construction. Japanese.

Murphy T P, Hall K G, Northcote T G. 1988. Lime treatment of a hardwater lake to reduce eutrophication. Lake and Reservoir Management, 4(2): 51-62.

Murphy T P, Lawson A, Kumagai M, et al. 1999. Review of emerging issues in sediment treatment. Aquatic Ecosystem Health and Management, 2(4): 419-434.

Muyzer G, de Waal E C, Uitterlinden A G. 1993. Profiling of complex microbial populations by denaturing gradient gel electrophoresis analysis of polymerase chain reaction-amplified genes coding for 16s rRNA. Applied and Environmental Microbiology, 59: 695-700.

Palermo M R, Maynord S, Miller J, et al. 1998. Guidance for in-situ subaqueous capping of contaminated sediments. Environmental Protection Agency, 905-B96-004.

Perkins R G, Underwood G J C. 2001. The potential for phosphorus release across the sediment-water interface in an eutrophic reservoir dosed with ferric sulphate. Water Research, 35(6): 399-1406.

Pomeroy L R, Smith E E, Grant C M. 1965. The exchange of phosphate between estuarine water and sediments. Limnology and Oceanography, 10: 167-172.

Prepas E E, Babin J, Murphy T P, et al. 2001. Long-term effects of successive $Ca(OH)_2$ and $CaCO_3$ treatments on the water quality of two eutrophic hardwater lakes. Freshwater Biology, 46(8): 1089-1103.

Reddy K R, Fisher M M, Ivanoff D. 2004. Resuspension and diffusive flux of nitrogen and phosphorus in a hypereutrophic lake. Journal of Environmental Quality, 25(3): 363-371.

Reddy K R, Fisher M M, Wang Y, et al. 2007. Potential effects of sediment dredging on internal phosphorus loading in a shallow, subtropical lake. Lake and Reservoir Management, 23: 27-38.

Richardson A E, Simpson R J. 2011. Soil microorganisms mediating phosphorus availability. Plant Physiology, 156(3): 989-996.

Richardson C J. 1985. Mechanisms controlling phosphorus retention capacity in fresh water wetlands. Science, 228(4706): 1424-1426.

Rodriguez I R, Amrhein C, Anderson M A. 2008. Laboratory studies on the coprecipitation of phosphate with calcium carbonate in the Salton Sea, California. Hydrobiologia, 604(1): 45-55.

Rydin E. 2000. Potentially mobile phosphorus in Lake Erken sediment. Water Research, 34(7): 2037-2042.

Santegoeds C, Ferdelman T G, Muyzer G, et al. 1998. Structural and functional dynamics of sulfate-reducing populations in bacterial biofilms. Applied and Environmental Microbiology, 64: 3731-3739.

Sebetich M J, Federriero N. 1997. Lake restoration by sediment dredging. Internationale Vereinigung für Theoretische und Angewandte Limnologie, 26(2): 776-781.

Seeling B, Zasoski R J. 1993. Microbial effects in maintaining organic and inorganic solution phosphorus concentrations in a grass land topsoil. Plant and Soil, 48: 277-284.

Shen J G. 2001. Pollution, toxicology and detection of microcystins. Journal of Preventive Medicine Information, 17(1): 10-11.

Sliwinski M K, Goodman R M. 2004. Spatial heterogeneity of crenarchaeal assemblages within mesophilic soil ecosystems as revealed by PCR-single-strand conformation polymorphism profiling. Applied and Environmental Microbiology, 70(3): 1811-1820.

Sndergaard M, Kristensen P, Jeppesen E. 2002. Phosphorus release from resuspended sediment in the shallow and wind-exposed Lake Arreso, Denmark. Hydrobiologia, 228(1): 91-99.

Sun S J, Huang S L, Sun X M, et al. 2009. Phosphorus fractions and its release in the sediments of Haihe River, China. Journal of Environmental Sciences, 21(3): 291-295.

Sundby B, Gobeil C, Silberberg N. 1992. The phosphorus cycle in coastal marine sediments. Limnology and Oceanography, 37(6): 1129-1145.

Thoma G J, Relble D D, Kalllat T, et al. 1993. Efficiency of capping contaminated sediments in situ. 2. Mathematics of diffusion-adsorption in the capping layer. Environmental Science & Technology, 27: 2412-2419.

Tong C H, Yang X E, Pu P M. 2003. Effects and mechanism of hydrophytes on control of release of nutrient salts in lake sediment. Journal of Agro-environmental Science, 22(6): 673-676.

US EPA. 2005. Contaminated sediment remediation guidance for hazardous waste sites. U.S. Environmental Protection Agency.

Vasconcelos V M, Sivonen K, Evans W R, et al. 1996. Hepatotoxic microcystin diversity in cyanobacterial blooms collected in Portuguese freshwaters. Water Research, 30(10): 2377-2384.

Walpersdorf E, Neumann T, Stuben D. 2004. Efficiency of natural calcite precipitation compared to lake marl application used for water quality improvement in an eutrophic lake. Applied Geochemistry, 19(11): 1687-1698.

Wang H, Inukai Y, Yamauchi A. 2006. Root development and nutrient uptake. Critical Reviews in Plant Sciences, 25(3): 279-301.

Willenbring P, Weidenbacher W, Miller M. 1984. Reducing sediment phosphorus release rates in Long Lake through the use of calcium nitrate. Lake and Reservoir Management, 1(1): 118-121.

Yamada T M, Sueitt A, Beraldo D, et al. 2012. Calcium nitrate addition to control the internal load of phosphorus from sediments of a tropical eutrophic reservoir: Microcosm experiments. Water Research, 46(19): 6463-6475.

Zhang H H, Tang M, Chen H, et al. 2010. Effects of inoculation with ectomycorrhizal fungi on microbial biomass and bacterial functional diversity in the rhizosphere of *Pinus tabulaeformis* seedlings. European Journal of Soil Biology, 46(1): 55-61.

第 29 章　水体背景对湿地水生植物冠层光谱影响研究

29.1　引　　言

29.1.1　研究背景

1. 湿地及水生植被在生态系统中的作用

湿地是陆地与水体的过渡地带。根据《湿地公约》中的定义，湿地是指：“天然或人工、长久或暂时性的沼泽地、泥炭地或水域地带、静止或流动、淡水、半咸水、咸水体，包括低潮时水深不超过 6 m 的水域”（陈克林，1995）。

湿地是一种独特的、多功能的生态景观，在全球生态系统中扮演着重要的角色，并具有重大的环境功能和效益。具体表现在：①湿地拥有很高的生产能力，每平方米的湿地年均可生产约 2 kg 有机质，其生产能力在众多的生态系统类型中仅次于热带雨林（王丽学，2003）；②湿地最重要的生态价值在于作为栖息地保护了生物多样性，在不同海拔、地带及气候区的各类型湿地环境中水生、陆生、两栖生动植物资源都极其丰富（赵丽囡，1999）；③在湿地丰富的植物资源中，纤维植物分布很广，数量众多，如芦苇（*Phragmites australis*）、鸢尾（*Iris* sp.）、毛果薹草（*Carex miyabei* var. *maopengensis*）、乌拉草（*Carex meyeriana*）、大叶章（*Deyeuxia purpurea*）等，药用植物也有很多，如笃斯越橘（*Vaccinium uliginosum*）、蓝锭忍冬（*Lonicera caerulea*）等（杨朝飞，1995）；④除此之外，湿地还具有蓄水泄洪、补充地下水、涵养水源、净化污水、保持小气候等生态功能。

湿地水生植被是湿地生态系统中不可或缺的一环，它既是维系湿地生态系统运行的物质基础，也是湿地生态系统在发挥保护生物多样性、维持淡水资源、调节气候和降解污染物等生态功能中最为重要的条件（刘光等，2015）。水生植被可以吸收同化水体和底泥中的营养物质，抑制浮游植物繁殖，对降低湖水中营养物质的含量、净化水体等具有积极意义（陈学年和郭玉娟，2011）。水生植被分布广泛，无明显的地带性分布规律，生长所需的环境不同于土壤那样复杂多变，所需水体热量条件比较稳定（何景彪，1989）。根据水生植被的生长环境与生活习性，一般将其分为：挺水植物、浮水植物、沉水植物（邓辅唐等，2005）。

2. 遥感技术在水生植被监测方面的应用进展

遥感技术（remote sensing，RS），已广泛应用于陆地植被调查监测等（黄明祥等，2004）。陆地表面的植被常是遥感冠层和记录的第一表层，是遥感图像反映的最直接信息，通过遥感提供的植被信息及其变化来提取与反演各种植被参数，监测植被的变化过程与规律，研究其与生态环境其他因子间的相互作用和整体效应等（赵英时，2013）。在遥感领域，早期的研究主要集中在植被及土地覆盖类型的识别、分类与专题制图等，后致力于植物专题信息的提取与表达方式上，提出了多种植被指数，并利用植被指数进行植被宏观监测，以及各种植被参数（叶面积指数、氮、叶绿素含量、植被覆盖度、生物量等）的估算（刘华，2007）。随着定量遥感的逐步深入，植被遥感研究向更加实用化、定量化方向发展（赵英时，2013）。植被叶片中的叶绿素、辅助色素、木质素、纤维素、水分和其他组分与植被冠层结构相结合构成植被的光谱反射率（刘华，2007）。利用大量植被的实测光谱反射数据以及相应的植物生物物理、生化组分测量数据建立多种植被遥感模型定量反演地表植被参数，这些参数包括生物物理参数——叶面积指数 LAI、叶倾角分布 LAD、植被覆盖度 f、绿色生物量 BI、植被净第一性生产力 NPP、光合有效辐射吸收系数 FPAR、光能利用率等和生化组分——叶绿素、水分、氮、木质素、纤维素等。20 世纪 80 年代，高光谱遥感开始兴起，并逐渐成为国际遥感领域研究的主要手段和热门方向。高光谱遥感（hyperspectral remote sensing）是指利用很多很窄的电磁波波段从感兴趣的物体获取有关数据，其显著特点是在特定光谱区域以高光谱分辨率同时获取连续的地物光谱图像，其超多波段信息使得根据混合光谱模型进行混合像元分解获取“子像元”或“最终光谱单元”信息的能力得到提高，可用于定量分析地球表层生物物理化学过程和参数（许卫东等，2006）。由于高光谱遥感能够提供更多的更加精细的光谱信息，广泛地应用于植被遥感领域（方红亮，1998）。植被高光谱遥感数据，按获取方式的不同，采用相应的高光谱遥感信息处理技术处理后，可用于植被参数估算与分析、植被长势监测、估产及遥感图像定标与纠正等领域（申广荣和王人潮，2001）。

20 世纪 90 年代以来，国内外学者开始探索应用遥感技术监测湿地水生植被的分布时空变化与生长状况（Dekker et al.，2005）。例如，有学者通过比较 Landsat MSS 与 TM 两种遥感影像对沉水植被的可识别度，结合冠层辐射传输模型，对沉水植被进行分类研究（Ackleson and Klemas，1987），或者利用高光谱遥感技术识别入侵河口三角洲生态系统的水生植物物种（Hestir et al.，2008）或利用湖中水生杂草的丰度和覆盖率的时空变化结合遥感影像中水草的植被光谱特征来进行分类识别，然后将研究成果应用于区域入侵植物生态环境影响的评估（Shekede et al.，2008）。Belluco 等（2006）利用多个卫星平台的遥感监测数据，结合实地收集的数据具体应用到威尼斯泻湖的水生植被分布监测上，结合实地测量数据提高了遥感数据反演水生植被分布的精度。国内许多学者也进行了多方面的研究。例如，通过不同底质在遥感影像上的光谱特征，将底质分为不同类型，然后对比分析不同底质类型下的水体氮、磷含量（张媛等，2015）；不同覆盖度的湿地植被在绿光波段出现反射峰，在红光波段出现吸收谷，近红外波段处具有“红边效应”，根据湿地水生植被不同覆盖度下的光谱特征，结合测定的光谱反射率定量反演水生植被的覆盖度（程彦林等，2013）。

当前湿地水生植被遥感领域的研究内容已经相当广泛，从挺水植被到沉水植被，从植被类型的识别到底质背景的反演，就研究内容来说与陆地植被遥感无异，然而，水生植被的生长环境的复杂性要远远高于陆地植被，反映到水生植被冠层光谱就是其受到的影响因素更多，如水体、底质等。先前的水生植被遥感研究中，多数并没有考虑水体环境对水生植被冠层光谱的影响，或者仅仅是提出而没有定量地研究水体各种要素对冠层光谱具体的影响。

3. 水体环境对水生植被光谱的影响

水生植被泛指生在湿地环境中的植被，同陆生植被最显著的区别在于生长环境的不同。挺水植物兼具陆生植物和水生植物特征，是一类仅下部或根基部分沉于水中，而上部挺出水面的水生高等植物。挺水植物在河口滩涂、滨海湿地、湖泊沼泽均有分布，代表植物有莲（*Nelumbo nucifera*）、水葱（*Schoenoplectus tabernaemontani*）、芦苇、香蒲（*Typha orientalis*）、鸢尾等（张晓丽等，2013）。水生植被生长的湿地环境复杂多样，主要是指水体环境。水体环境包括水体深度、水体浑浊度、水体悬浮物、透明度、水中浮游生物、水底物质以及其他光学活性成分等。除浮水植被外，水体深度是影响水生植被生长的最直接的环境因子。一般挺水植被的适应水深在 10～60 cm，沉水植被的水深适应性比较复杂，除了植被本身的生态学特性外，还受到光因子和水体能见度的影响，水的能见度越好光照越强沉水植被分布的越深。水体浑浊度是表现水中悬浮物对光线透过时所发生的阻碍程度；水体透明度是指水的澄清程度，水中悬浮物和浮游生物越多，透明度越低；底质是湿地物质循环的重要场所，并在一定程度上决定了生长的水生植被类型，底质类型一般有淤泥类、砂质类、黏土类等。

遥感技术在湿地植物信息提取、物种识别以及湿地植被动态监测中有广阔的应用前景。利用遥感技术监测水体环境也从早期简单识别水域发展到对水体环境要素进行遥感监测、制图。近年来，随着对更多地物光谱特征的研究、算法的改进以及高光谱遥感等新技术的发展，遥感监测水体环境有了从定性到定量的进步。

例如，有关水生植被覆盖度与冠层光谱的研究。Shekede 等（2008）对 Chivero 湖中水生杂草的丰度和覆盖率的时空变化进行了研究，利用遥感影像中水草的植被光谱特征来进行分类识别，并将研究成果应用于区域入侵植物生态环境影响的评估，文章仅仅根据水草的光谱特征来确定其生长范围，进一步得到区域内的丰度和覆盖度，并没有深入考虑水生植被冠层光谱和植被覆盖度之间的相关性。袁琳和张利权（2007）对沉水植物不同盖度影响冠层光谱特征的研究，应用于根据测定的光谱反射率定量反演狐尾藻的覆盖度。Jakubauskas 等（2000）对沉水植被睡莲的盖度和光谱反射之间的关系进行了定量的研究，结果表明在 518～607 nm、697～900 nm 两个波段范围内睡莲覆盖度与其光谱反射率在 0.05 水平上呈显著线性相关关系。

Hestir 等（2008）利用高光谱遥感技术识别入侵河口三角洲生态系统的水生植物物种，提到了水中悬浮物质的存在可能会对水生植物冠层光谱反射率产生一定影响，但并没有深入分析。Turpie（2013）研究沿海沼泽植被并在反演沼泽入侵物种时发现，仅仅水体浑浊度的变化就使得某些植被分类的精确性降低了 10%～60%。邹维娜（2013）研究大型沉水植物在富营养化湖泊的分布模型时，认为太阳光到达沉水植物冠层，经过反射被卫星遥感器接受的过程中会穿过一定深度的水体，可能会改变植物的光谱信号。

当前也有不少学者探索底质的光谱特征以及与水生植被生长环境中的水深、水体性质等物理要素之间的关系。例如，通过分析比较天然水体底质中的腐殖酸的光谱特征，分辨底质在结构上的差异（徐栋等，2003）。李珏东和黄容兰（2009）发现光谱微分技术可以很好地应用于底质类型识别，并以不同底质的高光谱数据为基础，提出底质分类算法，通过研究不同底质类型的光谱反射率与水深之间的关系，分析得到了不同底质反射率与水深的相关系数。水体遥感研究中，水面光谱反射率受到水面、水体以及底质等方面的影响，特别是在沿海近岸的浅水水域，底质差异在很大程度上影响着反射率的变化，因此，探究底质和水面光谱反射率之间的关系，对提高遥感反演研究的精度有着重要意义（叶春等，2012）。

然而，遥感技术在水生植被领域的研究仍有一定的局限性，如识别结果较差、分类精度不高、反演精度较低等，本文根据前人大量的研究经验结合水生植被的生长环境认为，湿地水生植被遥感的局限性是由湿地水生植被独特的生长环境造成的，因为水生植被冠层光谱会受到水体背景要素包括大气-水界面、水中浮游生物、泥沙含量、透明度、水体深度、底质以及其他光学活性成分的影响（刘光等，2015）。而传统的水生植被遥感研究方法往往忽略了水生植被的生长环境，更没有定量地研究水体环境对水生植被冠层造成的影响，按照研究陆生植被冠层光谱的方法，结果导致获取的水生植被冠层光谱数据和据此反演水生植被生理及背景物理参数都存在较大误差。

图 29-1 为水生植被中挺水植被冠层光谱反射机制的示意图，从图 29-1 中可以看出，水生植被典型的生长环境具体包括水体深度、水体浑浊度以及底部的土壤类型等。无论是航空航天遥感还是地面实测水生植被光谱数据，传感器接收到的光谱信息包括 4 部分：①水生植被本身冠层的反射，这其中可能还包含多层植被叶片之间的二次反射，这部分光谱信息与水生植被冠层覆盖度有关；②大气-水界面反射，太阳光穿透植被冠层到达水汽界面产生一定的反射再经植被冠层反射到空中，这部分光谱信息同样与水生植被覆盖度相关，同时也可能产生镜面反射；③水体漫反射，由水中悬浮物质或者浮游生物引起，产生的反射经过大气-水界面到达空中被传感器接收到，这部分光谱信息与水体浑浊度、水中悬浮物以及水体深度相关；④水底土壤反射，太阳光经过水体到达水底经过反射再次被传感器接收到，底质反射只有在一定的水体深度和相对清澈的水体中才能产生，原因是水体过深或水体浑浊度高的情况下，太阳光无法到达水底土壤层，这部分光谱信息与水体深度、底质土壤类型相关。

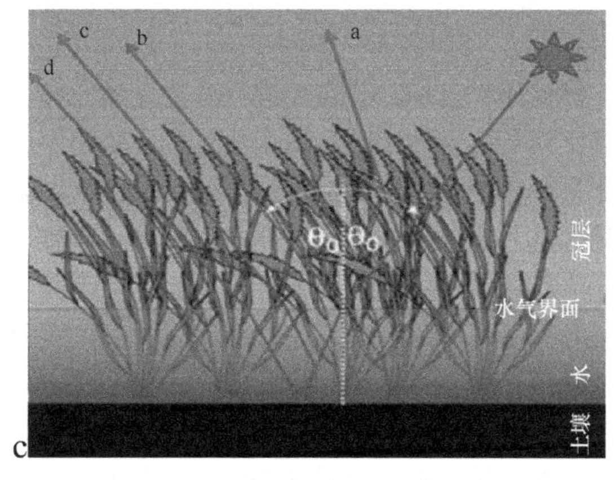

图 29-1　水生植被冠层光谱机制

综合水生植被生长的水体环境因素和先前学者的研究表明：湿地水生植被生长的水体环境包括水体深度、底质类型、植被覆盖度、水体浑浊度等都是影响水生植被冠层光谱的重要因素。

29.1.2 研究目标和研究意义

遥感技术在湿地水生植被领域的应用中应该考虑水生植被不同于陆生植被的生长环境，认识到水体环境各要素对植被冠层光谱的影响，否则会造成获取的植被光谱信息的误差增大，进而影响识别、分类以及反演的精度。本研究分别从室内控制和室外模拟水生植被生长环境对湿地水生植被的水体环境要素与植被冠层光谱反射率关系进行研究。

因此本研究的主要目标是：使用地物光谱仪观测水生植物鸢尾冠层，获得水生植被冠层在不同覆盖度、不同水体深度、不同底质类型下的光谱反射率数据，通过分析建立鸢尾植被覆盖度、水体深度与其冠层光谱反射率之间的定量关系，根据不同底质类型建立的水生植被冠层光谱库为高光谱遥感影像的影像解译和分类，挺水植物分布的时空变化与生长状况监测，以及实时监测湿地生态环境提供相应的技术支持，为大尺度遥感监测挺水植物的分布和动态变化提供科学依据（袁琳和张利权，2006）。

29.2 实验环境和研究方法

29.2.1 实验设计

1. 实验环境构建

实验环境的构建是为了在室内、室外人工控制下进行各项水体环境要素对水生植被冠层光谱的影响实验，目标是在室内室外最大程度模拟水生植被野外的生长环境，获取接近野生水生植被冠层光谱的数据。实验中需要观测的数据包括水生植被覆盖度、背景水深、底质类型等，其他参数包括实验时间、光谱条数、探测器距离植被冠层或水面的距离、室外室内光谱灯与探测器的夹角等。在实验过程中这些参数对所获取的水生植被冠层光谱数据影响很大，因此需要构建严密的室内室外实验环境，以满足高精度的实验数据获取需要。

在本研究项目中，根据研究目标一共需要进行 6 次光谱实验，分别在室内和室外模拟水生植被的生长环境下进行。室内实验环境构建包括实验暗室设计装修、光谱测量架设计、水生植被光谱测量桶、纯水光谱测量盆、光谱贡献权重实验设计。室外控制实验环境构建包括空旷场地的选择、大型水生植被测量水箱设计、推车、小型水桶、塑料软管等。

（1）暗室设计。室内实验光源的选择、室内墙壁和试验工作台对电磁波产生的反射和吸收会对实验结果的精度产生影响。为了避免墙体、试验台以及其他自然光的漫反射，减少被测水生植被冠层光谱数据的影响，本实验设计了一间 2.8 m × 1.8 m × 2.5 m 的暗室，暗室墙壁、天花板以及地板均使用反射率<3%的消光布覆盖。暗室内部布置还包括

工作台两张，同样使用消光布覆盖，避免产生的漫反射对实验结果有影响。

（2）光谱测量架。在室内室外光谱实验过程中都会涉及人工操作规范的问题，如控制探测器距离白板、水面或者植被冠层的距离，控制探测器与光谱灯之间的夹角等，人工操作必然会产生一定偏移，对数据获取产生影响。为了在实验中做到定量地观测植物光谱反射率，减少过多人为因素造成的实验数据偏差，本研究实验中使用了定做的测量架。测量架由一个可调节高低的三脚架和一个可伸缩的水平横杆组成，横杆上有夹子用于固定光谱仪和光谱灯等设备。使用测量架固定光谱仪可以在测量过程中确保测量角度、相对高度不会发生大的变化，避免在测量过程中由于角度的变化而对植物反射率造成影响，实现定量观测。野外光谱实验同样面临操作规范的问题，在较短时间段内太阳光的入射方向可以看作是不变的，此时测量架的作用就是将光谱仪的位置相对于被测植物固定下来，达到精确测量的目的。

（3）水生植被光谱测量桶。在野外，水生植被一般生长在水深不一的水体环境中，为了模拟野外生长环境，实验选用了大型的圆形水桶。它的作用是安置测量用的水生植被植株，并且有效地控制水生植被背景水位与水质，根据实验目的来调整各种参数的变化，得到预期的实验环境条件。与室内墙壁、天花板等一样，白色塑料桶也会产生光的漫反射，影响光谱实验中水生植被反射率的测量。为了尽可能地减少塑料桶内壁在实验过程中对光的反射和吸收的影响，实验中用消光布覆盖塑料桶内壁已达到排除干扰因素得到较精确数据的目的。具体方法是使用防水双面胶将消光布固定在塑料桶的内壁及底部，防止在试验过程当中消光布的滑落，在塑料桶顶部边缘使用铁丝将消光布箍紧（其中消光布标称反射率<3%）。

（4）纯水光谱测量盆。为不同水深背景下水生植被冠层光谱实验提供修正参考，需要不同水深的光谱反射率数据，实验所用到的是小型塑料盆，大小为 20 cm × 20 cm × 10 cm，同样使用消光布进行覆盖设计。

（5）大型水生植被测量水箱。在室外模拟水生植被的生长环境较为复杂，并且考虑到不同覆盖度的水生植被冠层光谱实验的要求，室外控制实验选用了较大的方形塑料箱，箱体大小为 100 cm × 100 cm × 100 cm，塑料箱底部的空间可同时容纳 6~8 盆的盆栽水生植被植物，使用消光布将塑料箱体内部覆盖，由于塑料箱体积较大，内部空间也较大，使用防水双面胶的同时需要订书钉将消光布接缝处钉牢以防滑落。

2. 实验材料

本实验以挺水植物鸢尾（*Iris tectorum*）为材料。鸢尾又名蓝蝴蝶、扁竹花，多生于沼泽土壤或浅水中，要求适度湿润、排水良好、富含腐殖质、略带碱性的黏性土壤，喜阳光充足、气候凉爽，耐寒性较强（张海峰等，2009）。鸢尾科多年生草本，根状茎短粗而多节，直径约 1 cm，斜伸；株高 30～60 cm；叶剑形，长 30～50 cm，宽 1.5～3.5 cm；花茎光滑，高 20～40 cm，具 1～2 分枝，每枝着花 1～3 朵；花蓝紫色，花期 5～6 月；蒴果长椭圆形，具 6 棱，果期 7～8 月（崔玲改和谷国通，2011）。全世界范围内鸢尾属的植物有 300 余种，主要分布在欧洲、亚洲及北美洲等北温带地区；我国主要分布在中原、西南及东北，云南、四川及江苏、浙江一带，是一种十分具有代表性的挺水植物（孙海龙和刘冰，2009）。

29.2.2 数据观测及数据分析方法

本研究实验中需要观测的数据包括水生植被在不同覆盖度、水深、底质类型背景下其冠层光谱反射率数据，以及纯水、纯底质在不同水深背景的反射率数据。主要进行植被覆盖度、水深同对应背景下的植被冠层反射率的相关性分析，以及不同底质类型下水生植被冠层反射率特征分析，并通过回归分析确定特定波段进行下一步的研究。

1. ASD Field Spec 3 便携式地物光谱仪及其操作

本研究所有实验用的仪器均是 ASD Field Spec 3 便携式地物光谱仪。ASD Field Spec 3 是美国 ASD 公司（Analytical Spectral Devices）的产品，适用于遥感测量、农作物监测、森林研究到工业照明测量、海洋学研究和矿物勘察的各方面（张海波，2014）。

ASD Field Spec 3 便携式地物光谱仪的操作方法如下所述。

（1）准备工作。光谱仪和计算机充电，安装适当的镜头，准备白板。

（2）打开光谱仪的电源和计算机的电源，启动 RS 3 软件，调整光谱平均、暗电流平均和白板采集平均次数，填写存储数据的路径、名称等。

（3）光谱仪探头对准白板，进行优化（注意：镜头视场全部范围必须都在白板内，测量过程中每隔一定时间做一次优化）。

（4）点击 WR 采集参比光谱，进入反射率测量状态（注意：测量环境变化越频繁，需要采集白板的次数越多）。

（5）仪器参数设置，如单次采集光谱条数等。

（6）镜头对准被测物体，按空格键存储采集到的鸢尾冠层的反射光谱。

2. 数据分析方法

本文所有实验数据导出与处理使用的是 Field Spec® 3 Hi-Res 地物光谱仪配套的 View Spec Pro 6 软件，该软件可以对光谱数据进行平均、平滑处理等运算，也可以对跳跃数据（由于仪器所使用的三个传感器在不同的环境功能温度以及预热时间下具有变化的响应度，造成连续的光谱数据在传感器连接波段处出现台阶跳跃，加之不同的光纤采集到不同位置的样品光谱）进行修正——软件中的 Splice Correction 修正功能。

ASD Field Spec 3 便携式地物光谱仪自身的噪声会影响获取的光谱数据的真实性，这种影响在仪器波段范围（350～2500 nm）两端表现得最为明显。因此在室内室外光谱实验中分别去除了 350～400 nm 和 2400～2500 nm 的波段。此外电磁波在大气中传输时，由于受到大气中分子（H_2O、CO_2、O_3 等）和气溶胶的散射和吸收，其透射率是随波长而变化的，透射率较高的波段被称作“大气窗口”，在室外进行光谱测定时必须考虑“大气窗口”效应，选择窗口范围内的波段进行光谱分析（黄成敏，2005）。因此，在室外光谱实验中去除了 1350～1450 nm 和 1800～2400 nm 的波段。

植被具有不同于土壤、水体和其他典型地物的光谱反射特征（潘佩芬，2011），这是因为造成植被光谱在各个波段内差异明显的原因是多样的：色素吸收决定可见光波段的光谱反射率，细胞结构决定近红外波段的光谱反射率，水汽吸收决定短波红外的光谱反射率特性（赵英时，2013）。为了更加具体地分析水生植被冠层光谱在各个波段内与植被覆盖度的关系，数据分析也分三部分进行：可见光谱段（400～700 nm）、近红外波段（700～1000 nm）、短波红外波段（1000～2400 nm）。

数据可视化与相关分析使用的是 Origin Pro 8.5 和 Microsoft Office Excel 2013。Origin Pro 8.5 为 Origin Lab 公司的函数绘图软件，Origin 的数据分析主要包括统计、信号处理、图像处理、峰值分析和曲线拟合等完善的数学分析功能（付家新和吴洪特，2011）。本文所有实验数据出图均由 Origin Pro 8.5 完成。

29.3　不同覆盖度下水生植被冠层光谱研究

29.3.1　结果分析

室外模拟水生植被生长环境下，不同覆盖度鸢尾植被冠层的光谱反射率光谱曲线表现出典型的植物光谱特征（图 29-2）。从图 29-2 中可以看出：在可见光部分的绿光波段 550 nm 附近有一个明显的反射峰，红光波段 680 nm 附近有较强的吸收，形成吸收谷，680～740 nm 鸢尾冠层反射率快速升高，并在近红外波段 740～1350 nm 形成植被特有的反射高原；在短波红外波段 1480 nm 附近形成一个因水吸收强烈而造成的反射低谷。从鸢尾冠层反射率曲线图还可以看出在不同的波段范围内，覆盖度对鸢尾冠层反射率高低的影响存在比较明显的差异。

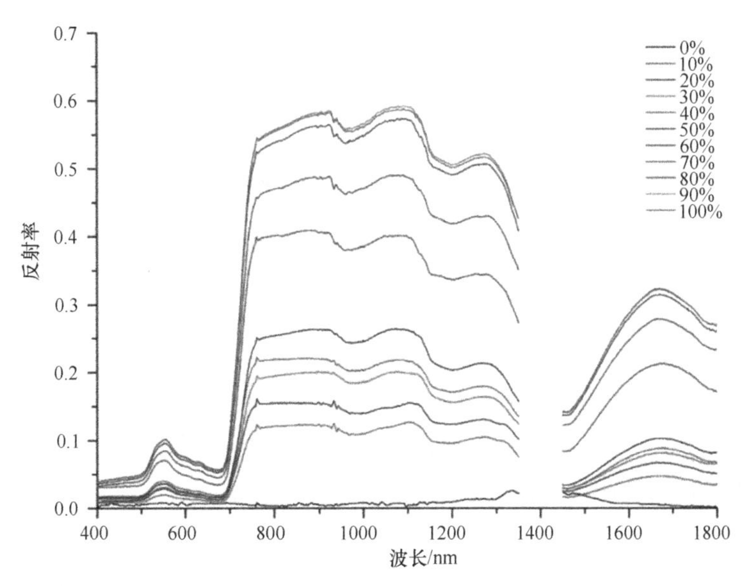

图 29-2　不同覆盖度下的鸢尾冠层光谱曲线（彩图请扫封底二维码）
连续波段中因大气窗口因素截去的一部分是 1350～1450 nm

从不同覆盖度下鸢尾冠层反射率曲线图可以看出，当鸢尾植被覆盖度从 0 到 100% 发生变化时，其冠层光谱反射率也发生明显的改变，在近红外波段范围内，反射率随着鸢尾覆盖度的增加而增加，从低于 0.05 上升到约 0.6。当鸢尾冠层覆盖度大于 50%时，其冠层反射率大幅度上升，而当鸢尾冠层覆盖度接近 100%时，其冠层反射率变化幅度逐渐降低。不同覆盖度下鸢尾冠层反射率之间的差异主要表现在 740～1100 nm、1500～1800 nm 波段。

在可见光波段 400～700 nm 内，支配植被叶片光谱的主要是叶片中的各种色素，其中叶绿素起主导作用。在这一波段内色素的吸收强烈，导致叶片的反射率和透射率都很低。如图 29-3 所示，在 550 nm 波长附近是叶绿素的强反射峰区，故鸢尾植被在此波段的反射光谱曲线具有波峰的形态。在 450 nm 为中心的蓝波段以及 670 nm 为中心的红波段，因叶绿素吸收辐射能强烈（>90%）而呈吸收谷。当鸢尾冠层覆盖度为 0（即 100%水体）时，视场范围内并无植被，其反射率曲线呈直线状，在此波段表现为水体的光谱特征。

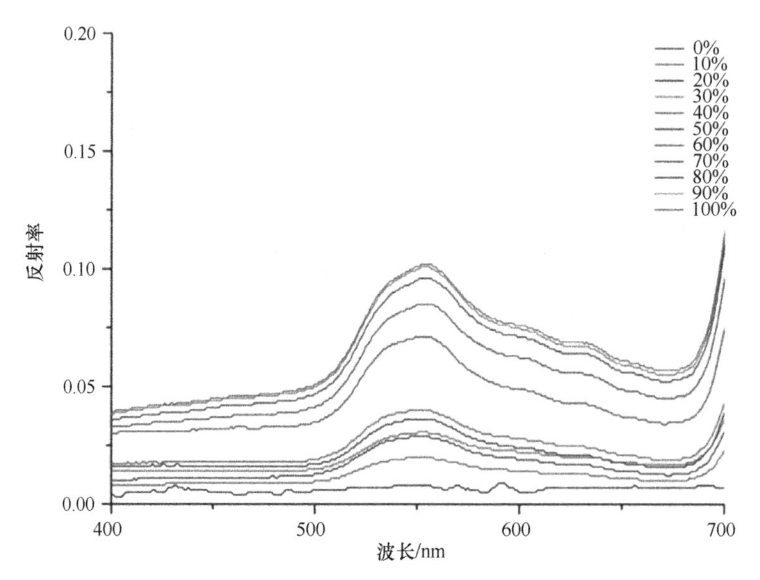

图 29-3 不同覆盖度下的鸢尾冠层光谱曲线（400~700 nm）（彩图请扫封底二维码）

在近红外波段 700～1000 nm 内，影响植被光谱特征的主要因素是叶片内部的细胞结构，通常情况下叶片的反射率及透射率相近，吸收能量很低（<5%）。如图 29-4 所示，在 730 nm 附近，鸢尾冠层的反射光谱曲线快速上升，并在 750～1000 nm 谱段内形成反射高原，这是由于叶片中的细胞壁和细胞空隙间折射率不同引起多重反射造成的。此波段室内测定的平均反射率多为 35%～78%，而野外测试的则多为 25%～65%（冯伟等，2009）。在这一波段范围内，背景水体对植被冠层反射率的影响体现得最为显著，由于视场角范围内水体所占比例的增大对太阳辐射的强烈吸收，鸢尾冠层反射率呈快速下降趋势，从 0.58 左右下降到 0.1 以下。

在短波红外波段 1000～1800 nm 内，鸢尾植被的入射能基本上被吸收或反射，透射很少。此波段植被的光谱特征受到叶片含水量的控制，叶片的反射率与叶内含水量呈负相关（赵英时，2013）。如图 29-5 所示，水生植被在水吸收带之间的 1100 nm 和 1650 nm 处有两个反射峰。由于水生植被叶片自身含水量很高，水吸收带的反射率很低，所以在 1420 nm 之后的波段，随着植被覆盖度的增加此处植被冠层反射率变化不明显。

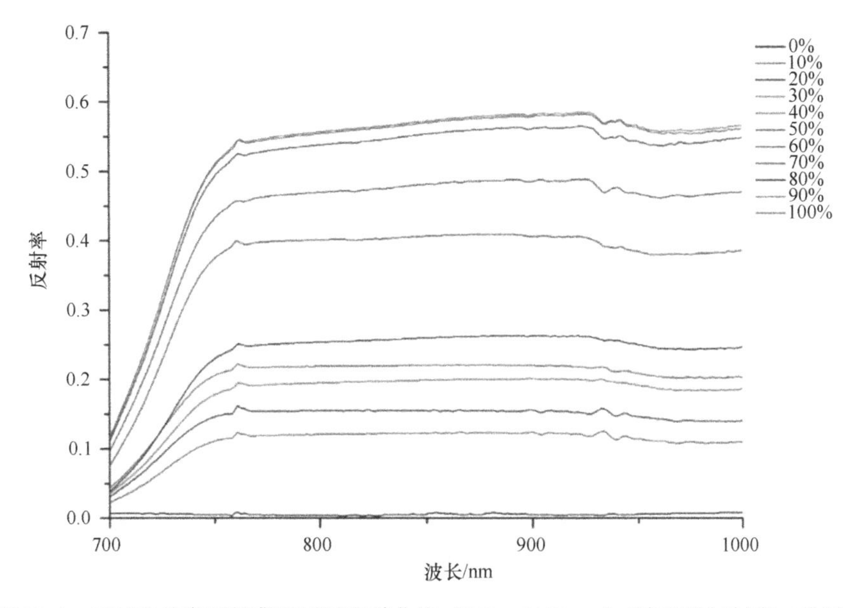

图 29-4　不同覆盖度下的鸢尾冠层光谱曲线（700～1000 nm）（彩图请扫封底二维码）

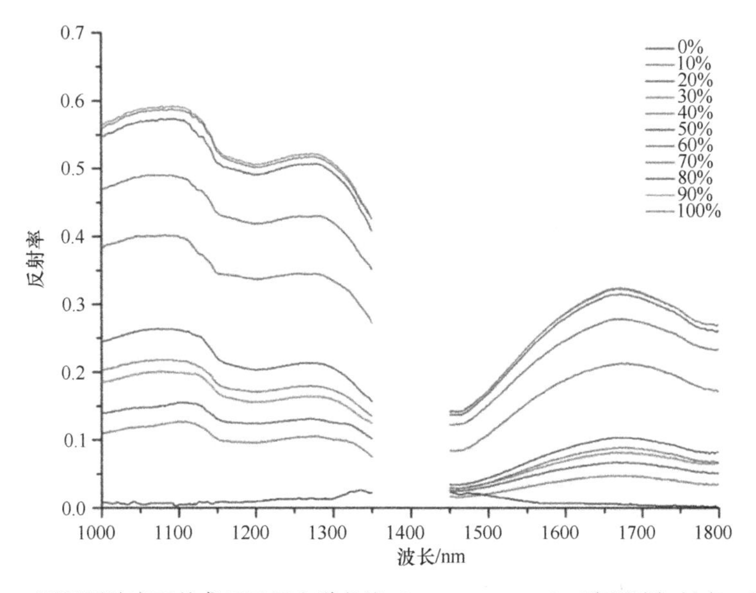

图 29-5　不同覆盖度下的鸢尾冠层光谱曲线（1000~1800 nm）（彩图请扫封底二维码）

为了深入了解水生植被覆盖度与冠层光谱反射率之间的关系，本研究接下来对两者进行了相关性分析。如图 29-6 所示，在 400～1800 nm 波段范围内植被覆盖度和冠层光谱之间的相关性表现出很大的差异性：400～700 nm 两者的相关性变化波动较大（图 29-7）；800～1350 nm 两者相关性系数稳定且较高，大部分在 0.98 上下；1450～1800 nm 两者相关性呈逐渐升高趋势。

在可见光波段内，不同覆盖度下水生植物鸢尾与其冠层反射率之间的相关性分析结果显示：相关系数峰值出现在 403 nm 处，相关系数 0.973。其他波段相关系数均为 0.95～0.97，但相对于 700～1000 nm、1000～1350 nm 波段的相关系数来说波动较大，这说明

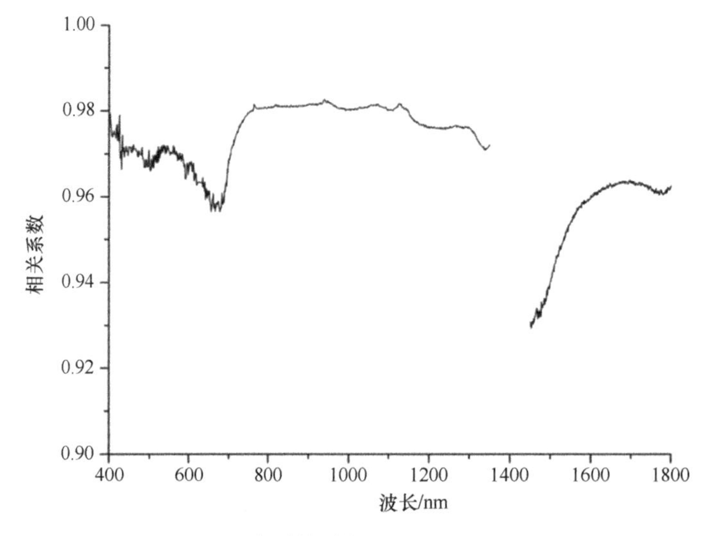

图 29-6 相关性分析（400～1800 nm）

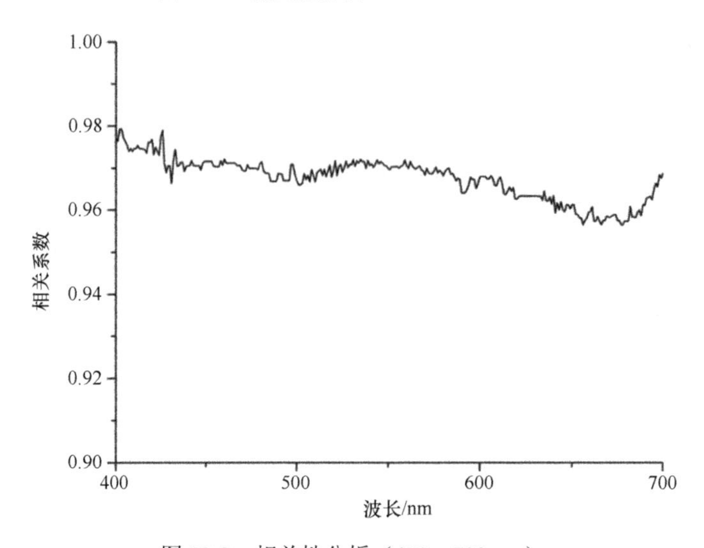

图 29-7 相关性分析（400～700 nm）

在可见光波段，随着鸢尾覆盖度的增加或减少其冠层光谱反射率并没有稳定地增加或减少，鸢尾覆盖度与其冠层光谱反射率之间的相关性不佳。所以在之后选取特征波段做回归分析反演水生植被覆盖度时舍弃可见光波段。

在近红外波段，不同覆盖度下水生植物鸢尾与其冠层反射率之间的相关性分析结果显示：水生植被鸢尾盖度和冠层光谱反射率的相关系数在 0.98 左右，达到了极显著的水平，峰值位于 939 nm 处，相关系数为 0.983。说明在近红外波段，随着鸢尾盖度的降低，受叶片细胞结构控制的鸢尾冠层反射率迅速降低，覆盖度是影响水生植被冠层反射率的重要因素之一。对不同水深背景下鸢尾在波段 939 nm 处的光谱反射率进行回归分析，结果显示，鸢尾植被覆盖度与其冠层在 939 nm 处的反射率可以较好地用线性关系表示，线性模型为 $Y = 0.006X + 0.001\,69$，$R^2 = 0.9616$（图 29-8、图 29-9）。

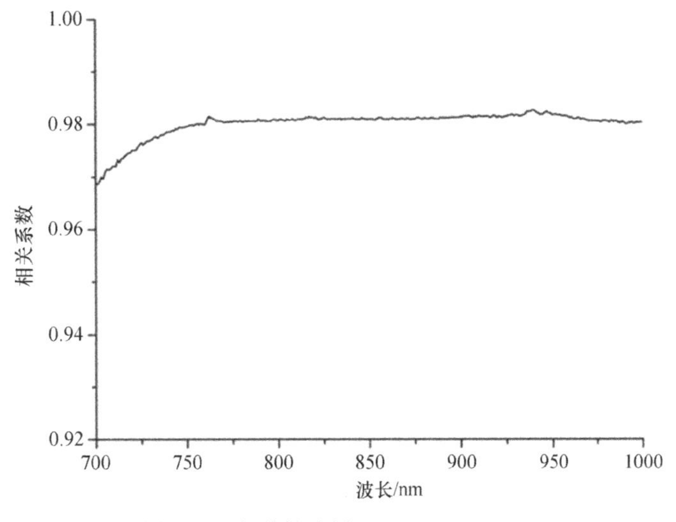

图 29-8　相关性分析（700～1000 nm）

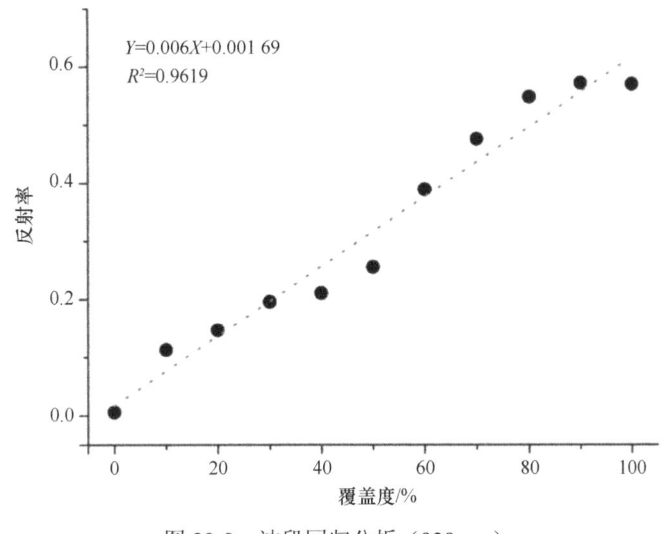

图 29-9　波段回归分析（939 nm）

在近红外谱段内，不同覆盖度下水生植物鸢尾与其冠层反射率之间的相关性分析结果显示：在 1000～1350 nm 波段，覆盖度与冠层反射率之间的相关系数值均为 0.97～0.98，达到了极显著水平。其中在 1125 nm 处盖度与冠层反射率的相关性最高，相关系数达到 0.98（图 29-10）。如图 29-11 所示，对不同鸢尾覆盖度在波段 1125 nm 处的光谱反射率进行回归分析，结果显示，鸢尾覆盖度与其在 1125 nm 处的反射率可以用线性关系表示，线性模型为 $Y = 0.006X + 0.0188$，R^2=0.9597（图 29-11）。在 1450～1800 nm 波段，植被覆盖度与冠层反射率之间的相关系数值为 0.93～0.97，也达到了极显著水平（图 29-12）。其中在 1697 nm 处盖度与冠层反射率的相关性最高，相关系数达到 0.964。如图 29-13 所示，对不同鸢尾覆盖度在波段 1697 nm 处的光谱反射率进行回归分析，结果显示，鸢尾覆盖度与其在 1697 nm 处的反射率也可以用线性关系表示，线性模型为 $Y = 0.0035X - 0.0123$，$R^2 = 0.9212$（图 29-13）。

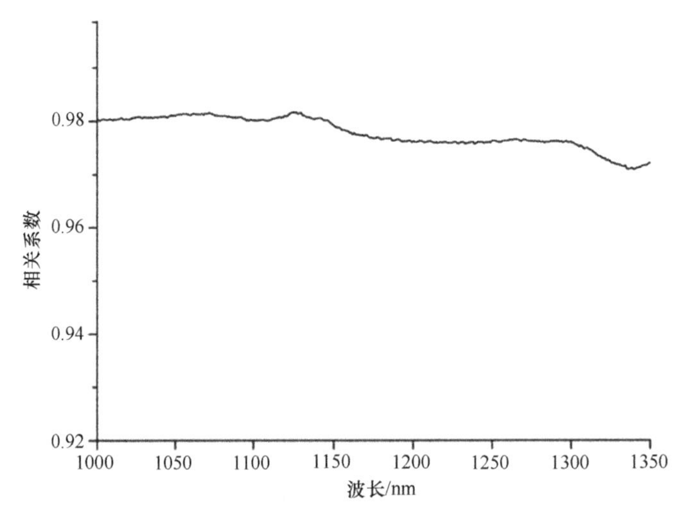

图 29-10　相关性分析（1000～1350 nm）

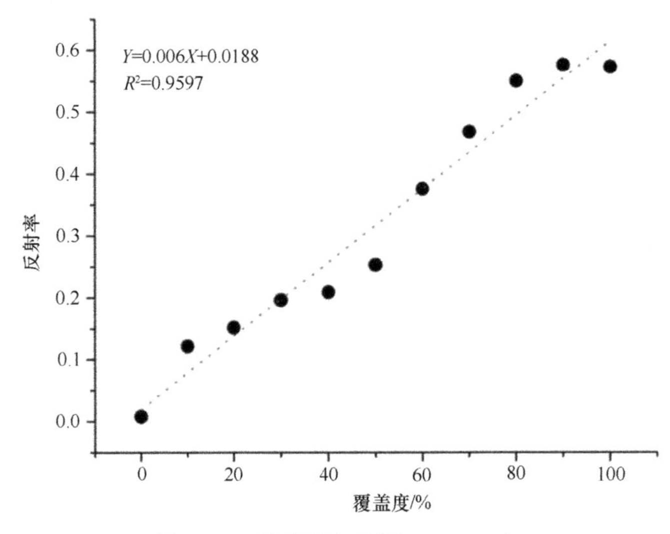

图 29-11　波段回归分析（1125 nm）

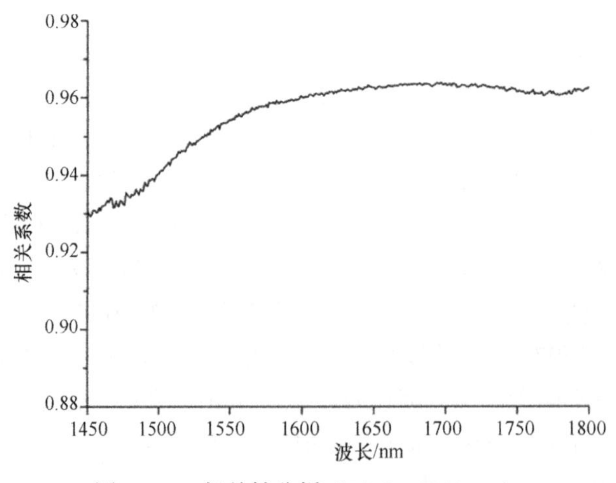

图 29-12　相关性分析（1450～1800 nm）

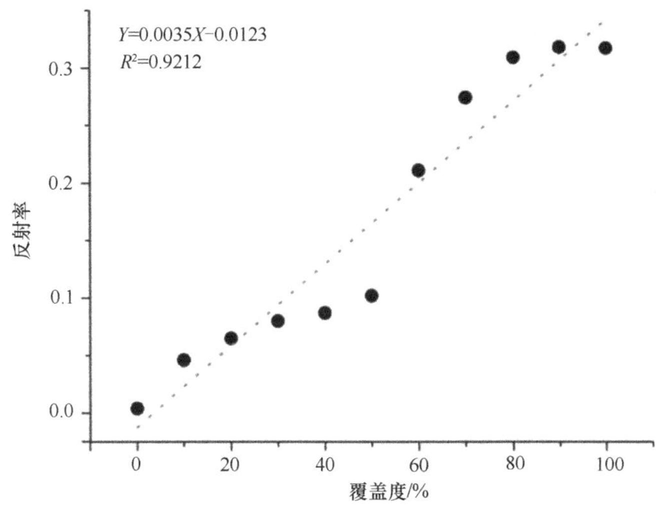

图 29-13　波段回归分析（1697 nm）

29.3.2　小结

1. 不同覆盖度下水生植被的冠层光谱特征

在室外模拟水生植被生长环境，并测定水生植被在不同覆盖度下的冠层光谱反射率，实验结果表明，不同覆盖度的水生植被冠层光谱反射率曲线都表现出典型的植被光谱特征。在可见光波段内，植被受叶片各种色素的支配而表现出 450 nm、670 nm 处有明显的蓝红波段的吸收谷，540 nm 附近形成绿色反射峰；在近红外波段，受叶片细胞结构的影响 740～1100 nm 形成反射高原；在短波红外波段受叶片细胞间及内部水分吸收的影响 1400 nm、1800 nm 附近形成反射低谷。根据实验结果分析在不同的波段范围内，植被覆盖度对鸢尾冠层反射率高低的影响存在比较明显的差异。

2. 水生植物覆盖度与冠层光谱特征的关系

在以往的研究中，根据陆生植被群落的叶面积指数或者覆盖度反演的生物量与植被冠层在特征波段的光谱反射率一般呈正相关关系。本项研究的研究对象是水生植被中典型的挺水植被鸢尾，实验证明鸢尾覆盖度与其冠层光谱反射率在 700～1350 nm、1450～1800 nm 波段存在正相关关系，即随着鸢尾覆盖度的降低其冠层反射率也相应降低，并在覆盖度为 0 时失去绿色植被典型的光谱特征。但是，与陆生植被不同的是，水生植被由于受到水体背景、水中悬浮物和底质的影响，植被覆盖度与植被冠层光谱反射率之间的关系更为复杂。

实验测得的挺水植物鸢尾的光谱特征表明：便携式地物光谱仪的传感器接收到的反射光谱不仅仅是植被本身的信息，同时也包括了视场范围内的水体和底质的反射光谱。随着鸢尾覆盖度的降低，水面在视场范围内所占比例的增加，在 400～1800 nm 波段内的反射率也随之下降。当鸢尾覆盖度为 0 时，传感器所得到的反射光谱全部来自于水体，由于水体在各个波段对光的吸收都很强，光谱曲线失去了植被的特征。本实验中，鸢尾覆盖度为 0 时，水体还具有一定的反射，是由于水体中存在一定泥沙导致反射增加的结果。本研究不同覆盖度鸢尾的光谱反射率之间的差异主要表现在 700～1350 nm 波段，因而可以利用这些波段的光谱反射率来反演估算水生植被的覆盖度。

29.4 不同水深背景下的水生植被冠层光谱研究

29.4.1 结果分析

室内水生植被冠层光谱控制实验的结果表明，不同水深条件下鸢尾的光谱反射率光谱曲线都会表现出一定的植物光谱特征，但是在不同的波段范围内，水深对鸢尾反射率高低的影响存在比较明显的差异。受水体吸收光波能量的影响，在 400～2400 nm 波段范围内，总体的趋势是随着水深的增加，鸢尾冠层的反射率下降（图 29-14）。

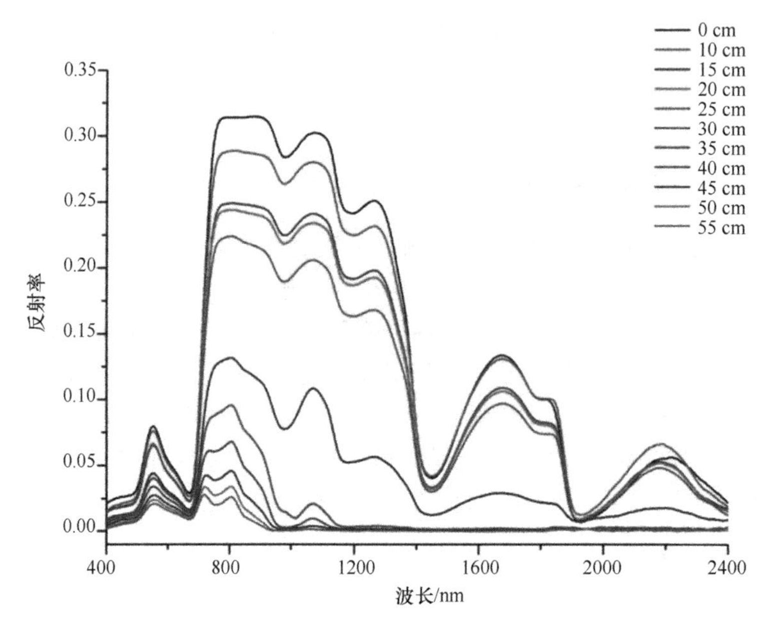

图 29-14 不同水深背景下的鸢尾冠层光谱曲线（彩图请扫封底二维码）

在可见光波段 400～700 nm 内，支配植被叶片光谱的主要是叶片中的各种色素，其中叶绿素起主导作用。在这一波段内色素的吸收强烈，导致叶片的反射率和透射率都很低。如图 29-15 所示，在 550 nm 波长附近是叶绿素的强反射峰区，故鸢尾植被在此波段的反射光谱曲线具有波峰的形态。在 450 nm 为中心的蓝波段以及 670 nm 为中心的红波段，因叶绿素吸收辐射能强烈（>90%）而呈吸收谷。在这两个吸收谷之间（540 nm 附近）吸收相对减少，形成绿色反射峰而呈现绿色植物，随着水深的增加，在 540 nm 附近的冠层反射率降低明显并逐渐失去了植被特有的光谱特征。

在可见光波段内，不同水深背景下水生植物鸢尾与其冠层反射率之间的相关性分析结果显示：鸢尾生长环境所处的水深与其冠层光谱反射率之间的相关性显著，相关系数绝对值在 0.94 以上，达到了极显著的水平（图 29-16）。这说明，水生植被鸢尾冠层反

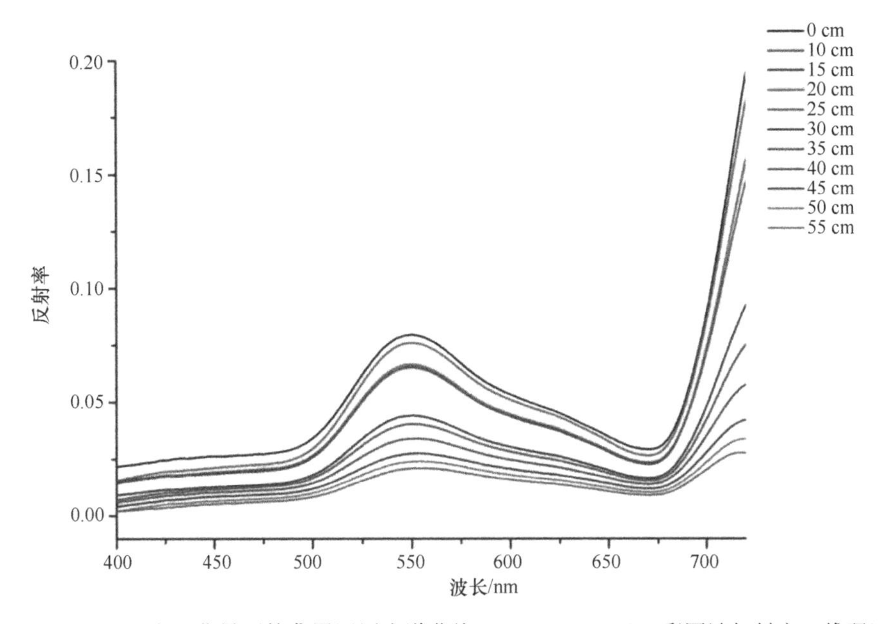

图 29-15　不同水深背景下的鸢尾冠层光谱曲线（400～700 nm）（彩图请扫封底二维码）

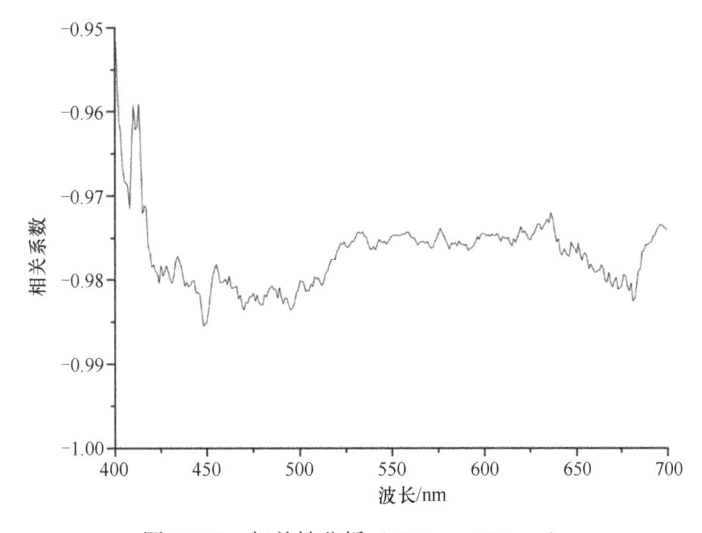

图 29-16　相关性分析（400nm～700 nm）

射率随着背景水深的增加而降低，背景水深是影响水生植被冠层光谱反射率的重要因素。其中 449 nm 处水生植物鸢尾冠层反射率与背景水深的相关性最高，绝对相关系数达到了 0.988。对不同水深背景下鸢尾在波段 449 nm 处的光谱反射率进行回归分析，结果显示，鸢尾所生长环境的背景水深与其在 449 nm 冠层反射率可以较好地用线性关系表示，线性模型为 $Y = -0.000\,39X + 0.025\,58$，$R^2 = 0.973$（图 29-17）。

在近红外波段 700～1000 nm 内，影响植被光谱特征的主要因素是叶片内部的细胞结构，通常情况下叶片的反射率及透射率相近，吸收能量很低（<5%）。如图 29-18 所示，在 730 nm 附近，鸢尾冠层的反射光谱曲线快速上升，并在 750～1000 nm 谱段内形成反射高原，这是由于叶片中的细胞壁和细胞空隙间折射率不同引起多重反射造成的。在此

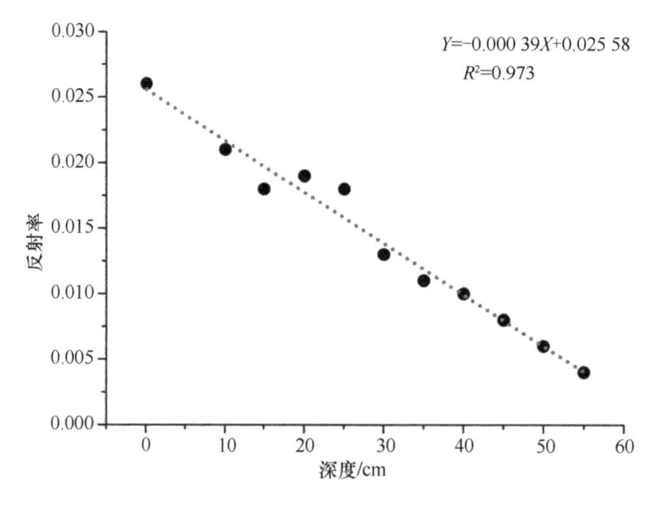

图 29-17　回归分析（730 nm）

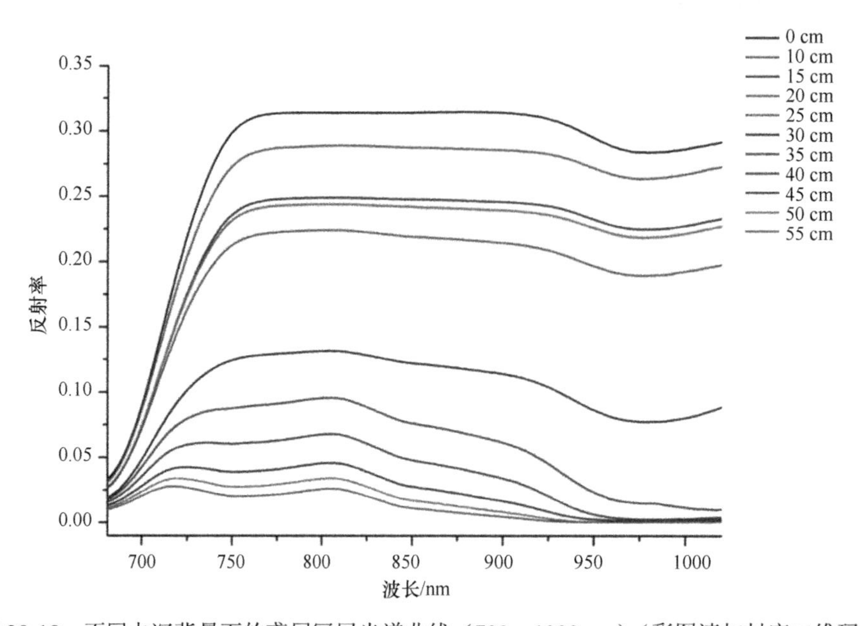

图 29-18　不同水深背景下的鸢尾冠层光谱曲线（700～1000 nm）（彩图请扫封底二维码）

波段，背景水体对植被冠层反射率的影响体现得最为显著，当水深达到 60 cm 时，鸢尾冠层完全没入水中，太阳辐射先到达水面，穿过一定深度的水体到达叶片，经过反射再次穿越水体被光谱仪探头接受，由于经过两次水的强烈吸收鸢尾冠层反射呈直线下降趋势，从 30%左右下降到 2%以下。

在近红外波段，不同水深背景下水生植被鸢尾与其冠层反射率之间的相关性分析显示：鸢尾生长环境所处的水深与其冠层光谱反射率之间的相关性都比较显著，绝对相关系数在 0.94 以上，达到了极显著的水平。这表明，随着水深的增加，受叶片细胞结构控制的鸢尾冠层反射率迅速降低，背景水深是影响水生植被冠层反射率的重要因素之一。其中 721 nm 处鸢尾冠层反射率与背景水深的相关性最高，绝对相关系数达到了 0.978（图 29-19）。对不同水深背景下鸢尾在波段 721 nm 处的光谱反射率进行回归分析，结果显示，鸢尾所生长环境的背景水深与其在 721 nm 处的反射率可以较好地用线性关系表示，线性方程为 $Y = -0.003\,59X + 0.216\,53$，$R^2 = 0.956$（图 29-20）。

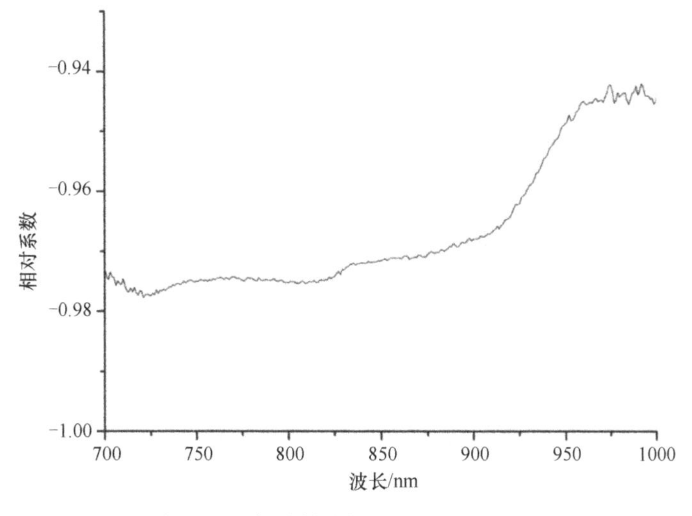

图 29-19　相关性分析（700～1000 nm）

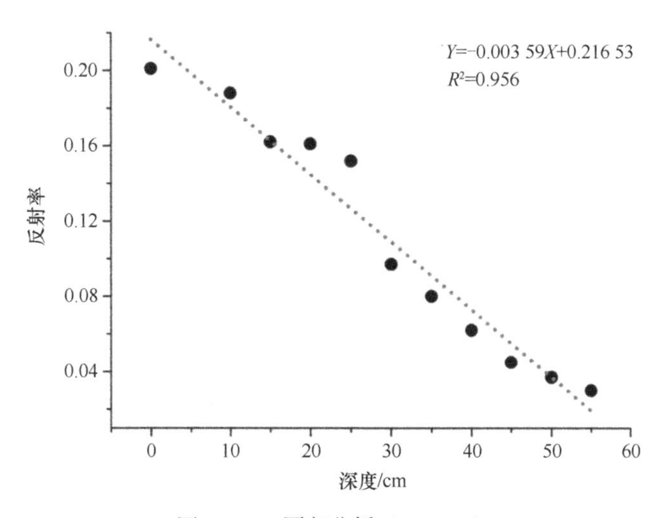

图 29-20　回归分析（721 nm）

在短波红外波段 1000～2400 nm 内，鸢尾植被的入射能基本上均被吸收或反射，透射极少，植被的光谱特性受叶片总含水量的控制，叶片的反射率与叶内总含水量呈负相关（赵英时等 2013）。如图 29-21 所示，水生植被在 1400 nm 和 1900 nm 处有两个明显因水吸收而造成的反射低谷，在水吸收带之间的 1600 nm 和 2200 nm 处还有两个反射峰。在 1300～2400 nm 波段水生植被叶片因自身含水量很高，加之水吸收带的反射率很低，所以随着背景水深的增加在此波段鸢尾植被冠层的反射率变化并不明显。

相关性分析显示，鸢尾生长环境所处的水深与其光谱反射率之间的相关系数绝对值均在 0.92 以上，达到了极显著的水平。其中 1075 nm 处水生植物鸢尾冠层光谱反射率与背景水深的相关性最高，绝对相关系数达到了 0.951（图 29-22）。如图 29-23 所示，对

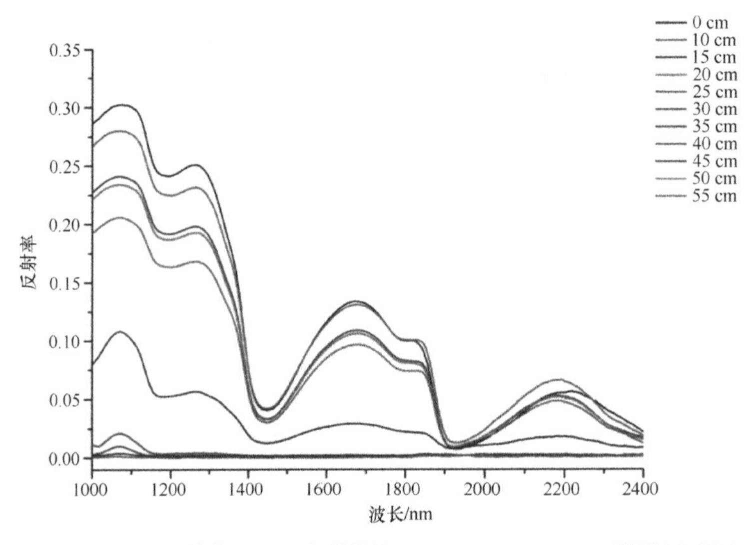

图 29-21 不同水深背景下的鸢尾冠层光谱曲线（1000～2400 nm）（彩图请扫封底二维码）

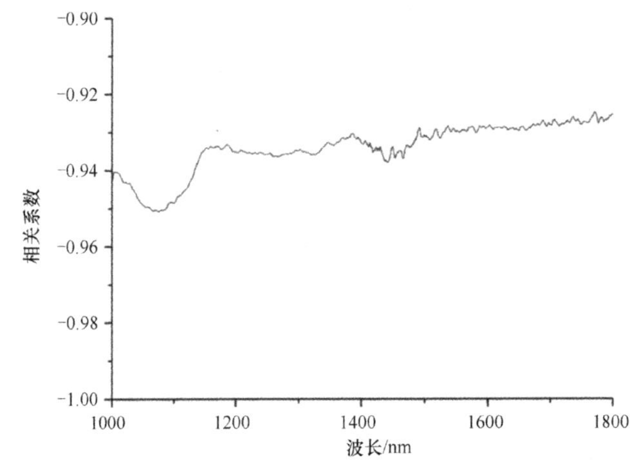

图 29-22 相关性分析（1000～1800 nm）

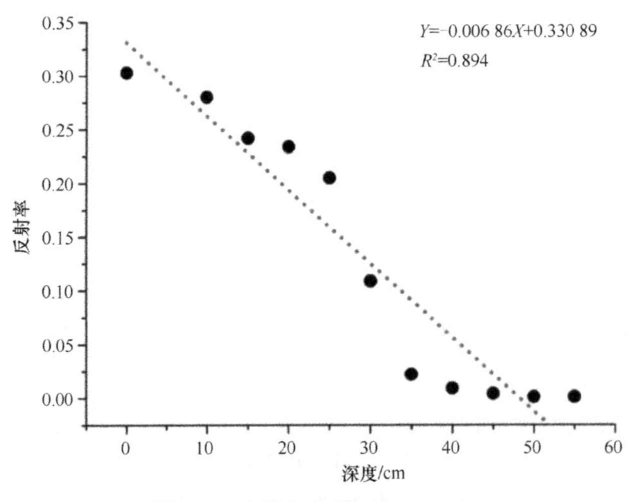

图 29-23 回归分析（1075 nm）

不同水深背景下鸢尾在波段 1075 nm 处的光谱反射率进行回归分析，结果显示，鸢尾所生长环境的背景水深与其在 1075 nm 处反射率可以较好地用线性关系表示，线性模型为 $Y = -0.006\ 86X + 0.330\ 89$，$R^2 = 0.894$。

在 1800～2400 nm 波段内鸢尾生长环境所处的水深与其光谱反射率之间的相关性也比较显著，相关系数绝对值在 0.75 以上，达到了显著相关的水平（相关系数绝对值≥0.7）。其中 2383 nm 处水生植物鸢尾冠层光谱反射率与背景水深的相关性最高，绝对相关系数达到了 0.973（图 29-24）。如图 29-25 所示，对不同水深背景下鸢尾在波段 2383 nm 处的光谱反射率进行回归分析，结果显示，鸢尾所生长环境的背景水深与其在 2383 nm 处的反射率也可以较好地用线性关系表示，线性模型为 $Y = -0.000\ 52X + 0.025\ 56$，$R^2 = 0.941$。这表明，在短波红外波段，背景水深也是影响水生植被在短波红外波段冠层光谱的重要因素。

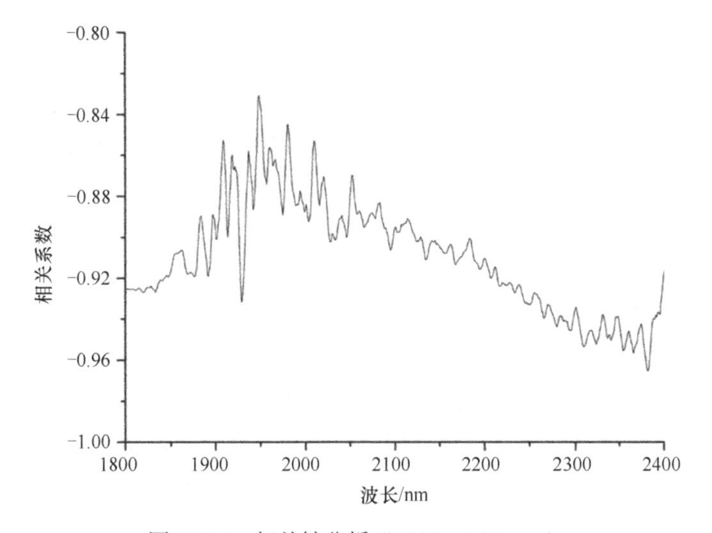

图 29-24　相关性分析（1800～2400 nm）

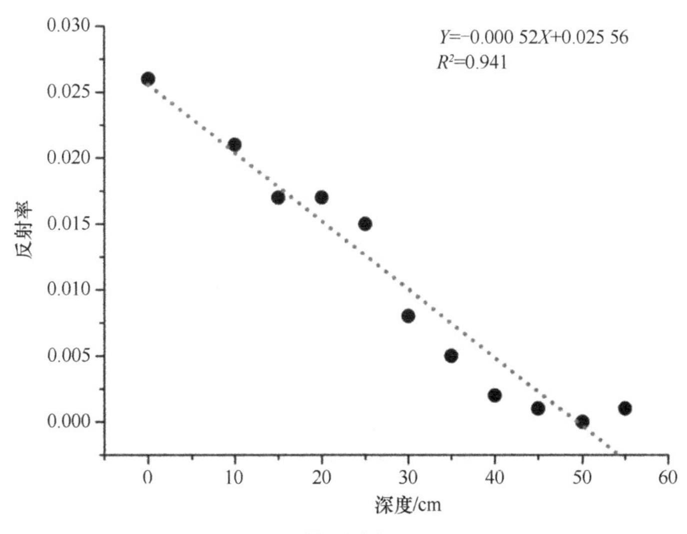

图 29-25　回归分析（2383 nm）

29.4.2 小结

1. 不同水深背景下水生植被的冠层光谱特征

在室内模拟水生植被生长环境，并测定水生植被在不同水深背景下的冠层光谱反射率，实验结果表明不同水深梯度的水生植被冠层光谱反射率曲线都表现出典型的植被光谱特征。在可见光波段内，植被受叶片各种色素的支配而表现出 450 nm、670 nm 处有明显的蓝红波段的吸收谷，540 nm 附近形成绿色反射峰；在近红外波段，受叶片细胞结构的影响 740～1100 nm 形成反射高原；在短波红外波段受叶片细胞间及内部水分吸收的影响 1400 nm、1800 nm 附近形成反射低谷和对应的 1700 nm、2200 nm 附近的反射峰。根据实验结果分析在不同的波段范围内，水深对鸢尾冠层反射率高低的影响存在比较明显的差异。

2. 水生植物水体深度与冠层光谱特征的关系

本研究以挺水植物鸢尾为例，通过室内控制实验，说明了水体背景之一的水深对水生植被冠层光谱特征的影响。实验获取了 11 个不同水深梯度下鸢尾的冠层反射率，研究结果表明，随着背景水体深度的增加，鸢尾冠层光谱反射率降低。在可见光波段 400～700 nm、近红外波段 700～1000 nm 内水深与植被冠层光谱的相关性均为极显著相关，而在短波红外波段 1000～2400 nm 内水深与植被冠层光谱表现为显著相关，说明水深对水生植被鸢尾冠层光谱反射率的响应是多波段的。计算分析水体深度与该水深背景下水生植被冠层在不同波段反射率之间的相关系数表明，在可见光、近红外以及短波红外波段（400～2400 nm）范围内，水生植物鸢尾生长背景中的水体深度与冠层光谱反射率之间，存在不同程度的负相关性。通过进一步计算水体深度与对应水生植被冠层光谱反射率之间的回归分析表明，在 400～2400 nm 波段范围内存在若干波段能够在两者之间建立较好的线性关系，因此，可以利用该波段建立的回归模型修正水体深度对水生植被冠层光谱的影响。

29.5 不同底质背景下水生植被冠层光谱研究

29.5.1 结果分析

1. 不同底质的反射光谱实验

自然状态下的土壤表面反射率特征并没有明显的峰值和谷值，一般讲，土质越细，反射率越高；有机质含量越高、水分含量越高反射率越低（梅安新，2001）。虽然有水深、水体浑浊度等水体背景的影响，水生植被底质的光谱特征与自然状态下的土壤反射率特征是相似的。不同底质类型在不同水深环境下的反射率实验结果表明：黄砂、黑砂、淤泥、黏土四种底质类型在相同的水深环境条件下的光谱曲线特征是不同的。图 29-26 从后至前分别为黑砂、黄砂、淤泥、黏土四种底质在干燥环境以及水深 0 cm、5 cm、10 cm、15 cm 条件下的反射率光谱曲线。

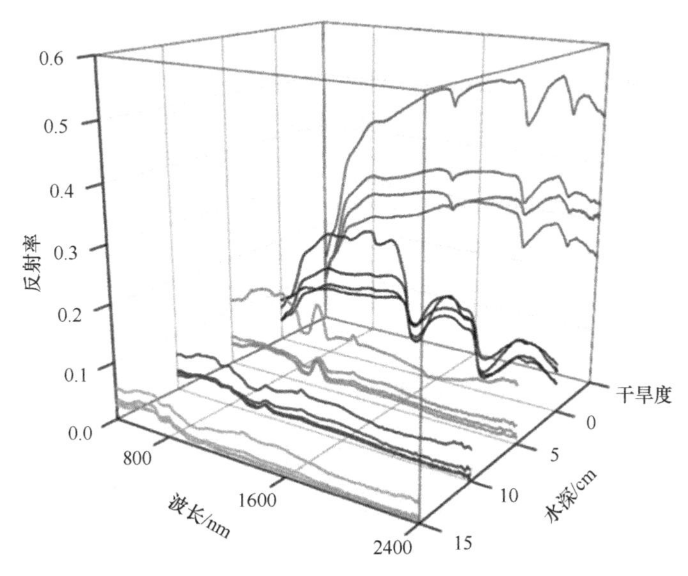

图 29-26　不同水深背景下四种底质的光谱曲线（纵向）（彩图请扫封底二维码）

从图 29-26 中可以看出，四种底质类型的反射率的总体趋势是随着水深的增加而降低的。在干燥环境下，四种底质的反射率均比较高，其中黄砂底质反射率在 800～2400 nm 波段范围内高于 0.4；随着水深增加至 15 cm，四种底质的反射率均降至 0.1 以下。在水深为 5 cm、10 cm 和 15 cm 时，四种底质类型的反射率大小差别并不大，在 400～2400 nm 波段范围内黄砂底质反射率均高于其他三种底质，在可见光波段，黑砂、淤泥和黏土底质的反射率呈现无规律性排列；在近红外和短波红外波段，黑砂底质反射率大于淤泥底质反射率大于黏土底质反射率，呈规律性排列。

图 29-27 为黄砂、黑砂、淤泥和黏土四种底质在干燥环境下以及水深为 0 cm、5 cm、

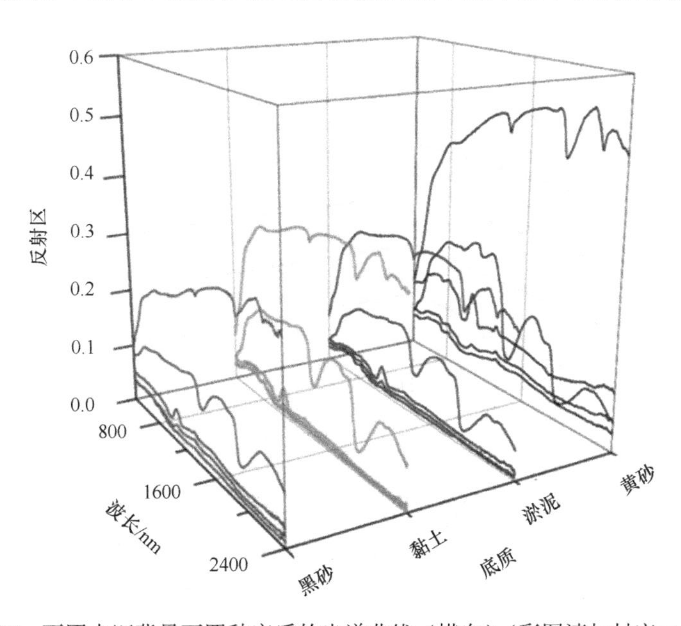

图 29-27　不同水深背景下四种底质的光谱曲线（横向）（彩图请扫封底二维码）

10 cm、15 cm 条件下的光谱曲线。从横向对比中可以更加明显地看出四种底质的反射率随着水深的增加而降低的趋势。此外，四种底质类型在同一水深条件下的反射率并没有很明显的高低之差。通过横向和纵向的分析，总结来讲，底质的反射率与其机械组成和颜色密切相关：在干燥或相同的水深环境下，表面平滑颗粒较小具有较高的反射率，而表面粗糙颗粒较大的底质类型具有相对较低的反射率，如淤泥底质和黏土底质；颜色浅的底质类型反射率较高，而颜色深的底质反射率较低，如黄色砂质与黑色砂质（何挺等，2002）。此外，底质腐殖质含量的高低也是影响其反射率的重要因素，腐殖质含量越高，反射率越低，光谱曲线越显得低平。

2. 不同底质背景下的鸢尾冠层光谱实验

室内纯底质在不同水深环境下的光谱实验的结果已经得出，不同的底质类型其光谱特征是不同的，基于此结论，本章开展了不同底质背景下鸢尾冠层光谱实验。实验结果表明，不同底质、水深背景下鸢尾的光谱反射率光谱曲线都会表现出比较典型的植物光谱特征，但是不同的水深背景，在不同的波段范围内，底质背景对鸢尾冠层反射率高低的影响存在比较明显的差异。实验结果按照横向不同底质相同水深条件和纵向相同底质不同水深条件分为两部分进行分析。

水生植被光层光谱反射率同水体深度呈反比关系，也就是随着水深的增加植被冠层光谱反射率降低（刘光等，2015）。无论水生植被是哪种底质类型，伴随水深的增加而冠层反射率降低的趋势是不变的，图 29-28 从右至左 6 组数据依次是鸢尾植被在黄砂、黑砂、淤泥、黏土四种底质类型下，背景为干燥，水深 0 cm、5 cm、10 cm、15 cm、20 cm 条件下的冠层光谱曲线。

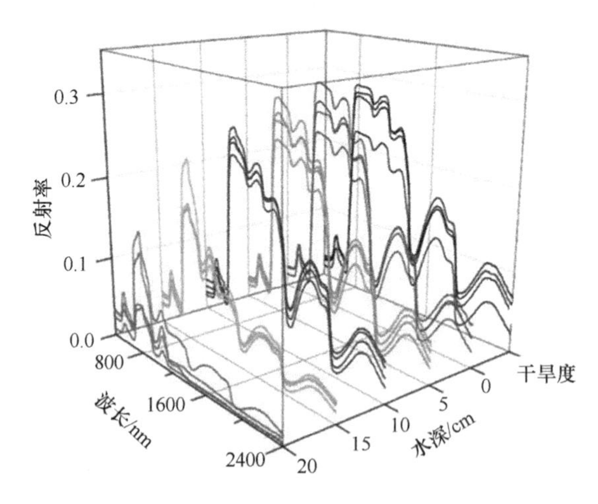

图 29-28　不同水深不同底质背景下鸢尾冠层光谱曲线（纵向）（彩图请扫封底二维码）

在可见光波段内（400～760 nm），植物光谱主要受叶片各种色素的支配，这一波段受水深背景的影响不显著，随着水深的增加鸢尾冠层光谱曲线依然在 540 nm 附近形成明显的绿色反射峰的绿色植物特征。在近红外波段内（760～1200 nm），植物的光谱特征主要取决于叶片内部的细胞结构。通常情况下叶片的反射率及透射率相近，吸收能量很低（<5%）。在 730 nm 附近，植被的反射光谱曲线急剧上升，具有陡而近于直线的形态。这一谱段内背景水体深度对植被冠层反射率的影响体现得最为显著，随着水深增加四种底质类型背景下的鸢尾冠层反射率均呈下降趋势，从 30%左右下降到约 10%。在短波红外波段内（1200～2400 nm），植物的入射能基本上均被吸收或反射，透射极少，植物的光谱特性受叶片总含水量的控制，叶片的反射率与叶内总含水量呈负相关。如图 29-29 所示，水生植被在 1400 nm 和 1900 nm 处有两个明显因水吸收而造成的反射低谷，在 1600 nm 和 2200 nm 处有两个反射峰。由于水生植被叶片自身含水量很高，水吸收带的反射率很低，所以随着背景水深的增加此处植被冠层反射率变化不明显，这一特征在四种底质背景下的表现相同。

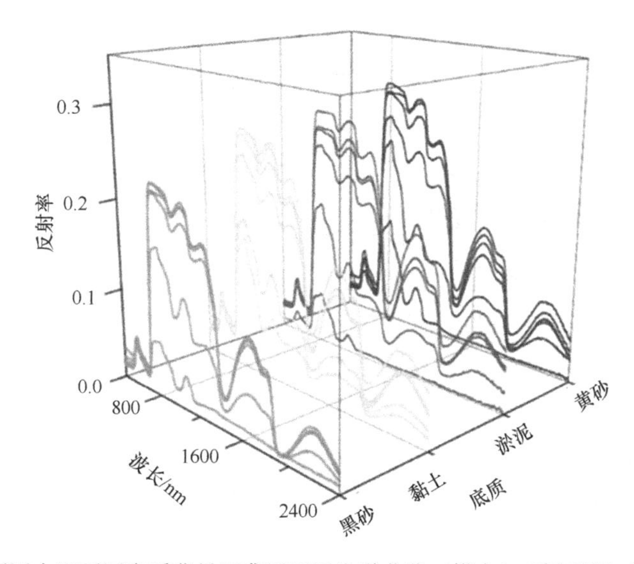

图 29-29　不同水深不同底质背景下鸢尾冠层光谱曲线（横向）（彩图请扫封底二维码）

四种底质类型背景下的鸢尾冠层光谱曲线横向比较结果显示，在相同水深条件下，以不同土壤类型为底质的鸢尾植被冠层光谱反射率有明显的高低之分。例如，黏土底质背景下的冠层光谱反射率在不同水深环境中均低于淤泥、黄砂、黑砂底质背景下的植被冠层反射率。

29.5.2　小结

1. 不同底质类型影响下水生植被的冠层光谱特征

许多陆生植被群落冠层光谱特征研究表明，不同土壤背景下植被群落的冠层光谱特征是不同的。本研究中的水生植物鸢尾在不同的底质背景下也表现出了明显的差异性。通过测定不同底质类型在干燥和不同水深条件下的反射率，得出了底质物质组成、颜色、颗粒大小、腐殖质含量等都是影响底质光谱特征的因素，并具有一定的相关性。通过测定不同底质类型背景下水生植被鸢尾的冠层反射率，得出了淤泥、黏土、黄砂、黑砂四种不同组成与结构的底质类型下，与之相对应的水生植被冠层光谱特征也具有相关性。

不同底质类型下水生植被冠层光谱的特征与上述研究结果是基本相符的，除此之外，水生植被的冠层反射光谱还受到水体深度和水体浑浊度等因素的影响。

2. 不同底质背景对水生植被冠层光谱的影响

底质类型的差异主要体现在物质组成，颜色、颗粒、腐殖质含量上，本文通过室内控制实验证明，不同的底质类型背景下水生植被冠层光谱特征是不同的，所以同陆生植被遥感要考虑土壤背景一样，水生植被冠层光谱的获取也要考虑底质背景的影响，否则将会造成实地测量获取的水生植被冠层光谱数据的不准确，以及水生植被遥感反演结果误差的增大。

29.6 结论与展望

29.6.1 主要结论

1. 不同覆盖度对水生植被冠层光谱特征的影响

室内控制实验和室外模拟水生植被生长环境不同覆盖度下植被冠层光谱实验表明，随着水生植被鸢尾覆盖度的降低，在可见光、近红外、短波红外波段的光谱反射率随之下降。当鸢尾植被覆盖度为零时，其冠层光谱失去了植被典型的特征，剩余部分的微弱反射是水体以及水中悬浮物造成的。分析水生植被覆盖度与其冠层光谱反射率两者的相关性得出，两者之间最显著相关的波段是 700～1350 nm，以此波段做回归分析，建立线性模型，可以通过此波段的水生植被冠层光谱来估算水生植被覆盖度。

2. 不同水体深度对水生植被冠层光谱特征的影响

不同水体深度下的水生植被冠层反射实验结果表明，不同水深梯度下的水生植被冠层光谱反射率曲线尽管都在一定程度上表现出典型的植被光谱特征，但在可见光波段、近红外波段和短波红外波段水深对水生植被冠层反射率的影响是有明显差异的，这说明水深对水生植被鸢尾冠层光谱反射率的响应是多波段的。通过进一步分析水深梯度与在对应梯度下植被冠层光谱反射率相关性得出，两者之间最显著相关的波段在可见光波段 400～700 nm 和 700～1000 nm 的近红外波段。在波段 449 nm 和 721 nm 处可建立线性回归方程，因此，通过两处波段的水生植被鸢尾冠层光谱来估算水生植被生长环境所处的水体深度。

3. 不同底质类型对水生植被冠层光谱特征的影响

通过对几种常见底质类型的光谱观测证明，底质物质组成、颜色、颗粒大小、腐殖质含量等都是影响底质光谱特征的因素，并具有一定的相关性。通过测定不同底质类型背景下水生植被鸢尾的冠层反射率，可以得出在淤泥、黏土、黄砂、黑砂四种不同组成与结构的底质类型下，水生植被冠层光谱反射率是有差异的，并且与底质类型的光谱具有一定的相关性。所以，同陆生植被遥感要考虑土壤背景一样，水生植被冠层光谱的获取也要考虑底质背景的影响，否则将会造成实地测量获取的水生植被冠层光谱数据的不准确，以及水生植被遥感反演结果误差的增大。进一步分析底质类型与其对应环境下的水生植被冠层光谱的相关性，也可以建立两者之间的关系模型用于根据实测的水生植被冠层光谱来估算其底质类型的实践中。

4. 水体背景对水生植被冠层光谱的综合影响

上述结论分别从植被覆盖度、背景水体深度、背景底质类型三个方面说明了水体背景对水生植被冠层光谱的影响。在水生植被遥感实际应用中，水生植被的生长环境绝不会像室内、室外控制实验模拟的水生植被环境一样。本研究为了突出一种水体背景要素对植被冠层光谱的影响而忽略其他要素，但在实际应用中，应综合考虑水体背景对水生植被冠层光谱的影响。

29.6.2 研究展望

本文分别探讨了植被覆盖度、背景水体深度、背景底质对水生植被冠层光谱的影响，并在部分波段建立了线性回归模型，以期为水生植被遥感在光谱数据获取和水体背景要素反演方面提供参考。但是，在水体背景要素中，能影响水生植被冠层光谱的还有其他要素，因此，还需要对其他要素做进一步的研究，并综合各要素建立完整的水生植被冠层光谱模型。

（徐俊锋、问静怡、刘　光）

参 考 文 献

陈克林. 1995.《拉姆萨尔公约》—《湿地公约》介绍. 生物多样性, 3(2): 119-121.
陈学年, 郭玉娟. 2011. 星湖里湖区水生植被及其生态效应研究. 安徽农业科学, 39(35): 21940-21942.
程彦林, 王正军, 洪剑明. 2013. 野鸭湖湿地牛鞭草不同覆盖度的光谱特征分析. 首都师范大学学报(自然科学版), 34(6): 16-21.
崔玲改, 谷国通. 2011. 鸢尾栽培与养护技术. 现代农村科技, (8): 36-37.
邓辅唐, 孙珮石, 李强, 等. 2005. 湿地水生植物的利用途径与净化污水作用研究. 生态经济, (4): 66-69.
方红亮, 田庆久. 1998. 高光谱遥感在植被监测中的研究综述. 遥感技术与应用, 13(1): 62-69.
冯伟, 郭天财, 谢迎新, 等. 2009. 作物光谱分析技术及其在生长监测中的应用. 中国农学通报, 25(23): 182-188.
付家新, 吴洪特. 2011. Origin 在实验数据微积分处理中的应用. 长江大学学报(自然版), 8(6): 99-101.
何景彪. 1989. 试论水生植被的地理分布规律. 武汉大学学报(自然科学版), (4): 109-113.
何挺, 程烨, 王静. 2002. 野外地物光谱测量技术及方法. 中国土地科学, 16(5): 30-36.
黄成敏. 2005. 环境地学导论. 成都: 四川大学出版社.
黄明祥, 史舟, 李艳, 等. 2004. 基于地面光谱的海涂土壤开发程度评价研究——以浙江省上虞市海涂围垦区为例. 遥感学报, 8(4): 378-384.
李珏东, 黄容兰. 2009. 底质信息在水深反演中的应用研究. 桂林电子科技大学学报, 29(6): 497-499.
刘光, 唐鹏, 蔡占庆, 等. 2015. 水体背景对湿地水生植物冠层光谱影响研究. 光谱学与光谱分析,

35(10): 2970-2976.
刘华. 2007. 水体环境对大型沉水植物反射光谱的影响. 上海: 华东师范大学硕士研究生学位论文.
梅安新. 2001. 遥感导论. 北京: 高等教育出版社.
潘佩芬. 2011. 生态水信息指标参数植被含水量遥感反演模型研究——以岷江上游毛尔盖地区为例. 成都: 成都理工大学硕士研究生学位论文.
申广荣, 王人潮. 2001. 植被高光谱遥感的应用研究综述. 上海交通大学学报(农业科学版), 19(4): 315-321.
孙海龙, 刘冰. 2009. 鸢尾属植物国内外研究状况. 中国林副特产, (3): 102-104.
王俊朝. 2010. 基于中尺度遥感影像的早稻种植面积提取方法探讨. 芜湖: 安徽师范大学硕士研究生学位论文.
王丽学, 李学森, 窦孝鹏, 等. 2003. 湿地保护的意义及我国湿地退化的原因与对策. 中国水土保持, (7): 8-9.
徐栋, 冯科, 吴峰, 等. 2007. 天然水体底质中腐植酸的光谱表征. 分析科学学报, (2): 499-502.
许军, 王召滢, 唐山, 等. 2013. 鄱阳湖湿地植物多样性资源调查与分析. 西北林学院学报, 28(3): 93-97.
许卫东, 尹球, 匡定波. 2006. 小波变换在高光谱决策树分类中的应用研究. 遥感学报, 10(2): 204-210.
杨朝飞. 1995. 中国湿地现状及其保护对策. 中国环境科学, 15(6): 407-412.
叶春, 李春华, 陈小刚, 等. 2012. 太湖湖滨带类型划分及生态修复模式研究. 湖泊科学, 24(6): 822-828.
袁琳, 张利权. 2006. 大型沉水植物苦草的光谱特征识别. 生态学报, 26(4): 1005-1011.
袁琳, 张利权. 2007. 大型沉水植物狐尾藻不同盖度的光谱特征. 遥感学报, 11(4): 609-616.
张海波, 李峰. 2014. ASD 地物光谱仪测量技术及使用方法. 山东气象, (1): 46-48.
张海峰, 杨忠琴, 魏雯. 2009. 适宜兰州栽培的几种宿根花卉. 甘肃农业科技, (5): 41-43.
张晓丽, 王峰, 武宇红. 2013. 邢台市湿地维管植物区系研究. 湖北农业科学, 52(12): 2856-2859.
张媛, 望志方, 张琍, 等. 2015. 鄱阳湖丰水期不同底质类型下氮、磷含量分析. 长江流域资源与环境, 24(1): 129-142.
赵丽囡. 1999. 中国的湿地保护. 科学中国人, (10): 24-25.
赵英时. 2013. 遥感应用分析原理与方法. 北京: 科学出版社.
邹维娜. 2013. 上海地区典型沉水植物光谱特征研究及其应用. 上海: 华东师范大学博士研究生学位论文.
Ackleson S G, Klemas V. 1987. Remote sensing of submerged aquatic vegetation in lower Chesapeake Bay: A comparison of Landsat MSS to TM imagery. Remote Sensing of Environment, 22(2): 229-248.
Belluco E, Camuffo M, Ferrari S, et al. 2006. Mapping salt-marsh vegetation by multispectral and hyperspectral remote sensing. Remote Sensing of Environment, 105(1): 54-67.
Dekker A G, Brando V E, Anstee J M. 2005. Retrospective seagrass change detection in a shallow coastal tidal Australian lake. Remote Sensing of Environment, 97(4): 415-433.
Hestir E L, Khanna S, Andrew M E, et al. 2008. Identification of invasive vegetation using hyperspectral remote sensing in the California Delta ecosystem. Remote Sensing of Environment, 112(11): 4034-4047.
Jakubauskas M E, Kindscher K, Fraser A, et al. 2000. Close-range remote sensing of aquatic macrophyte vegetation cover. International Journal of Remote Sensing, 21(18): 3533-3538.
Shekede M D, Kusangaya S, Schmidt K. 2008. Spatio-temporal variations of aquatic weeds abundance and coverage in Lake Chivero, Zimbabwe. Physics & Chemistry of the Earth Parts A/B/C, 33(8): 714-721.
Turpie K R. 2013. Explaining the spectral red-edge features of inundated marsh vegetation. Journal of Coastal Research, 29(29): 1111-1117.

第30章　SWAT和SWMM模型耦合的平原河网城市水体点源污染扩散预测研究

30.1　引　　言

30.1.1　研究背景与意义

1. 研究背景

没有地球就没有人类，地球是人类生存、生活的基础和保证。资源过度开发利用对人类及其他生物生存构成直接威胁。一方面，生产、生活过程中排放的废弃物和有害物越来越多，地下排水管网建设滞后，容量严重不足，远远超出了环境的承受能力，打破了环境和生态平衡。同时，在其他方面，随着全球人口的剧增和经济的飞速发展，各个国家对资源的需求与日俱增，人类正面临着资源匮乏的挑战。现阶段，我国迈入快速发展时期，受生产水平、需求量、发展不平衡等因素影响，大量工农业和生活垃圾，各种废弃物、废水、废渣、废油等化学物质以及工业生产出的新的有毒物质源源不断地流入环境。另一方面，排水系统的铺设和清洁剂的大量泛滥使用，使我们的地下水道以及内陆湖泊等中的磷酸盐含量增加（夏生林，2013）。过度营养导致藻类迅猛繁殖，造成严重的水污染。灾难性环境事故和高污染是这一阶段的特征，环境问题日益严重，特别是水环境问题日益突出（夏军和石卫，2016）。

国家统计局数据显示，2016年我国城镇常住人口比重为57.35%。城市人口在增加的同时，对环境的污染也日益加重（邓晓兰等，2017）。20世纪末期，发生在长江武汉段的油驳爆炸事故，万县的航空煤油泄漏事件，使大量油品泄入长江，使长江水质和生态环境遭到破坏。21世纪以来，10年左右，先后发生在陕西、河南的各种危险品运输泄漏事故，造成汉江、洛河水质严重污染。四川省怒江流域发生了两次大规模降水，把本来局限于在支流的造纸废水、沉积物带入怒江，造成地下水大规模污染。吉林地区的双苯厂爆炸事件（蒋万全，2006），产生了大量有机苯类有害物质，苯属于剧毒，这对松花江的生态环境造成了严重破坏，使哈尔滨段的取水口受到影响，导致哈尔滨的市民正常用水出现危机，甚至影响到了俄罗斯。先后发生在湖南岳阳、云南阳宗海砷污染事故，太湖、江苏沭阳水污染事故，陕北油泥泄漏事故，2014年富春江河道四氯乙烷泄漏事件（解文，2014），2012年山西长治苯胺泄漏事件，2011年6月，杭州市苯酚槽罐车泄漏事故导致新安江部分水质污染等（杭州市环境监察支队，2012），这些事故或事件的发生，表面看有一定的偶然性、不可预测性，后果都是以牺牲环境为代价。它们都有一个共同的特征，就是污染物会在特定的情况下以污染团的形式出现，长此以往，会对水体及其相关环境造成或长或短的影响，并对污染事故爆发点的生态环境，以及人身健康及安全造成一定伤害。

突发性水污染事故的水质监测与水文部门日常的水质监测不同，它具有突发性、扩散性、危害性。这类污染通常缺乏预见性，如高危、高毒化学品的运输事故、企业排污以及台风、暴雨、火灾等灾难性污染等；受排入水域的水动力影响，污染物在水中迁移扩散，影响范围逐渐由点扩散到线和面，给水质的监测带来一定的困难；当突发性水污染发生后，不仅会对所排入的河道的水生生态系统造成严重破坏，还可能对与此河流有水量交换的所有流域和区域造成影响，严重时，甚至会对区域人口的生命健康产生威胁。

平原河网区域人口稠密，经济发达，生产活动密集，工业类型多样，各种风险源潜伏存在，环境事故发生概率高（王琛，2009）。水污染相关的突发性事件一旦发生，对人类造成的危害，将不堪设想；而且此地区水系繁多，水动力条件复杂，水污染事故的处理较为困难，因此当常规水污染控制达到一定阶段及目标后，今后的水环境污染研究解决的重点和方向将把突发性水污染事故作为重点来抓。

2. 研究意义

平原河网区域主要分布在长江、珠江及淮河中下游秦岭以南等地区，多为冲积平原，土地肥沃，地势相对平坦。水资源丰富、纵横交错的河流呈网状结构，密度大、水系复杂（陈开泰和蔡伯文，1959）。该地区拥有气候温暖湿润，河湖密布，自然条件优良，是我国人口稠密、资源产业集中、城镇化快速发展的地区，是全国经济发展的重要引擎和增长极，但也由于地势较低，降雨较多，因此易于发生暴雨和洪涝灾害。与流域江河水系相比，平原河网城市地区水系受流量、流速、水位等水文条件影响明显。跟随我国现代化建设的步伐，经济活动规模将进一步加大，随之而来的城市化建设规模必将进一步加快。而高强度的发展，可能带来许多负面的环境问题。例如，造成城市下垫面发生巨大变化是可预见的突出问题，尤其是透水性下垫面减少（陈爽等，2006），使城市河网受到破坏，河流锐减，区域自然排水能力降低。城市水文条件和环境的改变使突发污染事件具有爆发时间短、扩散速度快、影响范围广的特点。

平原河网水系作为该区域生态系统不可或缺的主角，不但在城区的水循环过程中扮演着不可替代的角色（杨明楠等，2014），还肩负着区域供水、调洪、灌溉和环境调节等多项任务，是保证城区正常运转的生命线，一旦发生突发性水污染事故，危害将不堪设想。目前，对于突发性的水污染扩散模拟与研究主要集中在单一河流上，并取得了较为理想的结果，但平原河网城市地区复杂条件下的污染物扩散模拟研究较少。对于平原河网城市地区，由于受人类活动和城市化的影响，下垫面不透水面持续增加，城市的水文效应发生了很大改变，其年内流量分布不均，因进入城市河网的污染物迁移扩散速度在晴天和降雨情况下具有很大的不一致性。旱季时，由于河流流速较慢，进入城市水体中的污染物主要以扩散迁移为主，其迁移速度慢，影响范围小，能够在短时间内进行处理。而当该地区一旦发生降雨，产生的地表径流则会迅速进入河道当中，使河网的水文、水动力要素发生明显改变，进而加快污染物的迁移速度，扩大污染物的影响范围。

因此，如何科学合理地对平原河网地区的复杂的水循环过程进行建模，模拟污染物在河网中的迁移扩散路径、扩散时间及浓度变化，并借助 GIS 对扩散结果进行可视化表达与分析，对抑制突发性水污染物的扩散范围，削弱其对敏感水域的影响程度具有一定辅助作用，同时有助于在污染发生时相关人员提前做好应急预案，做出及时而准确的判断，对应急措施及污染控制等措施的实施提供一定支持，特别是对河网城区水污染事故应急防治、管理以及保证用水质量具有重要意义，对特大水环境污染事故造成的复杂的生态环境破坏，进行合理的、科学的评估，并制定切实可行的修正方案，对实践也有着必然的指导作用。

30.1.2　国内外研究现状

1. 突发性水污染预测方法

所谓突发性水污染的预测，主要是对某一较小的具体地理位置上突然富集某一类或几类污染物质及其在水动力作用下，随时间变化而产生的污染物迁移扩散趋势及浓度变化过程的研究，从广义上来讲，水体中点源污染的扩散行为模拟属于水质模拟的研究领域。早期的研究主要集中在基于统计数据的数学模型研究上，该方法基于对其影响因子的长期观测数据，利用主成分分析法确定影响其扩散的主要因子，通过数学方法对参考模型进行逼近，得到一个方差最小的数学模型，然后通过求解数学模型模拟污染物的迁移扩散过程。国内外传统的数学模型已经很多，最早创建的水体质量模型为 S-P 模型，该模型是第一个水质模型，后来研究的许多模型，都是在 S-P 模型的基础上开发出来的。随着计算机技术的不断发展，由水质模拟专家和软件工程师共同开发的水质模型软件大量涌现，迄今，单是美国环境保护署公布的相关模型软件就有许多。而在污染物扩散数值模拟（曹晓静和张航，2006）方面，QUAL 模型、WASP 模型和 MIKE 模型得到了广泛应用。

在 20 世纪 70 年代左右，美国环境保护署创建了第一个水质综合模型 QUAL 模型（杨海林和杨顺生，2003）。经实践检验、改进和加强，提出了一系列的模型，如 QUAL2、QUAL 2E、QUAL2E UNCAS 和 QUAL2k。其中 QUAL 属于一维综合模型，适合枝状水系，应用时先假定水流中的平流与弥散作用在主流方向，再来估算通过加大河道流量满足设定溶解氧水平情况下必需的稀释流量。郭永彬和王焰新（2003）、张智等（2006）等先后用 QUAL2k 模型分别对汉江中下游水质、长江重庆市区段水质进行研究，模拟和预测结果与实际观测资料吻合度高；十多年后，美国环境保护署创建了黄蜂模型（WASP），它可以模拟河流、湖泊、河口、水库和海岸的水质，解决传统水质和有毒水质问题。在国外，Zhang 和 Kenneth（2008）等学者根据 1994 年和 1995 年的实测数据对模型进行校准，利用 WASP 对密歇根湖水环境的物理和生物化学过程进行模拟，分析了 PCB 在水体和底泥的变化过程；贾海峰等（2010）根据 EFDC 与 WASP 的密云水质耦合-水库水动力模型，进行计算模拟，实现了长时间序列的情景分析、连续模拟和水环境管理。MIKE 模型由丹麦（DHI）创建（2006 年），它包含一系列软件，如 MIKE11、MIKEBASIN、MIKESHE 等，用于水资源，海洋等相关环境模型。其中，MIKE11 依托圣维南方程，经常用于河流、河口、灌溉系统，以及其他多种内陆水域的水文、水质、泥沙传输等过程的模拟，还包括一些水利工程方面的规划、防洪预报和污染事故等的预测。Wagner等（2007）选莱茵河为研究区域，使用历史水质、水文资料进行校准，实测数据与模拟的结果得到了较好契合。朱茂森（2013）在限定辽河上游排放值的基础下，用MIKE11软件，制定一整套的分析技术路线，模拟污染物在水体中的迁移、扩散以及衰减过程；金春久等（2010）采用MIKE系列软件，构建了松花江干流水质模型，不但进行了松花江水资源保护管理的研究，而且还验证了松花江2005年事故时，水体污染扩散情况。

近年来，随着“3S”技术的发展，不少学者开始将GIS技术应用于水体中污染物的迁移和扩散模拟，这使得整个过程更加形象和直观，并且提高了地理位置的准确性。李国伟（2014）利用元胞自动机模拟技术和GIS空间处理功能，综合分析研究了在某特定区域内的污染物扩散作用、岸边附着、气象、水文、水库调度等因素，模拟了三峡库区水体污染扩散的时空过程，实现了直观可视化的模拟和实时动态的观察。

2. 平原河网区水动力问题研究

由于水体流动是河流中介质变化的主要动力来源，因此水动力研究是水体污染物扩散规律、水质情况、水环境容量研究的基础和前提（金菊香，2012）。平原河网与单一河流存在较大的差别，主要体现在河网交错分布、汇流过程复杂上。长期以来，人们对河网水动力问题的探讨获得了应有的成就，能够直接用于实际生产过程。根据Saint-Venant提出的理论方程组，对于河流演进方面的研究，可以解决非恒定流水力学方面的计算；1973年法国科学家D. L. Fread和Jean A. Couge提出了单元划分法，通过将水力特征相似、水位差异较小的某片水体概化成同一个单元，单元之间的流量交换通过河道连接，该方法虽然不适用于水情变化急剧的感潮河网，但它能够对存在众多湖、库、池塘的平原河网地区做到极大的简化，数值计算更为简便（Cunge and Woolhiser，1975）；姚琪等（1991）提出了节点河道模型与单元划分模型相结合的混合模型。该方法根据河道、水利工程资料等特征将平原河网水系系统的河网部分与水域部分进行分别概化，再根据其各自的优点对平原水系进行模拟；随着计算机技术的发展，人工神经网络也被广泛应用于平原河网水动力、水位以及污染负荷的研究中。

3. SWAT模型与SWMM模型的应用研究

国外，Arnold等（1998）利用实测数据，证实了SWAT模型对美国三个流域的地表及地下径流、蒸腾蒸散发、补偿流、水位标高参数等方面的模拟结果的可靠性。加拿大、马里兰、西班牙等国的研究结果，不同程度地证实了SWAT模型在对放牧活动、极端湿润年份、水文及土壤湿度等方面的适用性（陈爽等，2006；曹晓静和张航，2006；杨明楠等，2014）。国内，刘昌明等（2003）、车骞（2006）、王中根等（2003）、杨桂莲等（2003）、张佳等（2016）、黎云云等（2017）的研究结果，证实了SWAT模型对不同河流径流、中尺度流域产流产沙、水源径流的水文过程的模拟具有科学性、实用性和可靠性。同时指出该模型不适用于单一事件的洪水过程的模拟。此外，马放等（2016）认为，SWAT模型适用于阿什河流域，对于多种非点源污染控制有非常积极的作用，其中以植被过滤带对TN、TP的负荷减少最为显著；盛盈盈等（2015）认为，SWAT模型适用于亚热带季风湿润区域、红壤流域的非点源污染模拟，以及时空分布特征分析；Bosch（2008）利用 SWAT 研究了多湖流域的营养盐输出负荷，指出水库的空间分布和大小对河流中营养盐的输出量有显著影响；李铸衡等（2016）运用 CLUE-S 模型，对未来土地的利用率的变化进行了相关预测，将预测的土地利用结果作为 SWAT 模型的输入。

SWMM 模型（路建恒，2015）充分考虑了地表产、汇、排机制过程，适用于以管网作为排水系统的城市区域，广泛用于城市地区水质水量研究。赵磊等（2015）应用 SWMM 模型对昆明市明通河流域的水质水量进行研究，结果显示在滇池流域面源方面，降雨径流污染占很大份额；车伍等（2002）应用 SWMM 模型模拟的地表水质，得出 TSS 是雨水径流中污染物控制的关键指标；张静等（2017）利用 SWMM 对不同污染物的堆积和侵蚀的模拟发现，COD、SS、氨氮污染物会随时间累积，并渐渐趋于稳定，降雨强度较大时，径流中污染物浓度呈上升趋势，但同时，也随降雨时间的增加而逐渐下降，最后直至稳定；熊赟等（2015）以 SS、COD、TN、TP 为对象，运用 SWMM 模型对采用绿色屋顶、下沉式绿地、透水性良好的小区水质水量进行模拟，LID 相对能够有效降低径流总量；张兆祥等（2014）采用 GIS 技术与 SWMM 模型进行耦合，建立污水管网、节点、污水基础数据集，判定一天内污水管网水力状况的变化。

30.1.3　研究目标与内容

1. 研究目标

利用 DEM、高分遥感影像、土地利用、土壤、数字水系等空间数据，并结合水文监测数据、气象数据、重点污染源等属性数据（陈腊娇，2006），设计突发性污染事件，以 SWAT 和 SWMM 相关模块为基础，结合 GIS 和 RS 技术，建立水污扩散模拟、分析模型，模拟平原河网城市中心城区水体中污染物的时空变化，并对其结果进行分析，以期对平原河网城市复杂水循环条件下的水体污染物的迁移扩散模拟，提供一种方法，同时，为环境风险管理及突发性环境污染应急预案的制定，提供一定的科学理论依据。

2. 研究内容

本文以平原河网水体点源污染扩散为研究对象，以水文学、环境水力学原理为研究基础，结合对平原河网水体点源污染迁移扩散特征的分析，从理论研究与实践应用两个方面探讨了平原河网地区水污染物的迁移扩散模拟方法。在理论分析的基础之上，构建了 SWAT 模型（张银辉，2005）与 SWMM 模型（王文亮等，2012）相耦合的流域-城市水质水量水质动态耦合模型，并选择典型的平原河网城市区域，通过 SWAT 模型提取研究区所在的流域水系，模拟流域地表产流过程，计算河流流量，以此作为城镇区域的外来水量。然后以 SWMM 模型原理为基础，建立城镇河网水动力基础模型，通过模拟设计突发性水污染事件，在充分考虑降雨的情况下，模拟污染物在城市河网中的分布情况和变化规律。主要研究内容如下所述。

（1）SWAT 和 SWMM 耦合模型。为了更好地描述该区域的地表水系特征，模拟污染物在城市河网水系中的迁移扩散过程，本研究选用分布式水文模型 SWAT 进行城市外河水量的模拟，选择动态的水质量模型 SWMM，来实现对城市地区河网水系水动力和水质状况的模拟；空间上，为了对流域水系与城市区域进行耦合，采用 GIS 网络分析原理（王慧亮等，2017），并在此基础上，将空间耦合点上的流域入水口流量作为城市外部进流水流量，将两个模型的输入输出量值进行结合，实现两个模型的耦合，构建 SWAT 与 SWMM 耦合的平原河网城市水污染扩散模拟模型。

（2）耦合模型的建模方法研究。主要考虑 SWAT 模型与 SWMM 模型在平原河网城市区域的建模方法。依据研究区城市地区资料，即分辨率高的 DEM 数据资料、土壤数据资料以及土地利用数据资料，再结合实测降雨、水文气象数据资料，以分布式流域水文模型 SWAT 模型为核心，建立适用于流域平原河网地区的城市外河水量分析模型，模拟区域的河网水系流量情况，进而为城市内河的河流水文水动力变化预测提供基础。

再者，基于 DEM 数据，利用 ArcGIS 的水文分析工具将城市地区划分为天然子汇水区，结合河流交汇点及人工构筑物，如泵站、水闸等河网节点，城市土地利用性质和道路的分布，进一步将天然子汇水区细划分为子汇水单元，同时利用高分辨率的遥感影像对城市河网水系进行概化，根据子汇水面积数据、概化河网水系和节点实时降雨数据，以动态水质水量模型 SWMM 为核心构建适用于平原河网地区的城市水文水动力分析模型，利用其水量模块实现对城市地区水文、水动力的基础模拟，进而实现对污染物在城市河网中的迁移扩散模拟。

最后，针对降雨条件下平原河网的水动力、河网汇流及水质特征，基于 SWMM 模型的水质模块，利用其水量模块所完成的暴雨产流模拟作为基础输入，实现水中污染物迁移扩散的模拟。

（3）选择适宜的区域作为研究对象，依据以上结果，在对该区域环境基本情况客观分析的前提下，设计一个合理的、符合现实的水污染突发性事件。对该事件中污染扩散情况进行模拟，具体分析污染物出现在不同区域的时间及各污染物的浓度分布状况。

30.2 SWAT 与 SWMM 模型及耦合方法研究

30.2.1 SWAT 模型分析

SWAT 模型是美国（USDA）农业研究所推出的典型的分布式水文模型（Gassman et al.，2007），模型的最早版本为 20 世纪 90 年代推出的 SWAT9.2，之后经过不断扩展和修订，目前已发展到 SWAT2012 版本。随着新技术的多方位开发特别是计算机人工智能化和自动提取技术的应用，SWAT 又与多个 GIS 平台相集成，使模型的操作更加简单（梁钊雄和王兮之，2009）。改进后的 SWAT 模型，借助于 GIS 与 RS 收集的强大空间数据信息对流域径流进行最大限度地准确模拟和预测。

SWAT 模型径流模拟可分为两个过程：一是模拟陆面产汇流、蒸散发等水分循环过程的陆面过程，主要确定主河道的入河水量的多少；二是模拟与汇流相关的各水文循环过程的河道过程，主要用于描述河道水量的变化及水流中混合物的输移过程。

1. 水循环的陆域径流分析

用 SWAT 模拟计算地表水文循环（图 30-1），以此为依据建立水量平衡方程，如下：

$$\mathrm{SW}_i = \mathrm{SW}_0 + \sum\nolimits_{i=1}^{t}\left(R_{\mathrm{d}} - Q_{\mathrm{s}} - E_i - w - Q_i\right) \tag{30-1}$$

式中，径流模拟包括地表径流模拟、蒸发蒸腾、土壤水及地下水四个部分。SW_i 和 SW_0 分别为第 i 天的最初和最终径流量（mm）；t 为时间（天）；R_{d} 为第 i 天的降水（mm）；Q_{s} 为第 i 天的地表径流量（mm）；E_i 为第 i 天的蒸散发量（mm）；w 为土壤表面水量下渗值（mm）；Q_i 为第 i 天的地下水回归流量（mm）。

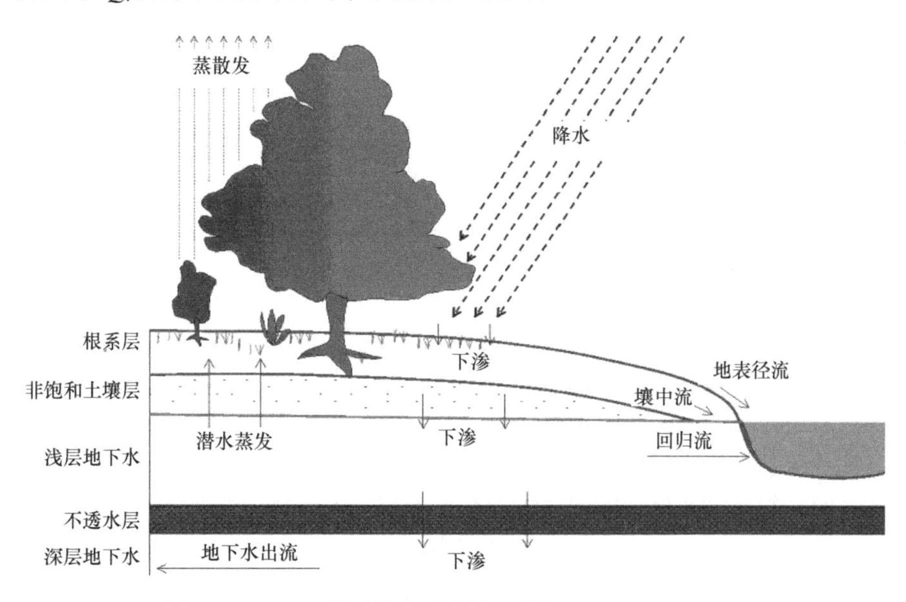

图 30-1　SWAT 模型的陆面水循环过程（Neitsch，2005）

1）地表径流

根据降水资料，SWAT 模型不仅能使用 SCS 法，也可以用 Green-Ampt 模型估算地表径流（毛丽丽等，2009）。其中使用较多的是 SCS，SCS 径流曲线法由实验观测数据基于统计所得，模型所需参数较少，计算过程简单，但却能相对准确地评估地表径流量。其降雨-径流关系表达式（Mccuen，1982）为：

$$\frac{F}{S} = \frac{Q}{P - I_a} \tag{30-2}$$

式中，Q 为地表径流量（mm）；S 为流域土壤当中的最大滞留量（mm）；P 为降雨量（mm）；I_{a} 为初损（mm）。该值与 S 呈一定的正比例线性关系，美国农业部基于大量的、长时间的试验数据分析和反复验证，提出两者的比例系数以 0.2 最为合适。其关系方程式如下：

$$I_{\mathrm{a}} = 0.2S \tag{30-3}$$

F 表示一场降雨实际的截雨量，通常认为：

$$F = P - Q \tag{30-4}$$

通过整理关系式（30-2）～式（30-4）可得到SCS产流的常用方程为：

$$Q=\frac{(P-0.2S)^2}{P+0.8S} \tag{30-5}$$

式中，最大可能的滞留量 S，与土地利用方法、土壤种类、植被覆盖以及坡度等因素密切相关，其模型通过引入无量纲参数CN值来对 S 值进行修正并确定，具体关系如下：

$$S=\frac{25\,400}{\mathrm{CN}}-254 \tag{30-6}$$

CN取值限度为0～100，它是反映降雨前期流域特征的一个综合参数。其可通过查表的方式获得，SWAT模型也提供了CN值的土壤水分和坡度校正。

2）蒸散发量

SWAT模型考虑的蒸散发是指流域绿色区蒸发、蒸腾，水体表面区蒸发、未覆盖土壤区蒸发在内的所有地表水转换成的水蒸气，即实际蒸发量。要准确预测流域水资源量，首先必须正确评价流域蒸散发量，这个环节非常重要，这也是预测气候和土地利用率变化对水资源的影响的关键。

3）土壤水

地表径流速度比较快，远远快于土壤渗入水流动速度（孙菽芬，1988）。在降雨形成径流的过程中，壤中流的集流过程缓慢，有时可持续数天、几周甚至更长时间。当壤中流占一次径流总量较大比例时，它将使径流过程变得比较平缓。中国南方一些流域，壤中流占径流量很大的比例。例如，浙江某小流域，在一定时期壤中流占总径流量的比例达85%，甚至更高。在用SWAT模型过程中，重点是考虑水力传导度、坡度以及土壤含水量，在此时空变化的基础上，然后以动态存储模型计算土壤中流量（叶爱中，2004）。其计算公式为：

$$Q_{\mathrm{lat}}=0.024\times\left(\frac{2\times \mathrm{SW}_{\mathrm{ly,excess}}\cdot K_{\mathrm{sat}}\cdot \mathrm{slp}}{\varphi\cdot L_{\mathrm{hill}}}\right) \tag{30-7}$$

式中，Q_{lat} 为坡面出水口断面处的净流量（mm）；L_{hill} 为坡面长度（m）；$\mathrm{SW}_{\mathrm{ly,excess}}$ 为土壤饱和层中的可排水量（mm）；K_{sat} 为饱和渗透系数（mm/h）；φ 为土壤层总孔隙率；slp为子流域的平均坡度。

4）地下水

SWAT模型把地下水分为两类，即深层水和浅层水。其中，深层地下水主要与流域外河的水量循环关系密切，而浅层地下水则汇入流域内河中。SWAT模型利用浅水层蓄水模型计算流域内的地下水水循环过程（刘睿翀，2015）。

5）陆面汇流

模型的子流域坡面汇流时间计算公式如下：

$$t_{\mathrm{sub}}=\frac{0.0556(\mathrm{sl}\times n)^{0.6}}{S^{0.3}} \tag{30-8}$$

式中，t_{sub} 为子流域坡面汇流时间（h）；sl 为子流域平均坡面长度（m）；n 为坡面曼宁系数；S 为水文响应单元的坡面坡度（m/m）。

2. 河道水流汇流分析

用 SWAT 模型定义的河道均是明渠，利用途径分两部分：一部分被人类取用；另一部分被蒸发或者通过河床流失。补充的来源主要是直接降雨或点源输入。

1）河道中的水流演算

河道中的水流，多采用变动存储系数模型演算（variable storage coefficient method；Williams，1969）或在模拟中多使用 Muskingum 方法（张家权，2016）。水流流量和流速则通过曼宁方程来计算（宋新山和邓伟，2007）。

2）河道汇流

在 SWAT 模型中，流域河网被分为干流和支流。每日产生的部分地表径流汇入支流河道，再通过河道汇流方式汇入干流。汇入干流的地表径流量计算公式为：

$$Q_{\text{surf}} = \left(Q'_{\text{surf}} + Q_{\text{stoc},i-1}\right)\left[1 - \left(\exp\frac{\text{surlag}}{t_{\text{sub}}}\right)\right] \quad (30\text{-}9)$$

式中，Q_{surf} 为主河道的地表径流量（mm）；t_{sub} 为子流域坡面汇流时间（h）；Q'_{surf} 为某流域内形成的地表流量（mm）；$Q_{stoc,i-1}$ 为前一天滞留的地表径流量（mm）；surlag 为径流滞后系数，其为常数。

河道汇流时间计算公式为：

$$t_{\text{riv}} = \frac{0.62 \times L \times n^{0.75}}{A^{0.125} \times \text{CS}^{0.375}} \quad (30\text{-}10)$$

式中，t_{riv} 为汇流时间（h）；L 为长度（km）；CS 为坡度（m/m）；n 为曼宁系数；A 为响应单元面积（km^2）。

30.2.2　SWMM 模型分析

SWMM 模型，是由美国环境保护署（Environmental Protection Agency，EPA）在 1971 年推出的动态水质水量模拟模型，模型经过不断的改进和完善，目前已发展到 SWMM5.1 版本。SWMM 模型主要包括径流模块、输送模块等 5 个计算模块，还包括 1 个服务模块（Leandro and Martins，2016）。服务模块主要进行一些计算后的处理工作，如多个界面文件的相互转换，对大型复杂的管道实现分段模拟。还能以图表形式表达径流量、水量输出过程、污染物浓度和其他时间系列的输出量等。各模型间的配置关系如图 30-2 所示，通分对图 30-2 进行分析，可以看出，径流模块的计算结果可以作为其他几个模块的输入数，但其本身数值并不受其他三个模块的影响。径流模块、输送模块、储存/处理模块，这三者可以模拟水流和污染物在排水系统中的输移过程，扩展输送模块是 SWMM 模型的中央核心模块，它对污染物的输移过程不能进行模拟，但可以对管道内的水流情况进行精细地模拟。储存/处理模块能看出管网中控制设施对水流和水质的影响。受纳水体模块主要是对排水系统溢流和调蓄出流对受纳水体的影响进行模拟。

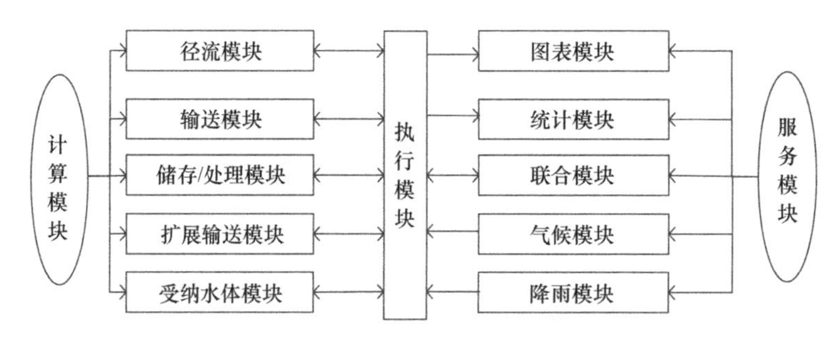

图 30-2　SWMM 模型结构示意图

（1）SWMM 模型可对与城市有关的地表径流各种水文过程进行模拟计算，包括时变降雨、下渗雨水向地下水的渗透、地面水蒸发、洼地引起的降雨截留、降雨至不饱和土壤层的下渗、积雪和融雪、地表径流非线性水库演算等。

（2）SWMM 模型具有灵活的水动力计算模型，可以描述计算径流和外来水流在管渠、自然河流、储水/水处理装置、水泵、液压调节装置（测流堰、孔口）等处理单元及分水建筑物等输水系统和排水管网中的流动特征。它的特点在于能够对任何复杂的输水网进行模拟。

（3）SWMM 模型能够系统地模拟城市地区地表径流过程、管网输移过程、径流污染过程以及河道、水质和水力模块等，这些过程各自采用不同的数学模型加以描述。

（4）SWMM 模型可对总氮（TN）、化学需氧量（COD）、生化需氧量（BOD）、大肠杆菌、总磷（TP）、油类等（Kang and Lee，2014）10 种污染物及用户自定义污染物进行模拟。除此之外，SWMM 模型还考虑了大气干湿沉降、降雨对目标水体的影响，通过输入的土地利用率、土壤条件等可计算出研究区域地表污染物输出过程线。

1. 地表产汇流分析

SWMM 模型需要将研究区以点、线、面的方式概化成图 30-3。S_1～S_3 为模型地形地表径流模拟的基本单元——子汇水面；C_1～C_4 为进行水量输送的管道或河流水系，J_1～J_4 为将输送管道连接在一起的点。其中，子汇水面是 SWMM 地表产流的基本空间计算单元。

1）SWMM 地表产流计算

根据研究区的地理位置、下垫面的具体情况，一般将研究区划分为若干个子汇水面，每个汇水面具有不同的径流过程，需要单独进行计算，最后通过流量演算的方法，得到区域地表径流过程。在 SWMM 模型中，假设每个子汇水面都为独立的水力单元，每个单元的地表径流最终都将由一个排水节点流出。SWMM 模型认为各个子汇水面的地表径流由透水区 A_1、有洼蓄能力的不透水区 A_2、无洼蓄不透水区 A_3 三种类型的地面产生。图 30-4 为子汇水区概化示意图。

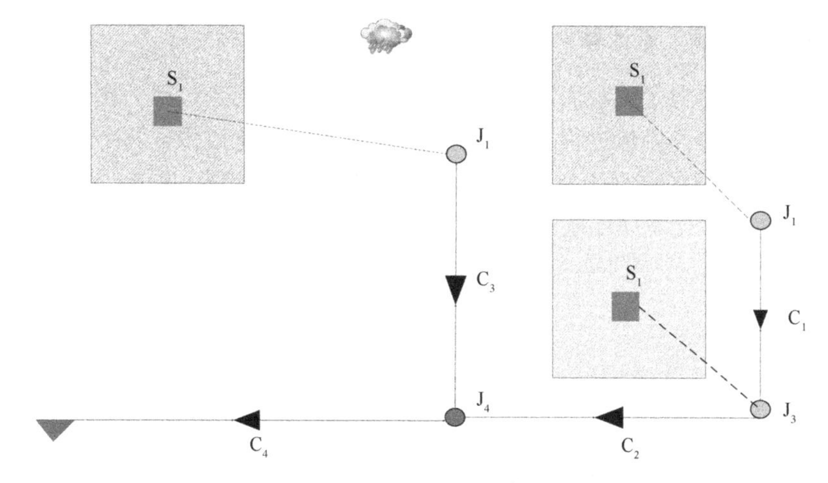

图 30-3　SWMM 研究区概化模式示意图

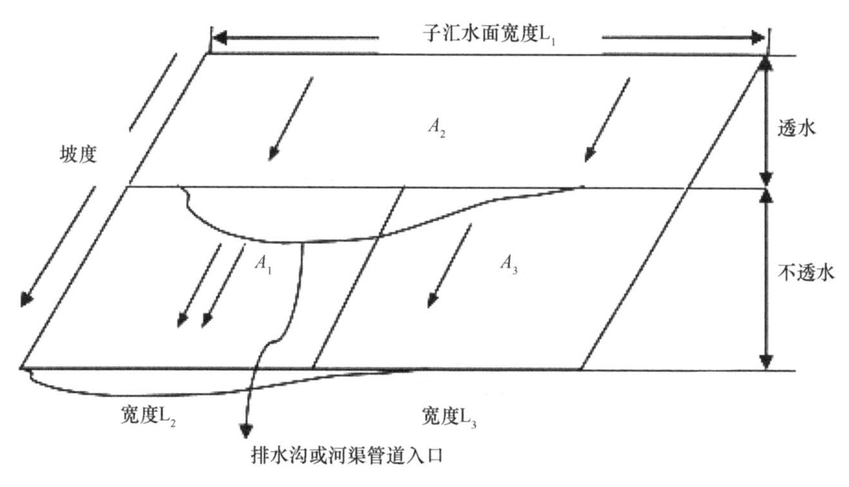

图 30-4　子汇水区概化示意图

对于不透水地表，当降雨量大于蒸发等造成的初损值，地表则全面产流。而对于透水地表，下渗也会造成水量的损失，只有当降雨量满足地表入渗条件后，地面才开始积水，最后便形成地表径流，SWMM 模型中可采用 Horton 模型（陈彦光和刘继生，2001）、Green-Ampt 模型（郭向红等，2010）以及 SCS 下渗模型来描述地表水量下渗过程（表 30-1）。

表 30-1　SWMM 三种入渗模型

模型名称	模型特点	输入参数	适用区域
Horton 模型	体现下渗能力与时间的关系，待率定的参数少	最大初始入渗能量、降雨时间；入渗衰减指数	较适合小流域模拟
Green-Ampt 模型	土壤含水量急剧变化，湿界以上是饱和的，以下水分不变	初始亏水量、水力传导度、湿界处的负压水头	区域土壤资料详细的地区
SCS 下渗模型	利用 CN 值参数进行入渗计算，反映了流域下垫面单元产流情况以及降雨前期流域特征	土壤彻底排干需要的时间、CN 值	适用于小流域

2）SWMM 地表汇流计算

地表汇流就是将各子汇水面的过程转换为整个区域的出流过程。在 SWMM 中，根据水流方式可以将降雨径流过程分为地表坡面汇流和河渠管道传输两个过程。坡面汇流的模拟是将组成子汇水面的三个部分近似看做非线性水库处理，再通过求解曼宁方程和连续方程来实现。根据水库连续性方程，水库库容变化为单位时间内的入流量和出流量之差。

$$A\frac{dy}{dt}=A\left(i-f\right)-Q \tag{30-11}$$

式中，y 为地表径流的平均水深；i 为降雨强度（mm/s）；f 为入渗率（mm/s）；Q 为汇水子区域的出流量；A 为汇水子区域的面积；式中 dy 是汇水子区域的洼蓄量（D）（表 30-2）。

表 30-2　典型地表洼蓄量值表

地表类型名称	地面洼蓄量值
不透水地表	0.05～0.10 英寸①
草地/草坪	0.10～0.20 英寸
牧场	0.20 英寸
森林（有枯落叶）	0.30 英寸

$$Q=W\left(y-y_{\mathrm{d}}\right)^{5/3}S^{1/2}/n \tag{30-12}$$

式中，W 为汇水区域的特征宽度（m）；S 为地表的平均坡度；n 为计算单元曼宁粗糙系数的平均值（表 30-3）。

表 30-3　地表坡面漫流曼宁粗糙系数表

地表类型名称	曼宁粗糙系数 n	地表类型名称	曼宁粗糙系数 n
光滑的沥青地表	0.011	耕作土地	—
光滑的混凝土地表	0.012	居住面积>20%	0.17
普通混凝土衬砌	0.013	居住面积<20%	0.06
优质木材	0.014	天然牧草地	0.13
陶土	0.015	人工草地	—
波纹金属管道	0.024	稀疏草地	0.15
水泥橡胶地表	0.024	稠密草地	0.24
水泥碎石地表	0.024	绊根草地	0.41
水泥砂浆砌地	0.014	稀疏灌木	0.40
滩地	0.03	密实灌木	0.80
休耕地（无残留）	0.05		

—表示无数据

2. 水量传输系统分析

为了更好地进行传输系统的汇流计算，SWMM 提供三种水动力学方法，即运动波

① 1 英寸=2.54 cm，下同。

法、动力波法和恒定流法（姜志文等，1999）。

河道管渠汇流是降雨导致的城市河网水系水流及其含有物质运动的主要动力之一。三种水动力学方法中，恒定流法是最简单的汇流计算方法，它假定整个流体在流动过程都不随时段而发生改变，在每个计算时段是均匀的、恒定的，这样可将其进一步简化，该方法也有一定的局限性，它实际上没有求解圣维南方程组，在不考虑河道管渠蓄变、回水、出入口损失及逆流河有压流动条件下，只是简单在时空上面，将管段入口的流量过程线再平移到出口处。

运动波法是利用单个管渠动量方程的简化形式求解连续性方程（陈异植和庄希澄，1987），可模拟管渠中水流的空间、时间变化，但仅能用于树枝状网络的模拟计算。它具有中等大的时间步长，为 5～15 min，通常能够维护数值稳定性。在不考虑入口和出口等流损失，还有回水、逆流及有压流动的情况下，其模拟效果，尤其是对于长期模拟还是较为精确的。

动力波法是最准确、最复杂的汇流计算方法，是理论上最为有效和精确的方法，既适用于树枝状河道管渠模拟，也能用于网状和环状河道管渠模拟。通常用来描述管道的调蓄、汇水和入流，也可以描述出流损失、逆流和有压流。

一维圣维南方程公式如下。

$$\text{连续方程：} q=\frac{\partial h}{\partial t}+\frac{1}{B}\frac{\partial Q}{\partial x} \tag{30-13}$$

$$\text{连续方程：} \frac{\partial Q}{\partial t}+\frac{\partial}{\partial x}\left(\frac{Q^2}{A}\right)+gA\frac{\partial h}{\partial x}+gA\frac{Q^2}{K^2}=0 \tag{30-14}$$

$$K=A\frac{1}{n}R^{\frac{2}{3}} \tag{30-15}$$

式中，h 为管渠内的水位（m）；x 为流经的距离（m）；B 为过水断面的宽度（m）；A 为过水断面的面积（m^2）；t 为时间（s）；Q 为流量（m^3/s）；g 为当地的重力加速度（m/s^2）；K 为流量模数；n 为河道/管道的粗糙系数；R 为水力半径。

3. 污染物传输方式分析

SWMM 水质模型运行过程见图 30-5。在传输系统中，假设污染物在断面上混合均匀，污染物浓度只随流程的方向变化，即污染物的模拟被假定为连续搅动水箱式反应器（CSTR），其他参数都保持不变。其控制方程式如下。

$$\frac{\mathrm{dVC}}{\mathrm{d}t}=\frac{V\cdot \mathrm{d}C}{\mathrm{d}t}+\frac{C\cdot \mathrm{d}V}{\mathrm{d}t}=Q_i\cdot C_i-Q\cdot C-K\cdot C\cdot V\pm L \tag{30-16}$$

式中，$\frac{\mathrm{dVC}}{\mathrm{d}t}$ 为单位时间内的污染物浓度单位变化；Q 为出流量（m^3/s）；K 为污染物一阶衰减系数（s^{-1}）；L 为河道中的原汇项（kg/s）；V 为河道中的水体体积（m^3）；C 为排出的污染物浓度（kg/m^3）；Q_i 为入流量（m^3）；C_i 为入流量中的污染物浓度（kg/m^3）。

SWMM 模拟时，水量是水质计算的一个必要条件，即无须设置水质部分所需要的参数，水量部分可以独立运行，但水质计算依赖于水量计算。

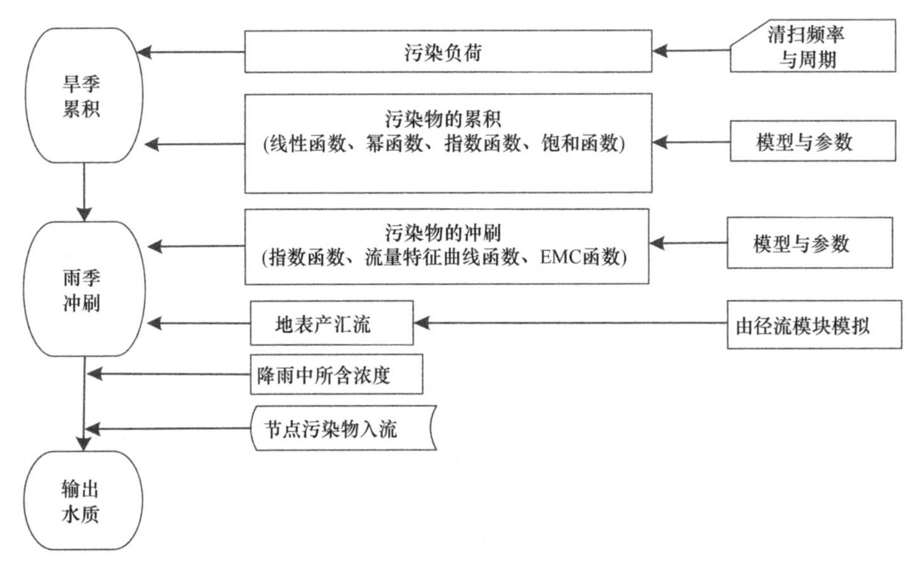

图 30-5 SWMM 水质模型运行过程

30.2.3 SWAT 和 SWMM 耦合方法研究

本研究建立的耦合方法主要针对的是边界搭接耦合的情况，即流域径流模型与城市动态水质水量模型在各自边界上实现搭接耦合。这种耦合方式从空间上来说就是大尺度和小尺度的耦合，其主要目的就是找到流域水系向平原城市内河河网输送水量的进水节点，具体体现为将由 SWAT 模型计算的基于水文相应单元（HRU）的流域河道流量作为基于子汇水单元的 SWMM 模型模拟的输入，即建立流域水系河道的空间位置与城市研究区边界的几何交点模型，来描述两个尺度数据的几何位置联系。本文根据在空间网络中水流的行进方向只能由外部条件——高程差产生的水压决定，即水只能被动地由高压向低压输送的原理，模拟和分析要素在网络上的流动与分配情况。并根据这一原理构建流域水系与城市边界之间的几何网络分析模型，以此来生成流域水系向城市内水系输送外来水量的进水节点，并在此基础上实现量值的输入和输出，从而将两个模型耦合起来。

1. 空间耦合方法

SWAT 模型和 SWMM 模型的空间耦合方法见图 30-6。基于流域水系与城市边界的空间数据，利用 GIS 的几何网络分析工具，构建了流域水系与城市边界之间的网络分析关系，以此来判断流域水系向城市内河河网水系输送水量的节点，提取线-线相交点，并建立点数据集；将点数据集与流域水系-城市边界图层建立空间链接，获得四类点数据，选择属性字段为 4，即四条线相交的点为相交点；进一步将流域水系数据、研究区高程图以及相交点三个数据进行叠加分析，当同一条河道上存在两个交点时，选择高程值大的点作为进水节点。

2. 量值耦合方法

量值耦合主要是指在寻找到外河向内河输送水量的节点的基础上，建立 SWAT 模型

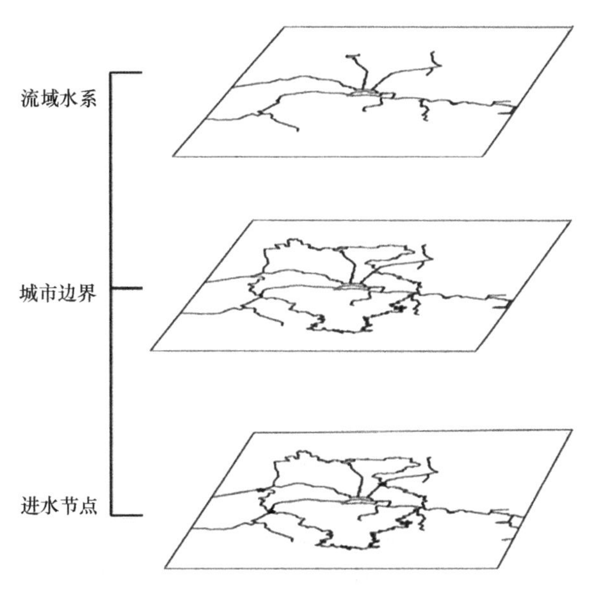

图 30-6　SWAT 模型和 SWMM 模型的空间耦合方法示意图

各个河道单元的产汇流过程与 SWMM 模型城市水量入流量之间的分配关系。其具体做法为：①建立 SWAT 模型数据库，划分流域及水文单元，计算流域径流量；②建立 SWMM 模型数据库，概化城市地区河道、节点和汇水区；③依据空间耦合方式确定的进水节点，将流域河道径流分配至 SWMM 河道数据的节点中。

30.3　基于耦合模型的水体点源污染扩散模拟方法

平原城市并不是一个完全独立且封闭的地理空间，其内河河网水系必然和所处的流域水系辗转相连，内河河网水系的水位、流速及流量受流域水系流量的影响较大。平原城市河网的河水水体主要补给来源于降雨，降雨产生之后，在地面集水区汇集，再通过地形排水或工程排水进入城市河道，从而引起城市河流水体的变化。但流域地区的降雨产流过程与城市地区的降雨产流具有较大的区别，其下垫面集水区的离散方式具有很大的区别，如果利用同一个模型进行模拟，则无法对其河流在降雨影响下的水体变化进行较为精准的刻画。本研究中所涉及的基于耦合模型对水体点源污染的扩散模拟的实质就是在完整的城市河网水循环系统基础上，弄清水系水流的空间特性及其运动特征，进而对进入河网水体中的点源污染物在水动力作用下的迁移路径进行模拟。平原河网城市地区除了要承受本地降雨乃至暴雨的降水外，同时还要受到其所在流域的研究区上游境外来水的影响，客水入侵，改变了城市内河河网水系的水文水动力条件。

30.3.1　基于 SWAT 的城市河网境外来水量模型建立

在建立 SWAT 模型中，数据库的建立是该模型进行流域水文模拟的基础，包括的步骤有水系提取、子流域划分、水文响应单元划分、输入文件的生成和编辑。

1. 输入数据分析

1）土地利用数据库

土地利用类型直接影响水文响应单元（HRU）的划分，进一步影响流域降雨在陆面形成径流的过程，对模型模拟至关重要。土地利用数据库包括土地利用空间分布及土地利用索引表两类。SWAT 径流模拟中所使用的美国地质调查局分类标准与我国有些许不同，但其分类后的土地利用类型的属性却是相似的。因此我们不需要重新建库，而是将其进行重新分类。

2）土壤数据库

土壤影响了流域的水文循环过程，决定了降雨流域下垫面的运动过程，对流域内部水流起一定的调节作用（Kiniry et al.，2011）。SWAT 模型的土壤数据库主要分为两大部分两个层次。两大部分为土壤类型库和土壤属性库。土壤类型库又分为空间分布图和土壤类型索引表，土壤属性库又分为物理属性数据库和化学属性数据库。SWAT 模型拥有自带的土壤数据库，但其使用只针对北美洲地区的流域土壤特性，与我国土壤分类体系和理化性质有较大的出入。虽然土壤的物理化学性质不同，对 SWAT 模型的模拟结果会产生一定的影响，但由于本次研究重心在于流域径流量模拟，因此主要关注土壤剖面内水气的运动特征，具体指水循环中影响水文响应单元发挥重要作用的各参数及因子。

实际上，通过实测获得土壤数据库的参数是能够降低土壤参数的不确定性对模拟结果的影响的。但受到测量技术、流域面积过大等原因限制，通过实测获得参数的方法较为不现实，因此我国许多学者在研究时大都采用将我国现有土壤数据库转换为 SWAT 能接受的土壤数据的方式。目前，在我国土壤数据库的建立过程中，多采用国家土壤调查数据及 FAO 土壤数据库。同时应用开发的土壤特性软件 SPAW 进行计算，得到模型所需要的土壤物理属性值。

3）气象数据库

当研究区范围较大，下垫面基本情况变化复杂时，气象数据在空间上也会具有较大的变异性。气象数据是流域水文循环的重要驱动因子。SWAT 模型所带的气象数据库是美国的资料，对于我国用户来说，还必须专门构建。基本数据库包含测站名、地理位置、降水、气温（日最高、最低温及标准偏差）、气压、风速、相对湿度、蒸发量等。除此之外，降水和气温数据时间序列要尽可能长且连续，如果出现实测值缺失可用–99 代替。Swat Weather 程序会将以上数据生成模型输入所需的格式。由于降水数据的精度对径流的模拟影响较大，而当区域面积较大时，应选择多气象站点的数据对流域的水文过程进行较为准确的模拟。

2. 流域水系提取方法

流域水系的主要特征是河网，而河网又是进行流域水文分析的主要的基础数据，但在具体研究中，河网的确切数据又非常难于获得，从数字高程模型中获取河网水系资料的方法在一定程度上解决了这一难题。所以，在进行水文分析时，河网水系资料的有效数据源是数字高程模型。数字高程模型正常情况下有规则栅格格网（DEM）、不规则三角网（TIN）和等高线三种格式，其中最常见的数据格式是规则栅格格网。目前很多 GIS 软件都可以基于数字高程模型生成流域数字水系数据，如 ArcGIS 软件的 Hydrology 模块，RSI 软件中的 River Tools 工具。虽然各模型软件使用的提取方法和模型各不相同，但其生成的流域水系图的基本思想和处理流程却是相似的，如图 30-7 所示。

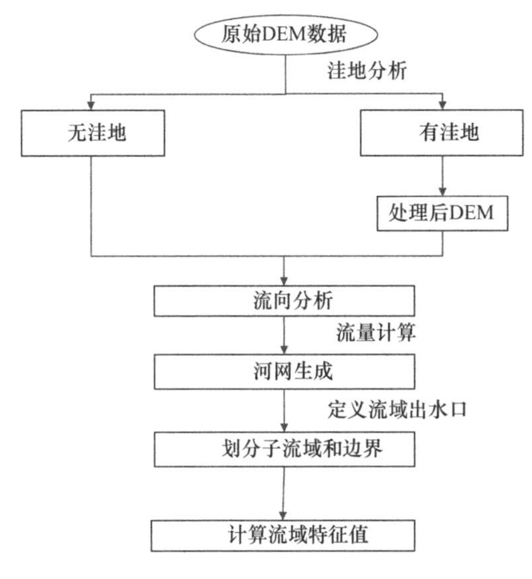

图 30-7　DEM 水文分析过程

随着“3S”技术和计算机技术的不断发展，DEM 获取途径和生产方法也随之增多，其质量和分辨率不尽相同。输入数据的精度在很大程度上影响分布式水文模型模拟的准确性（邱临静等，2012；Goyal et al.，2018）。使用 DEM 进行流域水文分析时，若研究区范围较大且位于非平原地区，DEM 分辨率大小对子流域面积、边长、河网密度等水文因子的提取精度影响较小，但对位于平原或丘陵地区流域进行水文分析则需要精度比较高的 DEM 数据，因为其水文因子会直接影响模型径流模拟结果。

3. 子流域划分方法

在地球上，流域的含义是流域内的每一条水系和河流，都来源于陆地面积上的补给，这部分面积便称为这片河流和水系的流域（伍光和，2008）。流域地形对地表水流的汇聚方向起主导作用，所包围的集水区或汇水区流域的地形控制了地表水流的汇聚方向，同时也造成了流域内降水的空间异质性，地形的复杂性进一步决定流域地表水量的汇集和坡面产流、汇流进程。

通过 SWAT 模型的集水区划分模块自动提取研究区流域的子流域区域面积、平均高程、河道坡度等信息（Arnold et al.，1998）。一般利用 SWAT 模型由 DEM 生成提取河网信息时，相关阈值参数的设置按照 SWAT 模型的默认参数设置即可达到最优提取结果。SWAT 模型在山地、丘陵等高程差比较大的树枝状的河流水系中应用效果较好，但是对于地势平坦的东部平原地区，高程落差较小，环状水系分布广泛，且人类活动对河道影响较大，直接使用 SWAT 模型由 DEM 获取的水系存在假河流，难以合理划分空间集水单元。孙世明等（2011）提出了“分片区、分层次”的河流生成和子流域划分方法，可以解决 SWAT 模型在平原区河流生成和子流域划分困难的问题，并进行“局部加密”。项瑛等（2015）将基于 DEM 自动获取的方法和实测水系相结合，进一步运用凹陷化算法获取河网，在此基础上通过人工修正完成河网的合理概化，以使获取符合本区域实际水文状况。

研究的重点是平原区。因此，我们将利用叠加的流域实际河网数据对分割结果进行校正（刘倩，2017），从而使 SWAT 模型在平原流域得到应用。具体做法为：先应用高分遥感影像把流域主要河流概化，在概化河网时根据其主干流关系要把交叉、环状河流切割处理，使其成为单一的树枝状河网；再把处理后的河网栅格数据与 DEM 栅格数据进行叠加、对 DEM 进行局部修正，保持河道高程不变，把非河道区域栅格整体微升，加大河道栅格与周边栅格的高程差，从而加强河道栅格的汇水能力，有效提高河网水系的提取精度，同时也能提高水文响应单元的划分精度。

将预处理好的 DEM 数据导入到 SWAT 模型，并加载流域掩膜 Mask 来确定流域边界，减少流域计算工作量。SWAT 模型根据输入数据自动计算水流方向、生成流域边界线、划分河网及最小流域集水面积阈值的计算。集水面积阈值的大小关系到流域河网的疏密程度，阈值越小，河网越密集，反而可能产生伪河道。

4. 水文响应单元划分

SWAT 中有单一坡度和多样坡度两种分级标准，在研究区坡度比较大的地区，如山区，可以采用多样分级（multiple slope）方法把流域坡度分为多个级别，如果研究区地势起伏较小，且面积较小，则可直接利用单一坡度，不用再分级。将处理后的土壤图、土地利用图和土壤坡度图引入 SWAT 模型的土地利用/土壤/坡度定义中，并输入对应的索引表。将数据库与图形对应连接。点击 Overlay 后完成三种 HRU 划分前期处理。SWAT 模型进行流量模拟的基本计算单元是水文响应单元。它在子流域的基础上进一步定义或划分所得到。HRU 分三层意思，是指具有相同地表坡度、土地利用类型和土壤类型的区域，它有两种划分方法，一种是直接采用面积最大的土地利用类型、土壤与坡度组合方式代表子流域，即将子流域看做一个 HRU；另一种是把子流域划分为若干个不同的 HRU，再把土地利用、土壤与坡度叠加分析，即为 HRU。HRU 有三种划分方式：①主要土地利用类型、土壤、坡度；②主要 HRU；③多种 HRU；划分类型有 Area 和 Percentage 两种。第一种划分每个子流域只有一个 HRU；第二种是选择面积比最大的 HRU 作为子流域的 HRU；第三种方式是每个子流域含有多个 HRU，并根据土壤、土地利用和坡度所占面积或百分比的阈值进行划分。

30.3.2 基于 SWMM 的水体点源污染扩散模型建立

城市河网水系的合理概化是一切数值模拟的基础和前提。概化要合理就是指既能最大限度地反映河网水系的实际水力特性（杨松彬和董志勇，2007），又不能过于复杂。例如，当河流弯度、岸线变换复杂时，应将断面尽量选取在拐点处，以保证各个断面间的水流变化符合一维非恒定流的假定。SWMM 模型自开发以来，被广泛应用于城市地区暴雨洪水、排水管网、降雨径流面源污染、污水管道水质水量等方面的规划、设计、分析研究。但把 SWMM 模型应用在河道水流上的却比较少。城市河道由于受城市规划、景观改造及人类生活的影响，都进行了河道断面处理，在大部分情况下断面形态不会发生突变情况。利用 SWMM 模型模拟河道，就是将一条河流分成若干个河道，河流汇中特定河段的形态则由一个断面来反映，每个河段两端需要设定节点。

模型数据库的建立是为 SWMM 模型提供基本数据，主要包括基础数据概化和模型参数选取（图 30-8）（卢敏等，2017）。由于城市地区地表覆盖以建筑物为主，区域内部由于受道路、管网等影响，地表径流产汇流方式更为复杂，与天然流域相比，需要更为细致地对研究区域进行概化，从而更为准确地表征平原城市地区的网状水流系统。

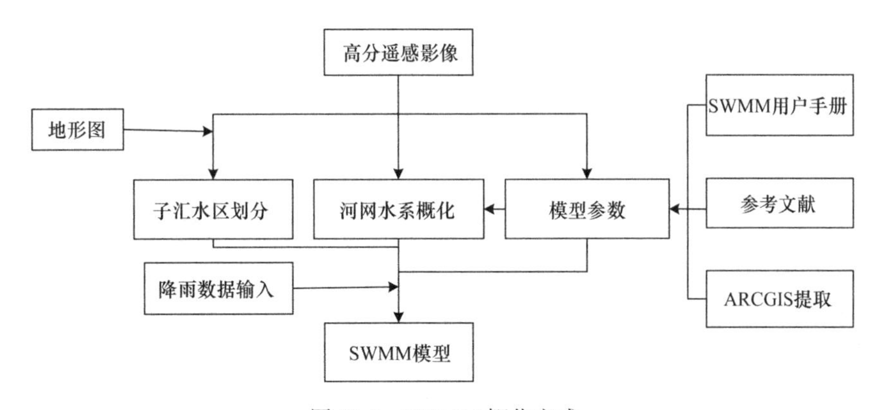

图 30-8　SWMM 概化方式

1. 河网概化及其参数获取

相比天然水系和河网而言，平原城市的河道受开挖、改道等人类活动影响剧烈，因此传统的基于地形起伏提取河网的方式较难准确对平原河网城市水系进行更准确地提取（周峰等，2017）。本研究的研究对象为典型的平原城市河网，为解决其存在的问题，本研究选用高分遥感影像为基础数据，提取城区宽度大于 10 m 的河流水系，在概化时，将所有水系标定为线状，河流遇湖泊和水库时，概化成线性，再配有高精度的 DEM 地形图对河流的流向进行确定，通过 ArcGIS 检查其概化后数据拓扑关系的完整性，并保证河流汇流关系正确，河流上下游连通。

城市河流受到土地住房、用地、防洪等因素的约束，同时绝大多数的河道受到人工改造，一般属于比较规则的形状。为了方便计算，我们将其河道形状概化为矩形，其中所用到的河道宽度参数，通过高分遥感影像，利用 ArcGIS 软件测量得到。

2. 河流节点概化及其参数计算

河道节点包括天然节点和人工节点两类。天然节点包括两类，即城市河流交汇而成的节点和河源节点（图 30-9）。人工节点是在实际工程中为满足人类生产生活的需要而

A

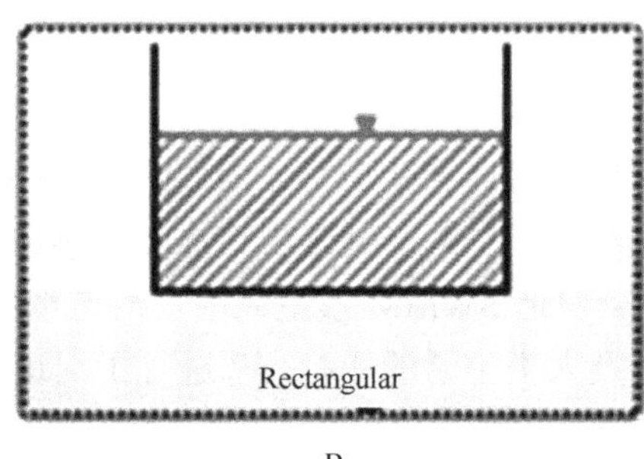

B

图 30-9 城市河道图（A）及其概化断面图（B）

修建的水利工程。本文利用河网水系图，借助 A_{rc}GIS 软件，通过网络分析工具和空间链接工具生成河网天然节点数据。对于人工节点，本文首先建立水利设施点状数据与城市河流水系线状数据间的拓扑关系，经过处理，保证人工节点都在河流上。

3. 河流水流汇集区域划分及参数获取

城市地区陆域上的降雨除了自然下渗、蒸发等损失外，大部分通过自然或管网汇集最终排入城市河道。因此如何将下垫面离散为汇水单元，并对各个汇水单元的水量合理分配到对应河道上，对非恒定流的河道水力计算是至关重要的。

在进行城市排水管网规划和人工河道设计时，必须遵循“水是从地势高处向地势低处流动”的自然规律。因此，城市汇水区划分也是按地形划分的。子汇水区的合理划分是建立模拟城市水文过程的关键步骤。在划分城市汇水区时，基于 DEM，在天然汇水区划分的基础上，需要进行调整，使实际情况与模型运行结果相符合。

水力模型中经验参数取值首先根据下垫面实际特征，参考前人的建模文献以及《余姚市防洪排涝规划》（2014 年 GH1074）的取值范围，选取初始预估值，并通过参数率定过程获得最优取值，通过参考文献和 A_{rc}GIS 统计，提取子汇水面参数，包括粗糙系数、坡度、不渗透系数等。除此之外，SWMM 模型中基础参数河流宽度、城市河流受到土地用地、防洪、供排水等因素的约束。

30.3.3 平原河网城市水体点源污染的扩散预测方法

1. 基于耦合模型的分析方法

水体中的污染物与水动力过程密切相关。相对于内陆河流和湖泊而言，平原河网湖泊密布、地势较低、易于发生洪涝灾害。近年来全球性气候异常，引起了平原河网水文条件的复杂多变，从而改变了平原河的水动力条件。基于耦合模型，对平原河网城市地区的河流水体点源污染的迁移扩散进行分析，预测水体中点源污染物受径流的影响。而河流流速在降雨的影响下变得较快，水体点源污染的迁移受到流速的影响远远大于其自身的生化反应和弥散扩散，我们着重关注的是它随水流迁移到的空间位置和浓度，因此若利用二维或三维运动来模拟其在河流河网中的运动过于复杂且没有太大必要，就将其简化为一维运动，利用 SWMM 模型所采用的运动波方法对一维圣维南方程完整求解来描述。平原地区地势平坦，河网密布繁杂，河道水情的变化情况对水体中点源污染输移有重要影响。一方面降雨可以稀释平原城市河网容量，提高水体复氧能力，加速对污染物的输移降解过程；另一方面在各平原区闸口、泵站的联合调度下，降雨及其产生的径流也改变了区域的水动力特征，促使水流和水体中点源污染的流通变得复杂。

2. 水体点源污染的扩散预测方法

水体中点源污染的时空变化（张秋燕，2006）主要由两个过程引起。一是由于所在水体运动污染物进行迁移，决定因素为污染物所在水体的水动力条件，表现为污染物在空间尺度上的混合、迁移和扩散。二是由于污染物自身或与其他水体元素发生生化反应造成的衰减，具体表现为污染物浓度随着时间的变化逐渐降低，最终达到平衡，这个过程受到了相关工程措施的影响，同时又取决于污染物自身的性质。在大多数条件下水体流动特性甚至直接主导着水体点源污染的扩散迁移。本项目通过研究河流中水动力的分布问题，来研究河流水体环境的点源污染迁移扩散；而河流水动力过程，尤其是平原城市河网的水动力过程在不同的水文条件下存在着明显的时空差异，相应地其水体中点源污染的迁移过程也是不同的。

SWAT 模型能对流域大尺度的水文过程进行准确和详细的模拟，而 SWMM 模型能对城市小尺度的水文过程进行详细描述，因此通过建立耦合模型，则可以对城市河网的受水文条件影响的水动力情况进行较为精细和准确的刻画。点源进入水体的位置和量值是耦合模型进行水体中点源污染扩散迁移预测的基本前提。首先在 ArcGIS 内将排放污染的污染源图层与河网图层叠加，按照直接排放点源“就进排放”的原则，判断离该点最近的河网上的节点，并查询该节点的属性，确认其编号，最后将点源排放的浓度或者负荷作为该节点的外来汇流量输入模型（图 30-10）。通过模型的运行最终模拟水体中点源污染的迁移与扩散。污染物在河网中浓度的变化则是根据完全混合一阶衰减模型进行估算的。此耦合模型中我们不考虑物理化学的转化过程，如光解、生物氧化等，而采用数学的方法，模拟污染物在环境介质中的一级反应速率常数（或半衰期）进行宏观表达。

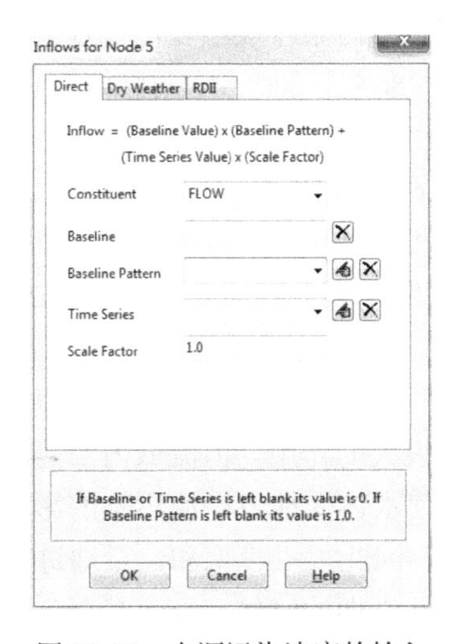

图 30-10　点源污染浓度的输入

30.4 平原河网城市水体点源扩散实验研究

30.4.1 研究区概况及特征分析

1. 研究区区域概况

余姚市位于浙江省东北部，属浙东盆地山区和浙北平原交叉地区，地势中间微陷，北低南高。其主要的河流为姚江，全长 109 km，境内流长 54 km，它源于境内四明山夏家岭，自西向东流经中部，最后汇入宁波市甬江出海，支流 30 余条，织成纵横交错的水网，并有众多的湖塘水库。年平均气温为 16.2℃，7 月平均温度为 28.3℃，1 月平均温度为 4.1℃。由于受到这里的地形影响以及海陆位置等影响，降水分布量为自东南向西北减少，降水量主要集中在 4～10 月，占年均降水量的 70%以上。冬季主要刮西北风，夏季刮东风或东南风，年平均风速为 2～3 m/s。夏秋季多为台风和热带风暴，气候炎热，雨量较为集中，大雨和暴雨发生频率较高，就单季夏季的降水量，占到全年降水量的 60%以上。很容易引发内涝等城市灾害。

杭州湾是中国海潮位差最大的海湾，北部的余姚，潮汛经常不固定，是不定时期的半日潮，潮位按一年来算的话，平均潮位为 2.1 m，历史当中最高为 5.33 m，最低为 –0.55 m，由于这里的海水潮位低，变幅就比较大，含沙量也较高。

2. 研究区河流水系概况

余姚市分属钱塘江水系、曹娥江水系、姚江水系、奉化江水系四个水系，其中姚江水系的面积最大，约占全市总面积的 68.2%，地下水较为丰富，但可开采量较少。余姚市有众多湖塘水库。最大水库为四明湖，总库水量为 12 354 万 m^3。

3. 研究区区域特征分析

随着经济的发展和工业生产的加剧，在 20 世纪 80 年代以后，由于城市化的进程加快，工农业方面的生产废水和生活污染排放增多，导致余姚江水体污染严重恶化。根据环保部门近年来的调查分析，1986 年工业废水量排放达到 2295 万 t，占余姚市污水排放量的 98.88%，再到 90 年代，废水量排放达到 7000 万 t 左右，已经对环境造成严重污染。1959 年的时候，在宁波和余姚两地各建了一座姚江大闸（闻人辉，1998），大闸关闭时，余姚江就成为封闭水域，水体相对静止。而每年的起闸泄洪，则会导致余姚江水体全线污染。90 年代左右，余姚江共发生大面积污染死鱼事件 20 余起，余姚江严重污染造成的直接经济损失 590 余万元。

随着治理政策的实施和工程设施的完善，点源污染和城市污水治理取得了较好的成果，对余姚水质的改善起到了很大的作用。但流域内农药、化肥使用量的逐年增加，城市局地气候、下垫面的变化，使水体受地表径流污染的影响越来越大，尤其是梅汛期和台汛期，河道、水库水体变质，因此很难模拟和定量地进行评估。由于余姚一年内降水量主要集中在夏季的汛期，在非汛期的时候，少雨甚至到干旱的程度，在夏季的三伏时期经常会出现一段时间的伏旱期。每年的降水量有两高一谷的特点，第一个高峰在梅雨期，第二个高峰在台风暴雨期，低谷处在伏旱期。由于主要河道姚江补给来源主要以降水为主，因此河流水量大小受降水量制约，同时又对河流水质有一定影响。

30.4.2　研究区水体点源污染扩散的模型建立

通过对余姚地理环境的简单分析，了解到余姚中心城市地区河网多属于人工河道，其河道污染物来源主要有三种：一是由于工业源直接排放到水体里的；二是随着生活污水进入水体的；三是随降雨径流产汇流进入到受纳河流的。用基于耦合模型的河流点源污染扩散研究方法来模拟污染物在该段中的扩散情况。

1. 研究区外来水量的模型建立

数据获取及处理是一切研究进行的基础工作和保障。本研究所采用的原始数据及其分辨率、格式、数据来源如表 30-4 所示，由于数据的来源、类型不同，其基本图资料的坐标系并不完全一致，所以不能在同一个坐标系统中进行显示、分析等操作，因此，在工程中以 DEM 模型坐标为基准，应用 ArcGIS 软件将其他投影坐标进行转换，最终保证所有输入的空间数据均采用统一坐标系，即 GS2000 投影。

表 30-4　原始数据基本信息

数据类型	数据名称	数据来源	数据格式	数据分辨率
空间数据	DEM	浙江省地理信息中心	栅格	5 m
	土地利用/覆被	余姚市国情普查二次数据	矢量	1∶10 000
	土壤数据图	中国科学院南京土壤所二次土地调查	栅格	1∶100 万
	遥感影像	余姚市遥感影像（SPOT5）	栅格	2.5 m
属性数据	水利设施	浙江省地理信息中心	矢量	—
	气象数据	宁波气象站、余姚市实时水雨情监视网站	矢量、表格	日、小时
	水文监测	宁波水利	表格	日、小时

—表示无数据

2. 模型数据库建立

1）土地利用数据库

土地利用类型直接影响水文响应单元（HRU）的划分，进一步影响流域降雨在陆面形成径流的过程，对模型模拟至关重要。土地利用数据库包括土地利用空间分布及土地利用索引表两类。SWAT 径流模拟中所使用的美国地质调查局分类标准与我国有些许不同，但其分类后的土地利用类型的属性却是相似的，因此不需要重新建库，我们按照对应的土地利用类型对其进行重新分类。以第二次全国土地利用调查的标准为类，部分土地利用类型及其对照表如表 30-5 所示。

我们根据余姚市地理国情普查第二次调查数据，对照 SWAT 分类表，将研究区土地利用类型划分为水域、耕地、林地、草地、干草地、建设用地、工业用地、农村居民用地、特殊用地共 9 类。重新编码分类后的土地利用如图 30-11 所示。

表 30-5 流域土地利用与重新分类结果

二调分类		SWAT 分类	
二调地类编号	二调地类类型	SWAT 地类类型	SWAT 编码
11	水田	耕地	AGRL
12	水浇地		
21	果园		
22	茶园	果园	ORCD
23	其他园地		
31	有林地	林地	FRST
32	灌木林地		
33	其他林地	商业用地	UCOM
41	天然牧草地		
42	人工牧草地	牧场	PAST
43	其他草地		
51	批发零售用地		
52	住宿餐饮用地	商业用地	UCOM
53	商务金融用地		
111、112、113、114	水域	水域	WATR

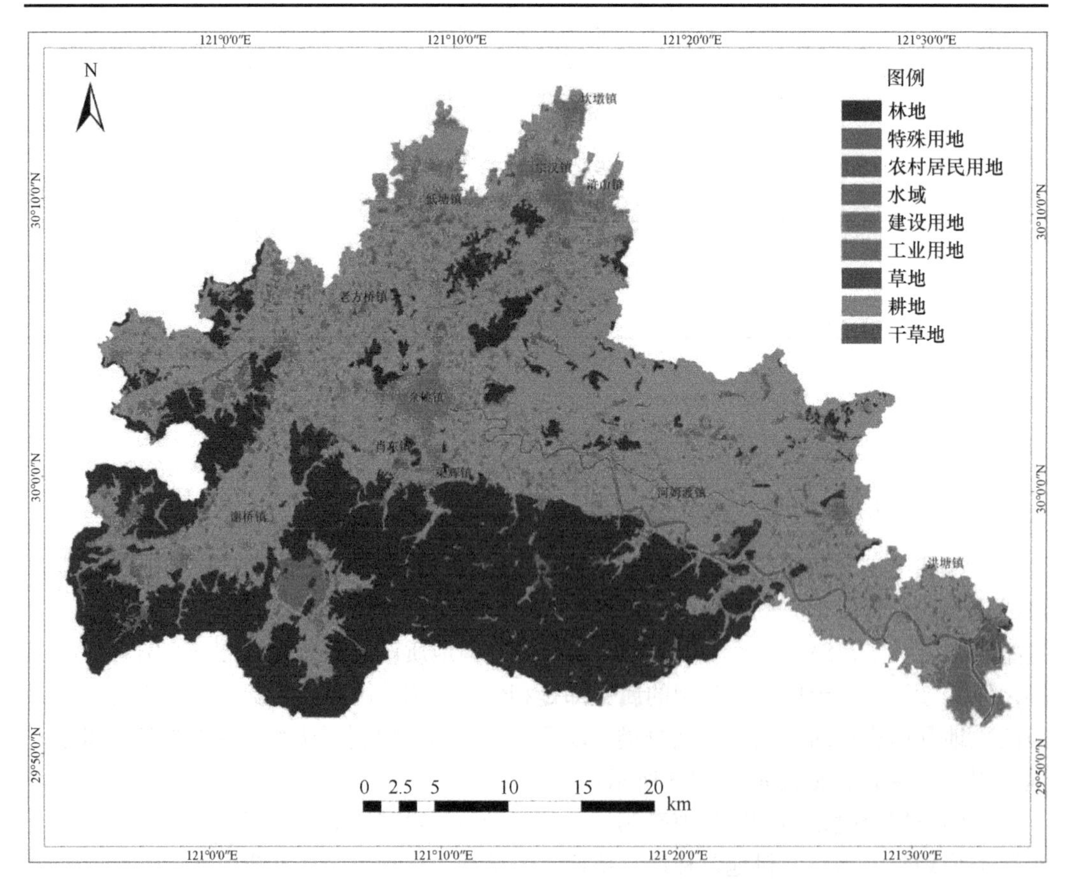

图 30-11 姚江流域土地利用类型图

2）土壤数据库

SWAT 模型土壤数据库主要包括两部分：一是土壤类型的空间分布；二是土壤属性数据，具体包括土壤的物理属性和化学属性（田永辉等，2002）。由于本次研究重点在于流域径流量模拟，因此关注点在于土壤剖面中水与气的运动情况，水循环过程中土壤的物理属性，包括土层厚度、有机碳、饱和水力传导率、USLE 方程中土壤侵蚀力因子等物理属性，具体参数含义如表 30-6 所示。

表 30-6　土壤属性数据参数表

变量名称	参数定义	备注
SNAM	土壤名称	
NLAYERS	土壤分层数	
HYDGRP	土壤水文学分组	
SOL_ZMX	土壤剖面最大根系深度	
ANION_EXCEL	阴离子交换孔隙度	默认值 0.5
SOL_CRK	土壤最大可压缩量	默认值 0.5
TEXTURE	土壤层结构	
SOL_Z	各土壤底层到表层的深度	
SOL_BD	湿密度	
SOL_AWC	有效持水量	
SOL_K	饱和导水率	
SOL_CBN	土壤层中有机碳含量	一般有机质含量乘以 0.58
CLAY	黏土含量	
SILT	壤土含量	
SAND	砂土含量	
ROCK	砾石含量	
USLE_K	土壤侵蚀力因子	
SOL_EC	土壤电导率	

土壤数据对 SWAT 模型进行水文模拟起到很重要的作用，控制了许多参数值。在本次研究中我们采用将我国现有土壤数据库转换为 SWAT 能接受的土壤数据方式来获取土壤分布和属性计算。本研究中采用的土壤数据，就由中国科学院南京土壤所提供（中国科学院南京研究所土壤系统分类组，1995），采用的土壤分类系统主要为 FAO-90，数据类型为栅格格式，分辨率为 1∶100 万，如图 30-12 所示。再通过土壤水文特性软件 SPAW，计算得到模型所需要的土壤物理属性值变量。

3）气象数据库构建

本文将搜集到的气象站的实测数据按站点逐日整理，将每个站点的数据各自存储为一个.txt 文件。

根据前文的分析，本研究选用精度尽可能高的、能对平原地区地形进行表达和描述的 DEM 数据，该数据的空间分辨率为 5 m，覆盖全流域。结果发现，通过填充表面栅格中的汇来移除数据的小缺陷，可以提高 DEM 流域水系的准确性。最终得到的 DEM 如图 30-13 所示。

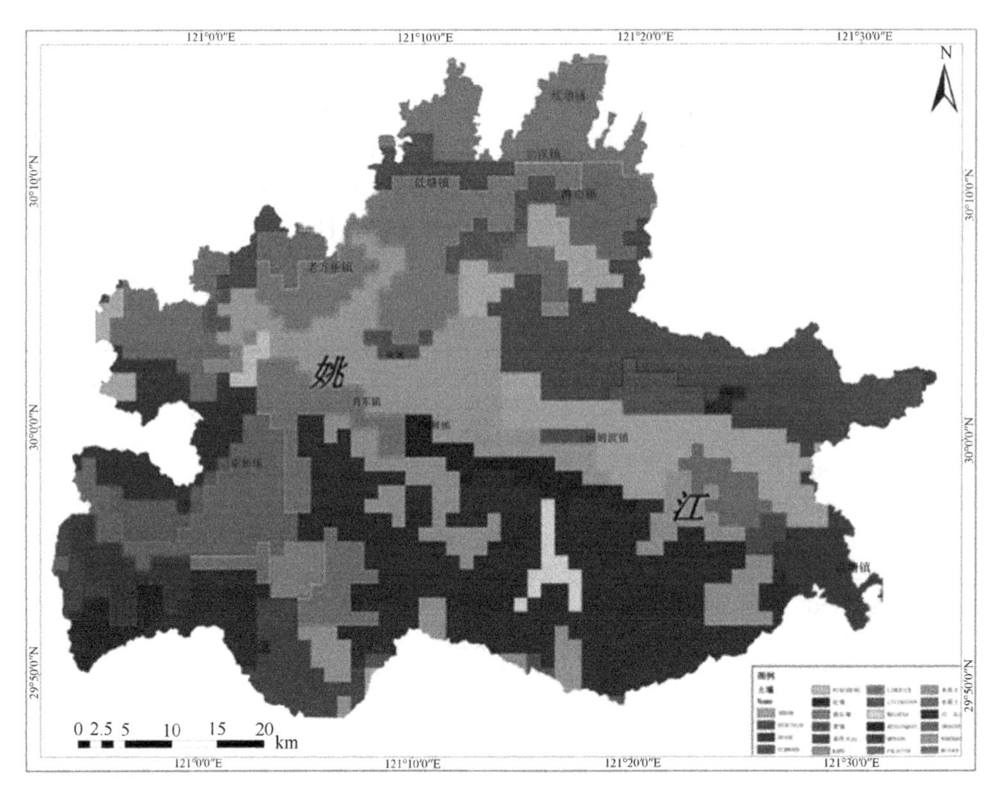

图 30-12 姚江流域土壤类型图

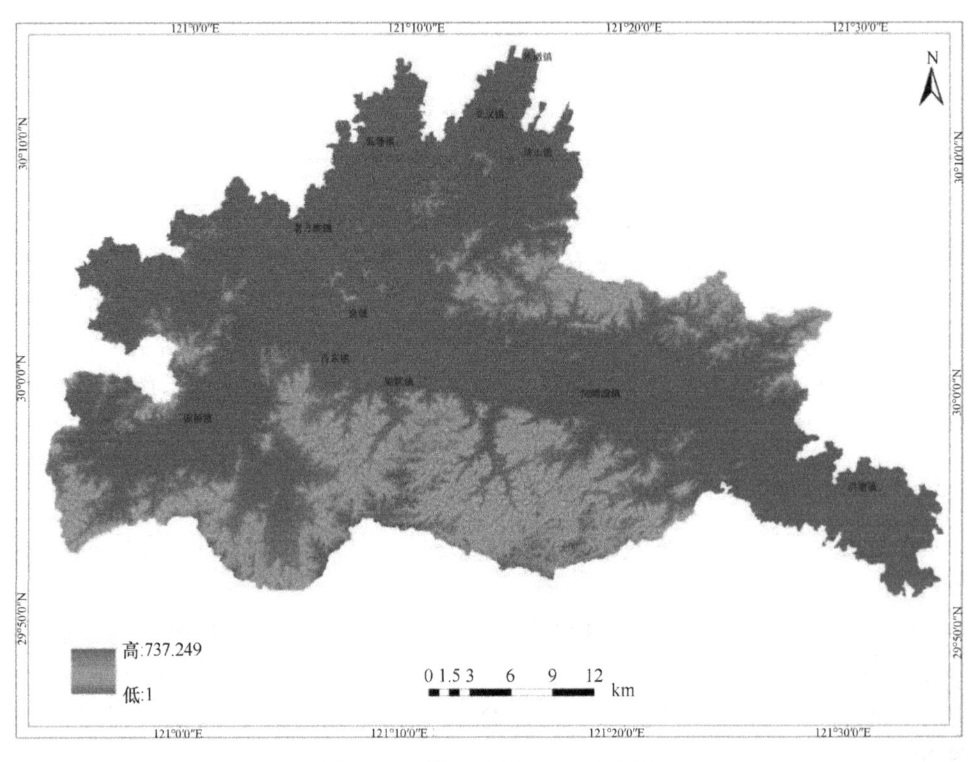

图 30-13 姚江流域 DEM 示意图

最终生成总流域的总面积为 1446.2 km^2，根据数字高程信息和流域河网水系，流域被划分为 32 个子流域，子流域划分及水系图如图 30-14 所示。

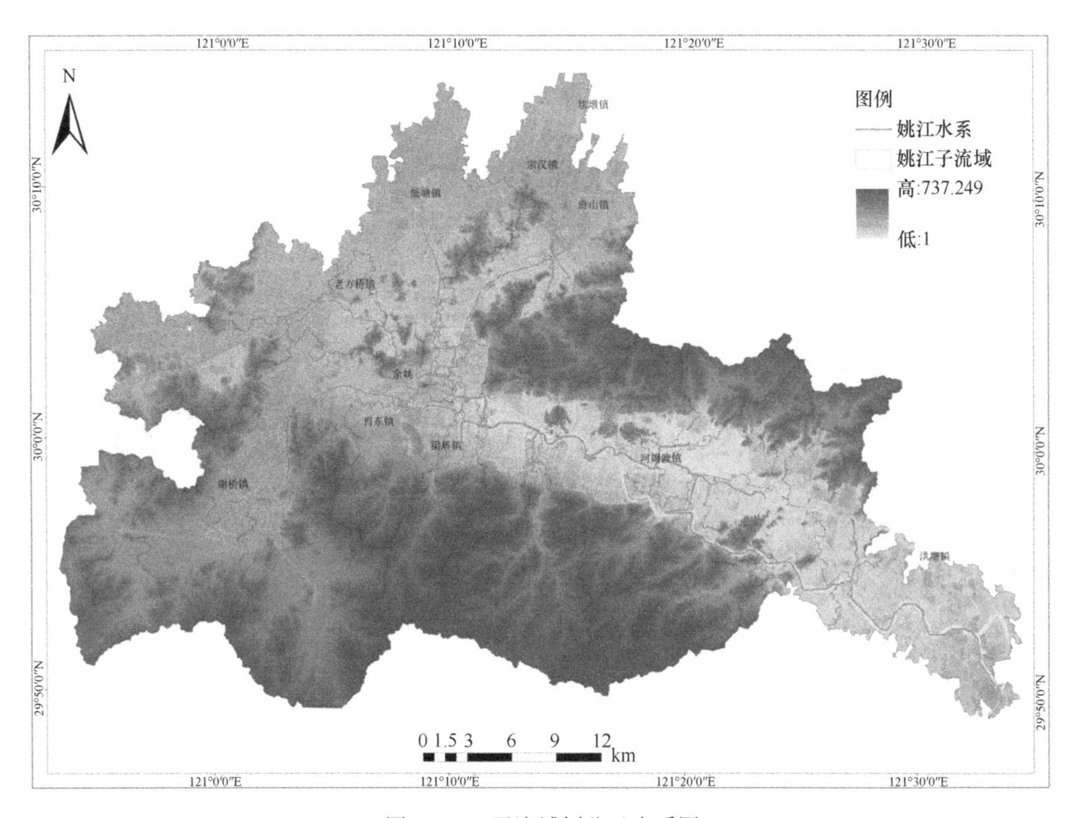

图 30-14　子流域划分及水系图

本研究采用划分为 HRU 的方式，将土地利用、土壤空间图和地表坡度数据进行叠加，阈值分别设置为 10%、12%，将地表坡度阈值设为 12%，即子流域中地表坡度、土地用地类型面积和土壤类型面积如果小于该阈值，则在模型模拟时不予考虑。最终将姚江流域划分为 1893 个水文响应单元。

接着，输入气象数据生成天气发生器。本研究中收集了姚江流域 9 个气象站数据（表 30-7），其在流域中的空间分布如图 30-15 所示，其中 6 个站点位于姚江流域内，而两个站点位于流域外，主要包括两个必要气象因素每日降水量，每日最高温、最低温两类要素数据，由于并不是每个站点都有监测气温，所以我们选取有连续监测温度、位于流域中心的余姚站作为代表。准备好后可直接进行模型的运行。模型运行完后会生成一系列输出文件，其河道产流情况可在 output.rch 中查找。

表 30-7　姚江气象站信息表

站点名	纬度/（°）	经度/（°）	高程/m	数据类型
姚江大闸	29.899	121.546	3.286 623	降雨
上浦闸	29.901	120.843	9.692 546	降雨
陆埠水库	29.93	121.239	234.197 998	降雨

续表

站点名	纬度/（°）	经度/（°）	高程/m	数据类型
四明湖水库	29.957	121.047	4.102 619	降雨
梁辉水库	29.986	121.155	42.005 584	降雨
余姚	30.05	121.17	2.400 133	降雨、气温
梅湖水库	30.079	121.248	25.512 481	降雨
里杜湖水库	30.113	121.394	2.700 000	降雨
上林湖水库	30.164	121.325	4.277 930	降雨

3. 研究区水体点源污染的扩散模型建立

城市水体点源污染扩散模型的计算范围为余姚市中心城区，即位于朗霞街道、梨洲街道、凤山街道、低塘街道、阳明街道、兰江街道和方桥镇的城市河网。该区域是余姚政治、经济、文化中心，人口密度大，学校、医院等公共服务设施集中，下垫面人工建筑密集。且上游工业产业密集，交通运输发达，水体污染的风险源较多。

河道水系是模型建立的重要基础，根据研究区的实际情况和第 2 章梳理的建模方法，我们将研究区河网进行概化，结果如图 30-15 所示。

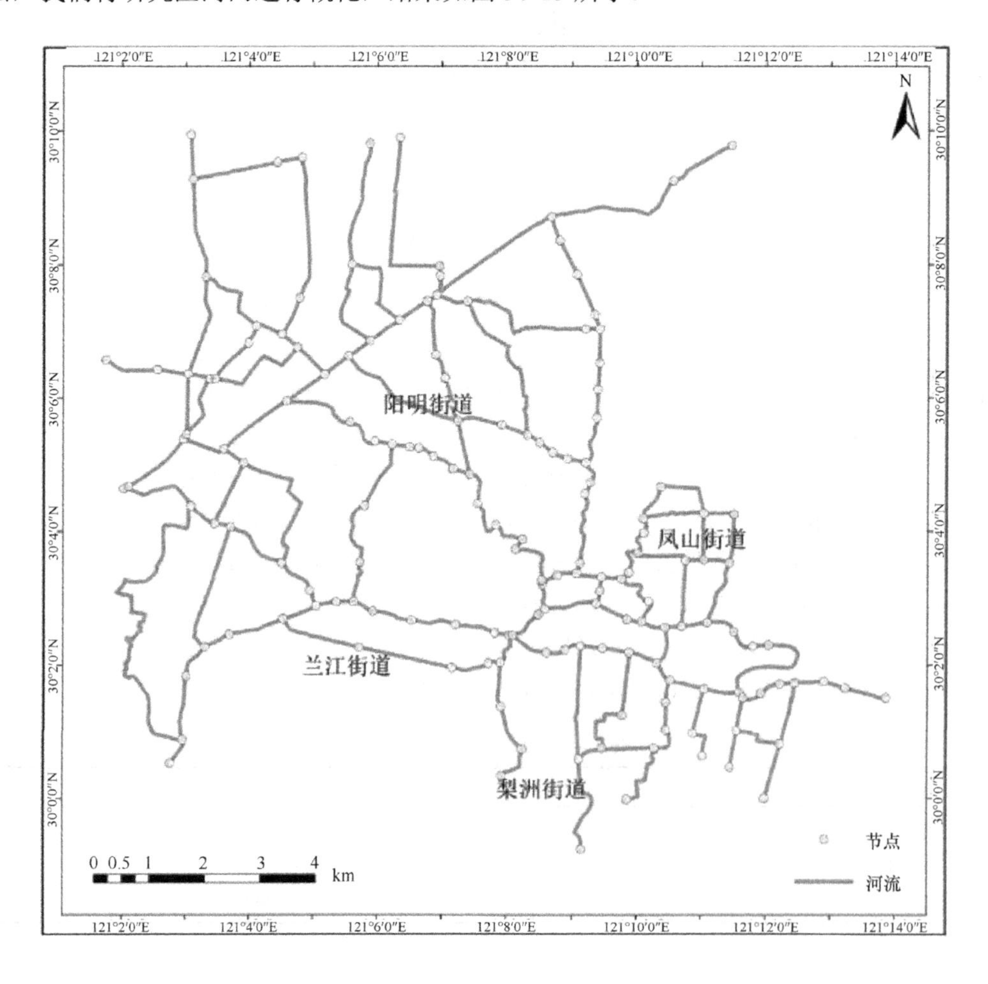

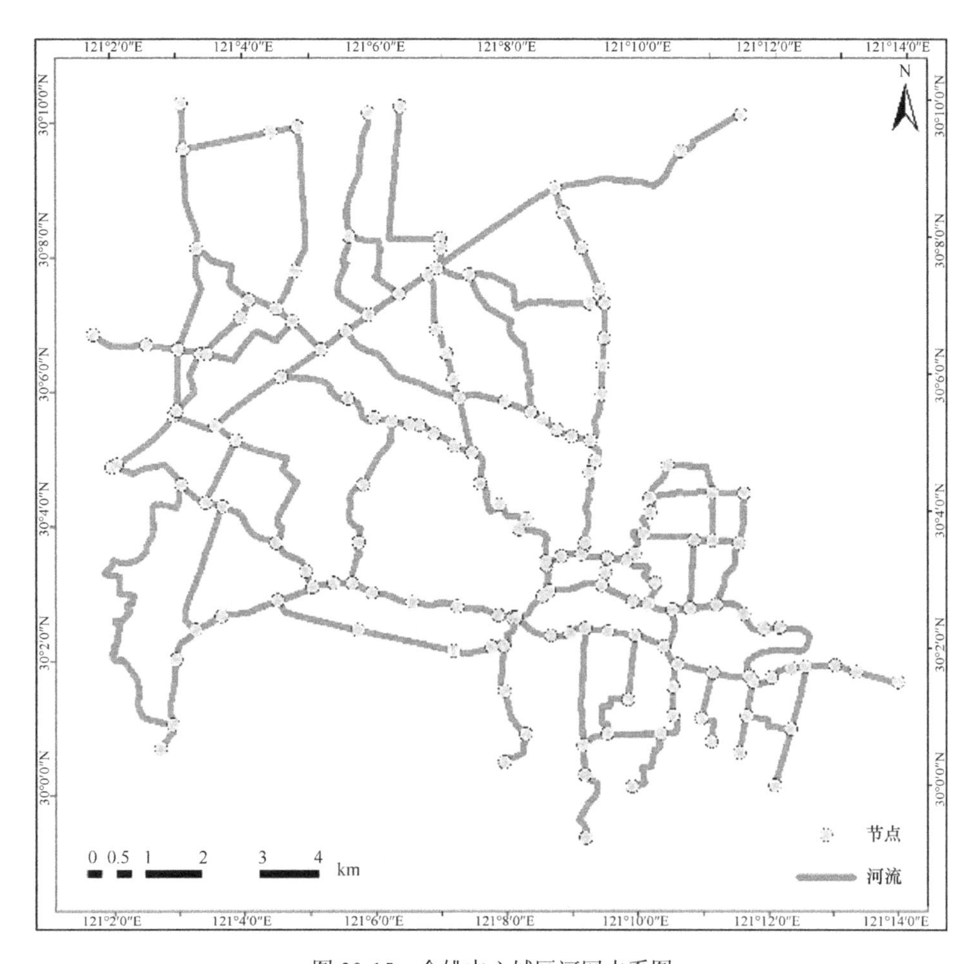

图 30-15 余姚中心城区河网水系图

子汇水面是计算河道水文、水动力模型的重要数据，根据研究区地势起伏、道路以及河流水系将研究区下垫面的离散情况进行划分（图 30-16）。

对研究区域城市地区进行概化，概化方法与步骤与第 2 章类似。根据河流走向、地势、地形、河道间联系情况等，最终划分为 191 个河段，161 个节点，99 个子汇水区（图 30-17）。

30.4.3 突发性水污染事件设计

本文采用突发性水污染设计，对点源的发生地点和条件进行确定，进一步基于耦合模型模拟突发事件发生后水体点源污染的迁移扩散过程。

1）情景确定

根据对突发性水污染特点及影响分析，突发性水污染一般是由交通运输、企业违规排污、输油管道破裂等因素引起。综合考虑余姚水网的实际情况，本文设定一种突发性水污染事件，为交通运输事故，研究水域为余姚中心城区城市河道。

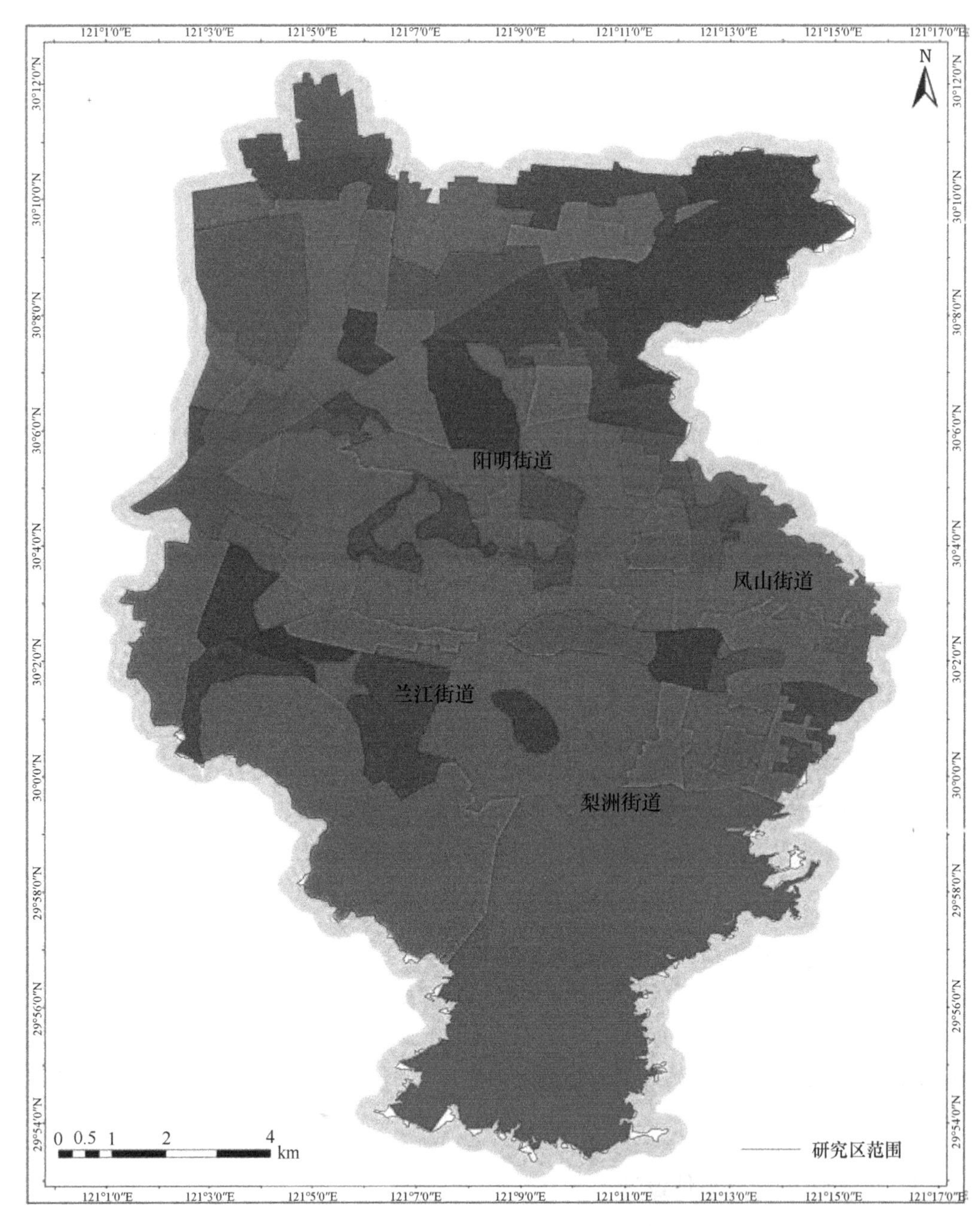

图 30-16　余姚中心城区子汇水面划分

余姚地处平原，姚江从余姚境内流过，城市道路与水系连接紧密，沪杭高速公路贯穿其中，也是中国 12 条高等级公路“主要骨架”之一，是绍兴中国轻纺城货物集疏运输的“主渠道”，其车流量较大，同时，又承担着繁重的全国各地路经此地的货运任务，造成车辆碰撞侧翻的风险较大。假定在宁波境内沪杭甬高速上运输化学物品的车辆出现事故，大量污染物直接流入河流中。

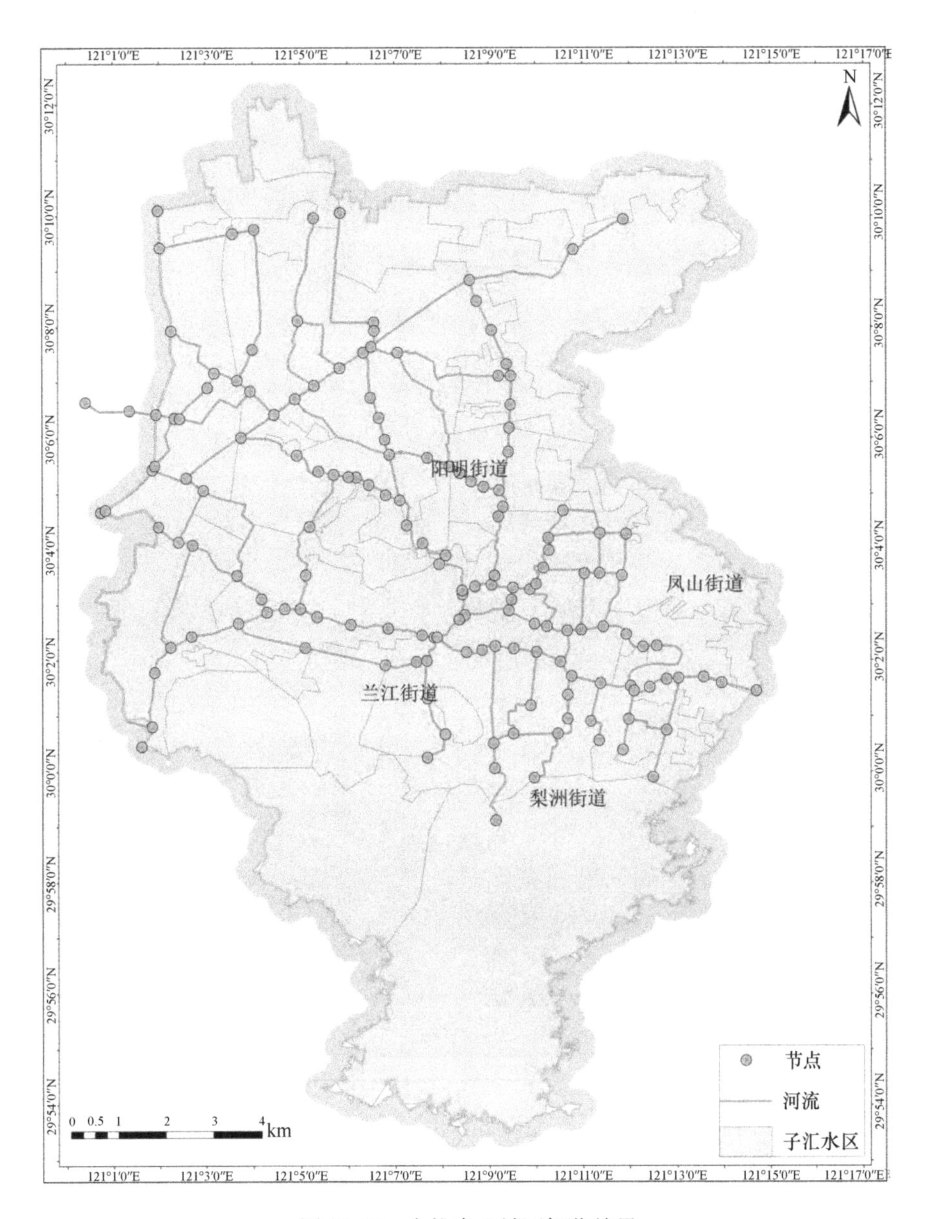

图 30-17　余姚中心城区概化结果

苯酚，是一种有毒、有特殊气味的针状晶体。它在工业以及药物中间体等方面作为主要原料，是生产特殊种类的树脂、防腐剂以及药物（如阿司匹林）的重要原料，工业生产量和需求量都比较大，一般我们用槽罐车运输，但事故爆发风险非常高。因此选择苯酚作为交通事故模拟的目标污染物，模拟事故发生后运输化学物品的车辆泄露的污染物扩散及衰减情况（图 30-18）。

2）排放量和排放条件设计

水质本底设计条件分别为：硝基苯的本底浓度近似为 0 mg/L，其中事故中排放的污水中苯酚浓度设定为 8000 mg/L，排放持续时间为 0.5 h。

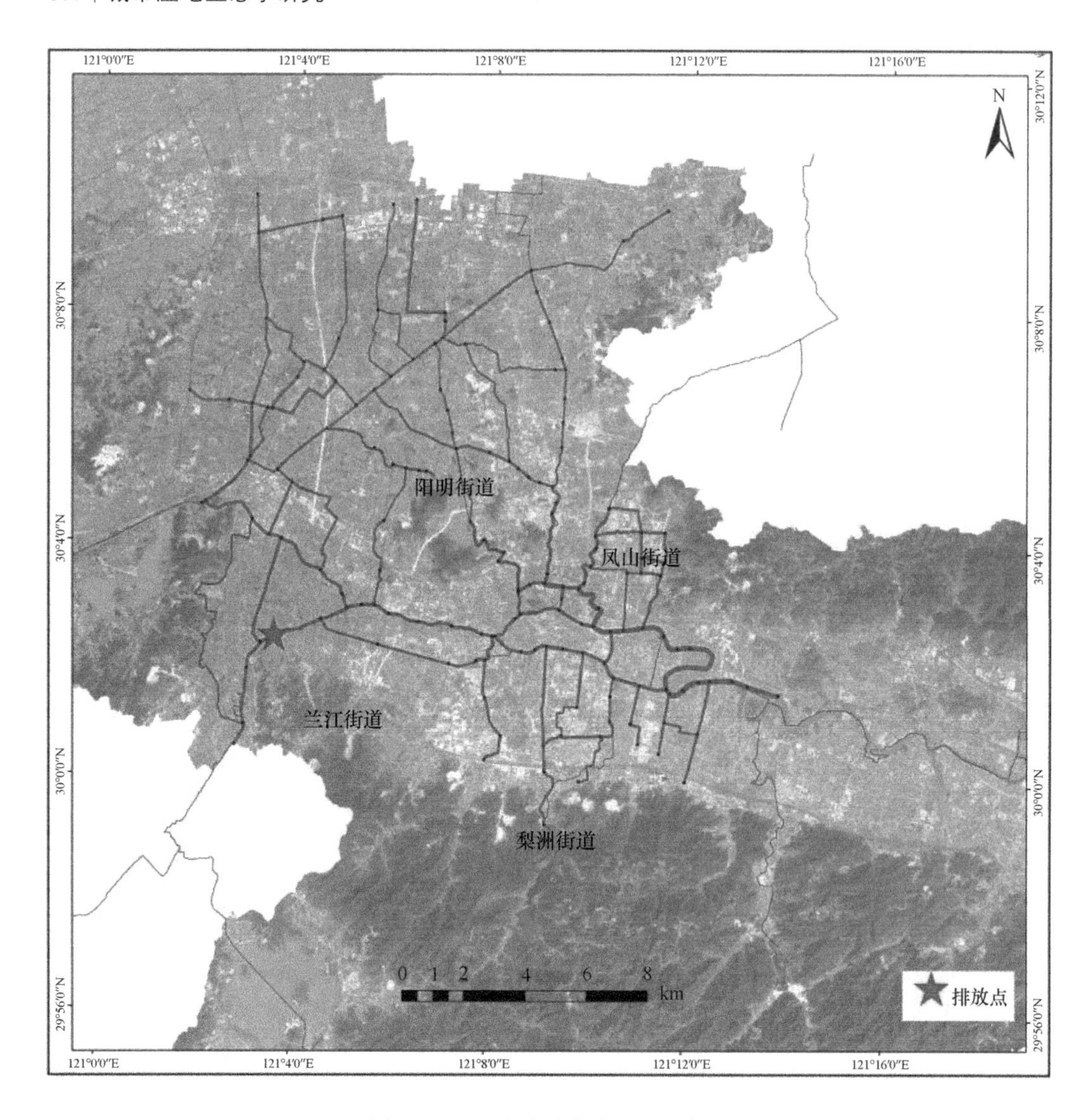

图 30-18　设定事故发生位置示意图

30.4.4　突发性水污染事件点源污染扩散的模拟及结果分析

在本例中，城市地区的河网以及境外来水量都已经通过流域水量计算和城市水量计算获得，并在一场降雨监测数据的支持之上，分析污染源排放点在 *n* 小时后的状况。余姚中心城市河网中的点源污染迁移情况及浓度如图 30-39 所示。

图 30-19 中显示了浓度-时间-空间的变化，从左到右依次代表污染事故发生后不同时间点的污染物在河道中的空间分布和其浓度。可以看出，点源进入水体后在水动力的作用下会随着时间变化逐渐向下游迁移，逐渐向外扩散，所到达的区域也逐渐扩大，浓度也随着时间的改变发生变化。总的来讲，污染物进入河流之后，沿着河流的主要流向进行迁移，在降雨的驱动之下，向下游迁移，随着时间的增长，其所到达的区域随之扩

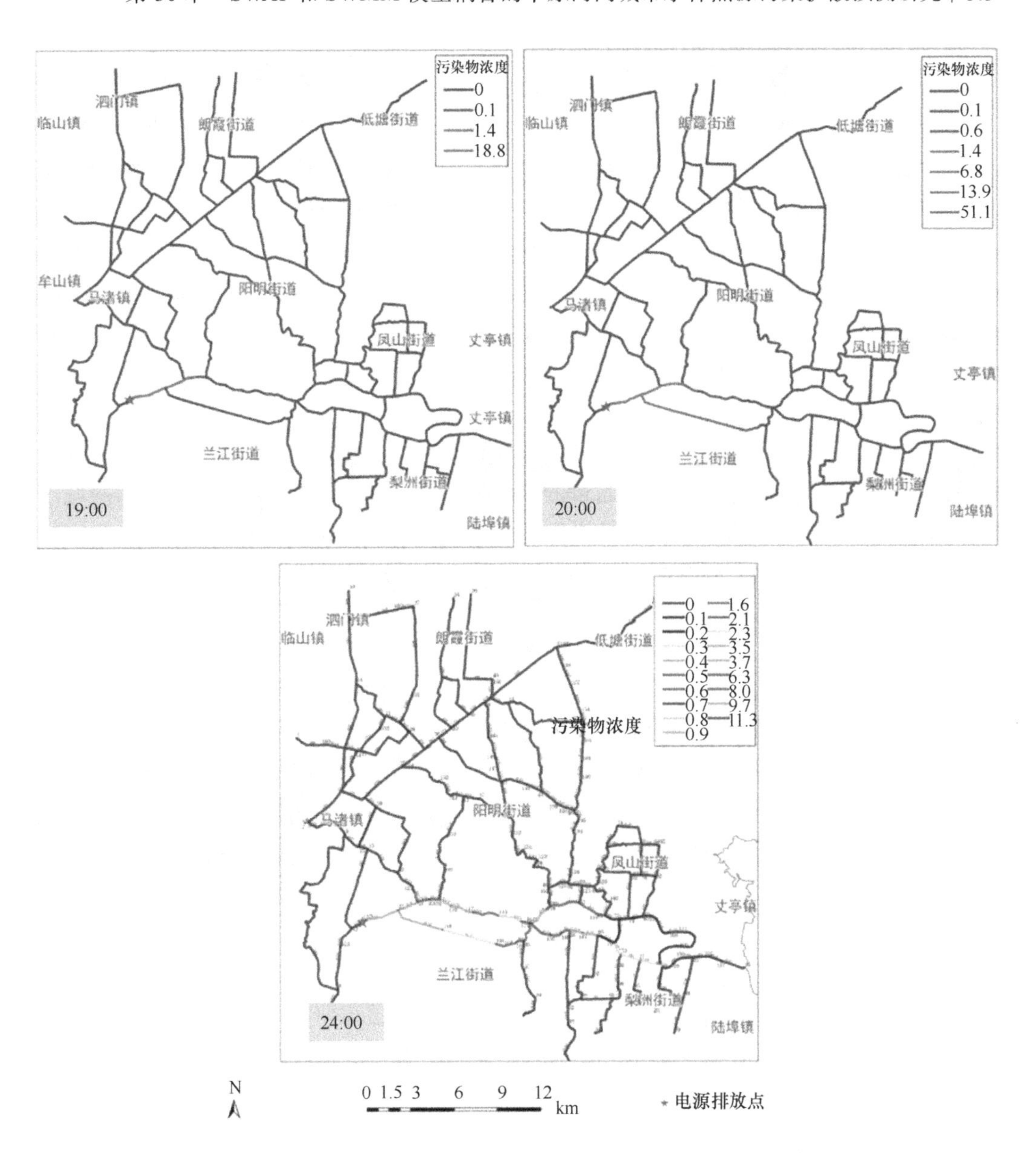

图 30-19　余姚中心城市河网不同时间点源污染空间分布及浓度图

展，但是能明显看出，在模拟时间内，污染物离排放点越远，其浓度越低，即使是在不同的时间点也存在这样的特点。通过对研究区的地理特征进行分析，余姚的地势总体呈现南高北低，污染物通过姚江大桥排入城市水系，虽然受水动力的影响，水体点源污染不断向下游迁移，而汇入该河道的径流也越来越多，其在一定程度上对点源污染物进行了稀释，所以导致其浓度并不是很高。通过对比研究区干支流，我们发现点源排放点正好位于余姚主要河流——姚江干流附近，排入的污染物直接进入干流，由于水系的水流汇流特点是通过支流向干流交汇，所以污染物并未迁移到河网的其余支流中。从模拟结果的时空变化上能明显看出，水体点源污染迁移与水流过程相吻合。

30.5 结论与展望

30.5.1 结论

从水污染来源、种类、特点入手，在充分了解水污染对环境造成严重危害、破坏，对人类及其他生物生存造成严重威胁的背景下，深刻认识了水污染研究方法、监测方法及控制方法探索的重要性。在全面总结国内外水污染研究的历史与现状的前提下，意识到水污染模型建立、应用研究不但是水污染过程模拟、仿真的主攻方向和有效途径，更是科学的选择。

本文通过系统分析各模型的原理、应用范围、应用效果，详细介绍了城市外来水量计算的SWAT模型与城市动态水质水量的SWMM模型的耦合方法，以及平原河网城市复杂水循环条件下的水污染物扩散模拟仿真方法，阐述了SWAT、SWMM模型的应用优势。结果发现，SWAT和SWMM的结合模型进行平原河网城市水体点源污染扩散预测研究具有一定的可行性。经过充分论证，确定合理的技术路线，以平原河网水体点源扩散仿真为研究目标，从水文学、环境水力学原理出发，结合对平原河网水体点源迁移扩散特征的分析，探讨了平原河网地区水污染物的迁移扩散模拟方法。

在分析SWAT模型与SWMM模型特点及应用环境的基础之上，构建了适用于平原河网的SWAT模型与SWMM模型相结合的流域-城市水质水量水质动态耦合模型。该模型通过SWAT模型提取研究区所在的流域水系，模拟流域地表产流过程，计算河流流量，为平原河网城市区域污染物扩散提供初始输入参数。平原河网区域以SWMM模型为基础，模拟城镇河网的水动力情况，借以模拟水体点源污染在大量降雨情况下的分布状况和变化规律。

在构建上述模型的基础上，选择平原河网城市余姚作为研究区，对其所在全流域尤其是中心城市地区河网进行合理的概化，搜集了能完全覆盖研究区的DEM、高分遥感影像、土地利用、土壤、数字水系等空间数据，以及水文监测数据、气象数据、重点污染源等资料，构建了流域-城市水质水量动态耦合模型。结合GIS和RS技术，建立了水污扩散仿真模型。得到该区域内河流段中污染物的迁移扩散模拟图，污染物在河流中的扩散仿真的变化情况，通过对模型模拟结果的分析与评价，发现其与城市河网地区的水文水动力条件基本一致。初步验证SWAT模型与SWMM耦合模型可以用于平原河网城市点源污染扩散预测，为环境风险管理及突发性环境污染应急预案的制定提供技术支持。

30.5.2 主要不足

在利用耦合模型研究河网水体中点源扩散迁移研究的过程中，我们展开了大量的分析，并从理论和实践上进行了深入研究和探讨。但由于时间和论文篇幅关系，本文还存在以下不足。

（1）对河流的水体因素考虑的更加全面一点。例如，考虑河流中具有一定降解能力的污染物的扩散状况。水体点源的污染扩散迁移受到众多因素的影响，本次仅考虑了河流水文水动力对其产生的影响，并未考虑物质自身的弥散过程和生化反应消耗。

（2）水文、水利模型的建立需要大量的输入数据和监测数据用以校准，本次首次将该模型用以研究水体点源迁移扩散，在建模过程中很多参数直接采用国外或文献中的值，这在一定程度上会导致模拟结果产生较大误差。

30.5.3　展望

（1）基于耦合模型的定量化研究。本论文只是初步探索和尝试了利用 SWAT 模型与 SWMM 模型的耦合方式对平原城市河网水体点源的扩散迁移进行仿真模拟。为了能使得河流中水体点源污染的迁移扩散的模拟仿真更为准确，考虑的因素更多，其后续工作还需要继续努力探索研究。

（2）多模型的耦合。目前对于水体点源的迁移扩散的模拟和仿真主要以数值模拟为主，这些方法在模拟时，对于影响点源扩散的某些因素都或多或少进行了假设，由于各学科的研究重点不同，所构建的模型都有其各自的长处和优势，多模型耦合的方式能在一定程度上减少模拟过程中的假设值，使得模型的模拟更接近于现实世界。

（3）排水管网数据影响了城市下垫面产汇流，加快了雨水排入河流水系的速度，因此在后续对城市水环境的问题研究时，一定要考虑城市管网的影响，加强这方面的工作。

（张登荣、郭晨花）

参 考 文 献

曹晓静, 张航. 2006. 地表水质模型研究综述. 水利与建筑工程学报, 4(4): 18-21.

车骞. 2006. 基于 SWAT 模型的黄河源区分布式水文模拟. 兰州: 兰州大学硕士研究生学位论文.

车伍, 欧岚, 汪慧贞, 等. 2002. 北京城区雨水径流水质及其主要影响因素. 环境工程学报, 3(1): 33-37.

陈开泰, 蔡伯文. 1959. 长江中下游平原地区河网化. 人民长江, (4): 33-35.

陈腊娇. 2006. 基于 SWAT 模型的土地利用/覆被变化产流产沙效应模拟. 金华: 浙江师范大学硕士研究生学位论文.

陈爽, 张秀英, 彭立华. 2006. 基于高分辨卫星影像的城市用地不透水率分析. 资源科学, 28(2): 41-46.

陈彦光, 刘继生. 2001. 水系结构的分形和分维——Horton 水系定律的模型重建及其参数分析. 地球科学进展, 16(2): 178-183.

陈异植, 庄希澄. 1987. 饱和坡面流运动波解初探. 福州大学学报, (3): 55-61.

邓晓兰, 车明好, 陈宝东. 2017. 我国城镇化的环境污染效应与影响因素分析. 经济问题探索, (1): 31-37.

郭向红, 孙西欢, 马娟娟, 等. 2010. 不同入渗水头条件下的 Green-Ampt 模型. 农业工程学报, 26(3): 64-68.

郭永彬, 王焰新. 2003. 汉江中下游水质模拟与预测——QUAL2K 模型的应用. 安全与环境工程, 10(1): 4-7.

杭州市环境监察支队. 2012. 健全机制妥善应对环境突发事件-建德交通事故致苯酚泄漏事件评析. 环

境保护, (4): 52-54.
贾海峰, 孔萌萌, 郭羽, 等. 2010. 水环境决策支持系统框架下的密云水库水质模型. 清华大学学报(自然科学版), (9): 1383-1386.
姜志文, 郭勇, 房殿利, 等. 1999. 非恒定流的恒定流解法在柴河水库渗流分析中的应用. 水利水电技术, (s1): 79-81.
蒋万全. 2006. 误操作事故可以避免吗——由吉林石化双苯厂爆炸事故想到的. 劳动保护, (3): 74-74.
金春久, 王超, 范晓娜, 等. 2010. 松花江干流水质模型在流域水资源保护管理中的应用. 水利学报, 39(1): 86-92.
金菊香. 2012. 干旱地区河流水动力水质模型及水环境容量的研究与应用. 天津: 天津大学硕士研究生学位论文.
黎云云, 畅建霞, 金文婷, 等. 2017. 基于 SWAT 模型的渭河流域分区径流模拟研究. 西北农林科技大学学报(自然科学版), 45(4): 204-212.
李国伟. 2014. 基于 GIS 的三峡库区事故型水环境污染风险评估与水污染扩散模拟研究. 重庆: 西南大学硕士研究生学位论文.
李铸衡, 刘淼, 李春林, 等. 2016. 土地利用变化情景下浑河-太子河流域的非点源污染模拟. 应用生态学报, 27(9): 2891-2898.
梁钊雄, 王兮之. 2009. 基于 GIS 与 SWAT 模型集成的水资源管理信息系统设计. 佛山科学技术学院学报(自然科学版), 27(4): 46-49.
刘昌明, 李道峰, 田英, 等. 2003. 基于 DEM 的分布式水文模型在大尺度流域应用研究. 地理科学进展, 22(5): 437-445.
刘倩.2017. SWAT 模型下河网水文过程分布式模拟研究. 黑龙江水利科技, 45(2): 13-16.
刘睿翀. 2015. 陕西黑河流域地表水与地下水耦合模拟研究. 西安: 长安大学硕士研究生学位论文.
卢敏, 靳甜甜, 尹婧, 等. 2017. 少资料河流一维水动力水质模型概化断面参数获取方法. 科技导报, 35(16): 74-83.
路建恒. 2015. 基于 SWMM 模型的宿迁市排水系统模拟评价. 南京: 东南大学硕士研究生学位论文.
马放, 姜晓峰, 王立, 等. 2016. 基于 SWAT 模型的阿什河流域非点源污染控制措施. 中国环境科学, 36(2): 610-618.
毛丽丽, 雷廷武, 刘汗, 等. 2009. 用水平土柱和修正的 Green-Ampt 模型确定土壤的入渗性能. 农业工程学报, 25(11): 35-38.
邱临静, 郑粉莉, Yin R S. 2012. DEM 栅格分辨率和子流域划分对杏子河流域水文模拟的影响. 生态学报, 32(12): 3754-3763.
盛盈盈, 赖格英, 李世伟. 2015. 基于 SWAT 模型的梅江流域非点源污染时空分布特征. 热带地理, 35(3): 306-314.
宋新山, 邓伟. 2007. 基于连续性扩散流的湿地表面水流动力学模型. 水利学报, 38(10): 1166-1171.
孙世明, 付丛生, 张明华. 2011. SWAT 模型在平原河网区的子流域划分方法研究. 中国农村水利水电, (6): 17-20.
孙菽芬. 1988. 降雨条件下土壤入渗的规律研究. 土壤学报, 25(2): 119-124.
田永辉, 梁远发, 王国华, 等. 2002. 人工生态群落对茶园土壤物理化学性质影响的研究. 土壤通报, 33(6): 406-409.
王琛. 2009. 突发化学品排放事件在平原河网中的风险场预警模拟技术研究. 上海: 同济大学硕士研究生学位论文.
王慧亮, 吴泽宁, 胡彩虹. 2017. 基于 GIS 与 SWMM 耦合的城市暴雨洪水淹没分析. 人民黄河, 39(8): 31-35.
王文亮, 李俊奇, 宫永伟, 等. 2012. 基于SWMM模型的低影响开发雨洪控制效果模拟. 中国给水排水, 28(21): 42-44.

王中根, 刘昌明, 黄友波. 2003. SWAT 模型的原理、结构及应用研究. 地理科学进展, 22(1): 79-86.
闻人辉. 1998. 余姚江水污染及其治理. 浙江化工, (2): 37-38.
伍光和. 2008. 自然地理学(第 4 版). 北京: 高等教育出版社.
夏军, 石卫. 2016. 变化环境下中国水安全问题研究与展望. 水利学报, 47(3): 292-301.
夏生林. 2013. 规模化畜牧场的环境保护措施. 中国畜牧业, (5): 62-63.
项瑛, 张余庆, 程婷. 2015. 基于 SWAT 模型的里下河平原区水文模拟. 资源科学, 37(6): 1181-1189.
解文. 2014. 何时能放心直饮自来水? 中国人大, (11): 54.
熊赟, 李子富, 胡爱兵, 等. 2015. 某低影响开发居住小区水量水质的 SWMM 模拟. 中国给水排水, (17): 100-103.
杨桂莲, 郝芳华, 刘昌明, 等. 2003. 基于 SWAT 模型的基流估算及评价——以洛河流域为例. 地理科学进展, 22(5): 463-471.
杨海林, 杨顺生. 2003. 河流综合水质模型 QUAL2E 在河流水质模拟中的应用. 环境科学导刊, 22(2): 22-25.
杨明楠, 许有鹏, 邓晓军, 等. 2014. 平原河网地区城市中心区河流水系变化特征. 水土保持通报, 34(5): 263-266.
杨松彬, 董志勇. 2007. 河网概化密度对平原河网水动力模型的影响研究. 浙江工业大学学报, 35(5): 567-570.
姚琪, 丁训静, 郑孝宇. 1991. 运河水网水量数学模型的研究和应用. 河海大学学报(自然科学版), (4): 9-17.
叶爱中. 2004. 大尺度分布式水文模型研究. 武汉: 武汉大学硕士研究生学位论文.
袁雄燕, 徐德龙. 2006. 丹麦 MIKE21 模型在桥渡壅水计算中的应用研究. 人民长江, 37(4): 31-32.
张佳, 霍艾迪, 张骏. 2016. 基于 SWAT 模型的长江源区巴塘河流域径流模拟. 长江科学院院报, 33(5): 18-22.
张家权. 2016. VSCM 模型在汤河西支流域河道洪水演算中的应用. 吉林水利, (9): 46-48.
张静, 周玉文, 刘春, 等. 2017. 降雨地表径流水质模拟中 SWMM 模型水质参数确定. 环境科学与技术, (5): 165-170.
张秋燕. 2006. 河流中污染物输移扩散规律的模拟研究. 哈尔滨: 哈尔滨工业大学硕士研究生学位论文.
张银辉. 2005. SWAT 模型及其应用研究进展. 地理科学进展, 24(5): 121-130.
张兆祥, 杨帆, 施卫红. 2014. SWMM 在海门市城市污水规划中的应用. 2014 中国城市规划年会.
张智, 李灿, 曾晓岚, 等. 2006. QUAL2E 模型在长江重庆段水质模拟中的应用研究. 环境科学与技术, 29(1): 1-3.
赵磊, 杨逢乐, 袁国林, 等. 2015. 昆明市明通河流域降雨径流水量水质 SWMM 模型模拟. 生态学报, 35(6): 1961-1972.
郑忠, 肖俊, 王俊. 2010. ARCGIS 中基于 DEM 的工程水文信息提取应用研究——以新疆部分河流水文分析计算为例. 中国农村水利水电, (4): 20-22.
中国科学院南京研究所土壤系统分类组. 1995. 中国土壤系统分类(修订方案). 北京: 中国农业科技出版社.
周峰, 吕慧华, 许有鹏. 2017. 城镇化下平原水系变化及河网连通性影响研究. 长江流域资源与环境, 26(3): 402-409.
朱茂森. 2013. 基于 MIKE11 的辽河流域一维水质模型. 水资源保护, 29(3): 6-9.
Arnold J G, Srinivasan R, Muttiah R S, et al. 1998. Large area hydrologic modeling and assessment part I: model development. Journal of the American Water Resources Association, 34(1): 73-89.
Bosch D D, Arnold J G, Volk M, et al. 2010. Simulation of a low-gradient coastal plain watershed using the SWAT landscape model. Transactions of the ASABE, 53(5): 1445-1456.
Bosch N S. 2008. The influence of impoundments on riverine nutrient transport: An evaluation using the Soil and Water Assessment Tool. Journal of Hydrology, 355(1-4): 131-147.

Cunge J, Woolhiser D. 1975. Unsteady flow in open channels. Water Resources Publications, 17(2): 705-762.

Gassman P W, Reyes M R, Green C H. 2007. The soil and water assessment tool: Historical development, applications, and future research directions. Transactions of the ASABE, 50(4): 1211-1250.

Goyal M K, Panchariya V K, Sharma A, et al. 2018. Comparative assessment of SWAT model performance in two distinct catchments under various DEM scenarios of varying resolution, sources and resampling methods. Water Resources Management, 32: 805-825.

Kang T, Lee S. 2014. Development on an automatic calibration module of the SWMM for watershed runoff simulation and water quality simulation. Journal of Korea Water Resources Association, 47(4): 343-356.

Kiniry J R, Williams J R, King K W. 2011. Soil and Water Assessment Tool Theoretical Documentation (Version 2005). Computer Speech & Language, 24(2): 289-306.

Leandro J, Martins R. 2016. A methodology for linking 2D overland flow models with the sewer network model SWMM 5.1 based on dynamic link libraries. Water Science & Technology, 73(12): 3017-3026.

Mccuen R H. 1982. A guide to hydrologic analysis using SCS methods. A Guide to Hydrologic Analysis Using Scs Methods, 7(5): 192.

Neitsch S L, Arnold J G, Kiniry J R, et.al. 2005. Soil and Water Assessment Tool Theoretical Documentation Version 2005. https: //swat.tamu.edu/media/1292/SWAT2005theory.pdf.

Williams J R. 1969. Flood routing with variable travel time or variable storage coefficients. Transactions of the ASAE, 12: 100-103.

Wagner R C, Dillaha T A, Yagow G. 2007. An assessment of the reference watershed approach for TMDLs with biological impairments. Water, Air, & Soil Pollution, 181(1): 341-354.

Zhang X, Rygwelski K R, Rossmann R, et al. 2008. Model construct and calibration of an integrated water quality model (LM2-Toxic) for the Lake Michigan Mass Balance Project. Ecological Modelling, 219(s1-s2): 92-106.

第31章　基于SWAT与SWMM模型的城市内涝预警技术研究

31.1　引　　言

31.1.1　研究背景与意义

1. 研究背景

现有的统计资料显示，全球各种自然灾害所造成的损失中，约有四成的损失是洪水造成的，可见洪水灾害是所有自然灾害中对我们的人身和财产安全威胁最大的一种灾害（廖永丰和聂承静，2011）。导致洪水灾害的发生的原因多种多样，其中短时间的暴雨是最主要的洪水致灾因素（梁钰等，2005；王博等，2007）。暴雨型洪水的发生次数最多，给人们的衣食住行带来了很多不便甚至酿成大祸。我国国土面积广阔，人口众多，且处于世界上季风气候最典型的东亚地区，每年夏天是暴雨洪水灾害的频发季节，导致我们国家的洪水灾害发生频次明显高于全球的平均水平（张平仓等，2006）。除此之外，一些社会因素可能诱发洪涝灾害：①随着城市化进程的加快，城市人口快速集聚，城市建设速度加快，改变了城市土地利用类型的性质和城市空间格局，使得城市的环境问题日益显著；②城市热岛效应严重影响了城市与郊区热量平衡，造成城市中的温度远高于郊区，城市中热量膨胀上升加之空气中夹杂较多的浮沉颗粒物，使城市局部地区强降雨频繁发生，导致城市排水压力加大；③城市地下雨水管道系统规划特别是老城区地下管网的排水系统设计标准严重不合格，管道承载能力不能满足当前的排水要求或者雨水管道更新改造不及时，导致暴雨时地表积水严重；④城市暴雨洪水灾难一再形成，我国传统的城市洪水水量计算方法存在严重不足，不能及时反映出城市的径流过程，不能给防洪减灾部门提供有效的参考数据，无法及时实施有效的防灾减灾决策。因此，加大对洪水灾害的预报和提高洪水预报精确度对抗灾减灾具有深远的意义。

洪灾给人们的生产生活造成的亏损占自然灾害损失的很大比例，2000～2011年洪水灾难直接造成的经济亏损为600亿～1600亿元，洪灾所造成的亏损占GDP很大比例，在洪灾中人们的衣食住行都受到了不同程度的侵害，其中2000～2011年造成的经济亏损占GDP的平均比重为0.59%，大约为美国该指标的9.8倍。

2012年，海绵城市概念被提出，理念为避免洪涝、收集雨水；2014年，财政部、住房和城乡建设部、水利部决定开展中央财政支持海绵城市建设试点工作；2015年，国务院印发《关于推进海绵城市建设的指导意见》，部署推进海绵城市建设工作（刘仁义与刘南，2002）；2016年，通过评审得分，一些城市进入试点城市的范畴。

20 世纪 80 年代之前，水利工作者主要使用集总式水文模型（如新安江水文模型）对流域内的降水量与径流量的关系进行模拟。20 世纪 80 年代之后，伴随着现代信息技术、GIS 和 RS 技术等技术的发展，越来越多的学者开始使用分布式水文模型来模拟预测河流的径流量（贾仰文等，2005）。这是因为基于物理机制的分布式水文模型能够将流域内气象因素、地表环境等因素的位置分布对流域降水径流量的影响准确如实地表达出来（隆院男，2010）。

迄今为止，世界上出现了许多用途各不相同的城市暴雨模拟模型，这些模型基本上克服了传统的推理公式的一些缺陷，已经被各国广泛地应用于城市地下排水管网系统的设计、规划及维护等相关领域。但是我国由于计算技术的落后和相关雨量资料的严重缺乏，因而在城市暴雨洪水管理模型研究领域具有一定的局限性，还不能满足当前城市化的进程和经济发展的需求，因此，加大对城市暴雨洪水管理模型的研究对我国目前城市的发展有重要的意义。

2. *研究意义*

众所周知，洪灾对人类的衣食住行安全会造成严重的影响，本文试图建立一套系统性的工作流程，依据流域的降水量和流域内的自然环境条件来模拟流域内的径流量，并且结合城市的降水量和城市内的基础数据共同模拟城市的洪水积水量，同时参考相关灾害评估理论与技术，评估流域内出现洪水灾害的概率和威胁程度。本文通过建立流域径流模拟与城市径流模拟网络分析的方法，将流域径流模拟与城市径流模拟相耦合，在理论研究上也是一个创新点。

现阶段，本研究的研究成果可以直接用于防灾减灾单位、水利单位和城市规划行业，同时还可以用于保险损失核定等领域。水利单位可以根据本研究的结果提前为防洪标准的设定和防洪工程的规划建设做出科学的决策。对于规划单位来讲，可以在本研究的研究成果的基础上，做出符合城市地下排水管网建设的科学规划。

31.1.2　国内外研究综述

1. *流域洪水模拟预报的研究进展*

目前，我们国家水利部门对洪水的发生情况进行实时预报主要采用水文学的方法，对可能发生洪水的区域在洪水持续时间、暴雨强度、洪水淹没范围等方面进行预报。主要的预报过程是利用水文模型进行地表产汇流的模拟计算来预估洪水的发生情况。因此水文模型的建立是研究水文过程的重要工具，也是进行洪水预报的关键一步，同时也是进行防灾减灾的前提条件。流域水文模型是一种基于降雨到地面整个自然运动过程而建立的一种数学模型。结合计算机的强大计算能力、数据模拟能力、实时预测降水的产流运动、图像的多维可视化能力而开发的水文模型不断地完善和成熟。同时世界各国也根据不同区域和不同暴雨事件对水文模型进行了各种大规模的研究，相继开发了具有不同用途的水文模型，并且对一些重点研究区域进行了实地化测试。

20 世纪 90 年代初期到至今为现代阶段，是水文模型的变革阶段。随着计算机技术、

GIS 技术、RS 技术、信息技术和通信技术的发展和普及，获取和描述流域下垫面空间分布信息的技术日渐完善，分布式水文模型也因此获得了长足发展。而此时分布式水文模型的一个显著特点是同 DEM 相结合，这种基于 DEM 的分布式水文模型也被称作数字水文模型，是数字化时代的产物，模型以流域面上分散的水文参数和变量来描述流域水文时空变化的特性。目前，国外较为常见的分布式水文模型有 SWAT 模型等。分布式水文模型与集总式模型相比具有明显的优点：一是分散处理和输出，二是物理机制更为明确，三是计算成果精度高，四是可在历史资料缺乏的地区应用。我国分布式模型起步较晚，一直到 20 世纪 90 年代，我国一些学者才进行了探索性的研究工作，黄平和赵吉国（1997）提出了流域三维动态水文数值模型；任立良和刘新仁（2000）在 DEM 基础上，进行子流域集水单元勾画、河网生成、河网与子流域编码及河网结构拓扑关系的建立，然后在每一集水单元上建立数字新安江模型；李兰等（2015）提出和建立一种分布式水文物理模型，该模型由各小流域产流模型、汇流模型、流域单宽入流和上游入流反演模型、河道洪水演进四大部分组成；郭生练等（2000）先后提出了一个基于 DEM 的分布式流域水文物理模型和基于 GIS 的分布式月水量平衡模型；李致家等（2007）建立了基于栅格的分布式新安江水文模型，并将其用于钱塘江支流密赛流域的洪水模拟计算。

物理性水文模型计算水流在流域内的时空变化规律的理论依据是水流的连续和动量方程（夏积德等，2008），比较典型的模型有 SHE 模型（Loucks，1995）。使用数字高程模型或者数字表面模型提取河网水系，并依此建立分布式产汇流模型，可以进一步得到流域内的子流域的水流量，将流域内所有子流域的水流量进行相加计算得到流域的总水流量，这样的估算方式相比其他方式更具有科学性和客观性（曹叡，2010）。

2. 城市洪水模拟预报的研究进展

城市内涝这一严重的自然现象已经引起国内外的研究机构和学者们的高度重视，为满足城市排水、防洪减灾等各方面的要求，学者们加强了城市化进程对地表降雨径流影响的分析。主要的研究内容包括分析城市化对城市土地利用覆被性质的内在影响和局部城市水文特征的影响以及城市化对城市地表降雨径流特征的影响等方面。针对这一现象，一些发达国家的学者们进行了长时间的深入研究，总结出了一套研究城市流域产汇流形成过程的机制。自 20 世纪 60 年代初期开始，他们就研究了一些关于城市内涝模拟研究的水文模型。自 70 年代初期，一些有相同用途的城市内涝模型被提出，并且随着计算机技术和信息技术的发展，这些模型也不断发展和完善。这些水文模型主要包括暴雨洪水管理模型（SWMM），蓄水、处理与溢流模型（STORM），沃林福特模型（WALLINFORD）等。这些水文模型根据我们各自不同的应用需求，精确地模拟城市的降水产流量和水质污染变化的过程。

根据城市内涝模型在理论基础建立上的不同，一般有以下两种类型：一类是创建在水文学理论基础之上；另一类是创建在水动力学理论基础之上。城市水文内涝模型因构建基础理论较成熟、应用范围广、计算快捷方便、模型操作简单，同时对基础数据的时间和空间精确度没有很高的要求，所以深受广大学者和应用者的青睐。目前国外的大部分城市内涝模拟模型都是建立在水文学基础之上的，而且这些水文模型发展早、历史长，如 SWMM 模型、STORM 模型等。这些水文模型应用范围很广，目前主流的应用领域包括：城市内降水产流量模拟计算、城市地下排水管网规划设计、城市内涝仿真模型预警预报等。

SWMM 模型是国内外具有代表性的水文模型，它是一个对城市区域排水系统的水量和水质变化规律进行综合模拟分析的计算机模型。SWMM 将城市排水管系统中的水文和水力要求概化为管线（link）、节点（node）和汇水区（catchment）三种类型。用非线性水库模型模拟地表径流，用一维圣维南方程组模拟深处管网输送过程，用累积-冲刷模式模拟地表径流的污染。可用于城市区域降雨径流、合流制管网、污水管道和其他排水系统的规划设计、情景分析和方案评估等。

我国对城市内涝模拟研究起步较晚，自 2006 年开始，国内的一些研究机构的学者对城市内涝的研究进入了一个快速增长阶段：2008 年清华大学规划院在 SWMM 模型的基础上提出了 Digital Water 模型，为城市排水管网数据处理和管网建模提供了一整套的解决方案；2008 年同济大学的李树平教授开始研究 SWMM 模型的本地化应用；2009 年中山大学的李江明，以东莞市的一个小区为例，进行了基于 SWMM 模型的城市暴雨内涝研究；2011 年上海师范大学的张华等，以上海浦东新区为例，研究了基于土地利用的城市暴雨内涝灾害脆弱性评估。

3. 洪水淹没分析的研究进展

洪水演进模型可以实时地模拟出洪水随时间变化而发生的变化（曹叡，2010），这样可以有效的动态分析洪水的淹没过程。但是该模型存在模型构建过程难度大、费用高、适用性不强的缺点。根据地理信息系统的观点，可以将洪水的淹没分析假设为在不同洪水水位状态下对应的区域内不同的区域淹没范围和淹没水深。在洪水淹没模拟分析过程中通常假定淹没区是一个稳定的水面，但这种假设明显与实际情况不符，尤其是在山区海拔落差较大的区域。将洪水水位假设为一个静止平面求洪水淹没范围是一种近似模拟。如果想对淹没区进行精准计算的话，还需要分析洪水淹没的水动力学等过程的影响，这样虽然模拟结果准确，但是需要更多的时间和精力计算该过程的水动力学模型。洪水预测分析往往对时间的要求比较严苛，需要在极短的时间内对受灾区域的洪水淹没范围和淹没水深做出较为科学客观的评估预测。因此，在洪水模拟预测过程中常常将洪水水位假定为一个静止水平面。

使用地理信息系统的方法评估分析洪水淹没区域和水深需要考虑两个问题，即洪水淹没区域的估算和水深的估算。

国内关于洪水淹没区域的模拟估算研究中，不同学者根据研究方向的不同所采取的研究方法存在较大的差异。刘仁义和刘南（2002）在洪水淹没分析研究中提出了使用种子蔓延算法模拟洪水淹没范围，并对该算法在不同情形下的可行性进行了实验论证。丁志雄等（2008）使用遥感技术与地理信息技术将数字高程模型生成的格网模型用于淹没实验，并取得了不错的结果。李发文等（2005）将数学形态学原理和思想应用到洪水淹没分析过程中，使用膨胀算子算法和体积法进行洪水范围和水深的模拟估算，并进行了相关实验验证。冯丽丽等（2007）使用地理信息技术并结合种子蔓延算法模拟了洪水淹没区域并估算了淹没面积。

结合实际生活以及相关理论可知，水体面可能存在水平面、倾斜面等更复杂的面等多种状态。但国内关于洪水水面模拟的相关研究中，为了便于开展研究，大多数学者将水体面近似为水平平面或者稍微倾斜的平面。

经过分析国内外相关研究，本文通过研究淹没分析算法计算区域总的滞留水量，再分析计算区域淹没平均水位，之后根据给定的水体水位计算水体范围，并将淹没区的水体面视为水平面，这样不仅能快速地分析模拟洪水水位，而且比较简洁，实用性较高（康杰伟，2008）。

4. GIS 技术在洪涝灾害预警系统开发中的应用

现阶段洪涝灾害仿真模拟和灾情评估技术和地理信息技术紧密结合，很多情况下地理信息技术为其提供了数据处理和建模的方法，归根结底得益于地学空间理论和计算机技术的不断发展和完善，FEMA 将 GIS 技术应用到洪涝灾害管理过程中，不仅能帮助决策者分析预测洪峰时间、径流水深等物流信息，同时还能为灾害评估和灾后重建做技术支持。20 世纪 80 年代后期，我国相关科研机构使用 GIS 技术先后构建了一系列的洪水灾害预测与灾害评估系统。为相关流域和单位的防洪抗灾提供了高效、及时的技术支持，如中国科学院在黄河流域建立的洪水灾害预测与评估系统以及国家遥感中心建立的国家防洪遥感信息系统。地理信息技术在洪水灾害中的应用主要有如下几点的内容。

（1）洪水灾害预报与灾害评估的研究需要大量的空间数据和属性数据做支撑。对这些数据的管理都依赖于 GIS 的空间数据管理功能。

（2）将 RS 技术与 GIS 技术结合使用，不仅能提升洪水水量预测与灾害评估的精度，而且借助 GIS 数据库提取流域水体范围的精度也相对较高。

（3）GIS 平台可以集成相关水文模型或者与水文模型相结合，为这些水文模型提供空间数据管理、可视化表达模型的模拟结果以及为相关模型提供空间分析功能。

（4）GIS 技术还有一个优势就是可视化表达空间数据或非空间数据，这可以将相关水文模型的模拟分析结果清晰直观地显示在计算机屏幕上，同时也方便数据之间的传播。

31.1.3　本文的研究内容

本文的研究内容主要包括流域径流模拟与城市径流模拟耦合、城市单元水量分配模拟研究、典型示范区的径流模拟应用和防汛预警系统开发应用三个方面的内容，本文以位于姚江流域的余姚市中心作为研究区，具体研究内容如下所述。

1. 流域径流模拟与城市径流模拟相耦合

首先，基于流域地区地理空间数据和水利部门提供的实时降雨数据，以分布式流域水文模型 SWAT 模型为核心，建立适用于姚江流域的流域性洪水水量预警分析模型，能够实现及时、准确地对研究区的降水产流量进行预测模拟，进而实现对洪水灾害的及时预警。

其次，流域径流模拟与城市径流模拟在空间范围上来说相当于一个大尺度和小尺度的问题，本论文通过建立流域与城市之间的网络分析，将大尺度和小尺度相耦合。效用网络分析的应用领域主要是应用于河流网络分析，网络中的代理也就是模拟的对象行进的路径需要由外部因素如水的压力来决定，根据这一原理，建立流域与城市之间的网络分析，以此来生成流域水系向城市内水系输送外来水量的进水节点，将节点的上游来水量作为城市节点的境外来水量，这样就将两个模型耦合起来，既符合城市水量的实际情况，同时克服了以往的城市境外来水量主要靠水利部门统计和估算的不准确性，使得城市洪水水量模拟更加精确。

最后，基于城市地区高精度 DEM 数据，利用 GIS 的水文分析模块来划分子流域，结合城市土地利用数据的性质和道路数据的分布，进一步细分城市的子汇水面单元，同时概化城市地下排水管网数据，根据子汇水面积数据、管网数据和实时降雨数据，以暴雨洪水管理模型 SWMM 为核心，构建适用于余姚市中心地区的城市洪水水量预警分析模型，能够实现及时、准确地模拟实时单次降雨及长时间序列连续降雨形成的洪水水量，并对该模型进行参数率定和精度验证，保证了城市洪水水量预估的精确度，进而实现对洪水灾害的及时预警，为防灾减灾部门提供合理的参考数据，减轻洪水灾害对市区人们的生产生活造成的损失。

2. 城市单元水量分配模拟研究

根据暴雨洪水管理模型（SWMM）模拟的洪水径流量，通过统计城市的最大承载水量，连续洪水模拟的总径流量减去城市的最大承载水量以此得到城市的超限水量，结合数字表面模型数据，通过二分逼近算法计算洪水淹没范围和淹没水深。

3. 模型系统集成及可视化表达

根据本文采用的流域降水产流模型、城市暴雨洪水管理模型、洪水灾害预警模型三个模型，将三个模型无缝集成在一起，将姚江流域作为流域研究区，以余姚市中心作为城市内部研究区，并选择区内 2013 年“菲特”台风期间为研究时间节点，利用流域与城市径流耦合过程进行降水产流量模拟，结合数字高程模型，利用二分逼近算法，进行城市单元水量分配，最后使用地理信息技术可视化表达洪水灾害预警结果。

31.1.4 研究区的自然概况

本文以姚江流域作为研究区域，该地区地势较平缓，年均降水量在 1500 mm 以上，年平均气温约为 16.5℃。本文从该研究区的地理位置、气候状况等方面综合介绍该流域的基本情况。

1. 研究区地理位置

姚江流域位于浙江省东北部，北临杭州湾，南至宁波市三江口，是甬江两大水系之一，为复合状水系。姚江上游北流经四明湖，在上虞永和镇新江口接通明江汇成姚江干流，向东流到马渚镇上陈村入余姚境内，先后接纳十八里河、贺墅江、马洛中河等，在余姚城区以西分为南流的兰墅江、中流的姚江干流、北流的候青江。兰墅江集新丰河、中山河、东山河及南庙大溪、三溪口大溪等水，其一支过最良桥东北折，经竹山节制闸与姚江干流汇合，另一支流经白山东出郁浪浦闸与姚江干流汇合。候青江过舜水桥、武胜门桥、候青门桥、三官桥，接纳西江、中江、东江，向东南至皇山节制闸于三江口与姚江干流汇合。流域地处 120°E～121°E，29°N～30°N。

2. 研究区气候概况

姚江流域位于我国东南沿海地区，受亚热带季风性气候影像较强烈。年平均降水量大约为 1500 mm，年平均气温大约为 16.5℃。在夏季降雨主要分为两个阶段，即 6 月的梅雨季的持续性降雨和 7～9 月由于台风形成的短时暴风雨，其中后者更易形成洪水灾害。

3. 研究区地形地貌概况

姚江流域位于浙江盆地低山区和浙北平原交叉地区，南部为四明山，海拔较高，地势落差较大，散布大小不等的台地和谷地，中部和北部为河谷平原和冲积平原，地势比较平坦，平均海拔较低。

4. 研究区土壤概况

姚江流域的土壤类型主要是潮土、水稻土、红壤、黄壤、紫色土等几种类型，同时某些类型的土壤还可以进一步分为若干亚类，基于本文的研究需要，本文不再对土壤类型进行更进一步的分类。

31.2　洪水径流模拟方法研究

31.2.1　基于 SWAT 模型的流域径流模拟方法研究

1. SWAT 模型简介

SWAT 模型是由美国农业部农业研究中心研发的分布式的流域尺度水文模型，是一个物理性模型。模型自 20 世纪 90 年代初期建立之后，不断的修改完善，如今该模型已经与 ArcGIS 软件完美耦合，良好的用户界面与开放的源代码使得该模型的应用范围不断扩展以及使用人群不断增加（康杰伟，2008）。

SWAT 模型不仅可以用于模拟缺少径流量等观测数据的流域，而且可以对流域内下垫面物理性质的变化对流域径流量的影响做出定量的评价。SWAT 模型在全面考虑水及水中的化学物质在流域内的全部运移过程的基础上可以模拟不同尺度的流域径流量。该模型的主要特点如下所述。

（1）以物理机制为基础。模型没有使用数学回归方程对输入变量与输出变量做回归分析。该模型采用严格的数学和物理方程运算计算流域内水分的运移等物理过程，该过程需要输入的数据包括流域内的气象数据、土壤数据、土地利用类型等数据。

（2）运算速度快。可以在较短时间内模拟流域范围较大或者混合有不同管理方案的流域。

（3）使用的数据易于获取。SWAT 模型所需的数据一般都可以从相关政府部门获得或者从专门的数据中心网站获得。

（4）模拟流域长时间的水文变化过程。可以对流域的径流量或者泥沙含量做长达一个世纪的模拟。

2. SWAT 模型结构

SWAT 模型可以对流域内的多种物理地理过程进行模拟，模型主要组成部分包括水文、天气、土壤类型、土地利用、河湖、水库汇流等。根据不同的研究目的选择不同的模型模块，本文主要考虑的是流域水文过程和气象模拟两部分。

SWAT 模型功能结构模块较多，由 700 多个函数、1000 多个中间变量组成，模型采用模块化设计思想，大致分为气象、水文等 8 个组件（李小冰，2010）。通过模块方式调用相关功能组件，同时也保证了模型的模拟过程的科学性和严密性。同时模块化的功能组件使得 SWAT 模型成为一个开放式的模型平台，用户可以编写自己的功能插件集成到 SWAT 模型中，这也是该模型被广泛应用的原因之一。SWAT 模型的结构图如图 31-1 所示。

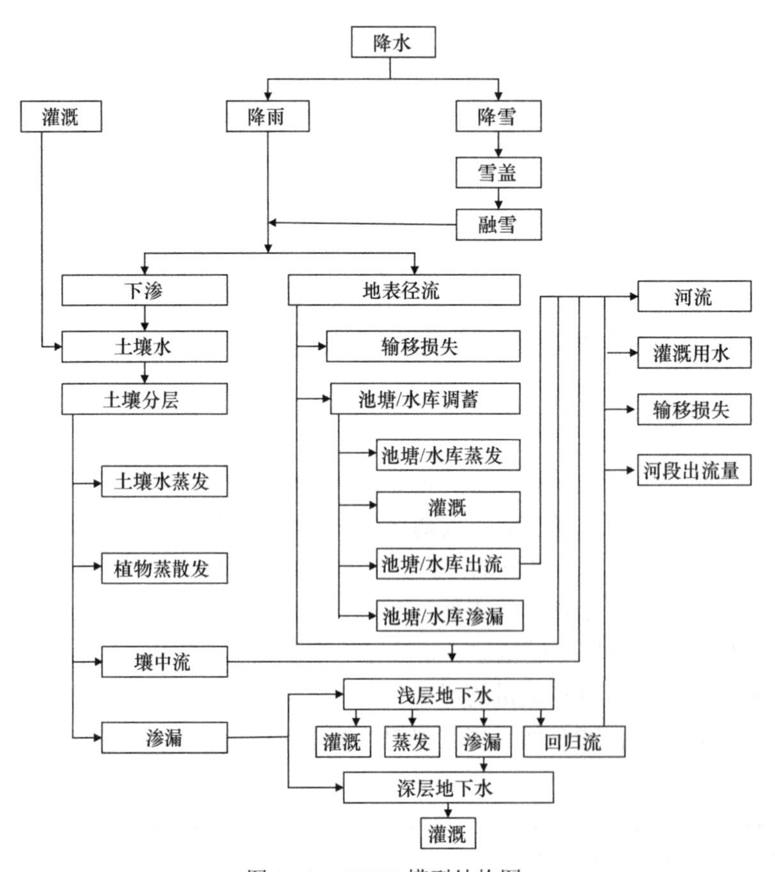

图 31-1 SWAT 模型结构图

3. SWAT 模型流域径流水量模拟方法

SWAT 模型对水文过程的模拟可以分为陆面和水面两个阶段：一是陆面产流、汇流部分，它决定了流域内每个子流域的河道水流及水流中的混合物质的输入；另一个是河道汇流部分，其控制着水流及水流中的混合物质在河网中的运移与输出。

根据水循环的原理，SWAT 模型中所采用的水量平衡方程如下所示：

$$\mathrm{SW}_i = \mathrm{SW}_0 + \sum_{i=1}^{t}\left(R_{\mathrm{d}} - Q_{\mathrm{s}} - E_i - w - Q_i\right) \tag{31-1}$$

式中，SW_i 和 SW_0 分别为第 i 天的初始和最终含水量（mm）；t 为时间（天）；R_{d} 为第 i 天的降水量（mm）；Q_{s} 为第 i 天的地表径流量（mm）；E_i 为第 i 天的蒸发量（mm）；w 为土壤表面下渗水量（mm）；Q_i 为第 i 天的地下水回归流量（mm）。

对流域内任意一个子流域，SWAT 需要顾及的水文过程主要包括地表径流、入渗、表层土壤侧向流、地下径流、蒸发蒸腾、河道支流和输送损失。

（1）地表径流。根据日降水数据，SWAT 模型可以使用修正 SCS 径流曲线法直接计算流域内每一个子流域的地表径流量。SCS 曲线是一个经验模型，是土壤渗透率、土地利用性质和前期土壤水分条件的函数，可以用其计算土壤类型与土地利用类型不同组合情况下的下垫面径流量，该模型对数据的要求颇为宽松。SCS 模型与土壤水分的关系是非线性变化关系。当使用 SCS 模型法计算陆面径流时，无须单独计算冠层截留部分的水量，因为这部分水量已经包含在陆面产流之中。

SCS 模型计算地表径流量的方程为：

$$Q_{\mathrm{suf}} = \frac{\left(R_{\mathrm{day}} - I_{\mathrm{a}}\right)^2}{R_{\mathrm{day}} - I_{\mathrm{a}} + S} \tag{31-2}$$

式中，Q_{suf} 为累积径流量或超渗雨量（mm），R_{day} 为某天的水深；I_{a} 为初损量，包括产流前的地面填挖量、植物截留量和下渗量；S 为滞留系数，滞留系数随着土壤、土地利用、管理措施和坡度额不同而呈现空间上的差异，随着土壤含水量的变化而呈现时间上的差异。滞留系数定义为：

$$S = 25.4\left(\frac{1000}{\mathrm{CN}} - 10\right) \tag{31-3}$$

式中，CN 值为某天的曲线数，无量纲，它是降水之前的流域内下垫面特征的复合函数。它综合考虑了流域内的土壤湿度、流域坡度、土地利用类型和土壤类型等影响因子。该值可以根据研究区内的土地利用类型和地表植被覆盖类型的组合，查询数据表获得相应的 CN 值。为了能有效地反映流域内土壤中的水分对 CN 值的影响，根据含水量的不同 SCS 模型将流域内的土壤分为干旱、正常和湿润三个级别（李成六，2011）。

初损量 I_{a} 在实际应用中不容易准确计算，模型开发者通过分析大量数据和相关研究，将 I_{a} 与最大滞留量 S 采用最小二乘法原理进行关联，即 $I_{\mathrm{a}} = 0.2S$，进而将 SCS 曲线方程精简为：

$$Q_{\mathrm{suf}} = \frac{\left(R_{\mathrm{day}} - 0.2S\right)^2}{R_{\mathrm{day}} + 0.8S} \tag{31-4}$$

SWAT 模型还能应用于高原冻土区，与常温土壤相比，土壤冻结之后土壤的产流量就会增加，但是如果高原冻土区较为干燥，低温产生的产流量可能直接入渗到土壤中（卢晓宁等，2010）。

洪峰流量是指特定降水事件中出现的最大径流量，指示了暴雨的侵蚀能力，用来预测泥沙流失量。SWAT 模型是用一个修正的推理方法来计算洪峰流量。该推理计算方法广泛应用于沟渠、河道以及雨水控制系统的设计。它基于一个假设条件，即 $t = 0$ 时的降水强度 i，降水强度不变，流域径流量增加，直到汇流时间 $t = t_{conc}$ 为止，此时整个子流域内的水都汇入流域出口。此推理公式为：

$$Q_{peak} = \frac{C \cdot i \cdot \text{Area}}{3.6} \tag{31-5}$$

式中，Q_{peak} 为洪峰流量（m^3/s）；C 为径流系数；i 为降水强度（mm/h）；Area 为子流域面积（km^2）；3.6 表示单位转换因子。

（2）入渗。顾名思义，下渗量可以理解为降水量与地表径流量之差。由于径流曲线函数中的时间是以天为基本单位，因此在对降水量的下渗模拟时不能直接用径流曲线函数。虽然可以利用 Green-Ampt 法计算降水量的下渗量，但是该方法对降水数据的时间间隔要求为 24 h 以下，无法使用以天为计量单位的降水数据。

当地表径流下渗停止后，土壤中的水分会在土壤内部发生运动和转移，这个过程被称为水分在土壤中的再分配。SWAT 采用存留的方法计算通过土壤根系层中的水量。当土壤中的水分超过最大田间持水量但下层土壤含水量尚未达到饱和状态时，土壤中水分再分配的过程就不会停止。不仅土壤的质地会影响进入到土壤中的水分，而且土壤温度也会对土壤中的水分形成影响。温度对土壤中水分的影响是当土壤温度低于零度时，不管下层土壤的含水量是什么状态，水分的再分配过程就会自动停止。

（3）表层土壤侧向流。土壤侧向流是位于地表径流与地下水之间的径流，浅层土壤层中的侧向流流量是与土壤中的水分再分配过程同时计算的，一般使用动力蓄水模型计算。该模型是在综合分析土壤质地、地表地形以及土壤中的水分变化对侧向流的影响的基础上计算浅层土层侧向流。该模型的计算公式如下：

$$Q_{lat} = 0.024\left(\frac{2 \cdot SW_{ly,excess} \cdot K_{sat} \cdot SLP}{\phi \cdot L_{hill}}\right) \tag{31-6}$$

式中，Q_{lat} 为坡面出水口断面处的出流量（mm）；$SW_{ly,excess}$ 为某天土壤层中存储的可排水量（mm）；K_{sat} 为饱和渗透系数（mm/h）；SLP 为单位距离上高程的增量；ϕ 为土壤出流孔隙率；L_{hill} 为坡长（m）。

（4）地下径流。SWAT 模型中将地下水根据深度的不同分为深层地下水和浅层地下水。其中，深层地下水无法参与流域内的水量循环，因此不参与流域内的水量计算，浅层地下水可以补给到流域内的河流中。SWAT 模型中对地下径流参与流域水量循环的路径是用浅水层蓄水模型模拟的，这是因为地下径流是从土壤根部带通过入渗水补给给浅水层。同时也可以根据流域内的每日径流量观测数据计算回退系数，进而计算浅水层的出水量。

（5）蒸发蒸腾。蒸发蒸腾主要包括水面、陆面和植被的蒸发蒸腾，SWAT 模型对陆面和植被的蒸发蒸腾采用不同的方法进行模拟计算。土壤的潜在蒸发量通过土壤潜在蒸发量和植被叶面指数两个参数计算。土壤的实际蒸发量的估算主要根据土壤深度与土壤水分之间的非线性关系。植被的蒸发蒸腾量的估算是依据它与潜在蒸发量以及叶面指数之间的非线性关系。SWAT 模型提供了 Hargreaves 法、Priestley-Taylor 法和 Penman-Monteith 法三种计算模型计算潜在蒸发蒸腾量。

（6）河道支流。子流域中有干流和支流两种类型的河道。每一支流只是汇聚了子流域局部的径流，而且不接纳地下水的出流作为补充。

（7）输送损失。输送损失就是在水流运动过程中下伸到地下的水量，这种损失通常出现在季节性或间歇性河流上。SWAT 模型中采用经验公式来估算这种渗漏损失，它是河道宽度、长度和过流时间长短的函数。当支流存在这种输送损失时，径流量和峰值都需要进行调整。

4. SWAT 模型气象模拟方法

SWAT 模型中所必需的气象数据有每日降水量，日最高、最低温，其他气象数据则是非必需数据，这些数据可以由用户输入到 SWAT 模型中，也可以使用部分数据通过模型模拟缺失的数据。SWAT 中的天气发生器模块的功能就是用于模拟气象数据的。

（1）降水数据的产生。SWAT 模型利用一阶马尔可夫链模型来模拟产生所需要的日降水数据。另外，这一模块还可以用来填补观测数据中的缺测值。

（2）气温和太阳辐射的产生。SWAT 模型采用状态分布的方法来产生最高和最低气温，以及太阳辐射量，天气发生器引入了一个连续方程来考虑温度和辐射量随干燥和降雨天气条件的变化。当模拟降雨的天气状况时，最高温度和太阳辐射量都会被下调；而在模拟晴天的天气状况时，最高温度和太阳辐射量都将会被上调。

（3）风速的产生。模型依据每月的平均风速，应用一个改进的指数方程来模拟生成逐日的风速数据。

（4）相对湿度的产生。逐日的平均相对湿度数据是模型中的相对湿度模块根据该站点的月平均湿度数据，利用一个三角分布函数来模拟实现的。并且如气温和辐射量的处理一样，可以通过调整它的值来反映湿润和干燥天气的影响。

31.2.2　基于 SWMM 模型的城市径流模拟方法研究

1. SWMM 模型简介

SWMM（storm water management model，暴雨洪水管理模型）最早是在 1969～1971 年由美国环境保护署（EPA）资助，由梅特卡夫-埃迪公司、佛罗里达大学、美国水资源公司等联合开发，历经数次更新（陈虹等，2015）。SWMM 是一个动态的降水-径流模拟模型，主要用于模拟城市某一单一降水事件或长期的水量和水质模拟（董欣等，2008）。SWMM 被广泛应用于城市地区的暴雨洪水、合流式下水道、排污管道以及其他排水系统的规划、分析和设计中，在其他非城市区域也有广泛应用。

SWMM 模型的主要功能模块有径流模块和汇流模块。其径流模块部分综合处理各子流域所发生的降水、径流和污染负荷。其汇流模块部分则通过管网、渠道、蓄水和处理设施、水力调节等进行水量传输。该模型可以跟踪模拟不同时间步长任意时刻每个子流域所产生径流的水质和水量，以及每个管道和河道中水的流量、水深及水质等情况（龙美林，2011）。

2. SWMM 模型组成及功能

SWMM 是一个内容相当广泛的城市暴雨径流水量和水质的预报模拟模型，既可用于城市径流单一场次事件模拟，也可以用于长期（连续）的模拟，也可以对任一时刻每一个子流域产生径流的水量和水质，包括流速、径流深、每个管道和管渠的水质情况进行模拟（何福力等，2015）。

（1）SWMM 可以用于处理城市区域径流相关的各种水文过程的计算，主要包括：时变降雨量，地表蒸发量，积雪和融雪，洼地对降雨截留，降雨至不饱和土壤层的入渗，入渗水对地下水的补给，地下水和排水系统之间的水分交换，地表径流非线性水库演算等。

（2）SWMM 同时包括了一套设置灵活的水力计算模型（石赟赟等，2014），它们常用于描述计算径流和外来水流在排水管网、管道、蓄水和处理单元以及分水建筑物等排水管网中的流动。其功能主要包括：处理不限大小的排水网；除了能模拟自然河道中的水流，还可以模拟各种形状的封闭式管道和明渠管道中的水流；模拟蓄水和处理单元、分流阀、水泵、堰和排水孔口等（方芃，2015）；能接受外部水流和水质数据的输入，包括地表径流、地下水流交换、由降雨决定的渗透和入渗、晴天排污入流和用户自定义入流等；应用动力波或者完整的动力波方程进行汇流计算；模拟各种形式的水流，如回水、溢流、逆流和地面积水等；应用用户自定义的动态控制规则来模拟水库、孔口开度、堰顶胸墙高度。

（3）SWMM 还能模拟伴随着产汇流过程产生的水污染负荷量，用户可选择以下任意数量的水质项目进行模拟，包括：晴天时不同类型土地利用污染物的堆积；暴雨对特定土地利用污染物的冲刷；降雨沉积物中的污染物变化；晴天由于街道的清扫对污染物的减少量；利用最优管理措施（BMP）对冲刷负荷的减少量；排水管网中任意地点晴天排污的入流和用户自定义的外部入流（冯文与刘俊，2015）；排水管网中水质相关的演算；由于储水单元中的处理设施或者在管道和渠道中由于自然净化作用而引起水质项目污染负荷的减少等。

SWMM 的模型结构由若干个“块”组成，主要分为计算模块和服务模块（陈晓燕等，2013）。计算模块主要包括产流模块、输送模块、扩展输送模块、调蓄/处理模块；服务模块有执行、降雨、温度、图表、统计和合并模块。每个模块又具备独立的功能，其计算结果又被存放在存储设备中供其他模块调用。

3. SWMM 暴雨洪水管理模型的原理

1）地表产流原理

SWMM 模型建立的基本地表空间单元是子汇水区域，一般在计算区域径流过程之前，需要将汇水区域根据相关的参考划分成若干个子汇水区，然后根据子汇水区不同的特征分别模拟径流量，最后根据流量演算方法将各个区域计算的径流量相叠加（郭云飞，2014）。

由于地表土地覆被的空间性质不同，我们根据子汇水区域的地表性质划分为透水区 S_1、有洼蓄能力的不透水区 S_2 和无洼蓄不透水区 S_3 三部分（马洪涛等，2014）。S_1 的特征宽度等于整个汇水区的宽度 L_1，S_2、S_3 的特征宽度 L_2、L_3 可用下式求得：

$$L_2=\frac{S_2}{S_2+S_3}\times L_1;\quad L_3=\frac{S_3}{S_2+S_3}\times L_1 \tag{31-7}$$

SWMM 模型中，根据地表性质的不同，地表产流的计算应对三类不同性质的地表径流量分别计算，然后通过面积加权获得汇水子区域的径流出流过程线（赵冬泉等，2008）。

（1）对于计算透水区 S_1 产流量来说，当降雨量不断入渗，地下水达到饱和状态后，地面开始积水，至地面积水超过其洼蓄能力后便形成地表径流，产流计算公式为：

$$R_1=(i-f)\cdot\Delta t \tag{31-8}$$

式中，R_1 为透水区 S_1 的产流量（mm）；i 为降雨强度（mm/h）；f 为地表面入渗率（mm/h）。

（2）对于计算有洼蓄不透水区 S_2 产流量来说，当降雨量超过地面最大洼蓄能力后，便可形成径流，产流计算公式为：

$$R_2=P-D \tag{31-9}$$

式中，R_2 为有洼蓄能力不透水 S_2 的产流量（mm）；P 为降雨量（mm）；D 为洼蓄量（mm）。

（3）对于计算无洼蓄不透水区 S_3 产流量来说，降雨量除地面蒸发外基本上转化为径流量，当降雨量大于蒸发量时即可形成径流，产流计算公式为：

$$R_3=P-E \tag{31-10}$$

式中，R_3 为无洼蓄透水区 S_3 的产流量（mm）；P 为降雨量（mm）；E 为蒸发量（mm）。

所以，在相同降雨量条件下，无洼蓄的不透水区 S_3、有洼蓄的不透水区 S_2 和透水区 S_1 依次形成地表径流。每个汇水子区域根据上述划分的三部分地表类型，分别进行径流演算（非线性水库模型），然后对三种不同地表类型的径流出流进行相加即得该汇水子区域的径流出流过程线。

2）入渗模型

SWMM 入渗过程模拟提供了 Horton 模型、Greoi-Ampt 模型以及 SCS-CN 模型三种方法供用户选择（黄金良等，2007）。

Horton 模型是一个采用三个系数以指数形式来描述入渗率随降雨历时变化的经验公式。

$$f=(f_0-f_\infty)\,e^{-kt}+f_\infty \tag{31-11}$$

式中，f 为入渗能力（mm/min）；f_0、f_∞分别为初始入渗率和稳定入渗率（mm/min）；t 为降雨时间（min）；k 为入渗衰减指数（s^{-1} 或 h^{-1}），与土质状况密切相关。该公式的优势有以下几点：①假设降雨强度总是大于入渗率；②能够描述入渗率随降雨历时的变化关系，不考虑降雨期，待定参数少，适用于土壤蓄水量变化的情况。因此比较适合小流域模拟并且待率定的参数比较少，而我们所模拟的区域属于小流域的城市模拟，所以采用该下渗模型较合适。

3）地表汇流模型

SWMM 采用的地表汇流计算方法是非线性的水库模型，它将子区域视为一个水深很浅的水库（刘源等，2014）。降雨是该水库的入流，土壤入渗和地表径流是水库的出流。假设：汇水子区域出水口处的地表径流为均匀流，且水库的出流量是水库水深的非线性函数，那么连续性方程为：

$$A\frac{dy}{dt}=A(i-f)-Q \tag{31-12}$$

式中，A 为汇水子区域的面积；i 为降雨强度；f 为入渗率；Q 为汇水子区域的出流量；y 为地表径流的平均水深；y_d 为汇水子区域的洼蓄量（D）。

根据曼宁公式，求出汇水子区域的出流量：

$$Q=W（y-y_d）^{5/3}S^{1/2}/n \tag{31-13}$$

式中，W 为汇水区域的特征宽度；n 为汇水区域曼宁粗糙系数的平均值；S 为地表的平均坡度。

联立式（31-12）和式（31-13）即可得关于水深 y 的非线性微分方程，利用有限差分法进行求解，可得离散方程：

$$\frac{y_2-y_1}{\Delta t}=\bar{i}-\bar{f}-\frac{WS^{1/2}}{An}\left[\frac{y_1+y_2}{2}-y_d\right]^{5/3} \tag{31-14}$$

式中，t 为时间步长；y_1、y_2 为时段开始时刻、结束时刻的水深；i 为时段内的平均降雨强度；f 为时段内的平均入渗率。

上述方程组的求解采用 Newton-Raphson 迭代方法，在每一个时间步长内，分三步计算：①用 Horton 或 Green-Ampt 入渗公式计算每个步长内的平均潜在入渗率；②由差分方程迭代计算 y_2；③将 y_2 代入曼宁公式计算该时段内的出流 Q。对于无洼蓄不透水区和有洼蓄不透水区，其求解方法与透水区的求解类似。区别在于前一种情形下入渗率 f 和洼蓄量 y_d 值均取 0，而后一种情形入渗率 f 值取 0。

4）管网汇流模型

SWMM 采用圣维南方程组求解管道中的流速和水深，即对连续方程和动量方程联立求解来模拟渐变非恒定流（刘德儿等，2016）。根据求解过程中的简化方法求解方程组又可分为运动波法和动力波法两种方式。

（1）运动波法。运动波可模拟管道内的水流和面积随时空变化的过程，反映管道对传输水流流量过程线的削弱和延迟作用（刘子龙等，2015）。虽然不能计算回水、逆流和有压流，仅限用于树状管网的模拟计算，但由于它在采用较大时间步长（5～15 min）时也能保证数值计算的稳定性，所以常被用于长期的模拟分析。

（2）动力波法。动力波法基本方程与运动波法相同，包括管道中水流的连续方程和动量方程，只是求解的处理方式不同。它求解的是完整的一维圣维南方程，所以不仅能得到理论上的精确解，也能模拟运动波所无法模拟的复杂水流状况（王海潮等，2011）。故可以描述管道的调整蓄水、汇水和入流，也可以描述出流损失、逆流和有压流，还可以模拟多支下游出水管和环状管网甚至回水情况等。但为了保证数值计算的稳定性，该法必须采用较小的时间步长（如分钟或更小）进行计算。

由于我们需长期的模拟分析和较大时间步长的模拟分析，因此易采用运动波。

31.3　流域径流模拟与城市径流模拟耦合分析

31.3.1　流域径流模拟与城市径流模拟耦合方法

1. 效用网络分析方法

空间网络分析是建立在地理网络基础之上并通过一系列的空间规则来关联地理要素之间的空间关系的一种方法。因此，在建立网络分析之前需要收集和整理地理资源，这些地理资源概括起来就是若干个点和若干条线，并且这些要素之间是可以相互连通的。根据这些点线之间的空间关系来描绘要素在空间上的流动情况。例如，我国的交通网，各个交通线将城市与城市相连接或将城市与乡村相连接；城市地下管网系统将整个城市各户居民的污水、给水管道相连接。全国的电网系统连接了各个地区的输电网络等。

各个空间网络中的资源，如水流、电流等在流向上由源和汇两个因素决定，但是在网络流动的过程中，资源本身无法确定流动的方向，而是由外界因素决定的，如水的压力、资源的重力、电力的磁场等。这种网络在方向上是定向的，能够根据外界因素明确资源的流动方向，我们也将这种定向的网络分析叫做效用网络分析。相反，要素在网络流动过程中流向不完全确定和控制，这种网络在方向上是非定向的，我们也将非定向网络分析叫做传输网络分析。

2. 流域径流模拟与城市径流模拟相耦合模型

流域径流模拟与城市径流模拟在空间范围上来说相当于一个大尺度和小尺度的问题，本论文通过建立流域与城市之间的网络分析，将大尺度和小尺度相耦合，效用网络分析的应用领域主要是应用于河流网络分析，网络中的代理也就是模拟的对象行进的路径需要由外部因素来决定，如水的压力，根据这一原理我们构建流域水系与城市边界之间的网络分析，以此来生成流域水系向城市内水系输送外来水量的进水节点，将节点的上游来水量作为城市节点的境外来水量，这样就将两个模型耦合起来，既符合城市水量的实际情况，同时克服了以往的城市境外来水量主要靠水利部门统计和估算的不准确性，使得城市洪水水量模拟更加精确。

根据建立的效用网络分析，提取新的线图层上的点并将提取出来的点建立点数据集，最后建立点与新线图层之间的空间链接，即由点和线构成了源与汇的流向网络。根据建立的空间规则，我们需要对点与线在空间上的关系进行判断，点与线在空间关系上共有四种位置关系，因而交点个数不同，根据实际要素挑选出正确的节点。

31.3.2 流域径流模拟分析

1. 模型建立

1）数字高程模型数据

目前很多 GIS 软件都可以使用数字表面模型生成流域数字水系数据，不同的软件采用不同的空间数据算法，生成的流域水系图必然有一定的差别，虽然这些软件所采用的算法不尽相同，但基本思想和处理流程还是一致的，具体流程图如图 31-2 所示。

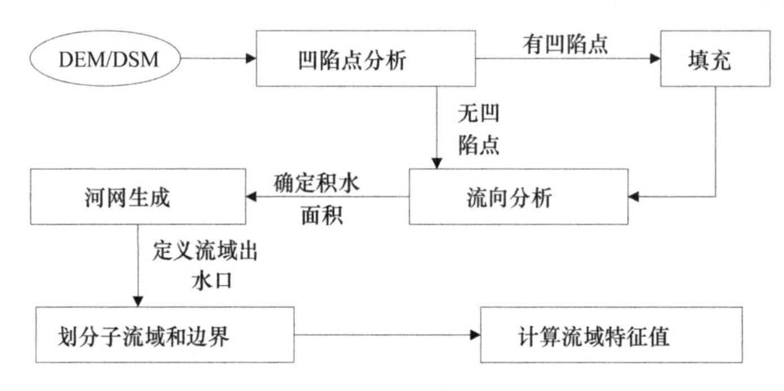

图 31-2　DEM 水文分析通用过程

使用 DEM 或 DSM 分割流域水系时（谢顺平等，2005），对于地势平缓的平原地区数字高程模型中有平地和洼地及其嵌套、连通等情形的处理一直是该领域研究的难题，主要原因是水体在低洼地区会被地形割断，成为不连续的水体区域以及水流在较平坦地区的无规律流动（谢顺平等，2005），这类数据处理的好坏决定了流域水系提取质量的高低（陈虹等，2015）。本研究区是人口聚集的区域，且是平原湿润地区，地形高程不大，人工水系较多，且人类活动对地形的影响较大，因此本研究使用包含了地表建筑的人工设施高程的高精度数字表面模型 DSM，该数字表面模型的空间分辨率为 4.777 m，但通过对数据的实际分析发现，该数据仍然存在上述问题。因此必须对该数字表面模型数据进行"填洼"处理，就是将数字表面模型中的非物理意义上的凹陷点填充处理掉，提高由数字表面模型生成的流域水系的精确度。本文中直接使用 SWAT 模型中流域划分工具自动地对数字表面模型的平地和洼地进行填充。最后使用 ArcGIS 将数字表面模型的数据格式转换为 Grid 类型。经过处理后最终获得本研究区的数字表面模型数据，如图 31-3 所示。

2）土地利用覆被数据

土地利用现状数据来源于余姚市地理国情普查第二次调查数据，比例尺是 1∶1 万，格式为 shp 类型，但数据坐标系统和投影类型与数字表面模型的坐标系统和投影类型都不一致，所以不能在同一个坐标系统中进行显示、分析等操作，因此在进行相关分析之前必须对土地利用数据进行坐标投影变换。本研究中所使用的土地利用数据的坐标系统是 WGS_1984 系统，因此，在使用工程中需要使用 ArcGIS 软件将其投影坐标转换为数

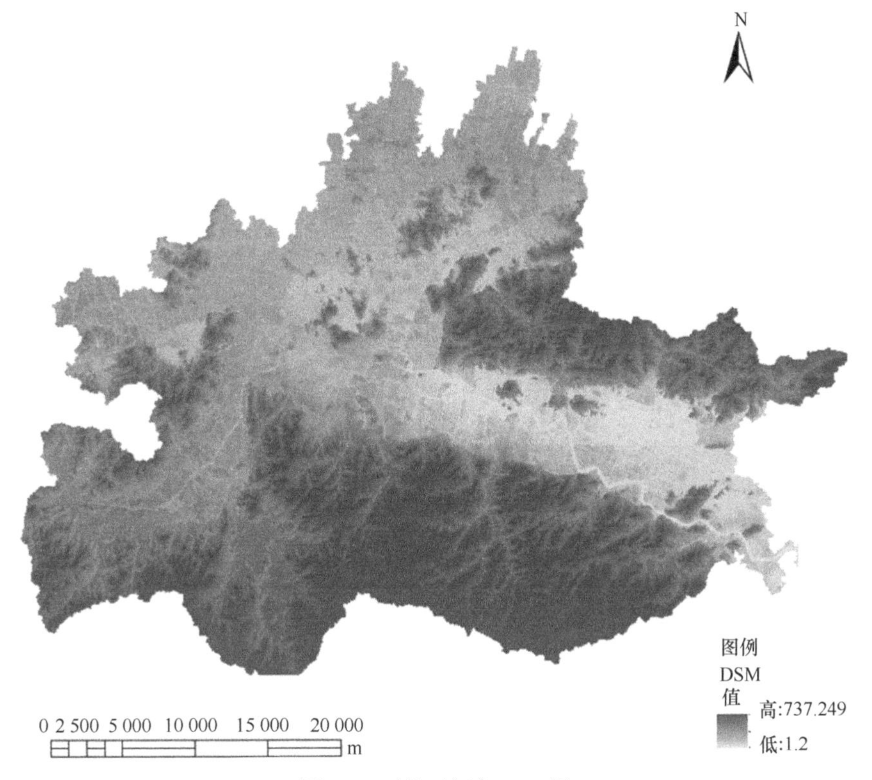

图 31-3　姚江流域 DSM 图

字表面模型的坐标。并使用研究区的数字表面模型为掩膜对土地利用现状数据裁剪，获得该研究区的流域土地利用现状图，如图 31-4 所示，由于本文使用的土地利用现状数据分类标准是第二次全国土地利用调查的标准，而本文在洪水水量模拟中所使用的土地利用数据分类标准与美国标准（王振涛和王腊春，2011），两者分类不一致，因此必须将土地利用数据转换为美国地质调查局的分类标准，本文结合国内的相关研究将本流域的土地利用数据重新分类编码，如表 31-1 所示。

3）土壤数据

土壤类型数据坐标系为 GCS_WGS_1984。采用的土壤分类系统主要为 FAO-90。本文的研究侧重点是模拟姚江流域的径流量，因此可以忽略流域内土壤的化学属性，只关注土壤的物理属性。本研究中所需的土壤物理属性变量如表 31-2 所示。

结合表 31-2 与本文的数据，确定了如下属性需要通过计算获得，即土壤水文学分组参数、土壤层有效持水量参数、饱和导水率参数、土壤侵蚀力因子参数等几个参数。

土壤的渗透系数计算通常采用如下方程：

$$X=(20Y)^{1.8} \tag{31-15}$$

式中，X 为土壤渗透系数；Y 为土壤平均颗粒直径值。

Y 值的计算公式为：

$$Y=(Z\times0.03)/10+0.002 \tag{31-16}$$

式中，Z 为土壤砂粒含量的百分数。

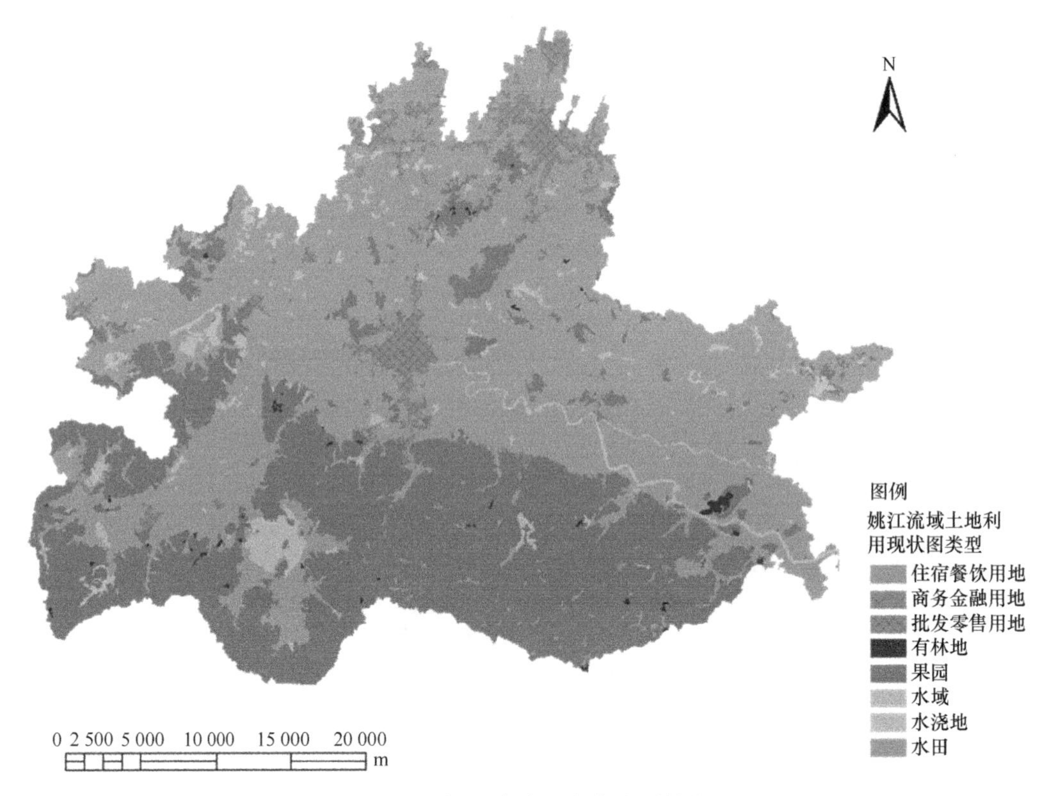

图 31-4 姚江流域土地利用现状图

表 31-1 姚江流域土地利用现状类型转换编码表

二调地类编号	二调地类类型	SWAT 地类类型	SWAT 编码
11	水田	耕地	AGRL
12	水浇地		
21	果园	果园	ORCD
31	林地	林地	FRST
33	其他林地		
51	批发零售用地	商业用地	UCOM
52	住宿餐饮用地		
53	商务金融用地		
111、113、114	水域	水域	WATR

表 31-2 土壤属性数据参数表

变量名称	参数定义	备注
SNAM	土壤名称	
NLAYERS	土壤分层数	
HYDGRP	土壤水文学分组	
SOL_ZMX	土壤剖面最大根系深度	
ANION_EXCEL	阴离子交换孔隙度	默认值 0.5
SOL_CRK	土壤最大可压缩量	默认值 0.5
TEXTURE	土壤层结构	

续表

变量名称	参数定义	备注
SOL_Z	各土壤层底层到土壤表层的深度	
SOL_BD	土壤湿密度	
SOL_AWC	土壤层有效持水量	
SOL_K	饱和导水率	
SOL_CBN	土壤层中有机碳含量	
CLAY	黏土含量	
SILT	壤土含量	
SAND	砂土含量	
ROCK	砾石含量	
USLE_K	土壤侵蚀力因子	
SOL_EC	土壤电导率	

当所有土壤的物理属性参数计算完成后，把这些参数输入到模型的用户土壤数据表中就完成了用户自定义土壤属性数据库的构建。

4）气象数据

气象数据分为两部分，一部分来源于余姚市实时水雨情监视网站（http：//fx.yywater.gov.cn：81/Report/WaterRainReport.aspx），另一部分来源于美国 SWAT 模型实验室的气象数据（http：//swat.tamu.edu/）。姚江流域有 9 个气象观测站点，SWAT 模型中有两个必需的气象数据，即最高、最低气温和降水数据。各个气象站点的位置如表 31-3 所示。

表 31-3　气象站点统计表

站点编号	站点名称	纬度/（°）	经度/（°）	高程/m
1	姚江大闸	29.899	121.546	3.286 623
2	上浦闸	29.901	120.843	9.692 546
3	陆埠水库	29.93	121.239	234.197 998
4	四明湖水库	29.957	121.047	4.102 619
5	梁辉水库	29.986	121.155	42.005 584
6	余姚	30.05	121.17	2.400 133
7	梅湖水库	30.079	121.248	25.512 481
8	里杜湖水库	30.113	121.394	2.700 000
9	上林湖水库	30.164	121.325	4.277 930

2. 模型数据输入与运行

1）流域划分

流域的地形控制了地表水流的汇聚方向，同时也影响了流域内降水的空间分布情况，地形进一步的决定流域的地表水量的汇集和非平整面产流和汇流进程。

研究区流域的地表积水区域、平均海拔、河道坡度等信息均由 SWAT 模型自动地从数字表面模型中提取得到。SWAT 模型从数字表面模型中提取生成河网信息时，相关阈值参数的设置按照 SWAT 模型的默认参数设置即可达到最优提取结果。但是由于研究区的海拔落差较小，环状水系分布广泛，使用 SWAT 模型由 DEM 提取水系时会出现伪河道以及空间集水单元无法合理划分的问题，针对上述问题，本文根据现有的流域河网数据提出了如下解决思路。

（1）将已有的河网数据分级概化与打断。首先将已有的河网数据根据长度进行分级处理，然后将姚江干流和主要支流进行概化处理，若概化后的河网存在环状交叉河道进行打断处理，将复杂的环状交叉的河网结构转换为较为简单的树状结构，进而便于河网的提取和水文响应单元的划分。

（2）采用河网叠加修正方法提高 DEM 水系提取精度。将第一步处理后的河网数据作为辅助数据添加到 SWAT 模型中，这样可以有效地提高河网水系的提取精度，同时也能提高水文响应单元的划分精度。

在本文中，模型模拟生成了 29 个子流域，最终生成流域的面积为 1326.34 km^2，子流域划分及水系图如图 31-5 所示。

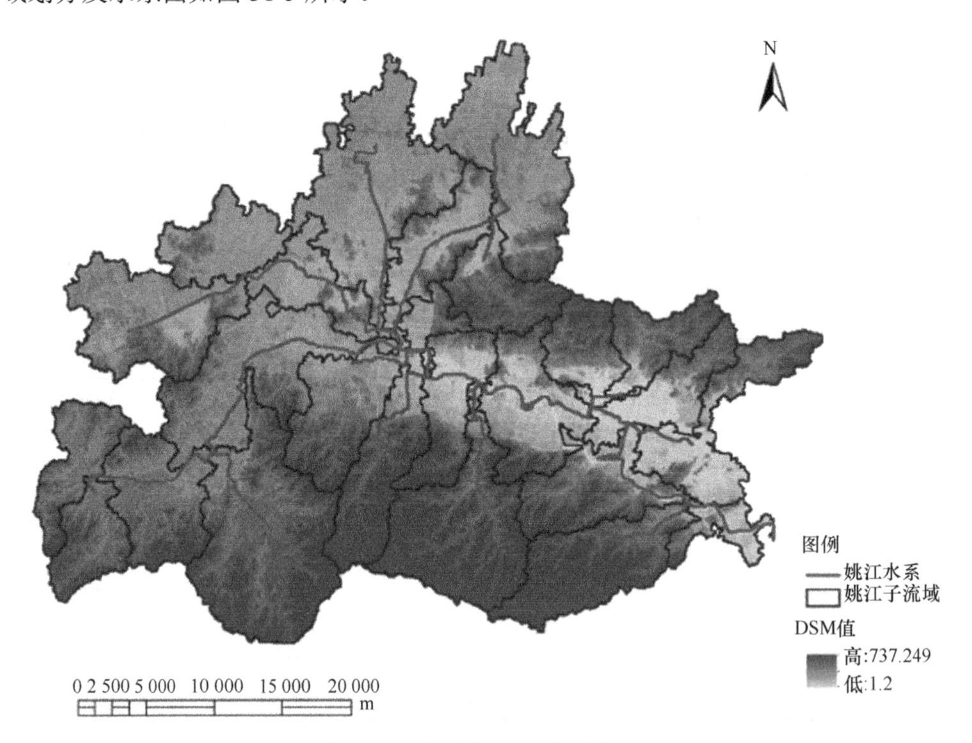

图 31-5　姚江流域子流域分区图

2）水文响应单元分析与定义

在 ArcSWAT 设置输入模型中的流域土地利用现状图、土壤类型分布图以及流域坡度数据三类数据的分割阈值，之后与数字地表模型进行叠加分析，模型根据叠加分析结果和分割阈值自动建立流域内的水文响应单元（吴家林，2013）。本文根据研究区姚江流域的实际情况，将土地利用现状数据的阈值设置为 10%，土壤类型分布数据的阈值设置为 20%，地表坡度的阈值设置为 12%，模型根据设定的阈值和数据本身的属性将姚江流域划分为 151 个水文响应单元。

3）气象数据的输入

水文响应单元划分完毕之后，模型开始进行气象数据的模拟，在本研究中，将本研究区内的 9 个气象观测站点的降水和气温数据以及这 9 个站点的位置数据添加到气象资料输入模块中。SWAT 模型将根据输入的降水和气温数据自动估算其他气象数据以及创建后续模块待使用的相关输入输出文件。

4）水文模型的运行

当 SWAT 模型成功读取所有必需数据，且参数设置完毕无误后，就可以对研究区的降水产流量进行模拟。

3. 模型参数率定与验证

1）参数敏感性分析与参数率定

SWAT 模型中有 1000 多个参数，如果对模型中的参数逐个进行校准调节，不仅耗费时间和精力，同时也不利于模型的应用和发展。顾名思义，参数的敏感性分析就是对不同的输入参数对模型的模拟结果的影响程度作相应的评估（喻光明和王朝南，1996），在敏感性分析结果中排序靠前的参数往往意味着敏感度也比较高，则将这些参数用于模型的校准。本文选用姚江流域径流实测资料，使用敏感性分析方法，对影响径流模拟结果的相关参数进行敏感性分析，计算出了对研究区径流水量影响较大的 6 个参数，如表 31-4 所示。

表 31-4　模型参数敏感性分析结果

排序	参数	定义
1	CN2	径流曲线数
2	SOL_AWC	田间持水量
3	ESCO	土壤蒸发补偿系数
4	SURLAG	地表径流滞后系数
5	GW_REVAP	地下水再蒸发系数
6	ALPHA_BF	基流 a 系数

通过对影响径流量模拟精确度敏感性较大的几个参数值的调整，来校准整个模型的结果，这个过程就是对模型中敏感性较高的参数进行率定的过程，最终模型模拟的径流量值和水利部门实测的流量值之间的误差达到相应要求，参数率定的基本步骤如图 31-6 所示。

依据上一节的分析结果并结合本区域的实际情况，本文选择上述 6 个参数作为模型的敏感参数，并且利用姚江大闸水文站的径流量实测数据，进行参数调节与径流量校准，最终确定了姚江流域的 SWAT 模型的可靠参数值，如表 31-5 所示。

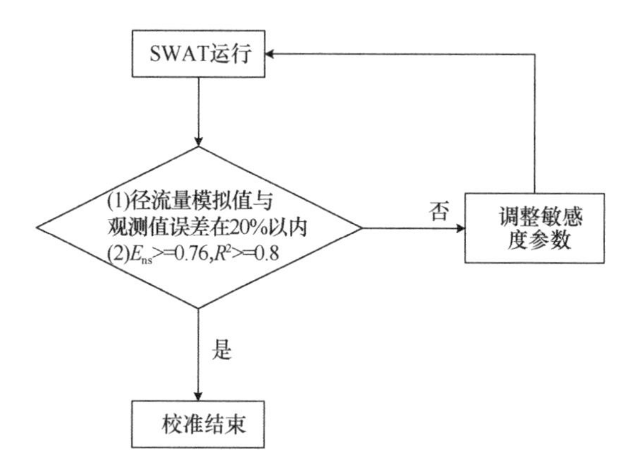

图 31-6 模型参数率定基本步骤

表 31-5 SWAT 模型校准参数结果

参数名称	参数含义	参数变化范围	最优参数
CN2	SCS 径流曲线数	−20%～20%	−0.0175
SOL_AWC	田间持水量	−20%～20%	−0.11
ESCO	土壤蒸发补偿系数	0～1	0.95
SURLAG	地表径流滞后系数	0.05～24	4
GW_REVAP	地下水再蒸发系数	−20%～20%	0.03
ALPHA_BF	基流 a 系数	0～1	0.048

2）精度验证

评判模型校准可靠度的一个方法就是对模型的模拟精度进行验证。模型是否适合研究区域可以由模型的模拟效率来表达，本文拟采用相对误差（R_e）、纳什效率系数（E_{ns}）和相关系数三个指标对模型的模拟结果进行评估，其中相对误差和纳什效率指标的计算方法如下。

$$R_e = \frac{Q_0 - Q_m}{Q_0} \times 100\% \tag{31-17}$$

$$E_{ns} = 1 - \frac{\sum_{i=1}^{n}(Q_0 - Q_m)^2}{\sum_{i=1}^{n}(Q_0 - \overline{Q}_m)^2} \tag{31-18}$$

式中，Q_0 为径流量的观测值；Q_m 为径流量的模拟值；$\overline{Q}_m$ 为观测值的平均。E_{ns} 的取值范围为负无穷大到 1，E_{ns} 的值越接近于 1，表示该情形下，模型的可信度较高；E_{ns} 的值接近 0 时，表示该模型的模拟结果接近观测值的平均水平，意味着模型的总体结果可信，过程模拟误差较大。当 E_{ns} 远远小于 0 时，表示该模型的模拟结果是不可信的。

通过输入 2013 年 10 月 5 日至 10 月 12 日每天的降水量与每日的最高、最低气温，使用 SWAT 模型模拟了这一时间段内该流域的地表径流量，同时还模拟估算了流域内各个水文响应单元的洪峰时间，模拟研究区内各子流域降水总产流量为 $7.156 \times 10^8\,m^3$，与官方实测数据（$7.5 \times 10^8\,m^3$）相差 $0.144 \times 10^8\,m^3$，模拟精度为 95%，远远超出给定的 80%的精度指标，说明使用该模型是可靠的。相对误差（R_e）、纳什效率系数（E_{ns}）的计算结果如表 31-6 所示。

表 31-6　模型模拟值与实测值的对比表

评价指标	时间段	模拟准确度
相对误差（R_e）	2013-10-05 至 2013-10-12	0.84
纳什效率系数（E_{ns}）	2013-10-05 至 2013-10-12	0.91

31.3.3　建立流域与城市的耦合模型

通过利用 GIS 的空间网络分析工具，我们构建了流域水系与城市边界之间的网络分析关系，以此来生成流域水系向城市内水系输送外来水量的进水节点，将节点的上游来水量作为城市节点的境外来水量，这样就将两个模型耦合起来。图 31-7 所示为流域与城市网络分析技术路线图。

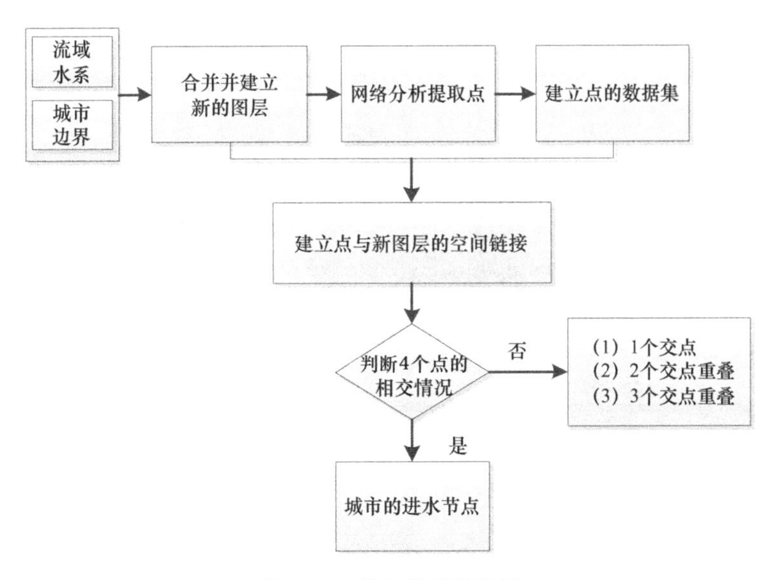

图 31-7　耦合技术路线图

首先利用 ArcGIS 工具将流域水系图层和城市边界图层在同一坐标系的情况下合并成一个新的图层，然后利用网络分析工具提取新的线图层上的点并将提取出来的点建立点数据集，最后建立点与新图层之间的空间链接，得到的结果如图 31-8 所示。

根据建立的空间链接，进行相交点的判断，通过分析我们发现点与线的空间关系一共有四种：①1 个相交点即自相交点；②2 个交点重叠即两条线相交；③3 个交点重叠即三条线相交；④4 个交点重叠即四条线相交；通过对情况分析得到的进水节点为 4 个交点重叠，即 4 条线相交，得到的城市进水节点如图 31-9 所示。

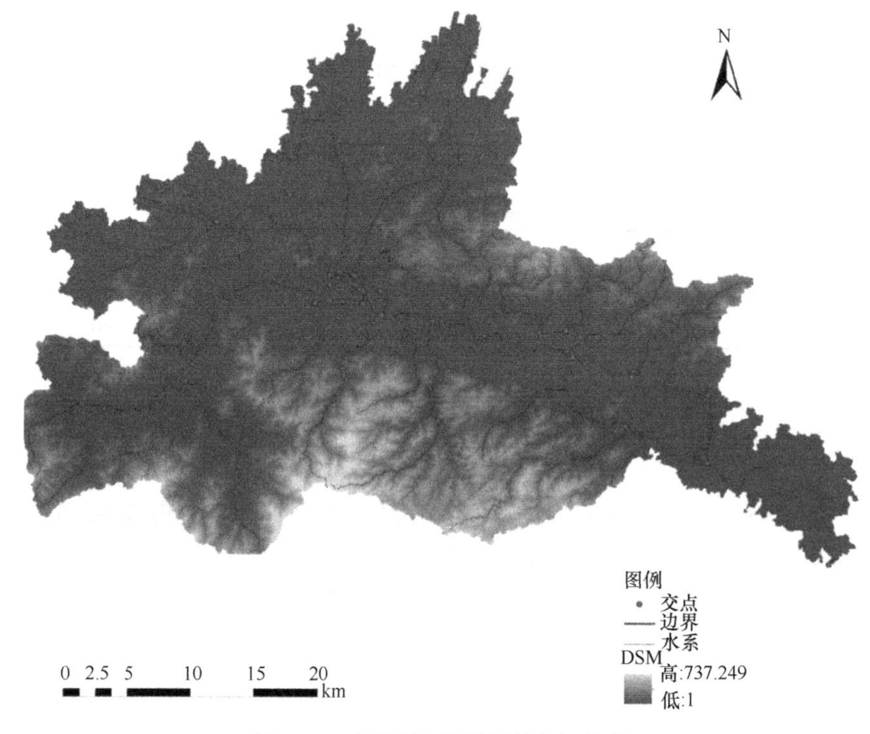

图 31-8 点图层与线图层的空间关联

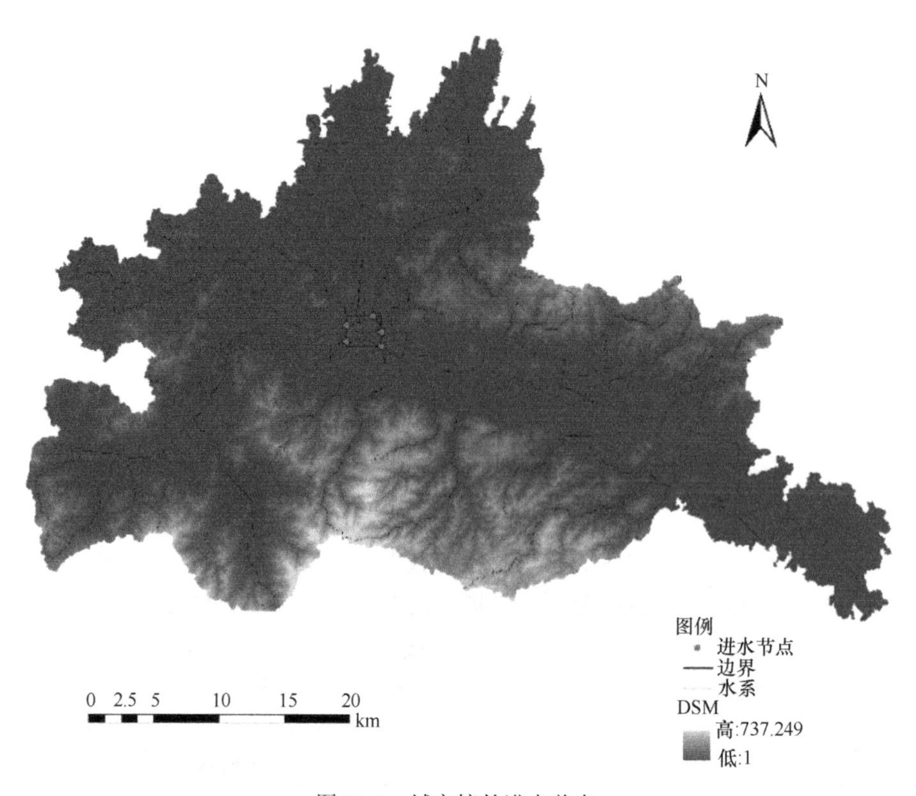

图 31-9 城市境外进水节点

31.3.4　城市径流模拟分析

1. 模型基础数据处理与仿真模型建立

1）排水管网概化

测绘部门在野外测量地下排水管线时，由于客观的一些限制因素，导致测量的管线数据具有不连续性，因此需要进行排水管网的概化。首先，利用 GIS 的空间查询和选择工具将研究区现有的雨水管网数据从管网数据库中提取出来，其次，利用 GIS 矢量化工具对提取出来的管网数据进行简化并且建立拓扑关系检查管网的连通性（张杰，2012）。最后，将测绘部门实测的管网相关属性信息包括管道长度、管径、管道类型、检查井的地面高程等在 GIS 的属性表里一一编辑完整，并且根据管道高程和检查井的地面高程来确定水流方向和交叉水流变向等（傅新忠，2012）。

由于 SWMM 模型是开源模型，并且该模型数据的输入不能直接接受 CAD、GIS 数据，需要借助相关转换软件进行数据格式转换（刘德儿等，2016），因此使用 C#开发语言基于 Arc Engine 开发平台对 SWMM 模型进行了二次开发（韦春夏，2011），通过新开发的模型软件直接将已经整理好的管网图层进行数据导入，具体操作如图 31-10 所示。

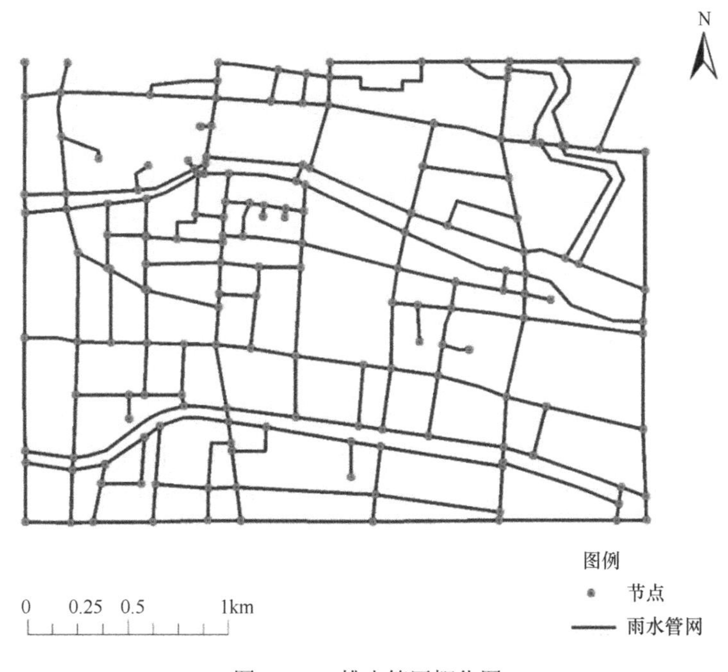

图 31-10　排水管网概化图

根据管网概化结果，研究区的排水管网有 112 根雨水管道、112 个检查井、1 个排放口。管道直径为 240～800 mm，埋藏深度 0.7～1.5 m。

2）子汇水区划分

汇水区的划分是建立分布式水文模型的关键步骤。根据研究区的实际情况，首先基于高精度的数字高程模型利用 GIS 水文分析模块划分区域的子流域，然后根据余姚市的道路数据作为分水岭将子流域划分成大的子汇水区，最后选用余姚市 SPOT5 遥感影像作为背景图片，根据土地覆被类型、区块单元及降水就近排放等原则（何福力，2014），通过 GIS 矢量化工具将大的子汇水区划分成若干个更小的子汇水区。通过新开发的模型软件直接将划分的子汇水区进行数据导入，如图 31-11 所示。

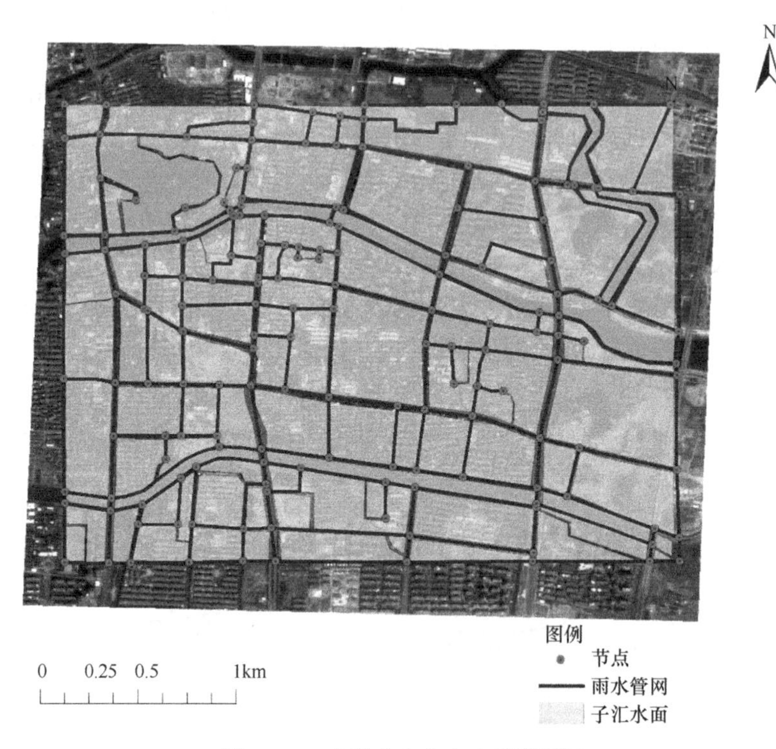

图 31-11　余姚市市中心内涝模型图

3）暴雨设计

SWMM 模型进行城市暴雨洪涝灾害模拟计算时既可以采用实测的降雨数据，包括实时单次降雨及长时间序列连续降雨，也可以采用合成的设计降雨（傅新忠，2012）。本文进行暴雨洪涝灾害模拟的主要对象是研究区地下排水管网和地表子汇水区，同时该研究区域有气象站点，能够提供以一小时为时间步长的实时降水数据。因此，本文采用实时的降雨数据对研究区进行降雨产流水量的模拟。根据水利部门实测的余姚气象站所获得 2013 年 10 月 5 日至 2013 年 10 月 12 日的降雨数据，整理的数据格式如表 31-7 所示。

表 31-7　实测气象数据

日期	时刻	降雨量/mm
2013-10-5	11：00	12.5
2013-10-5	12：00	18.3
2013-10-5	13：00	25.4
2013-10-5	14：00	15.9

续表

日期	时刻	降雨量/mm
2013-10-5	15：00	37.5
2013-10-5	16：00	39.8
2013-10-5	17：00	13.7
2013-10-5	18：00	10.8
2013-10-5	19：00	16.7

2. 模型参数设置及结果分析

1）模型参数设置

SWMM 模型参数设置主要包括城市汇水区参数设置、地下排水管网参数设置和模型模拟运行参数设置三大类（胡彩虹等，2015）。

管网参数设置，主要是根据 SWMM 模型的管段和节点两个对象属性里设置的属性表并参照余姚市政管理局提供的余姚市排水管网施工标准进行设置，管段参数设置如表 31-8 所示。

表 31-8　管段参数设置

参数名称	取值范围
形状	CIRCULAR
断面的最大深度	0.3～0.5
曼宁 *n* 值	0.01
进水偏移	0.01～0.03
出水偏移	0.01～0.03
初始流量	境外来水量
最大流量	max

子汇水区参数设置，主要是依据 SWMM 模型的子汇水面对象属性里设置的属性表并参照余姚市 SPOT5 遥感影像提供的姚江流域地形信息及余姚市政管理局提供的姚江流域土地利用类型分布来确定子汇水区模型参数，汇水区参数设置如表 31-9 所示。

表 31-9　汇水面参数设置

参数名称	模型参数	取值范围
坡度	地表平均坡度	0.5%～5%
曼宁 *n* 值	不渗透面积	0.01～0.03
	渗透面积	0.1～0.3
洼地蓄水深度	不渗透面积	2～5 mm
	渗透面积	3～10 mm
	最大入渗速率	80
Horton 渗入	最小入渗速率	3.26
	衰减常数	0.0006
无洼地蓄水不渗透面积比		5%～20%

模型模拟参数设置，包括常用的模拟选项、时间步长和日期等，参照 SWMM 模型的参数原理和研究区的实际情况，确定研究模型模拟参数，如表 31-10 所示。

表 31-10　模拟参数设置

参数名称	取值选项
过程模型	降雨/径流 流量演算
时间步长	1 h
渗入模型	Horton 模型
演算模型	运动波

2）模型计算结果分析

根据以上构建的余姚市内涝模型以及模型参数的合理设置，模拟了余姚市 2013 年 10 月 5 日至 2013 年 10 月 13 日以 1 小时为时间步长的 8 天连续的降雨内涝过程，计算了城市内流域地表的降雨产流量和地下管道的汇流量。内涝模拟的结果如图 31-12 所示。

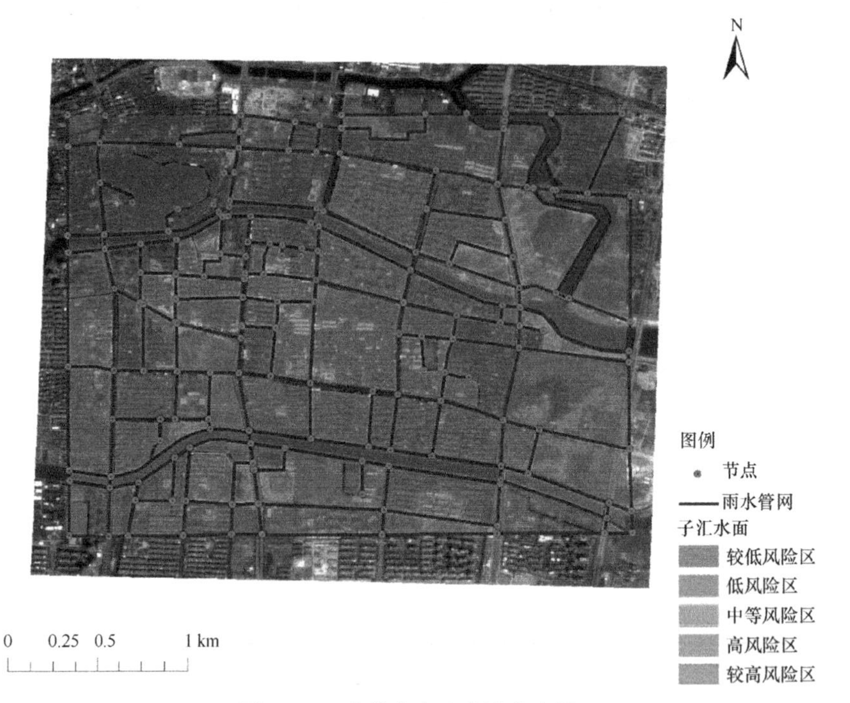

图 31-12　余姚市中心内涝分布图

31.4　城市单元水量分配模拟分析

31.4.1　城市单元水量分配方法

1. 超限水量估算模型方法

超限水量指的是降雨累积的总水量超过城市流域所承载的极限水量，也就是城市流域内降雨总产水量与城市流域承灾极限水量的差值。其计算方程如下所示：

$$Q_{\text{over}} = Q_{\text{rain}} - Q_{\text{cap}} \tag{31-19}$$

式中，Q_{over}为城市的超限水量（mm），Q_{rain}为城市降水地表产水量（mm），Q_{cap}为城市的极限承载水量（mm）。

刘子龙等（2015）将极限承载能力定义为某个流域内在不遭受社会经济损失的情况下所能承受的最大降水量以及最长的被淹没时间，它取决于流域内水资源的调蓄能力、地表植被的吸水能力以及社会经济活动的空间分布状况。

2. 城市水量分配模型方法

当城市内的水量超过了城市安全极限水量之后，就会造成城市内的建筑设施被淹没。洪水淹没在一个时间段内发生，具有动态性特征。对淹没过程常采用二维洪水演进模型进行动态模拟。因此，本文准备借鉴地理信息系统中的空间分析技术建立洪水淹没分析模型，进行洪水淹没空间范围和淹没水深的估算。

城市内超限的洪水径流量将导致城市的洪水淹没过程。根据这个原理，本研究准备以城市洪水总量作为输入变量建立估算模型估算城市内洪水的淹没范围和洪水水深。具体的研究思路如下：持续的设定河道洪水水位，相应的计算出城市内的淹没区域的容积，然后与城市超限洪水水量作对比，通过使用二分逼近算法计算出在接近超限水量时的淹没区域洪水水量，然后计算出城市内的洪水淹没区以及洪水水深情况。淹没区水量采用如下方法计算：

$$V = \sum_{i=1}^{n}(H - h_i)a_i \tag{31-20}$$

式中，H 为流域水位（m），h_i为已淹没的栅格高程（m），a_i为淹没的单元栅格面积；n 为已淹没的连通的单元栅格数目。

二分法逼近算法构建如下收敛函数：

$$F(H) = Q_{\text{over}} - V = Q_{\text{over}} - \sum_{i}^{n}(H - h_i)a_i \tag{31-21}$$

已知 F（H_0）= Q（H_0）（H_0为入口单元对应的高程），目标是求得一个 H 使得 F（H）= 0。

31.4.2 城市单元水量分配模拟

本文使用的 SWMM 模型计算出的降雨产水量，和《余姚市防洪排涝规划》(2014 年 GH1074）中提供的区域排水量、境外来水量、河网湖泊调蓄水量数据，采用 C#开发语言，实现上述的超限水量估算模型和淹没分析算法，计算出区域淹没水深和淹没范围，预测研究区域 10 月 8 日淹没水深为 3.02 m（85 高程系），淹没范围 356.3 km^2。

31.5 洪水灾害预警系统设计与开发集成

31.5.1 系统需求分析

本系统需要将流域径流量模拟模型、城市暴雨洪水管理模型、城市水量分配模型等模型集成到本系统中，同时还需要提供空间数据管理、处理结果可视化表达等基本功能。系统建设目标是将以上三种模型无缝低耦合的集成到系统中，以及实现 GIS 软件的基本的数据管理与可视化表达功能。同时还要保证系统的稳定性、准确性和响应速度。

31.5.2　系统总体设计与架构

1. 系统整体架构

系统总体架构是以区域地理空间数据和气象数据为基础，综合应用计算机技术、多源高分遥感数据分析技术、GIS 技术、模型预警技术、三维模拟仿真技术，采用统一的技术服务架构，实现洪涝灾害的预警与灾情评估，总体架构如图 31-13 所示。

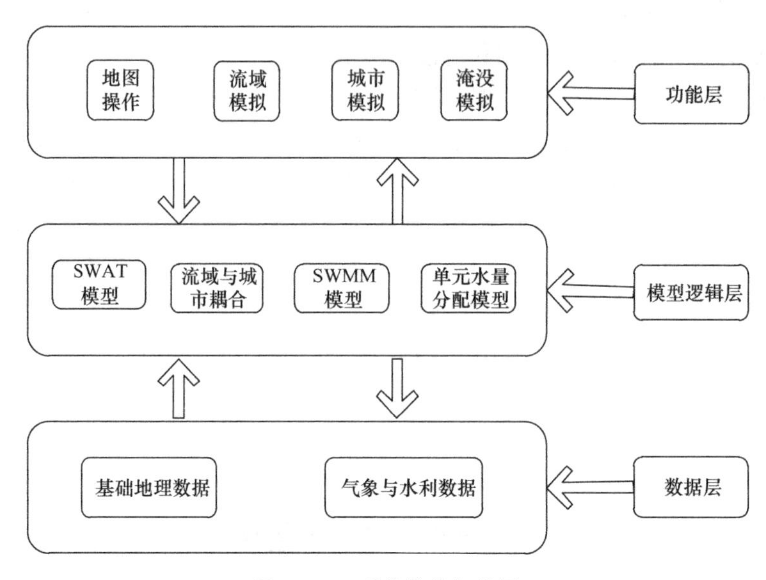

图 31-13　系统总体架构图

1）数据层

主要为流域内的基础地理空间数据和气象数据，基础地理数据包括流域的高精度 DSM 数据、土地覆被数据、土壤类型数据和城市子汇水区域数据、地下排水管网数据等；气象数据主要是研究区内的降水和气温数据。

2）计算层

计算层主要是指集成到系统中的洪水灾害预警模型，该模型包含了 SWAT 水文模型、SWMM 水文模型、超限水量估算模型和淹没分析模型等几个子模型，这几个子模型是本系统的关键，同时也是计算量较大的模块。

3）功能层

系统包括地图操作、流域洪水预测、城市内涝预测、淹没模拟、可视化等几个功能模块。

2. 系统软硬件环境

1）硬件环境

根据系统运行需要，本系统增添了一台应用服务器、一台数据库服务器、一台数据备份服务器，其中应用服务器用于部署 GIS 平台，数据库服务器用于存储本项目空间数据库，数据备份服务器用于数据库数据的日常备份和恢复。

2）软件环境

系统的服务器操作系统采用了 64 位 Windows Server 2008，数据库管理软件采用了 Oracle 数据库 11g，系统开发是以 Arc Engine 提供的 SceneControl 和 GlobeControl 作为三维显示平台，在 Microsoft Visual Studio.NET 开发环境中，采用组件对象模型技术（COM），通过 C#语言来实现。ArcGIS Engine SDK10.2 提供的三维模块作为开发平台，ArcSDE10.2 和 Oracle11g 作为空间数据库。

31.5.3　系统数据库设计

本系统所使用的数据主要是 SWAT 模型所需的基础地形 DEM、土壤类型、土地利用类型和气象等数据，这些数据中，大部分数据都是空间数据、一小部分是文本数据，同时在使用 SWAT 模型模拟流域径流量时，也会产生大量的中间计算结果，总的来说，系统中所需的数据量比较大且复杂，因此需要对数据库按照相关标准进行合理设计。才能保证系统的正常的运行。

按照数据库设计要求整理建库，形成标准统一、内容完整、格式一致的数据库成果，并采用关系型数据库和 ArcSDE 空间引擎实现数据的集成和统一管理。数据库逻辑结构如图 31-14 所示。

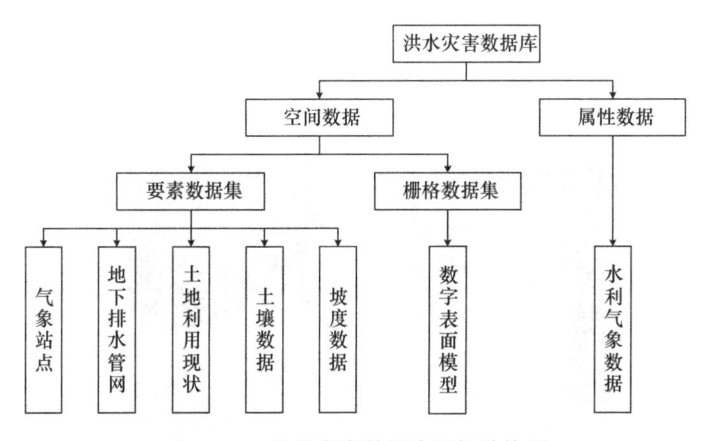

图 31-14　洪涝灾害数据库逻辑结构图

31.5.4 洪涝灾害预警模型集成

1. 流域降水产流水量估算模型集成

系统采用C#开发语言和Arc Engine开发平台进行二次开发，将SWAT水文模型集成到系统中，SWAT水文模型进行降雨产流模拟时需要气象数据，本系统降雨产流计算需要导入的数据为降水和气温信息，其余气象参数均由事先集成带有姚江流域气候数据库的天气发生器自动生成。

2. 城市降水产流水量估算模型集成

系统采用C#开发语言和Arc Engine开发平台对雨洪管理模型SWMM进行了二次开发集成到系统中，主要的模块包括新建工程、加载数据、水文特性参数设置、模型模拟参数设置和模型运行等几个子模块，基本属性参数通过数据加载的过程以代码形式来计算，对于影响径流量模拟精确度的一些敏感性参数设置通过弹出参数设置框手动输入。

3. 城市单元水量分配模型集成

系统同时将集成超限水量估算模型和淹没分析模型，根据SWMM模型计算出的降雨产水量，和《余姚市防洪排涝规划》（2014年GH1074）中提供的区域排水量、境外来水量、河网湖泊调蓄水量数据，采用C#开发语言和Arc Engine开发平台，按照超限水量估算模型和淹没分析模型的基本原理，完成了超限水量估算模型和淹没分析算法。

31.5.5 系统功能设计与实现

1. 系统主界面

系统主界面主要由图层控制界面、工具条界面、地图窗口界面、状态栏几部分构成，如图31-15所示，地图窗口显示的是姚江流域电子地图与子流域专题要素。系统主界面如图31-15所示。

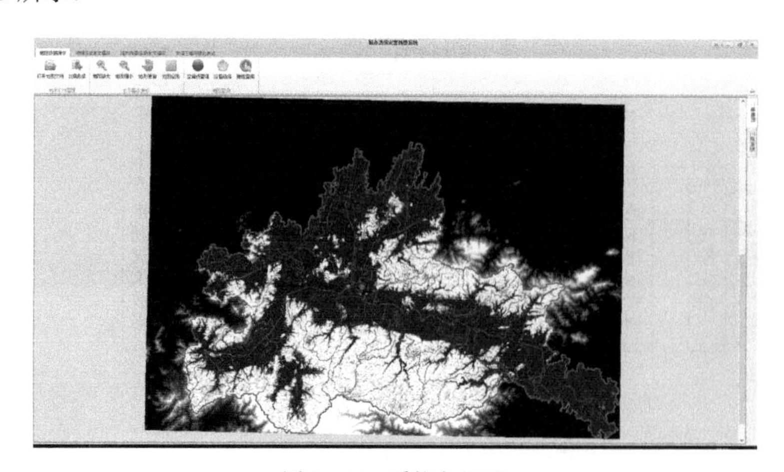

图31-15　系统主界面

2. 地图基本操作

本系统提供地图视图的控制功能主要包括地图的放大、缩小、漫游、鼠标、全图视角、前一视图、后一视图、属性查看、空间点查询和下拉框选择等。

3. 流域洪水水量模拟与预测

洪水预测模块主要是将分布式流域水文模型 SWAT 模型集成到系统中，以 SWAT 模型为核心实现了基于 SWAT 水文模型的流域内各子流域径流水量的模拟和预测，根据基础地理数据构建的模型，结合实时监测的气象水文数据，预测流域内各子流域总的降雨产水量，该模块包括气象和水文数据的输入和模型计算结果导出。

4. 城市洪水水量模拟与预测

使用 C#开发语言和 Arc Engine 开发平台，对雨洪管理模型 SWMM 进行了二次开发，建立了自己的 SWMM 软件系统模型。在该软件平台上利用余姚市的数字高程模型、SPOT5 遥感影像将余姚市中心划分为若干个子汇水区，概化地下排水管网和设计单一时间序列的降雨数据（何福力，2014），综合以上地理数据集构建了余姚市城市内涝暴雨模型，完成了对余姚市中心的暴雨径流模拟。

5. 洪水淹没模拟

淹没模拟模块主要包括淹没水深计算、淹没范围模拟，淹没范围模拟包括预测信息淹没和实时信息淹没。如图 31-16 所示。该模块功能具体如下所述。

图 31-16　淹没模拟界面

（1）淹没水深计算：该功能根据洪水预报的区域总的产水量，结合数字表面模型数据，采用二分逼近算法计算流域淹没水深。

（2）预报信息淹没：根据估算的淹没水深与流域地表高程进行对比分析，如果水深高程大于栅格单元，则将该栅格纳入淹没区，否则不计入淹没区，以此来估算流域淹没范围。

（3）实时信息淹没：用户可以依据流域内当前的实际水位手动调节水位信息，对不同的水位位置计算淹没区域面积，或者设置时间戳以动态地演示洪水淹没区域面积。

31.6　总结与展望

31.6.1　总结

本文以姚江流域作为流域研究区，使用分布式水文模型 SWAT 在 ArcGIS 平台下模拟了研究区姚江流域的短期降水产流水量，并对该模型进行了参数率定和模拟精度验证，以余姚市中心作为城市研究区，在 Arc Engine 开发平台下进行了雨洪管理模型 SWMM 的二次开发，在 SWMM 系统平台下模拟了研究区余姚市中心的单一事件序列的降雨产流水量，并对该模型进行了参数率定和精度验证。同时利用流域径流模拟和城市径流模拟相耦合的方法，将城市与流域不同尺度模型相结合进行了试验，以及利用洪水淹没分析二分逼近算法的相关理论与方法构建了完整的基于地理信息系统技术的洪水灾害预警模型。最后使用 C#开发语言和 Arc Engine 开发平台开发了平原水网城市洪水预警系统，该系统将分布式流域水文模型 SWAT 模型、雨洪管理模型 SWMM 模型和城市单元水量分配模型集成到系统中，并使用多源遥感数据对城市单元水量分配模型所模拟的洪水淹没范围进行了精度分析与验证。基于上述工作，本文结论如下。

（1）综合运用分布式水文模型（SWAT）和暴雨洪水管理模型（SWMM），建立了流域径流模拟与城市径流模拟相耦合的方法，通过利用 SWAT 模型模拟姚江流域的径流量，并通过耦合的方法计算出城市的境外来水节点，将节点的流域积水量作为城市的来水量，以此利用 SWMM 模型来模拟城市的降雨产流量。将 SWMM 模型模拟的城市径流量作为城市单元水量分配模型的输入参数。该耦合方法通过运用流域的径流量作为城市进水节点的境外来水量，大大提高了城市径流的模拟精度，克服了传统的境外来水量主要靠相关水利部门进行统计获得的局限性。

（2）通过将 SWMM 模型模拟的洪水积水量和数字高程模型等数据作为数据源，利用二分逼近算法构建了城市单元水量分配模型，运用该模型估算了城市洪水淹没范围和淹没水深，评估了城市暴雨内涝分布风险。

（3）使用 C#开发语言基于 Arc Engine 开发平台，开发了一套完整的洪水灾害预警系统，该系统不仅具有地理信息软件强大的空间数据管理能力，同时将分布式流域水文模型 SWAT 模型、雨洪管理模型 SWMM 模型和城市水量分配模型无缝的低耦合的集成到系统中，实现了根据流域降雨径流模拟和城市降雨径流模拟的耦合，根据城市水量分配模型估算城市淹没范围和淹没水深，并将其淹没情况进行三维可视化表达。该系统可以协助水利部门根据天气预报提前做好对可能发生的洪水灾害的模拟，以便第一时间作出较为科学的洪灾预警，同时也可以协助抗灾减灾部门根据洪水的淹没范围做出科学合理的灾情损失评估，为抗灾减灾提供科学的数据支撑。

31.6.2　展望

由于时间与论文篇幅的关系，本文不足之处有以下几个方面。

（1）降水产流水量模型 SWAT 的相关参数设置仍可以进一步的优化，这需要耗费较长的时间进行参数的率定与精度验证。由于时间的关系，本文只选择了对径流模拟影响较大的参数进行率定和验证精度。

（2）暴雨洪水管理模型 SWMM 的参数设置需要进一步的优化，这需要利用真实的验证数据和耗费较长的时间进行参数率定与精度验证。由于时间和数据的局限性，本文只选择了对径流模拟结果敏感性较大的参数进行了率定和精度验证。

（3）洪水淹没分析模型的相关理论研究还有待进一步的深入完善，基于平原水网城市洪涝灾害预警模拟系统平台仍有待进一步改进和优化，尽量优化界面，完善功能，使得开发的系统平台能够运用到实际当中，为余姚的防洪减灾发挥一定作用。

（张登荣、侯倩倩）

参 考 文 献

曹叡. 2010. 数字地球上的洪水、林火灾害建模与表现. 长沙: 国防科技大学硕士研究生学位论文.

陈虹, 李家科, 李亚娇, 等. 2015. 暴雨洪水管理模型 SWMM 的研究及应用进展. 西北农林科技大学学报(自然科学版), (12): 225-234.

陈晓燕, 张娜, 吴芳芳, 等. 2013. 雨洪管理模型 SWMM 的原理、参数和应用. 中国给水排水, (4): 4-7.

丁志雄, 路京选, 王义成. 2008. 基于遥感与 GIS 的堰塞湖库区淹没与溃坝影响分析. 中国水利学会. 中国水利学会 2008 学术年会论文集(下册). 郑州: 黄河水利出版社.

董欣, 杜鹏飞, 李志一, 等. 2008. SWMM 模型在城市不透水区地表径流模拟中的参数识别与验证. 环境科学, 29(6): 1495-1501.

方芃. 2015. 基于 SWMM 的城市洪水内涝模型研究. 广东水利水电, (1): 9-12.

冯丽丽, 李天文, 陈正江, 等. 2007. 基于 ArcGIS 的渭河下游洪水淹没面积的计算. 干旱区地理, 30(6): 921-925.

冯文, 刘俊. 2015. 基于 SWMM 模型的平原河网城市地区连续性模拟研究. 中国农村水利水电, (8): 35-38.

傅新忠. 2012. SWMM 在城市雨洪模拟中的应用研究. 金华: 浙江师范大学硕士研究生学位论文.

郭生练, 熊立华, 杨井, 等. 2000. 基于 DEM 的分布式流域水文物理模型. 武汉水利电力大学学报, 33(6): 1-5.

郭云飞. 2014. 基于 SWMM 的城市暴雨内涝研究——以某校园为例. 株洲: 湖南工业大学硕士研究生学位论文.

何福力, 胡彩虹, 王民, 等. 2015. SWMM 模型在城市排水系统规划建设中的应用. 水电能源科学, 33(6): 48-53.

何福力. 2014. 基于 SWMM 的开封市雨洪模型应用研究-以运粮河组团项目为例. 郑州: 郑州大学硕士研究生学位论文.

胡彩虹, 王民, 何福力. 2015. SWMM 模型在城市建设规划中的应用. 2015(第二届)城市防洪排涝国际论坛. 广州.
黄金良, 杜鹏飞, 何万谦, 等. 2007. 城市降雨径流模型的参数局部灵敏度分析. 中国环境科学, 27(4): 549-553.
黄平, 赵吉国. 1997. 流域分布型水文数学模型的研究及应用前景展望. 水文, (5): 5-10.
贾仰文, 王浩, 王建华, 等. 2005. 黄河流域分布式水文模型开发和验证. 自然资源学报, 20(2): 300-308.
康杰伟. 2008. SWAT 模型运行结构及文件系统研究. 南京: 南京师范大学硕士研究生学位论文.
李成六. 2011. 基于 SWAT 模型的石羊河流域上游山区径流模拟研究. 兰州: 兰州大学硕士研究生学位论文.
李发文, 张行南, 杜成旺. 2005. 基于 GIS 和数学形态学的洪水淹没研究. 水利水电科技进展, 25(6): 14-16.
李兰, 陈攀, 孟洁. 2015. 基于 GIS 的 LLCHEN-A 分布式水文模型与水资源预测. 武汉大学学报(工学版), 48(5): 591-598.
李小冰. 2010. 基于 SWAT 模型的秃尾河流域径流模拟研究. 西安: 西北农林科技大学硕士研究生学位论文.
李致家, 姚成, 汪中华. 2007. 基于栅格的新安江模型的构建和应用. 河海大学学报(自然科学版), 35(2): 131-134.
梁钰, 布亚林, 王蕊, 等. 2005. 致洪暴雨预报模型应用研究. 气象科技, 33(4): 305-310.
廖永丰, 聂承静. 2011. 流域性暴雨洪涝灾害风险预警模型与应用分析. 地球信息科学学报, 13(3): 354-360.
刘德儿, 袁显贵, 兰小机, 等. 2016. SWMM 模型与 GIS 组件的无缝耦合及应用. 中国给水排水, 32(1): 106-111.
刘仁义, 刘南. 2002. 基于 GIS 技术的淹没区确定方法及虚拟现实表达. 浙江大学学报(理学版), 29(5): 573-578.
刘源, 伍岳庆, 刘心怡, 等. 2014. 暴雨径流管理模型与 GIS 完全集成技术. 计算机应用, (S1): 193-195.
刘子龙, 周玉文, 王强, 等. 2015. SWMM 产汇流模型参数的设计条件等价优化. 哈尔滨工业大学学报, 47(8): 92-95, 112.
龙美林. 2011. 基于 ArcGIS 的鄱阳湖水体淹没分析. 长沙: 中南大学硕士研究生学位论文.
隆院男. 2010. 模块化分布式水文模型 SWAT 的改进及其在涟水流域的应用. 长沙: 长沙理工大学硕士研究生学位论文.
卢晓宁, 韩建宁, 熊东红, 等. 2010. 基于 SWAT 模型的忠县虾子岭流域地表径流特征浅析. 长江科学院院报, 27(11): 15-20.
马洪涛, 付征垚, 王军. 2014. 大型城市排水防涝系统快速评估模型构建方法及其应用. 给水排水, 40(9): 39-42.
毛礼磊, 王金豆, 蒋晨昱. 2014. 基于 SWMM 的城市洪水内涝模型研究. 广东水利水电, (1): 9-12.
任立良, 刘新仁. 2000. 基于 DEM 的水文物理过程模拟. 地理研究, 19 (4): 369-376.
石赟赟, 万东辉, 陈黎, 等. 2014. 基于 GIS 和 SWMM 的城市暴雨内涝淹没模拟分析. 水电能源科学, 32(6): 57-60, 12.
王博, 崔春光, 彭涛, 等. 2007. 暴雨灾害风险评估与区划的研究现状与进展. 暴雨灾害, 26(3): 281-286.
王海潮, 陈建刚, 张书函, 等. 2011. 城市雨洪模型应用现状及对比分析. 水利水电技术, 42(11): 10-13.
王振涛, 王腊春. 2011. SWAT 模型土壤物理属性数据遥感反演建库研究. 水利水电技术, 42(11): 88-91.
韦春夏. 2011. 基于 ArcGIS 和 SketchUp 的三维 GIS 及其在洪水演进可视化中的应用研究. 武汉: 华中科技大学硕士研究生学位论文.
吴家林. 2013. 大沽河流域氮磷关键源区识别及整治措施研究. 青岛: 中国海洋大学博士研究生学位论文.
夏积德, 吴发启, 郭江涛, 等. 2008. 分布式水文模型建模过程研究. 西安文理学院学报(自然科学版),

11(4): 1-7.
谢顺平, 都金康, 王腊春. 2005. 利用 DEM 提取流域水系时洼地与平地的处理方法. 水科学进展, 16(4): 535-540.
喻光明, 王朝南. 1996. 洪涝灾害承灾极限与灾情估算模式. 应用基础与工程科学学报, 4(4): 371-377.
张杰. 2012. 基于 GIS 及 SWMM 的郑州市暴雨内涝研究. 郑州: 郑州大学硕士研究生学位论文.
张平仓, 任洪玉, 胡维忠, 等. 2006. 中国山洪灾害防治区划初探. 水土保持学报, 20(6): 196-200.
赵冬泉, 陈吉宁, 佟庆远, 等. 2008. 基于 GIS 构建 SWMM 城市排水管网模型. 中国给水排水, 24(7): 88-91.
Loucks D P. 1995. Developing and implementing decision support system: A critique and a challenge. Journal of the American Water Resources Association, 31(2): 571-581.
Wan C F, Fell R. 2004. Investigation of rate of erosion of soils in embankment dams. Journal of Geotechnical and Geoenvironmental Engineering, 130(4): 373-380.

第32章 杭州湾滨海湿地时空演变及多情景模拟预测研究

32.1 引　言

32.1.1 研究背景及意义

滨海湿地作为海洋和陆地两大生态系统的过渡区，受海陆作用力的双重影响，湿地类型多样、开发优势突出、动态变化明显。虽然政府重视对滨海湿地的保护，但仍存在人类活动和环境污染、生态破坏等问题（Sun et al.，2015）。

杭州湾湿地是我国南北沿海湿地的分界线，也是我国重要湿地及重点监测对象。杭州湾位于钱塘江汇入东海的入海喇叭口区域，由于受到入海口三角洲的影响，大量泥沙淤积，形成大片淤泥质海滩（Pang et al.，2015），由于其具有广阔的海滩，每年吸引大量候鸟光临，同时，还有不少珍稀鸟类在此繁殖、越冬，因而杭州湾滨海湿地生境复杂，物种多样性丰富。淤泥质海滩由于其得天独厚的土壤基质，极其适宜养殖及耕种，因而具有巨大的经济效益和生态价值。填海造地及围垦造田是一种重要的开发方式，我国的海滩围垦历史悠久，对上海、江苏、环渤海、珠海等沿海地区都进行了大量围垦。适当的人类活动有利于湿地演替过程，但过强的人为干扰会导致湿地生境恶化而不可逆转。近代以来，由于剧烈的人类活动与高强度的建设开发，导致淤泥质海滩的围垦过度，滨海湿地丧失退化；不断被人工湿地取代；动植物生境受到破坏，生物多样性降低，湿地功能退化，生态自然演替过程受到影响（Adeleye et al.，2016；Sun et al.，2016；Wang and Pan，2017）。杭州湾滨海湿地正面临着来自内陆的人为干扰以及来自海域的海平面上升的双重威胁。因此，研究双重影响下的湿地时空格局演变趋势，可为资源合理开发、防止湿地功能退化提供科学依据，同时对湿地的管理、保护和可持续发展具有重要意义。

遥感与GIS技术在湿地动态变化监测以及演变趋势研究中得到广泛应用（Foody，2002；Melendez-Pastor et al.，2010；Chen et al.，2014；Luo et al.，2016；Jin et al.，2017）。其中，Landsat系列遥感影像作为监测长期变化的理想数据，在长时序动态变化研究中广泛使用（Chander et al.，2009； Coulter et al.，2016；Lloyd L et al.，2016；Vogelmann et al.，2016；Son et al.，2017）。Lu等（2017）利用Landsat时间序列数据评估城市植被覆盖度。Halabisky等（2016）利用Landsat时间系列卫星影像重建半干旱湿地地表水并监测其长时间上的湿地水文变化。Han等（2015）基于Landsat卫星观测鄱阳湖冬季近40年的湿地变化。

本研究基于Landsat遥感影像数据及GIS技术手段，揭示30年来杭州湾滨海湿地格局演变特征及其驱动机制；利用空间预测模型，通过对未来30年杭州湾滨海湿地多情景模拟研究，预测其未来可能的发展趋势，并提出湿地未来发展的保护对策与建设性意见。为资源合理开发、防止湿地功能退化提供科学依据，对湿地的管理、保护和可持续发展具有重要意义。

32.1.2 国内外研究现状

随着湿地科学研究的不断发展，湿地时空格局演变已经成为生态学的研究热点和重要研究领域。近年来，对湿地时空格局动态演变的研究聚焦于湿地未来空间格局的模拟预测。国内外许多学者在如何建模和预测方面开展了大量的研究。

1）数量预测模型

早期的数量预测模型着重于定性描述湿地系统的整体变化，分析湿地类型的数量和面积的变化，以及其变化的速率等，这类模型通常为数学模型，通过固定的数学公式利用计算机计算得出结果，如 Logistic 回归模型、灰色预测模型（gary forecast model）、马尔可夫（Markov）模型等（刘甲红等，2017）。曾凌云等（2009）、戴声佩和张勃（2013）诸多学者都利用 Logistic 回归模型来对研究区进行了模拟与分析。还有使用较广的动力学模型，其中代表性的有自下而上的基于微分方程的系统动力学模型（system dynamics，SD）和神经网络模型（artificial neural network，ANN）（李月臣和何春阳，2008）。刘振乾等（2004）利用 SD 模型对三江平原沼泽湿地进行仿真研究；吴昊（2012）利用 SD 模型对辽河河口区湿地生态环境变化进行模拟。然而，在实际模拟演变过程中，以上所述模型仍存在着不足。模拟结果只是在数量和面积上的变化，无法分析空间上的格局变化。例如，SD 模型缺乏对空间因素的处理能力和各要素在空间上的反馈；Markov 在数量转移方面具备优势，却无法得知地物类型在空间上的变化程度。受到研究者主观性的影响。例如，Logistic 回归模型和 SD 模型在建模时，模型结构和参数的设定、影响因子的选取都是人为主观确定。

2）空间预测模型

然而，数量预测模型由于缺乏空间特性，无法反映具体的空间位置的变化过程，更难以形象地模拟格局演变过程和预测湿地新格局，因而很难将随时间变化的地理过程可视化；空间分布格局的预测研究很好地解决了数量预测模型所存在的不足，大量学者开始转向对湿地空间分布格局的研究，结合近年来飞速发展的遥感和 GIS 技术，学者们开展了对湿地在多时空尺度上的演变，各系统间的相互作用，以及近年来备受关注的“人类-环境”的关系等一系列研究，如元胞自动机模型（cellular automata，CA）、多智能体（multi-agent system，MAS）和 CLUE-S 模型（conversion of land use and its effects at small region extent）等。

CA 模型因其强大的动态时空变化模拟能力和复杂微观格局演化能力，受到越来越多的地理学家以及其他领域科学家的青睐。黎夏和叶嘉安（2002）、黎夏等（2009，2017）对于 CA 的转换规则进行了大量研究，利用主成分分析法、神经网络法、系统动力学、MCE（多准则判断）、集合卡尔曼滤波法等多种方法来反映转换规则的时空变化，提高模型的模拟精度。MAS 模型是一个由多个相互作用的 Agent 计算单元组成的系统。MAS

在模拟过程中充分考虑了人类-环境的关系。Parker 等（2003）、张云鹏等（2013）、周淑丽等（2014）诸多学者运用 MAS 模型对研究区域空间格局变化及城市扩张等进行模拟预测。刘小平团队（刘小平等，2006a，2006b）对 MAS 模型的应用进行了大量的研究，如将 MAS 模型应用于时间和空间上合理分配及规划城市土地资源，以及将 MAS 模型应用于探索微观尺度下就业与居住空间关系等。

CLUE-S 模型因其具有自然人文驱动因子的综合、多时空尺度以及多情景模拟的特点，能将模拟结果精确直观地反映到空间位置，可以有效探索未来湿地时空演变规律，受到了国内外学者的广泛关注并对其进行了大量研究。P.H. Verburg 团队（Verburg et al.，2008，2016；Verburg and Overmars，2009）对其进行了大量的研究，在空间尺度方面，用于对国家级大尺度的研究和锡布延岛等小区域尺度的研究；在应用方面，用于对粮食产量及农业密度强度的预测，用于由于边缘效应导致的土地类型的不稳定性的预测，用于预测生态系统的服务和需求；在模拟精度方面，与 Capri-Spat、CRAFTY 和多智能体等多个模型结合以提高模拟精度。近年来，国内学者对 CLUE-S 模型进行了大量的研究及应用。张学儒（2008）利用 CLUE-S 模型对唐山海岸带地貌演变进行模拟预测；黄明等（2012）通过对多种空间尺度的实验，确定利用 CLUE-S 模型对罗玉沟流域进行模拟预测的最佳试用尺度；王鑫等（2014）利用 CLUE-S 模型预测辽河流域未来景观格局空间分布；李希之（2015）利用 CLUE-S 对长江口滩涂湿地进行景观演变的多情景预测；施云霞等（2016）、邓华等（2016）利用 CLUE-S 模型对研究区域进行多情景模拟预测。长期以来，大量学者不断对 CLUE-S 模型进行优化，通过提高 CLUE-S 模型各参数设置的准确性从而提高模拟结果的精度，如对湿地需求面积的计算以及驱动因子与地物类型回归关系的确定。沈琪（2006）、焦继宗（2012）、陈学渊（2015）利用线性内插求得湿地需求面积；Luo 等（2016）、梁友嘉等（2011）利用 SD 模型预测不同湿地类型需求面积；陆汝成等（2009）、周锐等（2011）、陈功勋（2012）、朱春娇等（2015）利用 Markov 模型预测湿地需求面积。

32.1.3 研究框架

本研究总体方案为：在 30 m 分辨率的空间尺度下，以 1984～2000 年演变趋势作为 2000～2016 年的演变趋势，预测 2016 年湿地类型的面积需求量，利用 CLUE-S 模型模拟 2016 年杭州湾湿地空间格局，并与 2016 年实际湿地分布格局进行比较，得到模拟精度，证明基于历史数据及演变趋势利用 CLUE-S 模型预测未来演变趋势的可行性及适用性。并基于 1984～2016 年数据，根据湿地现状及历史演变分析，以及政府政策与规划设置多个未来模拟情景，CLUE-S 模型模拟多情景下 2046 年杭州湾滨海湿地空间格局（图 32-1）。

1）杭州湾湿地数据的获取与信息提取

首先，通过对卫星影像性能的比较及研究时长的需要，选择合适的遥感影像作为研究的基础数据；通过对影像初步对比分析及根据杭州湾实际情况，收集 1984～2016 年

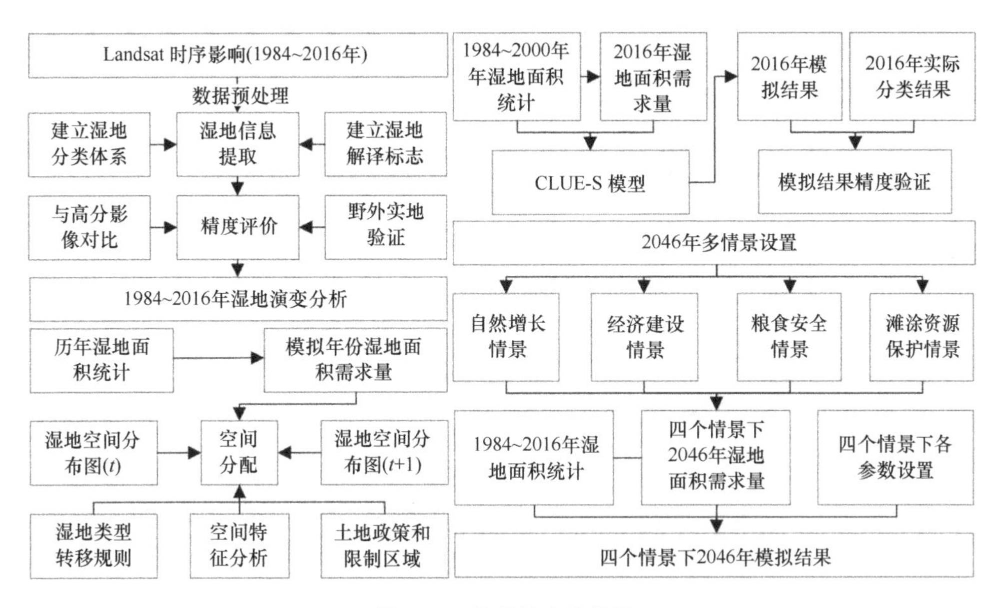

图 32-1　总体技术路线图

（均为 30 m 分辨率）符合拍摄时间的影像，同时考虑到 Landsat 数据云量覆盖问题，选取研究区域云量低于 20%的遥感影像。确定 11 期遥感影像作为研究数据，并对研究数据进行预处理。根据湿地分类国际标准与中国湿地分类国家标准，结合研究区域的实际特征情况，建立湿地分类体系；根据影像的成像原理、湿地类型识别特征以及对研究区域的野外实地考察，建立湿地遥感解译标志数据库。利用目视解译及人机交互方法进行影像分类处理，得到湿地类型分布格局图。通过将杭州湾湿地分类结果与高分辨率影像对比以及湿地野外验证，对分类结果进行精读评价。

2）杭州湾滨海湿地变化特征及其驱动机制分析

通过对 11 期影像分类结果成图及面积统计，对杭州湾湿地现状以及历年的演变趋势进行深入分析。通过显著性分析及转移矩阵对分类结果进一步分析，研究湿地的转变流向及转变速率等。根据杭州湾湿地的演变特征，从气候、灾害等自然因素及人口、经济发展等社会因素两个方面探讨湿地景观格局演变的驱动机制。

3）CLUE-S 模型构建及精度验证

本研究以历年变化趋势作为未来演变趋势，基于历年已有数据，通过线性内插对湿地需求面积进行预测，利用 CLUE-S 模型对杭州湾滨海湿地进行模拟，得到模拟下的 2016 年湿地空间格局，并与实际湿地分布格局进行比较，得到模拟精度，证明 CLUE-S 模型用于研究区模拟预测的可行性及适用性。

4）多情景模式下的杭州湾滨海湿地未来发展模拟预测

通过上述对湿地历史演变趋势的分析及政府政策规划对杭州湾滨海湿地未来的发展趋势进行分析并进行多个情景的设置，同时对不同情景下的参数进行相应的设置，利用 CLUE-S 模型对杭州湾滨海湿地未来 30 年的发展趋势进行多情景预测；根据 2046 年的预测结果提出湿地未来发展的保护对策并提出建设性意见。

32.2 研究区域与数据

32.2.1 研究区域概况

杭州湾湿地位于中国浙江省东北部——钱塘江汇入东海的入海喇叭口区域，是我国典型性滨海湿地。本文选取杭州湾南岸弧形区域湿地作为研究区域，地理坐标中心经纬度分别为 121.55°E、30.31°N。研究区由海域、海岸带区域、内陆区域 3 部分组成，总面积为 3774.87 km^2（图 32-2）。

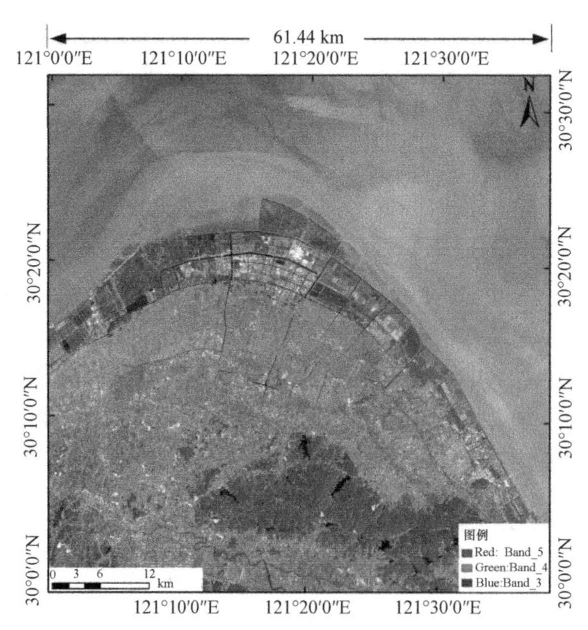

图 32-2 研究区概况（彩图请扫封底二维码）
图中遥感影像为 Landsat OLI（2016 年 5 月 1 日）假彩色合成影像

由于受到入海口三角洲的影响，海岸带区域大量泥沙淤积，形成淤泥质海滩，蕴藏着丰富的海滩资源，对于农业、渔业等具有极高的经济价值。近年来，政府大力推动杭州湾的发展及杭州湾新区的建立。随着新区的发展，大量人口涌入，社会经济迅速发展，慈溪市农业总产值不断增长。

32.2.2 数据获取

1. 遥感影像数据

1）Landsat 系列数据

遥感卫星可提供空间连续且高度反映地球表面现象的数据，特别是卫星影像，可以在较大空间尺度上获得湿地信息，因此遥感与 GIS 技术在监测湿地动态变化以及演变趋势中得到广泛应用。其中，Landsat 数据作为监测长期变化的理想数据，在长时序动态变化研究中广泛使用（Kontgis et al.，2015）。

通过对影像初步对比分析及根据杭州湾实际情况，在影像选取时，充分考虑了植被的生长状况，选取夏季植被覆盖度较高并尽量选取同一植被生长期的遥感影像。因此，实验收集了 4～5 月的所有 Landsat 系列遥感影像（1984～2017 年，分辨率为 30 m）。同时考虑到 Landsat 数据存在云量覆盖问题，选取研究区域云量低于 5%的遥感影像。综合考虑上述问题，本文选取了 11 景 Landsat 遥感影像，Landsat 序列影像的收集与选取如表 32-1 所示，其中，2003 年影像经裁剪后，研究区内云量覆盖率低，对分类影响较低；2008 年和 2013 年影像云量覆盖多位于海域，对分类影响较低。

表 32-1　1984～2017 年 Landsat 序列影像

年份	时相	传感器	云量/%	年份	时相	传感器	云量/%
1984*	1984-5-9	TM	0	2001	2001-5-16	ETM +	56.56
1985	1985-5-28	TM	97.27	2002	2002-5-19	TM	63.68
1986	—	—	—	2003*	2003-5-6	ETM +	19.34
1987*	1987-5-18	TM	0	2004	2004-5-16	TM	100
1988	1988-5-2	TM	89.26	2005	2005-5-3	TM	48.79
1989	1989-5-23	TM	99.98	2006*	2006-4-20	TM	0
1990*	1990-5-10	TM	0.03	2007	2007-5-9	TM	53.94
1991	1991-5-13	TM	74.34	2008*	2008-5-11	TM	9.21
1992	1992-5-15	TM	99.96	2009	—	—	—
1993	1993-5-18	TM	99.98	2010	2010-5-17	TM	89.52
1994	1994-5-21	TM	100	2011*	2011-5-20	TM	0
1995*	1995-5-8	TM	0.68	2012	—	—	—
1996	1996-5-10	TM	79.6	2013*	2013-5-25	OLI	8.63
1997	1997-5-13	TM	83	2014	2014-5-12	OLI	39.67
1998	—	—	—	2015	2015-5-15	OLI	71.34
1999	1999-5-3	TM	99.35	2016*	2016-5-1	OLI	1.25
2000*	2000-5-13	ETM +	0.22	2017	—	—	—

*表示该数据下载于中国对地观测数据共享计划（http：//ids.ceode.ac.cn/）和 USG（https：//glovis.usgs.gov/）；—表示该图像在 5 月不可获取

2）数据预处理

在数据使用之前，对研究区域内的云量覆盖度及地物清晰度进行检查，确定影像是否可用；对影像进行标准化处理，基于 2016 年数据，采用几何校正法对其余 10 景影像进行配准；根据研究区大小对影像进行裁剪处理。最终数据如图 32-3 所示。

2. 野外调查数据

在对遥感影像解译前，对杭州湾进行野外实地考察，了解各种湿地类型的特征及分

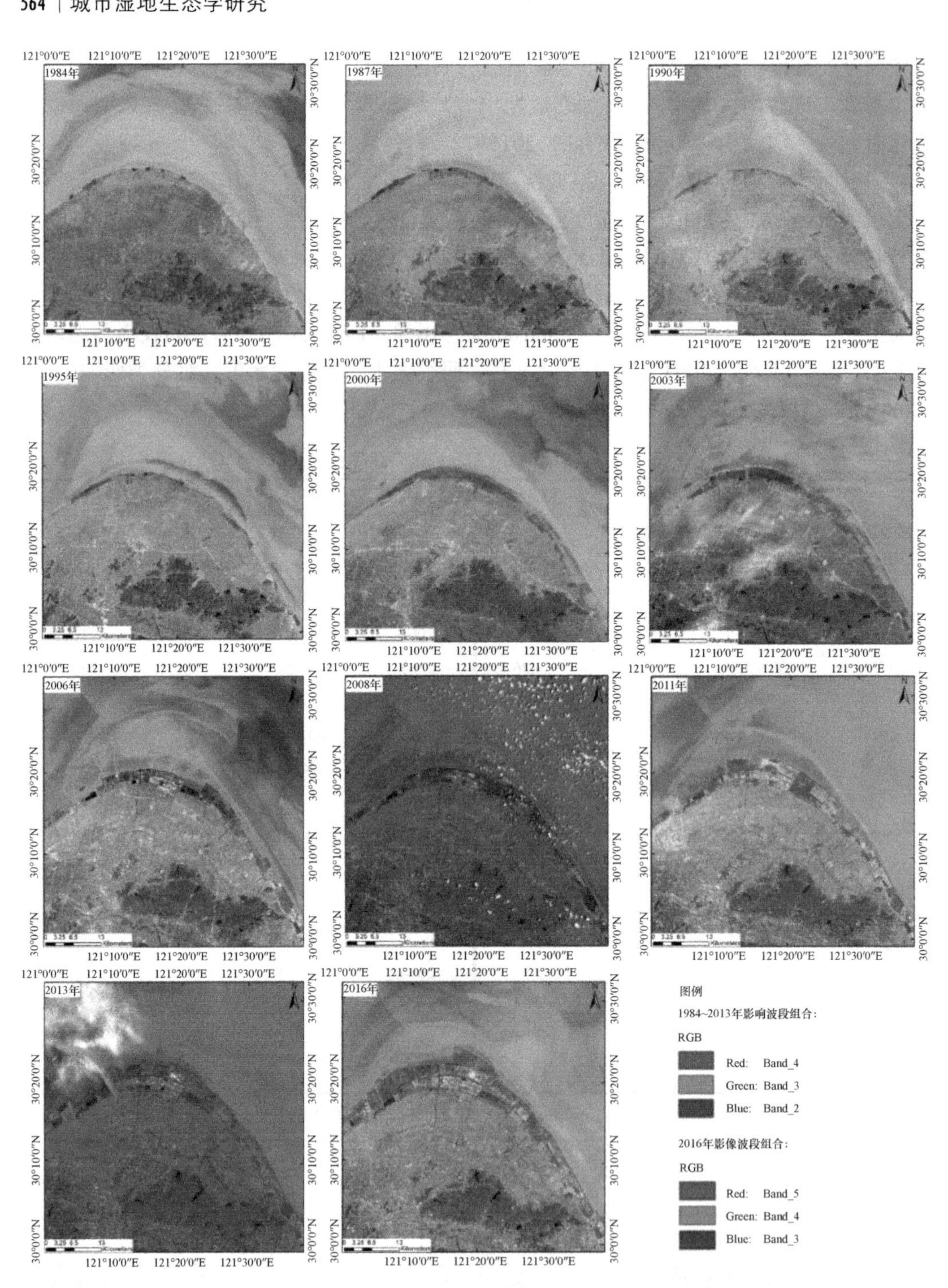

图 32-3　1984～2016 年 11 期实验数据（彩图请扫封底二维码）

布规律，根据遥感影像的成像原理，对各种地物类型建立了杭州湾湿地遥感解译标志系统（图 32-4）。

在获取 2016 年实验分类结果后需对各个湿地类型进行野外实地验证。本文采用分层采样方法，确保每一种湿地类型的采集量，同时根据实验研究中存在问题的疑问点以

图 32-4　杭州湾遥感解译标志野外调查数据采集样本（彩图请扫封底二维码）

及各湿地类型的分布特征，确保样本的有效性及代表性。根据所需验证点对实地调查路线进行部署以及对相应验证点开展了针对性的验证。本次野外验证线路由北向南、由西向东对 132 个所部署点进行逐一验证（图 32-5）。

3. 其他数据

研究过程中所需数据如下所述。

气候数据。研究区内 1984～2016 年降雨量、温度等数据（表 32-2）来自 SWAT 官方网站数据（http：//cdc.cma.gov.cn）。

社会经济数据。总人口和地区生产总值 GDP 等数据（表 32-2）来自慈溪市统计局官方网站统计年鉴和统计公报数据（http：//tjj.cixi.gov.cn）。

CLUE-S 模型参数数据。高程 DEM 来自地理空间数据云 DEM 数据下载（http：//www.gscloud.cn）；坡度、坡向数据通过 DEM 计算得到；居民点、水系、道路数据来自浙江政区数据。

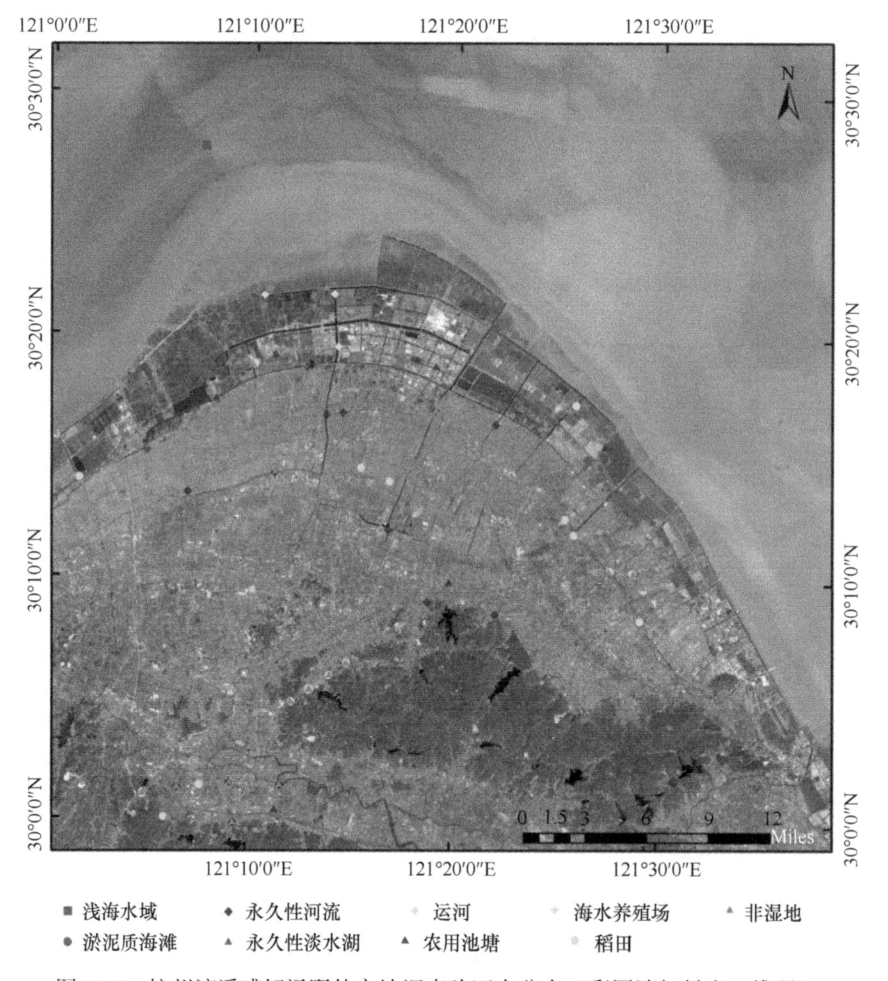

图 32-5　杭州湾遥感解译野外实地调查验证点分布（彩图请扫封底二维码）

表 32-2　研究区域 1984～2016 年气候数据及经济数据

年份	总降水量/mm	平均气温/℃	总人口/万人	地区生产总值 GDP/亿元
1984	1613.5	15.9	80.68	16.31
1987	1809.9	16.1	84.71	26.30
1990	1758.5	17.1	88.83	39.69
1995	1639.8	16.8	94.70	122.93
2000	1740	17.5	99.41	196.10
2003	1211.1	17.6	100.71	240.04
2006	1051	18.5	102.08	450.19
2008	1545.6	17.2	103.12	601.44
2011	1121.7	17.3	104.15	876.16
2013	1298.6	18.2	104.36	1031.09
2016	1698.7	18.3	104.94	1209.42

利用研究区的地形数据，获取水系、高程、坡度、坡向等基础地理数据；获取城市及农村居民点、路网等社会经济数据。

32.3　杭州湾滨海湿地演变与驱动机制分析

32.3.1　杭州湾滨海湿地空间信息提取

1. 湿地分类体系与解译标志

湿地分类既要与国家、国际湿地分类系统有本质区别与联系，又要针对研究区域特征，充分体现特定地理条件下湿地类型的独特性与空间异质性分布（刘红玉等，2009）。

本文根据中国湿地分类国家标准，并根据李玉凤等提出的分类依据（李玉凤和刘红玉，2014），将杭州湾湿地分为三级。第一级按照湿地成因，将研究区湿地生态系统划分为自然湿地和人工湿地两大类；第二级按照地貌特征，分为近海与海岸湿地、永久性河流、永久性淡水湖和人工湿地；第三级根据湿地水文特征和植被类型以及主要用途，分为浅海水域、淤泥质海滩、永久性河流、永久性淡水湖、运河、农用池塘、海水养殖场、稻田 8 个湿地类型。将建筑、道路等非湿地类型均归为非湿地（表 32-3）。

表 32-3　杭州湾湿地类型分类体系及解译标志

一级分类	二级分类	三级分类	ID	湿地属性与功能	NIR/R/G 波段组合
自然湿地	海洋和海岸湿地	浅海水域	1	低潮时水深不足 5 m 的永久性无植被生长的浅水水域	
		淤泥质海滩	2	沿海大潮高潮位与低潮位之间的潮浸地带	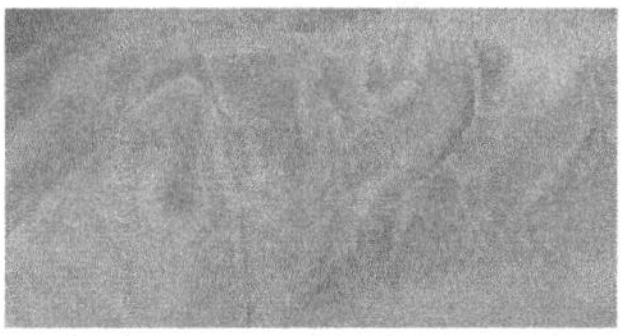
	永久性河流	永久性河流	3	未经过人工规划的、天然的常年河流	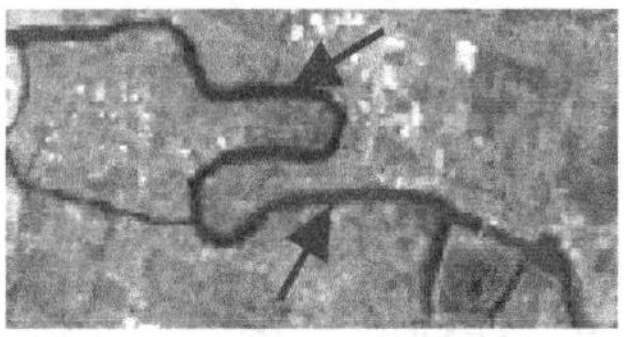
	永久性淡水湖	永久性淡水湖	4	常年积水的海岸带范围以外的淡水湖泊	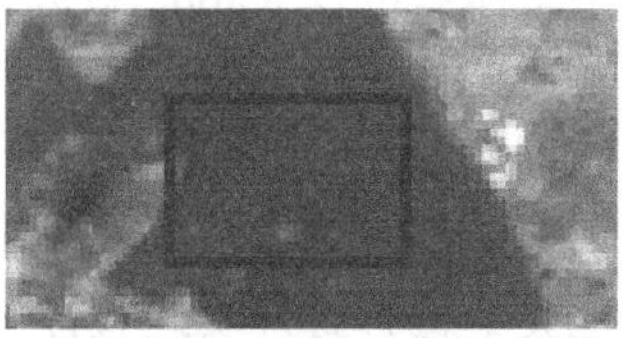
人工湿地	人工湿地	运河	5	经过人工规划的垂直型河流	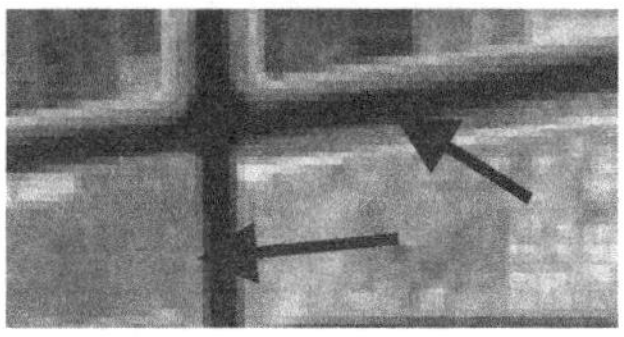

续表

一级分类	二级分类	三级分类	ID	湿地属性与功能	NIR/R/G 波段组合
人工湿地	人工湿地	农用池塘	6	人工规划的养殖或蓄水的水域	
		海水养殖场	7	以海水养殖为主要目的修建的人工湿地，以及为获取盐业资源而修建的晒盐场或盐池	
		稻田	8	种植农作物的土地	
非湿地	非湿地	非湿地	9	供人们日常居住生活使用的建筑物或正在发展的建筑项目，或车马通行的土地等	

注：对于解译标志系统的特殊类型，表中采用红色箭头或矩形对影像图中湿地类型进行标识

2. 精度验证

1）与高分辨率影像对比

将 1984～2016 年的湿地信息提取结果与同一时期的谷歌历史高分辨率影像对比，对湿地分类结果进行抽样调查以检验其分类精度。将谷歌高分辨率影像作为真实影像，在影像上随机撒点作为真实点，并将分类结果与其进行比较。以制图精度、用户精度，以及总体精度和 Kappa 系数等作为精度评价指标（刘书含等，2014）。利用 ENVI 中混淆矩阵的精度评价方法，检验湿地信息提取结果的精度。验证结果表明，11 景影像分类结果总体精度及 Kappa 系数均达到 85%以上。

2）实地野外验证

为了进一步验证杭州湾湿地信息提取精度，在获得 2016 年实验分类结果后对各个湿地类型进行野外实地验证。根据实验研究中存在问题的疑问点以及各湿地类型的分布特征，对实地调查路线进行部署以及对不同地物类型的点开展了针对性的验证。本次野外验证线路由北向南、由西向东对 132 个部署点进行逐一验证。野外实地验证点如图 32-6 所示，混淆矩阵结果如表 32-4 所示。结果表示，湿地分类结果精度均达到 80%以上。并在实地验证结束后，对原分类结果进行了改善以提高其分类精度。

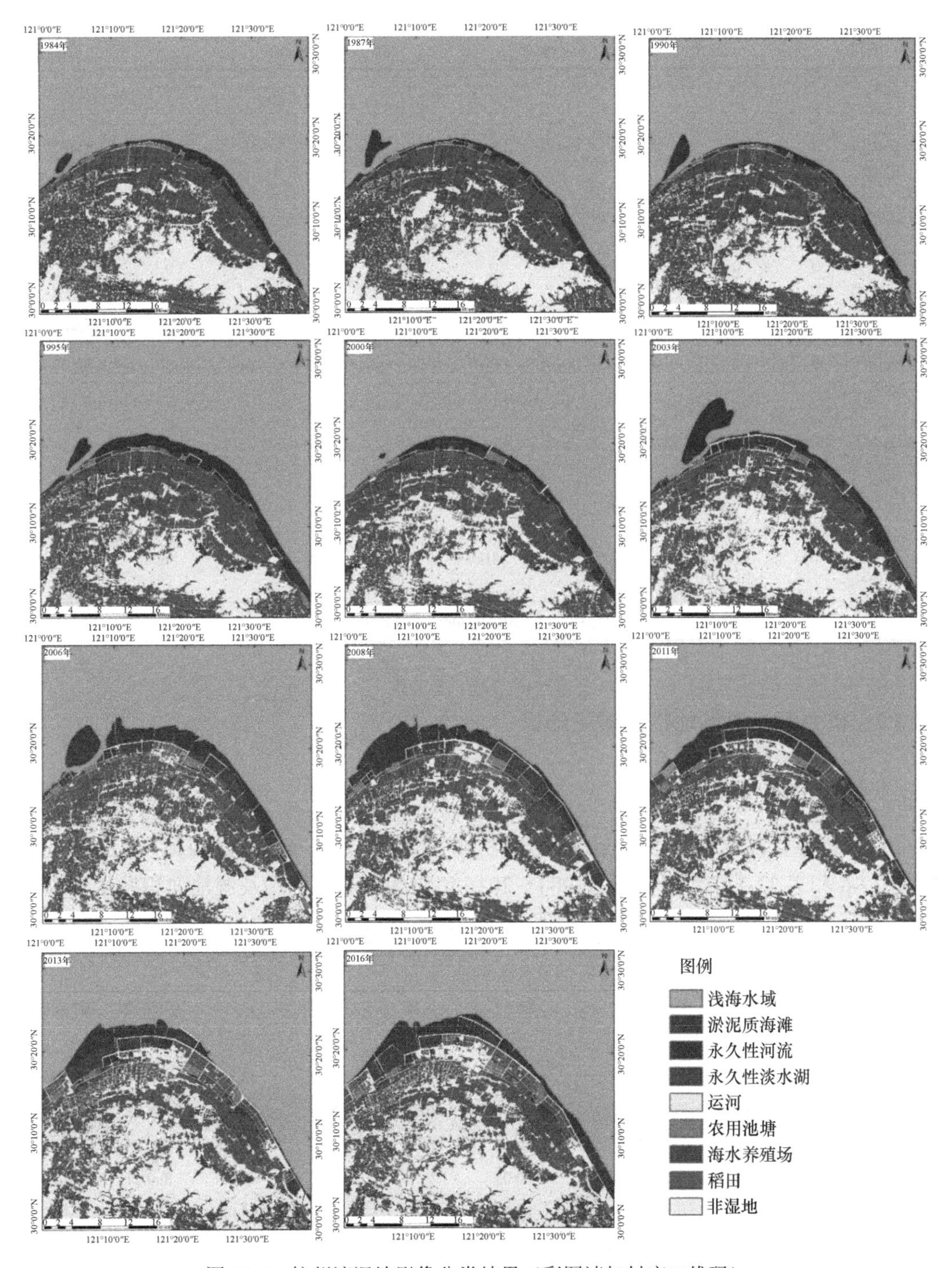

图 32-6　杭州湾湿地影像分类结果（彩图请扫封底二维码）

表 32-4　2016 年杭州湾湿地信息提取精度评价

	分类数据										
	湿地类型	浅海水域	淤泥质海滩	永久性河流	永久性淡水湖	运河	农用池塘	海水养殖场	稻田	非湿地	制图精度/%
实测数据	浅海水域	1	0	0	0	0	0	0	0	0	100
	淤泥质海滩	0	3	0	0	0	0	0	0	0	100
	永久性河流	0	0	20	0	0	0	0	0	0	100
	永久性淡水湖	0	0	0	6	0	0	0	0	0	100
	运河	0	0	0	0	4	0	0	0	0	100
	农用池塘	0	0	0	0	0	9	0	4	1	62.29
	海水养殖场	0	0	0	0	0	0	1	0	0	100
	稻田	0	0	0	0	0	0	0	21	3	87.50
	非湿地	0	0	0	0	0	1	0	5	52	89.66
	用户精度/%	100	100	100	100	100	90	100	70	92.86	131
	总体精度 ＝0.86　Kappa coefficient＝0.83										

32.3.2　杭州湾滨海湿地格局演变分析

1. 湿地空间信息提取结果

遥感影像目视解译信息提取结果如图 32-6 所示，湿地分类统计结果如表 32-5 所示。从图 32-6 和表 32-5 中可以看出，1984～2016 年杭州湾湿地格局及湿地面积发生了极大

表 32-5　杭州湾湿地 11 景影像分类结果面积统计　　（单位：km^2）

年份	浅海水域	淤泥质海滩	永久性河流	永久性淡水湖	运河	农用池塘	海水养殖场	稻田	非湿地
1984	1912.48	100.67	49.93	20.57	4.20	21.57	6.53	987.92	671.00
1987	1898.78	99.63	49.69	20.44	4.65	16.28	20.46	979.45	685.50
1990	1899.26	92.19	48.22	20.17	5.84	22.59	23.31	1007.87	655.41
1995	1805.67	180.52	48.13	20.18	6.38	22.55	26.12	988.79	676.55
2000	1859.46	70.02	49.78	20.18	6.88	26.51	74.25	906.34	761.47
2003	1736.07	152.86	43.13	20.01	9.74	26.85	100.97	809.21	876.03
2006	1643.03	192.00	39.46	22.35	16.32	30.11	95.02	822.12	914.47
2008	1623.34	190.09	44.54	19.94	20.60	39.29	107.76	767.83	961.49
2011	1589.01	180.94	45.59	20.75	24.85	37.18	84.05	791.27	1001.24
2013	1593.77	106.26	37.23	21.74	25.04	42.50	105.66	810.86	1031.82
2016	1513.57	159.46	37.18	21.66	27.68	47.89	110.98	813.44	1043.01

变化。其中，海岸线不断向浅海水域方向延伸，淤泥质海滩极不稳定，历年面积上下波动极大，而永久性淡水湖呈现几乎不变的状态。稻田是除浅海水域外最大的湿地类型，稻田面积在上下波动中总体呈下降趋势。运河和农用池塘呈不断上升趋势。海水养殖场呈急剧上升趋势，从 1984 年的 6.53 km^2 上升到 2016 年的 110.98 km^2，共增加了 104.45 km^2。非湿地面积不断增加，在 2000 年以后，增长速率加快，1984～2000 年，非湿地面积增加了 90.47 km^2（13.48%），在 2000～2016 年，非湿地面积增加了 281.54 km^2（36.97%）。因此，为进一步研究，本文将其分为两个阶段，1984～2000 年为第一阶段，2000～2016 年为第二阶段。

2. 湿地格局演变分析

从图 32-7 可知，1984～2016 年，杭州湾湿地类型面积变化较大。其中，浅海水域

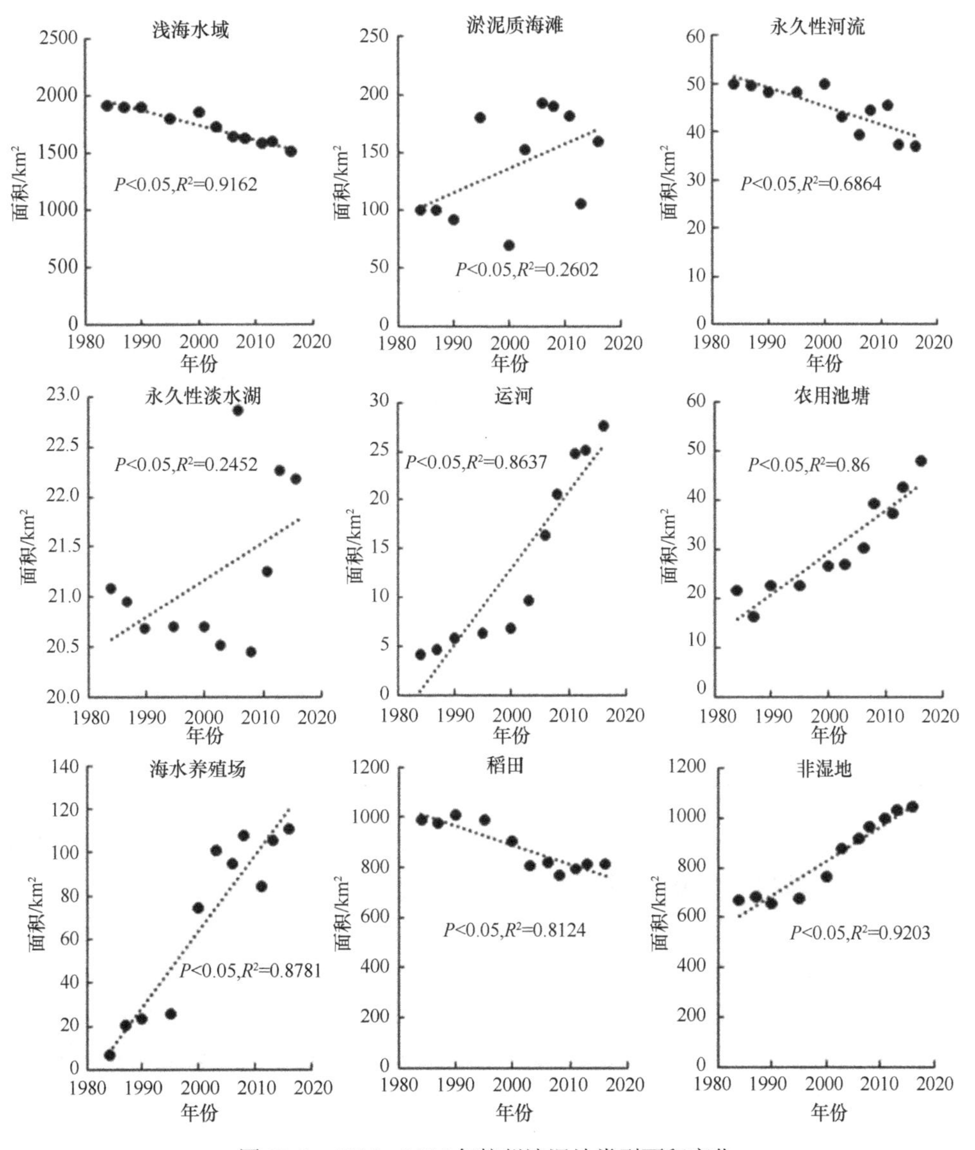

图 32-7　1984～2016 年杭州湾湿地类型面积变化

面积呈显著性下降趋势，下降速率为–13.93 km^2/a（$P < 0.04$）；永久性河流和稻田面积呈显著下降趋势，下降速率分别为–0.38 km^2/a（$P < 0.01$）和–7.77 km^2/a（$P < 0.02$）。而运河、农用池塘、海水养殖场和非湿地呈显著上升趋势，其中，运河、农用池塘和海水养殖场的上升速率分别为 0.79 km^2/a（$P < 0.02$）、0.85 km^2/a（$P < 0.02$）和 3.52 km^2/a（$P < 0.03$）；非湿地呈快速上升趋势，上升速率为 13.76 km^2/a（$P < 0.04$）。

为进一步研究湿地类型间及湿地与非湿地间的动态变化特征及演变规律，本文从杭州湾湿地在两个阶段（1984～2000 年与 2000～2016 年）的转移矩阵（表 32-6 和表 32-7）分析了各湿地类型的转变过程及转变速率规律。

表 32-6　1984～2000 年杭州湾湿地各湿地类型间的转移面积矩阵　（单位：km^2）

	浅海水域	淤泥质海滩	永久性河流	永久性淡水湖	运河	农用池塘	海水养殖场	稻田	非湿地
浅海水域	1797.01	45.45	0	0	0.79	0.08	14.92	0	1.22
淤泥质海滩	7.79	15.83	0.31	0	1.00	4.88	27.51	11.38	1.33
永久性河流	0	0	41.07	0	0.14	0.07	0.15	5.06	3.29
永久性淡水湖	0	0	0	18.67	0	0.26	0	0.23	1.02
运河	0	0.34	0.33	0	4.97	0.33	0.25	0.15	0.51
农用池塘	0	0	0	0	0	15.78	7.60	2.24	0.89
海水养殖场	0	0	0	0	0.54	0.28	67.88	4.42	1.13
稻田	0	0	6.65	0	0.75	4.63	4.68	750.12	139.50
非湿地	0	0.35	0.79	1.29	0.67	1.11	2.03	73.44	681.78

表 32-7　2000～2016 年杭州湾湿地各湿地类型间的转移面积矩阵　（单位：km^2）

	浅海水域	淤泥质海滩	永久性河流	永久性淡水湖	运河	农用池塘	海水养殖场	稻田	非湿地
浅海水域	1232.03	127.04	0	0	12.10	6.61	63.08	41.24	31.48
淤泥质海滩	0	7.41	0.55	2.03	6.01	7.92	27.19	45.05	63.30
永久性河流	0	0	15.69	0	0.37	0.32	0.04	11.15	9.61
永久性淡水湖	0	0	0	20.07	0	0.26	0	0.26	1.07
运河	0	0	0.31	0	16.49	0.50	1.54	3.55	5.29
农用池塘	0	0	0.21	0.13	0.30	27.61	0.66	13.55	5.43
海水养殖场	0	0	0.11	0	5.80	6.62	24.36	31.35	42.75
稻田	0	0	10.96	0.10	1.08	11.31	3.78	558.38	227.84
非湿地	0	0.18	4.73	2.58	0.45	4.37	0.34	104.55	925.79

自然湿地中，1984～2016 年，浅海水域主要向淤泥质海滩转变，在第一阶段（1984～2000 年）和第二阶段（2000～2016 年）的转变面积分别为 45.45 km^2 和 127.04 km^2。淤泥质海滩向海域方向扩张，同时向其他类型转变，第一阶段主要向海水养殖场转变，转变面积为 27.51 km^2（占转出面积的 39.29%），第二阶段主要向非湿地转变，转变面积为 63.3 km^2（占转出面积的 39.69%）。稻田减少面积主要向非湿地转变，在第一阶段和第二阶段的转变面积分别为 139.5 km^2 和 227.84 km^2，从空间分布图（图 32-6）中可以看出，稻田的减少区域主要为与非湿地的交界处。运河增加面积主要来源于淤泥质海滩（第一阶段）和浅海水域（第二阶段），农用池塘与海水养殖场的增加面积主要来源于淤泥

质海滩的转入。1984～2013 年，湿地的总面积处于下降趋势。

32.3.3　湿地演变驱动机制分析

湿地时空格局演变驱动机制分析可以更好地理解湿地演变趋势，主要受到自然驱动力和社会经济驱动力的双重影响。其中，自然驱动力是导致湿地空间变化的内部因素，如当地气候、降雨量等。而社会经济驱动力则作为促进湿地类型发生转变的外部因素。主要有人口变动、工业发展、城市化水平和政府政策等。

1. 自然因子

浙江地处沿海，处于台风频发区域，纵观历史可知，杭州几乎每年都受到台风影响，杭州湾湿地作为滨海湿地，首当其冲。台风带来的风暴潮对海滩的冲刷作用及潮后淤泥沉积，海岸线不断外移。同时，超强台风引起的强烈气压使得树木连根拔起，农作物等植被都受到不同程度的破坏，对湿地具有严重的破坏作用，尤其是对人工湿地中的农用池塘和稻田等农作物，造成巨大的经济损失。台风带来的强降雨等引起海水养殖场的盐度、pH 及溶解氧等发生变化，从而导致养殖环境的破坏。

降雨是湿地水体的重要补给来源，温度升高会导致水体和植被的蒸发量加大，因此降雨量和温度对湿地水文和植被的影响较大，降雨不足和温度过高都会影响生态环境的健康从而导致湿地功能的退化。杭州湾湿地历年降雨量变化较大，历年平均气温在上下波动中呈上升趋势，将总降雨量与平均温度与湿地类型进行相关性分析（图 32-8）发现，稻田面积变化与总降雨量具有正相关性（$P < 0.05$），稻田和永久性河流面积变化与气温变化具有负相关性（$P < 0.05$）。

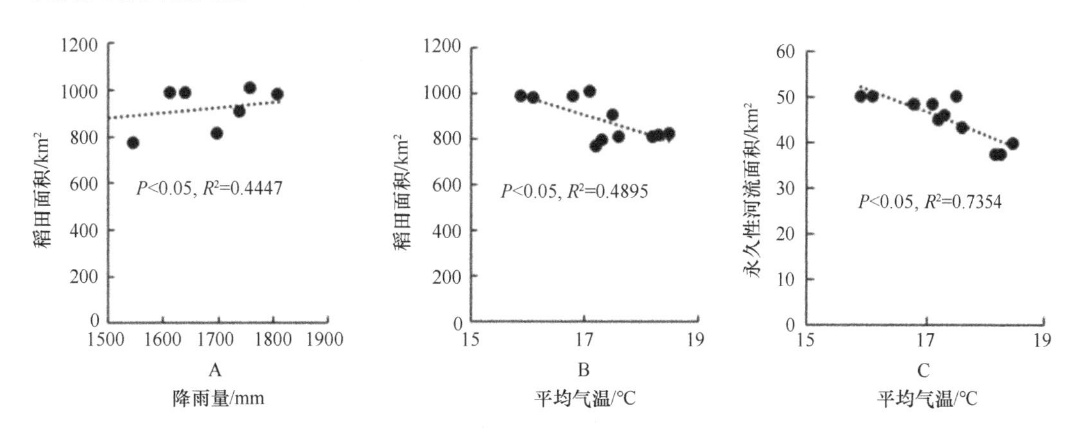

图 32-8　湿地类型（永久性河流、稻田）与气候因子（总降雨量、平均气温）的相关性分析

A. 稻田面积变化与降雨量呈显著正相关；B. 稻田面积变化与平均气温呈显著负相关；C. 永久性河流面积变化与平均气温呈显著负相关

2. 社会因子

1）人口增长

慈溪市人口处于不断增长趋势，人口增加加大了对建筑及道路等非湿地的需求，导

致居民聚集点由中心向外围不断扩张，占用周边湿地类型，其中最明显的结果是非湿地与稻田的交界处，由于边缘效应导致的稻田类型的不稳定性，稻田类型极易转变为建筑等非湿地类型。通过对总人口数与湿地类型进行统计分析发现，非湿地的增加与总人口增加呈显著正相关（$P < 0.05$），相关系数为 0.77（图 32-9）。同时，根据上述空间变化分析发现，稻田的减少区域主要为与非湿地的交界处。由此可知，稻田下降的主要驱动因素是人口的增加和城镇的扩张。

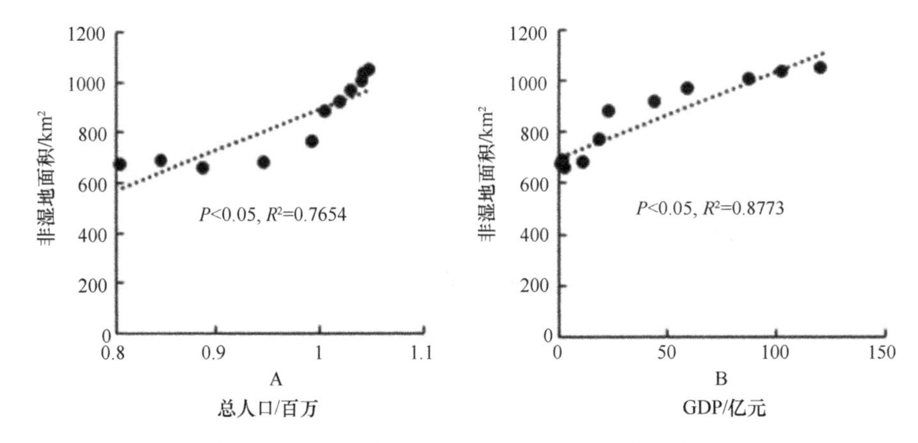

图 32-9　非湿地类型与总人口、GDP 的相关性分析

A 与 B 分别表示非湿地面积与人口总数及 GDP 呈显著正相关

2）城市发展

地区生产总值 GDP 代表了该区域的城市发展水平，通过对 GDP 与湿地类型进行统计分析发现，非湿地的增加与总人口增加呈显著正相关（$P < 0.05$），相关系数为 0.88（图 32-9）。慈溪市生产总值 GDP 呈不断提高状态，区域城市化水平不断提高。在城市化的快速发展进程中，大量高楼拔地而起、旅游景点增加及娱乐设施修建导致土壤向硬质土地的转变，同时，路网的布设及修建易打破生境的连通性，加剧景观破碎化。在城市化过程中，自然湿地向人工湿地及非湿地转变。其中，淤泥质海滩在第一阶段中向海水养殖场和稻田转变主要是由于对滩涂的围垦，使其转变为具有直接经济效益的农作物用地；在第二阶段中，淤泥质海滩向非湿地的转变速率增加，主要是由于滩涂向硬质土地的转变速率加快。

3）政府政策

政府政策通常会将某一区域的湿地类型定向转变。近年来，政府大力推动杭州湾的发展及杭州湾新区的建立。由于杭州湾新区的建设，道路向海域方向扩张，因此人工岸线不断向浅海水域方向扩张，围垦的滩涂区域转变为建筑等利用地，因而导致一定比例的淤泥质海滩直接向道路和建筑类型转变。在人工岸线向外扩张的趋势下，淤泥不断向外淤积，因此淤泥带不断向海域方向移动。

随着新区的发展，大量人口涌入，人口的增加将大大加剧人类活动对湿地带来的压力。同时，政府对湿地也采取了保护措施，尤其是对杭州湾湿地公园的建设，对湿地进行原地保护以及防止人类过度活动对湿地造成的破坏，对湿地保护及恢复起到了积极的作用；政府需对湿地进行有效的保护及管理。因此，政府政策在杭州湾湿地演变中起着重要的作用。

32.4　杭州湾滨海湿地演变情景模拟模型构建

32.4.1　CLUE-S 模型基本原理

土地利用变化及效应模型（conversion of land use and its effect，CLUE）是通过对影响土地利用变化的自然和人文驱动力的定量化来确定土地利用的类型，是一个空间多尺度、定量描述土地利用变化空间分布的模型，常用来模拟较短时间内的土地利用变化（何春阳等，2004）。CLUE 模型主要应用于国家和大陆尺度的土地利用研究（Verburg et al.，2016）。而 CLUE-S 模型（conversion of land use and its effects at small region extent）是在 CLUE 模型基础上，为在较小尺度上模拟土地利用变化及其环境效应而进行的改进（吴健生等，2012）。

CLUE-S 模型一般假设，某地区的土地利用变化受土地利用需求驱动，并且该地区的土地利用分布格局总是与土地需求及自然社会经济状况处于动态平衡状态，在此基础上，结合影响土地利用变化的自然和人文驱动因子，以确定栅格单元上的土地利用类型。CLUE-S 模型由空间模块和非空间模块两部分组成。非空间模块相对于空间模块独立运算完成，主要计算土地利用需求引起的土地利用类型及面积，可以根据研究区社会经济情况，利用情景分析或趋势外推等方法确定。空间模块用来模拟各种地物类型空间分配格局，是 CLUE-S 模块的核心，主要负责未来土地利用需求在空间上的分配，它是以栅格化空间数据为基础，计算得到各个地物类型的转移概率、转移弹性等，应用算法计算土地利用数据在空间上的权重分配，以模拟土地利用的空间变化特征。

32.4.2　杭州湾滨海湿地演变模拟方案设置

1）主要参数设置

CLUE-S 模型中主要参数和模型参数文件分别如表 32-8 和表 32-9 所示。

表 32-8　主要参数表

行数	参数表	数据格式
1	9	整型
2	1	整型
3	7	整型
4	7	整型
5	2048	整型
6	2048	整型
7	0.09	浮点型

续表

行数	参数表	数据格式
8	307695	浮点型
9	3317925	浮点型
10	0 1 2 3 4 5 6 7 8	整型
11	0.7 0.3 0.8 0.9 0.9 0.6 0.7 0.7 0.7	浮点型
12	0 15 30	浮点型
13	2000～2016	整型
14	0	整型
15	1	1
16	0	0
17	1 5	1
18	0	0
19	0	整型

表 32-9　模型参数文件

文件名	说明
main.1	对模型进行编辑设置
alloc.reg	回归方程相关参数
allow.txt	各地类相互转换矩阵
region_park*fil	区域约束文件
demand.in*	各地类需求文件
cov_all.0	初始年份土地利用类型图
Sclgr*fil	驱动因子空间分布文件

2）模拟初始图

以 2000 年为模拟年份初始图（图 32-5），模拟 2016 年的湿地空间分布栅格图。将模拟初始年份的湿地类型分别赋值为浅海水域=0、淤泥质海滩=1、永久性河流=2、永久性淡水湖=3、运河=4、农用池塘=5、海水养殖场=6、稻田=7、非湿地=8。

3）空间政策和限制区域

由于政府的政策或区域的特殊性使得该区域在一定时期内土地类型不发生改变，如生态保护区等。本文中并无特殊限制类型及限制区域，因此，设定为无限制区域。

4）转换弹性系数和转换矩阵

转换弹性系数（0～1）表示某种地物类型转换为其他类型的难易程度，越趋近于 1，表示土地利用类型的稳定性越高。转移概率矩阵可反映湿地类型的稳定性，组分的保留程度越高，说明该组分越稳定。转换矩阵表示从 t 时刻向 t+1 时刻不同土地利用类型间的转换规则，1 表示允许转换，0 表示限制转换。转换矩阵的设置调节地物类型的转换次序，在进行迭代分配时，优先向设为 1 的地物类型转换。

本文在前期以 1984～2000 年的数据模拟 2016 年的试验中，以 1984～2000 年的转移面积矩阵为基准，在通过实验不断调试后确定转换弹性系数和转换矩阵，如表 32-10 所示。在后期以 2016 年为基础数据对未来湿地演变的模拟实验中，根据 4 个模拟情景设置转换弹性系数和转换规则矩阵，如表 32-11 所示。

表 32-10　转换弹性系数

年份	浅海水域	淤泥质海滩	永久性河流	永久性淡水湖	运河	农用池塘	海水养殖场	稻田	非湿地
ELASu	0.8	0.2	0.5	0.9	0.6	0.6	0.2	0.7	0.9

表 32-11　转换矩阵

	0	1	2	3	4	5	6	7	8
0	1	1	0	0	1	1	1	1	0
1	0	1	0	0	1	0	0	1	0
2	0	0	1	0	1	0	0	0	0
3	0	0	0	1	0	0	0	0	0
4	0	0	0	0	1	0	0	0	0
5	0	0	0	0	0	1	0	1	0
6	0	0	0	0	0	0	1	1	1
7	0	0	0	0	0	0	0	1	1
8	1	1	1	1	1	1	1	1	1

注：矩阵外围数字 0～10 分别表示：0 浅海水域，1 淤泥质海滩，2 永久性河流，3 永久性淡水湖，4 运河，5 农用池塘，6 海水养殖场，7 稻田，8 非湿地
矩阵内数字 0～1 分别表示：0 表示不可转换，1 表示可转换；行表示转出，列表示转入。

5）驱动因子选取

驱动因子的选择主要考虑以下因素：可获取性、因子可定量化及可视化、研究区域内存在空间差异性、因子与湿地类型的变化具有相关性。根据地域分布规律和综合自然地理学，自然地理要素（地形、水文、气候等）对湿地覆被类型有着显著的控制作用，且与人类活动相互影响，从而对湿地类型的转换及转换速率有一定影响。由于本文研究区域较小，降雨及湿度等气候因素虽然对湿地影响较大，但不存在空间差异性；由于数据的局限性，本文未能获取水文及土壤等因素的有效数据；地形因素对各个湿地类型的分布均存在较大影响。

而人类活动和社会经济发展（人口、交通等）及政策法规（政府规划等），则是湿地覆被类型变化的主要驱动因素。距离居民点及道路越近，湿地类型越容易向建筑用地转变。综合考虑数据的可获取性、可量化性、一致性、相关性等，本文主要选取了 7 个驱动因子：地形因子（高程、坡度、坡向）和距离因子（到城镇、海域、河流、道路的距离），各距离因子通过 ArcGIS 的 Euclidean Distance 工具获取。

6）湿地面积需求量

以 2011 年为初始年份，各年份湿地需求面积设定如表 32-12 所示。

表 32-12　2016 年各湿地类型需求面积预测　　（单位：km^2）

年份	浅海水域	淤泥质海滩	永久性河流	永久性淡水湖	运河	农用池塘	海水养殖场	稻田	非湿地
2016	1753.40	114.23	48.37	21.43	9.85	32.29	120.27	866.97	808.05

7）空间适宜性分析

空间适宜性分析即各湿地类型在空间上的分布概率，它主要受驱动因子影响。二元Logistic 回归模型常用于对土地利用类型及其驱动因子的相互关系进行定量分析。其方程表达式如下：

$$\log\frac{P_i}{1-P_i}=\beta_0+\beta_1X_1+\beta_2X_2+\cdots\beta_nX_n \tag{32-1}$$

式中，P_i 为某土地利用类型 i 出现在某一栅格中的概率；X_n 为影响土地利用类型发生变化的驱动因素；β_n 为方程的回归系数。

通过 Logistic 回归方程得到各个湿地类型与驱动因素之间的回归系数（β）值，exp（β）是 beta 系数的以 e 为底的自然幂指数，表示湿地类型出现的比率（表 32-13）。当某个驱动因素的值发生变化时，对应的湿地类型发生概率变化，exp（β）>1 表示发生概率增加，湿地类型与驱动因子之间呈正相关；exp（β）=1 表示发生概率不变；exp（β）<1 表示发生概率降低，湿地类型与驱动因子之间呈正相关。其中，未通过置信度为 0.05% 显著性水平检验的系数标志为“—”，该因子不参与后期模型的模拟与构建。

表 32-13　2016 年各湿地类型的 Logistic 回归 β 值结果

影响因子	参数	浅海水域	淤泥质海滩	永久性河流	永久性淡水湖	运河	农用池塘	海水养殖场	稻田	非湿地
sclgr0	β	—	−2.035	0.009	−0.02	—	−0.036	−0.048	−0.044	0.054
	exp（β）	—	0.131	1.009	0.981	—	0.965	0.953	0.957	1.055
sclgr1	β	—	−0.255	−0.02	0.052	−0.054	0.097	0.061	−0.029	0.052
	exp（β）	—	0.775	0.98	1.054	0.947	1.102	1.063	0.972	1.053
sclgr2	β	—	−0.015	0.001	−0.001	—	0.001	0.002	0.002	0
	exp（β）	—	0.985	1.001	0.999	—	1.001	1.002	1.002	1
sclgr3	β	0.001	−0.001	0	0.001	−0.002	0	−0.002	0	0
	exp（β）	1.001	0.999	1	1.001	0.998	1	0.998	1	1
sclgr4	β	0	0	0	−0.001	—	0	0	−0.001	0
	exp（β）	1	1	1	0.999	—	1	1	0.999	1
sclgr5	β	−0.001	0	−0.005	0	−0.024	0	0	−0.001	0
	exp（β）	0.009	1	0.995	1	0.976	1	1	0.999	1
sclgr6	β	−0.003	0	0	0	0	0	0	0	0
	exp（β）	0.997	1	1	1	1	1	1	1	1
常量		3.878	−2.552	−2.724	−4.154	0.341	−1.265	0.371	1.356	−0.947

注：编码 sclgr0～6 所表示的湿地类型影响因子依次为：高程、坡度、坡向、距道路距离、距居民点距离、距河流距离、距海域距离

（1）浅海水域

$$\log\frac{P_i}{1-P_i}=3.878+0.001x_3-0.001x_5-0.003x_6 \tag{32-2}$$

（2）淤泥质海滩

$$\log\frac{P_i}{1-P_i}=-2.552-2.035x_0-0.255x_1-0.015x_2-0.001x_3 \tag{32-3}$$

（3）永久性河流

$$\log\frac{P_i}{1-P_i} = -2.724 + 0.009x_0 - 0.02x_1 + 0.001x_2 - 0.005x_5 \tag{32-4}$$

（4）永久性淡水湖

$$\log\frac{P_i}{1-P_i} = -4.154 - 0.02x_0 + 0.052x_1 - 0.001x_2 + 0.001x_3 - 0.001x_4 \tag{32-5}$$

（5）运河

$$\log\frac{P_i}{1-P_i} = 0.341 - 0.054x_1 - 0.002x_3 - 0.024x_5 \tag{32-6}$$

（6）农用池塘

$$\log\frac{P_i}{1-P_i} = -1.265 - 0.036x_0 - 0.097x_1 + 0.001x_3 \tag{32-7}$$

（7）海水养殖场

$$\log\frac{P_i}{1-P_i} = 0.371 - 0.048x_0 + 0.061x_1 + 0.002x_2 - 0.002x_3 \tag{32-8}$$

（8）稻田

$$\log\frac{P_i}{1-P_i} = 1.356 - 0.044x_0 - 0.029x_1 + 0.002x_2 - 0.001x_4 - 0.001x_5 \tag{32-9}$$

（9）非湿地

$$\log\frac{P_i}{1-P_i} = -0.947 + 0.054x_0 + 0.052x_1 \tag{32-10}$$

32.4.3　模拟方案精度评价

1）精度评价思路及方法

通常将模拟结果与实际的空间分布结果进行拟合度对比分析来对模型模拟结果进行检验。同时，常用 Kappa 系数来对图像分类结果进行精度评价。在本文中，采用拟合度对比及 Kappa 系数来评估模型的准确性。其中，Kappa 系数表达式为

$$K = \frac{P(a) - P(e)}{1 - P(e)} \tag{32-11}$$

式中，$P(a)$ 为模拟图与真实图观察到的一致率；$P(e)$ 为期望达到的一致率。如果模拟图与真实图完全一致，则 K 值为 1；K 值高于 0.8 表示两个图之间一致性强；0.6～0.8 的 K 值代表一致性较高；K 值范围 0.4～0.6 意味着中度一致；如果 K 值低于 0.4，则一致性差。

2）精度评价结果

本研究中，在 30 m 分辨率的空间尺度下，基于 1984～2000 年的湿地演变趋势，运

用 CLUE-S 模型模拟 2016 年湿地空间格局，将模拟结果与 2016 年实际湿地空间格局进行对比分析，精度验证对比图如图 32-10 所示，通过混淆矩阵（表 32-14）计算得到总体精度及 Kappa 系数。可知，2016 年杭州湾湿地空间格局模拟结果总体精度为 81%；Kappa 系数为 0.73。因此，基于历史趋势利用 CLUE-S 模型对杭州湾滨海湿地未来空间格局的模拟，精度较高，模拟结果可信。

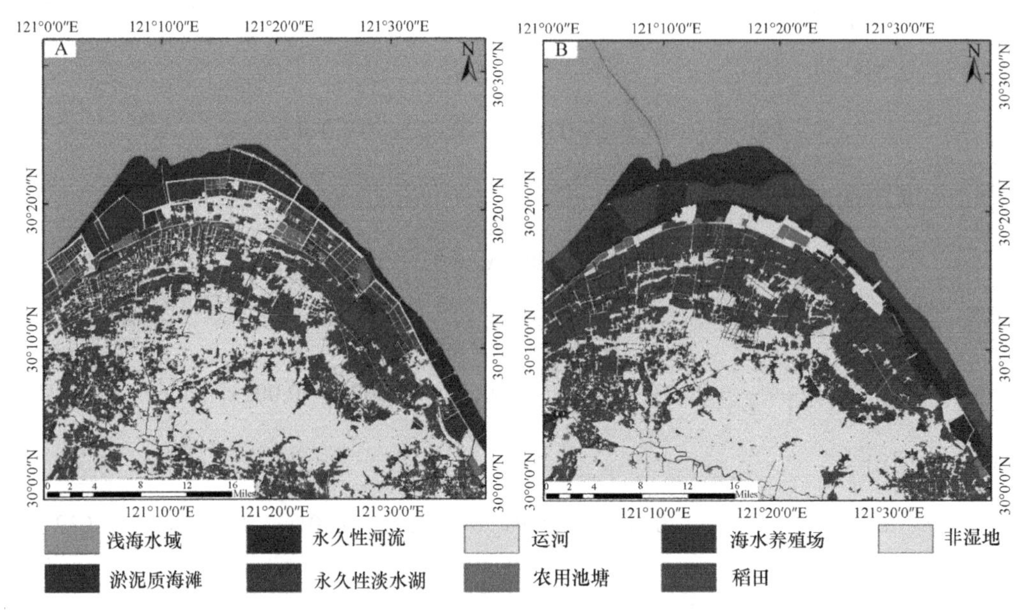

图 32-10　精度验证对比图（彩图请扫封底二维码）

A. 2016 年实际分类结果；B. 2016 年模拟结果

表 32-14　精度评价误差矩阵

	实际影像										
	湿地类型	浅海水域	淤泥质海滩	永久性河流	永久性淡水湖	运河	农用池塘	海水养殖场	稻田	非湿地	总计
参考影像	浅海水域	1513.57	0	0	0	0	0	0	0	0	1513.57
	淤泥质海滩	0	72.78	0	0	0.09	0	21.02	58.73	0.13	152.74
	永久性河流	0	0.32	28.13	0	0.10	0.16	0.02	15.00	6.05	49.78
	永久性淡水湖	0	0.83	0	17.42	0	0.06	0	0.08	1.78	20.18
	运河	0	1.22	0.13	0	1.04	0.04	1.09	2.75	0.75	7.02
	农用池塘	0	2.47	0.23	0.14	0.07	8.46	1.47	7.79	5.88	26.51
	海水养殖场	0	12.19	0.05	0	0.39	0.34	35.97	40.78	12.24	101.94
	稻田	0	23.73	17.01	0.27	1.01	8.55	15.51	652.31	208.61	926.99
	非湿地	0	30.19	12.05	0.93	1.23	2.81	18.97	199.05	710.92	976.15
	总计	1513.57	143.73	57.59	18.76	3.93	20.42	94.04	976.48	946.36	3774.87
	总体精度=81%　Kappa Coefficient =0.73										

32.5　多情景下的杭州湾滨海湿地演变模拟预测研究

32.5.1　杭州湾滨海湿地未来发展趋势多情景设置

1. 多种模拟情景设置

情景设置的目的在于分析杭州湾滨海湿地在不同条件的影响下，湿地未来空间格局多种演变趋势。针对研究区域现状及历史发展趋势，综合考虑政府政策规划及未来经济社会发展战略，设置自然增长、经济建设、粮食安全及滩涂资源保护这 4 种未来模拟情景。各湿地类型转移面积矩阵及参数设置参照前人研究及上述历史演变分析（曾辉等，2003；陆汝成等，2009；周锐等，2011）所调整。

情景一：自然增长情景

在没有突发性自然灾害和外来因素的强烈干扰下，未来 30 年的驱动因素不变，各湿地类型转变与湿地发展趋势与 1984～2016 年保持一致，以历史发展趋势作为未来模拟发展趋势，预测各湿地类型需求量并对 2046 年湿地空间格局进行模拟。在此情景下，自然湿地仍不断被人工湿地及非湿地所取代，人工湿地仍以一定速率向非湿地转变。

情景二：经济建设情景

为了达到杭州湾“一城四区”发展目标，加速推动城市化进程，打造国际化城市空间格局，保持经济高速增长，是必要增加建筑及道路等非湿地的使用面积。在此情景下，农用池塘、海水养殖场及非湿地面积进一步增加，而浅海水域和稻田面积进一步减少；因此，将农用池塘、海水养殖场及非湿地的需求面积增加 10%，而浅海水域和稻田的需求面积减少 10%。

情景三：粮食安全情景

稻田不仅是农业生产的基础，土地的精华，更是人类生存的根基。在上述历史演变趋势分析中发现，稻田呈显著下降趋势，同时，随着慈溪市人口的增长，对粮食需求相应增加。因此设置粮食安全情景，旨在保护粮食资源，避免因过度开发而占用稻田，满足人类对粮食需求的增长，同时也是对国家基本农田保护政策的具体落实。限制文件中，设置稻田类型为限制类型；稻田的转换弹性系数由 0.7 调整为 0.8，其他类型弹性系数不变；转换矩阵中，稻田的转出设为 0；面积需求量中，设置稻田面积不像其他类型转变，需求面积保持不变。

情景四：滩涂资源保护情景

本研究中，淤泥质海滩作为滨海湿地的重要资源，不但作为农业用地的后备资源，更是鸟类的栖息地；合理开发可达到资源的可持续利用，而过度开发将导致生境丧失。基于上述历史演变趋势分析可知，淤泥质海滩在第二阶段向稻田及非湿地的转变速度加快，比第一阶段的转变速率分别增加了 33.67%和 61.97%。此情景旨在保护资源的合理利用，将淤泥质海滩稳定性提高，转换弹性系数由 0.2 调整为 0.5；需求面积中，对淤泥质海滩向海水养殖场、稻田及非湿地的转变速率进行调整，转变速率降低 50%，在转出速率降低的情况下，计算淤泥质海滩的需求面积。

2. 多种模拟情景下参数设置

1）转换弹性系数和转换矩阵

各情景模拟下湿地类型转换弹性设置如表 32-15 所示，各情景模拟下转换矩阵设置如表 32-16 所示。

各湿地类型的 Logistic 回归 β 值结果如表 32-17 所示。

表 32-15　各情景模拟下湿地类型转换弹性设置

年份	浅海水域	淤泥质海滩	永久性河流	永久性淡水湖	运河	农用池塘	海水养殖场	稻田	非湿地
情景一	0.8	0.2	0.5	0.9	0.6	0.6	0.2	0.7	0.9
情景二	0.8	0.2	0.5	0.9	0.6	0.6	0.2	0.7	0.9
情景三	0.8	0.2	0.5	0.9	0.6	0.6	0.2	0.8	0.9
情景四	0.8	0.5	0.5	0.9	0.6	0.6	0.2	0.7	0.9

表 32-16　各情景模拟下转换矩阵设置

	0	1	2	3	4	5	6	7	8	0	1	2	3	4	5	6	7	8	0	1	2	3	4	5	6	7	8
	情景一、情景二									情景三									情景四								
0	1	1	0	0	0	0	0	0	0	1	1	0	0	0	0	0	0	0	1	1	0	0	1	1	1	1	0
1	1	1	1	1	1	1	0	1	1	1	1	1	1	1	1	0	1	1	0	1	0	0	0	0	0	0	0
2	0	1	1	1	1	1	1	1	1	0	1	1	1	1	1	1	1	1	0	1	1	1	1	1	1	1	1
3	0	0	1	1	0	1	0	1	1	0	0	1	1	0	1	0	1	1	0	0	1	1	0	1	0	1	1
4	1	1	1	1	1	1	1	1	1	1	1	1	1	1	1	1	1	1	1	1	1	1	1	1	1	1	1
5	0	0	1	1	1	1	1	1	1	0	0	1	1	1	1	1	1	1	0	0	1	1	1	1	1	1	1
6	0	0	0	1	1	1	1	1	1	0	0	0	1	1	1	1	1	1	0	0	0	1	1	1	1	1	1
7	0	0	1	1	1	1	1	1	1	0	0	0	0	0	0	0	1	0	0	0	1	1	1	1	1	1	1
8	0	1	1	1	1	1	1	1	1	0	1	1	1	1	1	1	1	1	0	1	1	1	1	1	1	1	1

注：矩阵外围数字 0～10 分别表示：0 浅海水域，1 淤泥质海滩，2 永久性河流，3 永久性淡水湖，4 运河，5 农用池塘，6 海水养殖场，7 稻田，8 非湿地

矩阵内数字 0～1 分别表示：0 表示不可转换，1 表示可转换；行表示转出，列表示转入

表 32-17　2046 年各湿地类型的 Logistic 回归 β 值结果

		浅海水域	淤泥质海滩	永久性河流	永久性淡水湖	运河	农用池塘	海水养殖场	稻田	非湿地
sclgr0	β	–	–0.235	–0.101	–0.02	–0.027	–0.043	–0.115	–0.032	0.043
	exp（β）	–	0.791	1.107	0.981	0.973	0.958	0.892	0.969	1.044
sclgr1	β	–	–0.401	0.102	0.048	–0.053	0.085	–	–0.024	0.048
	exp（β）	–	0.67	1.108	1.049	0.948	1.088	–	0.977	1.049
Sclgr2	β	–	–0.002	0.001	–0.001	–	–0.001	–0.001	0.001	0
	exp（β）	–	0.998	1.001	0.999	–	0.999	0.999	1.001	1
Sclgr3	β	–	–0.001	0.003	0.001	–0.002	0	–0.001	0	0
	exp（β）	–	0.999	1.003	1.001	0.998	1	0.999	1	1
sclgr4	β	–	–	–0.001	–0.001	0	0	0	0	0
	exp（β）	–	–	0.999	0.999	1	1	1	1	1
Sclgr5	β	–	0	–0.676	0	–0.179	0	0	–0.001	0
	exp（β）	–	1	0.509	1	0.836	1	1	0.999	1

续表

		浅海水域	淤泥质海滩	永久性河流	永久性淡水湖	运河	农用池塘	海水养殖场	稻田	非湿地
Sclgr6	β	–	0	0	0	0	0	0	0	0
	exp（β）	–	1	1	1	1	1	1	1	1
常量		0.001	0.324	–4.102	–4.088	3.294	–1.916	0.996	1.036	–0.738

注：编码 sclgr0～6 所表示的湿地类型影响因子依次为：高程、坡度、坡向、距道路距离、距居民点距离、距河流距离、距海域距离

2）湿地需求量

通过不同情景的设置对演变趋势及各湿地类型在 2046 年的需求面积进行调整，根据 1984～2016 年已有的 11 年数据及调整后的演变趋势，利用线性内插得到 2016～2046 年的各湿地类型面积需求量（表 32-18）。

表 32-18　2046 年各情景湿地类型需求量　　（单位：km^2）

	浅海水域	淤泥质海滩	永久性河流	永久性淡水湖	运河	农用池塘	海水养殖场	稻田	非湿地
情景一	1203.22	185.05	27.95	22.39	49.09	68.50	226.22	532.16	1460.29
情景二	1154.69	111.30	27.95	22.39	49.09	75.35	248.84	478.95	1606.32
情景三	1203.22	185.05	27.95	22.39	49.09	68.50	226.22	765.29	1227.16
情景四	1203.22	275.05	27.95	22.39	49.09	68.50	196.22	502.16	1430.29

32.5.2　多情景下模拟结果对比分析

对比分析 2046 年各情景模拟空间分布图（图 32-11）及各模拟情景下的模拟结果柱形图（图 32-12），呈现出以下特点。

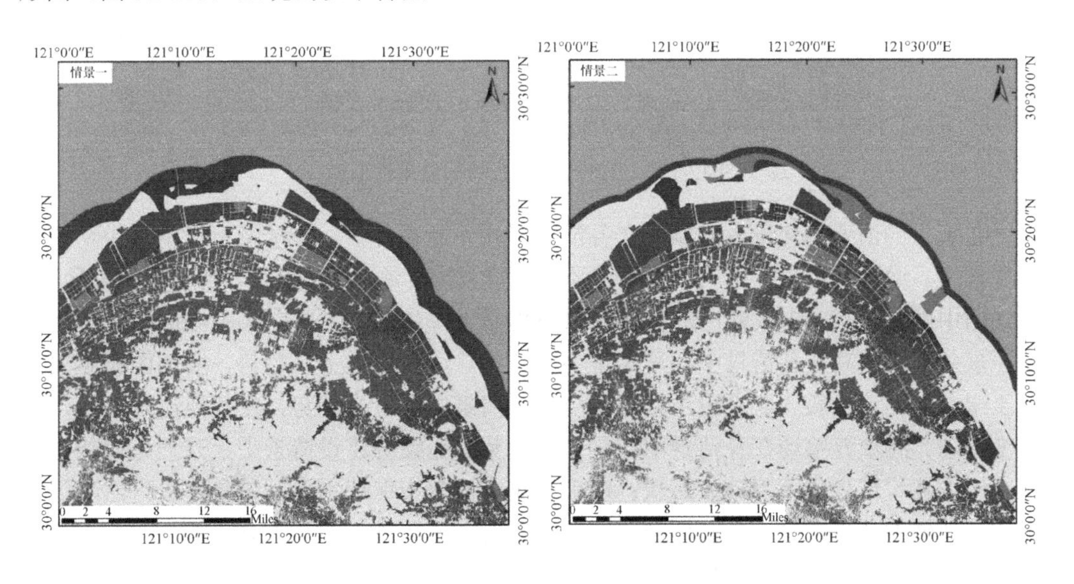

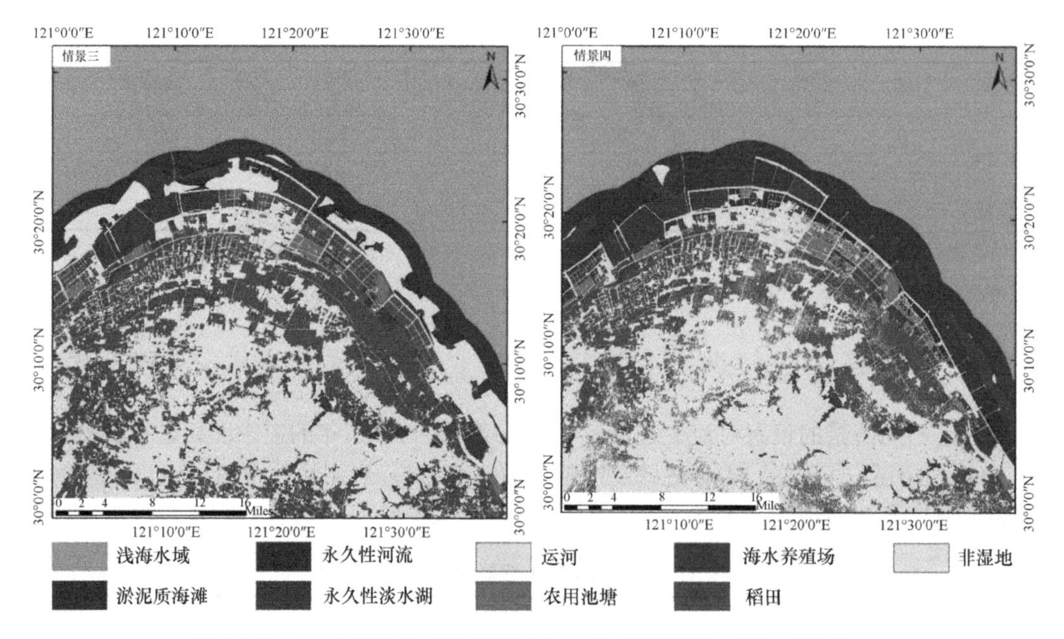

图 32-11　2046 年各情景模拟空间分布图（彩图请扫封底二维码）

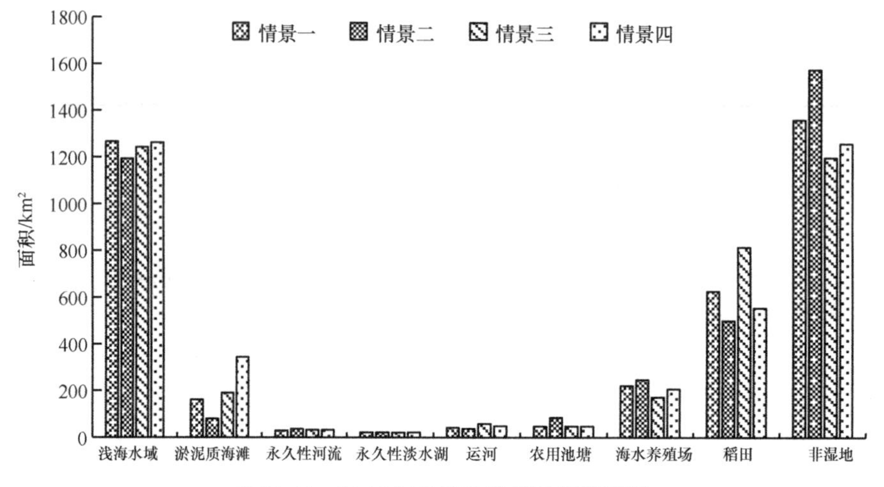

图 32-12　2046 年各情景模拟结果柱形图

在未来的演变趋势下，海岸线在各情景下均不断往外扩，在经济建设情景中，扩张速率最快。淤泥质海滩在不同情景下呈不同变化趋势；在经济建设情景中面积最低，在情景四中面积最高。永久性河流在各情景下均呈下降趋势，主要向人工湿地中的运河转变。永久性淡水湖在各情景中均呈几乎不变状态。运河均呈上升趋势，增加面积主要来源于永久性河流的转入。农用池塘在经济建设情景中呈上升趋势，在其他情景中呈几乎不变状态。海水养殖场在各情景中均呈上升趋势，在经济建设情景中上升速率最快。稻田在经济建设情景中下降速率最快；在粮食安全情景中保持不变。非湿地由自然湿地及人工湿地转变，且几乎不向其他类型转变，因而在各情景下均呈上升趋势；在经济建设情景下，非湿地增加速度加快；由上述分析可知，非湿地的增加面积主要来源于淤泥质海滩、海水养殖场和稻田的转入，在稻田保护和滩涂资源保护的情景下，非湿地的增加速率下降。

1. 情景一：自然增长情景

在自然增长情景下，未来湿地演变趋势与历史演变趋势相近。与 2016 年湿地现状相比，2046 年湿地演变趋势如下：岸线不断往外扩；淤泥质海滩面积为 161.52 km^2，处于动态平衡状态。永久性淡水湖几乎不变；永久性河流和稻田处于减少趋势，分别减少了 8.43 km^2 和 187.38 km^2（下降速率分别为–0.28 km^2/a 和–6.25 km^2/a）；运河、农用池塘和海水养殖场处于增加趋势，其中海水养殖场增加了 109.94 km^2（增长速率为 3.66 km^2/a）。非湿地为 1359.55 km^2，增加了 316.54 km^2（增长速率为 10.55 km^2/a）。

2. 情景二：经济建设情景

在经济快速发展以及填海造田的趋势下，岸线进一步向外扩张。由于围垦速度过快，淤泥质海滩急剧缩减，面积为 8.43 km^2。与自然增长情景相比，淤泥质海滩面积降低了 81.35 km^2（50.36%）。农用池塘面积增加，比 2016 年增加了为 36.71 km^2（增长速率为 4.52 km^2/a）；与自然增长情景相比，海水养殖场面积进一步增加，增加面积为 135.69 km^2（增长速率为 1.22 km^2/a）；稻田面积下降了 313.89 km^2（下降速率为–10.46 km^2/a），与自然增长情景相比，稻田下降速率加快了 40.3%。非湿地面积为 1575.09 km^2，增加了 532.08 km^2（增长速率为 17.74 km^2/a），相比自然增长情景，非湿地面积增长速率上升了 41%。

3. 情景三：粮食安全情景

在粮食安全情景下，稻田面积为 813.64 km^2，与 2016 年相比，面积几乎不变，稻田得到了有效的保护。岸线往外扩张趋势与自然增长情景相近，淤泥质海滩面积为 190.57 km^2，由于向稻田的转变受到抑制，面积呈增加趋势。海水养殖场面积增加了 60.73 km^2（增长速率为 2.02 km^2/a），与情景一相比，增长速率减慢。非湿地面积为 1197.27 km^2，增加了 154.26 km^2（增长速率为 5.14 km^2/a）。与自然增长情景相比，非湿地增长速率降低，主要原因是，在稻田受到保护的情景下，非湿地的转入来源减少，因此非湿地面积上升速率减慢。

4. 情景四：滩涂资源保护情景

在滩涂资源保护情景下，淤泥质海滩面积为 343.02 km^2，与 2016 年相比，面积呈上升趋势，淤泥质海滩得到了有效的保护。岸线往外扩张趋势与自然增长情景相近；海水养殖场面积增加了 95.70 km^2（增长速率为 3.19km^2/a），与自然增长情景相比，增长速率减慢。与自然增长情景相比，稻田面积进一步下降，主要原因为稻田向非湿地的转变面积增加。非湿地面积为 1257.66 km^2，增加了 214.65 km^2（增长速率为 7.15 km^2/a）。与自然增长情景相比，非湿地增长速率减慢，主要原因是，在滩涂资源受到保护的情景下，由淤泥质海滩的转入面积降低，因此非湿地面积上升速率减慢。

32.5.3 杭州湾滨海湿地保护对策分析

杭州湾滨海湿地是我国重要滨海湿地，且作为鸟类栖息地及候鸟迁徙中转站，物种繁多，资源丰富。近年来，伴随着经济发展及城镇化水平的不断提高，相应地，政府采取了湿地保护措施，如杭州湾湿地公园的建设、关闭大型污染企业等。然而本文通过对近 30 年来杭州湾滨海湿地空间分布格局的分析发现，湿地现状未能得到有效改善；基于对历史演变趋势的分析，设置了多个模拟情景，模拟了湿地未来可能的演变趋势。并发现，在相应情景下，部分受保护的湿地类型得到了良好的保护，而未受保护湿地类型面积仍以历史发展趋势不断缩减。因此，本研究希望能为政府政策规划提供一定的参考，同时提出以下几点建议。

首先，科学、适度地人为干预，有助于湿地生态系统的保护和恢复，但过度的干扰活动则会影响湿地的正常演替。在对外开放的景观中，应控制游客的游览量，避免人类超载对湿地造成的压力，同时做好环境保护措施。在布设公园内的道路时，应充分考虑生境的连通性，避免道路加剧景观的破碎化程度；同时需充分考虑物种的隐蔽性，保护物种多样性及动物栖息地，有利于生物的生存与繁衍。在上述各个情景下，非湿地都呈不断上升趋势，因此，应严格控制建设用地和道路等非湿地面积，根据实际人口所需合理规划用地。在建筑选址时，应避开具有肥沃力土壤的农作物区域。

围垦造田及围海造地的速度过快，易导致动植物生境遭到破坏，物种生存及繁衍遭到威胁，湿地功能退化。因此，在贯彻围海造地及围垦造田的政策下，科学编制海滩利用保护规划，且需严格按照规划实施，达到资源的充分利用及优化配置，避免过度围垦造成的资源骤减及湿地功能退化。在经济增长的情景下，各湿地的转变速率相比于自然增长明显加快，在实际发展中，不应只追求经济的发展而以环境作为代价。

建立自然保护区及湿地生态公园等为常用的一种有效保护湿地的措施，根据环境差异及湿地功能进行分区，可充分发挥湿地资源的优化配置和使用。在粮食安全和滩涂资源保护情景下，稻田和海滩资源得到了良好的保护；因此，在对未来的预测中，保护措施的完善对湿地资源的保护可以起到良好的积极作用。在湿地保护过程中，应以自然湿地的保护为主，注重永久性淡水湖和永久性河流的连通性，保持水系的连通及水体的流动，避免形成静水和死水，保证水体的自净和净化能力；而在房屋和桥梁建设与自然保护区冲突时，应尽量原地保护，避免异地保护中动植物因迁移造成的生境不适应等；湿地生态公园应以自然景观为主，尽量避免破坏原生态环境而修建人工湿地代替。

在湿地演变中，政府政策起着主导作用，因此，湿地保护应引起政府的重视，对湿地保护管理体制及湿地保护策略进一步完善，对管理及实施进一步落实；在湿地管理中，应坚持减少人为干涉、维持自然作用、保护自然区域为主导理念；对《湿地保护条例》等保护法细化与完善，并加强执法力度；建立健全湿地监测体系与管理体系，形成完整的湿地保护体系。

32.6　结论与展望

32.6.1　结论

本文以杭州湾滨海湿地为研究区域，基于湿地历史演变趋势，利用 CLUE-S 模型对杭州湾湿地未来 30 年发展趋势进行模拟预测。首先基于历年湿地数据，利用线性回归对未来年份各湿地类型需求量进行预测，通过 Logistic 回归模型得到各湿地类型与各驱动因子的回归关系，最后利用 CLUE-S 模型模拟了不同情景下杭州湾滨海湿地的未来演变趋势。本文主要研究结论如下所述。

（1）本文首先对杭州湾滨海湿地历年 11 景 Landsat 影像进行湿地信息提取，对湿地历年的演变趋势进行充分分析，结果发现：海岸线不断向浅海水域方向延伸，淤泥质海滩极不稳定，历年面积上下波动极大，而永久性淡水湖呈现几乎不变的状态。永久性河流和稻田面积呈显著下降趋势，其中，永久性河流下降速率为–0.38 km²/a（$P < 0.05$）；稻田是除浅海水域外最大的湿地类型，稻田面积在上下波动中总体呈下降趋势，下降速率为–7.77 km²/a（$P < 0.05$）。而运河、农用池塘、海水养殖场和非湿地呈显著上升趋势。其中，运河、农用池塘和海水养殖场的上升速率分别为 0.79 km²/a（$P < 0.05$）、0.85 km²/a（$P < 0.05$）和 3.52 km²/a（$P < 0.05$）；非湿地呈快速上升趋势，上升速率为 13.76 km²/a（$P < 0.05$）。

海岸线向海域方向延伸和淤泥质海滩不稳定状态的主要驱动因素为围海造田计划的实施和杭州湾新区的建设。围海造田使得滩涂围垦，向海水养殖场及稻田转变；新区建设使得岸线外扩及滩涂开发利用，岸线外扩的同时，淤泥质海滩向海域方向淤积，淤泥质海滩开发利用主要表现为向非湿地的转变。因此，淤泥质海滩的变化主要是为海域方向的淤泥及内陆方向的围垦，当淤泥速率与围垦速率平衡时，淤泥质海滩处于平衡状态；淤泥速率高于围垦速率，则淤泥质海滩面积增加；反之则减少。由于自然湿地不断向人工湿地转变，因此，海水养殖场面积增加；稻田向非湿地的转出面积高于淤泥质海滩的转入面积，因此，稻田整体呈下降趋势。

（2）通过历史长时间及多景影像的分析，通过线性回归对研究区未来年份各湿地类型需求面积进行定量预测，提高湿地面积需求量的预测精度，并同时提高了对未来湿地空间格局的模拟精度。研究首先以 2000 年的湿地空间分布格局图为模拟年份初始图，以 1984～2000 年的演变趋势作为 2000～2016 年的演变趋势，运用 CLUE-S 模型模拟了 2016 年的湿地空间分布格局模拟图，并以 2016 年的实际湿地分布现状图进行验证，总体精度达到 81%，Kappa 系数达到 0.73，说明基于历史趋势利用 CLUE-S 模型预测杭州湾滨海湿地未来演变趋势的方法可行。

（3）基于历年演变趋势及政府规划政策，对湿地未来演变趋势进行不同情景设置。假设未来 30 年湿地发展趋势与 1984～2016 年保持一致，设置自然增长情景；假设围海造田及建设发展进程加快，设置经济建设情景；由于稻田作为重要的湿地类型同时在历史演变趋势中呈显著下降趋势，假设稻田用地不向其他类型转变，因此设置粮食安全情景；淤泥质海滩在第二阶段向稻田及非湿地的转变速度加快，比第一阶段的转变速率分别增加了 33.67%和 61.97%。淤泥质海滩作为滨海湿地的重要资源，资源过度利用将导致生境丧失，假设滩涂的围垦利用速率降低，设置滩涂资源保护情景。在此基础上，以 2016 年为模拟年份初始图，基于 1984～2016 年历年演变趋势，根据各情景对演变趋势及各湿地需求量进行相应调整，运用 CLUE-S 模型模拟四个情景下杭州湾滨海湿地的未来演变趋势。

通过对比各情景模拟得到的 2046 年湿地空间分布图及对其分析发现，湿地未来演变趋势如下所述。海岸线在各情景下均不断往外扩，其中，在经济建设情景中扩张速率最快。淤泥质海滩在不同情景下呈不同变化趋势；在自然增长情景中，处于动态平衡状态（面积为 161.52 km^2）；在经济建设情景中，由于围垦速度过快，淤泥质海滩急剧缩减（面积为 8.43 km^2）；在粮食安全情景中，由于向稻田的转变受到抑制，面积呈增加趋势（面积为 190.57 km^2）；在滩涂保护情景中面积呈上升趋势（面积为 343.02 km^2）。永久性河流在各情景下均呈下降趋势，主要向人工湿地中的运河转变。永久性淡水湖在各情景中均呈几乎不变状态。运河均呈上升趋势，增加面积主要来源于永久性河流的转入。农用池塘在经济建设情景中呈上升趋势，比 2016 年增加了 36.71 km^2（增长速率为 4.52 km^2/a）；在其他情景中呈几乎不变状态。海水养殖场在各情景中均呈上升趋势，在自然增长情景中，增加了 109.94 km^2（增长速率为 3.66 km^2/a）；在经济建设情景中，上升速率最快，面积增加了 135.69 km^2（增长速率为 1.22 km^2/a）；在粮食安全情景中，面积增加了 60.73 km^2（增长速率为 2.02 km^2/a）；在滩涂资源保护情景中，海水养殖场面积增加了 95.70 km^2（增长速率为 3.19 km^2/a）。稻田在粮食安全情景中得到了有效的保护，面积保持不变；在其他各情景中均呈下降趋势，主要是因为稻田与非湿地的边界过渡区域不稳定，稻田易转变为非湿地；其中，在经济建设情景中下降速率最快，面积下降了 313.89 km^2（下降速率为–10.46 km^2/a）。非湿地从自然湿地及人工湿地均有流入，且几乎不向其他类型转变，因而在各情景下均呈上升趋势；在经济建设情景下，非湿地增加速率最快，面积为 1359.55 km^2，增加了 316.54 km^2（增长速率为 10.55 km^2/a），相比自然增长情景，非湿地面积增长速率上升了 41%；由上述分析可知，非湿地的增加面积主要来源于淤泥质海滩、海水养殖场和稻田的转入，在稻田保护和滩涂资源保护的情景下，非湿地的转变来源减少，因此增加速率下降。

32.6.2 展望

本文研究过程中，利用了分辨率为 30 m 的 Landsat 影像作为基础数据，获取了近 30 年来湿地空间格局分布和历史演变趋势，在后续的研究中，可用高分辨率影像对湿地信息进行提取，有助于提高遥感影像解译精度，减少因分类误差对驱动机制分析造成的影响；但在分辨率提高的同时，工作量也会增加，可利用自动分类方法以便快速提取湿地类型。

研究选用杭州湾南岸滨海区域作为研究区域，基于历史演变趋势，利用 CLUE-S 模型对湿地未来发展趋势进行模拟预测，验证结果表明精度较高，说明该方法可用于对湿地演变的研究。在后续的研究中，可扩大研究区域，将研究范围扩张至杭州湾湿地入海三角洲区域，对淤泥质海滩进行更深入的研究，同时可比较杭州湾南北岸湿地演变趋势的异同；在后续的研究中，可将研究区域扩大至浙江省海岸带区域，对比分析杭州湾南岸淤泥质海岸带和北岸基岩性海岸带的滨海湿地演变趋势。

虽然 CLUE-S 模型可以考虑政府政策的影响，将某一区域或某一湿地类型控制不发生改变，但是对于政策规划等对于湿地潜在的影响仍是重点与难点，在未来的研究中，应充分考虑如何量化政策因素对湿地空间分布格局的影响。在对驱动因子的研究中，虽然知道降雨量与温度的变化与湿地变化具有相关性，但降雨量与植被、水体变化的潜在关系及定量关系仍需进一步研究。驱动因子需通过空间可视化的形式表现，才能加入模型的运行，而社会经济发展等因子较难定量化及进行空间可视化分析，却在湿地的演变中起着重要的作用。因此，如何确定这些因子与湿地类型之间的相关性及如何进行定量化分析需进一步研究。同时，人为干扰的强弱对湿地的演变具有重要影响作用，如何判定人为干扰的强度及如何定量化人类活动对湿地的影响程度需进一步研究。在预测过程中，虽然考虑了自然和社会影响因素，但主要以人为设置为主，主观性较强。在后续的研究中，可尝试通过引入其他模型以便在模型预测时将自然和社会因素作为重要模块加以考虑。

（胡潭高、刘甲红）

参考文献

陈功勋. 2012. 基于 CLUE-S 模型和 GIS 的土地利用变化模拟研究. 南京: 南京大学硕士研究生学位论文.

陈学渊. 2015. 基于 CLUE-S 模型的土地利用/覆被景观评价研究. 北京: 中国农业科学院博士研究生学位论文.

戴声佩, 张勃. 2013. 基于 CLUE-S 模型的黑河中游土地利用情景模拟研究——以张掖市甘州区为例. 自然资源学报, 28(2): 332-347.

邓华, 邵景安, 王金亮, 等. 2016. 多因素耦合下三峡库区土地利用未来情景模拟. 地理学报, 71(11): 1979-1997.

何春阳, 史培军, 李景刚, 等. 2004. 中国北方未来土地利用变化情景模拟. 地理学报, 59(4): 599-607.

黄明, 张学霞, 张建军, 等. 2012. 基于 CLUE-S 模型的罗玉沟流域多尺度土地利用变化模拟. 资源科学, 34(4): 769-776.

焦继宗. 2012. 民勤绿洲土地利用/覆盖时空演变及模拟研究. 兰州: 兰州大学博士研究生学位论文.

黎夏, 李丹, 刘小平. 2017. 地理模拟优化系统(GeoSOS)及其在地理国情分析中的应用. 测绘学报, 46(10): 1598-1608.

黎夏, 刘小平, 何晋强. 2009. 基于耦合的地理模拟优化系统. 地理学报, 64(4): 457-468.

黎夏, 叶嘉安. 2002. 基于神经网络的单元自动机 CA 及真实和优化的城市模拟. 地理学报, 57(2): 159-166.

李希之. 2015. 长江口滩涂湿地植被变化模拟及其生态效应. 上海: 华东师范大学硕士研究生学位论文.

李玉凤, 刘红玉. 2014. 湿地分类和湿地景观分类研究进展. 湿地科学, 12(1): 102-108.

李月臣, 何春阳. 2008. 中国北方土地利用/覆盖变化的情景模拟与预测. 科学通报, 53(6): 713-723.

梁友嘉, 徐中民, 钟方雷. 2011. 基于SD和CLUE-S模型的张掖市甘州区土地利用情景分析. 地理研究, 30(3): 564-576.
刘红玉, 李玉凤, 曹晓, 等. 2009. 我国湿地景观研究现状、存在的问题与发展方向. 地理学报, 64(11): 1394-1401.
刘甲红, 徐露洁, 潘骁骏, 等. 2017. 土地利用/土地覆盖变化情景模拟研究进展. 杭州师范大学学报(自然科学版), 16(5): 551-560.
刘书含, 顾行发, 余涛, 等. 2014. 高分一号多光谱遥感数据的面向对象分类. 测绘科学, 39(12): 91-94.
刘小平, 黎夏, 艾彬等. 2006a. 基于多智能体的土地利用模拟与规划模型. 地理学报, 61(10): 1102-1112.
刘小平, 黎夏, 叶嘉安. 2006b. 基于多智能体系统的空间决策行为及土地利用格局演变的模拟. 中国科学(地球科学), 36(11): 1027-1036.
刘振乾, 段舜山, 李爱芬, 等. 2004. 湿地蓄水量动态SD仿真研究——以三江平原沼泽湿地为例. 地理与地理信息科学, 20(1): 54-56.
陆汝成, 黄贤金, 左天惠, 等. 2009. 基于CLUE-S和Markov复合模型的土地利用情景模拟研究——以江苏省环太湖地区为例. 地理科学, 29(4): 577-581.
沈琪. 2006. 小流域土地利用变化模拟研究. 兰州: 兰州大学硕士研究生学位论文.
施云霞, 王范霞, 毋兆鹏. 2016. 基于 CLUE-S 模型的精河流域绿洲土地利用空间格局多情景模拟. 国土资源遥感, 28(2): 154-160.
王鑫, 刘伟玲, 张丽, 等. 2014. 基于CLUE-S模型的辽河流域景观格局空间分布模拟. 地球信息科学学报, 16(6): 925-932.
吴昊. 2012. 辽河河口区湿地生态环境动态模拟. 沈阳: 沈阳大学硕士研究生学位论文.
吴健生, 冯喆, 高阳, 等. 2012. CLUE-S模型应用进展与改进研究. 地理科学进展, 31(1): 3-10.
曾辉, 高凌云, 夏洁. 2003. 基于修正的转移概率方法进行城市景观动态研究. 生态学报, 23(11): 2201-2209.
曾凌云, 王钧, 王红亚. 2009. 基于GIS和Logistic回归模型的北京山区耕地变化分析与模拟. 北京大学学报(自然科学版), 45(1): 165-170.
张学儒. 2008. 基于CLUE-S模型的唐山海岸带土地利用变化情景模拟.石家庄: 河北师范大学硕士研究生学位论文.
张云鹏, 孙燕, 陈振杰. 2013. 基于多智能体的土地利用变化模拟. 农业工程学报, 29(4): 255-265.
周锐, 苏海龙, 王新军, 等. 2011. 基于CLUE-S模型和Markov模型的城镇土地利用变化模拟预测——以江苏省常熟市辛庄镇为例. 资源科学, 33(12): 2262-2270.
周淑丽, 陶海燕, 卓莉. 2014. 基于矢量的城市扩张多智能体模拟——以广州市番禺区为例. 地理科学进展, 33(2): 202-210.
朱春娇, 田波, 周云轩, 等. 2015. 基于 Markov 和 CLUE-S 模型的浦东新区湿地演变遥感分析与预测. 复旦学报(自然科学版), 54(4): 431-438.
Adeleye A O, Jin H, Di Y, et al. 2016. Distribution and ecological risk of organic pollutants in the sediments and seafood of Yangtze Estuary and Hangzhou Bay, East China Sea. Science of the Total Environment, 541: 1540-1548.
Chander G, Markham B L, Helder D L. 2009. Summary of current radiometric calibration coefficients for Landsat MSS, TM, ETM+, and EO-1 ALI sensors. Remote Sensing of Environment, 113: 893-903.
Chen L, Jin Z, Michishita R, et al. 2014. Dynamic monitoring of wetland cover changes using time-series remote sensing imagery. Ecological Informatics, 24: 17-26.
Coulter L L, Stowa D A, Tsai Y H, et al. 2016. Classification and assessment of land cover and land use change in southern Ghana using dense stacks of Landsat 7 ETM+ imagery. Remote Sensing of Environment, 186: 396-409.
Foody G M. 2002. Status of land cover classification accuracy assessment. Remote Sensing of Environment,

80(1): 185-201.

Halabisky M, Moskal L M, Gillespie A, et al. 2016. Reconstructing semi-arid wetland surface water dynamics through spectral mixture analysis of a time series of Landsat satellite images (1984–2011). Remote Sensing of Environment, 177: 171-183.

Han X, Chen X, Feng L. 2015. Four decades of winter wetland changes in Poyang Lake based on Landsat observations between 1973 and 2013. Remote Sensing of Environment, 156: 426-437.

Jin H, Huang C, Lang M W, et al. 2017. Monitoring of wetland inundation dynamics in the Delmarva Peninsula using Landsat time-series imagery from 1985 to 2011. Remote Sensing of Environment, 90: 26-41.

Kontgis C, Schneider A, Ozdogan M. 2015. Mapping rice paddy extent and intensification in the Vietnamese Mekong River Delta with dense time stacks of Landsat data. Remote Sensing of Environment, 169: 255-269.

Lloyd L C, Douglas A S, Yu-Hsin T, et al. 2016. Classification and assessment of land cover and land use change in southern Ghana using dense stacks of Landsat 7 ETM+ imagery. Remote Sensing of Environment, 186: 396-409.

Lu Y, Coops N C, Hermosilla T. 2017. Estimating urban vegetation fraction across 25 cities in pan-Pacific using Landsat time series data. ISPRS Journal of Photogrammetry and Remote Sensing, 126: 11-24.

Luo J, Li X, Ma R, et al. 2016. Applying remote sensing techniques to monitoring seasonal and interannual changes of aquatic vegetation in Taihu Lake. Ecological Indicators, 60: 503-513.

Melendez-Pastor I, Navarro-Pedreño J, Gómez I, et al. 2010. Detecting drought induced environmental changes in a Mediterranean wetland by remote sensing. Applied Geography, 30: 254-262.

Pang H, Lou Z, Jin A, et al. 2015. Contamination, distribution, and sources of heavy metals in the sediments of Andong tidal flat, Hangzhou Bay, China. Continental Shelf Research, 110: 72-84.

Parker D C, Manson S M, Janssen M A, et al. 2003. Multi-agent systems for the simulation of land-use and land-cover change: a review. Annals of the Association of American Geographers, 93(2): 314-337.

Son N T, Chen C F, Chen C R, et al. 2017. Assessment of urbanization and urban heat islands in Ho Chi Minh City, Vietnam using Landsat data. Sustainable Cities and Society, 30: 150-161.

Sun T, Lin W, Chen G, et al. 2016. Wetland ecosystem health assessment through integrating remote sensing and inventory data with an assessment model for the Hangzhou Bay, China. Science of the Total Environment, 566-567: 627-640.

Sun Z, Sun W, Tong C, et al. 2015. China's coastal wetlands: Conservation history, implementation efforts, existing issues and strategies for future improvement, Environment International, 79: 25-41.

Verburg P H, Eickhout B, Meij H V. 2008. A multi-scale, multi -model approach for analyzing the future dynamics of European land use. Annals of Regional Science, 42(1): 57-77.

Verburg P H, Koning G H J, Kok K, et al. 2016. A spatial explicit allocation procedure for modelling the pattern of land use change based upon actual land use. Ecological Modelling, 116(1): 45-61.

Verburg P H, Overmars K P. 2009. Combining top-down and bottom-up dynamics in land use modeling: exploring the future of abandoned farmlands in Europe with the Dyna-CLUE model. Landscape Ecology, 24: 1167-1181.

Verburg P H, Schot P P, Dijst M J, et al. 2004. Land use change modelling: Current practice and research priorities. Geo Journal, 61: 309-324.

Vogelmann J E, Gallant A L, Shi H, et al. 2016. Perspectives on monitoring gradual change across the continuity of Landsat sensors using time-series data. Remote Sensing of Environment, 185: 258-270.

Wang C, Pan D. 2017. Zoning of Hangzhou Bay ecological red line using GIS-based multi-criteria decision analysis. Ocean & Coastal Management, 13: 42-50.

第 33 章　土地利用变化对生态系统服务的影响——以东苕溪流域为例

33.1　引　　言

33.1.1　研究背景

生态系统服务的研究和探索是当今生态领域的前沿和热点，也是当今世界经济可持续发展重点关注的问题之一。生态系统服务对人类福祉和生态安全有直接影响，生态系统不仅能够为人类提供粮食以及各种生产生活的原材料，还能够维持地球生命系统的平衡与稳定，水循环、生物地球化学循环等循环的稳态，也维持着生物物种与遗传的多样性（Daily，1997）。在社会经济飞速发展的过程中，由于人类对生态系统服务的重要性认知不够，忽视了对生态系统的保护，引发越来越多的生态问题，人类生存环境和生活质量日益恶化，人类逐渐意识到生态系统服务在社会长远发展中占据的重要地位和作用。

人类活动在区域乃至全球尺度上，极大地影响了河流水体的理化性质和流域生态系统的稳定性。近年来，人类活动和土地利用变化对河流水环境的影响机制及其后果已成为研究热点之一。全球范围内，人类活动对河流系统产生的主要影响有：径流调节、泥沙冲淤失衡、断流、盐渍化、水质酸化、化学污染、微生物污染和水体富营养化等，由此改变了系统的水分、泥沙、营养盐、碳等物质的平衡，以及水体的生物多样性等主要功能（刘昌明，2001；Meybeck，2003；Chin，2006）。人口增长、城市化、工业化、采矿和农业施肥等已经或正在导致全球河流水质发生变化。地球表面约有 50%的水源地遭到了不同程度的污染，约有 80%的人口正处在高风险的水资源安全威胁中，并有约 65%的内陆水域生态系统生物多样性面临中度至高度威胁（Vörösmarty et al.，2010）。

土地利用作为人类活动内容和强度在地理空间上的映射，是影响区域地表水环境质量的关键因素。然而探讨不同土地利用结构和空间格局的水环境效应的研究还十分薄弱。目前较一致的观点是，当流域不透水面的比例达到 10%～15%时，河流水质及水生生态系统将开始受损（Klein，1979；Schiff and Benoit，2007）。如果仅提供有关建设用地面积或比例信息，而缺失了其位置、分布格局和具有水文意义的地类信息，则会极大地限制有关水环境响应机制的研究，同时对城市规划和管理所能提供的帮助也极为有限（Alberti et al.，2007）。遥感技术已成功应用于区域土地利用/土地覆被信息的动态监测，GIS 技术是进行多尺度景观空间格局分析的有效手段。传统上采用的 Landsat TM/ETM+等中等分辨率的遥感数据源，已成功地应用于区域土地利用/土地覆盖的动态演化分析；在城区尺度上，高空间分辨率遥感数据如 SPOT、IKONOS、Quickbird 和 ALOS 等，能够提供城市下垫面的详细空间特征，对于不同建设用地和植被类型的区分能力更强

（White and Greer，2006）。近年来随着遥感数据种类及质量的提升，利用多源、多时相、高空间和高光谱分辨率的遥感数据进行土地利用监测已开始成为主流的技术途径（Shalaby and Tateishi，2007；Serra et al.，2008；Goetz，2010）。通过遥感与 GIS 相结合的技术方法，可实现土地利用结构与空间格局的定量化研究及时空动态分析，目前已广泛应用于局地至流域尺度上土地利用变化对水质的影响研究中（Li et al.，2008；Ye et al.，2009）。国内相关研究从 20 世纪 90 年代开始，到目前为止，流域或区域水文过程改变和水质污染仍是关注的重点。

因此，依托遥感、GIS 技术，利用生态系统服务评估模型，对区域（流域）生态系统服务进行评价，加强生态系统服务的空间分布特征和动态变化规律研究，探究人类活动作用下土地利用变化对生态系统服务功能的影响作用，将有助于区域资源的可持续开发与区域环境的有效保护，协调经济发展与生存环境的利弊关系，加强对生态系统的管理和决策。

33.1.2　生态系统服务评价的研究进展

1. 生态系统服务内涵

生态系统服务的全面科学表达和经济评价研究始于 20 世纪 70 年代（Marsh，1965；Knox，1976；Leopold，1989）。通常认为，生态系统服务是生态系统及其生态过程所形成或维持的人类赖以生存的自然环境条件与功能。“生态系统服务”首次出现于 1974 年 Holdren 和 Ehrlich 发表的 *Human population and the global environment*，文中认为生态系统服务是人类直接或间接地从生态系统获得的对自身生存和生活质量有贡献的生态产品和服务，生态系统服务为社会经济系统提供各种自然资源并分解和转化各种废物，提供和维持人类赖以生存的环境和空间，对于社会经济的可持续发展至关重要，是不可替代的（Holdren and Ehrlich，1974）。由此生态系统服务这一术语逐渐被人们公认、采纳和推广，成为多学科领域学者研究的前沿课题。

1997 年 Daily 对生态系统服务科学定义为“由自然生态系统及其组成物种为支持和满足人类生存而提供的一系列过程与条件”，提出生命支持系统必不可少的 13 项功能，如大气和水的净化、旱涝缓解、废物降解、土壤肥力形成与更新等（Daily，1997）。Costanza 等（1997）将生态系统服务划分为气体调节、气候调节、干扰调节、水分调节、养分循环、休闲娱乐与文化等 17 个类型，介绍了生态系统服务价值评估的方法，结合经济学估算全球生态系统服务的经济价值总量。该研究成果引起国际广泛关注，代表着生态系统服务能定量评价的开端，为生态系统服务评价提供了新的研究方向。千年生态系统评估项目（MA）研究了生态系统及其服务与人类福祉的关系，重点对全世界生态系统及其提供的服务（如净水供应、食物生产、洪水控制、休闲娱乐和自然资源等）的状况和趋势进行了最新的科学评估，提出各种对策，用以恢复、保护或改进生态系统状况，并将生态系统服务归纳为供给服务、调节服务、文化服务和支持服务四大类 25 子类，为加强生态系统保护和可持续利用，提高生态系统对人类生存的贡献奠定了科学基础（Millennium Ecosystem Assessment，2005）。我国生态系统服务的研究工作开展较晚，

1995 年侯元兆等首次估算出我国森林资源总价值约为 13 万亿元人民币，其研究内容仅包括涵养水源、保护土壤、固定 CO_2 和供给氧气这三大类森林生态系统公共服务价值，不能全面和准确地反映我国森林资源的总服务价值，但为我国生态系统服务评价研究提供新的借鉴。1999 年欧阳志云等结合 Daily 的定义概括为："生态系统服务是指生态系统与生态过程所形成及所维持的人类赖以生存的自然环境条件与效用"，获得广泛的认可。近十多年，欧阳志云和王效科（1999）、谢高地等（2001a，2001b，2003）、赵景柱和肖寒（2000）、赵景柱等（2003）等学者系统归纳了生态系统服务的研究进展和定量评价方法，依托国内实例研究，提出适合我国生态系统服务功能评价的体系，是国内生态系统服务研究中的先驱和代表。

伴随国内生态系统服务研究的进展，总体上我们可将生态系统服务归为三大类：生活与生产物质的提供（生产功能）、生命支持系统的维持（生态功能）和精神生活的享受（信息功能）。

2. 生态系统服务评价方法

生态系统服务评价是当前生态经济学和环境经济学的研究热点，对于区域生态系统管理和区域可持续发展具有重要作用。传统生态系统服务评估方法有三类：价值量评价法、物质量评价法、能值分析法。

价值量评价法是以货币价值量的角度定量对生态系统服务价值进行说明（Costanza et al.，1997）。价值量评价法实现资源价值与国民经济的良好结合，将生态系统服务纳入国民经济核算体系，促进环境核算，实现绿色 GDP。运用价值量评价方法计算生态系统服务能力所得的结果都是货币值，既能对不同生态系统同一项生态系统服务进行比较，也能将某一生态系统的各单项服务综合起来，货币形式的评价结果也更能直观体现生态系统为人类提供服务价值的高低。然而，价值量评价法主要反映的是人类对生态系统服务的支付意愿，随着生态问题的加剧，资源的枯竭，人类支付某种生态系统服务的意愿越发强烈，这无疑使评估结果存在着主观性。另外生态系统中的美学价值、人文历史价值和长期生态利益等诸多难以具体量化和交易的服务，很难进行评估，且评估结果充满了不确定性，难以被人接受认可。

物质量评价法是指从物质量的角度对生态系统提供的各项服务进行定量评价（赵景柱和肖寒，2000）。主要利用遥感影像数据反演或实地调查研究区的植被生物量、碳通量、生态水文状况等参数，评价研究区生态系统服务的变化情况，多适用于水源涵养、碳储存、土壤保持方面的评价研究。该方法对生态力的评估结果是比较客观、恒定的，不会随生态系统所提供的服务的稀缺性增加而大幅度增加，对于空间尺度较大的区域生态系统或关键的生态系统更是如此，也能够较客观地评价不同的生态系统所提供的同一项服务能力的大小。物质量方法的局限性主要表现在对各单项生态系统服务进行评估时，评估结果量纲不同，无法进行加总，这样就很难去评价某一生态系统的综合服务大小。

能值分析法是指用太阳能值计量生态系统为人类提供的服务或产品，也就是用生态系统的产品或服务在形成过程中直接或间接消耗的太阳能焦耳总量表示（Odum，1996）。能值分析方法的优势包括：自然资源、商品、劳务等都可以用能值衡量其真实价值，能值方法使不同类别的能量可以转换为同一客观标准，从而可以进行定量的比较；能值分析方法把生态系统与人类社会经济系统统一起来，有助于调整生态环境与经济发展的关系，为人类认识世界提供了一个重要的度量标准。能值分析法的局限性主要表现在：能值分析法在计算过程中涉及产品能值转换率的计算，难度较大，分析十分复杂；生态系统中如矿质元素、地热、化学循环和遗传信息等与太阳能关系很弱，甚至没有关系，那么这些产品物质就不能用能值分析法来进行评估；能值分析法不能反映出人类对生态系统提供服务的支付意愿，也不能表现生态系统服务的稀缺性，仅仅是对生态系统物质产生过程中消耗太阳能的度量。

总而言之，目前绝大部分生态系统服务评价研究工作主要存在两个方面的问题：①以瞬时静态为主，动态研究略显不足，即主要进行某一静态时间断面上生态系统服务的物质量和价值量分析（Troy and Wilson，2006；Yoshida et al.，2010）；②评价结果单一，缺乏空间概念。评价结果往往难以体现生态系统各组成部分间的空间关系及服务的空间特征，并由此掩盖了自然资源与生态环境所固有的空间异质性对生态系统服务所造成的影响（Gret-Regamey et al.，2008；de Groot et al.，2010）。因而，评价结果对生态资源空间管理和环境决策的支持缺乏现实可操作性。

3. 生态系统服务评价模型研究进展

伴随“3S”（RS、GPS 和 GIS）空间信息技术的飞速发展，以遥感数据、社会经济数据、自然人文条件等为依据，以地理信息技术为依托，基于“3S”技术的分布式算法研发而成的各类生态系统服务评价模型，在生态系统服务价值和空间异质性的研究中发挥着越来越重要的作用。生态系统服务评价模型突破了传统评估方法的局限性，为生态系统服务的空间表达、动态分析和定量评估提供了一种新的技术手段，特别是生态系统服务的定量信息和空间可视化，对科研、实践应用和规划决策具有重要的意义。

1）InVEST 模型

InVEST（integrated valuation of ecosystem services and tradeoffs）即“生态系统服务与权衡交易综合评价模型”，是由美国斯坦福大学、大自然保护协会（TNC）和世界自然基金会（WWF）联合开发的开源式生态系统服务评估模型，主要面向政府、企业公司、非营利组织和多边发展组织等，服务内容涉及土地利用规划、海洋空间计划、战略环境评估、生态系统服务评价、气候适应策略和减缓抵偿交易等领域。

该模型以当前或未来情景下的区域自然（如土地利用、高程、气候和土壤数据等）和社会经济等数据作为输入，以该情景下生态系统服务分布状态及演化趋势为输出；值得一提的是，模型操作过程具有可重复性，决策者可基于模型反馈结果，通过情景调整以权衡人类活动的正面效益和负面影响，为解决局地、区域乃至全球范围内的资源环境问题提供科学依据。

InVEST 软件工具自发布以来不断优化完善，最新版本为 InVEST 3.1.0，包括三大模块：淡水生态系统评估模块、海洋生态系统评估模块、陆地生态系统评估模块（Tallis et al.，2013）。三大模块各自包含相应的具体评估项目（表 33-1）。

表 33-1 InVEST 模型模块评估项目

淡水生态系统评估模块	海洋生态系统模块	陆地生态系统模块
水力发电	拓展检查、创建 GS	生物多样性
水质	海岸保护	碳储量
产水量	海洋水质	农作物授粉
水土保持	生境风险评估	木材产量
	美感评估	
	水产养殖	
	叠置分析	
	波能、风能评估	

该模型具有多模块、多层级的特点，主要分为 0 层、1 层、2 层和 3 层四个层级模型（Tallis et al.，2013）。各层级模型在评估结果、时间尺度、空间尺度和使用限制等方面存在差异。①评估结果：0 层级模型评估结果为相对价值，多用于关键区域的识别；1、2、3 层级模型为相对价值，可提供更为精确的生态系统服务交易评估结果，并为战略决策提供依据。②时间尺度：0、1 层级模型的时间尺度以多年平均为主；2、3 层级模型则为日值或月值的时间动态序列。③空间尺度：0、1 层级模型以子流域尺度为最小评估单元，可拓展至全球尺度；2、3 层级模型突破流域尺度限制，从小尺度到全球尺度的适当空间范围均可选取为研究区进行评估。④使用限制：0、1、2 层级模型仅能在个别生态系统服务间存在交互情况下进行评价，当伴有回馈信息和阈值的复杂生态系统服务间存在交互情况时，应选取 3 层级模型开展评价工作。此外，0 层和 1 层已成熟并发布，数据需求相对较少；2 层和 3 层尚在研发中，算法相对复杂、数据需求偏多，但可提供更为精确的评估结果。以上设计理念利于开展多尺度、多情景分析，且模块间松散耦合，可独立完成不同生态系统的功能评价。

基于以上特性，InVEST 模型数据需求量因层级而异，输出以专题地图形式展现量化反馈结果（生物物理或经济形式），避免了繁杂的公式和冗余的文字，利于决策者的管理和政策制定。

2）其他模型

人工智能评估模型（artificial intelligence for ecosystem services，ARIES），由美国佛蒙特大学开发，基于 Web 技术，集成相关算法和空间数据等信息，通过人工智能及语义进行建模的免费开源软件，可以对碳储量和碳汇、美学价值、雨洪管理、水土保持、淡水供给、渔业、休闲、养分调控等进行评估和量化（Bagstad et al.，2011）。根据用户的需求和优先考虑事项，为特定地理区域进行快速生态系统服务评估，帮助用户发现、理解和量化环保资产及其影响价值。ARIES 面向所有非盈利性用户，包括非政府组织、学术或政府机构成员，并以此方式来推动共享数据库的成长。该模型建立在若干研究案例的基础上，在研究案例中考虑当地重要生态和社会经济因子，并采用高分辨率空间数据，因此研究区生态系统服务评估结果精度很高。现阶段 ARIES 模型正在开发全球评估模型，可利用全球尺度的空间数据，对生物圈内生态系统服务空间动态信息进行模拟。但是由于全球尺度空间数据分辨率较低，且在模拟中无法加入过多社会经济、环保、政策等影响因子，导致评估结果精度会降低。全球尺度模型的开发完成，将在中国乃至全球大尺度生态系统服务评价研究中具有良好的应用前景。

SolVES（social values for ecosystem services）即生态系统服务社会价值模型，由美国地质勘探局与美国科罗拉多州立大学合作开发，其目的是评估、制图和量化生态系统服务的社会价值（Brown and Brabyn，2012）。此模型可以用来评估和量化美学、休闲和娱乐等非市场价值的生态系统服务，尤其是文化服务的社会价值，其评估结果是以价值指数的形式表示，而非货币化价值的估算，并解释环境变量之间的关系。SolVES 模型是由社会价值模型、价值制图模型、价值转换制图模型 3 个子模型组成（Sherrouse et al.，2014）。模型运行需要环境数据、研究区空间数据，并需要对公众态度和偏好进行调查，因此评估结果具有一定的不确定性。

MIMES（multi-scale integrated models of ecosystem services）“生态系统服务多尺度综合评估模型”，模型考虑时序动态，通过输入和输出的方法对生态系统服务进行经济估算，该模型在服务的动态模拟上有较好表现（Boumans and Costanza，2007）。

EMP（ecosystem portfolio model）“生态系统投资组合模型”，是用于模拟特定区域生态、经济和居民生活质量价值的土地利用规划模型，并可用于评价土地利用/覆被变化对这些价值的影响（Labiosa et al.，2009；Labiosa et al.，2013）。

InFOREST 模型基于 Web 技术，评估碳储存、流域水文、生物多样性等。该模型不以评估经济价值为目的，而是作为生态系统服务的积分计算器（黄从红等，2013）。

Envision 模型基于空间直观的景观单元变化和未来可选情景对研究区进行分析规划或模拟。该模型可在不同发展情景中评估一系列生态指标的变化，这些生态指标中包括了养分管理、淡水供给、碳汇、食物和木材产量、作物授粉等生态系统服务（Bolte et al.，2007）。

此外，还有诸多收费生态系统服务评估模型面向社会，为投资、管理、交易做出指导，但大多集中于欧美国家，如由美国 Parametrix 公司开发的 EcoMetrix，美国 Exponent 公司开发的 EcoAIM，美国 Entrix 公司开发的 ESValue（Bagstad et al.，2012）。这些收费模型各具特点，EcoMetrix 模型利用地面调查中所获得的物理环境因子等作为模型中生态生产函数的输入数据，从而对生态系统服务进行模拟；EcoAIM 模型使用风险分析方法对利益相关者的偏好进行综合分析；ESValue 通过结合专家观点、文献数据等构建生态系统服务生产函数，该模型可比较现实产出和预期产出之间的关系，有助于确立最合适的自然资源管理策略。

综上所述，在生态系统服务评价模型研究中，InVEST 模型应用最为成熟广泛，数据需求量因模块层级而异，评价结果丰富且精度较高，在中国已有若干成功应用案例。而 ARIES、SolVES、MIMES、EMP、InFOREST、Envision 等开源模型，多处于开发完善阶段，可推广性较差，尤其在中国的应用不够成熟，较适用于特定研究区的相关评价和模拟。

33.1.3 InVEST 模型国内外应用

InVEST 模型在国外的应用研究相对成熟，已广泛应用于美国加利福尼亚州、明尼苏达州、夏威夷群岛和西海岸，以及拉丁美洲的亚马孙流域、亚洲印度尼西亚和非洲坦桑尼亚等多个区域。Nelson 等（2009）和 Leh 等（2013）分别探究了北美洲威拉米特河流域与西非加纳和科特迪瓦两国的土地利用变化，以及由此引发的生态系统服务空间变异。Goldstein 等（2012）和 Fisher 等（2011）分别针对夏威夷 O'ahu 岛屿和坦桑尼亚的森林生态系统，前者采用水质净化和碳储量模块，通过权衡营养物质氮的输出量、碳储量及农业领域投资回报值，服务于多目标利益决策；后者基于木材产量和生物多样性模块完成功能评估，提供了不同政策情景下的经济收益状况。Kovacs 等（2013）和 Shaw 等（2011）分别对美国明尼苏达州和内华达山脉区域的生态系统进行评估时，将量化结果以专题图的形式表达出来，并标识出投资和保护的重点区域。此外模型参数的校验也一直是模型研究的重点，如 Sánchez-Canales 等（2012）针对地中海区域的 *Z*（季节性降水分布）、prec（年降水量）、eto（年度蒸散）3 个主要模型参数，进行敏感性分析并探究敏感因子在子流域内的空间分布特征。

如上所述，国外在生物多样性、水土保持、水质、碳储存等的应用研究已趋于成熟，其他模块如农作物授粉、木材产量等，正在发展并有待于深入研究和推广应用；同时，该模型评估结果有助于区域生态系统的管理，特别是在多种服务和多种目标分析中具有明显优势。近五年来，我国学者也开始运用 InVEST 模型进行生态系统服务评估研究，多集中在土壤保持和水源供给功能评价方面。例如，黄从红（2014）分析了生态工程对四川宝兴县和北京门头沟区生态系统服务的影响；周彬等（2010）基于土壤保持模块模拟了北京山区各流域的土壤侵蚀过程，客观评价不同森林类型土壤保持功能的差异状况；饶恩明等（2013）分析和探讨了海南岛生态系统土壤保持功能的空间特征及其影响因素；任静等（2011）评估了长江上游流域土壤保持能力，揭示出土壤流失量的空间分布规律；潘韬等（2013）基于产水量模块定量估算了 1980～2005 年三江源区生态系统的水源供给量；张灿强等（2012）采用产水量模块预测了西苕溪流域产水量；张媛媛（2012）分析了 1980～2005 年三江源地区生态系统水源涵养量的时空变化，为建立三江源区生态补偿机制提供理论依据；傅斌等（2013）对震后都江堰市域生态系统的水源涵养功能进行空间制图，并结合人类用水需求进行空间表达，较为准确地反映水源涵养重要性的空间分异；杨园园（2012）评估了不同情景下土地利用格局对三江源区土壤碳储量、土壤固碳量及价值量的影响；杨芝歌等（2012）运用模型针对北京山区碳储量和生物多样性进行评估，并探讨两者相关性以期为北京山区造林树种的选择提供参考。此外，InVEST 模型在汶川地区灾后的生物多样性（徐佩等，2013）、白洋淀流域综合生态系统（Bai et al.，2013）、深圳市生态安全格局（吴健生等，2013）等诸多方面的评价工作均取得显著应用效果。

33.2　研究内容和技术路线

33.2.1　研究目的和意义

自然生态系统间接或直接地为全球人类提供多样的产品和服务，而人们对资源的过度开发和利用，导致生态系统服务效用下降，破坏生态系统结构和功能。因此，为实现区域乃至全球经济的可持续发展，加强生态系统管理决策水平，针对生态系统服务进行量化分析和评价，为规划开发、决策制定提供科学依据就显得尤为重要。

东苕溪流域作为太湖上游重要的水源地，其水质情况直接影响太湖水体安全。20 年来东苕溪流域内城镇化进程加快，土地利用方式和格局变更剧烈，对流域内河流生态系统产生较大影响，水环境问题日益凸显。本文基于 InVEST 模型的产水量模块和水质净化模块，研究 1991～2010 年东苕溪流域生态系统水环境服务（产水量、氮保持、磷保持）的时空变化和分布特征，分析土地利用格局变化对水生生态系统服务的影响。研究过程中，对 InVEST 模型运行参数进行了必要的修正，实现数据库的本地化，使其对研究区生态系统服务评估结果更为精确，拓展了该模型在我国陆地生态系统服务的评估研究。研究成果以专题图形式呈现生态服务的空间分布特征，有利于生态系统服务主要影响因素的探究，以及问题区域的科学定位、合理保护与开发。同时，为合理开发利用土地资源、生态功能区划和生态建设规划提供科学的指导，也为当地或相似地区有关管理部门规划决策提供借鉴，实现人、地、生态系统的和谐可持续发展，同时可以帮助公众提高环境保护意识。

33.2.2　研究内容

本研究以太湖上游东苕溪流域为研究对象，基于多时相遥感影像分析研究区土地利用动态变化，利用 InVEST 模型分别对 1991 年、2000 年、2010 年研究区产水量和水质净化两种生态系统服务进行模拟评价，探讨不同时期流域生态系统服务的时空变化，分析生态系统服务变化的主要驱动力和影响因素。主要内容包括以下五个方面：

（1）InVEST 模型原理与需求数据分析，以及模型参数校验；

（2）利用多时相遥感数据进行土地利用动态分析，探讨基于流域单元的土地利用方式与格局的变化；

（3）基于 InVEST 模型模拟东苕溪流域多时相土地利用背景下，流域产水量、水质净化生态服务的时空分布特征；

（4）分析 1990～2010 年东苕溪流域生态系统服务的变化趋势，定量评估流域生态系统服务，以及土地利用变化对生态系统服务的影响；

（5）基于研究结果，提出研究区生态系统服务优化方案，服务于流域的土地管理决策和生态系统服务保育。

33.2.3 技术路线

本研究技术路线见图 33-1。

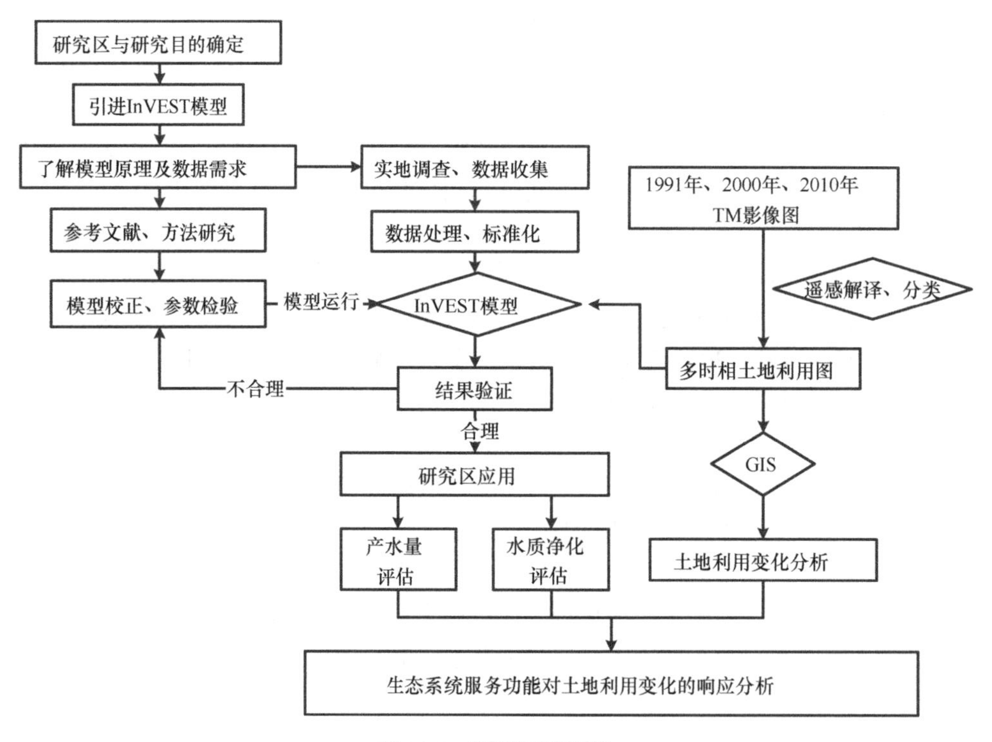

图 33-1 研究思路框架

33.3 研究区概况与研究方法

33.3.1 研究区概况

1. 河流水系

苕溪在浙江省北部，是浙江八大水系之一，由东、西二苕溪组成，是太湖流域的重要支流。东苕溪流域处于杭州城市西部，位于 119°28′44.60″E～120°03′46.57″E，30°06′45.85″N～30°33′41.46″N，是区内居民重要的饮用水来源地。东苕溪，又名龙溪、仇溪、余不溪，上源由南、中、北三个支流组成，以南苕溪为正源，见图 33-2。

南苕溪主流长 76 km，流域面积 1420 km^2，发源于天目山南麓临安临目马尖岗，自西向东流，经临安市的里畈水库、桥东村、临安市区、青山水库和余杭区的余杭镇，自余杭镇折北而流，称东苕溪。东苕溪流至汤湾渡左汇中苕溪，至瓶窑左汇北苕溪。

中苕溪居北苕溪、南苕溪之中而得名，主源猷溪，发源于石门姜岭坑，自姜岭坑向东南流经大山村、石门、高虹、横畈、水涛庄，进入余杭长乐至汤湾渡，由左岸汇入东苕溪，全长 47.8 km，流域面积 229 km^2。

图 33-2　研究区概况

北苕溪由百丈溪、鸬鸟溪、太平溪和双溪汇合而成，长 46.50 km。鸬鸟溪为北苕溪主源，发源于安吉石门山，从鸬鸟后畈进入余杭境内，至白沙与百丈溪汇合进入黄湖，又汇黄湖溪，至东山接纳青山溪、赐壁溪，至双溪竹山村与太平溪汇合后称北苕溪，至张堰横山庙下游从长乐镇东北、瓶窑镇南部汇入东苕溪。

2. 气候

东苕溪流域属亚热带季风气候，四季分明，雨水丰沛，热量充裕。冬季受大陆冷气团侵袭，盛行偏北风，气候寒冷干燥；夏季受海洋气团的控制，盛行东南风，气候炎热湿润。多年平均气温为 15～17℃，无霜期平均为 220～240 天，区内气候温和湿润，雨量充沛，年降水量 1100～1150 mm。流域降雨主要集中在 4～10 月，洪水主要由梅雨和台风暴雨形成。梅雨季节一般为 5～7 月，有时形成长历时的流域性水，灾害面广。台风暴雨多发生在 8 月、9 月，强度特别大，但范围和总量不大。

3. 植被土壤

东苕溪流域农业开发历史悠久，平原地区以栽培植物为主，丘陵山地现存自然植被大多为次生林。自然植被为落叶、常绿阔叶混交林，分布于局部山丘与环境条件优越的河谷，主要群落类型以青冈栎（*Quercus glauca*）、苦槠（*Castanopsis sclerophylla*）、柯（*Lithocarpus glaber*）、米槠（*Castanopsis carlesii*）、木荷（*Schima superba*）与紫楠（*Phoebe sheareri*）等树种为主。竹林也广泛分布于丘陵山区，主要建群种有毛竹（*Phyllostachys edulis*）、刚竹（*Phyllostachys sulphurea* var. *viridis*）、淡竹（*Phyllostachys glauca*）等，临安是全国毛竹重点产区之一。灌丛大多为森林严重破坏后出现的初期次生类型，组成灌丛的主要有狭叶山胡椒（*Lindera angustifolia*）、中华绣线菊（*Spiraea chinensis*）、白栎（*Quercus fabri*）、枹栎（*Quercus serrata*）与杜鹃（*Rhododendron simsii*）等，天目天海拔 1000 m 以上的山顶分布有山顶落叶灌丛。栽培植被主要以农作物和经济果林为主，农作物以水稻粮食作物为主，经济作物以棉花、茶叶次之。该地区为古老的农业地区，围垦指数高，农业利用集约，主要以红壤、黄红壤、水稻土、黏性沼泽土等土壤类型为主，红壤约占全流域的66%，水稻土次之，约占17%。

4. 社会经济

流域境内优越的自然生态环境繁衍了丰富的生物资源，以农业和林业等第一产业为主体，且依托良好的资源环境发展旅游业为主的第三产业，大力发展工业经济，实现以二产为主，一产三产为辅的经济发展格局。2013 年流域境内临安市实现生产总值409.23 亿元，按户籍人口计算人均 GDP 达 1 万美元；城镇居民人均可支配收入为 34 320 元，农民人均纯收入为 17 561 元，较上年分别增长 11%和 11.4%；实现规模工业销售产值 662.46 亿元，服务业增加值 110.9 亿元，三次产业比重由 11.6∶57.5∶30.9 调整为 9.2∶58.3∶32.5，产业结构趋于优化；全面小康实现程度居杭州五县（市）首位。

33.3.2 InVEST 模型原理

本文基于遥感和地理信息技术，采用 InVEST 模型评价东苕溪流域生态系统中水环境服务的时空分布和差异。InVEST 模型可基于 ArcGIS 平台运行，也可独立运行。模型用户将根据决策需求，选择三大模块的具体评估项目，输入相应模块需求数据并设定参数，完成特定生物物理和经济模型的决策过程，具体过程如图 33-3 所示。在该模型的具体评估项目中，产水量模块、水质净化模块和水土流失模块在国内外的研究应用最为广泛（Zhou et al.，2010；Ren et al.，2011；Goldstein et al.，2012；潘韬等，2013）。

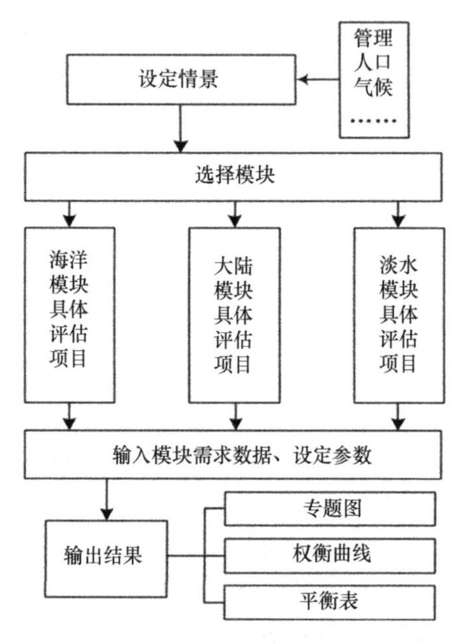

图 33-3　InVEST 模型决策过程

1. 产水量模型

产水量评估模块：主要基于水量平衡原理，用于评估区域生态系统水源供给量。具体计算公式如下：

$$Y_{xj}=\left(1-\frac{\mathrm{AET}_{xj}}{P_x}\right)\cdot P_x$$

$$\frac{\mathrm{AET}_{xj}}{P_x}=\frac{1+\omega_x R_{xj}}{1+\omega_x R_{xj}+\dfrac{1}{R_{xj}}}$$

$$\omega_x=Z\frac{\mathrm{AWC}_x}{P_x}$$

$$R_{xj}=\frac{k_{xj}\cdot \mathrm{ETo}_x}{P_x}$$

式中，Y_{xj} 为 j 类土地利用类型、栅格 x 的产水量；AET_{xj} 为 j 类土地利用类型、栅格 x 的年实际蒸散量；P_x 为栅格 x 的年降水量；ω_x 为无量纲参数；R_{xj} 为 j 类土地利用类、栅格 x 的 Bydyko 干燥度指数；Z 为 Zhang 系数，表示降雨分布和深度的参数；AWC_x 为栅格 x 的土壤有效含水量；k_{xj} 为栅格 x 内 j 类土地覆被类型的植被蒸散系数；ETo_x 为栅格 x 的潜在蒸散发。

基于以上，模块运算需输入土壤深度、年平均降水量、土壤有效含水量、年均潜在蒸散发和土地利用等栅格数据，流域和子流域矢量数据，生物物理系数表（各类土地利用的最大根系深度和植被蒸散系数），设定季节常数 Z 以完成数据输入，最后运行模型得到结果。

2. 水质净化模型

营养物截留模块：又称水体净化模块，主要基于输出系数法，计算水体氮、磷营养物的输出量。计算公式如下：

$$\mathrm{ALV}_x=\mathrm{HSS}_x\cdot \mathrm{pol}_x$$

$$\mathrm{HSS}_x=\frac{\lambda_x}{\overline{\lambda_w}}$$

$$\lambda_x=\log\left(\sum_U Y_u\right)$$

式中，ALV_x 为栅格 x 处的营养物输出值；HSS_x 为栅格 x 的水文敏感性得分；pol_x 是栅格 x 的输出系数；λ_x 是栅格 x 的径流指数；$\overline{\lambda_w}$ 表示研究区流域平均径流指数；$\sum_U Y_u$ 是栅格产水量总和，包括栅格 x 以及流向栅格 x 的所有栅格。模型主要参数包括：DEM、产水量数据（产水量模块提供）、土地利用/覆被和不同地类条件下总氮或总磷输出负荷值等。

33.3.3　数据获取与预处理

InVEST 模型需要土地利用数据、气象数据、土壤数据和生物物理参数表等多项输入数据。为确保模型产水量模块和水质净化模块数据输入类型和格式的要求，对所获取的各项模型需求数据开展了整合和预处理等一系列工作。

1. DEM 数据和流域划分

本研究所使用的高程数据为 ASTER 30 m 分辨率 DEM 数据，首先对 DEM 数据进行镶嵌、剪裁等预处理，以获得覆盖研究区范围的数据，然后基于处理后的 DEM 数据，利用 ArcMap 中水文分析模块 Hydrology，通过流向分析、汇流分析和流域识别等过程，完成东苕溪流域边界及子流域的自动提取（图 33-4）。通过水文分析工具，将东苕溪流域划分为 35 个子流域，划分后的流域边界及汇流走向与实地勘测结果基本保持一致，满足模型运行要求。

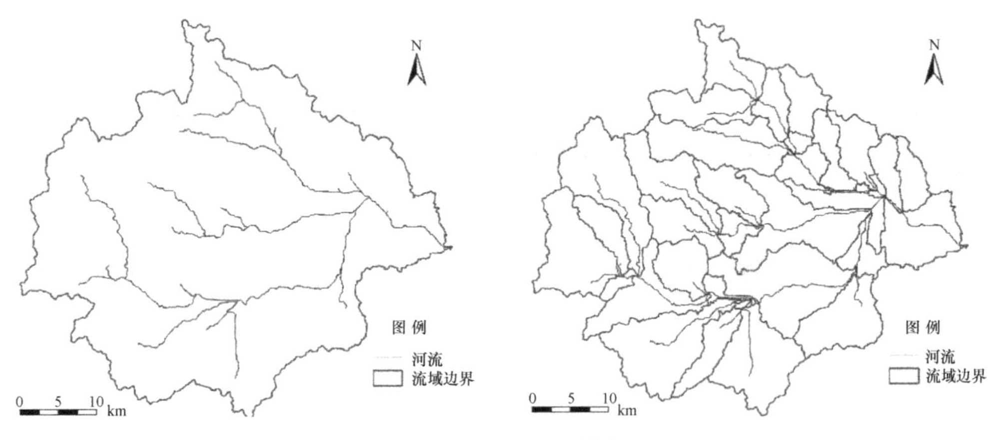

图 33-4　东苕溪流域划分

2. 土地利用分类

为获得不同时期土地利用类型及其生态系统服务变化，利用遥感影像解译方法获取东苕溪流域不同时期土地利用类型图。本文选取覆盖研究区的 3 期 Landsat TM 影像，成像时间分别为 1991 年 7 月 23 日、2000 年 10 月 11 日、2010 年 5 月 24 日，空间分辨率 30 m，影像无云层覆盖，图像质量良好。利用 ENVI 软件，完成 TM 影像的投影转换和几何校正，并对影像进行研究区域剪裁。采用监督分类方法对 3 期遥感影像进行分类，参考国家分类标准，结合研究区实地状况，将东苕溪流域影像分为林地、农用地、建设用地、水域和裸地 5 类（图 33-5）。结合研究区地面调查数据，对 2010 年分类结果进行精度验证，Kappa 系数为 0.7427，分类精度在 88%以上。

3. 年降雨量

本研究收集到覆盖东苕溪流域及其周边 19 个气象站 1991 年、2000 年和 2010 年共 3 期的气温和降雨量观测数据（表 33-2）。按照模型要求，对 19 个气象站点的降水量数据进行空间插值。通过对比反距离权重法插值和普通克里金插值方法，发现反距离权重法插值的降水量结果能更好地表现该研究区降水量的空间分布特性。因此，对应土地利用类型三期数据，采用反距离权重插值法进行空间表达，获得三期不同时段的降水量栅格图（图 33-6）。

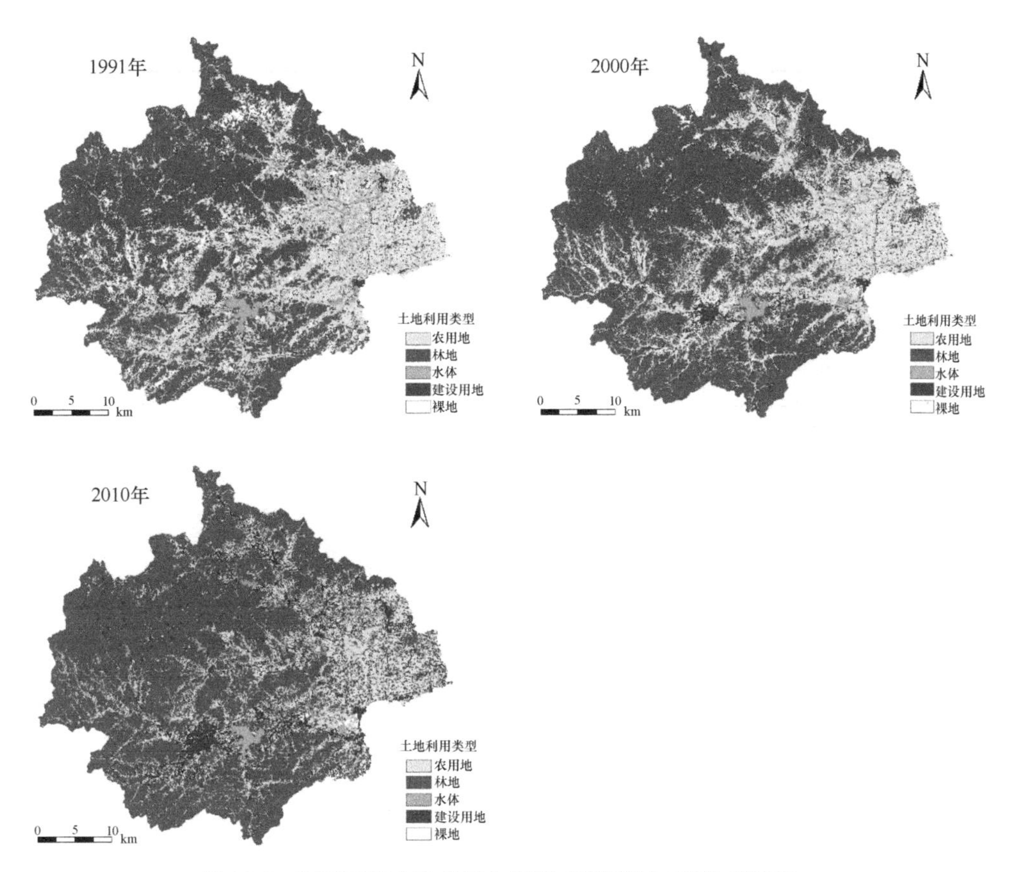

图 33-5　不同时期土地利用分类图（彩图请扫封底二维码）

表 33-2　降水量数据信息

站名	纬度/（°）	经度/（°）	1991 年降水量/mm	2000 年降水量/mm	2010 年降水量/mm
安吉	30.63	119.68	1569	1079.8	1527.5
临安	30.22	119.7	1504.2	1269.5	1545.1
富阳	30.05	119.95	1595	1212.4	1510.6
德清	30.53	119.97	1381.7	1160.3	1599.1
上城区	30.23	120.17	1397.3	1198.3	1728.1
萧山区	30.18	120.28	1522.1	1278.8	1672.3
桐庐	29.82	119.68	1439.9	1367.8	1709.2
宝山	31.24	121.27	1532.9	1331.7	1128.9
徐州	34.17	117.09	781.9	979.6	612
赣榆	34.5	119.07	861.3	1169.3	876
南京	32	118.48	1825.8	1029.6	1298.4
东台	32.52	120.19	1978.2	1044.3	966
定海	30.02	122.06	1193.1	1436.4	1367.8
衢州	29	118.54	1373.4	1643.2	2412.5
亳州	33.52	115.46	888.5	1164.6	695.1
蚌埠	32.55	117.23	1483	1049.3	801.3

续表

站名	纬度/（°）	经度/（°）	1991 年降水量/mm	2000 年降水量/mm	2010 年降水量/mm
霍山	31.24	116.19	1991.9	1207.3	1604.3
合肥	31.52	117.14	1470.3	901.9	1316.8
安庆	30.32	117.03	1882.5	1119.5	2044.1
安吉	30.63	119.68	1569	1079.8	1527.5

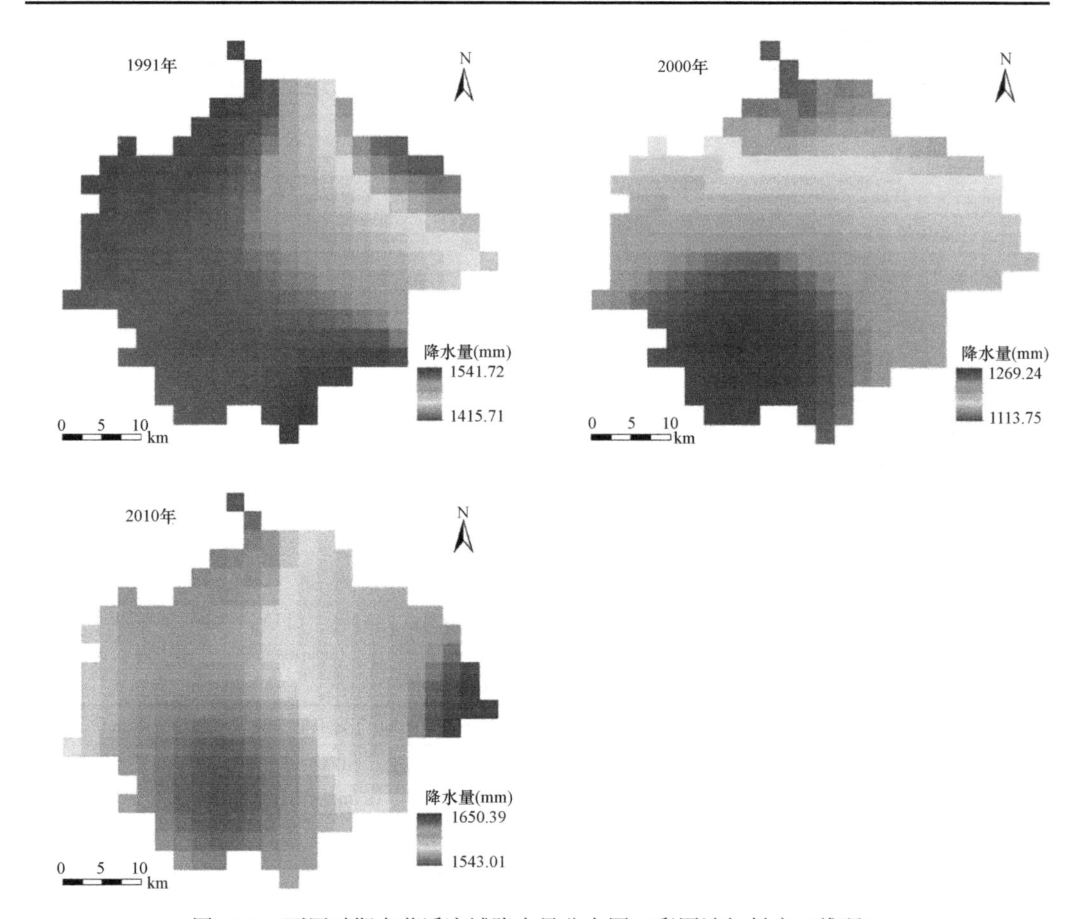

图 33-6　不同时期东苕溪流域降水量分布图（彩图请扫封底二维码）

4. 土壤深度数据

土壤深度（soil depth）图主要是指由于物理或化学特性的影响而强烈阻碍植被根系穿透的土壤深度。该土壤深度数据来源于黑河计划数据管理中心、寒区旱区科学数据中心（http：//westdc.westgis.ac.cn）基于世界土壤数据库（HWSD）的中国土壤数据集（v1.1），通过 ArcGIS 数据处理工具栅格化后获得土壤深度图。

5. 植物可利用水含率

植物可利用水含率（plant available water content，PAWC）是可被植物利用的储存在土壤刨面中的水分比例，值为 0～1，是田间持水量和永久萎蔫系数的差值。田间持水量

（FMC）和永久萎蔫系数（WC）分别由经验公式进行计算：

$$\text{FMC} = 0.003\,075 \times \text{Sand}(\%) + 0.005\,886 \times \text{Silt}(\%) + 0.008\,039 \times \text{Clay}(\%) + 0.002\,208 \times \text{OM}(\%) - 0.143\,40 \times \text{BD}$$

$$\text{WC} = -0.000\,059 \times \text{Sand}(\%) + 0.001\,142 \times \text{Silt}(\%) + 0.005\,766 \times \text{Clay}(\%) + 0.002\,228 \times \text{OM}(\%) + 0.026\,71 \times \text{BD}$$

$$\text{PAWC} = \text{FMC} - \text{WC}$$

式中，Sand（%）、Silt（%）、Clay（%）、OM（%）和 BD 分别为砂粒百分含量、粉粒百分含量、黏粒百分含量、有机质百分含量和土壤容重（g/cm^3），这些土壤属性数据来源于黑河计划数据管理中心、寒区旱区科学数据中心（http：//westdc.westgis.ac.cn）基于世界土壤数据库（HWSD）的中国土壤数据集（v1.1）。东苕溪流域的 PAWC 分布见图 33-7。

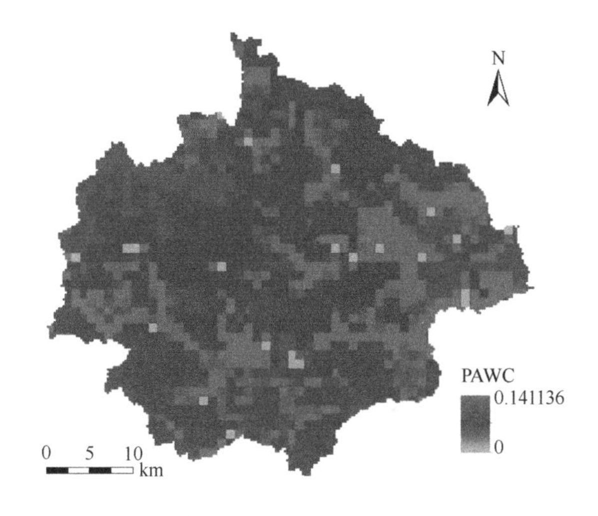

图 33-7　东苕溪流域 PAWC 分布图（彩图请扫封底二维码）

6. 年潜在蒸散量

潜在蒸散量（potential evapotranspiration，PET）也称为可能蒸发量或大气蒸发能力，是指大片而均匀的自然表面在足够湿润条件下水体保持充分供应时的蒸散量。依照现有整理和获取的气象站点数据，本研究区使用 Modified_Hargreaves 方法计算流域的潜在蒸散量，该方法需求数据量较少，且能保证较好的精度，经验计算公式如下：

$$\text{ET}_0 = 0.0013 \times 0.408 \times \text{RA} \times (T_{avg} + 17) \times (\text{TD} - 0.0123P)^{0.76}$$

式中，ET_0 为日潜在蒸散量（mm/d），转化为年值满足模型数据需求；T_{avg} 为日均最高气温和日均最低气温的平均值（℃）；TD 为日均最高气温和日均最低气温的差值（℃）；P 为月平均降雨量（mm）；RA 为地球顶层太阳辐射[MJ/（m^2 • d）]，该数据通过美国宇航局地表气象和太阳能数据库查询获得（https：//eosweb.larc.nasa.gov/cgi-bin/sse/grid.cgi），因获得数据为地表太阳辐射数据，故用地表太阳辐射除以 50%获得地球顶层太阳辐射（太阳辐射到达地表，由于大气的吸收、反射和散射作用，共约损失了 50%）。

通过计算各个气象站点三期的年潜在蒸散发值，在 ArcGIS 平台中利用自然邻域法插值，实现流域范围年潜在蒸散发的空间化表达（图 33-8）。

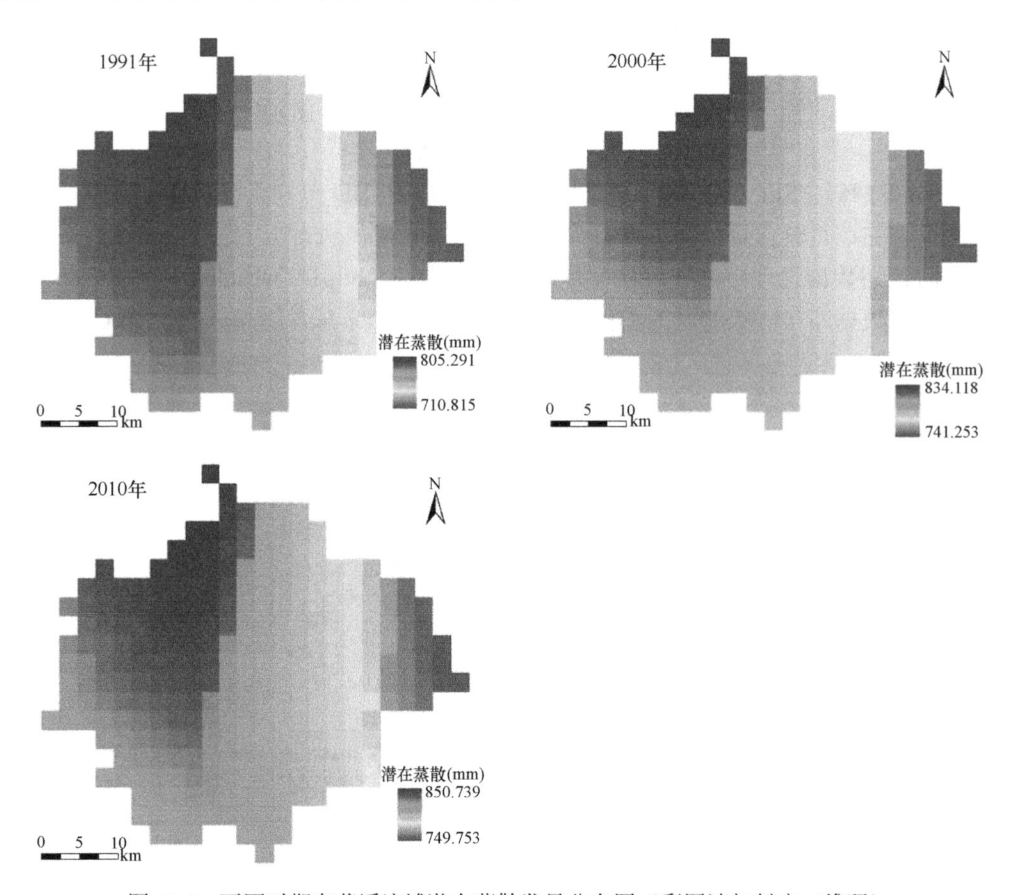

图 33-8　不同时期东苕溪流域潜在蒸散发量分布图（彩图请扫封底二维码）

7. 生物物理参数表

生物物理参数表为一个包含各土地利用类型的参数表，以*.dbf、*.mdb 或*.csv 为格式建立的数据表格。表中参数反映的是与土地利用类型相对应的各项生物物理属性，而非每个栅格的属性。模型运行所需要的生物物理参数见表 33-3，各生物物理参数含义如下所述。

表 33-3　生物物理参数表

土地类型	根系长度（root depth）/mm	蒸散系数（etk）	氮输出负荷（load_n）/[g/（hm^2·a）]	氮滤除效率（eff_n）/%	磷输出负荷（load_p）/[g/（hm^2·a）]	磷滤除效率（eff_p）/%
农用地	2 100	650	17 890	25	1 550	25
林地	7 000	1 000	2 380	70	150	70
水域	1	1 000	12 750	5	360	5
建设用地	1	300	11 000	5	910	5
裸地	1	500	14 650	5	250	5

1）植被最大根系

植被最大根系长度，单位毫米，为保证模型运行，无植被覆盖的土地利用类型区域应赋值为 1。国内相关研究普遍参考 Canadell 等（1996）发表的文献，最大根系长度数据的获取结合文中对 290 个观测样本的根系长度进行了总结，同时对照 InVEST 模型自带数据库中根系长度数据，整理后制表。

2）植被蒸散系数

植被蒸散系数（etk）是指不同土地利用类型的年平均蒸散系数，为确保数据为整数型，该系数应乘以 1000，使系数值是处于 1～1500 范围内的整数。该值主要从联合国粮食及农业组织（FAO，http：//www.fao.org/docrep/X0490E/x0490e0b.htm）在线资源网站提供的作物蒸散数据中获取，同时参照 InVEST 模型数据库，结合研究区流域内实际植被覆盖类型整理后制表。

3）氮磷输出负荷系数

氮磷输出负荷系数，是整数型数据，单位为 g/（hm^2·a），表示因土地利用方式及土壤结构的差异，不同地类在降雨和径流的作用下，最终输出氮磷营养物的负荷量。氮磷输出负荷系数的确定主要有查阅文献、野外监测、数理统计分析三种方法，本研究采用文献查阅和整理的方法，选取与研究区周边临近或相似地区的研究结果，主要参考应兰兰等（2010）、李兆富等（2007）、赵广举等（2012）和高常军（2013）的研究结果，整理和数据标准化后制表。

4）氮磷滤除效率

氮磷滤除效率是指各土地利用类型对氮磷营养物的滤除效率，取值为 0～100 的整数百分比。一般自然植被覆盖区域对氮磷有较高的滤除作用，而人工建筑（居民地、道路、裸地等）土地利用类型应赋较低值，参考 InVEST 模型自带数据整理后制表。

5）季节性因子 *Z*

季节性因子 Z 也称为 Zhang 系数，是对应季节性降水分布的 1～10 的浮点值。如果降雨主要发生在冬季，那么 Zhang 系数更趋近于 10；大部分降雨在夏季或比较均匀地分布于全年，则 Zhang 系数应接近于 1。通过模型多次模拟与东苕溪流域实测数据对比发现，当 Z 取值为 6 和 7 之间时，模型模拟产水量结果较为接近实测值，因此本研究区的 Zhang 系数设定为 6.5。

33.4　结 果 分 析

研究利用 InVEST 模型对东苕溪流域生态系统服务的产水量、氮磷保持、氮磷输出量进行定量评估，并分析其时空变化格局。基于遥感解译获得的东苕溪流域土地利用覆被数据，讨论研究期内土地利用变化情况，最后探讨流域内土地利用变化对生态系统服务的影响关系。

33.4.1 流域土地利用特征分析

1. 流域土地利用总体特征

东苕溪流域 1991 年、2000 年、2010 年不同土地利用类型面积如图 33-9 所示。

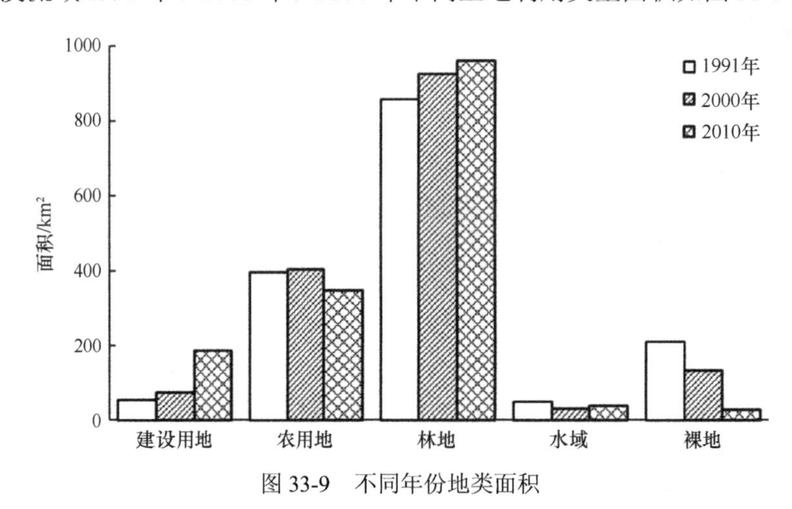

图 33-9 不同年份地类面积

1991～2000 年，土地利用变化主要表现在：农用地面积变化不大，增加了 1.7%，林地面积增加了 7.8%，建设用地面积增加了 34.6%，裸地面积减少了 36.5%，水域面积变化幅度相对很大，减少了 35.4%；2000～2010 年，建设用地面积产生了很大幅度的增加，增幅达到了 156.3%，水域面积增加 23.1%，林地面积变化不大，增加 4%，农用地和裸地用地面积发生较大比例的缩减，减幅分别达到了 13.7%和 78%。总体来看，在整个研究期 20 年内，农用地、水域和裸地的面积在减小，分别为 12.2%、20.4%、86%，林地和建设用地的面积增加，增幅分别为 12.2%和 244.9%，可以看出研究期内研究区建筑用地面积产生了剧烈的增幅。通过柱状图可以看出，各个时期流域土地利用变化都比较剧烈，而且在各个时期农用地、林地占据着流域面积的绝大多数，是整个流域的主体景观单元。另外，建设用地和裸地面积变幅十分剧烈，这两类土地利用类型的变化对整个流域生态系统服务有着较大的影响。

2. 1991～2010 年流域土地利用的相互转化

为了解研究期内各类土地的变化去向和结构特征，建立了流域土地转移矩阵，如表 33-4 所示。通过土地利用转移矩阵，可以在时序上解释各种土地利用类型面积的相互转化情况。

由土地利用转移矩阵可见，研究区各个地类发生着剧烈的转换，1991～2000 年，裸地面积的 41.56%和农用地面积的 19.50%转变成林地，造成林地面积的增加；裸地面积的 31.69%和水域面积的 36.84%转化为农用地；裸地的 6.07%和水域的 10.20%转变为建

表 33-4　土地利用转移矩阵　　(%)

年份	地类	末期建设用地	末期农用地	末期林地	末期水域	末期裸地
1991～2000	初期建设用地	76.12	4.54	2.76	2.06	12.67
	初期农用地	4.78	61.39	19.50	2.15	12.17
	初期林地	0.39	7.75	88.12	0.14	3.61
	初期水域	10.20	36.84	4.25	39.51	9.20
	初期裸地	6.07	31.69	41.56	0.56	20.11
2000～2010	初期建设用地	88.27	3.74	2.35	3.28	2.36
	初期农用地	19.82	52.76	21.75	2.96	2.72
	初期林地	1.47	6.31	90.82	0.30	1.11
	初期水域	15.68	21.16	2.55	57.72	2.89
	初期裸地	26.29	43.25	24.11	2.36	3.98
1991～2010	初期建设用地	86.07	4.93	4.64	2.72	1.64
	初期农用地	22.58	49.76	21.73	2.94	2.99
	初期林地	1.77	6.43	90.41	0.33	1.06
	初期水域	24.36	28.77	3.66	41.16	2.05
	初期裸地	15.64	33.94	46.26	1.15	3.00

注：表中的数字表示在研究期内初期地类的百分之多少转变为末期地类。

设用地；以上转换数据表明在此期间裸地是发生土地利用变化非常频繁的地类，农用地、建设用地和林地三者用地面积的增加，与裸地向其余地类过渡转化密不可分。2000～2010 年，流域土地利用类型转化也比较明显，其中农用地向其他地类的转变程度显著增大，裸地向其余地类转化依旧十分明显。有 26.29%的裸地、19.82%的农用地和 15.68%的水域变成建设用地，转化较为明显，是造成该时期内建设用地面积增加的重要原因；该时期内另一个较为明显的变化是农用地和裸地向林地的转化，其中农用地的 21.75%和裸地的 24.11%转变为林地，这也是林地在此期间出现小幅增长的直接原因；裸地面积的 43.25%转变为农用地，是此时期内地类转化比例最大的，但由于裸地实际转化面积数量要远小于农用地转化为其他地类（建设用地和林地）的面积数量，造成该时期内农用地面积出现较大幅度的减少。

总体来看，1991～2010 年，农用地面积的 22.58%和 21.73%分别转化为建设用地和林地，水域面积的 24.36%转变为建设用地类型；林地面积也有一小部分和其他地类发生着互换，约有 1.77%和 6.43%转变为建设用地和农用地；裸地向其他地类转变的程度一直是较为剧烈的，近 50%的裸地变成了林地，33.94%转变成农用地，还有 15.64%变成建设用地，因此裸地在农用地、林地和建设用地三者转变过程中可能起到过渡地类的作用；建设用地的剧烈增加以及农用地在这一时期的衰减，表明东苕溪流域内城镇化进程加快，东部平原地带大量农用地被城镇化建设用地所消耗。在 1991～2010 年这一系列的地类变化表明，东苕溪流域的林地、裸地和农用地三者之间存在着频繁的相互转换，这可能是由于生态规划、林业管理、农业政策和土地发展规划等一系列人为干预，对流域土地利用和生态系统产生了重要的影响。

33.4.2 东苕溪流域生态系统服务定量评估

通过 InVEST 模型模拟运算，1991 年、2000 年和 2010 年的东苕溪流域生态系统产水量和氮磷负荷服务量化评估结果见图 33-10 和表 33-5。

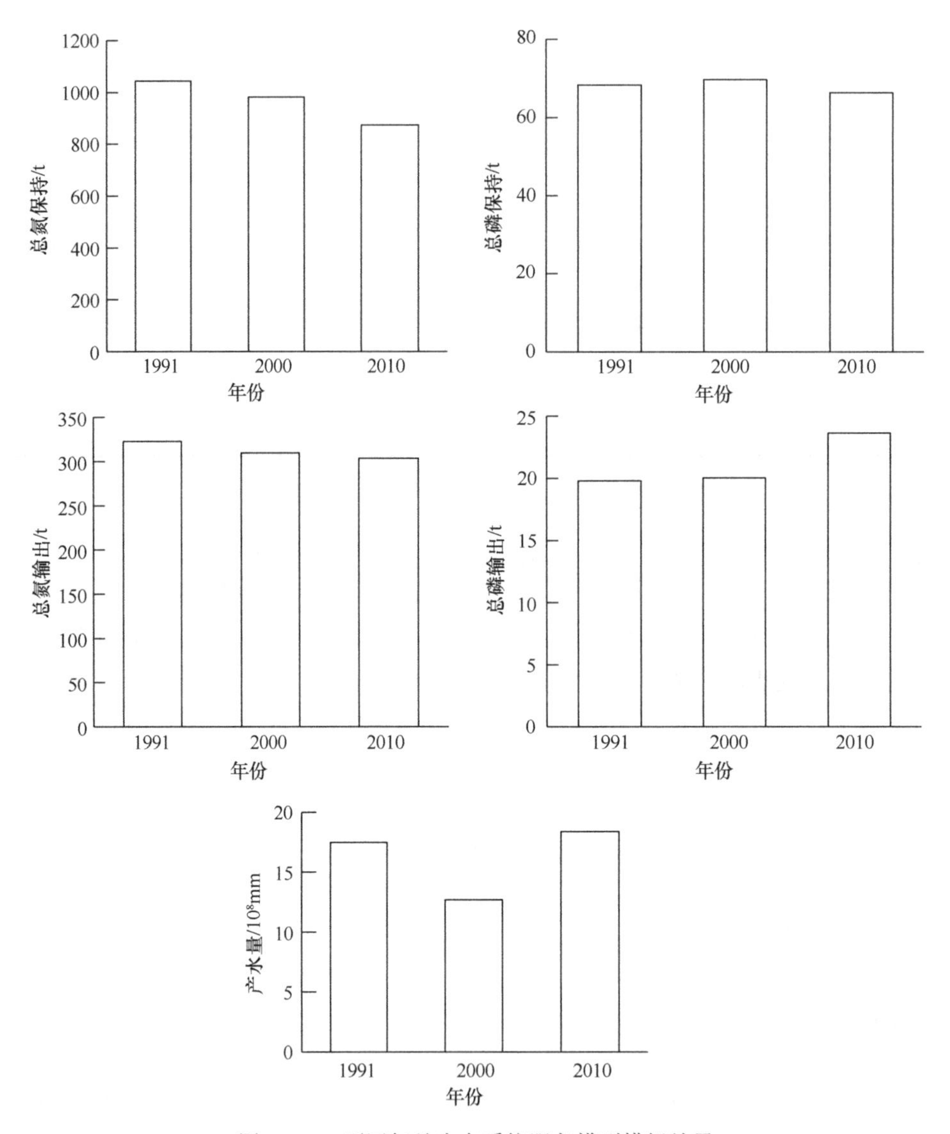

图 33-10 不同年份生态系统服务模型模拟结果

表 33-5 1991～2010 年东苕溪流域生态系统服务指标变率

年份	产水量变率/%	N 保持变率/%	P 保持变率/%	N 输出变率/%	P 输出变率/%
1991～2000	–27.32	–5.94	2.02	–4.04	1.18
2000～2010	44.68	–10.95	–4.77	–2.02	17.95
1991～2010	5.15	–16.24	–2.84	–5.98	19.35

通过图 33-10 和表 33-5 可以看出，在研究期内，随着土地利用的变化，东苕溪流域产水量和氮磷负荷生态服务发生显著的变化。1991 年、2000 年、2010 年东苕溪流域的产水量分别为 17.46×10^8 mm、12.69×10^8 mm 和 18.36×10^8 mm，总体来看，产水量呈现先减小后增加的趋势，在整个研究期内产水量增加了 5.15%。2000 年的产水量出现大幅度下降，相比 1991 年产水量减少 4.77×10^8 mm，减少了约 27.32%。这种变化是由于受到降水量和土地利用变化等因素共同的影响，1991 年、2000 年和 2010 年流域内平均降水量分别为 1491 mm、1219 mm 和 1573 mm，同时 1991～2000 年这一时期内土地利用中裸地面积锐减和建设用地面积快速增加，两者在流域内面积变化比例相当大，主要是由于东苕溪流域山区内裸土大量恢复成森林植被或转变为建设用地，而林地中阔叶林和茶林等森林地类具有更大水分蒸散能力，又由于同时期耗水量相对较大的农用地面积略有增加，因此流域消散水体的能力得到增强；另外建设用地的增加，城镇道路的不透水面减少了降水下渗、增大地表径流等，同时不透水面具有很强的蒸散发能力，对流域产水量功能具有一定影响作用；以上因素造成了 2000 年流域产水量出现衰退。而 2000～2010 年，2010 年流域平均降水量为三期最大，林地面积增幅不大，农用地面积出现大幅缩减，流域地类耗水能力降低，这一系列变化导致该时期内流域产水量出现很大程度的增幅。通过整个研究期的产水量变化和土地利用变化，表明流域产水量主要受降水量、农用地、林地和建设用地的综合影响，其中产水量受降水量影响最大，对林地和农用地用地类型的变更尤为敏感，建设用地的变化对产水量有一定影响。

1991 年、2000 年和 2010 年 N 保持量分别为 1043.91 t、981.94 t 和 874.39 t，P 保持量分别为 68.34 t、69.72 t 和 66.39 t，N 保持量逐年降低，P 保持量表现为小幅波动的趋势（图 33-10）。总体上在 20 年期间，流域 N、P 保持量呈下降趋势，分别下降了 16.24% 和 2.84%（表 33-5），这种变化主要是由于生态系统潜在输出量（保持量与实际输出量之和）的减少，与该时期内农用地、裸地面积比例的下降，林地面积的增加等地类变化情况有关联。

1991～2010 年，流域 N 输出量表现为持续下降，P 输出量呈上升趋势（图 33-10），3 期的 N 输出量分别为 322.81 t、309.76 t 和 303.52 t，P 输出量分别为 19.80 t、20.04 t 和 23.63 t，这表明在 20 年间，流域对 N 元素的净化能力上升了 5.98%，对 P 元素净化能力下降了 19.35%（表 33-5），东苕溪流域水质净化功能实质上有些衰退。总体上看，在 1991～2010 年，农用地面积有所减少，导致由农业活动产生的面源污染也随着减少，减少了部分 N、P 元素面源污染的直接来源；但城镇建设用地的变更是另一个重要因素，建设用地对流域河流有着极高的 N、P 输出负荷，而本地区城镇中的主要建筑（商业建筑、工矿仓储、居民地等）一般都临近河道，这些地类产生的 N、P 元素将直接排入水体，且难以被植被吸收滤除，在这一时期的建设用地面积增加幅度高达 245%，对流域 N、P 输出流有显著影响；同时林地面积增幅不大，虽然在一定程度上林地的截留消除能力减少流域 N、P 输出量，但建设用地面积的大比例增加，导致流域内部 P 输出量呈上升趋势。因此，农用地减少和林地的增加对于流域 N、P 输出负荷有明显影响，是改善流域水质净化服务的有效手段，同时建设用地面积比例也应得到控制，对居民、工矿等向河流内部排放污染物行为采取有效措施。

33.4.3　东苕溪流域生态系统服务空间格局

InVEST 模型除了对生态系统服务总量进行定量评估以外，另一大特色功能就是对生态系统服务空间分布特征进行描述。图 33-11～图 33-15 以研究区 35 个子流域为基本单元展示东苕溪流域生态系统服务平均服务的空间分布特征。通过图 33-11，结合降水分布图和土地利用分类结果图，单位面积产水量很高的地区主要集中在流域中部和东部的部分地区，这是由于该部分地区为山前平原地带，林地植被覆盖较少，农用裸地较多，且降水量较高；东南部地区平均产水率要远高于西北部和西部大部分地区，主要是西北部和西部地区多为山区林地地带；同时可以发现随着林地覆盖度的增加，对单位面积产水量有很大程度的影响，现今流域产水服务主要集中于东部平原地区。

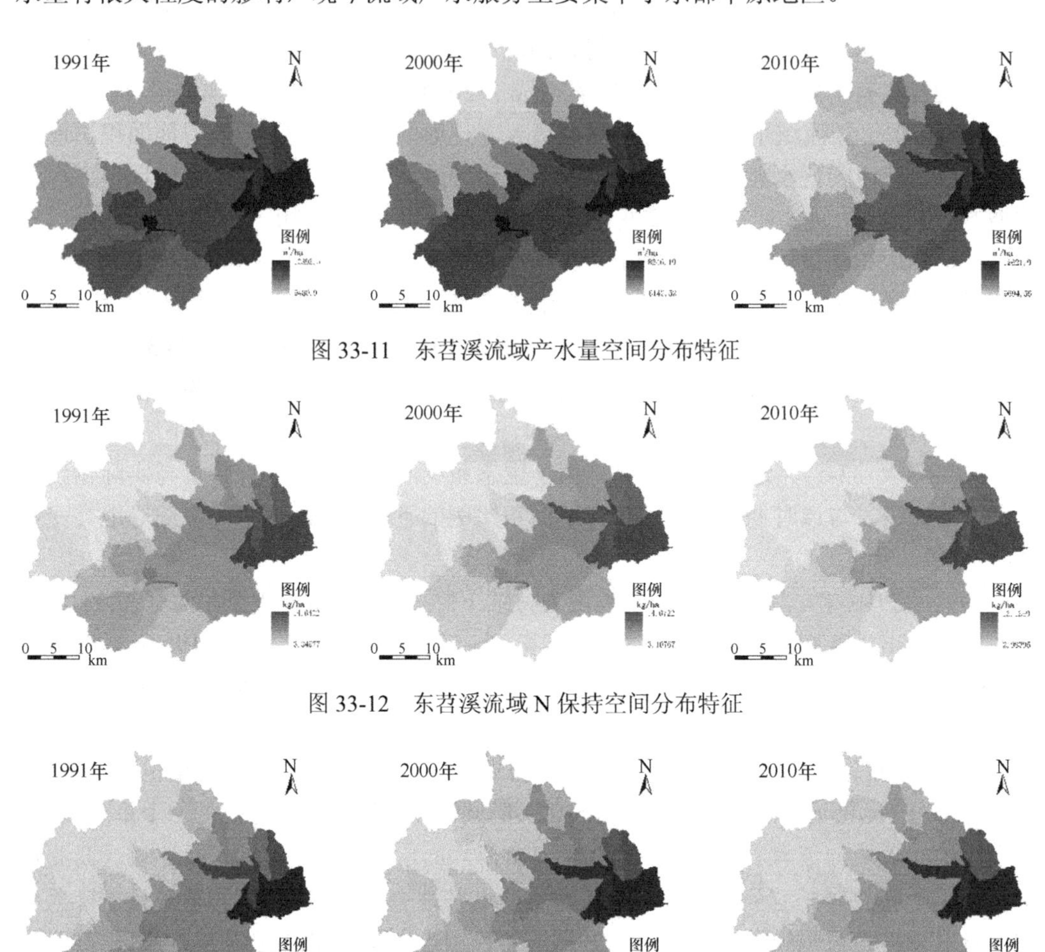

图 33-11　东苕溪流域产水量空间分布特征

图 33-12　东苕溪流域 N 保持空间分布特征

图 33-13　东苕溪流域 P 保持空间分布特征

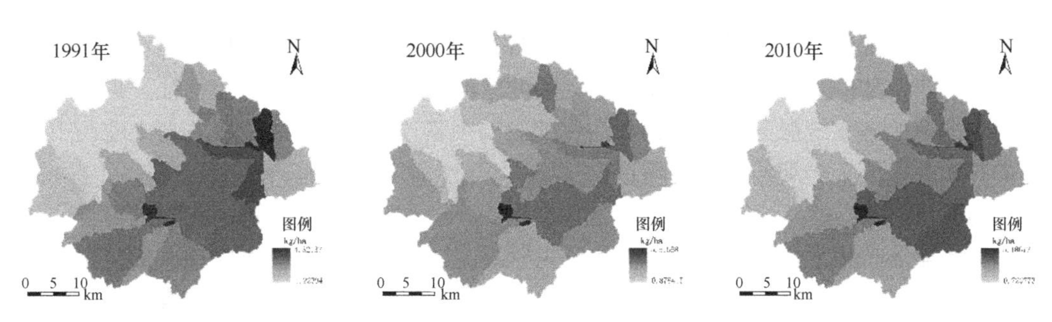

图 33-14　东苕溪流域 N 输出空间分布特征

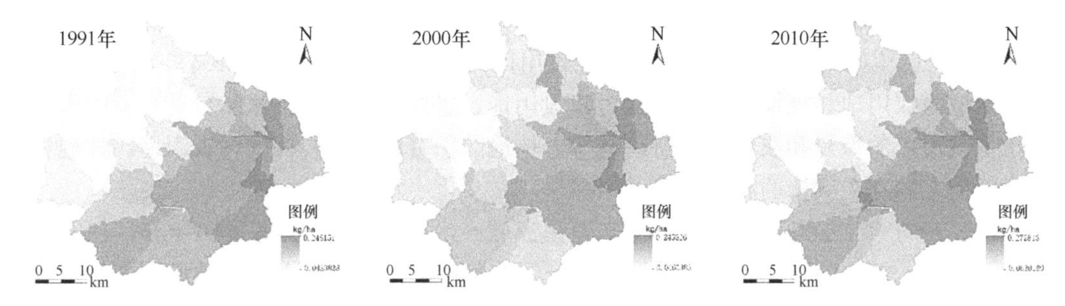

图 33-15　东苕溪流域 P 输出空间分布特征

东苕溪流域的农用地主要集中在东部地形平缓地带，受农业活动中大量施肥的影响，造成该区 N、P 输出系数偏高；又由于该地区属于流域下游汇水和出水位置，上游人为活动等对该区水质干扰较大，河流流经此地区时，由于地形平缓，流速较低，水体营养元素与河岸两侧地类物质交换有更充足的时间；这些因素都造成流域东部地区单位面积 N、P 保持量远高于其他地区（图 33-12 和图 33-13），其中农业活动是主要因素。

通过图 33-14 和图 33-15 可以看出，城镇集中区域单位面积上仍然具有很高的 N、P 输出率，随着用地类型的变更其他区域 N 和 P 的平均输出率有明显降低，流域整体上水质净化功能逐渐加强。西北部地区输出率明显低于东南部地区，这是由于西北地区主体以林地为主，建设用地和农用地稀少，而人类农业活动和建设用地等都集中在东部和东南部。在图示中，各子流域中，城镇集中区域 N、P 平均输出率均高于其余地区，应加强城镇集中地带建设用地规划设计、生态管理决策等。2010 年模型评估结果表明，东苕溪流域城镇区域水质净化功能未得到改善，整个流域生态系统服务有部分衰退。

33.5　结论与展望

33.5.1　主要结论

土地利用变化对生态系统服务影响十分明显，同时生态系统服务的变化从另一个侧面反映人类活动强度。本研究在东苕溪流域生态系统服务研究中，采用 InVEST 模型，利用气象数据、土壤属性数据、高程数据和遥感解译影像数据等，对东苕溪流域三个不同时期（1991 年、2000 年、2010 年）的产水量和水质净化两类生态系统服务进行模拟分析，并从流域尺度上绘制了流域生态系统服务空间格局图。通过分析和比对不同时期流域产水量、N/P 保持量和 N/P 输出量，探讨流域水环境服务空间变化特征，揭示影响东苕溪流域生态系统服务空间分异和变化的主要因素，以及生态系统服务与土地利用变更的关系。主要工作和结论如下所述。

（1）InVEST 模型的研发具有一定地域背景，其本地化需建立不断完善的符合区域生态系统服务特征的数据库。本研究依照东苕溪流域实际情况，搜集整理并依照相关原理计算各项参数，同时，为考虑模型参数的适宜性和正确性，结合地面调查与实验分析获取实证数据用于各模块相应参数的校验，提高模型评估精度。

（2）人口问题、经济发展以及地方政策的变更，东苕溪流域土地利用发生着剧烈的变化，在 20 年期间内，流域内林地、建设用地面积增加，农用地、水域和裸地减少。其中流域内农用地和裸地大部分转变为建设用地，建设用地面积扩张十分明显；因山区裸土植被覆盖的恢复和农用地退耕还林等，林地面积有所增加，裸土、农用地、林地和建设用地之间存在频繁的相互转化。

（3）1991 年、2000 年和 2010 年东苕溪流域产水量分别为 17.46×10^{8} mm、12.69×10^{8} mm 和 18.36×10^{8} mm，气候条件基本一致的条件下，产水量主要受林地和农用地蒸散量的影响，林地水分蒸散能力最高；流域水质净化服务有所衰减，主要是建设用地的大幅增加，人为活动对河流水质产生了巨大的影响；控制城镇规模，对河流污染物排放采取有效行政措施，减少农用地面积，都是降低流域面源污染来源的有效手段。

（4）空间直观地描述了东苕溪流域的产水量和水质净化服务的空间分布格局。东苕溪流域内受到林地、农用地和建设用地的地类变化影响，单位面积产水量、N 和 P 保持量、N 和 P 输出量均大致表现为西北部低于东南部，生态系统服务对人为活动区响应表现强烈。

33.5.2 不足与展望

1. 主要问题

InVEST 模型虽然已快速运用于生态系统服务和价值评价方面，对区域自然资本规划和管理有着显著的效果。但是，因 InVEST 模型自身的局限性，在应用中仍然存在着若干问题。如本研究中采用的产水量模块，该模块仅考虑地表上层不同地类的动态产水量，不考虑地下水与地表水的交换，简化水循环过程，因此缺乏特定时空尺度下水循环及各类水体交换的考量，这种模型算法的简化以及应用的局限性均会影响评估结果的精度和不确定性。

由于数据获取条件和生态环境问题关注度等因素，本研究仅对水资源供给、水质净化两类进行评估，涉及生态系统服务种类较少，评估结果具有一定的局限性。在流域生态系统服务评价中，应对诸如土壤保持、碳储量和生物多样性等多种服务进行评估，并综合美感评价、生境质量评价、生境风险评价等，这样才可以全面直观评估县市生态系统服务变化情况，表明人类活动对流域生态环境的影响。但本研究依然表明 InVEST 模型在东苕溪流域的适用性，为该地区生态系统服务研究提供可行案例。

考虑模型数据处理和数据空间栅格化过程中所产生的误差，数据源精度是影响模拟评估结果准确性的重要指标之一。限于数据获取条件，本研究采用的遥感影像、土壤属性空间数据等分辨率较低，在一定程度上影响评估结果的精确性。但本研究基于多时相空间数据，保证模型运行的科学性和严谨性，依然有效表现出生态系统服务总体时空分布趋势。在后续研究中有望提高数据源精度，提高评估结果的可信度。

InVEST 模型运行需求大量参数，本案例除关键参数与实测值进行验证，模型其余参数如植被最大根系、蒸散系数等均采用相关领域研究成果，限于研究时间，未开展各参数的深入研究。

2. 展望

InVEST 模型凭借其简单便捷、操作灵活、输出结果具有较强空间表达能力等诸多特性，逐步应用于社会各部门生态系统管理决策中。在全球生态系统评价研究中，该模型具有广泛的适用性、应用空间及前景。在未来一段时期内，InVEST 模型中模块的完善与优化升级将依然是主要研究方向，更加注重生态系统服务评价模块的延伸和扩展，尤其是生态系统文化功能和调节功能评价方面的研发，如遗传、文化多样性、遗产价值、大气质量和废弃物处理等。研究尺度上的拓展也十分重要。目前 InVEST 模型的应用研究多趋向于大尺度，如区域、地区乃至全球尺度，而针对中小尺度范围内生态系统的有效评价工作有待完善，如一块田地、一段河流及其周边、一片聚落等。生态系统服务相互关联、彼此影响，关注某种或某几种服务的价值对于决策定制是不全面的；因而模型综合模块的研发，即将多种服务的价值、相关性和响应机制纳入评估体系，将成为 InVEST 模型未来发展的主要方向。

此外，有望在后续研究工作中，提高东苕溪流域空间数据精度，引入多源、多时相、多分辨率遥感影像，考虑政策和社会经济等驱动因子，完善评估方法，模拟评估多种生态系统服务，获得更全面精确的生态系统服务评估结果，构建生态环境自动化监测技术，为东苕溪流域生态系统管理决策提供技术支持和科学指导。

（宋　瑜、唐　尧、祝炜平、刘　婷）

参考文献

傅斌, 徐佩, 王玉宽, 等. 2013. 都江堰市水源涵养功能空间格局. 生态学报, 33(3): 789-797.
高常军. 2013. 流域土地利用对苕溪水体 C、N、P 输出的影响. 北京: 中国林业科学研究院博士研究生学位论文.
侯元兆, 王琦. 1995. 中国森林资源核算研究. 世界林业研究, 8(3): 51-56.
黄从红, 杨军, 张文娟. 2013. 生态系统服务功能评估模型研究进展. 生态学杂志, 32(12): 3360-3367.
黄从红. 2014. 基于 InVEST 模型的生态系统服务功能研究. 北京: 北京林业大学硕士研究生学位论文.
李兆富, 杨桂山, 李恒鹏. 2007. 西笤溪流域不同土地利用类型营养盐输出系数估算. 水土保持学报, 21(1): 1-4.
刘昌明. 2001. 中国 21 世纪水问题方略. 北京: 科学出版社.
欧阳志云, 王如松. 1999. 生态系统服务功能及其生态经济价值评价. 应用生态学报, 10(5): 635-640.

欧阳志云, 王效科. 1999. 中国陆地生态系统服务功能及其生态经济价值的初步研究. 生态学报, 19(5): 607-613.
潘韬, 吴绍洪, 戴尔阜, 等. 2013. 基于 InVEST 模型的三江源区生态系统水源供给服务时空变化. 应用生态学报, 24(1): 183-189.
饶恩明, 肖燚, 欧阳志云, 等. 2013. 海南岛生态系统土壤保持功能空间特征及影响因素. 生态学报, 33(3): 746-755.
任静, 王玉宽, 徐佩, 等. 2011. 长江上游不同降雨带水蚀特征空间分析. 水土保持研究, 18(4): 1-4.
吴健生, 张理卿, 彭建, 等. 2013. 深圳市景观生态安全格局源地综合识别. 生态学报, 33(13): 4125-4133.
谢高地, 鲁春霞, 成升魁. 2001. 全球生态系统服务价值评估研究进展. 资源科学, 23(6): 5-9.
谢高地, 鲁春霞, 冷允法, 等. 2003. 青藏高原生态资产的价值评估. 自然资源学报, 18(2): 189-196.
谢高地, 张钇锂, 鲁春霞, 等. 2001. 中国自然草地生态系统服务价值. 自然资源学报, 16(1): 47-53.
徐佩, 王玉宽, 杨金凤, 等. 2013. 汶川地震灾区生物多样性热点地区分析. 生态学报, 33(3): 718-725.
杨园园. 2012. 三江源区生态系统碳储量估算及固碳潜力研究. 北京: 首都师范大学硕士研究生学位论文.
杨芝歌, 周彬, 余新晓, 等. 2012. 北京山区生物多样性分析与碳储量评估. 水土保持通报, 32(3): 42-46.
应兰兰, 侯西勇, 路晓, 等. 2010. 我国非点源污染研究中输出系数问题. 水资源与水工程学报, 21(6): 90-95.
张灿强, 李文华, 张彪, 等. 2012. 基于 InVEST 模型的西苕溪流域产水量分析. 资源与生态学报, 3(1): 52-56.
张媛媛. 2012. 1980——2005 年三江源区水源涵养生态系统服务功能评估分析. 北京: 首都师范大学硕士研究生学位论文.
赵广举, 田鹏, 穆兴民, 等. 2012. 基于PCRaster的流域非点源氮磷负荷估算. 水科学进展, 23(1): 80-86.
赵景柱, 肖寒. 2000. 生态系统服务的物质量与价值量评价方法的比较分析. 应用生态学报, 11(2): 290-292.
赵景柱, 徐亚骏, 肖寒, 等. 2003. 基于可持续发展综合国力的生态系统服务评价研究——13 个国家生态系统服务价值的测算. 系统工程理论与实践, 23(1): 121-127.
周彬, 余新晓, 陈丽华, 等. 2010. 基于 InVEST 模型的北京山区土壤侵蚀模拟. 水土保持研究, 17(6): 9-13.
Alberti M, Booth D, Hill K, et al. 2007. The impact of urban patterns on aquatic ecosystems: an empirical analysis in Puget lowland sub-basins. Landscape and Urban Planning, 80(4): 345-361.
Bagstad K J, Semmens D, Winthrop R, et al. 2012. Ecosystem Services Valuation to Support Decisionmaking on Public Lands: A Case Study of the San Pedro River Watershed. Arizona: U.S. Geological Survey Scientific Investigations Report 2012–5251. pp.93.
Bagstad K, Villa F, Johnson G, et al. 2011. ARIES–ARtificial Intelligence for Ecosystem Services: A guide to models and data, version 1.0. ARIES report series 1.
Bai Y, Zheng H, Ouyang Z Y, et al. 2013. Modeling hydrological ecosystem services and tradeoffs: A case study in Baiyangdian watershed, China. Environmental Earth Sciences, 70(2): 709-718.
Bolte J P, Hulse D W, Gregory S V, et al. 2007. Modeling biocomplexity–actors, landscapes and alternative futures. Environmental Modelling & Software, 22(5): 570-579.
Boumans R, Costanza R. 2007. The multiscale integrated Earth Systems model (MIMES): The dynamics, modeling and valuation of ecosystem services. Issues in Global Water System Research, 2: 10-11.
Brown G, Brabyn L. 2012. An analysis of the relationships between multiple values and physical landscapes at a regional scale using public participation GIS and landscape character classification. Landscape and Urban Planning, 107(3): 317-331.
Canadell J, Jackson R B, Ehleringer J B, et al. 1996. Maximum rooting depth of vegetation types at the global scale. Oecologia, 108(4): 583-595.

Chin A. 2006. Urban transformation of river landscapes in a global context. Geomorphology, 79(3): 460-487.
Costanza R, d'Arge R, de Groot R, et al. 1997. The value of the world's ecosystem services and natural capital. Nature, 387: 253-260.
Daily G. 1997. Nature's Services: Societal Dependence on Natural Ecosystems. Washington, DC: Island Press.
de Groot R S, Alkemade R, Braat L, et al. 2010. Challenges in integrating the concept of ecosystem services and values in landscape planning, management and decision making. Ecological Complexity, 7(3): 260-272.
Fisher B, Turner R K, Burgess N D, et al. 2011. Measuring, modeling and mapping ecosystem services in the Eastern Arc Mountains of Tanzania. Progress in Physical Geography, 35(5): 595-611.
Goetz S J. 2010. Remote sensing of riparian buffers: past progress and future prospects. Jawra Journal of the American Water Resources Association, 42(1): 133-143.
Goldstein J H, Caldarone G, Duarte T K, et al. 2012. Integrating ecosystem-service tradeoffs into land-use decisions. Proceedings of the National Academy of Sciences, 109(19): 7565-7570.
Gret-Regamey A, Bebi P, Bishop I D, et al. 2008. Linking GIS-based models to value ecosystem services in an Alpine region. Journal of Environmental Management, 89(3): 197-208.
Holdren J P, Ehrlich P R. 1974. Human population and the global environment: Population growth, rising per capita material consumption, and disruptive technologies have made civilization a global ecological force. American Scientist, 62(3): 282-292.
Klein R D. 1979. Urbanization and Stream Quality Impairment. Water Resource Bulletin, 15: 948-963.
Knox J B. 1976. Man's impact on his global environment. California University, Livermore (USA): Lawrence Livermore Lab.
Kovacs K, Polasky S, Nelson E, et al. 2013. Evaluating the return in ecosystem services from investment in public land acquisitions. PLoS One, 8(6): e62202.
Labiosa W B, Bernknopf R, Hearn P, et al. 2009. The South Florida Ecosystem Portfolio Model—A map-based multicriteria ecological, economic, and community land-use planning tool. US Geological Survey Scientific Investigations Report, 5181: 41.
Labiosa W, Forney W, Esnard A M, et al. 2013. An integrated multi-criteria scenario evaluation web tool for participatory land-use planning in urbanized areas: The Ecosystem Portfolio Model. Environmental Modelling & Software, 41: 210-222.
Leh M D K, Matlock M D, Cummings E C, et al. 2013. Quantifying and mapping multiple ecosystem services change in West Africa. Agriculture Ecosystems & Environment, 165: 6-18.
Leopold A. 1989. A Sand County almanac, and sketches here and there. Oxford: Oxford University Press.
Li S, Gu S, Liu W, et al. 2008. Water quality in relation to land use and land cover in the upper Han River Basin, China. Catena, 75(2): 216-222.
Marsh G P. 1965. Man and Nature. Washington DC: University of Washington Press.
Meybeck M. 2003. Global analysis of river systems: From Earth system controls to Anthropocene syndromes. Philosophical Transactions of the Royal Society B: Biological Sciences, 358(1440): 1935-1955.
Millennium Ecosystem Assessment. 2005. Ecosystems and human well-being: Wetland and water. Synthesis. Available online: https: //www.millenniumassessment.org/documents/document.358.aspx.pdf.
Nelson E, Mendoza G, Regetz J, et al. 2009. Modeling multiple ecosystem services, biodiversity conservation, commodity production, and tradeoffs at landscape scales. Frontiers in Ecology and the Environment, 7(1): 4-11.
Odum H T. 1996. Environmental Accounting. New York: John Wiley.
Ren J, Wang Y, Fu B, et al. 2011. Soil conservation assessment in the Upper Yangtze River Basin based on invest model. Water Resource and Environmental Protection (ISWREP), Xi'an, 2011, pp. 1833-1836.
Sánchez-Canales M, López Benito A, Passuello A, et al. 2012. Sensitivity analysis of ecosystem service valuation in a Mediterranean watershed. Science of the Total Environment, 440: 140-153.
Schiff R, Benoit G. 2007. Effects of impervious cover at multiple spatial scales on coastal watershed streams. Journal of the American Water Resources Association, 43: 712-730.

Serra P, Pons X, Saurí D. 2008. Land-cover and land-use change in a Mediterranean landscape: a spatial analysis of driving forces integrating biophysical and human factors. Applied Geography, 28(3): 189-209.

Shalaby A, Tateishi R. 2007. Remote sensing and GIS for mapping and monitoring land cover and land-use changes in the Northwestern coastal zone of Egypt. Applied Geography, 27(1): 28-41.

Shaw M R, Pendleton L, Cameron D R, et al. 2011. The impact of climate change on California's ecosystem services. Climatic Change, 109(1): 465-484.

Sherrouse B C, Semmens D J. Clement J M. 2014. An application of Social Values for Ecosystem Services (SolVES) to three national forests in Colorado and Wyoming. Ecological Indicators, 36: 68-79.

Tallis H, Ricketts T, Guerry A, et al. 2013. InVEST 2.5.5 User Guide: Integrated Valuation of Environmental Services and Tradeoffs. Natural Capital Project: Standford, CA, USA.

Troy A, Wilson M A. 2006. Mapping ecosystem services: Practical challenges and opportunities in linking GIS and value transfer. Ecological Economics, 60(2): 435-449.

Vörösmarty C J, McIntyre P, Gessner M O, et al. 2010. Global threats to human water security and river biodiversity. Nature, 467(7315): 555-561.

White M D, Greer K A. 2006. The effects of watershed urbanization on the stream hydrology and riparian vegetation of Los Penasquitos Creek, California. Landscape and Urban Planning, 74(2): 125-138.

Ye L, Cai Q H, Liu R Q, et al. 2009. The influence of topography and land use on water quality of Xiangxi River in Three Gorges Reservoir region. Environmental Geology, 58(5): 937-942.

Yoshida A, Chanhda H, Ye Y M, et al. 2010. Ecosystem service values and land use change in the opium poppy cultivation region in Northern Part of Lao PDR. Acta Ecologica Sinica, 30(2): 56-61.

Zhang C Z, Li W, Zhang B, et al. 2012. Water yield of Xitiaoxi River Basin based on InVEST Modeling. Journal of Resources and Ecology, 3(1): 50-54.

Zhou B, Yu X, Chen L, et al. 2010. Soil erosion simulation in mountain areas of Beijing based on InVEST Model. Research of Soil and Water Conservation, 17(6): 9-13.

第 34 章　西溪湿地生态监测数据库系统的设计及初步应用

34.1　引　　言

34.1.1　研究背景

随着人类活动的加剧，湿地的生态环境正在不断恶化。湿地生态监测是湿地管理、规划和治理的内在需求，同时也是湿地旅游开发、国家生态文明建设的迫切需要。湿地生态监测已成为生态管理部门常规化的业务工作，随之获取了大量宝贵丰富的生态监测数据。这些数据复杂多样，来源不同、种类繁多、结构不同、记录和保存的方式也不尽相同，因此，如何对宝贵丰富的生态监测数据进行合理存储，实现高效管理，并快速分析数据反映的问题，找到更直观、有价值的信息成为生态监测管理部门的迫切需求。

数据库技术的发展为数据的高效管理、合理存储和快速分析提供了保障，尤其是关系数据库的出现更是极大地增加了数据读写的效率，方便了数据库的应用开发。GIS 的出现使生态监测数据附有空间信息和位置信息，易于空间表达和可视化分析。WebGIS 技术的发展更使得数据间的发布、共享和操作变得十分方便，它的分布式环境提供了更广泛的访问范围、更独立的平台、更低的系统成本、更少的重复劳动和更简单的操作。数据库的高效存取，结合 WebGIS 系统的可视化表达，为实现生态监测数据的管理、分析和表达提供了必要的技术支持。

西溪湿地的重要性不言而喻。自 20 世纪 90 年代起，西溪湿地的生态环境遭受了重创。西溪湿地生态环境的恶化已引起政府部门、研究学者和公众的高度关注，杭州市政府自 2002 年开始投入大量资金，着手进行西溪湿地生态环境的监测、保护和恢复工作，也获得了大量宝贵的生态监测数据。这些数据主要涵盖了西溪湿地的自然地理、水资源、生物资源、空气质量、气象、环境现状以及环境修复与保护等方面，数据的监测来源不同、种类多样、结构不同、记录形式也不同，数据的零散化程度比较高，因此，这些数据的高效管理、合理存储和快速分析成为西溪湿地生态监测部门急需解决的问题。

围绕国家生态文明建设和浙江省科技惠民计划，我们不仅要考虑如何实现西溪湿地生态监测数据的高效管理，还应该着眼于如何“惠民”。湿地给公众最直观的感受莫过于环境是否优美，而水是湿地最重要的组成部分，湿地环境的好坏直接取决于水环境是否健康。此前西溪湿地的水环境已严重恶化，虽然政府采取了大量措施进行水环境的治理与修复，但对于治理后的水环境健康状况仍没有深入的研究。因此，构建西溪湿地的水环境健康状况评价模型，分析西溪湿地的水环境健康现状和变化发展趋势，并借助数据库系统对水环境的健康状况进行可视化的分析与表达，对辅助西溪湿地水环境治理与保护工作，改进水环境治理方案等具有重要意义，同时可为公众提供直观的西溪湿地水环境状况，提供相应的惠民服务。

因此，研究数据库和 GIS 开发技术，设计西溪湿地生态监测数据库系统，实现对宝贵丰富生态监测数据的高效管理、合理存储与快速分析，并通过数据库系统的应用，分析西溪湿地水环境健康状况，为西溪湿地生态监测管理部门提供更直观的信息支撑，为决策部门提供更科学的决策支持，为公众提供可视化的生态信息服务，具有极其重要的社会价值与现实意义。

34.1.2　国内外生态监测数据管理的研究现状

20 世纪 50 年代前，人类对湿地数据的管理几乎是手工操作；70 年代后，计算机功能不断强大，人们开始开发应用计算机管理湿地数据，随之产生了一系列的湿地数据管理系统（孙春华，2007）。美国在湿地管理方面一直处于领先地位，佛罗里达州早在 1979 年就建立起了湿地动植物信息检索系统（APIRS），这是第一个为公众提供湿地动植物信息查询服务的系统（王连波，2010）。1994 年，得克萨斯州建立了湿地信息网络服务系统（WetNet），为公众提供准确实时的湿地信息（王连波，2010）。1995 年，佛罗里达大学开发了佛罗里达湿地管理信息系统，通过 Internet 响应用户的查询请求，提供更为直观的湿地环境质量数据（王连波，2010）。1997 年，加利福尼亚资源局也开发了加利福尼亚湿地地理信息系统，向公众、教育团体、政府机构提供最全面的湿地信息（王连波，2010）。与此同时，土耳其利用 ArcView 软件建立了土耳其湿地信息系统，印度建立了国家湿地环境信息系统，加拿大也建立了国家湿地环境信息系统（王连波，2010）。这些系统的主要功能大多是湿地信息查询，而美国路易斯安那州建立的湿地恢复空间决策支持系统，除了具有基本的查询功能外，还可以利用模型进行定量评价，分析湿地环境、生态及经济效益。随后，Quinn 和 Hanna（2003）建立了加利福尼亚州的湿地决策支持系统，并建立了湿地水质模型，瞬时监控湿地水体的流量、水质等（曹林，2008）。

20 世纪 80 年代后，我国的学者们开始进入湿地生态研究领域。黄慧萍（1999）建立了广东省海岸湿地资源与环境信息系统，应用 GIS 强大的空间分析和信息管理实现了湿地资源环境分析、湿地健康程度评价、湿地变化预测、湿地规划保护和湿地开发利用等。2000 年中国科学院南京地理与湖泊研究所建立了洞庭湖湿地保护信息系统，随后章牧等研究了“海岸带湿地资源与环境信息系统”，提供综合查询、统计功能及针对海岸带湿地环境的分析功能（王连波，2010）。王维芳等（2005）等建立了黑龙江省湿地 GIS 空间数据库，系统地反映了黑龙江湿地的分布、数量、生态特征、主要保护动植物等信息（王连波，2010）。曹林（2008）建立了溱湖国家湿地公园 WebGIS 系统，实现了对湿地景观格局的分析。朱燕玲（2011）开发了基于 ArcGIS Engine 的崇明东滩海岸带生态管理平台系统，实现了对海岸带数据的高效管理。唐帅（2012）基于 OGC 标准建立了 WebGIS 辽河口湿地管理信息系统，实现了湿地信息与网络服务的结合。齐涛（2013）建立了 C/S 和 B/S 混合结构的崇明滨岸湿地碳源/碳汇信息管理系统，实现了 C/S 和 B/S 两种结构的优势互补。王凯松（2014）结合二维 GIS 和三维 GIS 的优势建立了清澜港红树林湿地监测/预警三维地理信息系统，实现了对红树林湿地水环境的实时监测和预警。

随着计算机、网络和 GIS 技术的发展，湿地数据管理系统有了长足的发展。从系统架构来看，由最初简单的桌面版 C/S 架构到基于网络 Web 版的 B/S 架构，再到两者优势结合的混合版 C/S、B/S 混合架构；从系统功能来看，由最初的简单查询显示到针对某一具体问题的分析统计。但这些管理系统较少以“惠民”服务作为切入点。因此，本文将针对湿地生态监测数据的特点，以“惠民”服务作为宗旨，分析研究计算机、网络和 GIS 领域的先进技术，研究构建效率更高、速度更快、存储更合理的生态监测数据管理系统，在此基础上，开展生态监测数据库系统的初步应用研究，为系统用户及公众提供更方便的应用可视化服务平台。

34.1.3　研究内容与技术路线

本研究内容主要分两部分。

1）西溪湿地生态监测数据库系统的设计与实现

针对西溪湿地现存的生态监测数据，包括水质、气象、空气质量和生物多样性数据，研究设计与实现西溪湿地生态监测数据库及 B/S 架构的数据库系统，以实现生态监测数据的高效管理、合理存储和快速分析，提供智慧化服务和必要的辅助决策信息。

2）西溪湿地生态监测数据库系统的初步应用研究

针对已设计的西溪湿地生态监测数据库系统开展初步应用研究，本文以水质数据为例，开展系统的初步应用研究。研究构建西溪湿地水环境健康状况评价模型，并利用数据库系统进行西溪湿地水环境健康状况分析。具体的技术路线如图 34-1 所示。

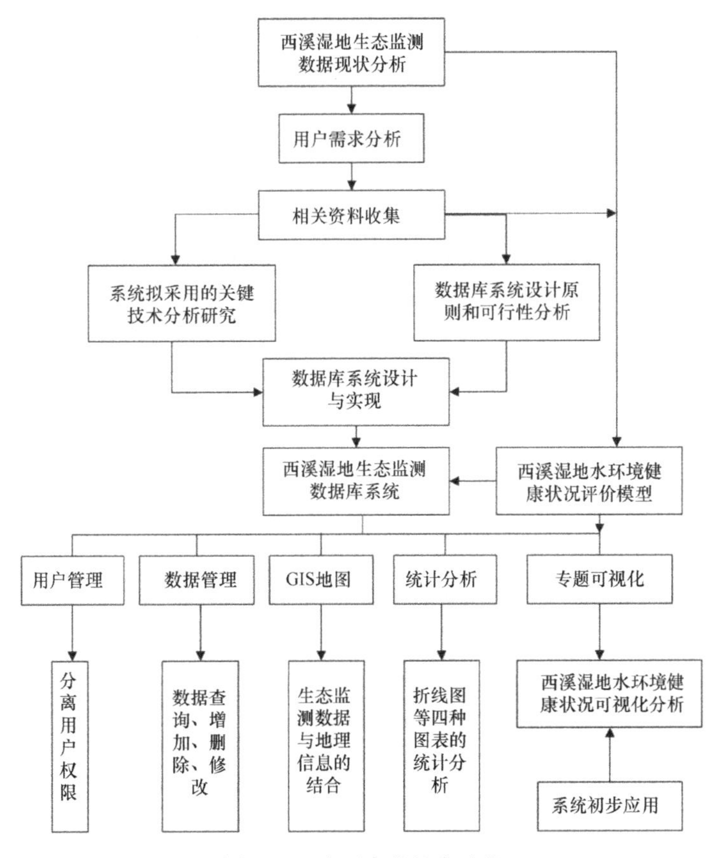

图 34-1　本研究的技术路线

34.2 湿地生态监测数据库的需求分析

湿地生态监测数据库的需求分析是系统框架构建、总体设计实现及系统后期应用的关键一步，它直接影响着数据库系统的工作效率和用户的使用效果。只有在数据库系统构建前期对系统的总体需求，如数据、功能和性能等方面进行详细的分析，并结合具体构建对象的特点，如西溪湿地的生态监测数据的特点进行需求分析，才能根据实际问题选择适当的技术，合理配置资源，提高工作效率和用户的满意度。

34.2.1 湿地生态监测数据库构建的总体需求

湿地生态监测数据库建立的主要目的是通过数据库、GIS 等技术实现多类型生态监测数据的高效管理与合理存储，便于生态监测数据的妥善保存与应用分析，服务于湿地生态管理与保护。湿地生态监测数据库的总体需求应是所有类型生态监测数据的合理高效存储与读写，方便数据的日常管理；能够实现不同类型生态监测数据的快速查询显示、便捷录入更新；能够实现基于不同类型生态监测数据的统计分析与可视化表达，方便数据的分析研究。

生态监测数据库系统建设的需求可以从数据、功能和性能上进行分析。

（1）数据需求分析：数据库系统的首要功能是实现生态监测数据的高效管理，因此，系统建设所需的数据主要有水质、空气质量、气象、生物多样性等生态监测数据；另外系统还需实现生态监测数据的地理信息展示，因此，系统建设还需表示空间地理信息的影像数据和矢量数据。

（2）功能需求分析：在与湿地用户详细沟通的基础上，文中确定了数据库系统的基本功能需求（表 34-1）包括用户权限、数据管理、统计分析、GIS 地图及专题可视化。

表 34-1 系统功能需求分析表

序号	需求类别及名称	说明	备注
1	用户权限管理	管理员增加、修改、删除用户 用户修改自身信息 用户操作日志	权限分离
2	数据管理	水质监测数据库 气象监测数据库 空气质量监测数据库 生物多样性数据库	增加 修改 删除 查询
3	统计分析	连续时间数据获取 数据数学统计 统计信息展示	折线图 柱状图 饼状图 雷达图
4	GIS 地图	影像/矢量地图基本操作 影像地图/矢量地图切换 基本地图量算 地名查询	影像加载效率
5	专题可视化	建立水环境健康分析模型 分析结果可视化	模型的适用性 可视化的效果

（3）性能需求：数据库系统的基本性能需求是可靠性强、安全性好、效率高、易操作等。文中结合湿地用户的要求，系统的具体性能需求需满足表 34-2。

表 34-2　系统性能需求分析表

性能需求	具体说明
地图配置、发布需求	要求能够配置矢量地图的样式； 要求能够发布 OGC WMTS 等服务；
性能响应需求	要求能满足快速加载高分辨率区域影像的瓦片数据； 要求保证一般操作（数据库的增、删、改、查）响应时间 2～3 s； 要求满足运行环境在允许操作系统上与其他软件独立，无冲突；
输入需求	要求提供选择：区域范围选择，时间范围选择； 要求输入错误时有提醒，提示用户输入正确信息；
输出需求	要求保证及时并正确保存相关信息，对各信息能够正确查询和检索； 要求保证在一定缓冲误差内空间查询检索相关信息

34.2.2　西溪湿地生态监测数据库构建的需求

西溪湿地自 2003 年至今获得了大量宝贵的生态监测数据，这些数据主要包括水质数据、空气质量数据、气象数据和生物多样性数据等。水质、空气质量和气象数据中包含了多种监测指标、监测样区和监测时间等，而生物多样性数据则包含了植物、植被群落、水生无脊椎动物、昆虫等九大类信息，每类信息中又包含了物种、数量及其分布状态等信息。从数据类型上看，涉及数字、文字、符号、图片等；从数据结构上看，每类生态监测数据都有各自的结构特点，尤其是生物多样性数据更是结构各异；从数据增长来看，每类生态监测数据具有固定的监测周期，周期有长有短，如水质数据是每季度更新一次，而空气质量数据则是每 1～2 h 更新一次；从数据大小来看，目前积累了 2003～2015 年的生态监测数据，数据量已经很大（表 34-3）。

表 34-3　西溪湿地生态监测数据统计表

收集对象	要素	监测区域	监测频度	搜集情况	提供单位
水质	水温、透明度、溶解氧、pH、高锰酸钾指数、氨氮、总磷、总氮、叶绿素 a 等	沿山河、蒋村港、深潭口、秋雪庵、百家漤、农贸市场等	2008 年至今每年每季度监测一次	电子版报告	杭州市环境监测中心站
气象	气温、气压、辐射、能见度、负氧离子、湿度、日照时数等	西溪湿地气象站	2009 年至今全年实时监测	网上气象局数据库	杭州市气象局
空气	PM_{10}、$PM_{2.5}$、SO_2、NO_2、CO、O_3 等	西溪湿地空气质量监测站	2011 年至今全年实时监测	网上监测站数据库	杭州市环保局
生物多样性	植物、植被、水生无脊椎动物、昆虫、鱼类、两栖类、爬行类，鸟类、兽类	费家塘、周家村、烟水渔庄、虾龙滩、植物园等	2010 年至今每年一次监测报告	电子版报告	浙江省自然博物馆

西溪湿地的生态监测数据目前存储形式不一，管理上仍处于零散化状态，这样难以有效利用数据信息，难以发挥生态监测数据应有的作用，更难以进行湿地的高效管理与服务应用。因此，构建西溪湿地生态监测数据库系统的需求已十分迫切。

34.3　湿地生态监测数据库系统构建的关键技术研究

数据库系统构建的关键技术直接决定了数据库系统的工作效率、用户的满意度和应用前景，因此，针对复杂的湿地生态监测数据，特征多样的管理对象，如何集成整合技术优势，获得更加友好的用户界面和更高的访问效率，成为本文数据库系统关键技术研究中重点考虑的问题。

网络、计算机和 GIS 技术的逐渐发展使生态监测数据管理系统步入了 WebGIS 应用阶段，B/S 架构的数据库系统成为主流。客户端丰富的界面设计和良好的人机交互能力成为 Web 环境下 B/S 架构 GIS 系统新的竞争亮点。本文数据库系统采用 B/S 架构，本章将从框架、客户端、服务器端三个方面对系统构建的关键技术进行介绍和分析。

34.3.1　框架技术研究

MVC（model view controller）是一种经典的软件设计模式，实现界面表达、后台数据和业务逻辑的三层分离（图 34-2），降低系统各层间的耦合性，增强了代码的可替代性和重用性，目前已在 Web 开发中得到广泛应用（陈绘新，2013；黎吾鑫和王新，2013；陈秋菊，2015）。Spring 是典型的 MVC 框架，因其强大的功能成为多数系统开发的首选框架（李凤怀，2010；沈银华等，2011；黎吾鑫和王新，2013）。本文也选择了 Spring 作为基础的系统框架。下面对本文选用的系统框架的内部结构和功能进行简要的介绍与分析。

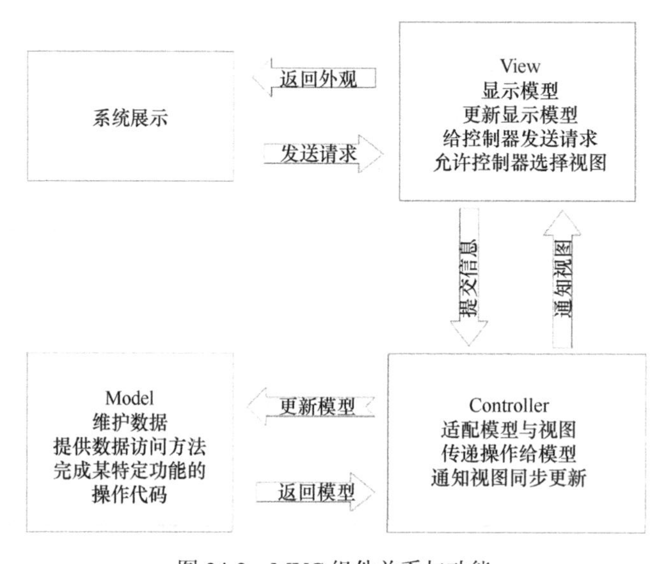

图 34-2　MVC 组件关系与功能

1. Spring 框架

Spring 的几大特征主要有：轻量、控制反转、面向切面、容器、框架和 MVC（李风怀，2010；沈银华等，2011；黎吾鑫和王新，2013）。轻量是指 Spring 在自身大小和开销方面都是轻量的，完整的 Spring 框架在只有 1 MB 多的 JAR 包中发布；控制反转（IoC）是 Spring 的一大核心，它使程序对象间的依赖关系由 Spring 容器控制，极大地降低了组件对象间的耦合程度；面向切面（AOP）是 Spring 的另一核心，AOP 允许业务逻辑与系统日常服务分离，达到了易维护和可重用的目的；容器是指 Spring 包含并管理应用对象程序的配置和生命周期；框架是指 Spring 可将简单的组件对象配置组合成复杂的应用；MVC 代表了 Model-View-Controller，它的核心是实现组件对象的松散耦合（图 34-3）。

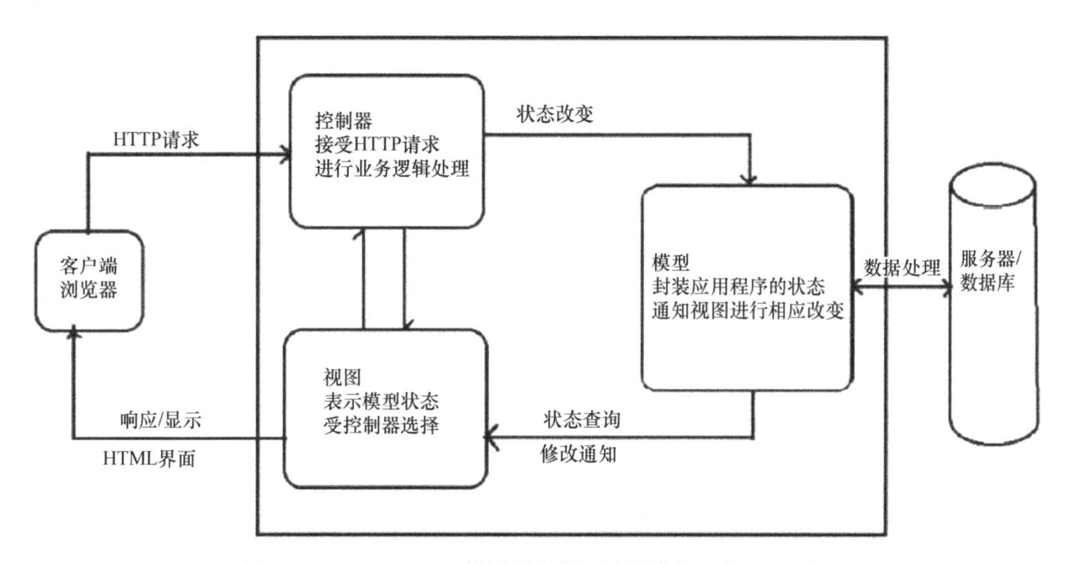

图 34-3　Spring MVC 的运行流程（黎吾鑫和王新，2013）

Spring 框架体系结构如图 34-4 所示。

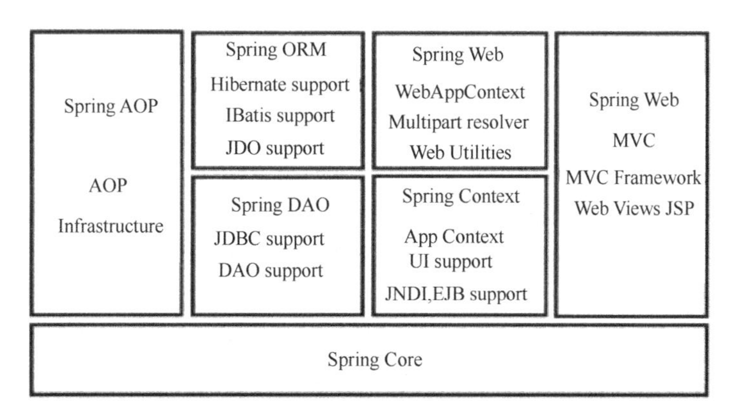

图 34-4　Spring 框架体系结构（黎吾鑫和王新，2013）

Spring 框架具有众多优势：

（1）IoC 容器方便解耦，简化开发；

（2）支持面向切片（AOP）的编程；

（3）声明式事务管理，提高开发效率；

（4）直接支持各种优秀框架，方便集成。

2. Mybatis 框架

Mybatis（图 34-4）是一个基于 Java 的持久层框架，它提供了 SQL Maps 和 Data Access Objects（DAO）两种持久层框架（沈银华等，2011；胡文杰，2014）。SQL Maps 是 Mybatis 框架的核心，它使得 JavaBean 映射成 Mapped Statement 的输入参数和 Result Object 结果集变得简单容易。DAO 可以理解为 Mybatis 框架提供给外界的通用公共接口，编程人员可以通过这个接口操作数据库，减少很多繁杂的环节，从而优化对数据库的管理与操作。Mybatis 提供了一种半自动化的 ORM 机制，对于业务逻辑实现人员而言，面对的是纯粹的 Java 对象，而对于具体的数据要求开发人员自行编写 SQL 语句，这大大提高了系统设计的自由空间（沈银华等，2011；胡文杰，2014）。因此，本文设计利用 Mybatis 的 ORM 机制与 Spring 框架进行集成，完成对数据库数据的 SQL 查询、存储和映射等。

Mybatis 的功能架构主要分为三层：API 接口层、数据处理层和基础支撑层。API 接口层负责接收外部调用请求，并传递给数据处理层；数据处理层主要负责具体的 SQL 解析、执行和结果映射；基础支撑层负责最基础的功能支撑。

3. Spring 与 Mybatis 的集成

Mybatis 框架减少了程序员对数据库大量编程的重复工作量，使 SQL 语句的编写变得自由，这点对于复杂的生态监测数据库的操作非常重要。因此，本文在 Spring 框架的基础上，通过 Spring ORM 模块，将 Spring 框架和 Mybatis 框架进行无缝集成，方便对数据库的操作，以简化系统的开发。

34.3.2 客户端技术研究

1. ExtJS 技术

ExtJS 框架是一个与后台技术无关的前端 ajax 框架，也是目前富客户端技术中最为完整和最具稳定性的应用构建技术（杨子江，2010；陈勇，2011；沈银华等，2011；陈绘新，2013；刘睿潇，2013；黎吾鑫和王新，2013；吴广芳，2015）。它可以实现跨平台和跨浏览器的使用，具有较强的可移植性（杨子江，2010；陈勇，2011；沈银华等，2011；陈绘新，2013；刘睿潇，2013；黎吾鑫和王新，2013；吴广芳，2015）。它采用了 HTML/CSS 结合的方式，以 JSON/XML 作为交换模式，极大地减轻了服务器端的负载，提高了用户的体验度和系统响应速度（杨子江，2010；陈勇，2011；沈银华等，2011；陈绘新，2013；刘睿潇，2013；黎吾鑫和王新，2013；吴广芳，2015）。ExtJS 框架技术还是一种开源技术，更方便了程序员的扩展（杨子江，2010；陈勇，2011；沈银华等，2011；陈绘新，2013；刘睿潇，2013；黎吾鑫和王新，2013；吴广芳，2015）。

1）Json 数据交换技术

ExtJS 框架前后台信息的交互常用 Json 数据格式。Json 是一种轻量级、可用多种编程语言的数据交换格式，不用考虑过多复杂的起始标签和结束标签，运行十分简单（杨子江，2010；陈勇，2011；刘睿潇，2013；吴广芳，2015）。

2）ExtJS 的 JavaScript 类库

ExtJS 包含了强大的 JavaScript 类库（表 34-4），提供了功能丰富的、可重用的对象与 UI 组件，不仅大大简化了程序员的开发，而且更丰富了客户端的界面表现效果（杨子江，2010；陈勇，2011；刘睿潇，2013；吴广芳，2015）。

表 34-4　ExtJS4.2 简介

名称	组成
核心组件	Ext.Component、Ext.BoxComponent、Ext.Container、Ext.Panel 和 Ext.TabPanel 等
控件	表格控件 GridPanel、表单与输入控件 FormPanel、菜单栏控件 Menu、树形结构 TreePanel 和窗口 Ext.window 等
布局	最简单 FitLayout、边框 BorderLayout、伸缩菜单 Accordion、实现操作向导 CardLayout、表单专用 FormLayout、分列式 ColumnLayout 和表格状 TableLayout 等

鉴于 ExtJS 完美的浏览器兼容性、功能强大的 UI 组件、完整的开发实例和强大的技术支持，本文采用 ExtJS4.2 框架进行前端用户界面的设计与开发，并通过 Spring MVC 与 ExtJS4.2 框架结合，更好地提高系统运行效率，优化用户界面。

2. 数字地球平台

1）WorldWind 平台

目前常用的数字地球平台主要有 WorldWind 和 GoogleEarth。WorldWind 是开源软件，全球源代码开放，这点对于二次开发的程序员来说十分有吸引力。因此，本文利用 WorldWind 平台进行生态监测数据的地理信息展示。

WorldWind 是由美国 NASA 发布的一个开源的三维地理信息展示平台，也是一个优秀的客户端框架引擎。它既可以借助网络实现海量互动地理数据的浏览，也能够作为其他应用程序的插件进行组合开发。WorldWind 具有框架结构良好、设计开放、可扩展性强的优势，这使得基于 WorldWind 的开发变得方便易行（潘伟，2010；周三燕，2011；邝良寒，2013；杨超，2013；霍超等，2015；李磊等，2015）。

WorldWind 框架也由表现层、业务层和数据层三层构成。表现层通过渲染窗口实现各对象和地理要素的显示、表达与交互；业务层主要为各逻辑实体提供相应的服务，可依据不同类型的渲染对象提供不同的请求策略；数据层可提供本地存储的数据服务和网络在线的数据服务（潘伟，2010；周三燕，2011；邝良寒，2013；杨超，2013；霍超等，2015；李磊等，2015）。WorldWind 采用了多线程技术，使前端界面渲染与后台数据调度可同时进行（潘伟，2010；周三燕，2011；邝良寒，2013；杨超，2013；霍超等，2015；李磊等，2015）。为了提高界面渲染的流畅度，节约读取磁盘的时间，WorldWind 会对运动中场景的范围进行预测，并预先读取到内存进行缓存，当系统真正使用到目标区域中的数据时，可直接从内存中读取（潘伟，2010；周三燕，2011；邝良寒，2013；杨超，2013；霍超等，2015；李磊等，2015）。WorldWind 对瓦片请求也划分成高、中、低三级，对于高优先级立即显示，中优先级读取到内存，低优先级空闲时再读取到内存（潘伟，2010；周三燕，2011；邝良寒，2013；杨超，2013；霍超等，2015；李磊等，2015）。WorldWind 还可将 DLG、DRG、POI 等专题信息作为特定的图层进行叠加显示，以实现按用户需求定制的三维地理信息系统（潘伟，2010；周三燕，2011；邝良寒，2013；杨超，2013；霍超等，2015；李磊等，2015）。

2）JavaApplet

JavaApplet，也称 Java 小应用程序，是由 Java 语言编写的一段程序，可嵌入 HTML 页面中，由客户端浏览器解析执行（陈毅华，2004；刘东，2005；杨姗姗等，2005）。可利用 JavaApplet 技术将 WorldWind 平台嵌入生态监测数据库系统的客户端。

3）WorldWind 展示平台集成

鉴于 WorldWind 系统简便的开发形式和丰富的地理信息展现功能，本文选择了 WorldWind 作为西溪湿地生态监测管理系统的地理信息展示平台，并利用了 JavaApplet 技术，将 WorldWind 平台作为插件，嵌入到已设计好的前端用户网页界面中，以实现地理信息平台与用户网页界面的契合。将编辑完成的 WorldWind 平台发布成 jar 文件后，可集成到 J2EE 平台 Spring 系统框架中进行相应的配置。

34.3.3 服务器端技术研究

1）Geoserver 地图服务器

Geoserver 是开源的地图服务器，它全面遵循 OGC 开放标准，可方便接收统一规范的 Web 服务请求，返回多种格式的数据；利用 Geoserver 可方便地发布各种地图服务[Web Map Tile Service（WMTS），Web Feature Service（WFS）和 Web Coverage Service（WCS）等]，并且 Geoserver 允许用户对数据进行更新、删除和插入等操作，这极大地方便了用户间空间地理信息的迅速共享（方元等，2009；梁启靓，2010；刘林，2010；刘犇，2011；阳华，2011；张德健和林巧莺，2015）。

与其他开源的 WebGIS 软件相比，Geoserver 有几大优势（方元等，2009；梁启靓，2010；刘林，2010；刘犇，2011；阳华，2011；张德健和林巧莺，2015）：

（1）标准的 J2EE 框架，支持 Spring 等框架开发，并能运行在 J2EE 容器上；

（2）兼容 WMTS 和 WFS 等地图服务；

（3）支持多种高级数据库，如 Oracle、MySQL、PostGIS、DB2 等；

（4）利用 udig 可编辑矢量数据样式，在线编辑空间数据，生成专题图；

（5）地图发布用 xml 文件，支持 AJAX 的地图客户端等。

因此，本文利用 Geoserver 发布西溪湿地的影像数据和矢量数据服务，并将此地图服务作为 WorldWind 框架的底层数据源。图 34-5 为 Geoserver 在本系统数据发布中的应用流程。

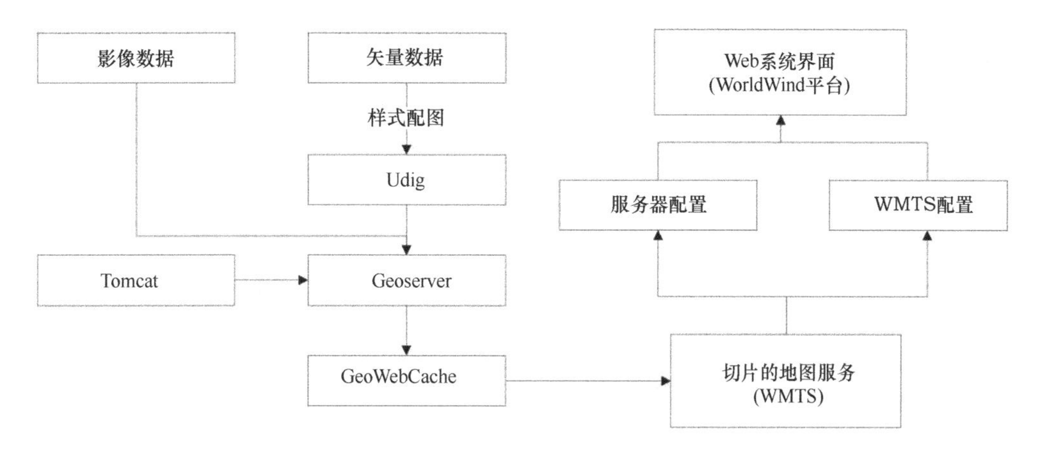

图 34-5　Geoserver 在本系统数据发布中的应用流程

系统中用到的地图服务主要是 WMTS 服务。图 34-6 为发布的西溪湿地植被信息的 WMTS 服务示例。

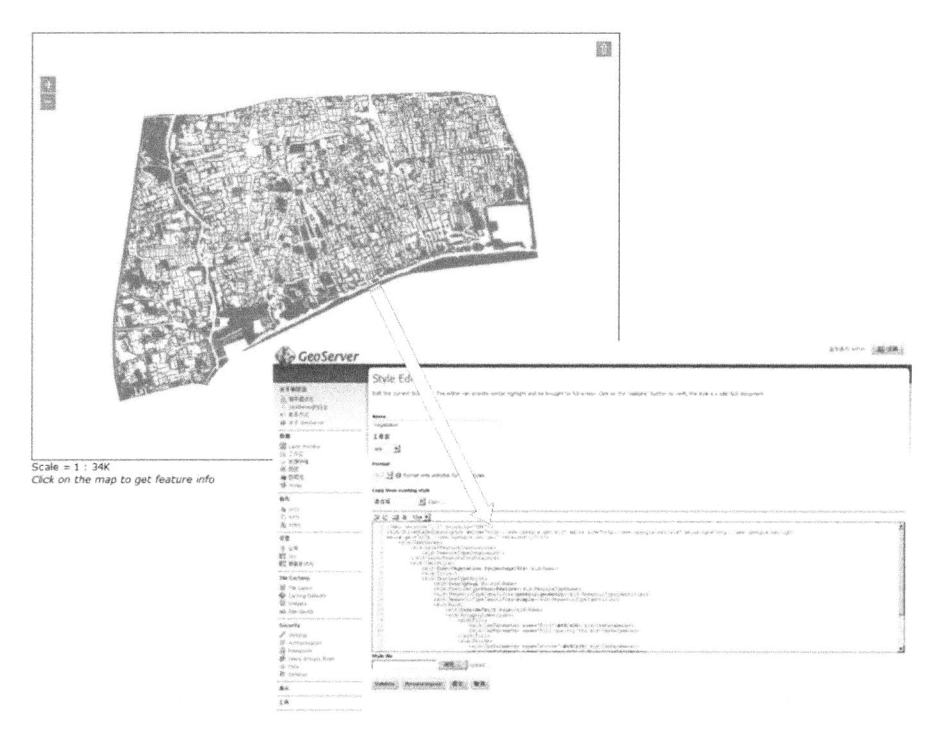

图 34-6　西溪湿地植被信息 WMTS 服务发布示例

2）Oracle 数据库

Oracle 数据库是甲骨文公司一套高效率、高可靠性、适应高吞吐量的关系型数据库管理系统，它具有完整的数据管理功能、完备关系的产品和分布式的处理能力，适合于复杂生态监测数据的存储与管理。因此，本文选择 Oracle 数据库系统作为湿地生态监测数据的数据库，以满足大量、复杂生态监测数据的管理需求。

34.3.4 西溪湿地生态监测数据库系统技术框架集成

本文分析研究了湿地生态监测数据库的关键技术，构建了一个富客户端的 B/S 架构的西溪湿地生态监测数据库系统（图 34-7）。

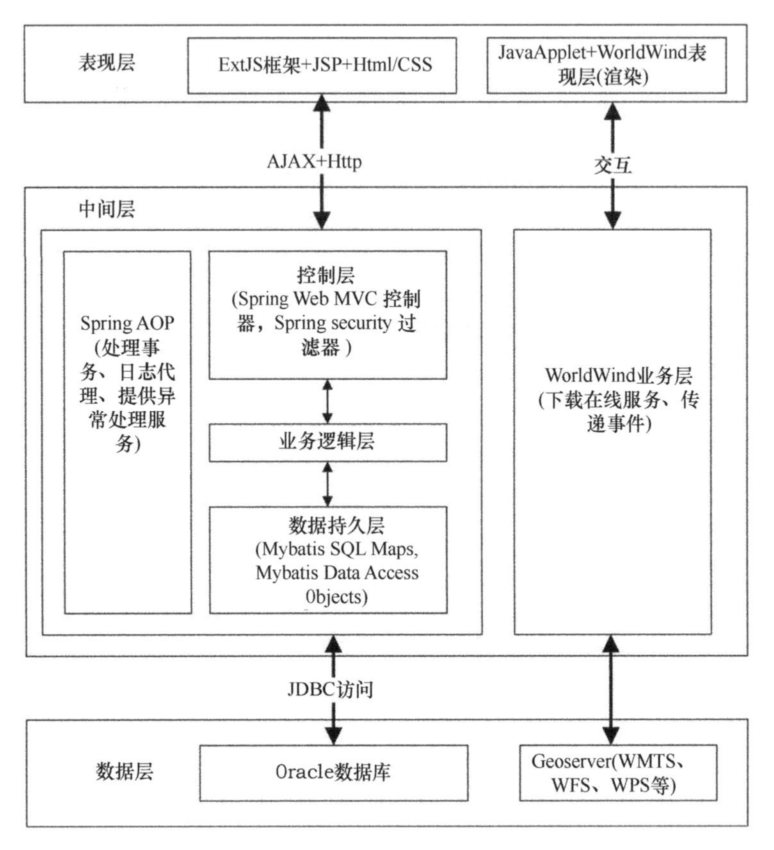

图 34-7　西溪湿地生态监测库系统集成架构

整个系统结构由三部分组成：表现层、中间层和数据层。

表现层，也称前端，主要负责用户浏览器界面的设计与展示，其中涉及的主要关键技术有 ExtJS、WorldWind、JavaApplet 等。ExtJS 技术主要提供系列的 UI 组件，用于搭建用户网页界面；WorldWind 提供了一个三维地理信息展示的平台；而 JavaApplet 技术则可以将 WorldWind 平台嵌入 ExtJS 搭建的用户网页界面，实现两者的有机契合。

中间层，主要负责前端与后台之间的通信，其中涉及的主要关键技术有 Spring、Mybatis、WorldWind 等。Spring 技术通过 IoC 和 AOP，有效地组织中间层的对象，消除对象间的紧密耦合，通过配置文件自动生成 bean 实例，解决了用户开发的复杂性，提高了系统的安全性；Mybatis 的 ORM 机制与 Spring DAO 集成，提高了系统开发的自由度；WorldWind 业务层提供了在线服务下载，事件传递的功能；中间层通过与表现层的接口，响应表现层的请求，通过与持久层的接口与数据库交互，为表现层提供数据，三者的集成配合实现了系统中间层与前后台的通信。

数据层，也称后台，主要负责提供系统运行所需的数据与服务支撑，其中涉及的主要关键技术有 Oracle 数据库和符合 OGC 规范的 Geoserver 发布的各种服务（WFS、WMTS、WPS 等）。

另外，表现层与中间层之间信息传递主要的关键技术有 AJAX 和 Http 协议，AJAX 即异步 JavaScript 和 XML，它的核心是通过 XMLHttpRequest 消息传递机制传递异步请求，实现页面的异步刷新。

34.4　西溪湿地生态监测数据库系统的设计与实现

生态监测数据库系统，是为了满足相关部门在生态监测数据管理上的具体需求而设计开发的信息管理系统，主要目的是实现数据的有效管理，并方便数据的后期应用。西溪湿地的生态监测数据复杂多样，如何针对复杂的数据设计并实现高效的数据库系统，是本研究重点讨论的内容。

34.4.1　设计原则

为了确保西溪湿地生态监测数据库系统结构的科学性、功能的完整性和系统建立的可行性，在数据库和系统功能设计时需遵循以下原则。

（1）标准化与规范化：在数据库和系统的设计与实现过程中需时刻遵循标准化的原则，“照章办事”，以减少数据冗余，提高系统效率。

（2）实用性与合理性：无论是数据库的字段设计还是系统的功能设计都需遵循该原则，以保证所建系统能满足业务需求，实现生态监测数据的科学化管理。

（3）动态化：生态监测数据应该是实时动态更新的，因此在数据库和系统设计时需考虑不断变化的数据，留有足够的发展空间。

（4）经济性：设计数据库系统时需考虑成本开销，以确保经济效益最大化。

（5）可扩展性：系统需留好接口，以便日益完善。

（6）可操作性：系统界面设计需美观，功能操作需简单方便。

34.4.2　西溪湿地生态监测数据库的设计

针对生态监测数据复杂多样的特点，本文将各类生态监测数据单独建成子库，再由各子库组成最终的生态监测数据库。而每个子库表结构则是根据其监测指标的特点进行设计，每张表中主要存储了相关监测指标、时间和监测地点等信息。在整个数据库中除了生态监测数据外，还建立了用户管理数据子库，实现用户权限分离。图 34-8 展示了各个数据子库间的关系。

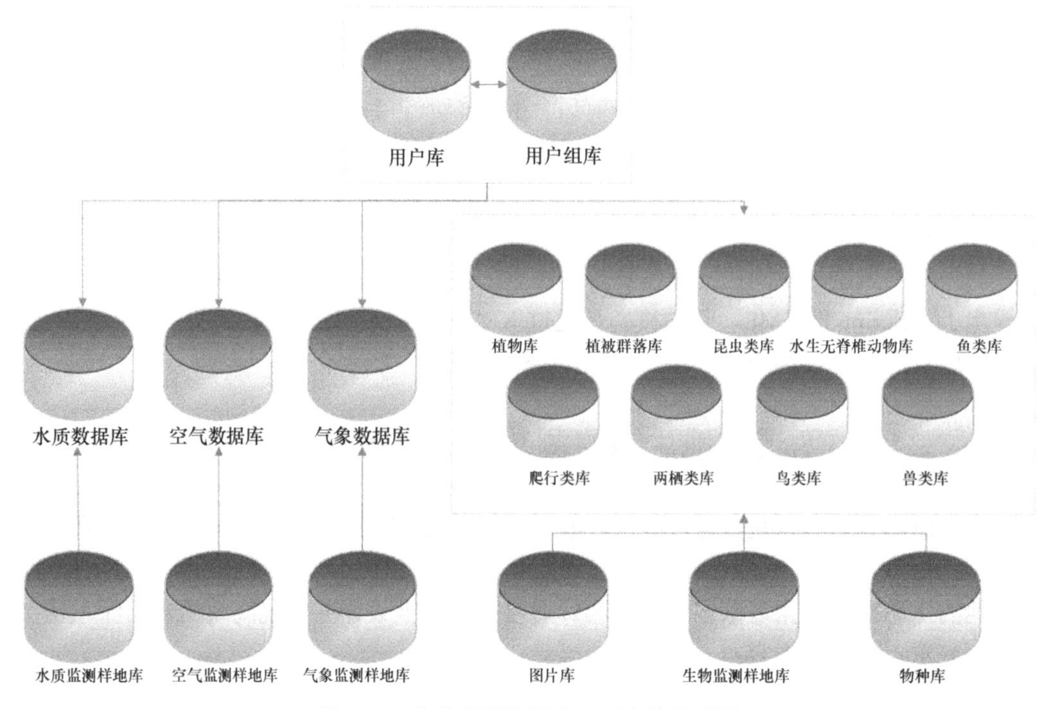

图 34-8 生态监测数据库各子库的关系图

1）水质数据子库设计

文中结合水质数据的特征，进行了水质数据子库的结构设计和逻辑设计。该子库由一张主表 XI_WATER_DATA 和一张副表 XI_WATER_STATION 构成，主表中存储了相应的水质监测指标（水温、透明度、溶解氧等）、监测时间、导入时间和监测点编号等信息，副表中主要存储了监测点的名称、经纬度和联系人等信息。为了实现监测数据地理位置的可视化，本文通过监测点编号字段 MONSTATION_ID，将主表和副表进行关联。

2）空气质量数据子库设计

空气质量数据的特征与水质数据类似，故空气质量子库的结构设计参照水质数据子库进行。该子库也由一张主表 XI_AIR_DATA 和一张副表 XI_AIR_STATION 构成，主表中存储了相应的空气质量监测指标（如公众关注较多的 $PM_{2.5}$ 含量、CO 含量、SO_2 含量等）、监测时间、导入时间和监测点编号等信息，副表中主要存储了监测点的名称、经纬度和联系人等信息。主表和副表也通过监测点编号字段 MONSTATION_ID 进行关联，赋予空气质量数据坐标信息，实现空气质量数据的空间位置表达。

3）气象数据子库设计

气象数据的特征也与水质、空气质量数据类似，故气象子库也采用了类似的设计结构。该子库也由一张主表 XI_METEOR_DATA 和一张副表 XI_METEOR_STATION 构成，主表中存储了相应的气象监测指标（降水、风向空气湿度等）、监测时间、导入时间和监测点编号等信息，副表中主要存储了监测点的名称、经纬度和联系人等信息。主表和副表也通过监测点编号字段 MONSTATION_ID 进行关联，实现气象数据的空间位置展示。

4）生物多样性数据子库设计

生物多样性数据共分 9 类，每类数据各有不同特征，为方便数据的分类管理，将这 9 类生物数据单独建表，组成生物多样性数据子库。根据数据资料，这 9 类数据的采集地比较一致，分布状态的标识也较一致，因此文中设计这 9 类数据共用一张采样地 XI_BIOLO_STATION 副表和一张分布状态 XI_BIOLO_ASSIST 副表。

由植物的样例数据发现：这些监测数据中记录的信息主要包括植物的名称、分类、描述和分布状态等。根据这些特征，文中设计了相应的植物数据子库。该子库由一张主表 XI_BIOLO_PLANT_DATA 和两张副表 XI_BIOLO_STATION、XI_BIOLO_ASSIST 构成，主表中存储了植物监测数据的名称、分类、分布状态、保护级别、入侵级别、描述、采集时间和采样地编号等，XI_BIOLO_STATION 副表中主要存储了采样地名称、位置等信息，XI_BIOLO_ASSIST 副表中则主要存储了分布状态类型信息。主表和两副表分别通过 MONSTATION_ID 字段和 STATE 字段进行关联。这样关联的优势：一是可以实现植物监测数据的空间位置的可视化表达，二是可以方便用户录入、修改监测数据，增强数据读写的灵活性。

植被群落、水生无脊椎动物、鱼类和兽类的数据特征与植物数据相似，因此文中采用了类似的设计结构。它们的子库也由一张主表（分别是 XI_BIOLO_VEGE_DATA、XI_BIOLO_AQUINVERT_DATA、XI_BIOLO_FISH_DATA、XI_BIOLO_BEAST_DATA）和两张副表（XI_BIOLO_STATION 和 XI_BIOLO_ASSIST）构成，存储的信息格式与植物数据类似。与其他三个子库相比，在兽类数据子库的主表中多存储了地理分布型、保护级别和数量等信息。

昆虫类和鸟类的样例数据中除了包含名称、分类、分布状态等常规调查信息外，还有一个重要的信息是以类别为单位统计的物种数量。考虑到两者这样的数据特点，昆虫类和鸟类子库还应该增加一张新副表来存储这些信息。因此，文中设计这两者的子库由 4 张表组成，一张主表（昆虫类：XI_BIOLO_INSECT_DATA，鸟类：XI_BIOLO_BIRD_DATA），三张副表（昆虫类：XI_BIOLO_INSECT_FEATURE、XI_BIOLO_STATION 和 XI_BIOLO_ASSIST，鸟类：XI_BIOLO_BIRD_FEATURE、XI_BIOLO_STATION 和 XI_BIOLO_ASSIST）。新增的副表与主表间通过一级分类编号（FIRSTCLASS_ID）字段进行关联。

两栖类和爬行类监测数据中同样也增加了物种数量的信息，但与鸟类和昆虫类不同的是，这两者的数量信息是以单个物种为单位进行统计的，因此，对于这两者子库的设计，文中同样建立了四张表，一张主表（两栖类：XI_BIOLO_AMPHI_DATA，爬行类：XI_BIOLO_CREEP_DATA）和三张副表（两栖类：XI_BIOLO_AMPHI_FEATURE、XI_BIOLO_STATION 和 XI_BIOLO_ASSIST，爬行类：XI_BIOLO_CREEP_FEATURE、XI_BIOLO_STATION 和 XI_BIOLO_ASSIST）。但存储物种数量的副表与主表之间的关联是通过主表中物种名称编号（两栖类：AMPHINAME_ID，爬行类：CREEPNAME_ID）

实现的。

5）用户管理数据子库设计

为了实现用户权限分离，方便数据管理，文中设计了用户管理子库。该子库包括用户数据表以及用户组数据表，每一个用户对应一个用户组，以用户组代码关联。用户数据信息主要包括：编号、名称、用户名、密码、用户组、部门、联系方式。用户组数据信息主要包括：编号、代码、名称以及各个监测数据的权限。

34.4.3 西溪湿地生态监测数据库系统的功能设计与实现

1. 西溪湿地生态监测数据库系统的总体架构设计

根据系统的设计原则和用户的需求分析，整个系统采用面向数据思想的多层架构（图 34-9），各模块以数据特点与形式为重点进行系统集成，构建西溪湿地生态监测数据库管理系统。系统底层由水质、气象等业务数据和遥感影像、基础地理信息等基础数据作为支撑。中间层设计了以数据为基础的权限管理、数据管理、统计分析和 GIS 地图功能模块，客户端主要呈现了数据查询显示、专题可视化、统计可视化等表达形式。

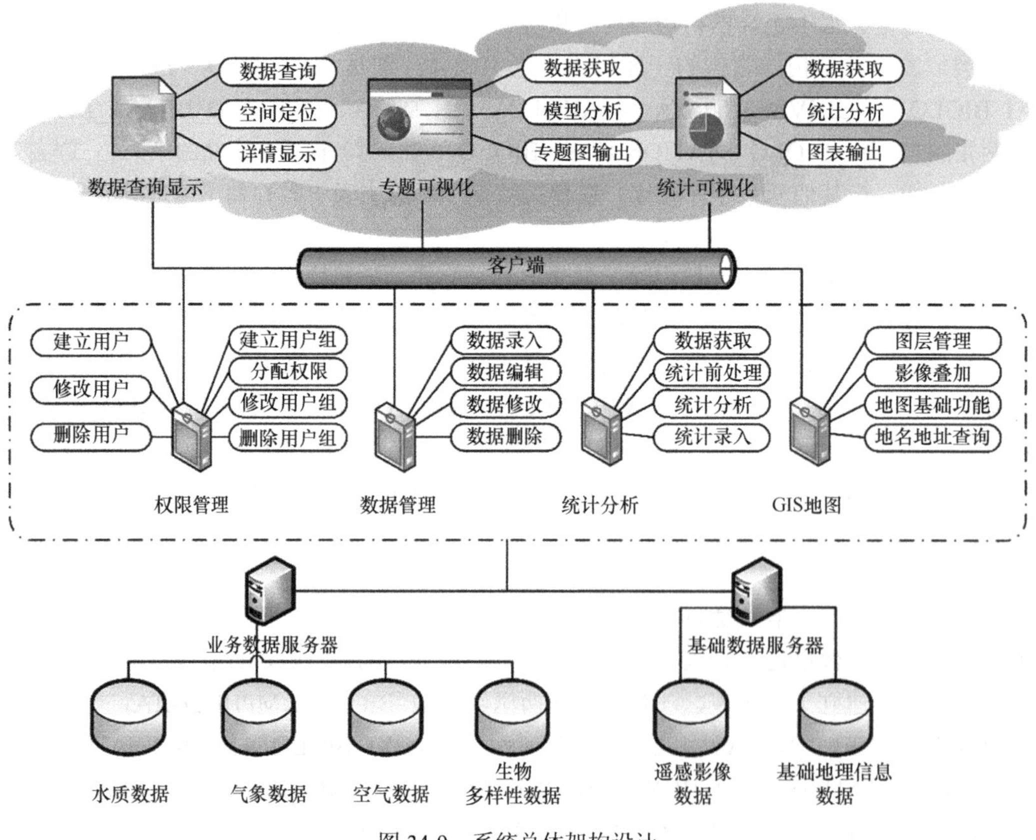

图 34-9 系统总体架构设计

2. 西溪湿地生态监测数据库系统的开发平台

J2EE 规范了一套技术开发的标准与指南，并包含多种组件，提高了系统开发的效率。因此，本系统选用了 J2EE 作为基本的开发平台，主要的运行环境如图 34-10 所示。

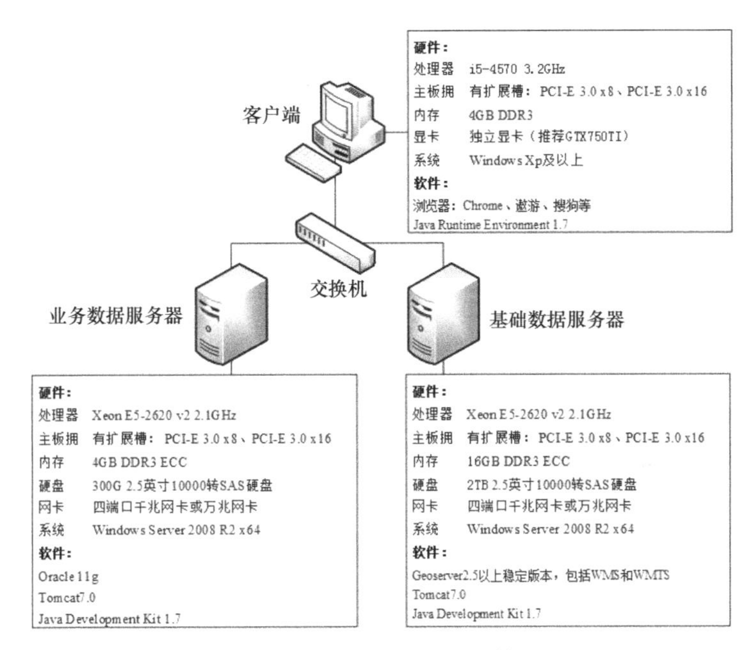

图 34-10　系统的运行环境

3. 西溪湿地生态监测数据库系统的功能模块设计

根据结合用户需求分析，本系统设计了五大功能模块：用户管理模块、GIS 地图模块、数据管理模块、统计分析模块和专题可视化模块。

1）用户管理模块

该模块提供用户和用户组权限管理功能，主要的输入项为用户名、密码，输出项为链接数据库、匹配用户名密码、匹配用户类型、权限登录。文中设计的主要应用功能（图 34-11）有如下几个。

（1）新增用户。

输入：按要求填入各项信息，包括用户名、用户组、密码、姓名、部门、联系电话以及备注。

输出：用户数据库中增加新的用户。

（2）修改用户。

输入：查询要修改的用户，修改信息，完成后点击修改确定。

输出：用户数据库中该用户的信息发生变化。

（3）删除用户。

输入：查询要删除的用户，在用户列表中点击删除标志，弹出确认窗口，点击确定，删除数据。

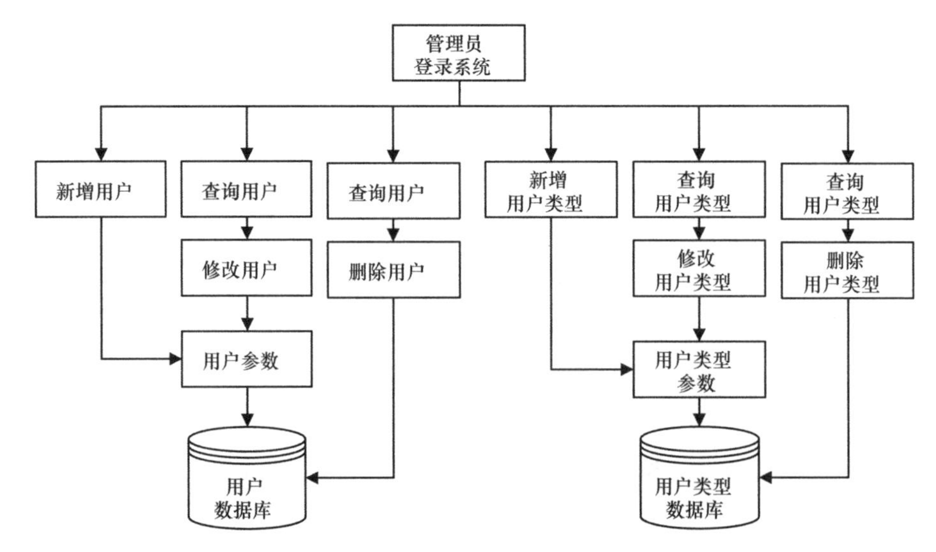

图 34-11　用户管理模块功能设计

输出：用户数据库中该用户被删除。

（4）新增用户组。

输入：点击新增用户组进入相应界面；按照要求填写用户类型名称、用户类型代码。用户查询权限中选择用户可以操作的内容，完成后点击确定完成。

输出：用户数据库中增加新的用户类型。

（5）修改用户组。

输入：点击修改用户类型进入相应界面，修改用户类型分为两部分，包括查询以及用户类型列表。点击用户组列表中的详情，弹出详细信息窗口；在窗口里面修改信息，完成后点击修改完成。

输出：用户数据库中该用户类型的信息发生变化。

（6）删除用户组。

输入：点击删除用户类型按钮，进入相应界面；删除用户类型分为两部分，包括查询以及用户类型列表。

输出：用户数据库中该用户类型被删除。

2）GIS 地图模块

该功能模块的实现需要的支撑数据主要包括：

（1）各种比例尺的矢量地图文件（包括控制点、水系、道路、建筑物、界线及区划、植被等）；

（2）各种分辨率遥感影像（包括卫星遥感影像、无人机遥感影像等）；

（3）地名、地址（区域范围内地名、地址数据库建立）。

模块设计的基本功能（图 34-12）有如下几个。

（1）地图应用基本功能：影像、矢量地图的放大、缩小、平移、缩放漫游。

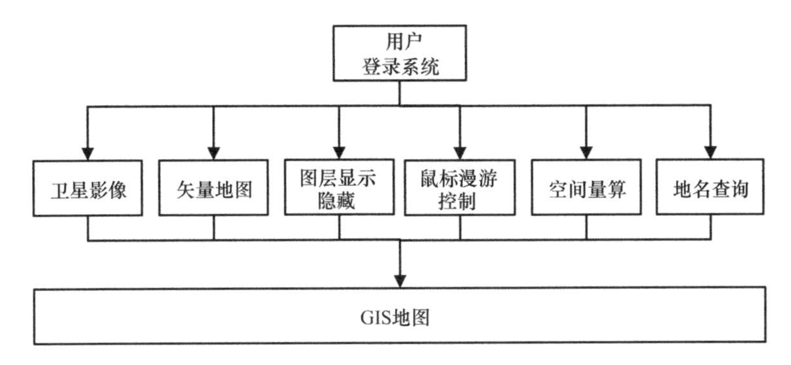

图 34-12　GIS 地图模块功能设计

（2）影像底图与矢量底图的切换功能：利用 Geoserver 发布影像、矢量地图，系统加载，并开放切换功能。

（3）地图的手动漫游及自动漫游。

（4）图层控制：按需求配置道路、地名等图层，利用 Geoserver 发布，系统加载，提供点击显示/隐藏功能。

（5）量算功能：在地图中点击画线、多边形、圆等图形，对相应距离、面积、坡度进行量算并显示。

（6）地名地址查询：在查询限制条件中输入信息，点击查询后在地图相应位置显示地名、地址。

3）数据管理模块

该模块（图 34-13）主要实现对西溪湿地生态监测数据的录入、编辑、查询、修改、删除功能，针对不同用户的权限，指定该用户可以操作的数据。

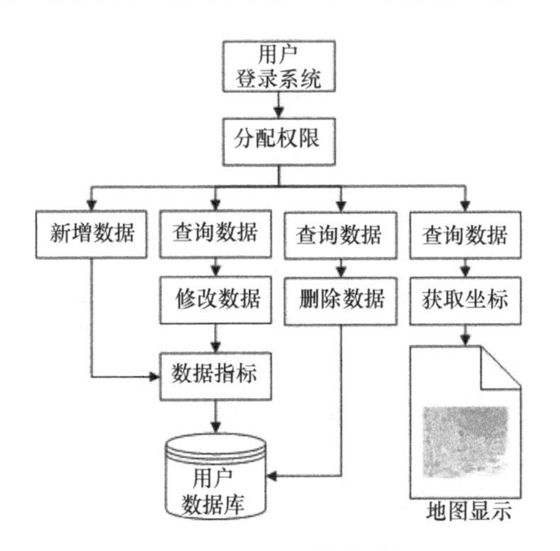

图 34-13　数据管理模块功能设计

（1）数据编辑权限控制。针对登录用户的实际权限，显示该用户可以操作的数据表，供用户进行数据编辑。

（2）数据录入。点击需要录入的数据类型（如水质数据、空气质量数据、气象数据等），弹出相应数据录入窗口，输入信息（包括监测指标以及监测站点），确认后写入相应数据表。

（3）数据查询。点击需要查询的数据类型，输入相应的限制条件，点击查询后在列表框中列出符合条件的结果，并在地图中标绘相应的位置。点击列表中某条结果或地图中某标绘点，弹出数据详情。

（4）数据修改。点击需要修改的数据类型，输入相应限制条件查询出结果后，点击某条结果弹出修改窗口，输入修改后信息并确认后，修改数据库相应记录。

（5）数据删除。点击需要删除的数据类型，输入相应限制条件查询出结果后，点击某条结果后删除按钮，确认后删除数据库相应记录。

4）统计分析模块

该模块（图 34-14）主要实现对某一时间序列或某一时间某一采样点的一条或多条监测数据选择、统计结果展示。

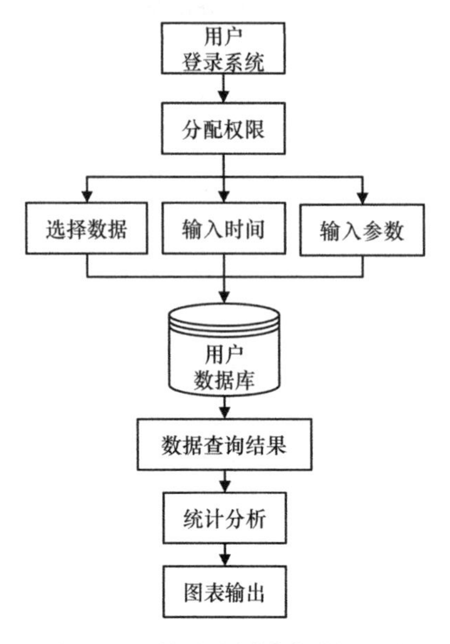

图 34-14　统计分析模块功能设计

（1）监测数据选择。选择需要获取的数据类型，勾选待统计的监测指标（一个或多个），选择横坐标轴，选择时间范围、采样点，确认后从数据库中获取相应的数据。

（2）统计结果展示。根据所选监测数据，利用折线图、柱状图、饼状图和雷达图等进行统计结果的可视化表达。

5）专题可视化模块

该模块（图 34-15）主要实现对模型分析结果的可视化展示，并结合地图，以地理信息专题图的方式展示。

（1）模型分析结果空间化。根据分析点在数据库中匹配空间位置，或根据空间分析的分析点位以及分析区域，将分析结果空间化，赋地理坐标。

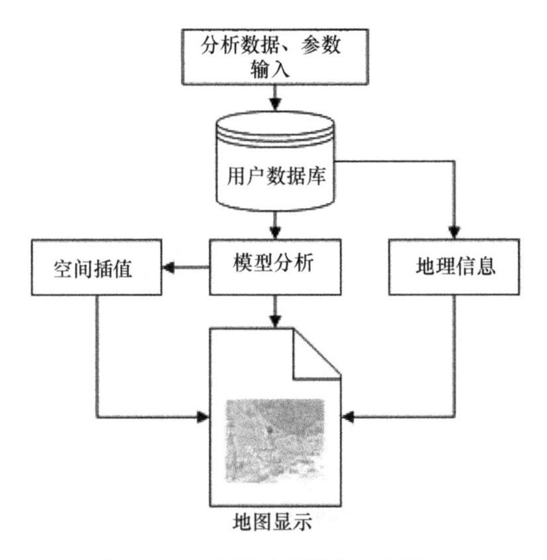

图 34-15　模型分析模块功能设计

（2）点数据空间插值。对于分析点结果，在一定范围内进行空间插值，以获取面数据。

（3）结果空间可视化。结合区域地图或影像图，将带有地理空间信息的分析结果数据进行可视化（形式包括散点图、空间柱状图、插值栅格图、等值线渲染图等）。

4. 西溪湿地生态监测数据库系统的功能展示

1）系统登录界面及主界面

系统的登录界面（图 34-16）主要采用 HTML/CSS 编写。

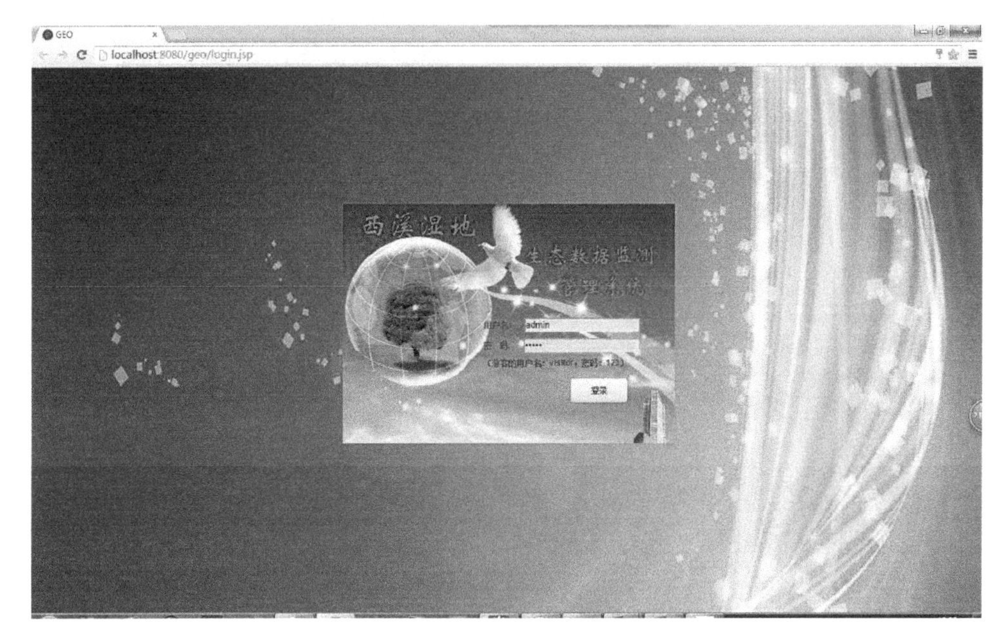

图 34-16　系统登录界面

主界面（图 34-17）由 ExtJS 组件搭建，由菜单栏、地图显示窗体、数据显示栏组成。

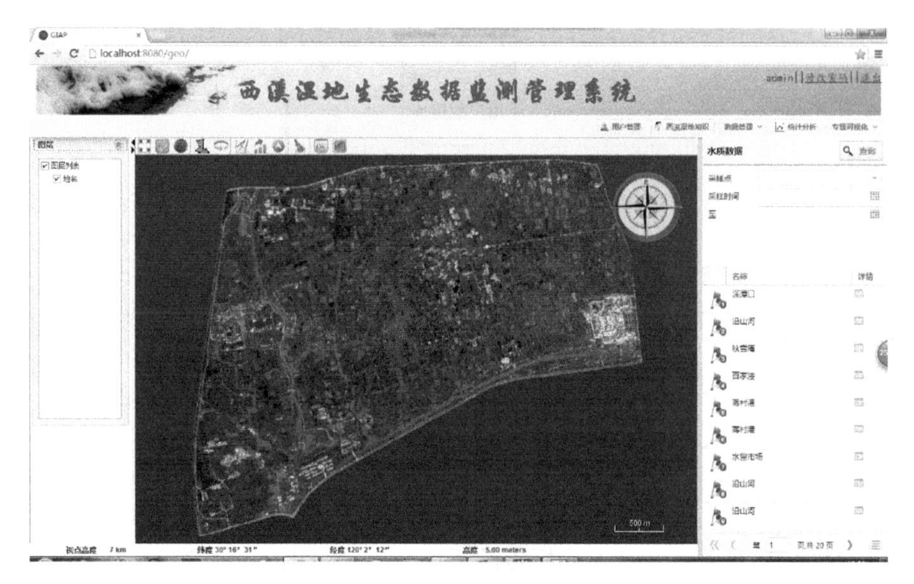

图 34-17　系统主界面

2）GIS 基本功能

除了最基本的 GIS 功能外，还包含二维地图与遥感影像切换（图 34-18）、监测样区（地名地址）查询（图 34-19）、测量功能等（图 34-20）。

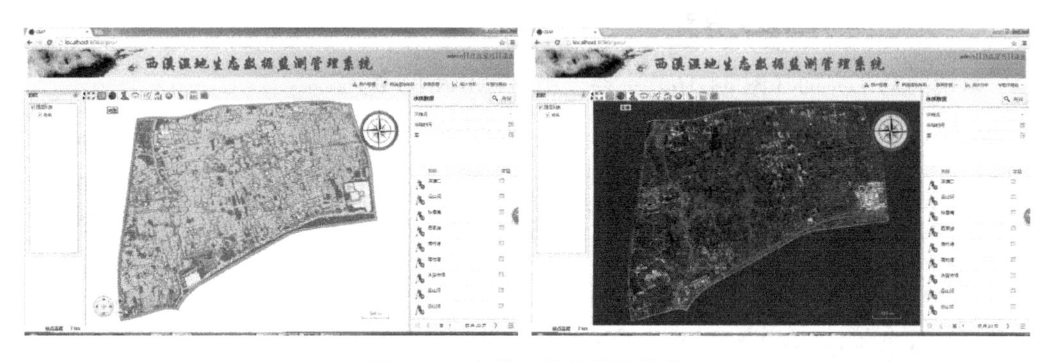

图 34-18　切换二维地图和影像

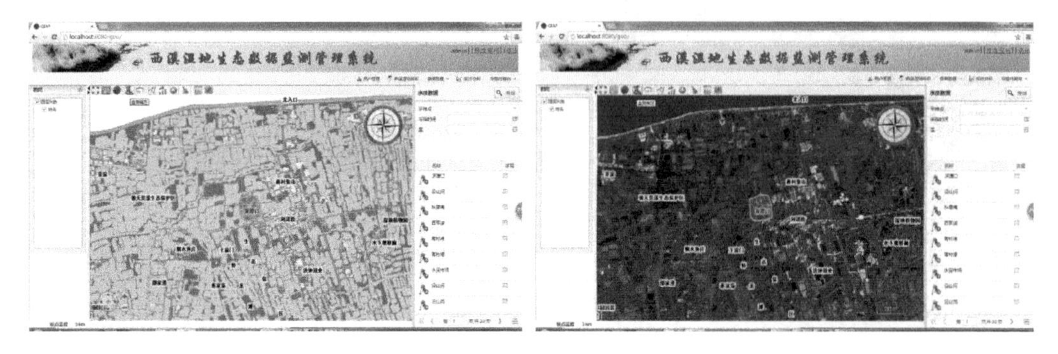

图 34-19　监测样区查询

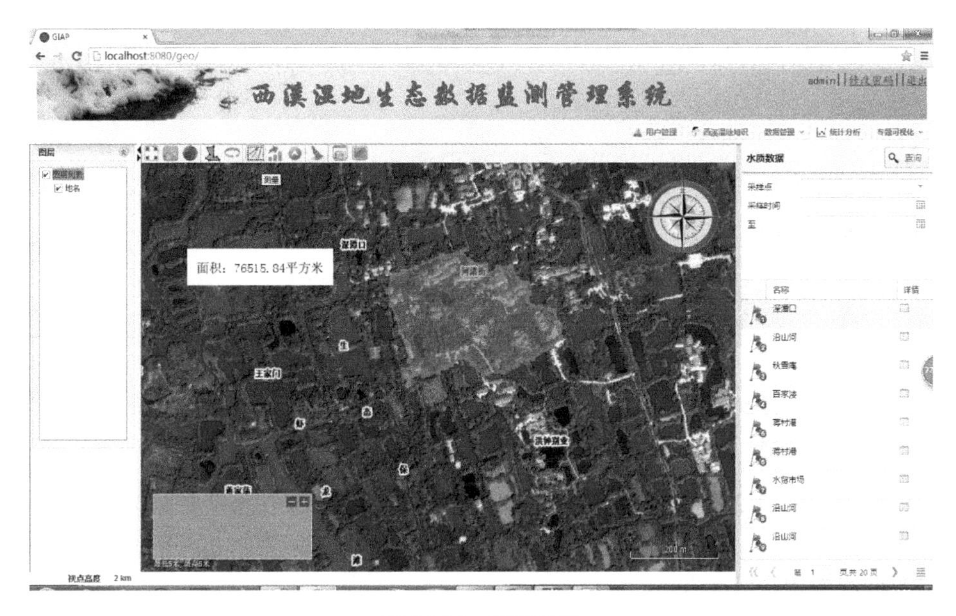

图 34-20　测量功能

3）用户管理模块

用户管理模块实现了用户和用户组管理功能，可依据选择条件查询用户、用户组（图 34-21），新增用户、用户组（图 34-22），查看用户、用户组详情（图 34-23），删除用户、用户组。

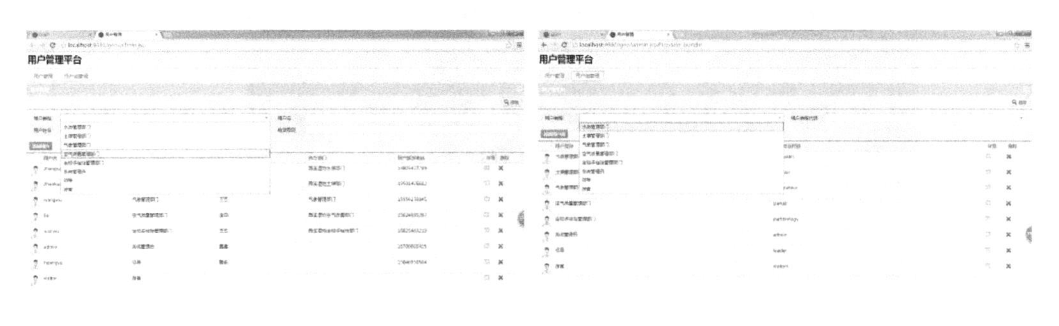

图 34-21　用户（左）、用户组（右）管理界面

图 34-22　新增用户（左）、用户组（右）

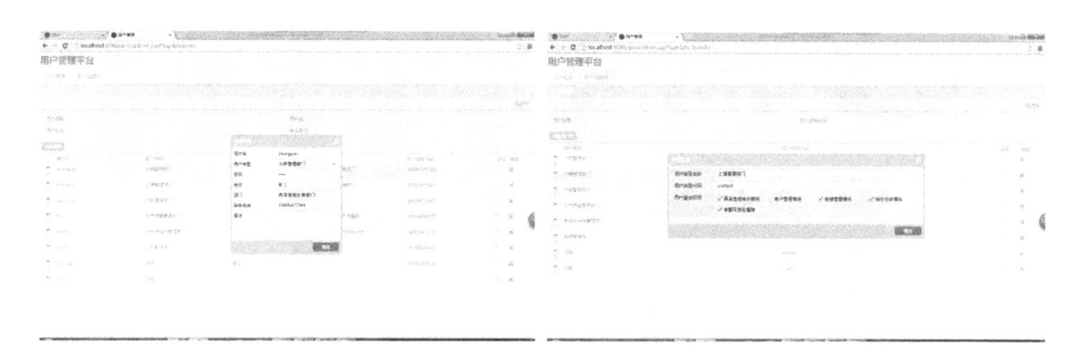

图 34-23　用户（左）、用户组（右）详情

4）数据管理模块

数据管理（图 34-24～图 34-27）实现了对生态监测数据（以水质数据为例展示功能）的查询、增加、修改、删除的功能。系统对其中的增加修改删除功能进行了权限限制，只有该数据组的用户才可见。

图 34-24　数据管理界面

5）统计分析模块

折线图易反映数据的变化趋势；柱状图可以清楚地看出数据的量值，比较不同数据间的大小差异；饼状图体现了个体数据在总体中所占的比例；雷达图则容易反映数据的变动情况和好坏发展趋势。系统中实现了这 4 种图表的数据统计分析（图 34-28～图 34-31）。

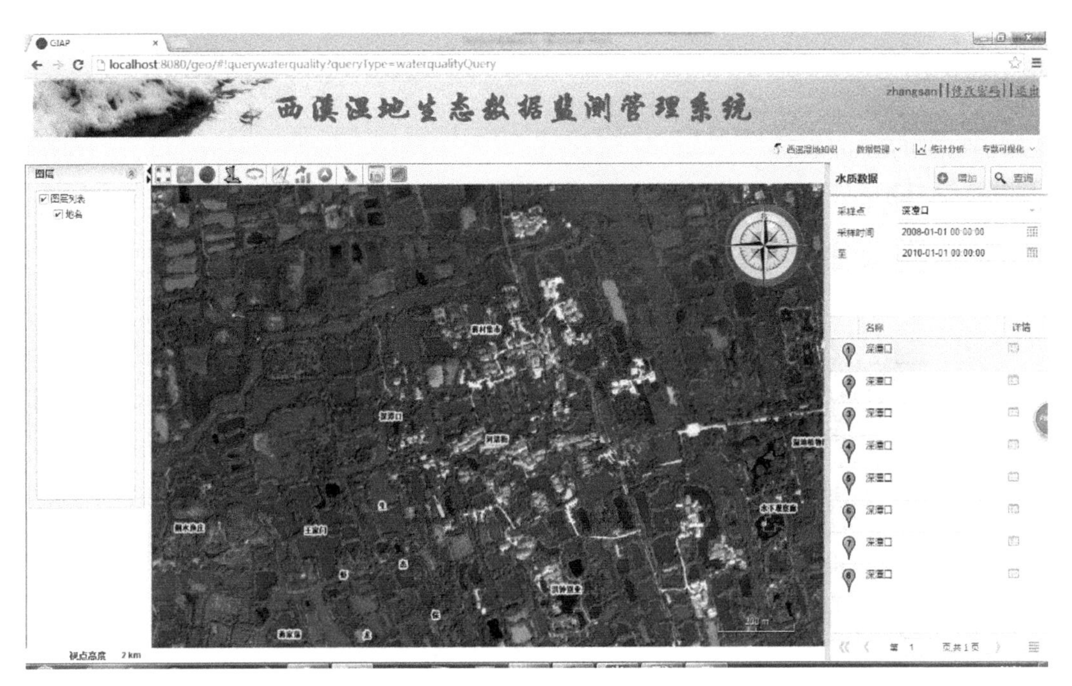

图 34-25　水质数据查询示例

图 34-26　水质数据详情示例

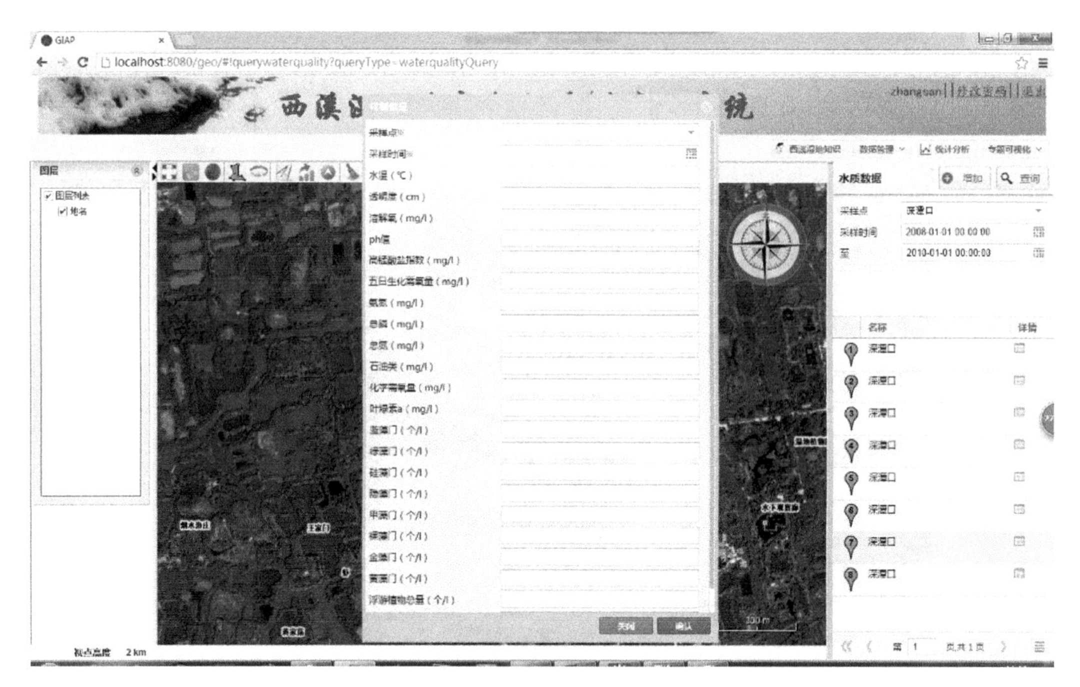

图 34-27　增加水质数据示例

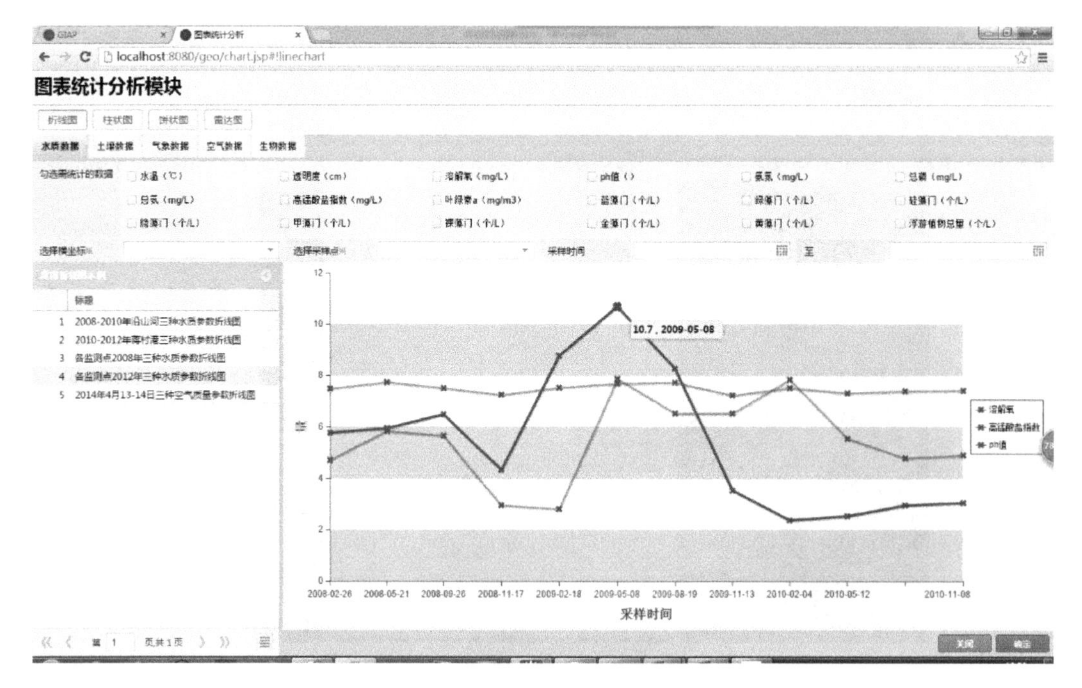

图 34-28　折线图示例

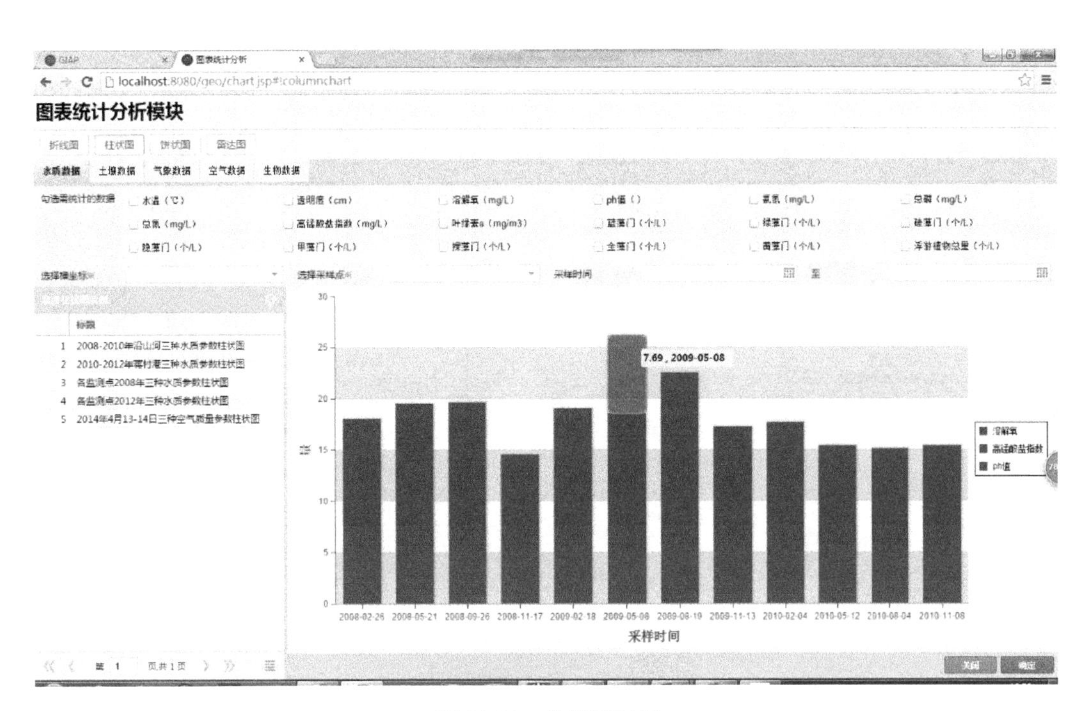

图 34-29　柱状图示例

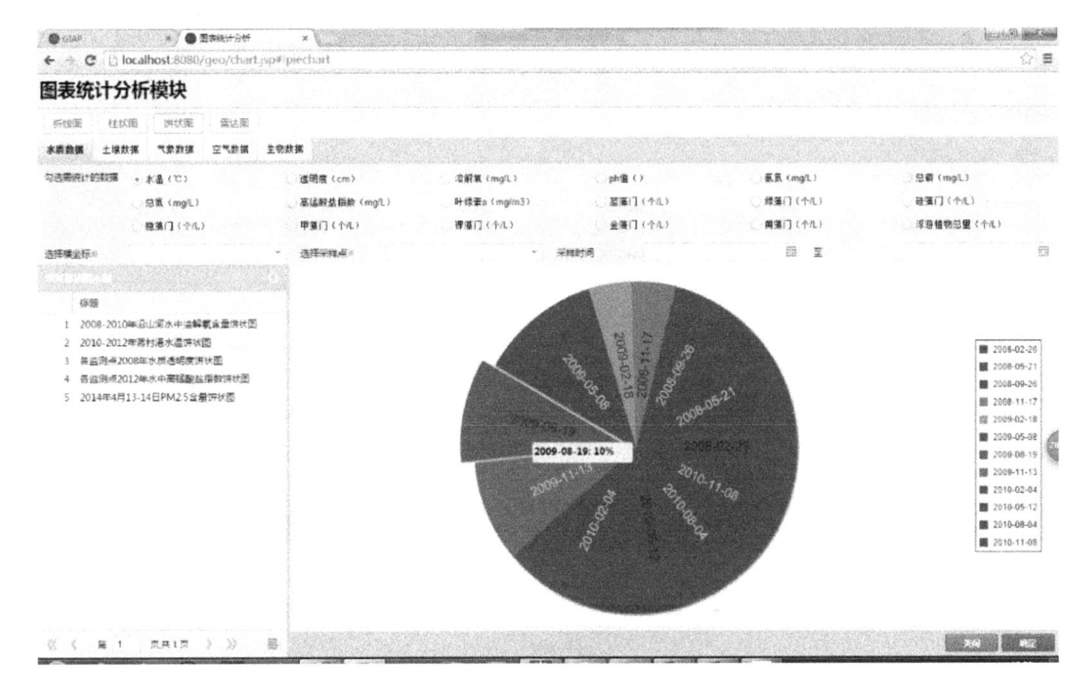

图 34-30　饼状图示例

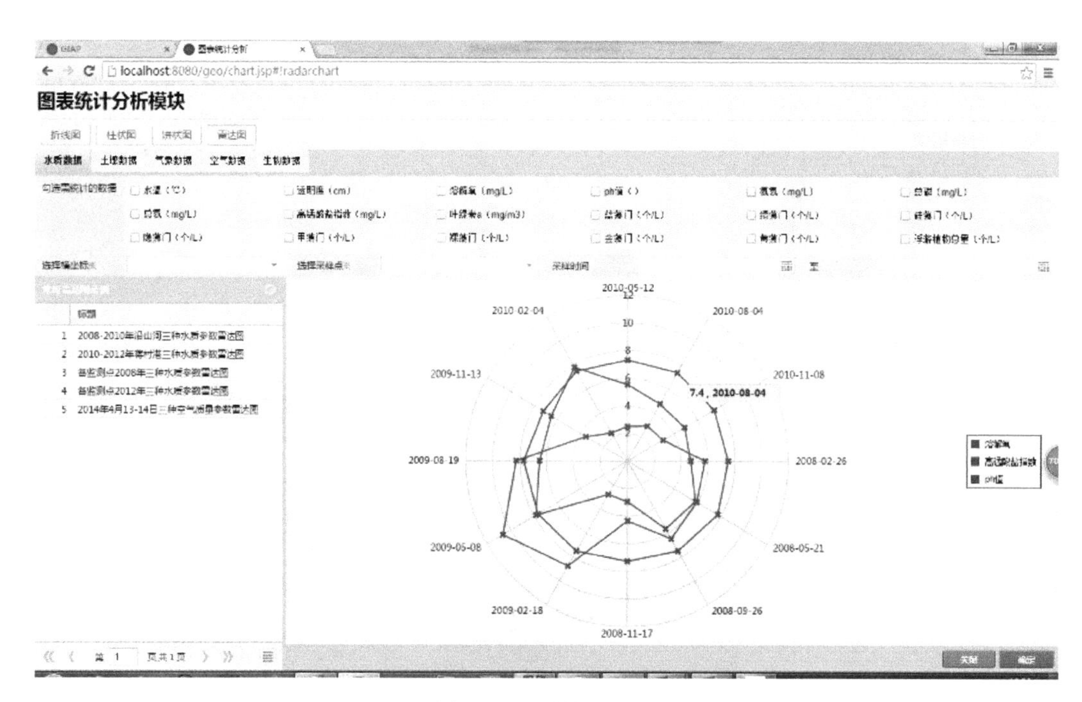

图 34-31　雷达图示例

用户可以自行选择图表类型和需要统计的数据进行统计分析（图 34-32）。

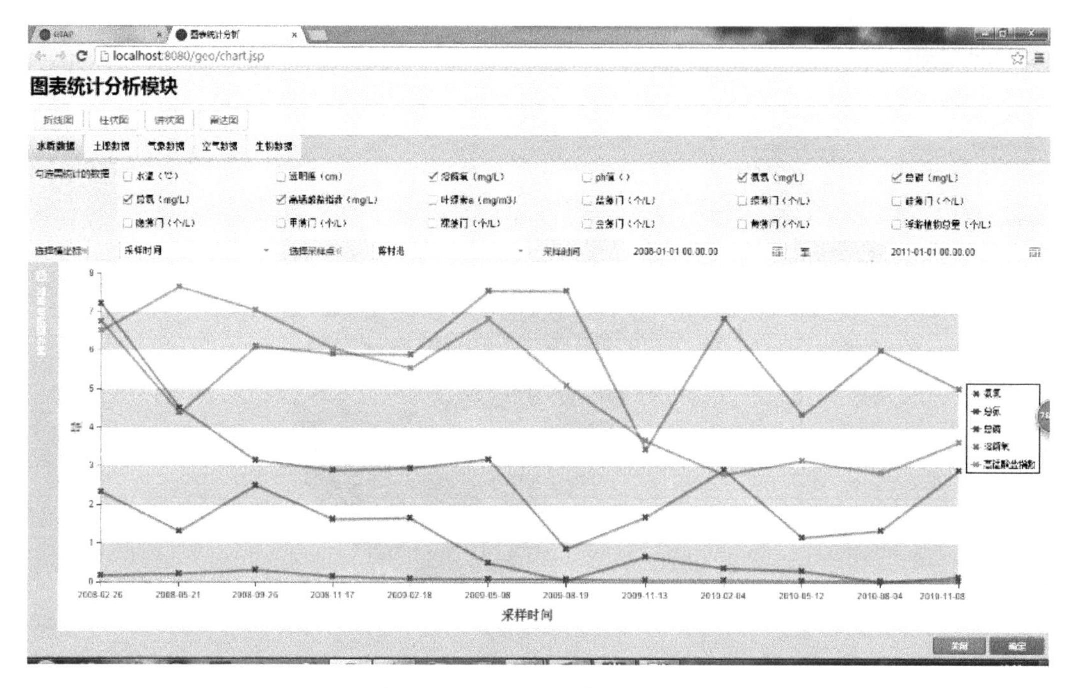

图 34-32　折线图条件选择示例

6）专题可视化模块

系统中应用插值和渲染的方式对数据反映的问题进行可视化表达（图 34-33、图 34-34）。图 34-33 展示的是 2008 年的水质透明度的专题图，图 34-34 展示的是 2008～2013 年的水环境健康专题图。

图 34-33　2008 年水质透明度专题图

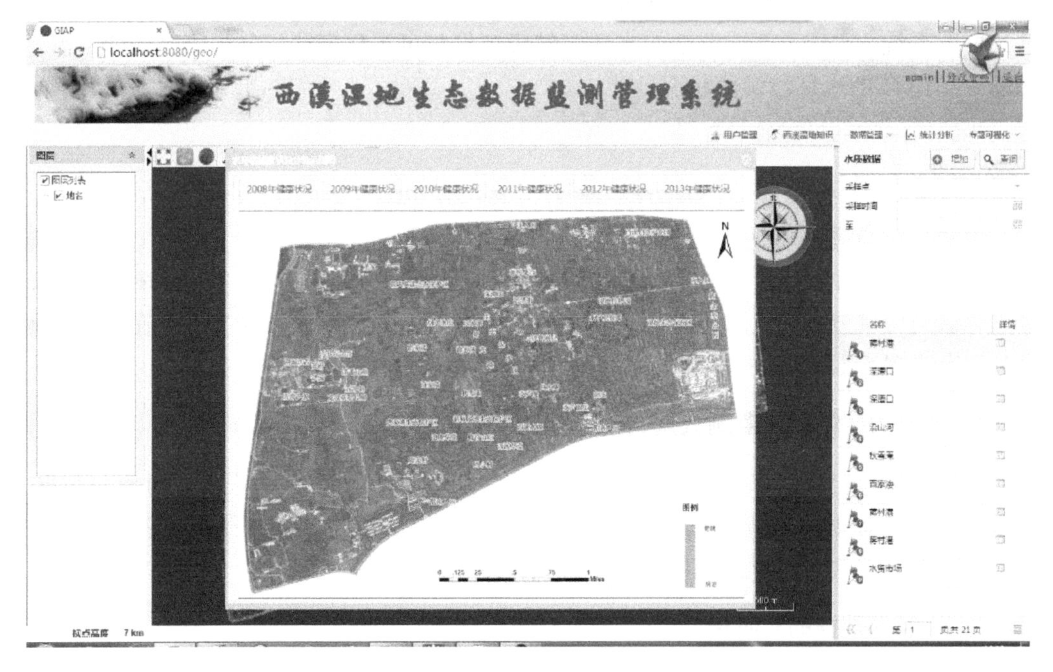

图 34-34　2008～2013 年水环境健康专题图

34.5 总结与展望

34.5.1 总结

本文系统研究了湿地生态监测的业务需求，综合分析了生态监测数据的复杂特征，分析了国内外生态监测数据管理的现状，研究了湿地生态监测数据库系统实现的关键技术，设计并建立了西溪湿地生态监测数据库系统，该系统主要有用户管理、数据管理、GIS 地图、统计分析和专题可视化五大功能模块。在此基础上，研究构建了湿地水环境健康评价模型，实现了西溪湿地水环境健康状况的评价与可视化表达，开展了数据库系统的初步应用研究。

论文的主要研究成果有如下几个。

（1）建立了西溪湿地生态监测数据库。该数据库通过 Oracle、Geoserver 和 World Wind 等技术集成，实现了生态监测数据与地理信息数据的联动显示，灵活快捷地完成了系统各个功能模块对数据的调用、存储，便于整个生态监测数据的管理与应用。

（2）建立了一套 B/S 架构的湿地生态监测数据管理系统技术解决方案。表现层整合了 ExtJS 框架、WorldWind 架构表达层和 JavaApplet 技术，实现了用户界面的友好设计和地理信息的可视化表达；中间层整合了 Spring 框架、MyBatis 框架和 WorldWind 架构中间层，实现了表达层与数据层快速、稳定、安全、高效的信息传递；数据层整合了 Oracle 数据库和 Geoserver 发布的 WMTS 等地图服务，实现了底层强大的数据支撑。通过整合技术优势，实现了对复杂生态监测数据的高效管理、分析应用和可视化表达。

（3）构建了湿地水环境健康评价模型，实现了西溪湿地的水环境健康状况评价。通过数据库系统，实现了西溪湿地的水环境健康评价与可视化表达，分析研究了西溪湿地 2008～2013 年的水环境健康状况。

34.5.2 展望

论文针对西溪湿地现有生态监测数据的复杂性和业务管理需求的迫切性，建立了湿地生态监测数据库系统并进行了初步应用研究，在一定程度上实现了数据的高效管理、合理存储与应用分析。但由于时间、现实条件和本人能力的限制，论文还存在很多不足之处，有许多方面需要补充完善。

1）自动监测站实时监测数据的动态接入

西溪湿地现已建成水质、空气质量和气象的实时自动监测站，可提供实时监测数据。将该自动监测数据库系统接入本文的数据库系统，可实现生态监测数据的实时动态更新。但存在数据共享等方面的问题，本文数据库系统中并未实现。

2）传感网数据的实时接入

湿地生态监测会在各个监测样区布设一定数量的自动监测设备，这些监测设备可借助网络实时传输生态监测数据，形成生态监测传感网。本文数据库系统下一步的工作可以考虑如何接入传感网的实时监测数据，实现生态监测数据的实时更新。

3）卫星、无人机、无人船等遥感手段的监测数据接入

卫星、无人机、无人船等遥感技术在生态监测业务工作中有重要优势，未来湿地生态监测将结合卫星、无人机、无人船等先进遥感监测技术。本文数据库系统下一步工作还可以考虑如何接入遥感监测数据，以满足未来生态监测业务化的需求。

（张登荣、王嘉芃）

参考文献

毕温凯. 2012. 基于支持向量机的湖泊生态系统健康评价研究. 长沙: 湖南大学硕士研究生学位论文.
曹林. 2008. 溱湖国家湿地公园 WebGIS 系统的设计与开发. 南京: 南京林业大学硕士研究生学位论文.
陈绘新. 2013. 基于 MVC 和 ExtJS 的图书信息综合服务平台的设计与实现. 济南: 山东大学硕士研究生学位论文.
陈静. 2013. 河口区水生态健康评价技术方法及其应用. 青岛: 中国海洋大学硕士研究生学位论文.
陈秋菊. 2015. 基于 MVC 的婴幼儿用品在线销售系统. 西安: 西安工业大学硕士研究生学位论文.
陈文岳, 沈国正, 郑洁敏, 等. 2009. 西溪湿地水环境污染现状及生态治理对策. 农业环境与发展, 26(2): 5-8.
陈毅华. 2004. 基于 JavaApplet 的 Web 数据库技术分析. 东莞理工学院学报, 11(3): 9-11.
陈勇. 2011. 基于 ExtJS 的学科建设管理系统的设计与实现. 武汉: 华中科技大学硕士研究生学位论文.
方元, 赵冠伟, 何观生, 等. 2009. 基于 Ajax 和 Geoserver 的 WebGIS 设计. 微计算机信息(测控自动化), 25(1): 219-220.
关佳佳. 2013. 辽河保护区水生态监测指标体系构建的研究. 沈阳: 东北大学硕士研究生学位论文.
何晓丽, 何卿. 2015. 湿地对水质影响的初步研究-以西溪湿地为例. 浙江水利科技, (4): 15-17.
胡文杰. 2014. 基于 IBatis 的企业动态网站的设计与实现. 西安: 西安电子科技大学硕士研究生学位论文.
扈静. 2012. 三江平原湿地水生态系统健康指标体系研究. 哈尔滨: 东北林业大学硕士研究生学位论文.
黄慧萍. 1999. 应用 GIS 技术研究广东省海岸带湿地资源与环境. 热带地理, 19(2): 178-183.
霍超, 刘颖真, 吕蓬, 等. 2015. 基于 WorldWind 的三维地理信息系统. 地理空间信息, 13(5): 38-40.
蒋卫国. 2003. 基于 RS 和 GIS 的湿地生态系统健康评价——以辽河三角洲盘锦市为例. 南京: 南京师范大学硕士研究生学位论文.
邝良寒. 2013. 基于 World Wind 的堤防工程管理系统设计研究. 测绘地理信息, 38(3): 55-57.
黎吾鑫, 王新. 2013. 基于 Extjs + Spring MVC 的 Web 系统框架及应用研究. 云南大学学报(自然科学版), 35(S2): 110-115.
李凤怀. 2010. J2EE 和 AJAX 技术在内容管理系统中的应用分析. 电脑知识与技术, 6(23): 6659-6660.
李虎. 2014. 山东半岛典型海域生态系统健康综合评价研究. 青岛: 中国科学院大学硕士研究生学位论文.
李吉鹏. 2014. 基于可变模糊评价模型的海湾生态系统健康评价. 厦门: 集美大学硕士研究生学位论文.
李建国. 2005. 白洋淀湿地水环境安全评价研究. 保定: 河北农业大学硕士研究生学位论文.
李磊, 吕蓬, 佟杰. 2015. 基于 WorldWind 的三维地理信息系统设计与应用. 测绘与空间地理信息, 38(2): 78-80.
李玉凤, 刘红玉, 郝敬锋, 等. 2012. 湿地水环境健康评价方法及案例分析. 环境科学, 33(2): 346-351.

梁启靓. 2010. 基于 Geoserver 的开源 WebGIS 开发与应用. 西安: 长安大学硕士研究生学位论文.
林茂昌. 2005. 基于 RS 和 GIS 的闽江河口区湿地生态环境质量评价. 福州: 福建师范大学硕士研究生学位论文.
刘犇. 2011. 基于 WebGIS 岗哨定位系统的研究. 太原: 太原科技大学硕士研究生学位论文.
刘东. 2005. 基于 Applet 和 Servlet 的 Web 应用系统的实现. 现代计算机, 213: 13-16.
刘林. 2010. 基于 OpenGIS 的林业信息服务平台的构建. 哈尔滨: 东北林业大学硕士研究生学位论文.
刘睿潇. 2013. 基于 ExtJS 框架的教务管理系统的设计与实现. 青岛: 中国海洋大学硕士研究生学位论文.
吕保贵. 2013. 南昌城市湿地生态系统健康评价. 南昌: 南昌大学硕士研究生学位论文.
马毅妹, 刘俊良, 徐伟朴, 等. 2004. 水环境健康及其管理. 中国给水排水, 1: 29-30.
倪含斌, 王乐. 2012. 珊瑚沙引水对西溪湿地水质影响的初步研究. 科技通报, 28(7): 160-164.
潘伟. 2010. 卫星瞬时视场仿真与遥感影像可视化研究. 开封: 河南大学硕士研究生学位论文.
齐涛. 2013. 崇明滨岸湿地碳源/碳汇信息管理系统设计与实践. 上海: 华东师范大学硕士研究生学位论文.
邵志芳. 2014. 基于集对分析模型评价大辽河口生态系统的健康状况. 青岛: 中国海洋大学硕士研究生学位论文.
佘文杰. 2014. 克里雅河流域景观演变与生态系统健康评价. 乌鲁木齐: 新疆大学硕士研究生学位论文.
沈银华, 汪涛, 王峰. 2011. 基于 Extjs、Spring 和 iBATIS 的 Web 系统应用研究. 软件导报, 10(12): 13-15.
石振. 2012. 基于 RS 与 GIS 江苏盐城湿地生态健康评价. 北京: 中国地质大学硕士研究生学位论文.
孙春华. 2007. 基于 GIS 和 RS 的盐城国家级珍禽自然保护区管理信息系统的研制. 南京: 南京林业大学硕士研究生学位论文.
孙淑颖. 2014. 广西大环江流域生态系统健康评价研究. 桂林: 广西师范大学硕士研究生学位论文.
唐帅. 2012. 基于 OGC 标准的 WebGIS 辽河口湿地管理信息系统的设计与实现. 青岛: 中国海洋大学硕士研究生学位论文.
王德鹏. 2015. 甘南牧区水化学特征分析及水环境健康研究. 兰州: 兰州大学硕士研究生学位论文.
王凯松. 2014. 清澜港红树林湿地监测、预警三维地理信息系统关键技术研究与实现. 北京: 中国林业科学研究院硕士研究生学位论文.
王连波. 2010. 基于 WebGIS 的辽河河口湿地管理信息系统的设计与开发. 青岛: 中国海洋大学硕士研究生学位论文.
王维芳, 李国春, 吴素丽, 等. 2005. 黑龙江省湿地 GIS 空间数据库的建立. 东北林业大学学报, 33(3): 53-55.
王一涵. 2011. 基于RS和GIS的洪河地区湿地生态健康定量评价. 北京: 首都师范大学硕士研究生学位论文.
吴彩芸. 2007. 杭州新西湖人工湿地的植物物种多样性及其水生态环境研究. 杭州: 浙江大学硕士研究生学位论文.
吴广芳. 2015. 基于 ExtJs 框架的税收票证管理系统设计与实现. 济南: 山东大学硕士研究生学位论文.
肖韬. 2013. 基于概率神经网络的城市湖泊生态系统健康评价研究. 长沙: 湖南大学硕士研究生学位论文.
阳华. 2011. 基于 Geoserver 的校园 WebGIS 实现. 衡阳: 南华大学硕士研究生学位论文.
杨超. 2013. 基于 Web 的三维可视化及渤海地形地貌示范平台研究. 青岛: 中国海洋大学硕士研究生学位论文.
杨丽娜. 2011. 大辽河口生态系统健康评价指标体系与技术方法研究. 青岛: 中国海洋大学硕士研究生学位论文.
杨姗姗, 王明军, 杜清运, 等. 2005. JavaApplet 与 JavaScript 交互方法的探讨. 测绘与空间地理信息, 28(4): 26-29.
杨子江. 2010. 基于 ExtJS 与 J2EE 的人力资源管理系统的设计与实现. 北京: 北京交通大学硕士研究生

学位论文.
叶旭红, 申秀英, 许晓路, 等. 2010. 杭州西溪湿地水体环境质量分析评价及对策. 监测分析, (3): 86-89.
衣俊琪. 2014. 辽北地区典型河流水生态功能区水生态系统健康评价. 沈阳: 辽宁大学硕士研究生学位论文.
余海霞, 廖新峰, 周侣艳. 2013. 基于模糊数学的西溪湿地水质评价. 水资源与水工程学报, 24(4): 54-57.
张德健, 林巧莺. 2015. 基于 GeoServer 的旅游信息系统设计与实现. 三明学院学报, 32(6): 60-64.
张云亮. 2013. 黄河兰州银滩湿地水体分析与评价研究. 兰州: 甘肃农业大学硕士研究生学位论文.
郑囡. 2011. 西溪国家湿地公园多功能区景观特征及其水环境质量研究. 南京: 南京师范大学硕士研究生学位论文.
周玲. 2012. 泗洪洪泽湖湿地水环境变化特征及生态系统健康评价. 南京: 南京信息工程大学硕士研究生学位论文.
周三燕. 2011. 消防案例回放系统设计与实现. 天津: 天津大学硕士研究生学位论文.
朱燕玲. 2011. 崇明东滩海岸带生态系统管理平台的设计与开发. 上海: 华东师范大学硕士研究生学位论文.
Andersen J H, Axe P, Backer H, et al. 2011. Getting the measure of eutrophication in the Baltic Sea: Towards improved assessment principles and methods. Biogeochemistry, 106(2): 137-156.
Costanza R. 1992. Toward an operational definition of health. *In*: Costanza R, Norton B, Haskell B. Ecosystem Health-New Goals for Environmental Management. Washington DC: Island Press.
Costanza R. 1997. The value of the world's ecosystem services and natural capita. Nature, 387: 253-260.
Dai X, Ma J, Zhang H, et al. 2013. Evaluation of ecosystem health for the coastal wetlands at the Yangtze Estuary, Shanghai. Wetlands Ecology and Management, 21(6): 433-445.
Greenwood N, Parker E, Fernand L. 2010. Detection of low bottom water oxygen concentrations in the North Sea: Implications for monitoring and assessment of ecosystem health. Biogeosciences, 7(4): 1357-1373.
Korbel K L, Hose G C. 2011. A tiered framework for assessing groundwater ecosystem health. Hydrobiologia, 661(1): 329-349.
Meyer J L. 1997. Stream health: Incorporating the human dimension to advance stream ecology. Journal of the North Amercan Benthological Society, 16: 439-447.
Muangthong S, Clemente R S, Babel M S, et al. 2012. Assessment of wetland ecosystem health in Lower Songkhram, Thailand. International Journal of Sustainable Development & World Ecology, 19(3): 238-246.
Quinn N, Hanna W M. 2003. A decision support system for adaptive real-time management of seasonal wetlands in California. Environmental Modelling & Software, 18(6): 503-511.
Rapport D J, Thorpe C, Regier H A. 1979. Ecosystem medicine. Bulletin of Ecological Society of America, 60: 112.
Rapport D J. 1998. Ecosystem Health. Oxford: Black Well Science, Inc.
Rombouts I, Beaugrand G, Artigas L F, et al. 2013. Evaluating marine ecosystem health: Case studies of indicators using direct observations and modelling methods. Ecological Indicators, 24(1): 353-365.
Sarkar A, Patil S, Hugar L B, et al. 2011. Sustainability of current agriculture practices, community perception, and implications for ecosystem health: An Indian study. EcoHealth, 8(4): 418-431.
Sekovski I, Newton A, Dennison W C. 2012. Megacities in the coastal zone: Using a driver-pressure-state-impact-response framework to address complex environmental problems. Estuarine Coastal & Shelf Science, 96: 48-59.
Styers D M, Chappelka A H, Marzen L J, et al. 2010. Developing a land-cover classification to select indicators of forest ecosystem health in a rapidly urbanizing landscape. Landscape and Urban Planning, 94(3-4): 0-165.
Vieira J S, Pires J C M, Martins F G, et al. 2012. Surface water quality assessment of Lis River using multivariate statistical methods. Water, Air & Soil Pollution, 223(9): 5549-5561.

Wu H Y, Chen K L, Chen Z H, et al. 2012. Evaluation for the ecological quality status of coastal waters in East China Sea using fuzzy integrated assessment method. Marine Pollution Bulletin, 64(3): 546-555.
Xu F L, Dawson R W, Tao S. 2001. A method for lake ecosystem health assessment: An Ecological Modeling Method (EMM) and its application. Hydrobiologia, 443(1-3): 159-175.
Xu F, Yang Z F, Chen B, et al. 2011. Ecosystem health assessment of the plant-dominated Baiyangdian Lake based on eco-exergy. Ecological Modelling, 222(1): 201-209.

第 35 章　杭州城西湿地生态系统保护与利用战略①

35.1　引　　言

世界上绝大部分历史文化名城都与湿地密切相关。自古以来，人类依水而居，逐渐发展成起不同大小、不同风格的城市。湿地周边既是人类择居的理想场所，又具备城市发展的客观条件。然而，人们一方面享受着大自然给予的恩赐，另一方面却在追求城市效率，忽略了湿地的功能与效益，致使大量的湿地被城市化进程蚕食。由于湿地退化和消失引发的洪灾隐患、水体污染、环境恶化，及其引起的经济发展的瓶颈效应，已成为世界各地城市化过程中的通病。这表面上看是一个局部问题，实则关乎整个城市及其所在区域的可持续发展。加强城市湿地保护，已经成为夯实现代城市发展基础的不二选择。

35.1.1　杭州城西湿地生态系统的界定

杭州城西湿地是指杭州市主城区西部低山丘陵区向杭嘉湖平原过渡的地理单元，其北、西、南三面环山，东面向城，主要以古墩路南北延伸线为东面界线，总面积约 390 km^2（图 35-1），总体上属于城市湿地范畴。

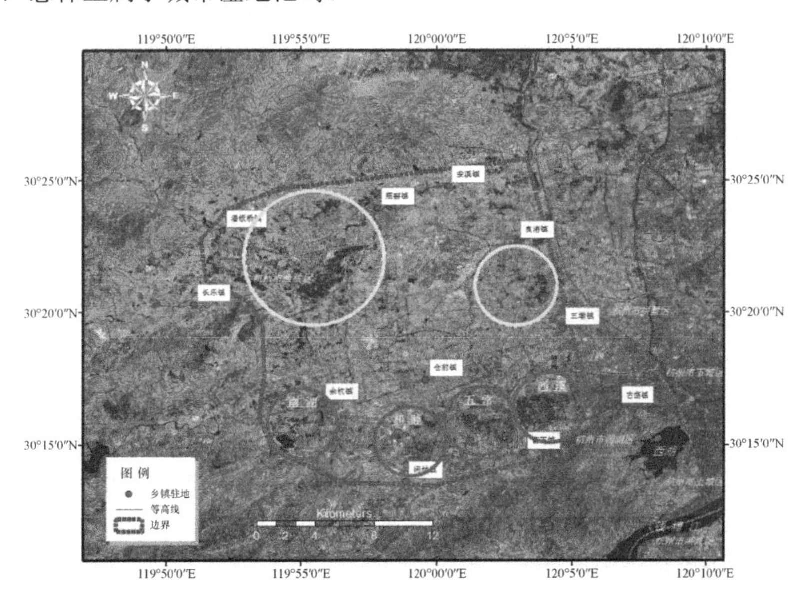

图 35-1　杭州城西湿地范围（彩图请扫封底二维码）

红圈为核心区，黄圈为扩展区

① 本文改自《杭州城西湿地生态系统保护与利用战略》报告，略有改动

杭州城西湿地“核心区”主要是指西溪河流经的留下—古荡段两岸的宽阔水网平原区域，面积约 30 km^2，其南自老和山—灵峰山—北高峰—龙门山—小和山山脊线北侧的丘陵坡麓地带，北达余杭塘河以南五常—蒋村乡一带，东起松木场，西至留下小和山，主要包括“西溪湿地”和“五常湿地”两部分。

随着杭州“城市东扩”和“旅游西进”战略的实施，闲林镇的“和睦水乡”，以及余杭镇的“南湖”已逐渐融入城西湿地的核心区范围（杭州市人民政府，2000）。其中“和睦水乡”总面积约 10 km^2，地处余杭、闲林、仓前、五常等四大片区的中心地带，是省内比较罕见的原生态湿地。余杭镇的“南湖”位于余杭镇西面，湖面面积规划约 6 km^2，是被称作“间歇性湿地”的传统滞洪区，也是余杭镇建设“城西生态带”的核心区。按照城西河网水系的流域范围，在城西湿地核心区北部，同样存在大片的水网平原，主要位于长乐镇—潘板桥镇—瓶窑镇一带，以及良渚—安溪一带，总面积约 80 km^2，主要由河港、库塘、水田等多种湿地要素组成。从杭州城市发展的长远战略考虑，可以将其定义为城西湿地的“扩展区”，也是杭州城西湿地的重要组成部分。

35.1.2 杭州城西湿地生态系统的重要性

随着城市化进程的加快，杭州城市发展与湿地保护之间的矛盾日益突出，平衡两者的关系对于保障杭州城市生态安全、构建绿色生态体系和打造城市特色文化具有重要意义。杭州城西湿地是我国罕见的城市湿地群，作为“城市绿肾”的城西湿地，对于保障杭州城市资源供给，改善杭州生态环境质量，促进杭州经济可持续发展，提高杭州城市社会文明形象等，都有着极其重要的作用（李朝秀，2008；谢理挺，2010）。

城市湿地是城市重要的生态基础之一（陈久和，2002），城西湿地保护与恢复的好坏直接影响到杭州城市最基本的水土安全和生态安全。杭州城市湿地也是城市文明的象征，可以充分彰显城市特色，提升城市文化品位。因此，健康的城西湿地生态系统对于推进杭州经济社会又好又快发展，促进健康城市建设和共建共享“生活品质之城”具有十分重要的意义（王国平，2005）。

首先，杭州城西湿地对涵养城市水源、维持区域水平衡、调节区域气候、降解污染物、保护生物多样性等发挥着重要作用，对改善杭州生态环境，提高城市区域环境质量，都有着极其重要的作用，是杭州不可或缺的生态屏障（李玉凤等，2010）。

其次，杭州城西湿地是杭州湿地资源的重要组成部分，是杭州市宝贵的生态与文化资源，具有很高的人文服务价值，能够体现杭州“大气、开放、精致、和谐”的城市品位，是杭州跻身“世界文化名城”的最重要的生态文化资本。

另外，湿地是重要的淡水资源载体，杭州城西湿地可以作为杭州城市备用水源地，将为杭州城市水安全发挥积极作用。而且，随着城市化进程加快，杭州城西湿地还是城市发展重要的后备土地资源之一。

全面加强城西湿地保护，合理利用湿地资源，最大限度地发挥城市湿地的生态效益、经济效益和社会效益，已经成为杭州城市可持续发展的重要基础。

35.1.3　杭州城西湿地生态系统保护与利用战略研究的目的及意义

杭州城西湿地是我国罕见的城市湿地群。这片原始湿地 1800 年前就打上了人类活动的印记，形成了以鱼塘为主，河港、湖漾、沼泽相间的次生湿地，水网密布，村庄田野之间非舟莫渡。随着杭州城市化进程的加快，城市发展与湿地保护之间的矛盾日益突出，湿地保护问题已经成为影响杭州城市可持续发展的关键因素之一。因此，亟须重新审视已有的城西湿地开发利用规划，与西溪湿地生态保护工程充分衔接，制定保护与利用并重的前瞻性战略。杭州作为一个“湿地城”，对城西湿地的保护和利用是实现城市可持续发展，人与自然和谐相处的重要保障。杭州市为把西溪湿地打造成国家级湿地，乃至世界级湿地，已经分三期战略实施西溪湿地生态保护工程。在此基础上研究西溪国家湿地公园前三期与城西湿地的协调发展关系，为“城市东扩、旅游西进”的杭州城市发展战略提供理论依据，为今后整合“大西溪”即城西湿地的示范性作用奠定基础，为制定国家级城市湿地保护规划提供参考依据。

城西湿地保护与利用战略研究的目的是为了进一步加强杭州湿地保护，改善湿地生态状况，维护湿地生态功能和生物多样性，推进杭州城市生态文明建设，探索解决国内在城市湿地保护与利用方面的共性问题，并且在城市湿地保护与利用理念上引领国内创新潮流，缩小与国际先进水平的差距，使杭州城西湿地成为融生态屏障、资源供给、生物保育、科技教育、观光休闲于一体，全国首屈一指的综合性城市湿地群。

35.2　杭州城西湿地生态系统的现状

35.2.1　自然地理

杭州城西湿地，河网密布，主要为苕溪水系，因地形差异，形成东、西两个不同水系：西部水系以东苕溪为主干，支流众多、呈羽状形；东部水系多属人工开凿的河流，河港交错，湖泊棋布，呈网状形。苕溪水系经市区西北汇入太湖；西湖、西溪、白马湖、湘湖融入其中。多年的人为活动，使该区域形成包括河流、浅水湖沼、人工库塘和水田在内的多种湿地类型。该区域涵盖了杭州生态功能分区中的运河流域城镇农田建设生态功能区和东苕溪流域水源涵养生态功能区，分属生态控制区和生态保育区。

35.2.2　资源与环境

杭州独特的地理位置和自然环境，为湿地生物提供了有利的生存环境。资料表明杭州湿地有维管植物 1010 种，隶属于 465 属 133 科，其中，蕨类植物 18 科 26 属 37 种；裸子植物 2 科 4 属 8 种；被子植物 113 科 435 属 965 种。包括中华水韭（*Isoetes sinensis*）、莼菜（*Brasenia schreberi*）等一级保护物种。野生动物 498 种，隶属于 44 目 127 科，其中鸟类 17 目 54 科 230 种，两栖动物 2 目 9 科 30 种，爬行动物 3 目 8 科 35 种，哺乳动物 6 目 12 科 25 种，鱼类 16 目 44 科 178 种（含引进养殖种），包括国家一级保护动物黑鹳（*Ciconia nigra*）、白鹤（*Grus leucogeranus*）、中华鲟（*Acipenser sinensis*）3 种等。

其中，余杭区域有植物 495 种，分属 77 科，包括一级保护植物水杉（*Metasequoia glyptostroboides*），二级保护植物银杏（*Ginkgo biloba*）、华东黄杉（*Pseudotsuga gaussenii*）、水松（*Glyptostrobus pensilis*）、鹅掌楸（*Liriodendron chinense*）、杜仲（*Eucommia ulmoides*）、夏蜡梅（*Calycanthus chinensis*）、金钱松（*Pseudolarix amabilis*）、福建柏（*Fokienia hodginsii*）等。鸟类 32 种、哺乳类 23 种、两栖爬行类 27 种、鱼虾类 26 科、昆虫类有 855 种。

35.2.3 土地利用格局与规划

从 20 世纪 90 年代开始，因杭州市大规模的土地开发和快速的房地产发展，杭州城西湿地内核的生态景观特色因基础设施建设和商业开发而受到一定程度的影响。

为此，《杭州市城市总体规划（2001—2020 年）》中明确指出要加强对余杭区西北山区、西湖区西部山区等区域的生态保护，加强对集中式饮用水源保护区、湿地及风景名胜区的保护，保持其自然风貌和自然结构，促进生物多样性。

此外，近期的《杭州市十大产业发展总体规划（2011—2015 年）》将此区域规划为城西科创产业集聚区以及城西旅游休闲带，其中的城西旅游休闲带是以西湖风景名胜区、西溪湿地为起点，向西沿杭徽高速扩散，形成城西都市旅游休闲带，主要围绕西湖、湿地、运河、南宋皇城历史文化旅游区、湘湖等城市景区景点，发展具有杭州特色的都市旅游休闲产业。

1. 制定西溪保护与利用法规

自 2003 年 8 月开始，坚持“全面保护、生态优先、突出重点、合理利用、持续发展”的方针，杭州市委市政府实施西溪湿地综合保护工程，对西溪湿地水体、地貌、动植物资源、民俗风情、历史文化进行综合保护和恢复，使其成为中国目前唯一的一个集城市湿地、农耕湿地、文化湿地为一体的国家湿地公园。

根据《杭州市西溪湿地保护区总体规划》《杭州市西溪湿地保护区生态旅游专项规划》等，西溪湿地保护范围包括三个层次，即保护区范围、外围保护地带、周边景区控制区。其中东起紫金港路绿带西侧，西接绕城公路绿带东侧，南起沿山河，北到文二路延伸段，此范围目前为西溪湿地的内核，面积为 11.5 km^2。外围保护地带以外的周边景区控制区，主要涉及五常乡、闲林镇的两湿地水网区域（面积约 50 km^2）。

2. 完成多项阶段性研究成果

在一期工程建设过程中，西溪湿地管委会办公室于 2005 年组织中国林业科学研究院亚热带林业研究所、浙江大学等多家单位开展西溪国家湿地公园自然资源、科研科普、生态旅游、生态保护和恢复、生态监测和预警等多方面的研究，相继取得一批阶段性研究成果。此后，杭州市委市政府分别于 2006 年和 2008 年实施西溪湿地的二期建设工程（4.89 km^2）和三期建设工程（3.15 km^2）。期间，杭州西溪湿地管委会办公室则开展了西溪湿地科研监测工作和科普宣教工作。西溪湿地环境监测站已经纳入环保部国家环境空气自动监测网，成为国控点。

西溪湿地开展了形式多样的科普宣教活动，建成了中国湿地博物馆、杭州湿地植物园、莲花滩观鸟区、环境监测站等科普教育场所，取得了良好的社会效益。目前，西溪湿地已经先后被评为“全国科普教育基地”、“国家环保科普基地”和“国家生态文明教育基地”。此外，不少学者近年针对西溪湿地一期、二期工程范围内生物多样性资源、湿地植物生长与人工配置、水体与底泥、景观格局变化、可持续利用等方面开展了研究。

3. 开展西溪生态环境研究

研究表明，西溪湿地景观格局发生了显著的变化，人工景观正在不断改变湿地的原生景观和生态功能，导致景观多样性指数降低，而湿地景观的异质性在逐渐加大，各类景观的最大斑块指数大小依次为水体、建设用地、耕地和林地景观。

西溪湿地水质空间分异与公园功能特征密切相关；不同功能湿地水体富营养化程度差异明显，主要还是集中在中度富营养化程度。

对底泥 N、P 营养盐含量的分析表明，西溪湿地各样点底泥总 N、总 P 含量都较低。外围受人类活动影响较大的地区，底泥 N、P 负荷仍表现为增加的趋势，需要对这些地区的河道及流域生活、工业污水进行进一步整治。

4. 制定西溪湿地旅游规划

《杭州市西溪湿地保护区总体规划》《杭州市西溪湿地生态旅游专项规划》等都对其生态旅游环境容量给予了一定的关注并初步进行了估测，通过科学论证，确定目前的游客日容量不能超过 6000 人。

旅游规划的制定既保证了提升社会效益，同时也增加了经济效益。最新资料表明，2012 年西溪湿地公园累计接待游客 425 万人次，实现旅游经营收入 1.22 亿元；湿地博物馆入馆游客 139 万人次。

5. 完善西溪文化研究

已出版发行西溪系列丛书（共 9 册），包括《西溪的动物》《西溪的植物》《西溪寻踪》《西溪的传说》《西溪沿山十八坞》《西溪胜景历史遗迹》《西溪历史文化探述》《西溪历代诗文选》《西溪书法楹联集》；已开展“西溪文献集成”分册细目制定工作，完成了《西溪留下》《西溪名人》《西溪百景》等丛书的初稿，并建成占地 3000 m^2 的西溪红学陈列馆。

6. 创建湿地研究平台

针对西溪湿地综合保护建设工程的发展及其与流域内（包括和睦）的关系，杭州师范大学生命与环境科学学院以杭州西溪湿地和和睦湿地为研究对象，积极建设湿地生物科学和环境科学研究创新平台，于 2010 年 7 月成立杭州西溪湿地研究中心，由匡廷云院士和潘德炉院士共同担任中心主任；同年 12 月获批“浙江省城市湿地与区域变化研究重点实验室”，2011 年申报“浙江省城市湿地生态修复与资源利用科技创新团队”并获批准，同时，经中共杭州市委组织部、杭州市科协批准成立“杭州市杭州师范大学院士工作站”。

35.3 杭州城西湿地生态系统保护和利用所面临的挑战

千百年来，杭州城西湿地在高强度人类活动和湿地生态过程的长期交互作用下，形成了以大水面和多鱼塘为主体的人工次生湿地，体现着较为独特的人工湿地生态学特征（沈琪等，2008）。随着城市的发展、人口的剧增，尤其是在杭州市政府大力支持发展住宅产业的同时，人类在城西特别是湿地内部的活动更加频繁，在一定程度上造成了对湿地生态环境的破坏（陈久和，2003；邵学新等，2007，2008）。与此同时，全市各部门在湿地保护、利用和管理等方面尚未开展系统、深入的科技工作。在实施城西湿地保护工程之前，湿地的景况令人担忧。

35.3.1 湿地面积锐减

近年来在杭州城西大规模开发商住区的热潮中，出现了一幕幕令人痛心的毁塘造房景象：大片水网沼泽、芦荡田园被视作荒地而被一车车泥土填埋。短短近 10 年的时间里，仅蒋村商住区，人工填埋的面积就达 4 km^2。如今，这块房地产开发商的福地，随着西溪旅游综合体和“大城西”概念的提出再次脱颖而出（程乾和吴秀菊，2006）。据不完全统计，近两年在城西湿地周围，由数十家房地产开发商投资开发的大型住宅区达到 800 万 m^2，仅闲林镇新开发楼盘占地就达 300 多万平方米。城西已成为杭州市区规模最大的居住区。人口的剧增，城市的快速发展，致使城西湿地面积急剧下降，以西溪湿地为例，从历史上占地 60 多平方千米，逐渐缩小到现在规划保护的 10.08 km^2。

35.3.2 湿地环境污染

污染是湿地面临的最严重威胁之一。从总体上看，城西湿地尚保持着次生湿地较好的环境质量（包括声音、空气、水质、放射性等）。然而，近几十年以来，伴随着杭州城市发展的快速西进，工业、生活设施以及种植业、养殖业的大量增加，使城西湿地的水体环境水平大大下降（陈文岳等，2009）。根据《杭州市西溪湿地保护区总体规划环境影响报告书》，该区域生活和农业面源污染物排放总量 COD 为 387.93 t/a、氨氮为 20.31 t/a、总氮为 58.93 t/a、总磷为 5.95 t/a；每年有大量的氮、磷流入西溪湿地造成水体富营养化。所幸的是，通过截污纳管、调整土地利用等方式规划保护后，湿地富营养化程度得到控制。2010 年 4 个季度 6 个监测点位的数据显示，氨氮、总磷、COD_{Mn}、BOD_5 维持在地表水 III 类及以上。湿地内各功能区因其结构与功能的不同，水质指标也存在差异，核心景区水质基本都属于 II~III 类（表 35-1）。2011 年和睦湿地水环境质量调查显示，大部分水质劣于 IV 类（图 35-2）。保护水质，已是城西湿地保护区工作的燃眉之急。

表 35-1　西溪湿地各功能区水质指标等级

	湿地生态旅游休闲区	湿地生态保护培育区	湿地生态封闭培育区
COD_{Mn}	III	IV	IV
TP	II	III	III
NH_3-N	II	II	IV
Chla	III	IV	IV
DO	II	III	III

注：数据引自郑囡等（2011）

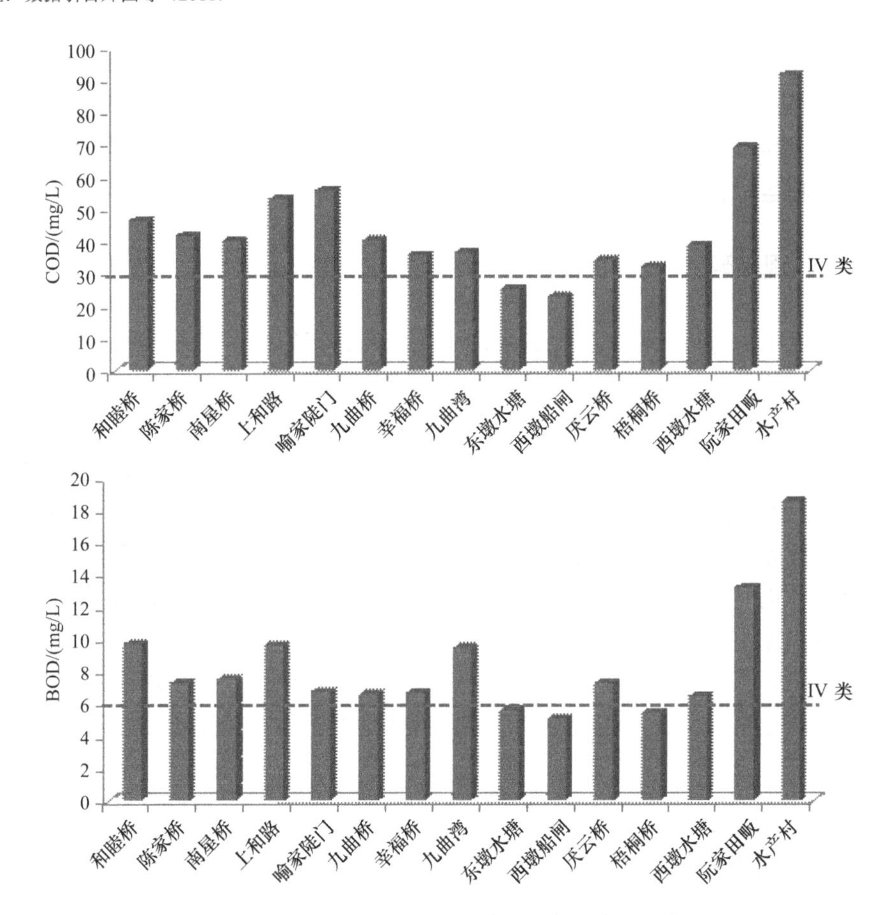

图 35-2　2011 年和睦湿地水环境质量（彩图请扫封底二维码）

数据来源：姜丹等，未发表数据

《杭州西溪国家湿地公园保护管理条例》实施以来，西溪湿地的部分区域经过整治和恢复，已经初显清静和幽深的景观。但是，居民点附近的环境质量仍然不高，主要表现为：杂乱，污染。例如，卫生死角多；通信、电力、交通线路架构零乱，视廊不净；生活垃圾、工业垃圾等污染严重。整个城西湿地区域内居民人口较多，居住地点比较分散，部分地块人居过于密集；而且，现代住宅楼建设与传统民居风格不相协调（王竹和张艳来，2006）。上述这些因素，严重降低了整个湿地的环境质量。

35.3.3 湿地水系破坏

从 2000 年起，杭州市利用原有的水利和交通设施，实施市区河道配水，并陆续建立珊瑚沙引水工程、苕溪引水工程、三堡引水工程等从外河引水，对杭州市水生态环境的改善取得了一定的成效。然而，引配水是一把“双刃剑”，虽有优势，但也有弊端（汪健和杨艳艳，2009）。一是加剧了水系的人为分割（张世瑕等，2007）。为做到引配水调度的精确化，配置好河道流量，新增了许多控制水闸，有的甚至形成封闭的水系，不仅不利于河道生态功能的发挥，同时对河道内外自然环境产生负面影响；尤其是各类控制工程对河道的隔断作用，直接改变水生生态效应，不利于鱼类等生物的生存繁殖。二是盲目引水可能导致生态危机。以西溪湿地为例，由于湿地水量不足，一方面需要通过一定量的引配水提高水资源保障能力，另一方面过量尤其是在枯水期引水可能不利于湿地按照内在规律和运行机制调蓄水源，净化水质（俞黎源，2011）。

35.3.4 湿地景观破碎

随着文一西路延伸段、文二西路延伸段、文三西路延伸段以及城西快速道的建设和房地产的进一步开发，城西湿地不仅大片面积被吞食，景观格局也发生了显著的变化。据统计，1991～2004 年西溪湿地池塘、河流、未利用地的面积均在减少，尤其是河流面积，减少了近 1 倍；而农用地和建设用地面积则有了较大幅度的增长，其中建设用地增长了 1.5 倍多（余敏杰等，2007）。各类景观受人类活动的干扰在增强，尤以建设用地和农用地的景观破碎化指数大幅提高，对湿地的控制作用增强，导致景观多样性、均匀度降低（王紫雯和潘翠霞，2007；缪丽华，2009a，2009b）。这一系列变化主要是由杭州城西城市化进程加快和农田建设力度加大造成的，致使池塘（尤其是散布于农田中、道路旁的池塘）和河流被填埋，河道越来越窄，有些河段甚至被完全填埋而断流。人为活动已成为城西湿地格局演变的主要驱动因素，而房地产开发则是主要内在动力（程乾和吴秀菊，2006）。

35.3.5 湿地文脉消退

城西湿地，是一个次生湿地，属于“自然-人工复合型湿地”，数千年前人类就在这块土地上繁衍生息，从古至今都是杭州西部的游览胜地。以西溪湿地为例，西溪的品位，是城市湿地、鱼桑生态；其品格，是其特具的文化脉络。然而，随着时间的推移，城市化进程的加快，房地产的开发，湿地建筑文化在不断地消失，前人诗词、匾额、碑刻在不断地流失，周边地区的开发、发展使西溪湿地“冷、野、淡、雅”的意境在不断地湮灭，湿地文化面临被城市侵蚀的可能。历史上，良渚文化后期降临的恶劣生态环境，中断了良渚文化的发展进程，并最终导致了良渚文化的整体性消失和良渚古国的解体。以史为鉴，发展文化之时需要注意合理地开发利用自然资源，如何走可持续发展的道路仍是我们所面临的重要课题（缪丽华，2009a，2009b）。

35.4　杭州城西湿地生态系统保护与利用战略及行动

35.4.1　基本原则

杭州城西湿地保护与利用的基本原则是：立足生态，优先保护，合理利用。

35.4.2　总体战略

按照湿地保护遵循生态系统途径、湿地利用遵从生态系统保育的基本构想，揭示杭州城西湿地保护与利用的重要性和紧迫性，推动针对湿地整体保护与保育性利用的地方法规建设和总体规划制定工作，建立完善协调的湿地保护管理机构，创新保护和利用机制，健全协同共管和开放参与的湿地管理制度，提升公民生态保护意识，转变生产生活方式，实施湿地整体保护生态工程，发展具有民俗传统特色的保育性生态文化产业，提高公共服务水平，强化湿地保护与利用的科技研发；深化开放与国际合作，打造湿地生态文明建设国际品牌。

35.4.3　战略 1——保护生态系统，保障湿地健康

杭州城西湿地是由多种生态系统经过多种生态过程构成的具有多时空尺度的复杂景观单元，她经历了千百年的自然与社会协同演化，承载着丰厚的自然和人文的历史积淀，具有重要的自然科学和社会科学价值。针对杭州城西湿地及其周边的生态环境破坏已导致该湿地规模缩小、景观格局破碎的问题，开展分层次、多组分、跨尺度的整体性生态设计（ecological design）和景观美化（landscaping）研究，充分体现“和谐高效”的生态学优化原则和“天人合一”的景观学美化原则，并以此为蓝本，实施生态保护工程，保护杭州城西湿地的整体规模和景观格局，改善杭州城西湿地的土地利用格局和景观学结构。

杭州城西湿地及其周边的生态破坏、生物入侵和环境污染已导致该湿地生态系统的结构破坏、过程紊乱、生物多样性锐减、生态系统功能失常，生态系统服务功能弱化。以生态系统途径（ecosystem approach）为基本途径（王思龙和赵士洞，2008），针对受损的杭州城西湿地生态系统开展生物修复、生态恢复和（或）重建工程，并综合社会和经济方面的调控措施，使杭州城西湿地的生态系统功能（ecosystem functions）和生态系统服务（ecosystem services）都回到健康的状态。

1. 行动 1——湿地自然地理与历史变迁专题研究

（1）通过野外实地考察，采集岩石、土壤、孢粉、硅酸体等标本，分析鉴定研究并结合相关资料，开展城西湿地地质历史、湿地的形成、湿地的微观地貌、湿地的古植被以及古气候及其环境变迁等研究，编写城西湿地自然变迁研究报告。

（2）建立城西湿地博物馆，展示湿地自然地理变迁及其与杭州城市发展的关系等。

2. 行动2——湿地资源环境本底专题研究

（1）建设市级湿地监测中心。利用现有林水、环保、农业与渔业等部门的监测机构与设备，组建市级湿地监测中心。在国家和省湿地监测中心的指导下，开展杭州城西湿地监测，全面掌握城西湿地资源及湿地生态的动态变化，及时提出相关的管理和决策，为湿地保护和合理利用服务。

（2）评估现有水利、农业、环保、林业、海洋与渔业等部门建立的野外湿地监测、实验站点，根据湿地生态保护的总体要求，建立市、区和基层三级管理，多部门参与、相互协调、相互补充的统一监测站点网络体系。

（3）采用统一的监测指标和先进技术、方法，为湿地监测以及相关管理工作人员编制湿地监测工作指南。

3. 行动3——湿地生物多样性保护工程

（1）全面评估杭州城西湿地生物多样性保护、管理现状，总结管理经验与存在的问题，制订湿地生物多样性保护规划，加强湿地生物多样性保护管理。

（2）实施湿地生物多样性重点保护工程，对国家、省级重点保护的野生动物、野生植物及其栖息地予以强制性保护；对濒危野生动植物物种实施拯救工程，建立一批救护繁育基地，通过救护、繁育、野化等措施，扩大野生种群。

（3）实行严格的野生动物猎捕管理制度。禁止猎捕国家、省级重点和一般保护的野生动物，禁止猎捕鸟类、蛙类动物。

4. 行动4——湿地生态系统定位观测研究体系工程

（1）加强原国家林业局（现称国家林业与草原局）杭州西溪湿地生态系统定位观测研究站西溪主站区建设，按照其发展规划实施相关建设工程。整合城西湿地其他研究与观测成果，提出城西湿地初步观测成果与保护利用决策建议。

（2）根据城西湿地资源特点，在加强西溪湿地公园主站区建设的基础上，增设和睦湿地、余杭塘河、青山湖等区域重点湿地观测区，初步建成覆盖杭州城西主要湿地类型的城市湿地生态观测站。

5. 行动5——湿地保护与利用规划编研

（1）城西湿地涉及的区县人民政府林业行政主管部门会同有关部门，根据国民经济和社会发展规划以及上级湿地保护规划，组织编制湿地保护规划，报杭州市人民政府批准后执行。

（2）湿地保护规划报送审批前，组织环境影响评价，并通过论证会、听证会等形式征求专家和社会公众的意见。

35.4.4 战略2——修复生态功能，改善湿地环境

水是杭州城西湿地的灵魂。这里溪流河汊密织，水塘湖泊密布，水系甚是发达，历

史上其水可饮用。但近 20 年来，由于杭州城西湿地及其周边陆域和水域的生态破坏和环境污染，导致湿地景观严重破碎，水流严重不畅，水质严重劣化。开展杭州城西湿地及其周边陆域和水域的乱搭乱建整治，面源和点源污染治理，转变不健康的生产生活方式，从根本上扭转杭州城西湿地及其周边陆域和水域的脏乱差现状，还杭州城西湿地以清水洁土。

1. 行动 6——湿地污染土壤修复工程

（1）开展城西湿地土壤污染普查，明确湿地主要污染物及其负荷，制订城西湿地污染土壤修复规划。

（2）实施城西湿地污染土壤修复示范工程，开展工程监测，评估修复效果，制订相关修复政策与技术规范。

2. 行动 7——湿地水环境改善工程

（1）在全市总量控制的基础上，将水体纳污总量目标分解到地方，实施污染物排放总量控制，环保部门应根据确定的相应指标实行水体纳污总量的有效控制。结合区域水环境整治规划，开展重点污染区湿地水环境整治工程。

（2）建立市级湿地生态环境监测和评价体系，及时监测、预测、预报湿地污染和生态环境状态，加强对杭州城西重点湿地的污染监测和预报。

3. 行动 8——湿地生态系统服务功能专题研究

（1）开展城西湿地生态服务功能研究，包括湿地生态系统的供给、调节等功能的价值估算，以及影响生态服务功能的驱动因子研究等。

（2）定期向政府职能机构提交城西湿地生态服务功能评估报告。

（3）定期向社会发布城西湿地生态服务功能评估数据。

4. 行动 9——湿地生物群落恢复工程

（1）在资源调查和研究的基础上，对城西湿地资源萎缩、功能减弱状况及其原因进行全面的分析与评估，揭示各类湿地退化及其逆转的过程与机制，在此基础上有计划地开展恢复示范工程。

（2）被破坏的重要鸟区、候鸟栖息地和迁徙停歇地、珍稀植物原生地、鱼类重要产卵区、洄游通道及重要渔业水域等生态敏感区域，采取工程项目等人为补救措施进行生态恢复和重建。

（3）建设城西湿地水系连通与植被恢复工程，加强对湿地的管理。

35.4.5　战略 3——协调流域布局，维护湿地安全

杭州城西湿地西衔浙西丘陵，东接杭州城区，其地势较后两者都低，与周边区域环境水脉相通，息息相关。它一方面对周边环境，尤其是对杭州城区有着极其重要的生态系统服务，另一方面也受到周边环境变化的严重影响。在区域生态系统的层面

上，调整水系，管理水资源，优化产业结构，转变生产生活方式，调节物质进出，实行准入制、监管制和问责制，控制污染，保护生态，实现环境、社会和经济共赢的协调发展。

1. 行动 10——湿地水系恢复与优化工程

（1）依据城西湿地恢复目标，制订城西水域恢复工程规划，重点开展和睦湿地、青山湖等水域恢复工程。

（2）根据历史水系资料，结合生态研究，实施区域水系连通工程。

（3）开展水系恢复工程效益监测，评估工程效益。

2. 行动 11——湿地利用格局与产业布局专题研究

（1）研究城西湿地布局与流域区域水资源动态之间的关系，将生态安全与区域土地利用相结合，通过湿地布局规划优化区域水资源格局。

（2）根据现有的产业布局规划，开展相应的分区湿地布局与建设模式研究，服务产业发展。

（3）根据自然湿地资源分布现状，研究提出不同资源区的湿地产业发展规划，如发展生态种养、休闲旅游、湿地人居与文创园等。

35.4.6 战略 4——遵从生态保育，发展湿地产业

杭州城西湿地是集城市湿地、农耕湿地、文化湿地三位于一体的特色湿地。依据“绿色”、“循环”和“低碳”的基本要求，转变发展方式、优化产业结构，有所为，有所不为，注重发展环境友好、资源节约的绿色特色生态旅游和休闲等产业。

1. 行动 12——湿地生态旅游专题研究

（1）城西湿地生态旅游发展对策。借鉴国内外生态旅游、湿地旅游及国家公园建设的经验，综合考虑湿地资源利用和生态环境保护与恢复，评估城西湿地旅游发展现状，提出城西湿地生态旅游优化发展策略。

（2）城西湿地旅游环境容量研究。以生态学基本理论、湿地生态系统的特性、旅游活动特征及其环境影响为依据，以城西湿地旅游容量现状及问题、旅游者行为与需求为依据，给出城西湿地生态旅游景区环境容量测算的方法，提出有效的环境管理对策。

2. 行动 13——湿地生态产业综合示范工程

（1）结合部门职能和行业特点，各部门选择具有开发潜力、又有示范意义的区域和项目，可采用多种形式开展湿地资源可持续利用示范区建设，如生态农业和生态渔业相结合、湿地多用途管理等示范区。

（2）充分发挥城西湿地旅游资源丰富的特点，在湿地资源得到有效保护的前提下，积极推进湿地生态旅游，建立不同类型的湿地特色旅游示范区、湿地风景名胜区。

35.4.7　战略 5——挖掘民俗传统，创新湿地文化

经过千百年来的自然与社会的协同演化，杭州城西湿地形成了特有的生态文化，包括传统的生计方式、生产方式、宗教信仰、风俗习惯、伦理道德等文化元素。依托杭州城西湿地，运用现代技术手段，系统地提炼能够表现代代沿袭传承下来的合理摄取、利用和保护生态资源的知识和经验等文化积淀，形成生态文化新产业。

1. 行动 14——湿地民俗传统挖掘工程

（1）整合完善城西湿地文化调研和遗存挖掘工作机构，对城西湿地的历史文化和文化遗存进行抢救性发掘研究，系统整理宣传杭州城西湿地民俗。

（2）开展重点湿地民俗传统节目的传承与恢复。

（3）建设杭州湿地民俗馆，展示杭州城西湿地历史文化、民俗文化。

2. 行动 15——湿地生态文化产业创新专题研究

（1）在目前西溪湿地文化研究的基础上，在更大的时空尺度上深度挖掘城西湿地文化资源，出版城西湿地历史文化资源专题研究报告。

（2）在明晰区域湿地文化资源，以及与区域发展历史耦合关系的基础上，根据区域发展规划，提出城西湿地文化保护与传承工程规划。

35.4.8　战略 6——推动建规立法，创新湿地管理

实现杭州城西湿地的整体保护和保育性利用，广泛涉及社会、经济和环境等方面，虽然优势大于劣势，机会大于挑战，但劣势和挑战依然严峻。制定杭州城西湿地保护与利用的地方法律法规，创新湿地现代化管理。建立健全湿地保护和利用的综合管理机构和机制、监管机制、生态补偿机制和环境影响评价制度。严格监管城西湿地内的产业准入和物质准入，严格评价准入产业和物质的短期和长期生态环境效应（尤其是整体生态环境效应）和景观后果预期。同时，着力加强湿地保护宣传和社区参与。

1. 行动 16——湿地生态补偿专题研究

（1）评估现行政策和法律法规对我省湿地保护现状及未来的作用，及时增补、修订法规和规章制度中的不完善内容，调整现有政策中制约、阻碍湿地保护与合理利用的内容。

（2）把湿地保护与合理利用纳入法治轨道。按规定立法程序，制定《杭州城西湿地保护条例》等法规，以地方法律形式确定湿地保护与开发利用的方针、原则和行为规范，规定管理程序及对违法行为的处理方法和程序等，为开展湿地保护与合理利用提供基本行为准则。

（3）实行湿地生态补偿制度。因湿地保护和管理致使湿地相关权益人的合法权益受到损害的，应当依法给予补偿；对其生产、生活造成影响的，还应当作出妥善安排。

2. 行动 17——湿地管理信息系统工程

（1）建立城西湿地资源信息数据库。在湿地资源调查的基础之上，建立湿地资源信息数据库及各类子数据库，建立以地理信息系统、遥感和全球定位系统等先进技术为基础的湿地信息管理系统，为城西湿地的科学管理和合理利用提供科学决策基础。

（2）基于 WebGIS 技术，完善杭州城西湿地资源数据管理、查询分析系统，实现对各类湿地资源数据更新、维护、检索和可视化分析；同时以标准的 Web 服务方式，向现有或将来建立在 Web 服务技术之上的政府管理系统提供数据访问接口，提高杭州市政府行政管理水平。

3. 行动 18——湿地管理创新机制专题研究

（1）通过城西湿地生态保护与杭州城市空间协调规划技术研究，在明确自然及人为因子驱动下的城市湿地生态适应性机制及协同作用的基础上，提出城市湿地系统优化调控的机制与空间布局模式，为城市湿地保护与区域规划提供理论依据和决策支持。

（2）建立对湿地开发以及用途变更的生态影响评估、审批管理程序，在涉及湿地开发利用的项目，实施湿地开发利用的生态影响评价，严格依法论证、审批并监督实施。

（3）在城市土地利用总体规划、城市总体规划、县市域总体规划、流域综合规划等报批审核程序中增加湿地主管部门的意见，建立城西湿地保护与城市空间协调规划机制。

35.4.9 战略 7——深化开放合作，打造国际品牌

杭州城西湿地具有城市湿地、农耕湿地、文化湿地的三位一体性，承载着中国南方传统文明，拥有享誉世界的西湖和西溪湿地。面对全球化，深化对外开放和国际合作，进一步提升湿地保护与利用的国际化程度，将杭州城西湿地的保护与利用同杭州的城市文化品位提升和生态文明建设相联系，同国家和世界湿地保护事业发展相联系，搭建湿地生态文明国际高峰论坛，着力打造国际品牌。

1. 行动 19——杭州国际湿地科技培训基地建设工程

（1）加强杭州市西溪湿地研究中心建设，充分利用现有的设施和机构，在全市系统建立湿地管理和宣传教育培训中心、培训机构和野外培训基地，重点加强基础设施和相关设备建设，依托其开展有关湿地基础知识以及保护管理等方面的公众教育活动。

（2）通过各种途径，加强人才培训，完善湿地保护的技术培训体系，通过专业教育和专业技术培训，提高广大干部、技术人员的专业知识和技术水平，同时广泛开展国内外的培训交流工作。

2. 行动 20——杭州国际湿地论坛建设工程

（1）进一步加强杭州西溪湿地生态系统观测研究站平台建设，提升其科学观测与学术研究水平，适应国际化需求，把杭州西溪国家湿地公园打造成国际城市湿地研究与学术交流平台和国际重要湿地管理示范区。

（2）加强“中国杭州西溪国际湿地论坛”的组织管理，提升论坛的国际化水平，打造真正具有国际影响力的城市湿地论坛，服务杭州城市发展。

35.5　可行性分析

35.5.1　政府重视湿地保护

湿地是功能独特的生态系统，是我国实现可持续发展进程中关系国家和区域生态安全的战略资源。为了保护湿地资源及生态环境，党中央、国务院推出了一系列加强湿地保护的重大举措。2003 年，国家林业局会同国家发改委、财政部等 9 个部门共同编制了《全国湿地保护工程规划（2002—2030 年）》，国务院同意将该规划作为湿地保护的长期规划，并要求编制各个阶段的实施方案，以落实湿地保护的具体目标。2004 年国务院办公厅发出了加强湿地保护管理的通知，将湿地保护纳入了《中华人民共和国国民经济和社会发展第十一个五年规划纲要》。2008 年 1 月公布的《中共中央国务院关于切实加强农业基础建设进一步促进农业发展农民增收的若干意见》中，把“加强湿地保护”作为突出抓好农业基础设施建设的重要内容之一。这是党中央国务院在 10 个有关三农工作的中央 1 号文件中首次对湿地保护工作提出要求，体现了党中央国务院对加强湿地保护工作的高度重视。浙江省和杭州市历来十分重视湿地的保护工作，将湿地保护作为建设生态省的重要内容，将构建市域湿地生态网络体系作为生态型城市建设的重要组成部分，并于 2007 年分别编制完成了《浙江省湿地保护规划（2006—2020）》和《杭州市湿地保护规划》。国家和各级政府部门的大力支持，是杭州城西湿地保护与利用最大的政治优势，也是杭州城西湿地保护与利用战略能够有效实施的重要前提之一。

35.5.2　经济实力保障雄厚

杭州——全国重点国际风景旅游城市和历史文化名城，经济实力多年来一直在全国 337 个地级行政单位中排名第 11 位，在浙江省经济发展中具有举足轻重的地位。2011 年全市实现生产总值（GDP）7011.80 亿元，比上年增长 10.1%，连续 21 年保持两位数增长。经济总量位居全国大中城市第八、省会城市第二、副省级城市第三。2011 年，全市按常住人口计算的人均 GDP 达到 80 395 元，按户籍人口计算的人均 GDP 为 101 266 元，按国家公布的 2011 年平均汇率折算，分别达到 12 447 美元和 15 679 美元。全年市区城镇居民人均可支配收入 34 065 元，比上年增长 13.4%，扣除价格因素，实际增长 8.2%。杭州市雄厚的经济实力，能够保证湿地资源保护所需要投入的资金需求。

35.5.3　湿地保护基础良好

杭州是因水而闻名的城市，历史上的繁荣昌盛都与水密切相关，其特殊的地理位置和水文特征使杭州成为中国范围内湿地类型最为丰富、湿地面积最大的城市之一。21 世纪以来，杭州对城市湿地的保护和开发利用的投入和速度达到了前所未有的地步。西湖和西溪一对湖泊型湿地的孪生姐妹，两个城市湿地都位于杭州市的西部，曾与西泠被称作“杭州三西”。2011 年 6 月 24 日举行的第 35 届世界遗产大会上，杭州西湖被列为世界文化景观遗产，成为我国第 41 项世界遗产，也是我国唯一一处湖泊型世界文化遗产，实现了浙江省世界文化遗产零的突破，西湖也是世界文化景观遗产名录中独一无二的文化名湖。西溪湿地是目前国内第一个也是唯一的集城市湿地、农耕湿地、文化湿地于一体的国家湿地公园，在 2011 年 9 月正式通过国家林业局的验收，其中西溪湿地公园积极探索形成了湿地保护和利用的“西溪模式”，取得了较为明显的生态效益、社会效益和经济效益。

35.5.4 科技支撑能力较强

加强湿地科学研究是认识和了解湿地的主要途径，也是促进湿地保护与可持续利用的重要保证。科研监测体系建设方面，西溪湿地公园专门成立生态研究中心，并建立了水质自动监测站等检测站点，形成了较为完善的监测体系，制定了相应的监测制度，不定期地开展监测活动，收集整理了较完备的监测数据，为制定与及时调整西溪湿地保护管理方案，提供了有力的数据支撑。结合西溪湿地恢复、保护、监测与利用等具体问题，先后开展了西溪湿地公园生物资源及生态系统研究、西溪湿地保护利用模式研究、西溪湿地水质净化技术研究等多项科学研究项目，并已陆续将研究成果用于西溪湿地保护管理工作之中。上述的基础研究和应用研究，为杭州的湿地保护奠定了科学基础。浙江大学和浙江省林业科学院的一批专家学者多年来一直从事湿地生态保护和利用研究，杭州师范大学在 2010 年分别获批成立了浙江省城市湿地生态修复与资源利用科技创新团队和浙江省城市湿地与区域变化研究重点实验室，这些研究队伍和研究平台都将为城西湿地保护和利用提供强大的科技支撑。

35.5.5 时逢难得发展机遇

1. 国家和地方政府为湿地保护和利用提供了政策引导

目前，湿地保护正持续受到各级政府的关注。2011 年 7 月 8 日，国家林业局纳入国务院审批的“十二五”重要专项规划《全国湿地保护工程实施规划（2011—2015 年）》正式通过国家林业局科技委评审，在加大我国湿地保护力度和实现“十二五”期间湿地保护阶段目标等方面具有十分重要的战略意义。2012 年 2 月公布的中央 1 号文件《关于加快推进农业科技创新持续增强农产品供给保障能力的若干意见》中，提出了进一步加大湿地保护力度的要求。2012 年 2 月 23 日，浙江省人民政府第 88 次常务会议通过了《浙江省湿地保护条例（草案）》，并于 2012 年 4 月 5 日将该法规草案公开向社会各界征求意见。2012 年 5 月 30 日，《浙江省湿地保护条例》经浙江省第十一届人民代表大会常务委员会第三十三次会议通过，自 2012 年 12 月 1 日起正式施行。党的十八大报告中明确提出把生态文明建设放在更加突出的位置，纳入“五位一体”总体布局，首次将建设“美丽中国”作为未来生态文明建设的宏伟目标，并提出要努力走向社会主义生态文明新时代的重大命题；2016 年 11 月印发的《“十三五”生态环境保护规划》中也明确提出要保护与恢复湿地生态系统；在“大力推进生态文明建设”中提出“加大自然生态系统和环境保护力度”“扩大湿地面积”。为了认真贯彻党的十八大精神和习近平同志“既要金山银山又要绿水青山”“绿水青山就是金山银山”“关于杭州要努力成为美丽中国建设的样本”等重要指示要求，杭州市委市府制定了《“美丽杭州”建设三年行动计划》，在生态保育修复行动中提出开展湿地保护区建设，恢复湿地系统生物多样性，增强湿地固碳能力；杭州市 2016 年政府工作报告也明确提出“坚持生态优先，环境立市”“坚守生态底线，划定生态红线，保护西部生态安全屏障”，以将杭州建设成国家生态文明先行区为己任，将生态文明建设深刻融入经济、政治、文化、社会建设各方面和全过程。杭州市政府 2016 年 9 月 30 日批复的《杭州市旅游休闲业发展“十三五”规划》中，明确提出要“引导全社会参与生态文明建设，打造生态友好型旅游目的地。”综上所述，过去的十几年中，国家、省、市相应文件、规划和条例的出台，不仅为杭州市的湿地保护提供了有力的政治保障，而且也为杭州市的湿地保护与利用指明了发展方向。

2. 旅游业的发展带动湿地资源的保护

杭州具有深厚的文化及历史底蕴和丰富的旅游资源，2002 年荣获“国际花园城市”的美誉，2006 年被世界休闲组织授予“东方休闲之都”称号，并被国家旅游局与世界旅游组织联合授予当年“中国最佳旅游城市”称号。2007 年，杭州荣获“国际旅游联合会”颁给的“国际旅游金星奖”，成为获此殊荣的第一个也是唯一一个中国城市。2011 年 6 月 24 日，杭州西湖正式列入《世界遗产名录》，为杭州旅游业的发展注入了新动力。杭州市旅游业的蓬勃发展也带动了湿地资源的保护，为实现湿地资源的保护提供了经济保障。西溪湿地于 2005 年 2 月被命名为全国首个国家湿地公园，并于 2011 年 9 月正式通过国家林业局首批国家级验收。自 2009 年以来，西溪湿地国家公园的旅游经营收入每年都超过 1 亿元人民币，不仅为西溪湿地自身保护和建设提供了经济支撑，也为杭州城西的其他湿地提供了保护和发展的典范。

3. 杭州城西湿地资源保护初见成效

为了更好地保护“杭州之肾”，2003 年 8 月杭州市政府正式启动西溪湿地综合保护工程，2005 年 2 月西溪湿地被命名为全国首个国家湿地公园，国家林业局同意杭州市正式开展湿地公园的保护和管理。在西溪湿地的保护过程中，杭州市政府坚持科学保护、规划先行的原则，先后组织编制完善了《西溪湿地保护区总体规划》、《西溪国家湿地公园总体规划》、《西溪湿地综合保护工程一期工程详细规划》和《西溪湿地综合保护工程环境影响评价》等 7 项规划，拟订了《西溪国家湿地公园生态修复保护规划》、《西溪国家湿地公园生态科研教育基地实施方案》等共约 20 余项规划设计方案。通过这些规划的实施，西溪湿地的资源保护初见成效。截至 2010 年，西溪湿地的野生鸟类和两栖类的种类数量分别从 2005 年的 89 种和 5 种增加到 142 种和 10 种。此外，结合西溪湿地恢复、保护、监测与利用等具体问题，先后开展了西溪湿地公园生物资源及生态系统研究、西溪湿地保护利用模式研究、西溪湿地水质净化技术研究等多项科学研究项目，并已陆续将研究成果用于西溪湿地保护管理工作之中。西溪湿地公园通过 6 年多的建设，无论是在近自然湿地恢复、传统湿地文化挖掘、湿地合理利用，还是在湿地科普宣教、湿地科研监测、湿地保护管理等方面，都为杭州市其他湿地的保护和可持续利用提供了很好的示范。

35.6 战略保障机制

35.6.1 组织保障

成立杭州市“杭州城西湿地保护和利用战略行动计划”领导小组，领导小组由杭州市政府领导和市有关部门组成，由杭州市委市政府的主要领导担任组长，分管城市建设和旅游的副市长任副组长，成员单位为：市建设规划局、市园林管理局、市林业水利局、市环保局、市农业局、市旅游局、市财政局和市科技局，参照杭州市西湖景区的管理模式，领导小组办公室设在市园林管理局。由该领导小组来协调有关工作，为该行动计划提供组织保障。西湖区和余杭区则成立相应的行动计划领导小组。

35.6.2 科技保障

加强现有浙江省内的湿地科学研究力量，杭州市政府应继续大力支持设在杭州师范大学的杭州西溪湿地研究中心，充分发挥由杭州师范大学牵头的“浙江省城市湿地生态修复和资源利用重点科技创新团队”的技术引领作用，增加杭州市西溪湿地研究中心的人员编制，力争到“十二五”末专职研究人员达到 30 人左右，成为我国在湿地研究方面的国家队，为该行动计划提供技术保障。建议对目前杭州市各有关部门的专职研究队伍进行整合，避免各个单位和部门重复设置各自的研究机构，分散研究力量，建议将整合后的湿地研究队伍和人员统一划入杭州研究院，由杭州市政府统一建设和管理。

35.6.3 资金保障

在杭州市财政为“杭州城西湿地保护和利用战略行动计划”设立专项资金，该专项资金列入市财政的年度预算，预算的额度根据该行动计划的年度任务和执行情况提出，由本年度末提出下一年度的预算方案，并报请市人大批准。西湖区和余杭区则参照杭州市设立专项财政资金，列入年度财政预算，为该行动计划提供资金保障。

35.6.4 制度保障

“杭州城西湿地保护和利用战略行动计划”应由杭州市人民政府提交杭州市人大，由杭州市人大审议通过，作为杭州市的地方发展规划，应该具有与杭州市“十二五”规划同等的法规地位，使其具有法规约束力。同样，西湖区和余杭区也应将相关的战略行动计划由区人民政府提请区人大审议通过，成为区地方政府的发展规划。同时在执行过程中也可以提交一些地方性的湿地保护法规，由当地人大批准并由当地执法机构执行。

1. 管理制度

1）政府相关主管部门的年度考评机制

杭州市人民政府、西湖区人民政府、余杭区人民政府的各个政府相关部门要进行每年一度的年终机关综合考评工作，要对“杭州城西湿地保护和利用战略行动计划”按政府相关主管部门的职责进行分解，按照谁的任务谁负责的原则，将相关的计划和目标列入部门的年度考核目标，在年终机关部门的综合考评中对分解的相关任务和目标进行考核，使得各相关部门各负其责。

2）市政协代表的提案评估机制

根据市政协参政议政的职责，每年由市政协牵头，组织市政协相关组别的委员，对“杭州城西湿地保护与利用战略行动”进行相关的专题调研，对“杭州城西湿地保护与利用战略行动”的实际成效进行评估，并形成专题的评估提案递交每年的市政协全会。

2. 监督制度

1）市人大代表的巡查监督机制

根据市人大的监督职责，每年由市人大牵头，组织市人大相关组别的人大代表，进行一年一度的“杭州城西湿地保护与利用战略行动”专项巡查评估，从人大的角度，从监督的角度进行评估。

2）媒体和人民群众的监督机制

在杭州市及区县的相关主流媒体上发布和宣传“杭州城西湿地保护和利用战略行动计划”，对各项行动计划与项目进行宣传，让辖区内的民众充分了解该行动计划的重要性及主要内容，新闻媒体对执行得好的行动计划进行宣传，对执行得不好的行动计划进行批评，在相关部门设立专门的网站，让人民群众表达对行动计划的意见和建议，让人民群众对该行动计划进行评估。

3. 评估制度

1）生态评估机制

目前在西溪国家湿地公园建有国家级的湿地生态定位监测站，但仅有西溪湿地一处定位站还不够，建议在杭州城西湿地建立湿地生态定位监测网络，进行多点布局。首先，在杭州师范大学仓前新校区（杭州大学城）、和睦湿地再建立两个湿地生态定位监测站，其次，在余杭镇的南湖、三墩良渚区域再建两个湿地生态定位监测站，最后，在城西湿地西北部的潘板桥和瓶窑区域再设立一个湿地生态定位监测站，使得该区域共有 6 个定位监测站，在地理空间上形成网络。主要对水质变化、环境因子的变化，特别是湿地的生物多样性变化进行实地监测。建议将不同部门和单位的湿地生态定位监测站组成生态监测网络，实行监测数据的实时共享。

2）专家（院士）的咨询评估机制

依托杭州师范大学“湿地生态修复、植物多样性保育与资源利用”院士工作站，每年由市政府出面组织一次由专家（院士）参加的“杭州城西湿地保护与利用战略行动”评估咨询会议，由该会议给出咨询评估报告。

3）社区参与式评估机制

“杭州城西湿地保护与利用战略行动”的评估，不仅仅是一种政府行为，更应该是一种群众行为，不仅仅是从上到下的评估，更应该是一种从下到上的评估。社区参与式评估是一种从下到上的群众参与式评估，更加反映出群众的需求和群众的评价，使得评估更加符合实际，更加公正和有效。在杭州城西的每个社区建立“杭州城西湿地保护与利用战略行动”评估站，在战略行动的各个阶段请民众参与各个行动，并请民众对各个行动进行打分。

4）国际评估

邀请湿地国际联盟（WIUN）、联合国教科文组织（UNESCO）、联合国环境规划署（UNEP）和联合国粮食及农业组织（FAO）等国际组织和国际知名湿地专家每两年一次来中国杭州，对“杭州城西湿地保护与利用战略行动”进行国际评估，同时举办中国杭州“国际湿地论坛”，扩大“杭州城西湿地保护与利用战略行动”在国际上的影响力。

35.6.5 信息保障

由杭州市和余杭区、西湖区两级政府的“杭州城西湿地保护和利用战略行动计划”领导小组办公室建立该行动计划的专门网站，定期发布该专项计划的各种信息，定期发布行动计划的简报，一个月出一期。及时发布湿地生态定位监测站网的生态监测数据和结果，及时公布“杭州城西湿地保护和利用战略行动计划”的各项评估报告。

35.6.6 宣传保障

当地的主流媒体要大力进行该行动计划的宣传，杭州市政府要像西湖申报世界文化遗产一样，大力宣传该湿地保护和利用战略行动计划，争取在将来使杭州城西湿地成为杭州市第二处世界文化遗产。及时宣传“杭州城西湿地保护和利用战略行动计划”的各项成果。

（董　鸣、匡廷云、王慧中、吴　明、林金昌、章志量、卢剑波、邵晓阳、陈　波、王　繁、蒋跃平、姜　丹、李文兵、宋垚彬）

参 考 文 献

陈久和. 2002. 试论城市边缘湿地的可持续利用——以杭州西溪湿地为例. 浙江社会科学, (6): 181-183.

陈久和. 2003. 城市边缘湿地生态环境脆弱性研究——以杭州西溪湿地为例. 科技通报, 19(5): 395-398.

陈文岳, 沈国正, 郑洁敏, 等. 2009. 西溪湿地水环境污染现状及生态治理对策. 农业环境与发展, 2: 5-8.

程乾, 吴秀菊. 2006. 杭州西溪国家湿地公园 1993 年以来景观演变及其驱动力分析. 应用生态学报, 17(9): 1677-1682.

杭州市人民政府. 2000. 关于制定杭州市国民经济和社会发展第十个五年计划的建议. http: //www.hangzhou.gov.cn/art/2019/7/11/art_1662999_5053.html.

李朝秀. 2008. 湿地保护和利用的典范——“西溪模式”. 浙江林业, (8): 12-13.

李玉凤, 刘红玉, 曹晓, 等. 2010. 西溪国家湿地公园水质时空分异特征研究. 环境科学, 31(9): 2036-2041.

缪丽华. 2009a. 杭州西溪湿地生态旅游开发现状与前景初探. 湿地科学与管理, 5(2): 38-41.

缪丽华. 2009b. 杭州西溪湿地研究综述. 安徽农业科学, 37(11): 5043-5044, 5080.

邵学新, 吴明, 蒋科毅. 2007. 西溪湿地土壤重金属分布特征及其生态风险评价. 湿地科学, 5(3): 253-259.

邵学新, 吴明, 蒋科毅. 2008. 西溪湿地土壤有机氯农药残留特征及风险分析. 生态与农村环境学报, 24(1): 55-58, 62.

沈琪, 刘珂, 李世玉, 等. 2008. 杭州西溪湿地植物组成及其与水位光照的关系. 植物生态学报, 32(1): 114-122.

汪健, 杨艳艳. 2009. 引配水对改善杭州西溪湿地水环境的探讨. 浙江水利科技, (4): 15-16, 19.

王国平. 2005. 保护西溪湿地、造福人民群众——关于实施西溪湿地综合保护工程的思考. 中共杭州市委党校学报, (3): 4-10.

王思龙、赵士洞. 2008. 生态系统途径——生态系统管理的一种新理念. 应用生态学报, 15(12): 2364-2368.

王竹, 张艳来. 2006. 西溪湿地的诗意栖居——杭州西溪湿地保护及其住居的适宜性开发. 新建筑, (6): 60-63.

王紫雯, 潘翠霞. 2007. 城市湿地旅游开发中的景观特质保护——以杭州西溪湿地为例. 中国园林, 23(7): 74-78.

谢理挺. 2010. 城市湿地可持续发展研究——以杭州西溪湿地为案例. 商场现代化, (610): 75-77.

余敏杰, 吴建军, 徐建明, 等. 2007. 近 15 年来杭州西溪湿地景观格局变化研究. 科技通报, 23(3): 320-325.

俞黎源. 2011. 杭州市西溪国家湿地防洪排涝问题的探讨. 商品与质量: 建筑与发展, (11): 90-92.

张世瑕, 王紫雯, 张继明. 2007. 流域湿地的景观生态特性分析与景观特征指数的运用——以杭州沿山河流域和西溪湿地为对象. 浙江大学学报(工学版), 41(6): 1053-1060.

郑囡, 刘红玉, 李玉凤, 等. 2011. 人为干扰对城市湿地公园水环境质量的影响——以杭州市西溪国家湿地公园为例. 水土保持通报, 31(6): 223-228.

第 36 章　关于将杭州建成国际湿地城市和建设钱塘江流域生态系统监测站网的建议

36.1　湿地城市建设的背景

36.1.1　湿地城市的由来

《关于特别是作为水禽栖息地的国际重要湿地公约》（Convention on Wetlands of International Importance especially as Waterfowl Habitat）（以下简称《湿地公约》）于 1971 年 2 月 2 日在伊朗拉姆萨尔签订，是全球第一个政府间多边环境公约，同时也是全球最早针对单一生态系统保护的国际公约。中国于 1992 年加入《湿地公约》，积极履行公约事务。《湿地公约》认为，自 21 世纪以来，受经济发展、城市化过程和气候变化等影响，湿地退化已成为一种全球现象。鉴于此，2015 年 6 月召开的《湿地公约》第 12 次缔约方大会中，讨论并审议了湿地城市认证等决议草案，提出了“世界湿地城市”（World Wetland City）理念。

36.1.2　湿地城市的概念与内涵

《湿地公约》在本次会议上认定的湿地城市：“是一个指定的城镇（城市或农村），通过它的居民、地方政府和资源持续促进保护和合理利用其范围内或附近的国际重要湿地和其他湿地，尊重它的物理和社会环境及其传统，支持可持续的、有活力、创新型的经济发展，以及与这些湿地相联系的教育活动”（马梓文和张明祥，2015；Ramsar，2016）。

36.1.3　湿地城市的基本要求和建设标准

《湿地公约》缔约方大会将遵循一定程序，依据下列条件来认定一个城市为湿地公约的湿地城市，即：

（1）有一个或多个国际重要湿地全部或部分位于其领土或在其附近，并能为城市提供湿地生态服务功能；

（2）已经采取措施，保护湿地及其服务，包括生物多样性和湿地水文；

（3）已经实施了湿地恢复或管理措施；

（4）考虑到在其管辖范围内的综合空间/土地利用规划对国际重要湿地的挑战和机遇；

（5）向当地居民宣传湿地的功能等信息，提高公众意识，鼓励利益相关者合理使用湿地资源，如建立湿地教育/信息中心；

（6）建立了有适当的湿地知识和经验的利益相关者代表组成的地方上的《湿地公

约》湿地城市委员会，来支持向《湿地公约》提交申请并实施湿地城市认证所履行的必要措施（Ramsar，2015；马梓文和张明祥，2015）。

36.1.4　杭州建成国际湿地城市的必要性

如前所述，随着《湿地公约》提出国际湿地城市的理念，可以预见国内外的城市将积极开展城市湿地建设和国际湿地城市申报工作。作为典型的“江南水乡”，自古以来，杭州城市建设发展过程中一直重视水系建设。目前，杭州水系呈现水资源比较丰富、时空分布不均的特点，同时，部分城市内河和运河仍有不同程度的污染。通过国际湿地城市建设，将有助于持续和深入地开展城市湿地恢复工作，并成为近期开展“五水共治”工作的有效补充；此外，通过国际湿地城市建设，将有助于提升杭州绿水青山特质，彰显江南水乡之韵味的美丽杭州特色。特别是在后 G20 时代，杭州将成为世界著名旅游城市，这将给杭州带来巨大的机遇与挑战。对于杭州市乃至浙江省来说，后 G20 时代是最好的时代，杭州定位为“长江三角洲中心城市”（《国务院关于杭州市城市总体规划的批复》国函〔2016〕16 号），全力打造国际化门户中心和科技创新中心，争取创建“国家级中心城市”（《浙江省新型城市化发展“十三五”规划》）。面对前所未有的重大历史机遇，杭州市更应该借力 G20，全面提升杭州市的国际城市形象，打造国际城市品牌。因此，国际湿地城市的建设，既是对以往生态文明建设的肯定与传承，又是新时期杭州城市形象提升的重要举措。

36.2　国际湿地城市建设的行动建议

36.2.1　基本原则

坚持节约优先、保护优先、自然恢复为主的指导思想，树立尊重自然、顺应自然和保护自然的理念，遵循人与自然和谐发展的客观规律，实现人与自然和谐共生、良性循环、持续繁荣的社会形态。基于此，建设的基本原则如下。

（1）坚持《湿地公约》国际湿地城市建设标准与美丽杭州建设要求相结合的原则。尊重杭州市域自然特色，弘扬杭州城市历史文化，将传统的“江南水乡”“鱼米之乡”打造成以“水生态文化”为特质的国际湿地城市，使湿地杭州成为美丽杭州的化身。

（2）坚持经济-社会-自然协调发展的复合生态系统原则。通过国际湿地城市的建设，积极促进经济、社会与生态环境之间的良性循环，实现经济、社会、生态环境之间可持续发展。

（3）坚持生态系统多样性与时空尺度相结合的原则。以生态系统生态学理论为依据，构建多样化的城市湿地类型，依据各城市湿地类型的时空尺度变化，打造符合《湿地公约》标准的国际湿地城市。

（4）坚持政府主导和社会公众参与相结合的原则。政府主导，发挥政策引导和统一协调作用，营造良好的政策环境，抓住美丽杭州建设和国际湿地城市建设的契机，调动全社会各方面的积极性与创造性。

36.2.2 行动计划

国际湿地城市建设的行动计划主要包括如下两个。

（1）根据《湿地公约》要求，尽快建立由适当的湿地知识和经验的利益相关者代表组成的地方上的《湿地公约》湿地城市建设机构。

（2）在市委市政府的指导下，该机构尽快开展如下工作：①研究国际湿地城市建设与美丽杭州建设的内在科学联系；②调研杭州主要湿地类型现状，结合已有研究，科学预测杭州湿地多样性类型的时空变化；根据国际重要湿地标准，筛选杭州备选的国家重要湿地（如西溪国家湿地公园等）；③邀请国内外相关领域的权威/知名专家对杭州湿地城市建设进行科学论证；④根据相关要求，向《湿地公约》提交申请并实施湿地城市认证所履行的必要措施；⑤利用现代传媒技术和途径，在杭州开展国际湿地城市建设的全方位新闻报道和科普活动，提高公众参与意识。

36.3 国际湿地城市建设的可行性简析

36.3.1 具备较好的自然和人文基础

杭州市属亚热带季风性气候，四季分明，温暖湿润。市区地处钱塘江下游，京杭大运河南端，市域介于东经118°20′～120°37′和北纬29°11′～30°34′。杭州境域地貌类别多样，地表江河纵横，湖泊密布。山地丘陵占65.6%，平原占26.4%，江、河、湖、荡、水库占8%。市域内主要河流有钱塘江、东苕溪、京杭大运河、萧绍运河和上塘河等。钱塘江水系包括新安江、富春江。京杭大运河是世界上最长的人工运河。新安江水库又名千岛湖，是中国东南部沿海地区最大的水库。杭州市河流纵横，湖荡密布，平原地区水网密度约10 km/km^2（杭州市人民政府地方志办公室，2015）。尤其是杭州城西湿地群包括多种湿地类型，同时具有丰富的生物资源和生物多样性（董鸣等，2013）。

“东南形胜，三吴都会，钱塘自古繁华”，5000多年前的良渚文化产生于此，历史悠久，人杰地灵，具有深厚的历史文化底蕴。自古以来，“三面云山一面城”、“乱峰围绕水平铺”，即为历代文人雅客争相咏赞山、水、城融为一体的水乡杭州。水是杭州的“根”和“魂”，杭州丰富的人文文化基因一直浸没于“水在城中、城在水中、山在水中、水在山中”的水乡湿地特质之中。

一直以来，杭州市委市政府高度重视城市生态环保建设，杭州市先后获得“全国园林绿化先进城市”“国家环保模范城市”“国家重点风景旅游城市”“联合国人居奖”“国际花园城市”等荣誉称号。西溪国家湿地公园于2005年被国家林业局批准为首个国家湿地公园，2009年7月7日，西溪国家湿地公园被列入国际重要湿地名录（Ramsar，2016）。2011年6月24日，杭州西湖文化景观被列入《世界遗产名录》。2014年6月22日，中国大运河被列入《世界遗产名录》。这些成果表明，杭州完全有建设“国际湿地城市”的自然和人文基础。

36.3.2　具备坚实的政策保障

2016年初发布的《中共中央国务院关于进一步加强城市规划建设管理工作的若干意见》文件中指出，要营建城市宜居环境，充分利用河湖湿地等生态空间，建立海绵城市，大力建设湿地公园，有计划有步骤地修复被破坏的城市湿地。2016年11月30日，国务院办公厅发布《湿地保护修复制度方案》（国办发〔2016〕89号）提出，要建立湿地保护修复制度，全面保护湿地，强化湿地利用监管，推进退化湿地修复，提升全社会湿地保护意识。2016年12月13日，住房和城乡建设部发布了“关于加强生态修复、城市修补工作的指导意见（征求意见稿）”，也强调城市发展建设过程中，要系统开展城市湿地水体修复，因地制宜建设湿地公园等。这一系列的文件精神都表明，国家对城市湿地保护与恢复工作的重视，国际湿地城市的建设正是对这些政策的有效落实。

近年来，浙江省委、省政府提出了“积极实施可持续发展战略，以建设‘绿色浙江’为目标，以建设生态省为主要载体，努力保持人口、资源、环境与经济社会协调发展”的宏伟蓝图。近年来，杭州市委、市政府深入贯彻“既要金山银山又要绿水青山”“绿水青山就是金山银山”等战略思想，坚持“环境立市”战略，按照党的十八大的战略部署和习近平总书记关于杭州要努力成为美丽中国建设样本的重要指示，始终坚持将生态建设作为政府公共服务和重点民生项目，给予高强度投入，同时先后出台了《中共杭州市委关于建设“美丽杭州”的决议》（市委〔2013〕9号）、《中共杭州市委、杭州市人民政府关于印发“美丽杭州”建设实施纲要（2013—2020年）的通知》（市委〔2013〕10号）和《市委办公厅、市政府办公厅关于印发“美丽杭州”建设三年行动计划（2013—2015年）的通知》（市委办发〔2013〕74号）等文件，提出了建设美丽中国先行区的目标。在2016年6月发布的《杭州市旅游休闲业发展“十三五”规划》中也提出要加强“湿地保护区”的保护和尽量保留生态空间比重。

“美丽中国”和生态文明建设目标在党的十八大第一次被写进了政治报告。报告也明确指出，要实施重要生态系统保护和修复重大工程，优化生态安全屏障体系，构建生态廊道和生物多样性保护网络，提升生态系统质量和稳定性，特别强调“强化湿地保护和恢复”。

2017年11月30日，市委、市政府公布了实施“拥江发展”战略，这也是认真贯彻落实十九大精神和习近平新时代中国特色社会主义思想等精神的重要决策部署。在《中共杭州市委、杭州市人民政府关于实施“拥江发展”战略的意见》和《杭州市拥江发展四年行动计划（2018—2021 年）》这两个文件中指出，钱塘江横贯杭州市域，是浙江和杭州的“母亲河”，是生态保护建设的重要区域，也是杭州城市发展的重要轴带。钱塘江流域生态系统本身就是我国东部城市中的典型城市湿地群，包括大江东江海湿地、下沙沿江湿地公园、江南新城生态湿地景观带、环千岛湖关键节点湿地以及流域沿线的山水林田湖湿地系统。该文件也要求对钱塘江流域生态系统的重要湿地进行保育、巩固、修复和整治。这一系列的政策和举措均为杭州湿地城市建设提供了坚实的保障。

36.3.3 具备较强的科技支撑平台

杭州师范大学西溪湿地研究中心成立于 2010 年 7 月，中心以杭州城西湿地为研究示范基地，围绕城市湿地生态系统结构与功能特征，以城市湿地生态环境和生物多样性研究为重点对杭州市重要湿地进行学科布局，开展城市湿地演替过程与退化机制、城市湿地与区域气候变化等基础研究，以及城市湿地保护与恢复等适用技术的研究。在此基础上建立了浙江省城市湿地与区域变化研究重点实验室、生态系统保护与恢复杭州市重点实验室等重要研究平台，组建了浙江省城市湿地生态修复与资源利用科技创新团队，目前已成为国内城市湿地研究领域的中坚力量。同时，该中心成员与国际、国内湿地保护与管理科技领域机构和专家合作密切，完全有能力在市委市府的领导下，推进杭州“国际湿地城市”的建设。

36.4 钱塘江流域生态系统监测站网建设

36.4.1 钱塘江流域的重要性

钱塘江是浙江省八大水系之一，是浙江省第一大河，世代孕育着浙江文明。钱塘江流域自然资源丰富。地带性植被为中亚热带常绿阔叶林，林地用地面积达 28 212.3 km^2，占全省林业用地总面积的 43.1%，包括国家级和省级风景名胜区 20 处，国家级和省级森林公园 20 处。举世闻名的杭州西湖、千岛湖也都属于钱塘江流域。钱塘江流域共涵盖 412 个镇（乡），总人口达 1400 万人，占全省人口总数的 28.7%；流域内主要县（市、区）GDP 超过 4600 亿元，占全省 GDP 总量的 34.6%。钱塘江流域为人类提供了多种生态系统服务，主要包括水源涵养与饮用水资源保护、生物多样性保护与生境维持、土壤保持、生态系统产品提供等方面。钱塘江及其流域是浙江省的重要生态屏障，也是连接“山上浙江”和“海上浙江”的最佳纽带，为社会经济的发展提供了重要的保障与支持，在杭州乃至浙江的发展中具有重要的战略地位和独特作用。

钱塘江横贯杭州市域，是浙江和杭州的“母亲河”，是生态保护建设的重要区域，也是杭州城市建设和“拥江发展”的重要轴带。改革开放以来，随着工业化和城市化进程加快、经济社会发展水平提高，杭州不断突破因城市规模快速扩张带来的“空间瓶颈”，逐步从“西湖时代”迈向“钱塘江时代”。中共杭州市委、市人民政府《关于实施“拥江发展”战略的意见》（市委〔2017〕15 号）文件就指出：“杭州必须顺应生态文明建设新要求，以实施‘拥江发展’战略为重要抓手，全面落实‘绿水青山就是金山银山’的历练，切实加强钱塘江综合保护，促进流域可持续发展”。

36.4.2 钱塘江流域生态系统存在的问题

1. 生态环境仍存在问题

近年来钱塘江流域生态环境总体得到明显改善，但仍存在区域性的生态环境问题：

流域范围内的酸雨污染仍较为严重；面对突发的钱塘江干流环境问题没有解决办法；各地注重工业领域的水污染治理，但城市水污染防治和农业面源污染治理领域方面的政策有待加强。

2. 行政区界限与自然生态系统边界的矛盾

钱塘江流域是一个以水为纽带形成的完整的自然生态系统，流域生态系统的完整性、环境介质的流动性以及流域自然资源的公共性，决定了流域环境治理必须打破传统行政区划的界限和壁垒，有效利用市场机制，更好地发挥政府的作用，加强环境污染联防联控，推动建立地区间、上下游生态补偿机制，加快形成生态环境联防联治、流域管理统筹协调的区域协调发展新机制，按照流域生态系统进行统一管理。由于各行政关系主要是自上而下的治理结构，流域跨区域的环境横向合作才刚刚开始起步。

3. 目前的监测以水质监测为主，缺乏生态系统监测

流域是以分水岭为界的一个河流、湖泊或海洋等的所有水系所覆盖的区域，以及由水系构成的集水区。流域生态系统是特定区域内的自然-经济-社会复合生态系统，涉及水文（水）、土地土壤（土）、大气气象气候（气）、生物（生）、社会（社）和经济（经）等多个方面和多个要素。在流域生态系统中，由地表水和地下水作为主要纽带，密切连接起由动物、植物和微生物组成的生物群落，实现生态系统的物质循环和能量流动，驱动生态系统的功能和服务，支撑起人类的社会活动和经济活动。

流域生态环境质量调查和评价是进行流域生态系统管理和维持流域生态系统健康的重要手段。传统的水资源与环境管理往往重量不重质，重水本身而不重水生生物，重开发利用而不重规划保护，重经济效益而不重生态效益，这种做法限制了对水资源的进一步开发和利用。生态系统监测将遵循“生态系统途径”，系统地覆盖“水土气生社经”等方面的指标。

36.4.3　钱塘江流域生态系统定位研究站网建设的必要性

野外长期观测与定位试验是研究生态系统结构、过程和功能的基本手段，可为生态学的发展提供基础数据，为政府决策提供科学依据，为减灾防灾、资源可持续利用、生态与环境保护等提供优化示范模式。即使在遥感和计算机模拟等科学技术高度发达的时代，这一手段仍不可缺少。监测、实验和信息系统是研究自然环境变化的三大支柱，而建立长期定位观测和实验系统是进行科学研究的基石。开展大流域、大区域、跨流域、跨区域的长期定位观测与集成研究已成为生态系统监测和预警的重要发展方向。

目前，杭州生态系统定位研究站仅有国家林业和草原局杭州西溪湿地生态系统定位观测研究站西溪主站一个，拟建定位研究站网将覆盖建德、桐庐、富阳、杭州主城区、萧山等区域重点区域，可与已建成的杭州西溪湿地生态系统定位观测站形成覆盖杭州主要城市类型的定位研究网络体系。

1. 为杭州生态文明建设和可持续发展提供决策依据

报告明确指出，要实施重要生态系统保护和修复重大工程，优化生态安全屏障体系，构建生态廊道和生物多样性保护网络，提升生态系统质量和稳定性。拟建的定位研究站网将为杭州城市生态保护、改善城市生态状况、维护城市生态功能和生物多样性提供技术支撑，为推进杭州城市生态文明建设和可持续发展决策的制定提供重要的科学依据。

2. 为政府科学决策提供重要依据和支持

杭州是因水而闻名的城市，历史上的繁荣昌盛都与水密切相关，其特殊的地理位置和水文特征使杭州成为中国范围内湿地类型最为丰富、湿地面积最大的城市之一。通过在杭州建立钱塘江流域生态系统定位研究站网，对钱塘江流域生态系统的结构、功能及其演变过程进行长期综合观测和试验，研究钱塘江流域生态系统的结构、物质循环和能量流动等科学问题，为保障杭州市乃至浙江省的生态建设和可持续发展的宏观决策提供重要的科学依据和技术支持。因此，迫切需要建立钱塘江流域生态系统长期定位观测研究站网。

3. 为国家和区域重大战略需求服务

随着浙江省城镇化推进和经济快速发展，钱塘江流域经济社会状况、水事水情都发生显著变化，省委、省政府关于“两富”“两美”现代化浙江建设及“五水共治”重大战略决策，对钱塘江流域保护、治理、开发和管理也提出了新的更高要求，要加强钱塘江流域生态系统治理，维护流域生态系统健康，促进人与自然和谐相处，更好地支撑经济社会的可持续发展。根据杭州市委、市政府下发的《关于实施“拥江发展”战略的意见》和《杭州市拥江发展四年行动计划（2018—2021年）》，通过实施“拥江发展”战略，杭州将把钱塘江沿线建成别样精彩的世界级滨水区域，把钱塘江流域建设成践行“两山”理论的生态文明建设示范区、创新驱动发展的经济转型升级示范区、宜业宜居宜游的区域协调发展示范区。这一系列举措的落实都要求对钱塘江流域生态系统进行保育、巩固、修复和整治。

4. 为解决区域生态环境重大问题提供科技平台

随着全球气候变化等生态危机问题的不断出现和日趋严峻，决定了必须通过相对密集的长期生态学定位观测研究，在区域尺度上进行系统集成与综合分析，为解决这些生态危机提供决策依据。目前，在回答和解决诸如快速城市化进程中的流域生态系统化学要素变化规律与驱动机制、流域生态系统的物质循环、能量流动和时空变化等重大科学问题，都需要依靠定位研究站网长期观测积累的数据来保障，需要定位研究站网的科研成果来支撑，定位研究站网是研究和解决此类重大理论问题不可替代的研究平台。

目前，许多国家和地区都以流域为单元，建立和恢复生态系统作为可持续发展的一个重要途径。以前对水或水资源的研究多数是单纯针对水或水域生态系统，而水域生态系统本身极易受周边陆地生态系统的影响。将流域视为一个复合生态系统，将水生态系统和陆地生态系统结合起来研究，开展流域生态学和流域生态系统管理的研究和应用在理论及实践上都十分必要。流域生态系统管理更关注水、陆生态系统研究的结合，并强调流域的综合开发与治理。

36.4.4 行动建议

1. 建立流域生态系统监测网络

在省级层面由杭州市牵头，钱塘江流域 4 市协同发展，建立“流域生态系统监测”机构，在此基础上，利用杭州市已有的科研平台，建立流域生态系统监测网络，在现有的环境监测网络基础上，对水、土、气、生、社、经等因子进行长期定位观测和评价，包括钱塘江流域生态系统的物质循环和能量转换、水文、碳素循环、植物群落与生态因子关系等开展综合监测。通过最先进的方法和技术手段对钱塘江流域进行监控，形成监测网络。每个监测站还设有生态系统预警系统，通过连续生物监测和水质实时在线监测，能及时对短期和突发性的环境污染事故进行预警。开发“钱塘江流域预警模型”，对钱塘江流域生态系统进行实时监测，防止突发性污染事故。建立全流域统一的监测体系。

2. 整合多部门监测站网与共享数据

打破部门和地域之间的分割状况，在整个流域尺度上建立行政区间协调机制，着力在航运、水电开发、水利工程建设以及水资源分配等方面开展区际协作，解决水、土、生物等资源类型的开发利用与生态环境管理中存在的冲突，强化流域开发管理的区域协调，减少区域之间流域纠纷事件发生，实现流域开发共建共享。整合部门资源，统筹构建生态系统监测网络、强化信息共享，建立钱塘江流域生态系统综合信息管理系统。钱塘江流域涉及多个行政区域，生态环境保护工作涉及多个部门，因此，必须打通各部门的数据信息壁垒，建立统一的、综合性的生态系统信息管理系统，实现信息共享互通。要将流域的基础地理信息、气象水文水质、重要污染源、生态环境、社会经济发展等数据信息统筹纳入综合信息管理系统。在确保信息安全的基础上，建立和完善跨区域、跨部门的协商与协调机制，解决流域生态保护中的难点与重点问题。尤其是在突发环境污染事件和跨界水体污染事件应对过程中，要确保信息共享互通，确保上下游协同作战，提高应对效率。

3. 实时评估流域生态系统服务和健康

生态系统服务（ecosystem services）是指人类从生态系统中获得的直接或间接的效益，包括产品和服务。评估生态系统服务价值，对于明确各类生态系统的重要性、发现生态系统空间分布特征、合理划分生态功能区、完善生态建设规划等具有重要意义。利用生态系统服务与生态系统健康（ecosystem health）的评价理论与方法，主要从环境调节、资源提供、生物多样性保护与维持、社会经济文化等方面进行分析及评价生态系统完整性与健康状况，通过基于净初级生产力的生态系统服务快速评估方法，确定生态系统服务的空间分布格局，诊断生态系统健康状况。

4. 实行一体化生态环境修复

当下环境问题越来越受到人们的重视，而“头疼医头，脚疼医脚”的生态修复方式遇到瓶颈，流域综合生态修复规划方法的研究具有非常重要的意义，并将拥有广阔的应用前景。利用高分辨率遥感、地理信息系统等现代信息技术，对沿江范围内的废弃矿山、施工场、废弃堆放场等进行摸底调查和精准识别，建立需改造场地清单，为实施岸线生态修复提供决策支持。收集沿江各地地形、土壤、植被、降雨、土地利用方式等基础数据，建立小流域地质灾害预测预警信息系统，提高沿江坡耕地及林地水土流失综合治理水平，增强政府处置应急事件能力。

5. 构建生态系统健康诊断与安全预警体系

通过钱塘江流域生态系统健康性和完整性监测与评价核心技术、生态系统健康现场诊断及应急监测集成技术、流域重大工程水生态影响监控与评估技术的研发，加强生态和生物监测技术集成，初步构建钱塘江流域生态系统综合监测与监控评估技术方法体系及钱塘江生态变化监控系统平台，监控钱塘江流域生态系统健康状态及演变，实现生态健康现场诊断与预警集成，动态评估重大工程等人为干扰下的生态系统变化。开展钱塘江流域生态监控技术方法体系业务化运行示范、初步建立流域水生态监控网络及业务化运行模式，形成钱塘江流域水生态监测与监控能力，建立钱塘江流域水生态网络体系，实现生态系统长期动态变化监控、流域生态风险识别及防范。最终目标是为实现钱塘江流域生态健康管理和生态环境功能分区管理提供科学和技术支撑，为钱塘江流域形成生态监控业务推进和应用能力提供实践支撑，并进一步推动管理上生物目标的确定，整体促进水质单一目标管理向生态系统健康管理的重大转变。

（董　鸣、陈　波、邵晓阳、宋垚彬、李文兵）

参 考 文 献

董鸣, 王慧中, 匡廷云, 等. 2013. 杭州城西湿地保护与利用战略概要. 杭州师范大学学报(自然科学版), 12(5): 385-390.

杭州市人民政府地方志办公室. 2015. 杭州年鉴(2015). 北京: 方志出版社.

马梓文, 张明祥. 2015. 从《湿地公约》第 12 次缔约方大会看国际湿地保护与管理的发展趋势. 湿地科学, 13(5): 523-527.

中共杭州市委、杭州市人民政府关于印发“美丽杭州”建设实施纲要(2013—2020 年)的通知(市委〔2013〕10 号)http: //www.hangzhou.gov.cn/art/2013/9/29/art_807424_3382.html.

《中共杭州市委、杭州市人民政府关于实施“拥江发展”战略的意见》(市委〔2017〕15 号)和《杭州市拥江发展四年行动计划(2018-2021 年)》http: //www.hzplanning.gov.cn/hzzg/news_xx16.html.

《中共杭州市委关于建设“美丽杭州”的决议》(市委〔2013〕9 号)http: //hznews.hangzhou.com.cn/xinzheng/yaolan/content/2013-08/01/content_4833441.htm.

Ramsar. 2016. http: //www.ramsar.org/sites/default/files/documents/library/sitelist.pdf.

中 文 索 引

H

J

K

L

M

N

Y

Z

其他

外 文 索 引